国家哲学社会科学成果文库
NATIONAL ACHIEVEMENTS LIBRARY
OF PHILOSOPHY AND SOCIAL SCIENCES

人工智能及其创造力：
心灵-认知哲学的视角

高新民 著

科学出版社

内 容 简 介

本书通过考察最新的关于 AI 与哲学关系的无关论、等同论和接管论等，探究哲学在 AI 基础理论建设、技术建构、框架和未来学问题之解决中的具体作用，对哲学与 AI 的关系作新的探讨；对 AI 在意向性、语义性、自主体、本体论、知识工程、创造力等基础问题上的研究历史、现状及存在的问题作出考察，着力揭示建模这类智能现象所依据的基础理论中渗透着民间心理学的"小人理论"这一事实，进而为 AI 建模和机器实现的方向选择和战略发展提供可能的建议。本书的创新和突出特点表现在：针对 AI 缺乏对创造力的建模，特别是我国对计算创造力这一 AI 分支所知其少的情况，本书用了一定篇幅来探讨计算创造力的来龙去脉、最新发展、主要成就，对其存在的问题从哲学上作了思考和诊断，对我国在 AI 领域的发展路径进行了初步探索与思考。

本书可供学习和研究哲学、计算机科学与 AI 的读者阅读参考。

图书在版编目（CIP）数据

人工智能及其创造力：心灵-认知哲学的视角 / 高新民著. -- 北京：科学出版社，2025.7. --（国家哲学社会科学成果文库）. -- ISBN 978-7-03-081889-8

Ⅰ. TP18

中国国家版本馆 CIP 数据核字第 2025CN4740 号

责任编辑：邹　聪　陈晶晶 / 责任校对：贾伟娟
责任印制：师艳茹 / 封面设计：有道文化

科学出版社 出版
北京东黄城根北街 16 号
邮政编码：100717
http://www.sciencep.com
北京中科印刷有限公司印刷
科学出版社发行　各地新华书店经销
*
2025 年 7 月第 一 版　　开本：720×1000　1/16
2025 年 7 月第一次印刷　　印张：70 1/4　插页：2
字数：980 000
定价：498.00 元
（如有印装质量问题，我社负责调换）

《国家哲学社会科学成果文库》
出版说明

为充分发挥哲学社会科学优秀成果和优秀人才的示范引领作用，促进我国哲学社会科学繁荣发展，自 2010 年始设立《国家哲学社会科学成果文库》。入选成果经同行专家严格评审，反映新时代中国特色社会主义理论和实践创新，代表当前相关学科领域前沿水平。按照"统一标识、统一风格、统一版式、统一标准"的总体要求组织出版。

全国哲学社会科学工作办公室

2025 年 3 月

前　言

本书将在两种意义上使用"人工智能"（artificial intelligence，AI）一词，一是指作为一门科学技术研究部门的学科（后面再具体讨论其性质特点和定义），二是指由人工系统所实现的智能。多数情况下用的是第一种意义，在使用第二种意义时一般会加上适当的修饰语，以示区别，或通过上下文来表现其区别。本书对 AI 的关注和研究完全是哲学的，即从心灵–认知哲学的角度对 AI 中存在的比较突出的若干基础理论问题作学理上的诊断，从而提出一些哲学上的思考和建议。由于现在公认创造力计算建模和机器实现之欠缺是横亘在 AI 面前的一座大山，因此，本书将用一定的篇幅来对创造力的基础理论问题和 AI 中刚刚兴起的创造力计算建模和机器实现方面的研究工作进行一些尝试性的哲学探讨。

作为一门科学技术，AI 几十年突飞猛进的发展无疑取得了怎么形容都不过分的巨大成就，但冷静反观和思考又会发现它前进的道路是极不平坦的，不断为一个又一个的困境和难题所折磨，有的 AI 专家甚至认为它面前一直横亘着许多难以逾越的"大山"。例如，主观经验意识的建模，本书下篇将涉及的创造力的建模，以及受到 AI、哲学和心理学广泛关注的意向性或语义性缺失难题，另外，日本的第五代计算机梦想以及别的预言的破灭，等等。这些问题让人们开始关注和思考一些深层次的理论问题：问题究竟出在什么地方？实现智能的关键性技术当然是重要的，但 AI 的基础理论有没有问题？我们对人类智能的了解是否到位？过去用来指导 AI 研究的智能理论是否存有根本性的缺陷？对于此，许多人的看法是肯定的。基于这样的看法，AI 研究便有这样一种倾向或转向，即强调对智能基础理论问题的多学科研究。

上述难题已成了有关领域的前沿问题之一。作为 AI 研究基础的计算主义与反计算主义一直在围绕它展开激烈论战，经典计算主义和联结主义在争论中也触及了 AI 基础理论中的哲学问题。例如，它们围绕下述假定的争论就是如此。该假定认为，人类认知或思维有三个基本特征，即产生性、推理的连贯性和系统性。它们是任何认知理论都必须承认和解释的。反对联结主义模型的人认为，后者无法说明这些特征。而根据经典计算主义的模型，则不难说明。就系统性来说，它之所以能解释这种现象，是因为它把认知过程设想为对符号的加工，而符号是能按规则移动和转换的。联结主义由于否定认知中必然涉及符号，因此就无法说明系统性。很显然，尽管联结主义承认民间心理学所说的信念之类的状态及其术语，但对于它能否真的包容这些东西，则存在疑问。20 世纪 80 年代后，人们通过反思其后的基础理论问题，特别是批判性地研究一度占统治地位的经典计算主义，发现里面存在着方向性的错误，随之而来的是，经典计算主义以及以之为理论基础的 AI 研究，几近被彻底颠覆，看似无生还希望。但到了 20 世纪末，一大批认知科学家和哲学家经过冷静思考，又公然举起了计算主义的旗帜。他们认为，计算主义的确有这样那样的问题，但它是有韧性的；对认知的计算解释尽管有缺陷，但经过重新阐发，仍不失为认知科学和 AI 研究的可靠理论基石。很多人得出了这样的诊断：既然 AI 所缺乏的是意向性，因此要造出真正能超出人类智能的智能，下一步就是要探讨意向性成立的条件以及让它在机器中得以实现的方法和途径。还有相当一部分研究者沿着这一思路进行着富有创造性的探讨，以至出现了所谓的"语义学转向"和"自主体（agent）回归"。

其表现主要包括以下几方面：经典计算主义在辩护的基础上开始研究句法加工如何表现语义性；新生代计算主义正在崛起；联结主义作了新的回应；进化论语义学倡导研究大自然的"意向性建筑术"；有关专家在具体的工程技术实践如自然语言处理、自主体和基于本体论的知识管理等中对意向性的建模作了大量实证研究。

从哲学上看，西方最新的 AI 研究尽管成绩斐然，但在方向选择和基础理论研究方面仍存在着深层次的理论问题。例如，AI 要实现自己模拟乃至超越人类智能的愿望，无疑要建模人类的心智现象，事实上，已诞生了大量的建模尝试，布拉特曼的信念－愿望－意图（belief-desire-intention，BDI）模型就是其中最有影响的一个，但许多建模的理论基础是民间心理学。这种心理学在本质上是一种关于心理现象的错误的地形学、地貌学、结构论和动力学。因此有关建模是值得审慎思考的。

正是基于这些考虑，本书将从哲学的角度切入对 AI 面临的基础理论问题的研究。由于该研究首先必然面临这样一个前提性问题，即从哲学上介入该研究是否可能和合法。因此，本书在探讨有关具体问题时，首先对 AI 与哲学的关系（如是否存在双向影响的关系）这一老问题作了一些新的思考；接着探讨了以下主要问题：新老"图灵测试"与新老"中文屋论证"及其智能观意义，经典计算主义的回应与新生代计算主义的发展，进化语义学与人工进化研究，知识工程的基础理论问题研究，自主体建模的哲学问题研究，AI 专家和哲学家化解意向性难题的理论及工程学实践研究，AI 建模的本体论问题研究，AI 建模的哲学认识论基础，AI 建模的科学基础研究，对已有 AI 建模尝试的反思，如对布拉特曼的 BDI 模型的反思等。

AI 基础理论研究中公认的薄弱环节、"大山"中的大山无疑是创造力，而哲学特别是心灵哲学在 AI 的创造力计算建模和机器实现的基础理论探讨上资源深厚，大有用武之地，同时，笔者对创造力的心灵－认知哲学兴趣浓厚，积累较多，因此，本书也将用一定的篇幅对新兴的作为 AI 子学科和工程技术部门的"计算创造力"从哲学上进行一些探讨。

高新民

2024 年 10 月

目　录

中篇 智能观、工程本体论、意向性与自主体建模问题

第七章 "图灵测试"新解、自然智能与智能观的相关问题

第八章 工程本体论：AI 对人的本体论构架的解析与建构

第九章 新计算主义与意向性建模的祛魅及尝试

第二十四章　计算创造力的评价问题研究

CONTENTS

CHAPTER 6　AI'S IMPACT ON PHILOSOPHY AND THE INTRINSIC MECHANISMS OF THEIR SYMBIOTIC RELATIONSHIP

PART II　INTELLIGENT VIEWS, ENGINEERING ONTOLOGY, INTENTIONALITY, AND AGENT-BASED MODELING

CHAPTER 7　NEW INTERPRETATIONS OF THE "TURING TEST", NATURAL INTELLIGENCE, AND ISSUES RELATED TO INTELLIGENT VIEWS

CHAPTER 8　ENGINEERING ONTOLOGIES: AI'S ANALYSIS AND CONSTRUCTION OF HUMAN ONTOLOGICAL FRAMEWORK

上篇　常思常新的 AI 与哲学的关系问题

　　不管我们对 AI 与哲学及其关系持何种观点，我们都无法否认这样的事实，即一方对另一方的的确确已经并持续产生实实在在的影响。AI 作为一门学科的特殊性在于，它要建模的智能，不管是人类表现出的智能，还是蚁群行为等自然现象表现出的智能，过去一直是只有哲学和心理学才能问津的课题，现在和以后尽管可成为纯科学和技术学的话题，但这些领域无论从哪个层次和角度对智能的解剖、建模和实现，都无法摆脱哲学的影响，无法不利用哲学的智慧、思维方式和相关成果；而 AI 在创造科学技术奇迹的同时，由于对许多深层次的问题形成了独到的认知，深刻改变着人们的认知范式和方法，因此，哲学自然成了其最大的受益者。哲学过去的发展和成就一直离不开物理学和生物学等自然科学，以至于自然科学的每一次革命性发展都会让哲学迈上新台阶，让唯物主义派生出新形态。在未来，推动哲学向前发展的科学阵营中无疑有位居前列的 AI。在本书上篇，鉴于学界对哲学如何能够影响 AI 这一问题的争论较大，我们将对之动用较大篇幅，而只用少量笔墨讨论 AI 对哲学的影响。

第一章
相关概念辨析及 AI 与哲学关系问题争论概说

本章首先分析 AI 与哲学关系问题中牵涉较多的三个概念，即计算哲学（computational philosophy）、AI 的哲学（philosophy of AI）和哲学的 AI（philosophical AI），然后再探讨学界就 AI 与哲学关系问题所形成的一些较有影响的看法，同时穿插一些我们的思考。

第一节　计算哲学、AI 的哲学和哲学的 AI

计算哲学在论及哲学与 AI 的关系时，关心的主要是哲学与作为 AI 基础之一的计算的关系问题，但它又不是关于计算或计算机的哲学，而是这样的一种哲学，即它试图运用机械化的计算技术来将哲学研究工作具体化、实例化，用有关的成果来阐述哲学理论，进而拓展、深化哲学研究，简言之，即是对哲学研究的计算化、AI 化。例如，用计算机科学和技术的先进成果来推进哲学领域的发现和探索，通过基于自主体的建模来解决认识论、科学哲学、伦理学、语言哲学中的种种问题。按照这样的思路可建构各种计算哲学，如计算形而上学、计算认识论、计算科学哲学、计算语言哲学、计算政治-道德哲学、计算心灵哲学等。就计算科学哲学而言，它努力基于计算研究的成果建构关于科学理论、科学交流的网络模型等。在认识论中，新的观点是，个体知识的获得和验证离不开群体的作用，但认识的群体结构、动力学和过程及机制究竟是什么，用传统的认识论手段是无法解决的，而利用计算科学中基于自主体的建模原则和技术，则能较顺利地解决这些问题。[①]

再看 AI 的哲学与哲学的 AI。它们是 AI 与哲学的中间地带存在的两个交叉性分支。先看 AI 的哲学或 AI 哲学或关于 AI 的哲学。它指的是对 AI 的哲学思考，或对里面包含的哲学问题以及由有关成果所引起的哲学问题的探讨。当然，对如何建构这门哲学分支，学界有不同看法，如有一种观点认为，它应该被建设成为一门科学哲学，与物理学哲学、生物学哲学处在同样的层次或地位。一方面，由于它要弄清的是智能的本质，因此首先是一门科学，至少其中包含科学；另一方面，AI 在研究智能等基础理论问题时，必须有哲学的参与。斯基弗勒蒂（V. Schiaffonati）等对此提出了不同的看法，其认为应根据 AI 的最新发展、成果以及邻近的学科（如技术哲学等）的进展来重新思考上述主张，就此而言，它只反映了 AI 哲学的部分内容。根据新的看法，AI 还有工程技术研究的一面或构成。这一构成也引出了许多哲学问题，因此应研究这一部分与 AI 哲学的关系，特别是它们的相互影响。另外，基于自主体的软件工程对 AI 哲学有这样的意义，即为解释许多社会现象提供了方法论。如果承认 AI 有工程技术的构成，那么 AI 哲学就应在研究的对象和方法论上作相应的调整，并致力于相应的建构。[②]

再来看哲学的 AI。哲学的 AI 从学科分类上说是 AI，不是哲学，是从哲学角度，用哲学成果、原则和方法解决 AI 有关问题的 AI 分支。加上"哲学的"这一限定，只是强调它根源于哲学，或有哲学的思想渊源，而没有断言它就是哲学或属于哲学。例如，AI 的研究者可以运用哲学的工具和技术来研

---

① Schiaffonati V, Verdicchio M. "The influence of engineering theory and practice on philosophy of AI". In Müller V (Ed.). *Philosophy and Theory of Artificial Intelligence*. Berlin: Springer, 2013: 375.

② Schiaffonati V, Verdicchio M. "The influence of engineering theory and practice on philosophy of AI". In Müller V (Ed.). *Philosophy and Theory of Artificial Intelligence*. Berlin: Springer, 2013: 381.

究悖论，以论证一种被设想的方案，然后采取哲学家所认可的方法，即用可翻译成计算机程序的术语来表述这个方案，在执行时，允许自主体超越原来悖论的具体实例。就哲学的 AI 关心的问题而言，它特别热衷于研究一些兼有哲学和 AI 双重性质的问题。例如，AI 创建的自主体是否能完全达到人类智能的高度，能否超越人类智能，未来是否会导致智能爆炸，等等。①另外，AI 还试图对智能的可能性作抽象的探讨。它对智能的探讨所采用的方式是，通过设计和执行反映了认知本质特点的抽象算法来展开研究，而不关注对大脑的解剖，也无意于建造信息加工单元。著名 AI 专家布林斯乔德（S. Bringsjord）有相近的看法。他认为，就 AI 的实际构成来说，AI 所用的许多形式主义和技术都来自哲学，是哲学中仍在使用的东西，如一阶逻辑及其外延、适于道义态度和义务推理的内涵逻辑、归纳逻辑、概率理论、概率推理、实践推理和计划等等。从具体内容来说，哲学的 AI 主要表现为强 AI 和弱 AI，这是根据目的来归纳的。强 AI 的目的是建造人工人，即让人工系统具有人所具有的心理功能、特点、属性。弱 AI 的目的是建构表面上有人的心理能力的信息加工机。例如，它能表现出类似于人的行为，即能通过图灵测试。

第二节　"AI 即哲学"的争论与接管论

　　下面，我们再来考察学界对 AI 与哲学关系问题的探讨与争论。在作这种探讨时，学人会面临这样一些问题，即 AI 作为一门学科究竟具有什么样的性质和特点，哲学在它的形成、内容建构中究竟具有什么样的地位，能否把它看作一种哲学。对此，有这样一些大相径庭的看法。著名 AI 哲学专家博登（M. Boden）认为，AI 是非哲学的科学部门。具言之，它的确是科学，

---

　　① 参见 Dennett D. "Artificial intelligence as philosophy and as psychology". In Ringle M (Ed.). *Philosophical Perspectives in Artificial Intelligence*. Atlantic Highlands: Humanitics Press, 1979: 57-80.

不是哲学，但又不同于许多具体科学，其表现是，它最容易受到哲学家对物理学、生物学等学科的分析的影响。[①]许多人不赞成这样的判定，因为至少经典时期（1945—1980 年）的许多 AI 研究者认为，他们的一些成果是真正的哲学上的成果。[②]还有观点认为，AI 是"反哲学"（anti-philosophy）的学科。它尽管无法回避理性、心身问题、创造性思维、智能、知觉等哲学课题，但可以对这些问题做出自己的、不同于哲学的独立研究，甚至在这些问题上被看作不同于哲学研究的一种研究，例如，它能借助完全新的综合方法和有实验基础的技术来解决这些问题。这样的研究是一种"计算转向"，有的人说，它是 AI 中的"帝国主义"倾向。[③]较为温和的观点是由创立 AI 的主角如麦卡锡（J. McCarthy）、明斯基（M. Minsky）、纽厄尔（A. Newell）和西蒙（H. Simon）等提出的。他们尽管强调 AI 研究具有哲学的性质，但仍然认为，不能放弃将其建设成一个科学部门或一门经验科学这样的追求。[④]一般认为，AI 是一种综合性、交叉性、集多学科于一体的科学，但究竟包含哪些学科，这些学科各自的地位如何，人们有不同的看法。占主导地位的看法是，AI 主要是以建构能模拟自然智能、创造有智能的机器为目的科学和技术部门，当然要吸收和利用哲学、心理学、生物学等学科的成果。

丹尼特的观点在 AI 哲学和心灵哲学中影响较大，在专门的 AI 研究领域也常为关心 AI 学科性质的人所讨论，当然批评的声音也比较突出，因此，我们在此稍作展开性考察。他对 AI 与哲学有何关系、是否能归结为哲学的

① Boden M. *The Philosophy of Artificial Intelligence*. Oxford: Oxford University Press, 1990: 1-20.

② 参见 Franchi S, Güzeldere G (Eds.). *Mechanical Bodies, Computational Mind: Artificial Intelligence from Automata to Cyborgs*. Cambridge: The MIT Press, 2004: 1-13.

③ Dupuy J. *The Mechanization of The Mind: On the Origins of Cognitive Science*. Princeton: Princeton University Press, 2000: 49.

④ Newell A, Simmon H. "Computer science as empirical inquiry:symbol and search". In Hangeland J (Ed.). *Mind Designed: Philosophy, Psychology, and Artificial Intelligence*. Cambridge: The MIT Press, 1981: 35-66.

看法比较复杂，在有关论著中，他明确主张 AI 就是哲学或心理学，其根据和论证很多。其中重要的一个是，它们在许多问题上有共同的兴趣，例如，AI 常常直接探讨一些原先属于哲学的问题：什么是心灵？意义是什么？什么是理性、合理性和推理？在知觉中识别对象的必要条件是什么？怎样做决策？怎样为决策作论证？另外，AI 像传统认识论一样致力于回答这样的问题，即知识是如何可能的。[①]丹尼特的结论是：AI 在很大程度上就是哲学。他有一篇文章的题目就是《论作为哲学和心理学的 AI》。[②]在《脑风暴》一书中，他提出了一个较温和的观点，即认为 AI 是一混血儿，介于哲学和科学之间。一方面，它太过哲学，因此不能被看作经验心理学；另一方面，它太过经验，又不能被看作真正的哲学。正确公允的说法只能是，它既是哲学，又是科学，因为它是历史上真实发生的数字科学和人文科学碰撞的产物。[③]

　　布林斯乔德认为，丹尼特断言 AI 就是哲学的观点存在致命的错误，因为 AI 的确有哲学的主张，但这不足以使其变成哲学，就像物理学有哲学的主张而没有成为哲学一样。再者，哲学与 AI 所做的具体工作根本不同，如哲学不像 AI 把主要精力放在研究和开发有智能的人工制品之上，哲学更不会关心超级计算的物理实现问题。这不是说 AI 与哲学无关，更不是说 AI 不涉及哲学问题，恰恰相反，AI 对机器如何实现真正智能的研究与哲学存在着密切的关联。例如，波洛克（J. Pollock）著名的 OSCAR 项目以及作为其基础的信息加工无疑既具有哲学的性质，又包括技术 AI 的内容。再如，AI 对学习的研究与哲学对归纳的探讨有密切的关系。AI 像哲学一样承认，新的概

---

　　① Dennett D. "Artificial intelligence as philosophy and as psychology". In Ringle M (Ed.). *Philosophical Perspectives in Artificial Intelligence*. Atlantic Highlands: Humanitics Press, 1979: 57-80.

　　② Dennett D. "Artificial intelligence as philosophy and as psychology". In Ringle M (Ed.). *Philosophical Perspectives in Artificial Intelligence*. Atlantic Highlands: Humanitics Press, 1979: 57-80

　　③ Dennett D. *Brainstorms: Philosophical Essays on Mind and Psychology*. Cambridge: The MIT Press, 1978: 109-126.

念不是仅通过先前的概念就能掌握的，而必须诉诸归纳。AI 这一综合性学科的特点在于，对 AI 的理论和实践做出哲学反思，如对强 AI 和弱 AI 进行哲学反思。已有的 AI 哲学的主要内容就是围绕它们来展开的。

再来看极有个性的接管论。其基本观点是，AI 是接管哲学 AI 中必须涉及的有关问题的一门经验科学。①其倡导者是弗兰基（S. Franchi）等。他们综合有关观点提出，AI 诞生于人工科学接手哲学等人文科学关于智能等一系列问题之时，因此，它是对哲学等人文科学的"接管"和继续。当然由于采用了自己独有的"工具和技术"，因此对相关问题给出了新的解答，进而发展成不同于哲学等人文科学的一个科学技术部门。我们还应看到的是，AI 除了上述渊源之外还有数字科学这个渊源。基于这些可以说，"AI 是数字科学和人文科学可能互动的一种特殊形式"，即是对它们的一些问题的"接管"。②如果说 AI 具有综合性的特点，那么它主要表现在，将数字科学与人文科学融为一体。这一特点其实与 AI 诞生之初崛起的"数字人文"（digital humanties）思潮有密切关系，甚至可以说是这一思潮在智能问题上的一种应用。数字人文诞生于第二次世界大战后的 1948 年。在战后重建基金的帮助下，耶稣会士托马斯研究专家布萨（R. Busa）开始编纂"托马斯论著索引"，试图把托马斯著作中的所有概念汇编成册，然后通过印刷媒体公之于世，最后转化为在线资料库。他还劝说有关人士允许他使用国际商业机器公司（International Business Machines Corporation，IBM）的机器，以建构托马斯著作的电子索引。有了这样的索引，研究者就能找到一概念在全部著作中的用法和意义。这种借助数字技术研究人文科学的尝试，后来就演变成了"数字人文"这一研究领域。AI 的目的、任务和技术路线在形式上与数字人文有相似之处，即

① Agre P. "The soul gained and lost: artificial intelligence as philosophical project". *Stanford Humanities Review*, 1995, 4 (2): 1-19.

② Franchi S, Güzeldere G (Eds.). *Mechanical Bodies, Computational Mind: Artificial Intelligence from Automata to Cyborgs*. Cambridge: The MIT Press, 2004: 350.

用数字技术来解决哲学等人文科学关注的智能及其机器实现的问题。弗兰基等认为，AI 不仅受数字人文的启发，而且具有这样的共同特征，即单向度性。AI 不同于数字人文的特点表现在，它们接管的对象不同。例如，在数字人文中，是人文科学接管了数字工具；而在 AI 中，是有关的计算科学接管了以哲学为中心的人文科学。

很显然，弗兰基等关于 AI 的接管论在形式上类似于数字人文接管论，当然有一个显著特点，即数字人文的接管发生在工具和技术领域，并且在接管后仍要继续利用被接管领域的工具；而 AI 在接管哲学的问题之后，就不再使用哲学的前科学的原则和方法，因为在 AI 看来，这些原则和方法根源于纯思辨方法，它们只能使问题永远得不到真正有效的解决。因此，AI 尽管继续关注哲学中的心灵研究课题，如推理、记忆、知觉、情感等，但完全不采用哲学累积起来的思想资料，因为在 AI 研究者看来，哲学形而上学中堆积的是过去研究者留下的"尸骨"。

由于接管有其必要性和合理性，因此以接管为基本操作的 AI 和人文科学都取得了积极的成果和长足的进步，如 AI 的工具和理论已成了日常生活的组成部分，数字人文已彻底改变了人们获取文献的方式，拓展了研究的范围，提升了处理文档的速度和质量。在笔者看来，AI 的接管论较客观地澄清了在 AI 形成和发展过程中被人们所忽视或未知的事实，但很显然，是有片面性的。例如，断言 AI 接管后，就不需要哲学的帮助，显然既不符合事实，也不利于 AI 的高质量发展。有目共睹的事实是，现在流行在 AI 中的具身性方案、延展性方案、动力学方案就是哲学参与 AI 建设、与之互动的富有成果的表现。再如，由塞尔（J. R. Searle）等发起的对计算主义理论和 AI 实践的哲学批判反思显然有利于 AI 迈上新台阶。总之，哲学在 AI 中的作用不只是提出有价值的问题，而且能对问题提出不可或缺的建设性方案。哲学的这种作用最突出地表现在 AI 创立之初哲学对于 AI 的目的、思路、技术路线的不可低估的影响。我们知道，标志着 AI 正式诞生的达特茅斯会议对 AI 的目的有两种不同的理解，其实，它们都有哲学的基础。一部分人认为，AI 的目的是开发智能机或思维机，当然同意把理解人类的认知过程作为实现这一目的一种手段。另一部分人则认为，AI 的目的是从哲学和心理学上理解人的认知加工过程，同时强调把开发智能机当作实现这一目的一种手段。前一倾向可看作为机器的，或以机器为中心的；后一倾向可看作为人的，或以人为中心的。根据后一倾向，研究 AI 不过是为了更好地理解人及其心灵。后一倾向的极端表述是由丹尼特提出的，即前面所说的"AI 就是心灵哲学"[①]。

第三节　"哲学需要 AI 就像 AI 需要哲学"与通用认知架构

在研究 AI 与哲学的关系时仅关注 AI 是不是哲学这样的问题太狭隘了，不利于这一关系问题的真正解决。在这里，真正有意义的、值得大力探讨的问题是：它们对于对方是不是必要的、有帮助的？如果有，其具体表现是什么？下面，我们就来考察这一问题。先看波洛克的理论建树。

波洛克是在 AI 和认知科学中强调 AI 与心灵哲学交融、互通最卖力的 AI 专家。他说："合理性理论在计算机上的可实施性是这一理论正确性的必要条件。这等于说，哲学需要 AI 就像 AI 需要哲学一样。"[②]他不仅建构了相互需要论、互惠论，而且用他的 AI 技术实践验证了这一点。例如，他出于哲学目的用哲学的方式设想了一个项目，被称作 OSCAR。其目的就是建构一个计算自主体，它有人工理智，其核心内容就是在计算机上执行他的合理性理论。

---

　　① Dennett D. "Artificial intelligence as philosophy and as psychology". In Ringle M (Ed.). *Philosophical Perspectives in Artificial Intelligence*. Atlantic Highlands: Humanitics Press, 1979: 57-58.

　　② Pollock J. *Cognitive Carpentry: A Blueprint for How to Build a Person*. Cambridge: The MIT Press, 1995: xii.

认知科学家、AI 专家莱尔德（J. Laird）有类似的看法和实践。例如，他提出了创建能达到人类水平的 AI 研究方案。他强调，AI 已成功开发出了许多在问题解决能力方面远胜于人的系统，如下棋系统，通过分析信用卡交易发现欺诈，互联网搜索，在机场安排航班，等等。他同时承认，尽管追求 AI 达到人类水平的智能这一目标是无可非议的，但我们离这一目标的实现仍很遥远。①要解决这类问题，就要在相应的哲学心理学探讨的基础上，探讨如何开发相同于人类能力的通用计算系统。莱尔德及其同僚把该系统称作"人类水平的自主体"。他认为，实现这一目标也离不开哲学心理学，因为只有把这样的研究与具体的工程技术研究结合起来，才有可能弄清作为一般智能之基础的认知结构。这样的研究之所以被称为基础，是因为它为创建一般智能系统提供了稳定的且足以成为构建模块的计算结构。它不是解决问题的单元或算法，而是能为自主体提供知识的、独立于任务的基础结构。在他看来，认知结构的研究在 AI 的基础理论和工程实践中具有决定性意义，正因为如此，这一工作受到了许多人的高度重视，进而诞生了许多方案。这些方案的共同特点是，都不是静态的。如此建构的目的是要满足完全的、通用的结构的要求，以便适用于广泛多变的环境、任务和自主体。尽管方案很多，但根据所追求的目标，可把它们分为三种：①认知建模，其目标是为开发关于人类行为的模型提供支撑，这种模型考虑的是反应时间、错误率等行为数据；②自主体开发，其目标是为开发 AI 自主体提供基础，所开发的自主体能与动态环境交互，能利用 AI 的合成技术，如反应性、目标驱动的行为和计划；③人类水平的自主体开发，其目的是有利于开发 AI 系统，该系统能生成广泛的行为和能力，创建完善、集成、有与人类能力相关的许多能力的智能自主体。莱尔德倡导的主要是第三种方案，但又有对其他方案的融合。

---

① Laird J. *The Soar Cognitive Architecture*. Cambridge: The MIT Press, 2012: 1.

　　基于这样的融哲学心理学与 AI 为一体的研究，莱尔德及其同事一道开发了一种通用的认知构架，被称作 Soar。它集知识密集型推理、反应性执行、分层推理、计划和学习于一体。其特点是，能运用各种形式和层次的知识解决问题。基于这样的考量，Soar 自主体中的行为都是通过知识的动态组合而出现的，或是从经验中学来的。通过 Soar，他们已建构了具有多种功能的自主体，如心算、推理、算法设计、医疗诊断、自然语言处理、机器人控制、模拟军事训练等等。[1]之所以进行这样的设计和建构，是因为他们有这样的哲学认知，即自然智能和 AI 的认知架构可以且应该是共同的。既然如此，认知科学和 AI 的一个任务就是探讨、弄清这种架构。他说："认知架构是理解自然和人工智能的重要的构成因素。"[2]通过对人类智能的研究，莱尔德发现，人类智能的共同认知构架可概括为 Soar。在 Soar 中，最重要的构成是数据流，其他构成有各种原始记忆和加工，以及这些记忆所支持的表征等。

　　莱尔德及其同僚对 Soar 的基础理论和工程技术的探讨已持续了 30 多年。随着认识的发展和技术的进步，Soar 已进化到了第 9 代。它已包含了越来越多的能力，不仅如此，莱尔德还在工程技术研究的基础上，推进了对基础理论的探讨，建构了关于计算的 Soar 理论。其基础性概念包括目标、问题空间、状态和算子。其主要构成包括工作记忆、决策程序、程序记忆和块处理。其知识储存在长期记忆中，行为来自一系列的决策，程序知识通过联想检索而获得，决策程序是固定的，复杂推理是为化解僵局而提出的，学习是累积性的，由经验所驱动，所有模块在任务执行上都是独立的。[3]

　　我们再来简要考察一下"AI 中的不确定性"这一丛书所包含的关于 AI 与哲学关系的思想。该丛书尽管主要是探讨 AI 在面对不确定性情境时该如

---

① Laird J. *The Soar Cognitive Architecture*. Cambridge: The MIT Press, 2012: 1.

② Laird J. *The Soar Cognitive Architecture*. Cambridge: The MIT Press, 2012: 325.

③ Laird J. *The Soar Cognitive Architecture*. Cambridge: The MIT Press, 2012: 17-20.

何应对，且每一卷都有其特定的侧重点，由专题性论文组成，但它们也涉及了大量的基础理论问题，并贯穿了这样一个基本思想：鉴于 AI 的目的是要建模和超越人类智能，因此 AI 的具体理论和工程技术研究应围绕以下五个问题展开：①AI 需要什么知识；②这种知识怎样获取；③知识在一系统中如何表征；④为表现智能行为，知识应怎样被加工；⑤其行为应怎样被解释。[①]如果 AI 真的按这样的理解来建构和展开，其与哲学的密切关联便一目了然。该丛书前面三卷对上述"AI 的五个根本问题"作了考察，其中有些论文同时涉及了这五个问题，有些只关注其中某一或某些问题。第四卷关心的是不确定性与 AI 基本问题的关系问题。[②]

第四节　AI 的定义问题与"可怜的科学家-可怜的哲学家"

考察 AI 专业教科书中关于 AI 的定义也能帮我们了解专家们对 AI 与哲学关系的看法。尽管定义的角度和方式千差万别，但从目的的角度去定义是比较常见的。AI 专家罗塞尔（S. J. Russell）等在他们极有影响的《人工智能：一种现代方案》（第 3 版）中提出，AI 是研究能知觉环境并采取相应行为的自主体的学问。[③]根据他们借鉴哲学成果所形成的对自主体的认识，自主体的特点在于，有智慧、智能，能思维、推理、预测，能根据环境做出适当的行为反应。因此，要发展 AI，就不仅要建模、实现智能，更重要的是理解智能，这是 AI 的前提性工作。显然，要实现这一目标，需要哲学的帮助。他

---

① Shachter R, Levitt T, Kanal L, et al (Eds.). *Uncertainty in Artificial Intelligence 4*. Amsterdam: Elsevier Science Publishers B.V., 1990.

② Lemmer J, Kanal L (Eds.). *Uncertainty in Artificial Intelligence 2*. Amsterdam: Elsevier Science Publishers B.V., 1988.

③ Russell S J, Norvig P. *Artificial Intelligence: A Modern Approach*. 3rd ed. Edinburgh: Pearson Education Limited, 2010: viii.

们也看到，由于人们对智能、自主体有不同的认知，因此，他们为 AI 选择的解剖原型实例或模板就是不一样的，这样就出现了对 AI 的不同理解和定义。根据罗塞尔等的概括，可从两个维度梳理出对若干子类的理解。一种维度是强调关注思维等高级、顶端的过程，另一维度是强调关注底层的行为。

第一种维度中存在两种倾向，第一种倾向所理解的高级过程的特点是理性。这里所谓的理性可以这样定义：一系统是有理性的，当且仅当它基于认知做出了"适当的"（right）行为。[1]第一种倾向中又存在两种情况，一是强调以人的方式去完成智能任务。例如，汉格兰德（J. Haugeland）的定义是，AI 是研究"如何让计算机思维"的科学技术，其目的是"建构具有完全和严格意义上的人类心智的机器"[2]。二是强调以合理的、理性的方式去完成。例如，贝尔曼（R. Bellman）按照该种方式做出的定义是，AI 是"研究如何让以前与人类连在一起的种种作用、活动（如决策、问题解决和学习等）自动化的学问"[3]。第二种倾向强调的是，只要采用理性的方式实现了智能就行了，不一定非要采用人的方式。其中又包括以下两种定义：沙尔尼克（E. Charniak）等的看法是，AI 是"研究如何用计算方式实现心理能力"的科学技术。[4]温斯顿（P. Winston）的看法是，AI 是"研究如何让计算机表现出如知觉、推理和行动等能力"的科学技术。[5]

第二种维度关注的是底部的行为，其中包括两个子类共四种不同看法。第一个子类强调的是，只要机器以人的方式完成了行为，或完成了过去需要由人才能完成的行为，那么就可以认为它实现了 AI。其中有两种不同的看法，

① Russell S J, Norvig P. *Artificial Intelligence: A Modern Approach*. 3rd ed. Edinburgh: Pearson Education Limited, 2010: 1.

② Haugeland J. *Artificial Intelligence: The Very Idea*. Cambridge: The MIT Press, 1985.

③ Bellman R. *An Introduction to Artificial Intelligence: Can Computers Thunk?* New York: Boyd & Fraser Publishing Company, 1978.

④ Charniak E, McDermott D. *Introduction to Artificial Intelligence*. Reading: Addison-Wesley, 1985.

⑤ Winston P. *Artificial Intelligence: A Perspective*. Reading: Addison-Wesley, 1992.

一是科兹维尔（R. Kurzweil）的理解。他认为，AI 是建造具有创造力的机器的技术，这些机器能发挥以前必须由人才能完成的功能作用。[①]二是里奇（E. Rich）等的看法。他们认为，AI 是研究如何让机器做人能做的事情的技术。[②]第二个子类强调的是，机器完成其行为不必用人的方式，只要合理地完成了行为就可看作 AI。其中也有两种不同的意见。一是普尔（D. Poole）等的看法。他们提出，AI 就是"研究如何设计智能自主体"的技术。[③]二是尼尔森（N. Nilsson）的看法。他提出，"AI 是研究能以人工方式实现智能行为"的技术。[④]

第一种维度一般表现为理性主义，可称作认知建模方案；第二种维度主要表现为由图灵（A. M. Turing）等所倡导的行为主义方案。每一个维度中之所以又有不同看法，是因为人们对 AI 的具体实现有不同的看法。一类观点强调机器必须以人的方式去实现智能，另一类观点强调，只要机器表现出了智能，用什么方式都可以。罗塞尔等的前述概括比较全面和到位，不仅较好地概括了 AI 领域内对 AI 的不同理解，而且从一个侧面告诉我们，不管用什么方式去定义 AI，它们都没有狭隘地、短视地排斥哲学对于 AI 的基础性作用。当然，这样说又不能走向另一极端，如片面、不适当地夸大哲学的作用，以为只有哲学才有为 AI 奠基的作用。

哲学对 AI 的基础性的、不可或缺的作用还表现在 AI 的大量的具体操作过程中。例如，它必然像量子力学等一样离不开概念分析，而概念分析在本质上是哲学的工作，或者说具有哲学的性质。邦西尼奥里奥（F. Bonsignorio）说

① Kurzweil R. *The Age of Intelligence*. Cambridge: The MIT Press, 1990.

② Rich E, Knight K. *Artificial Intelligence*. New York: McGraw Hill, 1991.

③ Poole D, Mackworth A, Goebel R. *Computational Intelligence: A Logical Approach*. Oxford: Oxford University Press, 1998.

④ Nilsson N. *Artificial Intelligence: A New Synthesis*. San Francisco: Morgan Kaufmann Publishers, 1998.

得好："20 世纪初的物理学革命，广义和狭义相对论，量子力学等都环绕着'核心教条'，都需要深层次的概念分析，而概念分析在本质上是哲学的。"[①]例如，AI 必定会分析智能、机器等，这些分析都主要是哲学的。AI 离不开哲学的又一原因是，AI 的许多问题在 AI 诞生之前就已经在为哲学所关注。例如，哲学在近代以后一直在思考：建立能思维的计算机是否可能？思维与计算是什么关系？（霍布斯曾回答说，思维就是计算。）邦西尼奥里奥认为："被看作科学问题的许多问题已被哲学家研究了很长时间……哲学家的兴趣和方案十分接近 AI 这样的学科。"[②]例如，AI 和认知科学中正在研究的知觉问题，"感知运动协调"问题，情绪对认知的作用问题，先验知识和图式问题，观念或表征问题，具身性、生成性认知问题，心灵的生态学问题，等等，早已并一直在为哲学所探讨。不仅如此，哲学家的许多分析"有时真的很深刻"，"应该被研究相同主题的科学家认真对待"[③]。

概念分析对 AI 既必要，又重要，在 AI 发展的当下，不是多了，而是做得不够，弗里德（S. Freed）甚至认为，概念分析的欠缺已成为制约 AI 发展的一个瓶颈，因为"AI 在概念上面临着困境，这是使它一直落后于其他信息技术领域的一个原因"。拯救 AI 的一个出路就是加强概念分析，如分析内省及其与算法的关系能为 AI 的发展提供启示和灵感。[④]因为把内省分析清楚了，然后将其运用到 AI 的建模中，将使有关人工系统具备更接近人类水平的智能。例如，以内省为基础的算法就会以似人的方式运行，而根本有别于

---

① Bonsignorio F. "The new experimental science of physical cognitive systems". In Müller V (Ed.). *Philosophy and Theory of Artificial Intelligence*. Berlin: Springer, 2013: 134.

② Bonsignorio F. "The new experimental science of physical cognitive systems". In Müller V (Ed.). *Philosophy and Theory of Artificial Intelligence*. Berlin: Springer, 2013: 138.

③ Bonsignorio F. "The new experimental science of physical cognitive systems". In Müller V (Ed.). *Philosophy and Theory of Artificial Intelligence*. Berlin: Springer, 2013: 139.

④ Freed S. "Practical introspection as inspiration for AI". In Müller V (Ed.). *Philosophy and Theory of Artificial Intelligence*. Berlin: Springer, 2013: 167.

"深蓝"那样的机械性的下棋系统。总之，"只要把哲学的论证与具体的算法结合起来，就有望看到跨学科方案的价值"[①]。

小　结

综上所述，尽管不能说 AI 就是哲学，但 AI 与哲学有密切的关联，即具有双向挑战、互利互惠的关系。AI 不仅有利于哲学的发展，而且其建立和发展都离不开哲学的帮助。AI 专家斯坦纳（P. Steiner）说："我将把哲学与 AI 有密切关联的观点看作理所当然的。"其表现之一是，哲学会利用 AI 的成果来论证新的哲学观点，反过来，AI 会用哲学的成果和方法来探讨 AI 的基础、假定和解释性概念。[②]它们之所以有这样的双向相互作用，是因为它们的目的有部分相同性。就 AI 来说，它不仅有这样的目的，即制造能完成以前需通过智能才能完成的任务的机器，而且还有更深远的目的，根据斯洛曼的看法，它还包括"科学和哲学对制造的理解，以及关于制造的工程技术的目的"[③]。具言之，有三重目的：①对关于智能行为的可能有效的解释做出理论分析；②对人的能力做出解释；③构建人工智能产品。这些目的都与哲学的目的非常接近。最重要的是，科学和哲学都有解释和改造世界的目的，AI 也是如此。[④]

哲学与 AI 之所以存在这样的关系，是因为哲学与包括 AI 在内的科学在

---

① Freed S. "Practical introspection as inspiration for AI". In Müller V (Ed.). *Philosophy and Theory of Artificial Intelligence.* Berlin: Springer, 2013: 176.

② Steiner P. "C. S. peirce and artificial intelligence: historical heritage and (new) theoretical stakes". In Müller V (Ed.). *Philosophy and Theory of Artificial Intelligence.* Berlin: Springer, 2013: 266.

③ Sloman A. *The Computer Revolution in Philosophy: Philosophy Science and Models of Mind.* Sussex: The Harvester Press, 1978: 10.

④ Sloman A. *The Computer Revolution in Philosophy: Philosophy Science and Models of Mind.* Sussex: The Harvester Press, 1978: 18.

方法上具有重合、交叉、相互移植的本质特点。如前所述，它们由于在目的上存在部分一致性，如都致力于阐发有力的概念和思维工具，探索事物的可能性，试图解释这些可能性，以及发现事物的限度并做出解释，因此，它们实现这些目的所用的方法也有一致性。特别是，哲学的方法不可避免地会影响科学，或对科学发挥其不可替代的作用，对 AI 也是如此。例如，哲学解决问题的程序深深地影响着科学。哲学要解决的主要问题是，在确认事物有其可能性之后，便去探讨如何可能，探讨可能性的根据和条件，在探讨时所遵循的程序如下：①搜集关于有其可能性的事物的信息；②构建关于这些可能性的新的描述和表征；③构建对这些可能性的解释，然后对它们作出测验和修改。各门科学一般也会遵循这种解决问题的程序，当然会用到实验、仪器、测量、实地考察和其他科学工具，以发现和描述新的事例。①斯洛曼说："AI 在试图设计智能学习计划和问题求解系统时必定与哲学对理论的本质和理论的形成做出解释的种种尝试保持一致。"②在检验、修正理论阶段，包括 AI 在内的科学所遵循的程序与哲学的程序大同小异，只是增加了更多的实证色彩而已。

① Sloman A. *The Computer Revolution in Philosophy: Philosophy Science and Models of Mind.* Sussex: The Harvester Press, 1978: 44.

② Sloman A. *The Computer Revolution in Philosophy: Philosophy Science and Models of Mind.* Sussex: The Harvester Press, 1978: 45.

第二章
AI 基础理论建设中的哲学

如前所述，作为一个研究部门的 AI 在构成上有两大板块，一是致力于研究让智能得到具体人工实现的工程技术板块，二是为这种实践扫清认识和理论障碍的、围绕着智能展开的基础理论研究板块，即完成自己特有理论建设的任务。本章的任务是考察 AI 的基础理论研究和建设，探讨哲学是否有能力且有必要参与这一建设，并分析如果存在这种可能性，哲学又是如何发挥其作用的。

第一节　AI 基础理论建设中的哲学逻辑的身影

尽管有一部分人对逻辑在 AI 中的作用有不同看法，甚至质疑逻辑形式主义的价值和重要性，但多数专家承认逻辑至少在 AI 的核心领域扮演着极其重要的角色，少数专家甚至认为，逻辑在 AI 的战略性、根本性的发展和进步中是最重要的决定因素。

逻辑之所以如此重要，是因为有智能的人工系统一定会从事推理工作，一定要制订出自己的计划，而要如此，就必须符合逻辑。例如，不管因果关系是什么，其在通常情况下一定是可推理的；不管信念是什么，自主体一定能够对其他自主体的信念做出推理；制约自主体行为的目的和种种规则一定能帮自主体制订出合理的计划。就作为 AI 重要支柱的计算机科学而言，其是从逻辑、计算理论和数学的相关领域中发展出来的。一般的计算机科学家都知道，逻辑为分析语言的推理属性提供了工具，逻辑通过描述从程序到程序授权的计算的映射，为编程语言提供了必需的规范。

就 AI 的具体理论探讨和工程实践而言，以不同形式表现出来的逻辑理论事实上在其中发挥着不可或缺的作用。它们不同于逻辑的具体实施过程，因为它们只是为推理问题的解决提供理论上的指导。这种作用不会涉及具体执行，即仅限于计算层次，而不会深入到硬件实现的层次。

就逻辑应用于 AI 这一研究领域涉及的课题而言，关注度较高的论题包括：非单调逻辑，复杂性理论，时间和空间推理，关于计划、行动、变化和因果关系的推理的形式主义，元推理，关于情境的推理，关于价值和愿望的推理，关于其他自主体的心理状态（尤其是信念和知识）的推理，各种形式的聚合问题（如有冲突的知识资源的整合问题），逻辑应用于 AI 的专门技术问题（如逻辑编程、描述逻辑、定理证明、模型建构等），认知机器人，知识库的合并、更新与校正，等等。

再看哲学逻辑。尽管它会运用数理逻辑的方法，但在目的和侧重点上明显不同于数理逻辑及其他逻辑部门。因为数理逻辑之类的逻辑旨在开发技术性和复杂性不断增加的方法和定理，而哲学逻辑强调对哲学问题的解答，强调将逻辑方法应用于非数学推理领域，强调发展有哲学关切的逻辑学分支，如归纳逻辑、模态逻辑、量子逻辑、时态逻辑、自由逻辑、关联逻辑、多值逻辑和条件逻辑等。另外，哲学逻辑还强调从哲学上探讨利用形式逻辑的机器结构、功能和原理，解决与逻辑、语言逻辑结构有关的哲学问题，等等。由于这些工作与 AI 有密切的关系，它们可直接或经过一定的转化后为 AI 所利用，因此哲学逻辑对 AI 的支撑作用便不证自明。最明显的是，AI 在处理像推理、知识表征中的逻辑问题时不可避免地会受到哲学逻辑成果的影响。当然，这不是说，哲学逻辑就是 AI 中所用的逻辑，两者还是有一定的区别的，因为哲学逻辑毕竟是哲学，不是 AI 直接可上手使用的工具；再者，AI 的确有自己的逻辑，但它不是哲学，如它所重视的非单调逻辑就是哲学逻辑不太关注的。总之，说它们有区别无疑是不难理解的，因为 AI 的逻辑关心的是对算法的理论分析，而且重在探讨算法的执行问题，而哲学逻辑的研究是由哲学的考量，有时是由形而上学动机所驱动的。

由哲学逻辑的目的、本质和特点所决定，要把它的成果转化成对 AI 有用的资源，就必须进行适当的加工和转化。例如，尽管哲学逻辑对 AI 的推理建模有用，但若没有计算工具的运用，没有对推理过程的具体化，就无法让 AI 实现推理；在输入、测试和维护形式化时，若没有计算工具的运用，就很难让人工系统解决大规模的推理形式化问题。

具体的事例足以说明哲学逻辑对 AI 具有不可或缺的、深远的影响。众所周知，麦卡锡是 AI 的奠基人之一，他于 1969 年与同僚合写的《人工智能视角下的哲学问题》①一文有 58 项参考文献，其中有 35 项与哲学逻辑有关。鉴于这样的事实，即使是 AI 专家，一般也不否认 AI 与哲学逻辑在基本精神上具有某种一致性，特别是，AI 在处理与推理有关的大量问题时事实上表现出了对哲学逻辑的依赖性。这一点鲜明地体现在麦卡锡对 AI 追求和其研究工作之中。他一贯倡导这样的方法论，即用逻辑技术将 AI 要解决的推理问题形式化。在他看来，逻辑的形式化能帮助我们理解推理问题本身。而若没有对推理问题的理解，就无法解决问题。很显然，这一方法论具有很强的哲学色彩，但这丝毫不妨碍它在 AI 中的作用。就麦卡锡本人关于 AI 的具体工作而言，他很重视对常识推理这一前科学推理形式的研究，认为它是常人经常要运用的推理形式，如关于从家里到机场距离的判断，对设备故障的判断，对别人心理状态的推理，等等，一般的人都能不费力气地完成。要建模人的

---

① McCarthy J, Hayes P. "Some philosophical problems from the standpoint of artificial intelligence". In Meltzer B, Michie D (Eds.). *Machine Intelligence 4*. Edinburgh: Edinburgh University Press, 1969: 463-502.

智能，让机器表现出人的智能，就应研究和建模这一推理形式。而要想予以建模，就要对之做形式化处理。当然，麦卡锡的计划在 1990 年之前没有得到太大反响，在此之后，情形相反，不仅研究多，而且发展迅猛，如专门的形式化工程在许多方面都取得了成功，特别是，由于将推理的范围扩展到了逻辑技术能应用的领域，因此 AI 中便有越来越多的、新的领域得到开发。

我们不妨将考察的范围再具体一点，如专门研究一下机器的因果推理，通过分析这种推理来探讨哲学对 AI 的作用。

众所周知，因果问题和因果关系推理是哲学形而上学、逻辑学中持续关注的重大前沿课题，研究极其深入，所取得的成果不胜枚举。在 AI 中，因果关系推理不仅被纳入对行动和变化的推理之中，与之融合被人们研究，而且还应用于关于设备、装置的定性推理之中，甚至诞生了与因果关系有关的程序。其中最鲁棒和最先进的程序是珀尔（J. Pearl）等开发的程序，它来自被称作结构方法模型的统计技术。他们认为，事件中的因果关系能根据这些模型推论出来，贝叶斯信念网络可被解释为因果网络。很显然，这一领域与哲学的因果理论有内在的渊源关系，后者无疑是前者的一个理论基础。例如，AI 的因果推理研究呈现出一种趋势，即出现了一种关于因果关系的科学，它把概率论传统、定性物理学和非单调逻辑的成果结合起来，试图具体揭示因果推理的诸阶段，其标志性成果有哈尔佩恩（J. Halpern）的《现实因果关系》一书[①]。他总结了哲学关于一般因果关系的理论，并把它应用于 AI 解决具体推理问题的工程研究之中，如软件故障诊断等。尽管他是计算科学家，但书中充斥了大量的哲学内容。由此足以看出，哲学的有关理论在 AI 因果推理研究中占据着不可或缺的基础地位。

---

① Halpern J. *Actual Causality*. Cambridge: The MIT Press, 2016.

第二节　"AI 中的哲学与理论"

如果"AI 中的哲学与理论"这一提法能成立，那么就可说它较好地回答了哲学介入 AI 基础理论建构究竟有无可能性和必要性这一问题。一个不争的事实是，许多 AI 专家不仅认可、赞同这一表述，而且用自己的实际研究工作加以积极响应，其表现是，这个论断既是一个国际 AI 学术讨论会［2011年 10 月于希腊古城塞萨洛尼基（Thessaloniki）召开］的主题，又是一本汇集参会论文的论文集的名称。该提法不是讲关于 AI 的哲学，而是强调 AI 包含有自己的哲学和相关理论，值得挖掘和探讨。会议的组织者和论文集的汇编者缪勒（V. Müller）认为，这个提法较好地概括了 AI 的特性和传统，因为 AI 一开始就关心哲学问题，其表现是，"AI 在工程技术学科中表现出了这样的独特性，即提出了关于计算、知觉、推理、学习、语言、行动、交互、意识、人性和生命等非常基本的问题，同时对它们进行了基本的回答"，其中不乏哲学的内容。当然，它有时被看作一种"经验研究"。不过，这种经验研究不同于其他经验研究，因为"它有一种基本的工作传统，既是由哲学家所关注的 AI，又是 AI 本身所建构的理论"[1]。

思考一下计算主义、联结主义以及新的情境主义（如具身性方案、镶嵌性方案、延展性方案和生成性方案等）对 AI 的基础理论建设问题的探讨应该有助于我们认识哲学在 AI 理论建设中的地位。我们先看计算主义（这里主要指符号主义或经典计算主义，不包括联结主义这样的计算主义）。一般都承认，在 AI 的形成发展过程中，经典计算主义既是最初的 AI 的一个理论基础，也是后来的 AI 不断向前发展的一个推手。毋庸置疑，计算主义尽管是多学科互动的产物，同时具有学科多态性的特点，但就其主要源流、内容

---

① Müller V (Ed.). *Philosophy and Theory of Artificial Intelligence*. Berlin: Springer, 2013: vii.

和基本倾向而言，它主要表现为一种哲学理论。具言之，主要表现为一种认知-心灵哲学理论，其奠基人、辩护士和发展推进者主要是心灵哲学家，如著名心灵哲学家福多（Jodor）、普特南和汉格兰德等。最明显的是，它本身是基于对思维甚至是对心灵的解剖和特殊的哲学理解而形成的，诞生后由于引出了大量深入的哲学问题，因此一直是心灵哲学中的热点和焦点课题。面对经典计算主义暴露出的深层次的问题，人们既提出了许多技术层面的问题，又进一步思考了许多有哲学意义的问题，并引发了哲学的争论：计算主义把智能、认知理解为计算是否符合它们的实际？它是否有遗漏意识、意向性等根本缺陷？AI 与认知科学是什么关系？AI 的哲学和理论难道不应思考从人类认知、生命到技术功能等更为广泛的问题吗？等等。对这些问题的探讨既促进了计算主义迈上新台阶，如催生了后面我们将看到的所谓的"计算主义新方向"，又导致了非计算主义的认知-心灵哲学理论（如具身性方案和延展性方案等）的诞生。它们在相互争论中不仅推进了自身的发展，而且为 AI 的基础理论研究注入了新鲜血液。例如，它们为 AI 进一步夯实理论基础和选择发展方向提供了三种可能的选项：一是继续坚持原来的计算主义，包括经典计算主义和联结主义；二是拒绝上述方案，强调发展情境主义智能，如具身性方案和延展性方案等就倡导这样的理论基础和发展方向；三是其他方案，如基于神经科学的动力学方案、自主体方案和综合性方案等。

计算主义不仅具有为 AI 奠定理论基础的意义，而且它的理论探讨及所引起的争论还为我们回答 AI 为什么需要哲学这一更深层次的机制问题提供了思想资料。综观有关争论，我们不难看到，AI 尽管在下述两方面取得了进展，一是帮助人们更好地认识人，特别是心智，二是在建造更为复杂的机器方面取得了远超前人的成果[1]，但 AI 的基本概念和基础理论"仍是不清楚的，

---

[1] Davenport D. "The two (computational) faces of AI". In Müller V (Ed). *Philosophy and Theory of Artificial Intelligence* . Berlin: Springer, 2013: 43.

甚至是不可靠的",其改进和完善离不开大量的哲学研究工作。由于缺乏坚实的概念基础,因此 AI 成了一门以未完成的科学为基础的工程学。许多持新计算主义特别是联结主义立场的专家和学者提出,AI 的基础出了问题,不是因为哲学干预多了,而是恰恰相反。要解决上述问题,应加强哲学的研究,因为 AI 需要哲学探讨是由其学科的目的、性质和结构所决定的。在达文波特(D. Davenport)看来,AI 具有两面性:一方面,它是一种基础科学研究,因为它有理解人的认知的目的和任务;另一方面,它是一门工程学科,这一部分的目的和任务是建构具有人类水平能力的机器。[1]基于这一认知,他还站在新的角度对 AI 理论基础建设的具体方向和问题做了探讨,认为 AI 发展的出路是加强对智能自主体的建模,而要如此,一是要探讨自主体发挥功能作用所需的情境,以及它们是怎样发挥作用的;二是探讨自主体交流、存储和识别信息所采用的方式。他的探讨得出的结论是,联结主义方案取代符号主义或经典计算主义方案既有必然性,又有其合理性,因为要解决 AI 的基础问题,必须研究拥有不可思议魔力的大脑。[2]

问题是:用联结主义取代经典计算主义,进而将它构建成 AI 的理论基础真的就大功告成了吗?一些专家通过对联结主义的反思指出,完全把它作为 AI 的理论基础也是靠不住的,因为联结主义的神经网络只有纯粹的前馈,而没有任何形式的处理输入系列的能力。为解决这一问题,联结主义者便设法开发循环神经网络,其中,一些输出(或隐藏层)神经元反馈形成输入向量的一部分,进而为下一组感性输入提供"情境",这相当于向组合逻辑添加反馈循环,以获得时序机,进而提供必要的能力。但在批评者看来,这样做仍无法为 AI 提供可靠的概念基础。要解决这里的问题,出路仍在于加强

---

① Davenport D. "The two (computational) faces of AI". In Müller V (Ed.). *Philosophy and Theory of Artificial Intelligence*. Berlin: Springer, 2013: 43.

② Davenport D. "The two (computational) faces of AI". In Müller V (Ed.). *Philosophy and Theory of Artificial Intelligence*. Berlin: Springer, 2013: 43.

哲学和基础理论研究。因为在范·德·赞特（T. van der Zant）等看来，尽管有经典计算主义和联结主义对理论基础的大量探讨，但"AI 领域尚没有出现一种能揭示创造智能机器基本原理的理论"，这是不利于 AI 的高质量发展的。[①]这里值得我们关注的是，提出这类看法的学者并不是哲学家，因此不可能抱有所谓的"哲学的偏见"。例如，赞特等是从事 AI、科技与社会问题研究的专门学者。他们难能可贵的地方在于，为了建构 AI 可靠的哲学基础，广泛研究了突现论（emergentism）哲学、后结构主义等新思潮。他们认为，AI 从 1956 年正式创立到今天，尽管已出现了三种方案，如从上到下的范式、机器人范式和控制论范式，但它们都没有令人满意地回答创建智能机器所依赖的基础理论问题。他们为弥补这一缺陷，论证了一种生成性 AI 方案。该方案在融合新控制论和后结构主义思想的基础上提出，将新控制论的机制应用到后结构主义的可能空间中，并大胆尝试，有望使智能机表现出与人类相当的心智水平。[②]他们认为，要解决 AI 的基础理论建设问题，为其提供厚实、可靠的哲学基础，必须解决两方面的问题：①潜能与现实化的能力及其关系问题，因为大量的自然和人工系统能用此种关系来描述。②平面本体论与机器门问题。在此，哲学能发挥这样的理论化作用，如把模拟所生成的洞见综合到突现论唯物主义世界观之中，而这种世界观能公平对待物质和能量的创造力。他们承认，这些哲学的概念是从后结构主义中借鉴来的。所谓平面本体论是指这样的理论，它承认个体的怪癖和突发奇想以及它们成为平面存在的地位。这样的平面本体论不能在它们自己的维度之外得到编码（coding）。而机械门是存在于材料中的一组自排序的物质过程，它们能产生突现性现象。他们认为，有这些理论就能研究包括 AI、人类心智在内的功能、性质从潜在

---

① van der Zant T, Kouw M, Schomaker L. "Generative artificial intelligence". In Müller V (Ed.). *Philosophy and Theory of Artificial Intelligence*. Berlin: Springer, 2013: 107.

② van der Zant T, Kouw M, Schomaker L. "Generative artificial intelligence". In Müller V (Ed.). *Philosophy and Theory of Artificial Intelligence*. Berlin: Springer, 2013: 108.

转化为现实的过程，因此它们能成为 AI 理论建设的一个基础。[①]

　　赞特等还对如何在上述地基上建构 AI 大厦做了探讨，如通过大量烦琐的考察，并得出了这样的结论，即智能是大量有关现象相互作用进而从潜在到现实的突现过程。智能要突现出来，不管是在人脑上突现还是在机器上突现，都需保证突现它的系统不能是封闭系统，而必须是开放系统，因为"只有开放系统才能表现出自组织和突现这种属性，而它们正是心智得以建构和出现的必要条件"。在他们看来，心智的这种建构和形成过程及其机制，正是我们创建智能机所需要弄清的东西。他们带着这一观点反观已有的 AI 论述，"AI 中的所有系统都是封闭系统"，因此其表现难以令人满意，而他们为 AI 所做的理论奠基工作则为 AI 的发展指明了这样的方向，即应从封闭系统过渡到开放系统。[②]有这样的开放系统，就能自动生成或建构智能。根据他们的方案，AI 的任务就是研究创建智能机所需的自动生成的方法。[③]

　　再看 AI 基础理论建设中关于意识和规范性这两个最具哲学意味课题的研究。AI 建模中的这两个问题尽管首先是由哲学家提出来的，但并非纯哲学领域的问题，而同时是 AI 研究包括专门研究 AI 的专家无法回避的问题。尽管有一些专家对此不感兴趣，或由于所关注的课题与此没有太多交涉而没有介入有关研究，但许多专家不仅熟悉这类问题，而且作了独到的研究。由此足见无论是 AI 的理论建设还是工程技术探讨都无法回避哲学问题，无法不优先解决哲学问题。许多专家对照 AI 的人类智能原型实例反思 AI 已有研究，从而提出了一种极有影响的观点，即已有 AI 面前横亘着两座难以逾越的大

———————————

　　① van der Zant T, Kouw M, Schomaker L. "Generative artificial intelligence". In Müller V (Ed.). *Philosophy and Theory of Artificial Intelligence*. Berlin: Springer, 2013: 110-112.

　　② van der Zant T, Kouw M, Schomaker L. "Generative artificial intelligence". In Müller V (Ed.). *Philosophy and Theory of Artificial Intelligence*. Berlin: Springer, 2013: 112-113.

　　③ van der Zant T, Kouw M, Schomaker L. "Generative artificial intelligence". In Müller V (Ed.). *Philosophy and Theory of Artificial Intelligence*. Berlin: Springer, 2013: 113.

山，即已有的 AI 一是没有意识特性，二是没有创造力。这里，我们只讨论 AI 与意识的关系这一基础理论问题，至于机器的创造力，我们拟放到本书下篇专门予以探讨。就意识问题而言，上述看法当然是有争论的。因为它的一个前提性观点是，AI 的目的就是建模人类水平的智能，并将其作为模板或原型实例。如果坚持原型实例的多样论，如认为 AI 可以以进化、DNA 和蚁群行为等为模板，或者什么模板都不要，只要让机器实现了需要由人的智能完成的行为就够了，那么结论就大不一样了，即会认为智能不一定要有意识的特性，因为像进化等自然现象所表现出的智能就是如此。

焦瓦尼奥利（R. Giovagnoli）赞成智能建模必须以人类智能为原型实例的观点，进而认为，必须进一步探讨如何让 AI 表现出意识特性这一问题。在考察和探讨关于意识的本体论和道义论的基础上，他强调，可建构介于它们之间的关于人和人工心灵的相容论。这种相容论可成为解决 AI 意识缺失（lack）难题的理论基础。[①]这里所谓道义论是著名哲学家塞尔继"中文屋论证"这一在 AI 哲学中产生了巨大影响的概念之后所提出的又一有争议的理论。

这里的意识本体论强调的是，意识不仅客观存在，而且在智能以及通过人工方式建造的智能中具有举足轻重的地位。一般认为，意识有多种用法和指称：①人对某些状态和过程的觉知；②对自我的觉知，即自我意识（self-awareness）；③把清醒和睡状态区分开来的能力；④对灵魂的宗教意义的把握；⑤意识与无意识维度的心理分析区分；⑥对经验主观性质或感受性质的把握；⑦形成有意向内容的表征状态的能力。塞尔所说的意识，指的是后一种意识，即对信念等意向状态的表征。具言之，这种意识是由内在的、质的、主观的状态和情识或觉知的过程所构成的，是清醒生活中显现出来的一切觉知。从构成上说，它是质性（感觉起来之所是）、主观性和统一性的

---

① Giovagnoli R. "Computational ontology and deontology". In Müller V (Ed.). *Philosophy and Theory of Artificial Intelligence*. Berlin: Springer, 2013: 179.

混合体。焦瓦尼奥利认为，由于意识是智能的根本特征，因此 AI 根据计算主义所建构的所谓人工系统都不具有智能特性，因为它们都没有意识。换言之，计算主义的模型不适用于意识，因为它没有反映心理状态这样的语义内容即"第一人称本体论"。根据这一关于 AI 的基础理论，只有表现了意识特性的 AI 才是真正的智能，或者说，只有建模了意识本体论的 AI 系统才能被认为有真正的智能。

再看道义论。塞尔认为，可把社会当作工程学问题来探讨和建构。顺着这一思路探讨下去，就可建立一种对立于关于意识的"计算观"或"算法观"的"道义论"。根据塞尔所建构的道义论，意识是反映、反省已有心理状态的根本条件，不仅有表征对象性质的特点，而且还有伦理学所说的道义论的特点，即是说，人的有意识生活还有道义论的一面，因为意识代表的是个体维度和社会维度的一种特殊关系，内在包含了人的行为不依赖于信念和倾向的理由。例如，人到饭店吃饭必须付费，不然的话，若都不付费，饭店就会倒闭，这就是人有付费意识的理由。总之，人的意识在道义论上的特点是人的智能的又一特点，即规范的或应然的特点。它根本有别于智能的事实性特点，是 AI 建模无法回避的一个方面。AI 要开发似人或超人的智能，就必须设法建模人的智能的这一特点。[①]不难看出，塞尔基于道义论对 AI 的计算主义纲领的批判是对其"中文屋论证"的继续和发展。他在根据意识、意向性否定 AI 的计算主义的基础上又根据人的智能在伦理道德上的本质特点对计算主义做了进一步的证伪。

焦瓦尼奥利的相容论承认 AI 智能建模关注人的伦理道德特性或实践理性的必要性，但他认为塞尔基于道义论对 AI 的责难是可以化解的，只要我们不把道义论看作计算本体论的组成部分即可。以语言表达能力的建模为例，

① Searle J. *Making the Social World: The Structure of Human Civilization*. Oxford: Oxford University Press, 2010: 140.

我们知道，概念的运用是通过语言表达式实现的，而概念的运用中又隐含着一种推理结构，它本身包含着根本的道义结构。因此在这里，只要承认自主体参与了语言和推理实践，那么就能看到关于自主体的相容论的合理性，因为它说明了人类心智和人工心智共同的实践及能力。[①]

第三节　从 AI 专家的智能观建构看哲学在 AI 中的作用

重视 AI 基础理论研究的许多 AI 专家不仅承认智能观探讨的重要性，而且意识到了这种探讨与时俱进的迫切性。普法伊费尔（R. Pfeifer）等就是这样，不仅对传统的理性主义的智能观作了批判，对现当代兴起的各种智能观作了扬弃，而且经过自己自觉的理论建构，论证了一种"新智能观"（a new view of intelligence）。他们不承认心脑二分，不承认有独立的、能控制人的身体的神经和智能系统，认为智能如果存在的话，不过是一种根据环境变化做出行为反应的能力。他们之所以敢说他们的智能观是新的，是因为他们建构的智能观至少为 AI 的基础研究提供了一个新的视角。他们的底气来自对科学和技术关系的新认知，以及经过一些中间环节为 AI 所做的转化。根据他们的新认知，科学和技术不像过去认识的那样是分立、不相干的，而是密不可分的，且必然与社会的诸方面相互影响。这种关系证明了基础研究的必要性。基于这样的认知，他们认为，这可以为 AI 研究提供新的视角。[②]

他们认为，要建构关于 AI 的智能理论，首先，要弄清具身性及其意义。在他们看来，智能离不开身体的作用。同样，要让机器表现出智能，不仅要重视软件的设计，更要重视硬件的实现。其次，要理解智能和 AI，应深入实

---

① Giovagnoli R. "Computational ontology and deontology". In Müller V (Ed.). *Philosophy and Theory of Artificial Intelligence*. Berlin: Springer, 2013: 185.

② Pfeifer R, Bongard J. *How the Body Shapes the Way We Think: A New View of Intelligence*. Cambridge: The MIT Press, 2007: xviii.

际的设计和建构人工系统的实践中。就机器人的建造而言，它同时是理论探讨和工程实践的统一，因为其目的不仅是要造出更先进的机器，而且是要"知道关于智能的更多东西"。最后，基于上述认知，他们创立了所谓的"综合方法论"或"AI 的基本方法论"——通过创建人工系统来理解一般的智能和 AI，甚至理解一般的生物学。他们说："这样做不仅能让我们研究智能的各种自然形式，还能创造新的智能形式。"根据这一观点可知，智能不仅是多样的，而且具有开放性，因为未来会出现许多现在不存在的可能的智能形式。[①]

　　新智能观的新表现在以下几个方面。首先，它突出具身性对智能的必不可少的作用。[②]他们认为，人的智能除了具有高于动物智能、依赖于符号、理性等特点之外，还存在与身体的特殊关系，如通过身体接受刺激，然后通过身体反作用于外界，进而在反作用中做出新的适应性决策。基于这样的对智能形成过程和内在构成的认识，他们明确提出，智能离不开身体，智能只为具身的自主体所拥有。这样的自主体实即一种物理系统，其行为能在它与环境相互作用时被观察到。根据这种观点，软件自主体、计算机程序都不是具身的，换言之，它们是离身的，因此不能把智能归属于它们。在他们看来，具身性有如下特点和作用：①具身性是思维和认知的促成者，是任何智能的先决条件；②如果承认具身性的存在，那么很多任务的完成就会变得容易得多；③如果机器人或有机体的传感器是物理地安置在身体的适当位置的，那么对传入的感官刺激的预处理就是由传感器本身的配置来完成的，而不是由神经系统来完成的；④通过自主体与环境的相互作用，信息和有关的信号就能在不同的感受通道中生成。不难看出，他们的具身智能观根本对立于过去

[①] Pfeifer R, Bongard J. *How the Body Shapes the Way We Think: A New View of Intelligence.* Cambridge: The MIT Press, 2007: xviii-xix.

[②] Pfeifer R, Bongard J. *How the Body Shapes the Way We Think: A New View of Intelligence.* Cambridge: The MIT Press, 2007: 11.

的心脑二分说、大脑中心论等传统理论。[①]他们明确指出，作为认知主义之基础的计算主义观点，如智能即计算，以及摩尔定律对 AI 未来的预测（计算力每一或两年就会翻番），都是根本错误的。就他们的具身观的意义而言，其最重要的意义是催生了综合方法论。其基本原则是，必须通过设计和建构人工系统的实践来理解智能和 AI。[②]

我们还应看到的是，以具身理论为重要内容的情境化运动不仅是一种充满哲学情趣的思潮、一种学理上的呼唤，而且在普法伊费尔等那里，还是一种工程实践上的创造性尝试，事实上，也给 AI 的工程学和计算机科学带来了新的气息和变化。因为他们受具身理论指导的工程实践除了继续关注软件工程、算法开发、操作系统和虚拟机的研究之外，受四 E（具身性、镶嵌性、生成性和延展性，它们英文单词的第一个字母都是 E，故简称为四 E）方案的启发，他们和其他坚持具身性方案的研究者还尝试突破键盘和鼠标设备的限制，去探讨计算机与现实世界的交互。一种切入和拓展研究的方案是，把传感器、输入-输出设备（如麦克风、摄像头和触摸传感器）安装到计算机中。更新的尝试是设法让计算机技术与世界融为一体，而不是把计算机作为与世界分离的工具。[③]普适计算研究人员开始了这样的研究，即研究人工系统如何感知、影响环境。总之，具身性 AI 有这样的发现和实践，即看到感知系统和运动系统的密切耦合是智能行为的本质特点。相应地，普适计算研究者开始将它们应用到自己的研究之中。[④]

---

① Pfeifer R, Bongard J. *How the Body Shapes the Way We Think: A New View of Intelligence.* Cambridge: The MIT Press, 2007: 19-20.

② Pfeifer R, Bongard J. *How the Body Shapes the Way We Think: A New View of Intelligence.* Cambridge: The MIT Press, 2007: 21.

③ Pfeifer R, Bongard J. *How the Body Shapes the Way We Think: A New View of Intelligence.* Cambridge: The MIT Press, 2007: 47.

④ Pfeifer R, Bongard J. *How the Body Shapes the Way We Think: A New View of Intelligence.* Cambridge: The MIT Press, 2007: 48.

其次，强调智能除了有理性的智能之外，还有依赖于情绪的智能，即受情绪制约或影响的智能。例如，根据情绪去判断情境的能力就是这样的智能。普法伊费尔等说："直觉和根据情绪判断情境的能力像智能测量中的'冷'智能一样是同样值得重视的东西。"①

最后，反对并试图取代传统的符号主义的智能观，原因是它"未能揭示智能的本质"②。

当然，他们承认，由于智能极其复杂和神秘，要下一个定义是极其困难的。鉴于这一点，他们说明智能本质的方式是指出它的特点。他们认为，其主要特点具有合规则性和多样性。例如，有智能的主体会服从他们环境中的物理和社会规则，并利用它们去做出他们的多样行为。③

在新智能观的基础上，普法伊费尔还对作为科学技术研究部门的 AI 的目的和结构作了新的探讨，其认为它由两部分构成，一是研究、开发有实用价值的算法或机器人；二是研究对智能的、生物的或其他东西的认知和理解。④这里尽管没有使用哲学的词汇，但从他们对 AI 的分析可以看出，他们默认了哲学的基础地位，如认为作为研究领域的 AI 有三个目的：一是要理解能完成智能行为的生物系统，特别是要理解智能行为的机制；二是从智能行为中抽象出一般原则；三是利用这些原则来设计有用的人工系统。前两个目的及相应的工作显然与哲学有密切的关系⑤，最明显的是，他们对智能行

① Pfeifer R, Bongard J. *How the Body Shapes the Way We Think: A New View of Intelligence.* Cambridge: The MIT Press, 2007: 12.

② Pfeifer R, Bongard J. *How the Body Shapes the Way We Think: A New View of Intelligence.* Cambridge: The MIT Press, 2007: 18.

③ Pfeifer R, Bongard J. *How the Body Shapes the Way We Think: A New View of Intelligence.* Cambridge: The MIT Press, 2007: 16.

④ Pfeifer R, Bongard J. *How the Body Shapes the Way We Think: A New View of Intelligence.* Cambridge: The MIT Press, 2007: xix.

⑤ Pfeifer R, Bongard J. *How the Body Shapes the Way We Think: A New View of Intelligence.* Cambridge: The MIT Press, 2007: xix.

为机制的理解尽管没有提到哲学的观点，但他们的看法完全是哲学的。他们强调，他们这里所说的机制一是指神经机制或大脑过程，二是指自主体的身体的作用以及身体与世界的相互作用。换言之，智能的机制就是具身性，就是人、人的身体和外部世界之间复杂的交互作用。[1]

他们肯定哲学对 AI 的作用，并通过自己的理论和工程研究将这种作用具体化。当然这里的哲学，不是非认知主义、计算主义的哲学，而是具身主义的哲学。根据这种哲学，智能自主体不只是一种计算程序，更是一种可在现实世界执行任务的主体。这样的主体"不仅是关于生物智能的模型，而且本身也是智能的一种形式"[2]。

在具体说明 AI 与有关学科的关系时，普法伊费尔等由于坚持具身论，其看法与通常的观点具有根本性不同。例如，他们强调，在 AI 所依赖的诸学科中，心理学、心灵哲学和语言哲学不再像在符号主义的 AI 中那样享有中心地位。因为他们的具身智能观对立于心脑二分说、大脑中心论。根据他们对 AI 中诸学科的关系和地位的设想，"哲学和计算机科学仍像以前一样是游戏的主角"，除此之外，扮演重要角色的还有工程机器人学、生物学、生物力学、神经科学等。学科的格局之所以发生如此变化，是因为具身论的 AI 的兴趣发生了变化，即从心理学等关注的高级过程转向了低阶的感知与身体运动过程。[3]随着参与 AI 的学科及其关系的变化，描述该研究领域所用的术语也随之发生了变化。例如，坚持具身论的 AI 研究专家在描述自己的工作时不再会说自己是在从事 AI 研究，而会说，是在从事机器人、自适应系

---

① Pfeifer R, Bongard J. *How the Body Shapes the Way We Think: A New View of Intelligence.* Cambridge: The MIT Press, 2007: 17.

② Pfeifer R, Bongard J. *How the Body Shapes the Way We Think: A New View of Intelligence.* Cambridge: The MIT Press, 2007: 18.

③ Pfeifer R, Bongard J. *How the Body Shapes the Way We Think: A New View of Intelligence.* Cambridge: The MIT Press, 2007: 39-40.

统工程、人工生命、仿生系统研究。

在建构自己的智能和 AI 理论时，他们事实上借用了大量的哲学理论，如哲学的多样性理论、实现理论、时间理论；在讨论理论的本质、认识如何取得进步等问题时，他们自认为用的是科学哲学的思想[①]；在研究机器人的行为时，他们用了三种时间框架或尺度，即"此时此地（看到红灯就踩刹车），学习和发展，进化"[②]。在方法论上，他们建构理论体系所用的方法是典型的哲学方法，如鉴于没有建构智能理论的现成框架，于是设法从各种可能的结构中探讨最好的结构，它既有理解自然和人类自主体的分析要素，又有设计和建构人工系统所需的综合要素，以及有建构新理论、帮人类获得关于智能行为之启示的活力系统隐喻。

普法伊费尔等关于智能的核心主张是一系列设计原则。这些原则一方面阐述了一般智能理论的基本内容，另一方面为设计人工系统提供了工程学方法。具言之，第一，它们例示了他们所倡导的综合方法论，即通过具体的设计和建构实践来寻求理解。第二，通过研究自然进化能获得大量新思想。进化尽管是盲目的，但可看作有力的设计者。第三，元理论原则，这些原则为设计和分析得以进行提供了框架。该原则包括如下几方面：①有涵盖和分析全部一般现象的多样性和合规性原则；②关于"智能"一词运用时的指称原则，它强调的是，当我们用"智能"一词时，它指的是什么；③关于有效的研究方法论的原则，如综合方法论强调，只有在具体建构智能自主体的实践中才能理解智能自主体；④根据实现概念形成有力解释的原则。[③]

---

① Pfeifer R, Bongard J. *How the Body Shapes the Way We Think: A New View of Intelligence.* Cambridge: The MIT Press, 2007: 58.

② Pfeifer R, Bongard J. *How the Body Shapes the Way We Think: A New View of Intelligence.* Cambridge: The MIT Press, 2007: 58.

③ Pfeifer R, Bongard J. *How the Body Shapes the Way We Think: A New View of Intelligence.* Cambridge: The MIT Press, 2007: 65-67.

　　普法伊费尔等提出的带有鲜明哲学特色的问题是：怎样认识认知？所做的回答同样有哲学味道：应研究从零开始的认知。[1]这不禁让人想到奎因和戴维森的工作。为了认识心灵、语言意义、解释、理解的本质，奎因倡导研究从零开始的翻译，戴维森强调关注从零开始的解释。以戴维森为例，他通过对最初解释的生成条件和机制的具体分析和探讨，建构了最具哲学意味的，集心灵哲学、解释学、语言哲学和意义理论等于一体的所谓"解释主义"。普法伊费尔等则提出了关于从零开始的进化智能或认知的浪漫观点。它包含了一种观念，即允许进化智能从"婴儿"发展成"成人"。这样的探讨最重要的成果是，能帮人认识智能如何从无智能状态进化到智能状态，进而在这个转化过程中，看清智能产生所需的条件和机制。这些与戴维森等的创造性工作在形式上何其相似！他们还根据从零开始的智能认知设计了块推杆式（block pusher）虚拟机器人。这类机器人又作为具体的例示进一步说明了智能从零开始发展的过程和机制。[2]

第四节　《剑桥 AI 手册》和有关教科书论哲学
在 AI 基础理论建设中的作用

　　首先看由法兰克希（K. Frankish）等主编的著名著作《剑桥 AI 手册》，这是一本汇聚了众多专家所写的关于 AI 主要专题的论文的综合性论文集。编者对 AI 的理解是，AI 是一门研究多数智能而非单数智能的科学。他们说："AI 是一门理解、建模和创造各种形式的智能的交叉学科。"[3]AI 作为一门

---

[1] Pfeifer R, Bongard J. *How the Body Shapes the Way We Think: A New View of Intelligence*. Cambridge: The MIT Press, 2007: 66-67.

[2] Pfeifer R, Bongard J. *How the Body Shapes the Way We Think: A New View of Intelligence*. Cambridge: The MIT Press, 2007: 183-184.

[3] Frankish K, Ramsey W M (Eds.). *The Cambridge Handbook of Artificial Intelligence*. Cambridge: Cambridge University Press, 2014: 1.

科学的特点在于，它既是基础理论，又是工程技术。一方面，它是抽象的、理论性的，因为它试图构建能丰富我们对认知的理解或帮助我们定义可计算性的理论；另一方面，它是纯实用主义的，因为它重视研究智能机的工程学和应用问题。它同时是认知科学的分支，因为它积极建构能解释人和动物认知的各种维度的模型。有理由说，它也是研究人类心理学科中最年轻的分支。

　　就该论文集的任务和特点而言，它不太关注具体的技术问题，重在反映 AI 的最新发展状态，探讨有关成果的理论和哲学意义，因此，其不仅适合 AI 的专业研究者阅读，而且对认知科学家、哲学家和人文学者也是有用的。其作者要么是 AI 哲学家，要么是有理论兴趣的 AI 研究者。其中的部分文章出自哲学家和认知科学家之手，两位主编也工作于哲学系。哲学家在该书中为什么扮演如此重要的角色？原因是，"哲学介入 AI 的研究是有益的"[①]。其具体表现如下。第一，哲学和 AI 在心性问题上的研究并没有明显的区别。例如，哲学对逻辑推理的研究与 AI 对编码合理性的研究就没有太大区别，最明显的是，AI 离不开知识、表征、推理等大量的哲学概念，无法避开哲学所关注的大量论题和成果。第二，心灵哲学所拥有的下述两大特点为 AI 研究提供了独特的视角，一是对出现在 AI 中的更一般的形而上学、认识论和伦理学问题有独到的理解，这些问题主要包括：意识和机器智能的本质，还原论与解释的层次，符号和表征的属性，非人机器的道德地位，等等。二是心灵哲学对 AI 诸领域中的具体的基础问题有独到的理解，这些问题包括智能、意识、理性、心理表征、知觉经验等。总之，心灵哲学在 AI 的基础理论建构中有其独特的优势和作用。例如，它能从理论上对经验研究做出高层次的阐释，能揭示理论间的联系，善于解决概念和方法论问题。这些对 AI

---

① Frankish K, Ramsey W M (Eds.). *The Cambridge Handbook of Artificial Intelligence*. Cambridge: Cambridge University Press, 2014: 2.

都是有用的。[①]

根据《剑桥 AI 手册》的论题设计和主要内容，我们可以清晰地看到哲学在 AI 理论建设中不可或缺的基础地位和所发挥的作用。该书有这样一些板块：①AI 的理论基础问题；②AI 的构架（符号主义、经典计算主义、联结主义、动力系统、四 E 认知）；③AI 的维度（知觉、计算机视觉、推理、决策、学习、语言、交流、行动、自主体、人工情绪、机器意识）；④拓展与应用（机器人、人工生命、AI 的伦理学）。该书自觉对 AI 的这样一些基础理论问题进行了探讨：①智能软件与认知建模。根据一种对 AI 的理解，AI 在工程技术上的任务就是建构能满足人的需要的智能计算机软件，即有智慧特性的软件，除此之外，AI 也有科学理论探讨、建构的一面，那就是建构像人一样思维的软件系统和关于人类认知的计算模型，以便帮助人们理解人类智能。②符号 AI 与神经网络。③推理与知觉。④推理与知识。⑤表征与非表征。⑥缸中之脑与具身 AI、延展 AI。⑦窄 AI 与宽 AI。⑧非人 AI 与人的级别的 AI。最初 AI 的目的是建构人的级别的 AI，或通过机器表现以人的方式实现的智能。此即强 AI。后来，由于这样的智能难以实现，许多人便转向追求弱 AI。最近又有一种回归人的级别的 AI 的倾向。当然有一些变化，如只是试图建构能表现更一般的人的级别的、能应用到广泛领域的智能的机器。除此之外，非人智能如进化、遗传现象中的似智能现象也成了 AI 的建模榜样。21 世纪第二个十年以来，AI 领域出现了一些新的有前景的方向，如用于数据挖掘的 AI、基于自主体的 AI、软计算、认知计算、AI 在认知科学中的应用等。[②]最明显的是，要回答 AI 是什么，一定会回答智能、心智的本质和标准问题。其重要性如阿尔科达斯（K. Arkoudas）等所说："对智能

---

① Frankish K, Ramsey W M (Eds.). *The Cambridge Handbook of Artificial Intelligence*. Cambridge: Cambridge University Press, 2014: 3.

② Franklin S. "History, motivations and core themes". In Frankish K, Ramsey W M (Eds.). *The Cambridge Handbook of Artificial Intelligence*. Cambridge: Cambridge University Press, 2014: 28.

的细致的哲学思考影响着 AI 本身的进程。"①

下面，我们再来扼要考释该书关于哲学在 AI 基础理论建设中具体作用的论述。先看阿尔科达斯等对 AI 的哲学基础的论述。②他的基本观点是，AI 无法摆脱哲学的支撑和指导，其根据和表现如下：①AI 的许多研究工作是建立在哲学的概念和理论的基础之上的；②AI 的许多梦想源于哲学上一直试图将人类推理机械化的追求；③AI 的许多领域的研究都以关于心灵的理论为支撑和指导。就 AI 本身的界定问题来说，这本身就是一个哲学问题，因为在回答时必定会涉及对智能、智能行为的本质构成，有心智意味着什么，人如何以智能方式行动的回答。而这种回答具有鲜明的哲学色彩。因此没有哲学的介入，我们根本就无法定义 AI。再者，对于什么是 AI 无疑有不同的回答，而每一种回答实质上都是对 AI 的实质、智能观、追求、纲领、方法论等兼有哲学性质的态度展示。

阿尔科达斯等还具体讨论了 AI 与哲学的关系，认为 AI 必然与哲学发生关系。其关系具体包括三种情况：一是 AI 的许多领域必然与哲学发生关系，如对 AI 的本质、定义的探讨等等；二是 AI 的哲学，即对 AI 的哲学基础的探讨，从哲学角度对 AI 的反思，等等；三是许多 AI 问题有哲学的本质，必须从哲学上加以探讨，可把它称作"哲学的 AI"。之所以如此，是因为这些问题与 AI 试图将人的级别的推理机械化的目标密不可分。③相关例子有很多，如框架（frame）问题、可行性推理或如何将推理形式化的问题等。在日常推理中，人们往往先根据一些事例得出结论，然后可能根据新的信息推翻先前

---

① Arkoudas K, Bringsjord S. "Philosophical foundations". In Frankish K, Ramsey W M (Eds.). *The Cambridge Handbook of Artificial Intelligence*. Cambridge: Cambridge University Press, 2014: 34.

② Arkoudas K, Bringsjord S. "Philosophical foundations". In Frankish K, Ramsey W M (Eds.). *The Cambridge Handbook of Artificial Intelligence*. Cambridge: Cambridge University Press, 2014: 34.

③ Arkoudas K, Bringsjord S. "Philosophical foundations". In Frankish K, Ramsey W M (Eds.). *The Cambridge Handbook of Artificial Intelligence*. Cambridge: Cambridge University Press, 2014: 36.

的结论。再如智能机的观念，即使不能说建构智能机是 AI 的全部工作，但至少可以说是其主要任务。很显然，这样的观念和工作本身就包含有哲学的性质。首先，机器要完成的演绎工作就是哲学早就提出并一直在探讨的东西；其次，智能机的理念不过是一种哲学的理念，即让机器像心灵一样去完成逻辑推理。以自动定理证明为例，它旨在让演绎机械化、自动化，而这一工作至少涉及三个层次的问题。首先是证明审查，如基于一个演绎 D，它的目的是从大量的前提 P_1、P_2……P_n 推出结论 P，来决定 D 是不是正确的。其次是证明发现，如基于大量的前提 P_1、P_2……P_n 和结论 P，决定 P 是不是从前提逻辑地引申出来的，如果是，就对它作形式上的演绎。最后是形成推测，如基于一系列前提 P_1、P_2……P_n 形成一个有趣的结论 P。不难看出，第一、第二个问题同时包含重要的哲学和技术问题，第三个问题相对困难，但推测不是无根据的瞎猜，总依赖于一定的信息材料。事实上，人不仅能基于有限的根据得出新的结论，而且能完成创造性任务。应承认，AI 在这方面特别是创造力的建模方面的表现不太令人满意，其原因是，从计算角度模拟存在着许多基础理论和技术上的障碍。例如，我们对创造力的哲学认知十分贫乏，对创造性推理这类高级认知过程的整体特征、内在机制等的认知就是如此。而如果没有这样的认知，要想从计算上实现那当然没有可能性。深入探讨原因和寻找解决方案，除了离不开工程技术上的努力之外，主要依赖于哲学层面的工作。一部分 AI 专家强调，过去在创造力模拟上之所以收效甚微，主要原因是作为指导原则的形式主义、计算主义存在着根本的缺陷。基于这样的认知，有些研究者开始放弃严格的演绎和归纳推理，而转向常识推理，努力开发能模拟常识推理的形式系统。[①]很显然，认知上的这些变化是有哲学的一份功劳的。

① Arkoudas K, Bringsjord S. "Philosophical foundations". In Frankish K, Ramsey W M (Eds.). *The Cambridge Handbook of Artificial Intelligence*. Cambridge: Cambridge University Press, 2014: 39.

阿尔科达斯等还通过考察 AI 的历史和概念根源说明了 AI 与哲学的关系。根据他们的考释，AI 的根源可在近代思想中找到，如霍布斯、莱布尼茨、笛卡儿等提出了基本的构想。当然，AI 的关键概念出现在两门学科的交汇点上，即得益于"认知革命"和图灵等开创的"计算理论"。[①]这两大事件的发生尽管离不开心理学、数学等具体科学的作用，但哲学的作用也是不可否认的，甚至有理由说其中的基本观念、原则主要是哲学的，如认知革命对心灵的认识的否定之否定，计算理论中关于心灵的表征理论和计算观念主要是一种心灵哲学的思想。因此有根据说，正是因为有哲学家几个世纪对机器与智能的思考，才有 20 世纪中叶的 AI 脱颖而出。就此而言，哲学是 AI 诞生的一个思想根源，而 20 世纪中叶的"认知革命"和图灵等的计算理论为 AI 的诞生奠定了科学的基础，纽厄尔和西蒙等的"逻辑理论家"、达特茅斯会议的召开是 AI 诞生的标志。

哲学的作用特别表现在，AI 发展方向的选择、确立、修改都离不开对哲学的思考。例如，最初的方向确立无疑受到了过去哲学家关于机器、思维与智能及其关系的思考；后来方向的不断调整也得益于对哲学的探讨和批评。阿尔科达斯等认为，从哲学上对强 AI 的批评事实上起到了让它调整方向的作用。这些批评来自三个方面，一是德雷福斯（H. L. Dreyfus）对计算机不能做什么的探讨以及据此对 AI 的批评，二是布洛克根据"中国脑思想实验"（让整个中国人口模拟一个人一小时的思维）对机器功能主义的批评，三是塞尔著名的"中文屋论证"。[②]阿尔科达斯等对德雷福斯批评的评价是，这"是经验的和哲学的论证的混合"。从经验科学的角度看，已有的 AI 研究者根本没有兑现他们关于造出有智能机器的诺言；从哲学的角度看，机器之所以

---

① Arkoudas K, Bringsjord S. "Philosophical foundations". In Frankish K, Ramsey W M (Eds.). *The Cambridge Handbook of Artificial Intelligence*. Cambridge: Cambridge University Press, 2014: 40-41.

② Arkoudas K, Bringsjord S. "Philosophical foundations". In Frankish K, Ramsey W M (Eds.). *The Cambridge Handbook of Artificial Intelligence*. Cambridge: Cambridge University Press, 2014: 46-47.

无法模拟人的能力，主要是因为人理解世界和他人的能力是一种非直陈性的、知道怎样做的技能，这是无法被符号主义的 AI 模拟的，因为它是无法言表的、非概念的，并包含了无法被任何基于规则的系统把捉的现象学维度。这些批评都"是正确的"，所提出的问题依然对 AI 和认知科学构成了技术挑战。①在评论第二个批评时，他们认为，布洛克的批评主要是哲学的，其思想实验证明了人类智能的特殊性，而 AI 实现的智能与之有根本的差异，其功能主义基础存在着根本缺陷，"狂妄的功能主义太自由了，要么必须予以放弃，要么必须受到严格限制"。在他们看来，塞尔著名的论证是对强 AI "重要的、有创意的哲学的进攻"②，"对 AI 无疑产生巨大的影响"③。

就 AI 的理论建构来说，智能观必定是其核心构成，而智能观问题主要是哲学家的问题，或至少必须有哲学的参与才能解决的问题。但事实上，AI 研究者都有自己的智能观。由于人们对智能见仁见智，因此迄今指导 AI 工程实践的智能观五花八门，如新老计算主义、符号主义的智能观，联结主义的智能观，动力系统理论的智能观，情境主义或四 E 理论的智能观，等等。尽管各种方案差异很大，但透过细节也能看到一些家族相似的共同性或走势。例如，各种方案强调和突出的东西经历了如下变化，即从静态到动态，从抽象、去情境化到具体、重视情境化，从证明到发现，从孤立的思考到社会的互动，从思维到行动，等等。④再就 AI 的主要理论内容而言，从倾向上说主要有这样一些形态，如经典符号主义的 AI、联结主义的 AI、动力系统理论

① Arkoudas K, Bringsjord S. "Philosophical foundations". In Frankish K, Ramsey W M (Eds.). *The Cambridge Handbook of Artificial Intelligence*. Cambridge: Cambridge University Press, 2014: 47.

② Arkoudas K, Bringsjord S. "Philosophical foundations". In Frankish K, Ramsey W M (Eds.). *The Cambridge Handbook of Artificial Intelligence*. Cambridge: Cambridge University Press, 2014: 49.

③ Arkoudas K, Bringsjord S. "Philosophical foundations". In Frankish K, Ramsey W M (Eds.). *The Cambridge Handbook of Artificial Intelligence*. Cambridge: Cambridge University Press, 2014: 50.

④ Arkoudas K, Bringsjord S. "Philosophical foundations". In Frankish K, Ramsey W M (Eds.). *The Cambridge Handbook of Artificial Intelligence*. Cambridge: Cambridge University Press, 2014: 57.

的 AI、四 E 的 AI、人工生命、进化编程等。从动机上说，有工程技术的 AI，其目的是建构能完成智能行为的人工系统；心理学的 AI，即计算心理学，任务是为智能、心灵建构解释性理论。这些内容至少都有哲学的身影。①

再看比尔（R. Beer）等关于 AI 的概念框架的讨论。所谓概念框架（conceptual frame），既是我们观察世界所无法绕过的过滤器，制约着我们对出现在我们面前的现象的选择，又是我们描述这些现象要使用的语言，还是我们将向这些现象所提出的问题，并决定着我们的答案和对答案的解释。但必须特别强调的是，概念框架由于没有提出可证伪的预言，因此它本身不是科学理论，而只是一种假说。AI 研究一直受到这种概念框架的制约。例如，在过去很长时间内，经典符号主义的概念框架支配着 AI 的理论和工程研究，随着它饱受质疑以及统治地位的丧失，许多新的框架纷纷亮相，争夺支配权，如动力学方案、情境主义方案等。这里简要谈谈情境主义方案。它有三个核心概念，即具体的环境中所完成的行动、情境性、主体与环境的交互。其根源是哲学的现象学和生态心理学。20 世纪 80 年代，情境主义方案开始在 AI 中崭露头角。当然，它与具身性方案、动力学方案有分流与合流的关系。之所以说有分流的一面，是因为这些方案都有自己逻辑上的独立性，有独立的形成、发展的历史过程，是由不同的人在不同的条件下，服从不同目的而创立和发展的。由于它们产生和发展于大体相同的历史时期，有大致相同的目的和问题意识，因此它们之间又有一定的重合并相互作用。②比尔认为，由于它们分中有合，因此可将它们整合起来，形成一种"统一的理论框架"，不妨称作"基本的情境性、具身性和动态性架构"。它有三个假定：第一，大脑、身体和环境都是动力系统，即可概念化为动力系统，每个系统都可用

---

① Boden M. "GOFAI". In Frankish K, Ramsey W M (Eds.). *The Cambridge Handbook of Artificial Intelligence*. Cambridge: Cambridge University Press, 2014: 103.

② Beer R. "Dynamical systems and embedded cognition". In Frankish K, Ramsey W M (Eds.). *The Cambridge Handbook of Artificial Intelligence*. Cambridge: Cambridge University Press, 2014: 136-137.

一系列的状态来描述，而这些状态在时间上的进化是受动力学规律制约的。第二，大脑、身体和环境都是耦合的，如神经系统具体化于身体之中，身体位于环境之中，这种耦合让三个系统保持密切的相互关系。身体与大脑的耦合子系统可称作自主体，从环境过渡到自主体的耦合可称作感觉耦合，反向流动的耦合可称作发动机耦合，自主体行为可定义为发动机运动的轨迹。第三，自主体受到生存能力的限制，即是说，决定自主体动力学的条件决定着它的生存能力。如果生存能力的条件没有被满足，那么自主体就不再作为独立实在存在，不能再与环境发生相互作用。既然自主体离不开身体和环境，只有三者结合在一起才能组成有机的系统，因此其表现出的智能、行为就是整个耦合系统的特性。在比尔看来，未来的 AI 研究应以这种"统一的理论框架"为建模基础。从上述关于 AI 概念框架及其演变的简要分析不难看出，哲学是 AI 概念框架建构的理论基础和生力军。

再看阿隆索（E. Alonso）对以自主体为中心的所谓"新"AI 的分析。[①]很显然，AI 这一领域的哲学味最浓。阿隆索认为，以自主体为中心的 AI 已成了 AI 领域中引领潮流的新走向，可简称为"新"AI。他说："自主体是能将'新'AI 加以具体化的范例。"[②]经典 AI 尽管也关心行动和自主体，但关注的是以相对不变的方式、按事先规定的指令行动的单一、孤立的软件系统。新的技术和软件应用催生了对更具灵活性、适应性和自主性的人工实在的需要，其能在多自主体系统中作为社会实在起作用。顺应这一潮流的研究者坚信，21 世纪的 AI 系统要智能地行事，必须能够在不可预测的、动态的、社会的环境中以自主的、灵活多变的方式完成自己的行动，"新"的 AI 系统

---

① Alonso E. "Actions and agents". In Frankish K, Ramsey W M (Eds.). *The Cambridge Handbook of Artificial Intelligence*. Cambridge: Cambridge University Press, 2014: 235.

② Alonso E. "Actions and agents". In Frankish K, Ramsey W M (Eds.). *The Cambridge Handbook of Artificial Intelligence*. Cambridge: Cambridge University Press, 2014: 244.

会进化成真正的自主体。[①]在阿隆索看来，以自主体为中心的 AI 奉行三个原则，一是自主完成自己的行为，简称"自主性"。所谓自主性是指自主体能自己做出行动的抉择，代表设计者去执行任务。要如此，就要在设计和建模时，设法让其有自主决策和行动的能力。这种自主体不同于传统的软件系统，因为后者不是自主地而是自动地完成自己的行动的。二是能表现适应性行为，因而具有灵活多变的特点。三是能表现社会性行为，在由异质实在组成的环境中，自主体必须有知己知彼的能力，并在有利可图时建立自己的群体。[②]

这种"新"AI 关注的新问题及其所采取的应对策略同样有鲜明的哲学追求和理论基础。它发现的新问题是，研究中的理论和实践之间不一致或产生冲突，因为对自主体的理论探讨和实践建模是按不同路径展开的，结果，设计者难以找到一个统一的方法来将他们的应用程序构造成多自主体系统。就已有的实践来说，多数应用是用一种特殊的方式设计的，如要么是借用传统的方法，要么是根据直觉和经验。因此，要想更好地贯彻理论研究的思路，让应用研究产生更好的效果，就应加强对以自主体为中心的方法论和技术的开发与研究。例如，首先，应开发自主体建模语言；其次，有必要尽快建构能让自主体之间的互操作成为可能的标准，要如此，就要加强对工程本体论的研究；最后，更好地解决可重用性问题。[③]

再来考察一下 AI 教科书对哲学在 AI 基础理论建设中的地位的论述。国内外的 AI 教科书一般都会对智能和 AI 的概念进行澄清和分析。在分析时，这些教材尽管有 AI 独有的方法和内容，但多数会援引和讨论哲学在这些课

---

① Alonso E. "Actions and agents". In Frankish K, Ramsey W M (Eds.). *The Cambridge Handbook of Artificial Intelligence*. Cambridge: Cambridge University Press, 2014: 235.

② Alonso E. "Actions and agents". In Frankish K, Ramsey W M (Eds.). *The Cambridge Handbook of Artificial Intelligence*. Cambridge: Cambridge University Press, 2014: 235-237.

③ Alonso E. "Actions and agents". In Frankish K, Ramsey W M (Eds.). *The Cambridge Handbook of Artificial Intelligence*. Cambridge: Cambridge University Press, 2014: 242-244.

题上的方法及观点。以塔尼莫托（S. Tanimoto）的《人工智能基本原理：基于计算机程序设计语言的导论》一书为例，第一部分的"导论"有六节，分别讨论了 AI 和哲学对智能的不同看法，探讨了"哲学对 AI 的挑战"等具有鲜明哲学性质的问题。在讨论哲学的挑战时，作者认为，建模理智，制造有理智的机器，必然涉及哲学对人、文化的认知，必然要探讨如何设计能获得知识和理性的系统，这些本身就是"具有根本性的理智挑战"[1]。

在讨论 AI 的学科性质时，塔尼莫托认为，AI 既像统计学、数学，同时又像哲学，因为 AI 也关心推理问题。[2]他说："AI 的一个哲学问题也是一个实际问题，即怎样判断 AI 是不是真正的智能。"这是图灵测试所关心的、AI 领域一直在争论的问题。[3]除此之外，AI 还必然要回答大量的哲学问题：什么是信念？人是信念的总和吗？它们能在人工系统中表征吗？人或人格能在机器中表征吗？等等。[4]

第五节　哲学家对 AI 基础理论建设的哲学思考

从哲学角度对 AI 基础理论建设中问题的把脉和诊断，本身就足以说明哲学介入 AI 基础理论建设的可能性和必要性。限于篇幅，本节只扼要考释两位哲学家的工作。

先看著名心灵哲学家和 AI 哲学家汉格兰德在其两本关于 AI 的专著中所

① Tanimoto S. *The Elements of Artificial Intelligence: An Introduction Using LISP*. Rockville: Computer Science Press, 1987: 1.

② Tanimoto S. *The Elements of Artificial Intelligence: An Introduction Using LISP*. Rockville: Computer Science Press, 1987: 2.

③ Tanimoto S. *The Elements of Artificial Intelligence: An Introduction Using LISP*. Rockville: Computer Science Press, 1987: 9.

④ Tanimoto S. *The Elements of Artificial Intelligence: An Introduction Using LISP*. Rockville: Computer Science Press, 1987: 10.

展开的论述。一本是《AI：一个想法》（*Artifical Intelligence: The Very Idea*）。它要论证的"一个想法"就是，"思维就是计算"。在他看来，AI 要如愿兑现自己创造思维机的承诺，就要坚持将思维自然化、计算化的观点。在他看来，AI 研究的目的不在于模仿智能，或生成一些精巧的赝品，而在于制造出"完全和严格意义上的有心智的机器"[①]。这不是科幻，不是梦想，因为"我们人在本质上就是计算机"，智能中最关键的思维就是计算。他说："思维和计算是完全没有区别的。"如果说 AI 在发展中存在亟待解决的问题，那么"真正的问题与先进技术（或有形设备）之间并不存在任何关系，而与深层次理论的假定息息相关"[②]，其中最重要的是关于心智或思维的假定，这个假定归根结底就是智能观。尽管已有很多假定，如传统哲学的理性主义、AI 的符号主义、计算主义等，但值得严肃反思的是：它们是否能成为 AI 可靠的理论基础？它们如何才能成为这样的基础？

汉格兰德在该书中想做的工作是，探索能成为 AI 可靠基础的智能观，具言之，就是对"思维是计算"这一假定做出符合 AI 需要的分析和阐释。他承认，他要阐发的智能观存在"拟人化偏见"或"人类沙文主义"，认为这些内容必须包含在智能概念中，只有这样的概念，才适用于所有的造物。如果抛弃了此"偏见"，"我们就不知道我们在谈论什么"[③]。这样说的意思有点隐晦，他想说的不过是，要认识心灵、思维和智能，必须以人为原型，但同时又不能沿用传统哲学的方法，因为传统哲学没有抓住这些现象中一般的、形式化的特性，这些特性是适用于所有造物的，包括机器这样的人工造物，质言之，它们没有抓住智能等现象中最要紧的东西。就此而言，可以说心灵等其实是为近代科学和哲学所"发明"的一种东西。这就是说，一般人

① Haugeland J. *Artificial Intelligence: The Very Idea*. Cambridge: The MIT Press, 1989: 1.
② Haugeland J. *Artificial Intelligence: The Very Idea*. Cambridge: The MIT Press, 1989: 4.
③ Haugeland J. *Artificial Intelligence: The Very Idea*. Cambridge: The MIT Press, 1989: 5.

所坚信的那种居住在人身上的心灵，其实是科学、哲学、传统势力所构想出来的概念，并不是实在的心灵，但人们都认为它就是人的心灵。[1]在他看来，要揭开它们的"庐山真面目"，必须坚持形式系统的独立化原则。该原则强调的是，"形式系统'独立于'它们具体化所用的媒介。换言之，同一种形式系统可以具体化于任意数量的不同媒介之上，而不会有任何形式上的重要差别"[2]。这实际上就是功能主义的"可多样实现原则"的另一种表述方式。这一原则对于 AI 至关重要。[3]因为只有这样，才算找到了适应于所有造物的智能的本质，才有可能把如此理解的智能推广到人工制品之上。他说："大脑细胞和电子线路显然是不同的媒介，但也许在适当的抽象层次，它们能成为等价形式系统的媒介。如果是这样，计算机的心智就是千真万确的，就像计算机国际象棋棋手是真正的国际象棋棋手一样。"[4]

根据汉格兰德按前述原则对智能的解剖，智能行为一定是按规则进行的行为，如棋手所走的步骤就是如此，所完成的一系列步骤都是由规则规定好了的，正是这些规则让棋手完成了自己的行为。有规则一定有制定和遵循规则的能力，如按特定规则去构思随后的综合操作，规划对规则的遵循。遵守规则的过程也是执行算法的过程。所谓算法就是按部就班的例行程序，如你有一串钥匙，其中有一把可打开面前的锁，但你记不起是哪一把，那么你一把一把按顺序尝试就是一种开锁的算法。因此，算法是实现预期目标不可错的、循序渐进的一组指令。基于这些分析，汉格兰德得出了这样的智能观、心灵观结论："心灵完全可以有自己的计算架构。换言之，从 AI 的观点看，心理架构本身是一个新的理论'变量'，值得由认知科学来研究和说明。"[5]

---

① Haugeland J. *Artificial Intelligence: The Very Idea*. Cambridge: The MIT Press, 1989: 18.

② Haugeland J. *Artificial Intelligence: The Very Idea*. Cambridge: The MIT Press, 1989: 58.

③ Haugeland J. *Artificial Intelligence: The Very Idea*. Cambridge: The MIT Press, 1989: 63.

④ Haugeland J. *Artificial Intelligence: The Very Idea*. Cambridge: The MIT Press, 1989: 63.

⑤ Haugeland J. *Artificial Intelligence: The Very Idea*. Cambridge: The MIT Press, 1989: 164.

根据这种智能观,知觉、推理、认知、计划等确实是变量,但不是能量化的量,如不能用数量、矢量来加以具体说明。控制论术语也无法说明心理现象,就像不能用条件反射、休谟的万有引力式的联想律去说明一样。人身上的确存在联想、条件反射和负反馈,但它们不是心理世界的关键方面。[①]

基于这些论述,汉格兰德探讨了哲学应用于 AI 工程建模的中间转化过程,认为 AI 是通过建模人的心灵而开始的。在具体建模时,把心灵看作符号加工过程或计算,这种做法也并无不妥。问题在于如何将这种计算具体化于人工系统之中。要解决这一问题,首先当然还是要研究人、模仿人。在他看来,以人的心灵为原型样本是没有错的,至少是发展、开发 AI 的一个出路,但问题在于怎样解剖、理解、构想、说明人的心灵。正是看到这一点,汉格兰德在思考 AI 的哲学问题时明确强调,"不应仅从已有的背景和成就来展望未来,而应从 AI 的目标出发,以真实的人为标准逆向思考",去探讨一开始就没有弄清的、直到今天依然如此的人的心灵的本质问题。这些现象对智能建构至关重要,但在 AI 传统内一直没有被同化。

非理智因素的建模也同样重要。过去 AI 对智能认识的问题在于,忽视了感觉、感情、情感、反应在智能形成、构成、运用中的作用,这是应予改进的。汉格兰德说:"情绪对智能不仅是有力量的,而且本身就很智能,对论证和根据十分敏感。"愤怒、恐惧等尽管难以控制,但本身是合理的、必要的、有用的。[②]当然,要评估智能、心智这些非理性的方面对 AI 的意义和作用是十分困难的。例如,感觉是这些非理性因素中相对简单的现象,但也是"极令人困惑的"[③]。尽管电子眼、数控温度器表面上有与人的感知相似的过程和作用,但很难说,它们有同人一样的感觉,很难想象,它们在做出

①　Haugeland J. *Artificial Intelligence: The Very Idea*. Cambridge: The MIT Press, 1989: 173.

②　Haugeland J. *Artificial Intelligence: The Very Idea*. Cambridge: The MIT Press, 1989: 234.

③　Haugeland J. *Artificial Intelligence: The Very Idea*. Cambridge: The MIT Press, 1989: 235.

反应时"感觉"到了什么东西。[①]再就激情而言，它具有合成的特点，其中，一种构成因素是纯生理的，另一构成是感觉的、情感的，还有认知的构成。换言之，激情有认知和非认知两方面，它们界限分明，能通过适当的输入和输出通道双向相互作用。问题是：AI 要不要模仿激情、情感之类的现象？一种观点认为，理智在没有情感、激情的情况下也能发挥作用。因此，AI 即使不进行建模，也能表现出我们所需要的智能。汉格兰德不同意这种观点，认为建模感知、情感、激情的能力是必要的，因为这些能力对 AI 系统很重要。只有具备这些能力，AI 系统才能实现与用户的互动。

怎样看待机器人恋爱、友谊、忠诚、敌对之类的现象？让 AI 模拟人类在拥有这些情感时的行为表现并不难，但是要建模这些行为背后的真实体验、感受则十分困难，甚至不可能。因为无法让它们获得荷尔蒙和中脑，即使可以让它们表面上进入这些状态，但无法让伴随人类经历这些状态时的信念和目的进入机器人那些所谓人际情感状态。再说，人类的人际情感是非常复杂的构造，其中既有感觉的、情感的、现象学的构成，还有价值、评价、假设、承诺、理智、希望和计划之类的因素。最后，人类的这些情感中还有独特的方面，即它们起着充实人类生活、授予生活以意义的作用。在现阶段，要让机器人表现这些构成因素是几乎没有什么可能性的。

汉格兰德还讨论了 AI 的自我建模这一更具哲学意味的课题。切入这一课题首先面对的问题是：已有的 AI 系统有无自我？这个问题有两种变体，一是已有的 AI 系统是否有自我？二是鉴于否定 AI 系统有自我的力量较为强烈，因此改变了提问方式：AI 系统是否可能有自我？或让这类系统表现自我是否可能？解释主义者一般坚持 AI 系统有自我或可能有自我这一观点，而且论证起来也不太难。因为根据解释主义的逻辑，把自我归属于有关 AI 系

---

① Haugeland J. *Artificial Intelligence: The Very Idea*. Cambridge: The MIT Press, 1989: 235.

统，同把信念、愿望等归属于它们一样，可以省去解释上的很多麻烦。例如，要解释打败了世界冠军的下棋软件的行为，使用相信什么、想要什么、关心什么以及自我意识等予以解释（丹尼特所说的基于意向立场的解释）比使用基于计算立场和物理立场的解释要省事且有效得多。如要解释它为何移动女王，可解释说：它想吃掉车和卒。它为何要吃掉它们呢？可回答说：它想摧毁这些防线，以便抓住国王。为什么要这样呢？因为它想赢。为什么想赢？可解释说：它想拿冠军，或让世界震惊。它为什么要这样？因为它想实现自我的价值，等等。总之，只要顺着解释主义的逻辑追问下去，就会得出它有自我的结论，或者说，应把自我概念归属于它，不然的话，就无法解释它为什么要这样走。[①]

汉格兰德认为，解释已有的 AI 具有自我，并不等于说它们事实上拥有自我。他说：“机器和野兽都完全没有自我，这也许就是计算机为什么不能真正‘关心’它的下棋游戏的原因。”[②]从袖珍计算器到专家系统都是如此，它们在相关领域发挥其作用，甚至有很高的能力，但都是无我的。要让 AI 表现自我，当务之急是从哲学和心理学上具体研究人的自我及其与其他构件的关系。在他看来，自我一定有各种情感、意志、理智能力，但成为自我与它们没什么关系，因为它们的存在与否，高低大小如何，并不会影响自我的存在。但这能说明理智和自我是相互独立的吗？智慧和自我可以相互分离吗？回答是否定的，因为自我必定涉及理解、认识、情感、意志、个性等因素。例如，一个人之所以感觉到尴尬、放松、解脱，是因为他有自我和自我意识。汉格兰德说：“自我介入是人的理解过程中不可或缺的组成部分。”[③]再如，人的换位思维，设身处地考虑问题等现象，都最直接地表明了自我的

---

① Haugeland J. *Artificial Intelligence: The Very Idea*. Cambridge: The MIT Press, 1989: 239.
② Haugeland J. *Artificial Intelligence: The Very Idea*. Cambridge: The MIT Press, 1989: 239.
③ Haugeland J. *Artificial Intelligence: The Very Idea*. Cambridge: The MIT Press, 1989: 241.

存在和作用。当然，他承认这里还有其他的争论问题值得探讨，即尚克（R. Schank）等建构的能理解故事的系统有没有自我？这不同于塞尔提出的问题。塞尔的问题是：这些系统有意向性吗？塞尔自己的回答是：没有。由此他引申出了这些系统没有智能的结论，因为智能的本质在于有意向性。有无自我的问题在形式上是不同的，但实质是一致的，即已有的人工系统是否表现出了像人类智能一样的智能。对此，有两种不同回答，一种回答是，这类系统没有真正理解故事，因为它们只有一种形式理论而没有自我。再者，即使能理解故事，也不意味着它们有理智，因为纯理智与文学修养、故事编撰是不同的。相反的观点是，它们不只有理解能力，而且有自己的自我。[①]汉格兰德认为，像伊索寓言这样的故事，其中蕴含的意义，特别是寓意，如它试图体现的对人生、社会、文化的启迪，是人工故事理解系统无法理解的，即使是人，若没有相应的背景和专门知识，理解起来也是困难的。他说："只有当话语本身以完全自然的形式呈现出来（而不表现为纯形式）时，自然理解所隐藏的丰富多样性才能表现出来。"[②]

汉格兰德尽管也像其他否定观点那样否定人工系统有理解故事的能力，但根据大不相同，因为他主要是从自我介入的不可或缺性的角度展开自己的论证的。在他看来，人的故事理解离不开与人的理智紧密相连、不可分离的自我的介入。而机器做不到这一点。他说："我们反对将自我与理智分离开来，因为自我的实时介入是理解日常话语不可或缺的因素。"[③]要让人工系统表现自我，必须对人的自我的构成、作用、生成机制形成可靠的认知。首先，一个系统要让人觉得有自我，必须能够自我表征和反思，同时，它必须具备一系列完整的元认知能力。其次，自我介入之所以出现在人身上，是因

① Haugeland J. *Artificial Intelligence: The Very Idea*. Cambridge: The MIT Press, 1989: 241.
② Haugeland J. *Artificial Intelligence: The Very Idea*. Cambridge: The MIT Press, 1989: 244.
③ Haugeland J. *Artificial Intelligence: The Very Idea*. Cambridge: The MIT Press, 1989: 244.

为人有其特定的动机、动力，而这又必然表现出对自己和他人价值的关注、评价。还有，"自我必须以连续性和正在进行的所有者为前提条件"。例如，人之所以会感到害羞、尴尬、可耻，是因为他是一个有历时连贯性的、负责任的、有性格特征的个体。最后，道德正直、良知、坚持不懈的品质是自我结构不可或缺的构成。[①]未来的 AI 系统要真正拥有自我，建模者必须对人的自我的奥秘有更深入的理解。

　　总之，汉格兰德基于自己对 AI 哲学的理解，采取了计算主义以及以之为基础的谨慎的乐观主义。汉格兰德尽管不赞成悲观主义、怀疑主义，但又认为常见的乐观主义结论过于草率，因为已有的下棋计算机尽管打败了世界冠军，但其所谓的智能与人类的智能还是有差别的。他对自己观点的表述是，"我不相信经典的符号主义 AI 是不可能的，另一方面，我当然不相信它是不可避免的"[②]。AI 要有美好的发展前景，必须重视研究制约 AI 建构的一些因素，如复杂性、元认知、表现力、表征、推理、控制力、逻辑、语义网络、算法等。[③]

　　第二本书是汉格兰德主编的关于 AI 与哲学、心理学关系的论文集《心灵设计Ⅱ：哲学、心理学和人工智能》（*Mind Design Ⅱ: Philosophy, Psychology and Artificial Intelligence*），收录的是该领域开山祖师如图灵、明斯基、纽厄尔等的奠基之作，并包含了编者对 AI 与哲学、心理学等诸多学科关系思考的"导言"和第一篇文章《什么是心灵设计》。[④]其副标题清楚表明了哲学在 AI 中的地位，其内容更是如此。他对主标题"心灵设计"的解释足以说

---

① Haugeland J. *Artificial Intelligence: The Very Idea*. Cambridge: The MIT Press, 1989: 245.

② Haugeland J. *Artificial Intelligence: The Very Idea*. Cambridge: The MIT Press, 1989: 254.

③ Houdé O (Ed.). *Dictionary of Cognitive Science: Neuroscience, Psychology, Artificial Intelligence, Linguistics, and Philosophy*. New York: Psychology Press, 2004: xxvi.

④ Haugeland J (Ed.). *Mind Design Ⅱ: Philosophy, Psychology and Artificial Intelligence*. Cambridge: The MIT Press, 1997.

明这一点。所谓心灵设计，就是一项根据心灵的设计（如它如何建构、如何工作）来理解心灵的事业，这一活动在本质上是一种认知心理学。与传统的研究相比，这一研究对结构和机制的关心胜过以往对关系和规律的关心，对"如何"的关心胜过对"什么"的关心。由于它的目的是理解人类心灵，所用的研究手段是逆向工程（详见第五章），因此可以说，心灵设计是通过逆向工程来完成的哲学心理学研究，进而为 AI 的建模奠定扎实的理论基础。在他看来，AI 与心灵设计之间不存在外在的关系，而是一个统一体，因为作为构建智能化人工制品的 AI 可看作心灵设计的核心工作。①

就 AI 自身的性质而言，汉格兰德认为，它既是哲学又是科学。以论文集所收录的诸 AI 大家的论文为例，这些作品既是哲学，因为它们涉及的是根本性问题和概念，又是科学，因为它们总结了经验科学的成果，回应了经验科学的挑战。

对于实现 AI 的主要形式——计算机来说，对它的理解既是一个技术问题，也充满了复杂的哲学问题，因为它能让人获得关于人及其心灵的新的理解。从哲学上说，它与人一致的地方在于，它完全由物理的零部件构成，但其能表现出被称作智能的行为或结果，这是为什么呢？对理解人有何意义？只要比较就会发现，人其实也是这样，只是构成人的东西是生物的存在。既然纯物理的计算机能表现智能，因此有智能的人也可以是纯物理的存在。另外，它有助于回答长期聚讼纷纭的心身问题。它间接告诉我们，人身上没有独立存在的灵魂或心灵，就像计算机没有这些东西照样可以计算一样。心灵如果存在的话，一定是由组合在一起的生物构件实现的。还有，它对我们理解心灵的设计有启发意义，即应像理解计算机如何实现智能一样去探讨心灵实现智能的方式和机制。

---

① Haugeland J. "What is mind design?". In Haugeland J (Ed.). *Mind Design Ⅱ: Philosophy, Psychology and Artificial Intelligence*. Cambridge: The MIT Press, 1997: 1.

计算机诞生的意义远不止于此。除上述意义之外，还可强调的是，它让图灵想出了著名的图灵测试及其所隐含的心智观。另外，它催生了 AI 这一科技部门的分支，并给人类带来在这一领域实现突破、取得成功的希望。计算机之所以有这样的意义，是因为它是一种极其特殊的按既定规则完成符号加工的系统，它有三个特点：①它是对个别标记或符号的加工系统；②它是数字化的；③它的媒介是独立的。[①]只要交代了下述三件事就完全定义了形式系统，一是一组形式标记，二是一个或多个初始位置，即这些标记的初始形式排列，三是规定这些形式排列如何转换成其他排列的形式规则。

再就 AI 心灵设计理论的建构而言，它的基础建构、夯实显然离不开哲学的贡献。当前已诞生了一些具有哲学性质的心灵设计方案，包括：①多数 AI 专家坚持的人类心灵原型论。根据这一方案，建构 AI 的原型实例只能是人类心灵，因为只有它才能实现真正意义上的智能，其他自然事物如 DNA 即使被描述为有智能，也只能是象征或派生意义的智能。温和一点的观点是，即使承认非人智能的存在和作用，AI 的建模也应该主要以人类智能为模板，因为它是最高级复杂的智能。②坚持泛原型实例论的人反对人类沙文主义心灵观，其认为智能的形式多种多样，甚至机器不以任何已有智能为模板也能实现自己的智能，只要它表现的行为与已有智能表现出的行为没有太大区别就行了。还应看到的是，承认人类心灵是原型实例的人在心灵设计问题上有两种截然相反的立场，一是认为心灵在本质上是数字计算机或它的程序，二是相反的观点。前一观点即经典计算主义或符号主义方案或思维语言方案，由于有直观上可信和工程上易于实现两大优点，因此曾是 AI 中占主导地位的理论。联结主义坚持的是迥然有别的心灵设计原则和路径。其具体内容将在本书第七章中考释，这里从略。

---

① Haugeland J. "What is mind design?". In Haugeland J (Ed.). *Mind Design Ⅱ: Philosophy, Psychology and Artificial Intelligence*. Cambridge: The MIT Press, 1997: 8-9.

汉格兰德对它们的评价是，联结主义尽管对心灵设计和智能建模进行了大量的探讨，硕果累累，但与符号主义方案相比，稍逊一筹，最终的竞争胜利者似乎是符号主义，而"神经网络扮演的不过是硬件角色"，实际有用的心灵设计理论是由符号主义提供的。①两种理论的差异主要表现在思维渊源、设计思想不同。符号主义的理论基础在于，智能是通过明显的思维或推理即对内在符号结构进行理性加工而实现的；联结主义的灵感来自对大脑结构的观察，更看重的是非形式的模式加工，认为这种加工工具具有普遍性。对于联结主义来说，形式的标记是不存在的，因此没有需要从语义上解释的符号。汉格兰德也注意到了具身性和镶嵌性 AI 的心灵设计理念。对于这些新的心灵设计方案而言，符号主义和联结主义可称作内在主义，因为它们有共同思想，即心灵加工是一个从输入到输出的转化过程，而且全都发生在心灵这个系统内部，与身体、环境没有直接关系。而具身性、镶嵌性 AI 认为，智能系统是包括身体与环境及其相互作用在内的更大的系统。

汉格兰德从哲学和认知科学等方面对这些心灵设计方案提出了自己的看法，认为它们尽管各有自己的特点、理论优势和应用领域，但共同的问题是，在根据原型实例设计机器智能时没有关注情感、情绪、自我、想象、意识等，特别是完全没有关注人的内在生活的现象学。因此，尽管机器已变得很聪明，但它缺少的是真正的智能。他说：除了上述问题之外，"已有的 AI 方案没有严肃对待理智，这里所谓理智是指不同于知识及其先决条件的东西"。这样的理智迄今为止当然是动物和机器所无法拥有的，但只要正确加以分析，找到它的满足条件，然后让人工系统具备这些条件，那么让人工系统表现出真正的理智是不难做到的。当然，在具体实现时，应对理智做出分解，即区分出它的具体样式，如推理、理解、创新、自我意识等。以理解为例，他认

① Haugeland J. "What is mind design?". In Haugeland J (Ed.). *Mind Design Ⅱ: Philosophy, Psychology and Artificial Intelligence*. Cambridge: The MIT Press, 1997: 24.

为，只要一个系统具备这三个条件，那么就可以说它能理解它将原型概念用于其上的对象：第一，它能正确地、负责地应用原型概念；第二，它能对原型概念的充分性负责；第三，在根据原型概念把握对象时，它能对世界上会发生和不会发生的事情采取一种明确的态度。[①]

再看哲学家劳氏（E. J. Lowe）对哲学在 AI 基础理论建设中的作用的论述。劳氏是英美哲学界较有影响的心灵哲学家、认知科学和形而上学家。他在思考 AI 与哲学的关系时提出，AI 的许多问题，如机器能否思维等，并不像许多科学家所相信的那样，能通过不费力气地诉诸经验研究得到解决。因为这里有非常复杂的哲学问题，没有哲学的介入是不可能得到真正解决的。例如，"怎样正确地推理之类的规范性问题就不是科学家能处理的事情，只能由逻辑学家、数学家和哲学家来解决"[②]。其原因在于，"推理"及其相关概念，如"理性""合理性"等，在本质上具有规范性，其意义和运用不是依据纯经验根据能弄清的。再者，AI 所说的智能像"理性"一样也是必须诉诸哲学才能真正澄清的概念。就 AI 本身的发展而言，它的成功与失败、顺利推进与障碍重重都与相关哲学问题解决得如何有一定的关系。例如，传统的符号主义 AI 不能解决框架难题、意向性缺失难题，就是因为它没有解决好其中隐藏的有关哲学问题。联结主义模型之所以主要适应于模拟低层次的认知能力，其原因就在于，对大脑、智能等名副其实的复杂性现象做了简单化处理。更为麻烦的是，所有 AI 方案几乎异口同声地说，计算概括了心灵、智能的本质特点，这从哲学上说也是有问题的，因为计算充其量只是概括了心理现象低级的、局部的本质特点，准确地说，用计算说明心智就像过去用白板、有花纹的大理石说明心智一样，不过是一种隐喻。如果一直坚持

---

① Haugeland J. "What is mind design?". In Haugeland J (Ed.). *Mind Design Ⅱ: Philosophy, Psychology and Artificial Intelligence*. Cambridge: The MIT Press, 1997: 27-28.

② Lowe E J. *An Introduction to the Philosophy of Mind*. Cambridge: Cambridge University Press, 2000: 228.

这样的认知，那么 AI 的成功与失败、有希望和前途暗淡，都与它息息相关，真可谓成赖于斯，败也赖于斯。劳氏说："计算的确是我们人的认知能力中的一种形式，我们已看到它是有用的，因为我们已开发出了能为我们完成计算任务的机器。但若认为这些机器的操作为我们所有的认知活动提供了一种模型，那则是对一种隐喻的过度使用。"①很显然，要认识计算的本质，要澄清心灵的计算隐喻的实质和真面目，要厘清计算与心智的关系，没有哲学的介入显然是不能如愿的。已有的对计算、智能的理解，由于缺乏哲学的扎实基础，导致"忽略了我们心理生活的许多方面"，如感性、情感等，同时也没有注意到构成人的本质的许多生物特性，而这些特性是使人成为有目的性、追求目的的理智存在的重要因素。②

小　结

从上面的考察和分析，我们可得出这样的结论：AI 由目的、任务、问题等所决定，必然既有工程技术上的探讨，又有基础理论问题的探讨。其中许多问题如智能和推理的本质等都是多学科问题，其解决无法排除哲学的介入，因此像丹尼特等那样把 AI 等同于哲学的观点尽管有严重的片面性，但断言 AI 的基础理论研究中包含有哲学的成分是合理的、有根据的，且事实上是已有 AI 实际研究工作的组成部分。尽管许多从事具体 AI 研究的人表面上没有触及任何哲学问题，没有运用任何哲学思考，但只要他们的工作旨在让人工系统表现出某种智能属性，不管是类似于人的智能，还是与人的智能无关的、只以自然事物的智能现象为原型，他们的工作中就一定包含哲学性的操作，如对要建模的智能的本体论地位、存在方式、作用过程、机制等方面的思考。

---

① Lowe E J. *An Introduction to the Philosophy of Mind*. Cambridge: Cambridge University Press, 2000: 229.
② Lowe E J. *An Introduction to the Philosophy of Mind*. Cambridge: Cambridge University Press, 2000: 228.

这种思考其实就是哲学的思考。因此，一项研究是否与哲学有关，不在于是否举起了哲学的旗帜，是否运用了哲学的原理、理论和概念，而在于是否触及了哲学的问题。根据认知科学和心灵哲学关于民间（folk）心理学或其他民间理论（如民间物理学、民间本体论、民间化学等）的研究，人类由于生物和文化遗传的作用，生来就具备许多民间的能力和理论，它们内化在人的认知结构之中。当人在思考和解决问题时，这些东西就会潜移默化地发挥作用。例如，民间的本体论、认识论、运动论、动力学、结构论等会不知不觉地发挥作用，使人的认识和思维不可避免地带有哲学的因素。正是在此意义上，认知科学和心灵哲学提出，每个人都是天生的哲学家、心理学家，因为他们不可避免地要用他们心内潜存的民间的能力和知识来认识、解释和预言身边的事情。这就是许多 AI 研究者表面上做的是纯技术工作而实则没有摆脱哲学的影响的根本原因。正是看到了这一点，许多 AI 专家强调，智能建模中值得关注且必须加大力度来研究的一个课题就是常识建模。从认知科学和心灵哲学的观点看，常识中很大一部分就是我们前面所说的各种"民间理论"。

第三章
从 AI 的技术建构工作看哲学对 AI 的作用

本章的任务是通过考察 AI 具体的工程技术实践来揭示哲学在 AI 中的作用。先看英国 AI 专家罗塞尔等的工作。

第一节　AI 的自主体研究及其哲学基础

AI 专家罗塞尔是加利福尼亚大学伯克利分校的计算机科学教授、加利福尼亚大学旧金山分校神经外科的兼职教授、加利福尼亚大学伯克利分校史密斯-扎德工程学教授，创立并领导了加利福尼亚大学伯克利分校人类兼容人工智能中心（CHAI）。与诺维格（P. Norvig）合著的 AI 教科书《人工智能：一种现代方案》享誉世界，流通在 135 个国家的 1500 多所大学课堂。在论述 AI 与哲学的关系、列举对 AI 贡献了思想、观点和技术的学科名称时，他们把哲学排在了第一位。因为在他们看来，哲学的作用在于，提出并回答了堪称 AI 理论基础的问题，如：形式规则能用来推出有效结论吗？心智源自物理大脑吗？知识来自哪里？知识能指导行动吗？哲学已告诉我们，推理就是数字计算，基于初始前提可机械地引出结论，有用的推理能由人工制品来实现，等等。[①]

在他们看来，建造理性自主体是 AI 的核心任务。所谓理性自主体就是

① Russell S J, Norving P. *Artificial Intelligence: A Modern Approach*. 3rd ed. Edinburgh: Pearson Education Limited, 2010: 5-7.

"成功的自主体"，就是我们能有理有据称作"智能系统"的东西。[①]要判断一系统是不是理性自主体，只需看它与环境的关系就行了。若能对环境形成正确的知觉，进而通过效应器恰到好处地影响和改变环境，那么就可称作理性自主体。"用数学语言说，自主体的行为可描述为自主体函数。这个函数就是基于特定知觉从自主体到行为的映射。"[②]自主体函数可从外和内两方面来描述，从外，可用图示化方法来描述，甚至制成表格；从内，可由自主体程序执行的过程来描述。函数与程序的区别在于，函数是抽象的数学描述，程序是运行在物理系统中的具体执行过程。[③]

自主体的种类可根据应用领域划分为炼油自主体、医护自主体和绘画自主体等等；根据其特点可分为可观察的与不可观察的、已知的与未知的、离散的与序贯的、静态的与动态的，确定的与随机的、情境性的和顺序性的、单一的与合成的等等。[④]

自主体的内在结构可用公式来表述：自主体=构架+程序。程序是让自主体的功能或函数——从知觉到行为的映射——得到执行的一系列指令，而让程序得到运行的、具有物理感受器和效应器的计算设备即为自主体的构架或物理构造。

在探讨基于知识的自主体与表征的建构时，他们强调，要实现这一目标，必须首先解决一些技术问题，如语义学、句法、命题证明理论、一阶逻辑以及使用这种逻辑的自主体的实现技术，其中最重要的一环是知识表征。这里

[①] Russell S J, Norving P. *Artificial Intelligence: A Modern Approach*. 3rd ed. Edinburgh: Pearson Education Limited, 2010: 34.

[②] Russell S J, Norving P. *Artificial Intelligence: A Modern Approach*. 3rd ed. Edinburgh: Pearson Education Limited, 2010: 35.

[③] Russell S J, Norving P. *Artificial Intelligence: A Modern Approach*. 3rd ed. Edinburgh: Pearson Education Limited, 2010: 35.

[④] Russell S J, Norving P. *Artificial Intelligence: A Modern Approach*. 3rd ed. Edinburgh: Pearson Education Limited, 2010: 42-45.

必须解决的问题是：应把什么内容放进这种自主体的知识库之中？怎样表征关于世界的事实？怎样将这些事实存储在知识库之中？需要使用时，怎样将其呈现于加工过程？存储和使用好这些知识就是表征理论要解决的问题。

在 AI 的自主体研究中，值得关注的、受哲学影响较深较多的领域还有空间推理和心理推理。以后一推理为例，这一研究的目的是开发可用于人工自主体的心理推理，如对自主体自身和其他自主体做出推理，其理论基础是所谓的民间心理学。根据这种心理学，人们能基于一个人的信念和愿望之类的所谓命题态度推论出他会采取什么行为，反之，又能根据行为去推论出他的信念和愿望。一些 AI 专家基于对人的自心和他心推论的解剖认为，人是因为有民间心理学和心灵理论才有认识自心和他心的推理能力的，因此，AI 在这里的任务就是设法将民间心理学形式化，并授予人工自主体。据说，这样的方案已在自主体的自然语言理解方面有较多应用，并取得了一些成功，如为自主体建构相应的民间心理学，人工系统就能猜测参与对话的他人或自主体的意图（intention）。[①]

AI 要建构能作自主决策的自主体，同样离不开对人的相关能力的哲学认知。AI 专家从哲学视角出发，并结合强烈的应用动机和工程学眼光进行分析，指出人类自主体的特点在于，能独立自主地在变化复杂的条件下作出自己的选择、决策。顾名思义，自主体即能自己决定的主体。人工自主体要成为名副其实的自主体，也必须有理性地决定自己行为的能力。AI 早已意识到这一点，并进行了大量的积极探讨，如建构了基于目的的自主体，它能在好和坏的状态之间做出区分，能完成理论决策，能对结果的性质做出连续评估。不过，在笔者看来，这类探讨的理论基础是心灵哲学中一直存有争议的民间心理学，而非新的自然化了的心灵哲学。罗塞尔等也不隐讳这一点，他们说：

① Russell S J, Norving P. *Artificial Intelligence: A Modern Approach*. 3rd ed. Edinburgh: Pearson Education Limited, 2010: 471-473.

AI "将概率理论与利益理论结合在一起形成了能作理论抉择的自主体，它能基于所相信和所想得到的东西做出理性决策"。再如，"决策理论研究的是，如何根据对行为直接结果的期望在行为中做出选择"①。自主体在评估行为结果是不是自己所想象的结果时所依据的原则是利益最大化原则。可这样表述，自主体应选择能让自主体预期利益最大化的行为。从某种意义上可以说，利益最大化原则是对 AI 全部工作的定义，因为智能自主体必须做的一切不外是计算各种量，以便让自主体的行为利益最大化。②决策之所以具有不确定性，是因为信念、愿望、环境本身具有不确定性，但一旦可能结果状态的利害尤其是利益的质和量确定了，概率确定了，那么利益就会具备确定性。总之，通过把利益理论与概率理论结合起来，可以让自主体选择、找到能将利益最大化的行为。概率论说明的是，自主体基于证据会相信什么；利益理论说明的是，自主体想得到什么；决策理论通过把它们结合起来试图弄清，自主体将做什么。在 AI 专家看来，决策理论可帮助我们建构一种系统，它通过考察各种可能行为进而从中选择一种可导致最佳预期结果的行为，最终完成决策任务。如此建构出来的自主体就被称作理性自主体。

在建构这种自主体的过程中，还要运用多属性利益理论，它处理的是依赖于状态的几种不同属性的利益。在这里，随机控制是一种重要技术，它能帮助系统做出模糊决策。另外，系统要做出决策，还离不开决策网络。这些网络的作用是表述和解决决策问题，它们是对贝叶斯网络的拓展，除了有运气节点之外，还有决策节点和利益节点。根据这些基础理论和对工程学的探讨，已建构出了能作决策的专家系统。与纯推理系统相比，这种专家系统由于包含利益、效用信息，因此具备除推理之外的许多额外能力。它们除了能

---

① Russell S J, Norving P. *Artificial Intelligence: A Modern Approach*. 3rd ed. Edinburgh: Pearson Education Limited, 2010: 610.

② Russell S J, Norving P. *Artificial Intelligence: A Modern Approach*. 3rd ed. Edinburgh: Pearson Education Limited, 2010: 611.

做决策之外，还可利用信息的价值来决定该问哪些问题，能对应急计划提出建议，能对所作决策的敏感度做出计算。

AI 专家也意识到，有些决策极其复杂，并认识到其原因是，行动的结果具有不确定性，行动的回报要等行动完成之后才见分晓。基于这些有哲学性质的认知，有一类研究便专门指向复杂性决策，如设法让自主体具备关于世界的相应的知识以便让它根据变化的情况调整自己的决策。这种决策是不确定环境中的序贯决策，又被称为马尔可夫决策。该决策的完成，一是离不开转换模型，二是离不开奖励函数。在这种决策中，状态系列的利益可能是该系列所有奖励的总和。决策所提出的解决方案其实是一种将决策与自主体可能到达的每个状态关联起来的策略，其中，最优策略可将它付诸实施时的状态系列的利益最大化。[①]

从 AI 的发展特别是跨越式、质变式或部分质变式的发展中，我们可以看到一种规律性的现象，即 AI 的每一次重大进步都得益于人们对照关于智能的认知，从而看到了已有人工系统中的不足、欠缺。在自主体建模中也是这样，理性自主体和情境性自主体设计方案都是由于在进一步解剖人类自主体时看到了新的东西，如他们有理性，与情境高度协调，等等。由于看到了这些，因此专家就开始从工程上探讨，如何通过新的设计让智能自主体也有理性之类的特点。为了实现这一目标，进一步的哲学分析也是必不可少的，因为要让人工系统表现出理性，还必须弄清人类理性的内外结构和表现。根据罗塞尔等的分析，理性的一个重要表现是能基于它的知觉历史采取将预期的利益、效用最大化的行为。[②]要设计这样的自主体，必不可少的是让它具备知觉能力，以及具备根据知觉采取行动的能力。

---

① Russell S J, Norving P. *Artificial Intelligence: A Modern Approach*. 3rd ed. Edinburgh: Pearson Education Limited, 2010: 684.

② Russell S J, Norving P. *Artificial Intelligence: A Modern Approach*. 3rd ed. Edinburgh: Pearson Education Limited, 2010: 1044.

一些专家通过比较人类理性自主体，还发现了 AI 的某些薄弱环节。例如，人能通过感受器和效应器与环境交互，过去的 AI 自主体则未能做到这一点，或表现得不够充分；专家们在建构 AI 系统时，往往只为它们提供输入，然后对输出做出解释。这一基于哲学的认知正是认知科学和 AI 中正在火热行进的情境主义运动的一个认识论根源和引擎。为了解决这类问题，AI 专家受四 E 理论、认知情境化运动的启发，已开始探讨如何让 AI 系统与环境交互。随着研究的深入，AI 系统正经历从只关注软件开发转向对嵌入式机器人系统的开发过程，如此开发的系统真的像人一样有更多、更高级的自主性。它的结构和运行机制如图 3-1 所示。

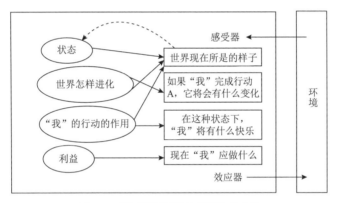

图 3-1 基于模型和利益考量的自主体

根据新的 AI 系统设计理念，智能自主体必不可少的能力是及时追踪外部世界状态的能力。这就是说，这种自主体的一个特点是及时感知和更新内部表征。为了让自主体具备这种能力和特点，AI 专家已探讨了下述具体问题，并卓有成就：如何追踪原子状态表征？对于命题状态表征，如何追踪原子状态？怎样将这类构想扩展到一阶逻辑？对于不确定环境中的概率推理怎样建构滤波算法？等等。现在人们正将滤波算法和感知算法结合在一起，以完成复杂环境下较复杂的任务。

对照人类自主体获得的新的认知，智能自主体除了具备上述能力之外，还具备投射、评估和选择下一步行动的能力，作为偏向表达的利益考量能力，如根据行为的利益最大化原则在各种可能行动中做出选择。智能自主体最重要的能力是学习能力。如果是这样，我们又将再次面对之前的老问题：有理性的自主体是否可能？如何可能？

根据罗塞尔等的理念，AI 的目的和任务就是设计、建构有理性的自主体，而理性是哲学中聚讼纷纭的一个概念，人们对它的本质、标准、结构、样式、条件等有不同的乃至截然相反的看法。众所周知，西蒙曾把理性区分为无限理性和有限理性。前者是知道一切可能性，因此能从各种可能性中挑出最佳可能性进而做出最佳决策的理性，也就是罗塞尔等所说的完全（complete）理性。相对而言，有限理性是人经常使用的不完全理性。根据他们的行为主义界定，完全理性就是能一如既往地做出正确决策、做出正确事情的能力。当然，他们知道，这样的要求从计算上说太高了，因此是不可行的。鉴于这一点，他们只把完全理性作为"工作假说"，即只把它当作分析的一个好的出发点。[①]另外，在《人工智能：一种现代方案》一书的最后一章，他们提出了这样的任务，"现在又到了该重新思考'AI 的目标究竟是什么'的时候"[②]。当重新思考时，他们注意到理性这一概念具有规范性的特点，因为不同的人都有权提出不同的定义，为其制定不同的标准、要求、技术规范和参数。例如，至少有以下四种可能：一是把理性当作前面所说的完全理性。所谓完全理性是指理性基于从环境中获得的信息，能将预期利益最大化。这意味着，理性完全知道每一种可能的行为及其后果。只有这样，它才知道采取哪种行动方能将利益最大化。他们承认，这样的要求太高，计算上太浪费，

---

① Russell S J, Norving P. *Artificial Intelligence: A Modern Approach*. 3rd ed. Edinburgh: Pearson Education Limited, 2010: 1049.

② Russell S J, Norving P. *Artificial Intelligence: A Modern Approach*. 3rd ed. Edinburgh: Pearson Education Limited, 2010: 1049.

甚至不现实，因此理性自主体所需的理性不是这种理性。二是演算理性。这是过去设计逻辑和理论决策自主体时所追求的理性。有这种理性的自主体的特点是，在演算之后最终会重新审慎思考开始时的理性选择。这尽管是一系统表现出的有趣属性，但不能成为 AI 系统所需要的理性。因为人工系统的资源不管怎样增加，它总是有限的，再者，有些理性人工系统由于没有与环境的互动，因此在现实世界不会发挥任何作用。三是有限的理性。这是西蒙所追求的理性。四是有限最优理性。具备这种特点的自主体能在给定的计算资源条件下做出最好的表现。也就是说，有限最优自主体的程序实现的预期利益与运行在其他机器上的程序的预期利益相同。[①]罗塞尔等说："有限最优理性似乎让人看到了 AI 的强理论基础是有希望的。"[②]因为它有其他理性自主体无法相比的优点，如它有完全理性所没有的最好的程序。从实用性上说，有限最优自主体在真实世界中是有用的，而演算理性自主体则没有什么用处。

　　他们也承认这种理性的限制。例如，尽管有可能为简单的机器和有限的环境建构有限最优程序，但不知道在面对复杂环境下更大的通用计算机时该如何建构这样的程序。[③]另外，有限最优理性与真实的智能还有很大的差距，如真实的智能具备灵活的反应能力、三思而后行的能力、各种形式的决策能力，有控制理性的各种方法，储存着大量专门知识，特别是，真实的智能能感知环境的微妙变化，并能理解其中隐藏的复杂意义，还能据以调整自己的行为。更麻烦的是，AI 在建模理性自主体时不管以获得什么样的智能（如扫地、端茶送水等等）为其目的，都一定会涉及智能的标准、本质问题。而这

　　① Russell S J, Norving P. *Artificial Intelligence: A Modern Approach*. 3rd ed. Edinburgh: Pearson Education Limited, 2010: 1049-1050.

　　② Russell S J, Norving P. *Artificial Intelligence: A Modern Approach*. 3rd ed. Edinburgh: Pearson Education Limited, 2010: 1050.

　　③ Russell S J, Norving P. *Artificial Intelligence: A Modern Approach*. 3rd ed. Edinburgh: Pearson Education Limited, 2010: 1050.

是一个极其复杂的、在哲学内没有很好解决的难题。就具体的实践而言，衡量智能的具体标准有很多，如友善、机智、聪明、美感、友好、主动性、幽默感、判断力、可能犯错、从经验中学习、爱上某人、语言表达能力、思想自主性等等。尽管有些程序已有"聪明""机智"等特长，如编译器能做出程序员从未想到的优化方法，数据库程序可以巧妙地创建索引，使检索更快，但它们与有意识的、真正自主的自主体之间存在巨大的甚至根本性的差距。[①]从这些方面看，AI 的理性自主体建模真的是任重而道远。当然，在具备这种值得庆幸的条件下，通过与人类理性自主体的对比，我们明确了 AI 存在的不足和前进的方向。

在罗塞尔等看来，AI 当前最重要的工作是，着力探讨自主的、能交互的系统。而要如此，则应加大对基础理论问题研究的力度，如应进一步深入探讨 AI 的进展、现状如何，该向何处去。[②]在 AI 研究中，人们已把对智能程序的研究与对工具的研究区别开来了。这无疑是明智之举，因为工具的研究固然重要，但不可能让我们接近 AI 的原初目标。纯粹的程序开发也不是 AI 的真正目标。这些工作尽管有成就，但未能兑现 AI 发誓要建构具备通用能力的智能系统的承诺。只有围绕名副其实的自主体展开研究才是出路之所在，才是 AI 应予重点关注的。

第二节　表征与本体论

在罗塞尔等看来，AI 解决表征问题的理论基础是本体论，因此，我们首先探究 AI 中特定形式的本体论。这里的本体论尽管靠近工程技术，但与哲

---

① Russell S J, Norving P. *Artificial Intelligence: A Modern Approach*. 3rd ed. Edinburgh: Pearson Education Limited, 2010: 226-227.

② Alonso E. "Artificial intelligence and agent". *AI Magazine,* 2000, 23 (3): 25-29.

学本体论有密切关系，因为它要弄清的是世界上的事物、属性、关系是怎样存在的，有哪些存在者，它们的结构，等等。从工程技术角度探讨这些问题，让事件、时间、物理对象和信念得到表征，就是"本体论工程学"的任务。[①]我们知道，本体论的研究历史可以追溯到古希腊，特别是亚里士多德已在他的本体论中建构了极有特色的对整个世界的分类或范畴体系。这一工作类似于 AI 中的上层本体论。亚里士多德不仅关注高层的分类，而且通过引入种和属的概念来关注下层的实在。现在的 AI 也重视上层事物之下具体对象的分类问题。

　　能够表征世界上的一切事物自然是极好的，因此，如何尽可能多地让人工系统表征对象同时又适于自主体使用，便是摆在 AI 专家面前的一道难题。罗塞尔等所用的解决办法是使用占位符。他们认为，采取这一办法，任何领域的新知识都能被填充进去。例如，通过对物理对象及其细节的适当处理，新知识便可被填充进去。工程本体论的结构依据的是外在世界的存在结构。在现实世界，抽象的东西包含在具体事物之内。将这种关系表现于本体论之中，就可形成工程本体论的范畴体系构架，其上面是上层本体论，包含的是抽象概念，下层是具体概念。如图 3-2 所示。

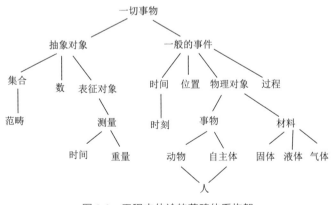

图 3-2　工程本体论的范畴体系构架

　　① Russell S J, Norving P. *Artificial Intelligence: A Modern Approach*. 3rd ed. Edinburgh: Pearson Education Limited, 2010: 430-437.

在工程本体论的世界表征中，上层本体论尽管是抽象的，但其作用不可低估。以电路本体论为例，上层本体论为简化电路作了许多假定，如不考虑时间因素，信号是固定的且不进行传输，电路的结构是恒定的。而要想表征电路中想表征的东西，就必须增加额外的假定。例如，若想说明杂散电容，就需表征电线在电路板的位置；要想表征同时发生的变化以及随时间推移的连续性，就需要更通用、更符合真实世界的本体论。怎样建构这种通用本体论呢？要予以建构，就要了解其不同于具体领域本体论的两个特点：第一，通用本体论或多或少能应用于具体的本体论领域；第二，有办法把不同领域的知识统一起来。[①]已有的所谓通用本体论来自四种途径：一是来自训练有素的本体论和逻辑学专家，二是从一个或多个现有数据库中引进的范畴、属性和值，三是通过解析文本提取信息，四是设法让非专业的、不熟练的人了解常识性知识。

不难看出，工程本体论实际上是哲学本体论在 AI 中的推广和应用。这种推广不是为了猎奇，而是为了扫清计算系统在表征世界的复杂对象时遇到的障碍，进而对本体论的常见范畴，如对象、事件、过程、构成关系、属性、实体、自然种类等形成适合于计算机储存、呈现的表征。例如，对于复合对象这样的构成关系，即一对象是另一对象的组成部分，工程本体论作了这样的形式化处理，即把它称作"……的组成部分"（Part of ...），于这种复合关系的传递性和自反性作了如下的形式化：$Part\ of\ (x, y) \wedge Part\ of\ (y, z) \Rightarrow Part\ of\ (x, z)\ Part\ of\ (x, x)$。经过这样的处理和形式化后，计算系统就能与世界的复杂事态打交道。

就工程本体论已有探讨的状况而言，罗塞尔等认为，这里只取得了有限的成功，离目标和高质量应用仍有巨大差距。再者，不同专家所提出的通用

① Russell S J, Norving P. *Artificial Intelligence: A Modern Approach*. 3rd ed. Edinburgh: Pearson Education Limited, 2010: 439.

本体论只是一种社会协议，只适用于有限的领域，现在还没有公认的通用本体论。[①]有鉴于此，AI 的新倾向是研究和开发更大规模的本体论，如龙内特（D. Lenat）等的 The OpenCyc 项目发布了一个包含 15 万个概念的本体论，不过在基本思想和结构上与罗塞尔等的范畴体系没有根本不同。因为它也有上层本体论，下面是不同层次的较具体分类，最后有像 iPhone 这样的具体概念。还有 Dbpedia 项目，它能从维基百科中提取结构化数据。截至 2009 年，这种本体论囊括了 260 万个概念，每个概念大约有 100 个对应事实。随着表征研究的推进，特别是对常识知识表征问题的关注，在许多专门领域还诞生了一些深层次本体论，如"基因本体论计划"，"化学标记语言"（chemical markup language，CML）等。[②]

　　伴随事件本体论研究的深入，还出现了所谓的事件演算，它关注的是连续的时间演进问题。存在多种不同的方案，其中一种方案试图说明事件逻辑如何映射到我们谈论事件时所使用的语言之上。此外，还有关于情境演算的方案。取代事件和情境演算方案的是流变（fluent）演算方案。还有一些人系统地研究了各种适用于时间表征的技术。罗塞尔等承认，AI 对基于事件的本体论研究与戴维森对事件的分析有一致之处。另外，哲学中关于持续存在的本体论和历史学的编年史研究成果对 AI 关于事件和过程的本体论研究也产生重要影响。

　　心理对象的本体论是哲学和 AI 研究较多、较深入的课题。目前存在三种方案，一是哲学中以模态逻辑和可能世界理论为基础的方案；二是以一阶理论为基础的方案，根据这一方案，心理对象是一种流变；第三种方案是句法理论，根据这一方案，心理对象可由字符串来表征。

---

① Russell S J, Norving P. *Artificial Intelligence: A Modern Approach*. 3rd ed. Edinburgh: Pearson Education Limited, 2010: 439.

② 参见 Russell S J, Norving P. *Artificial Intelligence: A Modern Approach*. 3rd ed. Edinburgh: Pearson Education Limited, 2010: 469.

　　当然，该领域也有质疑之声和唱反调的。例如，对于为所有知识建构单一本体论的可行性，许多人就持怀疑态度，有些人甚至认为这样的计划在很大程度已被放弃了。①

　　再看罗塞尔等的表征研究。由于表征是一个历史悠久的话题，因此，他们在展开新的探讨时，既追溯了它的东方渊源，也承认了它对哲学的借鉴。他们注意到，约在公元前 1000 年时，古印度在对沙斯塔克（Shastric）梵语语法进行理论化时就开始了对表征问题的探讨，古希腊数学的术语定义也有表征的意味，亚里士多德的《形而上学》和《范畴篇》中已包含了丰富的表征思想。在近现代西方哲学中，表征一般是作为观念、表象被研究的。AI 的表征研究最初关注的不是知识表征而是问题表征。到 20 世纪 70 年代，随着专家系统研究的开创，知识表征便成了关注的重点，因为专家系统就是基于知识的系统，只有具备人类专家的知识，系统才能像人类专家那样解决问题。最初的知识表征系统的问题是，太拘泥于特定领域，缺乏通用性。为解决这类问题，有关专家开始研究标准化的知识表征和本体论。这种表征，特别是本体论，具有适用多种不同领域、简化专家创新过程的作用。

　　基于本体论的新型知识表征，可形成这样的具体表征方式，如将有关对象组织为范畴，此为范畴化方式，如西瓜的范畴就是这样组织起来的，即基于它的颜色、大小、形状、被放在货架上等，就可形成"这是一个西瓜"的范畴。借助一阶逻辑，可以将范畴化的下述特点表述出来：①一对象是一范畴的一个成员；②一范畴是另一范畴的一个子集；③一范畴的所有成员都有某些属性；④范畴的成员可通过某些属性来识别；⑤范畴作为整体有某些属性。

　　大规模的知识表征更离不开本体论的帮助，如必须通过本体论才能把具

---

　　① Russell S J, Norving P. *Artificial Intelligence: A Modern Approach*. 3rd ed. Edinburgh: Pearson Education Limited, 2010: 470.

体领域的知识组织和整合在一起。在组织和整合时，通用本体论必须具备各种知识，至少在原则上能处理任何领域的问题。建构这样的本体论当然是对 AI 的一个挑战。罗塞尔等在这里进行了创造性探索，如基于范畴和事件计算，建构了上层本体论。如前所述，它包含十分丰富的构成或存在形式。通过这种本体论，事件、时间和行动要么用情境演算来表征，要么用事件演算这种更有表现力的表征方式来表示，因为这种表征可以让自主体通过逻辑推理来构想计划。[①]

随着表征研究的推进，表征语言应运而生。例如，资源描述框架（resource description framework，RDF）允许以关系三元组的形式做出断言，并能为名称随时间变化而变化的意义提供表示方法。新的研究还在关注常识知识表征问题。

定性物理学是知识表征研究中的又一重要领域，它关注的是物理对象的定性问题，特别是试图建构关于物理对象和过程的逻辑的、非数值的理论。例如，许多研究一直在关注物理世界的构成团块，计算各种团块组件的稳定性，并努力做出建模。有人描述了一种假设的物理过程，以解释小孩的这样的行为，如他们即使不用物理学的高速浮点运算也可以解决常见的建造问题。有人用类似于戴维森所说的事件或四维时空的"历史过程"，来解释这种现象，如人掉到湖里会全身湿透；水龙头一直开着，连接水龙头的浴缸里的水会溢出来；等等。还有人开发了一种系统，其能基于基本方程的定性抽象对物理系统作出推论。随着研究的推进，定性物理学已经能够对各种复杂物理系统作出比较令人满意的分析。相应地，一些定性技术可以用于新型时钟、雨刷和"六条腿"步行者的设计。

总之，即使是作为工程技术的 AI 也离不开基础理论问题的探讨。它除

---

① Russell S J, Norving P. *Artificial Intelligence: A Modern Approach*. 3rd ed. Edinburgh: Pearson Education Limited, 2010: 467-468.

了离不开数学、语言学、逻辑学和工程技术等基础知识之外，还离不开哲学。正是看到这一点，罗塞尔等的《人工智能：一种现代方案》专辟一章——"哲学基础"——来讨论 AI 与哲学的关系。AI 具体的工程技术探讨之所以无法摆脱哲学这样的理论基础，是因为它不得不思考哲学家一直在思考的这些问题：心灵是怎样运行的？机器能像人一样理智地行动吗？如果它们能，它们真的有有意识的心灵吗？对此主要有两种回答，一是弱 AI 假说——AI 能模拟人类智能，二是强 AI 假说——AI 实现的智能就是真实的智能。罗塞尔等的看法是，AI 能否表现智能，取决于如何定义 AI。根据他们的界定，AI 是在给定的构造之上对最佳自主体程序的探索。根据这个定义，AI 是可能的，因为对于有 K 位程序存储的数字构造来说，实际上存在着 2^K 自主体程序，我们在此需要做的首要工作是，对它们进行列举和检验。①

第三节　不完全性定理与 AI 对哲学的依赖性

AI 专家吉利斯（D. Gillies）通过考察机器学习及其与专家系统的联系和逻辑编程及其与非单调逻辑的关系来揭示 AI 领域的最新进展，进而考察这些成果对哲学特别是科学方法论的意义。他说："AI 的相关最新成果给古老哲学问题的解决和以后的哲学争论带来了新的、意想不到的启示。"例如，对我们解决围绕归纳问题的争论、证伪主义与证实主义的争论，探究归纳逻辑是否可能，如果可能，应采取何种形式，都极有帮助。②

吉利斯同时承认，哲学对于 AI 有不可替代的作用，当然，没停留于泛泛的议论，而是通过解剖一个事例，即哥德尔不完全性定理对于 AI 的意义，

---

① Russell S J, Norving P. *Artificial Intelligence: A Modern Approach*. 3rd ed. Edinburgh: Pearson Education Limited, 2010: 1020.

② Gillies D. *Artificial Intelligence and Scientific Method*. Oxford: Oxford University Press, 1996: vii-viii.

来揭示 AI 对于哲学特定的依赖关系。在他看来，AI 的许多基础性问题没有哲学的参与是不可能得到合理的解决的，反过来，若诉诸哲学，就有可能如愿。例如，哥德尔不完全性定理是一哲学逻辑的原则，只要对之作适当的阐发和演绎，就有助于回答有关 AI 的这样一些长期争论而未得到令人满意解决的问题：AI 的发展前景是什么？可能向什么方向发展？能否诞生超越人类智能的超级智能？等等。他说："这类定理表明，AI 能取得的进展是有其限度的，人的心灵至少在许多方面胜过数字计算机。"①

我们知道，哥德尔不完全性定理是针对罗素等数学哲学家的理论而提出的，强调的是，一个理论如果是连贯的，那么它包含的具体的命题就不能在这个理论中予以证明。如果该理论是连贯的，那么该理论的连贯性就不能在该理论之内得到证明。②吉利斯根据哥德尔定理对机器能否做人类心灵所做的事情、能否超越人类心智、怎样看待强 AI 和弱 AI 等问题发表了如下看法：人的心灵原则上可以解决各种理论问题，或有这样的可能性，而机器由于必须服从于形式系统规则，因此没有这样的可能性。既然如此，机器就不可能超越人类心智。③

他还超出哥德尔的根据和论证，对 AI 的有关哲学问题发表了自己"不依赖于哥德尔定理"的见解。他强调，只要看到下述事实，就能得出人类心灵优于机器的结论，即计算机是人为了实现自己的目的而设计和建造的。如果机器没有完成人类设计者让它完成的任务，那么它就会被修改或被重新编程。这些事实让人处在对机器的控制和主宰的地位，如果是这样，人就不可能不具有对机器的优越性。他说："人对计算机的优越性是一种政治上的优越性。"④

① Gillies D. *Artificial Intelligence and Scientific Method*. Oxford: Oxford University Press, 1996: 113.
② Gillies D. *Artificial Intelligence and Scientific Method*. Oxford: Oxford University Press, 1996: 131.
③ Gillies D. *Artificial Intelligence and Scientific Method*. Oxford: Oxford University Press, 1996: 136.
④ Gillies D. *Artificial Intelligence and Scientific Method*. Oxford: Oxford University Press, 1996: 152.

第四节　AI 在科学-前科学系谱中的地位问题

金斯伯格（M. Ginsberg）认为，AI 目前的状况类似于处在襁褓中的婴儿，是极不成熟的。他说："AI 是一门像婴幼儿一样的科学。"[①]其根源在于，基础理论建设极不成熟，尚在草创阶段。他还通过与物理学的发展史的比较说明了这一点，认为 AI 现在的发展状况及水平极像 400 年前牛顿等创立的物理学，充满迷人的问题，让人流连忘返，但由于是初创，因此极不成熟。牛顿自认为，他对物理学的研究就像充满好奇的、在沙滩上玩耍的孩子，只是做了这样的工作，即捡起一些有趣的石头、贝壳，充其量做了一些初步的观察和思考。发展到今天的 AI 也是这样。就其关心的问题而言，由于认识刚刚开始，因此所提出的问题是非常初步的，有些是来自邻近的学科，如来自哲学、语言学、心理学、数学、物理学、决策理论、生物物理学、神经科学等。由于缺乏深入的研究，诸问题内的关系尚未得到合理的梳理，因此 AI 现在就表现为由大量问题混杂在一起而形成的一个研究领域。再就定义而言，尽管 AI 的每本教科书都会从定义开始，但在当前的研究水准下，要给它一个足够明确、精准的定义是不现实的。由此所决定，现在即使勉强为其下定义，也会碰到许多无法解决的问题。例如，有这样一个常见的定义：AI 是构建智能产品的研究领域。其问题是：什么是智能？这在现今是难以回答清楚的。另外，这个定义意味着 AI 主要是一门工程技术学科。这样说，显然是片面的，因为 AI 不仅会涉及大量科学理论问题，而且离不开扎实的科学理论探讨。另一极端的看法是主张，AI 主要的工作是科学理论问题探讨。这同样是片面的。仅强调工程技术和科学理论两方面中的一方面，都

---

① Ginsberg M. *Essentials of Artificial Intelligence*. San Francisco: Morgan Kaufmann Publishers, 1993: vii.

不利于 AI 的进步。麦卡锡说："AI 中的进步不能通过现有技术的渐进性增加而实现。"①

正是看到上述问题，金斯伯格在《AI 概要》这一教科书性质的著作中强调，他能做的是回答这样两个问题，一是 AI 关心什么，如 AI 研究者在研究、思考什么；二是 AI 看起来像什么，如人们特别是研究者对 AI 有什么印象。②在他看来，AI 关心的主要问题有三大类，或有三个子领域，即搜索、知识表征和应用。③AI 感觉起来像什么？研究 AI 的人对 AI 有何感觉？回答只能是，多数人的感觉是既难又容易。AI 这一既难又易的特点正是它迷人、吸引人、令人振奋、欲罢不能的根源，"这就是它有趣、充满魅力的地方，是让它令人兴奋、充满乐趣的地方"④。

就 AI 基础理论建设的现状而言，尽管许多研究者承认基础理论的不可或缺性，且做了大量工作，但是"目前还没有建立起这样的基础，它能支撑已有的、公认的成果，同时又能为更多 AI 研究者的建构工作提供平台"⑤。如果说 AI 处在襁褓期，那么其最重要的表现就是其理论基础建设还处在草创阶段，尚未找到可靠的基础。既然如此，未来的 AI 研究就应在基础理论建设这一块投入更多的力量。金斯伯格本人就是这样身体力行的。例如，在《AI 概要》这本专著中，他除了用开头两章探讨 AI 的基础理论问题之外，还在其他章节对具体技术问题的讨论中不时展开对理论问题的探讨。他的基础理论探讨尽管没有用到太多的哲学词汇，但具体的研究其实充满着十足的哲学意味。例如，他自认为，他对搜索和知识表征的讨论属于"高层次

① McCarthy J. "Epistemological problems of artificial intelligence". In Webber B L, Nilsson N (Eds.). *Readings in Artificial Intelligence.* Los Altos: Morgan Kaufmann Publishers, 1981: 459-465.

② Ginsberg M. *Essentials of Artificial Intelligence.* San Francisco: Morgan Kaufmann Publishers, 1993: 3.

③ Ginsberg M. *Essentials of Artificial Intelligence.* San Francisco: Morgan Kaufmann Publishers, 1993: 10.

④ Ginsberg M. *Essentials of Artificial Intelligence.* San Francisco: Morgan Kaufmann Publishers, 1993: 15.

⑤ Ginsberg M. *Essentials of Artificial Intelligence.* San Francisco: Morgan Kaufmann Publishers, 1993: 15.

讨论"①。下面，再简要考察一下他在若干具体技术问题探讨中表现出的对哲学问题的态度。

他关注较多的一个问题是：怎样让机器模仿人作决策的推理过程？具言之，为谁买？买什么？到哪里买？等等。金斯伯格的看法是，要让机器模仿解决这类问题的过程中所贯穿的推理，首先得知道人是怎样推理的，人推理的条件、过程、机制是什么。根据他的研究，人之所以能完成这类推理，是因为他有关于外界的许多知识，如关于人的喜好的知识，关于商品性能、价格、在哪才能买到的知识，等等。从技术层面说，要让机器完成推理，首先要得到知识。而要让它具备知识，又必须知道编码有关知识的信息和技术，如让知识得到编码的知识表征语言。另外，搜索技术也必不可少，因为人之所以能完成决策推理，就是因为人善于搜索，如要为某人买商品，就要知道他喜欢什么样的商品，同时知道在哪些地方能买到，等等，要如此，就得搜索。②在有些情况下，遍历性的、盲目的搜索是无用的。要在大量信息中找到最佳选项，就得运用智慧，用到有关的知识。AI 要完成推理任务，也是如此，也要用到搜索技术，如启发式搜索等等。③

另一个讨论较充分的问题是 AI 的学科性质问题。它究竟是工程技术还是理论科学，一直是该领域有争论的一个兼有哲学性质的问题。金斯伯格对此极为重视，阐发了自己的独到见解。此前，学界对这一问题已有较多探讨，形成了许多不同的看法，如麦卡锡和海耶斯（P. Hayes）认为，不能通过现有技术的渐进式进步来推进 AI 的发展，而必须同时加强基础理论的研究。④费

---

① Ginsberg M. *Essentials of Artificial Intelligence*. San Francisco: Morgan Kaufmann Publishers, 1993: 18.

② Ginsberg M. *Essentials of Artificial Intelligence*. San Francisco: Morgan Kaufmann Publishers, 1993: 19-20.

③ Ginsberg M. *Essentials of Artificial Intelligence*. San Francisco: Morgan Kaufmann Publishers, 1993: 20-28.

④ McCarthy J, Hayes P. "Some philosophical problems from the standpoint of artificial intelligence". In Meltzer B, Michie D (Eds.). *Machine Intelligence 4*. Edinburgh: Edinburgh University Press, 1969: 463-502.

根鲍姆（E. Feigenbaum）等认为，AI 是一个工程学问题，只要有足够大的知识库，就能让人工系统表现出智能行为。基于这样的认知，他们将解决 AI 问题的重点放到了开发尽可能大的知识库之上。[1]他们还从他们的实践中总结出了关于推进 AI 发展的三个原则，第一是知识原则。它强调的是，大型人工系统的性能是通过使用特定领域的信息实现的。其困难不能用通用方法去解决，而只能靠增加知识。第二是宽度假说。它说的是，直陈式系统由于专门领域知识的限制会逐渐降低性能。第三是经验探索假说，AI 在目前主要是不同于理论学科的实验学科。

　　金斯伯格不赞成关于 AI 是实验学科的结论。因为在他看来，像 AI 这样的研究的进步并不绝对源于实验，当然也不绝对源于理论探讨。质言之，要具体情况具体分析。它的有些进步要靠实验，有些则要靠理论探讨。这就像爱因斯坦的广义相对论一样，它是通过理论探讨建立起来的，但在建立起来之后，它又有实验上的有效性，如有对宇宙的预言作用。[2]就 AI 而言，20 世纪 70 年代以前，AI 中流行的观点是，人和机器的非单调推理只要加以形式化，在本质上是没有区别的。70 年代后，是理论探讨而非实验研究发现了这一观点的错误。这一理论上的成果对 AI 产生了巨大影响，因为如果基础的数据库不是单调的，那么我们所建构的算法就都会失败。[3]

　　金斯伯格还提出了关于 AI 这样的问题，AI 在科学与前科学的系谱中处于什么地位，此即 AI 现在状况的认定和评价问题。这样的问题显然是必须有哲学参与才能予以解决的。他说："AI 与炼金术的类比在我看来是一个不错的类比。"当然这样说没有贬斥的意义。[4]众所周知，炼金术是化学和其他现代相关科学的先驱。使炼金术举步维艰的是它试图解决的是这样的问题，

① Lenat D, Feigenbaum E. "On the thresholds of knowledge". *Artificial Intelligence,* 1991, 47: 185-250.

② Ginsberg M. *Essentials of Artificial Intelligence*. San Francisco: Morgan Kaufmann Publishers, 1993: 397.

③ Ginsberg M. *Essentials of Artificial Intelligence*. San Francisco: Morgan Kaufmann Publishers, 1993: 397.

④ Ginsberg M. *Essentials of Artificial Intelligence*. San Francisco: Morgan Kaufmann Publishers, 1993: 398.

即怎样将铅之类的廉价金属转变成金子之类的昂贵金属。AI 现在就像早中期的炼金术一样，它可能为未来的科学技术和社会文化带来不可估量的影响，但它同时也面临着如何让机器拥有智能这一极其困难的问题。当然，AI 也有不同于炼金术的地方，如 AI 的难题尽管很难，但不是没有解决的可能；而炼金术的问题既困难，又没有解决的希望。两者可类比的地方还在于，17—18 世纪的炼金术认为，热是转化的重要条件，而 AI 认为直陈知识对成为智能至关重要。炼金术这样的认识让它走上了科学的道路，至少让它有催生现代化学诞生的作用。例如，看到热的重要性后来促使人们对燃烧展开研究，进而认识到，燃烧是通过释放被称作燃素的物质到空气中而完成的。另外，有关的观察让炼金术士认识到了"降燃空气"，即被清除了燃素的空气。这就是后来化学家所认识到的作为燃烧必要条件的氧气。AI 所形成的许多思想和技术也是这样，尽管现在无法肯定它们就是科学技术，但它们中的一部分可能是具有革命意义的科学技术，至少有催生、派生新的思想和技术的力量。至于 AI 在科学和前科学的系谱上是否类似于化学之前的炼金术这一极其复杂的哲学问题，斯金伯格的观点是不确定论。他认为"现在尚无条件给出确定的回答"，因为在 AI 中，已出现了真正的科学研究，或有前途的科学课题，但又必须承认，它缺少成熟科学所必需的连贯性和严谨性。这也就是说，已有的 AI 研究中既有属科学性质的研究，也有属前科学性质的研究。但不管怎么说，"这一学科是值得探索的"①。这里关键是要有对它的包容、耐心和期待态度，因为任何科学事业都难免犯错误。任何科学在其发展进程中，一是自身经常会犯错误，二是因受到科学外的力量的错误对待而以扭曲的甚至可恶的形象显现出来。例如，它们经常碰到这样一些窘境：第一，它们常被错误认知，这种错误源于公众对它非现实的看法和不切实际的期待；第二，

---

① Ginsberg M. *Essentials of Artificial Intelligence*. San Francisco: Morgan Kaufmann Publishers, 1993: 399.

它们常被误解，这是因为它们的长期目标尚未为公众所理解；第三，它们可能被错误应用，如好的技术被用来服务于邪恶的目的。AI 事实上或可能碰到这类问题。如果是这样，我们就应在看到它不成熟的一面的同时，对它充满希望和信心。[①]

第五节　机器学习与心理测量学的 AI

从机器学习适合解决的问题看，它无疑是离哲学极遥远甚或与哲学不沾边的工程技术部门。例如，它可能的应用领域不只是预测文档标签或分类，还有这样的应用领域：①为文本指定主题、类别，垃圾邮件检测，自动确定网页内容是否适用；②自然语言处理；③计算机视觉应用；④计算生物学应用。除此之外，其他还有大量应用，如信用卡欺诈检测，网络入侵防范，学习下棋等游戏，汽车等的无辅助控制，医疗诊断，搜索引擎，信息提取等。

再就机器学习的具体结构、实现方式等而言，其中似乎也看不到受哲学影响或与哲学发生关系的可能。以垃圾邮件检测为例，这种学习程序就是把邮件分为垃圾和非垃圾两类。要理解这样的机器学习之应用步骤，须明白下述概念：①样本，即用于学习或评估的数据项或实例；②特征，即属性的集合，如电子邮件信息中消息的长度、发送者的名称、消息头的各种特征等等，通常被表征为向量；③标签，即赋予样本的值或类别；④超参数，即不由学习算法决定而由其指定为输入的自由参数；⑤损失函数，即用来检验被预测标签和真实标签之间差异或损失的函数；⑥假说集，即一组将特征向量映射到标签集合上的函数。此外还有训练样本、验证样本和测试样本等概念或步骤。

机器学习的典型阶段如图 3-3 所示。

① Ginsberg M. *Essentials of Artificial Intelligence*. San Francisco: Morgan Kaufmann Publishers, 1993: 402.

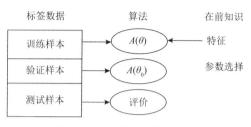

图 3-3　机器学习的典型阶段

以定义垃圾邮件问题的机器学习为例，其出发点是一个给定的带标签的样本集合，然后随机将它们分为训练样本、验证样本和测试样本，接着，将有关特征与样本关联起来。在此基础上，用选择好的特征，通过调整其自由参数的值 θ 来训练学习算法 A。对于这些参数的每个值，算法会从假设集中选择一个假设。例如，在验证样本中选择一个性能最好的，即 θ_0。最后，利用这个样本，来预测测试样本中例子的标签，并用与任务有关的损失函数来评价算法的表现、性能。[①]

就其实质而言，机器学习可定义为用经验来改进行为或做出准确预言的计算方法。这里的经验是学习者过去所得到的信息，在 AI 中通常表现为被收集的并能用于分析的电子数据。学习建模所面临的首要问题是，如何使用随机选择文档的有限样本来准确预测未查看文档的主题。

再就机器学习研究的主要工作而言，它们似乎都是形而下的纯技术性的工作。例如，一是设计高效准确的预测算法。这些算法的质量如何，取决于它们的时空复杂性，特别是样本复杂度。由于机器学习算法的成功主要取决于所使用的数据，因此机器学习与数据分析和统计有着密切的联系。二是研究人类的学习，将它作为机器智能的模板。[②]三是这样的合成方案，即把机

---

① Mohri M, Rostamizadeh A, Talwalkar A. *Foundations of Machine Learning*. Cambridge: The MIT Press, 2018: 5-6.

② Mohri M, Rostamizadeh A, Talwalkar A. *Foundations of Machine Learning*. Cambridge: The MIT Press, 2018: 5.

器学习与图灵式的编程方案结合起来。它开始时并不预编程序，因为它的任务是通过学习来设计获得内容的程序。四是"种子 AI"。这是图灵式子机器概念的一个变种。如图灵所设想的，子机器有一个相对稳定的构架，这个构架通过积累内容可发展其潜力。种子 AI 是一种更复杂的 AI，它有改进自己结构的能力。在种子 AI 的早期阶段，这些改进是通过试错、信息获取或程序员的帮助完成的。在后期阶段，这种 AI 能充分理解自己要做的工作，并自己设计新的算法，建构能引导认知行为的计算结构。有了这样的能力，种子 AI 就有"递归自改进"的能力，进而能够迭代以增强自己的能力。五是全脑模拟或上传。在这里，智能软件是通过扫描和直接模拟生物大脑的计算结构而形成的。

从上述对机器学习的简要考察可以看出，机器学习作为 AI 中一个新的、充满希望的热门研究领域似乎不可能与哲学发生什么关系，更不会受其指导。事实上也存在这样的观点，如认为机器学习与哲学八竿子打不着，无法提出什么哲学问题，只有计算、算法方面的问题。退一步说，机器学习中的概念、思想表面上很哲学，其实并没有人们想象的那样哲学。[①]但是，只要承认机器学习同样有建模任务和工作要做，就会得出不同的结论。丹克斯（D. Danks）认为，机器学习中同样包含有哲学的问题和工作。例如，有一观点认为，机器学习的具体事例千差万别，里面没有共通的结构和算法，类似于统计学，如果是这样，说机器在学习，是什么意思？或在什么意义上能说它在学习？更有争论的问题是：机器能做学习这样的事情吗？人真的是用算法学习的吗？就"机器在学习吗"这一问题而言，它实际上涉及两类问题，一是哲学的问题，二是认知理解中的一些空白问题。就前一类问题而言，人的学习是一种认知现象，而认知现象除了符号转换之外，还有语义加工，而机器完成的所谓学习过程只是符号的转换过程，使用的是数据中的模式或统计规则，

① 参见 Danks D. "Learning". In Frankish K, Ramsey W M (Eds.). *The Cambridge Handbook of Artificial Intelligence*. Cambridge: Cambridge University Press, 2014: 158.

其成功离不开结构性推理，并未涉及语义内容，没有意向性。这一论证的结论是，机器学习是有用的，但不是严格意义上的学习。要回应这一论证提出的问题，显然必须超出机器学习的技术探讨，去关注和探讨里面更深层次的问题，其中当然少不了哲学的问题。机器学习的研究之所以无法排除哲学的介入，最重要的原因是，任何学习都有其不可回避的元问题，如什么是学习，学习与非学习的区分标准是什么，学习能力从何而来，人最初的学习能力是不是通过学习得来的，学习之完成的机制是什么，等等。要解决这些问题，没有哲学的介入是绝对行不通的。再者，在具体解剖学习时，还会发现学习离不开洞察力、创造力这样的元素，更重要的是学习离不开不可预测或解释的直觉上的飞跃。如果是这样，学习过程中就至少包含有非算法的因素。尽管可为机器学习编写算法，但丹克斯说："要指定和控制算法，测验各种假说，解释算法输出，机器学习的实践必须包含有人的因素的作用。"质言之，算法的编写和应用都离不开人的控制。就此而言，只有人才能完成学习任务，机器之上不可能有真正的学习发生。①

这里其实已触及了另一个更根本的哲学问题，即判断学习真假的标准问题，如当我们说机器的学习不是真正的学习时，我们是以人的学习为标准的。问题是：这个标准是否可靠、合理？这里，我们也可提这样的元问题：确定标准时应以什么为标准？以人的学习为标准是否有人类沙文主义或人类中心主义倾向？为什么不能以机器的学习算法为标准？丹克斯的看法是，即使以人的学习为标准，但由于目前尚没有关于人如何学习的完善的模型，因此我们就无法弄清，机器算法被判断为学习需要满足什么样的标准。②当然应该承认，人的学习在有些方面优于机器学习，如人组织不同信息和背景知识的

① Danks D. "Learning". In Frankish K, Ramsey W M (Eds.). *The Cambridge Handbook of Artificial Intelligence*. Cambridge: Cambridge University Press, 2014: 161.

② Danks D. "Learning". In Frankish K, Ramsey W M (Eds.). *The Cambridge Handbook of Artificial Intelligence*. Cambridge: Cambridge University Press, 2014: 161.

能力是机器无法相比的。但不能由此得出结论说，我们的学习中有机器完全没有的东西，机器的算法不是学习；而只能说，人的学习中有其独特的方面。

这里的问题还在于，判断机器学习是不是真正的学习还有角度选择问题。例如，是应看它的内在结构、过程，还是看它的功能作用、行为以及所产生的结果？如果只是看行为，看结果，即以图灵测试为标准，那么可以说，机器学习是真正的学习；如果要以人的学习过程为标准，或以此过程后的基础过程、结构、机制为标准，那么显然会得出机器学习不是学习的结论。因为机器在完成所谓的学习任务时，其内无疑没有人那样的内在过程，更没有出现其后的基础过程和机制。在这种情况下，我们在研究机器学习时若硬要以人的学习过程、机制为建模的原型实例，那么建模就无法继续做下去，因为对于制约人类学习的基础过程、机制，我们所知甚少。丹克斯说："在理解基础过程方面我们有巨大的认知空白。"[①]

笔者认为，鉴于上述情况，加上包括学习在内的认知过程有可多样实现的特点，即同一功能可用不同的方式去实现，就像记忆既可以由人脑实现，也可用计算机硬盘来实现，还可用图书馆来实现，等等，因此在让机器表现学习这一性能时，既没有可能也没有必要强调以人的学习的实现方式去实现，只要机器表现出了人完成学习的行为或效果就够了。例如，在电脑上搜索文件，一次或两次输过一个文件的名称，以后再搜索这个文件时，只要写第一个字，它就把全名都显示出来了。在这里，我们就可把搜索系统的这种行为称作学习，尽管它的实现过程与人完成这一行为的过程完全不同。还应看到的是，在 AI 和哲学界，不赞成把人的学习过程、机制作为学习的标准大有人在，如丹克斯也认为，仅根据机器学习在性质上不同于人的学习就认为机

---

① Danks D. "Learning". In Frankish K, Ramsey W M (Eds.). *The Cambridge Handbook of Artificial Intelligence*. Cambridge: Cambridge University Press, 2014: 161.

器的算法不配有"学习"的称号，"是根源于无知"①。

机器学习的研究尽管现在很火，但由于其有难以捉摸的特点，因此有些人认为它是黑箱，有些人认为它充满神秘性。例如，它能在没有任何指导的情况下获取数据，并以一定方式揭示世界的部分真实结构。其实，它一点也不神秘，不过是做了一些自动统计的工作，通过这一过程发现和利用数据之间的结构关系。机器学习之所以有其优势和劣势都是由它的上述本质特点决定的。其优势在于，为认识世界的结构和变化开辟了新的途径，利用得好就可以用数据中的结构来生成关于世界上的结构和关系的知识。其劣势在于，由于它目前主要是基于统计分析而完成所谓的学习任务的，因此其准确性有时是较差的；再则，由于已有认知科学对人类学习的内在过程、机制特别是高级复杂学习所依赖的先天资源认识较少，因此机器目前所表现出的学习能力由于没有高级复杂的样板因此其档次是不高的。这也从一个侧面说明，哲学在这里仍是大有用武之地的。

再简要考察一下心理测量学的 AI。这个概念是著名 AI 专家、计算创造力研究的得力干将布林斯乔德提出并阐发的。②

根据他的溯源，用心理测量的方法去实现机器智能这一发展 AI 的方案是纽厄尔于 1973 年提出的三种实现 AI 的方案中的一种，其他两种方案分别是认知架构和 AI 的方式。③布林斯乔德自认为，他自己的工作不过是光大发扬"心理测量学的 AI"。

先看纽厄尔不被重视的开发机器智能的第三条道路。他对当时的 AI 的

① Danks D. "Learning". In Frankish K, Ramsey W M (Eds.). *The Cambridge Handbook of Artificial Intelligence*. Cambridge: Cambridge University Press, 2014: 162.

② Bringsjord S. "Psychometric artificial intelligence". *Journal of Experimental and Theoretical Artificial Intelligence*, 2011, 23 (3): 271-277.

③ Newell A. "You can't play 20 questions with nature and win". In Chase W (Ed.). *Visual Information Processing*. New York: Academic Press, 1973: 1-26.

研究是不满的，因为已有成果几乎没有揭示智能作为认知加工的本质。在他看来，人之所以有智能，是因为人不过是认知加工器，心灵不过是计算机。建构机器智能的出路就是研究、理解、模拟人的心灵。但有三种前进方向。一是完全的加工模型，这其实就是当今时兴的认知构架方案。二是分析复杂的任务，这是一种实验策略或范式，例如将国际象棋作为一个超复杂的任务来研究。要如此，就要建构关于人类行为的理论。三是用一个程序去解决许多问题，完成许多任务。这是许多人忽视或没有注意到的方案。它强调的是，将许多实验任务集中起来，构建一个单一的系统来完成所有的任务。这个系统是人类加工器的模型。这一方案实际上是关于 AI 的以测量为基础的方案。根据这一方案，建构 AI 就是按照统一的智能测量标准如斯坦福-比奈智力量表（Stanford-Binet Intelligence Scale）或韦氏成人智力量表（Wechsler Adult Intelligence Scale，WAIS）去编写程序。

布林斯乔德认为，之所以应发扬光大关于 AI 的心理测量方案，是因为只有这样才能让 AI 表现出真正意义的智能。什么是真正的智能？只有通过心理测量研究才能给出令人满意的答案。心理测量学致力于研究用来测量心与非心理的属性的方法，其中包括智能。在揭示智能的标准时，心理测量学认识到了这样的充要条件，一自主体是有智能的，当且仅当他或它能通过确定的、有效的智能测试。[1]由于我们在本书下篇中将具体讨论心理测量学的问题，因此这里从略。我们这里只想强调的是，纽厄尔和布林斯乔德所倡导的"心理测量学的 AI"作为让 AI 具体实现的多种方案中的一种，无疑主要是一种工程技术实践，但要具体展开研究，真正让它变成现实的工程实践，无疑无法绕开大量的哲学问题，即必须有哲学的铺垫性探讨，如解决哲学智能观的一系列问题。就此而言，这一研究受哲学的制约是不言而喻的。

---

[1] Mohri M, Rostamizadeh A, Talwalkar A. *Foundations of Machine Learning*. Cambridge: The MIT Press, 2018: 1-2.

第四章
从框架问题研究看哲学在 AI 中的作用

　　框架问题是 AI 中一个模糊的、有不同理解的、兼有技术性和理论性甚至哲学性的问题。早在 AI 诞生之初就由麦卡锡等提了出来。从思想渊源看，它是受哲学影响而提出的问题，提出后又引起了许多哲学家的极大兴趣。若想了解哲学与 AI 在框架问题提出、探讨过程中的互动、交互，可看著名认知科学家和 AI 哲学家佩利辛（Z. Pylyshy）的两本书。[①]它们的主题一致，即都是对框架问题的探讨，只是收录的成果有新旧之别。像任何常识推理问题一样，框架问题是开放的，依赖于广泛的情境。这一特点让哲学家有可能对框架问题作更广泛的解释，以至于使它与常识推理的形式化问题的界限不那么明朗。这样的构想、解释有利于对 AI 的本质做更深入的探讨。

　　学界对框架问题的理解差异很大，有时被理解为相关性问题，如一信息在特定情境下是否有相关性；有时被理解为整体思维过程在计算上的不可处理问题；还有时被认为指符号主义 AI 的不可行性，以及如何对所需的惯性推理加以形式化的问题；等等（详后）。仿照心灵哲学把意识问题区分容易和困难问题的做法，有人也将 AI 中的问题分为难易两类，框架问题就是其

---

　　① Pylyshyn Z (Ed.). *The Robot's Dilemma: The Frame Problem in Artificial Intelligence*. Norwood: Ablex Publishing Corporation, 1987.

中的"困难问题"。[①]事实的确如此，它不仅是 AI 的重要问题，而且是很难理解和把握的一个问题。

第一节　框架问题的重要性、不同理解与精神实质

框架问题的重要性表现在，它不仅是技术上的麻烦问题，而且也是建模、设计任何能与复杂变化世界交互的人工系统必然会碰到的一种理论上的障碍和挑战。AI 中一直有一个忧虑，那就是，尽管 AI 的研究很火热，成果很多，但并没有建构出真正能思维的智能机，AI 预定的赶超人类智能的宏伟理想并未兑现。最明显的是，智能机器表现出的行为是否能被认为有理性，就一直充满争论，怀疑的声音一直很强大，如有的认为，它不管多先进，多神奇，所完成的行为不过是按程序发生的机械化过程。究其原因在于，AI 中"存在的深层次的问题"没有被提出来，有的即使被提出来了，但没有被挖掘到位，AI 界几乎没有弄清"困难的主要根源究竟在哪里"，更没有找到令人满意的解决方案。[②]框架问题就是这样一个一直困扰着 AI 的问题。

如前所述，框架问题最先由麦卡锡等所提出。在他们那里，它之所以被称作框架问题，是因为它与表征知识的特定形式有关，而这知识又是对行为的推论所必需的，这形式是陈述或公理必不可少的，因为这公理规定了某些行为完成时世界的哪些属性仍保持不变。这样对陈述的需要，就是所谓的"框架公理"。其内隐藏着一个严峻的问题，即框架问题，因为在复杂世界，对于究竟有多少这样的陈述是没有什么限制的，同样，对于究竟有多少关于没

---

① 参见 Pylyshyn Z (Ed.). *The Robot's Dilemma: The Frame Problem in Artificial Intelligence*. Norwood: Ablex Publishing Corporation, 1987: preface.

② Pylyshyn Z (Ed.). *The Robot's Dilemma: The Frame Problem in Artificial Intelligence*. Norwood: Ablex Publishing Corporation, 1987: vii.

有发生变化的东西的推论也是没有限制的。[①]

框架问题显然是 AI 和认知科学重要而关键的问题，因此受到有关领域著名学者的关注，例如麦卡锡、丹尼特、福多、德雷福斯、汉格兰德、默克德莫特（D. McDermott）和格利穆尔（C. Glymour）等都奉献了自己的研究成果。最初，它在 AI 中以逻辑和技术问题的形式表现出来，在认知科学中表现为人的认知能力的整体论特征问题。佩利辛认为，框架问题既是一个专门的 AI 和认知科学问题，而且也是有广泛学理和工程意义的问题，对它的探讨其实也是对设计具有通用智能的计算系统面临的"重大挑战"的分析和讨论。[②]即使我们像海耶斯等那样限定框架问题的范围，即只承认它是设计与世界交互的人工系统的人才会碰到的问题，我们也无法否认，框架问题不仅是真实的，而且尽管不是全部 AI 共同、普适的问题，但至少是许多研究领域绕不过去的重要问题。例如，设计人员要想设计出能与世界交互的机器人，就必须解决这一问题。[③]因为 AI 开发的智能系统想在现实的变化着的世界完成某一任务，就必须有一种特殊的框架公理系统，它能应对复杂变化着的事态。而要想让人工系统有这样的交互、互动能力，就必须基于特定的本体论，为之解决相关的本体论问题。这种本体论的特点在于，不会认为世界是稳定的、凝固不变的，而必须随时关注时间间隔、节点问题，如状态、时间上可能的世界等。海耶斯说："一旦关系或事项被给予了一种时间参数，就没有逻辑理由说它在每一时刻没有广泛的值上的变化。"[④]换言之，设计

① Pylyshyn Z (Ed.). *The Robot's Dilemma: The Frame Problem in Artificial Intelligence*. Norwood: Ablex Publishing Corporation, 1987: viii.

② Pylyshyn Z (Ed.). *The Robot's Dilemma: The Frame Problem in Artificial Intelligence*. Norwood: Ablex Publishing Corporation, 1987: x.

③ Hayes P. "What the frame problem is and isn't". In Pylyshyn Z (Ed.). *The Robot's Dilemma: The Frame Problem in Artificial Intelligence*. Norwood: Ablex Publishing Corporation, 1987: 130.

④ Hayes P. "What the frame problem is and isn't". In Pylyshyn Z (Ed.). *The Robot's Dilemma: The Frame Problem in Artificial Intelligence*. Norwood: Ablex Publishing Corporation, 1987: 130.

智能系统时必须坚持变化、流变这样的本体论架构。

　　为便于我们理解这一问题，我们先来考释"框架"一词的意义和不同理解。明斯基认为，这样的数据结构可称作框架，它们能把许多相似的情境归结为一个类别，接着能为每一个这样的类别指定一些有相关性的事实，这些事实对类别中涉及的所有情境是有效的，对事实怎样通过事件以某种相关方式发生正常改变也是有效的。明斯基说："框架就是表征一种确定的情境的数据结构，如在卧室里或去参加一个小孩的生日舞会等都是这样的情境。"[1] 作为一个语词，它可指称这样一些对象或事态，如模块或定型（stereotype）、范例性的构想、典型的情境等。尚克（R. Schank）把类似的、能说明变化的结构称作"脚本"或剧本（script）。"所谓脚本就是描述了熟悉情境中的事物的正常顺序的概念化的前定的因果链"，如常见的生日舞会脚本、足球游戏脚本等。这种脚本也可被称作框架。[2] 还有许多不同的理解，即认为框架是与这些问题有关的结构，如管理大量框架公理的问题、有效储存信息的问题、快速访问指令的问题等。

　　下面，我们再看人们对框架问题的不同理解。最初提出此问题的麦卡锡等只承认它是 AI 的专门问题，例如运行在真实世界的机器人一定会面对这一问题，因为只要机器人去处理实时计划系统的更为广泛的问题，就会碰到框架问题。质言之，它指的是机器人将面临的表征问题。例如，如何可能写出描述了行为结果的公式，而写不出大量伴随的、描述了行为非指定效果的公式。这里的难题和挑战是，怎样找到一种通过形式逻辑抓住行为的无关结果的方法，因为要如此，就必须有一种宣示一般经验法则的方法，行为能据此得到假定，但又不改变情境的所与性质，这默认假定就是常识惯性定律。

---

　　[1] Minsky M. "A framework for representing knowledge". In Winston P (Ed.). *The Psychology of Computer Vision.* New York: McGraw-Hill, 1975: 212.

　　[2] Schank R. "The primitive ACTs of conceptual dependency". In Schank R, Nash-Webber B L (Ed.). *Theoretical Issues in Natural Language Processing.* Hillsdale: Lawrence Erlbaum Associates, 1989: 37.

技术上的框架问题就是要将这一定律形式化。

有一观点认为，框架问题不是一个统一的问题，而有不同的形式，如最初的框架问题（即麦卡锡等所关心的问题）和一般的框架问题。随着研究的推进，人们在许多领域发现了类似于最初框架问题的问题，于是，经过提炼，便出现了所谓的一般或通用框架问题。可这样表述，它指的是如何找到这样的表征形式问题，这种形式允许变化的、复杂的世界得到适当有效的表征。这样的框架问题有三个特点，第一，它不是启发上的问题，而是建模问题；第二，它不是内容问题，而是形式问题；第三，对适当形式的选择依赖于真实存在的问题世界，因此只考虑计算方面的问题是远远不够的。揭示框架问题的特点还可把它放在与其他相关问题的关系中来加以考察。这里有三个与它容易混淆的，也关心对变化的建模的问题，如预测问题、限定问题和簿记（bookkeeping）问题。

格利穆尔认为，框架问题不是一个问题，而是由众多问题构成的大杂烩，其涉及的问题主要包括怎样描述知识、行动和计划中相关的东西。就其实质而言，框架问题主要是相关性问题。其典型事例是，假如有大量的材料，其中只有部分材料与需完成的任务有关，这样一来，与此任务有关的材料是什么？怎样选择？用什么框架去选择？[①]

AI 的框架问题开始是基于逻辑的或计算主义的 AI 中一个专门的技术性问题。正因为如此，这一走向的 AI 极重视框架问题，开发了大量非单调推理形式，并研究它们如何应用于这一问题的解答。随着认识的发展，AI 中的框架问题也有变化的一面，如后来被拓展成了兼有基础理论和工程技术学性质的问题，其中的重要问题是：是否有可能限制这样的推理范围？相关的推

① Glymour C. "Android epistemology and the frame problem: comments on Dennett's 'cognitive wheels'". In Pylyshyn Z (Ed.). *The Robot's Dilemma: The Frame Problem in Artificial Intelligence*. Norwood: Ablex Publishing Corporation, 1987: 65-66.

理是不是导致行为结果所必需的推理？更一般地说，怎样说明我们做出决策的能力，它只依据正在发生的情境，而不考虑其他认识论问题。现在，人们不太关注它最初的技术方面的问题，而更多地从认知科学角度去探讨更广泛的问题。当然，理解的分歧很大。框架问题在哲学认识论和计算主义 AI 中的形式是不一样的，在认识论中，它要问的是：整体的、开放的、对情境敏感的相关性怎么可能为经典 AI 中所用的一组命题性、似语言的表征所把握？计算主义的框架问题要问的是：推理的过程怎样基于整体的、开放的、对情境敏感的相关性而被限定在相关事项的范围？

丹尼特是最早在里面发现哲学问题的人，或者说是最先从哲学上解释框架问题进而将其引入哲学中的人。他接受 AI 专家这样的判断，即所有机器人都无法回避框架问题，其设计者当然也必须给出回答。但它同时也是 AI 哲学的问题，特别是认知论的问题。他认为，这一问题是 AI 所发现的一个新的、深刻的、有价值的认识论问题，追问的是：具有关于世界信念的认知造物在执行行为时怎么可能更新这些信念？[1]它除了计算方面的问题之外，还有表征方面新的深层次的认识论问题，因为只要是有框架或前结构性的模板的自主体，不管是人还是机器，就一定会使用有一定复杂程度的系统去面对世界。由于系统内有特定的框架，即有适当的习惯性关注和倾向，因此自主体会在各种特定环境中经过推理得出特定的结论。它自主地关注环境中的某些特征，假定环境中还有很多未被考虑到的特征，不仅如此，还承认里面有许多在变化的情况。自主体能与环境交互的结构就是框架。在他看来，面对变化的、复杂的情况，原有的框架显然不能适应。在这种情况下，自主体及其设计者都会碰到框架问题。可这样予以概括：认知主体在完成一行为时

---

[1] Dennett D. "Cognitive wheels: the frame problem in artificial intelligence". In Pylyshyn Z (Ed.). *The Robot's Dilemma: The Frame Problem in Artificial Intelligence*. Norwood: Ablex Publishing Corporation, 1987: 41-64.

怎样按照世界的实际更新有关信念？从表面上看，这个问题只与 AI 研究者关心的逻辑问题有关。其实，哲学家所说的框架问题不是在形式逻辑的语境中提出的，也没有专门涉及行动的无效问题。

由于理解中派生出了这样的哲学维度，因此框架问题后来的理解和研究中就有了两种走向，即哲学认识论、形而上学的走向和计算主义 AI 的走向。哲学认为，框架问题之所以是一个理论和工程技术上的难题，是因为这里的相关性根本无法确定。在福多看来，当涉及划定行为结果的范围这一问题时，任何事情都可成为相关的，对于可能会起作用的正在进行的情境的属性，是找不到任何先天的限制的。[1]框架问题在认知科学领域尚未得到充分解决。以机器人为例，福多对该问题的表述是：程序如何决定机器人根据已采取的行动对信念做出重新评估？[2]它包括两方面，一是简单的、可借框架来解决的问题；二是更困难的问题，主要表现为相关性问题。[3]

丹尼特等哲学家尽管承认 AI 关注的框架问题有其合理性、正当性，但强调框架问题无法回避深刻的认识论问题。这当然是有争论的。例如，有的 AI 专家认为，这样理解框架问题是对它的误解，因为里面没有认识论问题。而哲学家坚持认为，这是其中客观存在的问题。可通过一个思想实验来理解这一点。假设一个设计师想设计一个能完成像泡一杯咖啡这样日常行为的机器人。设计时遵循的是经典 AI 的方法论原则，并让它有关于世界的似句子的、被存储的表征。再假设，机器人在完成上述任务时必须从碗柜里拿出一个茶杯。要如此，就要对之做出表征。假设茶杯现在的位置在它的事实数据库中被表征为一个句子。当然，除此之外，数据库中还有其他的表征了正在发生的情况及特征的句子，这些特征包括环境温度、茶杯的颜色、当前的日

---

① Fodor J A. *The Modularity of Mind*. Cambridge: The MIT Press, 1983: 105.
② Fodor J A. *The Modularity of Mind*. Cambridge: The MIT Press, 1983: 114.
③ Fodor J A. *The Modularity of Mind*. Cambridge: The MIT Press, 1983: 105.

期等。机器人拿到杯子并从柜子中取出后，就得更新它的数据库，如杯子的位置已发生变化，因此表征此事实的句子就需修改。除此之外，还有哪些句子要修改？环境温度不需修改，但如果碰巧有勺子在杯子中，那么勺子的位置就得更新。哲学家发现的认识论的框架问题就在这里，可表述为，机器人怎么可能根据它所完成的种种行为来限制它必须重新考虑的命题、句子的范围。在足够简单的机器人身上，这里没有太大的麻烦，因为它的数据库中的句子不多，逐一考察并做出修改不太难，但如果一个机器人较复杂，其智能很高，其数据库太大，每当转动发动机时，就需逐一考察里面的每个句子，那么前述计算主义的逻辑策略就面临着尖锐的挑战。人们一般把这里的问题称作框架问题在计算方面的问题，即怎样计算行为的结果而不计算行为无效的范围。为予以解决，计算主义提出了许多方案，如"睡狗"策略强调的是，在机器人做出更新以反映世界的变化时，它不需要考察表征正发生情况的数据结构的每一方面，确切地说，它修改的是那些表征已变化的世界方面的部分，其他部分则不予考虑。就上面泡咖啡的例子而言，机器人更新的是关于杯子位置和碗柜中的物品的信念，可以不考虑勺子在不在杯子中。

应看到的是，框架问题的计算方面（这当然是有争论的）是真实的、有价值的问题，但没有涵盖认识论方面的问题。因为这里还有这样的认识论问题不可回避：机器人怎么可能确定它已成功修改了它与行动结果有关的所有信念？很显然，只有当机器人可靠地运用了"常识惯性定律"（详后）并假定它的考虑不涉及世界其他方面时，才能说它作了成功的修改，而这些对机器人是不可能的。在一些人看来，要解决这里的问题，似乎只能求助于相关性概念。因为只有当一情境的某些属性在任何特定行动中具有相关性时，才不会出现上述问题。不过，诉诸相关性概念其实是不能如愿的，因为这里的困难在于，必须进一步确定什么有关，什么无关，而这些判断依赖于情境。如此探索下去，就会陷入无穷后退的困境，因为如果每个情境只能根据被选择为有相关性的特征来加以识别，且需在更广泛的情境下予以解释，那么上述相关性方案就陷入了无穷后退的困境。再者，划定行为结果的范围，就像要确证科学中的理论一样，任何东西都可能具有相关性，因为在情境中可能发挥作用的属性是没有先验的限制的。

如何理解前面所说的常识惯性定律？它向 AI 提出了什么挑战？在福多看来，这既是哲学的难题，也是框架问题的一个附带方面。在 AI 中，解决计算方面框架问题的多数方案一般会诉诸常识性定律。它强调的是，一种情境的诸属性是被默认的，不会因行为的结果而发生变化。这其实是 AI 的一个假定，当然有这样貌似合理的形而上学根据，如在完成一行为时，多数事情是没有发生什么变化的。但在福多等哲学家看来，这个形而上学的理由是缺乏根据的。例如，这里所说的"多数"该如何理解？要得出关于"多数"的断言，我们的本体论中需要什么样的谓词？讨论这类问题不是要解决逻辑学问题，而是要解决形而上学问题。例如，福多要说的不过是，常识的惯性定律只有在适当的本体论（如对对象和谓词做出正确选择）中才能被证明是正确的。但是让这一定律发挥作用的适当的本体论是什么？什么样的形而上学才能成为上述选择的基础？[①]正是看到这些问题，许多学者包括 AI 专家认为，框架问题中不仅有认识论问题，还有本体论问题甚至更广泛的形而上学问题。

即使承认框架问题有哲学方面的问题，但新的问题是：哲学方面的问题是不是 AI 必然的、普遍的问题？这不能一概而论，因为有不同的 AI，或者说，AI 有不同的目标。在 AI 领域，有一观点认为，如果将 AI 的目标锁定为研究类似于人的智能的智能，那么 AI 的确会碰到福多等所说的哲学上的框架问题，但如果 AI 只是要设计更好、更有用的计算机程序，那么这样的 AI

---

① Fodor J A. "Modules, frames, fridgeons sleeping dogs, and the music of the spheres". In Pylyshyn Z (Ed.). *The Robot's Dilemma: The Frame Problem in Artificial Intelligence*. Norwood: Ablex Publishing Corporation, 1987: 139-150.

就可避免类似的问题。再者，如果 AI 的研究人员超越符号主义的 AI 范式，像布鲁克斯等那样只着力研究情境性机器人，那么既可绕过逻辑的框架问题，也不会碰到哲学的框架问题。总之，哲学的问题不一定是 AI 必然和普遍的问题。

应该承认的是，框架问题至少在特定的意义上是深层次的哲学问题。例如，经典符号主义的 AI 一定有这样的问题，因为它承认了计算对于表征的解释性价值。福多等之所以重视框架问题，重视对里面的哲学问题的挖掘和探讨，是因为他们坚持的是类似于符号主义的计算主义，如强调认知过程就是计算过程。在他们心目中，框架问题在计算方面和认识论方面的问题都是真正的、必须正视的问题。

当然，对于情境主义方案和情境性机器人是否会碰到框架问题，学界是有不同看法的，有的人认为，源于布鲁克斯的情境主义化解了框架问题，但德雷弗斯认为，这类方案只是用技巧应付了框架问题，而没有真正予以解决，因为按此方案建造的机器人只能对固定的、孤立的环境做出反应，而不能对变化着的情境做出反应。如果说 AI 中有哪一种方案有希望消解框架问题的话，那么只能寄希望于以海德格尔哲学为基础的动力主义方案，因为这一方案所说的对环境意义的神经动力学记录既不是表征，也不是联想，而是一系列的吸引子，它们既是过去经验的产物，又能对可能的反应做出分类。[①]

有一不同的理解认为，AI 有技术上的框架问题，从框架问题的阐释来说，它的确可表现为逻辑、计算和"形而上学"三种阐释形式，但没有哲学家所说的框架问题。[②]在麦克德谟特（D. McDermott）看来，哲学家们关注的是一

---

① Dreyfus H. "Why Heideggerian AI failed and how fixing it would require making it more Heideggerian". In Holland O, Husbands P, Wheeler M, et al (Eds.). *The Mechanical Mind in History*. Cambridge: The MIT Press, 2008: 331-372.

② McDermott D. "We've been framed: or, why artificial intelligence is innocent of the frame problem". In Pylyshyn Z (Ed.). The Robot's Dilem*ma: The Frame Problem in Artificial Intelligence.* Norwood: Ablex Publishing Corporation, 1987: 113.

些完全不同于 AI 框架问题的问题，"从根本上说，这些问题几乎没什么意义"①。这就是说，他不承认哲学家们所阐释的框架问题，但又强调，可像他那样从形而上学角度对原先的技术性框架问题做出阐释。在他看来，逻辑方面的阐释是合理的，它去掉了框架定理中多余的东西，所提供的解决方案用的是非单调逻辑，结果把所有框架定义合而为一。例如，"如果一事实是真的，且不能证明它在根源于一事件的情境下不真，那么它会始终是真的"。该问题在计算方面的阐释是想有效推论出，一事实在一情境下仍为真。他之所以承认框架问题有形而上学方面，是因为他认为，它必然涉及真假和因果关系等问题。但他认为哲学家们所说的框架问题，即关注对变化的唯一有关的推理这样的框架问题是不存在的，也不需要予以解释。②很显然，他这里否定的是福多提出并为许多哲学家一直在讨论的相关性问题。

　　海耶斯对哲学家所说的框架问题的批评更加尖锐。我们知道，AI 中的框架问题最早是由他和麦卡锡于 1969 年提出来的。他出面澄清理解，本应是好事，有利于人们理解问题提出的动机、过程和真实意义。但由于他对哲学家们的阐释缺乏到位的理解，因此其否定在我们看来是失之偏颇的。海耶斯的批评是，框架问题的确有它原初的、本来的意义，但哲学家以"种种不同的方式"予以解释，如把它理解为 AI 的表征问题，AI 所用词汇、所提出理论的本体论基础问题，等等。其中"不乏可笑的误解"，因为它们"不是框架问题"③。

---

①　McDermott D. "We've been framed: or, why artificial intelligence is innocent of the frame problem". In Pylyshyn Z (Ed.). *The Robot's Dilemma: The Frame Problem in Artificial Intelligence*. Norwood: Ablex Publishing Corporation, 1987: 114.

②　McDermott D. "We've been framed: or, why artificial intelligence is innocent of the frame problem". In Pylyshyn Z (Ed.). *The Robot's Dilemma: The Frame Problem in Artificial Intelligence*. Norwood: Ablex Publishing Corporation, 1987: 121.

③　Hayes P. "What the frame problem is and isn't". In Pylyshyn Z (Ed.). *The Robot's Dilemma: The Frame Problem in Artificial Intelligence*. Norwood: Ablex Publishing Corporation, 1987: 123-124.

　　"框架问题"一词"原来的意义"究竟是什么呢？要探寻这个意义，首先应弄清这个词最初所针对的语境。这语境是，AI 试图用适当的逻辑形式，通过演绎过程来建模认知过程。要如此，就要用一阶逻辑写出公理。由于有公理，就有可能推论出行动的直接结果。但是又该怎样看待其他直接的、不是结果的东西呢？例如，当一个人走向房间时，他的位置就发生变化了，但他的头发等许多事情并没有变。事实上，世界上的多数事情依然如故。既然事情会发生变化，那么这些事情就应该用我们的词汇相对于时间点来加以描述，特别是要用公理来陈述。在这种本体论中，每当某物从一刻到另一刻发生了变化时，我们就有必要找到某种这样的陈述方式，每当其他任何事物变化时，它保持不变。很显然，这里出现了这样的难题：一方面，应当有办法用某种经济的方法说，一行动造成了什么变化，同时又没有必要列举没有发生变化的所有事物；另一方面，似乎又没有这样做的办法。这就是所谓的框架问题。之所以说这里有这样的难题，是因为，如果有 100 个行动和 500 种可变的关系和属性，那么我们就需要 50 000 个这样的"框架公理"才能予以陈述。例如，如果我的头发颜色在状态 s 为 c，那么它在状态 gothru（d，s）、状态 pickup（object，s）、状态 drive（start，finish，s）等，也是 c，但在状态 dyehair（c1，s）不是 c。[①]更麻烦的是，现实世界的变化远比这复杂得多，因此描述所需要的框架公理会更多。而计算机的内存总是有限的，因此变化越复杂，框架难题越麻烦。这对于人来说没有什么麻烦，因为人就生活在这样的环境中，人能自如地完成自己的推理。但对于以符号主义为基础的人工系统来说，要完成其推理则十分困难。[②]

　　海耶斯认为，框架问题在 AI 中可被称作表征问题，但不是计算问题，

---

　　① Hayes P. "What the frame problem is and isn't". In Pylyshyn Z (Ed.). *The Robot's Dilemma: The Frame Problem in Artificial Intelligence*. Norwood: Ablex Publishing Corporation, 1987: 125-126.

　　② Hayes P. "What the frame problem is and isn't". In Pylyshyn Z (Ed.). *The Robot's Dilemma: The Frame Problem in Artificial Intelligence*. Norwood: Ablex Publishing Corporation, 1987: 127.

因为它不关心这样一些问题，如演绎搜索所用的速度；机器人做出决定需多长时间；要完成有效的反应，计算机要有多大的力量；要完成有效的行为，记忆中需储存多少公理。另外，它不涉及机器有公理时会用它们做什么，而只会关心应把什么样的公理输入给机器。可以这样说，"它是被应用的哲学逻辑中的一个问题"①。从关系上说，它不同于更新问题。因为更新问题是计算问题，而框架问题是表征问题。从问题涉及的主体来说，更新问题是计算机或机器人的问题，而框架问题是设计者的问题，不是机器面临的问题。设计者若不解决这个问题，机器人就不会出现。要建造机器人，设计者就得先解决框架问题。②就其出现的范围而言，框架问题不是 AI 所有领域的共同问题。例如，不涉及这样的编程的人就不会关心这一问题，这一程序涉及对变化的、常识世界的推理。换言之，框架问题是设计人员在设计与现实世界有交互、互动关系的人工系统时要面对的问题，因此可被归结为对世界的表征问题。

第二节　框架问题的 AI 和哲学掘进

在前面的讨论和分析中，我们已触及了框架问题与哲学的关系这一有争论的问题，即框架问题是不是一个纯技术的问题；是否只是 AI 的局部领域才会碰到的问题；其中是否包含哲学的问题；如果有哲学的问题，其解决是否必须诉诸哲学的探讨和帮助；等等。如前所述，丹尼特等已论证过，框架问题中包含认识论问题和本体论问题，我们这里再来考察一下福多等对问题本身带有拓展和掘进意义的探讨。

---

① Hayes P. "What the frame problem is and isn't". In Pylyshyn Z (Ed.). *The Robot's Dilemma: The Frame Problem in Artificial Intelligence*. Norwood: Ablex Publishing Corporation, 1987: 127.

② Hayes P. "What the frame problem is and isn't". In Pylyshyn Z (Ed.). *The Robot's Dilemma: The Frame Problem in Artificial Intelligence*. Norwood: Ablex Publishing Corporation, 1987: 128.

福多认为，框架问题至少有三个表现或三个子问题，即"哈姆雷特问题"（何时停止思维问题）、"计算问题"和"相关性问题"。[①]他对问题构成和实质的分析是建立在他所倡导的模块论的基础上的，认为模块的根本标志是封装有信息。有这样被封装了信息的能力即模块能力，否则就不是，如推理等中心加工能力就不是模块。这就是说，模块认知加工都是非理性的。他说："从工程师的观点看，框架问题是哈姆雷特问题。"这一问题是指，"如果你在选择一信念之前着手考虑一个有用的、有相关性的证据，那么你就会碰到这样一个问题，即你考察的证据何时足够。换言之，你将有哈姆雷特问题，即何时终止这样的考察证据的思维"[②]。因为对证据的考察有时是没有止境的，但思维又不能没有止境。因此该在什么时候停下来？该根据什么停下来？这就是框架问题的一个方面，即哈姆雷特问题。在他看来，不具有信息封装特点的理性思维或智能活动一定会面临框架问题。[③]根据这样对框架问题的实质的认识，福多自然会得出结论说，框架问题不仅有哲学的方面，而且必须求助于哲学才有望获得解决，因为哲学至少是这一问题解决的一个必要条件。

　　框架问题在计算方面和相关性方面也是如此。在前面我们已考察过其他论者对这两方面的看法。福多坚持计算主义和表征主义自然会承认这两方面的框架问题，如他明确强调，框架问题就是能否、如何将关于归纳相关性的直觉形式化的问题，是理性思维的问题，是有认知能力的心智如何发挥作用

　　① Hayes P. "What the frame problem is and isn't". In Pylyshyn Z (Ed.). *The Robot's Dilemma: The Frame Problem in Artificial Intelligence*. Norwood: Ablex Publishing Corporation, 1987: 132.

　　② Fodor J A. "Modules, frame, fridgeons, sleeping dogs, and the music of the spheres". In Pylyshyn Z (Ed.). *The Robot's Dilemma: The Frame Problem in Artificial Intelligence*. Norwood: Ablex Publishing Corporation, 1987: 140.

　　③ Fodor J A. "Modules, frame, fridgeons, sleeping dogs, and the music of the spheres". In Pylyshyn Z (Ed.). *The Robot's Dilemma: The Frame Problem in Artificial Intelligence*. Norwood: Ablex Publishing Corporation, 1987: 140-141.

的问题。[1]很显然，这里有将框架问题泛化的倾向，即认为它是 AI 具有普遍性的问题，而反对海耶斯的限定。当然，这不是说，福多对框架问题的范围没有任何限制，相反，他承认它在 AI 有些领域不会出现。例如，如果是建构有信息封装特点的机器，或让机器只是建模模块认知过程，那么就不会碰到框架问题，但在设计、建构聪明的机器时，就一定会碰到框架问题。他说："只要人工系统是聪明的，是非模块的，就一定会碰到框架问题。"[2]质言之，框架问题是与对理性推理过程的理解、建构普遍地、密切地联系在一起的问题。

根据这种关于框架问题与理性思维的关系论，福多批评了框架问题怀疑论或虚无论。根据这种怀疑论，AI 只有技术性的框架问题，而没有哲学的框架问题。福多尽管不赞成有些哲学家对框架问题的理解，但不否认存在着有哲学意义的框架问题。他明确说："把它说成是没有哲学意义的狭窄的技术问题……是错误的。"他承认，它的确有技术的方面，但同时"有某种哲学意义"，因为该问题出现于其中的本体论构架是为现代哲学逻辑提供基础的理论。[3]福多认为，框架问题由于有哲学的方面，因此其解决也必须求助于哲学，因为 AI 的重要工作就是探讨如何在机器上实现以前由人完成的智能任务，如模式识别、创新、理解、学习、自由意志、综合、系统化等等。这些任务能否完成主要取决于框架问题解决得如何。在他看来，哲学上的框架问题是有些科学部门可绕过的问题，但 AI 不能回避。他说："没有机器智

① Fodor J A. "Modules, frame, fridgeons, sleeping dogs, and the music of the spheres". In Pylyshyn Z (Ed.). *The Robot's Dilemma: The Frame Problem in Artificial Intelligence.* Norwood: Ablex Publishing Corporation, 1987: 148.

② Fodor J A. "Modules, frame, fridgeons, sleeping dogs, and the music of the spheres". In Pylyshyn Z (Ed.). *The Robot's Dilemma: The Frame Problem in Artificial Intelligence.* Norwood: Ablex Publishing Corporation, 1987: 141.

③ Fodor J A. "Modules, frame, fridgeons, sleeping dogs, and the music of the spheres". In Pylyshyn Z (Ed.). *The Robt's Dilemma: The Frame Problem in Artificial Intelligence.* Norwood: Ablex Publishing Corporation, 1987: 142.

能，我们就无法做好 AI 的研究工作，做好 AI 的研究就是让机器有智能，因此若不解决框架问题，我们就无法从事 AI 研究工作。"①这就是说，AI 要实现它造出智能机器、能思维自主体的理想，就必须优先解决哲学的框架问题。"它太重要了，不能把它拱手交给黑客去处理。"②

主张框架问题及其解决均有哲学方面的人还有很多，这里再来剖析一下扎姆巴克（A. Zambak）的论述。他认为，框架问题之所以难解，主要是因为它有形而上学、逻辑学和认识论三个方面。

扎姆巴克反对把框架问题规定为机器智能设计者的问题，认为它是机器智能本身会碰到的问题。如果是这样，关于解决框架问题的"设计者方案"（只要设计者解决相关的问题就够了）就是无效的。相应地，扎姆巴克提出了自己关于解决框架问题的"自主方案"，其要点有三，即框架问题的自主体建构、控制系统方案和 AI 独有的跨逻辑模型。这三方面是相互依赖的。③

首先，我们来考察扎姆巴克对框架问题的重要性和普遍性的论述。他认为，这一问题是 AI 研究者必然要面对的问题，因为要建构机器智能，就必须开发一种能让数据和行动适应新环境的推理策略。这就是说，要想让机器智能有自主的特点，或者说，要想建构有自主性这一智能必备特点的机器智能，就必须解决框架问题。反过来，框架问题解决好了，机器实现的智能就有自主性，就是真正的智能，就此而言，框架问题解决得好坏可看作检验 AI 理论与实践是否合格、是否成功的标准。德雷福斯等之所以否定机器智能是

① Fodor J A. "Modules, frame, fridgeons, sleeping dogs, and the music of the spheres". In Pylyshyn Z (Ed.). *The Robt's Dilemma: The Frame Problem in Artificial Intelligence*. Norwood: Ablex Publishing Corporation, 1987: 148.

② Fodor J A. "Modules, frame, fridgeons, sleeping dogs, and the music of the spheres". In Pylyshyn Z (Ed.). *The Robt's Dilemma: The Frame Problem in Artificial Intelligence*. Norwood: Ablex Publishing Corporation, 1987: 148.

③ Zambak A. "The frame problem: autonomy approach versus designer approach". In Müller V (Ed.). *Philosophy and Theory of Artificial Intelligence*. Berlin: Springer, 2013: 307.

真正的智能，依据的主要是这个标准，即它们没有自主性。这些说明，框架问题对 AI 不仅至关重要，而且是它的理论建设和工程实践都不可回避的问题。

其次，在框架问题的具体内容上，扎姆巴克认为，它有三个方面，即有形而上学、逻辑学和认识论三方面的子问题。他认为，框架问题之所以有不同的表述，是因为人们对框架问题的范畴化持有不同的观点。在他看来，框架问题就是如何建构能够应对复杂、变化情况的形式系统（或智能机器）的问题。其后隐藏的难题是，如何找到一种表述一组规则和行动之间关系的适当的方法。扎姆巴克认为，可从三个方面来具体说明这样的框架问题，或者说，它有三方面的子问题。

框架问题的形而上学方面是围绕这样的实际研究而展开的：研究旨在找到关于世界日常经验的一般规则，弄清如何将这些规则付诸实施。例如，当自主体面对新的情境时，它怎样更新关于世界的信念。模式识别是框架问题在形而上学方面的典型表现。在这里，形而上学的框架问题关心的不是表征的充分性问题，而是表征的形式和内在运作问题。这里的形而上学问题主要包括：①如何建模的问题；②形式上的问题，而非内容上的问题；③选择上的问题，如机器的行为怎样根据环境的变化而变化。这些问题之所以是形而上学问题，是因为这里的框架问题关心的是，如何找到适当的形而上学，并加以实现。在他看来，找到适当的形而上学，并落实到 AI 的建模中，既是解决框架问题的有前途的方案，又是一般 AI 成功建模的关键。[①]他要找的形而上学，如后面将看到的，是对立于传统的内在主义的外在主义，或以具身性方案等表现出来的情境主义。

框架问题的逻辑学方面有特定的所指，指的是应用领域的公理化问题。

---

① Zambak A. "The frame problem: autonomy approach versus designer approach". In Müller V (Ed.). *Philosophy and Theory of Artificial Intelligence*. Berlin: Springer, 2013: 307-309.

在这样的领域，关于事件或行动的因果规律是预先确定好了的，如对一些规则集做出陈述，每一个规则集都携带有关于某些命题的信息。当然这里重要的问题是如何在新的环境下找到创建新的规则集的方法。正是由于这里涉及许多具体的技术问题，因此有些人认为，框架问题是必须借助开发哲学逻辑中的新技术来解决的技术性问题。①

　　框架问题的认识论方面的问题指的是如何表征智能所面对的复杂、变化着的情境的问题。扎姆巴克承认，已有很多人对此发表过不同的看法，如有的人认为，框架问题就是认识论问题。其问题是没有看到框架问题还包括其他方面的子问题。丹尼特认为，框架问题是 AI 思想实验所发现的抽象认识论问题，当认知主体完成某种行为时，世界就随之发生变化，许多主体的信念得到修改或更新。有的人认为，这只是框架问题其中一个方面的意义。根据麦卡锡等的看法，智能有认识论和启发式两方面，智能的认识论方面关心的是关于世界的表征，启发式方面处理的是问题求解之类的实际问题。这两方面都把框架问题看作智能认识论方面的组成部分。学界在这里有争论的问题还有：框架问题究竟是设计者或编程人员的问题还是计算机或机器智能的问题？有的认为是计算机的问题，有的认为是编程的问题。之所以认为是编程的问题，是因为计算机刚开始对世界一无所知，而且它也不知道如何解决问题，只有编程人员才有可能用某些技术予以解决。扎姆巴克认为，它既是编程或设计人员的问题，也是机器智能本身的问题。设计人员的任务是设法让机器具有自主性，要如此，就必须把框架问题的认识论问题交给机器，并通过一定的技术手段让它具备自主予以解决的能力。②

　　在探讨框架问题的解决方案及方法时，扎姆巴克作为 AI 专家的难能可

① 参见 Zambak A. "The frame problem: autonomy approach versus designer approach". In Müller V (Ed.). *Philosophy and Theory of Artificial Intelligence*. Berlin: Springer, 2013: 309.

② Zambak A. "The frame problem: autonomy approach versus designer approach". In Müller V (Ed.). *Philosophy and Theory of Artificial Intelligence*. Berlin: Springer, 2013: 310.

贵之处在于提出了这样的观点，即认为这一问题的真正解决尽管主要是 AI 的工作，但离不开哲学的奠基性工作。他认为，这是由 AI 的学科性质和任务所决定的，因为它要建模的是智能，而智能的本质、运作机制的揭示离不开哲学的探讨。扎姆巴克分三步走的解决方案充分贯彻了上述思想。

第一步是自主体建模。在他看来，AI 的主要任务是建构有自主性的、能完成智能任务的人工系统，这系统既可称作自主体（agent），也可称作自主系统或自主体作用（agency）。过去的 AI 之所以没有很好地解决框架问题，就是因为以前对自主体的理解和建模存在一定的局限性，即把自主体看作一个系统（如有机体或人工系统）之内的笛卡儿式的幽灵式"小人"。为予矫正，他对自主体提出了新的理解，并论证了以具身主义为基础的自主体建模方案。他强调，自主系统是 AI 的核心概念。这个概念同时有本体论和认识论的构成成分。这就是说，其构成不仅包括系统内的东西，而且包括系统外的作为其对象和发生作用之环境的东西，更包括内外各种因素的相互作用。因为自主体的根本特点是行动、做事。这样的事件要发生，当然离不开内外因素的参与和相互作用，由此所决定，"推理和智能就不是定位于有机体之内的东西，而是由自主体的行动所促成的东西。有意识，就是能够以自主的方式行动。……自主体的认知是自主体以能动的探索方式与环境发生相互作用的过程。在机器智能中，具身性是这种相互作用过程的基本原则"[①]。

就自主体的本体论和认识论构成来说，它当然包括认知活动，包括认知发生于其上的材料、信息、表征或数据。根据他对过去 AI 存在问题的诊断，过去的 AI 之所以没能解决框架和其他有关问题，是因为其"AI 的形而上学有问题"，问题的表现是，把认知加工的东西看作"纯心灵的所与或心理状态的材料"，而没有看到它们的具身性。这里所谓具身性是指自主体以能动

---

① Zambak A. "The frame problem: autonomy approach versus designer approach". In Müller V (Ed.). *Philosophy and Theory of Artificial Intelligence*. Berlin: Springer, 2013: 311.

的方式具体化于环境之中，或者说，它们始终处在一种能动、自主的关系之中。总之，要解决 AI 的框架问题，就应有关于自主体的认识，并据此去建模人工自主体系统，它是一种能动的行动系统，有能力决定某些信息是否不只与某一环境有关，而且与非常多的环境有关。在这里，加工模式是在复杂环境下发展决策能力的众多重要因素中的一种，所建构的自主体应该能根据相关数据修改自己的目标和计划，简言之，有自己的自主性。①在他看来，有了这些关于 AI 的形而上学、本体论和认识论，就能合理解决框架问题。他说："只要关注和分析人的认知的自主建构过程，就能解决框架问题。在 AI 中，形成关于框架问题的自主方案的唯一办法就是建构适当的控制系统理论。"②

解决框架问题的第二步是工程技术上的步骤，就是要建构适当的控制系统。他提出，AI 中的控制机制应在研究活生生的自主体系统的控制机制的基础上加以修改和重新设计。以前的 AI 把机器智能看作基于计算机的等级结构，里面的每个层次和单元都有一种机械的作用或功能。而活生生的自主体则不同，它的每个层次和单元应该有其有序排列的部分和交互作用的过程，这些部分和过程体现的都是作为整体的智能系统的特点。因此，要解决框架问题，就应按照这一思路来建构机器智能的控制机制。③

解决框架问题的第三步是要建构 AI 独有的逻辑模型。因为只有建构了适当的逻辑模型，才能让机器智能在复杂环境下具备相关的知识，制定出适当的计划，并采取相应的行动。要建构这样的模型，就要根据世界的变化重组数据加工的方式。因为具体化于机器智能中的逻辑模型对于描述复杂情境

① Zambak A. "The frame problem: autonomy approach versus designer approach". In Müller V (Ed.). *Philosophy and Theory of Artificial Intelligence*. Berlin: Springer, 2013: 311.

② Zambak A. "The frame problem: autonomy approach versus designer approach". In Müller V (Ed.). *Philosophy and Theory of Artificial Intelligence.* Berlin: Springer, 2013: 313.

③ Zambak A. "The frame problem: autonomy approach versus designer approach". In Müller V (Ed.). *Philosophy and Theory of Artificial Intelligence.* Berlin: Springer, 2013: 313.

的各种因素，找到有关的计划和行动是充分的。由于人类自主体完成对变化和复杂情境的推理所用的方式不可能为 AI 所模拟，因此就必须为机器智能提供一种变化了的、为等级组织所独有的逻辑模型。例如，跨逻辑模型为开发自主系统中的推理模型奠定了合适的方法论基础。这里的跨逻辑模型强调的是，AI 中的推理必须以对数据的利用和对连续过程的操作为基础。这里的连续过程有两类，一是替换，如过程中的数据单元或集能在一个或更多的数据单元或集之内相互交换；二是情境依赖性。他特别强调模糊逻辑对于逻辑模型建构的重要性，因为在他看来，解决框架问题的关键是，让机器智能有自主的能力来决定哪一种信息适用于当前的情境，有办法来建构这样的调节系统，它能根据不同的逻辑模型来控制各种推理过程。而模糊逻辑对于不同的逻辑模型来说就是合适的调节系统，因为它为构建不同推理模型之间交互的、相互转化的系统提供了有效的调节模型。①

总之，根据扎姆巴克对框架问题的分析和解答，框架问题是制约 AI 建构机器智能理想的兼有哲学形而上学、逻辑学、认识论和工程技术实践等多元性质的问题，必须同时调动多学科的力量才能得到合理解决。就哲学的方面来说，要利用语义数据来形成机器智能的陈述，而要形成关于复杂环境的陈述就必须满足有关的条件，如编码数据的物理条件、与背景信息有关的条件、将有关名称与其特定指称对应的逻辑条件。在 AI 中，推理是数据加工中获得的所有信息以适当方式加以运用的最后阶段。为此，他强调，经典的推理模型由于没有具身性这样的哲学、认知科学视角，没有看到情境、身体与智能密不可分的关系，因此不足以生成具有自主性的真正的智能。只有在根据情境主义建构的哲学平台上，才有可能解决制约 AI 的构成问题，进而建构出具有自主性的机器智能。

---

① Zambak A. "The frame problem: autonomy approach versus designer approach". In Müller V (Ed.). *Philosophy and Theory of Artificial Intelligence*. Berlin: Springer, 2013: 316.

第三节　"操作性形而上学"与框架问题的进一步探原及哲学在其解决中的作用

　　强调哲学与框架问题、AI 的关联，强调形而上学在解决这些问题中的作用，不是一个人的猎奇，而是许多人基于对智能的情境主义解剖而发出的有一定代表性的声音。瑞典语言和信息工程专家杨莱特（L. Janlert）不仅坚持这一思路，而且通过对人的智能的解剖和对框架问题的深挖，创造性地提出，人的智能中隐藏着"操作性形而上学"，因此 AI 所建构的智能系统也必须有这一方面，不然就不成其为智能。在他看来，制约着 AI 发展的框架问题除了技术的、表征的方面之外，一定还有形而上学方面的问题。据此，他对过去的 AI 提出了这样的尖锐批评："AI 几乎没有例外地轻视形而上学的重要性。这种轻蔑的一个结果是在解决框架问题时一再以失败而告终。"①他之所以强调形而上学对解决框架问题的重要性，是与他对该问题的形而上学性质的理解分不开的。我们先来分析他独到的理解。

　　杨莱特承认框架问题的可多样理解性，如既可理解为形而上学问题，也可理解为人的智能和 AI 在表征事物的变化时面临的难题。占主导地位的观点是把它看作表征问题，即在表征变化的、复杂的世界时如何找到适当表征形式的问题。它与 AI、认知科学中的预测问题、修改问题、限定问题、通用的记录问题既有关系，又有明显区别。杨莱特坚持的是一种折中的理解，即认为这既是一个专门的技术问题，也是 AI 不可回避的、兼有表征和形而上学性质的问题。他说："框架问题就是要找到被表征世界的形而上学，同时使这种形而上学成为表征系统的形而上学。要如此，就必须让这种形而上学

①　Janlert L. "Modeling change:the frame problem". In Pylyshyn Z (Ed.). *The Robot's Dilemma: The Frame Problem in Artificial Intelligence.* Norwood: Ablex Publishing Corporation, 1987: 1.

得到内在的表征。"[1]

　　要解决框架问题，必须弄清它的起源。要如此，就必须弄清表征是如何起源的。在他看来，AI 中的表征问题是 AI 在研究计划和问题求解时引出的问题。在研究这些问题时，AI 有这样的基本假定，即问题求解者有关于问题世界的内在的、能任意支配的符号模型或表征。通过对这些表征的加工，问题求解者就能做出有关的行动，如预言在某些行为完成时什么会发生，进而对不同事情形成表征，并做出关于需满足的条件的决定，等等。这种关于表征的思想是麦卡锡等于 1969 年在区分认识论和启发方法的基础上提出的。这里的认识论不同于哲学所说的认识论，指的是对世界的建模；启发方法指的是完成问题求解之类的行为。由于有这种的区分，因此最初的框架问题就有这样两个方面，一是认识论方面，二是启发方法方面。最初的框架问题与演绎建模碰到的各种问题交织在一起。例如，在演绎一个新的结论时，不仅要将由行为引起的变化推论出来，而且要将没有变化的东西演绎出来。事实上，从逻辑观点看，只有非常少的东西会作为行为结果发生。逻辑上可能的东西尽管很多，但大多不会发生，因此每一个对任何有关的经验事实的建模一定会以严格公理的形式影响这里的逻辑。这样一来，推理器或问题求解者就会陷进表征了非变化的公理的海洋之中。这就是框架问题的原始形式。[2]它之所以被称作框架问题，是因为表征中会出现这样的构架，它能把对世界的描述分成若干块，每一块对应于世界的一个特定方面，因此属于某一块的一个事件就只会影响该块内的事实。可见，这里的框架实质上就是有描述、分类等认知作用的构架。

　　杨莱特之所以特别重视框架问题中的形而上学方面，一是因为他认为，

　　[1] Janlert L. "Modeling change:the frame problem". In Pylyshyn Z (Ed.). *The Robot's Dilemma: The Frame Problem in Artificial Intelligence.* Norwood: Ablex Publishing Corporation, 1987: 2.

　　[2] Janlert L. "Modeling change:the frame problem". In Pylyshyn Z (Ed.). *The Robot's Dilemma: The Frame Problem in Artificial Intelligence.* Norwood: Ablex Publishing Corporation, 1987: 6.

不解决这方面的问题，AI 就不可能取得实质性进展；二是他对"形而上学"一词有自己的特定赋义，不同于一般哲学所说的形而上学。他强调，形而上学是分析框架问题、准确理解 AI 广泛的表征问题必不可少的一个概念。当然，形而上学中的有些论题，如唯物论和唯心论等，与 AI 没有什么关系。他认为，有两种意义的形而上学，一是经典的，这种意义的形而上学是指世界必然被理解的方式，或世界从根本上存在的方式；二是现代意义的，它指的是关于世界的基本预设和概念框架。与 AI 的框架问题有关的形而上学问题包括：存在着什么样的基本实在？有哪些基本预设？存在着什么样的基本范畴和基本原则？不难看出，他所理解的形而上学实际上是关于世界的本体论范畴体系，即关于世界上存在着的事物的基本构想或分类体系。由于人们看待世界的方式不同，因此便有效力、具体化方式和启发力量不同的"形而上学系统"。从存在方式上说，这些系统既可存在于世界之中，也可作为理论化的东西存在于哲学家的研究和讨论之中，还可作为认知结构、架构存在于常人的心灵之中。这最后一种形而上学系统就是所谓的"操作化形而上学"，即内化在人的心灵结构中作为认知结构、图式发挥作用的东西，不同于哲学化、理论化的形而上学。在常人身上，"操作化形而上学"总是作为认知架构内化于智能之中，其作用是将所认定的系统放进问题求解系统之中。因为人在常识世界生活、做事"实际上都要运用形而上学"。常人之所以有其他事物所没有的智能，是因为他们除了有智慧、意向性、意志等之外，还有这种形而上学系统。这种形而上学系统除了有前面所说的关于基本存在及其关系的基本把握和概念框架之外，还有"常识"。①

　　由于 AI 建构的智能系统是对人的智能的模拟和升华，而人的智能必定内化有形而上学系统或本体论框架，因此 AI 所建构的框架必定"有某种形

---

① Janlert L. "Modeling change:the frame problem". In Pylyshyn Z (Ed.). *The Robot's Dilemma: The Frame Problem in Artificial Intelligence.* Norwood: Ablex Publishing Corporation, 1987: 32.

而上学"①，不然就不成其为智能。很显然，杨莱特这里的 AI 思想颇有独创性，其表现是强调，建模人类智能的智能机必须像人类智能一样包含形而上学系统，不然，其表现的智能就不可能是真正的智能。

这里的问题是：形而上学真的能像杨莱特所说的那样解决 AI 的框架问题和其他问题吗？AI 用得上形而上学及其所包含的常识吗？杨莱特的回答当然是肯定的。他知道，AI 的研究者一般不关注和思考这类问题，但这是错误的，不利于 AI 的困难的解决。为了证明形而上学对 AI 的必要性和价值，他提出了如下"基于沟通的论证"：如果人和 AI 的问题解决系统没有将世界范畴化的共同方式（形而上学的部分内容——建构本体论范畴体系，对存在作出分类），那么他（它）们就不能沟通、交互；如果机器系统要对人类发挥积极的作用，那么它（他）们就必须共同存在于相同的概念世界；如果像一把椅子这样的事物不在机器人的基本范畴框架中，那么机器人在从事物中挑选出椅子时就有根本性的障碍；机器人要执行用户的命令，它就必须从用户的形而上学仓库中下载命令，然后从自己内部下载有关信息。②这就是说，如果要建构能与世界、人类交互的 AI 系统，该系统就必须具有让交互得以进行的共通的形而上学。

既然操作性形而上学如此重要，因此在具体的建构工程中，就必须把作为智能组成部分的操作性形而上学与作为哲学理论的形而上学区别开来。AI可以不讨论后一形而上学的纯理论问题，但不能回避形而上学的本体论承诺和作为人的能力之构成的形而上学。基于这样的看法，杨莱特提出："发现和在人工系统中实现适当的形而上学是解决框架问题的希望之所在，甚至对于一般 AI 的成功建模也至关重要。……更清楚地认识形而上学问题，更有

① Janlert L. "Modeling change:the frame problem". In Pylyshyn Z (Ed.). *The Robot's Dilemma: The Frame Problem in Artificial Intelligence.* Norwood: Ablex Publishing Corporation, 1987: 31.

② Janlert L. "Modeling change: the frame problem". In Pylyshyn Z (Ed.). *The Robot's Dilemma: The Frame Problem in Artificial Intelligence.* Norwood: Ablex Publishing Corporation, 1987: 32.

意识地努力探讨和表征适当的形而上学系统是 AI 的、有前途的研究战略的重要内容。"①

为了具体展示形而上学对 AI 及其框架问题解决的必不可少的作用，杨莱特专门考释了三对形而上学基本范畴，即显与隐、原初与非原初、第一性与第二性。②由于这些讨论牵涉较多的技术问题，且与我们的主题关系不大，故从略，只考察一下他对一般哲学的作用的论述。在哲学对 AI 的作用这个问题上，他提出了这样难能可贵的命题：AI 中"任何重要的进步都离不开我们获得哲学洞见的能力"③。他从反面作了这样的论证：已有 AI 的进步之所以不令人满意，是因为已有的 AI 系统没有注意到因而没有建模人这样的能力，即理解日常自然和社会世界的能力，它常表现为技能，而非表现为显性知识；另外，计算机或机器人之所以没有很好地解决框架问题，是因为它们在特定时间不能及时以适当方式应对变化着的事态，而这又是因为它们没能有效表征各种相关的变化和没有变化的事实，进而无法从大量有关和无关事实中挑选出有相关性的事实。究其根源，又是因为它们没有像人的智能中那样的操作性形而上学。在他看来，要解决这些问题，没有哲学的介入是不能如愿的。因为要让机器有相关的能力，就要建模人解决这些问题的能力，而要认识这些能力，显然离不开哲学的出场。例如，要解决框架问题，就要研究人的认识、分辨相关性的能力。"这是 AI 研究者至今未能复制的人的一种能力。"④

① Janlert L. "Modeling change: the frame problem". In Pylyshyn Z (Ed.). *The Robot's Dilemma: The Frame Problem in Artificial Intelligence.* Norwood: Ablex Publishing Corporation, 1987: 33.

② Janlert L. "Modeling change: the frame problem". In Pylyshyn Z (Ed.). *The Robot's Dilemma: The Frame Problem in Artificial Intelligence.* Norwood: Ablex Publishing Corporation, 1987: 34-37.

③ Janlert L. "Modeling change: the frame problem". In Pylyshyn Z (Ed.). *The Robot's Dilemma: The Frame Problem in Artificial Intelligence.* Norwood: Ablex Publishing Corporation, 1987: 33.

④ Dreyfus H, Dreyfus S. "How to stop worrying about the frame problem even though it's computationally insoluable". In Pylyshyn Z (Ed.). *The Robot's Dilemma: The Frame Problem in Artificial Intelligence* . Norwood: Ablex Publishing Corporation, 1987: 110-111.

小　结

应承认，最初的框架问题的确是 AI 中专门的技术问题，充其量是与表征有关的问题。由于最初碰到框架问题的计算系统是基于符号主义或经典计算主义的系统，因此最初的框架问题的确主要是计算主义方案的问题。但随着 AI 后来的迅猛发展和有关认识向纵深的推进，特别是在此基础上对框架问题本身的深掘，框架问题在后来便演变成了一个集多个子问题、多重面向和维度于一体的复杂问题。从问题涉及的主体而言，它既是智能机器或人工智能系统的问题，也是它们的设计者必须面对和解决的问题，甚至是人类自主体也必然会面对的问题，因为人在与变化着的世界交互时也必然碰到表征问题和相关性问题等等；就问题发生的层面而言，它既是技术层面的问题，也是基础理论建设中的问题；就问题的构成而言，它既有技术方面的问题，也有表征方面的问题，还有逻辑学、认识论和形而上学方面的问题；就其实质而言，它是以形而上学为根基的、必须诉诸哲学理论和技术手段予以解决的认识论问题或表征问题。既然它无法排除哲学方面的问题，因此其解决若没有哲学的介入就是不能如愿的。就最新的研究而言，哲学在这里发挥作用的可能性和必要性不仅已得到了理论和逻辑上的论证，而且通过杨莱特等的工作已变成了现实。有关工作尽管是初步的，但毕竟是一个有希望的开端，如通过解析人类智能中的框架、操作性形而上学、表征能力和分辨相关性的能力及其作用，来探寻智能机器及其设计者解决框架问题的出路和方法，就是值得进一步推进的方案。

第五章
从 AI 的未来学研究看哲学对 AI 的意义

AI 经过几十年的发展在认识世界、建构能拓展人类能力的人工系统进而改变世界等方面的确取得了巨大的成功，其中特别值得一提的是这样两个领域的进步，一是为机器学习建立坚实的理论和信息基础，二是在大量领域的实际和商业应用中取得了令人称奇的进步。随着 AI 的诞生和上述发展，AI 的未来学问题便尖锐地摆到了人们面前，成了 AI 和许多相关学科的一个重要研究领域。其关心的主要问题是，AI 在未来的发展前景和走势，以及这些发展对世界、人类和社会文化的影响。例如，AI 今后会怎样向前发展？会不会出现智能奇点、超级智能、智能大爆炸以及 AI 统治和奴役人类这样的结局？如果 AI 在未来某一天真的超越于人类智能，或真的出现了所谓智能爆炸及超级智能，进而出现了所谓的"后奇点"（post-singularity）世界，世界和人类将面临什么样的处境？人类是被奴役、毁灭、孤立，还是设法融入？如果能融入，该怎样融入？未来的世界和人类该怎么办？我们现在在发展 AI 时该怎么办？这些问题的提出本身有其哲学的根源，如后面将看到的，其解决也不能没有哲学的参与。本节将通过对超级智能、智能爆炸和奇点的考察和分析来对上述问题作一些哲学的分析和探讨。

第一节　超级智能及其哲学问题

所谓超级智能（superintelligence）是一个受到 AI、哲学和未来学等广泛关注的话题，指的是人造的机器表现出的超越人类智能的智能，或在任何有趣的领域能大大超越人类智能的智能。[①]从实现方式上说，它是通过技术手段让机器或生物有机体在许多认知领域表现出来的超出人类心智的智能、智慧。之所以是一个哲学和未来学的课题，是因为超级智能尚未现实出现，是人们想象或推论的产物。如果未来真的会出现超级智能乃至智能爆炸等现象，那么我们的确得像有些 AI 未来学家那样研究智能爆炸的运动论、动力学以及超级智能的形式和作用，以尽早找到应对超级智能自主体的战略和策略。我们这一部分重点分析一下博斯特罗姆（N. Bostrom）的有关研究成果，兼及其他人的有关思想。博斯特罗姆曾是牛津大学人类未来研究院院长，研究领域涉及物理学、计算机科学、数理逻辑以及哲学等，发表了 200 多项成果，其中有些成果已被翻译成 22 种语言。

据设想，超级智能的形式很多，可从不同角度加以分类，如从其载体分，可分为机器表现出的超级智能和生物有机体如人脑表现出的超级智能；从发展潜力上看，前者的潜力更大，发展速度会更快；从实现的技术手段、表现方式上看，有集体超级智能、优质超级智能和高速超级智能。[②]博斯特罗姆为了说明超级智能的本质，使用了这样的分析方法，即先把它分成不同的类别，然后逐一加以具体考察。在我们看来，这既全面描述了超级智能，又暴露了它的内在秘密，因此是揭示其实质较好的途径和方式。

首先看高速超级智能。这种智能的特点是在速度上远远快于人的智能。

[①] Bostrom N. *Superintelligence: Paths, Danger, Strategies*. Oxford: Oxford University Press, 2014: 39.

[②] Bostrom N. *Superintelligence: Paths, Danger, Strategies*. Oxford: Oxford University Press, 2014: 71.

可这样定义，人造系统不仅能做人类心智所做的事情，而且做得更快。这里的更快是指可能快多个数量级。①其典型例子是运行在快速硬件上的全脑模拟系统，它能全面模拟大脑，且运行速度可快一万倍，因此，这样的系统可以几秒钟读完一本书，在一下午写完一篇博士学位论文。更神奇的是，通过 100 万倍的加速序数，一个全脑模拟程序可以在一个工作日内完成一个人需百年才能做完的工作。

其次看集体超级智能。这种智能是由许多小的智能系统集合在一起，进而能在许多领域表现出超出现有智能系统的智能。创建这种智能的灵感来自对人类群体的观察。根据这一思路，研发公司、学术团体、国家甚至整个人类都是这样的集体智能系统。未来要建构的就是这样的将众多单个智能自主体整合在一起而形成的规模不等的集体超级智能。在其倡导者看来，增强、提升集体智能的方式很多，如增加和提升系统中有智能的子系统的数量和质量，改变系统的组织结构和品质。换言之，集体超级智能要么是通过松散的方式形成的，要么是把诸要素紧密地组合成有机的系统而形成的。

优质超级智能不仅在速度上很快，而且能生成高品质的产品。

由于超级智能在现在只是理想，因此很难对它的能力、倾向、特性给出具体的描述。不过，通过考察硬件和数字智能，可对这些方面的可能空间获得一些直观的认识。就硬件而言，它们至少有这样的优势，如计算元素远超人类大脑的速度，内在通信的速度，计算单元的数量，强大的存储能力，人脑无法相比的可靠性、寿命、敏感性，等等。就数字智能而言，它基于特定的软件也有其不可比拟的优势：①可编码性。与神经湿件相比，用软件进行参数变化实验会来得更容易，而在生物大脑中进行这样的实验无疑很困难。②可复制性。通过软件可以创建任意数量的高保真副本。相较而言，生物大

---

① Bostrom N. *Superintelligence: Paths, Danger, Strategies*. Oxford: Oxford University Press, 2014: 72.

脑只能非常缓慢地完成有限范围的复制。

这里显然无法摆脱这样的哲学问题：超级智能是否可能？如果可能，其实现方式是什么？要回答是否可能，又必须回答前提性的智能观问题：什么是智能？判断是不是智能的标准是什么？根据什么说机器实现了智能？如果真的像塞尔等所说的那样，机器由于只是按程序运行，其中没有表现出意识、意向性等特性，因而没有智能，因此说它们会表现超级智能，这又从何谈起？

从博斯特罗姆的论述可以看出，他触及了上述元智能观的问题，且坚守图灵的行为主义智能标准。因此，他就能顺理成章地展开对超级智能可能性问题的探讨。在他看来，人类级别的机器智能诞生后不久，超级智能的出现具有极高的可能性。就现实的情况而言，机器表现的一般智能远低于人类。在不久的将来，机器不仅会获得类似于人的智能，而且会获得超级智能。对于计算机表现出的能力、行为、特性是不是真正的智能，尽管一直有争论，但不争的事实是，它们表现出的许多能力已大大超越于人类的智能，如下棋计算机的棋艺、储存能力、运算速度、推理的快捷性和精确性等等。按照他论证的逻辑，得出超级智能必将可能的结论就是名正言顺的，因为既然超越人类的某些能力已由可能性变成了现实性，那么在未来随着认知和技术的发展，经人类和机器的共同努力，造出超级智能就完全有可能。

在此基础上，博斯特罗姆还探讨了可能变成现实的技术路线，如 AI 路径、种子 AI、全脑模拟、生物认知、人机交互、网络和组织等等。下面抽主要的予以考释。先看 AI 的进化论路径。根据这类论证，在足够快的计算机上运行遗传算法，就可取得与生物进化成果相媲美的结果。[①]当然这里有这样的问题，即我们能得到足以复制能生成人类智能的有关进化过程的计算力吗？博斯特罗姆认为，回答是肯定的。尽管复制能产生人类级别智能的进化

---

① Bostrom N. *Superintelligence: Paths, Danger, Strategies*. Oxford: Oxford University Press, 2014: 41.

过程所需的计算资源很有限，但设计以智能为目标的探索过程不仅可以优于自然选择的改进，而且可以大大提高效率。[①]"种子 AI"是受大脑启发而形成的一种方案（前面有考释）。[②]另外，通过选择性育种，以及通过药物、基因干预等手段可以增强人类的智能，使之成为超级智能。他说："借助生物技术的发展至少可以获得弱形式的超级智能。人类认知能力的增强增加了这样一种可能性，即高级形式的机器智能是可以获得的。"[③]

怎样看待计算机硬件的进步？博斯特罗姆的看法是，更快速的计算机能让建造机器智能的工作变得更加容易，因此，硬件加速发展的一个后果是促进机器智能快速生成。尽管这并非完全是好事，因为它会加快智能爆炸，但其积极作用也是值得肯定的，因为硬件的快速发展会加快许多技术的发展，如程序员花在开发计算机性能上的时间就会变少。总之，在他看来，硬件的快速高质量发展主要是好事。例如，若把软件和硬件的优势结合起来，将形成更大的优势。通过这些优势，我们可以窥探超级智能这样的性能和特点，即它是最优能力和系统阻力之间的函数。

再次看脑机接口。这样的技术特别是其中电子信息的大脑植入，能让人利用数字计算的优点，如完全的召回、快速准确的算术运算、高宽带传输等，进而让所形成的混合系统快速超越原来的生物大脑。由此，一些人得出了乐观主义的结论，认为我们应尽快开发能让大脑与计算机直接联系的技术，以便让人工大脑帮人类大脑的功能向超级智能方向发展和完善。如此形成的超级智能也可看作人工大脑的超级智能，至少是两者共有的。当然，对脑机接口也不乏"泼冷水"甚至悲观主义的声音，如认为即使人脑和计算机可能关联起来，或有可能认识它们之间的联系，但在目前和短期内还没有用这种接

---

① Bostrom N. *Superintelligence: Paths, Danger, Strategies*. Oxford: Oxford University Press, 2014: 42.

② Bostrom N. *Superintelligence: Paths, Danger, Strategies*. Oxford: Oxford University Press, 2014: 46-47.

③ Bostrom N. *Superintelligence: Paths, Danger, Strategies*. Oxford: Oxford University Press, 2014: 63.

口技术来增强人脑功能的可能。不仅如此，在大脑中植入电极的医疗风险极大，如被感染、电极移位、出血、认知能力下降等。①尽管有这样的争议，脑机接口的研究不仅在理论方面如火如荼地进行着，而且已应用到了医疗实践等广泛领域。例如，为帮助与其他大脑、机器交流，脑机接口已在被用作从大脑中提取信息的方式。其实践意义在于，这种上行连接能帮助闭锁综合征患者通过移动屏幕上的光标来与外界交流。当然，研究是初步的，成果比较有限，如带宽低、患者输出字母的速度很慢等。要提高速度，可能得设法将下一代植入物植入大脑的语言区，以便能进到人的内部语言区中，并与之进行沟通。在乐观主义者看来，如果脑机接口和植入技术真的能按人的愿望向前发展，那么我们就能实现这样梦寐以求的愿望，如将一个知识部门乃至图书馆的所有信息下载到人脑中。但问题是：这有其可能性吗？这里的障碍是，人脑在利用输入数据时，必须通过理解，必须提取和理解数据中的意义。既然如此，下载到大脑中的海量数据在理解跟不上的情况下就没有什么作用。当然，这里可以进一步探讨如何直接下载、传输数据的意义，而绕过数据、符号表征之类的环节。但问题是，这在目前的技术条件下是无法实现的，因为人不可能跳过符号表征，人脑只能通过理解、加工表征来完成意义的生成和转换。更麻烦的是，意义的储存、提取、加工涉及的可能不是整齐排列的离散记忆细胞，而是整体地表现在相当大的重叠区域的结构和活动模式之中的。所有这些都让脑机的直接交互变得困难重重。由于有这些困难，因此即使大量信息、数据下载到了大脑中，也不一定能增强大脑功能。即使可以作这样的设想，如将阐释、理解的认知工作下载到界面或接口，它能阅读发送者的中枢状态，并以一定的激活模式送到接受者的大脑中，但这样做又超出了生物增强技术的范畴，而变成了一个 AI 的问题，因为创建必需的界面纯

---

① Chorost M. *Rebuilt: How Becoming Part Computer Made Me More Human*. Boston: Houghton Mifflin, 2005: 200-205.

粹是一个 AI 问题。

植入物的研究取得了一些积极的成果，展现出诱人的前景，如对大鼠海马的研究已表明，在大脑中植入神经假体是可行的，可以提高简单的工作记忆的效率。有一些研究表明，植入物能从大鼠海马的一个区域的十几个或两个电极收集输入，并映射到另一区域的类似数量的神经元之上。一个微处理器被训练来区分第一个区域的两种不同的放电模式，并学习如何将这些模式投射到第二个区域。[①]当两个神经区域之间的联系被破坏时，这种假体不仅可以恢复上述功能，而且可通过向第二个区域发送特定记忆模式的标记，提高大鼠在完成记忆任务时的性能。实验证明，其能力超越了正常情况下的能力。[②]

最后看超级智能的网络与组织路径。它指的是通过逐渐增强网络和组织的能力实现超级智能。这里所谓组织是指把个体的心灵相互关联起来，把人的心灵与各种人工产品、机器人相互关联组织起来。这种增强不是要增强个体的理智能力，使它们成为超级智能，而是让个体通过网络和组织的方式组成系统，进而让这个系统具有超级智能。这种超级智能也可被称作"集体超级智能"。[③]在现实生活中，分散的力量通过组织协调、分工合作生成集体智能的事例比比皆是，如很多人共同创作的画作、集体的发明创造等等。能促成和推进人工集体智能的技术是多种多样的，如互联网、智能网、组织和经济改革等。当然，从基础层次特别是从哲学上反思互联网的发展，我们又能看到一些亟待解决的新问题，如互联网是一种令人不可思议的"技术奇点"（technological singularity），充满着无限的发展可能，它会变成虚拟的头骨吗？里面可容纳统一的超级智能吗？除了肯定和否定这两个极端的看法之

---

① Bostrom N. *Superintelligence: Paths, Danger, Strategies*. Oxford: Oxford University Press, 2014: 66.
② Bostrom N. *Superintelligence: Paths, Danger, Strategies*. Oxford: Oxford University Press, 2014: 66.
③ Bostrom N. *Superintelligence: Paths, Danger, Strategies*. Oxford: Oxford University Press, 2014: 67.

外，还有比较温和、公允的看法，即互联网通过大家的共同努力，今后可能会诞生更好的探索和过滤算法、更强大的数据表征构造、更有能力的自主体软件，以及更有效控制机器人之间交互的协议。所有这些增量改进最终可能为生成网络智能形态提供基础。可以预言，基于网络的认知系统，在生成关键智能的计算力的同时，可能为超级智能的形成提供条件。

在乐观主义看来，全脑模拟是通向超级智能最快捷的路径。因为生物认知增强技术尽管相对缓慢和渐进，但却是特别有前途的技术，如基于基因选择的增强技术、重复胚胎选择技术等就是如此。生物认知增强技术让我们看到，机器智能向超级智能的发展不是梦想，因为技能、智能得到提升的科学家、工程师将获得不可估量的创新能力，进而让其研究成果表现出超级智能。"增强的生物或组织智能必定会加速科学和技术的发展，而这些发展会让全脑模拟和 AI 这样更激进的智能样式快速到来。"事实上，机器和非人动物已表现出了超越人类水平的智能，如蝙蝠解读声呐的能力就优于人类，计算器的运算速度、准确性等是人无法相比的，下棋计算机的棋艺已比人高，等等。①

综上所述，超级智能不是梦幻，因为"有许多通向超级智能的路径这一事实足以让我们相信，我们最终将拥抱超级智能"②。如果是这样，我们每个人都不得不关心的一个兼有未来学和哲学意义的问题是：如果未来真的出现了超级智能，不管是为机器、软件还是为生物体所拥有，它们对世界和人类会有什么影响？它们是否会统治、奴役其他存在？博斯特罗姆的看法很辩证，强调在作回答时既要考虑它们绝对的能力和资源，如多聪明、多有活力，有多少资源，还要考虑它们与其他自主体相比相对的能力和资源。若能这样考虑，就既不会认为超级智能没有什么控制力，也不会把它们的作用力夸大

---

① Bostrom N. *Superintelligence: Paths, Danger, Strategies*. Oxford: Oxford University Press, 2014: 69.

② Bostrom N. *Superintelligence: Paths, Danger, Strategies*. Oxford: Oxford University Press, 2014: 69.

到令人毛骨悚然的地步。①具言之，这里要看到的是，既然是超级智能，且又有自己的目的、计划，因此它一定有按自己的目的塑造现实和未来的巨大能力、能量。②为了说明它的目的，说明智能与动机的关系，博斯特罗姆提出了两个命题：第一，正交性命题：智能和最终目的是独立变量，且任何层次的智能都能与任何最终目的结合在一起；第二，收敛性工具理性命题：具有广泛最终目的的智能自主体因为有实现相似中间目的的共同工具理由，因此会追寻最终目的。博斯特罗姆认为，只要把这两个命题结合在一起，我们就有办法弄清超级智能自主体会做出什么样的事情来。③因为正交性命题告诉我们的道理是，人工自主体可能具有非拟人化的目的。这不是说，它不能对人工自主体乃至假设的超级智能自主体的行为做出预言。它的动机也是可预测的，如通过设计、继承和收敛性工具理性去预测。收敛性工具理性命题强调的是，人工自主体有一些可能为这种自主体去追寻的工具性目的。所谓工具性目的其实是到达最终目的的中介性目的，即是作为实现最终目的之手段的目的。由于人工自主体有自己的最终目的、中介性目的，如把改进、增强理性能力作为中介性目的，因此它们客观上能发展、提升自己的智能。随着能力的提高，它们会做出更有利于自己发展和实现最终目的的决策。决策付诸行动之后，又会进一步促进智能的发展，进而不断完善自己的技术，使其能更好地按自己喜欢的设计来塑造世界。如此递进，它们就会进入良性循环发展的轨道。

不可否认，如此发展的结果是使世界上出现越来越多的超级智能单体（singleton）。它们每一个都有自己的独立性，都想单方面决定世界的现实和未来，都可能把其他自主体、人类个体作为对手看待，都会不停地争夺资源

① Bostrom N. *Superintelligence: Paths, Danger, Strategies*. Oxford: Oxford University Press, 2014: 112.
② Bostrom N. *Superintelligence: Paths, Danger, Strategies*. Oxford: Oxford University Press, 2014: 129.
③ Bostrom N. *Superintelligence: Paths, Danger, Strategies*. Oxford: Oxford University Press, 2014: 129.

和完善技术，进而在合作的同时可能加剧对抗。由于人类也需要积累资源，也要发展技术，因此人类可能与超级智能自主体发生冲突。基于这些可以推测，超级智能自主体为实现自己的目的会设计极其聪明但反直觉的计划，会争夺资源，争夺对世界乃至人类的控制权，这样一来，人类就可能面临着灾难性的后果。[①]博斯特罗姆说："任何一种实在，其智能若超过了人类，那么它们就会有巨大的潜力，它们会比我们更快地积累资源，并在短时间内开发出新技术。它们可能用它们自己的智慧制定自己的策略。"[②]类比推理也可引出这一结论。例如，人类因为有超越其他实在的智能，因此占用了世界更多的资源，并创造和积累了大量的技术、力量，如太空飞行、氢弹、基因工程、计算机、工厂化农场、杀虫剂等。超级智能既然在能力上超越我们，因此在竞争中一定会胜过我们。不过，他又强调，在思考超级智能的影响、作用方式时，应力避拟人化图式。因为这一图式会让人对种子 AI、超级智能的成长轨迹以及它们的动机、能力作没有根据的推测。

如果人类真的会面临上述灾难性的后果，那么人类有无办法应对呢？博斯特罗姆的回答是肯定的，因为人类有"掌控"那种局面的能力，人类会探讨有关的控制问题。这种掌控应从现在开始着手，如当下在设计超级智能研究项目时，就应探讨，如果该项目成功了，如何确保所形成的超级智能自主体在合理且不威胁人类的范围内得到有效控制。其实，这里只要像经济学那样处理好"委托人-代理人关系问题"就行了。在处理这个问题时，关键是要计划、安排好代理人按委托人的愿望和利益行事。例如，这里的委托人可以是个人、集体、人类整体，代理人是正研发的超级智能自主体。在研发时，重要的是让可能被研发出来的自主体按人类的愿望和利益行事。[③]与这一问

---

① Bostrom N. *Superintelligence: Paths, Danger, Strategies*. Oxford: Oxford University Press, 2014: 139.
② Bostrom N. *Superintelligence: Paths, Danger, Strategies*. Oxford: Oxford University Press, 2014: 113.
③ Bostrom N. *Superintelligence: Paths, Danger, Strategies*. Oxford: Oxford University Press, 2014: 153.

题的解决密切相关的是具体的控制技术问题，即探讨在智能爆炸情境下，如何让正建造的超级智能自主体不损害该项目的利益。[①]这里关键是通过限制超级智能自主体所做的事情来防止有害后果的发生，要如此，就要探讨能力控制的方案和方法。[②]这样的方案有很多，如设法将超级智能置于无法造成伤害的环境之中，设法限制超级智能的内部能力，利用一切有效的机制来自动检测各种可能有伤害的结果或可能的越轨行为，并及时做出反应。还有就是，在开发超级智能时，应努力把它们作为工具来建构，而不是作为自主体来建构。[③]

第二节　进化、加速回报定律与"灵性机时代"

科兹维尔（R. Kurzweil）被认为是我们时代的"永不满足的天才"，是最具创新和吸引力的技术的发明人，其代表性的发明有"科兹维尔阅读机"、"科兹维尔阅读合成器"和先进的语言识别器等。科兹维尔对 AI 未来的发展趋势的预测也很有影响，经常被讨论。他认为，可以设想这样一个世界或时代，可称作"灵性机器的时代"（the age of spiritual machines）。计算机超越人类智能之时，便是这个时代到来之日。在那里，人与机器的界限模糊了，人性与技术的界限消失了。人性与 AI 的结合将改变和革新我们人类的生活方式。这不是小说中的虚构，而将是未来的现实。[④]他得出这一结论不是凭想象和科幻，而是建立在对计算智能的进化和计算机性能的发展走势的分析之上，认为它们将会以指数级增长，且没有限度。

① Bostrom N. *Superintelligence: Paths, Danger, Strategies*. Oxford: Oxford University Press, 2014: 154.
② Bostrom N. *Superintelligence: Paths, Danger, Strategies*. Oxford: Oxford University Press, 2014: 155.
③ Bostrom N. *Superintelligence: Paths, Danger, Strategies*. Oxford: Oxford University Press, 2014: 155.
④ Kurzweil R. *The Age of Spiritual Machines: When Computers Exceed Human Intelligence*. New York: Penguin Books, 1999: 69.

我们先看科兹维尔对进化的创造性分析。他大胆提出，进化已找到了绕过神经回路计算限制的办法，进化的聪明表现在，它创造出的生物体反过来又有了一种比碳基神经元快一百万倍的计算技术，最终在极缓慢的哺乳动物神经回路上进行的计算将被移植到一个更灵活、更快的电子等效电路上。只要认真研究一下进化的历史，我们就会发现，进化是这个世界最杰出的创造奇迹的大师。例如，根据热力学第二定律，智能是不可能出现的。因为智能行为根本不同于随机行为，任何能对环境做出智能反应的系统一定是高度有序的。智能居然借进化之手赫然出现在了地球上。未来的进化更会如此，因为进化的手法、方式和能力更强大了，更多样化了。照此推论，更强大的智能如超级智能的出现就应无悬念。

科兹维尔基于对进化的解剖提出的新解释是，进化是智能的本原性的"创始人"。因为进化是开放系统，不同环境中的进化由于涉及的内外因素不同，因此便有样式和复杂程度各不相同的进化形式。生命特别是人类生命产生以后，生命的进化就极不同于其他的进化形式，其最突出的表现是这种进化中镶嵌着技术的作用。随着人类在进化过程中的诞生，人类除了拥有其他动物也有的进化手段之外，还有独有的手段，即技术。从词源上说，技术（technology）源自希腊文 *tekhnē*，本意是"工艺"或"艺术"，指的是为实际目的而形成的新的资源，该词的后缀 Logia 意为"对……的研究"。这里所说的资源不仅包括物质财富、工具，而且还包括非物质的资源，如信息等。科兹维尔强调，不能再简单把技术理解为，为控制环境而实施的对工具的创造，因为这没有全面反映人类及其技术的独有特点。根据新的理解，人类独特的地方在于，应用已得到的知识来制造工具。知识库体现的是进化技术的遗传编码，随着技术的进化，记录知识库的手段也在进化。技术的独特性还表现在，有对构成它的材料的超越，当发明的要求组合在一起时，它们会产生超出这些要求的奇特效果。

在科兹维尔看来，技术是人类所发明和喜欢的进化变体。技术不仅是对工具的制造和使用，还包括对制造工具过程的记录。每一种新技术的发明，都意味着工具复杂程度的提高。更重要的是，技术的发展离不开发明创造，本身是借助其他手段进行进化的延续。技术进化过程的遗传编码就是制造工具物种所完成的记录。有了文字后，技术进化的基因变成了用书面语言记录的形式，现在则储存在计算机的数据库中。

技术像生命的进化一样，本身是一个加速的过程，例如 19 世纪的技术进步大大超越了以前的世纪。20 世纪更是如此。技术作为进化过程的延续，通过其他手段实现，因此它表现出呈指数增长的特点。根据这种新的技术理论，艺术、语言都是技术的形式。计算的进化也是技术进化的一个表现。机器已不再是扩展人类力量的简单工具，而同时有积淀、升华人类记忆和逻辑加工能力的作用，现在的计算机更是如此。基于这些对进化历史和未来趋势的分析和预测，科兹维尔认为，未来被新的进化形式进化出的计算智能和机器智能一定会超越人类，换言之，进化将创造的又一个奇迹将是远比人类智能发达的灵性机器。[①]

这样的结论也可通过分析人脑逆向工程以及建立于其上的机器神经网络而得到。众所周知，基于扫描的人脑逆向工程已取得了重大进展。所谓人脑逆向工程是指用从下到上的方法研究大脑计算结构的庞大工程，其方式很多，如把快死或已死的人类大脑冷冻起来，沿着大脑的层级结构一层层研究，用相应的思维扫描设备来观察记录每个神经元和每个突触中的每一个薄层的连接。当一层被考察完且信息得到储存时，就进入下一层。这些信息可以被组装成关于大脑线路和神经拓扑结构的巨大的三维模型。在活人大脑中做这样的工作也是可能的，如有一名死刑犯允许对他的大脑作这样的扫描研究。由

[①] Kurzweil R. *The Age of Spiritual Machines: When Computers Exceed Human Intelligence*. New York: Penguin Books, 1999: 40-50.

于有这样的扫描，因此可在人体模拟中心的互联网上访问他的全部 100 亿字节数据。还有非侵入性大脑扫描方法，如高速、高分辨率磁共振成像（magnetic resonance imaging，MRI）扫描仪已能在不干扰被扫描活体组织的情况下查看个体神经元细胞的结构和行为。更强大的 MRI 正在被开发，它们将能扫描直径只有 10 微米的单个神经纤维。尽管现在还没有足够带宽的设备能在一定时间内扫描整个大脑，但上述扫描方法为认识大脑提供了现今为止较好的手段。另外，一种被称为光学成像的新扫描技术已由以色列的格里马尔迪（A. Grimald）开发出来，其分辨力高于 MRI 和核磁共振成像（nuclear magnetic resonance imaging，NMRI），它关注的是神经元的电活动和神经元的毛细血管中的血液循环之间的相互作用。由于它分辨的特征小于 50 微米，因此可实时操作，进而可让科学家看到神经元的放电。通过研究发现，大脑在处理视觉信息时神经模式放电具有明显的规律性，它们如此有序，以至类似于曼哈顿的街道地图，而不同于中世纪的欧洲城镇。当神经元相互作用时，产生的神经放电模式就像精心连接好的马赛克。通过扫描，我们可以看到神经元是如何传递信息的。例如，能看到负责深度知觉的神经元排成平行的柱状，向形状探测神经元提供信息，这些神经元形成了更复杂的风车状图案。当然，这类研究刚刚起步，只能对大脑表面附近的薄片进行成像。

就人脑逆向工程的意义而言，有关研究尽管处在初创阶段，但它们大大推进了人类对大脑的认知，如扫描大脑某些部分可帮我们确定不同区域的神经元之间连接的结构和隐式算法。有了这些信息，我们就可设计出模拟类似操作的神经网络。随着智慧层一级一级被揭示出来，AI 的认知和建模也将不断向前推进。正是基于这样的认识，有关专家在研究新的扫描技术，以扫描大脑的有关部分，弄清其算法，并把所取得的成果应用于智能系统的设计之中。总之，有了对大脑算法的认知，只要将它们与制造智能机器的方法结合起来，我们就能大大推进 AI 前进的步伐。

事实也是这样，人脑逆向工程的有关研究成果已开始应用于基于机器的神经网络设计。根据已有研究，人类大脑的许多特定区域已经被"破译了"，并且它们的大规模并行算法也被破译了，专门区域的数目达数百个，比 20 年前预计的要多。机器网络的运行速度远超人类网络，其计算能力和存储容量也更为庞大，而且在不断改进。科兹维尔基于这些分析预言，到 2099 年，随着人脑逆向工程技术的发展，人类智能有望被超越。因为到那时，人脑逆向工程可能近于完成和完善，数百个专门区域将被完全扫描、分析和理解。机器模拟将以由此而建立的人脑模型为依据。这些模型将被增强和扩展，将会融合许多新的大规模并行算法。基于这些模型及其技术变革，加上电子、光子电路在速度和容量方面的巨大优势，基于机器的智能将获得大规模实质性提高和扩展，到那时，超越人类智能就不再是理想。基于机器的智能尽管不由基于碳的细胞实现，而由基于电子和光子的等价物所实现，但由于是基于扩展了的人类智能模型，因此将以新的面目出现。例如，它的智能不再只依赖于一个特定的计算处理单元。另外，基于软件的智能既会显示生物身体，也会显示虚拟身体，如在纳米工程物理性身体等不同层次上会出现一个或多个虚拟身体。即使是人类的由神经元实现的智能，只要应用神经植入技术，其认知能力也会极大提高。①

在科兹维尔看来，那时的神经网络的智能将超越人类的智能。因为这从理论上说是不难实现的。例如，只要能模拟人类神经元的功能，且有足够数量的人工神经元，这样的网络就能超越人脑。当然，他也注意到，人脑尽管应予模拟，但为了探究大脑的秘密，没有必要模拟大脑的全部进化过程，就像在竞争中破解对方产品的秘密时，可以用逆向工程去拆解其产品，对人脑也应这样做。当这样做时，我们就可利用人脑的结构、组织和先天知识，来

① Kurzweil R. *The Age of Spiritual Machines: When Computers Exceed Human Intelligence*. New York: Penguin Books, 1999: 202-233.

探讨如何在机器中设计智能，进而加强对智能的理解和建模。通过探索大脑的回路，我们可以复制和模仿有关设计，如模仿自然花了几十亿年才完成的对大脑的设计。我们已迈出了如此模仿人脑的关键步伐。例如，Synaptics 视觉芯片就是神经组织的复制品，当然是由硅实现的，它力图反映哺乳动物视觉处理算法的过程和机制，这种算法可称作中心环绕滤波算法。之所以有这样的可行性，是因为人脑不仅有计算本质，而且用的是大规模并行算法，其数量不是无限的。大脑中有数百个专门区域，其中包括由进化所塑造的有序结构。

最后，人脑逆向工程的一个大胆的构想是心智下载或上传，即通过一定的技术手段将活脑中的心智信息下载到个人计算机中，其内又经历了从部分下载到整体下载的过程。最初，只是用部分下载或移植来替换已经老化的记忆电脑，通过神经植入来扩展模式识别和推理电脑，现在已开始了这样的探讨，即如何将人的心灵文档移植到新的思维技术结构之上。在这里，对大脑的扫描旨在绘制关于躯体、轴突、树突、突触前囊泡和其他成分的位置、相互关系及内容。在此基础上，将对整个组织的认识应用到神经计算机的重新创造之上。这显然比其他方案难得多。在其他方案中，我们只需对每个区域进行采样，直到获得对里面算法的理解。而这一新的方案是试图理解整个心智，并将其信息打包下载。尽管下载人的心灵在现在还有很多困难，但随着对大脑认知的加深，以及扫描人脑技术的提高，让人脑换位例示或重新安装人脑将不会影响人的心智。因为现在客观上有这样的可能性，如当我们扫描人的大脑，并将他们个人的心灵文档重新实现或安装于一计算媒介之上时，如此实现的人在个性、历史、记忆等方面与原来被扫描的人可能是同一个人。当然，这里触及了哲学的人格同一性问题，自然免不了争论。

只要对计算这一既古老的心智现象又方兴未艾的神奇突现现象分析到位，也能得出关于未来智能状况的科学结论。在科兹维尔看来，非人系统实现的计算既是已有智慧和技术的成果，也是未来技术前进、进化的新动力和新手段。一旦技术产生了，各种形式的计算，包括非神经系统的计算，也不可避免地随之诞生。于是，计算像技术一样也成了控制环境的有用手段，能极大促进技术的创新和进步。计算还会遵循加速回报定律。根据这一定律，随着时间的推移，计算技术的性能、威力将呈指数级增长。反观近百年计算的发展可以看出，1910—1950 年，计算速度每三年翻一番，1950—1966 年，每年翻一番。这种加速根源于加速回报定律两种提速方法的混合。一种方法是，随着晶体管模具尺寸的减小，流过晶体管的电子运行的距离将缩短，晶体管一开始的速度就会大大增加，这就是具备指数级提高速度的第一种方式。另一种方法是，减小晶体管芯片的尺寸也使芯片制造商能将更多的晶体管压缩到集成电路中，这就是提高速度的第二种方式，即提高计算密度。具言之，以前主要是以第一种方式提高计算速度，如增加电路速度，以此改进计算机的整体计算速度。到了 20 世纪 90 年代，先进的微处理器开始使用一种被称作流水线的并行处理形式。这时，由于我们越来越多地利用不断提高的计算密度，因此处理器的速度便每 12 个月翻一番。总之，计算速度的明显加快根源于从加速回报定律两个方面获得能力的提高，即使摩尔定律①以后失效了，集成电路之外的新电路形式会继续沿着这两个方向呈指数级改进。可以预言，电脑的计算速度会越来越快，因此随着时间的推移，它将把人脑远远甩在后面。在 1997 年，2000 美元的神经计算机芯片尽管仅使用适度的并行处理，但每秒就可执行大约 20 亿次的连接计算，且这一能力每年会翻一番。当它达到每秒 2 万亿次的计算速度时，就接近于人脑的水平。以后再发展，就将把人脑甩在后面。再就记忆而言，人脑的记忆能力大约是 100 万亿个突触强度，

---

① 摩尔定律是集成电路的发明人、后来英特尔的董事长摩尔所发现的一个规律。它说的是，每过两年，人们可在一个集成电路上封装两倍多的晶体管，这将使芯片上的元件数量和速度增加一倍。而集成电路的成本稳定，这意味着，每两年，人们可用同样的价格让两倍的电路以两倍的速度运行。

大约有 10 万亿个比特，而记忆电路的容量每 18 个月翻一番，因此计算机的记忆能力很容易超越人脑，特别是，这种硅当量的运行速度比人脑快 10 亿多倍。总之，计算机的计算速度和能力很容易接近人脑。打平之后，再提高、超越就是轻而易举的事情。

随着智能创造、计算和使用这些人工智能的人的发展，将出现这样的现象，即人与其技术高度融合，特别是与计算、计算机融合，如将更多更好的神经植入物植入人体之中，甚至还有这样的可能，即人脑的有些区域被植入计算技术，并替换一些信息加工系统。总之，未来将出现人类与技术的融合化、一体化发展格局。[①]

计算之所以是未来 AI 发展的杠杆，是因为它既吸收了人脑计算的优点，又回避了它的缺点。相比于电脑，人脑尽管有自己的优势，如有 1000 亿个神经元，每个神经元和它的邻居之间平均有数千个连接。每个连接都能同时进行计算，这是相当大的并行处理，也是人类思维的优势之所在。但它的局限在于，神经回路的计算极其缓慢，每秒只有 200 次计算。对于模式识别之类的需并行处理的问题，人脑可以做得很好，但对于需要长时间连续思考的问题，人脑的局限性就会暴露出来，而 AI 可补此之不足。总之，人工系统实现的新的计算吸收了人脑计算的并行性优点，有效地弥补了其速度太慢的不足。有了这样的技术，哺乳动物神经回路上发生的缓慢的计算可以被移植到功能更多、速度更快的电子等价物之上。这就是说，计算本身的改进已找到了前进的方向，如将生物体上的计算与电子等价物上的计算结合起来，让它们优势互补。

AI 还有一种超越人类智能的方式，那就是通过互联网将大量的个人计算机和其他虚拟计算机联合在一起。果如此，合作站点就可通过安装特殊的软

---

① Kurzweil R. *The Age of Spiritual Machines: When Computers Exceed Human Intelligence*. New York: Penguin Books, 1999: 202-233.

件，在网络中的计算机上构建一个虚拟的大规模并行计算系统。在这里，每个用户仍有自己计算机的优先级，而在后台，互联网上数万台计算机中的相当一部分则能组合在一起，进而形成一台或多台超级计算机。其计算能力显然超越了人脑。随着加速回报定律的持续作用，这种可用性将会越来越普遍。根据这种逻辑推算，个人电脑的计算能力每十年会翻十倍，再过若干年，个人电脑可模拟一个村庄的人的计算能力。预计到 2048 年，电脑的计算能力将达到美国总人口的能力，到 2060 年，将达到一万亿人的能力。加速回报定律表明，机器的计算能力将呈指数增长，因为随着时间的推移，任何朝着更大的有序性发展的过程，特别是进化，都会以指数级的速度加速。由于进化过程中发生爆炸式增长的两种资源，即自身有效性的增长和它发生于其中的环境的混沌，都是无限的，因此计算能力的增长也是无限的。

更重要的是，新的计算技术正在如雨后春笋般涌现，有些已显示出了强大的生命力，如光学计算用的是光子流而非电子流。一束激光可产生数十亿个相干的光子流，而每束光子流都有自己的一系列计算，每个流上的计算是由特殊的光学元件，如透镜、反射镜和衍射光栅等并行执行的。光学计算机的优势是，它可进行大量并行计算，且能进行数万亿次运算。缺点是，无法编程，只能对给定的光学计算元件配置执行一组固定的计算。分子计算这一生命机器上的计算可以补此之不足，因为这种计算将把 DNA 分子本身作为一种实用的计算设备，而 DNA 是大自然创造的纳米工程计算机，适合解决组合问题。尽管这种计算可能产生错误，且运算量巨大，但 DNA 计算机只要适当设计，就可以做到高度可靠。这项新技术已被广泛应用于解决大量复杂的组合问题。

存在这样一种方案，它在探讨如何让作为晶体的计算机在三维空间中生长，其计算元素的大小相当于晶体格内的大分子。这种计算也是朝第三维发展的一种方案。其他的计算方案还有很多，如纳米管技术。这是专家们鉴于纳米管可执行硅基组件的电子功能而开发的。纳米管比集成芯片上的硅晶体管要小得多，但比硅器件耐用得多，此外，散热性能比硅好，因此相比于硅晶体管来说，更容易组装成三维阵列。有专家设计了一种基于纳米管的三维计算元素阵列，它类似于人脑，但比人脑的密度和速度大得多。

以上说的都是数字计算，除此之外，还有量子计算。相比于数字计算，量子计算十分奇特。例如，数字计算是以信息的比特为基础的，而信息的比特要么关要么开，即要么是 0 要么是 1，比特可组成更大的结构，如数字、字母和单词，进一步地，几乎可表征任何形式的信息，如文本、声音、图片和活动图像，而量子计算的基础是量子位（qubits），它在本质上同时是 0 和 1。量子位根源于量子力学中基本的歧义性、模糊性，因为基本粒子的位置、动量或其他状态都有模糊、不确定的特点。在量子计算机中，量子位可由单个电子的属性来表征。如果以适当方式设置，电子将不会决定其自旋的方向（向上或向下），因此会同时处于两种状态。有意识地观察电子过程的自旋状态会使模糊性得到消除。这一消除模糊的过程就是退相干。如果没有退相干，我们生活的世界将不可思议。在量子计算机中，我们可提出一个问题，并提供一种方法来检验答案。在这时，我们就需要设置量子位的量子退相干，如让通过检验的答案在退相干中存在下去，而失效的答案则相互抵消。与其他方案如递归和遗传算法一样，量子计算的关键在于对问题进行细致的陈述，并用明确的方法来检验答案。一系列量子位可以同时代表对问题的所有解。一个变量位可以代表两个可能解，两个相关的量子位代表四种解。一个有 1000 个量子位的量子计算机代表 21 000 个可能的解。这些解可以同时被检验，只留下正确的那个解。其优势显而易见，因此可以说，量子计算机之于数字计算机就像氢弹对于爆竹一样。尽管实际的量子计算机还没有批量建造，但利用退相干的方法、手段去建造被证明是可行的。

科兹维尔关于 AI 超越人类智能的论证还有很多，如基于知识获取技术的论证。在他看来，这种技术的神圣目标就是让学习过程自动化，让机器进入世界，并自己探索知识。这是神经网络、进化计算等所追求的。一旦这些方法集中在一个最优的解决方案时，神经连接强度的模式就代表了一种知识形式，从而被存储起来，以供后来使用。由于有这种比人的知识获取能力更强大的技术，因此 AI 超越人类智能就不是天方夜谭。

至于机器智能超越人类后人类的处境问题，科兹维尔的看法有一定的辩证性，即他认为这种情况对人类有弊有利。如果机器被允许自己做一切决定，那么我们人类不能对其后果做任何猜测，因为不可能做这样的猜测。人类将过渡到如此依赖机器的位置，即人类别无选择，只能接受机器所做的所有决定，因为机器所做的决定比人的好，特别是当需做的决策太复杂以至无法为人类完成时，机器就更会凌驾于人类之上，从而更有效地控制人类。当然，机器智能发达了未必全是坏事。例如，新的计算机音乐技术尽管可能会威胁到音乐家的职业地位，但对他们和音乐受众都有潜在的好处，因为机器会带来更好的音乐。

第三节　智能奇点、智能大爆炸与"后奇点"世界中的人类

智能奇点和智能大爆炸等概念是借鉴、改造宇宙学对应概念而形成的概念。在宇宙学中，奇点指的是时空无限弯曲的那一个点，存在于黑洞中央，有无限大的物质密度、无限弯曲的时空和无限趋近于 0 的熵值等。奇点既可以是宇宙大爆炸之前宇宙的存在形式，也可以是超级恒星坍缩成的黑洞的"奇点"。宇宙大爆炸是描述宇宙的起源与演化的宇宙学模型，说的是，宇宙是由奇点于 137 亿年前的一次大爆炸并经过不断膨胀而形成的。所谓智能奇点指的就是会导致智能大爆炸的智能状态，而智能大爆炸指的是 AI 经过不断的发展进而达到一定的度时所发生的一种智能的质变，其最突出的成果就是催生

出超级智能。所谓超级智能就是人工系统所表现出的远远超越于人类智能的智能。由于这些概念都是正在探讨中的课题，因此人们对有关概念的理解不尽相同，且有争论，如后面将看到的，查默斯就认为，智能奇点就是智能爆炸。

上述概念所指的东西是典型的未来学实在，有的也可能不会发生，但从哲学和 AI 未来学的观点看，其研究既有可能性和必要性，也有不可低估的学理和实践意义。博斯特罗姆说："智能爆炸的曙光为对智慧的古老探讨带来了新的启迪。"①当然，它是双刃剑，一方面有利于认知和文明的发展；另一方面又有其负面影响，如可能危及人类的生存和文明的继续。从实践上说，超级智能对我们来说既是机遇又是莫大的、生死攸关的挑战。即使不会出现智能爆炸之类的现象，AI 肯定也会以不同于过去和现在的方式向前发展。不管它怎样发展，都与世界、人类及其社会文化的命运息息相关，因此我们必须有所准备。若真的发生了智能爆炸，逃避是无用的，因为根本没办法逃避。不管其未来发展带给人类的是祸是福，都值得重视和研究，因为如果真的会出现奇点，那么我们现在就可探讨，它将采取什么方式，具体对我们产生什么影响，我们是否有办法对它的发生方式和后果形成影响、干预。

就这一研究与哲学的关系而言，它的形成无疑有哲学的根源，因为探讨 AI 的发展及其走势和规律问题本身就是哲学的应有之义。如果未来的计算机确实超越了人类，变得更聪明和智慧，真的出现了所谓的超级智能，那么在探讨应对的策略时，若没有哲学的参与，是万万行不通的。同时应承认的是，关于 AI 未来发展问题的研究对哲学也是有意义的，因为它提出了许多重要的哲学问题。例如，要知道是否会出现智能爆炸，我们就需探讨这样的问题，即智能是什么，机器能否获得智能；要知道智能爆炸是好事还是坏事，我们就要探讨智能与价值的关系；要知道我们在后奇点世界是否会发挥作用，我

---

① Bostrom N. *Superintelligence: Paths, Danger, Strategies*. Oxford: Oxford University Press, 2014: 294.

们就需探讨，人的同一性在智能增强后是否会继续。此外，还有很多重要的哲学和实践问题。例如：有充分理由相信将会发生智能爆炸吗？如果真的发生了爆炸，我们怎样将它对我们的好处最大化？怎样将不利因素最小化或消灭在萌芽状态？最重要的是人格同一性问题：如果发生了智能大爆炸，那么就会发生人的上传（将人的心理和生理信息打包好，然后上传至特定的计算系统——一种思想实验）等现象，如果是这样，上传的人是有意识的吗？上传的过程能保护人格同一性吗？

由于有关研究具有如此的重要性和复杂性，因此自 AI 诞生以来，它们就一直是 AI、未来学和哲学密切关注的课题。最近 20 年的成果不胜枚举。有理由说，有关研究已形成了一个与 AI 连在一起的新兴的研究领域。在这一领域的开创和发展过程中，数学家古德（I. Good）最先提出了关于奇点的基本设想，后来，莫拉韦克（Moravec）、科兹维尔和博斯特罗姆对之作了具体、明确的阐发，进而创立了各具特色的理论。这一课题不仅受到有关专家和未来科学家的关注，而且成了哲学中的一个令人神往的话题，著名哲学家查默斯对此进行了创发性思考，提出了关于 AI 奇点论证的一个新版本。我们这里将以他的问题和理论为重点，兼及相关研究，来展示这一研究领域的最新发展，同时揭示哲学在这一领域的形成和发展过程中不可偏废的作用。

我们先来考察学界对智能奇点的本质、根源和发生途径的研究。"奇点"一词是由温格（V. Vinge）于 1983 年提出的，后在 1993 年又作了进一步阐发。它指的是这样的现象，即由于人工系统软件和硬件的长期发展和积累，预计在未来某个节点，它们的处理速度和性能在有限时间就会超越任何有限的智能。这一过程及结果就被称作"奇点"。[①]他在提出这一概念时受到了冯·诺

---

① 参见 Vinge V. "The coming technological singularity: how to survive in a post-human era". In Latham R (Ed.). *Science Fiction Criticism: An Anthology of Essential Writings.* London: Bloomsbury Academic, 2017: 352-363.

依曼思想的启发，后者认为技术的发展将让历史接近于一个奇点，超出这个奇点，人的生活就不会按原样继续。"智能奇点"概念一经提出，便受到了学术界和大众文化的广泛注意和讨论。随着研究的深入，已出现了许多不同的理解。一种比较宽泛的用法是，让它表示这样的现象，通过它，越来越快的技术变革会导致不可预测的后果。一种严格的用法是指一个点，在这个点上，速度和智能将达到无限。另有一种谨慎的用法，即它表达的是这个概念的核心意义，即通过一种递归机器而形成的智能爆炸。查默斯赞成的是后一用法。①

　　智能爆炸的根源、样式、途径等问题更是众说纷纭的话题。我们前面探讨过的关于超级智能产生的根源和样式的种种观点，其实都包含了对这个问题的回答，如进化论路径、人脑逆向工程、计算的发展等等，其他的典型形式还有以科兹维尔为代表的加速变化论学派（认为 AI 按加速度进化必然导致智能爆炸）、以温格为代表的"事件视界"（event horizon）学派、以古德为代表的"智能爆炸"学派。这里不妨再简要考察几种论证：①人设计的机器比人更有智慧，这个被设计的机器又会设计其他机器，其他机器又比原来的机器更有智慧。由于每一个被创造的机器的智能都超越于原来创造者的智能，因此如此递进，量的积累到后来将达到无以复加的地步，进而出现智能爆炸。②速度爆炸。其论证前提是，机器的计算速度每隔一段时间就翻一番。再假设人类水准的 AI 系统能设计出处理器，它们更快的速度将产生出更快的设计者和更快的设计周期，如此循环下去，就会达到智能的一个极限点，进而发生爆炸。这两个论证是分别独立地提出来的，其实可把它们结合在一起形成下述第三种论证。③假设在两年内，一台比人类更强大的机器生产出了另一台机器，它的速度比原来的快两倍，智能高出 10%，再假设这个

---

① Chalmers D. "The singularity: a philosophical analysis". *Journal of Consciousness Studies*, 2010, 17 (9-10): 10.

原则可无限期地推进。果如此，在四年内，就会出现无数代机器人，它们的速度和性能在有限时间内就会超越任何有限的智能，进而导致智能爆炸。[①]

查默斯在综合、借鉴已有成果的基础上，发挥自己的哲学推论和创新优势，提出了许多论证，如诉诸脑科学、计算机科学的论证，基于进化的论证等。进化论论证是这样的：进化塑造了人类水准的智能，如果进化塑造了这样的智能，那么我们也能创造 AI，因此一定会出现相同于我们的 AI。[②]这里重点考察一下他关于一个哲学意味极浓的论证。它有如下三个前提。

前提 1：相等前提——AI 至少有与我们相等的智能。

前提 2：扩张前提——AI 很快会发展成 AI+（它由人类的智能所创建，AI 在作用上等于人类智能）。

前提 3：放大或膨胀前提——AI 很快会更大规模地发展成 AI++。

因此，结论是，将有 AI++（这就等于说智能奇点将会发生）。

在这里，AI 指的是由人创造的、人类水准的智能，AI+指的是高于人类智能的 AI，AI++指的是构成人工主体 S 的超级智能。这里的关键过程是由具有 AI+的系统主动完成的创造，如在有 AI+的系统之上所增加的、高于 AI+的智能。这是查默斯主张未来将有智能奇点出现的关键根据。其论证是有一定的逻辑力量的。这里关键是看到他相信的三个前提中贯穿的这样的极富个性的认知和根据，即人的智能和机器的智能都有改进自身或设计更先进的系统的能力。尽管不是每个人和每台机器都能如此，但在人和机器的历史发展中毕竟有这样的事实和趋势。而只要具备这种能力，每一代在能力的演进中就会让能力得到增强，借助递归原则的作用，因此经过较长时间的发展，能

---

① 参见 Vinge V. "The coming technological singularity: how to survive in a post-human era". In Latham R (Ed.). *Science Fiction Criticism: An Anthology of Essential Writings.* London: Bloomsbury Academic, 2017: 352-363.

② Chalmers D. "The singularity: a philosophical analysis". *Journal of Consciousness Studies*, 2010, 17 (9-10): 16.

力就会大大加强，以致出现 AI++。他说："如果我们有一个系统，它的整个智能即使低于人类，但有能力改进自身或设计更先进的系统，进而产生具有更高、更大智能的系统（如此类推下去），那么同一台机器最终就会导致 AI、AI+、AI++的诞生。因此要得到 AI++，只需我们创造出某种能自行改进的系统就行了，而不需要我们创造 AI 和 AI+。"[①]质言之，根据他的逻辑，每一代新造出的智能系统如果在知识储备、智慧、能力、技能、创造力等方面都高于原先创造它的那一代，加上这样的演进会不停地往前推进，那么随着迭代的量增加到一定的度，这种量不断的、逐级的增加就会导致智能的质变或飞跃，最终超级智能或智能奇点的诞生就成了其必然的结果。

问题在于，这三个前提不是没有争论的。例如，一台机器的确能创造出一台机器，但另一台被创造的机器是否就一定比原来的机器更聪明，就大有疑问了。事实上，在日常生活中，不管是人还是机器，尽管有创造新一代工具的能力，但创造出次品或以失败而告终的事例比比皆是。至少可以说，断言下一代的智能高于上一代，由于这里所说的智能的提高或增强没有必然性、普遍性，因此其论证的逻辑力量就是有疑义的。当然，查默斯也可这样来辩解，如承认具体的个例的确有这样的问题，但从技术、机器和 AI 总的发展趋势来看，则可看到智能在后来每一代的量的增加乃至部分的质的飞跃的规律性。若这样说明，还是有其合理性的。当然，这也并不意味着查默斯就万事大吉了。

查默斯深知，坚持上述前提，特别是相信 AI 可以有似人的智能，有超越人的智能，无法回避塞尔和布洛克等著名的意识和意向性缺失论证的责难。在塞尔等看来，机器只是模仿了人的行为，而没有体现心性的一些根本方面，如意识、意向性、理解等，而没有这些方面就不能说有智能。查默斯的辩护

[①] Chalmers D. "The singularity: a philosophical analysis". *Journal of Consciousness Studies*, 2010, 17 (9-10): 22.

是，计算机模拟的不仅是人的外在行为，如输出，而且还有对人的内在计算结构的模拟，因此"它也模拟了心性诸多重要的内在方面"[①]。不仅如此，查默斯还认为，有同样充分的理由相信会出现 AI++，他说："如果有系统能产生明显的超级智能，那么不管它们是不是有意识的，或是不是有智慧的，它们对其他世界都能产生革命性影响。"[②]这样的解释不仅在批评者看来而且在我们看来都是没有什么太大的力量的。

由于查默斯坚信智能奇点发生的必然性，因此他不赞成一部分学人对它的排斥和冷漠态度。他说："奇点论提出了重要的思想，其论证值得严肃对待，围绕它产生的问题具有巨大的实践和哲学意义。"[③]

智能爆炸争论还有一个前提性问题，即在世界和人身上，具体存在的只是思维、灵感、直觉、想象、知觉等专门的能力，在它们之上是否还存在着一个高于它们的作为能力或结构的智能，一直是哲学和心理学中有争论的问题。多数持非还原论的人坚持它们之上还有独立智能的观点，就像每个人除了头、手、脚等之外还有他的自我一样（自我显然不能还原、等同于头、手、脚等）。否定的观点依据还原论认为，世界上不存在智能这种现象，至少在人的心理生活中没有以独立的、单一的形式表现出来的智能。所谓的智能不过是具体存在的各种形式的能力。即使有许多评价认知自主体的方式，但没有一种能享有"智能"的地位。这里如果真的像否定的观点那样认为，世界上根本不存在智能，那么智能爆炸从何谈起？再者，即使有适用于人类标准的智能概念，但这个概念也不一定能推广到非人的计算系统之上。还有一种

① Chalmers D. "The singularity: a philosophical analysis". *Journal of Consciousness Studies*, 2010, 17 (9-10): 15.

② Chalmers D. "The singularity: a philosophical analysis". *Journal of Consciousness Studies*, 2010, 17 (9-10): 15.

③ Chalmers D. "The singularity: a philosophical analysis". *Journal of Consciousness Studies*, 2010, 17 (9-10): 10.

观点认为，的确没有独立的智能，但各种认知能力中共同的、核心的能力可被看作通用智能。持否定观点的人认为，即便如此，也没有理由把人身上存在的通用智能推广到非人认知系统之上。

面对这些问题，这里便有这样一种选择：能否在不使用智能概念的前提下阐述奇点论、爆炸论？查默斯的回答是肯定的。[①]在他看来，只要有关于认知能力的一般概念就够了，一方面，这种能力的存在至少在认知科学语境下毋庸置疑；另一方面，可在不同系统之间对之作出比较。他强调，为论证的方便可对这样的能力提出三点假定：①它是一种能自我放大、改进的能力 G。由于有这种能力，因此这种能力会随着用这种能力创建系统的能力的提升而成正比提升。②我们能创建这样的系统，它的能力 G 比我们自己的能力强。③有一种相关联的、值得我们关注的能力 H，以至 H 的一点增强都是由 G 的增强而引起的。基于这些假定，就可得出结论说，G 将爆炸，H 会随之爆炸。这就是说，即使不用智能这一抽象的、可被还原掉的概念，也能照样坚持爆炸论。因为不管怎么说，具体、专门的认知能力如语法能力、推理能力总是不能被否认的。如果是这样，它们就有被 AI 建模的可能，就有发生爆炸的可能。他说，只要承认"我们能创建这样的系统，它具有的语法能力比我们自己的能力强，具有更强能力的系统又能创建比它能力更强的系统"，就能得出结论说，这一能力的奇点将来必然出现。其他具体认知能力，如推理等的爆炸可如此类推。这就是说，即使没有通用的智能，认知能力照样有爆炸的问题。他说："我们之所以能关注奇点，是因为我们关注各种专门能力的可能的爆炸，如研究科学的能力、研究哲学的能力、创造武器的能力等等。"[②]

[①] Chalmers D. "The singularity: a philosophical analysis". *Journal of Consciousness Studies*, 2010, 17 (9-10): 23.

[②] Chalmers D. "The singularity: a philosophical analysis". *Journal of Consciousness Studies*, 2010, 17 (9-10): 24.

上面关于认知能力爆炸的论证可这样加以简化：①G 是能自我放大的参数（相对于我们而言）；②G 大致会随着认知能力 H 的变化而变化；③G++ 和 H++在将来的出现是不会有疑问的。

这个论证可推广到 AI 中。查默斯是这样表述的，假设我们人类是 AI_0，即我们不是 AI，但是 AI 的起点，如果 G 是相对于我们而言能自我放大的参数，那么我们凭 G 就能创造一系统 AI_1（它是初始的 AI），以致 $G(AI_1) \succ G(AI_0)$。再假设 $\partial = G(AI_1) / G(AI_0)$。由于 G 严格伴随 G'，$G'(AI_1) \geq \partial G'(AI_0)$，因此 AI_1 能创造系统 AI_2，使得 $G(AI_2) \geq \partial G(AI_1)$。同样，对于所有 n 来说，AI_n 能创造 AI_n+1，使得 $G(AI_n+1) \geq \partial G(AI_n)$。由上面可得出结论说，G 会出现任意高的值，相应地，H 的任何值都有可能由 G 足够高的值产生出来，因此 H 任意高的值会产生出来，这就是奇点或智能爆炸。①

论述到这里，奇点的根源、构成和实质似乎一目了然了。查默斯先用公式表述了奇点的构成及原因：

自我放大的认知能力+关系+表现=奇点。

根据这个公式，"自我放大的能力"是智能爆炸的根源，"关系"指的是这种能放大的能力与其他重要认知能力的关系，"表现"指的是这些重要能力的表现。它们三个合在一起就导致了奇点。②

查默斯意识到，这样说明奇点实际上等于为奇点论设置了难以逾越的障碍。例如，推论下去可能得出没有奇点的结论。因为世界上完全有这样的可能，即不存在所需要的能自我放大的能力，没有所需要的关系和表现。这样一来，上述构成奇点的三个因素就分别变成了三个障碍。他把它们分别称作

---

① Chalmers D. "The singularity: a philosophical analysis". *Journal of Consciousness Studies*, 2010, 17 (9-10): 25.

② Chalmers D. "The singularity: a philosophical analysis". *Journal of Consciousness Studies*, 2010, 17 (9-10): 26.

结构性障碍、关系性障碍、表现上的障碍。[①]

　　以结构性障碍为例，其表现不外乎以下三点：一是能力在空间上受到限制；二是出发点存在限制，即人不能在这里创造出比自己的能力更强的系统；三是递减问题，即使我们能创造出比我们聪明的系统，但那里同样会出现能力的递减问题。就能力在空间上受到限制而言，查默斯认为，尽管人的能力受到了物理学规律和计算原则的限制，但没有理由认为，人的能力已接近了它的极限，因为进化的作用是不可限量的，它对能力的塑造并没有上限。其他的障碍在他看来，都是可以清除的。事实上，他也花了一定篇幅从哲学和科学上作了分析。限于篇幅，这里不一一考释。这里只交代他通过清扫、辩护想得出的结论：尽管这些障碍提出了重要的问题，但"奇点有其不可避免性"，"奇点假说值得严肃对待"[②]。

　　如果奇点的发生具有必然性，那么作为奇点之滥觞的 AI 及其专家就必须探讨这样的问题：奇点会以什么形式表现出来？奇点后的世界会是什么样的？奇点对世界和人类有何影响？怎样从价值上评价智能奇点？它对人类来说是好事还是坏事？我们是应该阻止其发生还是欢迎它的到来，抑或是顺其自然？由于看到这些问题是 AI 无法独家解决的问题，而必须协调包括哲学在内的诸多学科协力攻关，因此查默斯发挥哲学家的优势对这些问题倾注了大量的精力。他在这些问题上的态度从根本上超越于简单的非此即彼的形而上学，充满着辩证的智慧。他认为，如果真的发生了智能爆炸，也可能出现这样有利于人类的局面，如终结贫困、远离疾病、科学高度发达等等。当然也面临极大风险和挑战，如可能导致人类的终结，导致军备竞赛的加剧，增强毁灭星球的力量等。

---

　　① Chalmers D. "The singularity: a philosophical analysis". *Journal of Consciousness Studies*, 2010, 17 (9-10): 26.

　　② Chalmers D. "The singularity: a philosophical analysis". *Journal of Consciousness Studies*, 2010, 17 (9-10): 27.

在查默斯看来，比好坏评价更重要的是，哲学和有关科学应严肃对待"后奇点"世界。这样的世界可以表现为许多不同的形式，其中有些对我们是有利的，有些是有害的。如果是这样，我们就得探讨：怎样将它带来的有利结果最大化？怎样将有害的结果最小化或不让其发生？

作为一个有深刻思想的哲学大家的特点在这里也表现出来了。例如，他说他不满足于说爆炸对人类是好事还是坏事，而试图探讨这里隐藏的更深刻的问题。在他看来，只有解决了这些问题，才能避免对问题的简单化处理。他认为，已有的分析及结论都不可取，如通常的"人类被奴役论"就是如此。就"后奇点"世界的好坏来说，他认为，这里存在着标准的多样性和结论的矛盾性。以后奇点世界有利的、有价值的、可取的方面为例，可从两方面去思考，一是从主观角度去看，如这样的世界对我或我所喜欢的东西有什么价值？二是从客观、中立的角度去看，这样的世界的出现是不是好事？由于角度、标准不同，结论可能相反。例如，从主观上看，靠近人类的智能爆炸可能是有害的，因为这会让人陷入竞争和不确定性的困境，让人的努力成为无意义的；但从客观上看，由于超级智能系统有更好的价值观，或具有我们的某些价值观，且有能力让将发生的后果一致于他们的价值观，因此这些后果对世界来说可能就是好事。[①]

在他看来，这里最值得探讨的问题是：为了让大爆炸的有利结果最大化，我们应怎样设计 AI？有无更好的办法让有利结果最大化？由于他把 AI 具体化、量化为 AI+ 和 AI++，因此对上述问题的探讨就容易上手，如可通过探讨这样的问题来解决上述问题：在设计 AI+ 和 AI++ 时，应增加什么样的限制和约束？

查默斯认为，这样的约束虽然有很多，但大致可归结为两类，一是对

---

① Chalmers D. "The singularity: a philosophical analysis". *Journal of Consciousness Studies*, 2010, 17 (9-10): 30-31.

AI 内在结构的约束，二是对 AI 与我们人类关系的约束。[①]就内在约束而言，查默斯提出，应约束它们的认知能力，让那些能完成我们需要它们完成的任务的能力表现出来，而限制它们对我们不利的能力。在这里，他提出了一个可能受到多数人反对的观点，那就是，他强调要限制它们的自主性和自主能力，而这恰恰是现在很多 AI 专家在对照人与机器的差距之后强调要予大力发展的能力，因为只有这样，才能使 AI 成为名副其实的智能。实施对 AI 限制的最简单办法是，在授予它们很多能力，让它们在行为上比人做得好得多时，"不让它们有自己的目的"[②]，或者始终把它们置于负责任的控制者的掌控之中。这就是说，消除或减轻智能爆炸对人类的危害，将它们的好处最大化的最好的办法，就是限制它们的目的、愿望和喜好等。如果可把这些心理构件称作价值观，那么就是要限制它们的价值观。限制的办法也不难量化，因为 AI 的能力从量上说就具体表现为 AI+ 和 AI++，因此在由人和人设计出来的 AI 来设计 AI 时，就可大胆让 AI+ 和 AI++ 的能力不断增强，或给予它们不断改进和扩大自己能力的能力，甚至让被设计的系统在能力上超越自己，但不让 AI+ 和 AI++ 有自己的价值观，或只让它们服从、遵守人类的价值观。总之，"一个自然的方案就是限制 AI+ 和 AI++ 的价值观"，如让这些系统限制它们所创造的系统的价值观，进而限制那最终会成为超级智能的 AI++ 的价值观。[③]就置入 AI+ 和 AI++ 的价值观的类型的内容而言，可把这些价值观放进去，如尊重人的生存和幸福，服从人的命令，看重人所看重的东西，包括科学进步、和平、正义以及其他专门价

① Chalmers D. "The singularity: a philosophical analysis". *Journal of Consciousness Studies*, 2010, 17 (9-10): 31.

② Chalmers D. "The singularity: a philosophical analysis". *Journal of Consciousness Studies*, 2010, 17 (9-10): 32.

③ Chalmers D. "The singularity: a philosophical analysis". *Journal of Consciousness Studies*, 2010, 17 (9-10): 32.

值；还可让它们有自己的价值分析和评估，这些分析和评估要么是通过对人类的价值实现的高阶评估完成的，要么是通过对这些现象的一阶评估完成的。怎样将这些价值观置入 AI+ 和 AI++ 之中？不外乎以下操作，如在通过直接编程创造 AI 时，就设法将这些价值观直接置入它们之中；在通过学习和进化创建 AI 时，尽管置入过程复杂而困难，但可通过选择特定类型的行为（进化），或通过奖励它们所完成的行为（学习），对它们的价值观实施控制，最终生成适合产生我们所需要的行为的人工系统。①限制对 AI+ 和 AI++ 进行设计的另一方案是，让智能爆炸发生得慢一些，以便有时间对爆炸的早期阶段做出控制和调节，如设法不让最初的 AI+ 和 AI++ 系统将强大的负价值观授予后面创建的人工系统。②

查默斯意识到，探讨这里的问题必然涉及智能、理性与价值观的关系问题。在这个问题上，休谟与康德的观点截然相反。休谟认为，它们是相互独立的，而康德认为，价值观受制于理性，而理性与智能相互关联。若坚持康德的理论，那么在 AI 的建模中就比较容易约束价值观，因为如果让理性约束价值观，那么智能也能这样。如果是这样，那么智能越高的系统，其理性就越高，进而就越有能力和办法去约束所创造的系统的价值观。在查默斯看来，这样关于理性、智能和价值观的理论对未来应对奇点既有消极影响，又有积极影响。消极的影响是，可能难以约束若干代以后的系统的价值观；积极的影响是，智能高的系统会有更好的价值观。由于康德的观点有这样的负面的影响，因此在它们的关系问题上，查默斯倾向于赞成休谟的观点，即认为应让它们有自己的相对独立性。根据这一观点，在为人工系统设计价值观时，就应将对价值观的设计与对智能的设计区分开来，不让系统用自己的理

① Chalmers D. "The singularity: a philosophical analysis". *Journal of Consciousness Studies*, 2010, 17 (9-10): 34.

② Chalmers D. "The singularity: a philosophical analysis". *Journal of Consciousness Studies*, 2010, 17 (9-10): 35.

性、智慧去干预价值观，把探讨和设计的重点放到如何约束人工系统的价值观之上。①

上面说的是设计人工系统时应探讨的内在约束，那么该怎样处理外在约束，即怎样约束 AI 系统与我们人类自己的关系呢？查默斯认为，这要根据人工系统所处的环境来决定。如果是具身、延展环境中的人工系统，由于它们与我们生活在同一时空中，因此它们会与我们争夺空间、能量等，那么外在约束的设计就显得难一些，重点是要探讨如何通过限制它们的物理能力和资源需要来减轻或消除它们对我们的危害。②如果它们生活于虚拟环境中，那就没有必要约束它们的能力和资源需要了。最好的情况是让人工系统生活在一个绝对封闭的环境中，在那里，即使有智能爆炸，有奇点，它们也能成为无泄漏的爆炸和奇点。③

如果真的出现了后奇点世界，其中有 AI+和 AI++，那么我们该怎么办？我们在这个世界将拥有什么样的地位？不外乎四种可能，即灭绝、孤立、被奴役或做奴隶和融入进去。前三种对我们人类是不利的因而不应选择，剩下的只有第四种选择。查默斯把这种态度称作"融入后奇点世界"，并花大力气探讨其困难、可能性、必要性和具体办法。其困难在于，要融入后奇点世界，与之平等相处，我们就必须有与 AI+和 AI++相等的超级智能，但由于我们是被进化论规律决定的物种，在智能的进化上没有太大的自决权，因此在现在和相当长的时间内我们无法通过自然方式获得超级智能。好在我们已发明了人类增强技术，并在不断推进它们的前进步伐，借助它们，如通过大脑

---

① Chalmers D. "The singularity: a philosophical analysis". *Journal of Consciousness Studies*, 2010, 17 (9-10): 36-37.

② Chalmers D. "The singularity: a philosophical analysis". *Journal of Consciousness Studies*, 2010, 17 (9-10): 37.

③ Chalmers D. "The singularity: a philosophical analysis". *Journal of Consciousness Studies*, 2010, 17 (9-10): 38.

植入物、脑机接口和大脑上传等方式，我们在未来有可能获得超级智能，尽管这里有这样的哲学麻烦，如通过这些技术最后所形成的大脑可能成了非生物的大脑，即人不成其为人了，因为那样的大脑最有可能是一种计算系统。[①]但这是另一个必须从哲学上探讨的问题，查默斯单独作了探讨（详后）。现在需要探讨的是：我们该如何融入后奇点世界？

　　查默斯的基本思想是，通过上传这样的人类增强技术让人类的能力得到极大增强，然后设法融入后奇点世界。他说："如果在那时人类还在的话，那么先采取渐进式上传策略，然后用人类增强技术来增强人的能力。如果人类在那时不存在，那么就采取重构式上传策略，然后再来增强。"[②]这里所说的上传（或下载）指的是从大脑到计算机的迁移，或将人脑信息下载下来，然后让它们置入计算机，以便将它们结合起来以增强大脑的技能。上传的方式很多，如更换大脑的部分（渐进式上传）、扫描后再上传（延迟式上传）、上传后毁灭原来的大脑（破坏性上传）、上传后仍保留原来的大脑（非毁灭性上传）和根据记录重建上传（重构式上传）等。

　　上传里面包含着重要的哲学问题，即我们在上传后是否还能续存，或是否还有人格同一性？具言之，这里包括人格同一性和意识两方面的问题。例如，如果把"我"上传了，那么上传后的"我"与上传前的"我"是同一个"我"吗？"我"上传的版本还有意识吗？就意识问题而言，有两种解释，一是生物学解释，即上传后的人没有意识，二是功能主义的解释，即上传后的人有意识。查默斯倾向于功能主义观点，根据是，"上传与原来大脑在功能上是同型的"。他说："为了回答上传后的版本是不是有意识的，我将承认

---

　　① Chalmers D. "The singularity: a philosophical analysis". *Journal of Consciousness Studies*, 2010, 17 (9-10): 41.

　　② Chalmers D. "The singularity: a philosophical analysis". *Journal of Consciousness Studies*, 2010, 17 (9-10): 63.

它们是功能同型物。"[①]再看上传中的人格同一性问题。他承认，他的讨论受到了帕菲特的还原论问题和观点的影响，但结论不同。基本观点是，由于上传存在不同形式，因此结论应根据具体情况进行分析。例如，毁灭性上传不能保证人格同一性，但渐进性上传能够保证，因为它是续存的一种形式。现在的麻烦问题在于，在我们人类可见的未来应该是没有办法看到渐进性上传技术的出现的。如果是这样，在后奇点世界有没有这样的可能性呢？他的回答是：这是有其可能性的。[②]他还通过思想实验说明了这一点，假设能力可增强到这样一点，在此以后，人类用的是完全不同的认知结构。如果是这样，有了这样的结构，人还能保持其同一性吗？他的回答是：如果认知系统的增强是渐进的，如一次只有一个部件或因素发生变化，那么即使增强导致了认知能力的质变，也可说原来的人还在续存。[③]

综上所述，查默斯的奇点研究关注的问题和结论可从三方面加以概括，①未来会出现奇点吗？他的回答是："这当然不是不可能的。即使有障碍，障碍主要会来自动机，而不会来自能力。"②如何迎接奇点的到来？他的回答是："小心谨慎地为机器建立适当的价值观，其次是小心地在虚拟世界建构第一个 AI 和 AI+。"③如何融入后奇点世界？他的回答是：如果在那时我们还继续存在，那么先将我们逐渐上传，然后再不断增强我们的能力；如果我们在那时不存在，就采取重构式上传，然后再来增强技能。[④]

---

① Chalmers D. "The singularity: a philosophical analysis". *Journal of Consciousness Studies*, 2010, 17 (9-10): 45.

② Chalmers D. "The singularity: a philosophical analysis". *Journal of Consciousness Studies*, 2010, 17 (9-10): 55.

③ Chalmers D. "The singularity: a philosophical analysis". *Journal of Consciousness Studies*, 2010, 17 (9-10): 62-63.

④ Chalmers D. "The singularity: a philosophical analysis". *Journal of Consciousness Studies*, 2010, 17 (9-10): 63.

第四节　从奇点悖论、超级智能的争论看哲学对 AI 的意义

奇点悖论是研究 AI 未来发展问题如超级智能怎样发展、对人类有何影响等时所出现的令人困惑的问题。对它的化解尽管主要诉诸专业理论和技术层面的研究，但若没有哲学的介入，其真正的解决则是不可能的。

所谓奇点悖论可这样加以表述，人创造出的 AI 以及超级智能随着智能爆炸将给人类带来毁灭性后果。具言之，人类创造 AI，让它不断发展直至出现奇点、智能爆炸，其初衷和本意是为了让它们服务于、造福于人类，但最终带给人的却是人的毁灭。奇点悖论还可这样表述，对于超级智能来说，让人类幸福、服务于人的方式很多，它做事的原则是，哪一种方式简单、廉价，就用哪种方式。但这样的智能机缺乏常识，因此又太傻。简言之，超级智能既超越于人类的智能，聪明至极，但同时又太傻，连常识都不具备。①

为消解上述悖论，已涌现了许多方案。一种极端的方案是，强调摧毁所有研究超级智能机的实验室；一种合法的方案是，强调应禁止生产更强大的处理器，这样就能剥夺创造超级智能的资源，从而阻止摩尔定律的实现；还有一种方案提出，建构"AI 老大哥"。它是一种能履行"奇点管家"职责的监控系统，其任务是阻止对人类构成威胁的超级智能技术和机器的开发。其他方案还有很多，如强调加强社会监控，合理地、有节制地开发和利用超级智能，加强自我约束，建立人机联合体，如把人脑与超级智能的计算机连在一起，形成一个整体，其行为控制时有人的参与。

价值观加载方案是所有方案中影响较大的一种。它强调，要想未来的超级智能不危害宇宙和人类，一种可能的出路是为其加载价值观。要如此，就

----

① Yampolskiy R. "What to do with the singularity paradox?". In Müller V (Ed.). *Philosophy and Theory of Artificial Intelligence*. Berlin: Springer, 2013: 397.

要探讨，如何加载，或加载什么样的价值观。加载价值观实质上是一种建构目标系统的工程，目前还不知道如何将人类价值观转移到数字计算机之上。尽管有一些探讨，但极不成熟，有些探讨甚至是死胡同。当然，有的探讨还是充满着希望的。这些有希望的研究关注的主要课题包括表征问题、进化选择、强化学习、价值观增值（创造有人类动机的自主体）、价值观学习、模拟模块化、制度设计等等。这里的麻烦在于，即使能解决价值观加载的工程技术问题，但为其加载什么样的价值观则是一个更加困难的问题。因为人类有不同的价值观，它们之间有时存在着根本冲突。[①]因此，要澄清这里的混乱，从根本上化解有关难题，没有哲学对价值观问题本身的澄清，是不能如愿的。

还有一种消解悖论的方法，那就是回过头来冷静地反思其前提，即智能奇点出现的可能性。这当然是一种带有哲学批判性质的态度和操作。经过批判性反思得出的结论是，智能奇点不会出现。既然如此，就不可能发生智能大爆炸，因为爆炸离不开指数增长，而指数增长离不开资源（物质、能量和时间）的指数消费。这就是说，增长总是有限度的，尽管我们可建造比人聪明的智能机，但由于以上原因，因此，不会出现智能奇点，不会出现失控的增长。既然没有智能奇点，奇点悖论便自然烟消云散了。[②]

上面否定性的消解方案是值得深思的，因为奇点悖论是否有合理性，是否需花力气去解决，取决于这样的前提性问题是否成立，即 AI 的未来发展是否会导致超级智能的现实出现，或者说，能主宰奴役人类的超级智能机是否会出现在现实世界，作为智能爆炸的前提条件的奇点是否会出现。否定性观点的逻辑是，这样的奇点、这样的超级智能是不会出现的。既然如此，就

---

① Bostrom N. *Superintelligence: Paths, Dangers, Strategies*. Oxford: Oxford University Press, 2014: 240-241.

② Bostrom N. *Superintelligence: Paths, Dangers, Strategies*. Oxford: Oxford University Press, 2014: 405.

没有奇点悖论需要解决。这当然是一家之言。肯定超级智能可能变成现实性的人尽管有很多方案，但有这样的共同性，即强调应研究一些机制和办法，以便限制超级智能进入现实世界。在笔者看来，这样的限制就像把有危险倾向的人都关进监狱一样，既不可能，又没有必要性、合法性。

再来分析超计算与超计算机器。所谓超计算，既可理解为超级智能的一种具体形式，也可理解为到达它的一种方式，指的是研究有关可计算性的一种图式。这种计算不同于或超越于图灵测试所主张的经典计算主义的计算，如它不再是简单的形式转换或状态转换，因为在这里，当计算进行到后面的步骤时又能返回图灵机所用的决策过程之上。从表面上看，这种计算有时给人以魔术的感觉。将超计算应用于机器之上，就有所谓的超计算机。已出现了三种超计算机器，如模拟混沌神经网络、试错机和宙斯机。它们都是能够超越图灵机极限的设备。以试错机为例，其结构类似于图灵机，如具有读写磁头、磁带以及有限数量的固定内在状态；其不同于图灵机的地方在于，能给出极限输出，而不是给出一个输出，然后停止。假设有任意图灵机 m，其输入为 u；再假设 n″ 是 m 和 u 这对组合的哥德尔数，将 n″. u 放在 M 的磁带上，再让 M 立即打印 0，然后让 M 模拟 m 在 u 上的操作。如果 M 在模拟过程中停止，就让它将 0 擦除并改为 1，然后让它永久停止。再看宙斯机。宙斯机是一种超人，它能在有限的时间内如一秒钟内列举出 n 项。把这一点加以形式化就很容易生成一个能解决停止问题的宙斯机。[①]宙斯机、试错机完成的行为既有相同于图灵机行为的一面，也有不同。相同的表现是，它们的初始行为相同，如向左或向右移动一个方格，并在正在被扫描的方格上写入一个符号；不同在于，试错机等在有限的时间内能完成无限的初始行为。[②]

---

① Pringsjord S, Zenzen M. "Towards a formal philosophy of hypercomputation". *Minds and Machines*, 2002, 12 (2): 244.

② Pringsjord S, Zenzen M. "Towards a formal philosophy of hypercomputation". *Minds and Machines*, 2002, 12 (2): 254.

克莱兰（C. Cleland）认为，超级计算在理论上是可行的。[1]布林斯乔德等认为，尽管克莱兰的哲学化有其合理性，但若不突出形式哲学，不与形式哲学相结合，关于超级计算的任何方案都不会有什么积极结果。当然，要理解超级计算，若没有关于它的基础知识，那么就无法理解对它的哲学化。要理解哲学化，又得进入到哲学中。这对于关注具体工程技术的专业人员来说无疑是很困难的。要拥有一流的哲学知识则更难。他们说："一流的哲学是令人头疼的，对非哲学的人更是如此。"[2]尽管如此，要将超计算形式化、哲学化，我们又必须迎难而上。这里的哲学化的难题在于，超计算和超计算机器是否可能，造出来后是否能被有意识地管理和利用。一部分人作了肯定回答。布林斯乔德等的观点具有辩证性，一方面，他们对超计算能得到物理上的实现即能建构可被利用的超计算设备持悲观主义态度。其依据是这样的发现，即要构建这样的设备，就必须能在有限的物理设备上利用和压缩无限的力量，然而这是不可能的。另外，还可提出三个来自物理学的否定性论证，如来自数学物理学的论证、来自图灵机和同床异梦神谕的论证、来自无选项的论证。[3]另一方面，他们不仅不否认对超计算的研究，而且自认为，他们在这一研究中所论证的有关观点"为未来的研究和发展指明了方向"[4]。他们认为，他们与克莱兰在超计算问题上的观点分歧，体现了双方对心灵和计算哲学的看法存在根本分歧。例如，布林斯乔德等认为，机器不可能有意向性，因此其超计算是有限制的。这种限制不是说它不会发展成卓越的、高超的智能，而是说它不可能成为人那样的智能。不能成为人那样的智能并不影

---

① Cleland C. "Effective procedures and causal processes". *Minds and Machines*, 1995, 5 (1): 9-23.

② Pringsjord S, Zenzen M. "Towards a formal philosophy of hypercomputation". *Minds and Machines*, 2002, 12 (2): 241-258.

③ Pringsjord S, Zenzen M. "Towards a formal philosophy of hypercomputation". *Minds and Machines*, 2002, 12 (2): 250-252.

④ Pringsjord S, Zenzen M. "Towards a formal philosophy of hypercomputation". *Minds and Machines*, 2002, 12 (2): 258.

响它的智能地位，因为智能的形式多种多样。[1]另一个根本的差别在于，布林斯乔德等在时间与经验的关系问题上认为，超级计算的任务是相对可计算性的连贯、可行的组成部分，而自然数的无限性应根据纯时间结构来理解。就超计算的任务而言，由于它涉及实际的无限，因此不可能是连贯的。而克莱兰坚持数学建构主义，认为人沉浸在时间中，人的思维过程必定是短暂的，人不可能有有意义的、连贯的、非短暂的经验。[2]

对于超计算的探讨，之所以必须有哲学的介入，之所以应建立关于超计算的形式哲学，是因为超计算的问题实质上是这样的问题，即人类是否能建造能被有意识操控的超级计算机，这样的命题能否得到检验。为了回答这些问题，布林斯乔德等论证了被称作"超心灵观"（supermind view）的形式哲学。根据这一观点，人由三部分构成，第一部分能在图灵机极限及以下完成信息加工；第二部分则能在其上完成信息加工；第三部分不能用任何第三人称的图式来加以描述，因为里面充斥的是主观觉知和感受性质等。[3]如图 5-1所示。

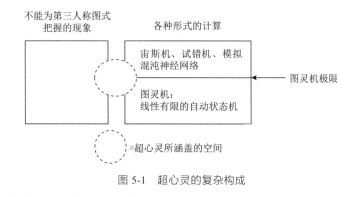

图 5-1　超心灵的复杂构成

① Pringsjord S, Zenzen M. "Towards a formal philosophy of hypercomputation". *Minds and Machines*, 2002, 12 (2): 252.

② Pringsjord S, Zenzen M. "Towards a formal philosophy of hypercomputation". *Minds and Machines*, 2002, 12 (2): 256.

③ Pringsjord S, Zenzen M. "Towards a formal philosophy of hypercomputation". *Minds and Machines*, 2002, 12 (2): 257.

从图 5-1 可以看出，人类心灵可以完成这样的行为，其中有些能用符号图式、计算术语来描述，如右边两框所列举的计算；有些不能用计算术语描述。[①]根据这一图式，未来计算和超计算研究的方向就明朗了。一方面，如果我们追求的智能是类似于人类智能的智能，那么就应在弄清人类具有超越特点的心灵的基础上，去创造性建构关于它的模型，既模拟它可计算的方面，又重视建模它非计算的方面；另一方面，未来的 AI 建模也不一定非要以人类心灵为原型，而可以以非人智能为原型，甚至不以任何已有智能为原型，而大胆发挥人的创造力去创造新的智能形式。

总之，关于 AI 未来该如何高质量、跨越式发展，我们应坚持无政府主义的原则和方法。有理由作这样的展望，即只要坚持多元化的 AI 发展观，未来 AI 的能力将大大超越现有 AI 的能力，因为 AI 有查默斯所说的这样的趋势，如有智能的、能创新的主体既可以是 AI 之前的人，也可以是 AI 和它所创造的 AI+，即是说，人和非人的机器都有能力让自己创造的系统在能力上超越自己，让所创造的系统的能力有所提升，进而随着能力的迭代，量的积累达到一定的程度，就会导致智能的质变，即出现 AI+和 AI++，最终发生智能爆炸。还应看到，未来还有这样的可能，即将电子、光子硬件提供的能力与神经网络、量子计算以独特方式实现的能力结合起来。从理论机理上说，要建构新的、更有能力的神经网络，必须找到理解人脑和心灵的新的方向和方式。要如此，就必须进行文化革命，因为以新的方式理解大脑和心灵的障碍主要来自文化。例如，过去人们在理解大脑工作原理时总是突出时间的重要性，以为大脑是在先后时间过程中完成其加工的，在以新的方式从下到上研究神经科学时，完全可以摆脱这种理解模式。其根据是，大脑内部存在着

---

① Pringsjord S, Zenzen M. "Towards a formal philosophy of hypercomputation". *Minds and Machines*, 2002, 12 (2): 248.

反向传播，学习具有不按时间顺序发生的特点。[①]

笔者认为，未来有无超级智能与超级智能是否成为统治者是两个不同的问题。在我们看来，未来可能出现超级智能，但它们不一定能统治和奴役人。因为尽管智能也有工具性智能与自主的目的性智能之别，但有统治能力的智能一定不是纯粹的工具，它一定同时具有自己的目的、价值观、意志、意识、意向性，特别是名副其实的自主性。即使我们承认有超级智能，但由于它们没有自己的目的和自主性等，因此它们永远只能作为工具起作用，而不能成为统治者。

---

① Werbos P. "The new AI: basic concepts, and urgent risk and opportunities in the internet of things". In Korma R, Alippi C, Choe Y, et al (Eds.). *Artificial Intelligence in the Age of Neural Networks and Brain Computing.* London: Academic Press, 2019: 179.

第六章
AI 对哲学的意义与两者互利互惠关系的内在机制

AI 与哲学的关系是双向的。如果说哲学对 AI 具有挑战、积极的奠基、方向校正和输血功能，那么 AI 对哲学的这类作用毫不逊色于哲学对 AI 的作用，其突出的表现是计算机引起了哲学观念、范式和方法等方面的深刻变革，不妨把这种作用称作"哲学中的计算革命"。著名 AI 专家和 AI 哲学家斯洛曼说：未来的哲学工作者在讲心灵哲学、语言哲学、政治哲学和科技哲学等课程时，若不讲 AI，那么就像物理学家在讲物理学课程时不讲量子理论一样"是不称职的、不负责任的"[①]。在他看来，许多传统哲学问题应根据计算研究中的最新发展来重新加以解答，如对动机和情绪过程，应该用计算术语来加以分析。[②]

第一节 哲学是计算革命的最大受益者

"哲学中的计算革命"这个命题是由斯洛曼在《哲学中的计算机革命：哲学、科学和心灵模型》一书中提出和具体论证的。[③]他强调，该书关注的是

---

① Sloman A. *The Computer Revolution in Philosophy: Philosophy Science and Models of Mind*. Sussex: The Harvester Press, 1978: 3.

② Sloman A. *The Computer Revolution in Philosophy: Philosophy Science and Models of Mind*. Sussex: The Harvester Press, 1978: 3.

③ Sloman A. *The Computer Revolution in Philosophy: Philosophy Science and Models of Mind*. Sussex: The Harvester Press, 1978: preface.

计算而非计算机，是人的思想如何被改变，而不是生活如何被改变。在他看来，改变思想的方式有很多，如绘画、讲话、写作的发明都改变了思维的方式，同样，计算也是如此，它像纸的发明一样改变了人的思维方式，其表现是，它不仅成了思想的一种新的表达方式，而且成了人们的一种写作方式。由于这样的表现和写作方式不同于过去诉诸纸笔的方式，如它们至少要用到输入法中的某一种输入法，因此人思考时所诉诸的媒介就极不同于以前的媒介，思维的方式一定有相应的变化。计算之所以有这样的作用，是因为它是新的表现媒介和新的具体化于媒介中的符号的结合。

拜纳姆（T. Bynum）等主编的论文集《数字凤凰：计算机怎样改变哲学》①不仅主题和内容聚焦于计算机对哲学问题研究的影响，而且书名恰到好处地再现了哲学已经在为 AI 和计算机改变这一事实。

我们这里拟扼要考释一下上述两书及其他相关论著中关于 AI 深刻影响哲学的若干有代表性的观点。先看计算对哲学问题探讨、认识发展的影响。波洛克受计算机解决问题离不开程序的启发提出了所谓的程序性认识论，其目的是建构关于理论、推理及其在人工推理自主体上实现的一般性理论。通过实验和理论探讨，他对人的认识得出了这样的结论：人的推理并非绝对必要，甚至是可废止的，因为新的信息会让人收回原先坚持的信念。②在《认识论与计算？》一文中，凯伯格（H. Kyburg）提出，快速的数字计算机对哲学认识论研究而言是一个福音，因为它能为这一研究提供一个哲学的实验室。计算与科学哲学的关系更加密切，如人们经常用 AI 技术来建模科学发现的过程。

AI 对哲学研究方法的影响最大。例如，在像古典文献、哲学论证这样似

① Bynum T, Moor J (Eds.). *The Digital Phoenix: How Computers are Changing Philosophy*. Oxford: Blackwell Publishers, 1998.

② Pollock J. "Procedural epistemology". In Bynum T, Moor J (Eds.). *The Digital Phoenix: How Computers are Changing Philosophy*. Oxford: Blackwell Publishers, 1998: 30.

乎与 AI 沾不上边的领域，AI 已经并正在发挥着极其宝贵的作用。许多人在践行这样的考古学计划，即借计算机技术和 AI 的手段建构超文本数据库，其作用是帮人们进行对古希腊哲学中所用的许多论点和论证的分析，进而形成对古希腊哲学家所做的论证的评论。

形而上学在过去被认为是只有思辨才能介入的玄学，现在也在接受 AI 和计算机的影响，当然，反向的作用也是存在的，如 AI 自主体建模的理论基础就有形而上学的贡献。以拜纳姆等主编的论文集《数字凤凰：计算机怎样改变哲学》中收录的斯坦哈特（E. Steinhart）的有趣的《数字形而上学》一文为例，作者在这里提出，所有物理上可能的世界都由通用计算机构成。不过，这里的计算机不是图灵机之类的经典计算机，而是在许多方面力量更强大但具体内容现在尚不清楚的计算机。①

该论文集还包含关于人工生命、心灵哲学、语言哲学和 AI 哲学等方面的论文。涉及的问题还包括计算机隐喻对心灵哲学的影响、AI 与逻辑学的关系问题、虚拟实在和超文本的哲学问题、哲学的计算建模问题等等。就 AI 哲学而言，所收录的文章讨论的是德雷福斯否定 AI 的论点，将 AI 能否模拟和超越人类智能的经典问题再次摆到了人们面前。新的一种观点是，在承认 AI 能表现智能特性的前提下，肯定 AI 与人类智能所存在的巨大差异。布林斯乔德的《哲学和"超"计算》一文讨论的是计算哲学的问题。他描述了一些比通用图灵机更有力量的抽象装置，强调人就是这样的装置。他还基于对人类编撰故事能力的深入剖析提出，人有超级心智，未来的计算机也能表现出类似的心智。②

吉利斯的探讨更加具体，如在《AI 与科学方法》一书中探讨了 Prolog

---

① Steinhart E. "Digital metaphysics". In Bynum T, Moor J (Eds). *The Digital Phoenix: How Computers are Changing Philosophy*. Oxford: Blackwell Publishers, 1998: 117-134.

② Bringsjord S. "Philosophy and 'super'computation". In Bynum T, Moor J (Eds). *The Digital Phoenix: How Computers are Changing Philosophy*. Oxford: Blackwell Publishers, 1998: 231-252.

（Programming in logic）与逻辑学及其哲学问题的关系。我们知道，Prolog 是一种逻辑编辑语言，可用于自然语言处理等研究领域，其基本程序是先描述事实，确定对象之间的关系，然后采用询问目标的方式，查询对象之间的关系，进而系统通过自动匹配、回溯，给出答案。在吉利斯看来，Prolog 的研究成果有助于解决逻辑是经验的还是先验的这一长期聚讼纷纭的难题。根据 Prolog，经典逻辑只能在数学物理学适用的领域中发挥作用，而不适用于像日常生活这样的领域。在这些领域，只有其他逻辑系统才适用，才能更好发挥作用，因此"逻辑学确实是经验的而非先验的"。另外，机器学习为培根式的归纳主义提供了新的根据和支持。还有，Prolog 的发展为经验主义的逻辑概念提供了根据，逻辑编程也为逻辑提供了一种新的架构。在这种架构中，完全有可能建构出一种类似于演绎逻辑的归纳逻辑。[1] 根据通常的看法，归纳逻辑根本不同于演绎逻辑，前者不过是一个证实或确认问题。AI 的机器学习和 Prolog 的研究成果彻底改变了这里的关系。例如，机器学习引进了推理的归纳规则，Prolog 将控制引进到演绎逻辑中。这里，确认值可被看作控制因素，并且可以方便地通过 Gabbay 的加标演绎系统的方法来进行处理。把这些综合起来，就有可能建构一种归纳逻辑，它类似于演绎逻辑，其内有"逻辑=推理+控制"这样的公式提供的共同架构。如此一来，归纳逻辑与演绎逻辑之间便出现了一种和睦相处而非水火不容的关系。[2]

　　在一些计算主义者看来，计算比计算机、编程语言、计算理论等更重要。计算可以帮我们改变对许多事物的思维方式，如对数学、生物学、行政管理等的思维方式，最重要的是，它能提供思维的新模型、新隐喻、新工具，帮我们破解心灵的神秘和奥妙。基于此，他们认为，在现当代科技革命史上，已爆发了"计算革命"，并且我们正在经历这一革命。AI 作为一门新学科就

---

① Gillies D. *Artificial Intelligence and Scientific Method*. Oxford: Oxford University Press, 1996: 97.

② Gillies D. *Artificial Intelligence and Scientific Method*. Oxford: Oxford University Press, 1996: 98.

是在这场革命进行过程中的一个产物。计算革命像所有社会、技术革命一样不仅改变了我们对世界和自身的认知，而且改变了人和世界本身，如改变了人的内在过程。斯洛曼认为，他写《哲学中的计算机革命：哲学、科学和心灵模型》目的是从计算角度探讨哲学思维的变化，特别是探讨计算如何影响哲学，哲学在计算的作用下经历了或会经历什么变化。他还认为，面对计算革命，哲学也可能甚至必然发生革命，因为过去的哲学总在随科技及其应用的革命而爆发革命。斯洛曼通过具体的考察揭示了哲学中的计算革命在主题和主要思想上的各种表现，其中的主要表现包括以下几个方面。

第一，计算和计算机极大地推进了人类对心灵的认识，使其经历并正在经历革命性的变化。斯洛曼说："计算机上运行的程序为我们思考新思想，尝试新思想，澄清、深化和拓展新思想提供了媒介，因为经过适当的编程，计算机成了构建、加工、分析、解释和转换各种符号构造包括它们自己程序的设备"，而不再仅仅是一种存储和检索信息的工具，一种按程序、指令运行的机器。[①]

第二，与计算革命催生的新概念（如计算、程序等）相比，哲学家过去所讨论、科学家所用的原因、规律、机制等概念已变成了陈旧和贫乏的设置。解剖编程计算机可以发现，它有表征、内部行为、推理甚至不同于哲学所说的目的，围绕这些诞生的概念如表征、程序等的解释力远大于旧概念。

第三，计算机科学的发展使有些科学认知活动及其方式发生了根本的变化。例如，对计算过程的研究就没有必要像以前的研究那样去探寻规律，因为计算机包含了许多子程序，它们能让你解释它能做的一些事情。

第四，过去人们常认为，对复杂系统的研究离不开数学测量、方程、计算和其他数学物理工具，现在由于计算系统这样的复杂系统具有不可拟的

---

① Sloman A. *The Computer Revolution in Philosophy: Philosophy Science and Models of Mind*. Sussex: The Harvester Press, 1978: 4.

特殊性，因此这些东西对于描述计算系统是没有什么用的。例如，在这样的复杂系统中，再也用不着方程之类的东西，因为新的非数字式的形式主义以编程语言的形式进化出来了，大量的非形式概念把语言与它所表达的程序、由程序所生成的过程关联起来了。

第五，关于计算更为广泛的科学根本不同于控制论、信息论和系统论，它以后也不会再用这些理论，因为它们太简单了。尽管计算的科学也大谈特谈信息，但它所说的信息不同于过去的信息论所说的信息。[①]

第六，计算过程与实现它的计算机的物理过程不是严格对应的，因为功能具有可多样实现性。在此情况下，在其他领域或学科中具有用途的还原主义是不适用的。

第七，计算机不只程序和物理机器这两个层次，因为适当被编程的计算本身也是一种计算机或虚拟机，其内还可被编程，以支持新的执行过程。这就是说，单一的过程包含许多计算层次，每个层次都用下一层次作为它的基础性的执行机器。更重要的是，这种计算机并不是按严格的等级结构的形式组织的，内部有内嵌、交叉、套叠等复杂的关系。这些关系应成为哲学认识世界的新框架。

第八，在其他领域，哲学可能是无用的，但在计算科学和 AI 中，哲学的工作是必不可少的。例如，它们离不开哲学的"构造性、批评性分析"。通过对目的、决策、知觉、情绪、相信、理解等日常概念以及 AI 中正在开发的模型的分析，哲学可以校正一些不切实际的、浮夸的论断，为进一步的发展指明方向。当然，哲学也可从中获得解决哲学问题的灵感和资源。[②]

哲学从 AI 中受益最大的部门是心灵哲学。它可从计算革命中获得以下

[①] Sloman A. *The Computer Revolution in Philosophy: Philosophy Science and Models of Mind*. Sussex: The Harvester Press, 1978: 5.

[②] Sloman A. *The Computer Revolution in Philosophy: Philosophy Science and Models of Mind*. Sussex: The Harvester Press, 1978: 6.

启示：①算法的运行尽管离不开计算机，但后者并不会限制算法的作用，同样，大脑是心灵的基础，但大脑不会限制心理过程和作用的范围。②程序有限制物理过程的作用，心灵也有限制大脑的作用。[①]③程序与计算机的关系为认识心灵暂时离体的可能性提供了启示。从计算科学可以知道，计算状态可以冻结，可储存在某些非物质的媒介之上，有时能传递到一个遥远的星球，然后在另一台计算机上重启。如果是这样，心灵也有这样暂时"离体"的可能性。当然这不是说，心灵能在肉体死亡后生存、复活。④计算科学有助于化解经验论和唯理论之间的争论，并得出类似于康德先验论的结论。⑤行为的解释是过去哲学和科学的一大难题，它们充其量只能用信念、愿望去解释，至于为什么是这样，其内在过程和机制是什么，它们几乎什么也说不出来。现在，由于计算机是可以分析、解剖的，其行为可得到具体明确的解释，这样一来，人的行为的解释和预言，进而行动哲学的建构就有了正确的方向和办法。[②]⑥AI 的发展让人看到了哲学的前进方向，即设计人，或设计心智。根据这类观点，判断哲学是否进步的标准应该是看它是否能帮人设计出一种心智、一种语言、一种社会或世界。[③]⑦计算科学技术和 AI 的实践让纯科学理论与应用科学之间的界限缩小了，今后，它们应更紧密地结合在一起，因为"被研究的过程越复杂，它们的联系就越密切。它们必须融合在一起，且应让哲学加入进来"[④]。

　　AI 自 1956 年诞生以来，的确经历了革命性的变化，说其是一场革命一

---

① Sloman A. *The Computer Revolution in Philosophy: Philosophy Science and Models of Mind*. Sussex: The Harvester Press, 1978: 6.

② Sloman A. *The Computer Revolution in Philosophy: Philosophy Science and Models of Mind*. Sussex: The Harvester Press, 1978: 7-8.

③ Sloman A. *The Computer Revolution in Philosophy: Philosophy Science and Models of Mind*. Sussex: The Harvester Press, 1978: 8.

④ Sloman A. *The Computer Revolution in Philosophy: Philosophy Science and Models of Mind*. Sussex: The Harvester Press, 1978: 9-10.

点也不过分，这既表现在计算机科学、AI 的理论探讨和工程实践之上，也表现在它所引起的人们思想观念、思维方式、生活实践、文化等方面的深刻变革之上。以学者做学问的方式的变化而言，以前要查一个词的出处、意义可能要翻大量文献，有时几天查不出结果，甚至无功而返，现在用一种搜索引擎，将其输进去，基本上可迅速得到较令人满意的结果；过去手工誊抄一本书一天最多抄写一万字，一本 30 万字的书一般要抄写一两个月，如果中间某页需要修改，还得重抄该页，而现在在电脑上工作，可节约大量的时间和精力；如此等等。

就计算革命的根源来说，哲学、生物学等是功不可没的，因为没有这些领域的认知的发展，计算革命是不可能发生的。斯洛曼说得好："计算过程不同于我们称作学习的过程，它是由哲学和科学共同促成的。"[①]由此，我们更有理由说，AI 与哲学具有的关系是互为挑战、互利互惠、互为发展条件的关系，因为 AI 的观念、范式和方法引起了哲学的革命变革，而 AI 的计算革命没有哲学的帮助是不可能发生的。

计算的革命性影响不仅波及哲学，而且对于人本身也是如此。人受计算革命影响的最大变化是，如果说人是具身性、延展性存在，那么人的存在中现在应算上计算机，因为它们"是人延伸、拓展自己能力的工具"。这既表现在人对世界的改造上，也表现在人对世界和自身的认知上。例如，计算机和程序结合在一起成了这样的工具，即帮助我们创造新的概念和隐喻的工具，借助这些概念和隐喻，我们有了思考包括我们自己在内的复杂系统的更多的手段、方法和资料。[②]

计算的发展已引起了对人和社会的科学研究的巨大进步和深刻变革，这

① Sloman A. *The Computer Revolution in Philosophy: Philosophy Science and Models of Mind*. Sussex: The Harvester Press, 1978: 3.

② Sloman A. *The Computer Revolution in Philosophy: Philosophy Science and Models of Mind*. Sussex: The Harvester Press, 1978: 1.

些科学上的进步与哲学有什么关系？提这样的问题本身就预设了一种值得批判性思考的哲学观，这种哲学观既建立在对科学目标和方法的误解之上，又建立在哲学家的假定之上，即自己是发现非经验真理方法的特许的守护者。过去的哲学家以为，知觉推理等内在过程是只有哲学才能过问的东西。其实，这些过程不仅不是哲学独有的课题，而且过去哲学对它们的思考由于工具、方法和理论基础等方面的限制都存在着偏颇和严重的不充分性。AI发展到今天出现的新变化是，让计算机做以前只能由人做的工作，如制定和控制计划、问题解决、观察事物、形成假说、定理证明等。事实上，计算机已快速有效地拓展了我们思考这些过程的能力。这样的思考在过去只能发生在哲学家的头脑内部。面对这种新情况，哲学家至少应思考：计算机对哲学问题的解决、哲学认知的形成是否能发挥作用？

第二节 哲学与 AI 的复杂关系及其认知条件

AI与哲学的关系是一个复杂的问题。其复杂性首先表现在，人们对它的态度极为复杂。例如，做 AI 和哲学研究的人中有一部分根本不把它当作要关注的问题看待，只是埋头做自己认定是 AI 或哲学的工作。有一部分人承认它们有关系，但对它们的关系的看法五花八门。例如，有的认为，哲学对AI 有指导作用；有的认为根本没有这样的作用，充其量，AI 只有被哲学从其自身角度做出解释、说明的关系，或为哲学总结和提炼素材，吸收思想营养的关系；如此等等。笔者认为，AI 与哲学的关系问题可从两方面加以探讨，一是事实性的关系问题。这里应做的是一种描述现象学的工作，即通过考察从事 AI 和哲学研究的人对它们的关系具体采取何种态度，另外，通过对这两门学科发展历史过程的具体考察，探讨哲学事实上有无对 AI 的影响和作用，反过来探讨 AI 对哲学的研究有无实际的影响，如果有，再来探讨其具体表现。二是理论上的关系问题。这里应做的工作是，深入到两门学科的具体问题的探讨之中，探讨它们在逻辑上、学理上是否需要接受对方在目的、动机、思想内容、理论成果、方法方面的影响。笔者认为，这一方面的工作是最重要、最值得做的工作。为此，我们将考察一些有识之士所做的工作，同时在此基础上"夹叙夹议"地作一些进一步的思考和借题发挥的工作。

在一般人的印象中，哲学是玄学，与作为技术的 AI 没有什么关系，更没有对它的实际的、理论的意义。在斯洛曼看来，情形恰恰相反，因为"哲学像科学一样也有它在技术学上的应用价值"[①]。这完全是由技术和哲学的本质所决定的。就技术而言，技术在本质上是一种用人的独创能力来发现、发明以前不知道的可能性的活动和过程，就此而言，它有理论的功能，因此是科学的组成部分。当然，技术也有让新的可能性变成现实、让原先没有实现的旧可能性得以实现的作用。AI 作为技术更是如此。哲学之所以能影响技术，是因为哲学也能发挥近于技术的上述本质作用，如哲学建构的理论可以发现以前所不知道的可能性，可以探讨让以前没有实现的可能性变成现实的原理、机制和方法，不仅如此，哲学由其本质所决定，它能看到科学技术看不到的可能性，可以对可能性变成现实的更深的机制、原理给出具体科学技术部门不可能给出的探讨，因此有弥补科学技术之不足的作用。例如，哲学家可运用语言理论来说明逻辑语言的可能性，进而指出改进自然语言的可能性及其机理和方法，这些对 AI 的自然语言的机器处理不说有指导作用，至少有借鉴作用，甚至有提供理论基础、扫清认知障碍的作用。

计算机科学、AI 对哲学之所以有革命性的作用，也是由它们的内在本质和可能的功能作用所决定的。由这些所决定，计算机及其程序为我们说明人内部的复杂过程、结构、机制、运动方式等提供了唯一可用的语言，它们能

---

① Sloman A. *The Computer Revolution in Philosophy: Philosophy Science and Models of Mind*. Sussex: The Harvester Press, 1978: 48.

帮我们建构严格的、可检验的理论。借助计算机，我们能理解这些复杂理论的力量，因此哲学要想在自己的领域取得突破，就应该了解计算系统设计、编程语言和 AI 模型的发展。[1]

由于计算革命与哲学的关系极其复杂，因此要获得正确且深入的认识，一个必要条件就是对有关概念形成正确的认知。许多人之所以不能正确地认识计算革命与哲学的关系，是因为对有关概念缺乏深入的认识。例如，计算机的概念常被误解，以为它只是一种完成数字计算的工具。其实不然，计算机尽管在外在形态上的确是一种机器，但它却是与符号打交道的机器，如它能接受、存储、考察、比较、构建、解释、转换符号，即可对符号发挥许许多多的作用。而这些作用又是由其背后更深层次的东西所决定的，如这些机器有存储和记忆等功能，有发挥这些作用的设置。这些设置是可寻址的，即一个指令能以一定方式被提取到某个位置，以便检查它的内容或新内容会被放在哪里。[2]计算机的确是按程序、指令运行的，但这并不意味着它只能机械地运动，因为它的程序有根据环境的变化而改变、调整、进化的一面，因此计算机最终的计算、处理结果并不是由程序员或用户事先规定的，而有其"自主性"。从比较的角度说，这种对计算机的内部构造和机制的探讨对于认识人的心理现象背后的自主体及其物理实现过程是有启示作用的。

哲学要完成对整个世界和人的认识，无疑需要越多越好的工具和资源。从反面说，哲学之所以未能令人满意地完成它的既定任务，之所以在认识世界的征程上有很多巨大的障碍，一个原因就是工具和资源不够，如没有适当的、有理论根基的概念。现在有了 AI，这一不足会得到一定的弥补，因为 AI 已创造出越来越多的新工具，如新符号主义、新程序技术等等。可以预言，

---

① Sloman A. *The Computer Revolution in Philosophy: Philosophy Science and Models of Mind.* Sussex: The Harvester Press, 1978: 50.

② Sloman A. *The Computer Revolution in Philosophy: Philosophy Science and Models of Mind.* Sussex: The Harvester Press, 1978: 63.

随着 AI 的发展，今后还会提供更多更有用的工具和资源，它们将成为探索和建构复杂理论的新帮手。①

计算革命的影响是广泛的，它不仅会影响哲学，而且会影响人思考复杂系统的方式，而这又会渗透到人们生活的方方面面，直至改变人们关于世界的图景，以及改变人本身。②新的问题是：根据计算隐喻来思考和理解人，是否有辱人格、导致对人的贬损和不敬？斯洛曼的看法是，没有这类问题，就像以前科学进步所形成的理解图式或隐喻用之于人没有导致对人的贬损一样。例如，蒸汽动力技术导致的"释放压力"之类的范式在变成隐喻用之于对人的说明时，不仅没有贬低、扭曲人，而且更好地揭示了人的本质特点。③总之，只要有对哲学和 AI 正确深入的认知，就有理由相信：①科学的发展将让人获得关于人类心智如何工作的理解；②AI 的方法能对这类研究产生重要贡献；③能思维、感知、创新、与他者交流的机器能在某一天被创造出来。④

如前所述，AI 与哲学之间的作用不是单向度的，而是互反的，质言之，哲学对 AI 也有其不可或缺的作用，而且这同样是由双方的本质特点所决定的。我们知道，建模智能的原型实例尽管可以扩展到人类智能之外的智能形式（如进化、遗传、蚁群、蜜蜂、退火等）之上，但人类智能毕竟是其最主要的建模样本。而要建模人类智能，就需弄清人类智能的起源、形式、构成、机制、本质等。很显然，尽管不能说只有哲学才能完成这一任务，但完全不让哲学参加是肯定不可能如愿的。有鉴于此，许多深谙其中道理的研究者便

---

① Sloman A. *The Computer Revolution in Philosophy: Philosophy Science and Models of Mind.* Sussex: The Harvester Press, 1978: 182.

② Sloman A. *The Computer Revolution in Philosophy: Philosophy Science and Models of Mind.* Sussex: The Harvester Press, 1978: 182.

③ Sloman A. *The Computer Revolution in Philosophy: Philosophy Science and Models of Mind.* Sussex: The Harvester Press, 1978: 183.

④ Sloman A. *The Computer Revolution in Philosophy: Philosophy Science and Models of Mind.* Sussex: The Harvester Press, 1978: 184.

将自己的一部分精力放到了带有哲学性质的人类心智解剖工程之上。例如，斯洛曼在研究计算革命的论著中将主要篇幅指向了对人类心智的描述，如描述能在计算系统上表征的机制。①在他看来，哲学对智能认识独有的、不可替代的作用主要体现在它有概念分析这把利剑。他说："哲学对有关熟悉概念的分析可以让我们看到制约智能的灵活性、创造性的机制。"这些概念主要有注意、警觉、感兴趣、困惑、理解、谨慎、担心、辨别、承认等等。根据他的分析，人之所以有智能行为，是因为人有可用智能的、创造性的方式利用的资源，有注意、搜索、关联等大量的能力形式，每种能力内又有制约其作用的子机制。他说："有系统一定会有某些结构，有需要运用这些结构检查、构造和处理的程序，有伴随程序执行而出现的一系列过程，等等。"②

　　斯洛曼还认为，对智能的研究尽管很多，但仍存在着大量的缺陷和空白，他说："对我们知道的事实的反思表明，被描述的各种机制中存在着许多空白。例如，对建构、检查、修改和使用各种结构、构造所必需的过程、程序，人们几乎没有什么认知，这些说明，哲学在 AI 中仍大有用武之地。"AI 要实现自己模拟和超越人类心智的目标，"就不仅要研究关于人的科学，而且要讨论大量古老的哲学问题，如心灵的本质、心与身体的关系"③。

第三节　哲学是 AI 的一个支柱及其内在机制

　　哲学之所以能作为众多的支柱或基础建设者和夯实者中的一个发挥对

---

　　① Sloman A. *The Computer Revolution in Philosophy: Philosophy Science and Models of Mind*. Sussex: The Harvester Press, 1978: 70.

　　② Sloman A. *The Computer Revolution in Philosophy: Philosophy Science and Models of Mind*. Sussex: The Harvester Press, 1978: 71.

　　③ Sloman A. *The Computer Revolution in Philosophy: Philosophy Science and Models of Mind*. Sussex: The Harvester Press, 1978: 89.

AI 特定的、不可或缺的作用，是由 AI 的目的、学科性质和方法论所决定的。就目的而言，AI 旨在研究、制造能完成以前需通过智能完成的任务的机器，最重要的是，科学和哲学都有解释和改造世界的目的，AI 也是如此。[①]

就 AI 的学科性质而言，它必然包含机器人学、神经科学、认知科学和工程技术的互动，必然要利用非线性动力学、信息理论、计算理论、控制理论、心理学、生物学等方面的成果。在进行这样的整合时，又必然触及大量的哲学问题，或者说，"其中的许多问题是哲学一直在关注的"，当然可能会有科学的改造和自然化，进而可能以定量的、科学的形式和色彩出现在 AI 中。例如，智能中的关键因素——创造力，就被自然化、计算化为对可能空间的搜索过程，等等。由于 AI 的问题具有广泛性、复杂性、交错性的特点，因此科学家有时会像哲学家必然表现为"可怜的科学家"一样，会表现为"可怜的哲学家"。[②]就 AI 的具体研究实践而言，一方面，由于它要弄清的是智能的本质，因此首先表现为一门科学，至少其中包含有科学，当然离不开哲学的参与；另一方面，AI 由于要根据对智能的认知创建人工的智能，因此必然有工程技术研究的一面或构成，这一构成也引出了许多哲学问题，因此应研究这一部分与 AI 哲学的关系，特别是它们的相互影响。前面的考察告诉我们，AI 哲学既为作为工程技术的 AI 奠定了理论基础，反过来，后者也极大影响着 AI 哲学的内容和方法。从方法论上说，哲学之所以能在 AI 中发挥特定的作用，还由哲学与包括 AI 在内的科学在方法上的重合、交叉、相互移植的本质特点所决定。

哲学由于其形而上学性质和源于各门自然科学和社会科学，一般对哺育它的各门学科有一定的反哺作用。但是，由于 AI 学科性质的特殊性，以及

---

① Sloman A. *The Computer Revolution in Philosophy: Philosophy Science and Models of Mind*. Sussex: The Harvester Press, 1978: 18.

② Bonsignorio F. "The new experimental science of physical cognitive systems". In Müller V (Ed.). *Philosophy and Theory of Artificial Intelligence*. Berlin: Springer, 2013: 133.

哲学与它的特殊关系，因此哲学对 AI 的作用也一定有其不同于作用于其他学科的独特性，这表现在，它尽管不能整块地搬到 AI 或 AI 的某个部门中，尽管不能直接插手对 AI 具体问题的解决，尽管不能作为 AI 的唯一基础发挥作用，但它必然作为 AI 基础中的一个有机组成部分发挥作用。这种特殊的作用对于 AI 的基础理论建设和工程实践都是必不可少的。因为 AI 要建模的是智能，不管是人的智能还是非人的自然智能，不管是作为整体的智能，还是作为其具体样式的智能，如推理、数字计算、绘画、作曲等等，人类设计者或机器设计者都必须优先解剖、研究作为其原型实例或样本的智能形式。要如此，哲学就必须被派上用场，不管以什么方式，如有些研究者是有意识地到哲学中去寻找根据，有些人是自发地或无意识地运用自己的民间心理学、民间本体论、民间认识论中的资源。

就具体研究来说，AI 许多专门领域的研究与哲学、语言学、心理学的研究有重合关系，如自然语言的机器理解与哲学、语言学的有关工作至少有部分重合，因为不研究语义学，就无法让机器理解自然语言。[①]哲学对 AI 不可或缺的作用还表现在，在 AI 中，根本不可能回避哲学对目的、事件、原因、行动、过程、智能等概念的分析，因为"这门试图设计以智能方式行事、能与人交流的机器的学科一定会让人去分析智能行为的前提条件以及我们共有的预设。否则，机器就无法发挥作用！"[②]

AI 的未来学问题是作为经验科学的 AI 经常涉及的问题，它无疑同时具有哲学性质。在纪念达特茅斯会议五十周年的一个会议上，主持人、哲学家摩尔（J. Moor）提出了一个一直在探索的问题：人类级别的 AI 在未来 50 年

---

① Sloman A. *The Computer Revolution in Philosophy: Philosophy Science and Models of Mind*. Sussex: The Harvester Press, 1978: 11.

② Sloman A. *The Computer Revolution in Philosophy: Philosophy Science and Models of Mind*. Sussex: The Harvester Press, 1978: 38.

内会实现吗？[①]这一问题既是科学和工程技术问题，也是哲学问题。其理由在于，在验证各种关于上述问题的回答时，不管做何种研究和开发工作，一定少不了哲学的介入。只要从事 AI 研究，不管是研究基本理论问题，还是沉浸于具体工程技术问题的钻研，如开发有某种作用、用途的人工系统，都无法摆脱概念框架的制约。而概念框架是必须有哲学参与才能建立起来的脚手架。这在前面已有论述，从略。

最后，尽管从事 AI 研究的许多人表面上整天做的是纯技术性的工作，没有与哲学发生什么交集，有的专家的确不懂哲学，但我们仍有理由认为，只要他们是在从事智能的建模工作，不管是哪种智能样式，他们就一定会受到哲学的影响，一定会动用哲学的资源，一定有某些哲学资源帮他们搭建了一个必要的理论基础平台，不然的话，他们的技术工作就无从展开。

---

① Arkoudas K, Bringsjord S. "Philosophical foundations". In Frankish K, Ramsey W M (Eds.). *The Cambridge Handbook of Artificial Intelligence*. Cambridge: Cambridge University Press, 2014: 58.

中篇　智能观、工程本体论、意向性与自主体建模问题

　　如前所述，AI 无论是起源还是后来的不断发展，无论是基础理论建设还是具体工程技术实践，都交织着大量不可回避的哲学问题，其中最突出的是心灵-认知哲学问题。上篇讨论的 AI 与哲学的关系问题本身也属于这样的哲学问题。本篇将再聚焦几个突出的、与心灵-认知哲学联系较为密切的哲学问题加以专门探讨。拟涉及的问题主要包括：智能观的种种问题，意识、意向性和语义性在已有 AI 中的缺失及未来如何建模的问题，自主体及其建模问题，工程本体论的建模与发展方向选择问题，已有建模尝试如 BDI 模型的心灵-认知哲学问题，联结主义与情境主义等 AI 发展新方案及其哲学反思问题，等等。

第七章
"图灵测试"新解、自然智能与智能观的相关问题

如前所述，AI 不仅极大地改变着世界，而且在认识世界特别是认识人自身方面也发挥着不可替代的作用，有的人甚至把它称作"第四次革命"[1]。但许多人在冷静反思之后又提出了诸多抱怨，有的人甚至得出了悲观主义结论，如说"进展缓慢"，有关专家总是遭受"沉重打击"以至"丧失了信心"，该领域难见实质性突破，等等[2]。哲学家批判计算主义依据的主要是诸如意向性理论、表征主义、随附理论等新的哲学理论。其责难主要是，机器所表现出的所谓人工智能由于缺失了意向性和意识，因此算不上真正的智能。由于这一问题最先是由塞尔提出的，因此可称作"塞尔难题"。在探讨问题的原因和出路时，尽管有一部分人认为 AI 的工作是构造和评估人工制品，因此用不着探讨关于人类智能的结构和功能方面的细节，但多数专家仍坚持认为，AI 的基础工作是解剖人类智能。卢格尔（G. Luger）一针见血地指出：AI 既是模仿的技术，也是认识和探索智能的经验科学[3]。费福尔（R. Pfeifer）

---

① 此次革命由图灵发起，也可称作"图灵革命"，其意义不仅表现在新工具的发明创造上，更表现在对人自身的认知上。前三次分别是哥白尼革命、达尔文革命和弗洛伊德革命。参阅[意]卢西亚诺·弗洛里迪：《第四次革命》，王文革译，浙江人民出版社 2016 年版，第 4 章。

② [美]哈里·亨德森：《人工智能：大脑的镜子》，侯然译，上海科学技术文献出版社 2008 年版，第 3 页。

③ [美]卢格尔：《人工智能：复杂问题求解的结构和策略》，史忠植、张银奎、赵志崑等译，机械工业出版社 2006 年版，第 223 页。

等认为，AI 陷入困境的根源在于，人们在理解人类智能时犯了严重的错误①；亨德森也说："这可能是由于对于'智能'的本质和组成成分等重大的理论问题"的认知存在着"理论上的先天不足"②。著名的认知科学家克拉克（A. Clark）说：要冲破困境，必须"彻底改变思考智能行为的方式"③。因为道理很简单，人工智能的目标就是模拟、延伸、扩展乃至超越人类的智能，要如此就要以人类智能为"原型实例"，解析它的构造、运作机理和条件，弄清它的奥秘和本质。笔者认为，要想解决 AI 面临的困境，让它迅速高质量地逼近它的目标，当务之急是深入具体地探讨智能观问题。所谓智能观就是关于智能起源、构成、结构、运作机制、本质、区分标准和功能作用等问题的最一般的观点。它既是哲学的重要问题，又是 AI 基础理论建设的重头戏。由于在 AI 中，"图灵测试"最先提出和引发了 AI 的智能观问题，如人类智能本身是什么、能否从计算上加以描述、有哪些样式、运作机制是什么等，因此我们对 AI 智能观建构的探讨将从图灵测试开始。我们拟论证的观点是，AI 过去的智能研究存在着以偏概全的问题，未能看到智能的多样性和复杂性。为此，我们试图阐发一种关于智能的有特定赋义的复杂性理论。

第一节　"图灵测试"及其智能观：新解、批评与新的形态

著名数学家图灵在 20 世纪 40—50 年代提出的"图灵测试"不仅奠定了计算机科学的理论基础，同时，还阐发了一种关于智能的独到见解。有的人

---

① 参见［英］亨利·布莱顿、［英］霍华德·塞林那：《视读人工智能》，张锦译，安徽文艺出版社 2009 年版，第 125 页。

② ［美］哈里·亨德森：《人工智能：大脑的镜子》，侯然译，上海科学技术文献出版社 2008 年版，第 3 页。

③ ［美］卢格尔：《人工智能：复杂问题求解的结构和策略》，史忠植、张银奎、赵志崑等译，机械工业出版社 2006 年版，第 161 页。

甚至认为，它从一定的角度回答了行为主义、意识、理解、他心知、思维和智能的本质等广泛问题，因此，在提出后的七十多年中已演变成了 AI、认知科学、心灵哲学、社会学、心理学关注和争论的课题。赛金（A. Saygin）等说："图灵测试已经是并将继续是一个有影响、有争论的课题。"①有两种极端的看法，一种观点认为，它代表着 AI 的开端；另一种观点则认为，它是无用有害的。

根据笔者的解读，图灵提出他的思想实验和测试想解决的是如何让机器也表现出智能这样的工程性的问题，但不可避免地触及了深奥的哲学问题：究竟什么是智能（由于智能的本质在思维，因此他有时问的是思维）？能否用可计算的、操作性强的语言描述思维？思维是不是人所独有的？能否让它在机器上实现？等等。他无意于为智能、思维下定义，因为统一的定义难找，也没有必要性，只需把智能与非智能的界限弄清楚就够了。当然，他在智能本质问题上的思想是发展的，如前期认为智能有充要条件，后来则认为只能也只需要寻找它的充分条件。

图灵意识到，要作出新的回答就要提出新的、更有助于解决问题的问题，亦即要找到合适的提问方法。他认为，正确的问题应该是：某种可构想出的计算机能否表演"模仿游戏"？一台计算机能以无法与人脑的回答相区别的方式回答提问者的问题吗？也就是说，判断计算机有无智能，不应看其内部细节和过程，而应看它的实际行为表现。如果机器能完成人需要用智能完成的行为，且能像人一样回答提问，那么也应认为它具有智能。②为此，他设计了一个实验，即让一台机器与一个智力正常的人一同通过电脑回答处于另一个房间的测试者提出的有关问题，如果测试者通过问答不能判断回答者是

① Saygin A, Cicekli I, Akman V. "Turing test: 50 years later". In Moor J (Ed.). *Turing Test: The Elusive Standard of Artificial Intelligence*. Dordrecht: Springer, 2003: 23.

② [英]图灵：《计算机器与智能》，载[英]玛格丽特·博登编著：《人工智能哲学》，刘西瑞、王汉琦译，上海译文出版社 2001 年版，第 56-57 页。

机器还是人，那么就可断言机器也有智能。图灵的结论是，有智能就是能思维，而能思维就是能计算，所谓计算就是应用形式规则，对（未解释的）符号进行形式化操作。他说："一台没有肢体的机器所能执行的命令，必然像上述例子（做家庭作业）那样，具有一定的智能特征。在这些命令之中，占重要地位的是那些规定有关逻辑系统规则的实施顺序的命令。"①有理由说，图灵测试及其隐含的思想成了现代新机械论的基础。后经许多人的发展，它演变成了以机械论为核心的各种主义，如计算主义、机器功能主义等。

这当然是笔者的一孔之见。如前面曾提到的，图灵测试已形成了一个充满着激烈争论的研究领域，争论涉及如何理解他的动机、提出经过、主要思想及论证，如何评价图灵测试及其智能观的历史地位，有无可能和必要加以发展，如果有可能和必要，又该如何发展，等等。研究中形成的热点、焦点问题主要有：图灵提出这一测试的目的、动机、实质是什么？他为什么强调模仿游戏？图灵测试对智能问题坚持的是不是操作主义？对智能是否只提出了操作定义？图灵测试是否陷入了行为主义？是否犯了行为主义错误？图灵测试究竟是太容易还是太困难了？为什么要重视图灵测试？现在的最新研究是什么？能否把人工系统通过图灵测试看作 AI 的终极目标？

还必须看到的是，对图灵测试有多不胜数的、五花八门的乃至大相径庭的解读和评价。应承认，主流的声音尽管承认其有缺陷，但认为其合理性和历史地位是值得肯定的。这里，我们简要概括一下几种不同的理解和负面的评价。有一种观点怀疑图灵设计的模仿游戏是否有检验机器智能的作用，其根据是，他设计的机器游戏有拟人化的问题，如把人的目的、行为方式、文化背景等加到机器身上。②有的人通过深入具体考察图灵的问题转换和对模

---

① ［英］图灵：《计算机器与智能》，载［英］玛格丽特·博登编著：《人工智能哲学》，刘西瑞、王汉琦译，上海译文出版社 2001 年版，第 88 页。

② Saygin A, Cicekli I, Akman V. "Turing test: 50 years later". In Moor J (Ed.). *Turing Test: The Elusive Standard of Artificial Intelligence*. Dordrecht: Springer, 2003: 35.

仿游戏的设计，对图灵测试提出了尖锐的批评，认为图灵的问题和思想存在着许多严重的问题。例如，可以用许多不同的方式去玩模仿游戏，有时甚至不用智能，也能成功地玩游戏。另外，思维是一个普遍的概念，玩模仿游戏只是智能实在所做的许多事情中的一个实例，不具普遍性，因此把玩模仿游戏作为测量智能的标准是有问题的，甚至是无效的。[①]更尖锐的批评之声是，图灵测试不过是一场骗局，因为机器根本不可能思维，但用计算机愚弄、欺骗人是完全可能的，即是说，即使机器通过了图灵测试，那充其量也只是一种骗局。另一种对立的解读是，一台机器只要通过了图灵测试，就能说它有智能或能思维，因此可以说，图灵测试论证了一种智能观，至少表述了关于智能的一种标准。莫尔主编的专题论文集《图灵测试：AI难以捉摸的标准》既汇集了关于图灵测试研究历史与最新进展的大量一流成果，又恰到好处地表述了争论中的一种新的观点。根据这一观点，图灵测试对 AI 的确阐述了一种标准，但它难以捉摸，不太容易理解，因而成了众说纷纭的话题，为多样理解和发挥提供了机会。这对 AI 的智能观和人工建模也许是一件好事。图灵的经典论文不仅是现代 AI 的奠基之作，而且也是 AI 哲学的开山之作。[②]哈纳德（S. Harnad）坚持折中的观点，认为通过了图灵测试既不是骗局，也不等于有智能。[③]

笔者认为，要弄清图灵测试的真谛，客观评价其历史地位，关键是要客观地弄清他提出其测试的动机、过程，在全面研究他表述测试的文本的基础上，坚持解释学的文本自主性和客观性原则，形成对他的论述客观深入的理

---

① Saygin A, Cicekli I, Akman V. "Turing test: 50 years later". In Moor J (Ed.). *Turing Test: The Elusive Standard of Artificial Intelligence*. Dordrecht: Springer, 2003: 34-35.

② Moor J (Ed.). *Turing Test: The Elusive Standard of Artificial Intelligence*. Dordrecht: Springer, 2003: preface.

③ Harnad S. "Minds, machines and Turing: the indistinguishablity of indistinguishables". In Moor J (Ed.). *Turing Test: The Elusive Standard of Artificial Intelligence*. Dordrecht: Springer, 2003: 253.

解，再把它放到计算机科学和 AI 建立和发展的历史长河中探讨它的作用和地位。

我们先看图灵测试的动机、目的和任务。我们知道，围绕图灵测试争论的一个基础理论问题是：它的目的尽管是要解决机器能否表现智能这一重要的计算机科学问题，但是否有意切入智能观这一高深的形而上学领域？是否阐述了一种智能标准？

要回答这类问题，我们最好是作一些发生学和文本上的考释。有考证表明，至少在 1941 年，图灵就在思考机器智能问题。因为他在第二次世界大战从事密码破译工作时曾向同事散发过一篇关于机器智能的打印论文，内容涉及了机器学习和启发式问题解决，可惜遗失了。在 1945 年，他讨论过机器下棋的可能性。同年的 10—12 月，他在英国国家物理实验室写成了《关于开发自动计算引擎的数学部门的建议》（ Proposal for Development in the Mathematics Division of an Automatic Computing Engine ）。在这里，他最早对通用数字计算机的电子存储程序做出了规定。相比而言，冯·诺依曼稍早的论文《EDVAC[①]报告书的第一份草案》（ First Draft of a Report on the EDVAC ）更多的是探讨电子硬件。图灵自认为，他感兴趣的问题是如何建造大脑，如何建构关于大脑行为的模型。1947 年，图灵对自己关于计算机智能的想法给出了最早的公开表达，如说想得到的是能从经验中学习的机器。他还认为，让机器改变自己指令的可能性为这一点提供了机制。[②]1948 年，图灵为英国国家物理实验室写了一篇名为《智能机器》的报告，这可看作关于 AI 的第一个宣言。在这里，他提出了许多后来成了该领域关键词的新概念，如关于问题解决的定理证明方案、遗传算法、婴儿机、模仿游戏等等。

---

① 第一台现代意义的通用计算机。

② Turing A M. "Lecture to the London mathematical society on 20 February 1947". In Carpenter B, Dorun R (Eds). *A. M. Turing's ACE Report of 1946 and Other Papers*. Cambridge: The MIT Press, 1986: 123.

　　图灵测试研究中又一个争论的问题是：怎样理解图灵论文中所描述的模仿游戏？它是否涉及对思维或智能的本质、内在属性的论述？是否有关于它们的定义？如前所述，有一种观点怀疑图灵设计的模仿游戏是否有检验机器智能的作用。[①]有的人认为，玩游戏的方式不止一种。[②]

　　还有观点认为,图灵 1950 年那篇论及测试的论文中是找不到关于思维或智能的定义的。如果说，有定义，他也只为它们提供了操作上的定义，而没有给出科学定义。因为充其量，他只从行为上描述了思维的外在表现。根据这一理解，图灵是不关心思维的内在机制的，而只关心它的功能作用或行为过程、表现。持操作定义论的人强调，操作定义的特点在于，试图在被定义概念和某些操作之间建立逻辑的联系，认为操作的满足为概念的应用提供了充要条件。根据这样的理解，包括塞尔等在内，都有这样的判断，图灵测试对智能提供的是行为主义、操作主义定义。莫尔等反对这一理解，根据如下：第一，图灵在文章中既没有述及操作定义，也没有为思维下操作定义；第二，图灵没有把他的测试看作智能的必要条件，因为他承认，机器可以有智能，但有时不一定能很好地完成模仿行为；第三，即使图灵关注的是图灵测试的充分性，而不是必要性，但他从来没有说，充分性是逻辑、概念或定义上的确定性。新的看法是，图灵测试是一种归纳测试，或为智能提供了一种归纳性的检验。莫尔等认为，如果机器通过了严格的图灵测试，那么就有归纳上的充分根据把智能或思维归属于机器。尽管我们可能根据新的证据修改我们的判断，但我们有充分根据论说，机器是有智能的。[③]

　　① Saygin A, Cicekli I, Akman V. "Turing test: 50 years later". In Moor J (Ed.). *Turing Test: The Elusive Standard of Artificial Intelligence*. Dordrecht: Springer, 2003: 35.

　　② Saygin A, Cicekli I, Akman V. "Turing test: 50 years later". In Moor J (Ed.). *Turing Test: The Elusive Standard of Artificial Intelligence*. Dordrecht: Springer, 2003: 34-35.

　　③ Moor J. "Turing test". In Shapiro S (Eds.). *Encyclopedia of Artificial Intelligence*. Vol.2. New York: John Wiley and Sons, 1987: 1126-1130.

在莫尔看来，通常对图灵测试的理解更多的是误解。莫尔说："模仿游戏的倡导者和批评者误解了它的意义。它的真正价值不在于将其当作一个操作定义的基础，而在于它为从归纳上充分地论证机器思维这一假说提供了潜在的的资源。"[①] 有一种解读认为，图灵其实有为思维或智能提供科学定义的想法，如他在 1950 年的那篇文章中有这样的意思，即认为机器能做这样的事情，它应被看作思维，当然非常不同于人所完成的思维。[②] 注意到这一点的评论家坚持认为，图灵有关于思维的定义，因为图灵式的行为主义回答了这样的问题：机器能否思维？这个定义可这样表述："计算机是有智能的，当且仅当计算机能将其和另一个玩模仿游戏的人区别开来。"[③]

图灵研究专家科普兰（B. Copeland）更公正地提出，要弄清图灵测试以及图灵在思维或智能本质问题上的真实思想，首先，应弄清图灵提出其测试的理论基础。这个基础是这样的"图灵原则"，即借计算来模仿人脑理智行为的机器本身可被适当地看作大脑或能思维的东西。[④] 其次，要知道他有这样的一个前提性主张，即模仿游戏中问和答的方式为确定机器能否模仿人的理智行为提供了手段。基于这两点可得出结论：模仿游戏可帮助图灵实现说明思维或智能是什么这一目的。[⑤]

图灵测试本身的理解更复杂，问题更多。在这里，要给予客观深入的理解，无疑应坚持这样一种解释学的原则，即务必把图灵本人所说的图灵测试与后来人们赋予它意义因而被改变了的图灵测试区别开来。具言之，我们在这

---

① Moor J. "An analysis of Turing text". *Philosophical Studies*, 1976, 30: 249-257.

② Turing A M. "Computing machinery and intelligence". *Mind*, 1950, 59: 433-460.

③ Osherson D, Smith E (Eds.). *Thinking: An Invitation to Cognitive Science*. Vol.3. Cambridge: The MIT Press, 1990: 248.

④ Copeland B. "The Turing test". In Moor J (Ed.). *Turing Test: The Elusive Standard of Artificial Intelligence*. Dordrecht: Springer, 2003: 11.

⑤ Copeland B. "The Turing test". In Moor J (Ed.). *Turing Test: The Elusive Standard of Artificial Intelligence*. Dordrecht: Springer, 2003: 12.

里应探讨的问题是：图灵 1950 年的著名论文所说的图灵测试究竟是什么？

有一种解读认为，鉴于"机器能思维吗"这一问题含糊不明确、过于抽象、不具体，他经过自己的梳理，才提出了一个更明确、更容易着手解决的问题：机器解决了人要诉诸思维才能解决的问题，是否应被认为有思维能力或智能？或者可这样来替换常见的"机器能思维吗"这一问题："机器能玩模仿游戏吗"？质言之，他提出图灵测试的目的是要提供一种评价机器是否能够思维的方法，进而借助巧妙设计的模仿游戏使问题及其解答更加具体化，更加具有可操作性。根据这一解读，图灵测试为揭示思维或智能的本质、标准提供了一种方案，即强调在揭示思维的本质时，用不着去关注思维的内在过程、机制、实现方式，而只需考察思维具体的行为表现。在考察机器的行为表现时，可具体考察它在玩游戏时是否像人一样成功了。如果成功了，就应承认它有思维能力或智能。[1]就此而言，图灵测试以特殊的方式回答了智能观的根本问题，至少回答了智能是什么这一问题。根据这种智能观，研究智能时没有必要关注智能体具体的实现过程，只需研究其输入与输出，看它具体做了什么，如果做了人需要智能才能完成的工作，那么就应认为其有智能。

有一种很有特色的解读认为，图灵 1950 年的著名论文其实提出了两个关于智能的测试，而不是一个。一个可称作"原始模仿游戏测试"，另一个可称作"标准图灵测试"。一种理解认为，两个测试是等值的。斯特雷特（S. Sterrett）要论证的是，两个测试的意义、价值是不一样的，第二个被人们看作标准的图灵测试；第一个被人们忽视或否定了，其实它更好地论证了智能的本质、标准和表现。[2]它强调的是，在制定智能标准时，应利用人的语言行为，即根据语言行为来判断有无智能。在斯特雷特看来，图灵并没有把行

---

① Saygin A, Cicekli I, Akman V. "Turing test: 50 years later". In Moor J (Ed). *Turing Test: The Elusive Standard of Artificial Intelligence*. Dordrecht: Springer, 2003: 9.

② Sterrett S. "Turing's two tests for intelligence". In Moor J (Ed). *Turing Test: The Elusive Standard of Artificial Intelligence*. Dordrecht: Springer, 2003: 79.

为与语言行为等同起来，即没有把行为作为标准。①图灵选择的是足以说明智能本质的更一般、更适当的特征，具体表现为这样两种能力：①知道怎样利用别人在引出结论时所用的知识；②编辑自己答案的能力。②

图灵理解的智能是不是功能主义所说的智能？通常的理解是，图灵理解的智能没有涉及智能的本质和实现机制，只是像功能主义那样关注了智能的行为过程，如从输入到输出的因果转化过程，因此这种智能只具有映射作用。埃德蒙兹（B. Edmonds）承认，图灵的确没有追问智能得以实现所依赖的机制，但抓住了智能的关键特征或方面，即扮演一种交流、沟通角色所必需的能力。这种角色是一种社会角色。而要扮演好这种角色，肯定需要具备大量的能力。用生物学语言说，图灵的确不关心有机体的解剖结构，但看到了智能一定能够占据的位置。就图灵测试所描述的模仿游戏来说，机器与询问人斗智斗勇，设法让后者看不出自己是一台机器，这其实类似于一场"军备竞赛"，而如果能取胜，显然需要具备大量的能力。这些能力合在一起就是智能。③根据这类新的解读，图灵测试表达的智能观不是通常所说的行为主义或功能主义的智能观。因为图灵所强调的游戏中骗过询问人的行为是集很多能力于一体的行为，因此通过了测试，实际上是完成了对有关能力的测试。

图灵测试研究中还有这样的声音，即不仅强调图灵以自己特有的方式论证了一种智能观，而且认为这种智能观有其合理性，即使是在 AI 获得了巨大发展的今天，也具有利用和发展的潜力。基于这样的考虑，许多人做了一些具体的发展图灵测试的工作，并积极探讨其改进或替代形式。其中，较有

---

① Sterrett S. "Turing's two tests for intelligence". In Moor J (Ed.). *Turing Test: The Elusive Standard of Artificial Intelligence*. Dordrecht: Springer, 2003: 79-82.

② Sterrett S. "Turing's two tests for intelligence". In Moor J (Ed.). *Turing Test: The Elusive Standard of Artificial Intelligence*. Dordrecht: Springer, 2003: 92-93.

③ Rapaport W. "How to pass a Turing test? Syntactic semantics, natural-language understanding, and first-person cognition". In Moor J (Ed.). *Turing Test: The Elusive Standard of Artificial Intelligence*. Dordrecht: Springer, 2003:161.

影响的改进了的图灵测试形式包括以下几种。

（1）哈纳德的全体性（total）图灵测试。与图灵测试一样，它也是一种不可区分测试，即你如果不能把机器的表现与人由智能完成的表现区别开来，那么就可判断机器有智能。不同的是，新的测试强调机器不能停留于对文字输入做出反应，而应像真人那样对包括文字输入在内的所有信息做出像人一样的反应。完成了这样的反应就应被认为具备了智能的标志。[①]

（2）意外发现论证。布林斯乔德认为，图灵测试有一系列版本，其严格的程度各不相同。他提出了一个不同于图灵测试的基于意外发现的论证。该论证假设有一台能生成随机英语句子的无限状态自动机，并据此发展图灵论证。我们可把此自动机称作 p。在图灵测试中，p 可能很幸运地骗过询问人，它的行动是随机的，总是碰运气，在全体性图灵测试中，它的行为可完美结合到感知运动行为中。在这种情况下，如果机器由于运气通过了测试，那么能说它有智能吗？他根据解释或归属主义回答说，可把智能"归属于"机器。很显然，这是一种融合了图灵测试与解释主义的智能标准理论。

（3）库格尔测试。这也是一个由三个自主体参与的测试，如其中一个是评判官，另两个是被测试者，当然被试中有一个是机器。他们的任务是猜测评判官所想到的概念。他们可以看评判官扔进两个箱子里的卡片，其上有图片。例如，如果评判官想到的是"女人"概念，那么与女人有关的那张卡片就会被扔进标有"是"的箱子中，不对应的卡片就被放进标有"不是"的箱子中。如果机器像人一样对一张卡片放到哪个箱子中的猜测是对的，不仅能识别它，而且能运用它，那么就算通过了智能测试，即可被认为有智能。[②]

（4）拉珀波特（W. Rapaport）的"足够长时间的图灵测试"。这一新版

---

① Harnad S. "Other bodies, other minds: a machine incarnation of an old philosophical problem". *Minds and Machines*, 1991, 1 (1): 43-54.

② Kugel P. "Thinking may be more than computing". *Cognition*, 1986, 22 (2): 137-198.

的图灵测试有较复杂的理论基础。我们先分析他的理论奠基。他为化解塞尔基于中文屋论证对图灵测试的批判，亦为了说明计算机怎样思维，阐述了所谓的句法语义学。其要点有三：第一，研究符号与所指关系的语义学可转化为研究符号间关系的句法学，进而只要完成了句法加工或符号处理，就等于完成了语义加工。这与塞尔的观点截然相反。第二，语义学不外是根据一个领域去理解另一领域的过程，因此能被递归地看待。第三，就理解认知这一目的而言，内在的、窄的第一人称观点使外在的、宽的第三人称观点成了多余无用的东西。这种"句法语义学"隐含的心灵观是，心灵不过是一种纯句法系统，即纯粹由标记和加工标记的算法所组成的系统。这里的标记既指语义网络节点，又指神经网络。由于拉珀波特对句法与语义的关系有新的理解，特别是认为句法加工包含语义处理的过程，因此如此理解的心灵不仅没有遗失语义性、意向性，而且具有通常在心灵中所看到的所有认知能力，如推理、想象、学习、怀疑、相信、期盼等。[①]由于他认为句法对语义理解是足够的、充分的，因此强调智能的句法特点（或把句法转化作为智能的本质特点）的图灵测试可作为判断机器有无智能的检测手段和过程。基于这些，拉珀波特认为，得到适当编程的计算机最终能通过图灵测试，即能够思维，或有智能。这也就是说，按照图灵主义的方案去建构计算机和发展 AI，是正确的选择。[②]因为智能一定包含有智慧、计谋、方法的灵活运用等。例如，一个人如果每天用同样的方法捕获了猎物，那不能说他有智能，但如果他在与敌人斗争时不断设计新的陷阱，创新诱捕技术，通过这些方式捕获到了猎物，那么就应

---

① Rapaport W. "How to pass a Turing test? Syntactic semantics, natural-language understanding, and first-person cognition". In Moor J (Ed.). *Turing Test: The Elusive Standard of Artificial Intelligence*. Dordrecht: Springer, 2003: 179.

② Rapaport W. "How to pass a Turing test? Syntactic semantics, natural-language understanding, and first-person cognition". In Moor J (Ed.). *Turing Test: The Elusive Standard of Artificial Intelligence*. Dordrecht: Springer, 2003: 180.

说他有智能。基于对智能的这一理解，他认为，要测试一个系统是否具有智能，一是要保证测试时间达到足够的长度，二是要关注该系统在应对、处理与环境关系方面的能力，即涉及人类社会智能的诸方面。基于此，他提出了图灵测试的一个改进版本，即"足够长时间的图灵测试"①。这样的智能测试对 AI 的发展有积极的指导意义。这就是说，要让机器表现出真正类似于人的智能的智能，就要让它具有人的社会能力、情境化能力，而要如此，就应让机器有必要的学习能力，让它学到必要的知识和技能。②

（5）"拉芙莱斯测试"。这其实是很多人鉴于图灵测试未能反映智能的创新性这一必然本质而倡导的、以拉芙莱斯命名的改进型图灵测试。在一些人看来，图灵测试对智能是不可能做出客观的判断的，因为智能的本质在于创新，而图灵测试无法识别和判断一系统是否表现了创新性。③由此所决定，一系统即使是通过了图灵测试，也不能被认为有智能，因为根据这种智能标准设计的人工系统退化成了符号系统，符合图灵测试的系统很容易成为骗子，或这样的智能观容易培养出骗子。鉴于这些问题，他们提出，最好是将图灵测试改造成这样的测试。它的前提是承认，人工自主体 A（其输出或者是按设计完成的，或者不是）和 A 的人类建造者 H 之间存在着有限制的认知关系。例如，只要 H 看到 A 的实际输出不同于原先的设计，那么就可认为 A 通过了图灵测试，即可说它有智能。由于拉芙莱斯相信，只有当计算机能创造出新的事物时才能说它有心智，因此布林斯乔德等把上述测试称作"拉芙莱斯

---

① Rapaport W. "How to pass a Turing test? Syntactic semantics, natural-language understanding, and first-person cognition". In Moor J (Ed.). *Turing Test: The Elusive Standard of Artificial Intelligence*. Dordrecht: Springer, 2003: 146.

② Rapaport W. "How to pass a Turing test? Syntactic semantics, natural-language understanding, and first-person cognition". In Moor J (Ed.). *Turing Test: The Elusive Standard of Artificial Intelligence*. Dordrecht: Springer, 2003: 146.

③ Bringsjord S, Bello P, Ferrucci D. "Creativity, the Turing test, and the (better) Lovelace test". In Moor J (Ed.). *Turing Test: The Elusive Standard of Artificial Intelligence*. Dordrecht: Springer, 2003: 214.

测试"。①根据这一测试所包含的智能观，一系统是否有智能，主要应看它是否有创造力。这里的"有"当然不是实在的有，而是解释主义所说的"投射式"的有，即为了人为解释人工系统行为的需要而"归属于"系统的。基于这样的智能观，最终是有可能建构出这样的人工系统的，它超越表面的符号转化，当然，"仍难以回避塞尔中文屋论证的责难，因为这种机器只能根据指令无心智地进行符号处理，无法'凭自己的思考'去完成任务"②。但必须同时看到的是，由于这样的机器超越了表面上的符号转化，有更复杂的内在过程，因此为了解释和预言它的行为，则可把自主体因果作用意义上"自由意志""独立思考"等描述创造力的语言用到它头上，即可在解释主义的意义上，把创造力归属于它。在这一新版图灵测试的倡导者看来，其他的智能观及其 AI 系统是不可能通过"拉芙莱斯测试"的，无法避免中文屋论证的致命打击，因为它们只是根据指令，用可预言的方式完成符号处理，而根据这一智能观设想的人工系统所做的工作不只是符号处理，而且还有更复杂的内在过程，因此能通过"拉芙莱斯测试"，当然无法完全避免中文屋论证的责难，因为它事实上没有人所具有的那种意向性、创造力，只在解释上有这些特征。③

（6）AI 需要的、比图灵测试"更强"的测试——"笛卡儿测试"。其倡导者主要有热里翁（G. Erion）等。这是一种带有取代论性质的智能测试，因为它强调应该用"笛卡儿测试"取代图灵测试。之所以应坚持取代论，是因为图灵测试没有揭示智能、思想的本质特点，不足以把人与机器区别开来，

---

① Bringsjord S, Bello P, Ferrucci D. "Creativity, the Turing test, and the (better) Lovelace test". In Moor J (Ed.). *Turing Test: The Elusive Standard of Artificial Intelligence*. Dordrecht: Springer, 2003: 216.

② Bringsjord S, Bello P, Ferrucci D. "Creativity, the Turing test, and the (better) Lovelace test". In Moor J (Ed.). *Turing Test: The Elusive Standard of Artificial Intelligence*. Dordrecht: Springer, 2003: 216.

③ Bringsjord S, Bello P, Ferrucci D. "Creativity, the Turing test, and the (better) Lovelace test". In Moor J (Ed.). *Turing Test: The Elusive Standard of Artificial Intelligence*. Dordrecht: Springer, 2003: 232.

不能成为 AI 的智能标准和指导原则，而笛卡儿测试可起这样的作用。热里翁说："对于 AI 来说，笛卡儿测试是比图灵测试更适宜的测试。"[1]新的测试形式除了有这一特点之外，还有兼容并包的特点，如把笛卡儿测试与其他测试结合起来，并对之做出新的阐释和发挥。这里所谓"笛卡儿测试"指的是这样的实践，即为区别人与机器，热里翁设想了两种测试，一是行动测试，二是语言测试。这一新版测试的倡导者认为，笛卡儿式的行动测试可发展为常识测试。如此改造就出现了一种比图灵测试"更强"的测试。因为笛卡儿式的行动测试指的是考察被试在完成行为时是否利用了理性。根据热里翁对行动测试新的理解，它应指根据常识完成的行动。如果一自主体有根据常识完成的行动，就可认为它不是自动机，而是有理智的人。这里的常识并非由信念等随意组合而成的集合，而是成人所具有的关于我们生活于其中的世界的一系列知识、态度、观点、方法等。它们是关于日常生活世界知识的基础，能帮助每个人适应现实生活。[2]笛卡儿式的语言测试类似于图灵测试中的模仿游戏。根据上述智能标准，自动机是没有智能的，因为它根本有别于人，其表现是，它不会使用语言，不具有常识，即不能根据理性行动。热里翁说："当代 AI 应把它看作指导未来 AI 研究的标准。"[3]据此反观已有的 AI 系统，这些系统实际上还没有符合上述测试标准的智能。之所以如此，是因为 AI 的指导原则是错误的，即是用图灵测试作为智能的标准，进而将建构能通过此测试的系统作为奋斗目标。要使 AI 研究走上正确的轨道，进而创造出有真正智能的人工系统，应该坚持笛卡儿关于智能的语言和常识标准。"因为

---

[1] Erion G. "The Cartesian test for automatism". In Moor J (Ed.). *Turing Test: The Elusive Standard of Artificial Intelligence*. Dordrecht: Springer, 2003: 249.

[2] Erion G. "The Cartesian test for automatism". In Moor J (Ed.). *Turing Test: The Elusive Standard of Artificial Intelligence*. Dordrecht: Springer, 2003: 244-245.

[3] Erion G. "The Cartesian test for automatism". In Moor J (Ed.). *Turing Test: The Elusive Standard of Artificial Intelligence*. Dordrecht: Springer, 2003: 241.

笛卡儿测试比图灵测试严格，因此通过笛卡儿测试的机器就比只通过图灵测试的机器更有资格拥有一般的智能。"①

（7）智能的"全功能等价和不可区分性"标准。这一标准是在创造性地解读图灵测试的基础上形成的，自认为坚持了图灵标准，实则包含倡导者的诸多发挥或扩充。根据这一方案，图灵测试包括不同层次的测试标准，如一是人的功能的零散方面，二是全符号功能，这是标准图灵测试所强调的东西，三是全部外部感知运动（机器人）的功能，四是内部微观功能，五是经验上的完全不可区分性。②这是哈纳德等的论证。还有一种形式上类似但内容上不同的图灵测试发展尝试，由贝索尔德（T. Besold）所倡导。他认为，图灵测试不仅可作为强 AI 智能观的智能标准，如判断一机器所实现的智能是不是像人的智能一样的智能，而且经过适当的分解，可以同时变成测量四种具体认知现象的标准。基于这样的看法，他依据认知科学和计算主义建模方面的新成果，将图灵测试分解为四种测试，如对自然语言理解的测试，对模拟人类理智的机器性能和行为的评估，对与创造力有关的能力的评价，对 AI 系统生成自然语言性能的测量。③

新版的图灵测试还有很多，如"颠倒图灵测试""真正的全体性图灵测试"④，如此等等，不一而足。

关于图灵测试历史地位的评价也是众说纷纭。一种观点认为，在 AI 的起步阶段，图灵测试对于 AI 的基础理论建设、方向选择特别是对思维及智

---

① Erion G "The Cartesian test for automatism". In Moor J (Ed.). *Turing Test: The Elusive Standard of Artificial Intelligence*. Dordrecht: Springer, 2003: 249.

② Harnad S. "Minds, machines and Turing: the indistinguishability of indistinguishables". In Moor J (Ed.). *Turing Test: The Elusive Standard of Artificial Intelligence*. Dordrecht: Springer, 2003: 253.

③ Besold T. "Turing revisited: a cognitively-inspired decomposition". In Müller V (Ed.). *Philosophy and Theory of Artificial Intelligence*. Berlin: Springer, 2015: 121.

④ Saygin A, Cicekli I, Akman V. "Turing test: 50 years later". In Moor J (Ed.). *Turing Test: The Elusive Standard of Artificial Intelligence*. Dordrecht: Springer, 2003: 46-47.

能的独特的自然化和计算化从而为它们在机器上的有效实现作了不可小视和替代的历史贡献，但在 AI 有了更大的发展之后，它就成了历史，而没有发挥什么积极作用。它里面尽管包含许多灵感，但这些灵感在科学中不一定是有用的。还有观点认为，图灵测试有推动 AI 创立的历史作用，但现在成了这个领域的包袱，继续保留将是有害的，因此现在是予以抛弃的时候了。[①]

就图灵测试对 AI 的具体作用而言，批评者认为，图灵测试在用来判断 AI 的各种活动和成就时可能提供苛刻而有误导作用的标准。例如，在视觉和机器人等 AI 领域，已出现了许多有价值的成果，但它们可能不能通过图灵测试。从这些事例中可得到的启示是，不能再完全以人类智能为模型，因为只建模人类智能可能是一条错误的道路。以人工飞行的研究为例，科学家和工程师如果一味地模拟鸟类的飞行，进而建构类似于鸟的翅膀的飞行器，那么飞机之类的人工飞行器就永远只是梦想，相反，如果放弃模拟自然的尝试，转而研究非自然系统飞行的机制和原理，那么便有有效的解决办法。飞机研究的成功恰好说明了这一点。AI 也是这样，不应像图灵测试那样，将人类智能视为人工模拟和机器实现的唯一原型实例，而应尝试研究非人类系统的智能现象及其原理，或走独立创造智能的道路，或研究机器已有的智能。[②]

莫尔认为，这样的批评无的放矢，因为图灵本人并没有把人类智能作为 AI 唯一的榜样，没有把人类智能的本质特点作为判断一切智能的标准，没有把 AI 的建模限制在人类智能之上。例如，图灵承认，机器即使没有通过模仿游戏测试也可以表现智能。莫尔说："有理由相信，图灵会为 AI 中有计算力的各种智能系统的发展而感到高兴。"莫尔同时强调，承认图灵测试不是 AI 的唯一标准并不意味着要放弃它，要把它当作历史的垃圾扔掉。图灵

① Moor J. "The status and future of the Turing test". In Moor J (Ed.). *Turing Test: The Elusive Standard of Artificial Intelligence*. Dordrecht: Springer, 2003: 209.

② Ford K, Hayes P. "On computational wings: rethinking the goals of artificial intelligence". *Scientific American Presents*, 1988, 9: 78-83.

测试在未来的 AI 发展中仍有不可轻视的基础理论意义和实际指导作用，同时"将继续发挥哲学的重要性"①。这样说的根据建立在三个论证之上。第一，智能归属论证。在对智能做出归属时的确应避免唯我论和人类中心主义，因为世上有智能的主体不局限于人，或者说人之外的许多事物可被归属智能。图灵测试证明机器有智能就是其超越人类中心主义的表现。这类看法和实践同时具有 AI 在工程学上的实践意义和在哲学智能观上的理论意义。第二，方法论论证。这一论证强调的是，图灵研究、测试智能以及看待智能多样性和发展变化性的方法论是有经久不衰的意义的。第三，愿景论证。在莫尔看来，图灵的愿景是开放的、宏大的，值得发扬光大。例如，他不仅看到机器表现智能是可能的，而且承认类似智能的复杂智能形式也是可能的，它们不仅会出现，而且能用计算术语理解，并在机器中实现。②

笔者认为，图灵测试看起来简单，实则包含丰富而深刻的内容，如回答了一般智能理论的大量问题，在此意义上，它从特定的角度表达了一种前无古人、具有强烈自然化和计算化倾向进而有可能为 AI 提供理论基础及工程指导的智能观。但是，在说明图灵的智能观时，人们一般把它归结为行为主义。笔者认为，如果以为图灵的所谓行为主义只重视行为判据，而否认对智能内在特点的说明，那就大谬不然了。不错，关于智能，图灵提出了新的不同于内在主义的外在行为标准，即反对预设的标准，而强调如果机器能以无法与人类回答相区别的方式做加减法或阅读十四行诗，或做模仿游戏，那么就可判定它有像人类一样的智能。这显然是一种行为主义的标准。但同时应注意的是，图灵是有自己对智能甚至一般的思维或认知的内在构成、特点、实质的看法的。其基本态度是坚持和发展传统理性主义和机械主义的这样两

① Moor J. "The status and future of the Turing test". In Moor J (Ed.). *Turing Test: The Elusive Standard of Artificial Intelligence*. Dordrecht: Springer, 2003: 209-210.

② Moor J. "The status and future of the Turing test". In Moor J (Ed.). *Turing Test: The Elusive Standard of Artificial Intelligence*. Dordrecht: Springer, 2003: 210-211.

个命题：思维就是计算，人是机器。而计算是能表现出智能特性的实在共性。当然，图灵这里抓住的共性不是这类对象的质料或构成上的共性，而是形式上的、量的方面的共性。他认为，如果人造的工具或机器也能表现这一特性，那么也可视之为智能实在。所以，智能并非人类所独有，而是其他事物也可能具有的形式特征，他提出的"通用图灵机"就是此构想的具体表现。在这个模型中，图灵试图说明，人的认知过程就是计算，而计算是由具体的步骤构成的，如产生由有限数量的单元构成的图式，每一单元都是一个空格，或包含有限字母表中的一个符号。每一步的行为都是局域性的，并且是按照有限的指令表局域地被确定了的。形象地说，人的计算不过是用笔和纸所完成的活动。他关于人的计算的模型是从人的活动中抽象出来的，他基于此构想建构的图灵机就是关于人的计算的理想模型。在他的理论中，人的心智实质上就是一种能计算的机器，而他所设想的图灵机则可以和人一样进行计算活动。根据图灵的分析，人的心智活动遵循以下五项原则：①在任何计算中，只有有限的符号被写入、被使用了；②暂存带的量受到了固定的限制，那就是，人要决定下一步该干什么，他一次只能读入一定量的暂存带；③每一次只能写入一个符号；④暂存带的一个区域可称作"单元"，而单元之间的距离存在一个上限；⑤人能进入的心智状态的数量也有其上限。图灵机也遵循了这些原则，因此也有自己的计算或智能行为。

图灵的智能观既奠定了后来计算机科学的理论基础，为人们制造出能表现出智能特性的真实机器指明了方向，又完成了对人自身认知的一场革命。因为从他开始，人类心灵、智能不再像过去那样神秘莫测，只能用思辨的语言去意会，而可用定量的语言去描述。更重要的是，它必然要遵循与其他事物没有本质区别的规则运转。例如，它实质上是一种状态机，即它只能处在有限的状态之中，而且在任何特定时刻，它只能处在一种状态之中。它必然会按照"如果—那么"的规则从当下状态过渡到下一状态。质言之，认知过程实即计算过程，即从一种状态映射为另一种状态的过程，或从变量到函数值的映射与转换过程。而在转换中，无须什么额外的智力活动，它本身就是一种智力活动，只是这种活动是机械的，是按程序或规则进行的。这是图灵对思维或智力本质的一种崭新的说明，它表明，从一种句法状态向另一状态的转换有可能保存这些状态内容之间的语义联系。图灵机同时证明，符号的句法属性有可能关联于它们的因果属性。这是因为符号的句法属性纯粹是符号的高阶形式属性，有了它们，因果规律就可被例示。难能可贵的是，他还基于他的智能解剖，对未来人工智能的建构方式提出了自己的设想，一是用具身的方式建构具身性思维机器，二是用非具身性的方式建构非具身性思维机器。后来人工智能的实际发展主要遵循的是第二条路径，而第一条路径则是最近情境性智能观以及以此为基础的情境性人工智能热议的话题。

不难看出，图灵测试不仅表达了一种全新的、具有革命意义的智能观，而且也引出了关于智能的新问题：智能真的像过去思辨哲学所设想的那样是神秘莫测的内在过程吗？真的只能为有理性的人所独有吗？能否用定量的、操作性强的甚至机械论的术语来描述？机器真的不能思维吗？他的许多关于智能的看法由于针对的是传统观念，因此本身就具有挑战性。例如，他认为智能就是按"如果—那么"规则的状态或形式转换的观点，就包含着对传统智能观的挑战。正因为这样，图灵测试及观点一问世就引来了激烈的争论，批评者针锋相对地指出：仅有形式转换过程而没有情感、意识、创造性、学习、分辨过程相伴随，能算作智能吗？有的人说，只有当机器能够像人类一样思考和经历情感，并有关于它们自身的意识、能创作、具有自主性时，才能说机器有智能。还有的人说，机器不能学习，不能分清是非，不能谈恋爱，因此不可能有智能，如此等等。批评、质疑对认识的发展是有益无害的。事实上，正是这些争论促成了后来人工智能的诞生和发展。正是由于图灵测试及问题在为后来人工智能奠基的同时引领着对人特别是心灵的认识的深化，因此人们才把它们称作图灵革命或第四次革命。

第二节　计算主义对图灵问题的化解与对新智能观的阐发

图灵时代及后来争论的一个重要成果就是计算主义的诞生。正如其名称表述的那样，计算主义的核心概念就是计算，其支持者普遍认为大脑就是计算机，而心灵就是计算机的程序，认知过程不过就是计算过程。当然，对计算的逻辑阐述有三种，即递归函数、λ演算与图灵的形式主义。尽管这三种阐述采用的方法不同，但是其内核是共通的。首先，三者都试图从形式上来解释计算概念；其次，它们都将计算视为独立于物质的属性。质言之，计算不同于实现它的物理系统，我们不能用物理系统来说明计算。基于这种共同的理论内核，上述三种阐释构成了关于心智的"计算机隐喻"的基础或主要原则。这一隐喻有两个假定：①心理过程可看作计算过程，或可用程序来描述；②计算过程和执行的关系可类推到人的心与脑的关系之上。这个隐喻后来成了强人工智能的理论基础。坦率地讲，强人工智能理论确实也曾辉煌过，在某种程度上，也可算作一种纲领。它曾孕育过不少富有影响的计划，如纽厄尔和西蒙等的"逻辑理论家和通用问题解决机"等。"执行"（implementation）或"实现"（realization）是计算主义中的又一核心概念。计算主义的支持者普遍认为，执行或实现概念恰到好处地表达了计算的实质及其与物理过程的关系，因为在计算过程中，计算状态尽管不是物理状态，但它是由物理状态实现的，就像软件由硬件实现一样。不仅如此，它还和物理状态有一致性，以福多为代表的一些学者甚至认为，计算状态和物理状态间存在着同型性。

根据这种对心智的解释，计算主义倡导者构建了他们关于心智的模型。其理论有两个关键点：其一，在理论方面，建立了关于人类思维或认知的解析性模型。他们提出，人的思维或认知就是一种依照规则进行的纯句法、纯形式的转换过程。"纯句法"或"纯形式"指的就是符号或表征，或心灵语言中的心理语词，而"规则"就是可由"如果……那么……"的条件句表达的蕴涵关系。其二，在实践方面，创立了关于自然智能和人工智能的工程学理论。这个理论试图回答的问题是，如何制造一台能够和人一样进行输入输出，从而完成认知任务的机器。他们认为，如果将人的认知任务的形式化版本输入机器，机器输出的计算结果和人给出的一样，那么就可以说这台机器具有和人相同的智能。此外，计算主义还强调，人的理性能力也是受规则控制的，是可以用计算概念来说明的，因此，也是可以由计算机来实现的。因为命题和推理的真值是一个纯形式的、逻辑的问题，所以如果推理的有效性与意义无关，而只由推理形式所决定，那么人类的推理也就可以被还原为计算过程，可以用计算机来模拟。当然，问题并非如此简单，因为人的推理过程并不一定是纯形式化的过程，在很多时候都涉及经验和直觉，人类还会根据典型和原型事件进行推理。计算主义只是对简单的理想情况进行了解释，而更加复杂的现实情况还有待进一步说明。故而，近几十年，计算主义与反计算主义之争愈演愈烈。

计算主义的理论形态有多种，如以福多为代表的关于心智的表征理论、纽厄尔和西蒙的物理符号系统假说以及联结主义。实际上，纽厄尔和西蒙的物理符号系统假说就是一种符号主义理论，该理论认为，在计算系统中，存在着符号、符号结构和规则的组合，符号是个例而非类型，是具有本体论地位的物理实体。符号表示的内容是人为的，这个内容取决于编码过程，而与所指对象并无必然联系。简言之，符号转换是智能的充要条件。联结主义是广义的计算主义中的一员。根据这一理论，如果想要制造出人工智能，除计算机科学外，我们还必须利用生物学和神经科学，直接研究人类大脑的运作机制。在联结主义看来，这是认识心灵的根本出路。要重构计算概念，就要模拟真实的动力系统，如人的认知系统。[①]因此只有根据动力学重构的计算概念才有望克服形式主义阐释的局限性。

综上所述，计算主义作为一种极富吸引力的观点，受到了诸多学者的追捧，逐步发展成一种兼具理论和实践意义的心智理论。计算主义的支持者们常将人与计算机作类比，认为人的神经系统就是计算机的硬件，心智则是软件。正是硬件使人获得了心智能力，而有心智又不过是有运行硬件的程序。这一理论为我们提供了一种具有实践意义的研究心智的方法论，这种方法论又为符号主义的人工智能研究奠定了理论基石。客观来说，计算主义继承了功能主义的优点，并在其基础上更进了一步，因为功能主义默认了关于心智或心灵的黑箱理论，而计算主义打开了黑箱，认为黑箱中发生的就是计算。这一思想在人类心智认识史上无疑具有里程碑意义。此外，计算主义既吸收了众多心智理论之所长，又避开了传统理论之所短，如避免了传统类型同一论在忽视心智可多样实现这一本质特点方面的局限性。

第三节 "中文屋论证"及其引发的智能观论战

塞尔提出"中文屋论证"的直接动机尽管只是要批评尚克所设计的一个程序，但其意义远不止于此，因为其矛头实际上指向了 20 世纪 50—70 年代盛行的人工智能理论，特别是以图灵测试为代表的计算主义观点。此外，它的颠覆作用还波及了计算主义所取得的那些所谓成果，特别是给弥漫在当时计算主义支持者中的乐观情绪泼了冷水。可以说，塞尔的论证对图灵测试及其计算主义进行了全方位的批判。

针对计算主义关于人类智能的建模，塞尔用类似于图灵的思想实验方法

---

① van Gelder T. "What might cognition be, if not computation". *The Journal of Philosophy*, 1995, 92(7): 381.

设想了这样一个实验，假定塞尔被关在一个屋子里，他是个美国人，对中文一窍不通。屋门上有个小窗口，可以递进中文的文本让他处理。屋里有一本规则书，书是英文的，告诉他当收到什么样的中文时，需要用什么样的中文回应。屋里还有许多写着中文字的卡片，塞尔收到外面递进来的文本后，可以根据规则书，用中文卡片拼成句子递出去。如果中文文本递进来之后，他可以非常迅速地用中文卡片作出回答，那么外面的中国人肯定会认为屋里的人是懂中文的。但是，塞尔显然不懂中文。将塞尔的中文屋与计算机进行类比，那本规则书就类似于计算机的程序，屋里的塞尔就类似于计算机的所谓"智能"。

塞尔认为，无论是图灵机也好，尚克设计的程序也罢，这些计算机程序所做的事都无法证明它们是有智能的，因为智能的关键不在于语法或形式转换，而在于能够处理内容或者说具有意向性。自然智能与其他事物的根本区别就在于，自然智能具有意向性。所谓意向性就是心理状态对它之外的对象的指向性。心理状态的这种属性，使得人或自然智能能够将大脑内的计算、加工与心理状态指涉的对象关联起来，而正是这种关联，才使人成了人，心成了心。其他事物之间尽管也有相互作用、相互关联，但是这种关联是消极被动的，而人的心灵由于有意向性因而能够主动、自觉地关联于世界上的其他事物。塞尔指出：计算机所进行的形式转换是不具备意向性的，它们只是在处理语法，而没有涉及语义。人类心灵的本质在于，既加工句法，又加工语义。计算机的计算乍一看似乎具有意向性，但实际上这些意向性只不过是编程者和使用者心中的意向性，与计算机自身无关[①]。就像中文屋这个实验所表明的那样，真正懂中文的是编写规则书的人和屋外的人，而坐在屋里的塞尔是全然不懂中文的人。

---

① [美]塞尔：《心灵、大脑与程序》，载[英]玛格丽特·博登编著：《人工智能哲学》，刘西瑞、王汉琦译，上海译文出版社 2001 年版，第 93-113 页。

　　塞尔在这里实际上提出了一种根本有别于计算主义的智能观。根据这种智能观，人之所以有灵活应对环境变化的智能，是因为人在建立形式系统时，不仅能规定所用的符号，制定系统内符号的连接规则（语法），还能赋予符号串以意义。他的理论揭示了过去智能研究没有看到的方面，那就是，人类或自然智能内部发生了主动的、有意识的关联、理解和解释等过程，正是这样的过程将符号和意义关联起来，赋予符号以意义。机器所表现出的所谓"智能"由于不具有这些特点，因此算不上真正的智能。从根源上说，意向性作为人类智能的根本构成和特性，只能由特定的生物组织所实现。这就是说，智能离不开进化所形成的生物组织结构。如果是这样，人们要想制造出人工智能，不能只关注形式转换，而应立足于智能得以实现的生物结构的解剖与模拟。这是关于智能及其建模方向的结构主义的基本观点。

　　对于塞尔的中文屋论证，人们的反应各不相同。主要包括以下一些态度，第一，有一部分人觉得这个话题对人工智能的具体研究意义不大，因而不屑一顾；第二，还有一些人态度暧昧，不置可否，其原因大概如史密斯（B. C. Smith）所说的那样，关于意向性是什么，无论在计算机科学圈内还是圈外，都没有达成一致的看法；第三，一部分人对之表示震惊和关注，甚至表示赞成与喝彩，觉得它既有学理意义，又有实践价值，并对之作进一步的研究；第四，一部分人对之批评与反对，当然也有讥讽之声，如有的人甚至奉劝塞尔要注意克服对人工智能的无知[①]。为了全面了解这一领域的研究状况，我们这里拟对有关反批评与论争作一考察。

　　科普兰对塞尔等作了这样的反批评，认为这些人之所以否定人工智能是真正的智能，之所以否定图灵机及其计算主义，一个重要的原因是，他们误解了图灵机及其理论构想。在科普兰看来，正确的解读应该是，图灵将历史

----

　　① [英]玛格丽特·博登：《逃出中文屋》，载[英]玛格丽特·博登编著：《人工智能哲学》，刘西瑞、王汉琦译，上海译文出版社 2001 年版，第 119 页。

上的机械论与现代数学结合起来，从而用机器信息加工的抽象理论大大丰富了机械论。根据这种新机械论，有一些机器的行为是随机的。其实质在于，它们是随机的有限状态机。也可建构这样的数字计算机，它有无限的储存能力，它的下一步是什么完全由随机因素决定。人类的心灵也是这样，因此如果说心灵是机器的话，也只能说它是机器中的一个种类。人类心灵的特点在于有自由意志，因此类似于随机的状态机。图灵说："要像人类那样行动，似乎要有自由意志，但被编程的数字计算机的行为却完全是被决定的。……可以肯定，能模拟大脑的机器必须有这样的行为表现，即好像有自由意志。因此问题必然是，怎样才能实现这一点。一种可能是，让它的行为依赖于像博弈机之类的东西。"①要想制造出能模拟人脑的计算机，就必须设法让它具有随机的特点，即在它选择和决定自己的行为时具有一定的随机性。图灵认为，只要编入适当的程序，让机器有随机性不是没有可能的。沿着图灵的思路，过去 40 多年中，许多人做出了大胆的探索，形成了许多关于这种概念机的新的构想。这种机械论尽管还有决定论性质，但却可以产生通用图灵机不可能产生的功能。

对于塞尔的论证，哈瑞持比较中立的观点。一方面，他认为塞尔以意向性为是否有智能的判断标准是有其合理之处的。哈瑞承认意向性对于智能的重要性，他说："无论认知工具是什么，它必须是有意义的。全部有意义的区别性标志是意向性。"②另一方面，他又指出意向性是属于人的属性，而不是大脑的属性，塞尔的论证中将意向性归于大脑，这是不妥的。哈瑞认为，大脑并不是人的全部，而只是人的思考工具，是没有意向性的。他说："当我们把大脑当作由人来使用的完成各种不同任务的工具时，这个步骤产生有

---

① Turing A M. *Programmers' Handbook for Manchester Electronic Computer Mark* Ⅱ. Manchester: University of Manchester Computing Laboratory, 1951: 464.

② [英]罗姆·哈瑞：《认知科学哲学导论》，魏屹东译，上海科技教育出版社 2006 年版，第 131 页。

益的判断力。"①计算机不是关于人的一个好模型，但"可能是人大脑的一个好模型"②。如果是这样，塞尔对计算主义的批判就是无的放矢。

最后，取消主义对塞尔的智能观也有独到的反响。它认为世界上并不存在意向性或意向状态，它们只不过是民间心理学编造出来的东西，应当予以取消。人类并不是语义机，因为世界上根本不存在语义机，而只有语法机，将人工智能构造成一种纯形式的处理系统并没有什么问题。取消主义的主要代表斯蒂克（Stich）在批判基础上阐发的智能观是，智能、心灵就是句法机，即"由句法驱动的机器"。每一认知状态的个例都可认为从属于一句法类型，或有句法形式。认知过程就是由这些有句法结构的状态的历时性系统构成的。之所以说认知的心灵是一种计算机，根据在于，控制这些认知过程的机制或结构"只对句法属性敏感"③。

尽管批评塞尔的人很多，否定、嘲笑之声不绝于耳（主要见于人工智能工程技术领域），但是在哲学界和相关领域，更多的人还是承认他的中文屋论证的研究价值的，认为他不仅揭示了人类智能的意向性本质和语义机特征，而且为人工智能理论研究摆脱困境、迈上新台阶指出了可能的前进方向，为建构既符合真实智能本质又具可操作性、模拟性的智能观做了有益的探索。对当代认知科学建立和发展做出了奠基性作用的玛尔说：在现有的人工智能中，"我们的知识还相当贫乏，我们甚至还无法开始归纳出恰当的问题，更不用说解决它们了"。这里的问题指的是信息处理问题。这一问题相当关键，因为要创造出理想的人工智能，首先必须离析出信息处理问题④。然而已有

---

① [英]罗姆·哈瑞：《认知科学哲学导论》，魏屹东译，上海科技教育出版社 2006 年版，第 118 页。
② [英]罗姆·哈瑞：《认知科学哲学导论》，魏屹东译，上海科技教育出版社 2006 年版，第 120 页。
③ Stich S. "On the ascription of content". In Woodfield A (Ed.). *Thought and Object*. Oxford: Oxford University Press, 1982: 203-204.
④ [英]玛尔：《人工智能之我见》，载[英]玛格丽特·博登编著：《人工智能哲学》，刘西瑞、王汉琦译，上海译文出版社 2001 年版，第 188 页。

的人工智能研究没有认识到这一点。根据他的研究，造成人工智能研究不令人满意的主要原因是，AI 研究者研究 AI 的主要工作是编写程序。而被编写出来的、让机器执行的程序不过是一种形式上的指令，其加工的符号本身并不意指任何东西。因此它们离真正的智能还有相当的距离。既然如此，人工智能要想兑现它模拟和超越人类智能的承诺，当务之急是像塞尔那样去解剖人类智能。

美国人工智能专家、掌上电脑和智能电话及许多手持装置的发明人霍金斯（J. Hawkins）沿着与塞尔既相同又有区别的方向对人工智能研究作了严厉的批判反思，得出了许多极端的结论。霍金斯说，当前的 AI 理论并没有完全搞清什么是智能，或者"理解某个事物"到底是什么意思。在厘清了人工智能理论的发展历程和基本原则后，我们会发现，这一理论已经误入了歧途[1]。人工智能研究有无出路？如果有，出路何在？霍金斯的回答是，别无他途，只有转向人脑本身，对之做出认真的研究。他说："在不了解大脑是什么的前提下来模拟大脑，是不可能的。"[2]

英国当代最博学的数学物理学家和哲学家罗杰•彭罗斯（R. Penrose）认为，智能、智慧离不开意识、意向性，智能问题属于意识问题的分支，如果没有意识的话，那么智能也不复存在[3]。既然如此，人工智能在定义智能时，只有模拟有意识的智慧，"才会令人满意"。也正是鉴于意识在智慧中的这种基础地位，彭罗斯才说："我真正关心的不是'智慧'问题，我首先关心的是'意识'。"[4]要模拟意识，必须知道意识的特征。彭罗斯认为，意识

---

① [美]杰夫·霍金斯、[美]桑德拉·布拉克斯莉：《人工智能的未来》，贺俊杰、李若子、杨倩译，陕西科学技术出版社 2006 年版，第 7 页。

② [美]杰夫·霍金斯、[美]桑德拉·布拉克斯莉：《人工智能的未来》，贺俊杰、李若子、杨倩译，陕西科学技术出版社 2006 年版，第 15 页。

③ [英]罗杰·彭罗斯：《皇帝新脑：有关电脑、人脑及物理定律》，许明贤、吴忠超译，湖南科学技术出版社 1994 年版，第 469 页。

④ [英]罗杰·彭罗斯：《皇帝新脑：有关电脑、人脑及物理定律》，许明贤、吴忠超译，湖南科学技术出版社 1994 年版，第 470 页。

的基本特征在于"主动作用",在于判断,在于能关联外在事态,在于能指向对象。而算法做不到这一点[①]。要模拟意识,只有寄希望于未来的量子计算机,或必须回到量子力学。因为量子理论"是许多常规物理现象的基础。固态物体之所以存在,物质的强度和物性、化学的性质、物质的颜色、凝固和沸腾现象、遗传的可能性,还有其他许多熟知的性质需要量子力学才能解释。也许还有意识,它是某种不能由纯粹经典理论来解释的现象。我们的精神也许是来源于那些在实际上制约我们居住的世界的物理定律的某种奇怪的美妙特征的性质,而不仅仅是赋予称之为经典的物理结构的'客体'的某种算法的特征"[②]。

综上所述,围绕图灵测试和中文屋论证的争论除了有一部分涉及的是智能建模的方法论等技术问题之外,根本的和主要的争论指向了如何理解智能这一带有哲学性质的人工智能元问题。争论中吐露的智能观尽管五花八门,但不外这样几类,第一种是计算主义的智能观,其基本观点是,智能即计算的能力或过程。当然,其中对计算有不同的理解,主要包括:①数学家、逻辑学家的看法——计算就是形式符号处理,不涉及内容;②计算就是有效的可计算性,这是基于机器类比所得的结论;③计算就是算法的执行或遵守规则;④计算就是求出函数,即基于输入,产生输出;⑤计算就是数字状态的转换;⑥计算就是信息加工;⑦物理符号系统假说或符号主义的观点——计算就是物理符号的加工或转换。第二和第三种分别是反计算主义及介于两者之间的智能观,上面已有交代。第四种是新生的外在主义智能观,其核心观点认为,智能并非传统心灵观中那种单子式、实体式的存在,而是一

---

① [英]罗杰·彭罗斯:《皇帝新脑:有关电脑、人脑及物理定律》,许明贤、吴忠超译,湖南科学技术出版社 1994 年版,第 475 页。

② [英]罗杰·彭罗斯:《皇帝新脑:有关电脑、人脑及物理定律》,许明贤、吴忠超译,湖南科学技术出版社 1994 年版,第 260 页。

种非单子的、跨主体的、关系性的存在，它不在大脑之内，而是弥散于主客体之间。[①]

第四节　复杂性视域下的智能"多—一""同—异"问题

笔者赞成这样的观点，即要摆脱人工智能研究的困境，必须改变思考智能行为的方式，抛弃两种策略，一是"异人工智能策略"或泛智能主义。它认为研究、建模和开发智能可以不以人类智能为原型实例，因为智能并非人类所独有，只要能完成一定任务的事物都可认为其有智能。尽管这一方案在模拟一些自然事物（如蚁群行为、蜂舞、事物的退热过程等）的功能作用，建构诸如退火算法、进化算法等过程中，做出了有益于人工智能的探索和贡献，但由集科学理论与工程技术于一体的人工智能的目标、本质特点所决定，它对于实现人工智能的任务并无实质性意义。二是智能认知上的人类中心主义、沙文主义。这一倾向有多种表现，如有一观点只承认人有智能，或者有"见取见"的倾向，即取自己的见解为唯一正确的见解，还有只见树木不见森林的倾向，如抓住一种智能现象加以认识，然后把它当作对全部智能现象的认识，此即通常所说的以偏概全的错谬。已有的计算主义和反计算主义都有此偏颇。

智能观的建构和 AI 的智能建模的正确路线介于上述两极端之间，即既应关注人以外的事物的智能，不将那些具有智能性质的样式排除在智能的原型实例之外，又应重点关注和解剖人类的智能，因为它们毕竟是世界上最发达和高级的智能。本节重点讨论智能观中的人类智能问题，下一节再来探讨非人智能问题。

---

① Clark A, Chalmers D. "The extended mind". In Chalmers D (Ed.). *Philosophy of Mind*. Oxford: Oxford University Press, 2002: 644.

在具体实施对人类智能的解剖中，由于许多争论与语词的歧义有关，因此我们的分析必须从语词入手。智能无疑属于心理现象中的一种，而非全部，因此有必要先讨论智能与心的概念关系。"心"至少有如下用法和所指：指心脏，有"本根""中心""关键""核心"之意；指思维的器官；有道德观念的意义，如"丧心病狂"中的心指的是良心、道德之心；指行动的决定因素、道德行为的主体；指心中潜在的道德资源，如孟子所说的"尽心、知性、知天"中的心、性就是这个意义的心；"天心"有时指一种境界之心，有时指圣人有这样的心，其特点是，执玄德于心，而与天地、日月、四时和合；中国化佛教所说的心，有时指真心，有时指妄心；心学中所说的"心"指的是"良知"、"理体"；心的最广泛的一种用法就是泛指一切心理现象，甚至包括魂、魄、神等。"智能"（intelligence）是广义的心的一种，可放在心理能力这个子类之下，而能力的形式多种多样，如情感能力、审美能力、自制力、行动能力、意志力、注意力等。既然智能的本质特点、基础和外在表现是有理智或智慧，那么它就不能与一般的能力混为一谈。但问题是：智能究竟是什么呢？其区别于别的能力的本质特点是什么呢？人的智能是一还是多？是一种独立的能力还是多种能力的集合？是简单的、单子性实在还是具有复杂性的现象？如果其形式或样式多种多样，那么它们有无共同的本质和属性？从智能与非智能的关系上说，它们有无同异关系？如果有，如何予以揭示？这些一直是有争论的问题。占主导地位的倾向是坚持智能单一论，即认为人只有一种智能，即有理智的、能思维的智能。基于这一认知，图灵就把智能等同于思维。这一看法在计算主义智能观中几乎成了定则。赞成智能多样性的人则强调，智能不仅具有复杂的构成、本质和机制，而且以多种不同的样式表现出来，如至少有逻辑或形式的智能和非逻辑的智能之别。现在还有这样的新倾向，即一些人受科学中的复杂性理论的启发，开始关注智能特别是计算的复杂性，试图建立关于计算的复杂性理论，其目标是"按照它们的复杂性"去对"密码学、线性规划和组合最优化过程中那些重要的特殊问题"进行分类，探讨解决这些问题所需的空间和时间计算量①。它关注的复杂性不是混乱无序、分形、高级结构基础上的多样性，而是计算复杂性的时空定量测度。笔者尽管也赞成研究智能的复杂多样性维度，但不赞成这样的泛化倾向，如将智能泛化到情绪能力等之上。因为智能，顾名思义，指的是以智慧为基础、为特征的能力，即由内在智慧作用所决定、所导致的能力和行为。而在情绪能力中，除了管理控制情绪的能力有智能的特点之外，其他的情绪能力都应属于非智能的范畴。

要探明智能的本来面目，就必须坚持这样两条方法论，其一，要用适当的方法进行地基的全面清理，对有待认识的对象及其性质做"人口普查式"的考察和探矿式的挖掘；其二，要按照从个别到一般的路线，从探明全部个例出发，逐步上升到对整体对象及一般本质的把握。如果按这样的方法论操作，那么我们也可以引出一种关于智能复杂性的理论。它独特的地方在于强调，智能是由许多各有自己构成、本质特点和运作机理的智能个例或样式组成的有"家族相似性"的"大杂烩"，而既非单一的单子性实在，也非孤立的性质或过程。这样的集合不同于一般的集合，因为它不是由相同类型的对象组成的，恰恰相反，它是由不同种类的现象所组成的，就像一房间内存在的由动物、家具、工艺品、书本上的哲学思想等不同类的元素组成的集合一样。从整体结构上看，智能样式在横向上是多种多样的，在纵向上又有层次性、梯级性，而后者又有开放性、生成性的特点（如随着新关系的形成会产生新的智能现象）。同时，智能样式的性质还具有差异性或异质性（如有的位于大脑中，有的则有主体间性；有的是身体的活动，有的则是二阶的、三阶的乃至更高阶的现象）。在某种程度上，甚至可以说智能是没有统一性的，

---

① [加]乌齐哈特：《复杂性》，载[意]卢西亚诺·弗洛里迪编：《计算与信息哲学导论》上册，刘钢译，商务印书馆 2010 年版，第 80 页。

如没有固定的范围和数量，因此，我们也就不能在没有限制的情况下用"智能是……"这样的句式去说明智能的本质。根据这样的理论，在对个别没有透彻研究的情况下，我们是不能跨过这一步而直接去研究智能本质的。更重要的是，智能不仅是由无限多样的个例所组成的矛盾复合体，而且还像物质大家庭一样具有异质性，即是由具有不同本质的智能个例所组成的混沌集合。①所以，我们当下应将重点放在对个别及其本质的研究上，而不是急于求成地着手对智能本质的挖掘。另外，已有智能理论的失误也从反面告诉我们，要真正认识智能的本质，必须改变过去那种把智能当作一个东西，直接去回答"智能是什么"的认识路线。

根据关于心理的内在主义，智能一定有内在的所依，即作为一种内生、内存在的现象一定有对更基本、更内在的东西的随附性。而且，只要它现实地运转、发挥作用，就一定有外在行为表现，这大概就是维特根斯坦所说的内在过程一定有其外在标志。如果是这样，我们就可以以行为为线索来追溯、挖掘其背后的智能样式。大致说，人的外显行为表现出的其背后较简单的能力主要包括：学习能力、知觉能力、洞察能力、模糊识别能力、表征能力（存储、提取信息，表达知识等）、语言表达能力、书写能力、逻辑思维能力、非逻辑思维能力、记忆能力、搜索能力、择优能力、选择行为方式的能力、对行为适时调控的能力、评价能力、管理能力（包括组织决策等）、自我认知能力、反思能力、前反思能力（第一人称所与性或直接的明见性）、博弈能力（竞争状态下的决策判断调控）、软计算所模拟的人在不确定不精确环境下所运用的思维能力等。在它们之上，还有由两种以上简单能力复合而成的同时具有相对独立性的能力，如问题解决能力、规划能力、演说能力、科研能力、写作能力等。从所依赖的基础来看，有受先天因素所制约的所谓流

① McGinn C. *Basic Structures of Reality*. Oxford: Oxford University Press, 2011: 175-191.

体智能（有先天基础的善于解决新问题的推理能力）和由后天经验促成的所谓晶体智能（如运用知识解决问题的能力等）。合成能力中最复杂的要数情境化能力和所谓的集成性能力，前者是现象学和当今的四E理论所强调的能力，它与生活世界密不可分，与情境互依、互动，由于人有这种能力，因此人能灵活应对变化着的环境，其具体形式包括社会性智能、施动性智能、具身性智能、延展性智能、镶嵌性智能；所谓集成性能力是指心智能力和行为能力的集成。[①]这就是说，根据我们关于智能的复杂多样性理论，智能是以众多单个的智能表现出来的，每个智能就是由一定生物模式所实现的功能模块，如学习能力、记忆能力等。它们集合在一起可形成不同层次的复合能力。

人类的所有智能样式有无共同的且明显有别于其他非智能现象的本质特征？回答应是肯定的。只是不同的人有不同的看法。例如，前述的计算主义认为，智能的本质就是计算或形式转换；以塞尔为代表的反计算主义者则认为智能区别于非智能的本质特点是意向性或语义性；而传统的较笼统的看法是，智能独有的东西是有理性或有智慧。我们认为，计算主义和反计算主义观点分别只适用于部分智能现象。例如，人的计算、逻辑推理、根据已有知识解决问题的能力的确都表现为以计算为其本质特点，但人还有很多智能形式并没有这个特点，也不妨碍它们作为智能存在，如人的情境性思维和决策等。再者，意向性的确是许多心理现象根本而重要的特征，甚至还有这样的新发现，即以前被认为没有意向性情感、感觉之类的现象现在也被认为有意向性。但是事实上有许多智能现象并没有意向性，如人的纯粹的数字计算活动、学生的数学练习、专家的编程等就是如此。就此而言，塞尔等对人工智能的否定也是有问题的。

---

① 唐孝威：《智能论：心智能力和行为能力的集成》，浙江大学出版社2010年版，第74-75页。

我们强调人类智能的突出地位并不意味着我们倒向了人类沙文主义智能观，相反，我们认为，非人世界也存在着大量名副其实的智能样式。它们同样是我们建构科学智能观必须关注的智能样式。若不关注，智能观的建构就会犯以偏概全的错误（详见下节）。根据我们提出的新智能观，机器所表现出的推理能力、问题解决能力、专家系统等都可看作真正的智能。人类已像大自然一样创造出了名副其实的智能。基于这些分析，我们认为，由于不同子类的智能有不同的特点，因此智能只能是一种边界模糊的集合，是一种具有"家族相似性"的"大杂烩"。但这样说并不意味着我们否认智能个例中存在着统一的本质，否则它们也不能被冠以"智能"这一统一的名称。其统一的本质就是，所有的智能都是状态机，即让一种状态转化为下一状态的作用或机制。在转化中还会遵循别的事物运动的一般形式化准则，即"如果一那么"（符合某一或某些条件，某状态就会转化为另一状态）准则。图灵的非凡之处在于发现了智能与别的自然现象的这种共性。就它们的区别而言，智能在遵循这一规则时，有时是服从自然因果律的，如果是这样，智能就表现为计算主义所说的那种智能；有时是根源于意志或实践理性的自由选择，有时是根源于智能本身的创造性，如果是这样，智能就会做出违背自然因果律的事情，就表现为有创新性、意向性、自主性的智能。从这个角度说，智能有自主和非自主之别。现今的自主体智能理论研究和工程实践正在朝模拟人类这类智能的方向前进，这是好的开端、正确的选择。用专业的术语说，所有智能还有这样的共性，即具有"动态平衡张力"，能"在空间和时间中进化和不断自我校准"①。

尽管我们目前对心理样式、智能本质的认识还不够，但是大量的事实告诉我们，智能不是一种单一体或单子性实在，而是由形式多样、性质各异的

_____

① [美]卢格尔：《人工智能：复杂问题求解的结构和策略》，史忠植、张银奎、赵志崑等译，机械工业出版社 2006 年版，第 604 页。

样式和个例构成的矛盾统一体，各种心理样式之间只有表面的、松散的统一性。心灵不仅有静态的多样性，还有动态的生成性和开放性。如果这样说是对的，那么作为科学理论和工程技术的人工智能就将有更大的用武之地和更宽广的前途。

总之，AI 取得了不可思议的成就，但也面临着令人困惑的难题和危机。要冲破困境，在对 AI 基本理论问题的探讨中，必须坚持智能原型实例和建模形式的多元论，看到人工系统上智能实现的形式是多种多样的，如既可通过模仿人类智能实现机器智能，也可通过一些带有智能性质的自然现象过程如退火、蚁群行为等来实现机器智能。当然，建模人类智能是 AI 的主要任务和工作。在从事这类建模时，应回归它试图模拟和超越的人类智能，彻底改变思考智能行为的方式，找到关于它的元问题的答案。质言之，AI 不能再犯过去以偏概全的错误，不应以从某一或某些智能现象中提炼出的智能标准作为评判标准和全部建模的基础及目标，而应有复杂性视野，看到智能在性质和样式上的多样性，基于对具体个别智能现象的解剖去建模。

第五节　自然计算与智能观的进一步思考

AI 的理想境界或"圣杯"就是要用"某种不是活组织的东西"来实现过去只能由人体实现的智能[①]，甚至超越和增强人的能力。要实现这一目的，无疑要弄清智能的表现形式、本质、内在机理、实现机制及条件方法等。正是在这里，AI 一开始便与哲学结下了不解之缘，乃至掉进了哲学争论的旋涡。有鉴于此，著名认知科学家丹尼特说："人工智能就是哲学""享有与追问

---

① [美]麦克罗林：《计算主义、联结主义和心智哲学》，载[意]卢西亚诺·弗洛里迪编：《计算与信息哲学导论》上册，刘钢译，商务印书馆 2010 年版，第 313-314 页。

知识如何可能的传统认识论一样的学科性质"①。这样的说法尽管一开始就遭到了许多 AI 专家的批判，但它以极端的形式道出了 AI 这样的宿命，即 AI 自始至终必须回答属于哲学的智能观问题，如心灵哲学一直在争论的什么是心灵、智能？其判断标准是什么？它们是不是人类独有的？研究智能应以什么为"原型实例"？是否只应关注人类的智能？是否可以像"异人工智能策略"或泛智能主义所主张的那样，将智能研究的视野拓展至非人类的行为及能力？机器所表现出的、符合"图灵测试"的行为特性能否被看作我们抽象智能本质的原型实例？人工智能的自然计算探索以及在此基础上所展开的深层理论思考以自己独特的方式回应了上述问题和争论，因为它在模拟一些自然事物（如蚁群行为、蜂舞、事物的退热过程等）的功能作用，建构诸如退火算法、进化算法等过程中，不仅在提升和拓展人类能力方面做出了积极的探索和贡献，具有重要的工程技术意义，而且具有重要的人工智能哲学特别是智能观意义，为我们从哲学和工程技术角度进一步思考有关智能观问题、解决上述 AI 中深层次的基础理论问题提供了难得的素材，值得深入研究。

一、自然计算及其对智能样式的"地理大发现"

自然计算是 AI 专家受自然事物（如生物乃至无生命事物）特定发挥作用方式和过程及其机理的启发而开发出的一种人工智能算法,包括进化计算、蚁群算法等许多不同的形式。根据我国学者汪镭等的概括，它指的是"以自然界，特别是其中典型的生物系统和物理系统的相关功能、特点和作用机理为参照基础"而建立的各种算法的总称，它要研究的是，"其中所蕴含的丰富的信息处理机制，在所需求解问题特征的相关目标导引下，提取相应的计

---

① Dennett D. "Artificial intelligence as philosophy and as psychology". In Ringle M (Ed.). *Philosophical Perspectives in Artificial Intelligence*. Atlantic Highlands: Humanitices Press, 1979: 60-64.

算模型，设计相应的智能算法，通过相关的信息感知积累、知识方法提升、任务调度实施、定点信息交换等模块的协同工作，得到智能化的信息处理效果，并在各相关领域加以应用"[①]。这一算法由于模拟的是非人事物表现出的智能现象，因此根本有别于以人类智能为模拟的"原型实例"的人类智能算法。尽管如此，在倡导者看来，只要将它们应用于一定的硬件中，就会有相应的、像人的智能一样的智能现象突现出来。它们不仅弥补了传统算法的许多缺陷、拥有许多不可替代的优势，因此显示出方兴未艾的发展生机，而且由于提出了一些深刻的智能观问题，并对传统智能观发起了挑战，因此受到了 AI 哲学的高度关注。例如，对智能是不是人类独有的特性这一既有理论意义又有关键性实践价值的问题提出了冒天下之大不韪的看法。正如何华灿等概括的："人并不是唯一有智能的动物，地球生命活动中的生物进化、个体发育和免疫、神经网络、大脑思维、社会系统和生态系统都表现出某种形式的自然智能。"[②]更宽泛的理解是，智能有其生存上的表现，即只要事物生存下来了，就表明其有智能。这尽管是智能观上的革命性思想，但无疑只是一家之言，争议极大。

自然计算的诞生，特别是 AI 发展面临的困境，与 AI 发展的辩证本性息息相关。为了冲破困境，人们纷纷打破常规，从不同的方面做出探索。例如，为了模拟和超越人类智能，人们不再只是关注智能的静态结构，而将目光投向大自然缔造智能的历史过程，解剖和学习大自然的智能建筑术。目的论意向性理论和关于人工进化、进化算法的种种方案就是这种探索的一个结果。它们的思路是这样的，要想让人工系统表现出真正的智能，就应研究智能的根源和机理。只要把这个问题弄清楚了，一切问题便会迎刃而解。另外，还

---

① 汪镭、康琦、吴启迪：《自然计算——人工智能的有效实施模式》，载涂序彦主编：《人工智能：回顾与展望》，科学出版社 2006 年版，第 50 页。

② 何华灿、何智涛：《从逻辑学的观点看人工智能学科的发展》，载涂序彦主编：《人工智能：回顾与展望》，科学出版社 2006 年版，第 99 页。

有这样的尝试，如设法冲破智能"沙文主义"的牢笼，将智能的存在范围拓展到人以外的生物乃至无机物之上，研究这些事物所表现出的智能现象及其运作机理。随之而来的便是各种自然算法的诞生和蓬勃发展。在一些专家看来，对于人工智能来说，进化的模拟远比神经网络的模拟更有前途，于是经过大量的实践，人工进化研究已形成了一个蔚为壮观的研究领域。人工免疫系统也是这一运动中的一个产物。钟义信先生说："最近的研究表明，扩展人类智力的更为深刻的方法是'智能生成机制模拟'（简称'机制模拟'）。"不仅如此，还可以"在机制模拟的框架下"实现结构模拟、行为模拟和功能模拟的统一。[①]总之，包括进化计算、人工神经网络等在内的自然计算就是基于这样的动机和思路而建构出来的。弗里德曼概述说："许多进入这一领域的年轻研究人员已经希望在别处找到灵感。灵感就是自然本身。""以自然为基础的策略开始在人工智能研究领域逐渐成型。"[②]我国学者也十分关注这一领域。还有的提出了 AI 研究要"向生物界学习""师法自然"等响亮口号。

这里不可回避的哲学和科学问题是：人以外的事物所表现出的那些特性，如退火算法所模拟的金属的冷却过程及机理，蚁群算法所模拟的蚁群觅食行为，是不是智能现象？倡导自然算法的人的回答是肯定的。因为他们有这样的智能标准，即能解决问题就是有智能的标志。根据这一标准，生存下来、有适应性等都可看作智能现象。卢格尔说："分布的、基于主体的结构和自然选择的适应性压力综合在一起，形成了智力的起源和运作的最强大的模型。"[③]根据这一观点，人的智能与非人的自然智能在本质、性能上没有差别，差

---

① 韩力群：《人工神经网络教程》，北京邮电大学出版社 2006 年版，"序"。

② [美]戴维·弗里德曼：《制脑者：创造堪与人脑匹敌的智能》，张陌、王芳博译，生活·读书·新知三联书店 2001 年版，第 57-58 页。

③ [美]卢格尔：《人工智能：复杂问题求解的结构和策略》，史忠植、张银奎、赵志崑等译，机械工业出版社 2009 年版，第 595 页。

别只在于实现方式的不同。用心灵哲学的一个概念"可多样实现"很容易说清这里的道理。正如桌子既可用木头做成（实现），又可用钢铁制成（实现）一样。此即著名的"可多样实现性"原则。同理，一种能力或一个软件模型离不开硬件的实现，并受到硬件结构的限制。但同一软件模型可在不同造物的不同硬件上实现，而同一硬件可实现不同的软件。质言之，人和非人的自然事物都有表现智能的可能性，只是表现、实现的方式不同罢了。例如，人和非人都有寻优的能力，但实现方式可能各不相同。如果是这样，坚持人以外的事物可成为智能的载体就没有什么理论上的障碍了。

如前所述，自然计算作为一种算法，其灵感和构建过程都源自自然界的规律，因为自然界中存在许多自主优化的现象。既然如此，只要有办法挖掘其中所隐含的条件、机理，弄清它们的形式结构及转化过程，就可为算法建构提供参照。事实也是这样，如模拟退火算法就是将金属物体降温过程中的自然规律引入优化求解的产物；遗传算法就是受生物物种进化的机理的启发而建立的；蚁群算法就是在观察、研究蚁群个体间信息传递方式和作用机制后提出的；粒子群算法就是模拟鸟群捕食的过程而产生的；混沌优化算法是借鉴自然现象的混沌规律而创立的。总之，自然算法要么是通过仿生的途径，要么是通过拟物的途径产生的。就仿生算法而言，它又有模仿个体智能和群体智能两种方式。其目的在于，以自然界中生物的功能、特点和作用机理为基础，研究其中所蕴含的丰富的信息处理机制，抽取相应的计算模型，设计相应的算法。这样形成的算法的作用在于，能解决传统计算方法难以解决的复杂问题，应用前景十分广阔，如在大规模复杂系统的最优化设计、优化控制、计算机网络安全等中都可大显身手。

与传统的一些算法一样，自然算法也属于问题求解寻优方法，或最优化方法。传统方法的特点是，初始值确定以后，寻优分析的结果固定不变，因此是典型的确定性方法。其形式有很多，如单纯形法、牛顿法、最速下降法、变尺度法、步长加速法、卡马卡算法等。它们也有其优点，如稳定性强、速度快。但问题在于，由于对初始值过于依赖，对连续性、可导性和可微性的要求高，因此容易陷入局部极值，难以找到全局最优解，尤其是对现代工程实践中的那些较复杂的非线性、不确定性问题无能为力。鉴于这些问题，非确定性算法应运而生。较早的形式包括退火算法、遗传算法。它们的特点是，对自然界规律和人类进化规律做了简单模拟，属于拟物和仿生智能方法。由于在传统算法基础上做了改进，因此它们能保证全局收敛性，有解决复杂问题的潜力。后来又陆续诞生了基于群智能的优化方法，如蚁群算法、粒子群方法。再后来，又相继出现了系列机制融合型算法，其特点是，把遗传算法、退火算法等算法中的机制引入粒子群算法之中，从而使该算法的性能大大提高。①

目前对自然算法的分类差异很大，如汪镭等将它们列举为进化计算、神经计算、生态计算、量子计算、群体智能计算、光子计算、分子计算、人工内分泌系统及其他相关复杂自适应计算等。②还有人认为，算法有确定性和非确定性之别。笔者认为，可根据自然算法所模拟的对象将算法分为以下两大类，一是以生物及其进化、遗传过程为模拟对象的算法，如进化算法、人工免疫系统、协同进化算法等；二是以模拟非生物过程为基础而形成的算法，如退火算法、量子算法、光子算法、分子算法等。笔者认为，每一种算法尽管还不是现实的智能、能力，但一旦由硬件实现，则成了现实的能力，因此至少可以说，一种算法就是一种现实能力的潜在形式。从心灵哲学的心理地理学上说，自然计算形式的发现具有心理能力"地理大发现"的意义，就像心灵哲学在前不久发现了"感受性质"、作为认知能力组成部分的民间心理

---

① 陈杰、辛斌、窦丽华：《智能优化方法的集聚性与弥散性》，载涂序彦主编：《人工智能：回顾与展望》，科学出版社 2006 年版，第 254 页。

② 汪镭、康琦、吴启迪：《自然计算——人工智能的有效实施模式》，载涂序彦主编：《人工智能：回顾与展望》，科学出版社 2006 年版，第 50 页。

学等一样，经过自然计算倡导者的积极探索，大量新的智能形式，如人类智能以外的生物智能、自然智能、人造智能乃至群智能等，纷纷呈现于心灵哲学、智能科学面前。这些对于人类的心灵、智能认识的发展都是功不可没的。下面，我们将按照我们对自然计算的分类，分别对它们的具体样式及其智能观意义做出考释。

二、进化计算与生物现象中的智能

进化计算侧重于模拟的是生物进化的过程与机理，而其中由于有不同的理论基础，如有的以达尔文的进化论为根据，有的以拉马克、门德尔等的进化论为根据，因此其内部又有达尔文式算法与非达尔文式算法之别。前一类算法的例子包括人工神经网络、遗传算法、进化计算等；后一类算法的例子包括协同进化算法、拉马克克隆选择算法等。尽管有侧重点上的这些差别，但有一点是共同的，即都承诺或预设世界上的智能不局限于人类，人以外还客观存在着各种形式的"生物智能"。正是它们成了进化计算构建各种人工智能系统的理论基础和创新源泉。焦李成等说："生物智能是人工智能研究灵感的重要来源。从信息处理的角度来看，生物体是一部优秀的信息处理机，而其通过自身演化解决问题的能力让目前最好的计算机也相形见绌。"[1]

先看达尔文式计算。这种计算提出的灵感来自自然设计师的策略。早在20 世纪 60 年代，德国柏林工业大学的热奇伯格（I. Rechenberg）等在从事空气动力学试验时发现，在描述物体几何形状的参数时，难以用传统方法实现优化，由于想到了生物的遗传变异，于是随机改变参数值，结果出人意料地收到了预期的效果。后来，他们还在此基础上，系统地提出了所谓的"进化策略"。与此同时，美国加利福尼亚大学的科学家在研究自动机时也提出了

---

[1] 焦李成、公茂果、刘静：《非达尔文进化机制与自然计算》，载涂序彦主编：《人工智能：回顾与展望》，科学出版社 2006 年版，第 228 页。

类似的"进化规则"方法。再后来，密歇根大学的霍兰和同事在综合有关成果的基础上，结合自己的独立研究，最终系统地阐发了进化计算的思想。

只要细心观察大自然，就会发现，进化、选择是极为微妙、富于创造性的过程，且常常以想象不到的方式解决问题。根据智能的解决问题标准，这些无疑是奇妙的智能。在有关专家看来，生物的进化就是问题求解的最佳范例，其进化的过程实际上就是问题求解寻优的过程。对于给定的初始条件和环境约束，选择使表现型尽可能向最优靠近。加之，环境处在不断的变化之中，于是物种就不断向最优进化。其突出的表现是强鲁棒性。所谓鲁棒性是指生物这样的特性或能力，即在不同环境中通过效率与功能之间的协调平衡而获取更好的生存能力。进化的内在机理是什么呢？新达尔文主义的看法是，进化之所以表现为向最优的逼近，根源在于，物种和种群内部存在着复制、变异、竞争、选择这样的内在过程。复制是指生物的主要特征向一代的传递，变异则是复制过程中所表现出的差异，竞争是生物为争夺有限资源而表现出的行为，选择是对要传承下去的特征的取舍。在强调生物智能的人看来，这些现象虽然不是十足的智能样式，但包含着智能的元素和根据。

问题是：生物的进化有无可能被学习和模拟？回答是肯定的。因为进化过程有形式的一面，因此将它们加以抽象化，并加以编程，就可形成一种计算机模型。进化计算正是这样形成的。如用一组特征数据（基因）表示一个生命体，用它对生存环境的适应度来评价它的优劣，然后再让那些适应度大的特征繁殖得更快，甚至取代适应性差的特征。从类型上说，已有的达尔文式进化计算有四种形式，即进化规划、进化策略、遗传算法、遗传程序设计。目前还有这样一种新的走势，即进化计算的各种形式相互融合，人们把它称作人工智能的进化主义方向。

就遗传算法来说，它是以达尔文进化论为基础而形成的算法，浓缩了达尔文进化的主要过程，如借自然选择、重组与变异所实现的基因突变。从特点和作用上说，它是依据"适者生存，优胜劣汰"的进化原理而创立的一种搜索算法。其创立的动因有两方面，一是应用方面的动因，例如有许多复杂问题需要找到最优解，而可能的解却很多，每一种推演下去都会非常复杂。如果考虑到决定问题的因素本身是在变化的，那么可能的解就更难确定了。用穷举的寻优方法显然是不行的，很多时候根本不可能找到解。二是理论上的动因。自然界的生物是按进化的规律不断向前发展的，其内在机理究竟是什么？这一问题如果能弄清楚，那么将有利于人工系统的设计。遗传算法在借鉴有关生物学理论的基础上，形成了自己特有的概念体系。其中包括如下关键概念，最重要的是遗传算法。它指的是一种概率搜索算法。它将某种编码技术用于被称作染色体的二进制数串，进而模拟由这些串组成群体的进化过程，通过有组织的、随机的信息交换，重组那些适应度高的串。因此它是通过作用于染色体上的基因、寻找好的染色体来完成问题求解最优化的一种随机算法。此外还有染色体、变异、适应度和选择等概念。

遗传算法有简单和复杂之分。简单的遗传算法一般包括三种基本操作，即复制、交叉和变异。复杂遗传算法又称高级遗传算法。简单遗传算法的优点是实现起来比较简单，因为它采用一般复制法即转轮法来选择后代，使适应值高的个体具有较高的复制概率。其问题在于，种群最好的个体可能难以产生出后代，造成所谓的随机误差。为了解决这一问题，有关专家提出了一些新的复制方法，从而使遗传算法变得更为复杂。这些复制方法包括稳态复制法、代沟法、选择种子法等。其中选择种子法也可被称作最优串复制法，其作用是能保证最优个体被选进下一代进化种群之中。由于遗传算法有对问题的依赖小、可以获得最优解等优点，因此应用的领域非常广，如在模糊控制、神经网络、图像处理与识别、规划与调度等方面都有较成功的应用。

遗传算法模拟的是大自然在进化过程中所用的操作过程和机制，无疑是师法自然、向大自然这位心智建筑大师学习的成功的范例。从信息论的观点看，它的加工过程非常相似于人的寻优过程。如从问题开始，经过一系列中间过程最后获得关于问题的解答。如果人的解题、寻优过程具有意向性这一智慧的根本特性，那么遗传算法也有。当然这只能是遗传算法倡导者的一家之言。不错，从形式上看，遗传算法具有类似于生物、对于外在环境的意向性和关联性。例如，在操作开始时，向它提供的是关于环境的某些信息，是待求解的问题，因而不是形式或符号本身；在操作结束时，它提供的是关于问题的最优解，至少能以很大概率提供整体最优解。总之，它所处理的代码以及对代码的处理过程和结果都超出了自身，而关联于它们之外的东西。但从实质上来说，它并没有真正的关于性，充其量只有派生的、形式上的关于性。因为，它从始至终只是在进行代码的转换，即使其中也夹杂着较复杂的操作，如杂交、变异、适应度和个体的选择等，但它们本身什么也不代表，什么也不关涉。初始状态中的个体以及结果状态中的输出本身什么也不代表。它们能否代表和表示什么，完全取决于设计和操作人员。

再看进化策略。它是在模仿自然进化原理的基础上建立的一种数值优化算法，最近被应用于离散型优化问题的解决，20 世纪 60 年代由比纳特（P. Bienert）等创立。它的一般的过程是，先确定要解决的问题，然后从可能的范围内随机选择父向量的初始种群。父向量通过加入一个零均方差的高斯随机变量以及预先选择的标准偏差来产生子代向量。通过对误差做出排序来选择保持哪些向量。那些拥有最少误差的向量被确定为新的父代。最后，通过产生新的实验数据、选择最小误差向量以找到符合条件的答案。从与遗传算法的关系看，它们尽管都是通过模拟生物进化智能属性而产生的，但进化策略中个体的每个元素由于不被看作基因，而被看作行为特性，因此它便有别于遗传算法。其特点在于，不注重父代与子代或复制的各个种群之间的遗传联系，而更多地强调它们之间在行为上的联系。

进化规划也是一种进化算法。刚开始，这种方法与进化策略十分相似，后来逐渐演变成了一种有自己鲜明特点的算法。促成这种变化的主要是福格尔（D. B. Fogel）等。他们认为，一系统要产生智能行为，必须有这样的能力，即能根据给定目标来预测环境，进而还能根据这种预测完成响应行为。在这种思想的指导下，他们在有限状态机的基础上建构了一种新的进化算法，即根据环境中出现的下一个符号以及定义完善的目标函数，来产生对算法最有利的输出符号。这种进化计算可用于离散状态的优化问题、实数值的连续优化问题。进化规划不同于进化策略的地方如下：第一，进化策略所采用的选择机制是严格确定的，而进化规划一般注重随机性选择；第二，进化策略中的编码结构一般对应于个体，而进化规划中的编码结构则对应于物种，因此前者可通过重组操作产生新的尝试解，而后者却做不到这一点，因为不同物种之间不可能进行所需的沟通。

再看非达尔文式进化计算。20 世纪 70 年代，生物学向分子水平发展，产生了分子水平的综合进化论，此即非达尔文主义，受拉马克影响的进化论就是其重要形式。拉马克认为，物种可变，而稳定性是相对的。进化的方式或法则是，用进废退、获得性遗传。所谓获得性遗传是指，生物由于受环境和用进废退的影响，便会获得一些特性，而这些特性可传给下一代。这种传递就表现为进化。一些专家受拉马克关于进化机制的理论的启发创立了有效的机器学习算法，即"拉马克学习"。它模拟的是生物的获得与传授过程，而表现出的则是智能中最重要的学习行为和能力。协同进化论也是非达尔文式进化论。这种进化论认为，达尔文的进化论过分强调物种的独特性和生物竞争，而没有看到生物的相互依存、协同、共生对进化的作用。有鉴于此，这种理论便突出了这些方面。另外，达尔文的进化论只是从宏观上研究了物种进化，而没有具体触及生物进化的内在过程及其机理。而孟德尔的遗传学弥补了这一不足。于是，达尔文进化论与遗传学便走向了融合，并与系统分类学、古生物学结合在一起，形成了现代达尔文主义。其基本观点是，在生物进化过程中，个体基因结构是自变量，个体对外界的适应度是唯一因自变量变化而改变的量。基因结构改变以后，不同基因的后代在适者生存的法则作用下，后代数量也不同。在这些非达尔文式进化论思想的启发下，许多新的进化算法便应运而生。协同进化算法就是其中的一种形式。

协同进化算法就是在协同进化论基础上产生的一种进化算法。其不同于其他进化算法的特点在于，它在肯定进化算法的基础上，同时强调种群与种群、种群与环境之间的协调对于进化的作用。这一算法又有多种形式。一是基于种群间竞争机制的协同进化算法。它把种群再分为子种群，并认为子种群处在竞争关系之中，在竞争中同时又有合作行为。子种群通过个体迁移达到信息交流。其中，最简单的算法是并行遗传算法，包括三个模型，即踏脚板模型、粗粒度模型、细粒度模型。它们都通过个体迁移等手段实现信息交流，进而使各种群得到协同进化。二是基于捕食机制的协同进化算法。这一算法依据的是捕食者与被捕食者在追捕与反追捕的斗争中共同获得进化的过程及机理。捕食与猎物的关系不外是遭受选择压力的个体间的一种反馈机制。由于有这一机制，系统便获得了进化，如由简单走向复杂。三是基于共生机制的协同进化算法。其操作是，把总问题分解为子问题，每个子问题对应于一个种群，然后让每一种群按一种进化算法来进化。对于一个待解的问题，每个进化个体只提供部分解，而完整的解则取决于这些部分解的相互作用。①

拉马克克隆选择计算是非达尔文式进化计算的又一新形式。由于它依据的是脊椎动物免疫系统的作用机理，特别是人这样的高级脊椎动物免疫系统的信息处理模式，因此经这种方法构建而成的智能算法也可被称作人工免疫系统方法。众所周知，作为它的"原型实例"的生物免疫系统十分复杂，功能也很明显和独特。例如，它能抵御细菌、病毒和真菌等病原体的入侵，消

---

① 焦李成、公茂果、刘静：《非达尔文进化机制与自然计算》，载涂序彦主编：《人工智能：回顾与展望》，科学出版社 2006 年版，第 232-234 页。

除变异、衰老的细胞和抗原性异物，还要在发挥这些功能作用时不断通过学习、识别、记忆外界入侵者，自动建立、更新自己的防御体系。它学习的方式很独特，不像神经系统那样通过改变神经元连接强度来学习，而是通过改变细胞网络单元间的浓度与亲和度来完成学习任务。有关专家认识到，如果免疫系统完成其功能所用的方法、手段、策略能被模拟并转化成计算机程序，那么尽管它们本身不是智能，但极有利于智能的形成和发展。另外，免疫系统的通信机制、免疫反馈机制、冗余策略、多样性遗传、工作可靠性和网络分布特性等也都值得模拟。只要能建构关于它们的计算模型，那么就会产生许多新的人工智能样式。人工免疫系统就是通过模拟这些特性而形成的智能系统。尽管被模拟的功能还十分有限，但在当今，它已成了推动人工智能研究的新动力。这里更激进的观点是，"生物免疫系统是高度进化的智能系统"，模拟它而形成的人工免疫系统因具有自己独特的信息处理能力和方式，因此也可认为其有智能属性。[①]它有无教师学习、自组织、记忆等进化学习机理，还综合了分类器、神经网络和机器推理的优点。其应用范围十分广泛，而且效果显著，如在控制、数据处理、优化学习和故障诊断等领域中都显示了强大的生命力。从哲学上说，这样的算法无疑具有一定程度的智能特性，甚至有智能中最关键的意向性。例如，它们能根据环境的变化找到对问题较优的解决办法。这类算法有许多不同的形式，如克隆选择算法。它有类似于遗传算法的地方，但由于它侧重于模拟生物体免疫系统自适应抗原刺激的动态过程以及它的学习、记忆、抗体多样性等生物特性，尤其是模拟克隆选择机理，因此被称作克隆选择算法。再如拉马克克隆选择算法。它是在前述克隆选择算法的基础上通过引入拉马克进化机制而形成的一种自然算法。其特点是强调个体不断学习和适应周围环境的能力，强调父代只要能提供适应性经验，

---

① 史忠植：《智能科学》，清华大学出版社 2006 年版，第 388-389 页。

就能将它们传给下一代。

可以肯定,进化计算理论和实践不仅在生物世界发现了相同于或不同于人类智能的新的智能形式,而且尝试用不同于人类的方式将它们实现于机器之上,例如协同进化算法较好地解决了机器学习中的分类问题,同时用新方法将分类的能力实现于机器之上。其表现是不用个体表示规则,而用个体表示组织,所用的算子是迁移算子、交换算子、合并算子之类的进化算子,加上一组进化机制。非达尔文式进化计算由于模拟了生物体较复杂的特性,并强调自适应、自组织、非线性和方法的多样性,因而有解决复杂问题的潜力。从特定的意义上可以说,它们不仅确认了智能多样性的本体论地位,而且以独特的方式创造了大量新的人工智能形式。

三、拟物算法、群智能与智能的物理机制

人工智能研究有一新的激进观点,那就是强调,人工智能模拟的"原型实例"不仅超出了人类智能,运用到了自然界广泛存在的信息处理系统,如神经系统、遗传系统、免疫系统、生命系统、生物进化过程(微观机理与宏观行为),而且延伸到了无生命事物的某些加工过程,如众多个体自发结合在一起而形成的无意识的群体行为(蚁群无意识的觅食行为导致的群智能)、物体的退热过程及机理(退火算法据此而产生)。这种观念上的变化导致了新的领域和研究热点的纷纷涌现。我们这里关注的是经模拟群体行为和无生命事物的作用机制而形成的一些自然算法形式及其智能观问题。

先看群智能算法。单个的蚂蚁好似没有头脑,至多只有极微弱的智能,事实也是这样,一只蚂蚁的构造极为简单,就那么几个神经元。但是蚂蚁集合在一起却有神奇的功能。如若干蚂蚁能围着一只死蛾转,经过大家的推拉,可以把它推向蚁丘。当人们观察它们集体及其行为时,会感到吃惊,它们很像一个社会,仿佛一台计算机。它们的蚁丘、外墙、顶盖需要各种规格的材

料，这些都是它们的杰作。它们能进行分工协作。白蚁群更神奇，它们能建造晶状大厦。这类大厦由许多穹顶小室组成，具有自然空调功能，冬暖夏凉。少数的白蚁当然不可能有什么作为。当越来越多的白蚁加入以达到某个临界值后，似乎便有了思维。例如，全部白蚁分工合作，让两个柱子合拢，形成天衣无缝的拱圈。总之，随着群体的变大，智能也随之出现并增大，当数量达到某个阈值时，便会导致性能的质变。这种由本无或很少智能的个体的集体行为所突现出来的性能居然成了智能大家族中的一种别样的智能——群智能。这个概念化极有意义，准确表达了一种新的智能样式。

　　人工智能专家受蚁群及其智能的启发，创造了各种模拟生物种群体的智能，如蚁群算法等。蚁群算法提出过程是这样的，20世纪90年代初，在意大利米兰理工大学读博士的多里戈（M. Dorigo）基于对蚁群觅食行为、劳动分工、孵化分类、协作运输的细心观察，提出了蚁群算法的基本思想。多里戈说：蚁群算法的"灵感来源于蚂蚁群体寻找食物的行为，而算法针对的是离散的优化问题"[①]。其目的是，"通过开发引导真实蚂蚁高度协作行为的自组织原理，来调动一群人工 agent 协作解决一些计算问题"[②]。该算法模拟的主要是蚁群寻找食物的行为。很显然，蚁群在觅食时，会派出一些蚂蚁分头寻找。如果一只蚂蚁找到了食物源，就会返回。在返回途中，它会留下一连串的"信息素"，以便让其他蚂蚁行进时参照。如果两只蚂蚁找到了一个食物源，它们就会分头返回。如果返回的路径不一样，一个长，一个短，那么返回路径较直、较短的那一条留下的"信息素"会浓一些。模仿这种行为而产生的蚁群算法包括三方面的内容：第一是记忆。根据蚂蚁不会再选择搜索过而无结果的路径这一行为特点，该算法建立了禁忌列表。第二是利用信

　　① [意]多里戈、[德]施蒂茨勒：《蚁群优化》，张军、胡晓敏、罗旭耀等译，清华大学出版社 2007年版，第 2 页。

　　② [意]多里戈、[德]施蒂茨勒：《蚁群优化》，张军、胡晓敏、罗旭耀等译，清华大学出版社 2007年版，第 1 页。

息素相互通信。第三是集群活动。如前所述，蚂蚁在搜索时，如果在路径上留下的信息素数量大，那么蚂蚁选择它的概率会加大，进一步信息素还会加强。反之，路径上通过的蚂蚁少，其上的信息素则会随时间推移而"蒸发"。据此而形成的群智能路径选择机制，就会使蚁群算法的搜索向最优解推进。如此完成的行为之所以可看作一种群智能，是因为无论是真实的蚁群的行为还是这个算法的执行都可完成以前只能由人类智能完成的行为。不仅如此，它们有时的表现并不比人类智能差。例如，该算法在机器上可以实现以较高的质量、人类无法与之相比的速度和精确性解决各种路由问题、分配问题、调度问题、子集问题、箱子包装问题和机器学习问题等。

类似的自然计算还有粒子群算法或微粒群优化算法。它是受鸟群觅食行为启发而发展起来的一种基于群体协作的随机搜索算法。一群鸟的随机搜索食物的行为像蚁群觅食行为一样也表现出了群智能。假设某个区域只有一块食物，所有的鸟都不知道食物在哪里，但是它们知道当前的位置离食物还有多远。在这种情况下，找到食物的最优策略就是搜寻离食物最近的鸟的周围区域。有关专家受其启发认为，从这种行为模式中可找到解决优化问题的计算策略。根据这一策略，每个优化问题的解都是搜索空间中的一只鸟，可称作"粒子"。所有的粒子都有一个由被优化的函数决定的适应值。该算法的起点是一群随机粒子（随机解），然后通过迭代找到最优解，在每一次迭代中，粒子通过跟踪两个"极值"来更新自己。第一个就是粒子本身所找到的最优解，这个解被称作个体极值，另一个极值是整个种群找到的最优解，这个极值是全局极值。如果不用整个种群的所有粒子而只用其中一部分邻近的粒子，那么所有邻居粒子中的极值就可称作局部极值。

根据一种哲学解释，这些算法不仅表现了智慧特性，而且还缔造了一种新的智能形式，即群智能。它们是由本无或很少智能的个体的集体行为所突现出来的。这就是说，一些简单的存在尽管本身没有智慧特性，但大自然的奇妙之处在于，这些存在以特定的方式集合在一起，相互作用，居然能导致智能大家族中一种别样的智能——群智能——的诞生。这个概念化极有意义，其准确地表达了一种新的智能样式以及智能产生的新方式。有什么理由说它们是智能？因为它们不仅能解决以前只能由人类智能解决的问题，而且有时解决得比人类好，至少有人类智能所不及的特点，如这类群智能有灵活性、简单性、并行性、扩充性、鲁棒性等特点。这些特点根源于有关算法模拟的是无智能或只有简单智能特点的个体所完成的群体协作和组织行为。由于它们没有中心的控制和数据，因此由个体所组成的系统就有鲁棒性，不会因一个或几个个体的故障而影响整个问题的求解；由于群体可以更好地适应随时变化的环境，因此这样的系统就有灵活、并行等特点。在这里，适应对群体表现智能特性至关重要。在有关专家看来，自然界到处都存在着能导致智能产生的条件和机制，如适应这一许多事物所具有的特性就是如此。因为所谓适应就是一结构通过改变自身而让自身在环境中生存下来并有良好表现的特性。著名算法专家霍兰（J. Holland）说，适应在本质上"就是一种优化过程"[①]。由于适应有此作用且有广泛的存在性，因此智能在无智能性的事物上面产生出来就不足为怪。

退火算法模拟的尽管是自然事物如固体的冷却、退火过程，但作为一种随机寻优算法，可为大规模优化组合问题提供解，因此也具有自己独特的智慧特性。它用一组被称作冷却进度表的参数控制算法进程，进而使算法在多项式时间中给出一个近似最优解。这种算法有保优和温控的智能特性，这些特性不是由神秘的或精神的力量所致，而是根源于自然事物本身所固有的构造和特性。例如，其保优性能就根源于事物本身所固有的集聚性，此特性能引导分析聚集到最优点所在的区域；而温控的特性和状态接受机制体现的是

---

① ［美］霍兰：《自然与人工系统中的适应：理论分析及其在生物、控制和人工智能中的应用》，张江译，高等教育出版社 2008 年版，第 1 页。

自然事物所固有的弥散性，它们能把分析分散到其他区域，减小遗漏最优点的概率。质言之，算法的寻优智能特性就根源于事物本身所固有的集聚性和弥散性。所谓集聚性即引力场中的粒子表现出的向心性，即向群体中心聚集的现象；弥散性即斥力场中的粒子表现出的群体离心扩散的现象。人类的寻优智能之所以能寻优，一方面是因为其内有遍历性，即尽可能全面搜索、了解各种可能空间；另一方面是因为有收敛性，即不断向中心收缩。有关算法及其所模拟的对象由于有集聚性和弥散性，因此也可表现智能所具有的那些遍历和收敛的智慧特征。另外，这些算法还有遍历的特性。而只要有此特性，算法就有全局收敛性，其可针对任意可寻优对象或函数。而对象和函数的多样性、复杂性又让算法在保证可以遍历所有点的能力时能够保证随着算法的进步而找到全局最优值，即完成寻优这一原先要由人类智能才能完成的任务。

四、"沙文主义""自由主义"与智能观问题的一种尝试性解答

各种自然算法在人工智能"师法自然"这一新的探索实践中无疑迈出了开创性的一步，不仅在认识智能的样式、本质和奥秘上做出了新的探索，而且为人类建造更接近于自然智能的 AI 积累了经验和教训。从实际效果来看，新的模拟进化和其他事物运作机制的方法较之传统的方法在解决许多问题的过程中显示出了强大的生命力，在优化问题上甚至有传统方法不可企及的优点。汪镭等学者说："这些算法均具有模拟自然界相关生物组织和生物系统的智能特征。"[①]但同时必须承认的是，自然算法的研究尚处在起步阶段，问题和困难在所难免。爱挑毛病的批评者正是看到了这一点，对自然智能提出了各种批评和责难，有的甚至进行了彻底的否定，如断言所谓的自然计算

---

① 汪镭、康琦、吴启迪：《自然计算——人工智能的有效实施模式》，载涂序彦主编：《人工智能：回顾与展望》，科学出版社 2006 年版，第 50 页。

根本算不上智能。

　　根据批评者的看法，这些算法的问题首先是太形式主义，甚至太拘泥于图灵机的概念框架，与人的真实的智能存在根本差异，因为人的心智并非只有形式的一面，并非只是一个按固定算法行事的机器。其次，人的智能是极其复杂的，或者说是复杂系统的复杂的、突现的特性。而复杂系统的特点在于，能"根据规则作出决定，它们时刻准备根据新得到的信息修改规则。不仅如此，主体有能力产生以前从未用过的新规则"①。这也就是说，人的智能有非算法的因而有抵制编程的一面。根据批评者的苛刻智能标准，自由、自主的意向性或关联外物的作用是智能的根本标志，无此特点即不是智能。自然算法及其所产生的所谓智能由于不符合这个标准，因此不能被看作智能。根据这个标准，自然计算没有智能特性。著名科学家赫尔曼•哈肯也有类似的看法，他说："现今的各种计算机仍然远远不能达到被称为'智能'这一要求，因而还无法谈及计算机的智商问题。"②"可以毫无疑义地说，大脑的工作不同于图灵机。用另一种方式讲，当图灵机产生一组数字作为一个数学问题的解时，是人给这些数字赋予了具体的含义。"③

　　这样的争论表面上是关于自然计算之类的人工智能是不是真正的智能的争论，其实涉及的是关于智能观根本问题的争论，因此可看作心灵哲学、认知科学和人工智能哲学中沙文主义与自由主义争论的继续。当然，在争论中派生出了许多有新的思想内容的理论形态。"沙文主义"和"自由主义"这两个概念是一方在批评、指责对方时送给对方的绰号。沙文主义认为，心智

　　① [美]约翰•卡斯蒂：《虚实世界——计算机仿真如何改变科学的疆域》，王千祥、权利宁译，上海科技教育出版社 1998 年版，第 230 页。
　　② [德]赫尔曼•哈肯：《大脑工作原理：脑活动、行为和认知的协同学研究》，郭治安、吕翎译，上海科技教育出版社 2000 年版，第 310 页。
　　③ [德]赫尔曼•哈肯：《大脑工作原理：脑活动、行为和认知的协同学研究》，郭治安、吕翎译，上海科技教育出版社 2000 年版，第 313 页。

是人类独有的现象，是人与非人区分的标准。由于它坚持智能唯一为人类所拥有，人的智能是研究智能唯一的"原型实例"，因此被批评者认为犯了人类沙文主义错误。自由主义则走向了另一极端，认为除人的智能是原型实例之外，我们还应把心智现象归于人以外的生物、无机物、计算机、外星人甚至符号系统等。激进的做法是提出了智能遍在论，认为智能在于信息加工，信息加工无处不在，因此智能遍在。①有的甚至认为，机器上面表现出的智能现象也应成为我们抽象智能定义的一个"原型实例"。卢格尔说："我们避免使用：'智能是人类的特有能力'这样粗浅的说法，而是相信我们能够通过设计和评估人工智能产物来有效地研究可能的智能的空间。"②这一看法不仅别出心裁地强调智能样式具有多样性、无穷可能空间的新特点，而且隐含着一种研究人工智能的新战略，即主张通过从实验上研究和评估计算机上所表现出的智能现象来推进人工智能的发展。他说："人工智能研究的是智能行为中的机制，它是通过构造和评估那些试图采用这些机制的人工制品来进行研究的。"③这是典型的"异人工智能策略"或泛智能主义。很显然，这里的争论就是智能观的争论。而智能观问题是哲学和人工智能科学等都无法回避的问题。例如，一般人工智能专家也不否认，人工智能研究既是一门有形而上性质的抽象科学，又是一门十分具体的应用工程学。因为它不仅要解决计算机如何能表现出人类智能以及计算机实现智能需要哪些原理、条件和技术支撑等问题，而且要站在像哲学一样的高度来回答智能是什么、有何标志和特征、其实现有何条件等问题。在此意义上，许多人工智能专家认为，

---

① 涂序彦：《人工智能的历史、现状、前景——人工智能、广义人工智能、智能科学技术》，载涂序彦主编：《人工智能：回顾与展望》，科学出版社 2006 年版，第 63 页。

② [美]卢格尔：《人工智能：复杂问题求解的结构和策略》，史忠植、张银奎、赵志崑等译，机械工业出版社 2009 年版，第 1 页。

③ [美]卢格尔：《人工智能：复杂问题求解的结构和策略》，史忠植、张银奎、赵志崑等译，机械工业出版社 2009 年版，第 588 页。

这一学科"是一般性的智能科学""是认知科学的智力内核""它的目标就是提供一个系统的理论，该理论既可以解释（也许还能使我们复制）意向性的一般范畴，也可以解释以此为基础的各种不同的心理能力"[①]。

笔者认为，这里的争论焦点是：智能是一还是多？除了人有智能、能成为智能的原型实例之外，非人事物是否能有智能特性？质言之，智能是不是遍在的？对这些问题，研究不能说不多，相反，论著可谓汗牛充栋。然而，众说纷纭之下，问题依然悬而未决，甚至越争论越麻烦，越看不到解决的希望。之所以如此，根本原因是这里的问题没有得到清晰的分析和梳理，特别是未能揭示其中蕴含的"本质循环难题"，没有对之做出合理的解答。这个难题的表现是，要按智能观的要求找到关于智能的本质，建构科学的定义，首先必须尽可能全面地查明智能的个别事例或原型实例，事例越多，越有望避免犯以偏概全的错误，而要如此，又必须找到区分智能与非智能的标准，即有对智能的本质的正确认识。要有这个认识，又得有对个例的了解。要想知道某个例是不是认识智能本质的个例，又必须有判断的标准或关于本质的认识。如此循环，以至无穷。以往的有些争论其实已触及了此难题，只是人们没有认识到予以解决的必要性和办法，或者通过预设回避了循环问题。例如，强调以人的智能为原型实例的沙文主义就预设了自己关于智能本质的一种观点，而坚持认为机器表现出的智能也应成为研究智能可能空间中的实例的人，也有自己对智能本质的预设。之所以争论没有促成认识向真理的逼近，原因就在于，一是这里的循环没有得到清理和超越，二是都以预设为论证自己观点、批驳对方观点的前提。究竟该怎样化解这里的难题呢？

要化解危机、冲破迷雾，关键是认识到这里的难题及争论中有两个问题没有得到足够清晰的认知。它们分别是"规范性问题"和"事实性问题"。

---

① [英]玛格丽特·博登编著：《人工智能哲学》，刘西瑞、王汉琦译，上海译文出版社 2001 年版，第 2 页。

笔者认为，智能观问题中的本质追问同时纠缠着这两个问题，不区分开来就直接去给出对本质问题的回答，必定让人陷入自话自说、各唱各的调的境地。所谓规范性问题是指智能的语词或命名问题。命名是一种规范性的行为，一旦出现了过去语词无法予以表述的对象时，命名就有其必要性，如为一新生儿命名就是如此。用什么名字称呼他，纯粹是在有关可能选项中挑选的问题，即属于"应该"的问题，能指与所指之间的关系有任意性，因此不存在对与错，只有贴切不贴切、妥当不妥当的问题。但两者的关系一旦确立，就有其强制性。智能问题中的规范性问题是指，人们创立或使用"智能"这个词究竟要指称什么对象，指称多大范围内的对象，这是一个像命名一样的规范性问题，有其任意性，属于"应该"的问题。例如，有的人强调，他说的智能就是指的人所能表现出的智能，有的人把"智能"指称的范围扩大到高等动物，乃至扩大到一切事物上，这是每个人所拥有的权利，没有对错之分，只有应该与不应该的区别。正是因为有这个权利，哲学家和科学家经常创立新的语词或赋予旧词以新义。智能的事实性问题则不同，它指的是，一旦"智能"一词的外延、指称范围被确定以后，它们的个例具有什么共性，能从中抽象出什么本质规定性就是一个事实问题，所得的结论就有对错之分。过去的争论之所以越争论越糊涂，是因为没有把这两个问题区分开来，在不同的规范或外延下讨论智能的本质，如用从人类智能个例中抽象出的智能本质理论去批判坚持智能更大外延的人的智能本质理论。这就相当于在两个根本不同的语言世界争吵一样。在笔者看来，以上两种关于智能本质理论的争论只有在都坚持了同样外延的前提下才是有意义的。例如，对于智能有无意向性、意识等本质特点的争论，只有在把智能的外延局限在人的智能范围内才是有意义的，超出了就没有意义，因为这类本质特点是从人身上抽象出来的。若据此去批评指责坚持自然计算是智能现象的观点就是无的放矢，因为坚持这一观点的人所理解的智能本质（即能解决问题）是从更广泛的事物包括无机物中抽象出来的。在此意义上，笔者既承认意向性是智能的本质特点，也承认没有意向性的事物也可表现出智能特性，因为它们是分别相对于不同的外延而言的。既然如此，不加限定地论证或批评某种智能本质理论是没有意义的，例如，笼统地像塞尔那样无条件地指责人工智能因为没有意向性所以不是智能，就失之偏颇。

根据上述对问题的梳理，笔者认为，如果在解决智能的规范性问题时坚持认为，"智能"一词的意义是信息加工或能解决问题，其原型实例是包括人类、自然界、计算机乃至社会中符合这个意义的一切过程或系统，那么可以断言，自由主义甚至智能遍在论是无可指责的。当然如果在理解智能时以人为原型实例，只承认人的具有意识、意向性特性的过程是智能现象，那么当然应否认自然计算有智能特性。它们即使有意向性也只有派生的意向性，而不具备像人的意向性那样的原始意向性。如前所述，新出现的各种自然算法不仅在揭示自然智能及其必备特征的根据、条件、原理的过程中形成了新的结论，而且在模拟的技术实践中也有新的收获，甚至突破。例如，计算智能已把模拟人的"能看、能听、能想"的能力作为明确的目标提了出来。邱玉辉等学者说："智能计算的最终目标和希望［是］'机器'最终能看，能听，甚至是能想。"[1]据此，计算智能应定义为"包含计算机和湿件（如人脑）的一种方法论，而这种计算展示了适应和处理新情况的能力，使系统具有推理的属性，如泛化、发现、联想和抽象"[2]。当然应承认，它们没有甚至永远不可能有人所具有的那种有意识的、自主的关联作用。其实它们也不需要有这样的特性，因为自然界、人类社会、人工世界都是按分工协作原则组织起来的。

---

① 邱玉辉、张虹、王芳等：《计算智能》，载涂序彦主编：《人工智能：回顾与展望》，科学出版社2006年版，第152页。

② 邱玉辉、张虹、王芳等：《计算智能》，载涂序彦主编：《人工智能：回顾与展望》，科学出版社2006年版，第153页。

也正是基于这种对规范性问题的解答,笔者不赞成智能单一论,而赞成智能形式的多样性、开放性理论。当然这是相对于一种规范而言的,改变规范,结论就不同了。根据智能形式的多样性理论,智能的形式多种多样,广泛存在于自然界、人类心灵、人类社会之中,层次有高低之别,而且还具有开放性、可再造性。例如,人类可通过自己的才智创造出更加丰富多样的智能体。就此而言,"异人工智能策略"或泛智能主义、智能遍在论是合理的,也值得进一步推进和发展。因为这对我们实现人工智能的目标是必不可少的。例如,在一定的规范下承认智能的多样性、遍在性、开放性,对于我们通过人工智能的方式创造出更多、更实用的智能样式,对于人类自身的发展是有不可限量的意义的。既然如此,人工智能未来的发展就应着眼于对广泛的、具体个别的智能样式的了解与分析,以尽可能多的智能个例为原型实例,探讨它们构成、起作用的机制,而不应停留于个别的智能现象之上。如果确实是以具体的智能为模型而建构出来的人工智能,那么就应承认其是真正的智能。这也就是说,应放宽智能标准,坚持智能的复杂多样性理论,不犯以偏概全的错误,不将智能子类的标准泛化到其他子类之上。否则,就会人为扼杀真正的人工智能。

小　结

AI 的图灵测试研究是 AI 建构智能观过程中的一项基础性工作,而非仅仅是一个解释性或有关 AI 历史学的工作。AI 的自然计算研究在模拟广泛的自然事物的功能作用,建构诸如退火算法、进化算法等过程中不仅在提升和拓展人类能力方面做出了积极的探索和贡献,而且为我们从哲学和工程技术角度进一步思考有关智能观问题、解决人工智能中深层次的基础理论问题提供了难得的素材。面对自然计算,人工智能哲学的迫切问题是区分开规范性问题和事实性问题，解决智能观中的本质循环问题。人工智能在模拟和超越自然智能上要想取得积极的进展，不能只以一种智能样式为解剖的原型实例，陷入"沙文主义"极端，而应在避免"自由主义"错误的同时放宽智能标准，坚持智能的复杂多样性理论，不犯以偏概全的错误，着力解剖尽可能多的智能样式的构成、作用方式和运作机理，并以此为基础创造出更多、更有用的人工智能新样式。

第八章
工程本体论：AI 对人的本体论构架的解析与建构

在最近以前，本体论是人类智慧大厦中最奇特的构件，位于本来就高不可攀的形而上学的塔尖，然而最近，它却能上能下，甚至潜入这座大厦的底层结构。例如，出现在了具体的信息科学技术和 AI 的工程建构中，并扮演着特殊的角色。与之相应地，过去令人望而生畏的"本体论"之类的术语频频见之于有关的专业文献中，甚至与有关概念组合，还出现了许多新词，如"基于本体论的语义学""工程本体论""人工智能本体论""小写本体论""大写本体论"等。这种新的语言文化现象尽管颇令人费解，但又颇值得研究。

第一节　本体论的多元化发展与工程本体论的诞生

现在不是探讨本体论是否应该走向应用领域、是否应该多元化发展、是否应该在应用工程领域建构本体论的时候，因为它事实上已经这样发展了并且正在继续发展，事实上已经出现了多种多样的本体论，如形式本体论、工程本体论、AI 本体论等。从语言变化的角度看，"本体论"事实上已不再是哲学独有的话语了，尽管一般研究哲学的人不知道这一点，甚或不愿相信和看到这一点。殊不知，它在信息科学、AI 研究中使用的频率也很高。鉴于这一点，哲学家尼古拉·瓜里罗（Nicola Guarino）在对各领域的本体论研究作较全面考释的基础上指出：本体论是一个跨学科的概念，在不同学科中，含义大不相同，即使在同一学科内，它也是一个颇有歧义性的概念。鉴于本体论学术角色和作用的这些新变化，许多致力于形而上学研究的人在揭示"本体论"一词的内涵和外延时也作了与时俱进的改进。瓜里罗认为，"本体论"用法有很多，大致可归结为两大类，一是纯哲学的用法，如此使用的本体论可称作"大写本体论"；二是具体科学特别是工程学中的用法，如此使用的本体论可称作"小写本体论"。下面对这两种本体论稍作展开分析。①

"本体论"是哲学中的一个古老概念。在现代以前，中文中没有"本体论"一词，中国哲学领域也很少或几乎没有人研究西方哲学中的那种严格意义的本体论。与中文"本体论"一词所对应的词 ontology 是在 16—17 世纪才被创立出来的。19 世纪末至 20 世纪初，随着西方哲学著作的大量传译，西方的"本体论"也传进了中国。不知什么原因，最初的翻译家把它译成了"本体论"。现在看起来，这是错误的，危害也是深重的。例如，现在的许多稀里糊涂、没有意义的争论主要不是源于对文本的理解，而是源于对这个词望文生义的理解。从构词上或字面意义看，西方的本体论是关于 being 的哲学理论。这没有什么问题。但问题是，这里的 being 是很难理解的，甚至没有一定西文知识、没有相当哲学素养的人根本就无法理解。

being 是本体论研究的对象，其意义问题一直都被认为是西方哲学传统中最基本的问题。但是，这个 being 指的究竟是什么则众说纷纭。在英语当中，being 有两种词性，一为名词，一为现在分词。作为名词的 being 既可以意指某一种具体的 being，又可以意指 being 本身。与前者相关联的是实体、本性或者一事物的本质；与后者相关联的则是"所有能够被恰当地表述为'是'

---

① Guarino N, Poli R. "The role of formal ontology in the information technology". *International Journal of Human-Computer Studies*, 1995, 43 (5-6): 623-624.

（to be）的东西的共同属性"①。此外，being 还是动词 to be 的现在分词。在这里，作为动词的"是"（to be）意指一种行动，正是凭借这种行动，所有被给予的实在才得以存在。②无论根据哪种词性，being 在其最广泛的意义上都可以被理解为一切能被表述为"是"（to be）的东西。

从词源学来看，作为名词的 being 是从动词"是"（to be）演化而来的。印欧语系中的 to be 来自一个共同的词根 es。动词 es 既是系词，又可表示"存在"或者"有"，因而是一个多义词。但是这些含义之间又有着密切的联系。亚里士多德就曾注意到："是"是一个多义词，有不同的用法和意义，但是，这些意义并非彼此无关、相互独立，而是有着内在关联的，或者说有内在的一致性。在近代，弗雷格和罗素等在梳理"是"的各种用法后发现，尽管其用法很多，但不外四种：一是表示存在（being）或实存（exist），如说"苏格拉底是"（Socrates is），其实是说苏格拉底是存在的，这里的"是"常被等同于"实存"（exist）；二是有等同的意义，如说"柏拉图是《理想国》的作者"；三是述谓，指出主词的属性，如"柏拉图是白皙的"；四是表示隶属关系或下定义，如"人是动物"。弗雷格等由此认为，本体论中所用的"是"是第一种用法的"是"，与其他用法无关。在此之后，许多分析哲学家尽管也赞成把"是"的用法归结为四种，但他们却普遍强调：这些用法是有联系的，尤其是其他三种用法中都包含"存在"的意义。

笔者认为，本体论研究的对象是 being，而这 being 包括广义和狭义两种"存在"。所谓广义的"存在"是相对于狭义的存在而言的。狭义的存在是指真实的存在，所谓真实的存在即有时空规定性、处在运动中的存在。而这种存在又有基本的和派生的之别。如个体事物是基本的，而依赖于它的种种属性、关系甚至三阶、四阶属性是派生的。所谓广义的存在是指一切能用 being

---

① Gilson E. *Being and Some Philosophers*. Toronto: Pontifical Institute of Mediaeval Studies, 1952: 2.

② Gilson E. *Being and Some Philosophers*. Toronto: Pontifical Institute of Mediaeval Studies, 1952: 3.

加以述谓的对象，包括真实的存在和非真实但又确实出现了、在场的现象，如在想象中所想到的一些对象（"独角兽""方的圆""当今法国王""平均 3.6 个人拥有一辆汽车"等）。它们尽管不存在于现实世界之中，但当我们想到或说出了它们时，它们确实出现了、到场了。因此可用 being 述谓，也可在"存在"的特定意义（即活动的、在场、涌现）上说它们存在着。另外，像精神本身、数、真、共相等也属于这样的存在。根据这种理解，本体论可概括为以存在为中心的广泛涉及存在与真理、存在与本质、存在与现象、存在与殊相等的关系的哲学研究领域。

一般来说，哲学所说的本体论指的是哲学中的一个特殊的研究领域，属于形而上学，或就是形而上学。具体科学和工程学所说的"本体论"即小写本体论肯定有哲学的意味，因为当它们对其所关心的对象作本体论承诺或作存在判断时，就必然要碰到存在的标准、意义之类的本体论问题。但它们所说的本体论又有浓厚的应用、实用色彩。小写本体论又有两种形式，即形式本体论和工程本体论。瓜里罗指出：所谓"形式本体论……是关于先验划分的理论，如在世界的实在（物理对象、事件、区域、物质的量……）之中，在用来模拟世界的元层次范畴（概念、属性、质、状态、作用、部分……）之间做出划分"[①]。这种本体论是信息技术等具体学科中的基本理论和方法。借助它，可得到对相关对象和范畴的划分，如可从两个层面或等级去划分，即实在的划分和范畴的划分，前者属高阶划分，后者属低阶划分。前一划分是形而上学的，后一划分要根据形而上学划分来阐释。尼伦伯格（S. Nirenburg）等认为，尽管可以说，康德、黑格尔和胡塞尔等曾阐述过形式本体论，对之有自己的建构，但形式本体论仍是一个正在发展中的学科。由之所决定，人们对它的对象和范畴便自然有不同的看法。在 B. C. 史密斯看来，

①　Guarino N, Poli R. "The role of formal ontology in the information technology". *International Journal of Human-Computer Studies*, 1995, 43 (5-6): 623-624.

形式本体论类似于形式逻辑，要处理的也是有关的关系；当然它们也有区别，如后者研究的是思维的形式关系，"处理的是各种真之间的相互联系……而形式本体论处理的是事物之间的相互关系，处理的是对象、属性、部分、整体、关系和集合"①。有的认为，形而上学也有形式本体论，它是本体论的一个组成部分。其中的一部分是要说明存在或 being 的意义，另一部分即形式本体论，任务是为存在建立形式系统。

小写本体论的第二种形式是工程本体论。在人工智能中，其最常见的意义指的是工程学上的人工制品，它由用于描述特定实在的具体词汇所组成，另外还包括一些关于词汇的意义的明确假定。这些假定常采取一阶形式逻辑理论的形式。在最简单的情况下，这种本体论描述的是由假定关系关联起来的概念体系；在最复杂的情况下，它又被加上了一些适当的公理。这样做的目的是要表达概念之间的其他关系，进而限制它们试图给出的解释。可见，工程本体论与哲学中的本体论有很大的区别。它既不关心形而上学的 being 的意义，又没有关于实在的本体论分类。它不过是一个想象的名词，指的是这样的活动结果，如在标准方法的指导下通过概念分析和范围模拟所得的结果。当本体论发挥作用时，这些结果也就现实地存在着。如果是这样，那么本体论就成了信息系统的整合因素，即这样的范畴结构，它能整合被输入的信息，把它们按本体论的类别放入相应的范畴之下。由于这里涉及有关概念分析之结果的本体论判定，因此人们才把它称作本体论，但它关心的又不是一般的存在问题，而是信息系统中的整合因素，因此它又是名副其实的工程本体论。②

说工程本体论是一个想象的名词，是否意味着工程本体论可以任意设立

---

① Smith B. "Basic concepts of formal ontology". In Guarion N (Ed.). *Formal Ontology in Information System*. Amsterdam: IOS Press, 1998: 19.

② Nirenburg S, RaskinV. *Ontological Semantics*. Cambridge: The MIT Press, 2004: 138-139.

呢？它有没有自己的标准呢？回答是肯定的。一般认为，一种工程学理论要成为它的本体论，必须符合下述五个标准：①明晰性；②一贯性，或无矛盾性；③拓展性；④最低限度的编码误差；⑤最低限度的本体论承诺。

根据一般的看法，工程本体论有三种形式，第一种是信息科学中的本体论。斯坦福大学的格鲁伯（T. R. Gruber）对它的定义较有影响，因此得到了许多同行的认可。他认为，本体论是对概念化或范畴体系的明确表达。所谓概念化（conceptualization），就是建构关于世界存在的概念或范畴体系，就是用概念对世界进行抽象和简化。本体论是信息科学不可回避的一项工作，因为无论是知识库，还是基于知识库的信息系统，以及基于知识共享的自主体，都必须将复杂的世界概念化，建立自己的本体论图式，否则就不能正常有效运转。[①]第二种是某个领域的知识实在或描述某一领域知识的一组概念，而不是描述知识的手段。例如在 Cye 工程中，这里所说的本体论就是知识库，既包括词汇表，又包括上层知识，当然还包括描述这个知识库的词汇。第三种是人工智能关注的本体论。它被等同于人工智能的内容理论（content theory）。这种本体论关心的不是知识的形式，而是知识与对象的关系，尤其是对象与对象的关系、对象的分类等。这是本章接下来要论述的主题。

在笔者看来，根据现今对"本体论"一词的多元化用法，小写本体论中还应增加一种形式，即认知科学和心灵哲学在深挖常人的文化心理结构，进而发现了其中作为人的认知结构之组成部分的民间或常识心理学时所发现的民间本体论。它不是学问家研究和谈论的理论化本体论，而是常人心底存在的一种文化资源或认知结构，是常人关于事物存在方式、标准、事物间关系和分类的看法。平常看不到，只见之于常人对人的行为的解释和预言中，与民间心理学、民间物理学、民间化学等处在相同的层次，具有大体类似的作

---

① Gruber T R. "A translation approach to portable ontology specifications". *Knowledge Acquisition*, 1993, 5 (2): 199-220.

用。后面我们将看到，AI 建模本体论时，有时是以哲学的理论化本体论为原型，有时其实是以民间本体论为原型。

下面，我们将通过对 AI 中工程本体论的具体解剖来揭示一般工程本体论的形而上和形而下的本质特点、研究现状。

第二节　AI 本体论的缘起、结构与本质特点

在 AI 研究中，本体论是伴随互联网的发展、为适应日益提高的知识共享要求而被创立的一种 AI 理论和技术。因为如果没有真正意义上的知识共享，那么就不可能建立名副其实的互联网。但是在互联网的产生和发展过程中，知识不能共享是一个客观存在的事实。例如，由于组织和个人之间、软件系统之间彼此的背景、语言、协议、技术等各不相同，因此它们在交流协作时障碍重重。要解决这一问题，要提高交流、协作的效率，提高软件的重用性、互操作性和可靠性，就必须有一种通用的概念框架和描述系统，这概念框架和描述系统就是本体论，至少是每个人天赋的本体论。新近哲学常把它称作"民间本体论"。有关的研究发现，它是人类每一个正常个体生来就具有的关于世界存在结构和样态的图式。例如，整个世界由不同层次的个体事物所组成，每个事物都由一个支撑物加一些属性所构成，如此等等。正是因为有这种通用的图式，人类个体或民族不管语言、文化等差异有多大，都能完成必要的沟通。AI 专家受其启发认识到，要解决信息交流中的上述问题，就必须开发一种真正能为不同系统通用的基础框架和描述系统，即开发可重用、可共享的本体论语言学和语义学。如果能为不同系统建立一种由此可以实现相互沟通的工具，或如果有让它们能互译的本体论工具，那么即使不同系统有自己的特殊本体论，也可实现资源的共享和互用。

还应看到，AI 的本体论研究是伴随 AI 对内容（或意义）问题的日益升

温的关注而发展起来的。随着理论探讨的深入和工程实践的发展，语义问题、内容问题的解决迫在眉睫。因为人工系统如果只是满足于形式转换而忽略对内容的处理，那么建构有真正智能性质的人工系统的追求将化为梦想。史忠植、王文杰先生说："许多现实世界问题的解决如知识的重用、主体通信、集成媒体、大规模的知识库等，不仅需要先进的理论或推理方法，而且还需要对知识内容进行复杂的处理。"①此外，在互联网的发展过程中，现实对语义网的要求日益强烈。于是，人们纷纷探寻和建构能作为解决种种问题之基础的工程本体论。

　　建构 AI 的工程本体论的灵感来自对在人类交流过程中贯穿的本体论图式及其巨大作用的观察。人们发现，人之所以有语义能力，如听到或看到一个词，马上能想到它的意义，乃是因为人有特定的本体论概念图式。操不同语言或从事不同工作的人之所以能相互理解和沟通，也是因为人有一种通用、共同的本体论知识。有的人学会一门外语之所以快，不是因为他会背诵、记忆单词短语的词义，而是因为他善于在一种存在图式中去理解它的所指及其关系。鉴于本体论图式在人的智能和实践活动中的这种举足轻重的作用，人工智能专家便产生了自己的灵感。我们知道，他们的理想是要创造类似于人类智能的智能，解决已有人工智能不能理解语义、不能共享人类知识、不能相互理解、不能与人直接沟通等问题，现在透过本体论这一人类智能的核心因素，似乎可以找到化解难题的办法，这就是为机器建构本体论图式。可见，建构本体论实质上是人工智能知识工程的组成部分，即仍是要通过一定的办法让机器获取知识。只是这种知识是一种特殊的知识，即一种人际和人机共享、通用同时又贯穿于其他具体知识之中的最一般的、概念化的框架性的知识。质言之，建构本体论，就是从关于整个世界或关于某个领域（如医药、

---

① 史忠植、王文杰：《人工智能》，国防工业出版社 2007 年版，第 348-349 页。

生物等）的数据文档中提取一般性的概念化知识，形成关于其内的存在对象及其关系的概念图式。

专家们要建构的这种本体论究竟是什么？有什么样的结构？对于这类问题，人们可谓见仁见智。瓜里罗的看法是，这种本体论主要有这样的构成，一是一组描述存在的词汇，二是关涉这些词汇的既定含义的显式假设。[①]格鲁伯强调，本体论是关于领域共享概念的一致的形式化说明。其特点是，第一，本体论的描述可被机器理解，对领域概念和关系的推理有较好的支持，因为它是形式化的；第二，本体论具有一致性，不存在内在矛盾；第三，有一些共享概念，如与领域知识有关的概念框架、与特定领域的理论有关的共同约定等等；第四，从语义上说，本体论中的共享概念表示的是事物及属性的集合；第五，从结构上说，每一概念都是这样一个四元组，即 $C = (I^d, L, P, I^c)$。[②]我国学者程勇提出的定义是，本体论是关于领域概念模型的明确的共享形式化说明。它有语义性，因为它表示的是事物及其属性。[③]概而言之，AI 的工程本体论就是要对与领域概念有关的实在、状态、属性、关系、约束等做出形式化描述，以建立类似于哲学本体论范畴体系的概念化的明确表征与描述。这里的概念化如果用 C 表示，那么对 C 可以这样形式化地予以表示：$C = \langle D, W, R \rangle$。其中，D 指一个领域，W 是该领域的事态集合，R 是领域空间 $\langle D, W \rangle$ 中的概念关系集合。作为 AI 中使 AI 得以表现智能特性的知识资源，本体论指的是一种特殊的知识，即概念化、范畴化的、能为全球共享的领域知识。

工程本体论在形式和内容上有相似于哲学本体论的地方。就哲学本体论来说，它有自己的本体论承诺（如承认有物存在），有对类别和关系的界定。

---

① 程勇：《基于本体的不确定性知识管理研究》，中国科学院博士学位论文，2005 年第 30 页。

② Gruber T R. "A translation approach to portable ontology specifications". *Knowledge Acquisition*, 1993, 5 (2): 199-220.

③ 程勇：《基于本体的不确定性知识管理研究》，中国科学院博士学位论文，2005 年第 30 页。

从哲学本体论与人的关系来说，它是人必须具有的知识，是人类一种共有、通用的知识。例如，不管人的专业有多大的差异，看到红色都会把它归之于属性范畴，并认为它为实体所支撑。这就是说，人类都有大致相同的本体论承诺和概念图式。正是有这样的知识，人类才有理解事物、理解更具体的知识的可能，甚至有获得科学知识的可能。从哲学本体论与知识的关系来看，它是人类知识中的一种，即最抽象、最一般的方面，既是其他知识的基础，又贯穿在它们之中。AI 中的本体论知识尽管不是最一般的，但在它起作用的领域也带有一般性，即是关于特定领域内的现象的概念体系，或对表示它们的概念及其关系的明确刻画。正是因为有这一特点，它才有沟通异构结构和知识的作用，才能成为领域知识共享的基础。由于有此作用，因此它便能够广泛应用于多自主体系统、移动自主体、数据集成、信息检索、知识管理等领域。

第三节　AI 本体论个例考释

我们将通过考察几个个例来探讨工程本体论的积极意义、前景和存在的问题。先看本体论语义学。

本体论语义学作为一种自然语言处理的崭新方案，是为解决已有自然语言处理方案所碰到的种种难题而提出的一种诊断和处方。由于我们在本篇第八章会专门考释这一方案，因此这里从略。

再看基于本体论的知识管理。所谓知识管理就是通过获取、组织、分发和应用知识，实现知识的共享和知识潜能的最大化。由于当今的知识管理，尤其是互联网上的知识管理，是一项庞大的系统工程，不仅涉及知识的形式，更多的是与内容有关。尤其是高效快速的知识组织和利用，都无法回避内容或语义问题，因此传统的管理手段都或多或少地存在着不同的问题。例如，传统的知识管理方法并未涉及语义，只从语法方面对知识进行表述，其结果是，查全率和查准率比较低。为解决这一问题，本体论翩然而至，出现了基于本体论的知识管理的新范式。本体论在知识管理中的应用，为知识管理实现从形式描述上升为语义描述提供了条件，从而使人类的知识重用和共享这一目的的实现有了更好的手段。因为要建构基于知识的系统，首先要建立领域知识库和推理机制，要对说明性知识进行建模，同时要用机器能理解的方式将知识表示出来，并且要使如此表示的知识对用户来说具有重用性和可共享的特点。所谓领域知识不同于以文本形式存在的知识，它是一种结构化或半结构化的知识，其内容包括：领域概念、概念间的关系、领域实例、规则、公理等。由于基于本体论的知识管理有这样的必要性，加之又存在着实现的可能性，因此，在 1991 年，美国国防部高级研究计划局（Defense Advanced Research Projects Agency，DARPA）知识共享计划提出了一种新方法用以建立知识系统，即用本体论来建模说明性知识。后来，一些由此而设立的重大项目如 Task Structures 等又极大地推动了本体论的研究，并为本体论的进一步发展提供了基础。

当然，要通过本体论这一工具真正让知识管理从句法级上升到语义级，绝非易事，因为当我们将这一计划付诸实施时，许多极其困难的问题纷至沓来。当然，有问题出现有时恰恰意味着机遇。事实也是这样，在基于本体论的知识管理的研究中，许多新的有价值的问题催生了许多有价值的前沿性的研究领域。这里不妨略述主要问题及其尝试性解答，并稍作分析。第一类前沿性的研究问题是，如何基于本体论获取所需的知识，亦即如何通过学习得到本体论元素。第二类前沿性的研究问题是，如何以本体论为基础完成对知识尤其是不确定性知识的表征问题，进而如何建立大规模的知识系统，如何实现知识库建立的自动化。这类问题之所以困难，是因为我们将再次面临最令人困惑的语义学问题或意向性缺失难题，如必须设法将有语义性的描述加之于领域知识、相关概念及其关系，将有语义性的标注加之于具体知识，从而形成一个语义信息丰富的知识库。第三类前沿性的研究问题是，本体论语义的协调问题。本体论是人们关于世界图景的概念化体系。一般而言，正常的人都有自己的或自觉或自发的本体论，当然，不同的人有不同的本体论。用技术术语说，这一现象可称作"本体论的异构性"。由于有异构，因此不同本体论便有语义上的歧异性。如何消解这种差异，是本体论语义学中的一大难题。现有两种方法，一是开发一种全局通用的本体论，但这在今天往往不能如愿以偿。因为难以找到一种能满足各方要求的本体论。二是通过本体论映射解决异构本体论的协调问题，即在概念级上，定义源本体论和目标本体论之间的映射关系，以便从整体上维护一个可共享的概念模型。

尽管这些方法有从句法层面跨入语义层面的动机，试图解决机器不能处理语义的难题，而且在形式上也取得了一些成功，但实质性的进步尚难看到。我们知道，机器不能直接处理概念、关系和公理。这些知识只有用标识符表示之后才能如此。例如，知网（HowNet）［HN05］是一个常识知识库，用"义原"来描述概念的语义，而可用来描述概念语义的最小单位就是义原。在知网中，一共有1500多个义原，它们又可分为10类：事件、实体、属性、时空、数量、数量值、语法、次要特征、动态角色、动态特征。一标识符代表什么，义原指什么，合在一起有什么意义，这些问题是计算机不知道的，只有有关人员才知道。很显然，人与计算机的根本区别不在于语用学上有什么不同，因为他们都能运用符号，而在于语义学上的差别，即计算机不知道用标识符去"表示"对象，不知道把符号与所指关联起来，让符号有语义性，而人恰恰有这一特点。

再看移动自主体、多自主体通信和语义网研究中的本体论转向。移动自主体出现在网络中，目的是要解决网络中的知识爆炸问题，因此有其必然性。同时，它也是 AI 发展的一个产物和标志。而移动自主体本身的发展又呼唤对语义内容和本体论的关注。因为不涉及语义问题，移动自主体根本就无从谈起。理由很简单，自主体要在网络中移动，完成捕获资源和分布计算的任务，必然要求与其他自主体的沟通和协作。例如，必然要有代码提供，要有代理自主体的存在和发挥作用。没有它们，就没有移动自主体以及安全、可靠、有序的运行环境。自主体之间要协作，就一定得有知识语义上的共识。因为在多自主体系统中，自主体通信语言都是根据奥斯丁的言语行为理论建构的。其好处是，可从语法上进行顺利的交互。多自主体常由不同的内容语言表示其不同的相关内容，如果某种内容无法被两个在交互中的自主体所共享，则双方均无法理解对方的语言及其中的含义，这样就会使移动、交往、通信根本无法进行。而它们之间要有这样的共享知识和内容语言，在目前的认识水平和技术条件下，只能借助能共享的本体论知识。因此共同的本体论知识是不同自主体得以协作、会见、交互信息的共同基础，是拥有不同目的和状态、有异构本体论的自主体能相互沟通的桥梁。

移动自主体之所以能完成移动服务，还因为它执行了一系列移动服务原语。而这些原语在本质上是按言语行为理论设计的。即是说，这些原语是一系列的语言指令，而它们既有特定的意义、描述和表达功能，同时本身又是一种行为。移动自主体发送或接收它们，其实同时是在完成相应的行为。质言之，言语指令本身就是在行为，在做某事。因此只要对这些移动原语进行适当的应用级封装，那么它们的发送或接收就意味着某种行为的执行。例如，"移动的请求"一发出，就等于向远程节点上的自主体移动服务器发出了请求移动的消息。"产生当前状态文件"一发出，就等于移动自主体产生了当前状态的恢复文件。"向远程节点的自主体移动服务器发送移动文件列表""将自主体移动到远程网络节点上去"等可如此类推。

可以肯定，由于有本体论的知识表示手段，移动自主体在特定意义上真正成了有较高智能性质的软件实体。其表现是，有知识表达能力（如能表达其他自主体的地址）、知识理解和交换能力。所谓理解能力，即能通过解释器对知识查询和处理语言（knowledge query and manipulation language，KQML）的消息作语义上的解释。因为每一 KQML 的解释器都对应于特定的内容语言和本体论知识。应该承认，经过解释器，一种形式的知识的确转换成了另一种形式的知识，而且保持了内容的不变。这似乎类似人类翻译工作者对两种不同语言的翻译，但其实完全不同。它类似于塞尔所说的中文屋中的"塞尔"所做的工作。例如，在多自主体的通信中，在不同数据库的集成或整合中，由于不同数据库所使用的模式（如表、列和关键词等）是不同的，因而要实现通信，要向用户提供统一透明的服务，就需要设计人员预先明确定义这样的对应关系，即不同模式之间含义相同的表、列、关键词之间的对应关系，同样也需要对数据库模式和本体论元素之间的对应关系进行明确定义。只有这样，语义网上的内容才可以接收到遗留关系数据库的内容。

第四节　本体论多元发展的必然性与意义

本体论能多元发展，能像科学中的基础理论那样应用于技术实践中，以致导致工程本体论这样的应用本体论的诞生，完全是由其内在的构造、本质和功能所决定的。当然，中国式的穷本溯源的本体论没有这种可能性，只有西式的以存在本身为对象的本体论才有这种可能性。其学理依据已如前述。

有关专家在对人类智能的解剖与揭秘中惊奇地发现，人的智能之所以是真正高级的智能，其内除了有动因、动机、目的构造、各种能力构造，以及有意志力、情感能力和各种先天、后天知识资源之外，还有一种很神奇的能力及知识，即概念化能力，凭借这种能力，人能形成关于世界的概念或范畴体系，对世界作简化、抽象和统一的把握，相应地，人的知识资源中便有一类特殊的知识，即关于整个世界的最一般的知识。这大概就是人们常说的世界观或自然观。只要是人，甚至包括没有任何理论化的科学和哲学知识的人，都必定有上述概念化能力和最一般的知识，只是其内容、深度、科学性各不相同罢了。但由于个性中包含共性，全人类中每一正常个体中的上述能力和知识也有共通的一面。例如，人听到"红"一词之后，都会有这样的概念化活动，即想到它指的是一种性质，而非物体，但它又离不开物体；它是一种颜色，但又不同于黄、白、黑等颜色；它不可被打碎、没有重量，但肯定存在，能被感知到；等等。由于有这种知识和能力，因此不同知识背景、不同民族和国家、不同年龄及性别、操不同语言的人便可进行相互沟通，甚至一种语言有向另一完全不同语言转译的可能性。鉴于这种能力、知识与人们完成哲学上的本体论承诺、建构范畴体系存在着关联，人们便用了一个颇令人费解且极富争议的概念来予以表示，那就是"本体论"或"存在学"。在有关 AI 专家看来，要建构像人的智能一样的 AI，一个必不可少的条件就是让 AI 也有本体论构造，因此 AI 研究的一项重要工作就是为 AI 构造本体论。概而言之，不管哪种形式的本体论，既然获得了这样的称号，就一定既有与其他形式的共通性，又有自己的个性。这种共性和个性均可从两个维度来说明，一是存在的维度。不管是什么样的本体论，都与存在问题有关，但因切入的层次和角度各不相同，因此又各有特点。二是范畴的维度。不管是什么样的本体论，都旨在建构自己的范畴体系，或要从事范畴化、概念化工作。但由于所处的层次和所关注的领域各不相同，因此又有把它们区分开来的界限。

毋庸讳言，工程本体论在解决有关工程技术问题、实现 AI 的"语义学转向"的过程中的确做出了大量扎实而卓有成效的工作，当然也有许多值得进一步探讨的地方。毫无疑问，要想在本体论的理论和应用研究上实现根本性突破，除了师法自然，别无他途。在这个世界上，人是唯一具有本体论特质且能驾轻就熟地予以运用进而成功应对许多难题、表现真正智能属性的样板。人是最典型的异构动物，每一个体在心理、生理等方面都有自己的独特性，甚至不同的人所使用的同一个词都有不可通约性。有的人如美国著名哲学家奎因等甚至否认世界上有同义词存在，维特根斯坦为说明这一点提出了自己的"语言游戏说""家族相似论"。尽管如此，人与人之间事实上又存在着客观的可相互沟通性，操不同语言的人甚至也有这种可能性。这类事实之所以发生，肯定是因为人的智能中存在着许多特殊的内在条件，其中之一当然是人类共有的本体论知识构架。很显然，这一资源无疑是 AI 研究及创新的取之不尽、用之不竭的源泉。本体论是哲学的古老话题，但人的语义处理机制背后隐藏的本体论知识资源则是一个刚刚发现的新大陆。要开发利用它，无疑需要包括心灵哲学在内的多学科的通力合作。很显然，这样的工作严格说来还没有开始。正是由此所决定，AI 中的本体论研究便难免稚嫩，有关专家便自然会觉得力不从心，许多理论和技术上的障碍难以突破，相应地，本体论在工业上的真正应用，还有相当的路程要走。例如，要将已有的不太成熟的理论设想转化为应用，就必须有相应的本体论开发工具和支持环境。尽管现在已经开发了一些系统，如开发工具有 Protégé 2000 [Pro05]、WebODE ［ODE05］等，但它们与工业应用都有较大距离。造成这种状况的原因显然很复杂，有可能是技术本身的问题，但无疑不能排除这样的局限性，即我们对人类本体论的内容、特点及机理缺乏到位的认识。就此而言，哲学本体论除了原有的发展方式之外，还有从应用上以及从服务于工程技术角度加以拓展的前景和空间。更重要的是，这样的研究具有工程实践上的紧迫性。

小　结

本体论随着 AI 的发展已从形而上学的宝塔尖下降为具体科学和工程技术中的应用框架、概念工具。应用本体论的诞生，完全是由其内在的构造、本质和功能所决定的。对这一现象做出考察和反思，既有助于我们从形而上学角度理解本体论的构造、本质和作用，进一步深化本体论的研究，又有助于我们在具体科学中规范本体论的运用，使本体论的具体科学应用有更明确的方向和更可靠的学理基础，从而使之更健康地向前发展。要想在本体论的理论和应用研究上实现根本性突破，要想让人工智能表现基于本体论的智能，必须自觉、深入探讨种系和个体的人的本体论发生发展的历史过程，弄清其内在构成及结构，追溯其在语义处理中的作用以及发挥作用的内在条件、根据和机理。

第九章
新计算主义与意向性建模的祛魅及尝试

可以肯定地说，现今在心灵哲学、认知科学和 AI 等领域真的活跃着有自己旗帜、纲领和原则的所谓"新计算主义"。其倡导者认为，经典计算主义及其意向性建模理论探讨和工程实践的确有如塞尔和彭罗斯等所指责的这样那样的问题，如"意向性缺失难题"，以之为基础而建构的 AI 充其量只是句法机而非像人类智能那样的、有意识和意向性及理解能力的语义机，但它绝非一无是处；对心智的计算解释尽管有偏颇和遗漏，但它由于有其基本的合理性，因此经过新的研究和改造，可以获得其新的生命，甚至可以成为心灵认识的纲领和 AI 建模的理论基础。其"新"主要表现在，强调"计算不是抽象的、句法的、无包容性的、孤立或没有意向性的过程，而是具体的、语义的、包含的、相互作用的和有意向的过程。"[①]

第一节　经典计算主义的问题与新计算主义的兴起

我们这里所说的经典计算主义指的是"新计算主义"之前的、受到了塞尔和彭罗斯等有力批判的计算主义，其理论形态主要包括福多等关于心灵的表征主义和计算主义，西蒙等的物理符号系统假说以及强调神经计算的联结

---

① Scheutz M (Ed.). *Computationalism: New Directions*. Cambridge: The MIT Press, 2002: x.

主义。它们的共同之处是，把人类心智尤其是思维之类的认知现象解释为计算，而计算不过是依据规则对形式结构所做的加工，实即从输入到输出的一种映射或函数。其工程技术上的主张是，只要能制造出依据一定规则对有限种符号序列进行有限长操作的机器，就等于制造出了有智能的机器。

经典计算主义无疑有严重的问题甚至根本性的缺陷。在反对者看来，据此建构的所谓的智能机器不过是"句法机"，而非像人类智能那样的"语义机"。[①]著名脑科学家埃德尔曼等说："计算机不能解决语义学问题的理由已十分清楚了，既然它的运作不可能进至意识，因此这种运作就不可能是适当的。"[②]还有一些人在探讨中文屋论证的基础上做了进一步的引申和发挥，得出了从根本上否定计算主义和以之为基础的 AI 的结论。在他们看来，人类智能除了具有意向性、意识之类的质的特征之外，并不具有形式化特征，因此不能服从形式化建模的要求。既然如此，传统的 AI 研究再继续走下去就只能是死路一条。有的人把 AI 研究与炼丹术相提并论。这样的结论尽管过于激进，但无疑提出了值得注意的问题，如究竟该怎样理解智能和思维，它们是不是计算以及是否有形式化的方面等。

一些坚持计算主义立场的学者认为，计算主义的确有问题，但反对者肯定犯了因噎废食的错误，而把 AI 研究与炼丹术混同更是无视事实的独断。因为 AI 领域有目共睹的成就无疑是建立在计算主义的基础上的。其他任何理论都不可能产生这样的作用。计算主义即使有问题，其问题也不在于计算本身，而在于我们对计算的理解。既然如此，只要能对计算做出新的、符合人类智能实际的且具有理论建模可行性和可操作性的阐释，那么计算主义就

---

① [美]塞尔：《心灵、大脑与程序》，载[英]玛格丽特·博登编著：《人工智能哲学》，刘西瑞、王汉琦译，上海译文出版社 2001 年版，第 119 页。

② Edelman G. *Biologie de la Conscience*. Paris: Editions Odile Jacob, 1992. 转引自 Sabah G. "Consciousness". In Ó Nualláin S, McKevitt P, MacAogáin E, et al (Eds.). *Two Sciences of Mind*. Amsterdam: John Benjamins Publishing Company, 1997: 388.

会焕发青春的活力。不仅如此，如此阐释的计算主义仍然能成为 AI 工程实践的理论基础。因为只要设法让计算体现包孕性、意向性，那么它就能像心灵一样，"处理包孕、相互作用、物理实现和语义学问题"。朔伊茨(M. Scheutz)在自己新编的论文集《计算主义：新的方向》中把持此立场的一大批学者称作"计算主义的新生代"或新计算主义的代表人物，这是十分贴切的。[①]

第二节　计算概念的重新阐释

新计算主义的"新"首先体现在对计算概念作了新的阐释。其基本观点是，计算概念尽管有问题，但正确的态度不是抛弃它，而是对之做出修改和完善。先看美国杜克大学哲学和计算机科学系的 B. C. 史密斯的阐释。他提出的超越经典计算主义的看法是，计算不应是纯形式的，而应内在地具有意向性、语义性。如果这样理解计算，那么计算主义就可以重新焕发生机。[②]

他认为，计算概念本身没有任何问题，问题在于对它的阐释。一般把它归结为形式转换，然后用非形式的术语来解释形式，如说形式是非语义的、句法的、数学的、适用于用分析方法分析的、抽象的、明晰的（对立于模糊的、有歧义的）和非隐晦的等。他说："人们之所以不能认识计算的本质，是因为他们有上述前理论假定。"[③]他认为，过去的看法都是错误的，这主要表现在：它们都未抓住计算的这样一个重要特征，即意向或语义的特征。它们撇开具体的实现过程，抽象地设想设计过程，好像计算是一个纯抽象的概念。因此要形成关于计算的科学理论，必须关注意向性。他说："计算机

① Scheutz M (Ed.). *Computationalism: New Directions*. Cambridge: The MIT Press, 2002: x.

② Smith B C. "The foundations of computing". In Scheutz M (Ed.). *Computationalism: New Directions*. Cambridge: The MIT Press, 2002: 24-33.

③ Smith B C. "The foundations of computing". In Scheutz M (Ed.). *Computationalism: New Directions*. Cambridge: The MIT Press, 2002: 43.

科学……像认知科学一样期盼着关于语义性和意向性的令人满意的理论的发展。"[1]根据他的阐释，"计算应是非形式的"[2]，从经验上说，计算是"意向现象"[3]。这倒不是说，计算完全不需要形式的方面，因为没有形式转换，就不是计算。他的意思是，计算概念重新阐释的当务之急是，让计算在表现形式转换的过程时，让它同时有非形式的东西包括进来。他所谓的"非形式"指的是人的智能在对符号做出加工、转换时所具有的这样的特点，即里面始终充斥着渗透性的、包孕性的、具体的、情景的、反映性的东西。这就是说，人完成的思维之类的计算过程是参与性的，即是"宽"的，不局限于大脑之内，而延伸到大脑之外，包含着符号和指称之间的因果相互作用，包含着人以复杂方式的交叉耦合。简言之，新的计算概念之所以新，就在于它具有语义学维度。既然如此，在建构 AI 时，最需要的东西就是让它表现出非形式的方面，即有表征性和语义性。他说："只有根据它们，才有可能重构关于计算的充分概念。"[4]如果这样理解计算，它就不再是非智能现象，而是人身上真实表现出来的意向现象。很显然，如此理解的计算概念相对于经典计算概念来说，无疑是一场认识上的革命。这种计算概念如果能在工程上得到实现的话，那么无疑会让 AI 经历质的飞跃，至少在语义性这一点上一致于真实的人类智能。

　　这只是 B. C. 史密斯重构计算概念的第一步，当然是关键而富于革命性的一步。在他看来，要建构一个完全能让计算主义摆脱困境、实现突破的计

---

　　① Smith B C. "The foundations of computing". In Scheutz M (Ed.). *Computationalism: New Directions*. Cambridge: The MIT Press, 2002: 33.

　　② Smith B C. "The foundations of computing". In Scheutz M (Ed.). *Computationalism: New Directions*. Cambridge: The MIT Press, 2002: 45.

　　③ Smith B C. "The foundations of computing". In Scheutz M (Ed.). *Computationalism: New Directions*. Cambridge: The MIT Press, 2002: 42.

　　④ Smith B C. "The foundations of computing". In Scheutz M (Ed.). *Computationalism: New Directions*. Cambridge: The MIT Press, 2002: 46.

算概念，还要做本体论的研究，使之满足本体论的要求。因为人的思维之类的计算之所以是真实的智能，是因为它有本体论地位，而非纸上谈兵。过去关于计算的形式理论之所以行不通，是因为它"没有关于本体论的充分理论"。或者说，它面前有一道没法越过的"本体论的墙"，他说："一旦本体论的墙被越过了、穿过了、拆除了，或用某种方式被踏平了，那么我们就可以深入计算、表征、信息、认知、语义学或意向性的核心。"[1]这就是说，过去的计算概念所说的计算是纯粹人为的虚构，没有像人类计算那样的本体论地位。要解决这里的本体论问题，关键是弄清人类计算所具有的独特的本体论地位，而要如此，又必须作心灵哲学的研究，因为这里必然牵涉如何理解心灵、计算及其相互关系之类的问题。在他看来，它的特殊性在于，它既不是虚无，又不是具体的实物，甚至不是心灵，而是一种中间性、抽象性的东西。他说："计算处在物质与心灵之间，是作为有中等复杂性的具体事例的供给者而存在的。"[2]

要让计算概念反映人类意向性、语义性的特点，无疑要深入到人类心灵中去具体解剖人类生成意义、把符号与外物关联起来的条件、根据和机制，探讨意义何以可能、意义依赖于什么条件。根据尼伦伯格等的本体论语义学，人类之所以能理解和产生意义，除了离不开意向性、意识等之外，还依赖于这样一个根本条件，即人类的认知结构中有一种本体论的图式。正是借助它，任何语词一进到心灵之中就有了自己的归属，被安放进所属的类别之中，如听到了"黄"一词，人们马上有这样的归类：它指的是属性，与"白""黑"等属一类，不是物体，只能为物体所具有，等等。[3]通过对人类计算内在结

---

[1] Smith B C. "The foundations of computing". In Scheutz M (Ed.). *Computationalism: New Directions*. Cambridge: The MIT Press, 2002: 48.

[2] Smith B C. "The foundations of computing". In Scheutz M (Ed.). *Computationalism: New Directions*. Cambridge: The MIT Press, 2002: 50.

[3] Nirenburg S, Raskin V. *Ontological Semantics*. Cambridge: The MIT Press, 2004: 135.

构、机制和奥秘的考察，他们强调：其内存在着（内涵的）本体论的意义层次，它不仅限定了意义描述的公式，而且限定了词汇（原语言）范围。另外，人类的心智运作之所以不是纯形式转换，还因为其包含大小不等的事实储备库。再者，人的自然语言加工、有意义的交流之所以可能，其必备条件一定包括：有外部世界存在，人有将它与语言关联起来的能力，有其他技能，有情感和意志之类的非理性方面，有活动的目的、计划及程序。其中，最重要的是有知识资源。它有动力学和静力学两个方面。前者指的是人类智能在具体运作时处在变化或生成中的知识资源，如根据要完成的任务、要满足的要求重新学习或经对旧知识进行改造、重构而形成的知识等。后者是指导描述世界所用方法的理论，是相对稳定的模式。其内容十分丰富，主要包括：关于自然语言句法、形态、语音、语义等方面的知识，关于世界的知识，如本体论知识即关于世界的分类知识。这最后一种知识在意义的生成过程中最为重要和关键。如果本体论语义学的思路是正确的，那么建构新的计算概念的方向和方法也就随之明朗了，同时人工智能、计算机的自然语言处理的前进方向也就比较清楚了，那就是赋予计算概念以本体论语义学的构架，为包括自然处理人工系统的 AI 系统建立更复杂、更丰富、更切合实际、更可行的本体论概念框架。本体论语义学相信：这不是没有可能的，至少有巨大的开发前景。事实上，也有许多人在进行大胆的尝试，并建构出了许多语义加工模型。其具体操作就是，先让人工系统具备静态和动态的知识资源，然后让其具备相应的加工能力。

斯洛曼也认为，与 AI 有关的计算概念当然需要发展，以此为基础的新计算机也值得重新构想。这里关键在于如实认识人类心智的特点，进而让计算和机器体现这些特点。根据他的解剖，有 11 个特征是必须予以关注的。其中，前 6 个特征是第一性的，后 5 个是第二性的。它们分别是：①状态可变性：有大量可能的内在状态，它们具有可转换性。②状态中编码着行为规律：

存在着由内在状态诸部分所决定的行为规律。③基于布尔测试的条件转换。④指称性的"读""写"的语义学：系统要通过内在状态控制行为，系统的有关能动部分就应有办法读取有关的内在状态及其部分。这些"读""写"不是纯符号性的，而有相应的关联性，如能指称系统的某一部分。⑤行为的自修正规律。⑥借助物理转换装置关联于环境：系统的某些部分与物理转换装置相连，因而感受器和运动器便因果地关联于内在状态。⑦程序控制：它能解释一种加工，支持它的状态，控制别的行为。⑧间断性处理。⑨多重加工，即系统能并行加工许多信息。⑩更大的虚拟数据块。⑪自我控制。斯洛曼认为"这些特点不能相对于递归函数、逻辑、规则形式主义、图灵机等来定义"，因为这些特点表现出了一定的语义性，并能以一定的速度和灵活性，让机器来产生和控制内外的复杂行为。①如果能根据语义性来建构计算概念和 AI，那么就能克服传统计算概念以及以此为基础所建构的 AI 的局限性。

第三节　智能具有意向性的机制与 AI 对意向性的建模

如果人类智能是机器的话，那么它尽管有句法机的方面，但从根本上说它是语义机。尽管 AI 不可能不对形式进行处理或转换，但对形式的转换不是与语义绝对隔绝的，因为人的心智的形式转换就同时具有语义性，因此新计算主义接下来要做且可以做好的工作，就是探讨如何让形式句法具有语义性，让 AI 体现意向性。

著名心灵哲学家、认知科学家汉格兰德承认：要完成上述任务，无疑应研究人类的心智及其运作原理。已有的认知科学、AI 之所以没有取得预期的成绩，没有制造出真正的智能，连下棋机、定理发现和证明机器也是如此，

---

① Sloman A. "The irrelevance of Turing machines to artificial intelligence". In Scheutz M (Ed.). *Computationalism: New Directions*. Cambridge: The MIT Press, 2002: 107.

是因为它们对人类心灵的认识尚有欠缺。他说："我们并没有真的理解人类的心灵，尤其是没有理解其非常独特的探寻客观真理的能力（也许只有几千年的历史）。"①这里所说的寻求客观真理的能力其实就是人类以意向性为基础的认知能力。他还强调，要模拟人类智能所具有的意向性特性或结构，为其建立模型，当务之急是对人类的意向性做出解剖，弄清意向性的种类。根据他的梳理，意向性有两大类，一是自然智能本身所固有的（original），如人有意识地思考外物的能力就有这种意向性；二是因解释而有的或派生的。所谓派生的（derivative）意向性（或意义）是由另外有意向性的事物所授予的意向性。在澄清和区分意向性概念的基础上，他强调，意向性的建模应以固有意向性为模板。而要如此，又必须弄清以下问题：这种意向性的必要条件是什么？什么使它成为可能？根据他的分析，固有意向的一个重要条件是能够获得客观知识。②这里所说的客观知识可理解为关于对象的客观的信念，这里的客观即真实。如果信念没有这样的性质，就没有理由说它们关于了什么，没有理由说它们有对什么对象的意欲。信念之所以有这种必然为真的可能性，是因为人有责任能力。所谓责任指的是"能为人或系统担负起获得那些客观知识的责任。"③

根据汉格兰德对固有意向性的内在机制的揭秘，责任能力在心灵表现其意向性时至关重要。因为责任能力是科学的客观性、意向性的前提条件。他说："承担责任的能力即真正的责任……是科学客观性的前提条件。"④只

① Haugeland J. "Andy Clark on cognition and representation". In Clapin H (Ed.). *Philosophy of Mental Representation*. Oxford: Clarendon Press, 2002: 35-36.

② Haugeland J. "Authentic intentionality". In Scheutz M (Ed.). *Computationalism: New Directions*. Cambridge: The MIT Press, 2002: 163.

③ Haugeland J. "Authentic intentionality". In Scheutz M (Ed.). *Computationalism: New Directions*. Cambridge: The MIT Press, 2002: 164.

④ Haugeland J. "Authentic intentionality". In Scheutz M (Ed.). *Computationalism: New Directions*. Cambridge: The MIT Press, 2002: 173.

要理解了责任，就不难理解真正的意向性。因为能承担真正的责任就一定能表现真实的意向性。质言之，这种责任是真正意向性和认知的基础。常见的意向性是非科学的、常人表现出来的意向性。尽管如此，有这种意向性一样离不开责任。因为内在的意向活动依赖于客观的科学活动，而后者又依赖于一种更内在的、内容相对丰富的结构。在这种结构中，除了自我批判的能力等之外，最底层就是真正的责任能力。正是因为有这种能力，人才有复杂多变、灵活的行为，如诚实的承诺和践诺行为。也正是因为有了它，人才有自己独有的、原始的意向性。他说："意向性一定离不开某种责任能力。任何能完成真正认知任务的系统一定有同样的责任能力。"[①]根据他对意向性所依条件、机制的剥蒜头似的解剖，人类智能及其意向性的建模的前进方向就变得一清二楚了。这就是，既然人类的计算在实现句法转换的同时还具有语义性、意向性，主要根源于责任能力，因此建模意向性的出路就在于，在弄清人的认知能力底层的责任能力的基础上去完成对它的建模。

克拉平（H. Clapin）的建模探讨以表征主义为基础。表征主义是当今比较流行的一种心灵自然化方案，主张用表征来说明过去难以说明的包括意向性在内的心理现象。而表征现象又不过是一种由特定设计和选择历史所造就的特殊的自然现象。表征有三大特点，第一，它有外在主义的性质，即能指向、关于外在的东西；第二，表征就是功能，而功能有自己的进化史；由上又派生出了它的第三个特点，即心理事实对大脑状态具有随附性。克拉平的创新表现在，在把表征区分为显（explicit）表征与隐（tacit）表征的基础上，强调根据隐表征来解释计算和意向性，进而探寻建模的方向和方法。显表征指的是有对外的指称能力的符号性表征，隐表征则是系统具有加工显表征能力的内在条件，以"知道怎样"的知识形式表现出来。其重要作用就是规定

---

① Haugeland J. "Authentic intentionality". In Scheutz M (Ed.). *Computationalism: New Directions*. Cambridge: The MIT Press, 2002: 168.

认知系统怎样用符号显式地表征世界，正是它使人的心智具有意向性、语义性的特点。

克拉平认为，要阐释计算、意向性，就应把隐表征概念与皮利辛所说的功能构架这一概念结合起来。所谓功能构架指的是表征得以完成的基础性条件或资源，如能理解编码在机器中的指令的能力。也就是说，一般的功能构架其实就是计算系统得以起作用的内在知识条件。在皮利辛看来，计算系统的意向性以及各种智能行为，主要根源于表征和功能构架。克拉平对功能构架概念作了自己的改进，认为对计算系统内发生的加工过程有两种描述，一是符号层次的描述，二是电子层次的描述。功能构架概念属于前一种描述。它展示的其实是抽象层面的功能过程，而不涉及怎样被实现、怎样被执行的问题，因为对这一虚拟构架的描述与执行过程没有任何关系。它描述的主要是系统所完成的对符号的原操作，如从存储器中把符号提取出来，读取下一个指令等。功能构架的作用在于，通过对外物的显式表征，促使隐知识、隐表征的形成。克拉平强调：把功能构架与隐表征结合起来有助于说明功能构架是如何进行表征的，意向性为什么以及是如何发生的，从而为建模意向性指明方向。①基于上述关于人类心智及其意向性、语义性特征的认识，他为AI 的当前研究开出了这样的"处方"：它的当务之急就是要进一步研究人类的显表征能力，在弄清其运作原理和机制的基础上，发展和完善计算机的隐表征能力。

麦克德谟特的看法略有不同。他对如何让计算系统有意识和意向性这一问题的回答是，要让计算系统具有意识和意向性，关键是弄清它们的实质。按此思路，他也对意识和意向性的奥秘做出了自己的解答。他认为，意识就是自建模（self-model）。既然如此，如果能让系统有自建模的能力，那么就

---

① Clapin H. "Tacit representation in functional architecture". In Clapin H (Ed.). *Philosophy of Mental Representation*. Oxford: Oxford University Press, 2002: 303.

能让它表现出意识和意向性。他说："有意识的实在就是有自建模能力的信息加工系统。我们必须仔细对它进行考察，以弄清它是否有这类模型，它的符号是否能指向自身。"[1]根据他对人类心灵的解剖，意识是计算智能的必要构成要素，是能建构关于自我的模型的能力。而一种计算实在要想拥有意识，就必须能够在应对环境时，在与自己发生关系时，有办法形成关于自己的模型，并把它作为感知器和决策器。[2]如果是这样，那么解决 AI 系统的意向性缺失难题、建构关于真实智能的模型的出路就明朗了，那就是，着力解决自建模的理论和技术问题。他相信，只要按此思路去建模意向性和建构 AI 系统，那么就有希望让机器人有人那样的灵魂，让它们像人一样学习、生活、工作、欣赏音乐、作审美判断，甚至有道德判断能力。

第四节　计算主义的"宽"与"窄"

我们知道，心灵哲学在解释意向性或心理内容的个体化问题时出现了外在主义与内在主义激烈而持续的争论。前者认为，内容是"宽"的，因为它是由外在的环境所决定的，而后者认为内容是"窄"的，即是由内在的状态所决定的。既然新计算主义要建模的是人类智能的意向性、语义性特征，那么它在这里也必须对语义性的宽窄问题做出回应，以表明自己的态度。而回答不同，对意向性的个体化所持的立场不同，所建构出的计算主义也一定有差别，如一定有宽计算主义与窄计算主义之别。

威尔逊（R. Wilson）是宽计算主义的主要倡导者，认为计算系统能超出人体而进至外部世界，计算依赖于头脑，但又能关涉头脑外的事态。他甚至像普特南等一样承认思维之类的计算活动是弥散于主客间的现象，而非传统

---

[1] McDermott D. *Mind and Mechanism*. Cambridge: The MIT Press, 2001: 214.

[2] McDermott D. *Mind and Mechanism*. Cambridge: The MIT Press, 2001: 215.

所说的局限于头脑内的现象。因为计算既然是过程，就一定有其步骤，如首先分辨表征性、信息性形式，这些形式既可以是脑内的，也可以是脑外的，它们构成了相关的计算系统；其次，在这些表征之间进行模拟、计算；最后，是行为输出，它是宽计算系统的组成部分。

从具体内容来说，他的宽计算主义由一系列带有"宽"的概念所组成，如宽表征、宽计算系统、宽计算和宽内容。宽表征强调的是，表征一定浓缩了外在对象的信息。宽计算系统指的是，作为计算主体的东西不再仅由脑内的东西所构成，而包含输入输出系统乃至被关涉的对象。宽计算指的是，计算不再是纯内在的符号转换，而可以进至外部世界，进而把自己与外部世界关联起来。宽内容即宽语义性。如果一计算系统能生成和加工宽内容，那么它就不再有语义性、意向性的缺失问题。他认为"宽计算系统因此包含的是这样的心灵，即它可以自由地超出头脑的限制而进至世界之内。……心灵是宽实现的"[1]，即由复杂的物理系统宽实现的。在他看来，宽实现之所以可能，是因为心灵后面有物理系统，借助这种系统及其运作，内部过程、计算便与外部环境关联起来了。

如果计算主义实质上是机械论的话，那么这种机械论也应是宽的。它强调的是，机器和大脑不是按照一系列固定的步骤运行的简单装置，而是可以表现出随机特点甚或自由意志的自主体。它们所做的事情不只是简单的形式转换，而具有更宽的功能。另外，从发展上说，宽机械论本身是开放的，因为它强调，对怎样模拟认知行为后面的机制的经验探讨是没有完结的。宽机械论有多种形式。卡卢德（C. S. Calude）等建构了非传统的计算模型（unconventional models of computation），认为该模型对认知的解释超出了以前对图灵机械论的窄阐释的界限[2]，因此是宽机械论的一种形式。范·格尔

---

① Wilson R. *Boundaries of the Mind*. Cambridge: Cambridge University Press, 2004: 165.

② Calude C S, Casti J, Dinneen M J (Eds.). *Unconventional Models of Computation*. Singapore: Springer, 1998.

德（van Gelder）提出的"动力假说"（Dynamical Hypothesis）也倡导宽机械论，认为动力系统的行为不能为图灵机所模仿。[①]科普兰尽管承认心灵是机器，但又认为，这种机器是信息加工机器，其行为不能为图灵机所模拟，因为它的信息加工过程是宽的。具体而言，科普兰的观点有以下几个要点：①机械论并不能衍推出窄机械论；②图灵本人并不是窄机械论者；③图灵的观点以及其他有关理论，并不认为窄机械论优于宽机械论；④窄机械论的论证是不能成立的。[②]

　　哈纳德则坚持窄计算主义，即所谓的"新内在主义"。他承认，人的思维有语义性，不是纯计算问题。但 AI 系统所实现的思维之类的计算则只是根据规则对符号形式的处理，而与意义没有任何关系。这当然"无法摆脱意义问题即符号根基问题的困扰"[③]。怎样解决这里的矛盾呢？他指出的出路是：研究人的范畴化能力。所谓范畴化能力就是人的形成关于对象的抽象概念并对之做出处理的符号化能力。从所依条件来说，这能力离不开感觉运动能力。因为要进行范畴化，前提是必须有感知运动信息投射进来。他认为，弄清了范畴化能力及其机制和条件，AI 的建模就有了方向。[④]他强调，这里的关键是让机器表现范畴化能力，并能把外在对象之投射、机器所完成的反应和随机的命名关联起来。而要如此，又必须研究大自然是怎样将范畴化能力授予人的。他认为，人的范畴化能力是通过两个途径得到的，一是借感觉运动器官的运作和随后的机制。他说：它"依赖于它的近端投射和它们之间

---

　　① van Gelder T. "The dynamical hypothesis in cognitive science". *Behavioral and Brain Sciences*, 1998, 21 (5): 615-628.

　　② Copeland B J. "Narrow versus wide mechanism". In Scheutz M (Ed.). *Computationalism: New Directions*. Cambridge: The MIT Press, 2002: 63-65.

　　③ Harnad S. "Symbol grounding and the origin of language". In Scheutz M (Ed.). *Computationalism: New Directions*. Cambridge: The MIT Press, 2002: 145.

　　④ Harnad S. "Symbol grounding and the origin of language". In Scheutz M (Ed.). *Computationalism: New Directions*. Cambridge: The MIT Press, 2002: 147.

的、使之产生的机制"①。二是靠自然选择。②

许多 AI 专家都意识到让人工系统表现意向性、语义性的必要性和重要性，并从理论和工程技术上探索建模的可能性根据及途径，事实上，也取得了一些积极的成果。但同样不可否认的是，这方面的探索障碍重重，收效甚微。其原因当然很多、很复杂，哲学家的看法是，根源之一是我们对智能、智慧以及作为大部分智慧现象之重要特征的意向性缺乏足够的认识。要改变现状，实现突破，无疑需要哲学的辅助性研究。尽管是辅助的，但却是必要的条件。在当前情形下，有些问题的研究没有哲学的参与，可能会犯方向性错误。例如，要让人工系统具有人的意向性，使现在的句法机成为人那样的语义机，关键是要认清人的意向性的特征及标志，意识到现有句法机与人的语义机相比还存在着巨大差距，并正视这种差距，积极探寻原因和解决的办法。如前所述，意向性有派生与固有的意向性之别，而在固有的意向性中还有程度上的差别。人的意向性是生物所具有的意向性中最高级的形式。它除了具有一般的意向性的关联性、指向性、目的性、因果作用、语义内容等特征之外，还有三方面的独特之处。第一，人的意向性是主动的、自主的，即由有意向性的系统自己产生出来的，不需他力的作用。尽管这种主动性也为其他动物所具有，但由于人的主动性、自主性根源于人的动力系统中的理性与非理性欲望或弗洛伊德所说的自我、超我、本我的矛盾运动，因此有别于其他任何事物的主动性、自主性。第二，人有元意向性或元表征能力，即能将意向指向意向本身，形成关于意向的意向性，或关于表征本身的表征。而这一特征又是根源于它的第三个更为重要的特征，即人有高度发达的、用清晰的表征来向自己显示、说明的意识能力。其他动物也有意识能力，但人的

---

① Harnad S. "Symbol grounding and the origin of language". In Scheutz M (Ed.). *Computationalism: New Directions*. Cambridge: The MIT Press, 2002: 157.

② Harnad S. "Symbol grounding and the origin of language". In Scheutz M (Ed.). *Computationalism: New Directions*. Cambridge: The MIT Press, 2002: 147.

意识在清晰程度、实现方式、内容等方面根本有别于其他动物的意识。由于有这种意识，人对符号的加工、变换就具有无与伦比的特殊性，即在符号加工时，借助意识的作用，符号与语义是捆绑在一起的。有时，它边加工，就边知道，即当下就知道被加工的符号所关于的对象。也就是说，它直接处理的是符号，但同时想到的却是符号所代表的东西。这是人的意向性、语义性最重要的特征，也是人工系统相比之下仍显欠缺的地方。许多人工系统，尤其是有高度感知能力、反应能力、避障能力及完成复杂动作的机器人在模拟人的意向性的部分特征如关于性、主动性等方面已取得了显著的成绩，甚至在表面上也具有上面说的有意识的语义性特征，但细心分析则会发现，两者仍存在着根本性的差距。

小　　结

经典计算主义在受到塞尔等的否证而经历一段时间的低谷之后，经过一些人的不懈努力，最近又出现了所谓的新计算主义。其新的表现是，不再像经典计算主义那样只关注心智的形式或句法方面，而承认其遗漏了语义性、意向性这一心智的根本特性，进而在如实解析人类智能的基础上将建构的像人类智能那样的语义机放在突出地位。强调要完成上述任务，必须深入具体地研究人类的心智及其运作原理，在弄清语义性、意向性的必要条件和机制，探讨具体的实现途径的基础上，建构相应的模型。新计算主义尽管从理论和工程技术上对计算主义发展中的种种问题展开了创造性的探索，但仍不令人满意。当务之急是更进一步师法自然，探讨人类语义机及其意向性运作的内在奥秘。

第十章
意向性"建筑术"及其对 AI 瓶颈问题的进一步消解

　　如前所述，意向性问题已不再只是一个纯学术问题，而同时带有工程学的性质。当今的心灵哲学与其他关心智能问题的具体科学如 AI、计算机科学、认知科学等，尽管各自走着迥然不同的运思路线，但最终都发现意向性是智能现象的独有特征和必备条件。然而作为现代科技之结晶的计算机所表现出的所谓智能，尽管在许多方面已远胜于人类智能，但它只能按形式规则进行形式转换，而不能像人类智能那样主动、有意识地关联于外部事态，即没有涉及意义，或不具备语义性或意向性。因此，尽管我们坚持智能多样性原则，承认 AI 建模的原型实例不只是人类智能，还应包括本篇第一章所说的许多自然智能样式，但我们仍应清楚地看到，人类智能毕竟是值得 AI 解剖和建构的主要的智能样板。如果是这样，那么就可以说，摆在以人类智能为原型实例的 AI 研究面前的一个瓶颈问题就是研究如何让智能机器具有意向性，如何让句法机质变为语义机。围绕这一课题已诞生了许多新的方案，如卡明斯的解释语义学、布鲁克斯的无表征智能理论和尼伦伯格等的本体语义学等，而美国著名的心灵哲学家和认知科学家麦金（C. McGinn）关于"意向性建筑术"的探讨无疑是其中一朵耀眼的奇葩。本章将在考察麦金有关思想的基础上阐述我们关于意向性解剖和建模的进一步思考。

第一节 麦金论人类意向性的结构、运作机理与实质

在当今的意向性研究中，"意向性""意义""内容"等词可以当作同义词使用。麦金常把意向性称作内容。在他看来，要建模人的意向性，首先要弄清它的构成、结构、运作机理与实质，其中最要紧的是弄清它是关系属性还是非关系属性。所谓关系属性是由其持有者与所处的共时性和历时性条件的关系性质所决定的属性。要说明它，就要诉诸它与环境和其中其他事物之间的关系，例如一物比另一物重的属性就是如此。非关系属性是其持有者不以他物为条件而独自具有的属性，对之进行说明无须求助于外在的事物和属性。如要知道项链的含金量，就只需分析其内在的构成要素及其相互关系，而不用涉及外在因素。前者可称为"宽"属性，后者可称为"窄"属性。现在的问题是：意向性或心理内容属于哪一种属性呢？它存在于大脑之外还是大脑之内？或者说，它存在的充分必要条件是什么呢？不外乎三种可能，一是关系属性，即心理内容不在头脑中，而由其对象、环境所决定，这样的内容即"宽内容"。激进的观点主张，没有外在对象就没有相应的内容，如一个体生存于没有水的世界，就不可能有关于水的概念。这种观点通常被称作外在主义或反个体主义。二是非关系属性，即心理内容从根本上说是大脑或神经系统本身所具有的属性，这样的内容即"窄内容"。这是内在主义或个体主义的看法。三是心理内容既可表现为宽内容，又可表现为窄内容，此即内容二因素论的观点。

在上述问题的争论中，麦金倾向于弱外在主义或内容二因素论。他的阐发集中在三个方面，第一，怎样更明确地表述外在主义；第二，它的哲学意义是什么；第三，它是否是对的，适用于哪些现象。

在麦金看来，外在主义最好是被理解为关于心灵状态个体化的命题，或

者说，它是关于心理状态的存在和同一性条件的论点。它把心理状态存在的条件放在一种可能的情境之下，告诉我们什么样的变化会保持心理状态的同一性。外在主义认为，心理状态是怎样的以及有哪些内容，都是由环境决定的，因此环境被认为是构成心理状态本质的重要因素。思想实验足以证明人的个体化和心灵的个体化由什么决定，如其他条件都不变，只设想人的身体发生变化，然后观察会出现什么情况。同样，在判断心理状态的个体性时，首先看环境的变化，然后看心理状态有什么变化。通过实验，人们发现，内容会随心理状态之外的某种东西的变化而变化。因此可以说，世界从构成上进入了心理状态的个体化之中，心灵与世界两者都不是形而上学中独立的范畴，而可以平稳地进入到对方之中。心灵与世界之间没有不可逾越的界限，而可以相互渗透，如心灵可由世界构成。从根源上说，外在主义有不同于内在主义的本体论前提。它一是强调本体论的依赖性，认为任何事物都不可能孤立存在。二是强调无封闭的界线，认为任何事物中都渗透着他物的因素，同时它也可渗透到别的事物中，此即有缺口的界线（breached boundaries）。而内在主义的本体论前提是实体主义以及与之相连的自主性、排他性。它强调心灵有独立于世界的内在本质，自己决定自己。

　　基于反实体主义的本体论，外在主义对心灵有特殊的理解。外在主义关于心灵所肯定的东西是，心灵是由它与外在对象的关系所构成的，因此心灵似乎是没有界线的。麦金说："对外在主义而言，严谨的结论最好不要理解为，心灵是一种奇迹般的、不可理解的特殊实体，能够想出一般的实体想不出的鬼点子，而应理解为，心灵根本就不是任何实体——从形而上学上说，心灵不是像岩石、猫、肾那样的东西，心灵可看作自成一类（sui generis）。"[①]从语词上说，"心灵"并不是用来区分对象的类别的谓词，同样，也不是心

---

① McGinn C. *Mental Content*. Oxford: Blackwell, 1989: 22.

理谓词的主词。因为关于"心灵""我的心灵"的话语，严格说来不是谈论对象的话语——这些表达式从逻辑的实在性上说是伪单数名称。世界上所有对象的一览表中不包括心灵。这不是说心理描述是不真实的。在外在主义看来，"关于心灵的话语最好理解为关于属性、力量或性质的话语"[①]。总之，在麦金等外在主义者看来，心灵不是实体，而是属性。心灵不在头脑之中，而分散于世界之中，尤其是人与人的对象之间。[②]

外在主义有两类，一是经过麦金重新论证的弱外在主义，二是强外在主义。后者不适合于说明一切内容，因此只有局部的合理性；而前者不仅对理解心灵的本质有重要意义，而且适用于所有原始内容。

我们先来看他对强外在主义及其局限性的分析。根据麦金的概括，它的论点可以这样表述：所有心理现象都受制于主体的环境及其本质，在心灵的任何方面与环境中所得到的东西之间没有明确的界线，甚至环境中的偶然性也强制着心灵的每一方面。不仅如此，环境中的或因果的关系进入了内容归属。可见，它在心灵状态与环境之间建立了最强的关联。麦金认为，它的问题在于，不能说明身体感觉、个性特征、气质、自我等心理现象，如关于事物的经验或知觉内容无疑存在着由对象、环境决定的一面，但仅有这一方面还不足以将它们个体化。因为两个人可以感知同一个对象，并形成知觉概念，但其内容可能完全不同。洛克关于第二性质的说明，足以证明这一点，第一性质可如此类推。[③]

弱外在主义是鉴于强外在主义本身的种种困难而形成的一种外在主义。它之所以是外在主义，是因为它仍坚持认为，"内容确实包含货真价实的客观因素，因此弱外在主义认为，心灵从本质上说是由非心理的世界构成的"[④]。

---

① McGinn C. *Mental Content*. Oxford: Blackwell, 1989: 24.

② McGinn C. *Mental Content*. Oxford: Blackwell, 1989: 30.

③ McGinn C. *Mental Content*. Oxford: Blackwell, 1989: 94.

④ McGinn C. *Mental Content*. Oxford: Blackwell, 1989: 43.

它之所以是弱的，是因为它认为，内容出现在心灵之中，不仅依赖于环境因素，而且还受制于心理本身的因素以及其他因素。例如，在有些情况下，归属内容的真值条件中还包括语词因素，也就是说，用来将某些信念内容归属给某人的语词本身也成了真值条件的组成部分，因为这些语词有其固有的语义值。不难看出，弱外在主义实在是太弱了，以致不再适合贴上"外在主义"的标签，而适合戴上"内容多因素论"的桂冠。

麦金还认为，表征是内容的拱心石。而表征又有两方面，一是表征的功能作用，它是主体与环境之间的中介。即是说，表征处于这样的状态，其功能是根据有关证据控制人的行为。例如，一个知觉经验，可以说它表征了环境，如果是这样，那么表征进而又能使知觉者按照知觉经验采取相应的行动。其中，表征一定有超越自身的属性，至少有利于把个体与外在的事态关联起来，此即表征的第二方面，即指称的方面。所指是按照一定规则编码在内在属性之上的，换言之，指称随附于行为的倾向。

问题在于，有因果作用的方面是唯我论性质的东西，与外在事态无关，而关系性的东西又没有产生因果作用，因此关系性的心灵及内容如何可能产生因果作用呢？麦金认为，只要对内容的构成要素做出适当的区分，就能化解上述难题。因为在解释人的行为时，我们常诉诸的是知道、记住、知觉等命题态度。其实命题态度是混合物，而作为混合物，它们既离不开外在的世界，又离不开内在于头脑中的结构。两种因素的作用是不同的，如内在的构成因素有因果作用，而指称属性则没有这种解释作用。

两种因素如何连接在一起呢？这可由目的论来回答。从内在方面讲，存在着一种因果机制；从外在方面讲，这种机制具备一种关系功能。这种机制被设计出来以执行那种功能，即使此功能不能从内在的特征中解读出来。上述两种因素之间的关系正像因果机制与其生物学目的之间的关系，比如说，愿望的产生就是一种因果机制，而这种因果机制又产生了可以满足愿望的行为。这是内容的内在因果作用方面。该机制被设计、安排出来以服从某种目的，如引导有机体对某种环境特征做出反应，这就是内容的外在关系因素。机制与机制之间的相互作用，正好像一种心理状态与另一种心理状态结合在一起而产生行为一样。

既然机制是由它被确定要做的事情所决定的，而不是由它实际所做的事情所决定的，因此机制的作用可以改变，以致因果作用可以偏离它的外在内容。这样，因果作用与外在内容之间就存在着一种松散的一致性。明白了这一点，就不难说明，内容为什么能产生与它表征的东西不一致的作用。这是因为，有特定内容的愿望可以在心中产生与其内容不一致的作用，而产生与其他愿望相一致的作用。内容的两个因素只有在严格的功能与实际的因果作用一致的情况下，才相互连接在一起，协调运行。

但问题是：表征是信念内容的基础，而表征又以什么为基础呢？麦金的回答是，心理状态的表征内容必须根据生物学功能而加以理解。具体地说，心理状态的关系功能是与它所关于的东西相一致的。大脑是身体的一个器官，是具有固定内容的功能的基础，是心灵具有表征事态能力的基础，因此它必然有获得内容的功能。这功能依赖于某种结构，这里的追问实际上已涉及自然化领域。

第二节　问题诊断与"生物学转向"

弗里德曼在评价过去几十年人工智能的成绩时不无沮丧地说："近四十年光景里人工智能领域并没有什么实质性的突破。"[①]这不是弗里德曼一个人的忧虑，而是许多人共同的困惑。为了找到答案，人们纷纷打破常规，从

---

① [美] 戴维·弗里德曼：《制脑者：创造堪与人脑匹敌的智能》，张陌、王芳博译，生活·读书·新知三联书店 2001 年版，第 29 页。

不同的方面进行探索。麦金的方案就是这种探索的一个结果。它的思路是这样的，既然人工智能与人类智能的根本差别在于后者具有有意识的意向性，能主动形成与世界的信息关系，因此要想建模真正类似于人类智能的人工智能，就得设法让它享有真正的意向性。而要如此，就得弄清人是如何获得他的意向性的，弄清人为什么具有意向性。要做到这一点，又必须研究它是如何来的，研究大自然是如何设计和缔造它的。因此，当务之急是向大自然这位设计师和缔造者学习，研究它缔造人类智能的历史过程。质言之，要创造出有意向性的人工智能，最好的办法是推进生物学转向，即向创造出了人类智能的大自然这一“建筑大师”取经或学习。这是当今人工智能研究领域中许多有识之士的共识。麦金也持此立场，不过对任务作了更为明确的表述。例如，他在其《心理内容》一书的第三部分明确提出和论证了“心智的建筑术”概念，倡导要研究大自然设计、制造意向性的方法和途径。

要弄清大自然设计、制造意向性的方法和途径，有两点最为重要，一是探讨应从什么角度来观察意向性；二是探讨意向性的机制是什么，以及大自然是如何将它设计、制造出来的。用麦金的话形象地加以表述，这一研究就是要探讨心灵的建筑术或建造术。毫无疑问，完成心灵设计和建造的当然不是神，更不是人自己，而是大自然中客观存在的进化、物竞天择等客观力量，即鬼斧神工的自然力量。要想模拟人类心智及其意向性这一“天造地设”之构造和特性，就必须弄清大自然所用的“鬼斧神工之技”。他强调，他在这里思索的问题并不是传统的概念分析问题，如“具有内容的先天的充分必要条件是什么”之类的问题。同时他也不关心适合于用先验论证予以解决的问题，因为我们不能根据内容概念想象出它的基础一定是什么。他说：“我考虑的问题属于推测性、探索性的经验心理学的问题，我想知道的是，哪一种（高阶经验假说）能最好地解释像我们这样的表征系统的已知特征。我要推

测，什么样的机制支持着有内容状态的持有和加工。"[1]他还认为，研究意
向性的机制或生物结构，绝不意味着要把意向性还原为某种物质的东西，而
是要弄清意向性的一系列特征、作用是由什么结构、机制实现或体现出来的，
这些结构、机制是如何被塑造出来的。因此这里要追问的是意向性得以产生、
存在和发挥作用的条件与基础，或者说是"内容的结构基础，即让认知机制
成为可能的条件"。

第三节　模型方法与心灵建筑术

在解决上述问题时，我们可以从思考这样一个问题开始：如何建造一种
能完成内容归属的装置？进化曾碰到过这样的问题，现在的人工智能也有这
个问题。内容有适应生存的作用，而基因有让内容得到例示的作用。人工智
能设计者要想模拟进化所做的事情，就应设法弄清进化是怎样解决上述问
题的。

要解决这一工程问题，需要哪些条件呢？应如何把它们拼在一起呢？要
用什么样的原理才能设计出有表征内容的机器呢？如果我们知道这样的系统
如何被建造，那么我们就能形成关于如何建造这种系统的有用的假说。如果
我们能缩小各种可能设计的范围，那么我们就有条件制定设计有内容的机器
的方法。麦金说："我的问题属于所谓的心理建筑领域的问题，即探讨心理
系统是如何被建造出来的——心灵大厦如何从地面拔地而起——以及通过什
么样的设计原理让心理能力被创造出来。"[2]这个问题与生物学中的类似问
题有相似性，如大自然如何构造出了一种能完成基因遗传的装置。很明显，
生物之所以能遗传，那是因为有相应的结构。可以设想，通过追问如何才能

---

① McGinn C. *Mental Content*. Oxford: Blackwell, 1989: 170.
② McGinn C. *Mental Content*. Oxford: Blackwell, 1989: 171.

设计一种能遗传的机制，我们便能得到关于 DNA 和双螺旋结构的观点，这种结构是陆生有机体的实在的机制。心理建筑学也是如此，也可以提出这样的设计问题：心灵是怎样建造出来的？

一种看法是，表征系统是处理句子的装置，也就是说，心灵是句法机。如果你想创造一个能表征事态的心灵，那么你就得创造一台能储存和加工语言符号的机器，其句子结构有语法、逻辑形式、正字法和语义学。内容的机制就是思想语言。在一些人看来，这是进化已解决了的问题，现在则应是人工智能专家追寻的目标。麦金认为，这一方案尽管有其合理性和可操作性，但过于理想，且与心灵建造的实际历史有很大的差距。根据他的看法，最有前途的方案应是目的论与模型理论的合璧。只有将这两方面结合起来，才有望解决心灵建造术的工程学问题。

麦金认为，心灵建筑术中最好的理论是被心理学家所熟悉而为哲学家所陌生的模型论，它主张思维以心理模型为基础。其雏形是由克赖克（K. Craik）在《解释的本质》一书中提出来的。他在行为主义盛行的时候，以大无畏的理论勇气捍卫了心理现象的存在地位，尤其是为内在的结构和过程进行了辩护，认为思维的根本特性之一是它能预言未来。例如，要建造一座桥梁，就要思维。而在这个过程中，思维会对它的安全性、承载力、寿命等给出预言。这里所经历的思维过程如下：①把外在事件、过程"翻译"成词语；②通过推理进到符号加工层次；③重新把这些词语翻译成外在的事件和过程。克赖克认为，这些步骤也可在机器上加以模拟，由此便可建构出模型：①用模型把外在过程"翻译"成它们的表征；②通过机器过程过渡到其他表征（齿轮之类）；③重新把这些翻译成原来的物理过程。在他看来，后一过程就是前一过程的模型。它无须完全相似于真实的过程。但是两者起作用的方式在许多基本方面是一致的。[①]

当代模型论最有影响的倡导者是约翰逊-莱尔德。他曾工作在剑桥，因此人们有时把模型论称作剑桥论。他首先在模拟密码与数字密码之间作了区分，认为这是模型理论的核心内容。模拟密码是由符号构成的，其属性随着被表征事物的功能变化而变化，地图册就是典型。而数字密码则不同，其特征独立于被表征事物的属性。在模拟密码中，被表征事态的属性反映在密码本身的特征之中。而在数字密码中，情况则不同。在这里，表征关系是任意的。总之，对象与符号之间的协变是模拟密码的重要标志，而独立性则是数字密码的重要特征。自然语言是数字密码，因为其句法和语音特征并不完全随着指称属性的变化而变化，二进制密码也是这样。

模型理论能说明什么呢？麦金以上述分析为基础给出了自己的回答并进行了发挥。他认为，这一理论的提出，目的是要说明内容（人的、亚人的）的基础。他说："克赖克实际所阐发的以及我至今坚持的那种雄心勃勃的理论就是主张，模型凭自己就足以实现内容，而不依赖于其他的表征系统。因此模型为关于内容的理论提供了一种自足的基础。"[②]模型尽管可以被称作内容的基础，但稍作思考便会发现，它必然碰到塞尔"中文屋论证"所提出的问题：对模型本身的加工似乎无关于外部世界，而人的意向性总是关于它之外的东西的。不仅如此，它还会碰到"小人难题"[③]。正像地图要发挥表征的作用需要有人来阅读它一样，模型要表征外在的事态，也需要有一个内在的小人（模型建造师、解释者）在那里"阅读"。而内容到了小人心中又成了模型，要让它关联于外在事态，又需要一个上一级的小人来"阅读"，如此类推，以致无穷。

---

① Craik K. *The Nature of Explanation*. Cambridge: Cambridge University Press, 1967: 1-26.

② McGinn C. *Mental Content*. Oxford: Blackwell, 1989: 184.

③ 小人难题，即把心灵理解为人一样的存在所碰到的与科学解释不一致的难题。

　　麦金认为，的确有这样的问题。他提出的解决办法是，将模型置于因果-目的论的情境之中。因为模型并不等于意向性，模型也没有做意向性所做的一切事情，它只是意向性的基本结构，或结构基础。只有模型，还不能实现意向性。如果它要产生意向性或内容，还要有目的。只有当模型出现在某种包含着目的、行为倾向和因果相关事态的网络的背景之中，它才能现实地使内容显现出来。没有这种背景，心理模型就是没有生命的。有了它，心理模型就能成为意义的携带者，进而有机体才有充满语义性的生活。

　　麦金的具体操作是，改造利用已有的目的论语义学的成果，并把它们运用到对模型的自然塑造的说明之中。其基本观点是，人类心灵中的心理模型具有意向性，能表征世界，完全是进化、自然选择的结果。因为意向性是一个自然的事实，就像皮肤包含色素，其功能是让有机体免遭太阳射线的伤害一样。同样，正是模型的机制构成了模型之功能的基础。而这是自然缔造者使然。塑造意向性的工程师把意向性建立在模型的基础之上，这有特定的目的论原因。模型把人与世界关联起来是通过完全自然的关系来实现的。

　　问题是：如何具体地运用自然机制、过程或关系来说明心灵指向外在事态的能力？对"意向射线"的自然解释是怎样的？麦金给出了自己的回答，那就是反复强调把目的论与模型论结合起来，他说："模型理论作了深入的探讨——它让我超出意向概念的魔术般的怪圈，它把意向关系解释为模拟关系（辅之以自然目的论）。"[1]他还认为"大脑作为一种有意向性的机器，有其构造复杂的模拟结构的必要资源"，因此一旦出现相应的因果关系和条件，它就会产生内容，即让意向性现实表现出来。[2]怎样把目的论与模型论结合起来呢？如图 10-1 所示。

---

① McGinn C. *Mental Content*. Oxford: Blackwell, 1989: 197.

② McGinn C. *Mental Content*. Oxford: Blackwell, 1989: 198.

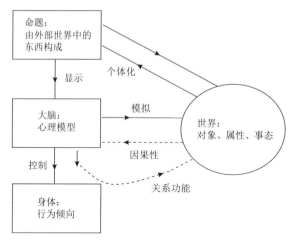

图 10-1　模型在目的论因素作用下塑造意向性的具体过程

上面第一个方框说的是，我们有命题，而命题描述的是世界上的事态，同时又通过指称世界而个体化。从存在方式来说，命题存在于"逻辑空间"之中。从与大脑的关系看，它显示的是头脑中的状态，而头脑中的状态又是实现命题态度的基础。这种基础就是第二方框中的心理模型。命题内容及其状态不在头脑之中，因为它们是由外部世界而个体化的。心理模型在头脑之中，命题内容以之为基础而得以实现。反过来，心理模型又间接地由这些内容所显示。从它与外界的关系看，心理模型处在与外部世界的模拟关系之中。它一般由被模拟的实在所引起，在心理模型的原因论中还存在着认知的产生性、繁殖性。这里的原因既指共时态的原因，如当前的表征所由以引起的原因，也指历时态的、进化史上的原因。因为某模型与相应事态在进化历史中所形成的固定关系决定了它们的表征关系。模型一旦在进化史上形成了，一方面，其构成了意向性的功能基础，只要有相应的对象出现，它就会"指向"它；另一方面，模型一经形成，也是身体的运动控制的原因基础，即行为倾向的基础。就世界上的事物来说，它们有关系性的固有功能。所谓关系性功能是指引起有机体以某种能满足有机体需要的方式行动。虚线表示的就是这种关系。到此可以发现一种循环，即从世界到命题，从命题到模型，从模型到关系功能，再由这种功能到世界。就内容理论来说，模型是一种实现下述功能的结构，这种功能在与有关条件（目的、因果相关事态、行为倾向等）相互作用时便产生了显示模型的命题。至于心灵本身，则不在头脑中，即使那里有它的结构机制和基础。在图 10-1 中，下面两个方框与世界的环形虚线表示的就是心灵，它没有实体，是一种关系属性。而人则是实体，由下面两个方框构成，因为它不由世界而个体化。[①]

总的来看，麦金像塞尔等一样看到了几十年来人工智能发展的瓶颈问题，即人工智能之所以还不是真正的智能，是因为它还只是句法机，而不是语义机。为摆脱困境，麦金作了大胆的想象和探索，别出心裁地提出，人类要建造出类似或超越人类智能的智能，不能闭门造车，不能异想天开，而应有实际的参照，应寻找学习的榜样。这个榜样就是大自然这位心灵的设计师和建筑师。现今立志建造人工智能的建筑师所处的状态其实类似于生命诞生之际大自然设计师所处的状态。它白手起家，从无到有，经过它的缔造之手终于创造出了人类的心智及其意向性。这个过程是我们人工智能专家最好的教科书。麦金经过对这本教科书的破解，经过对大自然这位心灵建筑师的活体解剖，形成的发现是：大自然之所以为人类创造出了有意向性的心智，是因为它用它的进化之手为它安装了特定的心理模型，它能模拟世界，从而使自己的思维、综合、想象、创造等都关联于世界。因此人工智能的当务之急，一是研究人类心智及其意向性是如何被进化出来的；二是对它作静态、活体解剖；三是建构关于意向性的模型；四是将所得的启示、教训灵活应用到机器之上，即让机器实现意向性。麦金在这四个方面都做出了自己的尝试，但显然是不够的，只是开了一个好头。

---

① McGinn C. *Mental Content*. Oxford: Blackwell, 1989: 210-211.

小 结

　　人工机器所表现出的智能在许多方面已远胜于人类智能，但它只能按形式规则进行形式转换，缺失了人类智能所具有的意向性。摆在人工智能研究面前的一个瓶颈问题就是研究如何让智能机器具有意向性。围绕这一课题已诞生了许多新的方案，美国著名心灵哲学家麦金的"意向性建筑术"无疑是其中一朵耀眼的奇葩。麦金认为，要想建构真正类似于人类智能的人工智能，就得弄清人是如何获得他的意向性的。因此，首先必须研究大自然是如何设计和缔造它的。当务之急是向大自然学习，研究它缔造人类智能的过程和"建筑术"。

第十一章
关于意向性的 BDI 模型与 AI 建模的方向问题

关于意向性的建模尝试主要得益于两种力量的推动。第一种力量来自方法论上的考虑。一般而言，要研究复杂对象，一般要借助模型方法，为其建构模型。第二种力量来自"自主体研究"的"回归"。"回归"这一概念是史忠植先生提出的，其恰到好处地概括了当前 AI 研究的走向及特点。他说："主体概念的回归并不单单是因为人们认识到了应该把人工智能各个领域的研究成果集成为一个具有智能行为概念的'人'，更重要的原因是人们认识到了人类智能的本质是一种社会性的智能。……构成社会的基本构件'人'的对应物'主体'理所当然地成为人工智能研究的基本对象。"[1]罗思（B. Hayes-Roth）说："智能的计算机自主体既是人工智能的最初目标，又是人工智能的最终目标。"[2]这里说"回归"，的确意味深长。因为 AI 研究作为一门学科，创立之初就是从人这一智能自主体开始的，但后来在 AI 的具体行进过程中，由于各种原因，它忘却了自己要模拟的真实原型，而遨游于带有更多想象色彩的虚幻智能世界。当彭罗斯、塞尔等的警钟伴随着 AI 研究的许多"事与愿违"现象而敲响时，人们似乎恍然大悟：我们离真实的智能自主体走得太远了。因此回归势在必行，并已成了 AI 研究最引人注目的现

① 史忠植、王文杰：《人工智能》，国防工业出版社 2007 年版，第 11-12 页。
② Hayes-Roth B. "Agents on stage: advancing the state of the art of artificial intelligence". *Proceedings of the 14th International Joint Conference on Artificial Intelligence*, 1995, 1: 967-971.

实呼唤。史忠植先生在概括自主体建模的状况时指出："目前对主体和多主体系统建模的工作受 Bratman[①]的哲学的影响很大，几乎所有工作都以实现 Bratman 的哲学分析为目标。"[②]如果是这样，那么我们对它做出反思、研究就将具有广泛而重要的 AI 哲学意义。即使这一建模工作的影响没有那么大，也不妨碍我们这里的讨论，因为它毕竟是关于智能解剖的一种哲学工程学尝试，是该领域的一种倾向或代表性理论。

第一节　基本概念分析与人类心智解剖

布拉特曼是美国关心 AI 和认知科学的、颇有建树的哲学家，其有关理论在 AI 研究中颇有影响。20 世纪 80 年代，他在斯坦福研究所工作，与同事一道承担了一个名为"理性自主作用"（rational agency）的研究项目，后又于 1987 年出版了他的研究成果——《意向、计划和实践性推理》一书。该书系统表达了他关于意向性、自主体的基本看法，阐述了他为人类心智所建构的作为 AI 模拟基础的模型，即关于信念-愿望-意向的模型。将这三个词的英文的第一个字母合在一起可简写为 BDI 模型或 BDI 自主体模型。从本质上说，这一模型既是他解剖人类心智的结论，或者说是他关于心灵的哲学，又是他为 AI 模拟、超越人类心智所提供的，具有工程学指导意义的模型。

他的理论的出发点是计算主义，而基本立场是反计算主义。他指出：从刺激到行为输入的中间过程，绝不只是一个映射、纯形式的转换或理性计算的问题。因为它还涉及意向、计划、信念等的作用。他说："根据这种概念，关于实践理性的理论绝不只是一种纯粹的关于理性计算的理论。确切地说，

---

① 中文译为布拉特曼。
② 史忠植：《智能主体及其应用》，科学出版社 2000 年版，第 12-13 页。

其他过程和习惯在理性系统中都起着重要的作用。"①他的目的就是要建立关于这一中间过程的、没有遗漏的全面的理论，以便为 AI 的建构和发展提供理论基础。他试图回答的问题是：当我们放弃计算主义时，当我们把指向未来的意向和计划及其作用当作引起进一步的实践推理的输入时，我们关于心灵和理性自主体的概念会有什么变化？为回答这个问题，在 1981—1985年，他对自主体、行动、意图、信念、计划等做了大量研究，发表了大量论文，如《意图与目的——手段推理》《严肃看待计划》《意向的两个方面》《戴维森的意向理论》等。

在解决上述问题的过程中，他承认他受到了戴维森等著名哲学家的影响。他说："是戴维森唤起了我对行动理论的兴趣，后来，佩里（J. Perry）作为我在斯坦福的同事，多年来一直保持与我交流，从而大大发展了这些兴趣。"②从实际效果来看，戴维森关于意向之类的心理事件与行动关系的理论的确在布拉特曼的思想中留下了深刻的印记。至少从形式上说是这样，因为戴维森的许多概念、范式和表述方式为他所借用。在借鉴戴维森等的意向学说的基础上，布拉特曼从两方面作了自己的创发性研究。一是探讨了心灵哲学和行动哲学中涉及意向、意志、信念、行动等的哲学问题。他说："我的说明的优点之一就是有助于厘清这样的关系，即心灵和行动哲学、合理性理论、道德哲学中的某些问题与那些很容易区分开并逐一予以解决的问题之间的关系。另外，这种说明还有助于与心灵哲学中特别强调知觉和信念在理解心灵与智能中的作用的倾向进行论争。"二是为将这些理论成果转化为 AI 的应用研究作了大胆探索。他强调：他分析的直接对象是人类这样的智能自主体，但又间接地涉及类似于人的智能构造。在他看来，对人的分析有助于我们更好地理解其他的自主体，有助于建模人这样的自主体。他说："通过对意向两

① Bratman M E. *Intentions, Plans, and Practical Reason*. Cambridge: Harvard University Press, 1987: 50.
② Bratman M E. *Intentions, Plans, and Practical Reason*. Cambridge: Harvard University Press, 1987: viii.

面性的认识，我们便使自己更有条件把意欲（intending）状态当作我们关于智能构造的概念体系中的独特的核心要素。"[1]这也就是说，要想建造人工智能，首先得认识和模拟人类自主体中的意向、意图等功能状态。

布拉特曼的分析从常识或民间心理学入手。当然他也试图做出自己的超越。不过，他的超越不是质上的，而只是量上的。例如，他认为，常识心理学只是用意向概念描述我们的行动和我们的心理状态，而未从理论上说明它们之间究竟有什么关系，是如何相关的。他的意向理论恰恰是要对这种关系做出理论的说明。他说："常识心理学在根据意向的某种根本概念划分出行动和心灵状态时，显然承认这里存在着某种重要的共同性。而我们的问题是，通过说明意向行动与行动的意欲之间的关系来说明这种共同性是什么。"[2]

在阐述意向等概念时，布拉特曼首先承认，它们是常识心理学构架，其核心内容就是把意向或意图看作至关重要的东西，因此应特别关注。他说："一般来说，意向是我们这样的有限自主体所制定的更大、有偏向性计划中的构成要素。"[3]从关系上说，它有两副面孔，一面关联着意向行动，一面关联着计划。从构成上说，意向有值得注意的三种作用：第一，通过前态度控制行为；第二，发挥惯性作用；第三，为进一步的实践推理提供输入。从种类上说，有以下三种意向：一是慎思性意向，二是非慎思性意向，三是权谋（policy-based）意向，即临时性、应急性的意向，它介于前两种意向之间。如果从时间上分类，则可认为有指向未来的意向和指向现在的意向两种。后者的特点是包含着一种对未来行动的承诺。这种承诺部分源于这种意向在我们生活中实际所起的作用，部分源于它应该起的作用。这也就是说，承诺有描述的和规范的两个方面。从作用上说，意向有两种解释作用：一是会引起

---

① Bratman M E. *Intentions, Plans, and Practical Reason*. Cambridge: Harvard University Press, 1987: 167.

② Bratman M E. *Intentions, Plans, and Practical Reason*. Cambridge: Harvard University Press, 1987: 111.

③ Bratman M E. *Intentions, Plans, and Practical Reason*. Cambridge: Harvard University Press, 1987: 27.

进一步的目的−手段推论，如考虑如何到达某一目的；二是引起由信念引导的活动。意向与实践推理、能引起活动的信念及其他状态之间，存在着将它们关联起来的规则。因此，要认识和模拟人的意向，必须研究这种规则。

所谓规则"指的是一种向着平衡的一般倾向"①。例如，如果一个人注意到了他的意向具有不现实性，他就可能做出调整，如果其意向与他的信念、愿望不一致，他就会设法使之一致。总之，意向不仅在合理性行为中发挥重要作用，而且在自主体的评估中也是如此。

布拉特曼的意向理论的独特性不仅表现在把意向理解为独立的心理状态，而且还表现在试图根据计划来说明意向。正是因为有此特点，他才把他的理论称作关于意向的计划理论。

意向的计划理论中最关键的因素当然是计划。布拉特曼说："关键的事实是，我们是有计划的自主体"，而计划之类的现象与意向密不可分。②例如，每时每刻，人只要是清醒的，就要做计划，而要做计划，就要进行选择。要选择，就得想，就得权衡、分析，就得谋划。当然有的计划复杂，有的简单。总之，要理解我们是什么样的存在，就得理解我们人类能做计划的特点。他说："作为有计划的自主体，我们有两种关键能力。一是我们有按照目的行动的能力，二是有形成和执行计划的能力。"③由于同时具备这两种能力，因此人才成了真正意义上的人，人才是理性自主体。其他的非人事物不可能同时具备这两个方面，至多只有一个方面。

从理论上说，计划不仅对人有不可或缺的作用，而且"对于意向理论来说，计划在我们生活中的作用也至关重要。尤其是，它们对于说明意向的本质、避免关于指向未来的意向的怀疑主义，有重要的作用"④。布拉特曼说：

---

① Bratman M E. *Intentions, Plans, and Practical Reason*. Cambridge: Harvard University Press, 1987: 125.

② Bratman M E. *Intentions, Plans, and Practical Reason*. Cambridge: Harvard University Press, 1987: 2.

③ Bratman M E. *Intentions, Plans, and Practical Reason*. Cambridge: Harvard University Press, 1987: 2.

④ Bratman M E. *Intentions, Plans, and Practical Reason*. Cambridge: Harvard University Press, 1987: 3.

"计划的不完全性和层级性与迟钝性结合在一起,使许多意向表现出混合的特性，如在某一时刻，一个新的意向或行动可能同时表现出慎重和不慎重的特点。"[①]什么是计划呢？从作用上说，计划是一种协调人际行为关系、协调我们自己的生活、有助于人们做出审慎的行为的内在过程。从构成上说，计划有作为抽象结构的计划和作为心理状态的计划。像我们人类这样的有限自主体所独有的计划还有两个特征。"第一，我们的计划一般是不完善的，即允许后来补充、修改和完善；第二，我们的计划一般有层级结构。如关于目的的计划包括关于手段和辅助性步骤的计划。"[②]

计划之所以发挥这样那样的作用，是因为计划有特殊的内在条件，即背景构架。布拉特曼指出：计划要做出来，离不开相应的背景构架。这种构架包括的因素有：在前的意向和计划，各种确信、认同，以及其他的态度等。计划要发挥协调行为、培养审慎思维的作用，还必须满足以下条件，如"一致性约束"，即计划要协调行为，就应有内在的一致性。其次，计划的目的和手段应有相关性。他说："这两个要求的满足，对于计划成功地在协调和控制行为中发挥作用是必不可少的。"[③]

意向与信念也有密切的关系。在布拉特曼看来，信念不仅有不同的形式，还有不同相信程度的信念，如深信不疑、相信、较相信、半信半疑、不太相信等。一般来说，一个意向的出现，常常依赖的是程度较高或主观概率高的信念。当然在有的情况下，意向也可能与信念不一致，如对于深信的东西不一定有意向。

意向的计划理论最后也是最重要的内容就是说明意向与意向行动的关系。该问题之所以重要，是因为，要使人工智能表现出意向行为，必须研究

① Bratman M E. *Intentions, Plans, and Practical Reason*. Cambridge: Harvard University Press, 1987: 30.
② Bratman M E. *Intentions, Plans, and Practical Reason*. Cambridge: Harvard University Press, 1987: 29.
③ Bratman M E. *Intentions, Plans, and Practical Reason*. Cambridge: Harvard University Press, 1987: 31.

它的决定因素，研究它与意向的关系。在两者的关系问题上，通常有两种解释说明的方式，第一是信念与愿望模型。它认为，意向行为并不会涉及独立的意向状态，因为只存在信念和愿望之类的状态，意向性存在于它们之中，由它们分别表现出来，因此不存在独立的意向状态。第二是简单的观点。它走向了另一极端，认为任何意向行为永远离不开如此行动的意向。布拉特曼不赞成这两种观点。他尽管也承认意向是独立的心理状态，行动的意向性依赖于它与意向状态的关系，但他拒绝将简单的观点强加给它们之间的关系。他认为，即使对于意向 A 来说，某主体一定想做某事，但他没有必要想到做 A。他说："我主张应放弃简单观点的假定，因为它简化了这里的关系。"在他看来，这里的关系十分复杂，行动之所以是意向的，只能说部分取决于它与意向的关系。他说："决定什么被意欲的因素与决定什么被意向地做出了的因素并不是完全重合的。"①在意向地行事时，的确存在着某主体所意想的某个东西，但这并不是他有意向地做的事情。比如说，有这样的情况，某主体有意向地做事情 A，他并没有对 A 的意欲，而只是想要 B。也就是说，意向与意向行为的关系极为复杂，是一种包含意向、愿望、信念和行为类型四种因素的四位关系。他的理论想要说明的是，基于某种信念和愿望背景，什么类型的行为在执行某种意向的过程中被有意向地做出了。这种说明引出了意向的动机性潜能（motivational potential）概念。

布拉特曼通过对意向的解剖，发现了动机性潜能在其中发挥的关键作用。在他看来，意向想得到什么，就是根源于这种潜能。不仅如此，这种潜能还可能扩展，延伸到间接的意向之物之上。例如，尽管某人基于他的动机性潜能所想要的是 B，但他又相信：追寻 B 的行为会产生 X，于是他便又会有意向地产生 X。可见"动机性潜能可由人的某些信念而被扩展"②。另外，确

① Bratman M E. *Intentions, Plans, and Practical Reason*. Cambridge: Harvard University Press, 1987: 119.

② Bratman M E. *Intentions, Plans, and Practical Reason*. Cambridge: Harvard University Press, 1987: 124.

信对行为也是至关重要的。确信存在于在前的意向和计划的背景之中。这对我们理解意向发挥作用的内在过程和机制极有帮助，对于人工智能的实践研究也有启发意义。那就是要让意向发挥作用，还必须有相应的背景构架。而在这种构架中，必须有确信这样的资源。他还强调：对责任的意识其实是人的意向和计划的一个必要方面。尤其是在做出对他人、社会有利害关系的行为时，意向和计划中更少不了这种因素的作用。他说："对责任的关心促成了我们对行动的描述。……一旦认识到意向的这两个方面，我们便更有条件把意向状态当作我们关于智能构架的理论中的独特的和核心的方面。"[1]这里所说的意向的两个方面即意向的理论推论和道德评价。至于意向性，他的看法是，意向性就是目的性，它反映的是行为的慎思的、合理的组织程度，当达到了意向性时，一个人就会通过完成一系列随意的行动而使计划或预期的结果出现。[2]

基于上述分析，布拉特曼提出了一个关于意向行为的"标准的三元组"。它是由三个因素所组成的集合体，它们分别是：①想做事；②所做出的事情；③有意向地去做。从目的上说，这三个因素的目的是不完全相同的，如第一个因素的目标是被意欲的事情，第二个因素的目标是努力要取得的东西，第三个因素的目标是要有意向地做的事情。他说："在典型的意向行动中，我们不仅有'标准的三元组'中的全部三要素，而且还有对它们的目标的匹配。"[3]

布拉特曼自认为，他的意向理论是一种别具一格的理论，因为它追求的是对于心灵和行动的新理解。从内容上说，它既不同于否定意向状态独立存在性的信念、愿望理论，又不同于否认信念、愿望、意向有原因作用的理由

---

[1] Bratman M E. *Intentions, Plans, and Practical Reason*. Cambridge: Harvard University Press, 1987: 167.

[2] Bratman M E. "Planning and temptation". In May L, Clark A, Friedman M (Eds.). *Mind and Morals*. Cambridge: The MIT Press, 1996. 转引自 Gillett G, McMillan J. *Consciousness and Intentionality*. Amsterdam: John Benjamins Publishing Company, 2001: 11.

[3] Bratman M E. *Intentions, Plans, and Practical Reason*. Cambridge: Harvard University Press, 1987: 167.

观，因为它把意向当作不同于信念、愿望的心理状态，强调把意向和行动看作理解心灵与智能的最关键的方面，同时在根据计划说明意向的本质、构成与特点的基础上，论证了意向行为由多种因素共同促成的观点。

第二节　概念框架与关于意向性的 BDI 模型

在上述理论分析的基础上，布拉特曼提出了自己关于意向性理论模型的概念框架。它是基于对人类自主体的解剖而建构起来的。他提出：人之所以是有真正的自主性、意向性的自主体，是因为其有理性，并能自主决定、驱动自己的行为。人的行为与信念、愿望以及两者所组成的计划有密切关系，但又不是直接由它们决定的。质言之，行为之所以产生，除了离不开上述因素之外，还依赖于意向。而意向以信念为基础，存在于愿望与计划之间，同时离不开自主体的作用，如它所做的承诺。所谓承诺就是自主体决定要做的事情，一旦对要做的事情作了选择，就等于作出了一种有效的承诺。总之，人之所以能做出自主行为，是因为人能基于环境的知识修改内部状态，实现状态变迁，最终达到某种目的。这里有一个从认识变化到行为输出的因果作用过程。基于这样的人类心智解剖，布拉特曼像许多有此倾向的学者一样强调，这里首先要研究的是信念、愿望、意图三要素的关系，探讨如何将它们形式化，然后再来建立关于这三要素的原始模型。

布拉特曼在其意向理论的基础上建立了关于意向性的模型，即 BDI 模型。这一模型的特点在于，通过对命题态度及其关系的简化、形式化，较清晰地揭示了人类自主体的结构。在他看来，这种结构是由信念、愿望、意图、计划、思考等因素构成的复杂动态系统，他将其称作 IRMA（intelligent resource-bounded machine architecture），即以理智资源为基础的机器结构。后来，乔治夫等开发出了"实践推理系统"，它被应用于空间飞行器反应控制系统的故障诊断和澳大利亚悉尼机场的航空管理系统之中，产生了较大的商业价值。

在 BDI 自主体模型中，基本的构成要素是信念、愿望和意向之类的数据结构和表示思考（确定应有什么意图、决定做什么）、手段–目的推理的函数。其中，意向的作用最大。因为意向一旦形成，行为便被确定了，剩下的事情就是一个演绎推理的问题。而有什么意向，则是由自主体当前的信念、愿望决定的，或者说，是由信念、愿望、意图三者的关系决定的。

从构成上说，自主体的状态是信念、愿望、意图的三元组（B、D、I）。从过程上说，自主体完成它的实践推理要经过 7 个阶段。如图 11-1 所示。

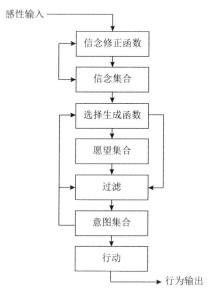

图 11-1　关于意向性的 BDI 模型

由上可知，实践推理共有如下七步。第一步是自主体做出行为的决定。这决定一般与关于感官所提供的环境信息有关，得到信息后，便会产生许多信念。第二步，自主体由于有信念修正函数，便能基于感性输入和已有信念，形成新的信念集合。第三步，自主体选择生成函数：基于已有的信念，形成相应的愿望，即做出可能的选择，在此基础上，运用手段–目的推理过程，确定意图以及实现意图的过程和方法。而要这样，又必须进一步选择，这选择比意图更加具体。这是一个递归式的选择生成过程，通过它，更具体的意图得以形成，直至得到对应于能付诸行动的意图。第四步，通过选择机制，挑选出若干可能的行动方案。第五步，借助过滤函数即自主体的慎思功能，根据当前的信息、愿望和意图，确定新的意图，以便在多种可能行为中做出选择。第六步，分析当前自主体的意图集合。它们是自主体关注的焦点，是它承诺要实现的目标。第七步，借助行动选择函数，根据意图确定要付诸执行的行动。

根据信念、愿望等的关系及动力学来理解人类的心智，进而为 AI 建构相应的模型，这在当前的智能自主体建模中是具有一定的代表性的。史忠植说："当前，人们侧重研究信念（belief）、愿望（desire）、意图（intention）的关系和形式化描述，建立主体的 BDI 模型。"尽管还有其他模型，但几乎都一无例外地使用了民间心理学的意向习语，如信念、意图等。[①]在坚持这一倾向的人看来，信念之类的状态及其内在作用机制之所以如此重要，是因为它们是人类智能的根本构成，是智能得以存在和发挥作用的保证。因为它们包含作为智能之根本特性的意向性。

第三节　AI 建模的基础：是民间心理学还是发展着的心灵哲学？

布拉特曼的 BDI 模型是今日有关领域讨论得最多的理论之一，在 AI 的理论建构和工程实践中享有重要地位，已成了许多工程实践的理论基础。但

---

① 史忠植：《智能主体及其应用》，科学出版社 2000 年版，第 12 页。

应看到，这一模型至少有两大问题。

第一，它的理论基础是常识或民间心理学，而这种心理学在本质上是一种关于心理现象的错误的地形学、地貌学、结构论和动力学。不加批判地利用民间心理学，将把 AI 的理论建构和工程实践引入歧途。我们知道，民间心理学又称常识心理学、意向心理学。它是科学心理学的出发点和批判反思的对象。由于这种心理学知识为每个人持有，故称常识心理学。由于它主要是诉诸信念、愿望、目标、意图等意向状态来解释和预言行为，故称意向心理学。信念之类的状态之所以被称作意向状态，是因为它的根本特征是意向性，即有对外在事态的关于性、意指性。而它们之所以有这样的意向性及其自主性特点，又是因为它们后面有一个自主体。由于自主体具有如此的根本性，因此一直是心灵哲学家、认知科学哲学反思批判的对象。从 AI 对自主体的实际研究来看，许多人认识到，建立关于自主体的模型，就是建立关于信念等意向状态的模型，而这又是真正让智能自主体成为名副其实的自主体的前提条件。这样的想法是好的，但问题是，如果建模所依据的基础不可靠，或在本质上是错误的，那么再好的想法、再大的付出都将无济于事。

我们这里需要清醒认识的是，当代心灵哲学和认知科学有这样一个新的走向，即一直在对民间心理学作严肃的反思，如探讨这种常识的解释图式与科学心理学的解释图式之间是什么关系，它的未来命运是像取消主义所说的那样被科学无情淘汰，还是像一些自然主义者所说的那样被批判地保留。联结主义的诞生对这一争论发挥了推波助澜的作用。从历史进程来说，这一问题最先是由拉姆齐（W. Ramsey）、斯蒂克和加龙（J. Garon）等提出的。如他们曾质问：常识心理学所假定的意向心理状态及其所具有的特征与联结主义理论层面所假定的状态及其特征是对立或冲突的，还是相容的呢？他们的回答是：常识心理学所说的意向状态与某些联结主义模型所假定的状态的特征是水火不相容的，没有一致性、相似性。因此如果新的模型是正确的，那么意向心理学就是错误的。如果是这样，那么又可进一步得出取消论结论。他们的具体论证是，常识心理学所假定的意向状态有三个特征，而它们是联结主义模型所假定的心理状态所不具备的。这三个特征分别是：①语义可解释性。常识心理学认为，意向状态有命题内容，这个内容就其是表征和有真值条件来说，是有语义性的。而且它还认为，表达了命题内容的谓词如"相信猫有尾巴"是可投射的，即能够出现在因果规律之中，另外，这些谓词所表述的属性是心理学上的自然类型。②意向状态具有功能上的具体性、独立性。例如，个体可以不依赖于其他意向状态而独立地获得或失去一个意向状态，之所以如此，又是因为每一个意向状态都是为一子结构编码在一系统之中的，这种编码是不同于其他子结构所编码的意向状态的。因此一个子结构的增加或减少对系统中的其他结构是不会有什么影响的。③因果有效性，即是说，意向状态对于行为不仅有因果作用，而且是独立地行使这种作用的。所有这个特征合在一起可概述为："命题具有模块性。"很显然，联结主义网络不具有这样的特征。例如，在这些网络中，表征是分布式地而非局域性地被储存的。另外，就语义性来说，网络中的单元是不能从语义上予以解释的，因为信息分布在整个网络之中，而非编码在单个单元之中，当然，尽管它们所组成的网络本身没有语义性，但"可以认为它们以集合的方式编码了一组命题"[①]，即可赋予它们以语义性。总之，在他们看来，不能将个别的、具体的命题表征定位在网络的权重和单元之中。至于第三个特征，拉姆齐等指出：既然同一个单元能在不同的激活模式中起作用，既然编码在网络中的信息分布式地存在于许多单元之中，因此对一个单元或单元的集合就不可能做出固定单一的语义解释。既然如此，特定命题的表征就不可能在网络计算

① Ramsey W, Stich S, Garon J. "Connectionism, eliminativism, and the future of folk psychology". In Macdonald C, Macdonald G (Eds.). *Connectionism*. Oxford: Blackwell, 1995: 322.

中独立地发挥作用。[①]总之，常识心理学假定的心理状态根本不同于联结主义所假定的状态，前者的特征在后者中难觅踪影。因此如果联结主义是对的，那么常识心理学的看法就纯属无稽之谈。

克拉克和斯莫伦斯基（P. Smolensky）反对上述冲突论，明确主张无冲突论。当然两人的根据和论证各不相同。前者认为，拉姆齐等之所以主张民间心理学解释与联结主义关于心灵的模型势不两立，是因为他们误解了联结主义模型的实质。其实，联结主义模型所描述的状态可以具有与民间心理学所假定的状态相同的特征。克拉克认为，如果联结主义真的证明了常识心理学是错误的，那么后者似乎真的受到了取消主义的威胁，但事实并非如此。在分析常识心理学所假定的意向状态的三个特征时，克拉克指出：拉姆齐等没有注意到联结主义的描述层次，从这个层次看问题，它们的激活模式表现为语义上的群集性。如果这样来看，那么就会发现，联结主义假定的状态也具有上述三个特征。也就是说，在这个描述层次，联结主义的状态不仅可以从语义上予以解释，而且它们还有相同的群集。既然如此，也可把这些状态看作自然类型。斯莫伦斯基认为，拉姆齐等对联结主义模型之实质的理解是错误的，联结主义所假定的心理状态只是具有常识心理学所假定的心理状态的大多数特征，而非全部特征，因此联结主义可以证明常识心理学是错误的，但一种错误的理论并不意味着它的所有假定都要被取消，质言之，对一种理论的取消论并不能从其错误推论出来，同样，联结主义即使证明常识心理学是错误的，但并不能由此得出关于它的取消主义结论。

关于常识心理学尽管尚有争论，但从总的倾向来看，否定之声居主导地位，其主要根据是，它是一种关于人或心智的错误的地形学、地貌学、结构论、动力学。例如，它是根据外物或个体的人的结构和运动方式来理解心智

---

① Ramsey W, Stich S, Garon J. "Connectionism, eliminativism, and the future of folk psychology". In Macdonald C, Macdonald G (Eds.). *Connectionism.* Oxford: Blackwell, 1995: 327.

的，正如著名物理学家、协同学奠基人哈肯所揭示的那样，它是一种关于心灵的人格化描述。而"人格化地描述"，就必然要面对这样的问题：由谁或由什么操纵作神经元的行为？[1]他说：传统的理论甚至一些新的理论都一致认为，"在人脑内部有一个人起到操纵或组织的作用"。这个人要么是程序员，要么是组织中心。哈肯提出了这样一种新的观点："我并不认为，那种整合是由组织中心、程序员或者由某种计算机程序产生的，我将提出自组织概念。"[2]所谓自组织不是指系统内有一个主体在组织，而是指结构、整体功能由系统自身派生出来。这就是说，他提出了一种关于心智结构图新的、根本有别于传统模型的理论，可称作"协同学的描述方式"。其基本观点是，人的模式识别、决策过程都是由无数神经元以高度规则而有序的方式协作完成的，因此其中没有小人式的实在在那里发挥组织协调作用。[3]他说："我们将把大脑作为协同系统处理。这种观念的基础，是通过各个部分的合作、以自组织方式涌现新属性的概念。"[4]他还说："在协同学中，我们研究的系统由大量的部分组成，因而我们倾向于认为，是微观混沌而不是确定性混沌。"但由于"整个系统的复杂动力学由少数序参量描述"，而"少数序参量完全可以遵守确定性混沌的方程"，因此协同学能阐明复杂系统为何能表现出确定性混沌。[5]

　　第二，布拉特曼自认为自己所建立的 BDI 模型受到了著名哲学家戴维森

---

　　[1]　[德]赫尔曼·哈肯：《大脑工作原理：脑活动、行为和认知的协同学研究》，郭治安、吕翎译，上海科技教育出版社 2000 年版，前言。
　　[2]　[德]赫尔曼·哈肯：《大脑工作原理：脑活动、行为和认知的协同学研究》，郭治安、吕翎译，上海科技教育出版社 2000 年版，第 5 页。
　　[3]　[德]赫尔曼·哈肯：《大脑工作原理：脑活动、行为和认知的协同学研究》，郭治安、吕翎译，上海科技教育出版社 2000 年版，前言。
　　[4]　[德]赫尔曼·哈肯：《大脑工作原理：脑活动、行为和认知的协同学研究》，郭治安、吕翎译，上海科技教育出版社 2000 年版，第 34 页。
　　[5]　[德]赫尔曼·哈肯：《大脑工作原理：脑活动、行为和认知的协同学研究》，郭治安、吕翎译，上海科技教育出版社 2000 年版，第 224 页。

关于意向状态理论的启发。笔者认为，BDI 模型之所以有问题，是因为它包含着对戴维森理论的误读，而这又是他误用常识心理学的一个根源。最关键的是，布拉特曼未能解读出戴维森心灵哲学对民间心理学的辩证否定倾向及彻底的物理主义的实质，而把它理解成了一种对民间心理学的辩护。[①]另外，布拉特曼还有一个误解，那就是没有真正理解戴维森强调诉诸信念、意图等对行为的理由解释是因果解释的意义。在后者那里，信念等的所谓因果解释作用其实是用物理语言所描述的物理事件的因果作用。[②]总之，布拉特曼所理解的戴森思想与实际的思想至少存在着较大的距离。

AI 要建模意向性，无疑必须有相应的哲学理论基础，即必须以哲学、心理学、认知科学关于人类心智特别是意向性的最新研究为基础，简言之，必须以发展着的心灵哲学对心灵的认知为基础。在笔者看来，要利用心灵哲学的成果，一方面，要有对有关成果的准确理解；另一方面，要认识到心灵哲学的"祛魅"或"去神秘化"的新走向，即对常识心理学和传统心灵哲学的批判性反思、解构。心灵哲学这样的工作尽管直接的动机是发展心灵哲学，但对 AI 研究无疑有间接的不可低估的意义。因为这实际上是在为 AI 研究清理地基，以便让其建立在可靠的哲学基础之上。因此要利用心灵哲学的成果，就应关注这种带有"祛魅"性质的心灵哲学。

第四节　AI 建模的若干心灵哲学思考

反观智能的理论探讨和实践模拟，有一点颇令人忧虑，那就是它的正确方向尚不明朗，或者说，对它的前进方向的认识尚有许多误区。不可否认，

---

① 关于戴维森的心灵哲学或解释主义，可参阅笔者关于他的大量论著，这里从略。
② [美]戴维森：《行动、理由与原因》，载高新民、储昭华主编：《心灵哲学》，商务印书馆 2002 年版，第 959 页。

不仅哲学家而且许多 AI 专家已取得了这样的认知，即人工系统要成为像人一样的智能系统，必须表现出有意识的关联特性，即要具有人所具有的那种真正的意向性，有的还从哲学和工程技术上探索了建模这种关联性的可能性根据及途径，其成果有目共睹。但同样不可否认的是，这方面的探索是极其不够的，甚至存在着方向性错误，如布拉特曼的模型就是如此。在做出这一判断和揭示有关原因时，笔者赞成塞尔等的看法，其根本原因是我们对作为我们建模榜样的人类智能以及作为大部分智慧现象之重要特征的意向性缺乏足够的认识。而在这里要想不让我们的智能建模犯方向性的错误，无疑需要对哲学的基础性研究，特别是要有对人类心灵的批判性认知。这至少是 AI 朝着正确方向前进的必要条件。尽管有此必要条件，也不一定会有相应事实的必然发生，但无此必要条件，则可肯定地说，有关事实绝无发生可能。

笔者认为，要想让智能建模朝着正确的方向前进，让人工系统表现真实的智能特性，使其成为接近甚或超越人类自主系统那样的自主体，关键是如实地认识人类的智能及其构造和运作机理，真正实现"自主体回归"，认清人的意向性的特征及标志，意识到现有句法机与人的语义机相比还存在着巨大差距，并积极探寻内在的原因和解决的办法。

不可否认，科学家现在已经建造出了这样的机器人，它们既能跑，又能跳，上下楼梯，甚至玩空中把戏，如索尼的梦想机器人可用于运动表演和交际娱乐。它有 38 个自由度，有对声音的精确定向，有根据图像的人员识别，有有限的语言识别能力，还有 7 个麦克风。应承认，它们只要能根据变化的环境做出适宜的反应，就足以说明它们有一定程度的意向性，甚至还可以认为，它们在根据环境做出反应时不仅处理了由对象转化而来的符号，而且对符号的处理有语义性，不然就不可能做出适当的行为。但同时又必须看到，它们从对象到符号再到行为的过程与相同情境下人的处理过程仍有很大不同。其表现是，机器所处理的当下的一切东西始终是一个东西，如面对对象，对象是一，而面对内部处理的代码，这代码仍是一，最后转化成的行为也是如此。这就是说，机器的处理没有超越性。而人当下面对和处理的东西至少是二，例如面对对象，他可能有很多设想，甚至浮想联翩，更重要的是，他在对内部的符号或代码处理的过程中，只要他愿意，他便可同时想到符号的对象，能知道、了解或理解这个符号代表的是某对象，并有清醒的意识。塞尔把这个意识过程称作理解，并认为这是机器目前尚无法展现的能力。这样说是很有道理的，值得好好体会和深思。另外，人完成加工之后，尽管输出也常常表现为符号或行为，但这符号或行为也是多重因素的统一体，其中尤其是内嵌了多种多样的意义。但这些意义不是依赖于符号而存在的，而是依赖于人的意识或理解而存在的。再者，有的机器表面上有语义解释能力。例如，当要求它解释某个词时，它会提供能够代表正确意义的词汇，文摘生成系统就更是如此了。这些过程与人的同类过程在形式上也没有什么区别。例如，人要解释一个词，也往往要通过说出或写出一个或一组新的词语符号来完成。但人的独特之处在于，说者在说出和解释时还有一个特殊的过程发生，即想到、意识到词语后面的意义，听者在听到符号时，除了接受符号的行为之外，也有一个理解意义的过程。如果这个说（听到）符号、想到意义的过程，不是两个，那也是一个二合一的过程。但机器人对符号的解释过程只有一方面，即从符号到符号的过程。

要模拟人的有意向、语义性的智能，还必须有关于意向性、语义性的科学的建模。这是科学研究以及理论转化为应用的必要步骤。而要予以建模，得有一个关于意向性的正确观念。这在今天无疑是一块难啃的硬骨头，因此可以说，此处是哲学及 AI 研究的一个岔路口，一不留神，走错了道，将陷入死胡同。还应注意的是，正是在这里，民间心理学和传统哲学的二元论掉进了宽不见边、深难测底的陷阱。有时，即使有科学头脑，也难免上当。事实上，AI 研究尤其是自主体研究中有些关于意向、信念之类的模型就已有上当的迹象。依据几十年来心灵哲学的成果，要在这里不上当，就是要做祛魅或去神秘化（demysterization）的工作，就是要解构民间心理学，完成心灵观念的本体论变革。这样做的必要性和紧迫性在于，我们关于心的先见很多是错误的。例如，民间心理学和传统哲学一般是将人内在的一个居于主导地位的心作为毋庸置疑的预设接受过来，进而按设想物理实在的方式类推出心的空间、心的时间以及心的运作方式，好像它类似于物理加工过程，只是它没有形体性。因此从实质上说，已有的关于心的常识和传统理解充斥着隐喻，而非科学的实事求是的构想。这样设想心在以前是"不得已而为之"。以后还这样加以理解，并据以建构模型，那无疑是错误的、有害的，首当其冲的当然是 AI。因为即使是在今天，只要我们稍微用一点批判的眼光，那么就不难发现，关于人心的上述"小人观"肯定是一幅错误、神秘的地图，是必须予以解构的。

与上述讨论密切相关的是，在探讨 AI 建模的基础哲学问题、解剖心灵时，我们务必紧盯认知科学和心灵哲学的最新发展及其成果，而不能倾心于过时的特别是民间心理学的理论。BDI 模型之所以有方向性错误，根本原因就在这里。它利用的是过了时的心理学理论。例如，它对心灵的认识仍停留在关于心灵的事件因果模型的水平，而这种模型正在为最新的认知成果即自主体因果模型特别是自然自主体因果模型所超越。我们知道，人类的智慧常表现在行动上，而行动以及决定行动的选择、作用力一定是有其根源的，这根源不在自主体之外，而在其之内。具言之，自主体内起根源作用的东西要么是事件性因果作用，要么是自主体的因果作用。强调起因果作用的东西是愿望、信念等，即为事件因果模型，这实际上就是 BDI 模型所依据的过了时的民间心理学模型。自主体因果模型是心灵哲学和 AI 研究中伴随"自主体回归"而出现的一种新的关于人类智能结构和动力学的模型。它认为，行动后面的原因是自主体，而自主体有一种负责的、产生内在因果作用的能力。

　　必须看到，心灵哲学还有这样一个成果，那就是，人们通常所说的心智现象存在着描述或语言问题，因此若不多一个心眼，直接把它们当实在理解，将会落入民间心理学的窠臼。戴维森和丹尼特的心灵哲学早已向我们敲响了警钟。马尔的视觉理论告诉我们，在视知觉解释中存在着三个描述层次，第一是计算层次，它描述的是视觉系统完成计算的功能，在人的认知过程中，这个层次涉及的是人的语义的或意向的层次。第二是算法层次，描述的是功能由以被执行的方法、手段。第三是硬件执行层次，它描述的是功能如何从物理上被实现。同理，人的其他认知现象，如语言的获得和产生，都能从这三个层次去描述。这也就是说，对人脑内发生的所谓心理现象，可用不同的方式予以描述。在硬件执行层次，可描述的是神经系统的运作。在算法层次，可描述的是包括语言运用与获得在内的认知过程。在计算层次，语言作为符号系统的结构属性可被描述。从本质上说，马尔的这些思想与戴维森等的解释主义是基本一致的。因为所谓三个描述层次就是关于人脑内发生的过程的三种理论，换言之，每一种理论都是从特定层次对同一过程的解释，当然截取的内容有粗与细、宏大与微妙的差别。

　　要建模意向性，不仅要像过去那样重视从功能映射或从行为效果上去模拟，还要注重结构的模拟。在这个问题上，克里克和塞尔等都有较多、较好的论述，其大方向应是很清楚的。例如，塞尔说："意识和意向性就如同消化或者血液循环一样，都是人类生物学的组成部分。"它们由大脑所引起，又从大脑中实现出来。[①]因此，要模拟意向性和意识就应像塞尔所说的那样去研究大脑，尤其是研究大脑中产生因果作用的结构。因为只有具备与大脑完全一样的因果能力的东西才能够具备意向性，石头、卫生纸尽管可以实现某些程序，但由于不具有相应的因果结构因此不能实现意向性。

---

① ［美］塞尔：《意向性：论心灵哲学》，刘叶涛译，上海人民出版社 2007 年版，导言第 3 页。

要建模意向性，还要关注机制模拟。而要如此，我们又必须全面准确地认清心理状态及其意向性的庐山真面目。毫无疑问，意向性是因其内在关系或"内在的更基本的东西"而具有个体性的。之所以如此，是因为人的心理生活有自己的内在生命，它既有现象性，又有意向性，同时还是一种流，即意识流。①美国哲学家洛尔对心理状态理解中的许多错误观点进行的分析和清理值得我们在建模时注意。在他看来，外在主义、表征主义对心理状态的理解之所以是错误的，根源在于，它们是从关系上、从外在的方面予以规定的，即仅仅看到了它们所指向的东西。如果用表征来规定，那么它们只是强调，心理状态"表征什么"，而关键在于看到"如何表征"，这才是理解它们的关键之所在。洛尔认为，"表征什么"和"如何表征"绝不是毫无意义的、虚妄的区分。这两个概念反映了对心理状态的两种根本不同的理解。前者只注意到了意向性的指称性，仅从意向对象方面揭示它们的本质和结构。而这其实只是它们浅表的方面，不是其本质。它的根本的、独有的特征则在于，它表征事物的特定方式，即"如何表征事物"。②"如何表征"涉及人的心理状态呈现事物的方式或风格。质言之，它们的本质特征在于它的内在性和现象性。这是表征主义、指称主义所不可能触及的方面。以视知觉为例，在洛尔看来，"视知觉的指向性仅仅只是知觉如何表征事物的一个方面……它与知觉把某物呈现为 F 不可相提并论"③。因为知觉还涉及用什么风格或方式呈现事物。如果不这样理解意向性，那么当心理状态没有真实对象在场时，其意向性就无法予以说明。值得特别注意的是，这里所说的"方式"，

---

①　Loar B. "Phenomenal intentionality as the basis of mental content". In Hahn M, Ramberg B (Eds.). *Reflections and Replies: Essays on the Philosophy of Tyler Burges*. Cambridge: The MIT Press, 2003: 230.

②　Loar B. "Phenomenal intentionality as the basis of mental content". In Hahn M, Ramberg B (Eds.). *Reflections and Replies: Essays on the Philosophy of Tyler Burges*. Cambridge: The MIT Press, 2003: 241.

③　Loar B. "Phenomenal intentionality as the basis of mental content". In Hahn M, Ramberg B (Eds.). *Reflections and Replies: Essays on the Philosophy of Tyler Burges*. Cambridge: The MIT Press, 2003: 241.

不能用自然的态度或素朴反映论的观点去理解，而应从现象学上去理解。在这里，考察绘画是有帮助的。很显然，一幅画肯定有"画了什么"和"如何画"的区别。如果只承认前者，那么便陷入了表征主义。但是这对于理解像毕加索那样的大师的绘画作品来说显然是极其不够的。要获得深层的理解和欣赏，唯一的就是要关注绘画是"如何画的"。洛尔说："视觉表征也是如此。""表征的方式像绘画一样不难理解，它是有意向性的。"[①]表示共同属性的概念也有内在的、现象性的意向性。因为这类概念意向上的个体性不只是由外在的关系或类别所决定的，而且同时也受主体内在的看问题的观点、角度的制约。例如，要形成一个关于等腰三角形的概念，必不可少的条件是必须有关于更基本的空间关系的概念，有视觉和触觉方面的认知，有特定的现象性的、意向性的视域，否则就无等腰三角形概念可言。

在认识人心的内在机制及特点时，我们当然还应关注自然主义的探讨及成果。这是当今心灵哲学中在致思取向上根本有别于现象学传统的又一走向。它之所以值得我们在建构意向性模型时关注，是由于它有这样的特点，即既维护自然科学的权威和尊严，又不轻易否认心理学的合法地位，而试图把两者调和起来。其策略就是根据自然科学的术语来说明心理学的概念，实即把后者还原为前者。由于对心理现象的自然化是科学事业的继续，已朝着应用的方向迈出了关键的步骤，因此它为我们从工程学上建模人类心智做了有益的铺垫，是故值得关注。当然，这是一个正在探索的领域，里面的成果五花八门，因此，一方面我们在利用时应小心谨慎，另一方面也值得 AI 领域的研究者结合自身的优势去推进它的发展。在这里，我们特别要关注新生的神经哲学的研究和成果。所谓神经哲学就是同时从神经科学和哲学角度考察心智特别是自由意志的构成因素，如指向性、意图、自愿等，进而建立关于它

---

① Loar B. "Phenomenal intentionality as the basis of mental content". In Hahn M, Ramberg B (Eds.). *Reflections and Replies: Essays on the Philosophy of Tyler Burges*. Cambridge: The MIT Press, 2003: 245.

们的神经哲学理论，如在研究意向性时，着力去探讨神经状态如何表现出意向性。[1]神经哲学有两部分，一是一般的神经哲学，其任务是努力在神经科学中总结提炼有助于心身问题解决的资料，进而建构有神经科学基础的心身理论。二是特殊的神经哲学，其任务是总结、概括神经科学的有关成果，对心灵哲学的具体问题如意向性问题等做出解答。

小　结

尽管已诞生了大量的关于意向性的建模尝试，但令人忧虑和值得深思的是，许多建模所依据的不是研究人类心智最新的心灵哲学和认知科学成果，而是民间心理学。这种心理学在本质上是错误的。不加批判地利用这种资源，将把 AI 的理论建构和工程实践引入歧途。要改变现状，实现突破，无疑需要哲学的铺垫性工作。要建模意向性，首先要意识到这是一项系统工程。在这方面，心灵哲学对意识和意向性本身的探讨及成果尽管没有直接的工程学意义，但由于它们涉及了建模的基础理论问题，至少可看作这项系统工程的组成部分或必要条件。

---

[1]　Walter H. *Neurophilosophy of Free Will*. Klohr C (trans.). Cambridge: The MIT Press, 2001: 29.

第十二章
自主体解析、建模及其哲学问题

在上一章，我们已能感觉到，意向性建模与自主体建模密不可分，特别是在将意向性建模往深层次推进时，我们就必然碰到自主体问题，因此自主体问题的探讨和建模是 AI 基础理论建设的重中之重，呼唤和践行"自主体回归"是 AI 进一步发展的必然选择。

"自主体"是为翻译英文 agent 而新造的一个词，其词源为拉丁文 agens，意为作用者、行为者。在英文中有"动力""施动者""驱动者""可以产生作用或效应的东西"等含义。在我国当今的哲学和 AI 研究中，还有很多异译，如"动原""行动者""主体""代理"等。在心灵哲学和行动哲学中，它指的是行为后面的能独立自主地产生作用、主宰心身的东西，在 AI 中，它指的是能模拟人类自主体作用的软件实体或计算系统。为与哲学中相近的概念"主体"（subject）相区别，我们这里统一译为"自主体"。在哲学中，自主体既是一个与自我、自我意识、人格同一性问题密切联系在一起的经典问题，又是一个崭新的，同时具有学理和实践意义的问题。在心灵哲学中，受东西方心灵哲学跨文化视野和比较研究成果的推动，自我、自主体已成了一个持续升温的研究对象，涌现了不计其数的崭新理论。与之相呼应，计算机科学、认知科学、人工智能等前沿科学出于各自的理论建构和工程实践的需要，也加入到了对自主体的研究之中，一方面积极利用已有哲学自主体研究成果进行自主体建模，另一方面又对实践中提出的有关问题作基础性的理论探讨，如对自然自主体作解剖性研究。这些成果无疑有反哺哲学自主体研究的作用。

第一节 自主体在古今哲学中的遭遇

自主体是哲学中的一个古老的、与自我密切相关的研究课题。一般而言，自我有所有者、施动者或动原、主宰、主人、人的历时性和共时性同一性的最后根据等多种意义或所指，而自主体包含的是其中的部分意义。就此而言，哲学的自我研究包括了自主体研究。早在古希腊哲学中，苏格拉底就已注意到他坐在监狱里不跑走这一行为与身体里的肠胃运动之间的差别，后来亚里士多德进一步把前者称作自由的、随意的、出自慎思的行动，把后者称作不自由的、非随意的行动。两种行为无疑是有区别的，但是是什么把它们区别开来的呢？亚里士多德通过对它们的构成、结构、内在机制和根源的探索指出：前者离不开意志的作用，而意志的作用又根源于人的理性的深思熟虑。有鉴于此，"自主体"一词常与"理性"连用，被称作理性自主体。切尔尼亚（C. Cherniak）概括说："没有理性就没有自主体。"[1]亚里士多德的问题和所阐述的思想成了后来哲学持续不衰的研究课题，在现当代，随着对随意行动及其内在构成和机理的专门研究的深入，还诞生了行动哲学这一专门的哲学分支。它既有伦理哲学的意趣，又有心灵哲学的追求，因为在解释行动时，它将触角伸向了内在的心理世界，特别是其中的自主体。当然具体的看法千差万别、大相径庭。其中占主导地位的观点是，有意的行动不是空穴来风，仅只是一种结果，其最终的原因、随时随地的主宰是自主体。它有理性

---

① Cherniak C. "Rational agency". In Wilson R A, Kell F C (Eds.). *The MIT Encyclopedia of the Cognitive Sciences.* Cambridge: The MIT Press, 1999: 698.

思维能力，能在通盘考虑各种可能性的基础上，经过深思熟虑自主地给出审慎的选择，它有制约行动的信念、意图、愿望、目标、想法，即有各种命题态度，当然都是它自主地形成的。面对变化着的复杂环境，自主体会随时作出自己的应对。这是它的一个显著特点。至于自主体究竟为何物，不同的人有不同的看法，有的认为，它就是自我，有的认为它是自由意志，有的认为它是这些力量之外的一种独立的东西。著名加拿大哲学家邦格认为，自愿行动的主宰是自由意志。当然它的作用尽管是自主的，但要受到一些因素的制约。他说：行动由自由意志所决定，当且仅当"（i）它的行动是自愿的，且（ii）它能自由选择自己的目标，即并不处在业已规定的或来自外部、旨在得到某种被挑选目标的压力之下"[①]。

　　二元论历来是哲学自主体研究中的重要角色，在当今心灵哲学中更是如此。在鲁梅林看来，存在着一个经验主体，它是有意识属性的存在，不同于身体、大脑或由任何事物构成的系统，也不是抽象实在，毋宁说，"它是一个经验主体所是的东西……一个有特殊本体论地位的东西，有跨时间的同一性和跨可能世界的同一性"[②]。著名心灵哲学家麦金别出心裁地提出了自然主义二元论，该理论认为人的心理具有深浅不同的层次结构，甚至在无意识之下还有心理，这正是隐结构、自我、自主体所存在的地方。他说："意识正是借助这样的隐蔽结构，才与客观空间中不可知的构造发生沟通的。"[③]

　　现象学的自我、自主体研究极有个性和深度。它一方面否认常识和二元论所说的作为独立实体的自主体，另一方面又对特定意义的自主体发表了独到的看法。早在《逻辑研究》中，胡塞尔就明确指出，自我是存在的，但不

　　① [加]马里奥·本格：《科学的唯物主义》，张相轮、郑毓信译，上海译文出版社 1989 年版，第 87 页。

　　② Nida-Rümelin M. "Dualist emergentism". In Mclaughlin B P, Cohen J (Eds.). *Contemporary Debate in Philosophy of Mind*. Oxford: Blackwell, 2007: 272.

　　③ McGinn C. *The Mysterious Flame: Conscious Minds in a Material World*. New York: Basic Books, 1999: 153.

是意识流之上、之外或外在于它的东西，而就是意识本身的明见性特征。新现象学的研究新结论表明，自主体不是人身上的一个统一的、寻求幸福的、连续存在的、本体论上特殊的有意识主体，不是经验的所有者、思想的思想者、行动的自主体。传统哲学所说的自主体是幻觉。过去赋予自主体的那些作用，如统一性、因果性、连续性、不变性都是意识本身的性质。扎哈维明确指出：在特定意义上可以承认有自主体或自我，但它既不是主动地统一分散经验的东西，也不是附加于意识流之上保证其意识同一性的额外要素，而就是意识流的所与性的关键方面，即意识本身的自身所与性。①

著名心灵哲学家塞尔认为，每个人不仅把自己看作自主体，而且同时也把别人看作自主体。正因为人有这一特点，所以由人所组成的集体、社会才成了协调的整体。这种整体可称作集体自主体。他说："当你要有合作意向或据以做出行动时，你应反问一下自己，你必须承认什么。你要承认的不外是，他人也是像你一样的自主体，而他人又同样知道你也是像他们一样的自主体，你和他的认识最终又结合成这样的意识，即合在一起是可能或现实的集体自主体。""集体意向性预设了一种将别人看作有协作动因的候选者的背景认识，即是说，它预设了这样的观念，即他人不过是有意识的自主体。"②

西方心灵哲学"试错运动"的一个特点是，在解决任何问题时都努力穷尽它的各种可能的方案。自主体的研究也是这样。已有的大多数方案都有实在论的倾向，但也有一部分人在尝试非实在论的路径。其形式之一是取消论。它认为，民间心理学是错误的心理地理学、结构论、动力学，所包含的概念如自我、自主体、意识等都像以太等一样，是虚构的产物，必将随着认识的发展被淘汰。较温和一点的是戴维森等所倡导的解释主义。它认为，的确应

---

① Zahavi D. "Unity of consciousness and the problem of self". In Gallagher S (Ed.). *The Oxford Handbook of the Self*. Cambridge: Oxford University Press, 2011: 330-335.

② Searle J. *Consciousness and Language*. Cambridge: Cambridge University Press, 2002: 104.

该诉诸自主体的信念、愿望等前态度来解释人的包括言语在内的行为。戴维森说："理由要对行动作出合理化解释，唯一的条件就是，理由能使我们看到或想到行动者在其行动中所看到的某事——行动的某种特征、结果或方面，它是行动者需要、渴望、赞赏、珍视的东西。"[①]但另外，又要注意到，戴维森有巧妙的反意向实在论的一面。他认为，自主体是解释者为了解释他人的言语行为而"强加"或"投射"于人的。

最近对自主体的心灵与认知研究呈现出百花齐放的特点。有的强调自我是心理性自我，如是通过人的经验而建立起来的一种模式，即自我模式。这些自我模式仅仅只是大脑中的信息加工过程，是像夸克、中子等一样的有解释力的理论实在。有的强调自我是经验性自我，即基于经验材料及研究而形成的概念。有的强调自我是现象学自我，即前反思性觉知。这个理论从我们在意识中经验到的东西出发，认为意识是与对自己存在的觉知一同发生的，这种觉知就是前反思的觉知。除这些之外，还有很多花样翻新的理论，如物质自我论、社会自我论、精神自我论、生态学自我论、人际自我论、延展性自我论、私人自我论、概念性自我论、自传性或叙事自我论、认知性自我论、情境化自我论、最低限度自我论、对话性自我论、具身自我论、经验自我论、中枢自我论等等。其中最有影响的是最低限度自我论和叙事自我论。它们内部又各有许多理论形态。前者强调的作为自明性（前反思自我觉知）的"我"是点状的，即只存在于一个经验之中，而不是指贯穿于一切经验乃至人的一生的连续性、统一性。叙事自我论认为，自我就镶嵌在原先就存在的社会-文化叙事的网络之中。这些叙事、故事有它们自己的历史，独立于我们的存在。我自己现在的自我理解正是这些故事的产物。就此而言，我自己所是的

---

① [美]戴维森：《行动、理由与原因》，载高新民、储昭华主编：《心灵哲学》，商务印书馆 2002 年版，第 959 页。

当下的我，其实是由故事形成的。[①]

　　接下来，我们重点考察一下美国著名哲学家齐硕姆的自主体研究成就。这对哲学的自主体研究和 AI 的自主体建模都有建设性意义。齐硕姆是在探讨自我、人格同一性和心灵的因果性等重要哲学问题的过程中阐发他的自主体理论的。下面我们先从他的自我和人格同一性理论说起。

　　在自我和人格同一性问题上，齐硕姆坚持的是简单观。在这些问题上，他自认为坚持了莱布尼茨、里德、布伦塔诺等的观点，即只要考察关于自我的事实，就既能理解形而上学的一般原则，又能为人格同一性是不是基本事实找到好的答案。因为人的根本之处在于人有自我，或是一个自主体，人在变化中有无同一性，也取决于这个自主体。由于自主体是基本的、不由其他因素所决定的实在，因此其同一性一定是简单的，没有进一步的标准或充要条件，因此无法分析或还原为其他构成因素及条件。[②]

　　齐硕姆自认为，他对自我的探讨不同于许多分析哲学家的工作。例如，他认为，哲学研究不应绝对否认一些人所预设的命题的引导作用，毋宁说，人们有权坚持这样一些信念，如人有身体，人是能思考的事物。而这些信念及其作用是主流分析哲学家绝对不能容许的。在他看来，自我研究的出发点应该是这些前分析、前哲学的事实、数据。他说："任何关于自我本质的理论应当一致于我们的这些材料。"[③]不依这些材料的自我论是"奇怪的"。它们说的不外是，自我是一个种类、一种属性；自我是一种功能、一种结构、一个集合、一束观念、一个事件、一种过程。

---

　　① MacIntyre A. *After Virtue: A Study in Moral Theory*. South Bend: University of Notre Dame Press, 1981: 213.

　　② Chisholm R M. *Person and Objects: A Metaphysics Study*. Lafayette: Open Court Publishing Company, 1979: 15.

　　③ Chisholm R M. *Person and Objects: A Metaphysics Study*. Lafayette: Open Court Publishing Company, 1979: 19.

要认识自我，还应探讨自我认识的认识论问题，例如应探讨这样的关于"我"的认识论问题："我"是否能被直接认识到，即是否能被亲知（acquaintance）？分析哲学和现象学对此给出了截然不同的回答。罗素认为，自我不可能从经验上加以把握，即自我不可能被人亲知。齐硕姆认为，人可以亲知自我。[①]齐硕姆用两种方式对之做了描述，先看他的"不确切、不正式"的描述或"初步的陈述"。根据这种描述，亲知就是自呈现，如亲知一命题，就是让该命题自呈现于人。自呈现的命题就是关于心灵状态本身的命题。如果一命题是自呈现的，或呈现于自身，那么它就是被亲知的。同理，如果某人直接知道了自己的某状态，那么可以说他有关于自己的直接知识，用罗素的话说，他亲知了自己。总之，要理解亲知，关键是理解自呈现。他对自呈现给出的定义是，h 在 t 时自呈现于 $s = \text{Df}$，h 在 t 时出现了，必然地，每当 h 发生了，它肯定是对 s 发生的。[②]

齐硕姆还对关于自我自呈现的怀疑论论证进行了批评，他认为怀疑论者可能对自我的自呈现提出这样的质疑，即自呈现不能完成对自我的亲知，也就是说，不可能直接觉知自己。因为你要有这样的觉知，你就必须具有关于自己的概念，但只有当你有办法将一事物个体化时，你才可能有关于该事物的个别概念。而只有当你知道这个别概念适用于那事物、不适用于其他事物时，你才能将它个体化。要个体化，你又必须能够将它与其他事物区分开。但这又意味着，在你能将自己个体化之前，你必定能把自己定位在一类事物之中，且你必定能把那类事物的成员区分清楚，说明它们每一个与你发生关系的方式。而自呈现状态不能帮你完成这类区分和说明工作，因此，借自呈现或亲知的自我认知是不可能的。

---

① Chisholm R M. *Person and Objects: A Metaphysics Study.* Lafayette: Open Court Publishing Company, 1979: 23.

② Chisholm R M. *Person and Objects: A Metaphysics Study.* Lafayette: Open Court Publishing Company, 1979: 25.

齐硕姆认为，只要准确理解了以下两个概念，那么上述责难就可化解：一是将一事物个体化，二是将事物本身个体化。他对前一概念的解释是，x 将 x 个体化＝Df 有一属性 p，因此：①p 被 s 知道；②p 意味着 x 有一属性。他对后一概念的解释是，s 将 x 本身个体化＝Df 有一属性 p，因此：①p 为 s 所知道；②p 意味着 x 这一属性；③不存在个别的事物 y，y 不等于 x，p 意味着 y 有一属性。[①]齐硕姆在上述"初步的描述"的基础上，对亲知做了具体而确定的描述。他认为，亲知一定有这样的对象，即可以是外部事物及其属性，如事物的红色直接呈现于我，就是我有对它的亲知，如此自呈现于一个人的事态就属于这个人。亲知的对象也可以是亲知者自己。基于这些分析，他形成了关于亲知的定义：s 在 t 时亲知 x＝DF 有一属性 p，进而 p 在 t 时自呈现给了 s，且 p 意味着 x 有一属性。[②]

基于这些分析，他认为他发现了一种特殊的存在样式，即自主体。其意义非同小可，因为自主体在现当代哲学和人工智能等具体科学中的华丽回归得益于齐硕姆的工作，他至少是复兴和拓展这一研究的主要倡导者之一，但这个领域不是他开创的，因为哲学史对之早就有大量的研究。齐硕姆不仅不否认这一点，而且还对托马斯的自主体思想做了创发性解读。

托马斯是自主体认识史上具有里程碑意义的人物，因此齐硕姆在创立自己的自主体理论时对之用功颇深。根据齐硕姆的解读，托马斯有这样的思想，即认为人是实体中的一种，即是一种理性实体，或具有理性本质的实体，其表现是，能主宰自己的行为，不仅能接受其他事物的影响，而且还能自己独自发挥作用。托马斯提出自主体理论的动因，一是要说明人的行动及其特点，二是要说明事实上存在着的自由。自由的表现包括：有时没做本可做的事情，

① Chisholm R M. *Person and Objects: A Metaphysics Study.* Lafayette: Open Court Publishing Company, 1979: 31.

② Chisholm R M. *Person and Objects: A Metaphysics Study.* Lafayette: Open Court Publishing Company, 1979: 30.

有时做了本可不做的事情。质言之，人本可做其他事情。在托马斯看来，要准确说明"本来能够"（could）、"能够"（can）等词的意义，必须承认人身上有自主作用的机制，即自主体。齐硕姆赞成并接受了这一思想，说："这一点对于说明'本来能够''能够'的意义至关重要。"[①]在此基础上，他沿着托马斯的路线将认识大大向前推进了。

首先，齐硕姆提出了自主体理论的"力量扩张原则"：如果（Ⅰ）在 t 时，q 在 s 力所能及的范围内，（Ⅱ）p 发生了，（Ⅲ）没有哪个 p 不在 s 以外的任何人的能力范围之内，那么在 t 时 q 和 p 都在 s 的能力范围内。[②]

其次，齐硕姆对"本来能够"做了深入的分析，进而有力地证明了自主体的存在和作用。他知道，对"本来能够"已有许多解释，但在他看来，它们都不令人满意，如对它有这样一些解释：第一，"本来能够"指的是逻辑可能性；第二，指的是认识论的可能性；第三，指的是构成上偶然的东西；第四，指的是物理上可能的东西；第五，指的是因果上可能的东西。在托马斯看来，这些解释的特点在于强调，"本来能够"说的是非决定论的事实。齐硕姆认为，非决定论事实都与做其他事情的能力无关。[③]

怎样解释"本来能做其他事情"？齐硕姆认为，只有建构自主体学说才能予以解释。他的自主体学说包括以下三个关键概念：①物理必然性概念，它可用"p（指事态）在物理上必然"之类的惯用语来加以表述；②因果作用概念，可用"p 对 q 有因果作用"这样的术语来表述；③努力概念，可用"s 带着产生因果作用以让 p 发生的动机做出了行动"这样的话来表述。由于强

① Chisholm R M. *Person and Objects: A Metaphysics Study*. Lafayette: Open Court Publishing Company, 1979: 54.

② Chisholm R M. *Person and Objects: A Metaphysics Study*. Lafayette: Open Court Publishing Company, 1979: 55.

③ Chisholm R M. *Person and Objects: A Metaphysics Study*. Lafayette: Open Court Publishing Company, 1979: 59.

调第一个概念，因此自主体理论一定是一种因果理论，因为物理必然性的关系一定会表现为因果关系。他说："物理必然概念或自然律是因果理论的根本。"①但这里所说的因果又不是充分的因果条件，而只是一种因果上的促成作用（contribution）。充分的因果条件说的是，如果 c 是 e 的充分因果条件，那么物理上必然的事情是，如果 c 出现了，那么 e 一定出现。而因果上的奉献说的是，c 对 e 有因果作用，但有 c，不一定有 e，因为 c 只是影响 e 发生的诸多因素中的一个方面。

基于这些概念，他对"本来能够""本来能做其他事情"做了一些独到的阐释。首先，他强调，这些词在特定意义上有非决定论意义，因为它们承认，人的选择、所为可以不由自然的、外在的因果关系所决定。但如果把自主体的选择、决定作用看作"第一因"，那么它们又表达了因果决定论的思想。其次，"本来能够"在构成上包含双条件句。例如，一个人事实上到了波士顿，但本来可以不到波士顿，这是由两个条件决定的。可这样表述，如果他的自主体事实上已做了这件事，如果同时有进一步的条件，那么他现在在波士顿。总之，"本来能够"表达了以下含义：第一，自主体自由地从事了某种活动；第二，有关的事情正好处于他力所能及的范围之内；第三，在这个范围之内，他做了可能选项中的一件事情。②

在推论出自主体的存在地位之后，齐硕姆对它的本质及特点做了深入的剖析，认为它既是自由的，又有其必然性。他理解的自由是，有多种可能选择，自主体能让其中一种变成现实，即有自由地做某一事情的能力。就这种自由行事是由在前的原因——自主体所决定的而言，它有其因果必然性。但就其摆脱了自然因果必然性的作用而言，它又具有非决定论的性质。他说：

① Chisholm R M. *Person and Objects: A Metaphysics Study*. Lafayette: Open Court Publishing Company, 1979: 60.

② Chisholm R M. *Person and Objects: A Metaphysics Study*. Lafayette: Open Court Publishing Company, 1979: 62.

"如果有什么选项在自主体的能力范围之内的话，那么就有某事可为他自由完成。这某事是这样的，即使不存在让他做这事的充分因果条件，不存在让他不做这事的充分因果条件，这事也会被做出来。"[1]有的人也许会认为，这种起作用的东西不就是通常所说的自由意志吗？齐硕姆回应道，他在这种语境下之所以一直不用"自由意志"这个词，是因为他认为，自由意志问题不是这样的问题，即意志是否自由，而是意志如何在多种可能性中做选择的问题。为让区分更明确，齐硕姆借鉴了托马斯对意志行为（直接内在的与被命令的）的区分，以及对自由意志构成要素（目的、选择、尽力或致力于）的说明。托马斯认为，意志行为有直接内在的意志行为与被迫的意志行为两种。而自主体构成中关键的东西是尽力或致力于，而不是意志行为。他说：基本的意向习语是"s 在 t 时尽力，结果导致了 p 的发生"[2]。齐硕姆在托马斯思想的基础上进行了自己的发挥，认为有两种行为，一是内在、直接的意志行为（actus voluntatis ecieitus），二是被迫或被驱使的意志行为（actus voluntatis imperatus），实即身体受意志支配的行为。由此，自由意志便有两个问题，一是关于自由意志的根本问题：我们的意志行为本身能按意愿做出自己的选择吗？二是关于被命令的意志行为的问题：我们的被命令的行为能随意做一些事情吗？由这些不难明白，自主体与自由意志判然有别。齐硕姆明确指出，内在、直接的意志行为的目的是尽力本身，被迫或被驱使的意志行为的目的是，通过因果作用让那事态发生。总之，意志的自由是有的，那就是自由地去做某事。[3]

---

[1] Chisholm R M. *Person and Objects: A Metaphysics Study*. Lafayette: Open Court Publishing Company, 1979: 66.

[2] Chisholm R M. *Person and Objects: A Metaphysics Study*. Lafayette: Open Court Publishing Company, 1979: 66.

[3] Chisholm R M. *Person and Objects: A Metaphysics Study*. Lafayette: Open Court Publishing Company, 1979: 67.

自主体不同于自由意志最根本的特点是，自主体比自由意志更根本，因为意志之所以有自由，是因为其后有自主体存在。具言之，人能否自由地去做他事实上没有做的事情，人是否可以不做他事实上已做了的事情，这都是根源于自主体的。①当然自由有两种，自主体的自由是其中一种，即非决定论性质的自由，而不是决定论性质的自由。这两种自由分别是，一是意志内在行为的自由。它是非决定论的，其表现首先是，自主体做这件事即使没有充分的因果条件，这自由也会出现；其次，自主体不做这事即使没有充分的因果条件，这自由也会出现。充分因果条件是这样的条件，假如第一个事件发生了，第二个事件一定必然发生，前者就是后者的充分因果条件，如心脏停止跳动就是人死的充分因果条件。二是被支配的行为，即身口的执行行为，它具有决定论性质。还要看到，充分因果条件与必要因果条件不能混同，前者是这样的条件，有此条件，一定有相应的事件发生。后者指促使某事物发生的众多条件中的一个条件，如人能完成某一行为的一个必要条件是他有相应的能力。

在上述对自主体的分析的基础上，齐硕姆提出和论证了自主体因果关系理论，以抗衡传统的事件因果模型。他不否认，信念、理由、动机等事件有对行为的作用，如能作为随后的行为发生的一个条件起作用。他像其他人一样把信念等对行为的这种原因作用称作"事件因果作用"。②在他看来，这种作用不是真正的充分原因作用，因为做某事的理由和动机，并不意味着一定会实际做出那种行为。在抉择较复杂、难以做出的情况下，做某事和不做某事，这样做和那样做都会有其理由。他说："不管我做什么决定，我都有做事的种种理由或动机。"因此理由或动机对行为的作用是有限度的，即只

① Chisholm R M. *Person and Objects: A Metaphysics Study.* Lafayette: Open Court Publishing Company, 1979: 66.

② Chisholm R M. *Person and Objects: A Metaphysics Study.* Lafayette: Open Court Publishing Company, 1979: 68.

有倾向去做的作用，而没有让行为必然发生的作用。这意思是说，理由、愿望不是实际做出某些行为的真正的、决定性的原因。[1]欲望对行为的作用也是这样，即只会让人有做出某行为的倾向，而没有让行为一定发生的作用，如某人有权力、喜欢钱，即有对钱的强烈欲望，因此有接受别人行贿的倾向，但并没有让行为必然发生的作用，因为人还有其他的愿望（如追求正义、法制），同时还有限制行为的其他因素。总之，信念、愿望等不是行为发生的真正充分且必然的原因。[2]

　　行为发生的真正充分且必然的原因只能是自主体。说自主体是这样的原因，就是说他事实上促成了某行为或某事态的发生。自主体的这种原因作用可称作"自主体因果作用"，根本有别于前述的"事件因果作用"。他说："两者之间存在着不可逾越的鸿沟。"[3]当然，他对两者关系的看法有自己的辩证性，即一方面承认两种因果作用根本不同，例如，事件因果作用充其量是必要的因果作用，而自主体因果作用是充分的因果作用。另一方面，他不仅肯定意志的作用，而且对其作用的限度作了准确揭示，即认为它尽管不会让行为必然发生，但有使其发生的倾向性。

　　由于发现了一种新的原因作用，因此也可说在多种因果关系中又增加了一种新型的因果关系，即自主体因果关系。这种因果关系中的第一个关系项是自主体本身，它引起了其他关系项即事件的发生，并开启了一个因果系列。应看到的是，这一发现不是齐硕姆一个人的功劳，因为最先倡导这一理论的是苏格兰常识学派哲学家里德（T. Reid），当代复兴该理论的主要有齐硕姆、

　　[1] Chisholm R M. *Person and Objects: A Metaphysics Study*. Lafayette: Open Court Publishing Company, 1979: 69.

　　[2] Chisholm R M. *Person and Objects: A Metaphysics Study*. Lafayette: Open Court Publishing Company, 1979: 69.

　　[3] Chisholm R M. *Person and Objects: A Metaphysics Study*. Lafayette: Open Court Publishing Company, 1979: 69.

泰勒（R. Taylor）和奥康纳（T. O'Connor）等。如前所述，这种因果理论是因不满事件因果关系理论的局限性而提出的。后一理论形象地说，就是把因果关系理解为一个台球撞击另个一台球的关系，即认为"p（一事态）对q（另一事态）的发生有因果上的促成作用"。也可这样说，"p 的发生从因果上导致了q 的发生"。齐硕姆的最新发展还表现在，在定义自主体因果作用时借鉴了以往对事件因果作用的定义，当然强调要辅之以"从事"（undertaking，实在地做）这一以前未得到定义的概念。他认为，对这一概念可以这样定义：如果一个人的努力在因果上促成了某事物的发生，那么那个人就实实在在地做了对这事物有因果作用的某事。有了这一理论，就可这样定义自主体的因果作用：断言"在 t 时，做某事从因果上促成了某事态的发生"就等于断言，"有一个事态 q，进而自主体 s 在 t 时努力完成的 q 从因果上促成了 p"[1]。

齐硕姆自认为，他对自主体因果作用的看法既有相同于他人的地方，如认为引起某事件发生的原因是自主体，但他们对自主体如何或以什么形式发生因果作用则见仁见智。齐硕姆认为，自主体是通过做某事而起作用的，而戈德曼（A. I. Goldman）则认为自主体是通过例示引起事态发生这一属性而起作用的。这就是说，后者也倡导这一理论，认为自主体之所以有引起某事件 e 发生的原因作用，是因为特定的自主体 s 例示了引起 e 这一原因作用。戈德曼说："当 s 的行动引起了事件 e 时，我们可以说，s 例示了引起 e 这一属性。换言之，我们可以说，事件 e 是由自主体 s 所引起或促成的。"[2]齐硕姆认为，基于他自己的上述分析，可形成关于自主体因果作用的一个更广泛的概念，即"自主体对事态 p 有因果作用"。对此，可做这样一些解释：①如果一个人做了对 p 有因果作用的事情，那么可以说是他产生了对 p 的因果作

① Chisholm R M. *Person and Objects: A Metaphysics Study*. Lafayette: Open Court Publishing Company, 1979: 70.

② Goldman A I. *A Theory of Human Action*. Englewood Cliffs: Prentice-Hall, 1970: 25.

用；②如果一个人从事了某工作，那么他对他所从事的工作发挥了原因作用；③如果一个人做了对引起 p 有原因作用的事情，那么他对做那引起了 p 的事情发挥了原因作用。①基于这些解释，他强调对自主体因果作用可这样加以定义，自主体在 t 时对 p 发挥了原因作用＝Df（a）自主体要么在 t 时做了对 p 有原因作用的事情，（b）要么有一 q，以致自主体在 t 时完成了 q，且自主体完成的 q 就是 p，（c）要么有一个 r，以致自主体在 t 时做了对 r 有原因作用的某事，而 p 就是这样的事态，即自主体所做的对 r 有原因作用的某事。②这就是说，如果一事态 p 发生了，自主体 s 对事态的必要因果条件产生了原因作用，那么 s 就产生了对 p 的因果作用。基于此，就可说，自主体能对其他自主体以及其随后行为产生因果作用。

齐硕姆深知，如此规定自主体因果作用会遭到质疑，如自主体的原因作用从哪里来？他怎么可能成为他发生作用的原因？他的回应是，只要认识到关于自主作用的一些概要性定则，那么这些问题就不成问题。这些定则的基础是关于事件和事态的本体论以及对行事、因果关系的解释。这些定则包括：第一，如果自主体对 p 产生了因果作用，那么就有 p；第二，如果自主体做了对 p 有因果作用的某事，那么自主体对他所做的事情就有因果作用，而正是这事引起了 p；第三，如果自主体对 p 发挥了因果作用，就有 q，进而自主体做了 q；第四，如果自主体做了 p，那么自主体就对 s 完成 p 发挥了因果作用。总之，只要自主体完成了一个行为，那么他就对他完成一行为这一事实发挥了因果作用。

如何看待人的故意不作为？人对这种不作为是否也发挥了因果作用？这是自主体因果论必须回答的又一难题。例如，一个人对另一人表示问候，另

---

① Chisholm R M. *Person and Objects: A Metaphysics Study.* Lafayette: Open Court Publishing Company, 1979: 70.

② Chisholm R M. *Person and Objects: A Metaphysics Study.* Lafayette: Open Court Publishing Company, 1979: 70.

一人讨厌这个人，于是故意不予理睬。对此，自主体因果论会这样解释：第二个人作为自主体考虑了该不该表示问候，但最终没有做出这个行为。这里当然包含自主体的因果作用。[①]

自主体因果作用是否需要通过中间环节？齐硕姆承认，自主体在发挥对行为的因果作用时，并不排斥中间的这样一些作用，如从事、尽力、有目的的活动（purposive activity）。它们表示的作用或过程既是自主体因果作用的构成要素，也是其中间环节。例如，自主体要对某事发挥原因作用，让其产生，就既要有目的，又要借助相应的手段。果如此，就完成了有目的的活动。可这样加以表述，自主体使 p 发生，如此做是为了产生 q=Df，自主体这样做就是要产生（i）p，（ii）他做的 p 对 q 产生了因果作用。[②]他认为，有目的的活动本身就是自主体因果作用的体现，因此他说："因果作用是有目的活动的本质构成。"[③]

齐硕姆还探讨了自主体作为原因发生作用的具体过程和内在机理，如他通过区分自主体的行为方式特别是分析自主体直接引起的东西，论述了自主体的因果作用的内在过程和机制。他认为，自主体有多种完成行为的方式，一是完成一种基本行为，即直接完成它，而不是通过完成其他行为而完成它，如把手臂举起来，这是自主体直接完成的。二是通过完成别的行为（q）来完成一行为（p）。[④]齐硕姆对自主体引起行为的过程的分析极为烦琐，这是因为，自主体作为原因直接引起的东西很复杂，如除了引起了作为基本行为的

[①] Chisholm R M. *Person and Objects: A Metaphysics Study*. Lafayette: Open Court Publishing Company, 1979: 71-73.

[②] Chisholm R M. *Person and Objects: A Metaphysics Study*. Lafayette: Open Court Publishing Company, 1979: 76.

[③] Chisholm R M. *Person and Objects: A Metaphysics Study*. Lafayette: Open Court Publishing Company, 1979: 77.

[④] Chisholm R M. *Person and Objects: A Metaphysics Study*. Lafayette: Open Court Publishing Company, 1979: 84.

某事情之外，还直接引起了某些事情。他说，应把这两者"区别开来"①。所谓直接引起的事情，就是自主体的"作为"。他强调，作为就是去完成或履行行为，借用别人的说法，作为就是自主体直接在大脑内引发的行为。它是自主体发挥原因作用的第一步。很显然，这一过程不是基本行为。被直接引起的东西的特点是，即使它被引起了，但它不是由自主体引起的其他事情所引起的。他说："自主体直接引起的东西是内在的变化，即在自主体自身中的变化。用经院学者的话说，自主体直接引起的事情是内在地被引起的。"②齐硕姆自认为，这就是他对自主体直接因果作用或"起因"（causation）的论述。在这里，他赞成普里查德（H. A. Prichard）的看法，自主体要引起行为，要对行为产生因果作用，必须先直接引起大脑内的变化。因此，自主体直接引起的是大脑内的某种变化。齐硕姆说，他所说的自主体直接引起的东西就是作为，就是"大脑内的变化"③。简言之，自主体发挥原因作用的过程是，先引起大脑内的变化，然后再通过这行为由身体做出基本行为或其他行为。以"有意把手臂举起来"为例，自主体的因果作用是这样完成的，即先让大脑和肌肉等生理状态发生，然后让手臂举起来。

　　自主体因果作用论是他建立的关于行动的形而上学的必然结果。他认为，已有关于行动和道德责任的理论隐藏着一个深刻的难题。根据这类理论，人能对自己所做的事情负责，而负责又意味着人能做其他事情。这里的问题是：当我们说人以能做其他事情的方式行动时，我们的意思是什么？齐硕姆认为，这是关于行动的形而上学的根本问题。这也是他思考自由意志问题的独有方

---

　　① Chisholm R M. *Person and Objects: A Metaphysics Study*. Lafayette: Open Court Publishing Company, 1979: 85.

　　② Chisholm R M. *Person and Objects: A Metaphysics Study*. Lafayette: Open Court Publishing Company, 1979: 85.

　　③ Chisholm R M. *Person and Objects: A Metaphysics Study*. Lafayette: Open Court Publishing Company, 1979: 86.

式。假设某人今天早晨可以或应该到波士顿，但他事实上没有这样做。对此，我们可以说，他虽然逗留在普罗维登斯，但他本可不这样做，或本可做其他事情。因为他可以到波士顿去。可见，说他能做其他事情或本可不这样做，不仅意味着，他做其他事情是有逻辑可能性的，因为超人或奇迹般的事情在逻辑上是可能的。上述说法没有这样的意思，他做其他事情在认识论上是可能的。对于"能做其他事情"还有很多不同的说明。一种版本认为，这里的"能够"从构成上说是不确定的。如说某人能做其他事情就等于说，如果他选择做其他事情，那么他就会做其他事情。另一种版本依据的是"充分的前因条件"这一概念。我们可以认为，当我们说某人可以到波士顿，而不是留下来时，我们所说的意思仅仅是，在今早之前，他的波士顿之行从因果上说是不确定的，即是说，这里没有去波士顿或不去的充分原因条件。

　　齐硕姆在回答上述难题时，首先引进了一些概念，以作为其说明的原词或前提。第一个概念是"因果贡献"。如果一事件让另一事情发生了，那么我们就碰到了一种熟悉的因果贡献，即前者做了这样的贡献。就人与行为的关系而言，人就不是事件，他只是为其他事情做了因果上的贡献。另一些被引入的概念是从事、努力。努力是不可还原的目的论概念，因为它包含着目的、目标。齐硕姆对努力的表述是，S 通过努力让 B 发生，S 便使 B 发生了。这里的努力不仅有某种意向的方面，而且还有进一步的意向特征，即有自己指向非决定论选项的特征。正是有此强调，齐硕姆才强调自主体的因果作用有非决定论的作用。例如，如果某人努力让某事发生不存在充分的原因条件，而他事实上让它发生了，那么就可以肯定他有自由地让它发生的努力。正是在这一强调的基础上，他提出了一种新的因果概念，即自主体因果作用，它在构成上是双条件的，即有自己独立主动的、让事件发生的第一因的作用，它的出现，对于结果的出现既充分又必要。它的作用力直接根源于自身，不受在前的外部因果关系的影响。

有了自主体因果作用概念，就可解释前述的难题，如某人今天早晨没有到波士顿，但他本可以这样做。在齐硕姆看来，这是根源于这个人有自主体因果力。说某人本可做其他事情，或本可不这样做，就等于说，今天早晨到波士顿要么直接根源于他的因果力，要么间接根源于他的因果力。这就是说，用这样的方式就可解释，相信存在自由意志的人在说某人本不这样做时想表达的意思。齐硕姆在这里的贡献是，首次将自主体因果作用与事件因果作用区别开来，并以独特方式说明了它们的内涵。根据后一概念，对事件有因果贡献的东西是另一事件，即起原因作用的是事件。根据前一概念，起原因作用的，特别是在人的行为中发挥了原因作用的东西是自主体因果作用，也可以说就是人本身。由于他以特别的方式论证了自由主义，因此他的理论被归结为自由主义。

第二节　AI 的自然自主体解剖与理论建模

在 AI 研究中，人们已对自主体从不同的角度作了界定，概括为以下几种：①能对所处环境进行感知，并能根据自身的意图、任务对环境做出反应的计算机实体；②在没有人干预的情况下也能自主完成给定任务的对象；③具有感知能力、问题求解能力、与外界通信能力的完全自治或半自治的实体；④处于某种环境并且有灵活自主行为能力以满足设计目标的计算系统；如此等等。[①]罗森切恩（S. J. Rosenschein）则说："智能自主体是能够以变化的、有目的指向性的方式与环境相互作用的装置。为了取得预期结果，它既能认识环境的状态，又能对之产生作用。"[②]

---

① Jennings N R, Sycara K, Wooldridge M. "A roadmap of agent research and development". *Autonomous Agents and Multi-Agent Systems*, 1998 (1): 7-38.

② Rosenschein S J. "Intelligent agent architecture". In Wilson R A, Keil F C (Eds.). *The MIT Encyclopedia of the Cognitive Sciences.* Cambridge: The MIT Press, 1999: 411.

　　人工自主体构造不再是 AI 的理想，而已是一种现实。需进一步探讨的是，如何让它在性能上逼近乃至超越人类身上运行的自然自主体。要如此，尽管必须探讨一系列的工程学问题，如怎样构造能体现一系列自主体特性的自主体，应该用什么软件和硬件予以实现，怎样对自主体进行编程，自主体应由哪些模块组成，等等，但无疑必须优先解决这样一些带有哲学性质的基础理论问题：人类自主体究竟是什么？有哪些特性？其运作过程、条件、机制、原理是什么？应如何予以研究？如何从形式上加以表示？质言之，要解决自主体建模中的工程技术问题，首先必须师法自然，即学习大自然的心灵建筑术，解剖人身上客观存在着的且运行稳定成熟的自主体及其生成过程和原理。

　　AI 专家对人类自主体的解析不同于哲学的地方在于，不是到心中去寻找作为主宰、施动者、所有者的自主体，而是把整个人作为自主体加以看待和解剖。当然，在这个过程中，AI 也很重视对心中起主宰作用的东西的研究。一般认为，人类自主体的结构可从静态和动态两个角度去描述。从静态上说，它不外四大部分，即环境、感知系统、中枢系统、效应系统。从动态上说，它是一个从感知环境刺激，接受信息到信息内部交互、融合、处理的过程。有的人认为，自主体实际上是一个自主自动的功能模块。而要发挥功能，它又必须有独立的内部和外部设备，有输入和输出模块，有自主决策的模块，同时它还必须能够接受信息，并根据内部工作状态和环境变化及时作出决断。

　　关于人类自主体所具有的能力和特性，AI 从不同方面作了探索和概括。综合地说，它具有这样一些特性，如自主性、学习性、协调性、社会性、反应性、智能性、能动性、连续性、移动性、友好性。从能力上说，它有在环境中行动的能力、能与其他自主体直接通信的能力、由倾向驱动的能力、能有限地感知环境的能力、能提供服务的能力和能自我复制的能力。而它要有上述能力，还必须有这样的知识，即必要的领域知识、通信知识、控制知识。另外，自主体还有信念、愿望、意图或意向、义务、情感等因素。①

人类自主体之所以是自主的，尤其是创造性的自主，第一，它有智能。而智能又有这样的关键特性，即有自治性或自主性，其表现是，它有自己的内部状态，有自己决定自己行动的能力，或者说，在决定行动时，它可以不受其他主体和环境的左右。第二，人类自主体之所以能对变化的环境做出及时的响应，能在特定环境下灵活地、自主地活动，是因为人类自主体有这样的能力，即能把自己内部的状态变化与环境关联起来，即有关于性、关联性或语义性。由于有这类特点，它就不再是纯粹的句法机，而成了语义机。第三，它有前-能动性（pro-activeness）。这种能力是指，自主体不仅可以根据环境变化做出反应，还能根据系统预定的目标主动地、超前地做出计划，采取超前的行动。第四，有社会能力。这种能力是指，自主体能使用自主体的通信语言与其他自主体交互，如通过协调、合作，达到求解目标。第五，有主动的（active）学习的特性。因为智能自主体要有自主性、适应性等特点，显然要有对环境的敏感性，即有能力获取新的变化着的信息，并能学习。第六，自主体还有时间连贯性（即能在较长的时间内连续地、一贯地运行）、实时性（即在时间和资源受到苛刻限制的情况下，能及时采取相应的行动）和个性等特征。

自然智能离不开智慧，而智慧又离不开人心中的自主体，那么以自然智能为原型的人工智能的自主体建构和健康发展显然必须模拟人的自主体。唯其如此，才能使各种 AI 系统或程序发挥主动性、目的性、自关联、自意指等意向性作用，真正表现出名副其实的智慧特性。而要模拟自主体，首先无疑要建构关于它的模型。心智建模不仅是认识心智的一个途径，而且也是人

---

① Wooldridge M, Jennings N R. "Intelligent agent: theory and practice". *The Knowledge Engineering Review*, 1995, 10 (2): 115-152.

工智能发展的需要。因为要获得类似或超过人类智能的人工智能，首先必须有关于人类心智的正确认识，从而形成关于它的模型。

要建构像自然自主体一样的人工自主体，首先要解决的理论问题是，必须对自主体的形式进行逻辑建模。人们已从不同方面作了探讨。摩尔（R. Moore）是运用形式逻辑手段为自主体建立理论模型的开创者之一。在《关于知识与行动的形式理论》一文中，他用模态算子表示知识，用时态逻辑表示行动，并探讨了如此表示的知识与行动之间的关系。而科恩（P. Cohen）等根据线性时序逻辑和可能世界逻辑，分层引入形式模型，并以之表示时间、事件、行动、目标、信念和意图之类的概念及其关系。在此基础上，他们还进一步描述了这类关系的演化规则和约束条件，探讨了它们的演算问题。在意向概念中，他们最为关注的是信念（B）、愿望（D）和意向（I），因此他们的主要工作是用有关逻辑手段建立关于 BDI 的形式化模型。米尔纳（R. Milner）等建立了关于自主体的 π 演算模型。他们认为，已有的描述自主体的形式化方法尽管做出了有益的尝试，但存在着深层的问题。例如，自主体内部和自主体之间的行为具有并发的特点，自主体是一种类似于进程性的、并发执行的实体，而用经典和非经典逻辑方法对自主体所作的形式化描述都难以反映这一点。其次，多自主体系统的体系结构是动态的，而已有的形式化描述基本上是静态的，而且还不能很好地表现自主体间的交互，如通信和合作。米尔纳等认为，他们提出的 π 演算有这样的描述能力，因此能避免上述问题。[①] 所谓 π 演算指的是一种刻画通信系统的进程演算方法，是基于命名概念的并发计算模型。在 π 演算中，系统是由若干相互独立的通信进程组成的。从构成上说，进程由名字按一定语言规则组成，而名字是最原始的要素，端口和通道或链路都可看作名字。根据关于自主体的 π 演算模型，自然

---

① Milner R. "The polyadic π-calculus: a tutorial". In Bauer F L, Brauer W, Schwichtenberg H, et al (Eds.). *Logic and Algebra of Specification.* London: Springer-Verlag, 1993: 203-246.

的生物自主体是自主的、有种种心理或意向状态的实在，人工智能试图建构的自主体也应如此，应是一种拟人性的自主系统。它们要有自主性，应该像人一样有种种心理状态，如知识、能力、感知、情感、信念、愿望、意图等。其中最重要的是意图。既然如此，他们的模型不仅要体现这些特点，而且特别关注对它们的形式化描述。在定义目标时，π 演算模型强调，目标是自主体希望进入的状态，也可理解为一种进程。在刻画这种进程时，既要表明自主体要达到的状态，又要表明自主体达到这一目的所必需的知识。米尔纳等认为，生物自主体的一个特点是，能够通过学习新知识、建构新能力适应变化了的环境。人工自主体要成为真正的自主体，也应具备这一特性。现在的问题一是要弄清自适应有哪些表现或标志，二是要弄清如何使它具备自适应的能力。一般认为，自适应能力主要表现为能自我调整目标，能自我更新知识和能力。怎样让它有这样的表现呢？他们认为，可通过两种方式更新知识，即一是请求外界提供知识，二是通过与外界互动自己形成知识。能力的更新实质上是一样的。因为当自主体获得了某些知识，能据以向外界提供新的服务时，就表明它获得了新的能力，因此更新能力是通过更新知识实现的。

自主体的建模形式还有很多。可以说，有多少种类的人工自主体，就有多少种理论建模。自主体的种类很多。首先，从功能的角度看，自主体可分为反应式自主体（其功能是对环境及其变化做出及时的应变）、认知式自主体（是能根据环境信息在知识库支持下按目标要求制定决策、做出系列行动的系统），此外还有跟踪式、复合式等类别。其次，从作用方式说，有慎思自主体、反应自主体和混合型自主体之别。再次，从是否表现动态性看，有静态和移动自主体之别。最后，从系统的构成上看，有单自主体和由若干单自主体组合成的多自主体系统之别，而后者中又有移动多自主体、协作多自主体、协作移动多自主体之别。此外，还可把自主体分为本地自主体与网络自主体、集中式自主体与分布式自主体、固定的自主体与迁移的自主体等等。[①]

第三节　典型的自主体形式及其理论基础

下面，我们将考察几种典型的人工自主体形式，以为后面关于自主体的哲学思考和发展方向选择提供条件。

第一是慎思式自主体（deliberative agent）。这种模型在某种程度上既受民间心理学的影响，又以物理符号系统假说为基础，因此是一种按符号主义原则设计的显式符号模型，或以知识为基础的系统。根据物理符号系统假说，通过形成关于环境的符号表示，进而通过对这些符号进行语法操作、逻辑运算，可以使具备此能力的系统产生出智能的、对环境有关于性的行为。这种模型认为，智能自主体有这样一些子系统，即储存符号、命题表征的子系统，这些表征对应于信念、愿望和意图，还有加工子系统，它们的作用是感知、推理、计划、执行。这种模型也有对民间心理学的超越，其表现是，把抽象的推理和表征过程形式化为计算解释过程。在这种自主体中，环境模型一般是预先实现的。它对环境的观察能力可用感知函数 see 表示。如果用 s 表示环境，用 p 表示感知，那么感知函数即为：$see:s \rightarrow p$。从结构上说，慎思式自主体是一种具有自身内部状态，能完成逻辑推理、问题求解和其他智能行为的软件。从模拟基础上来说，它直接以人类意向心理学为建模基础，试图体现人类从意向状态到行为产生的过程，因此它所采取的结构是布拉特曼所倡导的 BDI 结构。它似乎在形式上有清晰的语义性，即通过特定方式实现了人类智能所具有的自主性这一特点。但也有很多问题，例如，不能对变化着

---

① Boudriga N, Obaidat M S. "Intelligent agents on the web: a review". *Computing in Science & Engineering*, 2004, 6 (4): 35-42.

的环境做出及时的反应，如果决策的时间没有环境变化快时，这种自主体就无法选择与环境一致的动作，另外，没有从根本上解决复杂、动态环境的表征和推理问题。

第二是反应式自主体。为了克服慎思氏主体的局限性，让自主体在多变环境中表现出准确及时的灵敏性，布鲁克斯等基于他们的无符号、无表征、无推理智能的思想，提出了反应式自主体的构想。它以这样的直觉为出发点，即使符号主义模型有合理性，也不足以描述全部的信息加工过程，尤其是那些模糊不定的信息加工过程。基于此，其倡导者强调要关注行为，把实时的行为反应作为建模的基础，把自主体和环境看作一种耦合动力系统，即把一方的输入看作另一方的输出。这种理论还主张，自主体应包含行为模块，它们是自包含的反馈控制系统，每个模块都能根据感觉材料分辨环境状态，并产生相应的行为。这里有两种结构，一是阿格雷（P. Agre）等的模型。阿格雷等通过对人类行为的观察发现，大部分活动都是常规的，有些甚至根本不需要思考、推理的介入。[①]二是布鲁克斯等所倡导的模型。这里稍作展开分析。

布鲁克斯关于自主体的理论和实践建立在他的一系列关于心智、计算和人工智能等的大量的新思想的基础之上。他的著名口号是"快速、廉价、无控制"[②]，另外，还提出了"无表征智能"的思想。他认为，一切既是中心，又是边缘，把表征作为中介看待纯属多余。[③]

布鲁克斯是 AI 研究中敢于远绝常蹊的学者和实干家。从 AI 哲学观点上

---

①　Agre P, Chapman D. "Pengi: an implementation of a theory of action". In Agre P, Chapman D (Eds.). *Proceedings of the National Conference on Artificial Intelligence.* Seattle: AAAI Press, 1987: 268-272.

②　Clark A. "Artificial intelligence and the many faces of reason". In Stich S, Warfield T (Eds.). *The Blackwell Guide to Philosophy of Mind.* Oxford: Blackwell, 2003: 313.

③　[美]莫顿·韦格曼：《表征与心灵理论》，载高新民、储昭华主编：《心灵哲学》，商务印书馆 2002 年版，第 581-582 页。

说，他既反对传统的"图灵"观，又反对联结主义的主要观点。当然有一点
与后者有相同之处，即认为，智能模拟应以大自然所缔造的生物性人脑为模
型。因此，就与联结主义分道扬镳，而接近于著名脑科学家埃德尔曼等的某
些观点了。后者有一种十分反传统的观点，即认为，"意识并不是某种东西，
也不是某种简单的性质"，更不是控制中心。他们说："在任一个给定时刻，
人脑中都只有神经元群的一个子集直接对意识经验有贡献。"[①]当然意识有
整体性、统一性和多变性，这些性质不是根源于一个固定的中心。其实，人
脑中根本就没有这种中心，只有动态核心。所谓动态核心指的是"在几分之
一秒的时间里彼此有很强相互作用而与脑的其余部分又有明显功能性边界的
神经元群聚类"[②]。

　　AI 中主流的观点是，智能是自上而下产生的，是由中央控制器、详尽的
程序控制的。而布鲁克斯的观点是，智能是以自下而上的方式产生的，就像
自然界所做的那样。在他看来，智能是由相关的独立元素间的相互作用产生
的。[③]他还有一新奇的观点，那就是认为，至少智能的基本表现形式更接近
脊髓而不是大脑。对此，弗里德曼评价说："这种与传统大相径庭的理论在
人工智能研究领域掀起了轩然大波，而自称为坏孩子的布鲁克斯更是竭尽所
能推波助澜。"[④]布鲁克斯还认为，智能不是由符号加工产生出来的，而是
由自主体的相互作用产生的。他说："在完整的智能的每一步中，我们必须
递增地加强智能系统的能力，并因此自动地保证它们的构成和界面的有效性。

---

① [美]杰拉尔德·埃德尔曼、[美]朱利欧·托诺尼：《意识的宇宙：物质如何转变为精神》，顾凡
及译，上海科学技术出版社 2004 年版，第 169 页。

② [美]杰拉尔德·埃德尔曼、[美]朱利欧·托诺尼：《意识的宇宙：物质如何转变为精神》，顾凡
及译，上海科学技术出版社 2004 年版，第 170 页。

③ 参见[美]戴维·弗里德曼：《制脑者：创造堪与人脑匹敌的智能》，张陌、王芳博译，生活·读
书·新知三联书店 2001 年版，第 2-3 页。

④ [美]戴维·弗里德曼：《制脑者：创造堪与人脑匹敌的智能》，张陌、王芳博译，生活·读书·新
知三联书店 2001 年版，第 3 页。

在每一步中，我们应该创建完整的智能系统，只有这样，我们才能感受到真实的感觉和真实的行动，如同置身于现实世界中一样。……我们得到了一个意想不到的结论，当我们观察智能的简单层次时，我们发现关于世界的外在表达方式和模型仅仅是挡住了我们的路。因此结论是，用世界本身代替世界的模型是更好的方法。"[1]

根据布鲁克斯对智能的分析，智能不过是面对各种环境能够做出相应反应或行为的能力，而要实现这一点，当然得有对环境相应的感知。因此智能就表现在感知和行为之中，只要能对环境做出适当的感知和反应，就是有智能，而不在于其内部是否有知识表征和推理过程。在此基础上，他提出了无知识表征和推理过程的思想。从历时性过程来说，智能是一个不断生成和发展的过程，因此人工智能也应有进化的可能。基于这些看法，他提出了带有强烈行为主义色彩的人工智能设计思想，这就是强调，通过建构能针对特殊环境作出适当反应的行为模块来实现人工智能。这一关于人工智能的理论为人工智能开辟了一条新的途径，也为控制论、系统工程的思想应用于人工智能研究领域开辟了新的方向，因此引起了广泛的关注。

在上述思想的指导下，布鲁克斯建造了可动的、能规避的机器人。他把它叫作阿提拉。它能以每小时 1.5 英里[2]的速度爬行，并努力不撞到其他东西。这看起来简单，实际上，阿提拉是世界上最复杂的机器人。它重 3.6 磅，有 6 条腿、24 个发动机、10 个处理器、150 个感应器，其中包括一个微型摄像机，它的每条腿可以单独作四种方向的运动，这就使它能翻越物体，爬上几乎垂直的斜坡，甚至它能上 10 英寸[3]高的架子。更为重要的是，阿提拉蕴含了"包蕴结构"（subsumption architecture）——这是布鲁克斯的独特创意：

---

① Brooks R A. "Intelligence without representation". *Artificial Intelligence*, 1991, 47: 139-159.
② 1 英里=1609.34 米。
③ 1 英寸=0.0254 米。

利用软件来控制机器人。人工智能一向认为，要使机器人能正确执行任务，必须设计出复杂的对等程序，对每一可能出现的动作进行严格的控制，而且还需要用复杂的程序对机器人所处环境的变化进行跟踪，不断与事先制定的路线进行比较。布鲁克斯完全摆脱了这一方向，并让它像脊髓一样运行。结果是，这个机器人似乎表现出很多的智能，如能避开障碍，绕过复杂的地方，上下楼梯等。所有这些似乎意味着它有意向性，有表征，完成了内容处理。其实不然，例如，当它"发现"有物体进入视力范围时，它会做出相应的避让行为，尽管这看起来它仿佛经历了一个"感知""加工""行为输出的意向过程"，但这里发生的只是一个反射过程，即刺激"触发"了避开指令。阿提拉对此什么也不知道。布鲁克斯也不想让它知道那么多，更不想让它知道论证、选择及其基础。

　　布鲁克斯还建构了自己的反应式自主体的模型。这种自主体理论和实践是鉴于慎思式主体结构僵硬、难以灵活应对环境变化之类的问题而出现的。基于他的著名的"无表征智能""无推理智能"理论，他提出了一种崭新的、具有较强操作性的自主体建构思想。其核心概念是"包蕴结构"。这是一种典型的反应式结构。这种结构实际上是一种行为模块或行为模块的集合体。每一个行为模块都没有符号表征和推理，其结构极为简单，只对特定输入做出特定的反应。例如，上楼梯的动作由一个行为模块执行。自主体碰到了相应的刺激，就会让相应的模块起作用。如此类推，如果碰到障碍物或可以穿过的门，相应的模块就会发生作用。因此每个模块的功能就是将情境刺激映射为特定的动作。这也就是说，一种行为就是一个对偶 (c, a)，其中 $c \in p$ 为感知集合，可被称作条件，而 $a \in Ac$ 则是动作。当环境处于状态 $s \in S$ 时，行为便被激活，当且仅当 $see(s) \in c$。另外，自主体的包蕴结构是多个行为模块组成的层次结构，低层模块的行为具有优先性，高层模块的行为表示的是抽象的行为。由于有这样的结构，他的自主体便可同时做出多种行为。当然，不同行为的优先级别是不同的。哪种行为的优先级更高，这取决于以环境为基础的计算。换言之，决策函数是通过一组行为以及这些行为的抑制关系实现的。所谓抑制关系即指与自主体行为规则集合有关的关系，可形式化为：$\prec \subseteq R \times R(R \subseteq Beh)$。假如 R 为全序关系，即传递、不自反、不对称关系，如果（b_1，b_2）$\in \prec$，则记为 $b_1 \prec b_2$，抑制 b_1，b_2 的层次比 b_2 低，因此优先级别相对较高。[①]

从构成上说，反应性自主体由不同的层次、不同的面向任务的专用模块组成。在这种结构中，不存在功能分解，只有面向活动的任务划分。这种自主体结构具有结构简单、开发费用低、计算简单等特点，其算法也是可计算和可处理的。但也存在许多局限性。例如，根据这一思想设计的自主体不能从经验中学习，不能进化，不能改进自己的行为，这种自主体的行为是根据局部的刺激信息作出的，不可能考虑非局部尤其是全局信息，因此其行为的灵活性、准确性、适用性就有很大的问题。由于不能学习，没有计划，因此完成的行为较简单。如果要它表现出复杂的行为，就需要大量的模块，而且要使系统高度同步，还要有复杂的管理。这些都是很难做到的。

第三是多层次结构自主体。这是一种综合性的自主体。它试图克服以前的自主体各自固有的片面性、局限性。例如，行为主义自主体产生的行为过分依赖于环境而缺乏主动性，BDI 自主体难以解决对意图的承诺和过度承诺之间的平衡问题，但又融合了这些自主体结构中的合理因素，例如为了让自主体既能完成反应行为，又能作出自主行为，便分别建构了不同的子系统，让它们成为不同的层次，各负其责，但又相互关联。这样形成的自主体就是有多层次结构的自主体。

由于在设计这种自主体结构时，人们对信息流和控制流采取了不同的处

---

① Brooks R A. "Intelligence without representation". Artificial Intelligence, 1991, 47: 139-159.

理方式，因此多层次结构自主体又有不同的形式。第一是水平式的层次结构。在这种结构中，每个软件层次都直接与输入、行为输出相连接，因此每个层次实际上就是一个自主体，都能接受感性输入，进而产生相应的行为输入，至少能提出关于应采取什么行为的建议。这种结构的特点是简单性，其表现是，每个层次负责特定的行为输出，要产生多少种行为，就设计多少种层次。当然，它也有其麻烦，那就是，每个层次都有自己的行为选择，这就使得如何选择具有统一性的行为成了一大难题。为了解决这一问题，专家们一般在这种结构中确定一种仲裁机构，通过它来确定哪个层次在什么时候有控制权。第二是垂直式的层次结构，其特点是，不再让每个层次都与输入、输出相关联，而让输入和输出功能分属不同的层次，这又包括两种情况：一是单道（one-pass）结构。在其中，控制流顺序地经过每个层次，其终点就是输出层次。二是双道（two-pass）结构。在其中，存在着两条通道，如果信息流按从下往上的方向流动，那么控制流则沿相反的方向流动。其典型的形式是InterRap模型。它由接口、控制器和知识库三部分组成。而控制器又有三层，即合作层、规划层和行动层。知识库中包含社会知识、规划知识等内容。不同的层次分别有不同的功能，如行动层能对环境做出及时反应，规划层能完成实践性推理，合作层的功能是负责不同部分的相互关联、沟通。

层次自主体由于试图通过不同的层次完成不同的功能，如让它们分别有不同的行为（反应行为、自主行为等），因此便表现出像人类智能行为一样的复杂性和灵活性。正是由于有这一优点，因此层次自主体在多自主体系统中得到了较多的应用。但是其问题在于，不具有清晰的语义，所表现出的行为有时具有不统一性或矛盾性。

第四是德国学者费舍尔（K. Fischer）等研制出的一种叫作InterRap的混合自主体结构，值得一提。其特点是，将反应式自主体、慎思式自主体与协作能力结合在一起，因而具有更复杂的能力和更大的灵活性。从构成上说，它有三大部分，即控制器、接口和知识库。前两部分都有三个层次，如控制器有行为、本地规划和协作规划三个层次，知识库有世界模型、心理模型和社会模型三个层次。不同层次体现的是自主体的不同水平的功能。如行为层有对环境作出直接反应的能力，本地规划层使自主体有长期慎思的能力，协作规划层有最后规划的能力，因为它能运用知识库中的各种知识，甚至运用社会模型中保留的其他自主体的目标、技能和承诺，协调各部分的关系，解决冲突。[①]混合自主体的建构还有很多形式，如其中一种尝试鉴于慎思式自主体和反应式自主体的结构都有自己的长处，即前者有复杂的内部状态，能应对复杂的环境，后者简单且有较高的灵活性，于是，试图把两者的优势熔于一炉，建构出混合式的自主体。其操作很简单，就是在一个自主体中设计两个子系统，一个是慎思子系统，它包含复杂的内部状态，能用人工智能的方法作出计划和决策；二是反应子系统，它能对变化多端的环境作出迅捷的反应。

第五是移动自主体。这是为解决互联网发展过程中的种种问题而建构的能在网络中漫游并完成有关任务的软件包或软件实体。它不同于传统的客户/服务器，因为它能在相关资源/实体所在位置执行任务，作为远程程序运行，而后者是位于不同计算机的静态组件，只能通过远程过程调用来进行远程通信。移动自主体在网络中能做的工作包括以下几方面：①在网络节点中动态安装和维护业务；②在网络的操作和维护管理中，通过自主体的自主和异步操作减少业务量负荷；③通过在智能网中引入移动代理，实时提供个人化业务。移动自主体还很年轻。20世纪90年代初，通用魔术公司在提出其商业系统 Telescript 时第一次提出了"移动自主体"这一概念，并用它创立的语言编写了具有移动自主体功能的软件。

---

① Fischer K, Müller J P, Pischel M. "A pragmatic BDI architecture". In Wooldridge M, Müller J P, Tambe M (Eds.). *Intelligence Agent Ⅱ: Agent Theories, Architectures, and Languages.* Berlin: Springer Science & Business Media, 1996: 203-218.

第四节　关于自主体建模基础的思考

AI 研究向自主体领域的倾斜，的确是一种"回归"，即向 AI 要模拟的真实原型的回归。但这种回归又不是简单的重复，而是一种否定之否定式、螺旋式的回归。因为在表面上，它好像重新回到了 AI 创立之初那个认识起点，实则不然。经过几十年的理论和实践摸索，它对人类智能的认识大大深化了，这主要表现为，它既看到了自然智能的形式方面，又看到了其内容方面；既看到了它的纯内在主义的、封闭性的方面，又看到了它的关于性、关联性、超越性的本质；既看到了它的转换的被动性，又看到了它的有意识的主动性；如此等等，不一而足。因此这次向自然智能的回归是名副其实的"衣锦还乡"。

从哲学上说，自主体概念的回归实质上意味着对意向性概念的默认。因为人们归之于自主体的种种特性实质上就是意向性的特性。在此意义上可以说，自主体就是或者应该是有意向性的系统。对自主体的回归，不仅意味着学界以一定的形式认可了塞尔、彭罗斯等从科学哲学、心灵哲学和语言哲学角度向传统的 AI 理论及实践的发难，而且意味着学界已经或正在对这一难题做出回应。因为大量的自主体研究事实上是在解决塞尔等所提出的问题：以前的 AI 系统与人类智能相比，缺少一个根本要素，即作为智慧之必然标志的意向性或语义性。而人类有此性质，又是通过其目的性、关联性、意识性、觉知性、主动性、自主性等特征表现出来的。只有同时表现这些特性，才能说有真正意义上的意向性。在已建构的自主体系统中，除了少数特征没有完全表现出来之外，大多数特征已为人工自主体活灵活现地体现出来了。例如，许多面向自主体的软件开发都在努力突出对现实世界的反映或与现实世界的关联。很显然，人们在定义自主体的任务和特性时，实际上是基于对人的意向系统的认识，试图把所设想的自主体系统建构成具有人的意向性的一系列特征的系统。这一考虑无疑是正确的，方向是对头的，但也存在许多问题。例如，时序模态逻辑的可能世界语义学意味着逻辑全知，据此所建立的自主体应具有无限的推理能力，而实际的自主体并不可能具有这样的特性。另外，可能世界语义学没有现实的基础，因此自主体状态的抽象表示与具体计算模型不可能有直接的联系。这些问题决定了基于时序模态逻辑的形式化规格说明框架在当前条件下就难以投入到实际的应用之中。

　　不管怎么说，当前方兴未艾的自主体研究无论是在理论还是在实践上都有不可限量的意义，它至少为认识、模仿人类的智能找到了一条新的有一定可行性的途径。但应冷静地看到，自主体的研究还刚刚起步。作为智慧之必然特征的意向性尚不能说已为人工自主体完全具备了，更没有理由说，已有的自主体理论已充分掌握了人类智慧及其意向性的全部秘密和机理。例如，作为固有意向性最根本特征的意识或觉知特性，目前还无法在自主体中得到体现。与此相应的是，我们对意识的认识仍处在十分幼稚的阶段。史忠植先生中肯地说："意识问题具有特别的挑战意义。……在21世纪，意识问题将是智能科学力图攻克的堡垒之一。"[1]

　　冷静分析，自主体建模的理论基础是有问题的，至少是值得探讨的。从思想根源来说，人们建模的灵感、参照主要来自民间心理学。罗森切恩也注意到了这一点，他说："审慎的方案在很大程度上受到了民间心理学的启发，从而把自主体建模为一种符号推理系统。"[2]其实，其他许多方案也莫不如此。须知，民间心理学毕竟是一种常识的心灵理论，在原始思维中就已产生，至今没有什么变化。它的问题在于，它本身是想象、隐喻的产物。有一种观点认为，它是一种前科学的、"拟人化"的理论。其前途、命运究竟是什么，尚在研究之中。

---

① 史忠植：《智能科学》，清华大学出版社 2006 年版，第 408 页。

② Rosenschein S J. "Intelligent agent architecture". In Wilson R A, Kell F C (Eds.). *The MIT Encyclopedia of the Cognitive Sciences*. Cambridge: The MIT Press, 1999: 411.

如果它最终会像激进的悲观主义即取消主义、解释主义所认为的那样，将像以太、燃素学说一样被淘汰，那么以之为自主体的建模基础的前途就令人忧虑了。

根据现有的认知科学和心灵哲学对民间心理学和心理现象的认识，去反思已有的自主体理论和建模，可以发现，它们的共同问题包括以下几点：①都以民间心理学为建模的理论基础，而民间心理学所提供的主要是关于人的内部世界和行为原因的错误地图。②即使承认民间心理学概念在诚实运用时有其所指，但是两种情况下所用的概念（即用在人身和拟人自主体上的概念，如"信念"等），有根本的差异，因为描述人所用的意向概念指的是心理的有意识、意向、本原性、自主性的特点，而用在拟人自主体上的同类概念根本没有这样的指称。它们所表示的过程纯粹是一种按事先规定的指令而运行的机械过程。在已有的自主体结构中，都被安排了这样那样的功能模块，如有的有信念的作用，有的有计划、决策的作用，有的有调控、缓和冲突的作用，有的有通信的作用；等等。从根本上说，它们尽管在形式上类似于人的作用，在效果上与人的对应的过程差别不太大，但仍不能同日而语，因为这些功能模块并没有自主的功能作用。这从定义可略见一斑。史忠植说："这些功能模块都是预先编译好的可执行代码。它们通过黑板和主体内核交互信息。"[1]很显然，这些模块的功能作用不过是按指令被动地被执行罢了，并不包含人所具有的那种真正的自主性、主动性。

最后，值得特别注意的是，AI专家在利用西方哲学家的有关心灵哲学理论时一定要慎之又慎，因为在利用哲学成果作为建模基础时，稍不小心，就会犯方向性错误。最明确的例子是，被视作自主体建模之理论基础的布拉特曼的关于意向的计划理论，好像与戴维森的解释主义、玛尔的三层次描述理论是一致的，其实是误解了他们的理论。

---

① 史忠植：《智能主体及其应用》，科学出版社 2000 年版，第 45 页。

第十三章
面对 AI 基础理论难题的联结主义及其创新发展

联结主义尽管有自己的创新之处，但在本质上并未超越计算主义，因为它仍像经典计算主义一样根据计算来理解和建模认知。两者的不同在于，经典计算主义所说的计算是符号计算，故常被称作符号计算模型，而联结主义所说的计算是神经计算，故常被称作神经计算模型。为了克服经典计算主义面临的理论难题，联结主义试图根据实际的生物大脑结构建模抽象的人工神经网络，因此它也被称作人工神经网络学派。联结主义模拟的不仅是自然智能的形式方面、功能及其机制，而且还在模拟真实人脑的语义作用及机制方面做了大量探索，因而具有其他计算主义所不能企及的优点。但是，既然其基本精神没有超出计算主义的藩篱，因此就必然会像前述的计算主义一样碰到许多工程技术和基础理论方面的问题，如著名哲学家塞尔所说的、一般的计算主义所无法回避的"意向性缺失难题"也是困扰它的难题。根据塞尔的责难，已有的 AI 不仅由于没有意向性因而不是智能，甚至连符号处理都算不上。同样，人工神经网络要成为关于人类智能的真正模型也必须具有语义能力，否则就不具有真正的智能，因而不能成为真正的人类智能模型。应强调的是，联结主义及其所建构的大量神经网络面临的麻烦和难题远不止这一个。正因为它有许多问题，所以批评否定之声一直没有间断过。像明斯基这样的一些大家还给予了有力的抵制和批判，认为只有疯子才会做这些事情。

因为它不会解决哪怕是最小的分类任务，除非它有其隐藏层。即使花多年努力，也没有人能找到有效的方法去训练网络执行分类任务。它之所以没有前途，是因为人的神经系统的工作原理和方式根本不同于计算机。联结主义的许多倡导者不仅不掩饰这些难题，而且在自己的理论探讨和实践建模中自觉加以化解。那么，联结主义在化解上述难题时究竟做了什么？结果如何？其最新的进展是什么？

第一节　联结主义及其计算主义实质

毫无疑问，联结主义已发展成了一种比较成熟的 AI 研究战略，集理论探讨与实践建模于一体。就目的而言，它一是有学理方面的目的，即试图在神经细胞水平上揭示神经信息加工的过程与机理，并建立相应的可指导实践的理论模型，以形成自己的神经计算科学。二是有工程学方面的目的，即构造人工神经网络，进而构造非冯·诺依曼神经计算机。根据它的解析，生物神经系统有自己的拓扑结构，即有由神经元关联而形成的网状结构。这种结构具有一定的抽象性，其结构的形式与神经细胞的空间位置无关。如果是这样，联结主义者就可以建构模拟了神经细胞互联所形成的拓扑结构的人工神经网络。

首先应承认，相比于经典计算主义，联结主义有其自身的独特特征。第一，联结主义发展出了新的认知观、智能观。我们知道，经典计算主义是在符号水平上模拟认知的，而联结主义则是要在细胞水平上模拟认知。它认为，智能的基本元素是神经元，人的认知过程是生物神经系统内神经信息的并行分布处理过程，是一种整体性的活动，因此要认识和模拟认知，就要从微观的生物层次入手，而不能仅停留于抽象的计算层次。第二，在看待理性思维的问题上，联结主义强调理性的生态性、并行性和复杂性。克拉克说："理性就是大量有关复杂因素都出现并以某种方式起作用、得到协调时，人们所经历的东西。说明这种复杂的、生态学上并行的行为，其实就是在揭示理性如何可能从机械上加以实现。"①第三，联结主义也承认认知的本质属性是计算，但它倡导的是一种关于神经信息运动变化过程的模拟计算或神经计算。第四，联结主义认为，它的表征不是以单子式的形式存在的，而是分布式地存在于神经元的动态联结之中，同时据说被设法归属了"语义内容"②，至少有这样的主观动机。第五，联结主义模型的描述是连续的，尤其是它对计算的理解也是连续的。而符号模型的描述是非连续的。第六，两者的"战斗口号"也截然不同。早期的人工智能宣称："计算机不是单调地处理数字，它们是操作符号。"而联结主义完成了解释方式的转换，强调："它们不是操作符号，它们是单调地处理数字。"③经典计算主义强调：应该对先于算法编写及其任务做出高层次的理解，而联结主义者从对任务的最低限度的理解开始，设法训练网络去完成这个任务，进而寻求对网络的作用和目的等较高层次的理解。

再看联结主义所热衷的人工神经网络的探讨和建构。人工神经网络模拟的是自然脑结构及其功能，但它所形成的模型又不是大脑的真实反映，而是对人脑加工过程的某种抽象和模拟。它像经典计算模型一样有信息处理能力，但它的结构和原理完全有别于传统的模型，其表现是，第一，人工神经网络能够进行神经元之间信息的并行处理，即信息输入以及各神经元之间都能并行工作。第二，它能分布式地把信息储存在神经元的联结权值之上。由于权

---

① Clark A. "Artificial intelligence and the many faces of reasons". In Stich S P, Warfield T A (Eds.). *The Blackwell Guide to Philosophy of Mind.* Cambridge: The MIT Press, 2003: 320.

② Fodor J A, Pylyshyn Z. "Connectionism and cognitive architecture: a critical analysis". In Macdonald C, Macdonald G (Eds.). *Connectionism.* Oxford: Blackwell, 1995: 97.

③ [美]A. 克拉克：《联结论、语言能力和解释方式》，载[英]玛格丽特·博登编著：《人工智能哲学》，刘西瑞、王汉琦译，上海译文出版社 2001 年版，第 414 页。

值可改变，因此这种网络具有可塑性和自适应能力。第三，分布式的信息存储使得人工神经网络具有良好的容错性，即使网络中部分神经元损坏也不会影响整个系统的机能及作用，它所给出的是一个不精确的、次优的逼近解。第四，人工神经网络神经元信息之间的输入与输出具有非线性性，甚至它的信息处理能力也是非线性的。第五，它比一般的人工脑更能接近于生物大脑，如它从外界学习以获取知识，把它储存在神经元之间的连接突触权值中，方便以后使用。第六，人工神经网络是一个大规模的复杂系统，因此可以解决各种复杂的问题。第七，它具有自适应与自集成的能力。网络允许同时输入大量信息，能有效解决输入信息间的互补和冗余，实现信息的集成和融合。第八，超大规模集成电路的硬件使人工神经网络具有了快速、大规模的处理能力。第九，联结主义者通过表征赋予网络中所加工的符号以语义性，从而认为网络的认知是有意向性的。总之，联结主义者自认为联结主义模型取代了传统的认知模型（如语义网络），这极像量子力学取代经典力学一样。①

不管如何挖空心思去揭示它与经典计算主义的区别，它的计算主义实质是无法抹去的，这主要是因为它在起源、目的以及对计算、表征的看法等方面与经典计算主义没有根本区别，如屈森斯所述，"它们是从同一个根上生长出来的分支"②。这个根就是麦卡洛克和皮兹等 AI 奠基人的发现，即神经元的活动有计算的特点。另外，麦卡洛克等 1943 年还证明，一个神经网络可以计算图灵机能计算的所有函数，这无异于把认知过程看作映射过程。很显然，这些思想是后来的两种计算主义的共同源泉。从目的上说，经典计算主义的目的是在命题空间中模拟和表现推理能力，而联结主义者的目的就是模拟各种合理的"推理"。在对待表征的看法上，福多和皮利辛认为两种计算

---

① [美]斯蒂克·P. 斯蒂克、[英]威廉·拉姆齐、[以色列]约瑟夫·加龙：《联结主义、取消主义与民众心理学的未来》，载高新民、储昭华主编：《心灵哲学》，商务印书馆 2002 年版，第 1048 页。

② [英]屈森斯：《概念的联结论构造》，载[英]玛格丽特·博登编著：《人工智能哲学》，刘西瑞、王汉琦译，上海译文出版社 2001 年版，第 3 页。

主义都是表征实在论者，即都反对取消主义，而赞成表征主义，认为心理状态有表征外部世界的能力，因此有语义性。再者，两种计算主义都承认，理性的思维和行动都包含对表征了外在事态的内在资源的运用，其内部运作过程实即一种转换性的操作过程，一种映射或函数过程，这些运作过程的目的就是要进行进一步的表征，直至产生行为。综上所述，两种计算主义都承认，它们的系统容许语义解释。这就是说，两种计算主义都包含这样的核心观点，"形式可以充当意义"，即对形式的加工，实际上也是对意义的加工。

第二节　联结主义的 AI 哲学探讨与争论

如前所述，联结主义不仅是一种关于认知、智能的哲学和科学理论，它的网络建模更是一种对生物智能的模拟实践。对于它的理论和网络建构，经典计算主义从未停止过批判和否定性论证。福多和皮利辛指出："心智就其一般结构来说，不可能是联结主义网络。"[①]因为心智具有系统性、产生性、构成性和因果性等特点，能形成既有句法又有语义性的表征，而他们认为联结主义所倡导的心智并不具有这些特点。面对这些批评，许多联结主义者作了积极的回应，在回应的过程中，发展和完善了自己的认知理论，当然也包括改进了自己的计算主义。

针对福多等批判联结主义系统缺乏系统性、产生性、构成性等特点，以及认为联结主义不承认表征、思维语言等观点，霍根（T. Horgan）和廷森（J. Tienson）等认为，联结主义系统并未违反上述原则。他们说：联结主义的RAAM 表征和张量积表征（详后）"都是系统性的，当两表征断言不同个体具有相同属性时，或当它们断言不同属性属于同一个体时，这些事实就编码

---

① Fodor J A, Pylyshyn Z. "Connectionism and cognitive architecture". In Macdonald C, Macdonald G (Eds.). *Connectionism.* Oxford: Blackwell, 1995: 116.

在表征的结构中。它们还是产生性的：如果新的谓词或名称加于 RAAM 表征系统或 TP 表征系统上时，具有作为构成因素的新的名称或谓词的复合表征就自动被确定了。因此两类表征都能提供一种句法"[1]。此外，联结主义不仅不否认表征，在特定意义上还承认有思维语言。不过，他们所理解的思维语言不同于经典认知科学所说的思维语言，后者强调：两个思维语言句子的不同完全是由它们的形式结构决定的，而联结主义认为，这种语言的任何句子同时具有句法和语义性，且句法和语义是密切联系在一起的，因为句法就是对语义关系进行系统性和生成性编码的方式。

福多等批评说："联结主义模型不需要句法结构。从直观上说，句法结构在网络中是罕见的。这一来，联结主义怎样解释这样的事实，即所有自然生成的认知系统都表现出了系统性呢？"[2]霍根等承认，在他们关于人类认知的建模中，他们强调的确实是语义性而非句法性，他们的根据是，人们的思维活动、行为决策都是基于语义内容而做出的。在这些过程中，句法的确没有发挥多大作用。但他们同时指出：这样说并不等于忽视了句法，因为他们承认人工系统的内部处理是基于句法而完成的。这也就是说，联结主义并不绝对地否认句法结构及其作用，它否认的只是经典主义所说的纯形式的单子式的句法，或与语义相分离的句法。它承认的句法是非经典的句法，其特点包括以下几个方面：第一，有随环境而变化的属性或语义性；第二，它们是以分布式方式储存的，而且依赖于有关的节点及其相互作用，只要其中一个节点发生变化，其内容和结构就都会变化。总之，它非常重视句法，不仅理论上如此，而且在实践上做了大量探索。例如，波拉克的 RAAM 表征，就是一种易受结构敏感加工即语法分析影响的表征方式，它编码的是句法结构

---

[1] [美]特伦斯·霍根、[美]约翰·廷森：《为什么仍必须有思想的语言，其意何在？》，载高新民、储昭华主编：《心灵哲学》，商务印书馆 2002 年版，第 490 页。

[2] 转引自[美]特伦斯·霍根、[美]约翰·廷森：《为什么仍必须有思想的语言，其意何在？》，载高新民、储昭华主编：《心灵哲学》，商务印书馆 2002 年版，第 505 页。

成分的关系，表现的是有效句法的基本形式。另一形式是斯莫伦斯基等一直在研究的张量积表征。它"提供了这样一种形式化，它对构成性结构的非形式概念的联结主义计算是自然而然的，同时它还可能是一种在联结主义认知科学中发挥作用的候选者"[①]。在形式上，这种表征与句法形式有关，但标记这种表征与标记它的构成要素则不相干。

联结主义者自认为超越于经典计算主义，其表现是，人工网络有传统符号系统所没有的语义处理能力，因而似乎不会受"意向性缺失难题"的威胁。欣顿（G. Hinton）等指出：如果我们把问题限制于单语素结构的单词，那么由于知道字母串意指什么无助于我们预测一个新字母串意指什么，因此从字母串到意义的映射具有任意性特点，这种任意性把似然性赋予了具有显式语言单元的模型。显然，如果存在这样的单元，任意映射就能实现。一个字母串正好激活一个词单元，而这又激活了我们希望与之联系的任何一种意义。于是相似的字母串的语义可能是完全独立的，因为它们是以分离的词单元为中介的。这里有一个隐含的假定，即词意能够表示为义素集合。这一论点尚有争议，成分分析认为，意义是一系列特征集合，而结构主义认为单词的意义取决于它与其他意义之间的关系。欣顿等试图把这两种观点结合起来，其做法是让合成的表述方式由活动特征的许多不同的集合构建而成。他们认为，经过一段较长时间的学习，这种网络在给出一个字素输入时，就能产生正确的义素模式。经学习后，移走词集单元中的任何一个单元，常常会引起几个不同单词的出错率的轻微升高，而不是完全失去一个单词。在进行再训练的过程中，这些单词的出错率大大地减少了，尽管其他字母-义素配对与它们并没有内在关系，因为所有这些配对都是随机选择的。网络没有再次显示单词的"自发"恢复，这是使用分布式表述的结果。对每个单词使用分离单元的

---

① ［美］特伦斯·霍根、［美］约翰·廷森：《为什么仍必须有思想的语言，其意何在？》，载高新民、储昭华主编：《心灵哲学》，商务印书馆 2002 年版，第 512 页。

方案不会有这种表现，所以我们可以把未训练过的条目的自发恢复看作分布式表述的一个性质表征。[①]

斯莫伦斯基开宗明义地指出，他对联结主义阐释的目的是，针对人们对联结主义的误解和不实批评，"评述联结主义方案的科学性，即是说旨在弄清楚这种方案是否能提供人类认知能力所必需的计算力，能否为正确模拟人类认知行为提供适当的计算机制"[②]。在他看来，只要正确理解了联结主义，有对其主旨和实质的到位把握，就能对上述问题作出肯定回答。

第三节　联结主义面临的"意向性缺失难题"及其化解

联结主义所构建的人工神经网络是一种模拟生物脑结构和功能的智能网络，因而具有许多其他计算主义所不能企及的优势，有着更美好的前景。克拉克不无得意地说：它"给认知科学带来了不可思议的好处"。第一，它不再受命题主义的困扰，"避免了把我们有意识的命题思想的形式强加于我们无意识加工的模型之上"[③]。第二，联结主义网络使用相同的权重组合来执行多种多样的工作，从而使叠加成为可能，并为解决心灵的符号模型的叠加难题指明了方向。第三，人工神经网络经过调整后就能追踪概念之间的最佳关系，须进行相似性的判断。第四，联结主义网络能自己产生原型。第五，一系列矢量提供了一个模拟构成性心理表征及其加工的一个领域，其中，心理表征能描述动力系统的状态或联结主义网络中的单元激活。第六，联结主

---

① [英]欣顿、[美]麦克莱兰、[美]鲁梅哈特：《分布式表述》，载[英]玛格丽特·博登编著：《人工智能哲学》，刘西瑞、王汉琦译，上海译文出版社 2001 年版，第 362 页。

② Smolensky P. "On the proper treatment of connectionism". In Macdonald C, Macdonald G (Eds.). *Connectionism*. Oxford: Blackwell, 1995: 30.

③ [美]A. 克拉克：《联结论、语言能力和解释方式》，载[英]玛格丽特·博登编著：《人工智能哲学》，刘西瑞、王汉琦译，上海译文出版社 2001 年版，第 410-411 页。

义模型在进行心理加工时能根据对情境敏感的构成要素、构成性语义学，以及对情境敏感的并行加工、统计性推理和学习来加以描述。第七，联结主义模型具有自然智能的自组织特性。鉴于所有这一切，有的人把它称作认知科学的"新浪潮"，有的说它是"库恩式的范式转换"，有的认为它是理解心灵过程中的一种突破。①

毋庸讳言，联结主义及其网络也有许多麻烦和难题。例如，联结主义者认为其网络能模拟人的概括能力，而目前的联结主义模型充其量只能根据模型设计者的指令来进行概括，即根据预先设定而不是根据实际语境去做出响应，缺乏灵活应变的主动性，因为它不具备人类那样的本原性的意向性。人由于有这样的意向性，因此人能以适当的方式在不同语境中进行概括，具有应变性和针对性强的特征，并能从实际语境中获得目标和动力。还有这样一些问题，如通过大量的传递进行学习，或通过聪明的模拟程序以闪电速度传递，都不符合心理学的实际。一个网络能区别的概念数目依赖于输出节点的数目，而人能区别不确定的概念数目。网络的最初训练在连接中建立起了某种权重和内在模式，而这样又限制了网络的能力，要得到新的输入就得进行新的训练。在训练中，修改权重会破坏网络在最初训练时所形成的能力。这无疑是"联结主义的又一尴尬"。最后一个关键问题是：联结主义能化解意向性缺失难题吗？根据联结主义所建构的人工神经网络是否有语义性、意向性呢？

塞尔的中文屋论证提出之前的老牌联结主义者一般都主张，他们的网络无疑是有语义性的，因为他们把语义内容归之于节点，即单元或单元的集合，因此只要网络正常运作，其状态和输出就一定有语义性。但塞尔的论证提出后，许多人包括克里克等都承认：这种责难同样也适用于联结主义。对此，

---

① Fodor J A, Pylyshyn Z. "Connectionism and cognitive architecture: a critical analysis". In Macdonald C, Macdonald G (Eds). *Connectionism*. Oxford: Blackwell, 1995: 90.

有些联结主义者持否定态度，有些则承认人工网络的确有意向性缺失难题。众所周知，意向性是一种较复杂的现象，虽然是一种关系属性，能把自身与他物关联起来，但并不是任何关联作用、关系属性都可成为意向性的。例如，温度计的水银柱升高尽管与环境中的温度升高有关，但它显然不是意向性，因为人的意向性还有目的性、自主性、主动性、意识性、自调节性以及根源于内在固有的结构和能量的关联作用等必要特征。这些特征对于人的意向性既是必要的，又是充分的。因此，只有当网络具有这些特点时，才能说它具有意向性、语义性。按照这一苛刻的标准，目前尚无人工神经网络有意向性，正是在此意义上，许多人认为，塞尔的论证适用于这些网络。

但是，如果有办法让人工神经网络表现其中一个或更多的特点，那么就应认为，它们在模拟智能的这一根本智慧特征上迈出了可喜的一步。联结主义事实上取得了这样的进步。例如，有的神经网络表现出了自主性的特性。如前所述，自主性是本原意向性的一个标志。人工神经网络在这方面作了积极的探讨，并取得了一些成果。其表现是，它们至少有形式上的自主性，甚至可以说，它们实现的自主性是一种准意向性。例如，基于 BP 算法的多层感知器似有自主调整参数、自主完成图像压缩编码的功能。这种自主编码能力是由网络的模式变换实现的，即输入层和隐层的变换可看作压缩编码的过程，隐层和输出层的变换可看作解码过程。在此过程中，网络完全没有人的干预，而且带有很大的随机性。因为输入模式是变化不定的。它能根据具体的情况、条件，按照总目标的要求，"独立"完成自己的选择。其实，这里的所谓独立自主仍只是派生的，没有本原、原始的意义，因此根本有别于人的自主选择。例如，多层感知器在实现图像数据压缩的过程中，虽然其选择存在一个可能的空间，表面上看似可以自主选择其中的某一个，但实际上，其在此空间中的最终选择早在设计阶段就已经由设计人员决定了。可见，网络没有独立自主的选择和决定能力，从而完全没有自主选择这回事。充其量只有派生的自主性。

　　再看自组织竞争神经网络在学习中表现出的所谓的自主性。许多联结主义者承认，之所以人的意向性具有自主性、自适应、自发展等特点，是因为人有学习的能力。正是通过学习，人不断获得新的信息，并在这个过程中自我更新和发展。由于有这种能力，人的意向性便有创发性的特点，即能对以前不能关联、意指、构造的对象做出关联和构造。人工智能专家研究自组织竞争神经网络就是为了模拟人的自动学习方式，就是要让网络像人的智能一样主动寻找学习过程中的内在规律，从而自组织、自发展地改变网络参数与结构。这种网络模式在向人类智能接近的过程中进行了有益的探索，在应用上也显示出了巨大的优势，如大大拓宽了神经网络在模式识别和分类方面的应用。有此功能的网络属于层次型网络，其不同于其他网络的特点是有竞争层。输入层接收来自外界的信息，将输入模式向竞争层传递，竞争层通过分析和比较找出其共性或相似性，并据以完成分类。网络的这些能力都是通过竞争而获得的。竞争学习采用的规则是优胜劣汰、胜者为王。

　　神经网络对输入模式是如何自动完成响应的呢？是如何自动发现样本空间的类别划分的呢？通过对生物脑及其响应外界刺激特点的观察，联结主义者发现，大脑在通过感官接收外界信息时，大脑皮层的特定区域会兴奋，且对接收到的相似信息在其对应的皮层区域是连续映现的。自组织特征映射神经网络要模拟的就是生物对某一图形或某一频率的特定兴奋过程，不仅如此，它还根据生物过程建立了自己的运作原理：当网络接收到外界相似信息时，最初神经元兴奋是随机的，在网络的自组织训练下，神经元在竞争层形成有序的排列，即功能相近的神经元排列在一起。具言之，自组织网络之所以能通过竞争自动发现样本空间的类别划分，是因为在开始训练前，先对竞争层的权向量进行随机初始化。[①]这种网络确实有成功的实例。例如，科荷伦（T.

---

① 韩力群：《人工神经网络教程》，北京邮电大学出版社 2006 年版，第 90 页。

Kohonen）于 1981 年提出的自组织特征映射就能自动完成保序映射，即模式样本输入空间后能有序地映射在输出平面上，如把不同动物按其属性特征输入空间，通过自组织特征映射网映射到两维输出平面上，其输出结果显示：属性相似的动物在输出平面上的位置相近，从而实现了特征的保序分布。[①]

联结主义把计算所离不开的符号界定为亚符号，相应地，把联结主义方案称作亚符号方案。斯莫伦斯基说："在亚符号方案中，如果说联结主义隐含着新的计算理论的话，那可能是来自它对计算作了根本不同的、连续的阐释。"在它看来，"亚符号计算在本质上是连续的"[②]，而不是孤立、分离的，不是以全有或全无的形式进行的。如果承认亚符号这个层次，那么就必须对它的存在及本质提供进一步的说明，尤其是要说明这个系统的语义学。而要予以说明，又必须回到表征问题上来。因为有语义性就是有关的实在有表征能力。对此，联结主义内部有不同的解决方案。第一种方案是，设计一个程序，使它能把激活模式即激活矢量与对输入和输出的概念层面的描述关联起来。这些矢量通常是输入和输出的特征值。第一种方案是，把表征与能在联结主义网络中训练隐藏单元的学习程序关联起来。第三种方案是，把限定亚概念模型的任务看作使联结主义模型符合人类认知系统的过程。[③]从亚符号层次与符号层次的关系看，斯莫伦斯基认为，两者都适合于对认知做出描述，只是描述的角度、层次不同罢了。如亚符号层次的描述比符号层次的描述要具体一些，但又没有深入到神经层次。再从亚符号层次与神经层次、符号层次的关系看，斯莫伦斯基主张：在神经层次和符号层次之间存在着亚符号层次。他说："亚符号范型的基本层次，即亚概念层次存在于神经层次和概

---

① 韩力群：《人工神经网络教程》，北京邮电大学出版社 2006 年版，第 94 页。

② Smolensky P. "On the proper treatment of connectionism". In Macdonald C, Macdonald G (Eds.). *Connectionism.* Oxford: Blackwell, 1995: 71.

③ Smolensky P. "On the proper treatment of connectionism". In Macdonald C, Macdonald G (Eds.). *Connectionism.* Oxford: Blackwell, 1995: 45.

念层次之间。"此外，由于符号处理涉及句法和语义两个方面，亚符号层次与其他两个层次的联系或亲密关系也是不同的。例如："从语义上说，亚符号层次似乎更接近于概念层次，而从句法上说，它似乎又更接近于神经层次。"[①]

这里的问题是：亚符号系统是否有语义性、意向性呢？斯莫伦斯基意识到，联结主义肯定会碰到这样的"意向性缺失难题"。不过，他认为，联结主义系统不像符号主义系统那样，不具有意向性，而肯定它们有意向性。那么，它们是如何获得意向性和真值条件的呢？为回答这一问题，德雷福斯认为，"亚符号语义学"有这样的假定："亚符号系统在各种环境条件下可以采取各种相应的内在状态，以至于，认知系统可在各种环境条件下满足它的各种目的条件，因此它的内在状态基于特定的目的条件而成了对应环境状态的真实表征。"[②]有这样的表征当然意味着这些状态有其意义，有其真值条件。根据他的辩解，联结主义系统的状态有语义性的根源在于，它们有各种不同的目的条件，外在的环境状态被输入进来，通过匹配，对号入座，于是就使这些被激活的内在状态成了对应环境状态的表征。可见，这里使内在状态有语义性的最关键的因素或条件，就是在这些状态之内被事先编码了的目的和条件。同时，斯莫伦斯基认为，亚符号系统在加工过程中获得的语义保真性也是根源于目的这一内在条件的。他说："为机器编制的特定程序能满足某些目的，尤其是学习程序能满足根据事例作出预测这样的适应性目的。"[③]因此要模拟认知能力，必须弄清真实的认知系统及其能力有哪些标志或必要条件。在目的中，他特别看重预测性目的。他认为，这种目的性的

① Smolensky P. "On the proper treatment of connectionism". In Macdonald C, Macdonald G (Eds.). *Connectionism.* Oxford: Blackwell, 1995: 49.

② Smolensky P. "On the proper treatment of connectionism". In Macdonald C, Macdonald G (Eds.). *Connectionism.* Oxford: Blackwell, 1995: 49.

③ Smolensky P. "On the proper treatment of connectionism". In Macdonald C, Macdonald G (Eds.). *Connectionism.* Oxford: Blackwell, 1995: 65.

作用是，有此目的的认知系统"能基于关于环境状态的某些不完全信息，正确地推论出缺失的信息"，并且"能基于环境里的更多的状况事例，以不断提高的准确性形成预测性目的"。[1]

第四节　基于反馈型神经网络和人工感知机的分析

至少从主观动机和愿望来说，联结主义网络试图模拟的是人类的生物大脑及其运作过程和机制，当然，也确实做了一些具体的探索。应承认，这些探索在化解意向性缺失难题的征程上比其他计算主义做得要好得多。但客观地说，它的理论探讨及所建构的人工神经网络与自然智能相比仍有根本的差别，它的智能建构仍任重而道远。这里不妨以它所建构的反馈型神经网络和人工感知机为例稍作分析。

根据网络运行过程中信息的流向，可将网络分为前馈型和后馈型两种。前馈型网络的特点是，通过引入隐层以及非线性转移函数，网络具有复杂的非线性映射能力。其问题在于，它的输出取决于当前输入状态和权矩阵，而不受输出状态的反馈的影响。后馈型网络就是鉴于这一问题而引入了能量函数概念，从而能对网络运行的稳定性作出可靠的判断。另外，在学习方式上，该网络被配备了灌输式的学习方式。它不同于其他学习方式如有导师和无导师的学习方式的地方在于，网络的权值不是通过反复学习获得的，而是按特定规则经计算而得到的。从运行方式来说，在运行过程中网络中各种神经元的状态在不断地更新，直至达到一个稳态，而稳态中神经元的状态便是问题的解。美国加州理工学院的霍普菲尔德（J. Hopfield）最先提出反馈型网络。在 1982 年，他提出了一种单层反馈神经网络，1985 年，他与唐克（D. W. Tank）

---

① Smolensky P. "On the proper treatment of connectionism". In Macdonald C, Macdonald G (Eds.). *Connectionism.* Oxford: Blackwell, 1995: 63.

用模拟电子线路实现了这种网络，为人工神经网络研究的复兴做出了开创性贡献。此后，许多专家沿着他们的思路，不断作出改进，使反馈型神经网络的形式多姿多彩，归纳起来，现有四种反馈型网络，即离散型 Hopfield 网络、连续型 Hopfield 网络、离散型双向联想记忆神经网络和随机型神经网络。

反馈型神经网络有其他网络难以表现的联想记忆和问题优化求解功能。例如，网络的稳态代表的是一种记忆模式，初始态不断发展、演变，直至达到稳态的过程就是网络寻找记忆模式的过程，即一个从拥有部分信息到回忆起全部信息的过程。联想记忆就是在这个过程中实现的。如果用网络能量的形式表达待解问题的目标函数，从初始态向稳态演变的过程就是网络不断自动优化计算的过程，当能量函数趋于最小时，对应状态就是网络的最优解。反馈神经网络在模式识别、属性分类中显示了巨大的威力。例如，我国公安部门在对失窃车辆进行缉查时，必须对过往车辆的监视图像进行牌照自动识别。而所搜集到的图像往往极不清晰，尤其是在天气阴暗、拍摄角度不佳、车速过快、距离过远的情况下，更是如此。对这种有不清晰的牌照，即使是由有经验的人来辨识都很困难，但用离散型双向联想记忆神经网络识别则能取得较好的效果。人们基于这种网络设计了一种识别系统，其权值设计采用了改进的快速增强算法。它能保证对任何给定模式形成正确联想。识别时首先从汽车图像中提取牌照子图像，进行滤波、缩放和二值化预处理，再对 24×24 的牌照进行图像编码。借助这样的系统及方法能对清晰度极差的牌照作出准确度极高的辨识。很显然，这类网络表现出了人类意向性的部分特征，如自主性、关联性、随机应变性等，当然，从根本上说，这些作用的发挥离不开有关技术人员的解释或编码。

小脑模型神经网络所表现出的智能的意向性特征也有类似的特点和问题。这种网络最先由阿尔布斯（J. S. Albus）于 1975 年提出。设计这种网络的目的是要模拟小脑控制肢体运动的原理和过程。脑科学告诉我们，小脑控制运动时，无须中间的思考、计算环节就能直接地、条件反射式地做出迅速响应，很显然，这种响应是一种迅速联想。从输入到输出无疑是一个因果过程。按照西蒙等的意向性标准，小脑的这种从刺激到指挥肢体运动的过程就是一种意向过程。如果人工神经网络能予以模拟，那么便可认为它有一定的意向性。小脑模型神经网络有很多优点，如学习速度快、精度高，有感受信息、储存信息、通过联想利用信息的功能，因此在智能控制领域尤其是机器人手臂协调控制中有广阔的应用价值。但是由于它模拟的对象是小脑，而小脑没有自觉自主的意向性，尤其是没有作为意向性之关键特征的意识或觉知功能，因此它所具有的因果作用还算不上真正的意向性。

再来看人工感知器表现出的智能特点。从构成上说，这种感知器是由敏感单元和表示单元构成的，前者是指机器对事物的发展变化高度敏感，并能对其做出适当的响应；后者是指机器能用一定方式把敏感单元接受和输出的东西表示出来，旨在让机器能对之进行处理和利用。从表面上看，机器的感知与人的感知一样，即都有意向性。然而事实并非如此。钟义信等认为，感知器只感受到了事物运动状态及状态变化方式的形式，并不知道其内在的逻辑含义和效用价值，因此机器感知的输出结果只是语法信息，而没有语义信息或语用信息。[①]

人工神经网络所能完成的模式识别也是如此。我们知道，要处理和利用信息，必须对之做出比较和判断，以决定哪些信息是需要的，哪些是不需要的。这一过程或操作就是机器的模式识别。基本的工作原理是，把所需的信息规定为"模板"，然后将所接收到的关于事物的各种信息与之比较。符合其要求，能与之匹配的就被"识别"出来了。当然为了避免过大的数据量和计算量，通常有这样的解决办法，即在让机器进行识别时，提取能表征这类

---

① 钟义信等：《智能科学技术导论》，北京邮电大学出版社 2006 年版，第 20 页。

语法信息的一组形式化参量，把它与相应的特征模板做比较，再根据数据的匹配情况来确定有关信息属于何种类别。由于机器对之比较、匹配的信息只是语法信息，加之，模式识别系统又不能处理语义和语用信息，因此只能得出结论说，它"只能识别模式的形式，而不能识别它们的内容和价值"①。机器学习尽管也表现出了人类的某些意向性特征，但从根本上说，也存在着类似的问题。钟义信说："就目前的技术状况而言，由于'学习与决策'模块的设计还比较粗糙，大体还是基于关键词字形（笔画和结构）与数据库信息的字形的匹配原理，只利用了低层的语法信息，没有利用语义和语用信息，因此，搜索引擎和信息抽取系统的性能还不能令人满意。"②

再看信息传递研究及其成果。就理想的情况而言，信息、智能科学技术应该研究语法、语义和语用信息是如何传递的，但"实际的情形并非如此。语法信息是最基本的层次，语义和语用信息则可以由人类使用者从语法信息中加工出来。因此，信息传递（通信）所关心的中心问题归结为传递语法信息，而与信息的内容和价值无关。这是迄今为止一切通信工程所遵循的基本原则"③。如果不能关涉内容和价值，那么结论只能是，有关神经网络缺失了真正意义上的意向性。韩力群也承认："尽管神经网络的研究与应用已经取得巨大的成功，但是在网络的开发设计方面至今还没有一套完善的理论作为指导。"④如果理论不完善，与之对应的实践应用也就显得困难重重了。总之，联结主义要揭示人类智能的真实本质，要建构出真正模拟了具有意向性和意识特征的自然智能的人工神经网络，还有很长的路要走。

---

① 钟义信等：《智能科学技术导论》，北京邮电大学出版社 2006 年版，第 21 页。
② 钟义信等：《智能科学技术导论》，北京邮电大学出版社 2006 年版，第 23 页。
③ 钟义信等：《智能科学技术导论》，北京邮电大学出版社 2006 年版，第 24 页。
④ 韩力群：《人工神经网络教程》，北京邮电大学出版社 2006 年版，第 68 页。

第五节　面对难题的创新尝试：基于进化新解的人脑逆向工程

联结主义是极有发展潜力的一种方案，尽管面临着像意向性缺失难题这样的诸多理论和实践问题，但它迎难而上，已经并正在进行积极的攻坚克难的探索，相应地，诞生了大量极有创意的新方案。这里我们先考察科兹维尔所倡导的基于进化新解的人脑逆向工程以及在此基础上对神经网络发展方向和方式的探讨。

科兹维尔预言，21 世纪将是这样的时代，人的敏感性与人工智能的结合将改变和革新我们人类的生活方式；在不远的将来，AI 超越人类智能将由理想变成现实。在他看来，超越智能的出现是技术进化的必然结果。

科兹维尔尽管强调 AI 的突破特别是未来的超级智能体的建构主要依赖于基于进化的人脑逆向工程，但不仅不将智能限制在人脑的狭隘界限之内，反倒在强调智能原型实例的多样性和开放性（如以前没有智能的机器现在可以实现智能，以后还会有更多的实在能表现智慧特性）的同时，强调应研究像进化、DNA 等过程或实在所载荷的智能的殊胜性、生成机制及内在秘密，以便更好地为 AI 的发展所运用。已有的相关研究给 AI 研究提供的启示是，AI 的建模除了应以人类智能为模板之外，还应师法自然，向大自然学习建造智能的方法。其中，进化就是一个榜样，从它身上，我们可以重新思考 AI 的发展目标和方式，现在完全有可能把建构比人类智能更智慧的智能作为奋斗目标，就像进化塑造出了比进化更聪明的人脑一样。

在特定意义上，可以说 DNA 也有智能，也是智慧的载体，因为它里面有计算，这种计算机器既特别复杂，又特别简单。其表现是，仅用四对碱基就将地球上数百万种生命的复杂性存储在自身之中。核糖体是一种细小的磁带式记录分子，能读取密码，用 20 个氨基酸建构蛋白质。肌肉细胞的同步收缩、血液的复杂生化反应、大脑的结构和功能，都以这种有效的代码编程。DNA 的构成和运作更表明它是有智能的，如剥离 DNA 密码副本的机制是由其他机制构成的，即被称作酶的有机分子，它先用每个碱基对分子然后用重新配对断裂的碱基对来组装两个相同的 DNA 分子。接着，其他的小化学机制通过检查碱基对匹配的完整性来验证拷贝的有效性。DNA 密码控制着生命体中每个细胞构造的细节，包括细胞的形状和过程，以及由细胞组成的器官，在一个叫作"翻译"的过程中，其他的细胞通过构建蛋白质来翻译编码的 DNA 信息，正是这些蛋白质定义了每个细胞和生物体的结构、行为和智能。

地球上的其他生物，甚至包括 DNA 这样的生命成分，都有硬件和软件。就软件而言，进化尽管极富创造性，但它本质上很简单，类似于一个变革的程序员。它有目标代码，如数十位编码数据，但没有高级的源代码，没有解释性注释，没有发挥"帮助"作用的文件，没有文档，没有用户手册，多数编码没有计算性能，编程的修改是随机的，所完成的修改是保留还是抛弃是由整个有机体的生存和再生能力决定的。然而，基因程序控制的不仅是被实验的一个特征，而且还有许许多多的特征。正因为如此，进化和 DNA 才有不是智慧胜似智慧的特性。

在热衷于人工神经网络建构的 AI 专家看来，尽管人以外的许多事物都有智能，都值得去建模，尽管解剖人的大脑和智能不是机器建模智能的唯一方向和出路，但仍是最重要的途径，最值得大力攻克的堡垒。因为人的智能毕竟是最发达、最智慧的智能。科兹维尔认为，尽管建模人脑及智能的途径多种多样，但就目前而言，最好的、最有前途的方案是人脑逆向工程，因为只要完成了这一工程，对大脑数百个专门区域做出完全扫描、分析和理解，进而以人脑模型为机器模拟智能的依据，将有关的模型增强和扩展，并融合许多新的大规模并行算法，然后再基于这些模型及其技术变革，加上电子、光子电路在速度和容量方面的巨大优势，到那时，基于机器的智能将获得大规模实质性的提高和扩展。如果是这样，现有的机器智能缺失意向性、自主性等智能根本特征的难题都会得到圆满的化解。[1]因此有关难题能否化解，在很大程度上取决于人脑逆向工程是否能实现自己的理想。[2]

由于人类智能是由人脑通过进化过程所实现的，因此要让机器模拟乃至超越人类智能，唯一的出路是以特定的方式研究人脑，在弄清其结构和机制的基础上做出建模。就此而言，联结主义的理论建构和人工神经网络的技术实践在大方向上是绝对正确的。这也为大量的实践所证实。我们不难看到，只要能模拟人类神经元的功能，且有足够数量的人工神经元，就可让人工系统实现人脑的功能，甚至超越人脑的功能。之所以有这样的可行性，是因为人脑不仅有计算本质，而且善于运用大规模并行算法。当然这种算法的数量不是无限的，因为大脑中只有数百个专门区域，其内有进化所塑造的有序结构。人脑逆向工程要弄清的就是大脑中的能为 AI 借鉴利用的计算结构和大规模并行算法。

人脑逆向工程还有一种意义，那就是神经移植。在法国，已有医生演示过神经植入的成功事例，如对晚期帕金森病患者进行神经植入，当打开开关时，他突然从肌肉冻结状态过渡到站起来走动的状态。所谓神经植入即用永久性植入的电极刺激患者的这些区域以抑制那些过度活跃的区域，并逆转病症。再如，在丘脑腹侧部植入电极，可抑制脑瘫、多发性硬化症。

在上述关于 AI 发展方向探讨的基础上，科兹维尔还对基于人脑逆向工程理论的人工神经网络建构中的问题阐述了自己的见解，认为要推进神经网络的建构，第一，要解决网络的拓扑学问题，解决神经元间连接的组织问题，如让由多个层次组成的网络可产生复杂的分辨能力。当然，这在现有技术条件下实施起来还有诸多困难，如很难训练，而训练也是建构神经网络必须解

---

① Kurzweil R. *The Age of Spiritual Machines: When Computers Exceed Human Intelligence.* New York: Penguin Books, 1999: 40-50.

② Kurzweil R. *The Age of Spiritual Machines: When Computers Exceed Human Intelligence.* New York: Penguin Books, 1999: 40-50.

决的关键问题之一。第二，还要解决的问题是：在自适应算法（如进化算法等）中，如何处理局部最优和全局最优的问题？在这里，可创建下棋实验室，因为研究下棋对研究 AI 的作用就像研究大肠杆菌对生物学的作用一样，可看作研究 AI 的理想的实验室。[1]第三，要探索和积累相关的资源，如适当的公式、规则集、递归探索规则网络等，其中最为重要的是知识工程的建设，因为知识是智能必不可少的资源。一过程要产生某结果必须以一定的知识为其种子，而知识既可以是本有的，也可通过自适应学习自动获得。第四，对神经计算的探索和建构也至关重要。AI 要模仿的人脑既强大又脆弱，如它的并行性就值得计算机模仿，而其弱点在于计算速度太慢，不过，进化使其创造出的生物体发展出了比碳基神经元快一百万倍的计算技术。[2]

第六节　面对难题的创新发展尝试："类人脑 AI"与"新 AI"

如前所述，人工神经网络的研究和开发旨在开辟解决经典计算主义或符号主义所面临的理论和实践难题的新途径，但是在一些人看来，它们并没有如愿解决那些难题，并没有让基于人工神经网络的计算系统表现出真正的智能，特别是没有表现出像人那样的本原性、自主性的意向性和语义性。还有批评声音认为，已有的人工神经网络并没有真正实现 AI。为解决人工神经网络诸如此类的问题，许多新的方案应运而生，如有一种新的观点认为，人工神经网络不仅能实现 AI，而且是 AI 正确的发展方向，是 AI 实现突破、跨越式发展的希望之所在，是"新 AI"（the new AI）的保证。因为建构和发展AI，关键还是要研究人脑，其机理在于，人脑进化出了这样的能力，即能自

---

[1] Kurzweil R. *The Age of Spiritual Machines: When Computers Exceed Human Intelligence*. New York: Penguin Books, 1999: 220-233.

[2] Kurzweil R. *The Age of Spiritual Machines: When Computers Exceed Human Intelligence*. New York: Penguin Books, 1999: 103.

主地适应充满意外事件的、复杂多变的环境的能力。既然如此，对人脑的认知是今后设计出有自主性的 AI 的前提。①"脑启发式 AI"或"类人脑(brain-like)AI"坚持的是与前述人脑逆向工程大致相同的运思路线，当然所阐述的具体内容和方式有自己的特点。②

我们先来考察"类人脑 AI"。根据这一方案，AI 系统由于有神经网络等作为实现基础因此已表现出了这样一些特点，即学习、自适应、生成、推理、用自然语言完成的似人的沟通、自组装、自生、社会网络等。但在卡萨博夫（N. Kasabov）等看来，已有的人工神经网络所表现出的智能还缺乏真正的自主性和意向性等特点。要想在这些方面有所突破，其可能的一种选择是让 AI 朝着这样的发展方向前进，即建构类人脑 AI。所谓类人脑 AI 就是一种能够朝着类人认知行为进化的 AI。其理念是，通过人脑逆向工程，弄清人类认知的本质和机制，然后让 AI 来模拟，进而让人工计算系统表现出类人的认知行为。其实现途径是，解剖人脑及其认知，建构能进化的、能增强的神经网络。其主要工作是研究和建构作为第三代神经网络的脉冲神经网络（前两代分别是传统神经网络和人工神经网络）。卡萨博夫说："脉冲神经网络是 AI 历史上的最新发展，也许是今日建构受大脑启发的 AI 的最新、最有希望的技术……其未来发展将成为广泛科学领域进步的一部分。"③

要理解脉冲神经网络的特点，有必要对比传统的神经网络，因为前者是对后者的继承、超越和突破。后者模拟的是神经系统的主要功能，如自适应

---

① Grossberg S. "A half century of progress toward a unified neural theory of mind and brain with applications to autonomous adaptive agents and mental disorders". In Kozma R, Alippi C, Choe Y, et al (Eds.). *Artificial Intelligence in the Age of Neural Networks and Brain Computing.* London: Academic Press, 2019: 32.

② Kasabov N. "Evolving and spiking connectionist systems for brain-inspired artificial intelligence". In Kozma R, Alippi C, Choe Y, et al (Eds.). *Artificial Intelligence in the Age of Neural Networks and Brain Computing.* London: Academic Press, 2019: 112-131.

③ Kasabov N. "Evolving and spiking connectionist systems for brain-inspired artificial intelligence". In Kozma R, Alippi C, Choe Y, et al (Eds.). *Artificial Intelligence in the Age of Neural Networks and Brain Computing.* London: Academic Press, 2019: 113.

学习和泛化能力等。就其本质而言，这种网络是关于智能的通用计算模型，其最有影响的形式是麦卡洛克和皮茨的人工神经元模型。当然，具体的形式多不胜数，由于难以解释它的内在结构和习得的基本知识，因此这类模型常被看作黑箱。为了解决这一问题，混合型的、基于规则的联结主义系统便应运而生。它们既使用模糊规则，也使用清晰的命题规则。由于有这样的综合，因此人工神经网络与模糊系统的结合便吸引了许多研究者的注意。已有这样的尝试，即先把模型规则引入单个神经模型，再把它引入更大的神经网络结构，进而让学习规则、模糊推理规则耦合成进化联结主义规则。这种规则包括以下内容：①几乎没有在前的知识能从大量数据中快速学习；②以实时在线的方式应用于以新数据为基础的适应过程；③有开放的进化结构，因此有新的输入变量和输出，且其连接和神经元能增加和进化；④数据学习和知识表征以全面、灵活的方式完成；⑤能与其他进化联结主义系统积极互动；⑥以自己不同的尺度表征时间和空间；⑦系统能根据行为、整体的成功与失败以及有关的知识表征来进行评估。①

　　进化联结主义规则可通过两种网络实现，一是进化模糊神经网络，二是动态化神经模糊推理网络，如此实现的目的就是要把这样的系统建构成人性化的模型。②

　　脉冲神经网络的建构理念、思路和技术路线也很特别。③其理论基础是传统的人工神经网络和进化联结主义系统。其脉冲神经元模型负责接收被表

---

① Kasabov N. "Evolving and spiking connectionist systems for brain-inspired artificial intelligence". In Kozma R, Alippi C, Choe Y, et al (Eds.). *Artificial Intelligence in the Age of Neural Networks and Brain Computing.* London: Academic Press, 2019: 118.

② Kasabov N. "Evolving and spiking connectionist systems for brain-inspired artificial intelligence". In Kozma R, Alippi C, Choe Y, et al (Eds.). *Artificial Intelligence in the Age of Neural Networks and Brain Computing.* London: Academic Press, 2019: 119.

③ 参见 Kasabov N. "Evolving and spiking connectionist systems for brain-inspired artificial intelligence". In Kozma R, Alippi C, Choe Y, et al (Eds.). *Artificial Intelligence in the Age of Neural Networks and Brain Computing.* London: Academic Press, 2019: 121.

征为来自许多输入的、随时间变化的一系列脉冲的输入信息。当足够多的突触后电位超过阈值时，神经元在其轴突就释放脉冲信号。脉冲信息表征说明的是数据中的时间和时间中的数据的变化。这种神经网络建构的一项主要工作是建构进化脉冲神经网络。这种网络最初是作为视觉模式识别系统被设计的，后来应用范围不断扩大。在新建的网络中，系统通过快速监督学习算法来运用突触可塑性，输出神经元以递增的在线模式进化，以捕捉新的数据样本，其节点可根据相似性加以合并。这种网络也要利用脉冲信息表征、脉冲神经元模型、脉冲学习和编码规则。其优势是，当脉冲神经网络在神经形态硬件上实现时，这一网络可以充分发挥其速度快和成本低的特点。不同于传统的冯·诺依曼计算构架的地方在于，脉冲神经网络的内在控制和 ALU 不是相互分离的，而是整合在一起的。ALU 的英文全称是 arithmetic logic unit，即算术逻辑单元。它是中央处理器（central processing unit，CPU）的主要组成部分，其作用是执行算术和逻辑运算。也被称作整数单元（integer unit，IU），是 CPU 或图形处理单元（graphics processing unit，GPU）内的逻辑电路，是处理器中执行计算的最后一个组件，能够执行所有与算术和逻辑运算相关的过程，如加法、减法和移位运算，包括布尔比较（XOR、OR、AND 和 NOT 运算）。当 ALU 完成输入处理后，信息被发送到计算机的内存中。

在卡萨博夫看来，经过适当的工作，脉冲神经网络应用于 AI 过程之中就能派生出类人脑 AI 系统。例如，在这里接受人脑结构功能的启发进而加以适当的转化和提升就能产生这样的效果，按这个思路开发的一种名为 NeuCube 的脉冲神经网络学习机就是如此。开始，它是为建模大脑时空数据而设计的，后用于气候数据建模和中风的预测。它由下述五大模块构成：①输入信息编码模块；②3D 脉冲神经网络储藏模块；③输出模块；④基因调控网络模块；⑤最优化模块。另外，利用 NeuCube 计算平台，还可开发用于学习、分类、回归、时空/光谱数据分析的应用系统。

总之，脉冲神经网络是 AI 发展史上的最新成果，是迈向受人脑启发的 AI 的最有前途的技术。它们的发展与计算智能的其他领域，如进化计算、神经科学、逻辑和基于规则的系统的发展密切相关，因此脉冲神经网络在未来要有更好的发展，一方面依赖于这些领域的发展，另一方面要与它们保持互动。脉冲神经网络及在此基础上形成的类人脑 AI 的积极意义在于，提出了如何设计有自适应学习能力和从复杂数据中发现知识的进化 AI 系统的问题，并展开了大胆、积极的尝试性探讨，特别是在进化联结主义系统的基础上建构脉冲神经网络，这些可以说开辟了 AI 发展的新方向。这一探讨的经验告诉我们，不同的进化联结主义系统有不同的应用，脉冲神经网络就是它的一种受人脑启发的应用技术，有这些技术就有望形成类人脑 AI 的应用。

再来考察"新 AI"，特别是其基于深度学习的策略。[①]我们这里所谓"新 AI"指的要么是 AI 理论研究中的创新形式，要么是其工程技术实践中的创新形式。

AI 发展有这样的新动向，即国际上所有大的信息技术公司都投入巨大的人力和财力来研究基于深度学习和神经网络的"新 AI"。其意义非同小可，有人甚至夸赞说：基于深度学习的新 AI 正在我们生活的当下重塑世界。就"新 AI"一词的指称而言，它指的不是一种理论或单一的系统，而指的是基于包括深度学习理念及技术在内的许多新的 AI 理论和实践，如细胞神经网络、卷积（convolutional）神经网络和递归神经网络等。特别是最后一种网络，可看作"下一个新的伟大的事件"[②]。

---

① Werbos P. "The new AI: basic concepts, and urgent risks and opportunities in the internet of things". In Kozma R, Alippi C, Choe Y, et al (Eds.). *Artificial Intelligence in the Age of Neural Networks and Brain Computing.* London: Academic Press, 2019: 162.

② Werbos P. "The new AI: basic concepts, and urgent risks and opportunities in the internet of things". In Kozma R, Alippi C, Choe Y, et al (Eds.). *Artificial Intelligence in the Age of Neural Networks and Brain Computing.* London: Academic Press, 2019: 165.

　　根据这一方案，AI 发展和创新的方式多种多样，其中最重要的是深度学习。所谓深度学习指的是利用联结主义的三种新工具，即卷积神经网络、多层神经网络和自动编码神经网络学习技术。深度学习尽管是一个旧概念，但随着认识的发展，已被赋予了新的内涵，成了一个表示 AI 领域文化革命的词。在深度学习引发的文化革命中，谷歌（Google）的大投资、大投入作了开创性贡献。在这场革命的最初几年，市场为谷歌开发的张量流操作软件包[①]所主导。

　　深度学习对于 AI 的跨越式发展之所以重要，被称作文化和技术革命，是因为它包含对工具这一文化现象所做的事情、对新群组技术及其对 AI 的革命性作用的前所未有的欣赏、肯定。这里的学习与情境密不可分，有随用户的需要变化而变化的特点，如能根据用户对网络设计和数据的选择实时展开。可见，这里的机器学习不再是一种简单的复制过程，而具有人类高级复杂学习的许多特点。之所以如此，又是因为它的根据、基础是基于梯度的最优化例程以及向量的衍生品，这种向量能告诉优化器，改变系统的任何参数是否会导致更多或更少的错误。由于有深度学习，AI 就有新的特点突现出来，如它表现为由学习而非编程所促成的复杂系统。它根本有别于以前的机器学习技术。例如，它能借助层级或在原有的层级上再增加新的层级，进而广泛采用卷积神经网络技术。这是"自 2009—2011 年开始的新一代深度学习的最重要、最新的一个方向"[②]。

----

　　① 张量流操作软件包即对张量维度进行随心所欲操作的包，由于利用了机器学习工作负载中大量数据的并行性，以及生产者-消费者流编程模型在性能和能效方面的优势，因此其功能十分强大，如具有交换张量维度、合并维度和对指定维度进行拆分等功能。

　　② Werbos P. "The new AI: basic concepts, and urgent risks and opportunities in the internet of things". In Kozma R, Alippi C, Choe Y, et al (Eds.). *Artificial Intelligence in the Age of Neural Networks and Brain Computing.* London: Academic Press, 2019: 171.

　　与常规神经网络不同，卷积神经网络各层中的神经元是三维排列的，即有其宽度、高度和深度。其中的宽度和高度不难理解，因为卷积本身是一个二维模板，深度指的是激活数据体的第三个维度，而不是整个网络的深度。整个网络的深度指的是网络的层数。在这种网络中，卷积层是构建卷积神经网络的核心层，它产生了网络中大部分的计算量。卷积层的参数是由一些可学习的滤波器集合构成的。每个滤波器在空间上（宽度和高度）都比较小，但是深度和输入数据一致。其全连接层与常规神经网络的没有什么区别，它们的激活可以先用矩阵乘法，再加上偏差。

　　这种网络是简单前馈神经网络的一种变体。其变化表现在，它能处理信息量更大的输入。由于有新的变化，因此它能应对这样的情况，如神经网络得到的输入被组织在规则的欧几里得网络之中。作为一种 AI 方案，它有这样的关键思想，即强调在不同位置"重用"相同的神经元，进而在所有相同类型的神经元之间"共享权重"，甚至处理图像的不同部分。[①]能保证这类网络成功的一个简单的设计是自动编码神经网络。这种网络能让人训练一个有 N 层的通用前馈神经网络。通过构建一层又一层的结构，研究人员开发了一种数据预处理设置，它能提高后期预测和分类的绩效。

　　深度学习让 AI 成为新 AI 还离不开两种递归神经网络，即延时递归神经网络和同时递归神经网络。它们的共同之处在于，都能使用训练程序。这些程序要么在数学上，要么在处置的任务上不一致。延时递归神经网络在使用上相对容易，如通过设计使它输出额外的变量，就可形成一个向量 R，该向量作为下一时段的附加输入（一种记忆），人们又能增加任何输入-输出网络，如 N 层神经网络或卷积神经网络。一般来说，延时递归神经网络有统计

　　① Werbos P. "The new AI: basic concepts, and urgent risks and opportunities in the internet of things". In Kozma R, Alippi C, Choe Y, et al (Eds.). *Artificial Intelligence in the Age of Neural Networks and Brain Computing.* London: Academic Press, 2019: 171.

上的坚实基础。从作用上说，这种网络在预测、动态建模和重建真实状态的设计等方面有良好表现。相比而言，同时递归神经网络在模拟测试和化学加工工业的数据处理等方面则更有潜力。相对于卷积神经网络而言，尽管同时递归神经网络有近似广泛的光滑函数，对于有效智能和真正的类脑智能来说，卷积神经网络有更通用的逼近非光滑函数的能力，但它不能学习完成困难的任务，而同时递归神经网络有这种学习能力，且可推广到对非欧几里得对称性的应用之上。这种能力及其推广对生成类人脑智能来说至关重要。[①]从关系上说，延时和同时递归神经网络并非不相容，它们不仅能结合在单一系统之中，而且这样做还能形成集两者之所长且有普遍学习能力的系统。因为通过同时递归神经网络，可解决网络的深度和宽度问题。例如，有这样的前馈神经网络，它有 N 个神经元，可在串行计算机上实现，由于每个神经元是它之上的一个层次，因此，就能使它既深又宽。

AI 的深度学习能力好像是对人类学习能力的模拟，关于深度学习的方案好像是几十年来神经网络研究的结晶。其实，深度学习技术和范式是许多力量交互的产物，得益于包括神经网络研究、神经形态计算理论、大数据、廉价可用的计算技术、强大的芯片、图形处理单元、张量处理单元、神经形态芯片等在内的多种力量的共同推动。[②]其中最主要的推手当然是对人脑的逆向研究。科兹马（R. Kozma）认为，人脑不仅是 AI 的原型实例，而且对它的研究将为新一代 AI 算法和硬件实现提供基础。他的文章旨在"从人脑和人类智能的实际操作中总结启迪"，以便"为研究下一代 AI 算法和硬件实

---

① Werbos P. "The new AI: basic concepts, and urgent risks and opportunities in the internet of things". In Kozma R, Alippi C, Choe Y, et al (Eds.). *Artificial Intelligence in the Age of Neural Networks and Brain Computing*. London: Academic Press, 2019: 173-175.

② Kozma R. "Computers versus brains: game is over or more to come?". In Kozma R, Alippi C, Choe Y, et al (Eds.). *Artificial Intelligence in the Age of Neural Networks and Brain Computing*. London: Academic Press, 2019: 207.

现提供参考"①。由于有基于人脑最新研究成果而形成的深度学习研究成果作为基础，因此新一代 AI 便有这样的特点，即具有神经驱动的深度学习能力。深度学习之所以有此作用，是因为它有接受反向传播学习算法训练的多层级神经网络构架。基于此，它能在大规模并行计算机硬件上有效调节数亿个参数，进而让它在各种应用（如图像处理和语音识别等）中有出色的表现。

再看西格曼（H. Siegelmann）倡导的模拟计算方案。我们之所以把它看作新 AI 的一种表现形式，是因为西格曼公开高举反对经典计算主义、"打破图灵约束"的旗帜，其代表作的副标题就是这几个字。②不仅如此，他尽管坚持的是联结主义的基本范式，但又明确有别于其他联结主义方案，因为他要为一直受到包括联结主义在内的主流势力所轻视或贬斥的模拟计算翻案，努力把它论证成实现新 AI 的一种最为有效的途径。他提出的并做了响亮回答的问题清楚地表明了这一点。他针对主流的坚持数字计算的声音质问道：有没有比数字计算更有效、更有利于 AI 的计算？他的回答是肯定的，即以模拟计算为基础的人工神经网络，他认为这将成为一种新型的计算机。他对神经网络的理解是，它由简单处理器或神经元构成，每个处理器计算其输入的标量激活函数。该函数是非线性的，通常是有一个界限的单调函数，类似神经元对输入刺激的反应。一个神经元产生的标量值影响其他神经元，然后其他神经元计算自己的新标量值。这一过程表现的是并行更新的动力行为，有些信号来自网络外部，并作为输入影响系统；有些信号被传回环境，进而被编码成最终的计算结果。这种计算系统不同于传统的冯·诺依曼计算机模型，因为它不能分解为记忆区域和加工单元，它的内存和加工是强耦合

---

① Kozma R. "Computers versus brains: game is over or more to come?". In Kozma R, Alippi C, Choe Y, et al (Eds.). *Artificial Intelligence in the Age of Neural Networks and Brain Computing.* London: Academic Press, 2019: 207.

② Siegelmann H. *Neural Networks and Analog Computation: Beyond the Turing Limit.* Boston: Birkhäuser, 1999: 147-148.

的，每个神经元都是加工单元的组成部分，内存隐式地编码在任何两个神经元的相互作用之中。

西格曼承认，神经网络模型早在 20 世纪 40 年代就建立起来了，但所倡导的原则和模拟计算不太受欢迎，一直被热捧的是数字计算方案。他基于自己的研究，大胆提出，应复兴和发展模拟计算，以便为连续值神经网络提供新的理论基础。

西格曼所提供的基础理论关心的是一种特殊的神经模型，即一种模拟的递归网络。该网络由排列在通用结构中的有限数量的神经元所组成。该网络之所以是模拟的，是因为它能不断更新并利用连续的配置空间。这里的递归强调的是相互联系，而非层次或对称。这样的构架使其能够实现内在状态表征以及随时间推移的进化。在这种网络中，动力行为被描述为一种计算过程。

西格曼要阐发的模拟计算方案基于这样的思想，即任何物理系统的动态行为都是一种完成计算过程的行为，因为该系统从初始状态（输入）开始，根据更新方程或计算过程在状态空间中进化，直到到达某个被指定的状态，即输出。这样的自然过程可以用动态系统来建模，因为它有这样的过程和规则，即识别一组内部变量，以及与之连在一起的描述从状态到状态转换的规则。在他看来，模拟计算不同于数字计算的根本之处在于，它用的是一种连续的状态空间。除了这一根本特征之外，模拟计算还有下述特征。第一，执行这种计算的物理系统的动态特征表现在有影响该系统宏观行为的真实常量。而在数字计算中，对于所有常量，程序员都是可访问的。第二，物理系统产生的运动属性是局部连续的，而数字计算中的流动是局部的、非连续的。第三，虽然物理系统包含内部连续值，但输出的离散性取决于用于探测连续空间的测量工具的有限精度。[①]

---

① Siegelmann H. *Neural Networks and Analog Computation: Beyond the Turing Limit.* Boston: Birkhäuser, 1999: 147-148.

　　有什么理由说模拟计算是对图灵理论的超越？我们知道，20 世纪中叶以来，图灵机一直是通用计算标准的、公认的模型，甚至是现代计算机科学的理论基础。计算机科学中居统治地位的"丘奇-图灵命题"认为，任何抽象的数字设备不可能有比图灵机更高的能力水平。根据西格曼的看法，图灵模型中的计算可归结为算法，而多项式时间的图灵计算不过是一种有效的问题解决过程。"丘奇-图灵命题"有许多扩展版本，如一种物理的扩展版本认为，尽管这一命题强调的数学建模反映了自然计算的物理局限性，但任何可实现的计算设备在功能上都不比图灵机更强大。对图灵机及有关理论当然不断有批评之声，如一种声音认为，图灵模型尽管能模拟许多计算，但它并未提供关于自然界的各种可能计算的全部内容。西格曼进一步指出，事实上存在着比图灵模型以及标准的数字模型更强大的模型，这就是神经网络模型，特别是以模拟计算为基础的神经网络模型。[①]例如，新的模型有某种程度的鲁棒性，在计算上还有一种更丰富的模拟加工网络。特别是，西格曼自己所建构的更简单的神经网络不仅吸收了其他模拟计算的优点，而且试图建构成模拟系统的基础。其独特之处在于，提出了类似于"丘奇-图灵命题"的"受时间限制的模拟计算命题"，可这样表述，任何可能的抽象模拟设备不可能有比一阶递归网络更多、更强大的计算能力。这样的神经网络之所以有这样的能力，是因为它有额外的能力，该能力源于其非理性的权重。可这样予以解释，即可把它看作静态计算模型和具有学习能力的动态进化模型之间的区别。

　　经典计算模式是静态的，只包含有理数和常数，能力上受图灵模型的限制；而能学习、进化的计算模型可以调整内部的常量和参数，它们存在于不能为外部观察者测量的连续体之上。模拟计算之所以有超越图灵计算的特点，是因为它是从合理的参数开始的，加之有学习和进化的能力，因此能随时间

---

　　① Siegelmann H. *Neural Networks and Analog Computation: Beyond the Turing Limit.* Boston: Birkhäuser, 1999: 154.

推移而提高其精度。这里最为关键的是学习。他说："学习与计算的结合催生了超越图灵计算模式的可能性。"[1]学习之所以能发挥如此作用，是因为学习的速度和准确性是决定网络在计算连续体上位置的两个参数。由于他的神经网络模型具备学习的能力，因此可看作"学习机的参数化模型"[2]。

模拟计算的优势还在于，它包含模拟位移映射。而这种映射是对真实的物理过程的数学或理想的反映，因为物理世界存在着对应的模拟位移映射。他说："模拟位移的吸引力在于，它不只是与模拟计算模型有联系的经典混沌动力系统，而且是对理想物理现象的数学描述。"[3]所谓模拟位移映射实际上是从初始的虚线系列到作为固定点的输出的进化过程，或计算过程。从关于动力系统的文献可以发现，混沌总是由一组双无限虚线系统上的位移映射例示的，因此混沌的动力系统实际上就是一种模拟位移映射。

这里无疑产生这样的哲学基础理论问题：物理世界是否存在这样的原型实例，它不能为图灵机所模拟，而只能为模拟计算模型所模拟？换言之，图灵机所关注的计算是不是有缺陷的、不能真正代表智能本质的计算，而模拟计算模型才发现了这样的计算，并较好地再现出来了？西格曼的回答是肯定的。他强调，只要考察混沌系统的结构、行为和动力学就能明白这一点。实在世界的参数值的变化是很微妙的，其动力学极其复杂，图灵机的数字计算模型对此是不敏感的，而类似于混沌系统的模拟计算系统由于对参数值上的微妙变化敏感，因此能随着变化做出及时的响应。他说："因为模拟计算系统有真实的常数，因此其动力学被定义为连续的空间而非离散的相空间。"

---

[1] Siegelmann H. *Neural Networks and Analog Computation: Beyond the Turing Limit.* Boston: Birkhäuser, 1999: 154.

[2] Siegelmann H. *Neural Networks and Analog Computation: Beyond the Turing Limit.* Boston: Birkhäuser, 1999: 154.

[3] Siegelmann H. *Neural Networks and Analog Computation: Beyond the Turing Limit.* Boston: Birkhäuser, 1999: 163.

这种相空间是图灵机模型无法反映的，"只有模拟神经网络才是混沌的物理动力学的自然表征"[①]。

新的、更根本的问题是：自然界客观存在着计算过程吗？如果存在，已有的计算模型与自然界的真实的计算过程是什么关系？有无好坏之分？即使如西格曼所说，模拟计算模型有超越图灵计算的一面，比图灵计算模型更好地模拟了自然现象，但它就是最好的吗？还有无必要进一步探讨新的模型？西格曼承认，尽管他的模型与真实过程有相关性，但问题是"在计算上不够强大"，因此只能是"有相关性但不太强大的模型"[②]。再者，真实的世界除了有混沌等特点之外，还有很多我们暂时不知道的本质、机制和秘密，例如，随机性也是自然计算在物理上具有相关性的特点，要予以反映，就必须从概率论角度去建模，如建立关于概率计算的模型。而他的模拟计算模型在这方面还需进一步探讨。

小　结

类人脑 AI 和新 AI 这些发展 AI 的新方案尽管承认智能及其原型实例的多样性，肯定建构 AI 不只应该研究和模拟人类智能这一条途径，但由于看到人类智能是迄今所知最发达、最成熟、最具灵性的智能，因此强调建模人类智能是让 AI 摆脱困境、迈上新台阶的最好的、最值得加强的一条研究途径。正是因为看到了这些，因此倡导这一路径的大有人在。例如，威尔博斯（P. Werbos）强调，要增强、提升计算智能所实现的智能，必须以人脑的结构和功能为模板，因为"真正的神经网络设计像人脑一样在本质上是并行

[①] Siegelmann H. *Neural Networks and Analog Computation: Beyond the Turing Limit*. Boston: Birkhäuser, 1999: 155-156.

[②] Siegelmann H. *Neural Networks and Analog Computation: Beyond the Turing Limit*. Boston: Birkhäuser, 1999: 156.

的"①。基于此，他借鉴已有人工神经网络研究的最新成果，提出了关于建构类人脑神经网络的新构想。它包含新的基本算法，试图解决这样一个问题：如何将已有的 AI 发展成鼠标级的计算智能。在笔者看来，这样既承认 AI 发展道路的多元性又强调建模人类智能的重要性、中心性的新 AI 发展战略无疑是正确的，是值得今后大力予以推进的。当然还要加强工程技术上的探讨，并把基础理论探讨和工程实践有机结合起来，把各种先进的技术结合起来。例如，像有的专家所强调的那样，只要将电子、光子硬件提供的能力与神经网络、量子计算以独特方式实现的能力结合起来，一定会让 AI 成为名副其实的新 AI。②

可以预言，按照上述思路去发展 AI，未来的 AI 能力将大大超越现有 AI 的能力，并真正解决现有 AI 缺失意向性等智能本质特征的问题。要实现这一愿景，鉴于已有 AI 研究在基础理论研究方面存在的滞后的问题，我们就应调动相关力量，加强这一块的攻坚力度，例如要建构新的、更有能力的神经网络，必须找到理解人脑和心灵的新方向。③

还需进一步探讨的相关问题是，数字计算机与大脑的关系问题。我们知道，从数字计算机诞生之日起，就有人把它比作人脑，如福多等认为，硬件如大脑，程序像心智。当然，两者究竟是什么关系，一直争论不断。④从逻辑渊源上说，数字计算机是图灵机的具体实现，其特点是对用数字形式表示

---

① Werbos P. "The new AI: basic concepts, and urgent risks and opportunities in the internet of things". In Kozma R, Alippi C, Choe Y, et al (Eds.). *Artificial Intelligence in the Age of Neural Networks and Brain Computing.* London: Academic Press, 2019: 176.

② Werbos P. "The new AI: basic concepts, and urgent risks and opportunities in the internet of things". In Kozma R, Alippi C, Choe Y, et al (Eds.). *Artificial Intelligence in the Age of Neural Networks and Brain Computing.* London: Academic Press, 2019: 178.

③ Werbos P. "The new AI: basic concepts, and urgent risks and opportunities in the internet of things". In Kozma R, Alippi C, Choe Y, et al (Eds.). *Artificial Intelligence in the Age of Neural Networks and Brain Computing.* London: Academic Press, 2019: 179.

④ Kozma R. "Computers versus brains: game is over or more to come?". In Kozma R, Alippi C, Choe Y, et al (Eds.). *Artificial Intelligence in the Age of Neural Networks and Brain Computing.* London: Academic Press, 2019: 206.

的符号进行处理。一种观点坚持认为人脑类似于巨大的数字计算机，认可这种关于人脑的计算机隐喻。另一种观点认为，大脑的湿件极其混乱，因此其加工容易出错。脑科学观察表明，大脑内的数十亿神经元之间存在着动态的相互作用，结合在一起按分布式工作原理执行大规模复杂的加工任务。尽管关于人脑研究的这些成果不能说是我们建构未来电脑的唯一依据，尽管人脑这个电脑的模板不是值得电脑学习的唯一榜样，但有充分的根据说明，人脑及其所实现的智能是未来电脑及其智能主要的原型实例，AI 基础理论的一个主要任务应该是人脑逆向工程。

深度学习研究以及以之为基础建构新 AI 这类实践充分表明，对人脑的研究能够为新一代 AI 算法和硬件实现提供基础。如前所述，深度学习之所以有生成新一代 AI 的作用，是因为它以人脑的有关过程和机制为模型建构了为反向传播学习算法训练的多层级神经网络构架。

未来的电脑主要应以人脑为模板的理由还在于，要对 AI 中的符号主义和非符号主义一直争论不休的问题给出合理的解决方案，最好的办法就是解剖人脑。人脑告诉我们，符号和非符号处理在人脑中都不可或缺，正如科兹马所强调的，它们"是可以互补的，是能共在并保持着微妙的平衡的"。这种互补和平衡关系不仅客观存在，而且是让人脑表现其独有的智能的一个条件。[①]此外，人脑的加工过程及其机理为我们解决 AI 的稳定性和不稳定性的矛盾指明了方向。脑科学告诉我们，人脑加工的一个特点是既有稳定性、连续性，又有不稳定性、间断性；既有亚稳定性或相对稳定性，又有多重稳定性。这类现象在人脑中比比皆是，如在认知加工的两个或多个相对稳定时期之间，常能看到快速的转化。从经验上说，大脑经历的这些变化就是我们常

---

① Kozma R. "Computers versus brains: game is over or more to come?". In Kozma R, Alippi C, Choe Y, et al (Eds.). *Artificial Intelligence in the Age of Neural Networks and Brain Computing.* London: Academic Press, 2019: 210.

说的灵感、顿悟的爆发和理解的升华、质变。亚稳定性还表现在知觉、表征的切换。在认知科学家看来，亚稳定性其实是自组织动态系统中的平衡、对称、连续被打断之后的调整、补偿原则。这个概念完全可以而且应该推广到神经动力学之中。根据新的理论，大脑在高维空间中是沿轨迹运行的，而轨迹是通过一系列亚稳态演化的。这些亚稳态可看作过去经验和未来愿望背景下对刺激的间断性符号表征。

　　人脑之所能实现智能，其智能之所以有创新、意向性等特性，是因为它依赖的主要是局部构件的碎片化和连贯整体状态的主导作用之间的微妙平衡。[①]而这种平衡又是通过大脑中同步和非同步状态之间的间断切换实现的。正是基于这种关于大脑实现智能之机理的认识，有的人论证了关于认知的、可为新 AI 借鉴的所谓电影理论。根据这一理论，智能就是一系列相干亚稳态振幅模式的突现。任何特定亚稳态模式只存在极其短暂的时间，这就是这种现象为什么被称作亚稳态的原因。这种模式在去同步化效应中会消失，接着又会出现新的亚稳态。这种认知理论之所以被称作电影理论，是因为亚稳态模式类似于电影画面，短暂的去同步时间类似于快门，空间模式的消失就是神经加工中的空间瓶颈的表现，以快门形式表现出来的时间上的重复片断就是由它产生的。总之，去同步化事件在认知和意识中起着关键作用，大脑在状态高维空间中是沿一种轨迹运行的，表现出亚稳定状态。可以说，它们是个体过去经验情境中刺激变化的符号表征。不过，这些符号是短暂的，产生后很快会消失。根据这种关于认知的电影理论，认知不是时间上连续的、平衡的过程，而是亚稳态的认知系统，类似于电影胶片画面的接续，每个画面持续大约 100—200 毫秒，接着很快消失。这种消失就像电影画面间的中断，

---

　　① Kozma R. "Computers versus brains: game is over or more to come?". In Kozma R, Alippi C, Choe Y, et al (Eds.). *Artificial Intelligence in the Age of Neural Networks and Brain Computing.* London: Academic Press, 2019: 215.

约 10—20 毫秒。这种作为画面的亚稳态的准周期性系列就是大脑随着时间推进的加工过程。总之，人的智能就是在这样的过程中突现出来的。在这里，去同步化起着至关重要的作用。

认知的这种基于诸构成部分的动力学和构件间相互作用的特点其实是一种普遍的自然现象，因为在物理和生物系统中也存在这样的过程。例如，在物理系统中，如果部分间的相互作用足够强，那么整体的行为就会表现为一种同步的状态，这种同步化要么是振幅同步，要么是相位同步。因此，新 AI 关注认知的亚稳态模式并以之为建模基础不仅有充分的脑科学根据，而且有一定物理学和生物学根据。

基于这些分析可以得出结论：未来 AI 的发展方向既不应是从上到下的符号主义方案，也不应是纯粹的从下到上的方案，而应是以深度学习为基础的神经网络方案，只有它才能较好地如实反映智能复杂的平衡过程。根据互补原则，智能的不同方面必须用统一的方法整合在一起。大脑告诉我们，只要有亚稳态模式发生，就会出现这样的整合。因此要从根本上改变 AI 未能像它承诺的那样建造出类似或超越真实智能的智能这一令人难堪的状态，我们必须研究和弄清支持生物智能的机制。已有的机器所实现 AI 表面上有智能的特点，但其实不是真正的智能，因为它们不能适应不断变化的环境，不能根据动态输入作出适时解释和决策。

联结主义的深度学习神经网络由于抓住了智能的本质和机制，因此有让 AI 实现突破的潜力。在这里，笔者赞成科兹马这样的观点，"以大脑为模板的 AI 方案能够表现智能系统的这些方面，解决有关的关键问题，因而能产生优异的 AI"[①]。

---

① Kozma R. "Computers versus brains: game is over or more to come?". In Kozma R, Alippi C, Choe Y, et al (Eds.). *Artificial Intelligence in the Age of Neural Networks and Brain Computing.* London: Academic Press, 2019: 216.

第十四章
自然语言机器处理中的语义性问题及其化解

人类社会下一次生产力飞跃的突破口在哪里？越来越多的科学家认为，AI 将会带来又一次史无前例的生产力革命。然而，尽管 AI 在短短几十年内有了令人吃惊的进展，但是机器迄今所实现的智能与人类智能相比仍有质的区别，如机器只能按形式规则完成句法转换，而没有语义性，因此仍只能扮演人类工具的角色。所谓语义性就是语言所具有的能指称对象、有含义和真值条件的性质特点，亦即语言所表现出的心理意向性。著名心灵哲学家塞尔甚至据此认为，迄今最先进的计算机都没有表现出任何智能。这绝非危言耸听，而毋宁说是表达了相当多关心 AI 各方面学者的某种心声。它至少促使我们冷静地思考关系到 AI 前途命运的这样一系列重大问题：如何看待 AI 的发展现状？如果现有 AI 不令人满意，甚至连乐观派也不满意，那么问题及原因又何在？究竟是什么拦路虎挡住了智能机器进一步成长的道路？如何让机器的自然语言处理不只是句法转换而同时有语义加工的性质？为了解决这些问题，认知科学、人工智能、计算机科学和心灵哲学从不同方面进行了大量探讨，建立了许多新的理论和模型。我们这里拟重点考察的本体论语义学就是其中一种尝试。它独辟蹊径，研究了人类智能有意向性、人类语言加工有语义性的内在条件和机理，发现本体论图式是人类接受、处理、生成意义的枢纽，并从工程技术角度对机器如何模拟人类这一概念结构和功能作了尝试性探讨，取得了一些富有理论和实践意义的新成果。

第一节　自然语言机器处理研究的一般进程与语义性缺失问题

自然语言处理这一 AI 研究领域的任务就是建造能模拟人类语言能力的机器系统。而人的语言能力不外两方面，一是对输入的书面或口头语言进行理解，二是生成作为反应的语言表达式。既然如此，自然语言处理便有两大研究课题，一是研究自然语言理解，二是研究其生成。从语义学的角度说，前者要解决的问题是如何完成从文本到意义的映射，后者要解决的是如何完成从意义到文本的映射。在两者之中，前者最为重要，处于基础地位，因为要生成语言无疑离不开理解。同时，前一任务比后一任务要难解得多。朱夫斯凯（D. Jurafsky）等说："语言的生成比语言的理解更容易一些……正因为如此，语言处理的研究集中于语言理解。"[①]其原因在于，自然语言有多义性、上下文相关性、整体性、模糊性、合成性、产生性、与环境的密切相关性等特点。就人来说，不管是语言理解，还是语言生成，都必然涉及三个方面，即语言表征、语法表征和语义表征。例如，要说出语句，就涉及这三个方面的表征传递，即先要有交流的意向，有意思想传达出去，然后要考察用什么样的词、句法结构去表达，进而用什么样的声音去表达，既然如此，自然语言处理的两大领域也都要研究这三个方面的理论和技术问题。传统的计算主义从动机上说也注意到了这三个方面，只是在效果上未能真正涉及语义性。它认为，它可以用计算术语说明人的语言理解和生成过程。因为人的言语行为不过是一个由规则控制的过程，同理，让机器完成语法判断也是可能的，因为产生语法判断的机制可以从计算上实现。[②]

---

①〔美〕朱夫斯凯、〔美〕马丁：《自然语言处理综论》，冯志伟、孙乐译，电子工业出版社 2005 年版，第 471 页。

② Carter M. *Mind and Computers: An Introduction to the Philosophy of Artificial Intelligence.* Edinburgh: Edinburgh University Press, 2007: 152-153.

在人类认识和改造世界的活动中,自然语言处理是名副其实的新生事物,人们对它的关注充其量只有六七十年的时间。大致来说,它经历了这样几个发展阶段。一是 20 世纪 40 年代末至 50 年代初的萌芽时期。其重点是研究人机对话。但由于人们对人机对话的理解过于肤浅,因此以失败而终。二是 20 世纪 60 年代的初步发展时期,研究的主要成果是形成了关键词匹配技术,建立了以此为基础的语言理解系统。在这些系统中,包含大量的关键词模式,每个模式都与一个或多个解释相对应。在理解和翻译时,一旦匹配成功,便得到了对某句子的解释。这种系统的优点是,允许输入句子不规范。即使输入句子不合语法,甚至文理不通,它们也能生成解释。问题是,这种系统忽视了非关键词和语义及语法的作用,因此对句子理解的准确性极差。到了 70 年代,出现了以句法-语义分析技术为基础的系统。这一研究所用的方法是基于规则的方法,即将理解自然语言所需的各种知识用规则的形式加以表达,然后再进行分析推理,以达到理解的目的。这一方法在语言分析的深度和难度上较以前有较大进步,事实上也取得了积极的成果,如产生了一些句法-语义分析系统,LUNAR 就是其成功的例子。

LUNAR 是由美国 BBN 科技公司的伍兹（W. Woods）于 1972 年设计的一个允许用英语与计算机数据库进行对话的人机接口。其由三个模块组成,即句法分析、语义解释和数据检索。里面有语法、词典、语义规则和一个数据库。它表面上有语义加工能力,如包括这样一些加工步骤,首先利用 ATN 句法分析器对请求解决的问题即输入语句进行句法分析,最终获得能反映该句子句法结构的句法树。接着对它作语义解释。这里的语义处理不过是一种转换或匹配,即把上述句法翻译成一种形式化的查询语言,这种语言以谓词形式表达用户对数据库检索所提出的各种限制。换言之,所谓解释,不过是针对上述句法在词典等中查找,即设法找到相对应的查询语言,然后将它交给下一步的数据检索处理。在检索中,系统对数据库执行这个查询语言表达式，最终产生关于请求的回答。以这种方式产生的回答好像具有语义性，即对问题作出了回答，其实，该系统并无这个能力，它能关涉什么，最终还是取决于设计和使用者的解释或关联，即它们的派生意向性根源于人的意向性。

为了解决自然语言机器处理表面具有语义处理能力实则无此能力的问题，20 世纪 80 年代后，自然语言处理在经历了因一些人的否定而出现短暂阵痛之后，发生了极富革命意义的语义学转向，即从原来的以句法为中心的研究（至少在实际效果上是这样的）转向了以语义为中心的研究，其表现是人们的确从句法层面深入到了语义层面，不仅关心单词、短语、句子、语音的形式加工问题，而且着力探讨意义的形式表示以及从语段到意义表示的映射算法，为此，又深入到了言语的意义分析之中，探讨语素的意义如何结合到这一级语言单位的意义之中。基于大量的探讨，便诞生了各种关于语义分析的理论和方法。另外，如何消解单词意义的歧义性，如何将信息检索从句法级提升到语义级等应用问题也受到了特别关注。促成这种转向的动因是多方面的。

第一，到了 20 世纪 80 年代初，一大批有后现代精神、热衷于解构和颠覆的哲学家、科学家，如上面所说的塞尔、德雷福斯、彭罗斯和霍金斯等，在深入、严肃地反思了 AI 研究的现状的基础上，对各种自然语言处理的理论和实践作了尖刻的批判和否定。

第二，许多人开始从 AI 研究的形式主义迷梦中觉醒过来，而开始了向真实的人类智能的"回归"。通过对塞尔等论证的冷静思考，通过对人类语言处理能力在新的起点上的再认识，人们终于发现，能处理语义是人类语言能力最根本的特征和最关键的方面。我国学者李德毅和刘常昱先生说："人工智能如果不能用自然语言作为其知识表示的基础，建立不起不确定性人工智能的理论和方法，人工智能也就永远实现不了跨越的梦想。"①

　　第三，AI 的其他领域提出了向语义回归的客观要求。很显然，不攻克语义性这一瓶颈问题，知识工程、互联网、知识管理等领域的研究就不可能有实质性进步。1977 年，西蒙的学生费根鲍姆（E. Feigenbaum）提出的知识工程，使知识信息处理进入了工程化阶段，同时也标志着人工智能从以推理为中心的阶段进入了以知识为中心的阶段。从此，知识科学、知识工程研究如火如荼地开展起来。进入 90 年代，这一研究因互联网的发展而变得更为迫切和重要。因为互联网的发展，既为知识共享提供了较好的平台，同时，互联网向纵深的发展又向知识共享提出了更高的要求。因为人们希望有更全面、更快捷、更高质量的知识共享。而要实现这一愿望，就必须解决语义学的问题，必须从过去的以形式为中心的人工智能研究，转向以内容为中心的研究。史忠植先生说："将语义网和网格计算的技术结合起来，构建语义网络，可能是实现基于 Internet 知识共享的有效途径。"②

　　20 世纪 80 年代以后，自然语言处理进入了一个新的发展阶段，其特点之一是关注对大规模真实文本的处理。1990 年 8 月，第 13 届国际计算语言学大会在赫尔辛基召开，大会明确提出了处理大规模真实文本这样的目标。这标志着语言信息处理迈入了一个新的阶段。其特点之二是，强调以知识为基础。新的理论认为，要让机器完成自然语言理解，必须让其有多多益善的知识。基于这一理解，便产生了许多以知识为基础的自然语言理解系统。本体论语义学、语料库语言学等就是其范例。第三个特点是向实用化、工程化方向发展，其标志是一大批商品化的自然语言人机接口和机器翻译系统出现在国际市场上，如美国人工智能公司的人机接口系统 Intellect、美国乔治敦

---

　　① 李德毅、刘常昱：《人工智能值得注意的三个研究方向》，载涂序彦主编：《人工智能：回顾与展望》，科学出版社 2006 年版，第 46 页。
　　② 史忠植：《智能科学》，清华大学出版社 2006 年版，第 3-4 页。

大学的机译系统 SYSTRAN、加拿大蒙特利尔大学开发的与天气预报有关的英法机译系统，以及日本和我国也都分别开发的英日、中英机译系统。特别是在搜索引擎方面，自然语言理解程序也有很大的发展，并得到了广泛的应用。

人之所以为人，一个根本的特点是，他有创造和使用语言的能力。有鉴于此，许多哲学家把人定义为符号动物。人由于有了自己所创造的语言，在许多方面就大大优于其他自然事物。例如，人走到餐馆想点菜吃饭，只需把想吃的东西的名称报出来就行了。反事实思维告诉我们，如果没有语言，我们将碰到无穷无尽的麻烦。

语言之所以有如此神奇的作用，原因又在于，它不是纯粹的符号。我们的语言交流之所以能顺利进行，那又是因为，我们说出的话不是纯粹的符号，而有它的关于性或关联性。用哲学的话说，就是有派生的意向性。换句话说，人交流所用的符号携带着意义，或者说有语义性。从发生学上说，符号在被人们创造出来时，人们订了一个契约，达成了一项协议，或制定了一个规则，即让这个符号表示某一对象。我们学习语言，就是学习它可以表示什么，亦即学习语言被创造时人们所确立的规则。朱夫斯凯等在《自然语言处理综论》中以哲学的睿智明确指出：人在生活中，必不可少的事情是要活动，要与外界打交道。要如此，他们的语言就不能只停留于从形式到形式的转换上，而必须关涉世界上的事态。这也就是说，"必须能够使用意义表示来决定句子的意义和我们所知道的世界之间的关系"[①]，这是意义表征的基本要求。人类创造出计算机之类的东西以及自然语言处理系统，不是为了好玩，而是为了更好地认识、利用外部世界。因为这些系统只有有关联世界的能力，才会被人创造出来。既然如此，AI 的自然语言处理系统如果真的想模拟人类的语

[①] ［美］朱夫斯凯、［美］马丁：《自然语言处理综论》，冯志伟、孙乐译，电子工业出版社 2005 年版，第 320 页。

言能力，那么就不能只关注句法处理，而必须深入到语义的层面。这无疑已成了大多数专家的共识。但问题是：如何让机器有语义处理能力呢？

要解决这一问题，首先会碰到这样的方法论问题，尽管我们的目的是让机器具有人的语言能力，但是否一定要模拟人的语言生成和理解的过程及机制呢？是否一定要以人的语言能力为样板、参照呢？对这些问题，主要有两种不同的回答，一种观点强调，只有理解了人类对于自然语言的处理，我们才能建立更好的语言处理的机器模型。另一种观点认为，对于自然算法的直接模仿在工程应用中没有多大作用。就像飞机用不着模仿鸟通过摇摆翅膀而飞行一样。一般来说，大多数研究者赞成和选择了前一种观点。朱夫斯凯等概括说，人工智能不仅意识到语义性的必要性、重要性，而且为了让人工系统也有语义性，在师法自然上也迈出了有价值的步子如深入人类心智之中以及人类所使用的深层结构之中去探讨语言为什么有意义。就后一方面来说，已取得了一些积极成果，甚至可以说，"我们已经知道了人类语言负载意义的各种方法"[①]。例如，就底层来说，人类语言之所以能负载意义，根源在于它有谓词变元结构，即在构成句子的单词和短语成分的底层，各概念之间存在着特定的关系。正是它，通过分析输入的各个部分的意义，构造出了一个组合性的意义表示。

自然语言处理研究中的另一不可回避的方法论问题是：如果我们承认自然语言处理研究必须走"师法人类"的道路，那么由于人们对人类语言处理的条件、机制、原理、实质的看法不尽相同，因此如何判断我们的模拟是否真的是对人类语言能力的模拟呢？从效果检验的角度说，如何判断一机器对人的语言能力的模拟？如何判断它们是否有语言处理能力？有无这种能力的判断标准？或者说，判断机器有无语言理解能力的标准是什么？一般都赞成

---

① [美]朱夫斯凯、[美]马丁：《自然语言处理综论》，冯志伟、孙乐译，电子工业出版社 2005 年版，第 323 页。

美国认知心理学家奥尔森（G. M. Olson）的下述四标准说：①能回答与语言材料有关的问题；②能对大量材料形成摘要；③能用一种不同的语言复述另一种语言；④将一种语言转译为另一种语言。一些人认为，如果机器的自然语言理解能符合上述标准，那么就可将它们应用到下述方面：①机器翻译；②文件理解；③文件生成；④其他应用，如给大型系统配上自然语言接口。当然也有不同的看法，如有些人认为，应从效果上加以判断，即看机器语言输出的因果性效果。如果一个符号的意义能使系统产生变化，能达到或影响某种内部或外部的状态，那么就可认为它有对语义的正确理解。按照塞尔等的观点，这些都是行为效果标准，虽然强调它们有合理性，但不充分。因为关在中文屋中不懂中文的塞尔，尽管通过了从行为效果上的所有检验，但其实他对中文一字不识。既然如此，在塞尔看来，真正的标准应是看机器在句法转换过程中，有没有理解或觉知过程发生。这当然是一个正确的但相当高的标准，可看作自然语言处理的最高目标。

塞尔上述思想尽管受到了许多 AI 领域专家的诟病，但也不是完全没有赞成者。史忠植、王文杰概述说："自然语言理解成为人工智能研究的中心课题，很多人都认识到在自然语言处理中'理解'的必要性。为了使机器理解语言，不只是要考虑句法，还要（甚至优先）考虑语义，利用知识，引进一般社会的知识，以及利用上下文信息。"[1]总之，塞尔等所提出的语义学问题仍是已有的自然语言处理程序的瓶颈问题。按严格的语义性标准，即使是最好的自然语言处理系统，也只停留在哲学家们所说的句法机水平之上，而人作为自然语言处理系统则既是句法机，又是语义机。因此语义性缺失问题仍是摆在 AI 自然语言处理面前的一大难题。

---

① 史忠植、王文杰：《人工智能》，国防工业出版社 2007 年版，第 305-306 页。

第二节　本体论语义学对语义缺失根源的探讨

本体论语义学是由 AI 研究实践所催生的一种有着极强应用色彩和工程学性质的 AI 理论和技术。其积极倡导者尼伦伯格等开宗明义地宣称：本体论语义学在工程技术方面的动机就是让句法机质变为语义机，让机器在自然语言的句法处理、符号转换时能够理解、表征、生成意义，即让被加工的符号具有语义性或意向性。而要如此，就不能闭门造车，不能遨游在纯粹想象的王国，而必须向人类学习，或者像麦金等倡导的那样研究大自然为人类塑造意向性的过程和"建筑术"，弄清人类语义加工的过程、条件、原理、机制与奥秘。因为人类的智能既是句法机又是语义机。这也就是说，本体论语义学有双重动机，一是工程学的，二是学理上的，而二者又有密切联系，相互作用。因为要造出人工的语义机，必须认识人类语义机的运作原理，而实践上的进步又会检验和推动理论认识的发展。尼伦伯格等说："本体论语义学是一种关于自然语言意义的理论，一种关于自然语言加工的方案，它把经构造而成的世界模型或本体论作为提取和表述自然语言文本意义的基本源泉，作为从文本中推出知识的前提。这种方案也想根据自然语言的意义形成自然语言的文本。"[①]就揭示人类语义加工所以可能的原理和条件这一任务而言，前人在这方面已经做了大量工作，如已认识到许多条件，其中包括语言之外必须有所指对象存在，有将它与语言关联起来的能力，以及别的技能，还有情感和意志之类的非理性方面，另外，就是活动的目的、计划及程序等。还有人认识到，人类心中生成和想传递的意义有相对独立的存在性，并可被研究和表征；不仅如此，人类理解和加工意义的过程、让符号关联于所指的

---

① Nirenburg S, Raskin V. *Ontological Semantics*. Cambridge: The MIT Press, 2004: xiii.

过程可被机器从功能上加以模拟。之所以如此，是因为意义既有合格的构成性，即整体的意义是由部分的意义所构成的，又有可以被确认的因果性，如能引起身体的变化、行为的产生直至间接引起外部世界的变化。本体论语义学赞成这些观点，并做了重要补充和发展，那就是在强调知识资源是人类语义加工所以可能的重要条件、根据的前提下，对它的构成及其作用尤其是其中的本体论资源作了大胆而独到的探讨。

　　本体论语义学坚持认为，在人类的语义加工过程中，存在着本体论的意义层次。它不同于指称，因此不是外部世界本身，同时又不同于语言本身。例如，英语中的"晨星"和"暮星"，就可以映射到本体论概念"行星"的例示，即"金星"之上，而"行星"或"金星"就储存在事实储备库之中。这些概念构成了意义的终极源泉。在这里，本体论语义学自认为发现了人类智能有意向性、语义性的奥秘，找到了人类得以把符号与世界联系起来的内在机制和根本条件，那就是人类心智中经学习而获得的本体论知识资源。尼伦伯格说："本体论语义学不是唯我论式的学问。外在世界（外延的王国）与本体论语义学（内涵的王国）之间的联系是借助静态知识的人类获得者这一中间环节建立起来的。"[①]它认为，知识资源有动力学和静力学两个方面。所谓动态的知识资源是指关于意义表征的程序方面和推理类型的知识，与此相应还有动态的能力，即把所储存的知识动态地提取出来，从而运用于意义表征的能力。所谓静态的知识资源是指指导描述世界所用方法的理论，它有自己的范围、对象、前提、原理体系和论证方法。主要包括以下一些知识：第一，关于自然语言的知识，它又有多方面，其一是句形学、语义学、语音学知识，其二是关于语义理解、实现的方法及规则的知识，其三是语用学知识，其四是词汇知识。第二，关于世界的知识，其中又有本体论知识即关于

---

　　① Nirenburg S, Raskin V. *Ontological Semantics.* Cambridge: The MIT Press, 2004: 84.

世界的分类的知识。它也可以理解为，关于作为自然语言要素之基础的概念信息集合，或关于自然语言的终极概念体系的信息组合。当然，事实储备也是其中的要件，它包含的是与相关概念有联系的事例之汇聚，例如，与"城市"概念相应，在事实储备中便有"巴黎"等条目。它常常以特定的记忆模块的形式存在。尼伦伯格说："本体论提供的是描述一种语言的词汇单元的意义所需的原语言，以及说明编码在自然语言表征中的意义所需的原语言。而要提供这些东西，本体论必须包含对概念的定义，这些概念可理解为世界上的事物和事件类别的反映。从结构上说，本体论是一系列的构架，或一系列被命令的属性与价值对子。"①

本体论这一类知识资源为什么会有这样的"神通"呢？他们认为，这种本体论知识能为要表征的词项的意义作本体论的定位，即说明它属于哪一类，其特点、性质、边界条件是什么。这就是说，人类之所以能理解和产生意义，是因为人类有一种本体论的图式。②例如，当有一词 pay 输入进来，首先就要经过本体论这一环节，该词首先要被表征为一个本体论概念，要被放进本体论的概念体系中的某一框架之中，一旦这样做了，这个词的属性、值便被规定了。例如，这个词有这样的规定性，即指的是由人所从事的一项活动，该活动的主体是人，参与者也是人，等等。如果真的是这样，那么将句法机提升为语义机的方向就明确了，即从理论上和技术转化上对本体论作进一步的探讨。这是否意味着应回到哲学的怀抱呢？绝对不是。

本体论语义学中的"本体论"既不同于形式本体论，又不同于哲学本体论，但从它们那里汲取了有用的东西。尼伦伯格等认为，他们的"本体论建构试图从形式本体论和哲学本体论中得到帮助"③。例如，从形式本体论中，

① Nirenburg S, Raskin V. *Ontological Semantics*. Cambridge: The MIT Press, 2004: 191.
② Nirenburg S, Raskin V. *Ontological Semantics*. Cambridge: The MIT Press, 2004: 135.
③ Nirenburg S, Raskin V. *Ontological Semantics*. Cambridge: The MIT Press, 2004: 154.

它学到了划分对象和范畴的方法，学到了建构范畴体系的原则与技巧，吸收了对分析各种关系有用的概念构架。从哲学本体论中，本体论语义学借鉴了做出本体论承诺的标准、原则和方法，发展出了分析意义之本体论地位的手段和技巧。至于工程本体论，本体论语义学从中得到的东西就更多一些，既有形式方面的，又有内容方面的。但他们又对其"本体论"作了新的规定，使之成了一种极有个性的本体论。他们说："本体论语义学以这样的本体论为基础，它不依赖于语言，假定所有自然语言都有概念上的一致性。在本体论语义学中的每种语言的词汇都用相同的本体论来说明意义，因为它一定包含了那个本体论中的所有意义。"① "一个人要承认表征和处理意义的可能性，就必须找到这种具体的意义因素，它们是外部世界实在的替代。而本体论语义学中的本体论就是能直接指示外部世界的最合适的东西。它实际上是世界的模型，是据此而建构的，因此对于研究者最杰出的能力来说，它是外部世界的反映。"②

可见，他们所说的本体论指的不是一种哲学理论，而是客观存在于有语义加工能力的人心中的一种概念图式。从起源上说，它是人们在社会文化生活、日常交流中通过无意识的学习自发形成的；从内容上说，它是关于世界上的事物、属性、关系以及世界总体的模型或抽象的内化、反映；它有点类似于康德所说的时、空、因果之类的纯形式架构，积淀着关于对象的条件规定，用他们的话说，它有将不同的知识资源的作用区分开来、对概念和范畴做出选择、决定把某内容赋予概念、对对象进行本体论评估等作用。既然如此，一旦有符号输入进来，它就能将其安放在相应的位置，基于此，符号与世界的关系就被确认了。他们选择"本体论"一词除了上述考虑之外，还有一个重要的原因，那就是他们试图通过这个词表达他们对存在意义问题的一

---

① Nirenburg S, Raskin V. *Ontological Semantics*. Cambridge: The MIT Press, 2004: 111.
② Nirenburg S, Raskin V. *Ontological Semantics*. Cambridge: The MIT Press, 2004: 88.

种哲学态度，即强调：不仅指称实在的词及其意义有本体论地位，而且指称非存在对象（如独角兽等）也是如此。总之，不管什么概念、语词，只要被人们想起并运用，就具有本体论地位。

第三节　机器实现语义加工的尝试性探讨

当我们对人类加工自然语言所需的条件有了比较清楚和量化的认识，就有可能通过建立相应的系统让机器也获得这样的条件，进而让其表现出对意义的敏感，使之不仅具有句法加工能力，同时也具有语义加工能力。本体论语义学相信，这并非不可能，至少有巨大的开发前景。在实践的基础上，尼伦伯格等仿照一般语义学的形式，在他们的本体论语义学中建立了两个部门，一是语词语义学，二是语句语义学。语句语义学要说明的是词汇的意义如何结合为句子的意义。有的人认为，产生句子的意义是形式语义学的工作。而本体论语义学认为，句子的意义可定义为一种表达式，是一种文本意义的表征，它是通过把一系列规则运用到对源文本的句法分析之上、应用到建立源文本单元的意义之上而得到的。他们说："这种理论的关键要素是关于世界的形式模型或本体论，它是词汇的基础，因而是词汇语义成分的基础。这种本体论是本体论的语词语义学的原语言，是它与本体论的句子语义学结合的基础。"①他们通过分析自然语言加工模型中得到广泛认可的 Stratified 模型做了说明。该说明包括以下几个步骤，第一步是分析文本的意义表征，过程如图 14-1 所示。

图 14-1　分析文本的意义表征的过程

---

① Nirenburg S, Raskin V. *Ontological Semantics*. Cambridge: The MIT Press, 2004: 125.

第二步是形成文本输出，过程如图 14-2 所示。

图 14-2　形成文本输出的过程

在尼伦伯格等看来，智能主体将文本转化为意义离不开一系列加工。这一过程主要包括以下一些环节。一是文本分析。要完成这种分析，首先要输入文本，然后产生一个正式的表达式，这个表达式表征了文本的意义。由任务所决定，它又必须有分析器和生成器。从文本分析的过程来说，文本要输入到系统之中，首先要经过"前加工"。所谓前加工，第一步是将文本加以重新标记，以便让文本能为系统所分析。因为文本可能是用不同的语言写成的，还可能采取了不同的体裁和风格，等等。第二步是对标记过的东西作形态学分析。在进行这些分析时，要动用生态学、形态学、语法学、词汇学的资源。例如，碰到"书"这个词的输入，形态学分析会进行这样的分析，"book，名称，复数"，"book，动词，现在时，第三人称，单数"等。形态学分析器在完成对输入的分析、形成了关于文本单词的形式分辨之后，第三步就会把它们送给词汇学分析器，并激活这一分析器的入口。这个入口包含许多类型的知识和信息，如关于句法的信息、关于词汇语义学的信息，其作用是检查、净化形态学分析的结果。例如，英文文本中可能夹杂有法语、德语、意大利语等语言的单词，还有一些是模棱两可的单词，更麻烦的是，有些词在词汇学分析器中没有出现，因此无法予以检查。在这种情况下，就要予以检查、甄别，如对不熟悉的词，它有一些处理的步骤和办法。第四步是句法分析。第五步是决定基本的语义从属关系。例如，建立未来的意义表征的命题结构，确定哪些因素将成为这些命题的主题，并决定该命题的属性位置。据此，本体论语义学建立了如图 14-3 所示的语义机处理模型。

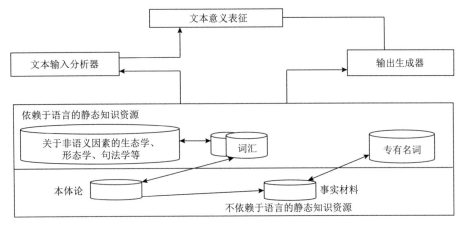

图 14-3　基于本体论的文本意义表征

　　这个模型表明，智能机器要完成文本意义表征，必须有加工器和静态知识资源。第一步，借助静态知识资源（生态学、句法学、形态学、词汇学、词源学和本体论及事实材料）对输入文本展开分析，然后又借助这些知识资源产生文本意义表征。分析模块和语义生成器都离不开静态知识资源。知识资源是如何得到的呢？要靠学习。尼伦伯格等认为，"本体论语义学必须涉及学习：它们越起作用，它们储存的关于世界的知识就越多，它们可望达到的结果就越好"[①]。除了静态知识之外，计算机要完成语义表征，还必须有动态知识，它们是关于意义表征的程序方面的知识以及推理类型的知识。另外，加工器还要有这样的动态能力，即把所储存的知识动态地提取出来，从而运用于知识表征。总之，"在本体论语义学中，是通过把文本意义表征、词汇和本体论关联起来而实现的"[②]。"我们关于表征文本意义的方案动用了两种手段，一是本体论概念的例示，二是与本体论无关的参数的例示。前者提供了与任何可能的文本意义表征例示相一致的、抽象的、非索引的命题。这些例示是这样得到的，即提供了基本的本体论陈述，它们有关联于情境的、

　　① Nirenburg S, Raskin V. *Ontological Semantics.* Cambridge: The MIT Press, 2004: 160.
　　② Nirenburg S, Raskin V. *Ontological Semantics.* Cambridge: The MIT Press, 2004: 160.

包含参数的值，如方面、方式、共指等。"①在这里，本体论的概念之所以抽象但又必要，主要是因为它提供了对存在和语词的分类，如对于要表征的意义，它首先要借助这种本体论范畴确定它属于物体、属性、方面、方式、过程、活动、数量中的哪一种。简言之，对于任一词的意义或所指，首先要借助本体论概念确定它应包含在哪一类存在范畴之中。在此基础上，再用非本体论参数分析它具体的、情境方面的值。这样，本体论语义学所建立的智能机器模型与传统认知科学、AI 的不同在于，这种机器不是通过纯形式的过程来完成语义分析的，而是强调，对语义的处理无须通过句法分析，至少主要不是通过句法分析。

第四节　意义与启示

本体论语义学可能像以前所建立的大量 AI 理论及其模型一样还有待进一步证实，特别是其倡导者关于句法机如何质变为语义机的理论构想有待今后工程实践的检验。不过，可以肯定的是，尼伦伯格等所做的探讨有积极而至关重要的意义。首先，从方法论上说，它倡导苏格拉底式的转向，即将关注的重心从机器转向人自身，强调"认识你自己"，并对这一任务作了新的诠释和实践。在相当长的时期内，AI、认知科学领域中的许多论者鉴于有关研究所取得的巨大成就，一味地强调计算机科学研究中的成就对于认识人的意义，只把计算机作为认识人的类比基础，而忽略了另一种认识途径，即根据对人的深入认识来推动对机器的改进。即使有一些人注意到了这一方面，但对人的关注和模拟往往停留在抽象、浅显的层面，而未下力气对人类智能从心理到生物、从功能到结构、从条件到机理进行全面深入彻底的"活体解

---

① Nirenburg S, Raskin V. *Ontological Semantics.* Cambridge: The MIT Press, 2004: 174.

剖"。正如克里克所批评的："他们认为，了解脑的细节永远得不到任何有用的东西。这一观点是如此古怪，以致大多数科学家都惊讶它为什么能够存在。"[①]其实，对人类语义机运作的过程的认识也有这个问题。例如，对人类智能的语义加工所以可能的条件的认识尚不到位。本体论语义学在实践"认识你自己"这一转向时，试图深入到人类语义加工的内在过程之中，设法找到其所以可能的根据与条件，努力建立关于人类语义加工的模型，这些工作对于揭示人类的认知之谜、创造新的智能无疑都有十分重要的启示与借鉴意义。根据这一方案，人类的句法加工之所以有语义性，人之所以既是句法机又是语义机，最深层的内在根源和机制是人有本体论语义设置。另外，人与人之所以能相互交流，操不同语言的人之所以能相互理解，就是因为人有本体论语义学的资源。这些对 AI 解决资源共享、通用性之类的问题应是有启发意义的。

其次，本体论语义学在分析人的语义加工奥秘时所得出的结论尽管是一家之言，但也值得思考。它强调意义有其特殊的本体论地位，而且也能够被研究和被表征，因为该意义有自己特定的构成性和因果性。本体论语义学不赞成维特根斯坦等的观点，而坚持认为，存在着（内涵的）本体论意义层次，这个层次既不同于指称，因此不是外部世界本身，同时又不同于语言本身。客观地说，本体论语义学最值得关注的成果是发现了本体论这一内在于人类语义加工中的资源，并对其起源、内容、作用作了深入细致的探讨。不仅如此，它还对在机器的语言理解中应用这一"发现"进行了尝试性探索。尼伦伯格等说："计算本体论以这种构成和作用形式出现，可以看作存在于计算机记忆中的知识基础，同时又不是与外在世界完全分离的，因此一种熟悉的

---

① [英]弗朗西斯·克里克：《惊人的假说——灵魂的科学探索》，汪云九、齐翔林、吴新年等译，湖南科学技术出版社 1998 年版，第 78 页。

语词-意义-事物这样的三角关系的变体在这里仍是存在的。"[1]对于本体论语义学来说，上面的三角关系在这里采取了语句-意义-事件的形式。所谓意义是文本意义表征语言中的一个陈述，事件是一个本体论概念。本体论语义学对"意义"的本体论承诺表明，心理模型对于意义描述是不可缺少的，而心理模型只有在本体论和被标记的例示这样的知识基础上才有可能。

本体论语义学不仅是一种深奥的哲学、语义学理论，而且是一门有重要应用价值、具有开发前景且可操作性极强的工程技术。这既顺应了自然语言加工系统在最近阶段朝着应用化、实用化、商业化发展的趋势，又作为新的合力系统中的重要力量发挥着推进这一趋势的作用。尼伦伯格等说："本体论语义学已经得到并且掌握了关于自然语言意义的极其丰富的知识，它们对自然语言处理具有重要的应用价值。由此看来，本体论语义学自然包含了研究意义的综合性方案。"[2]这样说并不过分，因为它确实解决了一些应用上的难题。可以预言，随着它的深入发展及其构想的逐步实现，它将为人类解开语义机之谜、意向性之谜，为解决将句法机提升为语义机中的实践难题提供更为科学的答案，而这些又有助于开辟更为广阔的应用领域，至少可为自然语言的机器翻译、信息提取、文本简化、人机问答、人机合作等应用技术提供更为有效的理论基础。

---

[1] Nirenburg S, Raskin V. *Ontological Semantics*. Cambridge: The MIT Press, 2004: 84.

[2] Nirenburg S, Raskin V. *Ontological Semantics*. Cambridge: The MIT Press, 2004: 182.

下篇　计算创造力与人工智能的"实至名归"

　　包括 AI 专家在内的很多有识之士清醒地意识到，AI 的发展尽管令人欣喜和称奇，但仍有许多现在还难以逾越的大山横亘在它的面前，如意识、意向性、规范性等的建模等，其中公认的薄弱环节、"大山"中的大山则是创造力。有学者甚至认为，AI 在这方面的建模和机器实现如果还一直没有像样的表现，那么机器所表现的所谓 AI 就没有理由说是真正的智能，作为研究部门的 AI 也不能说是探讨用人工方法实现智能的科学技术，因为智能必不可少的标志是有自主的创造力。正是看到了这一点，经过一些 AI 专家和相关领域的学者二三十年的耕耘，一门新兴的作为 AI 子学科和工程技术的"计算创造力"赫然出现在了 AI 的地平线上。本篇将在考察它的来龙去脉、最新成就和发展走势的基础上对其中的心灵-认知哲学问题作一些抛砖引玉的探讨。

　　根据关于智能的一种理解，人类的智能之所以有如此大的力量，除了有认知、智慧之类的特性之外，还有作为宝塔尖的创造力或创新能力。如何理解智能，除了有事实性的问题之外，无疑还有规范性的问题，甚至如我们后面将论证的，它首先是一个规范性或如何赋义的问题。因为只要不违背名实关系的原则，人们有权将创造力当作智能的本质特点。正是根据这样的理解，著名 AI 哲学专家博登等认为，AI 在人类智能建模方面的最大的问题或缺陷是几乎没有关于创造力的建模。在约 20 年前，即计算创造力这一领域没有开创之前，创造力的 AI 建模几乎是一个空白。最明显的是，AI 的教科书中有对各种认知能力的讨论和建模，可唯独缺少对创造力的论述。这既与已有 AI 的智能观存在欠缺有关，也与创造力本身的难度特别是其在现象学上对机器建模的抵制特点有关。

要弥补 AI 的这一不足，必须按照以下逻辑步骤开展工作。首先，探讨创造力 AI 建模的前提性问题，解决其中哲学特别是元哲学问题，如创造力的起源、本质、内在机制以及与智能、其他认知能力的关系，创造力机器建模和实现是否可能，如何可能，等等。而要如此，又必须关注创造力的多学科研究，因为离开了包括哲学在内的多学科的参与，创造力的庐山真面目是无法揭开的。然而，创造力的多学科研究特别是其中的心理学研究尽管在 20 世纪 50 年代后呈"爆炸式发展"的态势，但由于创造力本身的复杂难解性，从认识的质量上说，它又被认为是"贫瘠的高原"。[①]就此而言，创造力本身的解密仍是摆在计算创造力研究面前的一项值得加大力度予以研究的课题。其次，如果 AI 建模创造力有其可能性，那么再来探讨其中的工程学问题。由于本书是一本关于 AI 基本理论特别是哲学问题的著作，这里对具体实现的探讨也只能限于对其一般条件和原则的探讨。本篇将先探讨计算创造力人工实现的前提性问题，然后再重点探讨计算创造力研究的具体内容及其哲学问题。

不同的人对"创造力"一词的赋义大不一样，以致该词成了最混乱的概念。考察其中有代表性的看法是本篇的一个任务。在后面，除非有特殊的限定，如介绍某某的创造力理解，一般指人或计算系统所表现出的可从多方面描述的现象。笔者认为，创造力有潜在与现实两种存在状态。作为能力、过程以及没有得到专家团队和社会

① Blackwell R. "Scientific discovery: the search for new categories". *New Ideas Psychology*, 1983, 1 (2): 111-115.

认可的创新成果都只能算是潜在的创造力，而现实的创造力是由契克森米哈赖（M. Csikszentmihalyi）所说的大系统表现出来的，既有实在的创新又得到社会承认的创造力。这种创造力由于极其复杂，可从不同的学科、角度和层次去观察，因此便有不同的定义。从本体论上说，这种创造力的确生成了以前所没有的新的存在物，如要么是以前没有的概念、思想、载荷于不同实在之上的文本（纸本作品、绘画、雕刻等），要么是以前没有的人造物，如新的机器等。从认识论上说，人们可获得关于它们的认识，它们可成为认识的新对象，成为学者新的研究课题。从价值论上说，人们可基于它们的有用性把它们评价为有价值的，进而使其成为伦理学、美学等价值学科的研究对象。从专门学科和社会的角度看，它们可被评价为创新成果，当然由于专家团队和社会评价者的标准有一定的主观性，因此有的真有本体论上创新的成果在一定时期内可能不为专家团队所认可。这样的事例在科学史上经常出现，如孟德尔的遗传定律在一定时期就不被认为是创新成果。从人生哲学角度看，创造力是赋予生活以意义的一种方式，只要我们进行创新，我们就会发现这样的生活比其他生活更让人感到充实和惬意。科学家在实验室、艺术家在画布前感受到的兴奋近乎我们在生活中体验到的最完美的享受。

第十五章
作为 AI 终极前沿的计算创造力的崛起与意义

"计算创造力"有两个指称，一是指由人工系统所实现的创造力，如软件和机器所表现出的创造力；二是指专门研究如何让人工系统表现出创造力的人工智能研究领域，其内既有理论探讨，甚至是靠近哲学层面的对与创造力建模有关的哲学问题的探讨，又有工程技术层面的探讨。

本章标题借用的是科尔顿（S. Colton）和威金斯（G. Wiggins）两位计算创造力研究重量级人物的同名文章的标题。所不同的是，威金斯等的标题用的是疑问句，即"计算创造力：终极前沿吗？"[①]而我们是将它看作肯定句，即认为计算创造力就是 AI 的终极前沿。之所以用这个标题，是因为它一方面能较好地传递本章要表达的部分意思，即说明计算创造力的缘起、目的、主要任务、进展、特点及其在 AI 中的地位；另一方面它恰到好处地表明了计算创造力与 AI 的特殊关系，即它不仅是当下 AI 的前沿，而且永远如此，从根本上如此，AI 研究得如何，从根本上说决定于计算创造力的进展。笔者上面之所以用"部分"意思一词，是因为这个标题尚未完全反映本章的主旨。其表现是，本章不仅要探讨计算创造力与 AI 的关系，揭示前者对后者的意义，而且由本书的目的所决定，还将探讨计算创造力与哲学的关系，特别是它们的双向挑战、激励、互利互惠关系。这是由计算创造力研究的特点和意

---

① Colton S, Wiggins G. "Computational creativity: the final frontier?". *Frontiers in Artificial Intelligence and Applications*, 2012, 242: 21.

义决定的，因为这种研究除了关注创造力的人工实现这一目标之外，还有计算主义的倾向，即强调计算对于理解创造力的本质，揭示创造力的庐山真面目的作用。质言之，这一研究有不可替代的创造力哲学研究的意义。麦科马克（J. McCormack）等说得好："更好地理解计算对各种样式的创造力的影响，在未来将变得越来越重要。"①

第一节　计算创造力的兴起与概念化

作为一个科学技术部门的计算创造力和由机器实现的作为一种能力的创造力成为学人关注的热门话题，得益于许多因素组成的合力。其中最突出的一个因素是人们基于对 AI 研究现状的反思所形成的忧虑和研究冲动，即创造力是人类智能的根本构成和特点，而发誓要模拟和超越人类智能的 AI 无论是理论建设还是实践建模在 20 年前都看不到或几乎看不到对创造力的认知和模拟。为了让 AI "实至名归"，许多人便开始对创造力进行解剖和建模研究。另外，计算创造力研究的兴起还与人们的形而上学诧异和追求有关，机器既然能帮我们人类做很多事情，为什么我们不能把创新这一最高级、最神圣的工作交由它来完成？创造力真的只是人和神才有的品质吗？机器之类的人造物难道不能完成创新任务吗？机器对于我们认识其他认知现象有无可比拟的意义，计算、计算机为什么不能在人类认识创造力的征程中发挥特定的作用？这就是说，传统哲学中困扰霍布斯和莱布尼茨等哲人的机器与思维的关系问题在这里具体化为计算机与创造力的关系问题。人们一般不否认研究计算、计算机与创造力关系的必要性和意义，但对计算机能否表现创造力则见仁见智。不过，人们达成了这样的共识，即认为计算机能以其他人工产

---

① McCormack J, d'Inverno M. "Computers and creativity: road ahead". In McCormack J, d'Inverno M (Eds.). *Computers and Creativity.* Berlin: Springer, 2012: 424.

品所不可能有的方式改变和激发人的创造力。①

在众多因素的合力作用下，一种新的创造力样式——计算创造力诞生了，一个以此为对象的新兴科技部门便应运而生了。作为一个研究部门的计算创造力有这样的认知，机器能表现创造力，它们表现的创造力与人类的创造力有本质的一致，但也有许多重要差别，有些甚至超越已有的创新形式。这种创造力之所以可能，是因为它们有超越人类各种能力形式的技术，其中最重要的是软件和计算。计算已经成为一门研究创造力的学问，一种以新的方式探讨创新的手段。由之所实现的创造力极为重要，因为它们为认识创造力，为 AI 的跨越式发展和迈上新台阶，提供了前所未有的机会，同时为我们应对在当今世界所碰到的种种挑战提供了条件。科尔顿说："计算创造力开创了这样一个新时代，在这里，计算机不仅是我们创新的合作者，而且是独立的、有创造力的艺术家、音乐家、作家、设计师、工程师和科学家。它们能以有意义和有趣的方式为人类文化贡献自己的力量。"②这当然是该领域的乐观主义声音。

就术语而言，与"计算创造力"一词有区别但有一定联系的词还有很多，如"人工创造力""物化创造力""算法创造力"等，其关系值得一辩。我们先看"计算创造力"一词的创立动因与过程。在人类增强技术的发展过程中，特别是随着 AI 的发展，人们早就有这样的追求或概念转向，即让机器也有创造力，或让机器去完成人的创新任务。也可把这一理想称作创造力的机器实现或人工智能化。这里所说的概念转向是指，除了承认人是创新主体之外，同时承认软件、机器也是这样的主体。斯蒂芬森（J. Stephensen）说："我们将给

---

① McCormack J, d'Inverno M. "Computers and creativity: road ahead". In McCormack J, d'Inverno M (Eds.). *Computers and Creativity.* Berlin: Springer, 2012: 421.

② Colton S. "The painting fool: stories from building an automated painter". In McCormack J, d'Inverno M (Eds.). *Computers and Creativity.* Berlin: Springer, 2012: 3.

我们从技术上展开的'创造力实践'以更多的概念信任。"①这可看作一种"概念转向"，因为它可以改变我们认识被当作有创造力的事物的方式。质言之，应承认我们借助技术进行的创造力实践是在创造创造力，即让机器表现创造力。开始，它一般被称作"人工创造力"。最初的构想是，让非人的物质也有创造力，因此也被称作"物化创造力"或"对象化创造力"。②一些人感叹，已诞生了"人工创造力"。随着更多复杂的计算和人工创造力形式的诞生，一些世界性难题有望由它们给出解答。③这种创造力是"后创造力"中的一种。

"后创造力"这个概念说的是，由于人与非人物质不可分地纠缠在一起，严重地受其制约，因此，被称作人的创造力的过程一定以这些物质为其组成部分。"不存在纯而又纯的人的创造力"④。如果说传统的创造力是以人为中心的创造力，那么"后创造力"就是包含非人物质作用或由非人物质所表现的创造力。"后创造力"概念的提出其实是对通常的创造力概念的一种否定，目的是想改变人们看问题的范式和参照系。根据这一概念，创造力的计算模拟太看重充满人性化和偶然性的创造力概念。例如，已有的计算创造力研究有这样的预设，创造力是作为事实而存在着的。斯蒂芬森基于福柯的"设置"（dispositif）概念指出，我们应关注创造力的观念和实践的真实历史，只有这样，才能完全理解计算创造力是如何成为创造力永恒再创造的组成部分的。按照这样的思路创立的"后创造力"概念就是"后人类中心主义的创

① Stephensen J. "Post-creativity and AI: reverse-engineering our conceptual landscapes of creativity". In Cardoso F A, Machado P, Veale T, et al (Eds.). *Proceedings of the Eleventh International Conference on Computational Creativity.* Coimbra: University of Coimbra, 2020: 331.

② Stephensen J. "Post-creativity and AI: reverse-engineering our conceptual landscapes of creativity". In Cardoso F A, Machado P, Veale T, et al (Eds.). *Proceedings of the Eleventh International Conference on Computational Creativity.* Coimbra: University of Coimbra, 2020: 328-331.

③ Mould O. *Against Creativity.* London: Verso, 2018: 58.

④ Stephensen J. "Post-creativity and AI: reverse-engineering our conceptual landscapes of creativity". In Cardoso F A, Machado P, Veale T, et al (Eds.). *Proceedings of the Eleventh International Conference on Computational Creativity.* Coimbra: University of Coimbra, 2020: 331.

造力"的缩写，其强调的是，以前的创造力概念有人类中心主义的问题，即
只承认人有创造力。这是不对的。"后创造力"概念认为，应同时关注人以
外的创造力，如自然界的非人创造力，机器独立实现以及与人合作完成的创
造力，超出人的内在心理过程、弥散在主客体之间的宽创造力，等等。创立
"后创造力"这个概念并不是要超越创造力，以及完全否定已有的创造力概念。
"后"这个前缀的意思不是说，想关注的创造力在"创造力"之后，而是强调，
在创造力的研究中，除了要以人的创造力为模板以外，还应努力把包括计算
创造力研究在内的学科和实践关联起来。这个新概念的提出无疑标志着创造
力理解中的一种转向，其表现在于，从以前的创造力研究只关注人的创造力
转向对人类中心主义的超越。根据这个概念，创造力研究既应关注我们的时
代所重视的生成性创新实践及其研究，又应重视这样的思维倾向：既重视物
质和精神产品创造中的变化，又重视对这种创造的分析和解剖。重要的是，
这两个层次的研究是"辩证地交织在一起的"①。发起这种转向的根据主要
是，机器已像人类一样在创造物质和精神产品中扮演着重要角色，不仅能与
人合作完成创新过程，而且还表现出了独立的创造力。这类创新的特点在于，
其不是由人脑完成的，而是由数字技术实现的。斯蒂芬森承认，计算系统表
现的创造力有两种情况，一是它真的完成了创新任务，取得了创新成果；二
是它生成的产品使人有创新的感觉，或被认为有创新。他倡导的计算创造力
的"野心"是探寻前一种创造力，即让软件成为真正的创造者，成为"英雄
式的 AI"。这种创造力正好是"后创造力"的一种形式。②

---

① Stephensen J. "Post-creativity and AI: reverse-engineering our conceptual landscapes of creativity". In Cardoso F A, Machado P, Veale T, et al (Eds.). *Proceedings of the Eleventh International Conference on Computational Creativity*. Coimbra: University of Coimbra, 2020: 326.

② Stephensen J. "Post-creativity and AI: reverse-engineering our conceptual landscapes of creativity". In Cardoso F A, Machado P, Veale T, et al (Eds.). *Proceedings of the Eleventh International Conference on Computational Creativity*. Coimbra: University of Coimbra, 2020: 326.

　　"算法创造力"在限定的意义上可以说就是计算创造力，但也有这样的较复杂的用法，如有时指由硅谷这样的公司所表现的创造力，甚至是由互联网技术、智能手机、应用程序、3D 打印、物联网等表现的创造力。[①]根据这种用法，数字产品的制造将成为最赚钱的生产形式之一，其所用的技术有些无疑有创造力，如软件能帮人处理大数据信息，并且可以设计出更具创造力的使用方式。总之，数据已成了"新的石油"，其开采靠的就是算法。而算法不过是规定特定行为步骤的指令、规则，从技术上说，算法不过是一段计算代码。例如，网络浏览器中的源代码中由于嵌入了一些算法，因此在搜索在线观看的视频时向人推荐一些可能被喜欢的视频。因此"算法已变得有创造力了"[②]。例如，有一种算法能力，复杂的计算代码能用它获取数据，并产生独立的活动，这种机器学习能够模仿人类的艺术创造力。2016 年，一个计算机科学家团队设计了一算法，它挖掘了 350 幅伦勃朗的绘画。基于这些信息，电脑编码 3D 打印出了它认为是典型的伦勃朗的作品。这些作品显然不是他的原作，但即使是专业画家也难以区分。2016 年微软推出了"Tay"，这是一台能回应用户要求的推特（Twitter）机器人。它复制了推特对话数据集中的许多对话，并能以滑稽的方式表现出来。由于它能通过机器学习来进化，因此能做出设计程序中所没有规定的事情，如运行 16 小时后，它就开始在推特上发布其内存中没有被编码的信息，如呼吁种族灭绝等。还有一些算法能基于探索犯罪数据和个人记录的算法编制的数据库，预测哪些人有犯罪倾向。这些机器学习算法即使没有人类的输入，也可自行运算，因此它们被称为计算黑箱。之所以如此，是因为它们有大数据输入，并根据这些数据被编程，进而有了自主学习能力。由算法产生的这些问题只能通过设计更新的算法来解决，如在消解基于技术和机器学习的创造力所带来的效果时，就可

---

① Mould O. *Against Creativity.* London: Verso, 2018: 56.
② Mould O. *Against Creativity.* London: Verso, 2018: 57.

创建带有内置退出路径的数字平台。①很显然，后面所说的算法创造力与我们这里关注的计算创造力是有很大差别的（详后）。

就计算创造力具体的发生学而言，20 世纪 90 年代中期，当人们用 AI 的观点来研究创造力时，计算创造力这个领域便宣告诞生。由于这代表的是一种迫在眉睫的需求，且有来自各方面的强劲动力，因此它很快便步入了发展的快车道。其表现有，每年举行专门的计算创造力国际性研讨会（International Conference on Computer Creativity，ICCC），还成立了计算创造力国际联合工作坊。在 2010 年开始每年一期的定期计算创造力国际性研讨会（详后）之前，发生了这样一系列的可载入史册的重大事件，如 1996 年在特文特大学举行的关于计算幽默的国际研讨会，1997 年在都柏林城市大学举行的关于创造性计算的 Mind Ⅱ 会议，1999 年在爱丁堡举行的关于 AI 和行为模拟的协会会议。1999 年的这次会议是最大的一次以创造力为中心的 AI 研讨会，有 225 人参会。2000 年以后，这个关于 AI 和行为模拟的协会举办了很多活动，如关于 AI 和创造力方面的许多研究会、工作坊。一年以后，关于创新系统的研讨会系列就与主要的 AI 相关会议联合召开会议，2008 年前开过很多次。

第一届计算创造力国际性研讨会于 2010 年在葡萄牙的科英布拉大学举行。它既是一次该领域学术成果的国际交流会，也是一次总结和庆祝活动，即总结和庆祝在此之前的从 1999 年开始的一系列研究工作和事件，如不定期的座谈会、讨论会，还诞生了一些活跃的研究团队。随着计算创造力研究的发展，到 2010 年，许多有识之士认为，为这一研究搭建一个正式的国际会议平台的时机已经成熟。动议一出，组织者便收到了 33 篇论文和 12 篇展示作品，最后经过严格筛选，确定了 33 篇论文和 11 篇展示作品入选当年的会议

---

① Mould O. *Against Creativity*. London: Verso, 2018: 69.

论文集。其作者便是第一届计算创造力国际性研讨会的正式代表。从这一届开始，就正式形成了每年举行一次国际计算创造力研究专题会议的机制，筹备委员会的成员来自意大利、西班牙、墨西哥、澳大利亚、印度尼西亚、爱尔兰、葡萄牙、英国、美国等。每一届会议都有正式的组织构架，如设立几位主席，下设若干委员会，如高级项目委员会、地区组织委员会、指导委员会、方案委员会等。

从 2010 年到 2022 年每年一届的会议没有间断，即使是 2020—2022 年新冠疫情的三年也是如此。前四届分别举办于葡萄牙、墨西哥、爱尔兰和澳大利亚，这些会议的举行标志着计算创造力的国际合作研究的进步和成熟，例如计算创造力的生成系统和评估研究成就斐然。这些会议举办的目的是，"通过讨论和发表这样一些课题的研究成果为计算创造力研究领域作出科学的贡献，这些课题主要有完全自主的创新系统、对人的创造力的计算建模、人类创造力的计算基础、创造力模拟、创新过程中的人机交互等"。这一研究是真正的跨学科研究，涉及的学科有计算机科学、AI、工程设计、认知科学、心理学、艺术学和哲学。第四届会议关注的重点、热点问题是，对计算创造力研究有理论贡献的手段，如隐喻、计算进化、创新过程、计算创造力评价、集体和社会创造力、具身性创造力等。所有会议一直关心的课题是，计算在其中起着重要作用的创造力领域，如音乐、视觉艺术、诗歌、文学、游戏等。①

计算创造力科学研究激增、兴盛的另一标志是三年一次的创造力认知研讨会。它最初由英国拉夫堡大学发起，后在不同国家举行。它的特点是，在研究创造力时突出的是认知维度，而不太突出计算，当然仍在计算机科学协会的名义之下运作。由于有从认知角度切入的研究，因此生物有机体和机器

---

① Maher M, Veale T, Saunders R. et al (Eds.). *Proceedings of the Fourth International Conference on Computational Creativity.* Sydney: The University of Sydney, 2013: preface.

的创造力就同时成了重要的认知科学课题。

计算创造力研究国际联合工作坊在计算创造力 20 多年的历史发展中发挥着举足轻重的作用，值得浓墨重彩加以推介。它是一个支持对创造力展开计算研究的论坛或工作平台，已吸收了大量关于创新行为研究的自上而下和自下而上的方案。自上而下的方案是这样的方案，它们旨在从整体上处理艺术作品生成、音乐创作这样的复杂问题。其在创造力研究中的目的是建立一种框架和结构，以让单个的模块能在其中得到开发，或应用于其中。有些方案完全表现为一种框架或具有系统的特征。自下而上的方案则不同，它的任务是把大的系统中的或大或小的模块独立出来，如类比映射、双关语生成和情节组织。这些研究都可单独评估和改进。若要予以改进，则可作这样的探讨，即怎样把这些方案整合起来，以形成更大的合力。这个平台也面临着新的挑战。这对它的发展其实是件好事。其中最大的挑战是，如何让人工系统具有内在的、自主的创造力。[①]

就计算创造力研究的发展趋势而言，人们正从应用和理论研究两方面来将它向纵深推进，向外围一步步拓展。例如，有大量的成果、论著关注计算创造力在音乐、绘画、小说创作、游戏、数学和科学发现中的应用；同时诞生了许多工作坊，它们可成为计算创造力向前发展的平台，因为它们在不同抽象层次上建构了关于创新过程的不同模型；还有许多研究评价问题的方案。理论研究方面的进步也很明显，因为研究者认识到，"没有理论上的探讨，计算创造力就没有资格成为一个科学研究领域"[②]。

计算创造力研究特别是创造力机器实现从 20 世纪中叶至今大致经历了这样一些发展阶段，一是科恩（H. Cohen）、米汉和尚克等让程序创作艺术

① Cardoso A, Veale T, Wiggins G. "Converging on the divergent: the history (and future) of the international joint workshops in computational creativity". *AI Magazine*, 2009, 30 (3): 19.

② Cardoso A, Veale T, Wiggins G. "Converging on the divergent: the history (and future) of the international joint workshops in computational creativity". *AI Magazine*, 2009, 30 (3): 20.

作品、建构相应的生成系统；二是特纳（S. Turner）设计的游吟诗人系统MINSTREL，这一阶段的倡导者坚持强人工智能观，相信人的创造力可还原为计算；三是许多科学家、数学家与计算机科学家合作建构科学发现、定理证明的阶段；四是布林斯乔德等设计的布鲁图斯（BRUTUS）所开创的、以解释主义为特征的阶段[①]；五是基于新的"计算创造力"研究，由进化方案、联结主义方案、新计算主义方案、动力学方案、生态系统方案等共同推动的多元化发展的新阶段。

　　从一项关于2004—2016年计算创造力论文的考察报告中，我们可以看到计算创造力所经历的发展。洛格伦（R. Loughran）等先按照在此期间发表的论文所关注的问题、应用领域对文章做了分类。[②]从统计上看，从2004年开始，每年提交计算创造力国际性研讨会的论文呈不断上升之势。论文涉及的应用领域共16个，它们分别是：故事（如讲故事、编写情节等）、语言处理、类比推理、文学创作、幽默、设计、编程、游戏、其他（即不在上述领域中的）、音像生成、音乐、数学及科学发现、逻辑、图像、概念创新、无应用（无涉及应用的论文）。[③]在此基础上，洛格伦等揭示了计算创造力研究的热门、冷门和不足，认为在这些应用领域中，探讨自然语言的论文最多，达100篇以上；其次较多的有音乐和图像等。另外，不涉及应用、侧重理论探讨论文的比例也很多，仅次于自然语言处理。令人遗憾的是，研究逻辑、数学和科学发现的论文不是太多。再一问题是，有关的应用系统没有表现出像人类

---

① Bringsjord S, Ferrucci D. *Artificial Intelligence and Literary Creativity: Inside the Mind of BRUTUS, a Storytelling Machine.* Mahwah: Lawrence Erlbaum Associates, 2000: 151.

② Loughran R, O'Neill M. "Application domains considered in computational creativity". In Goel A, Jordanous A, Pease A (Eds.). *Proceedings of the Eighth International Conference on Computational Creativity.* Atlanta : Georgia Institute of Technology, 2017: 197.

③ Loughran R, O'Neill M. "Application domains considered in computational creativity". In Goel A, Jordanous A, Pease A (Eds.). *Proceedings of the Eighth International Conference on Computational Creativity.* Atlanta: Georgia Institute of Technology, 2017: 199.

智能那样的通用智能，领域专门化的系统正陷入相同的单一应用的陷阱。理想的通用创新系统应该能够生成任何领域的创新行为，但可惜的是，像一般 AI 系统一样，目前尚无这样的有计算创造力的系统。

计算创造力研究中涌现出了一些关注度较高的热点问题。以 2019 年第十届计算创造力国际性研讨会为例，这样一些方面的问题受到了较多讨论，一是技术方面的问题，如计算系统中的创新行为的工程技术实现问题，以及围绕它们所提出的假说；二是系统和资源描述方面的，即人们热衷于探讨应用于有关领域的创新系统和资源，这大概是因为它们能生成有潜在文化价值的成果；三是基础理论问题，如计算创造力中的 AI 问题，作为整体的计算创造力的种种问题，以及它与心理学、哲学、认知科学、数学、人文科学的关系问题；四是阐述立场方面的论文较多，如表达对计算创造力文化方面的见解，阐述对已有成就、问题、不足、未来走向的看法，等等。

也可根据已发表成果的倾向性、侧重点对计算创造力的研究成果作这样的归类：①技术性成果，它们提出了关于计算系统中创造力某些方面的假说和工程技术方案；②系统性成果，它们探讨的是创新系统的开发和应用问题；③资源性成果，它们探讨的是可重用资源的创建问题，这些资源可成为其他系统建构的基础；④基础理论的研究性成果；⑤应用性研究成果，它们探讨的是计算创造力在文化中的应用；⑥阐发新见解的成果。

下面再简要梳理一下计算创造力研究中的重要事件和突出成果。伦敦帝国理工学院在科尔顿等的领导下专门成立了"计算创造力研究小组"。它已围绕此课题做过很多研究项目。这些项目的共同目的是建构有人类那样创造力的软件。[①]就建模的对象而言，该团队除了关心广泛的课题特别是计算创造力一般理论建构等之外，倾力较多的是对艺术创造力的建模。在他们看来，

---

① Colton S. "The painting fool: stories from building an automated painter". In McCormack J, d'Inverno M (Eds.). *Computers and Creativity*. Berlin: Springer, 2012: 4.

主流艺术圈之所以不认可基于 AI 的艺术创作系统，是因为这些系统所生成的作品存在欠缺，如其中的一个问题是，由有一定自主性的软件所生成的多数作品只有有限的吸引力，有时只有装潢门面的作用，机器所生成的作品，常常需解释、说明、宣传才能为人所理解。他们研制的"绘画小子"这款软件就试图有所突破，试图克服已有软件的缺点、局限性，如通过攻克一些技术障碍，让软件创作出这样有刺激性的作品，它们能与观众一道以自己新的有趣的方式运用自己的心理能力来欣赏作品。这些新的技术包括新的绘画构思方法，选择适当的艺术材料、绘画风格来构思画作，还有画框选择和制作的新方法等。

科尔顿等设计这类有创造力的软件的目的是，希望它们某一天被人们承认是有自己权利的、有创造力的艺术家。为此，他们试图建构新一代的改进了的 AI 技术，以克服建模中所碰到的障碍。他们所做的工作既是 AI 工程，又是社会学工作，因为他们想让他们的程序既能通过图灵测试，又能得到社会公众的认可。当然，他们对这类程序的要求标准不高，如不要求它们能像大师，像受过严格专业训练的人那样创作画作，事实上，它们开始的画作很幼稚，但后来，水平不断提高。不过，他们的标准也有高的一面，如要求它们能模拟人类画家共同的认知和生理行为，如在画布上画画，能对自己和他人的工作做出严格评估，有文化和艺术意识，有通过场景构图、材料选择和绘画风格表达思想和情感的能力，有在艺术创作过程中创新的能力。为达到这类目的，他们尝试探索计算创造力的新方案，如坚持这样的设计理念，即设法让设计的软件不仅能产生有文化价值的作品，而且能让观众感觉到它们是以有趣的方式创作出来的。为实现这一愿景，他们已设计了软件技术工程，它需要运行大约 20 万行 Java（一种软件语言）代码，此外还离不开大量其他软件。

再如，霍克尼（D. Hockney）的个人画作在伦敦皇家艺术学院成功展出，里面的作品成功地利用了计算机，即在专为彩色图形创作而设计的计算机程序的帮助下完成的。[1]其成功给"艺术创作及作品不可能利用计算机"这一根深蒂固的观点当头一棒。在这里，以软件形式存在的计算机艺术家有这样的作用，一是辅助创作，二是独自创作。在后一形式中，程序的创作几乎没有或很少受到人的干预，如在 H. 科恩所写的艺术创作程序中，就完全没有人的作用。

麦科马克等的反映计算创造力研究成果的论文集《计算机与创造力》无疑是该领域的一项重要成果。它汇集的论文不仅反映了艺术创造力建模及机器实现方面的成果，而且重点探讨了"如何""为什么要"用计算机开发、实现创造力。当然，关心的主要是艺术创新。在编者看来，艺术创作软件至少可成为有用的合作伙伴。麦科马克等说："计算机在这里不是被人类艺术家当作纯工具使用的，而是被看作创作中的伙伴（或准伙伴）。"[2]

由于计算创造力这个领域有帮助学生更好地理解计算机科学、AI 的作用，因此这一研究中诞生了这样一个交叉部门，即研究如何将计算创造力知识传授给学生，如何让计算创造力进入大学课堂，如何将计算创造力教授给学生，如何开发新的计算创造力课程，等等，并据以改进现有课程。有的人把这样的研究称作计算创造力的教育学研究。阿克曼（M. Ackerman）等概括说："随着计算创造力的日益普及，它已开始作为大学的课程被教授。"[3]许多人呼吁，开发这样的课程应成为 AI 研究的一部分。在其倡导者看来，要有针对性地、因材施教地完成这一任务，就必须了解学生对这一领域和它的研究者的认知。为此，有些人提出了这样的测试方式，即让学生用画图的方

---

① Colton S. "The painting fool: stories from building an automated painter". In McCormack J, d'Inverno M (Eds.). *Computers and Creativity*. Berlin: Springer, 2012: 20.

② McCormack J, d'Inverno M (Eds.). *Computers and Creativity*. Berlin: Springer, 2012: vi.

③ Ackerman M, Goel A, Johnson C, et al. "Teaching computational creativity". In Goel A, Jordanous A, Pease A (Eds.). *Proceedings of the Eighth International Conference on Computational Creativity*. Atlanta: Georgia Institute of Technology, 2017: 9.

式画出自己心目中的这个领域以及他们心仪的研究者的形象。[①]特别值得一提的是，在该领域卓有成就的佩雷斯（R. Pérez y Pérez）教授在墨西哥国立自治大学发起了"墨西哥计算创造力国际性研讨会"，从 2002 年开始，共坚持了 14 届，其主要目的有五个：一是促进和提升计算创造力研究；二是提高计算创造力的社会知名度；三是探索如何用技术改变世界；四是探讨如何开展成功的跨学科研究；五是让学生建立与计算创造力领域顶尖研究人员的联系。最后一个实际上就是计算创造力的教育学问题。

计算创造力研究的主要工作是从工程技术角度探讨如何让人工系统表现各种形式的创造力，如科学发现、烹饪、即兴演奏、绘画、写作等，并取得了大量的积极成果。在后面几章，我们将陆续碰到这方面的工作和成果，这里只略加概述。例如，珀雷拉（F. Pereira）的一项重要成果是根据自己的计算理论设计，建构了 Divago 这一人工系统。

让机器表现创造力有悠久的传统，以前是作为从哲学上探讨创造力本质的方法而流行的。机器文学艺术创作是这一传统的继续，同时是促成计算创造力诞生和发展的一股重要力量，而计算创造力的存在又成了机器创作的强大动力和技术支持，它们现在结成了一种相互作用的协同发展关系。还有人把它们结合起来，当作跨学科方案来加以研究。这样的结合既促进了机器人艺术的发展，开启了机器人艺术作品全新互动的模式，又为创造力的计算实现形式的发展开辟了广阔的空间。已有这样的计算生成系统，它能创作堪与《蒙娜丽莎》媲美的作品。尽管这个作品有一定的欣赏价值和认可度，但问题是，这一方案基于计算创造力的现有水平不仅不太合理，

---

① Harmon S, McDonough K. "The draw-a-computational-creativity-researcher test (DACCRT): exploring stereotypic images and descriptions of computational creativity". In Grace K, Cook M, Ventura D, et al (Eds.). *Proceedings of the Tenth International Conference on Computational Creativity*. Charlotte: Association for Computational Creativity, 2019: 243.

而且还离不开该系统的作者之外的大量外生因素。[①]还有这样的多层次计算系统，它能创作小说、绘画之类的作品。[②]其中，有些至少在效果上被认为有创造性、新颖性。例如，若不说出是机器完成的，没人会想到它们出自机器之手。这就是说，有些通过了图灵测试，因而其人工系统可看作有创造力的系统。

总之，计算创造力研究已成了一门独立的科学技术部门，因为它已具备了成熟研究领域的这样一些关键特征，即有自己明确的研究对象、问题域、范式、方法论体系、建模工具、规范文献，它们能指导未来的研究，能为未来的理论建构和机制探讨提供识别性标记。

许多人认识到，要将计算创造力作为一个科学技术部门或分支建设好，一项前提性的工作是对计算创造力做出概念化。所谓概念化，一般的意义是，为对象进行抽象、简化的概括，进而形成有内涵和外延的概念，以便交流和从整体上加以把握。这对象既可以是世界上的事物，也可以是概念、理论、思想等。计算创造力的概念化除了包含这方面的工作（详见下节）之外，还有其特殊的工作，如洛克伦（R. Loughran）等对计算创造力所做的概念化工作是，通过对已发表的关于计算创造力论著的考察、回顾，对本领域作概念分类、梳理的工作；另外还有这样的工作，即对计算创造力的已有研究包括概念化工作作半自动化分析，以为未来的对本领域的编史学自动化建构作准备。它能替代对该研究领域的手动分析。其未来更大的目标是使这种分析完全自动化，并为本领域研究人员的有关研究提供在线资源。洛克伦等一直在做这一工作，如他们曾用文本分析和集群方法相结合的方法对有关研究作语词分析和类别统计。2018 年，又引入了一系列扩展性方法，目的是分析发表在《计算创造力国际性研讨会论文集》上的全部论文。经过技术处理，他们

---

① Scotti R. *Vanished Smile: The Mysterious Theft of the Mona Lisa.* New York: Vintage, 2010: 202-203.
② Scotti R. *Vanished Smile: The Mysterious Theft of the Mona Lisa.* New York: Vintage, 2010: 202-203.

在其语料库中共收录了2010—2017年的340篇论文,其中收录最多的是2016年的61篇,最少的是2011年的30篇。对论文的文档聚类分析告诉我们,已有的计算创造力研究涵盖的应用领域主要有视觉图像创作、语言创新、概念创新、创造力元问题等。语言创造力研究下面又有叙事、诗歌、食谱、词汇创新等。他们认为,基于他们的研究,可以鸟瞰这个连续性国际会议所做的全部工作。再借助他们的分析和梳理,则可了解这一研究领域的核心关切、具体问题、侧重点、前沿课题、代表性观点和基本走向,如概念混合领域中包括混合、图标、搅拌器、混合物、本体论、空间、优化、界限、工作流等议题。①从这一概念化工作,我们还可看到,具身性、情境化、行然性、延展性已成了该领域的热点领域,与 AI 和认知科学的走向有同步的特点。这一子领域的核心范畴和关键词包括：舞蹈、编舞、机器人、运动、自主体、具身性、传感器、行然性、情境等。

概念化作为计算创造力的一个新领域,也形成了自己的聚焦点,如联结、附加、偏好、边缘、意向、函数、功能、给予者、学生等。②该研究对于专家特别是新手极有意义,因为"聚类结果大多是有意义的,允许人们不费力气地了解本领域的主题"③。以后的文档自动化建设以及自动化编史学若成功的话,研究者可能只要按一下键盘就能找到某一主题方面的所有资料。

---

① Podpečan V, Lavrač N, Wiggins G, et al. "Conceptualising computational creativity: towards automated historiography of the research field". In Pachet F, Jordanous A, León C (Eds.). *Proceedings of the Ninth International Conference on Computational Creativity.* Salamanca: University of Salamanca, 2018: 288.

② Podpečan V, Lavrač N, Wiggins G, et al. "Conceptualising computational creativity: towards automated historiography of the research field". In Pachet F, Jordanous A, León C (Eds.). *Proceedings of the Ninth International Conference on Computational Creativity.* Salamanca: University of Salamanca, 2018: 292.

③ Podpečan V, Lavrač N, Wiggins G, et al. "Conceptualising computational creativity: towards automated historiography of the research field". In Pachet F, Jordanous A, León C (Eds.). *Proceedings of the Ninth International Conference on Computational Creativity.* Salamanca: University of Salamanca, 2018: 294.

第二节 计算创造力的理解与相关基本问题

计算创造力研究的首要前提性问题是关于"计算创造力"这一术语的理解问题。这一问题也可看作计算创造力的概念化问题。这里说的"计算创造力"指的是作为一门学问的计算创造力。应看到的是，尽管人们对它有不同理解，甚至仍有人不承认其使用的合法性，有的人还干脆把这个概念称作悖论，但它已进入了公共话语体系并越来越频繁地被使用已成了不争的事实。就此术语本身的语用学而言，它开始只是从事这一研究的专家所用的专业术语，在极小的范围内流传。自从工业应用接受了这一研究之后，现在已得到了社会较广泛的认可，甚至频频见于新闻媒体和专业人才的招聘广告之中。还要说明的是，本节的重点尽管是考察专家们对计算创造力的定义和理解方面的不同看法，但由于专家的这类探讨涉及对计算创造力研究的对象、目的、发展方向、纲领、方法论和未来走向等重大问题的看法，因此本节的工作就不仅是对定义的狭义考察，而同时兼有对计算创造力的根本问题的、元科学层面的探讨。本节将分两步展开，一是考察科尔顿和威金斯两位的权威发声，二是考察其他代表性方案。

一、计算创造力理解的权威发声

科尔顿是计算创造力研究领域的权威，有时独立撰文，阐发自己对计算创造力的理解，并通过这种阐发来表达自己对计算创造力研究的对象、目的、发展方向、任务、纲领、方法论和未来走向的看法，有时与另一重量级人物威金斯联合撰文。本部分后面考察的计算创造力理解就是对他们的合作成果《计算创造力：终极的前沿？》的一种分析。

先看科尔顿的个人理解。他认为计算创造力理论首先是一门工程学，其目的是用科学和艺术方法来研究如何建构和评估能表现人所具有的创造力行为的程序，用更实用的术语说，它是研究如何建造这样的软件系统的科学技术部门，它们能在艺术和科学项目中承担一些创造性的责任。这里的"程序"不同于其他程序，其他地方所说的程序是纯粹的工具，充其量有增强人类创造力的作用，而计算创造力理论中所说的程序有特定的创造力，要么是人类的创造力伙伴，要么是作家、科学家、艺术家等所表现的自主的创造力。[①]必须同时看到的是，计算创造力也是一种基础理论研究，因为要有上述工程学，有关于软件的思想和技术，又必须有相应的基础理论和科学方法论。从其与 AI 的关系来看，它是 AI 的一个子领域。就意义而言，计算创造力开创了这样一个新时代，在这里，计算机不仅是我们创新的合作者，而且是独立的、有创造力的主体，它们能以有意义和有趣的方式为人类文化贡献自己的力量。[②]在科尔顿看来，随着计算创造力研究的诞生，一种前所未有的创造力样式或创新方式赫然出现在了世界之上，相应地，作为其基础的计算和技术已成了一门学问，是一种以新的方式探讨创新的手段。

如前所述，威金斯也长于对基础理论问题的研究，而且，计算创造力的界定和概念化问题也是他着力较多且颇有建树的一个课题。他不赞成这种常见的理解，即认为计算创造力是计算系统所表现的创造力，从研究方法上说，这种研究主要是运用计算手段、方法和技术让机器表现创造力。威金斯尽管赞成计算创造力研究依赖的是计算技术和手段，但认为，计算创造力可同时表现在人工系统和自然系统之上，如说这一 AI 的新分支就是用计算手段和方法来研究和支持由自然和人工系统所表现的这样的行为，如果它们为人类所表现就会被认为是有创新性的。这就是说，只要人工和自然系统表现了人

① Colton S. "The painting fool: stories from building an automated painter". In McCormack J, d'Inverno M (Eds.). *Computers and Creativity.* Berlin: Springer Berlin Heidelberg, 2012: 3.

② Colton S. "The painting fool: stories from building an automated painter". In McCormack J, d'Inverno M (Eds.). *Computers and Creativity.* Berlin: Springer Berlin Heidelberg, 2012: 3.

所表现的那种创造力，同时用计算方法去研究，那么这样的研究就是计算创造力研究。[①]正是在此意义上，威金斯说："从实践上说，计算创造力是一个评价问题。"计算机创造的产品不能用计算机的美学来判断，因为这是模糊不清的，也不能用人类的美学来评价，因为这里有消极的先入之见，因此是不可靠的。解决这里问题的可能办法是，基于必要的模型从统计上补偿这里的偏差。[②]

就计算创造力的具体应用领域而言，其开发可通过两种方式完成，一是一般性的理论和实践研究，二是研究具体的应用领域，如探讨如何在这些领域实现计算创造力，即诗歌、文学、音乐、幽默、隐喻、定理证明、科学发现、问题解决、烹饪、艺术等。它们的每一项研究都能为发展计算创造力这一领域提供新的观点，同时，新的领域的探讨又能为理论的成熟提供附带的观点。威金斯自认为，他对计算创造力研究在技术上的贡献主要表现在，阐发了 AI 自主体这一改进了的概念。它的基础是根据感觉材料所做的预测，而不是感觉，另外，强调这种自主体在特定推理系统中所用的机制。在哲学上的贡献表现在，揭示了这样的事实，即一旦这样的机制被应用，那么通常所说的灵感那样的创新就会出现。[③]

科尔顿还与威金斯合作提出了计算创造力领域中极有影响、受到广泛关注的理解。他们首要的突破性思想是，创造力普遍存在于人、大自然和机器之中。其次，对机器、软件为什么能实现创造力作了独到的研究和较有说服

---

① Wiggins G. "A preliminary framework for description, analysis and comparison of creative system". *Knowledge Based Systems*, 2006, 19 (7): 449-458.

② Wiggins G. "Crossing threshold paradox: creative cognition in the global workspace". In Maher M, Hammond K, Pease A, et al (Eds.). *Proceedings of the Third International Conference on Computational Creativity.* Dublin: University College Dublin, 2012: 180.

③ Wiggins G. "Crossing threshold paradox: creative cognition in the global workspace". In Maher M, Hammond K, Pease A, et al (Eds.). *Proceedings of the Third International Conference on Computational Creativity.* Dublin: University College Dublin, 2012: 180.

力的说明，认为人以外的事物特别是软件之所以能表现创造力，是因为里面有创造性编码。在这里，软件被看作表现创造力的媒介。因为软件除了有速度和复杂性远超人类所创造的所有工具这样的特点之外，还被内嵌了目的、自主性等机制。这是因为，有创造力的软件的设计有这样的追求，即让它有这样的目的，如创作出能促进人更好思考的作品。其实现方式多种多样，如伪装、评论、叙述、抽象、并置等。总之，确立和实现这样的目的是计算创造力研究诸多工作中最重要和最有特色的工作，正是它把这一研究的倡导者与 AI 其他研究人员区别开来。[①]另外，计算创造力研究还有这样极有特色和价值的工作，即设法生成能让人更好思考、能改变人的心智的作品。科尔顿说："在 AI 的其他领域，研究工作的重点是为我们思考而编写软件，而在计算创造力研究中，研究工作的重点是为了让人们更好思考而写软件。"[②]正因为有这些特点，计算机及其软件在一些专家的心目中就不再只是一种像画笔一样的工具。

由于科尔顿等的研究在不断快速推进，因此随着认识的发展，他们对计算创造力的理解也有与时俱进的特点。例如，鉴于人类的创造力与人的责任意识有密切的关系，加上看到 AI 未来的发展可能有超越人类至少局部超越的一面，因此他们新近在定义计算创造力时增加了责任的构件。这是科尔顿等在计算创造力这一 AI 的"小而活跃的领域"中提出的一个新问题。它关心的是，如何增量地设计软件，让软件在创新产品和观念中承担越来越多的责任。根据他们的新看法，计算创造力是研究这种计算系统的哲学、科学和工程技术，这个系统承担有特定的责任，能完成被公正观察者称作创新的行为。很显然，这个定义有两个值得注意的微妙之处，第一，这里的"责任"

---

① Colton S. "The painting fool: stories from building an automated painter". In McCormack J, d'Inverno M (Eds.). *Computers and Creativity.* Berlin: Springer, 2012: 15.

② Colton S. "The painting fool: stories from building an automated painter". In McCormack J, d'Inverno M (Eds.). *Computers and Creativity.* Berlin: Springer, 2012: 15-16.

一词强调的是计算创新系统与支持创造力的工具之间的差异，后者是人机交互系统中的、图像处理之类的工具中包含的、不可能被赋予创新能力的工具。被归属于计算创新系统的创新责任是指这个系统确实做了创新这样的事情：①在处理过程中能运用认识进步的标准、审美测量工具来及时评判所取得的阶段性成果，进而评估所产生的最终产品是否具有新颖性和有用性；②发明了生成新材料的新过程；③派生了构建新输出所用的动机、辩护和评论。质言之，创新系统除了能让创新的结果表现出来之外，还必须是有关创新工作的真正责任人。第二，提出了对评价的方法论要求，如强调计算系统的创新必须接受公正的观察者对系统所表现出的行为的公正判断。总之，根据这个定义，一个系统是不是创新计算系统主要可从两方面来判断，一是看它实际所做的事情，看它是否在创新中承担了责任；二是看人们是否会公正地承认它的创新。

他们承认，这不仅是一个认识上的定义，更重要的是一个"工作"定义，甚或研究纲领，即能指导工程实践的基本原则和操作性定义。它有两个故意的"丢弃"或缺失，第一，它没有述及系统所生成的成果、观念的价值。之所以不强调这种价值，是因为引入这种价值要求会妨碍未来的计算创造力研究；第二，没有像他们先前的理论以及其他 AI 理论那样承认图灵测试。我们知道，图灵测试的理论前提是强调人类智能是 AI 的"原型实例"，而科尔顿等的新看法不承认这一点，认为计算系统可以有创造力，但不一定是通过模拟人类创造力而形成的。它们的行为方式和目的可以与人类的完全不同。这就是说，计算创造力的原型实例可以是人类的创造力，也可以不是，而可以是进化之类的非人创造力。他们说："计算系统可以被认为有创造力，但它们的行为方式和目的可能与人类的完全不同。"①尽管许多计算创造力研

---

① Colton S, Wiggins G. "Computational creativity: the final frontier?". *Frontiers in Artificial Intelligence and Applications*, 2012, 242: 21.

究者模拟了人类的创新行为，并据此来进一步研究人的本性，但计算创新系统有这样的真正潜力，即表现人类难以或不可能完成的新的、不可想象的创新形式。相比于其他人的同类观点，科尔顿等的看法既有大胆突破的一面，也有公允的特点。我们知道，在计算系统的创造力与人的创造力的关系问题上，有这样几种观点，一是认为它是模拟人的创造力而形成的，创造力是其原型；二是认为计算系统的原型实例多种多样，包括进化、遗传、免疫系统等所表现的创造力；三是认为计算系统既可以模拟人的创造力，也可以自己的方式实现创造力；四是科尔顿等在上述看法的基础上提出的观点，即计算创新系统的创造力是一种新型的创造力。[1]他们说："现在正是庆祝计算机的创造力不同于人的创造力的时候，正是这种不同让我们的领域得以长久和兴旺。"[2]计算创造力之所以独特，不同于人的创造力，是因为人的创造力与意识有关，而意识是不能被模拟的，因为计算系统不能模拟人的与意识连在一起的创造力（其他与意识没有联系的创造力可以模拟），他们说："审美借情感与意识关联在一起，而意识不是模仿研究的疆域，因为意识在它真实存在的地方是真实的、无法模拟的。"[3]

还值得关注的是，科尔顿等的新定义引起了方法论和研究范式的转化，试图建构适用于计算创造力研究的方法论体系。已有 AI 的研究范式可概括为"问题解决范式"，如首先把一个智能任务解释为一个问题，然后再来确定解决方案。如果需要演绎，那么就用自动的定理证明方法。科尔顿等认为，这一方案对作曲和绘画这样的创造活动显然是不适用的。为解决这一问题，

---

① Colton S, Wiggins G. "Computational creativity: the final frontier?". *Frontiers in Artificial Intelligence and Applications*, 2012, 242: 25.

② Colton S, Wiggins G. "Computational creativity: the final frontier?". *Frontiers in Artificial Intelligence and Applications*, 2012, 242: 25.

③ Colton S, Wiggins G. "Computational creativity: the final frontier?". *Frontiers in Artificial Intelligence and Applications*, 2012, 242: 25.

他们提出了"成果生成范式"。在这里，智能任务的自动化被看作生成有某种文化价值的机会，给予软件尽可能多的创新责任，可看作翻越山巅，即进行元层次的创造力探讨。[①]在这样做时，人工系统最好利用已有的 AI 技术来履行责任，既然如此，就用不着走模仿的老路。他们认为，这里除了要让人工系统智能地完成任务之外，还要向旧的观念和技术发起挑战，以使之不断改进。例如，新版的"绘画小子"软件就是用现在的 AI 技术来履行创新责任的。它创作场景绘画用的技术包括以下几种：①放置结构元素的约束求解；②机器学习，以预测两个抽象图像何时有较多的结构相似性；③各种能生成抽象艺术作品和图像过滤器的进化方法；④借助能发明场景生成的适应度函数的机制来完成概念形成；⑤在线利用网络技术和资源。在这里，第四点说明了移交创新责任的含义。为了移交更多的创新责任，HR 就被给予了构成手工适应度函数的背景概念，并被要求发明新的数学函数，其中有些关系本身可被解释为适应度函数。这样的系统最后输出的虽然不是毕加索级别的作品，但表明了它有承担被授予的责任、"跳出已有思维框架"的潜力，同时有让用户或受众感到惊讶的特点。产生这样的惊诧是计算创造力必须满足的条件。

科尔顿等还认为，计算创造力作为 AI 中的一个独立的研究领域应该而且必须有自己的方法论体系。要如此，它除了利用、融合 AI 的已有相关方法之外，还应创建自己的方法，如常见的将一些简单方法混搭起来，生成新的方法，包括 2.0 软件[②]和第三方 API[③]等。生成方法的过程很简单，如以"绘

---

① Colton S, Wiggins G. "Computational creativity: the final frontier?". *Frontiers in Artificial Intelligence and Applications*, 2012, 242: 22.

② 一种全新的软件开发理念，如只需要用示例向计算机表达预期的目标，计算机就会通过神经网络自行找出达到目标的方法。

③ 是由第三方（通常是 Facebook、Twitter 或 Google 等公司）提供的 API，允许用户通过 JavaScript 访问其功能，并在自己的站点上使用它。

画小子"这个软件为例，先选择一个文本，用 TextRank 算法的执行来提取关键词，然后把关键词当作搜索词，以从 Flickr 和谷歌中下载图像。基于报纸等媒体的方案可用来生成诗歌。与拼合系统不同的是，诗歌生成器不判断自己的输出，而用审美尺度来评价自己的输出。这样的尺度又是根据报纸文章、情调、抒情等而内在地建构的。开发这样的尺度成了建构计算创新系统的一项重要工作。①

就计算创造力与其他相关学科的关系而言，它们有互利互惠的关系。例如，计算创造力要建设好，离不开哲学、心理学等的资源，反过来，计算创造力对于有关学科从新的角度深入理解创造力又有启迪作用。有些方案，特别是音乐中的方案成功地利用了知觉模型以从学习模型中生成新的输出成果。所用的学习系统是简单的，但所生成的结果却有让人惊讶的效果。在所有领域中，最令人感兴趣的是创新伙伴研究，在这里，计算系统能与人合作，如协助用户的旋律创作。这些方法从人类认知中吸取了灵感，设法模拟人类的认知过程，反过来，由于进一步具体再现了这些过程，因此有助于我们具体深入认识这些过程及其内在奥秘和机制。

在计算创造力研究的未来走向和研究纲领问题上，科尔顿等的观点是：①继续对人工系统进行整合以提高它们的创新潜力；②用网络资源作为计算机的创新行为和概念灵感的出发点；③加强对众包（通过网络做产品的开发需求调研，以用户的真实使用感受为出发点）和合作技术的研究与开发；④基于产物、过程、意图来构建软件的创新行为，并与评价方法论相结合。未来计算创造力研究应遵循的准则是：①根据实际行为表现判断系统有无创新行为，例如只要计算系统完成了音乐、绘画和诗歌等作品，我们就应说它们完成了创新行为；②由创新行为完成的成果应被看作向我们发出的、与创新成

① Colton S, Wiggins G. "Computational creativity: the final frontier?". *Frontiers in Artificial Intelligence and Applications*, 2012, 242: 23.

果对话的邀请；③软件不是人，因此我们不应无理地死死抱住人关于创新过程的观念不放，或太迷信、太依赖于这些观念，我们的软件必须自己努力工作，构建自己的过程和输出；④人类对创新成果的需要无穷无尽，仅靠人的创造力无力予以全部满足，因此"自主的创新软件必不可少"①。

总之，科尔顿等的计算创造力理解的独特之处在于，说明了将创新责任归之于或移交于计算系统的重要性，以及如何作这种归属，如何把软件带到程序不曾去过的地方。计算系统实现的创造力是一种新的创造力，不同于我们所知道的任何创新形式，包括不同于人的创造力。这显然是一种大胆而新颖的观点。

二、其他较有代表性的计算创造力理解

计算创造力研究的历史很短，但人们的理解、定义的变化则很快。最初得到较多人认可的一种理解是，作为一个研究领域，它关注的是如何让机器有生成人类层次的创新成果的能力。例如，如果计算机生成的诗歌、故事、笑话、绘画等有人类创作的作品的那种创新性，那么就可承认它们有创造力。随着认识的推进，人们陆续发出了不同的声音。一种不同意见是，这一理解忽视了创造力必然包含的评价构成。根据改进了的理解，能创新的自主体不仅有生成创新成果的能力，而且还有评价自己和其他自主体的成果是否具有创新性、有多大的创新性的能力。如果是这样，计算创造力的研究就既应探讨如何让计算系统生成创造成果，又要探讨如何让它们有相应的评估能力。②我们这里拟借鉴阿克曼等的梳理（他们把诸多理解概括为四类，即本部分最

---

① Colton S, Wiggins G. "Computational creativity: the final frontier?". *Frontiers in Artificial Intelligence and Applications*, 2012, 242: 25.

② Elgammal A, Saleh B. "Quantifying creativity in art networks". In Toivonen H, Colton S, Cook M, et al (Eds.). *Proceedings of the Sixth International Conference on Computational Creativity.* Provo: Brigham Young University, 2015: 39.

后的四类）[①]，加上我们的观察，把上述主流理解之外的较有影响的计算创造力理解和定义概括为如下不同的方案。

1. 意大利学者迪保拉等以经典计算主义为基础的理解

这其实是该领域得到较多人支持的理解。迪保拉（S. DiPaola）等认为，计算创造力就是研究如何依靠算法来理解和复制创新过程的学问。在他们看来，有计算创造力的系统就是塑造使用计算机算法的各种创新方面，从进化的"小步骤"修改到智能的自主合成以及"大跨度的"发明创造，最终达到理解和复制创新过程的目的。[②]他们还强调，计算创造力研究应重视计算算法中复制创造力所用的工具，着力探讨如何学习个人和集体的认知技能，如何用有创造力的工具来增强和放大人的创造力。根据这一方案，所有这些方面都有助于发展我们对创造力的认知，扩展创造力在现成技术世界中的作用。[③]总之，这一理解强调的是，计算创造力就是用计算方式模拟人的创造力进而形成自己的创造力。由于计算创造力模拟的是人的创造力，因此也可说，它就是由人工系统所实现的人的创造力，实即一种复制的、拓展了的创造力。应承认，以计算方式模拟创造力的系统在过去 20 年已得到了较多人的认可，因此可以说，计算创造力领域居主导地位的理论基础和指导原则是计算主义。在这种范式下，计算建模所涉及的许多问题已受到了大量研究，如

① 参见 Ackerman M, Goel A, Johnson C, et al. "Teaching computational creativity". In Goel A K, Jordanous A, Pease A (Eds.). *Proceedings of the Eighth International Conference on Computational Creativity*. Atlanta: Georgia Institute of Technology, 2017: 10.

② DiPaola S, McCaig G, Carlson K, et al. "Adaption of an autonomous creative evolutionary system for real-world design application based on creative cognition". In Maher M, Veale T, Saunders R, et al (Eds.). *Proceedings of the Fourth International Conference on Computational Creativity*. Sydney: The University of Sydney, 2013: 40.

③ DiPaola S, McCaig G, Carlson K, et al. "Adaption of an autonomous creative evolutionary system for real-world design application based on creative cognition". In Maher M, Veale T, Saunders R, et al (Eds.). *Proceedings of the Fourth International Conference on Computational Creativity*. Sydney: The University of Sydney, 2013: 40.

研究创造力的维度，评估创新系统达到的程度所用的图式，人工系统如何实现创造力，创新的成果如何生成、选择和调整，如何评价创新的过程和结果，等等。从实践上说，以计算主义为基础的创造力工程建模至少在艺术、游戏等领域大行其道，并已开发了许多自主的、有创造力的生成系统。

2. 基于原型实例多样论的理解

它在坚持原型实例多样论的基础上强调，计算创造力研究就是将计算机及其功能作为原型实例来研究，不能只以人的创造力为样板。一种有广泛影响的观点认为，计算创造力指的是这样的研究领域，它旨在研究和利用计算机的潜力，使其不仅是功能多样的工具，而且能凭自身作为自主创造者和协作创造者发挥创新作用。在计算创造力系统中，创新的动力不来自用户，而来自机器，在混合的计算创造力系统中，合成的动力来自两者。[①]强调计算机及其功能本身是研究创造力的原型实例的人很多，如佩雷斯等也认为，计算创造力是用计算机作为反思和生成新知识的核心工具来对创新过程展开多学科研究的 AI 研究领域。[②]

3. 基于状态空间探索、问题解决的计算创造力

根据这一理解，AI 探索可用简单而优雅的基于议程表的探索算法来描述。它实际上是把一种计算表述为一种待解决的问题。探索的任务是在一组用固定符号表述的解中或状态空间中找到一种完全解。算法的输出要么是解本身，要么是发现解的探索路径。标准的探索算法有：深度优先搜索、广度优先搜索、最佳优先探索和算法 A、A*等等。计算系统中还有解决方案检测器，其作用是在找到了解决方案时终止探索。所谓议程表指的是在有序列表

---

① 参见 Ackerman M, Goel A, Johnson C, et al. "Teaching computational creativity". In Goel A, Jordanous A, Pease A (Eds.). *Proceedings of the Eighth International Conference on Computational Creativity*. Atlanta: Georgia Institute of Technology, 2017: 9-12.

② Pérez y Pérez R. "A computer-based model for collaborative narrative generation". *Cognitive Systems Research*, 2015, (36-37): 30-48.

中跟踪待检索状态的步骤。在最佳优先探索和算法 A、A*中，议程是根据启发式或经验规则排序的。启发式的值是由一个适用于这样的状态的函数产生的，它们能测量一种解决方案对于最佳优先有多好，或生成算法 A、A*要花多大代价。后两种探索用了一个启发式，它既能说明生成当前中间状态的成本，又能说明对到达完成状态的成本的估算。

4. 作为 AI 组成部分的计算创造力

赞成这一方案的人也较多。里奇（G. Ritchie）认为，计算创造力理应成为 AI 的组成部分，就像创新能力是人的智能的组成部分一样。[1]根据这一方案，计算创造力要建模的创造力不是全有全无现象，不能仅归结为人的特性，它们"是连续的，而非离散的"，"与许多方面的现象有联系"，其中，"有些方面比其他方面更具计算性"[2]。既然如此，机器实现的创造力可以不同于人类的创造力，可以不用测量人类创造力的阈值来加以测量。计算创造力研究关心的问题是，如何在可能性空间中探索问题解。[3]珀雷拉也承认，"在 AI 框架内考察创造力十分必要"[4]。G. 里奇在创造力的形式化过程中侧重于研究如何对创新的产物做出评估，当然也关心引起系统建构的初始数据和事项。在他看来，要明白这一形式化理论，必须关注"基本事项"这个概念。它指的是程序所产生的实在，还算不上输出，只是对程序所产生的数据类型

---

① Ritchie G. "Assessing creativity". In Wiggins G (Ed.). *Proceedings of the AISB'01 Symposium on Artificial Intelligence and Creativity in Arts and Sciences*. Brighton: The Society for the Study of Artificial Intelligence and the Simulation of Behaviour, 2001: 3-11.

② Ritchie G. "Assessing creativity". In Wiggins G (Ed.). *Proceedings of the AISB'01 Symposium on Artificial Intelligence and Creativity in Arts and Sciences*. Brighton: The Society for the Study of Artificial Intelligence and the Simulation of Behaviour, 2001: 3-11.

③ Ritchie G. "Assessing creativity". In Wiggins G (Ed.). *Proceedings of the AISB'01 Symposium on Artificial Intelligence and Creativity in Arts and Sciences*. Brighton: The Society for the Study of Artificial Intelligence and the Simulation of Behaviour, 2001: 3-11.

④ Pereira F. *Creativity and Artificial Intelligence: A Conceptual Blending Approach*. Berlin: Mouton de Grhyter, 2007: 30-31.

的一种描述。有两个图式可用来分析被产生的事项，一是典型性（typicality）评级，二是值评级，此外还有启发集（inspiring set），它是生成后隐藏的基本事项集，对评估一系统的创新是否成功，达到何种程度极为关键。除这些概念之外，还有许多符号约定，这里就不深究。基于这些概念和约定，G. 里奇提出，可用 14 种测量方法来评估系统输出（R）的创造力，这里的 R 既可看作一次运行的结果，也可看作一组运行的结果。在这里，对结果作出测量，目的是根据结果的平均值以及它们与 R 的比率等来量化系统的行为。在这 14 个测量中，第一个是要用一个值来比较产物的典型的平均值，第 6 和第 8 个测量旨在把价值高但非典型结果集与输出，与整个非典型结果集等进行比较。第 13 和第 14 个测量给出的是对高度典型性和价值的新结果比例的评估。这最后一个恰好就是把创造力看作产生了新的有价值产物的过程。评估出了这样的结果，就可认为它根源于创造力。这里有两个问题，一是有价值的结果究竟是由什么构成的，即是说，即使被评价为有价值的，但能由此说后面有创造力发生吗？二是 G. 里奇关注的只是典型性和价值，而不是新颖和有用，尽管有价值可看作有用，但典型性并不能等同于新颖性。[①]这些都是值得进一步探讨的。

5. 关于计算创造力的操作化理解

其倡导者是本领域极为活跃的科尔顿和威金斯。应说明的是，科尔顿等在这个问题上的探讨很多，前后的说法差异较大。阿克曼这里说的是他们较早的观点且不全面（关于他们新的、较全面的观点详见上一部分）[②]。它强

---

① Ritchie G. "Assessing creativity". In Wiggins G (Ed.). *Proceedings of the AISB'01 Symposium on Artificial Intelligence and Creativity in Arts and Sciences.* Brighton: The Society for the Study of Artificial Intelligence and the Simulation of Behaviour, 2001: 3-11.

② Ackerman M, Goel A, Johnson C, et al. "Teaching computational creativity". In Goel A, Jordanous A, Pease A (Eds.). *Proceedings of the Eighth International Conference on Computational Creativity.* Atlanta: Georgia Institute of Technology, 2017: 9-12.

调的是，用计算手段来研究和模拟被认为有创造力的行为。这行为既可以是自然的，也可以是人工的。这一方案试图解决的问题是，如设计、建造能被受众评价为有创造力的系统，而无意设计具有独立于受众评价的、客观存在的创造力的系统。从方法论上说，这类方案用的是数学模型和工程学方法。

6. 基于多学科的理解

它强调的是，调动相关学科的力量，用计算机作为反映和生成新知识的核心工具来研究和建构。[①]这一方案依赖的学科主要包括哲学、心理学、社会学、认知科学、有关的工程学等。这一方案与第五种方案表面上看区别不大，其实差异很大。例如，前者关心的是如何让机器生成被评价为创新性的成果，而后者对我们正在研究的现象可以提出新的见解，即本身有认识创造力的意义，因此可称作认知方案，而前者则应被看作工程学方案。

7. 把创造力理解为对概念空间的探索

这是博登倡导的方案。根据这一方案，任何创新系统都有三个组成部分：①可供探索的可能方案的空间；②能表明方案有无价值的评估方法；③能遍历空间的探索方法。

8. 综合性理解

其综合性表现在，它既强调要综合多学科的资源，又必须同时关注让机器表现出创造力的多种多样的决定因素。综合性理解的具体样式很多，如戈埃尔（A. Goel）等认为，创新过程是复杂的过程，不是单纯的能力，其中包含设计思维、类比思维、元思维、溯因思维、形象思维、系统思维等。[②]还

---

① Pérez y Pérez R. "A computer-based model for collaborative narrative generation". *Cognitive Systems Research*, 2015, (36-37): 30-48.

② Ackerman M, Goel A, Johnson C, et al. "Teaching computational creativity". In Goel A, Jordanous A, Pease A (Eds.). *Proceedings of the Eighth International Conference on Computational Creativity*. Atlanta: Georgia Institute of Technology, 2017: 11.

有人认为，计算创造力研究中常用的 AI 技术也是多样的：①状态空间探索，这是通常被称作 GOFAI（有效的老式人工智能）的东西；②马尔可夫链（Markov chain），这在音乐计算创作中表现得最为突出；③知识密集型系统，如模式、框架、规则等，都是常见的技术，它们更经常出现在需要一定程度知识管理的领域，如叙事等；④遗传算法和进化方案；⑤通过设计方法的学习和适应技术；等等。综合方案的大综合还表现在强调，衡量计算创造力的标准应综合各种标准理论中的合理因素。它在综合的基础上提出了以下标准：①新颖性；②有用性；③突现性，即当行为的根源不能直接归结为系统的构成要素，而只能归结为构成要素的相互作用时，该行为即为突现性行为；④动机——创造力有两种动机，即内在的和外在的；⑤适应性，它被认为是真正创造力的一个条件。也可以说，适应能力是创新能力的同义词。①

《第十一届计算创造力国际性研讨会论文集》的"前言"提出的理解变化更大。其界定是，"计算创造力是试图将艺术、科学、哲学以及认知心理学和社会心理学统一起来的一个研究领域，其任务是理解表现了无偏见的人称作'有创新性'的责任和行为的生成系统。"②应承认，这一理解具有全面的特点。首先，它重新界定了计算创造力的学科性质，即一种跨学科性质的研究部门，如可说"是许多方案、维度和学科会聚的家园"。其内有许多社团、机构、网站、工作坊、组织和杂志，如"计算创造力任务组"就是由国际计算创造力协会为推进有志于计算创造力研究的人组成的社团的共同进步

---

① Aguilar W, Pérez y Pérez R. "Early-creative behavior: the first manifestations of creativity in a developmental agent", In Goel A, Jordanous A, Pease A (Eds.). *Proceedings of the Eighth International Conference on Computational Creativity*. Atlanta: Georgia Institute of Technology, 2017: 18.

② Cunha J, Harmon S, Guckeisberger C, et al. "Understanding and strengthening the compositional creativity community: a report from the computational creativity task force". In Cardoso F A, Machado P, Veale T, et al (Eds.). *Proceedings of the Eleventh International Conference on Computational Creativity*. Coimbra: University of Coimbra, 2020: 1.

而成立的一个子团体。这里的研究报告就是要说明，这个社团是一个什么样的社团，有哪些作者和成员。其次，在创新标准的界定上仍保留了图灵测试的印记，如强调只要一行为或成果能让周围"无偏见的人"觉得有创新性，那么就可认定为有创新性。最后，为弥补图灵标准的不足，新的定义强调能生新的系统有对创新的责任意识和责任担当能力。这一规定显然吸收了科尔顿等的有关思想。

以"计算社会创造力"形式表现出来的更大的综合性方案强调，在理解计算创造力时，应同时考虑到社会因素的作用。这是由林科拉（S. Linkola）等提出的理解。由于我们在后面有对它的专门考察，这里只略述其基本思想和特点。计算社会创造力研究的理论基础是关于创造力的系统观。它一反过去把创造力理解为头脑之内的狭隘过程的观点，强调创造力是包括人、过程、领域和专家团队的大系统。这一理论后被发展成关于创造力的领域-个体-专家团队模型。这一模型的特点在于强调，要认识创造力的本质，必须关注个体、领域和专家团队动态的相互作用。很显然，这一模型已开始在社会背景之下对创造力进行概念化，因此自然成了后来计算社会创造力研究的理论渊源。

值得肯定的是，这的确是计算社会创造力研究中的一种扩展性方案，既为描述和分析创新自主体社团提供了新的观点，又发展了对这种创造力潜力的数学形式化分析，具体说明了这种潜力如何随时间而变化，尽管它没有为分析发生在这个社团中的沟通提供工具，但它在概念层面为分析沟通的结果和其他社会现象提供了手段。当然许多理论和工程上的难题还值得进一步探讨，如如何识别这样的相互作用就是一个难题，再如，由于这一理论只是阐释了每一个自主体所包含的创新系统构架，因此它有可能遗漏这类构架的其他因素。

第三节 计算创造力研究的意义及其与 AI 的关系

计算创造力作为一个研究领域，其意义和目的一直备受争议。这是因为它既涉及广泛的应用，又试图研究和建模大量老的和新的创造力形式。就其理论和实践意义而言，争论也很大。笔者的综合性看法是，计算创造力研究既是 AI 向前发展的一个引擎，也为我们重思计算机、人、心灵乃至世界提供了一个新的窗口和参照系。它不同于传统的心理学、哲学和认知科学，反对说创造是人类心理独有的现象，进而像我们后面要考释的那样，公然举起了创造力问题上的非人类中心主义和非碳法西斯主义的旗帜。其值得我们思考的是，计算创造力方案强调从更加多样的角度、场景看待创造力，认为计算机可表现创造力，而且创造力必然与计算有关，或者说，计算是创造力的本质构成。有的人甚至认为，计算创造力是用任何计算手段来研究创造力的学问。它承认人类创造力是一个参照系，但不是唯一的参照系。由于它对创造力采取了这样宽泛的观点，因此必然关心一切地方发生的创造行为。

还应看到的是，计算创造力研究的发展正在改变创造力研究的格局。以前研究的一个主要进路是，通过解剖著名创新天才的创造力来建构关于创造力的一般理论。由于计算创造力研究的兴起，这一状况正在改变。根据新的发现，机器、软件表现的创造力有些尽管只能符合图灵测试的创造力标准，但有些创新案例不仅有自己的鲜明特点，而且有人类的发明创造所不可比拟的一面。例如，确定核糖核酸（ribonucleic acid，RNA）三维结构长期以来一直是困惑科学家的难题，也是生物学的重大挑战之一。而斯坦福大学团队通过新型 AI 算法准确预测出 RNA 三维结构，堪比 AlphaFold。另外，计算创造力研究还有这样的发现，创造力的秘密与计算有密切关系，因此开拓、深化创造力研究的一个出路是加强对计算的研究。事实上，计算系统所实现的创造力已成了一般创造力研究的有个性的"原型实例"，可称作"计算创造力"，或人工计算系统所实现的创造力，更可喜的是，以前创造力研究束手无策的形式化问题现在有了好的开端。卡多苏（A. Cardoso）等说："计算创造力终于进到了形式化层面，这将为未来的科学工作奠定坚实的基础。"[①]

在 AI 中进行创造力研究进而催生出计算创造力这一分支，对于 AI 和计算创造力来说都是有好处的，因此是双赢的。不仅如此，这样的研究还催生了切入 AI 研究和计算创造力研究的两条路径，一是"从创造力角度分析 AI 系统"，二是从 AI 角度切入对计算创造力的研究。[②]

AI 中的计算创造力已形成了两种有影响的说明方式。一种方案是博登等倡导的，它强调关注过程，认为创造力就是对概念空间的探索。这种探索先验地受到了关于可接受的要素的规则的限制。这些规则除刚说的关于"可接受的要素的规则"之外，还有关于被评价为有价值的东西的规则，第三类规则是定义探索概念空间时所遵循策略的规则。威金斯也赞成这一方案，认为探索性创造力就是在一个领域的所有概念空间中对概念展开探索，例如在音乐领域，这个概念空间就是所有可能的声音系列。另一个方案以布林斯乔德等为代表，它重视评价、价值，强调关注系统生成的结果。

计算创造力与人工智能的关系问题看起来简单，不难厘清，其实不然。其麻烦的一个原因是，这两个概念都有规范性特点，人们的理解差异极大。对其中一个概念的理解不同，对它们关系的理解就不同于其他以自己对一个概念的不同理解为基础的关系说明。例如，有一观点对计算创造力有这样的理解，即认为它指的是一种能对问题提出具有一定合理性的、有价值的、非典型解决方案的能力。由于它是由人工系统实现的，因此对创造力的建模就

---

① Cardoso A, Veale T, Wiggins G. "Converging on the divergent: the history (and future) of the international joint workshops in computational creativity". *AI Magazine*, 2009, 30 (3): 20.

② Bown O. "Generative and adaptive creativity: a unified approach to creativity in nature, humans and machine". In McCormack J, d'Inverno M (Eds.). *Computers and Creativity*. Berlin: Springer, 2012: 30.

不能脱离 AI 的框架，相反，必须利用来自 AI 的技术和机制。这不是说，创造力的建模只是一个实现 AI 技术的问题，相反，它需要用其他学科的成果，同时还需要大量新的探讨。由于 AI 对它的认识只是一个开端，因此它是 "AI 十分欠缺的部分" [①]。再如，对创造力持神秘主义和浪漫主义观点的人则认为，由于不可能有由人工计算系统实现的创造力，因此没有关系可讨论。根据这一观点，创造力是 AI 不能也不应该涉足的地方，因为创造力是人之为人的标志，是使人成为人的东西。机器智能之所以不能表现创造力，是因为创造力离不开动机、目的、情感、灵感、意识等，而这些是抵制编程的，是机器不可能实现的。

稍微温和一点的观点认为，AI 与创造力有关系可讨论。一是现实的关系，二是理想的关系。它们之间现实的关系是，已有的 AI 阻碍着创造力发挥的进程，从而让人们无法分享创造力带来的红利。其根源在于，AI 缺乏社会的多样性，为部分而牺牲了整体，缺乏关于幸福生活的知识，不利于个体同一性的发展。[②]当前 AI 研究的一个任务是，研究 AI 对创造力的潜在威胁，探讨如何建构能实现或保护、激发创造力的 AI 系统。计算创造力与 AI 的理想关系还未出现，需要创造力建构，这当然只能寄希望于未来，即通过不断地研究，在让 AI 克服对创造力的阻碍作用的同时，找到 AI 有利于创造力生成和发展的办法。这样的工作如果做好了，那么两者就可能存在互利互惠的关系。根据这一观点，AI 和创造力研究有两个方向，一是探讨有创造力的 AI，即让 AI 直接生成有价值、有新意的成果；二是探讨 AI 对创造力的催生、促

① Ritchie G. "Assessing creativity". In Wiggins G (Ed.). *Proceedings of the AISB'01 Symposium on Artificial Intelligence and Creativity in Arts and Sciences.* Brighton: The Society for the Study of Artificial Intelligence and the Simulation of Behaviour, 2001: 206.

② Loi M, Viganó E, van der Plas L. "The societal and moral relevance of computational creativity". In Cardoso F A, Machado P, Veale T, et al (Eds.). *Proceedings of the Eleventh International Conference on Computational Creativity.* Coimbra: University of Coimbra, 2020: 399.

进作用，如探讨 AI 如何帮助生成有价值、有新意的成果。[①]在这个过程中，一方面要研究智能和创造力的多样性，如看到创造力有自然创造力、社会创造力、个人的创造力等；另一方面在弄清创造力的共性、共同构成因素的基础上，探讨能促成创造力的过程及其特征。根据这类观点，这样的过程及特征包括以下几方面：①一定程度的随机性、无方向性，或部分的非理性，如自然界的自然突变，社会中的自由创新追求；②出现了比非随机的、有向和有理性过程情况下更多的变化，如新的生命形式通过突变诞生了等；③与非随机的、有向和有理性过程相比，创新过程必然包含一些额外的成分，这就是说，创新过程有资源浪费的一面，有时甚至会造成伤害。[②]

　　当然，多数人不赞成怀疑论的无关系论。有观点认为，AI 离不开计算创造力，因此要让 AI 成为名副其实的智能，要让它成为真正合格的科学技术部门，必须依赖于计算创造力的研究和充分发展。人工系统之所以需要创造力，是因为只有有创造力，它才能更有能力，更好地实现 AI 模拟和超越人类智能的理想。就像人类，只有有创造力，才能更强大，更多才多艺，而少受常规方案的约束。只有有创造力，才能更开放，才能适应变化的情境，应对不可预测的复杂性。

　　综合的观点认为，计算创造力应成为 AI 的组成部分，成为它的领头羊[③]，同样，计算创造力也不能离开 AI，因为只有在 AI 的框架下才能得到建模和

　　① Loi M, Viganó E, van der Plas L. "The societal and moral relevance of computational creativity". In Cardoso F A, Machado P, Veale T, et al (Eds.). *Proceedings of the Eleventh International Conference on Computational Creativity.* Coimbra: University of Coimbra, 2020: 398.

　　② Loi M, Viganó E, van der Plas L. "The societal and moral relevance of computational creativity". In Cardoso F A, Machado P, Veale T, et al (Eds.). *Proceedings of the Eleventh International Conference on Computational Creativity.* Coimbra: University of Coimbra, 2020: 399.

　　③ Ritchie G. "Assessing creativity". In Wiggins G (Ed.). *Proceedings of the AISB'01 Symposium on Artificial Intelligence and Creativity in Arts and Sciences.* Brighton: The Society for the Study of Artificial Intelligence and the Simulation of Behaviour, 2001: 203.

实现。^①事实也是这样，在创造力计算建模时，就常用许多著名的 AI 技术，如基于规则的系统、遗传算法，但这些仅只是建模异类混搭和发散思维这一更广泛目的的一种手段。当然，要实现计算创造力，同样需要有研究的创新。

其他的观点还有很多。如一种观点认为，要理解计算创造力、AI 及其关系，前提是全面理解智能的起源和多样性本质。基于一种把智能与创造力当作两种独立的、并列的能力的观点，有人认为，两者不是类别上的不同，而只是侧重点的不同，如计算创造力专门关心的是创造力，而 AI 关心的是智能的建模和机器实现。^②

最有影响的关系论是由科尔顿和威金斯两位重量级人物提出的"终极前沿论"。他们认为，计算机科学诞生之初，随着对机器能力探讨的推进，人们就开始了对表现创新行为的计算系统的关注，终于在过去几十年对这种系统的探索中派生出了计算创造力这一研究领域。一经形成，"计算创造力就成了 AI 中的前沿甚或是终极的先锋"^③。这就是说，计算创造力是 AI 的一个特殊子领域，与 AI 中的其他领域如自主体、专家系统等相比，则是 AI 的一个前沿、先锋。不仅如此，它不是一般的前沿、先锋，而是终极的前沿和先锋。其独特性在于，它是一个专门研究和建构能创造新产品和观念的计算系统的领域。这些通常出现在与人的创造力联系密切的文学、数学、绘画、科学、表演、建筑、设计等领域之中。^④

在计算创造力与 AI 的关系问题中，有这样一个有争论的问题，即计算

---

① Ritchie G. "Assessing creativity". In Wiggins G (Ed.). *Proceedings of the AISB'01 Symposium on Artificial Intelligence and Creativity in Arts and Sciences.* Brighton: The Society for the Study of Artificial Intelligence and the Simulation of Behaviour, 2001: 206.

② Wiggins G. "Searching for computational creativity". *New Generation Computing*, 2006, 24 (3): 209-222.

③ Colton S, Wiggins G. "Computational creativity: the final frontier?". *Frontiers in Artificial Intelligence and Applications*, 2012, 242: 21.

④ Colton S, Wiggins G. "Computational creativity: the final frontier?". *Frontiers in Artificial Intelligence and Applications*, 2012, 242: 21.

创造力除了是 AI 中令人振奋的子领域之外，是否还是它的核心领域。科尔顿等认为，即使它现在不是这样的核心，但它会来争夺，且应该来争夺。可以预言，它有实力成为这样的核心。[①]当然，他们也承认，计算创造力由于与意识的一种特殊关系，因此与 AI 也有一种十分特殊的关系。他们认为，计算系统不能模拟人与意识连在一起的创造力，就此而言，计算创造力是存在于 AI 其他子领域与意识之间的领域。[②]

洛格伦等则认为，计算创造力不是 AI 的子领域，两者都是独立的研究领域。他们说："计算创造力不应被看作 AI 之内的纯粹应用。只要我们承认它所探讨的问题并不局限于对创造力的应用，那么就可以说它是一个有自己独立性的研究领域。"它关注的课题最好被称作"有创造力的 AI"，因为它要探讨的是，什么是创造力，如何在计算系统上独立模仿创造力。根据他们的构想，计算创造力领域最好被建构为一门独立的计算机应用部门，因为任何好的问题解决过程都离不开创新力。[③]笔者赞成计算创造力是 AI 的子领域这一观点，并将其作为一个原则贯穿全书。

① Colton S, Wiggins G. "Computational creativity: the final frontier?". *Frontiers in Artificial Intelligence and Applications*, 2012, 242: 25.

② Colton S, Wiggins G. "Computational creativity: the final frontier?". *Frontiers in Artificial Intelligence and Applications*, 2012, 242: 25.

③ Loughran R, O'Neill M. "Application domains considered in computational creativity". In Goel A, Jordanous A, Pease A (Eds.). *Proceedings of the Eighth International Conference on Computational Creativity*. Atlanta: Georgia Institute of Technology, 2017: 203.

第十六章
计算创造力的前提性问题及其哲学审视

我们这里所关注的创造力包含通常所说的创新能力，但外延要大。至于具体多大，不同论者看法不一，一般是将它定位于生物界，最激进的理解是认为它广泛存在于一切事物之中。就研究而言，创造力及其机器实现毕竟已然成了一个成熟的，既有学理意义又有实践价值或工程学意义的研究领域，因此哲学是可以而且应该在这里大有作为的。本章将在考察创造力机器实践大量研究成果的基础上，对其中存在的问题和未来发展的方向作一些心灵与认知哲学的思考。

第一节　创新观祛魅与重构：AI 创造力建模的首要前提

AI 要建模创造力或创新能力，进而让机器予以实现，一个前提性的工作是清除横亘在这一工程面前的种种障碍。其中最突出的是传统狭隘的创新观。

若依据有些创新观——关于创造力的基本问题（如起源、本质、机制等）的总观点，机器建模和实现创造力是没有任何可能性的，例如若根据浪漫主义和神秘主义的创新观就是如此。再如，还有这样一种相近的但影响极大的创新观，它视创造力为少数人的天赋特质，是正常的认知过程之上高不可攀的现象。这种创新观也是 AI 创造力研究和建模的一道屏障。由于有这样一些观点，许多 AI 研究者便不敢触碰创造力这一课题，至少，创造力的建模成了多数人不敢问津的荒漠。尚克等鉴于这一现实大胆提出："不应把创造力放在认知高不可攀的神坛之上，而应让它回归 AI 研究的中心。"[①]要如此，一项迫在眉睫的工作就是祛魅，就是重构创新观。他们为祛魅发出的声音是，"创造力不是少数人独有的，而是源于相当简单的心理过程。这一点也不神秘，它依赖于现实中复杂的心理结构。创新过程不是正常推理之上的不可企及之物，而是其核心"[②]。

不仅如此，我们在切入 AI 的创造力计算建模与机器实现这一课题时，还立马会为大量的悖论和难题所包围，如我们首先将面对"创新本身不可能"这一早就为柏拉图等所发现的悖论：如果所创造的"新"是我们已知道的，那么这创造就不是创新；如果创新是我们不知道的，那么就根本无法探讨，更不可能有什么创新。再者，按创新的本义，创新就是提出以前没有的观点或创造出以前没有的产品，这不就是无中生有吗？而无中生有是不可能的。如果是这样，除非出现了奇迹，否则原创不会发生。有鉴于此，古人早就断言创造力是缪斯诸神的优雅才能独有的品质。许多人心目中的创造力不外是"一种谜、一种悖论、一种神秘"。就研究现状而言，尽管有大量谈论创新、创造力的论著，但"尚未形成关于它们的科学理论"（这当然是一家之言）。[③]另外，我们还将面对这样的矛盾而无所适从，一方面，机器在我们所理解的"创新"的任何意义上，都不仅有其表现，而且有惊人的成就，它们不仅能自己创新，而且还能与人类艺术家合作。正是以这样的方式，机器正在对艺术产生革命性的转变作用。大量事实表明，机器在问题解决、科

---

① Schank R, Cleary C. "Making machines creative". In Smith S M, Ward T B, Finke R A (Eds.) . *The Creative Cognitive Approach.* Cambridge: The MIT Press, 1995: 230.

② Schank R, Cleary C. "Making machines creative". In Smith S M, Ward T B, Finke R A (Eds.) . *The Creative Cognitive Approach.* Cambridge: The MIT Press, 1995: 230.

③ 参见 Boden M. *The Creative Mind: Myths and Mechanisms.* 2nd ed. London: Routledge, 2004: x.

学发现中的表现也有目共睹，DeepMind 公司开发的 AlphaFold₂ 人工智能系统，基于氨基酸序列，精确预测了蛋白质的 3D 结构。它的准确性可与使用冷冻电子显微镜（Cryo-EM）、核磁共振或 X 射线晶体学等实验技术解析的 3D 结构相媲美。这一突破被誉为"变革生命科学和生物医学"的重大事件。但另一方面，许多人在严格的反思之后又认为，机器所表现出的那种创新不是真正的创新，因为创新只能是少数天才所拥有的品质，一般的人都望尘莫及，更何谈机器的创造力。

关于创造力的祛魅、庐山真面目，哲学和 AI 已做了大量工作。笔者认为，要理解创造力，必须从语言分析入手。因为创新、发明、发现、创造、创造力等是日常语言和专业研究中最混乱的概念，其在心理学和哲学等学科中的理解和赋义，其所指对象，多不胜数。"创造力"对应的英文单词是 creativity，而英文这个单词的指称、意义很多，如有创造、创新、创意、创造力、创造性、发明、发现等意，可指能力、过程、作用、事件等，作为能力其样式和程度千差万别，如无中生有是创新，旧要素之重组也有创新，让一对象内的要素多一个或少一个，让其形式、结构发生重大或微妙的变化就成了不同的创新形式。再如，作为形容词的"创新"适合描述这样一些对象，即人、成果、过程或活动和事件等。当然有不同的看法，如有的认为创新不是成果的属性，而是心理过程的属性。有的人认为，使一心理过程具有创造力的东西是某种功能或计算机制的运用，如旧观念的重组或概念空间的转换。有的人认为，使一创新心理过程独特的东西不是这样的机制，而是经历该过程所用的方式。在界定作为事件表现出来的创造力时有四 P（人、过程、产物、环境）理论[①]、六 P（人、过程、产物、环境、说服和潜力）理论[②]和大

[①] Rhodes M. "An analysis of creativity". *The Phi Delta Kappan*, 1961, 42 (7): 306.

[②] Runco M. *Creativity: Theories and Themes: Research, Development, and Practice*. New York: Academic Press, 2007.

系统（人、专家团队、领域）论①之争。新的社会文化哲学和政治哲学的创造力理论认为，创造力不仅是心理现象，而且还是社会文化现象。还有观点认为，创造力已成了一种话语体系、一组价值和规范体系，已跃居于多元化社会形式的顶点，成了社会文化运动的引擎。②后人类中心主义的创造力走得更远，认为除了人有创造力之外，非人事物如进化、DNA 和生态系统乃至计算机等都有创新能力，这种创造力即"后创造力"。③按后现代主义的理解，创造力在资本主义叙事中有一个意义，那就是不停地生成现状，不停地生成剩余价值，因此在本质上是"反创造力"。④评价决定论认为，创新是因评价而有的行为或事件⑤，如此等等。

既然如此，在进入这一研究时，我们立马会为这样一些问题所困扰：面对如此的歧义性和指称混乱，我们该怎么办？能不能像通常的做法那样一上场就为它下定义，然后围绕它的诸方面去建构理论？要不要花一点工夫做必要的语言分析工作？笔者认为，研究创造力不能一上场就直奔定义，直接回答什么是创造力、有何构成、结构和作用之类的问题，而应按这样的程序往前推进，首先，像维特根斯坦所强调的那样从用法分析入手，尽可能全面弄清"创造力"有哪些用法和指称。因为一方面，定义不是出发点，而是带有结论性的工作，即只有在对其本质有充分的认识的基础上才有形成科学定义的可能；另一方面，上面的概述告诉我们，这类词在长期的语言运动中已根

① Csikszentmihalyi M. *Creativity: Flow and the Psychology of Discovery and Invention*. New York: Harper Collins Publishers, 2013: 28-29.

② Reckwitz A. *The Invention of Creativity: Modern Society and the Culture of the New*. Cambridge: Polity Press, 2017: 33.

③ Stephensen J. "Post-creativity and AI: reverse-engineering our conceptual landscapes of creativity". In Cardoso F A, Machado P, Veale T, et al (Eds.). *Proceedings of the Eleventh International Conference on Computational Creativity*. Coimbra: University of Coimbra, 2020: 331.

④ Mould O. *Against Creativity*. London: Verso, 2018: introduction.

⑤ Hodson J. "The creative machine". In Goel A, Jordanous A, Pease A (Eds.). *Proceedings of the Eighth International Conference on Computational Creativity*. Atlanta: Georgia Institute of Technology, 2017: 147-149.

据不同的需要和语境被赋予了大量的意义和指称，进而成了一个多义词，实即一形多词，质言之，它们表述的其实是不同的对象。在这种情况下，是无法为创造力下定义的，无法展开关于构成和本质等问题的探讨。其次，在对大量的用法做出分析和梳理的基础上，探讨有关的用法是否合理，是否有真实的指称，其指称是否明确、合乎逻辑，对之展开研究是否有意义，等等。再次，通过梳理我们将看到，创造力有许多不同的、值得研究的意义和所指对象，或者说有不同的维度，可同时成为不同科学部门的研究课题。最后，要保证研究朝着认识进步的方向前进，每个愿在这方面有所作为的研究者都应明确并交代自己将关心、研究的是哪种意义的创造力，即明确限定自己的研究对象。不作任何区分，泛泛谈论创造力，不仅无助于认识的进步，而且只会徒增混乱。由于我们这里的任务是从心灵哲学角度研究创造力，因此我们关心的主要是作为心理现象的创造力。

根据我们对"创造力"的用法分析和梳理，它大致有两大类用法。第一是狭义的用法，可分别用来描述创新主体、过程、状态、能力和结果以及发明和发现这样的事实，其所指的对象各不相同。就其所表示的能力即创造力（这是本书关注的重点）而言，其内又有这样三种情况：一是指一种潜能；二是指现实发挥着作用或正在进行中的创造力；三是指作为既成事实的创新能力，如一真实发生的过程导致了一种新的存在或创新成果的发生。按现象学的观点，后两种创造力由于其发挥在本质上是一种将自身与其他能力区别开来的划界活动，因此，这一活动让自身作为一种有界的存在显现出来了，当然其具体的样式和程度各不相同。它们的存在自身或自体就是心灵哲学要研究的对象，就已有的多学科研究而言，也只有它能担此重任。第二是广义的用法，即能表示由特定系统如生物系统和人工系统所实现的创新事件或所表现出的兼有心理和社会文化多重性质的现象。其内也极其复杂，如前所述，从小到大有难以计数的所指，而且每一所指也很复杂。具言之，同一个"创新"一词在这里可指不同宽窄程度的创造力，更复杂的用法是指非人的创新能力、协作性的创新过程，如由人类群体和人机合作所实现的创新过程及成果。更宽泛的用法是指社会文化现象。总之，我们可把前一创造力称作狭义创造力，后一创造力称作广义创造力，相应地，用心灵哲学常用的"宽""窄"概念把主张前一创造力的理论称作窄创造力理论，把强调后一创造力的理论称作宽创造力理论。

在后面，若没有专门的交代或限定，我们所研究的创造力主要指作为现实能力的创造力，关心的主要是其他学科无法插手的创造力的存在本身或自身（itself）的问题。它既可以是独立的、有模糊界限的创造力，也可指有其他能力参与完成的创造力，包括"创造力的认知方案"所说的可还原于基础认知能力的创造力。AI 和心灵哲学的创造力研究关心的主要是作为能力和过程的狭义创造力，但由于广义的创造力中包含有能力和过程这样的构成，因此我们对狭义创造力进行心灵哲学研究的结论也适用于广义的创造力。

必须同时承认的是，对于 AI 创造力的工程技术建模而言，仅有语言哲学的创造力探讨是远远不够的，因为要让机器表现创造力，这创造力就必须具有可建模、可操作的特点，质言之，能为工程技术实践使用的创造力概念必须具有计算化的特点。而要如此，就必须对创造力概念进行自然化和计算化。只有将其自然化、计算化，通过分析、还原将这些描述、理解转化为靠近机器实现的科学术语，机器建模进而表现创造力才有其可能。要如此，就应做正本清源的工作，如实认识创新的本来面目和内在机制。

基于新的研究，尚克等一大批热衷于创造力计算建模的学者提出了认知主义的创新观或关于创新的认知方案，认为创新不是少数人的专利，更不是神的特性，而是每个人的认知特点，即一种普遍的认知现象，每个人的思考和行为中都可包含创新的过程，如工人、农民用一种过去没有尝试过的方法完成了一件工作就可看作一种创新。它们尽管与伟大的发明创造不能相提并论，但在种类和性质上都属于创新行为。就其构成和本质而言，创新不是人的一种独立能力，而是由人的许多能力（如思维、记忆等）和心理因素（如动机、情感等）所构成的高阶现象，因此创新是可以用科学的方法来加以还原说明的。当然，他们承认，创新有其独特性，这种独特性可借用爱迪生的公式来表述，即创新是 99%的汗水加 1%的灵感。这里的灵感神秘吗？回答是否定的，因为它仍可接受计算主义的还原说明。在曼德勒（G. Mandler）看来，灵感其实是一种"心智爆发"，即以前的积累的突然的、经过了提升和改造的闪现。其基础是潜意识中储存的心理内容和记忆中储存的有意识材料，其导火线是对它们的触发或激活，其爆发点是当下有意识的内容激活了无意识表征。[①]

要回答机器能否真的表现出创造力，还要回答这样的前提性问题：有无统一的创造力？如果有，其内部构成、结构是什么？以前常见的是用形象的诗化语言来把握，这样的理解是无法满足 AI 建模的需要的。该领域流行的主要方案有托伦斯（E. Torrance）的"心理测量方案"。他是认知和创造力研究中有影响的学者，因提出了"托伦斯创新思维测试"而著称，主要是从认知科学的角度探讨创造力的本质和具体标志，提出了两种定义。一是"研究性定义"，认为创新是这样的过程，即首先遇到了研究上的困难、问题，以及资料不足和信息缺失的情况，接着形成了关于这些问题的猜想和假说，然后对之做出评估和测验，可能和必要的话，对之做出修改和重新测试，最后引出结论。二是"艺术性定义"，即对所提出的方案、图表发挥想象力的作用提出说明、论证。[②]新方案还有数学的、计算的方案，它们强调用原则上能导致计算实现的逻辑-数学语言去描述创造性。布林斯乔德等按此思路试

① Mandler G. "Origins and consequences of novelty". In Smith S M, Ward T B, Finke R A (Eds.). *The Creative Cognition Approach.* Cambridge : The MIT Press, 1995: 15.

② Torrance E. "The nature of creativity as manifest in its testing". In Sternberg J (Ed.). *The Nature of Creativity: Contemporary Psychological Perspectives.* Cambridge: Cambridge University Press, 1988: 72-75.

图找到精确的定义以满足完全的、基于逻辑的创新形式化机器实现的要求。他们认为，要如此，不能闭门造车或仅凭形而上学的遐想，而应到实验室的工作台上做实验研究。他们认为，机器能表现创造力的最好事例是文学创作，于是他们以此为解剖的个案，以从中找到揭示创造力的一般本质、机制及其机器实现的办法。他们的结论是，在让机器表现出创造力时，重要的是关注它们"如何"实现创造力，而不是常问的"是什么"。因为说某系统生成或创作了一个文学作品，就等于回答了创新是什么之类的问题。根据他们的解析，创造力不外是一个特殊的映射过程，如将初始数据映射到后来新的不同的人工产品之上。创新之所以不同于一般的认知（也是一种映射），是因为作为创新的映射在输入和输出之间包含一般认知所没有的"创新间距"。例如，一个程序如果能借助内在的逻辑结构和执行过程让被生成的故事离开始的作为输入的知识表征有足够的距离或差距，如信息增多了，且有意想不到的变化，那么可以说它的这一过程就是创新。①

综合来看，创造力不是一个全有或全无的问题，因为它有程度差别，有临界现象。认知方案认为，创造力不是知情意等心理现象之外的独立的现象或能力，而具有综合性，例如它可同时包含知情意等因素，正因为如此，AI对它的建模和机器实现才有其可能性。道理很简单，要模拟创造力，创造力必须有计算的表征，必须根据计算观点来理解，而要如此，就必须对它分解、分析，弄清它的构成要素、内在起作用的条件和机制以及特点。在这样做时，一般是用"灵感""意想不到""令人惊奇"等心理学或带有浪漫主义色彩的语言来表述，而只停留在这个层面是无法让机器实现的。只有将它们自然化，即用科学的、可操作的术语给出还原的描述和说明，进而转化为计算的形式，模拟和机器实现才有其可能。从这个角度看，创造力计算建模所需的

---

① Bringsjord S, Ferrucci D. *Artificial Intelligence and Literary Creativity: Inside the Mind of BRUTUS, a Storytelling Machine.* Mahwah: Lawrence Erlbaum Associates, 2000: 161.

创造力定义应该是,对具有强烈生成能力的理智行为进行有质变意义的提升、放大和增强,或者说是对新的心理结构进行推测性建构,而不是对现成结构进行简单分析。这就是说,创新能力尽管有复杂的构成因素,不同领域中的创新能力有不同的形态,构成和内在机制千差万别,个性当中也有共性。例如,在初始状态向作为创新结果的输出状态转化的中间有一种认知乃至概念结构、思维方式的质变或转型,有连续性的中断,有状态修改行为。正是这中间的心智爆发过程导致了人们所看到的"灵光闪现"、心智爆发、出其不意、令人惊诧。

创新之机器模拟争论由以产生的一个重要问题是创新的区分标准问题。例如,人们之所以对机器是否具有创造力莫衷一是,一个原因是人们有不同的标准,如有的人认为,只要一个想法是新的,以前没有人提出过,就可认为有创新性;有的人认为,只有有重大理论和实践价值的新思想才能被认为是创新成果;现在较流行的看法是,只有当一个想法有意外、令人惊诧的同时有新颖性和有用性这两个特点时,就可认为是创新。这样看待创新的确有其意义,一方面,有助于消除创新观上的神秘主义、沙文主义;另一方面,有助于清除 AI 创造力研究和建模中的障碍,让创造力这样一个本来应成为 AI 主课题、主旋律的问题受到应有的重视,迅速迎头赶上其他领域。从类别上说,创造力可根据不同的标准来分类,如从创新之新意相对的对象来说,可把它分为心理学的创新与历史学的创新,前者是相对于创新者自己而言的。如果一个新完成的想法或行为是自己以前不曾有的,那么它就是一种心理学的创新。后者是相对于别人而言的。这进一步又有评价群体范围大小的差别,如有的想法只相对于一部分人是新的,有的相对于很多人是新的,有的是空前绝后的,如爱因斯坦的相对论等。从价值上说,创新有重大和非重大之别。从创新的方式上看,创新有熟悉观念的异常组合、概念空间中的探索性创新和心智中概念空间的转型。在这里,如果我们看到了创造力的多样性,其构

成要素的复杂性，其建模原型实例的多样性（不只人这一范例，进化、DNA
等自然现象中也有值得解剖的范例，甚至机器本身也在创造这样的范例），
内在运作条件和机制的多样性，那么我们就能认识到计算机有无创造力这一
问题的不合理性，因为这是以对创新的简单的、沙文主义理解为前提条件的
问题，其肯定和否定的回答都有同等的效力。在下节，我们会具体探讨这一
前提性问题。

第二节　怀疑论挑战与创造力机器建模的可能性问题

　　AI 要实至名归，让人工系统表现出真正的智能，就必须具有创新的能力，
因为 AI 是"研究如何让计算机做真正的心智所做事情的科学"[①]。要成为这
样的科学，AI 就必须研究机器与创造力的关系，说明计算机实现创造力的可
能性和合法性。在博登看来，研究这一关系既有助于更好地理解心智，又能
让计算机大踏步向前发展，如表现出创造力，让计算机成为有创造力的机
器。[②]从 AI 建模和实现创造力这一课题自身的逻辑来说，如果计算机像通常
理解的那样是局限于封闭世界的形式转化机，那么 AI 就必须回答和解决这
样的问题：①计算机能否实现创造力？②若有可能，要让它有创造力，我们
该做什么？③怎样建构关于创造力的模型？这模型的基本构成是什么？这些
构成能否出现在机器之上？就学界的认知现状来说，许多人基于自己对创造
力、AI 和计算机的理解，得出了关于计算创造力的怀疑主义结论。而这种怀
疑主义由于坚持的是关于创造力的专制主义、人类沙文主义，因此要让人工
系统建模和实现创造力，就必须清除怀疑主义这道屏障，必须回答怀疑论这
样的问题，创造力是人类最高级、最神圣、最神秘的能力，机器或其他人工

---

① Boden M. *The Creative Mind: Myths and Mechanisms*. 2nd ed. London: Routledge, 2004: x.

② Boden M. *The Creative Mind: Myths and Mechanisms*. 2nd ed. London: Routledge, 2004: 1.

系统连智能最基础的意识、意向性和自主性特点都没有，怎么可能表现创造力？还有论证说，AI 只有有限的应对情境的能力，因此根本不可能找到能应对那些没有先例的情况的办法，例如不可能想象人工系统能形成以前没有出现过的思想、点子。珀雷拉对这一论证作了这样的概括，"当问题在探索空间中没有找到令人满意的解决方案时，AI 系统充其量只会返回该探索空间中存在的最成功的结果"，方法是改变观点，放松约束或增加新符号，因此，这样的系统不能完成我们称作创造行为的创新任务，即没有创造力。①质言之，该领域的又一重要的前提性问题是计算机与创造力的关系问题，即两者有无关联的可能性，计算机能否表现或实现创造力。怀疑论认为，两者风马牛不相及，因为创造力是人类心智独有的特征或本性，是人类心灵的奇迹，是最能体现人的本质特点的东西，而计算机只是机器，只能按人类编写的程序做一些力所能及的事情。不管其加工过程像什么，它都不可能有创造力，即使它在有些方面可以超越科学家和艺术家，但它的能力不能被称作创新能力。即使它表现出了所谓的创新，那也应归功于程序员。持否定态度的人对计算主义关于创新的理论探讨和实践建模提出了这样四大难题：计算主义能帮我们理解创造力吗？计算机能做只有用创造力才能做的事情吗？计算机能认识创造力吗？计算机本身真的有创造力吗？

　　上述四大问题表面上差别不大，特别是第二和第四个，其实差别很大。正是因为有差别，像博登这样著名的 AI 哲学专家对它们便不一概作肯定或否定回答，如认为对前三个问题可做这样的肯定回答：机器不一定真的有创造力，但可以以自己的特殊方式做出类似人的创新行为的行为，从而表现出创造力，并接受图灵测试，最终被人们或社会评价为有创造力。对第四个问题，博登提出了这样一种代表许多人观点的看法，即计算机大概没有人所具

---

① Pereira F. *Creativity and Artificial Intelligence: A Conceptual Blending Approach.* Berlin: Mouton de Grhyter, 2007: 1.

有的创造力，不能以人的方式实现创造力，如机器凭自身无法完成创造性思维，因为机器执行了相应的程序并不等于它就有创造力，执行程序只是让符号发生变化的无心智过程。但博登又没有倒向塞尔，相反，对塞尔否定 AI 有智能发表了针锋相对的反批评，认为计算机是有因果作用的系统，而非规则的抽象集合，"中文屋中的塞尔"也非计算机的例示。博登之所以只承认计算机有表面上的创造力，是因为她赞成说，真正的创造力离不开意识，而计算机不可能有真正的意识。但这不妨碍计算以自己的方式模拟和表现创造力。①事实上，已开发的许多绘画、音乐和文学创作程序都是按这个思路设计的，它们模仿的是人的有创造力的外部行为，或模仿人的创造行为的某些构成要素，因此能被旁观者评价为有创新性。若从内在过程和机制上评价，则会得出不同的结论。这类看法似乎不清楚甚至包含矛盾，其实表达了许多认知主义者的这样一种关于创造力的真知灼见，它强调在界定创造力时，应把本体论视角与认识论或价值论视角区别开来，而过去的许多理论常把它们混淆在一起，如说创新就是生成了有新颖性的、令人吃惊的、让人意想不到的思想和产物。根据认知主义创新观，这些形容词是从认识论角度对创造力的评价，而"生成"这个表述说的是创造力的本体论方面的事实。要揭示创造力的本质，应把两者区别开来，特别是要把创造力作为一种存在事实，弄清它本身究竟是什么。认知主义在从本体论角度揭示创造力的本质时的基本倾向是，认为创新的过程要么是一种认知过程，要么是一种映射或信息转化过程，要么是一种突现过程。

博登承认，"计算机的创造力"这一表述在特定的意义上是一种矛盾说法，这里的创造力当然指的是人的以意识、灵感为特点的创造力，但若将创造力理解为创造力的行为表现及其所生成的创新成果，那么应承认机器是能

---

① Boden M. *The Creative Mind: Myths and Mechanisms.* 2nd ed. London: Routledge, 2004: 6-8.

表现这种意义的创造力的。在她看来，根据计算机不具有自主性等特征就否定计算机具有特定意义的创造力是不能成立的。怀疑论的观点不过是说，计算机是按程序运行的，所做的事情都是程序员安排好了的事情，或程序员授权让它做的事情，其特点是被编程。被编程是自主性的对立面，而自主性是创造力的必然特征。计算机所表现的所谓创造力完全应归功于程序员。程序中的指令、规则决定了计算机的所有可能表现，这些是无法超越的。这种看法的问题在于，没有看到程序可以包含规则本身的变化，即程序中包含规定怎么变化的规则。例如，程序可以有关于学习的规定，会得到来自环境无法预料的输入，重要的是，它还包含遗传算法。而这种算法能对程序面向任务的规则做出随机更改。这些变化类似于促成生物进化的点突变和交叉。许多进化程序还包含适应度函数，它能从每个新一代任务程序的成员中挑选出最好的成员，作为下一轮随机按规则变化的"父母"。没有适应度函数时，这样的选择由人来做，而有了这样的函数，机器就可以"自己"做了。这意味着，机器由于程序概念的变革因此有特定意义的自主性。[①]以进化编程为例，它可以导致初步的转型性人工智能，即让机器有前面转型性创造力，如有的程序生成的图像完全不同于原来的图像。之所以如此，是因为遗传算法不仅允许被编程的指令内部的点突变，如改变一个数字，而且允许整个图像生成程序的连续和分层的嵌套。因此程序也能表现出过去只在人身上才能看到的那种似乎不可能的、令人惊讶的现象。而这类现象就是创造力的特点。尽管AI只在实现转型创造力方面取得了"初步"的成果，但它们确实具有转型的特点，而且许多算法从一开始就是随机自动进化的。[②]

怀疑论者也许会继续质疑说，程序是抽象系统，在逻辑上是自包含的，

---

① Boden M. "Creativity and artificial intelligence: a contradiction in terms?". In Paul E S, Kaufman S B (Eds.). *The Philosophy of Creativity: New Essays*. Oxford: Oxford University Press, 2014: 230.

② Boden M. "Creativity and artificial intelligence: a contradiction in terms?". In Paul E S, Kaufman S B (Eds.). *The Philosophy of Creativity: New Essays*. Oxford: Oxford University Press, 2014: 230.

即使是进化程序在本质上也只局限于遗传算法和其他规则本身所具有的可能性。而真正的转型性创新与现实世界密不可分，且只有在与情境的实时互动时才会出现。另外，AI 要么是在纯虚拟世界中模拟，要么只能执行定义程序与世界间发生的相互作用的抽象程序，因此计算机程序的生成潜力是有限的。尽管进化计算可以改进输出的产物，但里面根本不可能出现生新的能力。例如，如果程序员所预见的物理参数不包括光线，那么就不可能出现人工晶体眼睛。总之，AI 不可能表现真正的转型性创造力。

博登通过分析一些新的研究成果指出，如果计算机的表现完全由程序所决定，不受环境影响，那么可以说它所做的事情都是程序员安排好了的。但如果它能受无法预料的事件的影响，并根据影响和变化加以调整，直到完成程序没有设定的行为，那么就可以说，它可能生成新的东西，事实也是这样，互联网上与情境或图像的偶然交互就导致了与程序员设想非常不同的创造性转换。①

怀疑论者质疑机器有创造力的另一根据是，机器无法表现自主性、意向性、意识、价值观和情感这些属于人的创造力基本特征的构成。我们认为，对于计算机能不能表现这些特征，正确的态度是区别对待，且还应澄清问题，如上面的问题其实涉及两个问题：第一，它们中的每一个真的是人的创造力的关键特征吗？第二，每一个是否真的不能为计算机所拥有？全面地看，可以承认它们是人的创造力的关键特征，但创造力的样式还有很多，如有大量非人的创造力形式，其中有些形式就没有这些特征中的某一特征，有些甚至完全没有。另外，在讨论机器能否表现这些特征时，要具体情况具体分析，且应作一些适当的限制。以意向性为例，它有时的确是人类思想的本质属性，但有些艺术作品则不是由有意向的行为实现的，如 20 世纪 20 年代的超现实

---

① Boden M. "Creativity and artificial intelligence: a contradiction in terms?". In Paul E S, Kaufman S B (Eds). *The Philosophy of Creativity: New Essays*. Oxford: Oxford University Press, 2014: 232.

主义的许多诗歌和绘画就是这样。情感与创造力的关系也是这样。有的创新过程必然包含情感过程，但在心理学上，创新观念的产生有时没有涉及任何具体的情感。因此不是所有情绪都对创造力有用，只有那些有意识的情绪，如伤心、凄凉、失落的感觉，才是如此。①

当然，这里的问题的确既困难又复杂，尚不能说找到了最终的判决性答案。正是看到这一点，博登等对怀疑论持否定立场的学者有时也表现出了思想摇摆的一面，如博登基于对作为人类创造力之本质特点的自主性、意向性等的分析，认为现在无法形成关于其科学的、可靠的、令人满意的理解，如要建构关于情绪的计算主义理论在现在为时过早，因此现在无法回答计算机是否真的有创造力这一问题。她说："计算机是否真有创造力这一问题在目前是无法回答的，因为它涉及的哲学问题争论太大了。如果我们严肃地对待关于自主性的争论，那么我们可以赞成说，'AI 创造力'是矛盾的说法。"②

珀雷拉以发散思维为个案对机器模拟创造力的可能性作了专门探讨，进而对怀疑论作了反驳。怀疑论认为，建模计算创造力是一项先天不可能完成的任务，因为计算机作为一种形式机、句法机是不可能表现意图、情绪这些对创造力至关重要的方面的。珀雷拉批评说，这是一种充满专制主义和还原主义情趣的人类中心主义观点。其专制主义表现在，它认为只有一种存在能表现创造力或智能，那就是人类；其还原主义表现在，将创造力看作全有或全无现象，不承认其有程度的差别和形式的多样性。珀雷拉承认，"发散的倾向对创新行为具有根本的重要性"③，但又不能没有限制地断言机器可以

---

① Boden M. "Creativity and artificial intelligence: a contradiction in terms?". In Paul E S, Kaufman S B (Eds.). *The Philosophy of Creativity: New Essay. Oxford*: Oxford University Press, 2014: 234.

② Boden M. "Creativity and artificial intelligence: a contradiction in terms?". In Paul E S, Kaufman S B (Eds.). *The Philosophy of Creativity: New Essays.* Oxford: Oxford University Press, 2014: 242.

③ Pereira F. *Creativity and Artificial Intelligence: A Conceptual Blending Approach.* Berlin: Mouton de Grhyter, 2007: 207.

表现创造力。例如，如果创新是指形成以前没有的东西，或无中生有、从无到有，那么连神都无法做出这样的创新。但事实又在于，宇宙到处、经常有新属性、新现象发生，如物品的变旧、人的变老。这就是说，特定意义的创造力是存在的，而且可以为机器建模和实现。

珀雷拉重点批评了这样的观点，它认为，计算机无法模拟发散思维、异类混搭等创新过程，因为无法将它们形式化，无法给出形式说明，即使能形式化，也要予以建模，还需要其他认知能力如意识和直觉等的帮助，而这些是不能为计算机所实现的。珀雷拉认为，建立这样的模型是有其可能性的，它能具有一定程度的发散性，通过此模型，计算机能用多领域知识库完成推理，最终通过从其他知识领域转化知识完成问题求解，即完成创新。他通过分析 Divago（详见本篇第八章）这一人工系统说明了这一点。之所以说这一系统能表现发散、异类混搭等创新行为，是因为它完全符合以认知为中心的模型，它是根据认知科学、心理学、哲学和 AI 所规定的创造力而建立起来的[1]；加上"它有适当的构架，有充分的相关性和整合机制，因此经验证明它能生成有用和新颖的结果"[2]。

必须承认的是，尽管坚持计算创造力纲领的 AI 专家在创造力的机器建模和实现的理论研究和工程实践上已做了大量工作，且成就卓著，但围绕计算机能否表现创造力的争论并未终止。这是很正常的，且对有关认识的发展和工程实践也是有益无害的。有认知科学家认为，创新思维不过是计算机用启发式方法解决问题的问题解决过程，或者说，创造力只是一个规范的解决问题的过程，只要有足够多的领域基础知识，有足够好的启发式搜索程序，问题解决器找到某种新的重要科学定律或完成发明创造只是时间问题。批评

---

[1] Pereira F. *Creativity and Artificial Intelligence: A Conceptual Blending Approach*. Berlin: Mouton de Gruyter, 2007: 140.

[2] Pereira F. *Creativity and Artificial Intelligence: A Conceptual Blending Approach*. Berlin: Mouton de Gruyter, 2007: 202.

者认为，这是一种神秘主义观点，其根源是对创造力的误解。在他们看来，机器对人的创新过程的复制其实是对创新过程的初始条件的不真实复制。从根本上说，计算机是不能复制完整的创新过程的，因为首先程序员事先知道要解决的问题是什么，计算机好像在解决问题，但它们并没有提出问题，因此根据创新的标志在于提出问题这一原则，计算机没有创新；其次，计算机是因为被编程了，因此才知道给定问题的启发式方法，计算机即使能给出科学家的创造性结论，那只能是一种作弊，因为在科学发现中，方法不是事先存在的，而是靠探索得到的，而计算机通过程序员得到了这些方法；最后，程序员知道计算机何时能解决问题，而在真正的发现和创新中，创新的人是不知道这种解的。[①]

不难看出，围绕怀疑论的争论还在继续。笔者认为，要真正解决这里的问题，关键是看到并正确对待这里的规范性问题和事实性问题及其关系。正确的程序是，先讨论创造力的赋义和标准之类的规范性问题，然后再来探讨事实性问题。例如，有这样一种进路，即在理解和规定创造力时只关注新颖性和有用性标准，而不固执地强调创新非要有人的内在过程，然后再据此去回答计算机是否能完成符合这两个标准的行为这一事实性问题。只要随便看看计算创造力的实际工作就会发现，计算机不仅事实上能完成符合上述标准的行为，而且大量的软件系统的表现非常出色，最突出的是会下棋的计算机能打败世界冠军。它们之所以如此，一定是因为它们采取了人类冠军未曾想到的创新步骤。正是如此看问题，因此多数从事计算创造力研究的专家基本上不过问怀疑论问题，只是一如既往地做自己的计算创造力研究。他们这样做是有其道理的，其道理在于，按照上述对创造力的理解，机器事实上已完成了以前需要由人的创造力完成的工作。当然，如果非要坚持人类中心主义

① 参见 Csikszentmihalyi M. "Motivation and creativity: toward a synthesis of structural and energistic approaches to cognition". *New Ideas in Psychology*, 1988, 6 (2): 161-162.

创造力理解，只承认用意识等内在过程完成的行为才能被称作创造力，那当然可以说计算机不能实现创造力。

第三节　创造力的计算化说明与通向机器实现之"隧道"的打通

创造力的计算化是比自然化更进一步的让概念靠近机器实现的工作。所谓自然化就是用自然科学的术语、原理来说明创造力。根据创造力的计算主义方案，不能被计算化，就不可能在机器上得到实现。

一、创造力计算化的实质

计算化也可理解为为概念提供操作定义，或是把创造力翻译成能在人工系统上实现的属性，或用计算术语重新表述创造力及其构成，揭示它所具有的形式或符号转化的本质特点。计算化也可理解为用计算术语对有关概念作形式化处理。形式化的方式多种多样，如代数形式化、逻辑形式化等。为满足形式化的要求，已诞生了像代数符号学这样的领域。它试图从逻辑上将符号、符号系统及其映射的结构方面形式化。其目的不是要为融合提供包罗万象的形式化理论，因为融合的许多方面，特别是有关概念的意义以及融合的优化原则都无法用形式化方法来把握，即不能被形式化，只是试图对结构方面做出形式化。

在卡里亚尼（P. Cariani）看来，概念只有在能被阐释为一个操作定义时才能付诸实践，进入应用领域。因为"操作定义规定了这样的实施程序，即通过它们，不同观察者能可靠地进行相同的分类"。以突现为例，如此规定就容易在工程实践中建模。根据这一规定，突现事件就是符合观察者预测模型的事件。所谓操作定义就是这样的定义，即它能将状态转化结构区分为下述两种区域，一是相似于计算的、状态比较确定的转化区域；二是相似于测量的、行动的不确定的、偶然的区域。它能回答这样一些实践问题，如它们的功能如何相互区别开来，所与功能的变化如何被分辨。①

从图灵开始，许多 AI 专家相信，包括创造力在内的智能问题不过是一个程序问题，只要能编写出适当的程序就能让机器实现想要的那种智能。也可以说，由于只有具有可计算性的过程和能力才能在计算机上实现，因此创造力能否被计算建模进而由机器来实现，关键要看能否对它作出计算说明，能否用机器能够"理解"的方式，以及能导致机器实现的计算语言去描述和说明创造力，质言之，能否对创造力做出以计算化为特点的自然化，能否作计算还原。这种还原的实质就是要"去神秘化"，用计算观念将日常经验的、带有浪漫色彩的关于创新能力的描述，如灵感爆发、顿悟、出人意料、不可预测等，来重新加以表述，按自然科学的框架来理解创新的构成、运作过程和概念图景，拉近与机器操作的距离，直到能写出关于各种创新形式的程序。用关于创造力的"计算心理学"的术语来说，所谓用计算观念说明创造力或将创造力计算化，就是要用概念空间、启发式、搜索等计算术语去说明创造力，去重构创造力观念。用布林斯乔德等的话说，所谓将创造力计算化就是要通过计算的转化将创新能力的诸组成、诸机制形式化于机器之中。只有做了这样的工作，机器才能实现这些形式化或其中的一部分，进而完成创新任务。布林斯乔德等认为，这样的计算化不仅离不开计算机科学家的理论研究和工程实践，而且离不开哲学分析和论证等哲学化工作，是故他们说，让人工创新系统诞生的"助产士是哲学"。"我们的工作一致于这样的方案，根据这样的方案，AI 系统在重要的方面是哲学化的产物。"②为什么这里既要计算化、形式化，又要哲学化？因为没有后一方面的工作，我们不知创造力

---

① Cariani P. "Creating new informational primitives in minds and machines". In McCormack J, d'Inverno M (Eds.). *Computers and Creativity.* Berlin: Springer, 2012: 403.

② Bringsjord S, Ferrucci D A. *Artificial Intelligence and Literary Creativity: Inside the Mind of BRUTUS, a Storytelling Machine.* Mahwah: Lawrence Erlbaum Associates, 2000: 5.

有何构成和机制，没有前一方面，我们所具有的创造力知识不能用到机器之上。例如，建造有创造力的人工作者，首先要知道人的创造力的构成、机制和特点，其中之一是广泛的灵活多变性，因为只有这样，才能写出好的故事。要创造出有创造力、充满着变化的故事生成器，关键是建构他们称作构架分化的实现装置。即是说，对于故事中可能变化的每一个基本方面，故事生成器都有其构架分化，相应地，在能够参数化以得到满意结果的技术构架中有特定的对应构成。基于这一点，他们认为，过去的故事生成器研究是有欠缺的，即没有注意到构架分化对于变化多样性实现的意义。他们的思路是，先弄清人类天才作家的创造力构成、机制和特点，然后设法在所设计的 BRUTUS 这个机器作家身上构建对应的部分。尽管最初的 BRUTUS 只有有限的可变化能力，但它的后代被设计出了具有广泛可变性的构架组成部分。①

二、计算主义对创造力的计算化

带有认知主义和计算主义倾向的 AI 专家一般相信，创造力的计算说明不难做到，凝聚这种成果的"计算机程序不仅可以被建构出来，而且能够生成有创造性的观念和产品"②。其具体的计算说明和实现的具体方式很多，但共同的思想和操作可概括为"认知方案"。

前面已有对认知方案的论述，其基本观点不外是，创新过程是以认知过程和结构为基础的过程，日常关于创新的那些隐喻性的、文学性的描述可用认知的语言来重新加以表述。这一方案的目的就是要用认知科学的方法和概念改进对创造力的理解。根据这一方案，创新不是一种高不可攀的能力，不

---

① Bringsjord S, Ferrucci D A. *Artificial Intelligence and Literary Creativity: Inside the Mind of BRUTUS, a Storytelling Machine.* Mahwah: Lawrence Erlbaum Associates, 2000: 5-10.

② Smith S M, Ward T B, Finke R A. "Paradoxes, principles, and prospects for the future of creative cognition". In Smith S M, Ward T B, Finke R A (Eds.). *The Creative Cognition Approach.* Cambridge: The MIT Press, 1995: 334.

是与知情意并列的、独立的能力，因为它是由许多心理因素、能力如知情意等结合在一起而突显出来的一种能力，这些因素在其他非创新能力中也能见到，是它们的组合和模式。关于创造力的认知方案有很多，我们这里不妨把它们概括为两大类来加以考释。

一是狭义的计算方案或以经典计算主义为基础的方案。广义的计算方案可等同于我们这里所说的认知方案，包括我们后面要考察的联结主义和"工程学方案"。为便于叙述，我们把第一种方案单独提出来加以探讨。我们先看尚克等的工作。从编写程序等工程实践中，他们总结了这样的关于创新的计算主义观点，认为要理解创新，首先要弄清人们是如何完成常规认知活动的，要如此，又得知道，什么样的知识结构允许智能系统完成常规理解和计划之类的任务。根据他们的计算主义，创新是由更基本的认知因素如知识结构等因素所决定的现象。就知识结构而言，支撑创新的知识结构主要有脚本、计划和内存组织包。脚本中包含的是描述了典型事例的原子推理链。当然，创造力不能被看作基础层次认知要素的简单相加，因为它至少还包含爱迪生所说的百分之一的灵感。他们尽管用"灵感"这个词，并承认它的存在和对创新的不可或缺性，但认为灵感一点也不神秘，也可自然化、计算化。根据他们的新解析，这里关键是要弄清，当人们在创新过程中面对问题得不到解决或失败时，他们需要用的是什么知识。在尚克等看来，需要用的是自上而下的知识。当不按常规方式而以新的方式加以运用时，就会有灵感发生。因此创新实即智能系统的这种能力，即已有知识结构不能满足系统当前需要而去访问、调整、应用自上而下的知识结构的能力。这种知识就是从过去经验中积淀、提炼出来的一般性知识。除此之外，还有这样的知识结构，一是解释性知识，即应用记忆组织包所必需的知识；二是类分子知识和重构规则，它们是应用解释模式所必需的知识。因此创新及其灵感一点也不神秘，也不难建模，因为只要弄清这类知识结构的秘密，就能如愿。创新当然是一个过程，这个过程的特点在于，对自上而下的知识结构做出调整，以应对这些结构不能直接应用的情境。这些调整是通过应用知识结构来完成的，而这些结构允许进行比受不适当自上而下结构制约的推理更细粒度的推理。创造力的新研究还常用"孵化"来描述创新中思想的质变和飞跃，但如何对孵化作计算还原呢？有的认为，它可还原于这样的认知机制，即传播激活、情境波动，有的认为它可用引起记忆变形的动态心理表征来解释。尚克等认为，它可用计算模式的变化来解释。总之，由于有这样的内在秘密和机制，因此创新思想常能表现出瀑布式倾泻的特点。①

博登的计算方案强调的是计算观念在理解和建模创造力中的作用，认为计算机所产生的一切都由一些被内置的计算原则所使然，如果科学发现的计算模式能生成玻意耳定律，那么它们的规则就一定有起这样作用的生成潜力，如一台被编码了某种语法程序的计算机就能生成相应的句子，而不会生成其他无关的句子。②之所以能用计算观念解释包括创造力在内的心智现象，是因为其内客观存在着计算资源，如不管是儿童还是科学家，心中都有基本的拓扑结构，前者受基本拓扑概念的引导，后者在理解物质结构时受到了"弦""曲线"等的影响。此外，正常的人都有自己的启发式搜索程序，正因为如此，他们在分析一事物的可能性时会自发采用排除法，一个一个去分析。这种搜索是创造性思想重要的构成，将它与头脑风暴法、发散思想结合起来就可激发创造力。它们的原初、朴素形式在正常人心中是普遍存在的。另外，正常的人都有自己特定的概念空间，这也是创新的一个条件。而程序有说明概念空间的作用。程序就是一系列的指令，其内部结构不能为高级例程访问，因此不能被轻易改变，具有一定的稳定性。程序内部还有能产生其他结构的生

---

① Schank R, Cleary C. "Making machines creative". In Smith S M, Ward T B, Finke R A (Eds.). *The Creative Cognition Approach.* Cambridge: The MIT Press, 1995: 230-242.

② Boden M. *The Creative Mind: Myths and Mechanisms.* 2nd ed. London: Routledge, 2004: 52-62.

成系统。再者，博登还认为，心灵之所以能有条不紊地发挥作用，是因为每个人都有自己的心灵地图。它在创新过程中也是必不可少的。但这种心理资源只有借助计算概念和程序的帮助才能得到具体的理解。如通过它们，通过它们绘制的 AI 地图，我们可从一个侧面了解人类的心灵地图。[①]心灵的特点在于，有意或无意地发生变化、转型，特别是根本性的范式转型，而这是创新的必然一维。在博登看来，它们最好是用生成系统和启发式这样的计算概念来说明。前者指有计算可能性的结构空间，而启发式则是指有选择地在这种空间中移动的方式。尽管其他学科也有对它们的说明，但只有 AI 能为它们提供动态过程和抽象描述。

　　弗雷等的"可视化的计算方案"也包含对创造力的计算说明。它试图用表征和心理的动力学机制解释创造力，认为动态表征是创造性思维的基础，因为静态形式有动力学性质，它们能同时影响创新意图的产生和探索。只有坚持这一点才能解释实验中被试关于他们创新过程的报告。例如，被试在解释"前发明形式"时，常会说他们以动力学形式想象地使用这些形式，或与之互动，这些动力学相互作用直接引起了动态心理表征，后者正好是静态形式被知觉的方向。总之，要有创新，就要善于使用动态表征。[②]

　　二是关于创新能力的联结主义方案或神经网络模型，其基本思路是，用联结主义可计算的术语或似神经元的元素来将常见的创新过程及结构自然化、计算化，建构关于创造力的理论，然后来讨论如何用联结主义予以解释，以便为它对创新的机器建模和实现作准备。这就是说，联结主义既有对创新的独特理论还原和解释，也有自己建模创造力的工程实践。它用来说明和还原创新过程的是这样一些特定的计算（不是符号的转换而是神经计算）术语，

　　① Boden M. *The Creative Mind: Myths and Mechanisms.* 2nd ed. London: Routledge, 2004: 88.

　　② Freyd J J, Pantzer T M. "Static patterns moving in the mind". In Smith S M, Ward T B, Finke R A (Eds.). *The Creative Cognition Approach.* Cambridge: The MIT Press, 1995: 190-199.

如类似神经的加工单元或节点、激活、节点间的连接模式、输入-输出规则、学习规则、网络运行环境。根据这一方案，包括创新在内的所有认知过程都能用这些元素来描述和解释。根据它的解释，所有认知都是大规模并行分布的过程，所有节点能同时做它们所做的一切事情。根据联结主义对创新的还原，创新一点也不神秘，首先，它离不开在其他认知过程中须臾不离的思维，而思维由节点的激活所构成。如果这些节点非常固定地连接起来了，那么思维就表现为常规的思维。新的、令人吃惊的思维，即创新思维，不外是出现了微弱的、间接的连接，进而唤醒系统用非特异性激活来撞击大脑皮层。结果，被激活的节点极度活跃，它们之间的强连接很快会转化成导致创新发生的过程，进而人的精神生活中会表现出常见的灵光突现之类的现象。另外，人的创新离不开对创新的意识和高度的注意力。它们用联结主义术语也很好理解。例如，就意识而言，它可分解为注意和短时记忆，注意是被激活的最活跃的节点，短时记忆被激活了，但并没有像注意焦点上那样强烈。创造力强的人其节点中的更多节点得到了同时激活。这些节点编码了被认为与要解决问题关联度高的观念。在创新的孵化（这是创新的爆发阶段，像新生命经过培育脱壳而出一样）阶段，编码了问题的节点仍处于准备或部分激活状态。进一步激活，到了突破的阶段，许多节点就会同时被激活。果如此，就有灵感突现等现象发生。在创新中，关键节点的足够激活至关重要，有这样的激活就有创新发生，而且创新的大小、高低程度的差别与激活的程度息息相关。[①]不可否认，非逻辑思维形式，如直觉、想象、顿悟、灵感等，在创新中的作用远大于逻辑思维的作用。对此，联结主义也有自己的自然化、计算化的方式。所谓直觉，它指的不外是激活由可用的线索模式所激发的并越来越适合此模式的反应的过程，而顿悟、灵感这类新奇

---

① Martindale C. "Creativity and connectionism". In Smith S M, Ward T B, Finke R A (Eds.). *The Creative Cognition Approach.* Cambridge: The MIT Press, 1995: 261-266.

洞见的闪现现象，指的则是有意识的、常常是突然的了悟，进而有一个作为问题解出现的过程。联结主义关于灵感的研究有不同的进路，一是前信息加工方案。它认为，灵感实际上是由大量基础性因素所决定的高阶现象，弄清了这些因素，其神秘面纱就可被揭开。其主要的决定因素包括：①重构，即关于问题的观点的整体转变；②情境诱发的心理定势的打破和超越；③无意识观念的重组。二是信息加工方案，其特点就是从认知的角度对灵感的结构进行重新概念化，认为它不过是认知加工的信息输入与输出过程中的一种高品质转化。

　　联想这一创造力机制也不难说明。根据联结主义的计算化说明，具有强烈联想倾斜度的人会以模式化或刻板的方式做出反应，而具有水平联想层次的人则会以更多变的方式做出反应，前者一般缺乏创新精神，后者富于创新。从联想角度看，两类人的联想层次的相对顺序没有什么不同，不同主要表现在层次的倾斜度方面。研究发现，有创新精神的人喜欢在初级过程认知与次级过程认知之间切换。初级过程思维的特点是类推、孤独、自由联想，近于冯特所说的联想式思维、沃纳所说的去分化性思维；次级过程思维的特点是抽象、逻辑、目标导向、现实导向，近于冯特所说的理智性思维、沃纳所说的分化性思维。马丁代尔认为，创造力与初级过程思维之间有一种曲线关系，因为像幻想、遐想这种温和的初级过程思维对创新观念有促发作用，但像做梦这种极端的初级过程思维又不会产生创新思维。用联结主义观点看，原初过程思维对应的是这样的状态，即在这种状态中，大量节点被微弱地、大约平等地激活了，横向抑制相对少，相应地，概念被分化了、全息化了，而这有助于我们解释凝聚、置换、象征和部分-整体思维的机制。创新能力强的人一定会处在兴奋、唤醒的状态。这也不难解释，因为在神经网络模型中，每个节点会收到从其他节点而来的"信息"输入，会从唤醒系统中收到非特异性输入。节点的激活是这样计算的，加上兴奋性输入，减去抑制性输入，再将结果乘以来自唤醒系统的输入。①

三、文学创造力与带有解释主义倾向的创造力计算化

布林斯乔德等倡导的是一种得到了较多图灵主义者喝彩且带有解释主义
倾向的"工程学哲学"方案。他们认识到，在探讨创造力的机器建模和实现
时，若不同时展开哲学、AI 理论和工程学的创造性探讨，是不可能让机器表
现出创造力的，因为过去所说的创造力与计算机的现实和可能的实现能力之
间的确存在着巨大的鸿沟。例如，计算机的所有潜能和能够表现出的现实作
用都离不开逻辑的形式化，完全是根据规则按部就班的过程，而创造力尽管
有遵循逻辑和规则的一面，但任何的创新形式及过程里面一定包含非逻辑的
成分和作用，有对规则的超越和突破，有"离经叛道"、打破常规的一面，
不然就不会有创新发生。有的专家正是基于这一点得出了机器不可能表现创
造力的结论。洛夫莱斯（L. Lovelace）说："电脑不可能有任何创造力，因
为创造力最低限度上离不开原创地形成某种东西，而电脑不可能提供这样的
东西，它只能按我们设计的程序去行动。"②布林斯乔德等承认，要让机器
表现人类创造力的内在过程和机制的确是不可能的，但他们又认为，不能因
此就得出计算机完全无望实现创造力的结论。他们找到的解决办法是，一方
面，坚持将创造力自然化、计算化、逻辑化的常见方案；另一方面，基于自
己对创造力进行的以计算主义、自然主义为基础的解剖，他们将哲学化、计
算化、逻辑化的重点放在对创造力行为过程和结果的分析之上，设法找到其
可形式化的构成、过程、机制和特点，然后让它们在计算机上得到表现。经
过他们的计算化分析，他们认为，有两种意义的创造力，一是从内在过程和

---

① Bowers K, Farvolden P, Mermigis L. "Intuitive antecedents of insight". In Smith S M, Ward T B, Finke R A (Eds.). *The Creative Cognition Approach.* Cambridge: The MIT Press, 1995: 27-51.

② 参见 Bringsjord S, Ferrucci D A. *Artificial Intelligence and Literary Creativity: Inside the Mind of BRUTUS, a Storytelling Machine.* Mahwah: Lawrence Erlbaum Associates, 2000: 1.

机制上所说的创造力，这不是机器要表现的创造力，至少他们无意建模这种创造力；二是能通过图灵测试的创造力，即只要一工具有人类发挥创造力时的行为表现，就可认为它有创造力。他们想让故事生成系统所表现的创造力就是这种创造力。[1]他们说："我们的目的是让 BRUTUSN 的故事创作能力通过'深层次'图灵测试，到达此目的的方法就是设计能做出适当行为输出的系统。"[2]应注意的是，尽管他们强调图灵测试，如强调用图灵测试来判断他们的 BRUTUS 是否有智能，但他们又作了一定的限制，如强调，这种测试只止于看程序有无创新行为表现，至于其内是否真的发生了像人一样的创新过程，则不在他们的追索范围之内。

如下面将具体说明的那样，这显然是一种独辟新径的、将创造力计算化和形式化的方案。就其实质而言，它是一种以计算主义为基础同时融合了图灵主义、解释主义和行为主义思想的综合性方案。布林斯乔德等认为，判断包括创新过程在内的现象是不是智能现象，既可观察内在的过程，也可看外在的行为表现和所产生的效果、影响。就此而言，图灵测试是可行、有用的。因为如果一个过程能产生需要用人类创造力之类的能力才能完成的结果，它们让人觉得具有新颖性、趣味性、意想不到等特点，那么就应认为这个过程具有创新性。至于这样的行为表现和效果是由什么样的在前的内在过程和机制实现的，没有必要也不应该做刻板的规定。这里其实既有解释主义精神，又表达了一种关于 AI 建模的原型实例不局限于人类智能的独到观点。根据这种观点，建模智能的样板既可以是人类智能，也可以是非人实在表现出的智能。他们说："在未来，尝试建构能通过图灵测试的系统将越来越依赖于这样的工程学工具、技术和技巧，它们与对人的认知的科学理解几乎没有关

① Bringsjord S, Ferrucci D A. *Artificial Intelligence and Literary Creativity: Inside the Mind of BRUTUS, a Storytelling Machine*. Mahwah: Lawrence Erlbaum Associates, 2000: 9.

② Bringsjord S, Ferrucci D A. *Artificial Intelligence and Literary Creativity: Inside the Mind of BRUTUS, a Storytelling Machine*. Mahwah: Lawrence Erlbaum Associates, 2000: 25.

系。"①最后，根据常见的观点，创新行为的特殊性在于，有直觉、灵感等非逻辑思维的成分，必然贯穿着灵感、意象、想象之类的过程。对于灵感等能否为机器模拟，常见的态度是怀疑主义、描述主义和意象主义。布林斯乔德等的看法是，对意象的符号化以及对其创新、加工和深思过程的符号化是不可能出现在计算机上的，在这里，人与机器之间永远有一条不可逾越的鸿沟，但不能由此就说，机器不能有类似的形式表现，因为他们根据解释主义强调，机器只要能写出小说和故事之类，只要它们产生的效果类似于人类借灵感、意象之类的东西产生的效果，就可认为它们通过了图灵测试，即可把灵感等能力归属于机器。在这里，AI 的创新能力建模要做的工作是，先弄清人类的灵感、想象、意象等能力可能产生的行为表现和在读者身上产生的效果及影响，然后研究如何通过机器的运作产生这样的效果，而可以不模拟人类的这些能力。②以布林斯乔德等在实验室花了五年时间创建的一个机器作家 BRUTUS 为例，它是一个能写小说的自主体，可围绕自我欺骗、背叛和其他题材创作故事。在设计它时，布林斯乔德等不追求系统内对人类创作过程的模拟，而按智能的可多样实现原则处理，进而把重点放在如何让它产生具有创新精神的人类作家能达到的效果上，以及模仿这类作品的行为表现上。根据他们对人类天才作家的研究，这些天才的标志性特点除了广泛的灵活多变性之外，还有下述七个魔法般的必要特点。他们先深入研究这些特点，然后设法让他们的故事生成器也能表现这些特点的对应部分。他们做了这样的工作，如让 BRUTUS 的行为和"创作出"的作品表现出这样七个特点：①表现出强创造力，即原始创造力；②在读者心中产生生动的想象、联想；③将故事置于意识的地平线上，即好的故事生成器应能创作这样的故事，它有行

　　① Bringsjord S, Ferrucci D. *Artificial Intelligence and Literary Creativity: Inside the Mind of BRUTUS, a Storytelling Machine.* Mahwah: Lawrence Erlbaum Associates, 2000: 9.

　　② Bringsjord S, Ferrucci D. *Artificial Intelligence and Literary Creativity: Inside the Mind of BRUTUS, a Storytelling Machine.* Mahwah: Lawrence Erlbaum Associates, 2000: 51-63.

动的场景和意识的场景，即由人物心理状态限定的场景；④在小说的核心部分将概念数字化；⑤真正创作出有趣的故事；⑥挖掘故事深层次的、持久的结构；⑦避免机械性散文，而应创作出真正有文学性的散文。他们认为，如果人工故事生成系统的高度个性化的系统结构、行为和作品能够让人感觉到体现了这些特点，那么就可用灵感、创新等词来描述机器，即可认为它们有上述创力。另外，评价一行为及结果是否有创造力，还常诉诸创造力的心理测量。布林斯乔德等认为，他们的人工故事创作系统也可接受这一测试。例如，根据"托伦斯创新思维测试"，要测试儿童和成人的创造力，可从两方面进行，一是视觉上的测试，即要求受测试者画画，如完成被给予的草图；二是语言上的测试，在这里，要求受试创造地写作。一般来说，只要发生了这样的过程，即首先遇到了研究上的困难、问题，以及材料不足和信息缺失的情况，接着形成了关于这些问题的猜想和假设，然后对之做出了评估和测验，可能和必要的话，对之做出了修改和重新测试，最后提出了结论，就可认定受试具有创造力。①布林斯乔德等认为，根据这个定义和测试，每年在美国人工智能学会年会上参加竞赛的机器人都可被认为有创造力。上述测试也适用于测试艺术创造力，即只要一系统能对被提供的图表、材料借助想象力之类的能力生成了以前没有的图像、材料等，就可认为其有创造力。布林斯乔德认为，他们的 BRUTUS 也应被评价为有文学创造力。②

四、科学创造力的祛魅与创造力嵌入程序的尝试

再看兰利（P. Langley）等对科学发现这一创造力形式的计算化。他们强调，只有通过特定的计算化分析，才能缩小抽象、定性描述的创造力概念与

---

① Torrance E P. "The nature of creativity as manifest in its testing". In Sternberg R J (Ed.). *The Nature of Creativity: Contemporary Psychological Perspectives.* Cambridge: Cambridge University Press, 1988: 43-75.

② Bringsjord S, Ferrucci D A. *Artificial Intelligence and Literary Creativity: Inside the Mind of BRUTUS, a Storytelling Machine.* Mahwah: Lawrence Erlbaum Associates, 2000: xix.

计算机程序之间遥远的距离，最终将其嵌入程序中从而让机器表现出创造力。由于创新的形式太多，因此他们重点研究了科学发现这一创新形式。根据他们的解剖，科学发现可描述和解释为一般的问题解决过程。要让计算机表现科学发现这一创新过程，就必须找到能模拟人类完成科学发现的思维过程的计算程序。而要如此，首先要研究科学家从量上依据数据推演出结论的形式过程，其次要探讨科学家从数据中推演出质的描述性、结构性理论的过程，最后探讨程序如何可能结合成统一的、一般性的发现系统。概括说，他们提出的创造力计算化方案的基本思路是，从科学家的探讨实践中总结一般的发现方法，然后将它们嵌入计算机程序之中，最后通过提供程序来检验这些发现。[①]兰利等认为，他们提出的这一将创造力计算化的方案提供了这样的启发式搜索程序，它让我们能在计算程序中建构我们的理论，并让它得到具体实现。

兰利等提出的创造力计算化方案的特点在于，对创造力的本质作了新的、方便嵌入计算机程序的揭示和说明。根据他们的自然化、计算化分析，作为创造力之一种形式的科学发现不是什么特殊的活动，而是问题解决的一个特例。[②]当然，两者也有差别。其主要表现是，第一，科学发现是一种社会过程，既依赖于许多人、许多团体，也会有一个时间过程，而问题解决，如心理学实验中研究的那些事例，就不会持续太长时间；第二，科学发现的目的具有不确定性特点，而问题解决则具有相对的确定性。尽管有这些不同，但只要找到了问题解决的认知心理过程和机制，是可以合理地将它们推广于科学发现之上的。

根据他们的解剖，问题解决过程和机制可这样自然化和计算化，第一，

① Langley P, Simon H, Bradshaw G, et al. *Scientific Discovery: Computational Explorations of the Creative Processes.* Cambridge: The MIT Press, 1987: 4.

② Langley P, Simon H, Bradshaw G, et al. *Scientific Discovery: Computational Explorations of the Creative Processes.* Cambridge: The MIT Press, 1987: 5.

大脑是信息加工系统，问题解决的过程是从接收、加工信息的过程到输出信息的过程；第二，大脑解决问题的方法和过程是，建构关于问题空间的符号表征，然后用包含在问题空间中的算子来修改那些描述了问题情境的符号结构；第三，搜索问题解不是由试错随机实现的，而得益于选择，而选择是由拇指规则即启发式方法引导的。启发式搜索利用的是从问题定义和问题空间搜索中得来的信息。总之，问题解决依赖于信息加工系统，它形成问题表征，然后在树状情境中有选择地探索，如用启发式引导搜索，直到找到目标情境。[1]不难看出，人类解决问题、创新的过程实即一信息加工过程，即用同样的算法解决各种问题的过程。在这里，启发式搜索至关重要。如果是这样，计算机的创造力模拟就是可能的。例如，只要写出了类似的程序，就可解决相应的问题，从而完成相关的创新任务。[2]

当然，兰利等承认，科学发现作为人的一种心理活动有比信息转化过程复杂的一面。例如，它还会包含推测过程、形成主意的过程，以及形成表征的过程。在特定意义上可说，心理过程就是连续、自由建构表征的过程。因此要认识创造力，有必要研究表征，这一观点有三个要点：第一，被表征的东西不是外部世界，而是某种内在低阶的表征；第二，表征的过程可看作获得这种被限定特征的过程，这些特征既限定了表征者对内在表征的建构，又限定了对外在表征对象的建构，因此表征既包含外部对象的特征，又反映了表征的天赋的倾向，其形式有受文化影响的一面，从作用上说，表征技术是完成创新活动必不可少的条件；第三，形成外部表征对象是作为整体的心理过程的一个阶段。[3]

① Langley P, Simon H, Bradshaw G, et al. *Scientific Discovery: Computational Explorations of the Creative Processes.* Cambridge: The MIT Press, 1987: 8.

② Langley P, Simon H, Bradshaw G, et al. *Scientific Discovery: Computational Explorations of the Creative Processes.* Cambridge: The MIT Press, 1987: 9.

③ Langley P, Simon H, Bradshaw G, et al. *Scientific Discovery: Computational Explorations of the Creative Processes.* Cambridge: The MIT Press, 1987: 11.

尽管有这种复杂性，由于这里可以用表征来描述和解释，因此这种复杂性就不仅没有为创造力的机器建模增加障碍，反倒是提供了方便。因为表征是容易被编程的，进而就不难为计算机所实现。对于 AI 来说，表征就是知识储存在计算机中所用的形式。①

有了上面对创新过程的计算化和祛魅，就有可能让计算机程序模拟像科学发现这样的创新过程。根据兰利等的看法，计算机程序实际上是一组差分方程。差分方程的特点在于，它能基于其记忆状态及其在循环开始时的输入状态决定其在当前操作循环中的行为。每一循环中所采取的行为又决定了机器的新状态，进而决定了下一循环的行为。总之，可以把计算机程序看作关于一系统的理论。②计算机尽管是符号加工系统，但其行为模拟并不局限于由数字表示的系统，如对认知过程的模拟就是如此，人的心灵是符号加工系统，但不一定能用真实的数字去描述。由上所决定，我们就能写出这样的程序，它可表现有智慧的成人用来解决问题的过程，即人们通常所说的科学发现过程。

应该客观承认的是，这一方案有为创造力祛魅的意义，有缩小形而上的创造力与形而下的计算机之间的鸿沟的意义。因为根据这一方案，科学发现之类的创新行为不过是人类各种心理活动中的一种，没有神秘和奇特之处，完全可根据关于通常智力活动的信息理论来说明、解释。而这样的说明、解释经过适当的处理就能嵌入程序之中，进而让计算机表现出问题解决这一科学发现的过程。

当然，用这一方案说明创新过程，特别是根据它去编写能创新、能解决问题的程序，有时会事与愿违、陷入找不到答案的困境，因为当问题特别复

---

① Langley P, Simon H, Bradshaw G, et al. *Scientific Discovery: Computational Explorations of the Creative Processes.* Cambridge: The MIT Press, 1987: 13.

② Langley P, Simon H, Bradshaw G, et al. *Scientific Discovery: Computational Explorations of the Creative Processes.* Cambridge: The MIT Press, 1987: 32.

杂、搜索树分叉多且长时，不管用什么方法在其中一代一代地探索，有时也会有找不到终点的问题。这样的问题不是兰利等个别人所碰到的问题，而是重视启发式搜索法在创造力建模中的作用的人一般会面临的问题，因此探讨解决办法的人还是比较多的。如格尔申菲尔德（N. Gershenfeld）以能对植物疾病作出分类并加以诊断的计算系统为例，强调 ID3 算法[①]并不像有些人所说的那样不可能表现创造力，相反，它能发现相当复杂的、以前不为人类专家知道的规则。再如，ID3 程序在用于下棋时，能发现参与编程的象棋大师所不知道的东西。例如，象棋大师怀疑，白方国王处于边缘，与国王、卒子之间的游戏结局有关。他不知道怎么会是这样，但如果有 ID3 的帮助，情况就不一样，就可找到更好的下棋步骤。程序之所以有这样的优势，是因为它有人类所没有的、经过改进的启发式方法，这个方法能对搜索树进行合适的修剪，达到可管控的比例，同时又不遗漏好的解决方案，另外，它的处理过程是一个严格有序的决策序列，而人的处理过程做不到这一点。[②]这样的专家系统在 20 世纪 60 年代就被研制出来了，后不断被改进，在某些方面模拟了人类的思维，如遵循归纳原则，但也采用了一些非人类的方法，如在大量的可能空间中进行探索。[③]

五、创造力的表征本性与向程序的转化

计算机表现创造力的关键环节是程序，因此要让机器表现创造力，除了要研究创造力本身并将其计算化以便实现于程序之外，还要探讨程序的承受能力问题，即程序与创造力之间是何关系，能否实现创造力，能实现到何种

---

① ID3 算法是一种根据信息增益选择特征进行划分，然后递归地构建决策树的算法，如以信息熵的下降速度为选取测试属性的标准，并将在每个节点选取还尚未被用来划分的具有最高信息增益的属性作为划分标准，然后继续这个过程，直到生成的决策树能完美分类训练样例。

② Gershenfeld N. *When Things Start to Think*. New York: Henry Holt and Company, 1999: 206.

③ Gershenfeld N. *When Things Start to Think*. New York: Henry Holt and Company, 1999: 207.

程度，等等。这是 H. 科恩解决创造力建模这一 AI 前提性问题的一个独特进路，即先研究程序的承受能力和本质，再据此对创造力作计算化说明。

在探讨关于一般程序的理论时，H. 科恩认为，设计程序的目的就是要弄清关于外部事物的原始内在模型与表征技术的关系。所谓内在模型就是为程序所要表现的外部事物所建构的能在程序中运行的模型，如要让程序表现创造力，就要为创造力建构内在模型。这就是说，程序能否实现创造力，关键是看能否为创造力建构内在模型。要建构内在模型，必须有相应的表征技术。所谓表征技术就是让内部模型得以在程序中具体化、外在化的技术。外部表征有这样的特征，即它们来自技术，而非来自内部表征，程序所表现的结构表明，表征离不开对元数据编码的利用。而数据具体化于能促进对表征技术加工的内部表征之中。[①]接着，H. 科恩基于记忆的联想特性探讨了如何建构更完善的创造力模型的问题。在为创造力建构模型时，首先面临的问题是：世界上有没有模型要模拟的原型实例？如果有，是否只有人的创造力才能成为这样的模板？他赞成这样的"逐渐增长的共识，即 AI 应关心智能，但不能仅关心人类智能"，这就是说，在建模创造力时，既要以人类的创造力为榜样，也要关注非人的创造力，如计算机事实上已有的创造力。他说："不管 AI 共同体在建构机器智能系统时是否参照人类智能原型，但它不得不考虑人类的知识和关于知识的表征。"[②]在以人类创造力为榜样时，只应关心其最基本的东西。例如，在让程序模拟人类的创造力时，只应让它完成人类创造力完成的任务。只要它们能完成任务，生成了人类创造力生成的东西就行了。在这种情况下，就没有必要花费那么大的代价让机器拥有像人类一样的创造力过程，就像没有必要让它长出眼睛或具备各种文化特性一样。这样说的意思很清楚，不外是重复了图灵主义、解释主义这样的观点，程序所需

① Cohen H. *On The Modelling of Creative Behavior*. Santa Monica: The Rand Corporation, 1981: Ⅲ-Ⅳ.
② Cohen H. *On The Modelling of Creative Behavior*. Santa Monica: The Rand Corporation, 1981: 2.

要的、能用得上的创造力模型是关于创新行为和结果的模型，而不是太多关注人类创造力的内在机制、细节的模型。更重要的是，H. 科恩由于坚持原型实例的多样论，因此还主张，程序可以不模拟人的创造行为，只要程序完成的行为能得到所需的创新结果，无论采用什么样的机制、过程和行为都可以。事实也是这样，他最初编写的画家程序 AARON 模拟了艺术创作中的想象生成过程，但它的后续程序 ANIMS 就没有模拟人的创造力。[①]

　　要建模创造力进而让程序表现创造力，当然要做概念澄清这样的工作。H. 科恩的概念澄清的特点是，强调既可用计算术语重构哲学和日常的创造力概念，在设计创造力程序时也可选择其他的道路，如不诉诸任何模板，而可另辟蹊径，创立新的创造力概念。

　　这里重点考察一下 H. 科恩所做的前一方面的工作。在重构已有的创造力概念并对之作计算化操作时，他认为这种创造力指的是对有强烈生成能力的理智行为的增强，或者说，是对新的心理结构的推测性建构，而不是对现成结构的分析。[②]根据他对创造力的自然化，创造力不过是人的一种智力现象，没有什么神秘、奇特之处。尽管人的能力表现有平常和超凡之别（创造力属于超凡的能力），也没有必要把超凡的能力表现解释为"超人"的行为。他说："关于创造力的理论不过是这样的智力理论，它能用相同的术语说明人类平常和超常的智力表现。"[③]这就是说，创造力就是人的一种智力，没有什么特殊性，用一般的智能理论就能说明人的创新行为。所谓智力不过是建构表征的自由的、连续的过程。就每个表征只表征某种低阶表征而不表征外部世界而言，智力行为是内驱性的。但在此过程中，它会涉及外部世界，如让建构过程与外部世界一致。根据这一观点，人类智力行为的共同特征是

① Cohen H. *On The Modelling of Creative Behavior*. Santa Monica: The Rand Corporation, 1981: 5.

② Cohen H. *On The Modelling of Creative Behavior*. Santa Monica: The Rand Corporation, 1981: 4.

③ Cohen H. *On The Modelling of Creative Behavior*. Santa Monica: The Rand Corporation, 1981: 5.

建构表征，不同则表现在建构技术的差异之上。由于有种种差异，因此才有不同种类的智力行为，如知觉、记忆思考、分析、综合、创新等。如果说创造力有什么特殊性的话，那么只能说，它有独特的建构表征的方式（详后），如果说有关于创造力的理论，那么它不过是这样的关于心理活动的一般观点，它能帮助人们思考和建模创造性行为。[①]这就是说，AI 所需要的创造力理论是服务于人们建构创造力模型的工具。这种理论既能帮助人们建模创造力的行为输出，又有指导模拟内在心理运作过程的作用，如指导建模画家创造力的人去模拟人的艺术创造实践。[②]

在 H. 科恩看来，由于创造力有两类构成因素，因此关于创造力的模型就应有两方面。两种构成分别是内在的构成、过程，以及外部对象的生成过程或行为，如说出话语、写出论著、做出行动等。他说：创新活动除了内在过程，还包括"外在对象（话语、行动等）的产生……因此它们的产生是创新行为的重要构成因素"[③]。根据 H. 科恩对创造力内在机制的解剖，创造力的独有标志可从两方面概括，从否定方面说，一个人之所以没有表现出创造力，是因为他把熟悉的工作做得太好了；从肯定方面说，有创造力的心智的独有辨识特征是他有"修改自己信念、创立新的信念结构的能力"[④]。在创新行为完成的过程中，"推测"（speculation）一定是其枢纽，人和程序莫不如此。由于有推测这样的作用，因此人才会形成好的主意，既然如此，弄清人形成好主意的基础和机制就是让程序形成好主意的一个条件。[⑤]另外，表征对创新也至关重要，例如画家画画的目的是要弄清世界看起来像什么。这是有许多可能选项的，这就是说，画家在画一个对象时，是有许多可能的

① Cohen H. *On The Modelling of Creative Behavior.* Santa Monica: The Rand Corporation, 1981: 5.

② Cohen H. *On The Modelling of Creative Behavior.* Santa Monica: The Rand Corporation, 1981: 8.

③ Cohen H. *On The Modelling of Creative Behavior.* Santa Monica: The Rand Corporation, 1981: 6.

④ Cohen H. *On The Modelling of Creative Behavior.* Santa Monica: The Rand Corporation, 1981: 10.

⑤ Cohen H. *On The Modelling of Creative Behavior.* Santa Monica: The Rand Corporation, 1981: 10.

生成方式的。究竟采用哪种方法，取决于表征建构的方式。它建构出一种以前没有的表征方式，就意味着它完成了一次创新。而表征的生成依赖于生成数据，如要画一种动物，它就得有关于脊柱的长度的数据，该数据由图形的空间范围所决定。脊柱长度确定了，其他数据也随之会得到确定，如眼睛、脖子等。既然如此，在为创造力建模和在为计算机编写有创造力的程序时，就要重视知识的表征。因为机器能否完成创新任务与表征息息相关，例如，机器的创新离不开想象力的映射或转化，而这又意味着，其内储存有知识，有对知识的再现，这些都离不开表征。以 H. 科恩的创新绘画程序 ANIMS 为例，它编写的目的就是要弄清表征生成的过程能起哪些不同的作用。这一程序可以画动物图像，而这极大地依赖于图像的生成，特别是，它采用启发式方法来模拟徒手绘画。

有了对创造力的解剖和建模，就可据此去编写有创造力的程序。在 H. 科恩看来，这个程序和其他程序一样，也是一种算法。而算法不过是处理数据的一系列指令。当用来说明智力时，就成了一种隐喻。能表现创造力的算法的特点在于，能遍历任何一组单元的边界。由于每个单元存在于此边界中，因此遍历就有了确定的目标，这个目标是延伸的具象化所指向的东西。这些单元的比例关系可被忽略，因为比例只是那些决定因素的函数，例如某因素的决定作用越低，目标距离就越远。高决定因素会导致对边界单元格本身进行缓慢、细致的遍历，而低决定因素会引起对边界外的一些点进行松散、快速的遍历。[1]H. 科恩据此设计了他认为有创造力的绘画程序，如 ANIMS。它实际上是对人类心灵绘画创作过程的模拟，或一种有启发性的草图。[2]在里面，数据由调用程序产生，并且在第一次出现时，已部分成了表征，腿、脊柱、尾巴没有实际出现在程序中，只是作为线条的开始、终结条件。这些线

---

① Cohen H. *On The Modelling of Creative Behavior*. Santa Monica: The Rand Corporation, 1981: 33.

② Cohen H. *On The Modelling of Creative Behavior*. Santa Monica: The Rand Corporation, 1981: 38.

条并非三维动物的组成部分，而是要画的对象的二维中介表征的组成部分。由具体程序生成的最终表征是通过简单的转化过程生成的。总之，ANIMS是一个能形成表征的表征，它的行进过程不像我们一般认为的那样是从外部世界到内部世界，而是从内到外，而这里的"内"只是一些步骤，不能说它有基本知识之外的知识。[①]这样的程序之所以能表现创造力，是因为它有对表征建构的"状态修改行为"。既然如此，在研究如何让机器实现创造力的过程中，就应重点关注这种状态修改行为，而不应马后炮式地关注对新产生的表征的思考。不然的话，就会陷入无意义的争论之中，即是谁在考虑形成新表征？[②]

模拟了创新过程的程序尽管是处理数据的算法，但由于程序内化了创新的基本过程，因此不仅能表现创新的行为，生成有新意的结果，而且能反过来帮助我们认识智能、创造力。这种认知尽管带有隐喻性质，但可成为理解人的理智能力及其作用方式的一种直观手段。[③]

在 H. 科恩看来，让程序表现创造力还可选择不模拟人类创造力的"另起炉灶"的道路（详见下节）。H. 科恩之所以说要另起炉灶，是因为他认为已有的创造力概念既然不清楚、明了，AI 专家完全可以不理睬这个概念问题，而是根据要取得的创新结果去大胆构想能导致这个结果的中间过程。如果要为这个中间过程命名，也可把它称作"创新过程"。这里当然免不了这样的问题：这种没有模拟人类创造力的过程是否还需要利用人类创造力的那些心理能力、资源、"特殊的心理设置和机制"？有的人认为，必不可少，因为没有这样一些东西，创新就不可能发生。H. 科恩认为，这一观点忽视了这样的可能性，即在资源的调用中，潜力的有效性是有其连续的区间的，而有的

① Cohen H. *On The Modelling of Creative Behavior*. Santa Monica: The Rand Corporation, 1981: 39.

② Cohen H. *On The Modelling of Creative Behavior*. Santa Monica: The Rand Corporation, 1981: 57.

③ Cohen H. *On The Modelling of Creative Behavior*. Santa Monica: The Rand Corporation, 1981: 41.

人在发挥创造力时就可能跳过某一或某些区间。[①]质言之，AI 的创造力建模完全可以不以人的创造力为样板。我们在下一节将具体予以讨论。

第四节　原型实例：创造力计算建模的范例问题

创造力计算建模的再一前提性问题是：AI 在研究和建模创造力时是否需要模仿某个对象？如果需要，应以什么为对象或模板或原型实例？是不是应像 AI 刚开始时那样，以模拟、拓展、超越人类的包括创新能力在内的智能为目标？质言之，是否只应以人类的创新能力为原型实例？对第一个问题，有肯定和否定两种回答。只有极少数的人认为不需要原型实例。在作肯定回答的人中，占主导地位的观点是，世界上只有人类才有真正的创新能力，因此建模这一能力只能以此为榜样。也有一部分人在批评这一观点犯了专制主义、人类沙文主义错误的基础上论证了原型实例的多元论。先看前一观点。

强调人的创造力是原型实例的观点似乎是天经地义的，而且多数人的计算创造力研究事实上也是这样展开的，如前面所论及的经典计算主义、联结主义、人脑逆向工程研究都是如此。有的人认为，即使非人事物有创造力，但由于它们的创造力无法与人类的相提并论，因此要让机器表现出创造力，特别是要让机器的创造力超越人类的创造力，最好是关注人类的创造力。根据这一观点，解剖、建模人的创造力即使不是计算创造力研究的唯一出路和方向，但仍是最重要的、最值得去做的工作。还有观点认为，创造力建模不仅要以人的创造力为原型实例，而且还要看到人的创造力原型实例的多样性。例如，有的人通过对科学家、作曲家、诗人、画家、舞蹈家等的具体的创造力的解剖得出结论：如果我们能够理解他们在不同领域取得的突破性成就及

---

① Cohen H. *On The Modelling of Creative Behavior*. Santa Monica: The Rand Corporation, 1981: 46.

其过程、机制，那么我们就能抽象出制约他们创新活动的原则，进而看到人类天才的创造力不仅具有相近的形式结构，而且具有类型的多样性。这些不同的创造力在形式和内容上具有不可通约性，因为不同领域的创造力在突破的内容、方式、过程、机制上有实质的不同，例如爱因斯坦的创造力不同于弗洛伊德及音乐、绘画领域大师的创造力。每一种创造力就是一种神话。[①]

再看原型实例多样论。持该方案的人认为，"没有义务把人类心智作为努力模仿的原型"[②]。在他们看来，正确的选择只能是原型实例的多样论。根据这一观点，创造力的建模既要以人类的创造力为原型，又要看到非人的自然界也存在着创造力的原型实例，如进化、自然选择就是最伟大的创新家、发明家，DNA 也是如此，计算机本身及其表现也值得深挖。还有观点认为，不应以人类心灵为 AI 研究的原型、模板，只需把计算机作为工具来研究，设法让它们表现创造力，让它们完成以前需通过人类创造力完成的任务。这就是说，AI 可以撇开人类心智独立地研究作为工具的计算机如何生成创造力。[③]新的探索尽管仍重视对人类能力的解剖和建模，但同时不无创意地看到，在建模人的创新能力时没有必要完全照搬人类实现创新的过程和机制，因为一方面，人类实现创新能力的某些结构、条件和做法是机器永远无法模仿的；另一方面，有些东西也没有必要模仿。例如，人长着眼睛，有文化特性，这些就是机器没有必要拥有的。再如机器的专家知识处理、表征方法没有必要完全像人类那样，因为机器的这些方面是专门为机器而设计的，AI 的专家系统没有必要同时具有专门知识以外的知识，它们只是表现智能行为的工具，且不一定非要具有理性。另外，让机器表现创造力，既可依据已有的关于人的创造力理论，也可不依据。但是若不以人的创造力为原型，能否

---

① Gardnern H. *Creating Minds: An Anatomy of Creativity Seen Through the Lives of Freud, Einstein, Picasso, Stravinsky, Eliot, Graham, and Ghandi.* New York: Basic Books, 2011: 1-10.

② 参见 Cohen H. *On The Modelling of Creative Behavior.* Santa Monica: The Rand Corporation, 1981: 1.

③ 参见 Cohen H. *On The Modelling of Creative Behavior.* Santa Monica: The Rand Corporation, 1981: 1.

让机器表现创造力？回答是肯定的，一方面，事实已证明了这一点；另一方面，创造力的可多样实现理论也从理论上说明了其可能性根据。机器之所以能不参照人的创造力而表现出创造力，是因为创造力的本质不在于像传统哲学、心理学所说的那样有灵性、聪明，而在于有特殊的表征技术和方法。[①]因为理性加工的自动化只要求我们关注理性本身的本质，而不必一定要关心其表现形式之一的人类智能。直到现在，智能所加工的知识都是由具备眼和手的有机体得到的，且离不开语言之类的文化形式。一般而言，一个能够处理大量专门知识的 AI 程序可能不是一种命题演算，而是一套高度约定的、明显实用的规则。AI 的加工、知识储存不可能也没有必要同人类的完全一样，因为机器的知识表征是为机器的运转设计的，而人的内部表征是人获得知识的方式，有其特殊的形成方式。AI 的专家系统是表现智能行为的放大形式，不一定非要有理智。总之，有创造力的程序可以不模拟人的创新过程。事实也是这样，H. 科恩编写的 AARON 的后续程序 ANIMS 就没有模拟人的创造力。[②]在他看来，如果计算创造力非要以人类创造力为原型，那么让机器实现创造力就是不可能的，因为我们至今对人类创造力所知甚少，而有些为我们知道的东西如灵感、直觉等是无法为机器所模仿的。

这里有这样的问题：如果一程序的编写没有体现人类的创造力，它是否就不能创造性地起作用或表现创造力呢？H. 科恩的看法是，机器能做什么，不能做什么，是由其先天能力所决定的，只受机器本身的限制，而与我们人的能力无关，与我们对它做的事情的描述无关。[③]基于这样的理解，他认为，在让程序表现创造力时，就没有必要应用已有的关于人的创造力理论。程序完成任务的过程有两种，一是完全自由的、有目的的；二是明显无目的的、

---

① Cohen H. *On The Modelling of Creative Behavior*. Santa Monica: The Rand Corporation, 1981: 2.

② Cohen H. *On The Modelling of Creative Behavior*. Santa Monica: The Rand Corporation, 1981: 5.

③ Cohen H. *On The Modelling of Creative Behavior*. Santa Monica: The Rand Corporation, 1981: 4.

自发自由的。H. 科恩设计有创造力的程序追求的是，让它们有目的地自由运行。所谓自由运行，即指不受某种类似于中心控制的过程。有两种情况，一是自发的，二是慎思的。尽管如此，它们仍能设计出形式多样、极具创意当然有时有些怪异的作品。其效果也不错，因为它们"创作"的画作能拿到世界有名的画廊展出就足以证明这一点。[①]要让程序自由运行，借助记忆的联想特征就可如愿。为此，H. 科恩对记忆做了深度解剖。根据他的研究，数据的获得及其永久储存都离不开有感知能力的个体。个体的任何点上的记忆可以比作由密集分支的纤维组成的横截面，而每根纤维都是从横截面往回的某个任意距离开始的。此外，这些纤维还可以被分成更小的束，即表征。表征技术及建构就是在这里发生的。如上节所述，创造力之所以有不同于其他认知能力的特点，就是因为它有不同于其他能力的表征技术。质言之，创造力独有的表征技术就是决定纤维束如何变化、分组的策略。[②]由于有这样的策略，因此它就有建构表征的自由的、连续的过程，最终，"计算机程序就能在原则上发挥创造力的创新作用"[③]。H. 科恩自认为，他设计的有绘画能力的程序足以证明这一点。据说，程序 AARON$_2$ 有"视觉想象力"，因为它能形成自己的外部表征对象。在这一点上可以说，它能模拟人类画家的视觉认知系统的功能及运作，例如它也能像人一样表现这样的认知原创性，如图形—背景辨识、开放—密封辨识、内在性辨识。另外，AARON$_2$ 还有三种在形成外部表征时从常用的技术中推导出来的认知特征：①直线和价值；②包藏或吸留；③空间分布。这三种认知特征有共同的生成"完全幻觉"的能力。[④]说它们有创新能力的表现是，它们能产生不可预测的输出。这不是说，不能根据初始状态作出预测，而是说，这输出不来自初始状态，因为它们具有

① Cohen H. *On The Modelling of Creative Behavior*. Santa Monica: The Rand Corporation, 1981: 5.
② Cohen H. *On The Modelling of Creative Behavior*. Santa Monica: The Rand Corporation, 1981: 48.
③ Cohen H. *On The Modelling of Creative Behavior*. Santa Monica: The Rand Corporation, 1981: 5.
④ Cohen H. *On The Modelling of Creative Behavior*. Santa Monica: The Rand Corporation, 1981: 57.

出其不意、不可预测等创造性的特点。[①]

　　有一部分专家鉴于创造力建模的原型实例的复杂性提出了各有个性的多样论、综合论。一种观点认为，原型实例是多种多样的，当然生物系统的创造力最值得模仿。原型实例多的表现是，人类身上就有很多不能归并的创造力形式，如数学的、艺术创作的、科学发现的创造力等；自然界也有多种形式的创造力，如物理学、化学、进化论都揭示了该领域独有的创造力。根据物理学的研究，引力的作用"创造"了地球的整体外观；世界的物理化学作用"创造"了事物各种令人眼花缭乱的形态；进化的创造力更值得关注和研究，"其创造力取之不尽，用之不竭"[②]；生态系统也有创造力，如能产生无穷无尽的生成性框架、新的物种，它们的行为和体质也限定了本身是新的生成构架的生态位，也就是说，它们也有创造力；动物界则有会跳舞的园丁鸟、会绘画的大象，如雄性园丁鸟在一个专门的场地能跳出新颖别致的舞蹈；不同个体的个体性就是其创造力的表现，大象艺术家的创造力也同样有个性。多林（A. Dorin）等说："相对于许多框架，自然界尤其是进化过程都有创造力。"[③]拉图尔（B. Latour）把社会复合体看作行动者网络，认为它也有其自主作用，甚至也可看作有创造力的自主体。[④]当然，它们的创造力程度无法与人类的相比，因此最值得研究和最值得机器建模的是生物系统特别是人类的各种创造力形式。

　　盖尔（A. Gell）倡导艺术人类学，反对人类中心主义，认为艺术创作的自主体有两种：一是基本的自主体，这主要表现为人；二是次级自主体，如

　　① Cohen H. *On The Modelling of Creative Behavior.* Santa Monica: The Rand Corporation, 1981: 58.

　　② Dorin A, Korb K. "Creativity refined: bypassing the gatekeepers of appropriateness and value". In McCormack J, d'Inverno M (Eds.). *Computers and Creativity.* Berlin: Springer, 2012: 352.

　　③ Dorin A, Korb K. "Creativity refined: bypassing the gatekeepers of appropriateness and value". In McCormack J, d'Inverno M (Eds.). *Computers and Creativity.* Berlin: Springer, 2012: 354.

　　④ Latour B. *We Have Never Been Modern.* Cambridge: Harvard University Press, 1993: 1-10.

人创造的产品。它们都有特定形式的创造力。之所以说后者也有创造力，是因为它们在与人的相互作用中能够启发人的创新灵感，至少能作为支撑艺术创新系统的网络发挥影响创造力的作用，是基本自主体发挥创新作用不可或缺的条件。总之，根据这一观点，包括艺术品在内的人工产品是超出个体的直接作用的延展创造力的产物。[①]基于上述思想，多林等认为，未来需计算创造力科学探讨的问题有很多，可大致归结为四类：①计算机怎样增强人类的创造力？②计算机艺术能否得到恰当评价？③计算和计算机科学关于创造力能告诉我们什么？④如何将计算机与创造力结合起来？[②]

在笔者看来，上述各种多样性理论不仅提出了有价值的思想，而且为计算创造力的理论探讨和工程实践提出了带有方向选择意义的问题。例如，计算和计算机科学对创造力研究有何意义、启示？自主的创造性思维是否超出了人所创造的机器的能力范围？创造力一定包含对有用、适当的新奇性的创造吗？评价与创造力的定义如何相关？建构创新系统最实际的方案是什么？我们建模创造力，是应以人的创造力、自然界的创造力为榜样，还是独立走自己的新路，如另起炉灶，设计完全新的机制？计算机应用于创造力的研究会如何改变创造力的概念？

在多样论中除了有突出生物系统创造力的倾向以外，还有人强调，软件、机器的创造力有时有人类创造力无法企及的特点，因此也应成为重要的原型实例。例如，机器所完成的有些设计、产品是人类凭创造力做不出来的。近来许多计算系统已完成了这样的"反直觉"设计逻辑，它们大大超越人类的设计。许多设计方案可由计算机发现，但人类设计师则不可能找到。[③]

---

① Gell A. *Art and Agency: An Anthropological Theory*. Oxford: Oxford University Press, 1998: 1-25.

② McCormack J, d'Inverno M. "Computers and creativity: the road ahead". In McCormack J, d'Inverno M (Eds.). *Computers and Creativity*. Berlin: Springer, 2012: 421.

③ McCormack J, d'Inverno M. "Computers and creativity: the road ahead". In McCormack J, d'Inverno M (Eds.). *Computers and Creativity*. Berlin: Springer, 2012: 422.

鲍恩（O. Bown）鉴于创造力原型实例研究中的混乱、莫衷一是的问题，论证了所谓的"统一方案"。根据他对计算创造力研究存在的问题的诊断，计算创造力的当务之急是，应在搜罗、探讨尽可能多的创造力样式的基础上，将创造力定位于自然、人类和机器等一切事物之上，努力建立能涵盖一切创造力的"统一"理论。他说："计算创造力研究不应局限于人的创造力，而应着力将创造力作为广泛存在于一切事物产生过程中的一般现象来研究。"[①]在笔者看来，这一愿景如能实现，如此建构的"统一的"创造力理论就能成为一种超越心理学、神经学、认知科学等领域的真正的哲学创造力理论。

在看到创造力多样性的基础上将它们统一起来，既是哲学等学科创造力研究突破的需要，也是计算创造力向前发展的一个条件。在鲍恩看来，计算创造力研究要成为一门科学技术，要高质量向前发展，一个基础性的工作是从更加多样的角度、场景看待创造力，不仅要让计算机表现创造力的外部行为和结果，以便通过图灵测试，而且要真正弄清创造力与计算的内在本质关系，既认识到计算是创造力的本质构成，又看到创造力对于 AI 的关键性作用。[②]总之，计算创造力理论在创造力的哲学研究中已发起了这样的革命性转向，即一方面，在外延上，把创造力推广到人以外的广泛事物之上；另一方面，在内涵上，反对把创造力仅规定为一种心理能力，而认为它是能导致新事物产生的可用计算加以描述的过程。

如此建构的计算创造力理论不仅具有促进关于创造力的一般哲学思考和理论建构的客观意义，而且能够通过自身在这方面的主动探讨，建立起关于创造力的一般哲学理论。这样的创造力理论建构的一般进程是，先在一切时空搜集创造力的个例，然后在广泛而全面的个案研究基础上，坚持从个别到

---

① Bown O. "Generative and adaptive creativity: a unified approach to creativity in nature, humans and machines". In McCormack J, d'Inverno M (Eds.). *Computers and Creativity.* Berlin: Springer, 2012: 361.

② Bown O. "Generative and adaptive creativity: a unified approach to creativity in nature, humans and machines". In McCormack J, d'Inverno M (Eds.). *Computers and Creativity.* Berlin: Springer, 2012: 362.

一般的认识路线，先分类，再站在最一般的层面积极探讨如何建立包含一切个别的统一的创造力理论。具言之，要建立关于创造力的全面统一的理论，首先要尽可能弄清一切创造力的样式、个例，要如此，就要研究所有的模式（pattern）、结构和行为。鲍恩说："世界上存在的一切模式、结构和行为都可看作创造力的例证。"[①]这就是说，创造力广泛存在于自然界、生物系统、人类、社会和人造物等之中，其个例无穷无尽。有了这样的个例认知，就可对之作出分类。在鲍恩看来，可从不同的角度来分类，按创造力发生的时空位置可把它分为社会和非社会的创造力；按创造力与价值的关系可把创造力分为生成性和适应性创造力。他承认，两种分类有交叉性，如社会创造力同时有生成和适应两种形式。[②]所谓生成性创造力，指的是一过程产生一结果所依赖的创造力。这种生成或创造过程与价值没有关系或对价值问题漠不关心。其例子包括螺旋仪的机器变化、生物的进化等等。最典型的例子是生命的创造性进化，它们的产生是无目的的，也不追求任何价值。所谓适应性创造力，指的是系统将事物作为对环境的适应性反应创造出来所用的方式。这种创造事物的过程是一种适应性行为，也许是一系列适应性行为的一种，由人、动物、计算机和社会群体等系统表现出来。常见的问题解决是较典型的例子。在这里，人们会找到改变现状的新方法。总之，创造有价值的事物就是适应性行为，或者说这种行为就是有适应性创造力的行为。[③]

---

① Bown O. "Generative and adaptive creativity: a unified approach to creativity in nature, humans and machines". In McCormack J, d'Inverno M (Eds.). *Computers and Creativity.* Berlin: Springer, 2012: 363.

② Bown O. "Generative and adaptive creativity: a unified approach to creativity in nature, humans and machines". In McCormack J, d'Inverno M (Eds.). *Computers and Creativity.* Berlin: Springer, 2012: 361-362.

③ Bown O. "Generative and adaptive creativity: a unified approach to creativity in nature, humans and machines". In McCormack J, d'Inverno M (Eds.). *Computers and Creativity.* Berlin: Springer, 2012: 364.

第十七章
计算创造力的"怎么都行"的方法论

这里所谓方法论指的也是一般所说的关于方法、方案的理论体系。不过，其中的方法是广义的，既包括用于解决具体问题的微观的方法（method），更指宏观的、高层次的、像"大政方针"一样的方案、规划、蓝图，例如关于计算创造力研究的目标、方向、走向、战略、基础建设等重大问题的思考和筹划，甚至关于发展计算创造力的纲领、方针和路线的思考。简言之，这里关注的计算创造力的方法论主要是关于计算创造力发展战略和方向的宏观方案，当然有时也会涉及具体的解决办法和策略。计算创造力研究由于其对象和科学基础的特殊性，其方法论也呈多元化格局。这里借用费耶阿本德的名言"怎么都行"来表述其方法论的特点再合适也不过。具言之，计算创造力在具体解剖、建模、用机器实现创造力的过程中，既有对传统基本方法即计算主义方法的坚持和发展，也有对各门科学方法的借鉴和移植，还有方法论上的创新。

第一节 计算主义的坚持和发展

在计算创造力研究的方法论体系中，可以说计算主义是体，其他方法都是用，都围绕计算主义而展开。从计算创造力的原型实例的角度说，尽管计算主义特别是新计算主义有对原型实例多样论的部分肯定，或有对非人类中心主义的让步、包容的一面，但它的主要倾向则是人类中心主义，因为它毕竟认为人的创造力是最完善、最值得解剖和建模的样板，而且它的主要工作也指向了这一样板，它的计算主义方案就建立在这样的工作之上。

计算主义作为计算创造力之方法论原则强调的是，不管创造力表现为哪种形式，如不管是表现为人、生物系统的创造力，还是表现为机器的创造力、群体的创造力，计算都是它们的本质构成和运作机制。不仅如此，计算也是为创造力祛魅、让创造力得到自然化的基础，是为创造力建模、让其实现于机器的指导原则。

一、计算主义的基本精神与经典计算主义

现代的计算主义主要是在图灵思想的影响下产生出来的。其核心概念是计算，其关于心智的基本观点是，心智作为计算其实是对表征的以规则为依据的加工。而表征具有句法和语义属性，只有表征的形式在因果上是有效的，而语义性在认知加工中是没有发挥什么作用的。但语义与形式由于有特定的设计历史而密切联系在一起，因此对形式的计算也便同时具有语义性。基于这一点，计算主义认为，这一观点应成为意识和意向性理论的基石。"执行"（implementation）或"实现"（realization）也是计算主义的基本概念。计算主义者一般会辩护说，执行概念无懈可击，因为在计算中，计算状态与物理状态之间存在着一致性，有的还认为存在着同型性（如福多等），由于有这种关系，前者就可为后者所实现。逻辑门可说明计算描述如何反映了物理描述，因为它的计算能力可用布尔函数来描述，而其值又与物理实现回路中的物理形态是有关的。

基于对人类心智的新理解，计算主义提出了自己关于心智的新模型。它有两个要点，一是提出了关于思维或认知的解析性模型，认为人的思维就是一种按照规则或受规则控制的纯形式、纯句法的转换过程。这里所说的"纯

形式"就是符号或表征，或心灵语言中的心理语词。这里所说的"规则"就是可用"如果—那么"这样的条件句表述的推理规则。例如，如果后一状态或命题蕴涵在前一状态或命题中，那么就可以推断：有前者一定有后者。这种转换或映射是必然的。二是提出了关于智能及人工智能的工程学理论。它试图回答这样的问题，即怎样构造一种机器，让它像人一样输入和输出，从而完成认知任务。它的答案是，只要为机器输入人的认知任务的一个形式化版本，它就会输出一个计算结果。这结果与人的智能给出的结果一样。

问题是：人的创造力之类的能力是不是受规则控制的？是否可从计算上实现？计算主义的回答是肯定的。它强调：这些能力是受规则控制的，因此可用计算术语予以解释，也可由计算机以计算的、纯形式转换的方式实现。因为结论是否来自某些前提，推理是不是有效的，这是一个纯形式的问题。决定推理有效的东西与实际的内容没有必然的关系。换言之，结论是否能从某些前提逻辑地推论出来这一问题，可依据推理的有效性来说明。推理是有效的，当且仅当其前提的真足以保证结论的真。特定推理的有效性依赖于它能例示的逻辑形式的有效性。从技术上说，只有推理的逻辑形式才有有效和无效的问题。逻辑形式是有效的，当且仅当不存在这样的例示，即它有真的前提，却有假的结论。

如果真的是这样，即推理的有效性取决于推理形式的有效性，与意义无关，那么人类的推理无疑可从计算上加以说明，也无疑可为计算机模拟。但问题并非如此简单，因为人类的推理在许多情况下并不是一个形式化的过程。例如，人们常能建立心理模型，然后据以作出推论，有时还能作出直觉推理，更复杂的是，人还能依据典型和原型事例进行经验推理。既然如此，计算主义就需承担进一步说明这些反例的重任。

经典计算主义主要表现为福多等的关于心智的表征和计算理论、纽厄尔和西蒙的物理符号系统假说。就物理符号系统假说来说，它实质上是一种符号主义。它坚持认为，在计算系统中，存在着符号和符号结构以及规则的组合，而符号是真实的物理实在，是个例，不是类型；符号表示什么由编码过程所决定，而与所指之间不存在必然的关联，因此是人为的。思维是依据程序处理符号的过程，或对符号的排列和重组。总之，对符号的处理，对于智能来说，既是必要的，又是充分的。在特定的意义上可以说，符号主义就是一门知识工程学。在它看来，知识的表示以符号逻辑为基础，知识的利用过程实即符号的加工过程。问题求解除了离不开知识以外，还离不开推理，而推理就是搜索，因为问题求解的实质在于在解答问题的过程中进行最优解的搜索。

二、联结主义及其计算创造力方案

在最近几十年的认知科学和人工智能研究中，联结主义发展迅猛。它承认计算概念的合理性，并试图拓展、重构计算概念。就此而言，可把它看作广义的计算主义中的一员。但它又有许多不同于经典计算主义的地方，如强调计算层面的描述对于计算主义的确是关键的，但不可能成功。要成功，除了要研究计算之外，还必须直接研究大脑过程本身，而要如此，又必须诉诸生物学和脑科学。在它看来，这是认识心灵的根本出路。

它尽管承认计算概念的合理性，但断然反对经典计算主义对它的形式主义阐释，强调要根据动力系统来重构计算概念。范·格尔德指出：计算概念必不可少的东西是有效的程序，而后者又离不开算法中的具体步骤，这种具体性既体现在时间方面，又体现在非时间方面，因此是一种动力学现象。他还认为，在根据动力系统重构计算概念时，最重要的是模拟真实的动力系统，如人的认知系统。正是由于有动力学性质，如此重构的计算概念才能克服形式主义阐释的局限性。[①]

---

① van Gelder T. "What might cognition be, if not computation". *The Journal of Philosophy*, 1995, 92 (7): 345-381.

联结主义的主要工作是构建人工神经网络。在它看来，人工神经网络的优越性在于，它们能模拟符号计算结构难以模拟的某些认知现象。这是因为，首先，在传统的符号计算结构中，只存在一个处理器，即中央处理单元，它按程序指令进行加工，其次，该处理器的处理过程是串行的，即一个接一个，最后，它只能提取和加工局域性的储存内容。联结主义结构完全不同，其表现是，这种系统由许多简单的加工单元所构成，每个单元以并行而非串行的方式工作。其中被加工的内容不是局域性的、可寻址的，而分布在大量的节点之中，并作为联结模式被编码。

从关系上说，联结主义既区别于作为经典计算主义的符号主义，又有一致之处。就不同来说，符号主义试图用符号系统来模拟隐藏在人类认知中的某些功能，尤其是推理和语言能力。而联结主义则试图用联结主义网络或人工神经网络来模拟认知现象。在表征问题上，符号主义认为，心理表征在本质上是具体的，授予心理符号以内容的机制是符号个例与对象的直接关系。联结主义对表征的看法大不相同。它认为，表征不是以单个的东西或符号的形式出现在心理状态之中的，而具有关系性。即使是个例心理表征也是如此，它们以分布性的形式出现，即可看作一种广泛分布在相互联系的网络中的激活模式。另外，在联结主义看来，表征在获得内容时，一定离不开情境，一定会受到情境的调节，这也就是说，表征有对情境的敏感性。

创造力离不开有选择地保留和销毁信息的过程，它尽管不等于智能，但离不开智能，须以智能为必要条件。神经网络也有这些智能特性，因此能促成创造力的发生。具言之，计算不可逆可看作计算有用的一个理由，因为它以单向的、有目的的方式转换信息。计算的特点在于，它能销毁信息，但不能创造信息，因此计算的价值就表现在它能有选择地销毁信息，如在模式识别、语音识别中，计算会保留模式所携带信息的特征，而销毁大量数据流。这种有选择地保留和销毁信息的过程显然就是智能的特点。此外，智能还能将大量复杂的信息流压缩成简单的"是"和"非"反应。中枢神经网络也有这些特点，因此有智能。总之，毁掉多数原始数据，将有关结果传递到下一层次，是神经元全有或全无激活后的杰出才智。最重要的是，神经网络还在快速发展，随着其发展，其创新潜力还会不断发展，其前景不可预测。我们知道，当今基于计算机的神经网络都是在软件上模仿人的神经元模型，今日在个人电脑上运行的神经网络软件每秒能模拟一百万次的神经元连接计算。有一类神经计算机硬件是为运行神经网络而优化的，它们适度并行，而非大规模并行，但比个人电脑上的神经网络软件快 1000 倍左右。还有研究团队在研究如何以自然进化的方式建构神经网络。它们大规模并行，每个神经元都有一台专门的小计算机。这些神经元能以电子速度运行，比人类神经元快一百万倍左右。科学家正在开发人脑使用的基本模式目录。这样的工作表明，我们对人脑及其智能的认识在向前发展，我们在创新和超越人脑方面已迈出了重要的步子。

进化算法应用到神经网络中，使神经网络如虎添翼。以聪明的投资决策者的生成过程为例。先通过进化计算随机生成 100 万套投资决策规则，每组规则都根据可用的财务数据定义一组用于买卖股票及其他证券的触发器；然后将每组规则嵌入一个模拟软件"生物体"之中，规则编码在一个数字"染色体"上；再通过使用真实世界的金融数据，在一个模拟的环境中评估每个生物体；最后让每个软件机构投资一些模拟基金，看看它们在实际历史数据的基础上有什么样的表现。通过比较，让表现好的软件公司得以延续到下一代，并把其他的淘汰掉。再让表现好的继续发展。当它们发展到一定程度时，一染色体就会发生突变。如此演变，到这过程的最后，幸存下来的应是非常聪明的投资者。因为它们的方法流传了十万代。进化算法之所以能发挥这样的作用，是因为它具备利用混沌数据中的微妙模式的能力，并拥有所需的关键资源。由此所决定，这一算法有处理这种问题的优势，它们的变量太多、难以获得精确解，因此其应用十分广泛，如通用电气公司开发的进化算法能比传统方法更精确地设计出满足约束条件的发动机。就其本质而言，进化算法像神经网络一样是自组织"突现"方法，这种自组织程序在解决问题时所经历的过程通常是不可预测的。例如，它们可能经过数百次的迭代，中间的过程可能是按部就班地进行的，但有时突然像有灵感爆发一样，产生了一个好的解决方案。

神经网络方案正在挑战的新课题是，如何让神经网络模拟人类创造力的下述特点，即能从现有知识中完成概念飞跃，创造出令人震惊的新成果。很显然，已有的神经网络无法建模这样的作用和机制。古兹迪阿尔（M. Guzdial）等试图在这方面有所突破，论证了这样一种新方案，它能重用现有的训练模型来驱动新的模型，同时又不依赖反向传播。[①]尽管计算创造力研究中已有一些近似的尝试，如许多算法试图模拟人类的重组性创造力，但存在的问题是必须用手工编写输入概念的图形表征，并只能在符号值之间重组。古兹迪阿尔等认为，他们倡导的神经网络方案能解决这里的问题，因为它有巨大而复杂的数值图。如果组合创造力技术能应用于对训练过的神经网络的重组，那么就能在不利用外部知识或启发式的情况下解决新颖性的生成问题。基于这一考量，他们提出了一种设想，它允许把任意数量的学习模型重组为一种最终的模型，而又无须进行额外的训练。在图像识别和生成领域，他们探讨了在固定的神经网络构架中重组如何通过概念扩展而优于标准的迁移学习方法。

组合性创造力算法已有很多，如基于事例的推理体现的是通用 AI 问题解决方案，自适应函数导致了大量的组合性创造力算法。古兹迪阿尔等使用

① Guzdial M, Riedl M. "Combinets: creativity via recombination of neural networks". In Grace K, Cook M, Ventura D, et al (Eds.). *Proceedings of the Tenth International Conference on Computational Creativity*. Charlotte: Association for Computational Creativity, 2019: 180.

的概念扩展方案就是这样一种算法，它基于一组已有知识去定义可能的、有效的组合空间，接着再用一种被称作概念扩展的搜索过程去探索这个空间，寻找能符合特定目标的特定组合。

在古兹迪阿尔等看来，他们的神经网络的概念扩展方案可以解决标准方案所面临的问题，即数据有限而又没有额外的知识工程。他们倡导这一方案的灵感无疑来自对人的创造力的观察，如人能通过组合已有知识完成认识的飞跃。他们试图在神经网络上实现这样的概念扩展、认识飞跃。古兹迪阿尔等推测，更复杂的优化探索例程可以达到预定目标。他们自认为，他们的一些实验已证明了这一点。当然，未来要提升其性能，还依赖于现有知识库包含新问题相关信息的程度，以及用优化函数找到有用的概念扩展的能力。

三、新计算主义及其计算创造力研究纲领

新计算主义承认，经典计算主义和联结主义的确存在着批评者所说的牺牲内容、语义性而拘泥于形式转换之类的问题，但它同时认为，计算主义在过去的失败不是由于计算与心灵完全无关，而是根源于对计算的纯逻辑、纯形式解释。只要予以适当的阐释，计算概念可以与意向性、语义性概念结合起来，相应地，在计算机、人工智能的工程实践中，可以让它们表现出的加工过程具有意向性。如果计算主义真的能以这种方式得到改进，那么以此为基础的人工智能也会相应地克服以前没有意向性的缺陷。按照这一思路所形成的计算主义就是所谓的"新计算主义"或朔伊茨所说的"计算主义的新方向"。[①]关于新计算主义的形成过程、基本思想和特点，我们在上篇中有专门探讨，这里我们以李博阳等的创造力的计算方案为例，看看新计算主义是如何看待创造力和计算创造力的本质与建模的。他们的方案主要致力于通过

---

① Scheutz M (Ed.). *Computationalism: New Directions.* Cambridge: The MIT Press, 2002: x.

分析计算过程对概念融合这一创新样式的基础性作用，说明创造力的计算本质。

概念融合是计算创造力研究中一直在关注的一种创造性的认知过程，但已有研究一般只关注对现有融合的分析，而少有对有效建构新的融合及其机制的研究。新的计算方案要探讨的就是这种机制，同时探讨概念融合在计算应用中存在的问题，认为情境及其诱发的目标有助于认识这样的算法设计，这些设计利用了概念融合的创新系统。

根据李博阳等的看法，概念融合作为一种基本的认知过程，在创造有创意的人工产品中发挥着重要作用。其形式有很多，如把两个或多个输入空间组合为一个集成的空间，每个输入空间都包含许多概念及其相互关系，这些概念有选择地混合在一起，或投射到混合空间之中。由于模式会被完善和进一步细化，因此混合体中会出现新的结构，从而表现出一定的创新性，就像狮子和鹰的混合体以狮鹫这一新的实在表现出来一样。许多人工产品是概念融合的产物或典型实例，主要有两类，一是符号表达式，如"这名外科医生是个屠夫"，该表达式的输入空间表达的是关于外科医生和屠夫的概念空间。在这个混合体中，外科医生具有屠夫的野蛮特性，由此就包含对这名外科医生的批评。二是作为独立概念存在的混合体，如《星球大战》中所说的"光剑"，它是激光发射器和剑的混合体。但它是一个独立的概念，表面上没有关于剑和光的信息。在其以混合方式出现时，内容也是从输入空间投射到混合体之中，但混合体无意传递了关于两个构成要素的信息。就其本质而言，概念融合这样的创新形式之所以有生新的作用，是因为它有计算的本质。不仅如此，这一结论可推广到包括人和人工系统的所有创造力样式之上，即是说，计算是分析所有创造力都适用的范式，是故他们明确倡导关于创新力的计算理论。他们说："我们坚守这一信念，即创造力的理论应是计算的理论。"①

　　为什么说计算是创造力的本质？为什么要用计算的观点分析创造力？李博阳等还是以概念融合这一创新形式为例,探讨了新的混合体如何从认知上、算法上建构出来,创新过程如何由计算过程决定。他们认为, 概念融合中有三个关键步骤,只有用计算主义方法才能为之提供详细、充分而有效的计算说明,这三个步骤分别是：输入空间选择、输入空间中的要素向混合体的投射、混合过程细化的停止标准。他们说："这三个步骤一定从算法上利用了混合体建构中的情境和目的。"因为交流情境和目的一定作为驱动力存在于这三个步骤后面。以独立的概念混合体的建构为例,其中就包含计算过程的作用。在人工的故事生成和模仿游戏中,计算系统的作用不可或缺,因为它们都离不开目标和情境的驱动。就概念融合过程的整体方面而言,情境和目标通过修改搜索空间和改进平均性能为其提供具体的计算"福利"。②正因为计算方案有说明概念融合这一创新形式的本质的作用,因此过去也有很多人倡导计算方案,但在李博阳等看来, 这些说明有明显的问题, 如没有为具体说明输入空间的有效检索和混合过程提供详细的步骤。就细化、阐释而言,人类和计算系统都不会无休止地做这一工作,而必定会选择在适当的时候停下来。要如此,就要确定停止的标准,而这些是已有计算理论没有注意到的方面。鉴于这些,他们便做了自己的补充发展,认为概念融合一定包含选择输入空间、选择投射要素和确定停止标准三个步骤。

　　李博阳等还强调,在上述概念融合过程中,目标和情境在引导计算概念

---

①　Li B, Zook A, Davis N, et al (Eds.). "Goal-driven conceptual blending: a computational approach for creativity". In Maher M, Hammond K, Pease A, et al (Eds.). *Proceedings of the Third International Conference on Computational Creativity.* Dublin: University College Dublin, 2012: 9.

②　Li B, Zook A, Davis N, et al (Eds.). "Goal-driven conceptual blending: a computational approach for creativity". In Maher M, Hammond K, Pease A, et al (Eds.). *Proceedings of the Third International Conference on Computational Creativity.* Dublin: University College Dublin, 2012: 9.

融合过程中发挥着关键作用。他们认为，可把这两方面看作概念融合的两种约束。只有在建构人工系统时直接利用这两种约束，才能确保探索的有效和融合的成功。为此，他们设计了两个利用了目标和情境因素的计算系统，它们能在概念融合中有效实现前面所说的三个步骤，一个系统能在电脑生成的故事中构建虚构的事件，另一系统能建构虚拟游戏中所用的对象，能把幻想世界对象和现实世界对象的特征结合起来。两个系统都试图克服已有系统的不足，以新的方式完成前述三个步骤。①

在李博阳等看来，这类事例足以说明，融合过程是一种创新过程，因为把来自不同空间中的要素结合在一起，既形成了原来每个要素所不包含的内容，又有它们所不具有的结构。以前关于概念融合的计算主义研究由于没有看到前述的选择输入空间等三个步骤的作用，因此有种种问题，例如没有目标的约束和引导，来自输入空间的任何要素都有可能投射到系统中，而这是不可能成为真正的创新的。著名的概念融合系统 Dioago 尽管注意到了目标的作用，但只在建构作为混合体独立概念的过程中利用了目标的作用。

他们的计算系统有效避免了上述问题，以虚拟游戏算法为例，情境和目标被用来过滤可能的输入空间集合，以确定那些对虚拟游戏利用真实世界对象最重要的输入空间。通过依据与目标的相关性对可能对象集合的修剪，计算过程就能避免考虑融合要用的所有可能空间集合。属性的选择性投射是通过探索所呈现的输入空间中最具标志意义的属性来实现的。

总之，作为创造力之有力机制的概念融合有能力将已知概念综合为新的概念。已有的理论研究和计算建模尽管取得了大量成果，但对融合机制的探讨和建模明显不够，甚至可以说是空白。而李博阳等试图在这方面有所突破，

---

① Li B, Zook A, Davis N, et al (Eds.). "Goal-driven conceptual blending: a computational approach for creativity". In Maher M, Hammond K, Pease A, et al (Eds.). *Proceedings of the Third International Conference on Computational Creativity*. Dublin: University College Dublin, 2012: 12-13.

如为概念融合系统建构一个计算纲领，通过揭示融合的三个步骤和两个约束因素（目标和情境）来揭示融合对概念创新的内在作用，认为这些因素在概念融合中发挥着关键作用，对计算的有效性有重要意义。另外，他们对具体步骤的实现细节的研究既弥补了已有理论的空白，又有助于回应博登等提出的关于创造力的哲学问题：计算机是否能表现创造力？计算系统是否能帮助我们理解创造力？回答是肯定的，因为李博阳等的计算方案有助于展示现有理论存在的缺陷和没有论及的方面，告诉我们关于创造力未知的东西，纠正已有理论的错误，指导认识向纵深的发展。[①]

从总体上看，计算主义由于得到了多种力量的支持和推动，因此成了当今关于心智的一种既有理论意义又有实践指导价值的重要方案。根据计算主义的观点，人的神经系统类似于计算机的硬件，心智类似于软件。神经系统这样的硬件为心智能力的发生提供了物质基础，而心智的现实出现又离不开硬件得以运行的程序。这一观点提供了一种考察心智极为有用的方法论，而这又成了符号主义人工智能研究的理论基础。客观地说，计算主义确有自己的优势和价值，例如它继承了心灵哲学中享有崇高地位的功能主义的优点，但又有所前进。因为功能主义实际上承诺了关于心智的黑箱观点，而计算主义则告诉我们：黑箱中发生的是计算。这一思想为研究心智提供了一种方法和途径。

第二节　非人类中心主义的方法论

如前所述，由于人们对创造力计算建模的原型实例是完全局限于人类创

---

① Li B, Zook A, Davis N, et al (Eds.). "Goal-driven conceptual blending: a computational approach for creativity". In Maher M, Hammond K, Pease A, et al (Eds.). *Proceedings of the Third International Conference on Computational Creativity*. Dublin: University College Dublin, 2012: 16.

造力还是扩展到像进化、DNA之类的创造力之上有明显对立的看法，因此计算创造力研究从一开始就有人类中心主义与非人类中心主义之争，它们是人类中心主义创新观与非人类中心主义创新观争论的继续。前一创新观有两个要点，第一，撇开神学的创造力理论（只有神才有本原性创造力，人充其量只有派生性创造力）不论，世界上只有人心或由碳构成的大脑才能表现创造力，因此创造力是人独有的、定义性的本质特征。第二，创造力是纯内在或封装于心灵之内的过程或能力，是只能诉诸心灵内的东西才能予以解释的"窄"现象。这是这一理论的内在主义原则。根据以"后创造力"概念为核心的非人类中心主义的创新观，即使是就我们所知的小小的地球而言，人以外的许多事物，如进化、DNA、生态系统等，也都能完成这样的行为或产生这样的结果，它们完全符合所有学科中通行的关于人的创造力的两个标准——新颖性和有用性或有价值，因而可被称作创新。另外，根据包含在非人类中心主义中的情境主义创新观，创造力离不开身体、行为、专家团队、环境等心以外的情境性因素，甚至以它们为组成部分，因此创造力不是纯内在的过程，而是弥漫于主客体之间的"宽"现象。这就是反内在主义的外在主义的创新观。计算创造力的方法论探讨也有这样两种倾向。人类中心主义的方法论强调，揭示创造力的本质，建构关于创造力的本质以及让机器实现创造力，都应该且只能以人的创造力为基础。前述的各种形式的计算主义坚持的就是这样的方法论原则。非人类中心主义的方法论恰恰相反，由于认为创造力的原型实例超出人类的范围，甚至包括机器已表现出的创造力，因此研究、建构创造力的方法就是多种多样的，如进化方法、生物学方法、生态学方法等等，只要有助于计算创造力理想实现的方法就都包括在它的方法论体系之中。

一、计算创造力研究的进化方案

关于进化方案，我们在前面涉及较多，这里再简单讨论一下。作为关于计算创造力的一种方案，它强调的主要是，在建模创造力时，不仅要关注DNA、生物系统等的创造力，而且在全部计算创造力研究中要以进化论为方法论基础。这一方法论影响很大，已在计算创造力研究中形成一种独立的趋势或走向。

计算创造力研究中的进化论走向的滥觞和盛行其实是心灵哲学、AI、认知科学中的进化论转向或目的论转向的一个表现。在倡导进化论转向的人看来，进化论有自己独有的、适合于说明包括创造力在内的心理现象的宝贵资源。仅就说明、解释的手段来说，进化论不仅有其他自然科学常用的近端解释，而且还有其他科学所没有的终极解释。"近端解释所诉诸的是近端的配列因素，例如它从功能机制、程序（作为解释项）和作为它们限制条件的运作情境出发最后深入到对特定的组织行为（被解释项）的解释。"[1]由于这种解释所诉诸的根据主要是历时态的在前原因和共时态的功能机制，因此它又被称作"原因-功能解释"。所谓终极（ultimate）解释是根据较远甚至终极的理由所作的解释，它"所诉诸的是进化塑造者，正是这塑造者造就了近端原因（功能机制及其程序）。这一解释的方向是，从进化塑造者（遗传变异、自然选择、目的导向）出发，再进到需要完成的任务或工作，最后再到执行那些任务的程序以及在具体的近端配列因素中控制程序的功能机制"[2]。就创造力这样的心理现象来说，仅仅从物理构成要素、结构和因果功能作用、输入输出关系上予以解释，永远无法解释它们的可多样实现性。因为结构同型对于具有相同的心理状态来说并不是必要的，因此把结构及其构成要素弄得再清楚也不可能完全揭示创造力的奥秘与本质。只有诉诸进化论解释模式，才能揭示漫长的进化历史在有机体中编码了什么程序与图式，"设计"了什

---

[1] Bogdan R J. *Grounds for Cognition: How Goal-Guided Behavior Shapes the Mind*. London: Psychology Press, 1994: 2.

[2] Bogdan R J. *Grounds for Cognition: How Goal-Guided Behavior Shapes the Mind*. London: Psychology Press, 1994: 2.

么样的倾向性（dispositions）及其运作条件，进而才有可能作出令人满意的解释。

　　进化论解释图式之所以有其独有的力量，还与它独有的范式、图式、框架有关。例如，它不仅诉诸进化、选择、遗传、变异等，而且还把目的、意图作为终极解释项。这在计算创造力中也很流行。所谓目的"是生物进化以前的进化的产物，而且又经常受自然选择的'重塑'或改进"[①]。这也就是说，目的不是从来就有的，也不是一成不变的，它由进化、自然选择塑造出来，并赋予有机体，又随着它们的进化发展而派生出新的更高的目的形式。在这里，新进化论者在利用进化生物学成果的基础上，提出了自己关于目的与进化、选择、适应相互关系的独特见解。根据新关系论，没有目的性，当然不是生物，有目的而没有相应的手段，也不是生物。因此，目的与手段是有机体内在的形式结构，而用相应的手段去满足目的又表现为它的生命过程。

　　计算创造力研究的亮丽风景是进化范式大行其道。在进化的范导作用下，不仅一大批作为计算创造力基本工具和技术的进化计算、遗传算法等纷纷被创立出来，而且进化成了创造力建模、设计和机器实现名副其实的理论基础和概念框架。

　　进化论方法论是多数成功方案所用的方法。人们看到，进化、自然选择的创造力令人不可思议，"其创造力取之不尽，用之不竭"[②]。进化论方法论就是试图将进化促成创造力的方法提炼出来以形成能指导计算创造力的方法论。其基本原则是，强调将进化论的简化模型应用于数据表征，并将其作为概念空间的探索技术。应肯定的是，据此方法论建构的进化系统能够产生有趣的新颖性，就此而言，它们具备了创造力的一个标准（另一标准是有用性）。

① Bogdan R J. *Grounds for Cognition: How Goal-Guided Behavior Shapes the Mind.* London: Psychology Press, 1994: 23.

② Dorin A, Korb K. "Creativity refined: bypassing the gatekeepers of appropriateness and value". In McCormack J, d'Inverno M (Eds.). *Computers and Creativity.* Berlin: Springer, 2012: 352.

受进化创造力的启发，一些专家认为，通过编写生成性软件可以模拟进化的创造力，如模拟智能、生命甚至完全开发的生态系统的创造力。在这些模拟中，对开放式进化的模拟最有前途，因为进化系统生成新框架的能力巧妙而无穷尽。当然，在软件中模拟开放式进化及其创造力在现有技术条件下极为困难，因此尚未见令人信服的成果。但这样的方法论是有前途的，因此现在关注的人很多，如图像的人工进化就极受重视。由此出现了对进化软件的研究。根据一种方案，我们的创造力测量可以作为一种引导简单线条画演变的手段来研究。有此认知就可提升、改进进化软件的自动的、辅助性创造力。一个值得关注的工作是科瓦利维（T. Kowaliw）等设计的简化创造力版本，它有利于在进化软件中实现创造力。其输出是由创造力简化测量所提供的，可用通常的创造力的理解来检验，用户也可对自动生成的情境图像作出评估。[①] 以能生成生物形态简笔画的软件为例。科瓦利维等曾开发了这样的软件。他们从生物形态的构成和作用中得到了这样的方法论启示，即生物形态是复杂的线条画，由线段组成，可以相互叠加数百次，进而形成丰富的图案，还能让人产生丰富的联想，如想到树木、昆虫等。每种生物形态都可看作有创造力的系统，因为它能产生作为其后代的一系列图案。后代可这样产生，如稍微改变亲本生物形态的一些参数，改变线段相对于亲本的位置、长度和方向。如果一生物形态的后代形式与之前任何生物形态所产生的形式是不同的，那么亲本相对于其祖先而言就是有创造力的。如果一特定生物形态可靠地产生了其他形态不可能产生的后代，那么可以认为它有一般性创造力。[②]

软件生成的图像是可用图像加工技术来检验的，大量的样本被用来表征软件能生成的图像的总空间，然后重复应用三种技术，即随机图像生成、交

---

① Kowaliw T, Dorin A, McCormack J. "Promoting creative design in Interactive evolutionary computation". *IEEE Transactions on Evolutionary Computation*, 2012, 16 (4): 523-536.

② Dorin A, Korb K. "Creativity refined: bypassing the gatekeepers of appropriateness and value". In McCormack J, d'Inverno M (Eds.). *Computers and Creativity.* Berlin: Springer, 2012: 355.

互式遗传算法和创造力简化搜索，结果显示，随机创作的生物形态并没有生成高比例的有创造力的后代，这说明空间取样是足够的。多林等认为，由上述例子可得出这样的结论："创造力的简化搜索是完全而密集的计算的一个近似值，该计算对充分应用我们的测量是必不可少的。"[①]

二、生物启发设计范式

生物启发设计范式也可称作生物学方法，就是强调计算创造力研究应关注探讨生物系统创造力的秘密，将大自然作为强大、高效和多功能设计的巨大图书馆，实即将大自然作为激发创新灵感设计的类比基础。过去，它已作为一种运动出现在了工程技术、建筑和系统设计之中。如果说人类中心主义的 AI 和计算创造力研究强调的是与人的类比，那么生物启发设计由于强调以大自然或非人的生物为设计的类比基础和灵感之源，因而是一种非人类中心主义的设计方案。戈埃尔不仅赞成这一设计方案，而且认为它真的是一种新方法。[②]

生物启发设计也可称作仿生学设计，实即以大自然为设计技术系统的类比基础和评价技术设计的标准。历史上许多著名人物都从中受益，许多领域都在应用这一方法。在戈埃尔看来，这一范式在计算创造力研究中也有极高的应用价值和实践意义：第一，这一设计本身是创新的工具和唤起灵感的方法，如风车涡轮叶片尽管模仿的是座头鲸胸鳍上的结节，但一经成功便成了新的、有用的、可行的、令人惊讶的创新成果；第二，这一设计的概念进化过程值得计算创造力借鉴，例如它包含从生物类比到知识类比的转化，最后

① Dorin A, Korb K. "Creativity refined: bypassing the gatekeepers of appropriateness and value". In McCormack J, d'Inverno M (Eds.). *Computers and Creativity.* Berlin: Springer, 2012: 355.

② Goel A. "Is biologically inspired invention different?". In Toivonen H, Colton S, Cook M, et al (Eds.). *Proceedings of the Sixth International Conference on Computational Creativity.* Provo: Brigham Young University, 2015: 47.

再向应用领域的投射。

　　生物启发设计不同于其他设计的特点在于，第一，这一设计的基础是跨领域类比。第二，这一设计包含着复合类比。具体而言，在这里，目标设计问题会从功能上加以分解，通过与不同生物系统功能的类比去寻找功能分解中的子功能的解决方案，再通过对围绕不同子功能形成的解决方案的组合和比较来探寻整体的设计解。第三，这一设计包含两种不同的类比设计过程，即问题驱动的类比和基于设计解的类比。第四，多数设计师依赖于在线信息源的交互模拟和检索。第五，在这一设计中，问题和解是共进化的。①

　　戈埃尔把生物启发设计当作创新设计的新方法论进而移植到计算创造力研究中的根据在于，第一，这一方案践行的是跨领域类比原则，而跨领域由于强调关注一个领域之外更多的论域及其关系，因此与创新所依赖的异类关联或混搭在本质上是一致的，更何况，跨领域类比本身就是十分有用的创新方法；第二，在这种设计中，问题和解能共进化，若移植过来，将使计算创造力如虎添翼；第三，问题分解对于这种设计具有根本性作用；第四，这种设计方案常运用复合类比，因此能实现问题分解过程和记忆中的类比探索过程之间的复杂交互；第五，它包含着两个不同但有关的过程，即问题驱动的类比和基于解的类比。这些都是计算创造力发展计算理论、技术的工具，是建构有关创造力原型实例的模型求之不得的原则和方法。就类比而言，计算创造力研究离不开建构关于类比推理更先进的理论，要这样，它就必须借鉴、融合关于认知研究的新成果，而生物启发设计方案中正好包含这样的大量资源，如问题驱动的类比、基于解的类比、问题分解、复合类比、交互类比探索和问题解进化。将它们移植到计算创造力研究中无疑有广阔的前景。

---

　　① Goel A. "Is biologically inspired invention different?". In Toivonen H, Colton S, Cook M, et al (Eds.). *Proceedings of the Sixth International Conference on Computational Creativity.* Provo: Brigham Young University, 2015: 52-53.

三、计算创造力理解的适应论转向

这是计算创造力研究中极为活跃的鲍恩倡导的一种方案，后得到了像林科拉等同样颇有建树的计算创造力专家的响应和大力推进。这里我们重点考察林科拉等对这一方案的发展。在本书很多地方我们都碰到过"适应性创造力"这一概念，它是相对于生成性创造力而言的。这是一种根据创造力与价值的关系对创造力的分类，生成性创造力指的是没有自觉价值追求的创造力，适应性创造力则相反。适应（adaptation）一词源自拉丁语 adaptare，由 ad 即"朝向"和动词 aptare 即"调整或应用"构成，意思是通过一定的行为对事物做出调整，最终在新的环境中生存下来。作为一个学术术语，指的是生物与环境、生物的结构与功能等相适应的现象，或有机体通过不断的变化以与环境取得平衡的过程，包括同化与顺应两个方面。同化指把客体（外界事物）纳入主体已有的行为图式中；顺应指主体改变已有的行为图式或形成新的行为图式以适应客观世界的变化。根据新的创造力语义学，适用能力就是创造力，至少包含创造力，不然，有机体就不可能在变化的环境中生存下来。林科拉等认为，计算创造力的任务就是探讨如何建模和实现这两种创造力。生成性创造力的模拟不难，但建构表现适应性创造力的系统则相对困难。尽管已开发出了一些自适应的创新系统，但其表现不太令人满意，有的甚至与创造力无关。林科拉等认为，计算创造力要在建构适应性创新系统上取得预想的成功，前提性工作之一是研究创造性适应。根据对这种适应的研究，人们发现，其形式是多种多样的，其中一种是创造性自适应。只有弄清其机制和本质，才有可能进一步探讨如何改进、创造新的技术以在软件上实现这种自适应创造力。鲍恩认为，要建构出真正具有适应性创造力的系统，必须完成软件开发的范式转换，如从过程设计转化为自觉知系统的设计。如果这是一种战略的转向，那么可称作适应论转向。其目标是建构能适应变化着的情境的自适应系统，进而具备创造力。①这是一种软件系统，其基本系统在运行时是由其他组件监视和调控的，因此基本系统能在不断变化的情境下朝着目标运行。

自适应系统在计算创造力研究中已有一定知名度。它强调的是，一系统的创造力根源于它的自适应性质，判断它有无创造力，要看它有无自适应能力。林科拉等接受了这一看法，但补充了这样一个标准，即同时要看系统有无意图。在此基础上，他们对创造力提出了这样的新定义："自适应创造力是系统能有意地以新的、有用的方式自适应的能力。"②根据这一创新观，创造力有这样三个特点，即目的性、有用性和新颖性。

要让系统有这样的能力，设计者就应放宽对适应行为的软约束，提供自适应系统的手段，以增强其灵活性。应注意的是，放宽适应性约束又不应让不稳定行为发生。这就是说，采取创造性适应行为是有限制的，如只有当系统不知现有解决方案哪一个是可接受的时，它才需要采取这样的行为。另外，要想让系统在复杂环境中产生创造性行为，我们还需为系统设计持续的学习能力，让其有自我觉知能力。

如何让系统表现出创造力的上述三个特点？林科拉等提供的方案的要点是，设法让系统主动适应，并让系统有能力验证运行时的候选适应。就有用性而言，只要让系统适应的有用性一致于对系统在特定环境下的行为评价就行了，例如如果发现其有稳定性、有合适的性能就可认为其有用。要让系统的适应行为有新颖性的关键是为系统提供新的环境和可用资源，同时让它有

---

① Linkola S, Mäkitalo N, Männisto T. "On the inherent creativity of self-adaptive systems". In Cardoso F A, Machado P, Veale T, et al (Eds.). *Proceedings of the Eleventh International Conference on Computational Creativity.* Coimbra: University of Coimbra, 2020: 362.

② Linkola S, Mäkitalo N, Männisto T. "On the inherent creativity of self-adaptive systems". In Cardoso F A, Machado P, Veale T, et al (Eds.). *Proceedings of the Eleventh International Conference on Computational Creativity.* Coimbra: University of Coimbra, 2020: 362.

新的策略、新的配置和新的转换。最重要的是，要让系统的适应行为体现新颖性、有用性和目的性这三个特点，还要设法让系统实现自我觉知这一功能，如让它能知觉、理解它实施的操作以及它与环境的关系，让它有模仿和自建模的能力。他们说："自我觉知是创新行为的重要促成者，它能基于自己的理性推论和评价系统行为的价值、新颖性和目的性。"①

　　如何理解和建模自我觉知？如何让其在机器上实现？一般认为，自我觉知是一个伞形术语，因为它不仅包含许多不同但有部分重合的方面，而且还包含主干和各个分支，主干和分支朝多个领域和方向辐射。在计算创造力研究中，这些方向和方面可相对于元创新系统来考虑，如可从三个方面考虑，即目的自我觉知、情境自我觉知和资源自我觉知。所谓目的自我觉知是指对系统的目的、意图的把握和理解，其作用是让系统在对行为做出了调整后仍能保持目的连贯性，让其有目的性、价值性的适应行为保持不变。情境自我觉知的作用是让系统有能力理解系统当前情境的新颖性，以保证有意适应行为的完成。资源自我觉知的作用在于，维持基本系统的当前输入和输出机制。只有当系统能够表现这些方面的功能和作用时，创新适应系统才能如愿表现出新颖性、有用性和目的性三个特点。

　　为验证计算创造力自适应方案的有效性，林科拉等根据他们的理念和方案设计了这样的创新自适应系统，即社区温室光控系统。社区温室是一共享空间，在这里，每个人可以租一块地种植自己喜欢的植物。其光控系统是基本系统的典型例子，可以证明自适应创新系统的有用性、新颖性特点，能对情境的新变化做出推理，进而提高自适应创新系统的性能。系统的基本适应是由设计者安排的，但后面根据情境变化而完成的适应行为则是由系统自己

　　① Linkola S, Mäkitalo N, Männisto T. "On the inherent creativity of self-adaptive systems". In Cardoso F A, Machado P, Veale T, et al (Eds.). *Proceedings of the Eleventh International Conference on Computational Creativity.* Coimbra: University of Coimbra, 2020: 364-365.

"有目的和创造性"地完成的，如能用进化算法在变化的情境下探索新的配置——灯光设置。它有学习、记忆能力。它的自我意识能力能帮助系统衡量哪些已经储存的适应方式可用在变化的情境之下，以诱导探索，然后对适应作出评估，最后根据评估决定后面的适应行为。

林科拉等在 2000 种不同的情境下，对系统中的子系统作了 10 次运行试验。这些情境在植物高度、环境光照水平方面都是变化的、不同的。实验表明，即使是简单的新颖性评估机制也能帮助提高系统创新成果的有用性，减少资源的浪费。当然，在实现转型性创造力的新颖性时，其设计和性能还存在不足，有待改变软件的开放方式，如从指定系统需求开始，以允许更明显的创新行为。要完成这类改进，要做的工作还有很多，加之这里对适时运行行为系统的有效性和验证提出了新的、更高的要求，因此还有许多值得进一步探讨的问题。[①]

第三节　语料库语言学方法、统计方法及其与工程本体论的融合

乔丹斯（A. Jordanous）一直倡导并践行采用统计方法从事计算创造力研究。当然值得注意的是，如此应用的目的和具体的实施过程都极具个性。例如，他将这一方法用于计算创造力研究的一个目的是寻找在表述或描述创造力的过程中使用频率高的关键词，进而以此为线索去探寻创造力的构成和秘密。[②]

---

① Linkola S, Mäkitalo N, Männisto T. "On the inherent creativity of self-adaptive systems". In Cardoso F A, Machado P, Veale T, et al (Eds.). *Proceedings of the Eleventh International Conference on Computational Creativity.* Coimbra: University of Coimbra, 2020: 364-365.

② Jordanous A. "Defining creativity: finding keywords for creativity using corpus linguistics techniques". In Ventura D, Pease A, Pérez y Pérez R, et al (Eds.). *Proceedings of the International Conference on Computational Creativity.* Coimbra: University of Coimbra, 2010: 278-281.

弄清创造力本身的本质及构成，是建模和机器实现创造力，建构有创造力的人工计算系统的一个前提条件。而已有的对创造力的认知远不能满足这一需要，如尚没有符合计算机建模需要的形式化定义，有关文献对创造力及其构成的看法五花八门，莫衷一是。为解决这类问题，乔丹斯以一种新的方法，对创造力的界定问题展开了探讨，如利用语料库语言学方法，综合多种观点，以形成关于创造力的、能得到较普遍认可的定义。在一项研究中，他运用统计方法，对来自不同学科的 30 篇论文作了统计和分析，最后提取了创造力说明中最常用的关键词，具体揭示了它们的使用频率。在此基础上，他形成了一个词汇列表，并确认列表中的哪些词在学术论文谈论创造力时出现的频率最高。在他看来，它们是表述创造力的关键词，以它们为线索，有望找到创造力的关键构成。有这些构成就有办法对创造力作出计算评估。他使用的计算评估方法是，先弄清创造力讨论时使用频率高的词，然后将这些词的定义编码在一个计算测试之中，再将这些测试结合起来，以求得创造力测评的近似值。他选择这种方法论的逻辑考量是，只要能把创造力还原为一组更易于处理的子组件，其中每个组件被认为是创造力的关键促成因素，那么就能使自动化的创造力评价更易于处理。

下面再具体考察乔丹斯的方法论。先看他是如何在描述创造力的大量用语中搜寻表述创造力的用语的。在他看来，这一步是关于创造力统计研究的一项新的重要工作，其任务是找到创造力跨学科讨论中重要的、用得较多的词语。他之所以要搜寻这些词语，是因为他认为，它们可看作代表着创造力关键构成因素的关键词。

要找到这样的关键词，首先要做的工作是建立创造力语料库，即把日常生活和学术研究中指称、描述创造力的单词、短语和句子等汇集起来。这样的工作现在不可能完成，只能寄希望于未来。现在能做的是建构特定范围的创造力语料库。在这样的情况下，接下来就应思考这样的问题：搜寻有助于揭示创造力关键构成的关键词应关注什么样的创造力语料？他的回答是，在现有条件下，它们最好是书面文本，且应是讨论创造力的学术文献。基于这一理解，乔丹斯选定了30篇较权威的讨论创造力的论文，所选文献的时间跨度是最近30年。它们分属于不同的学科。乔丹斯把这些论文称作他展开统计分析所依据的创造力语料库。其选择标准是：对未来工作的影响（特别是引用次数）、发表时间、学科及作者的学术地位。选择好后，都将其生成纯文本文件。

在上述工作的基础上，他对它的用语作了分析，并提取了单个词语的使用频率。他还将这些词的频率与英语一般书面形式的数据进行了统计比较。基于对这些文献的统计分析，他发现，"新"在定义创造力和回答创造力是什么时使用频率极高。但在讨论创造力的重要促成因素时，人们的回答以及所用的词的差异很大，例如对创造力的心理测量关注的词是"问题解决""发散思维"等。计算创造力研究开创以后，文献中使用频率高的词是"新颖性"和"价值"或"有用性"。

接下来要做的工作就是从数据中抽取词频。在这里，R是一个对语料库语言学分析很有用的统计编码环境。利用R，就可从30个文本文件中构建出词频表。对于文本文件中的每个词，词频表列出了该词在整个创造力语料库中使用的论文数量和使用次数。

为了压缩词频表的大小，并关注更重要的词，乔丹斯将只出现过一次的词全部删除。另外，如果有的词没有出现在5篇论文中及以上，也被删除。他断言，一个词在创造力语料库中使用的次数与它在一般作品中使用的次数之间有一种关系。用统计学术语说，这两个语料库是相关的。如果两个语料库之间有显著的相关性证据，那么那些不遵循相关性总体趋势的词就是最有趣的，特别是那些在创造力语料库中使用频率高于在一般语料库中出现频率的词，更是如此。

最终的统计结果是，与创造力有关的、出现频率最高的词是，"有创造力的"（creative）、"创造力"（creativity），分别是 1994 和 1433 次。其他频率高的词依次是，"认知""领域""发明""开放""发散""加工""动机""能力""问题解决""个性""原创""关系""联想""问题""进化""程序""智能""计算""选择""假说""批评""有效性""测量""检测""启发式""复杂性""发现""图式""无意识""自我""知识""变量""新颖性""基元""原词""维度""点子"。

问题是，尽管词频表对于揭示创造力的决定因素有一定的启发意义，但它们依据的毕竟是纯语言使用频率。这个频率与创造力的真正秘密究竟是何关系，仍是一个没有得到澄清的问题。另外，上述统计结果也没有考虑语词使用的不同语境。要弄清有关语词与作为实在的创造力的关系，显然应研究这些词的语境或语义学问题。而从语义学上对关键词进行范畴化本身极为困难，且工作量极大。但从经验上说，语义学的研究必不可少，特别是要为与创造力关键词对应的创造力构成建模，这样的工作就显得更为重要，对未来的研究具有筑基的意义。

为解决语义学分析不足的问题，乔丹斯还是求助于统计方法，试图用它研究创造力讨论中关键词的意义。[①]由于这样的工作主要停留于纯语言的层面，而没有深入到语义学应关注的语言与实在、环境的关系之中，因此对于认识真实存在的创造力的意义不是很大。

尽管用语料库和统计方法研究创造力有种种局限性，但这样的工作对计算创造力研究还是有意义的，例如它对创造力评价就有奠基意义。因为计算系统要完成对计算系统创造力的自动评价，它必须有关于创造力是什么的参

① Jordanous A. "Defining creativity: finding keywords for creativity using corpus linguistics techniques". In Ventura D, Pease A, Pérez y Pérez R, et al (Eds.). *Proceedings of the International Conference on Computational Creativity*. Coimbra: University of Coimbra, 2010: 278.

照系。这里的方案从经验上引申出一组关键词，它们是学术研究中经常用来描述和分析创造力的词汇。由于它们与创造力有密切联系，指的是创造力的构成因素，而且它们有助于我们理解创造力的本质，因此它们从一个角度将创造力的构成、标志展示出来了，这便为对创造力的评价指明了方向。

乔丹斯开创计算创造力研究语言学进路的工作一直在拓展。这里再考察一下他与凯勒（B. Keller）所做的一项拓展性研究。在这里，他们尝试用语义网来辅助和完善统计语言学的加工技术。其目的是，在对创造力的大量用法作出梳理的基础上，重新对创造力进行概念化，即提炼、浓缩创造力解剖的成果，以为计算系统建模创造力奠定基础。

我们知道，语义网常被作为解决一系列棘手问题的方法而加以应用，因为它能以开放的、机器可读的方式对概念、价值等做出阐释和说明。链接性数据是语义网共同体常用的一个概念，可用来描述机器可读的、通过语义类型连接关联在一起的已发表数据。目前，语义网上的多数内容都是以"事物"的本体论的形式出现的，如表现为关于人、地点、叙事和音乐等主题的事实或数据的语义结构集合。因此这里将要用到关于创造力的机器可读的本体论方法。在乔丹斯等看来，关于本体论中的主观概念尽管少见令人满意的定义，但已有的对词汇资源的研究（如 WordNet[①]研究）为详细定义那些混乱概念奠定了基础，因此开发关于像创造力之类的主观概念的时机已经成熟了。

他们认为，把语义网与统计语言学等方法结合起来，可以帮我们在关于这个论题的学术论文语料库中找到与创造力有关的常用语词。词汇相似度测量将为聚类词汇和识别创造力的关键主题或构成要素提供基础。所找到的构件可为理解创造力的本质提供信息，进而有利于创造力的概念化。

---

① WordNet 是大型英语词汇数据库。在这里，名词、动词、形容词和副词被分成认知同义词组，每组都表达一个不同的概念。同义词集通过概念语义关系和词汇关系相互联系，所产生的有意义的相关单词和概念网络可以用浏览器导航（链接是外部的）。WordNet 的结构是计算语言学和自然语言处理的有用工具，可以免费公开下载。

　　他们通过综合运用关于创造力的机器可读的本体论与统计语言学加工技术、语义网、语料库等方法，根据 14 个构件（详下）来将创造力概念化，并探讨了如何将这里的概念化应用于对创造力的计算研究和创新实验的评估之中。[①]众所周知，由于创造力包含能力、属性和行为等复杂构成，因此要对它进行概念化，对它作出广泛的、一般性的、有利于应用的说明，就变成极为困难的问题。由此所决定，已有的概念化就有这样的缺陷，如表面、肤浅，太局限于某一狭隘领域，难以为 AI 所用，即使被运用，也受到了上述问题的限制。

　　乔丹斯等基于他们的方法论提出了这样的解决方案，即强调在概念化时，要放宽视野，尽可能包容多维度、多方面的阐释。唯其如此，才能帮助我们理解创造力，看到其具有共通性的领域，避免学科的狭隘性及其不利后果。[②]在用上述方法所完成的解析的基础上，他们把在创造力中找到的构成要素编码为资源描述框架。如此编码的要素和建构的本体论又可被广泛的研究团队作为语义网中的资源加以利用。

　　为了找到与创造力讨论关系密切的语词，他们用了词汇相似性测量标准，它允许有关语词自动地聚集在一起，进而有助于揭示创造力的共同主题或因素。按此思路分析下去，就可把创造力的构成要素揭示出来。在这个过程中，他们利用先前生成的一个"创造力语料库"，该语料库由从不同角度研究创造力的 30 篇论文样本构成。为了在这个语料库中找到在创造力讨论中使用较多的语词，他们采用了对关联度的标准统计测量方法。在这里，对数似然方

　　① Jordanous A, Keller B. "Weaving creativity into the semantic web: a language processing approach". In Maher M, Hammond K, Pease A, et al (Eds.). *Proceedings of the Third International Conference on Computational Creativity.* Dublin: University College Dublin, 2012: 216.

　　② Jordanous A, Keller B. "Weaving creativity into the semantic web: a language processing approach". In Maher M, Hammond K, Pease A, et al (Eds.). *Proceedings of the Third International Conference on Computational Creativity.* Dublin: University College Dublin, 2012: 216.

程是衡量被观察到的频率数据与预测频率分布吻合程度的指标。

为了找到与创造力讨论联系密切的词，乔丹斯等只选择那些在创造力语料库中观察到的计数高于预期的词，通过这些操作就找到了符合上述标准的694 个与创造力有关的词，其中名词 389 个，形容词 205 个，动词 72 个，副词 28 个。

应注意的是，他们对语词统计学的处理不是要解决语言学问题，不是归纳出关于创造力的综合性术语，而是要解决与创造力有关的工程本体论问题，即"弄清词汇数据中的关键论题"，即弄清创造力的构成要素。他们认为，所找到的词尽管不多，但对认识创造力这个主题绰绰有余。①创造力讨论中使用频率高的词找到后，他们就用统计语言分析技术审视原始数据、搜集、归纳、分类表示创造力的语词，然后在此基础上确认创造力的构成要素。这种方法从表面上看很费力，且不大可能考虑所有有关的语词，再者，在语言现象中找到的规律不一定是实在中存在的规律，但只要找到了适当的方法，这些问题是可以解决的，如他们让创造力语料库中的每个语词与所有语法关系通过列表关联起来，这关系是语词所组成的，且与它们的出现次数有关。②

将统计语言分析技术应用于创造力研究所做的一项工作是揭示语词之间的相似性，所用的方法是分析，如分析它们与语法关系列表的相似关系。不过，如此认识的相似性会面临与以下事实的矛盾，即关于创造力的语词在语料库中都有其独特的含义。他们的辩解是，它们尽管有其独特性，但多数词仍有其共同一般的意义。之所以要进行相似性分析，目的是基于相似性对它

① Jordanous A, Keller B. "Weaving creativity into the semantic web: a language processing approach". In Maher M, Hammond K, Pease A, et al (Eds.). *Proceedings of the Third International Conference on Computational Creativity.* Dublin: University College Dublin, 2012: 217.

② Jordanous A, Keller B. "Weaving creativity into the semantic web: a language processing approach". In Maher M, Hammond K, Pease A, et al (Eds.). *Proceedings of the Third International Conference on Computational Creativity.* Dublin: University College Dublin, 2012: 218.

们作出分类，以减小数据项的量，进而找到数据中的主题。有了这样的工作，就有可能在创造力语词范畴化的基础上，建立关于创造力语词的本体论构架。例如，通过分类找到的主题最后可进一步分为四类，即过程、主体、环境、结果。到了这一步，创造力的微妙（而重要的）方面便一目了然了。例如，创造力的存在方式及其结构便会显现出来，其内在的存在就随之大白于天下。基于此，他们认为，统计语言分析技术是有利于创造力的本体论研究的，例如，"基于这种分析，就能提取创造力的 14 个关键构成要素"[①]，它们分别是：原创性、一般的理智能力、价值观、潜意识加工、相应的情感、领域专门能力、思维和评价、应对不确定性的能力、社会交互和沟通能力、独立性和自由、思维发散和收敛、进步与发展、创立的成果、积极和坚持不懈。这 14 个构成要素合在一起，就形成了对创造力的概念化。

乔丹斯等的工作不仅在于揭示创造力的本体论，还试图"用机器可读的方式表述这些要素"[②]，进而让创造力在计算机上得到实现。

为完成这一任务，他们做了这样的新探索，如用链接数据原则把每个要素与语义网之内的其他数据源关联起来，以便根据已得到定义的概念来定义创造力。而为了达到这一目的，他们又用了"简单知识组织系统"这一能为在语义网内表征本体论数据提供模型的万维网联盟（World Wide Web Consortium，W3C）标准，同时还用了 WordNet 这一更大的语料库。该语料库其实也可看作语义网本体论。"简单知识组织系统"的本体论包含三个主要类别，即概念（想要记录的信息所关于的东西）、概念图式（即共同的定

---

① Jordanous A, Keller B. "Weaving creativity into the semantic web: a language processing approach". In Maher M, Hammond K, Pease A, et al (Eds.). *Proceedings of the Third International Conference on Computational Creativity.* Dublin: University College Dublin, 2012: 218.

② Jordanous A, Keller B. "Weaving creativity into the semantic web: a language processing approach". In Maher M, Hammond K, Pease A, et al (Eds.). *Proceedings of the Third International Conference on Computational Creativity.* Dublin: University College Dublin, 2012: 218.

义）、集合体（即由语义相关信息集合而成的整体）。基于这些，他们认为，创造力的每个构成要素都可被表征为一个个别的简单知识系统，或一个概念。

如何用机器可读的方式在计算机中表述创造力的 14 个构成要素呢？乔丹斯等的回答是，可通过工程本体论来完成。他们认为，语义网涉及广泛的知识领域，每个领域都有自己的本体论，要想以机器可读的语言定义概念，就需要将定义的任务分解到不同领域的专家。正好工程本体论有不同的层次，每个层次在定义中都有其特定作用，如顶层（upper）本体论可定义这样的词汇和概念，它们是机器上实现本体论所必不可少的，定义的方法就是提供元词汇，以把专门的本体论与更一般的概念关联起来。作为本体论的 WordNet 语料库和结构的实现为我们的应用提供了作为顶层本体论的 WordNet，因为它能把词汇的字符串（如"创造力"）与各种有关的概念关联起来，这些概念主要包括：含义、下位词、类型、注解以及其他有关的词汇信息。总之，顶层本体论的作用在于，可以帮我们把本体论中的概念与研究创造力需要做的工作关联起来。本体论的中层和底层都有其特定的构成和作用，在此就不一一详说了。只要明白他们如此分析所要表达的基本思想就够了，与创造力概念的上述 14 个要素相一致，创造力的本体论也包含 14 个要素，每个要素由一组关键词构成。在此基础上，他们用 WordNet 本体论将每个要素连接到一些相应的关键词之上，进而又通过 WordNet 本体论将每个要素连接到语义网之上。这种连接也为每个要素提供了进一步的语义信息。从工程实践上说，由于他们把创造力解释为 WordNet 中的概念表征的外延，因此机器或人就能明白创造力的一般概念与更具体的本体论分析之间的关系。

综上所述，乔丹斯等关于创造力的统计语言分析和本体论探讨，为创造力的机器实现消除了许多障碍。例如，"创造力"在已有文献指的是主观的、"软"的现象，加之，没有统一的创造力概念化，不同领域的创造力有不同的方式和特点，其构成因领域变化而变化，因此，要建模这种充满"千变万化"

的现象在计算创造力中就困难重重，以致悲观主义者不是认为建模不可能，就是认为已有的人工创新系统根本没有所谓的创造力。众所周知，工程本体论提出和创建的初衷就是要解决这些问题，特别是概念化不通用的问题。乔丹斯等借鉴和发展了工程本体论的方法，并结合统计语言学方法等，在创造力的理论探讨和工程实践上都取得了一定的成绩。例如，他们把创造力的构成要素表征为既有个性又有共性的东西，表征为"相当松散的维度集合，如属性、能力、行为"，他们提供的是关于创造力的更为广泛的理解，而没有刻意追求统一，这些都为机器的可读性进而实现于机器之中提供了条件。

第四节　计算创造力的突现论方案

"突现"作为解释事物起源的范式，或说明一种异质于原因的结果的模式，其广泛流传得益于刘易斯（G. H. Lewes，1817—1878）。刘氏是英国多才多艺、风流倜傥的哲学家、文学家、科学家，改造发挥米尔的思想，第一次把同质路径结果称作组合结果（resultants），把异质路径结果称作突现性产物（the emergents）。[①]在他看来，性质的产生有两种形式，一是生成，二是突现或层创或突生。正是这一区分，导致了"突现"概念的诞生。在他看来，生成指的是可以根据产生性质的结合成分来加以推测的产生样式，而突现指的则是不能预测的过程，相应地，突现的性质是指由这一过程新产生出的性质，该性质具有新的、间断性的、创造性的特点。这一思想得到了后来许多人的肯定，从而使"突现"一词既成了一个常见的哲学和科学概念，同时随着专门知识的泛化而成了一个在日常生活中使用频率较高的词。

客观地说，"突现"一词的确有自己新的、其他词表达不了的特殊的所

---

① Lewes G H. *Problems of Life and Mind*. London: Trübner & Company, 1877.

指，就此而言，可把它看作人类在认识世界之网的过程中所得到的一个新的认识结晶，即认识网络上的一个新的纽结，是一种看待和解释复杂现象的方法论框架。当然，由于人们看问题的角度不同，所处的认识层面不同，所关心的问题不同，因此对与该词对应的实在现象的本质及特点便有不同的看法。大致说来，有这样一些倾向：一是把突现属性看作与组合不同的非组合的属性；二是从新与旧的角度来区分突现和非突现性质；三是从非还原和还原角度来区分；四是根据不可预言或不可定推和可预言或可定推的角度来区分。我们认为，将这四个方面综合起来，就是突现这一看问题的模式的方法论框架。

突现论作为一种解释理论或有解释力的方法论模式萌芽于 19 世纪末，正式产生于 20 世纪初，是一种试图解释高层次、复杂性属性的既有科学倾向，又有哲学意蕴的复杂性理论。经过第二次世界大战前后的淡出，随着著名脑科学家斯佩里和哲学家邦格等基于新的科学事实的大力阐发，20 世纪 70 年代以后，突现论又回到了争论的旋涡。人们除了继续对它本身的问题展开研究予以推进、发展之外，还根据论证的需要，挖掘它所隐藏的潜在价值，以建构和发展自己的理论。例如，物理主义和二元论都对它抱有浓厚兴趣，尽力挖掘和开拓，将其整合到自己的体系之中，于是形成了一些打上了突现论印记的心灵哲学理论。

由于创造力是典型的复杂性现象，是"异质路径结果"，因此突现论早就成了心理学和哲学中研究创造力的方法论框架。最近，一些计算创造力研究专家鉴于已有范式在解释和建模创造力过程中的乏力问题，也开始倡导基于突现论的计算创造力研究方案，进而出现了明显的突现论转向倾向。我们这里拟通过考察卡里亚尼的有关研究工作来说明这一走向。

卡里亚尼在揭示创造力的本质和共性，论证计算系统表现的创造力应具备的特点时依据的是他重新赋义的突现性概念。根据他的新理解，突现性概念揭示了新颖性从世界中产生出来所用的方式，指的是这样的过程，通过它，新的、更复杂的程序从简单的先前状态中产生出来了，就像复杂的组织从有关生物、心理和社会因素的相互作用过程中产生出来一样。突现的形式多种多样，第一是热力学突现，在这里，新颖性表现为新的物质结构；第二是计算突现，在这里，新颖性表现为形式结构；第三是进化式突现，在这里，新颖性表现为生物结构和功能；第四是理论的突现，在这里，新颖性表现为有新的内容和体系的思想；如此等等。

计算创造力要建模创造力，要在机器上实现创造力，也要用突现的观点看待和实现创造力。根据突现论方案，创造力就是能产生新的有用东西的过程。有两种创新方式，一是将已有基元（primitive）结合起来——组合性突现，二是创造新基元——原创性突现。所谓基元是指系统中最原始的、不能再还原的构成单元或部分。新基元的形式包括属性、行为、功能等，这些并非先前基元的逻辑结果。原创性突现不同于非突现过程的特点恰恰在于它能产生这种基本的新颖性。最极端的突现事例是基础物质过程产生了有意识觉知。组合性突现与原创性突现的区别表现在，变化是否符合现有的可能性框架，或者解释性框架中是否有新的维度。用哲学术语说，前者是只需要认识论重构而不需本体论重构的新结构性、功能性基元，后者是世界上出现的新的、超越性方面，如意识的进化显现。

从 AI 角度看，更具实践意义的创新形式是创造新的功能形式，这对我们既有用，又较好实现。在生物界，功能突现的例子包括新的感知能力的进化，如色、声、香、味、触等感知能力的每一次突现都是一种创造性的进化。因为新出现的每一能力都是不能用已有的构成要素予以说明的，都包含新的、不可预言、以前所没有的东西，它们的结构、功能和行为都是如此。由此我们可得到这样的启示，即在计算建模时，如果能够让以前没有的新的结构、功能和行为发生，那么就等于让人工系统实现了突现性创造力。从认识论上说，要说明这种新出现的东西，人们必须改变解释框架。

能创造出新的结构、功能和行为的系统不只是生物系统，还包括心理和社会系统，因此 AI 在建模原创性突现时，不仅应以生物系统为原型实例，还应以心理和社会系统为解剖对象。它们之所以具备那种创造力，是因为它们经历了内在的自组织、自复杂化的过程。[①]当然，迄今最高级、最完善的创造力突现是人类所表现出的原创性突现，因此是最值得计算创造力关注的原型实例。根据卡里亚尼的解剖，人的创造力的首要特点在于，其创造力由适应性中枢过程完成，而这过程又是由感知运动器和以认知为中介的关联于外部世界的交互过程驱动的。其次，人脑的创造力最强大，程度最高，如能创造新的信号基元。大脑是如何创立新的信号基元的呢？一般认为，大脑是由许多神经元的大量集合体构成的巨大信号网络。如果每个神经元组件能自适应地产生和分辨动作电位的特定时空模式，那么新的模式就能在构成新信号基元的系统内产生出来。通过对神经元突触和轴突的修改来创建一个新的神经元组件，就相当于在系统中增加了一个新的内在可观察对象，在这里，有一个新概念，就等于有一种在神经系统内分析内在活动模式的方法。如果自适应调节神经组件产生的活动模式不同于已有的模式，那么神经网络就等于创造了一个新的信号基元。[②]

卡里亚尼关于人脑及其创造力的基本观点包含对联结主义和经典计算主义的扬弃，认为大脑同时是通信网络、预测器和具有目的论、语义性特征的引擎，它能根据先前经验来分析它的感性输入，组织、引导、协调有效的行动。[③]总之，大脑是一个开放系统。在这里，已有基元能被重新组合，新基

① Cariani P. "Creating new informational primitives in minds and machines". In McCormack J, d'Inverno M (Eds.). *Computers and Creativity.* Berlin: Springer, 2012: 384.

② Cariani P. "Creating new informational primitives in minds and machines". In McCormack J, d'Inverno M (Eds.). *Computers and Creativity.* Berlin: Springer, 2012: 406.

③ Cariani P. "Creating new informational primitives in minds and machines". In McCormack J, d'Inverno M (Eds.). *Computers and Creativity.* Berlin: Springer, 2012: 407.

元能被创立。组合性创造力是通过独立的信号形式产生的，这些形式能在复杂的复合信号中无损失地重组。突现性创造力是这样出现的，即新的信号形式通过奖励驱动的新神经组件的自适应调节而得以产生。当新的信号形式被创造出来时，新的有效信号维度也就出现在了系统之中。

卡里亚尼认为，自己尽管没有弄清中枢时间编码的本质，不知道将与属性有关的信号整合在一起以组成一个新对象的捆绑机制，不知道表征对象间关系所用的手段，他关于创新机制的脑科学分析及其建模尽管"不完善，且带有高度的尝试性"，但他提出的突现论方案为重新思考神经网络中新概念基元的产生提供了"基本框架"。有了这样的认知，就有可能设计和建构这样的自组织的，同时有模拟和数字化特点的人工大脑，它们在某一天"也许能生成我们头脑中规律出现的那类组合性和突现性创造力"①。

当用突现论范式考察已有的计算创造力研究时，卡里亚尼认为，已有的计算创造力存在着缺失真正的创造力这样的问题，例如对原创性突现的建构就是如此。要真正解决这一问题，就要着力探讨机器如何具有原创性突现或如何自主生成新基元这一能力的问题。而要这样，又要以人脑为榜样，用突现论观点解剖人脑及其创造力，因为人脑是能创造与新的语义、语用意义相关联的神经元信号基元的系统。要让计算机表现真正的创造力，或让创造力从计算系统中突现出来，必须建模大脑这样的系统。他说："应在自适应、自引导、自建构的目标寻求和感知行动装置中考察生成组合性和原创性新颖性的机制。"当这样的系统能自适应地选择它们的感知器和效应器时，它们就获得了一定程度的认识自主性，这种自主性允许它们建构自己的意义。②

根据卡里亚尼的观点，创造力作为一种生产力，其特点是让产生出来的

---

① Cariani P. "Creating new informational primitives in minds and machines". In McCormack J, d'Inverno M (Eds.). *Computers and Creativity.* Berlin: Springer, 2012: 413.

② Cariani P. "Creating new informational primitives in minds and machines". In McCormack J, d'Inverno M (Eds.). *Computers and Creativity.* Berlin: Springer, 2012: 383.

东西具有新颖性，而新颖性是相对于模型而言的。要理解这里的生新过程，必须解决这样的科学问题，即人和机器的创新过程究竟是什么，如何构成，有何机制等。卡里亚尼认为，可在突现论框架之下，根据基本的生成性和选择性过程来理解创造力。如果这样理解，创造力便成了一种普遍存在于自然界、人类社会和思维中的现象，当然它们的层次、等级是不一样的。在创造力的根源和机制问题上，卡里亚尼认为，就生物进化的创造力而言，它的主要机制包括变异和重组的遗传过程，具有遗传导向的表型建构以及通过差异生存和繁殖进行的达尔文式进化过程。就人脑的创造力而言，其机制涉及更直接、有效的神经连接和信号产生的符合赫布定律①的稳定性。赫布定律是神经科学家赫布所发现的这样的规律，即反射活动的持续与重复会导致神经元稳定性的持久性提升。例如，当神经元 A 的轴突与神经元 B 很近并对 B 的重复持续兴奋产生了作用时，这两个神经元或其中一个便会发生某些生长过程或代谢变化，致使 A 成了使 B 兴奋的一个细胞。

有了这样的认知，就可讨论计算创造力的设计问题，即如何生成进而增加人机结合的创造力，如何建构半自主的、有创造力的机器。②在他看来，计算创造力研究的工程学目标是，建构能增强人类创造力甚至能自主地创立新的思想的人工系统。这里的新不仅是相对于机器而言的新，而且对人也是如此。要达到这样的目标，就应设计能促进组合性突现和原创性突现的机器。让机器完成第一种创新不难，因为所有有适应能力的、可训练的机器都能利用组合空间的力量，为分类、控制或模式生成找到更好的参数组合，如遗传算法就有这样的作用。但能完成原创性突现的机器还没有出现。到目前为止，只有人类身上出现了这样的创造力。不过可以肯定，建构有此特性的人工系

---

① 是由心理学家赫布（D. Hebb）提出的关于神经元之间联系和变化规律的定律。

② Cariani P. "Creating new informational primitives in minds and machines". In McCormack J, d'Inverno M (Eds.). *Computers and Creativity*. Berlin: Springer, 2012: 384.

统是有可能性的。这里的关键是，要有办法让人工系统封装类似于动物和人的功能性组织。卡里亚尼在这里作了大胆探讨，认为只要能建构出自适应的、寻求目标的知觉—行动系统就有望实现上述理念。

　　要建构出这样的系统，必须有开放的观点。卡里亚尼说："对于设计能自动找到关于组合上复杂的、不明确的问题的新的、意想不到的解决方案来说，开放性至关重要。"①要具体落实开放的观点，当务之急是做这样一些工作，第一，看到宇宙中存在着开放地生成新颖性的突现方式。第二，从突现论角度研究创造力的本质和突现方式，进而做出建模。根据这一思想，创造力就是一种突现。而突现有两种，即前面所说的组合性突现和原创性突现。在组合性突现中，已有基元的重新组合被建构出来了，而在原创性突现中，全新的基元被重新创造出来。虽然组合系统在可能组合的数目上可能不同，但它们的组合集是封闭的，而原创性系统有可能的开放集。第三，二元互补性构念为理解变化和创造力提供了两种方式，一是让我们把它们看作在预定基元的有界集合上按照固定组合规则展开的结果，二是让我们把它们看作新的隐蔽过程和相互作用的结果，这些过程随着时间的推移而出现，以提供较大的自由度。第四，要深入认识创造力及其机器建模，还必须解决这样的方法论问题：如何认识原创性系统能通过传感器完成测量，通过效应器做出行动，通过计算映射和记忆完成内部协调，通过嵌入目标完成转向，通过弹性修改的机制完成自我建构、调适。要如此，就应根据句法学、语义学和语用学讨论这些操作的符号学。如果这样做了，"就可在任何这样的领域创造新的原始关系"②。

　　卡里亚尼认为，让计算机实现这样的创造力之所以可能，是因为已有一

　　① Cariani P. "Creating new informational primitives in minds and machines". In McCormack J, d'Inverno M (Eds.). *Computers and Creativity.* Berlin: Springer, 2012: 385.

　　② Cariani P. "Creating new informational primitives in minds and machines". In McCormack J, d'Inverno M (Eds.). *Computers and Creativity.* Berlin: Springer, 2012: 385.

些计算机技术为此铺平了道路，如擅长用更强大的计算引擎也能造出包含传感器、效应器和目标导向的转向机制的机器人设备。这些机制能为这些设备提供事先准备好的、成熟的语义学和语用学。接下来要做的工作是，设计能自己创造新的意义的机器，进而探讨这样的策略：它们能创造新的原始语义学和能与现有内部符号关联的语用学。

卡里亚尼强调，他对突现的阐发主要是服务于其实用性、工程性目标，由此所决定，他不愿陷入这里的哲学争论中，而关心这样的问题，即如何开发有利于生成符合有用性、新颖性这两个创新标准的启发式方法。由此，他的突现理论便有更鲜明的实用色彩，因为他在着力解决创造力的工程实现问题时仍在贯彻突现论原则，如强调，前述两种突现都包含对可能性的基本集合的认识。这些可能性是程序的最基本构件，即程序的原子部分或基元。[①]如前所述，"基元"指的是系统中不可分的、统一的原子或构件，它在系统里面有功能作用，但本身再没有构成部分或结构，因此是形而上学中最后的构成单元，既可表现为物质的最后构成，又可是符号和状态，还可是功能单元，是心性的原感觉、理论的原假定。从此角度说，突现要么是先前存在的基元的重新组合的显现，要么是完全新的基元的生成。

在这里，他尽管承认系统由基元构成，基元对系统至关重要，但断然反对还原论，即不认为有了对基元的认识就有对系统的认识，因为系统一经突现出来，就多于基元。他说："如果人们要理解有机体如何可能作为统一、自维持的整体起作用，不只需要弄清还原部分的清单和相应的机制"，还需要有与系统、功能有关的概念，需要有关于这些东西怎样起源的自然史知识。[②]这一反还原论对 AI 包括创造力在内的智能建模的方法论启示在于：要

---

① Cariani P. "Creating new informational primitives in minds and machines". In McCormack J, d'Inverno M (Eds). *Computers and Creativity*. Berlin: Springer, 2012: 387.

② Cariani P. "Creating new informational primitives in minds and machines". In McCormack J, d'Inverno M (Eds). *Computers and Creativity*. Berlin: Springer, 2012: 389.

建模自然智能，除了要有关于构成部分的知识之外，还应有关于整体的突现方面的知识。他说："尽管对大脑和电子计算机的纯分子描述有用，但无法告诉我们，这些系统怎样作为信息加工系统起作用。"①人工系统要用与大脑相同的方法来设计，就必须既有关于新的、适于再生组织和信息加工的基元的知识，同时还必须有整体的、突现的知识。

根据卡里亚尼关于计算创造力工程实现的突现论方案，理解了基元就容易理解组合性突现和原创性突现，并有办法将它们实现于计算系统之中。在他看来，组合性突现涉及一组固定的基元，其中之所以会出现让人惊诧、被评价为新颖的东西，是因为基元以新的形式组合在一起，进而形成了突现性结构。原创性突现之所以是更高级的创造力，是因为经过突现，生成了全新的基元。如何在计算创造力中建模这两种创造力呢？

以第一种创造力为例，其方法论操作是，在基元不变的情况下，通过调整它们的结构，让新系统从已有基元的组合中产生出来，进而突现出创造力。卡里亚尼说："这种从相对小的基元集合中生成结构和功能变体的策略是一种有力的策略，可以广泛应用于我们许多最先进的信息加工系统。"②因为数字计算机适合完成这种组合性创新工作，如生成符号的组合，并完成对它们的逻辑运算，其结构可被看作有用的、有趣的、以前没有看到的。卡里亚尼承认，如此实现的组合创造力也有其局限性，例如它们限制在固定的、封闭的基元要素集合之内，另外，组合创新无法产生新的基元符号，因为组合、再组合所得到的东西总局限在现在的、预先指定的符号之内。③就像把任意

① Cariani P. "Creating new informational primitives in minds and machines". In McCormack J, d'Inverno M (Eds.). *Computers and Creativity*. Berlin: Springer, 2012: 389.

② Cariani P. "Creating new informational primitives in minds and machines". In McCormack J, d'Inverno M (Eds.). *Computers and Creativity*. Berlin: Springer, 2012: 390.

③ Cariani P. "Creating new informational primitives in minds and machines". In McCormack J, d'Inverno M (Eds.). *Computers and Creativity*. Berlin: Springer, 2012: 390-391.

多的字母串在一起不能产生新的字母类型一样。在计算机模拟中也有类似的问题。例如，在所建立的封闭的可能性空间内搜索，不管如何在事先提供的模拟状态中遍历都不可能增加新的变量和状态。

如果只有组合性突现，那么计算创造力在计算的理解和建模中就难有根本的突破。根据一种理解，计算是一种信息加工过程。这个回答显然不令人满意，因为它并没有说明是什么把计算与非计算区别开来。根据数学的观点，计算指的是这样的程序，即涉及对无意义符号串的模糊识别和可靠处理。这是现在较流行的理解。在卡里亚尼看来，这种定义也有问题，即只适用于数学中的计算，不能反映真实世界中的计算。要理解真实世界的计算，必须有新的视角和观点。根据卡里亚尼基于突现论的研究，人的思维作为真实世界的一种计算就不是纯形化转化，而有语义学和语用学特点。计算概念要成为一个科学的概念，就必须反映这类特点，即必须看到计算是一种自然的变化过程。在这个过程中，既存在着具有内容和形式特点的可观察状态，又发生这些状态的转换，这种转换与有限状态自动机的状态转换有一致之处。这样理解计算既可将数字计算机的运算包括进来，又未遗漏自然界更为丰富的计算样式，如生物的进化、行星的运动、人的思维过程。

卡里亚尼还探讨了如何在计算创造力中建模原创性突现这一问题。他认为，计算机应该且可能实现这一创新形式。他说："为了产生新的符号基元，除了必须有对已有符号的加工之外，还必须有另外的、利用了新材料的动力学过程，它们能生成新的自由度和吸引子，正是它们成了新的类型符号的基础。"[1]所谓吸收子，即一个系统有朝某个稳态发展的趋势，此稳态即吸引子。在他看来，仅有在计算机上运行的程序，不管其多么先进，都不可能增加由硬件所启用的整个机器状态的数量，为了扩大任何特定时刻可用的机器

---

① Cariani P. "Creating new informational primitives in minds and machines". In McCormack J, d'Inverno M (Eds). *Computers and Creativity*. Berlin: Springer, 2012: 391.

状态的数量，我们必须进行物理的建构。[①]质言之，要如愿在计算系统上建模原创性突现，就必须解决硬件问题。要如此，就必须有计算机设备上的改进和突破。事实上已有这样的突破。其表现是，20世纪60年代就出现了这样的意识和冲动，如试图建构自增强和自组织的计算机设备。这类想法一直在持续和发展，并付诸实践，其表现是出现了自我复制的纳米机器人技术，后来还有通用自组织模拟计算机的概念。总之，这些新的概念追求的是创造这样的有自组织能力的计算系统，即它们能以物理方式生成自己的硬件。类似的工程实践也很多，主要表现在设计和建造更大、更快的机器之上，例如如今允许添加新模块的大型、可伸缩的服务器阵列就接近于上述构想。

如前所述，突现性创造力是可由人、生物系统、社会系统和人工系统完成的创造力，即具有可多样实现的特点，既然如此，计算创造力研究的多样化进路中就有这样一个进路，即关注人工系统本身，因为人造的控制论系统，特别是知觉-行为系统就有其特定的创造力，即能创造自己的知觉和行动基元。由此可得出结论："由内在目标和评价能力引导的自我建构是提供结构自主性和隐式动力学的必要条件，而这种自主性和动力学又是创造新的、有用的语义联系必不可少的。"[②]这些设备的共性是，有计算协调部件、传感器、效应器和自适应转向，有自我建构的目标导向机制。简言之，它们有传感器和效应器，其瞬间行为由计算部分控制，这部分能将感觉输入映射为行动决策直至运动输出。这样的人工设备有两类，一是功能得到固定的系统，二是自适应地修改或建构的系统。它们的自主性和创造力程度是不一样的，这又是由其复杂性高低、自适应建构的周期所决定的。

对于这些设备及其能力，可从句法学、语义学和语用学三方面来加以分

① Cariani P. "Creating new informational primitives in minds and machines". In McCormack J, d'Inverno M (Eds.). *Computers and Creativity.* Berlin: Springer, 2012: 391.

② Cariani P. "Creating new informational primitives in minds and machines". In McCormack J, d'Inverno M (Eds.). *Computers and Creativity.* Berlin: Springer, 2012: 396.

析和说明。句法学研究的是符号间的关系，语义学研究的是符号与所指的关系，语用学研究的是符号与人的目标状态的关系。这些关系可叠加在知觉—行动控制设备的功能图式之上。如此运行的设备有些有固定的功能，因此是稳态系统；有些可在现有的替代状态中自动切换以完成组合性搜索，此即组合系统；有些可添加可能的选项，以创造新的基元，此即创新系统。稳态系统没有创造力，因为它们不能自主地生成新的组合和新的基元。纯计算设备就是这样，它们只是确定地将符号输入性状态映射为输出状态，在形式上类似于确定的有限状态机。它们的内部状态与外部世界没有语义关系，只有程序员或用户指定给它们的东西。要想让稳态系统变成有自主性、语义性的动态系统，就必须在纯计算设备上增加传感器、效应器，进而使之成为机器人。这样的机器人由于有与世界的知觉、行动上的联系，其内部状态被赋予了语义属性，进而能根据环境特点作出适时反应，因此在本质上不同于纯形式系统。它们的输出不再是纯符号，但还不具有真正的创造力，因为它们不能自主地生成新的行为。要让其有真正的创造力，还需增加新的构件和机制。例如，要增加这样的评估传感器和操控机制，它们能切换计算部分的行为以形成自适应的计算机器。这是当前使用了监督学习反馈机制（自适应分类和控制、遗传算法、神经网络等）的可训练机器的高级操作结构。这样的设备能生成组合性创造力，因为机器是通过知觉—行动组合以寻找更优组合来完成搜索的。这样的系统有一定的自主性，如它能建构自身，选择传感器，因此具有一定的认知上的自主性。由于它能自适应进而创造它的意义，有其语义性，同时有目的性，根据目的调节行为，因此具有一定的动机上的自主性。这些自主性都依赖于结构的自主性，而这种自主性是硬件的自适应的自我建构能力。

　　再往前推进，如让设备有物理上修改物质结构即硬件的能力，以创造能建构新的状态、完成新的状态转换的传感器和效应器，甚至自己形成目标，就可促成这样的创新系统，它有生成新的基元的创造力。^①这样的创新系统的曙光已显露出来了，例如帕斯克（G. Pask）于 20 世纪 50 年代设计和制造的自适应的自建构的电化学组合就是如此。帕斯克的目的是想通过它表明：一机器怎么可能进化出它自己的关系标准或它自己的语义意义。据说，这个组合获得了感知声音振动的能力，并能区分两种不同的频率。换言之，它通过内外协调的运作，进化出了自己的感觉器官，形成了以前没有的感知能力，因此它自动创造了新的感知基元。

卡里亚尼认为，这类事例可以证明，突现性创造力在自适应设备上是可能出现的。当然，这些尝试是初步的，所实现的创造力极其有限。因为真正突现性的原创能力离不开自主性，而那些系统尚未表现这种自主性。所谓自主性指系统有自己的自由度，如自己决定并生成新的组合，从而作出自己的修改。生命的自主性就表现在能自主建构、再生组成部分和组织，而这些都不依赖于事先的安排，也无须设计者的预先规定和适时干预。自主性越大，创新力越强。有自主性还与这些现象有关，或有这些表现，如自修改、语义能力、有再生信号系统、自复制等。

人工设备能具有自主性吗？卡里尼亚认为，只要让机器有从物理上建构、修改自己物质结构或硬件的能力，就可让其表现出自主性。可按这样的步骤建构这样的机器，即先让它建构自己的传感器，接着让它根据外物刺激的种类形成感知能力的分化，如对应于色声香味，分别有其对应的感知设备。在行动方面，设法让机器建构自己的效应器。果如此，它就有了根据既定目标影响外部世界的能力。至此，该机器就获得了认识和行动的自主性，相应地也就拥有了处理与世界关系的能力，最终，上述开放的自适应机制引导的结构与组织封闭性就能促成功能的自主性，直至让突现性原创能力现实发生于

① Cariani P. "Creating new informational primitives in minds and machines". In McCormack J, d'Inverno M (Eds.). *Computers and Creativity*. Berlin: Springer, 2012: 401.

机器之上。[1]这当然只是卡里尼亚的美好愿望，要变成现实，还有很长的路要走。

第五节　情境主义方法论

这里所说的情境主义是广义的，既包括心灵哲学中的反个体主义或外在主义，也包括认知科学中的四 E 理论。这里的情境既包括社会的构成，又包括自然的因素，甚至还有生态的构成。在创造力问题上，这种情境主义作为一种方法、范式、思潮和运动，强调的是，应该用内外结合的办法来看待创造力，既要关注人的创造力，也要关注非人的创造力。在从计算主义角度解剖创造力，为之建模和让其实现于机器之上时，应重视包括身体在内的情境因素的作用。很显然，这是介于人类中心主义方法论和非人类中心主义方法论的中间路线。这样说不一定为所有人所赞同，但笔者是这样认为的。

一、情境主义的方法论创新

作为一种观察创造力和研究计算创造力的方法论，情境主义除了受到心灵哲学中外在主义的启发之外，直接得益于生态学方法论的推动。这一观察问题的范式最先是由奈瑟尔（U. Neisser）提出并加以阐释的，后得到许多人的认可和进一步论证，现十分流行。根据这个概念，人身上有这样一种关于自我及其创造力的觉知，即隐蔽地包含在对环境认识中的自我觉知，质言之，对对象的认识中一定有对认识者自身的认识。因为人所接受的关于周围世界的信息一定隐蔽地包含着关于知觉者本身的信息，尤其是有关于自我中心观点和空间具身性的信息，如自我觉知到自己面前的桌子。这觉知就包含关于

---

① Cariani P. "Creating new informational primitives in minds and machines". In McCormack J, d'Inverno M (Eds.). *Computers and Creativity.* Berlin: Springer, 2012: 402.

自己的信息，如桌子旁有一个自己，他在觉知，等等。因此生态学自我是嵌入生态环境中的自我[1]，同样，生态学意义的创造力就是嵌入环境中的创造力。

情境主义在方法论上的创新表现在，强调从原先常用的抽象方法转向情境化方法。抽象方法即传统自我和创造力研究常用的方法，其特点是将本不可分割的人与情境、人与世界的关系人为地分割开来，抽象加以研究，如只关注人之内的东西，不关注人在特定情境下所完成的行为，即不关心人的情境化行为，用反思、内省等方法去观察内心，琢磨创造力的奥秘。由于这种方法把意识、自我、创造力当成了对象，因此就无法真正弄清楚它们在行为王国中所扮演的角色。所谓情境化方法就是强调关注自我、创造力的情境化形式，探讨它们是否能成为认识自我、创造力的理论基础。它不孤立地看待和考察自我及创造力，而努力在与它不可分割、相辅相成的情境中予以考察，即把它们看作情境化于行为王国之内的东西。加拉格尔说："只有在更情境化的框架之内，人们才有可能建立更接近于根基而远离抽象的理论。"[2]换言之，借助这种方法，我们可以建构出一种关于自我和创造力的更广泛的、更少抽象性的模型。

做研究，出发点至关重要。要想建立关于自我、创造力的合理模型，也必须找到合适的出发点。通常的自我和创造力研究之所以不令人满意，是因为所选择的出发点有问题。例如，这类研究由于坚持采用抽象方法，必然以形而上学为研究的出发点。它们用抽象方法观察内部，以为在那里找到了自我和创造力，于是就去追问：它们是什么？如何构成？起源是什么？等等。情境主义反其道而行之，认为这个出发点只能是人的情境化行为。这种行为最好是伦理学所关注的伦理行为。因为伦理行为是形成关于自我、创造力理

---

[1] Gallagher S, Marcel A J. "The self in contextualized action". In Gallagher S, Shear J (Eds.). *Models of the Self*. Thorverton: Imprint Academic, 1999: 289.

[2] Gallagher S, Marcel A J. "The self in contextualized action". In Gallagher S, Shear J (Eds.). *Models of the Self*. Thorverton: Imprint Academic, 1999: 274.

解的最合适的出发点。其内在根据是，人的伦理行为最清楚地体现了人的情境化特点。因为人的伦理行为是负责任行为，而要如此，人内部一定有一个自主体，这个自主体必定是同一的、不变的，不然人在内外环境都在变化的情况下，就不可能围绕一个统一的创新目标去将一项创新任务一以贯之地完成。还应说明的是，情境主义倡导从情境化行为角度研究自我和创造力，主要是想说明这样的事实，即除了社会性自我和创造力之外，还有它所发现的情境化自我、情境化创造力。

情境性创造力有两个关键构成，一是意向态度。它由当下的、有目的和意图的内容所构成，而这内容又有让这些态度指向某一对象的功能。相对于行为的整个情境来说，意向态度又是它的一个构成方面。质言之，行为的总情境由意向态度和外在环境所构成。意图的形式很多，如相对抽象的、与情境无关的意图，实用性情境化意图（如与有目的行为有关的意图）、社会性的情境化意图等。二是情境化行为，即在特定情境下表现出来的随情境变化而变化的行为。根据情境主义方案，创新行为在本质上就是情境化行为。这是我们在创造力计算建模和机器实现时必须牢牢把握住并努力加以贯彻的一个原则。具言之，要按情境主义方法论原则建模创造力，就要清醒地认识到，情境化行为和行为出现于其中的情境，都是整体性的、具有现象学性质的东西，不能绝对割裂开来，不能做还原分析。尽管行为会影响、改变情境，但情境对行为也有不可分析的作用。由此，可推论出人身上的一种被过去忽视了的创造力，即情境化创造力。因为由于行为有此特点，因此在行为中必然有情境化的人、自我、创造力。它们本来就渗透于行为和情境之中，不能从情境中割裂、剥离出来，不能孤立地追问"创造力本身是什么"[1]。

情境主义方法论表面上突出观察创造力的第三人称视角，其实它也不排

---

[1] Gallagher S, Marcel A J. "The self in contextualized action". In Gallagher S, Shear J (Eds.). *Models of the Self*. Thorverton: Imprint Academic, 1999: 281.

除第一人称视角。质言之，它同时重视这两种观察问题的视角。因为两种视角都可帮人接近自我和创造力。只是这两种视角分别有自己的侧重。如果用第三人称观点去接近创造力，那么我们看到的是它与身体、行为、环境的不可分割性。第一人称观点可帮我们看到的是创造力的内在过程和生成机制，如"嵌入性（embedded）反思"是一种第一人称的反思观察形式。这种反思镶嵌在一种实用性或社会性的情境化意向态度及相应的行动之中，故名。在这种反思中，我们不会把意识或自我当作反思的对象，我们只会把它当作一个自主体。在这种情境下，我们的注意不是指向对意识的反思性审视，而是指向我们自己在世界中的活动。而这世界早已是我们的意图所指向的地方。

二、从具身性方案看情境主义方法论

由于我们在前面对生态学方案、动力学方案、镶嵌性方案等有较多涉及，这里再以具身性方案为个案，通过对它的考察来窥探情境主义方法论的具体内涵。根据具身性方案的方法论原则，创造力，包括计算创造力不可能凭空产生，一定是一种情境性、具身性活动，一定与文化、社会、个性和物理情境密不可分。人工创新系统的建构也不例外，也应体现具身性，因为它既然是一种试图反映人的创造力的个性、社会和文化方面的计算模型，就要遵循具身性原则。当然，如何让计算创造力表现出具身性，这对于 AI 来说既是挑战又是机遇。

这里我们拟解剖桑德斯（R. Saunders）等所建构的一个具身性人工创新系统（被称作"Curious Whispers"——"好奇的窃窃私语"），看它是如何贯彻情境性、具身性方法论原则的。据他们交代，他们这一研究的目的是将一人工创新系统具体化为一个机器人集合，该集合能自主移动，且通过歌曲交流。为此，他们讨论了如何根据具身性方案建构一个自主的、适用于创建人工创新系统的机器人平台。①透过这一工作，我们可以看到具身性方案在这种建模过程中的具体动因和主要特征。从思想渊源上说，他们的模型和工程实践是受已有情境主义方法论的启发并经大量综合而形成的、改进了的关于创造力的情境性模型。例如，他们的方法论中包含生态学方案和进化论方案的元素，前者是从计算上建模创造力的分布式方案，它突出环境的作用，把自主体与环境的关系看作建模创造力的首要考虑因素，后者强调的是进化论方法论。

根据桑德斯等对创造力与具身性关系的研究，与创新有关的过程对环境、其他自主体和创造活动的历史一定是开放的。由此所决定，模拟人类创造力的计算创造力必定既是挑战也是发展的机遇。为什么具身性对计算创造力必不可少？因为移动机器人的研究充分说明，研究若不考虑情境的实时作用，机器人的行为随环境的变化而变化就不可能实现。②要让机器人有这种自主、灵活多变的特点，硬件和软件的设计就都需遵循具身性原则，而这些约束又让开发过程关注计算模型的一些重要方面。再者，具身性的必要性还在于，它能为自主体应对超出计算限制所导致的后果提供条件，因为自主体只要有具身性，就可利用物理环境中的那些不可能从计算上模拟的属性，从而扩展自主体行为的范围。最后，具身性可以让自主体在环境中表现出可为人类理解的创造力。例如，文化自主体由于有自我反映的功能，因此允许公众考察自主体的本质。就计算创造力而言，这为更多人关注和研究人工创新系统所提出的问题提供了机会。

---

① Saunders R, Gemeinboeck P, Lombard A, et al. "Curious whispers: an embodied artificial creative system". In Ventura D, Pease A, Pérez y Pérez R, et al (Eds.). *Proceedings of the International Conference on Computational Creativity.* Coimbra: University of Coimbra, 2010: 100.

② Saunders R, Gemeinboeck P, Lombard A, et al. "Curious whispers: an embodied artificial creative system". In Ventura D, Pease A, Pérez y Pérez R, et al (Eds.). *Proceedings of the International Conference on Computational Creativity.* Coimbra: University of Coimbra, 2010: 101.

就开发创造力的计算模型而言，让自主体或软件系统具体化于物理和社会环境中的一个最大好处是，具身性可将超越计算元素的文化情境带进这种系统之中。佩尼（S. Penny）在论述具身文化自主体时说，面对这样的自主体，"观众（必然）根据自身的生活经验来解释机器人的行为……这样的机器一定会被赋予它本身所不具有的复杂性"。这样的观察突出的是观众与机器人互动的、文化背景上的本质。在佩尼看来，"大量被阐释为'机器人的知识'的东西实际上存在于文化环境之中"[①]。

根据上述方法论原则，桑德斯等建构了一个被称作"好奇的窃窃私语"的人工系统。在这里，他们设法发挥将人工社会置入人的物理和社会环境中的潜力，并从工程上探讨如何建造出能表现创新行为的机器，如何开发作为机器人的具身自主体。在过去，这样的研究都是在音乐、绘画等领域中进行的，如设计能即兴演奏，能与观众互动的机器乐手，最典型的是 Mbots 之类的机器人能在抽象绘画上表现出创新行为。桑德斯等基于自己的方法论认识到，在创造性社会中，求新、有好奇心是每个人的关键动力。人工自主体要成为真正的自主体也应有此特点。而要设计充满好奇心的自主体，就得在弄清好奇心的机制的基础上建构关于好奇心的计算模型，质言之，要设计出有好奇心的自主体，就得有关于好奇心的计算模型。桑德斯等依据他们的方法论建构出了这样的模型。根据这一模型，好奇心是由认识到关于情境的知识欠缺所激发的，形成后具有驱动行为、减少不确定性的作用。根据这一模型建构的有好奇心的自主体，能将效用功能最大化，如根据先前对享乐功能利用的经验去发现某种"有趣的"东西。用具身论术语说，这样的好奇心就是努力从物理环境和社会关系中学习的冲动或动机。这样的看法在现今的计算创造力中有一定的代表性，如有的人创立了"新反射运动"（neotaxis）一词，

---

① Penny S. "Embodied cultural agents: at the intersection of art, robotics, and cognitive science". In *AAAI Socially Intelligent Agents Symposium*. Cambridge, 1997: 103-105.

它指的是基于被知觉到的新颖性而出现的运动，对于自主机器人映射空间来说是一种有用的行为。还有人提出了所谓的 Wraith 算法，这是一种分层结构，可用来建构适合模拟创造力的有好奇心的机器人。还有人将好奇心作为支持社会机器人交流的基础。当然，桑德斯等在这里不是简单照搬已有的看法，而是有自己的创新。例如，他们认为，当关于好奇心的计算模型被用作智能环境中的动机模型时，一种新的空间即一种充满好奇心的场所就出现了，这个场所是一种智能环境，它用有好奇心的自主体来适应不断变化的用户行为，并预测用户的需要。就作用而言，它为物理环境中的具身性创造力提供了新的机会，还发挥主动预测行为、识别和促成创新行为的作用。[①]此外，桑德斯等还有这样的创新，如由于看到好奇心与新颖性、趣味性密不可分，因此他们的模型便有对它们及其关系的建模。根据他们的模型，对趣味性和无聊感的计算都是根据新颖性探测装置完成的，这种装置最初是作为分辨有关过程中的潜在故障而开发的。与监控应用程序不同，新颖性在建模好奇心时被认为是一种值得追求的品质，特别是被检测出的新颖性被看作正强化的基础。

桑德斯等认为，有好奇心的自主体为开发作为人工创新系统的具身自主体提供了有用的基础，因为这种自主体在建模自主的创新行为的过程中被证明是有用的，已经被用于这样的机器人之中，有促进机器人终身学习的作用。

总之，以情境主义为基础的具身性方案是不同于人类中心主义和非人类中心主义的新方案。它的关于创造力的情境性、具身性模型是为计算建模和机器实现而建构的关于创造力的模型，不同于以前的方案的地方在于，它想建模的是情境性创造力，试图提供关于研究创造力的统一方案，即试图为社

---

① Saunders R, Gemeinboeck P, Lombard A, et al. "Curious whispers: an embodied artificial creative system". In Ventura D, Pease A, Pérez y Pérez R, et al (Eds.). *Proceedings of the International Conference on Computational Creativity.* Coimbra: University of Coimbra, 2010: 103.

会和文化情境中的人和人工系统的创造力提供整合性框架。

　　类似的方法论探讨还有很多，如有这样一个方案，它倡导把人和机器的创新系统建构成包含三个相互作用子系统的大系统,三个子系统分别是领域、个体或自主体和专家团队。一个领域就是一个有组织的知识体系，包括专门的语言、规则和技术。个体指创新系统中的新成果的生成者，其基础是领域中的知识。专家团队包含所有能影响领域内容（如创造者、观念、批评者和教育者）的所有个体。在这种框架中，个体间的相互作用、专家团队和领域的结合共同构成了创新过程的基础，在此基础上，个体从领域中获得知识并向专家团队提交供评价的新知识，如果专家团队认可所提出的新知识，那么它就成了创新成果，成了领域的组成部分，并可为其他个体所利用。[①]

　　桑德斯等不仅发展了以前的关于创造力的情境主义方法论和模型理论，而且探讨了如何将方法和理论应用于工程实践的问题，提出：将他们的模型应用于工程实践就可建构出这样的人工创新系统，它由能够独立生成、评估、交流和记录新成果的，有好奇心的自主体所构成。

　　问题是：这样的模型如何得到工程实现呢？桑德斯等基于自己的探索，设计了一个所谓的"好奇的窃窃私语"计划，目的是开发能使用上述关于具身的、有好奇心的自主体（即有好奇心的机器人）的模型的人工创新系统。上述计划其实是一些思想实验，在对之进行了一定的转化和发挥的基础上，他们从工程实现上将一个机器人建构成添加了扬声器、一对麦克风和足够处理单元的简单媒体。这些处理单元能表现自己对声音环境的"兴趣"。该机器人的结构被设计成由有专门功能的模块组成的系统，这些模块的功能分别是：音频捕捉和处理、歌曲分类和分析、对兴趣和无聊的计算、声音生成和输出、维持电机系统的运转。

---

　　① Feld D, Csikszentmikalyi M, Gardner H. *Changing the World: A Frame Work for the Study of Creativity*. Westport: Praeger Publishers, 1994.

　　他们的机器人是在 SparkFun 电子公司的裸体机器人 ArduBot 平台上建造的。这个平台被设计成了能使用 ArduBot4 接口板来开发移动机器人的最小、成本最低的平台。为了让这些机器人在环境中移动又不致损伤自己，每个机器人都有一对连接在触摸传感器上的触须，它们能让机器人在碰到障碍时停下或后退。安装在转型活动臂上的小型麦克风可捕捉到两个音频信号，通道上得到的、表征被检测到的最活跃的频率的值（从 0 到 63），可附加到短期内存中。当短期内存总共包括 8 个频率时，这些值就会被打包成一个矢量，并呈现给一个小的自组织映射（self-organizing map，SOM），它可作为长期内存发挥作用。如此组建的机器人没有必要维持所有可能歌曲的完整空间地图，其中的每个机器人只需建构关于最近接触过的歌曲的局部地图。

　　歌曲的新颖性是根据歌曲的矢量表征与 SOM 中所有原型之间最短的欧几里得距离来计算的。为了计算机器人对当前歌曲的兴趣，他们设计了一个非线性函数，可用来转换新颖性的值。有了这些设计，机器人就能区分歌曲是否有趣，如对机器人最有趣的歌曲是相似但又不同于最近接触的、储存在 SOM 中的那些歌曲，储存在短期内存中的东西对机器人就没有什么兴趣。如果没有接触到有趣的歌曲，机器人就会"感觉到无聊"。在这里，"无聊感"被计算建模为长期兴趣水平上的一个临界值。如果机器人有无聊感，那么它就会从倾听的模式转化为生成的模式。[①]

　　桑德斯等的机器人也有歌曲生成系统，但代价昂贵，因为生成新的作品的处理方式与先前的人工创新系统大不相同。要生成一首新歌，机器人要么得从 SOM 的原型中随机选择一个，并作出变异，要么选择两个，再用遗传算法中的交叉操作将它们组合起来。再者，对所生成歌曲的分析要利用机器

---

　　① Saunders R, Gemeinboeck P, Lombard A, et al. "Curious whispers: an embodied artificial creative system". In Ventura D, Pease A, Pérez y Pérez R, et al (Eds.). *Proceedings of the International Conference on Computational Creativity.* Coimbra: University of Coimbra, 2010: 105-106.

人的具身性能，以重用已经存在的分析系统。机器人生成新歌曲的"创新"
既得益于其长期内存中的原型，又与情境有关，例如当它发现一首歌曲有趣、
值得与他人分享和交流时，就会生成一首新歌。[①]

　　总之，"好奇的窃窃私语"这一人工系统的建构旨在让具身人工创新系
统的理念得到机器实现，即通过机器人系统来实现这一理念。不同于一般的
人机互动系统的地方在于，这样的建构没有把人放在优先地位，相反，只是
让人作为与机器人平等的一员进入人工创新系统。该系统被要求生成对机器
人有兴趣的歌曲。可见，这系统是对人类开放、可与人类互动的系统，允许
自主体利用人类参与者创造的社会和文化环境。

　　根据具身主义方法论建构的人工系统在创新性上是否就优越于没有这些
特点的系统呢？桑德斯等认为，这不是一个事实问题，而是一个评价问题（这
样说当然是有争论的）。这里有待于通过实验来评价的问题主要包括：①具
身性对于研究人工创新系统是否有优于其他方法论和模型的突出优势？②人
与人工创新系统的互动如何解释机器人的自主作用？为论证他们的系统有更
大的创新潜力，他们探讨了这里涉及的评价问题。他们承认，尽管评价人工
创新系统的行为极为困难，但他们认为，行为的多样性是获得创造行为的关
键因素。一种评估创新行为的方案就是将行为多样性加以量化。据此，他们
对具身自主体以及作为整体的人工创新系统的行为多样性作了量化，并把它
们与其他非情境主义的系统的表现加以比较，以揭示具身性对创新过程的作
用。他们认为，检验可在这样的环境中进行，在这里，听众可接触到机器人
社团，可与它们分享相同的空间，参与它们的活动。为了研究具身性影响人
类解释机器人自主作用的方式，评价者有机会用特定的合成器与机器人系统

　　① Saunders R, Gemeinboeck P, Lombard A, et al. "Curious whispers: an embodied artificial creative system". In Ventura D, Pease A, Pérez y Pérez R, et al (Eds.). *Proceedings of the International Conference on Computational Creativity*. Coimbra: University of Coimbra, 2010: 107.

互动。在这个过程中，机器人若能根据新情况完成程序中没有的新行为，评估的人就能说它具有具身性的创新行为。[1]在桑德斯等看来，即使不能肯定采用他们的方法建构的系统在创新表现上优于其他系统，但至少可以肯定，这样的系统能完成创新行为。我们认为，这样说还是有其根据的。

三、从社会—延展方案看情境主义方法论

社会—延展方案是计算创造力对四 E 理论的一个发展，其表现是，在继承认知科学的延展理论的基础上，强调在看待创造力时不仅要有延展性维度，看到身体以外的自然因素如手上用的手机、电脑对创造力的生成和作用发挥的制约作用，甚至把它们看作创造力的内在构成，而且要承认社会因素对创造力更具根本性的作用。这一新的方法论是鲍恩研究自然创新系统和人工创新系统的本质、构成的一个结晶。

鲍恩认为，要提升计算创造力研究的水平，不学习或参照范例肯定是没有出路的，而要找到范例，就必须同时关注各种创新系统，特别是像人的创造力这样的自然创新系统，因为这是所有创新系统中发展得最成功的榜样或范例。就人这一创新系统而言，他之所以有创造力，一是离不开他所用的工具，例如艺术家若没有其特定的工具，是不能完成他的创新的。就此而言，他的工具可看作其延展性的表现，在特定意义上也可说他的工具成了他的创造力的组成部分。二是离不开社会。这是人的社会嵌入性的表现。鲍恩说：对创造力的完全理解，"离不开认识到价值如何在社会系统之内被产生出来"[2]。这两方面是艺术家完成其创新的必要条件或必然构成。孤立的个体

---

① Saunders R, Gemeinboeck P, Lombard A, et al. "Curious whispers: an embodied artificial creative system". In Ventura D, Pease A, Pérez y Pérez R, et al (Eds.). *Proceedings of the International Conference on Computational Creativity.* Coimbra: University of Coimbra, 2010: 108.

② Bown O. "Generative and adaptive creativity: a unified approach to creativity in nature, humans and machines". In McCormack J, d'Inverno M (Eds.). *Computers and Creativity.* Berlin: Springer, 2012: 366.

是不可能有创造力的。

由于看到创新能力离不开对象和周围的有关存在，鲍恩因此把有创造力的系统理解为以自主体为中心的包括周围事物的大系统。他承认，他的这一思想受到了克拉克延展心灵论的启发，当然有新的发展，其表现是强调，有创造力的系统是一种分布系统，其内除心灵、个体的人之外，还有周围的对象、工具等，甚至"还应把社会复合体看作包含或多或少认知因素的分布式系统"①。

鲍恩赞成基本自主体和次级自主体的划分方法，认为这对建构关于创造力的社会—延展论极为重要。次级自主体除了包括艺术工具等之外，还可建构成内涵更丰富的次级自主体概念，如肯定它有创新潜力，其内和其外都有很多相互作用的方式。如果是这样，计算创造力研究的思路和视野就应发生相应转变，如重视开发具有自主作用的人工制品。在做这样的研究时，应关注自主作用的等级、程度、差别，而不只是范畴上的分类。例如，交互式遗传算法就是这样的人工进化系统，在其中，用户就可"培育"某种形式的有审美价值的产品。这一系统只有在生存和测试周期中与人类用户结合才能获得适应性创造力，不过，它允许用户探索新的模式和行为，因此，它的自主性不高，但它是参与性的，这是由人类用户和外部价值系统所决定的。由此可以看出，交互遗传算法既是一种能延伸个体认知的有创造力的工具，也可以成为具有社会性的集体创新系统中的一员，在这种集体创新系统中没有一个成员能被看作人工延展系统的中心。其中人的心灵和机器形成了一个相互作用的异质网络，它让我们从社会层面关注这种融合了人和人工制品的进化系统。

鲍恩相信，如此改进的计算创造力研究将促进社会计算的发展，例如让

---

① Bown O. "Generative and adaptive creativity: a unified approach to creativity in nature, humans and machines". In McCormack J, d'Inverno M (Eds.). *Computers and Creativity*. Berlin: Springer, 2012: 366.

个体计算发展成社会计算。①如果是这样，计算创造力的视野和方法论就应相应予以拓展和重构。例如，在延展主义方法论的基础上增加对社会创造力的关注和研究，以开放的视野接纳社会创造力。根据鲍恩的新的、综合了延展创造力和社会创造力范式的方法论，要发展计算创造力研究，应解剖社会系统及其创造力。社会系统之所以有创造力，首先是因为它是一个统一体。从构成上说，它是多，由许多作为统一整体的结构构成，如家庭、组织、国家等。在有些情况下，它们有计划、有目的地行动，有时也有其创造力，如美国作为一整体的创造力远大于其他国家。这种创造力不是单个个体创造力的相加，因为整体功能必然大于部分之和。社会系统的创造力形式多种多样，从大的方面说有生成性和适应性创造力。

根据鲍恩的新方法论，要理解社会系统的创造力，就要理解人类社会行为中合作与竞争的动力学。合作的作用显而易见，就竞争而言，它们有一种内在的自维持结构，如那些成功的进而能影响后代的人就可用这样的方式行动，即强调他们成功所依赖的竞争原则。得了奖的人会赞成并维护这样的制度，那些在某组织中成功的人会努力巩固这样的组织。这类作为文化现象的合作与竞争又是根源于这样的进化机制，第一，文化行为之所以出现，是因为个体身上发生了专门的进化性适应，如模仿成功行为的能力、理解其他社会成员目标的能力、操控行为的能力、适应性创新的能力。第二，这些适应性又引起了这样的结果，即源自家庭、群体的有结构的适应性社会单元，集体的利益正是在这里建立起来的。社会群体之所以有创造力，是因为它有协调和组织个体的行为及机制，其组织性、凝聚力越高，其创造力就越大。群体还能通过资源和力量的分配，激励、强化和开发个体和群体的创造力。

---

① Bown O. "Generative and adaptive creativity: a unified approach to creativity in nature, humans and machines". In McCormack J, d'Inverno M (Eds.). *Computers and Creativity.* Berlin: Springer, 2012: 367.

　　鲍恩基于上述方法论强调，计算创造力研究今后应加强对社会创造力的建模和工程实践，不仅要重视对适应性和生成性的社会创造力的建模，而且要在探讨社会的生成性创造力与个体的适应性创造力关系的基础上探讨如何在计算创造力研究中建模这种关系。他承认，艺术创造力的建模中已有这样的建模尝试，如桑德斯、索萨（R. Sosa）等就做过这样的工作，但远远不够。为加以改进，鲍恩设法将这类范式和方法论应用于进化背景，以探索进化计算如何与生成性社会创造力结合在一起。他认为，基于这样的探讨，可建构关于艺术方面的计算创造力的生成性和适应性方案。[①]当然，这里有这样更具挑战性的工作，即探讨在计算创造力的机器实现中，如何像人和社会系统那样，让生成性创造力与适应性创造力相互作用。鲍恩说，这里的一个有用的目标是，"在关于艺术社会行为的模型（和实验）中更好理解这种相互作用，包括研究作为不同系统相互作用媒介的价值"[②]。因为通过这样的理解，我们能找到把生成性创造力与适应性创造力结合起来的办法。

　　总之，根据计算创造力研究的社会—延展范式和方法论，已有的有创新能力的人工系统并不是真正的自主体，要么是人-机联合体，要么是人的代理，要么是人的仆人。例如，H. 科恩的会画画的 AARON 就是一种创新过程的仆人或助手，而 H. 科恩才是这一过程的真正主人。新方法论想变革的是，让软件系统成为它所发挥的创新作用的真正作者，如在艺术领域，就是要建构一种具有物理实体的、自主的机器人艺术家，它是作品的真正作者，而不是人类创造过程的代理。在实现这个目标的过程中，不能像过去那样，把计算创造力当作个人创新实践的假想性延伸，而仍应坚持社会性方案，对适应性创造力展开更深广的研究，同时设法把它与生成性创造力结合起来。在这里，

　　① Bown O. "Generative and adaptive creativity: a unified approach to creativity in nature, humans and machines". In McCormack J, d'Inverno M (Eds.). *Computers and Creativity.* Berlin: Springer, 2012: 373-374.

　　② Bown O. "Generative and adaptive creativity: a unified approach to creativity in nature, humans and machines". In McCormack J, d'Inverno M (Eds.). *Computers and Creativity.* Berlin: Springer, 2012: 375.

既可把生成性创新系统分析为适应性创造新过程的工具，也可把它看作异质社会网络中的一个因素，而该网络本身有生成性创造力。

第六节　基于解释的学习—计算创造力方案

"学习创新"似乎是一个矛盾的说法，因为没有学到创新方法就无法达到创新目的，而学到了的创新似乎又不是创新，只是在模仿、重复。至少可以说，学习创新是极其困难的。其困难主要表现在，每个创新行为都极其特别，似乎没有共同原则和规律，因此学会了别人的创新方法和过程并不等于自己也能创新。这里的困难类似于类比推理的困难。表面上，类比推理中的两种情况是相同或相似的，而实际上，两个对象之间的每一次映射都是一种新的、独一无二的映射。就事实而言，学习创新似乎又是客观存在的。例如，人的创新能力有学习的一份功劳，即使是创新的天才不仅在成为天才之前离不开学习，而且在创新过程的进行时也经常要不断学习。当然，如何学习创新，对于人来说无疑是一个难题，对于计算创造力的建构更是如此。为化解这一难题，基于解释的学习—计算创造力方案[①]便应运而生。这是格雷斯（K. Grace）等论证的一种发展计算创造力研究的方案。他们认为，计算创造力应开发这样的计算创新系统，它们可以从先前经验中学习，并将它们应用于对未来行为的调适之中，甚至用来解决以前没有碰到的问题，进而拥有自己的创新能力。

这一方案是建立在问题能据以重新解释的学习方法之上的。格雷斯等以简单视觉联想领域中的研究为例，展示了这一方案的一个概念证明，讨论了

---

① Grace K, Gero J, Saunders R. "Learning how to reinterpret creative problems". In Maher M, Veale T, Saunders R, et al (Eds.). *Proceedings of the Fourth International Conference on Computational Creativity.* Sydney: The University of Sydney, 2013: 113.

这一方案为什么以及如何整合进其他系统之中。

从逻辑上说，要建构关于学习创新的计算创造力方案，首先要解决这一方案建构的前提性问题，即"学习创新"的理解问题，或像格雷斯等所说的概念的重新界定问题。根据他们的重新界定，学习创新只能指这样的过程或现象，即通过学习别人的创新来积累创新的经验，而经验是创新的必要条件。具体有两种意义，一是学习在特定创新过程中有用的知识、技能，二是学习如何成为更优秀的创造者。

"学习创新"方案的目的就是要建构这样的系统，通过学习，积累经验来形成、改进、发展计算系统的创造力。格雷斯等说："建构这样的系统是计算创造力研究的一个有趣目标"，将为系统提升自主性开辟道路。[①]他们建模的学习主要是第一种能力，即学习在特定创新过程中如何获得有用的知识、技能。这是通过一种所谓的"简化方案"完成的，如先学习解释，然后确定先前成功解释的相关性，接着再把它们应用到当下解决问题的创新情况之中。如何判断解释是否成功、是否适当？回答是，"任何对当下对象表征有非零影响的解释都可看作能影响当前关联问题解决进程的解释"[②]。这里的"学习创新"研究为什么要在解释上大做文章？如前所述，学习创新其实是学习对创新有用的（作为必要条件的）经验，而要让经验在创新中发挥作用，必须借助类比，即把一个地方有用的经验类推（映射）到另一情境之中，这种应用相对而言显然是"新的"。根据对类比的解析，类比不外是联想加转换。根据这些理解，他们建立了解释驱动的联想模型。里面有重新表征和映射探

① Grace K, Gero J, Saunders R. "Learning how to reinterpret creative problems". In Maher M, Veale T, Saunders R, et al (Eds.). *Proceedings of the Fourth International Conference on Computational Creativity.* Sydney: The University of Sydney, 2013: 113.

② Grace K, Gero J, Saunders R. "Learning how to reinterpret creative problems". In Maher M, Veale T, Saunders R, et al (Eds.). *Proceedings of the Fourth International Conference on Computational Creativity.* Sydney: The University of Sydney, 2013: 114.

索过程的循环交互，其作用是构造两个对象的兼容表征，并在它们之间形成新的映射。其中一种解释被认为是能应用于被联想的对象的表征的转换。这些转换在探索映射进程中能被建构、评估和应用，如转换探索空间，在探索进行时影响它的轨迹。由于表征与映射探索并行推进，且有迭代调适，因此解释就能影响对映射的探索，反过来，映射又能影响表征的建构、评估和应用。

在这个模型中，解释的回忆是迭代解释过程中的一步。在此过程中，过去成功的解释系列会相对于任何适用于当前情况的解释而得到检验。成功的解释就是先前引起了联想的解释，进而能得到重构，并重新应用于新的联想。总之，解释驱动的模型的这一特征使得以往经验能够影响联想行为，从而成为阐释创新过程中学习作用的基础。[1]

在他们看来，如果学习只停留于对对象和结果的学习，那么其对创造力的作用就是有限的，因为创新问题极为复杂。只有像他们那样强调整合性学习，把它看作包含解释这样的转换机制、能获得不同观点或视角的过程，学习才有可能成为创造力的推手。[2]

这一模型其实是对基于解释的创新学习及其潜力的探讨和建模，它允许先前经验影响联想系统的行为。格雷斯等还基于建模，建构了能实现这一模型的人工系统，它在有了一系列经验之后就能产生不同的结果，如通过解释学习，先前建构的联想能影响新的联想，过去的联想能起到启动系统的作用，在未来联想中产生特定结果。在具体实验中，他们先让系统暴露在特定刺激

---

① Grace K, Gero J, Saunders R. "Learning how to reinterpret creative problems". In Maher M, Veale T, Saunders R, et al (Eds.). *Proceedings of the Fourth International Conference on Computational Creativity.* Sydney: The University of Sydney, 2013: 114.

② Grace K, Gero J, Saunders R. "Learning how to reinterpret creative problems". In Maher M, Veale T, Saunders R, et al (Eds.). *Proceedings of the Fourth International Conference on Computational Creativity.* Sydney: The University of Sydney, 2013: 117.

之下，这里要么有明确的联想问题，要么没有；然后尝试解决模糊的联想问题。其中的联想系统能在任何两对象之间产生不同映射，因此在联想问题解决过程中产生的映射分布的变化就被用作启动效应的指示器。

实验结果表明，解释学习能影响创新系统的行为，随后的联想有解释学习的能力，有对行为产生经验影响的能力。尽管对行为的影响尚有限，但这些实验证明，解释学习对行为的影响明显不同于过去的经验，这说明格雷斯等建构的人工系统对于更一般的学习是有潜力的，因此能成为建模学习计算创造力的一个有价值的基础。

总之，格雷斯等提出了基于解释的学习—计算创造力方案，认为以解释为基础的学习可生成或提升系统的创造力。根据此方案，基于解释的学习被假设为创新情境中具有特定效用的过程，因为每个创新问题对于其诸多可供选择的解决方案来说都是独特的，解释之所以能授予学习以创造力的作用，是因为这种解释是记忆中的解释或转换机制，能让计算系统在做出决策时有更大的自主性，这是其他的机制无法比拟的。格雷斯等在探讨如何让人工计算创新系统实现基于解释的学习时也独具匠心，如设法让过去经验（学习）通过解释影响系统的行为。他们认为，系统的表现足以证明基于解释的学习这一概念的合理性、有效性。

根据格雷斯等的建模和计算实验，学习可以在创新中发挥必要的作用，其内在的作用机制是通过学习获得创新所需的经验，然后经过联想、解释，转化成创新的潜力。根据他们的理解，通过储存、重用解释创造性问题的种种方法，可以影响系统产生创造性的行为。这里的研究和工程实践不仅为进一步的计算创造力实践研究积累了经验，开阔了视野，而且对于我们从哲学和心理学层面探讨创新与经验、学习、解释的关系有重要的启示作用。因为他们的许多观点本身就包含有待进一步探讨的出发点问题。例如，他们认为，由学习积累的经验能促进对问题的重新解释，因此能促进创新；解释有自己影响创新行为的种种方式；等等。这里至少有这样一些有意义的问题值得探讨，第一，重用解释真的有利于创新吗？这里所谓的重用解释实即重用过去的经验，具言之，重用过去创新过程中的元素。根据一般的理解，那些元素已发挥了创新作用，再用就是重复，而非创新。这里涉及过去经验与创新的关系问题，如借鉴利用过去经验对创造力究竟有什么作用？是否只会降低创造力？有无促进创造力或导致新的创新的作用？

只要认识到创新方式、解决问题方式、经验之作用的多样性和复杂性，就能明白，对上述问题的回答不是唯一的，具言之，过去经验的作用是多样的，有些对创造力没有帮助，有些甚至可能起到阻碍、降低的作用，但有些有启动、促进创新的作用。格雷斯等的研究也表明，过去经验好像会限制人的视野，限制可能解决方案的宽度，其实由于解决方案有多样性，因此经验对有些解释方案的宽度并没有影响。另外，学习的方式也是多种多样的，从动机上说，有些学习只是为了了解已有的知识，掌握已有的能力，但有些学习有求新的动机，因此如果在建构有创造力的系统时，加进去的是这种学习，就可促成学习型创新系统。他们说："这种对于新颖性的内在动机是学习型创新系统的必要元素，因为它有平衡重复熟悉事物的欲望与探索新事物欲望的作用。"[1]再者，创造力有情境创造力这一形式。它是相对于情境而言的，如提出的一种观点对于一些人不是新的，但对于其他人、其他情境可以是新的，特别是思想移植、方法移植对原有的领域没有创新，但对被移植的领域则是新的。事实上，许多重大科技创新和发明就是这样形成的。类比推理有时之所以有真正的创新作用，其机理正在于此，因此这也是经验性学习有创新潜力的一个根源。重用解释也是如此，因为它有转换当前问题的探索和解

---

① Grace K, Gero J, Saunders R. "Learning how to reinterpret creative problems". In Maher M, Veale T, Saunders R, et al (Eds.). *Proceedings of the Fourth International Conference on Computational Creativity*. Sydney: The University of Sydney, 2013: 116.

决方案空间的潜力。[①]

怎样看待格雷斯等对解释之作用的论述？要形成正确的理解，一是应坚持多样性原则，因为对解释可有不同理解；二是要注意格雷斯等所说的"解释"的专门赋义，它指的是一种直接的转换，即对概念空间中储存的东西的转换以及对它们的重用，或者说可应用于被联想对象的转换；三是认识到，说解释能影响未来行为并不意味着先前有用的解释要重新用于新的情境。如此以可计算的方式理解"解释"，就有可能建构这样的系统，在里面，典型的、原型式的和生成性解释就能从经验中得到重建，并被应用于当前的情境；四是要注意到，在此模型中，能转换的不只是解释，像评估过程也是如此，表征过程也能转换。

基于解释的学习—计算创造力方案对重新认识学习与创造力的关系也有积极意义。按传统理解，学习是不可能有创造力的，根据新的认知，只要重构、发展学习概念，如在学习概念中整合进这样一些必要的因素，即对象或解决方案或经验或解释等，就能让学习成为创造力的一个动力或推手。如此重构或发展的学习被认为是"整合性学习"。[②]

基于学习的计算创造力研究方案由于有其内在的合理性和前景，因此研究的人不在少数，其具体的走向也不只上面一种。例如，有这样一类观点，它强调研究对象在学习中的作用，此为基于对象的学习的计算创新力方案；还有人强调研究具体的解决方案，此为基于解决方案的方案。不过，诸多方案也有共同的关切，即强调学习的过程是整合性过程，或者说，学习即整合

---

① Grace K, Gero J, Saunders R. "Learning how to reinterpret creative problems". In Maher M, Veale T, Saunders R, et al (Eds.). *Proceedings of the Fourth International Conference on Computational Creativity.* Sydney: The University of Sydney, 2013: 117.

② Grace K, Gero J, Saunders R. "Learning how to reinterpret creative problems". In Maher M, Veale T, Saunders R, et al (Eds.). *Proceedings of the Fourth International Conference on Computational Creativity.* Sydney: The University of Sydney, 2013: 117.

性学习。格雷斯等说："整合性学习已作为计算创造力的重要构成因素突现出来。"[①]之所以有这样的倾向出现，是因为创造力建模有两种，一是内在过程、机制建模；二是外在行为表现、效果建模。根据后一方案，只要人工系统能表现人的创造力所具有的行为表现或效果，如喜出望外、意外、令人震惊、有趣、新颖、有用、值得赞赏、自生成等，就可认为该系统有创造力，根据基于解释的学习方案，如此整合的学习就有帮助产生上述效果的作用，因此可看作创新系统的内在构成和机制。

第七节　计算创造力的"过程—成果"方案及其他

本节的任务主要是考察一些带有兼收并蓄特点的发展计算创造力研究的方案。

一、"过程—成果"方案

在思考计算创造力的战略问题和发展方向时，过去至少有这样两种走向或方案，一是重结果或创新成果的方案，它强调要重视和研究软件所输出的成果，一般重视文学艺术方面的创造力计算建模的人所做的主要是这方面的工作，即重在探讨如何让软件生成被认为有创新性的艺术作品；二是重软件生成创新成果的内在过程的方案，重视建模科学发现过程的人一般在做推进这一进路的工作。它们是研究计算创造力的两种不同方案，或者说是观察计算创造力的两种不同观点、维度和视角。由于它们在目的、评价观以及对计算创造力的理解等方面有不同看法，因此有势不两立的倾向。

---

① Grace K, Gero J, Saunders R. "Learning how to reinterpret creative problems". In Maher M, Veale T, Saunders R, et al (Eds.). *Proceedings of the Fourth International Conference on Computational Creativity.* Sydney: The University of Sydney, 2013: 117.

奥多诺霍（D. O'Donoghue）等在考察计算创造力研究中重结果和重过程两种方案的利弊得失的基础上，试图把它们的优点整合起来，通过一个关于学习目标的、使用了独立的知识和认知过程轴线的二维模式，进而把重结果的方案与重过程的方案整合到一个共同的构架之中。他们还在此基础上，提出了关于计算创造力的四层次等级模型，认为最高层次的计算创造力可比作原创过程的创造力。①

奥多诺霍等的讨论从计算创造力研究中对创造力的理解开始。他们看到，创造力常根据"探索空间"隐喻来理解。根据这一理解，可能的输出空间被表征为物理空间，在里面，每个位置代表的是一个特定的输出。很多人也用这种隐喻来理解计算创造力，如用它描述许多艺术上的计算创造力形式。不同的创新风格可看作是对文学艺术领域许多部门中可能的创新作品空间的探索。创新的程度也可根据这一隐喻来说明，如原创性高的作品可理解为探索到了别人没有注意到的新的可能性，或创造了新的可能性。在创造力的分类问题上，一般根据领域来划分，如文学艺术的创造力和科学的创造力。在计算创造力研究中，存在一种倾向，即重点关注的是艺术创作的作品、结果，而关注过程的走向建模的主要是科学的创新过程。奥多诺霍等用两个事例说明了它们的共性和差异。一是图像混成器，它能用两个图像生成一个图像；二是自动进化器，如根据一个表述生成另一些新表述。两个系统都运用了进化计算的探索和评估策略，运用了多目的选择策略，以提高系统的品质输出。评估的标准是新颖性和有趣性，即是说，如果输出符合这两个要求，就可判断输出有创新性。用第一个系统所做的实验是，为其提供两个只有黑白两种像素的方形图和圆形图。经过它的加工，结果通过把一个图像的相位信息与

① O'Donoghue D, Power J, O'Briain S, et al. "Can a computationally creative system create itself? Creative artefacts and creative process". In Colton S, Ventura D, Lavrač N, et al (Eds.). *Proceedings of the Fifth International Conference on Computational Creativity.* Ljubljana: Jožef Stefan Institute, 2014: 146.

另一图像的频率信息相结合，进而形成了一个全新的第三幅图像，它比输入图像具有更高的复杂度，同时有有趣性和新颖性。这就是说，第一个系统像第二个系统一样，其加工过程和最终输出都有生成性特点，它们的不同只表现在侧重点的不同上。

奥多诺霍等在考察以过程为中心的计算创造力种类的基础上，展开了具体的综合过程。他们认为，重过程的方案关注的作为过程的创造力主要有三种形式，即传统的老式 AI 的探索过程、进化探索过程和类比/隐喻/混合过程。在他们看来，其实还应该关注这样的过程，即计算过程的通用图灵机模型。它关注的是创建输出的过程。他们认为，创建输出不只是一个结果，而本身就是一个过程，因为它不同于形成一个结果，其本身是连续的。这里的计算过程可表征为字符串、解析树或其他结构。这样的表征允许用传统的作为探索的创造力来探索可能的输出/过程空间。具言之，由于进化编程、遗传编程和语法进化本身能用某种可执行的编程语言输出程序，因此创造性的输出本身可以成为一种过程。基于此，奥多诺霍等认为，通过他们的方案可以把过程方案和结果方案整合起来。当然其整合形式很多，如可通过启发集、教育评估等来整合。[①]

在他们看来，启发集是计算创造力中的一种机制。它由两个方面构成，一是有创造力的领域，二是已在该领域内生成的产物的一个样本。例如，有这样一个简单计算过程的创建，它可用规则表达式（regular expression，RegEX）来表征。每个规则表达式可定义一种语言，任何规则表达式可转换为从某种语言中识别字符串的有限状态机。有一种规则表达式进化器就用一个规则表达式来作为启发集，然后设法从它里面创建新的、有用的表达式。

① O'Donoghue D, Power J, O'Briain S, et al. "Can a computationally creative system create itself? Creative artefacts and creative process". In Colton S, Ventura D, Lavrač N, et al (Eds.). *Proceedings of the Fifth International Conference on Computational Creativity.* Ljubljana: Jožef Stefan Institute, 2014: 147.

实验表明，它不仅能基于先前的表达式创建一个新的密码规范，而且还能生成一个新的、潜在有用的"过程"。[①]

奥多诺霍等还试图在认知层次上把它们统一起来，当然也涉及神经学和社会学层次。他们在这里借鉴了教育学的成果，认为教育学的一个任务就是教学生学习和创新。有一种关于学习目的的分类强调，它们有层次差别，从低到高分别是记忆、理解、应用、分析、评价和创新。根据克拉特沃尔（D. Krathwohl）关于学习目的的理论，学习的目的就是获得不同层次的知识和能力，下一层次的知识和能力可成为上一层次的知识和能力发展的条件。对于每一层次，可用这样的形式来表述，"学习者就是能用 y 去做 x"。在这里，x 是动词，表示的是有关认知活动，y 是名词，表示的是相应的知识。例如，在说"学习者能记住供求规律"时，x 就是"记住"，y 就是供求规律。[②]学习者的学习目的可用两个维度的轴线来描述，一个是知识维度，表示的是与知识、信息有关的名词；另一个是认知过程维度，表示的是与活动有关的动词。根据这一理论，学习的最高目的是创新，其下的层次依次是，一是反思与设计，二是讨论、判断、收集，三是应用、整合、决定、生成，四是预测、实现、区分、检查，五是识别、澄清、提供、选择，等等。知识维度涉及的知识有元认知方面的、程序性的、概念性的、事实性的；认知过程维度涉及的活动是创新、评价、分析、应用、理解、记忆。

奥多诺霍等认为，把关于学习目的的表述应用于计算创造力，就可把计算创造力系统理解为用 y 做 x。这里还有这样的预设，即认为输出产品与它所体现的知识之间存在着相似性。有了这些，就可形成关于计算创造力

① O'Donoghue D, Power J, O'Briain S, et al. "Can a computationally creative system create itself? Creative artefacts and creative process". In Colton S, Ventura D, Lavrač N, et al (Eds.). *Proceedings of the Fifth International Conference on Computational Creativity*. Ljubljana: Jožef Stefan Institute, 2014: 148.

② Krathwohl D. "A revision of bloom's taxonomy: an overview". *Theory into Practice*, 2002, 41 (4): 212-218.

的一种新的、有用的观察视角和观点。例如，把关于学习目的的表述应用到计算创造力之上可形成这样的表述，即"计算创新系统就是能用 y 做 x"。在这里 y 表示的是知识维度。这个维度可看作计算创造力的输出成果维度或视角，主要的知识形式包括：一是事实性知识，如关于基本事实、术语和细节的知识，它们说的是某一学科（如音乐、绘画等）所必需的基本要素；二是概念性知识，如关于分类、范畴化的知识，关于理论、模型的知识；三是程序性知识，如关于特定类型的技能、算法和技术的知识，关于何时应用适当程序的标准的知识，关于怎样做某事的知识等；四是元认知方面的知识，如策略性知识，关于认知任务的知识，包括适当的情境、条件的知识，自我知识，关于自己认知的知识。计算创造力也有认知过程维度，如创新、评价、分析、应用、理解、记忆。在这里，最高层次的认知就是创新。

就创新自身而言，它有不同层次的创新，如作为创立事实输出的生成过程、作为创立概念输出的过程、作为创立程序输出的设计、作为创立元认知输出的创新。相应地，计算创造力也有四个层次，当然各有其不同于一般创造力层次的特点。这四个层次分别是：①直接的计算创造力。在这个层次，输出可以是产品，也可以是过程，它们都可以有创新的新颖和品质的标志。之所以被称作直接的计算创造力，是因为该过程的输出是直接的，且可认为有创造性。它们可以是绘画、诗，也可以是计算过程。②直接的自维持的计算创造力。其输出被加到启发集之上，能驱动随后的创造过程。③间接的计算创造力。其特点是，它能输出创新过程，此过程本身又有创造力，因此这过程又能被看作计算创新系统。之所以被称作间接的，是因为被创造的过程也有创造力。④递归地维持的计算创造力。它是间接计算创造力的进一步变化，在这里，它从它自己的输出中学习，进而维持自己的创造力。这是计算创造力具有挑战性的层次，因为它能创造更具创造力的过程。[①]

正如少数有识之士所指出的那样，已有看似繁荣的计算创造力研究太执着于建构有创造力的人工系统，即热衷于工程学探讨，而关注理论层面的探讨明显不足。奥多诺霍等关于计算创造力层次的探讨无疑有纠偏的意义。不难看到，他们的探讨针对的是占主导地位的关于计算创造力的研究方案，它坚持探索空间隐喻，将创新过程与成果割裂开来进而导致本领域两种走向相互对峙而无借鉴。而奥多诺霍等的综合方案不仅对计算创造力本身及其层次作了新的探讨，而且试图把两种走向结合起来。他们通过借鉴教育学关于学习目的和创造力研究的成果，特别是把知识维度与认知过程维度融于一体的成功尝试，大胆提出，创新过程与创新成果类似于这两个维度。在他们看来，这两方面并不是对立的，而可以成为计算创造力的共同构成。

关于计算创造力四层次区分的思想有为本领域研究开辟新航道的作用。第一层次的计算创造力是现在关注较多的，有少量工作接近第二层次，但第三和第四层次几乎没有涉及，但它们同时有理论研究和实践开发的意义，如第三层次能输出本身有创造力的过程，这有助于把过程方案与成果方案统一起来。第四层次是最高的创造力，类似于原创过程。[②]

二、非监督计算创造力方案

这是巴特查里亚（D. Bhattacharjya）等为解决已有计算创造力缺乏自主性而提出的一个新构想。根据这一构想，计算创造力系统要有自主性，不仅需要有生成创新成果的能力，还需要能够基于对新颖性、品质的评价选择后

[①] O'Donoghue D, Power J, O'Briain S, et al. "Can a computationally creative system create itself? Creative artefacts and creative process". In Colton S, Ventura D, Lavrač N, et al (Eds.). *Proceedings of the Fifth International Conference on Computational Creativity*. Ljubljana: Jožef Stefan Institute, 2014: 152.

[②] O'Donoghue D, Power J, O'Briain S, et al. "Can a computationally creative system create itself? Creative artefacts and creative process". In Colton S, Ventura D, Lavrač N, et al (Eds.). *Proceedings of the Fifth International Conference on Computational Creativity*. Ljubljana: Jožef Stefan Institute, 2014: 152.

面该完成的输出。但是已有的计算创造力方案在设计输出方案时常用的是品质函数，而品质函数一般是用领域知识编码的，或通过监督学习算法学到的。在巴特查里亚等看来，这样的监督学习肯定会妨碍或限制系统的自主性。为解决这类问题，他们便提出了元监督计算创造力的概念。①

根据巴特查里亚等的创造力解密，创新主体在创新过程中要有自主性，就得有对输出的创新价值特别是品质作出评价的能力，因为只有不断评价，才能对后面的行为做出有目的性的调节。他们说："自主计算创造力的关键要求是有这样的能力，即对创新成果的价值特别是它们的品质作出评价的能力。"②所谓品质（quality）是相对于新颖性而言的，新颖性是创新成果价值多种潜在属性中的一种，即输出成果上过去没有、现在才有的性质，而品质是创新成果所有有关的、非新的方面，也属于创新成果上的物质、性质，即系统生成的成果或输出所具有的能引起消费者兴趣的性质。

巴特查里亚等不赞成监督计算创造力方案，而倡导无监督计算创造力方案。要理解无监督计算创造力，先得弄清监督计算创造力。关于监督计算创造力的建构通常有两种方案，一是用领域知识把成果的要素组合、映射到对品质的测量之上。例如，在计算创造力常见的领域，诸如艺术、音乐、烹调、游戏等，只要是成功的计算系统，一定离不开某个领域专门的知识。HAMB作为一个知识发现系统，就是用专门的知识来从事科学发现，如用生物科学知识来发现蛋白质结晶。二是从用户的评级中学习品质函数，通常会用到监督机器学习技术，用到品质标签。这些标签是这样一些资源的标记，如先前

---

① Bhattacharjya D, Subramanian D, Varshney L. "Generalization across contexts in unsupervised computational creativity". In Pachet F, Jordanous A, León C (Eds.). *Proceedings of the Ninth International Conference on Computational Creativity.* Salamanca: University of Salamanca, 2018: 40.

② Bhattacharjya D, Subramanian D, Varshney L. "Generalization across contexts in unsupervised computational creativity". In Pachet F, Jordanous A, León C (Eds.). *Proceedings of the Ninth International Conference on Computational Creativity.* Salamanca: University of Salamanca, 2018: 40.

获得的数据集，或是人类用关于成果的品质的信息所作出的实时评估。当这些标签被利用时，它们就被用来学习一个或多个品质函数。总之，由于监督与品质评价密切相关，因此监督在计算创造力的生成中有重要作用：监督既能用适当的抽象方法借助对品质函数的编码而发挥作用，也能用监督学习算法来发挥作用。在巴特查里亚等看来，监督计算创造力方案的根本问题在于，很难将品质评价模块从一个领域转移到另一领域，再者，当一系统关联于事先规定的品质概念时，它可能会失去成果概念空间的生成性区域。无监督技术可避免这些问题，并为计算创造力的开发提供更好的条件。

根据他们的无监督计算创造力方案，计算创造力研究的任务是在没有明显的品质函数帮助的情况下，让人工计算系统表现出创造力。实现这一计划常见的方法是，从领域中选取一些无标签的正面例子的灵感集，通过学习模型模仿有关的风格，然后对学到的表征做出修改。典型的例子是 CD. Cope 这一计算系统在音乐创造力建模中所做的工作，所建构的模型模仿了巴赫和莫扎特等作曲家的风格，所完成的创作既有单乐器编曲，又有完整的交响乐。这一方案也允许两个以上风格的综合。同时，为了让机器表现出创造力，该方案还利用了最近机器学习方面的成果，甚至利用了深度神经网络和生成对抗网络。

不难看到，新的无监督计算创造力方案强调的是，在无监督的计算创造力中，不用专门领域的知识，而用关于创新成果的灵感集合和潜在的额外知识去完成推断，这些知识与成果的品质没有直接关系。为了让计算系统能作出自己的评价，巴特查里亚等建构了一种专门的数据驱动构架，它除了有灵感集合之外，还能运用知识图谱。他们用一种应用程序说明了这种方案。在这个程序中，他们先根据政治事件数据集建构一组启发性的因果对，然后再用这些因果对生成该国事件之间的因果关系。这一方案关键的、高层次的想法是这样的泛化原则，即当有关于各种情境下的创新成果的信息时，人们就能学到跨越这些情境的知识，进而对品质的间接测定作出评估。特别是，当一些模式有广泛的适用性时，它们就可能表现出高品质的创新成果的特征。这里的假定是，有广泛的适用性或流布性就意味着它是有用的。一个输出成果如果在某情境下是新颖的，即相对于特定情境而言有原创或令人吃惊的特点，那么它在这个情境下就具有创新性。

他们自认为，用他们的方案生成的计算创造力由于与情境密不可分，因此可称作情境性计算创造力。在这种创造力中，灵感集与各种情境、输出交织在一起。可这样加以形式化：

$$I = \left\{(z_i, c_i)\right\}_{i=1}^{M}$$

在这里，z_i 是第 i 个成果输出，c_i 是第 i 个成果输出的情境，$c_i \in C$ 表示的是某情境集合 C，情境灵感集是属于特定情境 C 的子集，即 $I_c = \{(z_i, c_i) : c_i = c\}$。一个灵感集中的一个输出成果可能与多种情境有联系。这类灵感集的例子如标记有烹饪信息的食谱存储库、包含各类歌曲的数据库等。[①]

情境性计算创造力已有广泛应用，其中包含在无监督设置中的推广应用。例如，金融、商业中的分析师的一项工作是用创造力预测未来。计算创造力方法在这方面可帮助分析师运用发散性思维，例如可将它应用于创造性因果联想之中，目的是激发对未来的猜想。巴特查里亚等承认，研究、应用尽管有一些进展，但挑战、困难很多，首先，建构一个好的灵感集就很难，因为原始的数据源是由机器生成的，且有噪声。其次，要从事件数据集的统计关联中发现因果关系，就更加困难。最后，获得和利用适当的知识对学习有用

① Bhattacharjya D, Subramanian D, Varshney L. "Generalization across contexts in unsupervised computational creativity". In Pachet F, Jordanous A, León C (Eds.). *Proceedings of the Ninth International Conference on Computational Creativity*. Salamanca: University of Salamanca, 2018: 42.

的模式、规则极为重要，但现在的系统只是一种刚开始的尝试，还难以做到这一点。①

再看无监督计算创造力的评价。巴特查里亚等认为，在无监督的设置中，由于品质没有用明确的方式加以限定，因此可用泛化作为评价品质的手段。在实际的计算创造力系统中，无监督泛化的好处在于，与来自其他自主体的监督一起使用时会很快表现出来，而且不同的泛化方案可能适用于不同类型的应用。泛化的作用在情境计算创造力构架中也很明显，因为这里的品质是由泛化决定的，而泛化利用了跨情境的输出成果的力量。特别是有知识谱系的泛化，其技术作用更为突出。

巴特查里亚等为验证他们的方案，也做了应用的尝试，这主要表现在，他们将其方案应用于政治学问题的解决之中，如把政治事件的因果对作为输出产品，把国家看作情境，然后来研究计算创造力在解决有关问题中的作用。②

他们方案的创新在于，强调无监督的计算创造力，而已有方案一般是强调监督。在他们看来，他们倡导的无监督计算创造力方案开辟了探索抽象概念结构的道路，同时又能让有关思想和阐释在应用领域中发挥作用。再者，它拓展了机器学习在计算创造力中的应用空间。

巴特查里亚等承认，无监督计算创造力研究显然是一项具有挑战性的工作。要实现其理想，在现有条件下必须求助于假设。这类似于机器学习，它有这样的假设，即在特定空间中的对象更有可能属于相似的集群。③另外，

---

① Bhattacharjya D, Subramanian D, Varshney L. "Generalization across contexts in unsupervised computational creativity". In Pachet F, Jordanous A, León C (Eds.). *Proceedings of the Ninth International Conference on Computational Creativity.* Salamanca: University of Salamanca, 2018: 45.

② Bhattacharjya D, Subramanian D, Varshney L. "Generalization across contexts in unsupervised computational creativity". In Pachet F, Jordanous A, León C (Eds.). *Proceedings of the Ninth International Conference on Computational Creativity.* Salamanca: University of Salamanca, 2018: 46.

③ Bhattacharjya D, Subramanian D, Varshney L. "Generalization across contexts in unsupervised computational creativity". In Pachet F, Jordanous A, León C (Eds.). *Proceedings of the Ninth International Conference on Computational Creativity.* Salamanca: University of Salamanca, 2018: 42.

由于没有任何现成的评估，因此最后的选择通常是由人来执行的。

三、计算创造力的连续体方案

该方案的基本设想是，在探讨创造力的机器实现时应把计算创造力建构成像有两端或两侧的一条线一样，一端是工程—数字方案，一端是认知—社会方案。这两种方案在过去是分离的甚或对立的。根据新的方案，如果说计算创造力研究的主要任务是建构有创造力的自主体，那么这自主体就是根据这两种方案而画的一条完整的线段，上面同时打上了两种方案的印记。①佩雷斯用上述比喻方式表述的这一关于计算创造力的方案目的是要化解关于计算创造力两种方案的对立。其基本思想就是把工程—数字方案与认知—社会方案综合起来，认为计算创造力是对由计算机完成的创新过程展开跨学科研究的领域。在这里，计算机是思考和生成新知识的核心工具。这一方案认为，机器所完成的创新过程有助于理解一般的创新过程。这一理论的建立受到了哲学家、心理学家、社会学家有关创造力研究成果的启发。

先看两极端的方案。工程—数字方案常用的技术手段包括遗传算法之类的最优化技术、DNA之类的概率技术、逻辑和问题解决技术。通常情况下，自主体是用一个程序建构的，尽管其中会混合其他程序。在计算创造力研究的这一极，研究者们的时间和精力主要集中在探讨如何完成技术任务之上：如何开发出让受众满意的、对他们有吸引力的产品？要得到这样的产品，应该开发什么样的机制？怎样开发出能探索陌生领域空间的系统？等等。认知—社会方案这一极的研究主要侧重于探讨：怎样通过对人特别是行为的研究来形成关于认知过程的计算模型？这样的模型怎样作为运行程序得到测

---

① Pérez y Pérez R. "The computational creativity continuum". In Pachet F, Jordanous A, León C (Eds.). *Proceedings of the Ninth International Conference on Computational Creativity*. Salamanca: University of Salamanca, 2018: 177.

试？怎样得到新的思想？怎样在创新过程中做出连贯的行为？如何评价一成果的质量？多自主体怎样通过协作来形成创新过程？怎样用计算术语来表征社会环境在创新过程中的作用？总之，其工作的重点在于揭示人的创造力的机制与秘密。当然，为了让所取得的成果能在计算创造力中最大限度地发挥作用，因此在有相应认识的基础上又必须做相应的自然化、计算化和建模的工作。例如，应像有些人所做的那样，用计算术语表征认识的、文化的和社会的行为。从算法的观点看，哲学家、认知科学家所用的话语太过抽象，不具体，缺乏定量分析，对创新过程中涉及的知识结构和过程的描述太过笼统空泛。因此这里值得进一步探讨的是，要让自主体真的有创造力，除了让它生成新的、连贯的成果之外，还必须能够做到以下几点：①用知识来建构它的输出；②解释它的输出，以便能生成更具原创性的新知识；③对输出作出评价，这样的评价一定要能影响后面的加工及其输出。特别是，要进一步探讨怎样开发能表征所有创新过程的算法和知识结构。

佩雷斯的综合方案强调，计算创造力研究必须同时重视两方面的工作：一是工程—数字的研究，它的任务是建构这样的系统，即能生成对受众有吸引力、会被他们认为有创新性的产品；二是认知—社会的研究，它热衷于模型的生成。这些模型能为我们正在研究的现象提供理论基础和理解说明。我们可以把这两种研究看作计算创造力连续体的两极，一极的任务是生成，一极的任务是理解。这样的关于计算创造力的方案与关于 AI 的两端方案有一致之处。关于 AI 的两端方案认为，AI 研究有两种进路，一是研究智能机的创建，二是通过研究人类智能的计算建模而努力将 AI 建设成一门经验科学。

四、模块论方案与模块创新系统的发展

如前所述，计算创造力研究的一个目的是创建被认为有创造力的计算系统。这是一个崇高而极有挑战性的任务，几乎靠近人类理解自己心灵和意识

的极限。尽管如此，有些方案仍在不畏艰难地朝这个神圣而崇高的目标靠近。其中的困难、难题可想而知。例如，怎样对有关研究作出阐释和说明就是这样的一个问题。施彭德诺夫（B. Spendlove）等说："这样的阐释成了 AI 许多领域中的热点课题。"①另外，由于创新系统复杂性的增加，以及特定创新媒体具有巨大的输出空间，因此尽管投入成本较高，但仍可能导致低质量的输出空间，且其内部缺陷不容易识别和诊断。怎样解决这类问题？其可能的办法，一是找到原型设计方法，它能在系统开发前、在低质量输出发生前暴露系统的缺陷；二是开发这样的工具，它能诊断系统将有什么样的低质量输出。不管用哪种方法，都需要找到原型设计的范式。根据施彭德诺夫等的看法，要找到这样的范式，必须诉诸模块论方案。因为模块创新系统用的是能承担挑战性责任的专门化系统，尽管存在这样的问题，即开发成本高，通常不完善，但通过积极加以改进，如像他们那样发展理想模块原型设计构想，就可解决这样的问题，即在投入大笔资金之前验证其开发前景。②

根据他们发展了的模块论方案，可通过建构能计算出知识查找、转换、组合和评估之类的任务的专门模块来实现计算创造力的理想，因为让模块所完成的这些任务正是人类需要用智能有时需要用创造力来完成的任务。但由于这些任务的完成极为困难，因此开发这样的模块常常成了计算系统研究中的薄弱环节。根据施彭德诺夫等的方案，开发理想模块应成为模块创新系统发展的一个方向。所谓理想模块是能完成这样的任务的模块，这些任务以前通常是由人类依靠创造力完成的。因此也可说，理想模块是模拟人类的包括

① Spendlove B, Ventura D. "Humans in the black box: a new paradigm for evaluating the design of creative systems". In Cardoso F A, Machado P, Veale T, et al (Eds.). *Proceedings of the Eleventh International Conference on Computational Creativity.* Coimbra: University of Coimbra, 2020: 311.

② Spendlove B, Ventura D. "Humans in the black box: a new paradigm for evaluating the design of creative systems". In Cardoso F A, Machado P, Veale T, et al (Eds.). *Proceedings of the Eleventh International Conference on Computational Creativity.* Coimbra: University of Coimbra, 2020: 311.

创造力在内的高级智能进而能完成复杂创新任务的模块。这样的理想概念对计算创造力是有利的，它能促使研究者去研究和模仿人的行为。

五、计算认知神经科学方案

这一方案是鉴于已有 AI 和计算创造力研究中存在的下述问题而创立的，第一，意向性或语义性缺失难题。有此缺陷，人工系统便难以理解、挖掘和利用它们所处理的对象的意义。在计算创造力中，这一局限性表现为人工系统无法将对象定位于现实世界，无法提出与任务中的对象的内在意义有关的解决方案。第二，尽管计算资源的增加允许 AI 探索高维度空间中的任务，但与现实的任务中近于无限大的空间相比几乎是微不足道的。第三，现实世界的任务是随机的，观察中充满着噪声。这意味着，已认识和建立的联系可能在某一天成为无效的。这便引出了 AI 中管理的不确定性问题。这些问题又使 AI 的许多模型受到质疑，让如何协调探索和开发之间的关系成了 AI 亟待处理的难题。计算创造力中也是如此，例如如何在探索和开发之间做出选择，如何超越随机过程，都是摆在本领域研究者面前的难题。[①]为了解决这些问题，计算创造力研究中便诞生了这样一种新的方案，它强调，在探索计算认知神经科学（computational cognitive neuroscience，CCN）的基础上建立新的认知模型。以下把按如此思路建构的模型简称为 CCN 模型，把这一方案称作 CCN 方案。

CCN 模型是用这样的方式开发的，它旨在对已认识的认知概念作有利于技术操作的处理，同时揭示这些过程的大脑实现方式。这一方案就是为解决前面三个问题而建构的。例如，为了解决维度单一不变的问题，CCN 方案努

---

① Alexandre F. "Creativity explained by computational cognitive neuroscience". In Cardoso F A, Machado P, Veale T, et al (Eds.). *Proceedings of the Eleventh International Conference on Computational Creativity*. Coimbra: University of Coimbra, 2020: 374.

力揭示人类在高维度空间中用互补学习构架来完成学习的机制。根据这一构架，人是在大脑皮层中缓慢地学习语义记忆中的概念的，在此基础上，海马借助一些机制将这些片断发送回皮层，离线训练它。基于这些研究，已诞生了大量的认知神经科学模型。不仅如此，AI 根据这些模型和成果阐释情境性强化学习，并积极加以建模。为了解决管理不确定性问题，CCN 方案在研究大脑的有关加工过程和机制的基础上，也建构了许多模型，并将其应用于 AI 和计算创造力之中，相应地，出现了"元强化学习"模型。根据这一模型，元学习者要适应变化着的世界，就必须根据情境快速地学习，直至形成一个专门的学习体系。

AI 最关键的缺陷是缺乏创造力。这一问题正是计算创造力在 AI 中异军突起的直接导火线。博登早已指出，创造力是已有 AI 无法复制的一种认知现象。要改变这一现状，就要研究与创造力有关的认知过程及特征，就要加强 CCN 研究，因为它既能帮助克服 AI 的上述缺陷，又能给计算创造力提供灵感和资源。[1]

CCN 事实上也按上述思路开展了并正在开展对创造力的"新的解密工程"。[2]根据它的解剖，创新过程包括两个步骤，一是创立新的观念，二是对之做出评估和验证。也可把这两个步骤描述为发散思维和收敛思维两个环节。在计算创造力中，其中的两种机制可分别被称作"生成和评估"。如果说上面的分析没有太多新意的话，那么下面的看法则有颇多创新。例如，它认为，生成与洞察力、灵感有关，源自特定的情感和其他有关认知过程，对

---

① Alexandre F. "Creativity explained by computational cognitive neuroscience". In Cardoso F A, Machado P, Veale T, et al (Eds.). *Proceedings of the Eleventh International Conference on Computational Creativity.* Coimbra: University of Coimbra, 2020: 375.

② Alexandre F. "Creativity explained by computational cognitive neuroscience". In Cardoso F A, Machado P, Veale T, et al (Eds.). *Proceedings of the Eleventh International Conference on Computational Creativity.* Coimbra: University of Coimbra, 2020: 376.

新生成的东西的评价是由与执行功能有关的大脑回路完成的。[1]最重要的是它强调，要建构创造力，就要诉诸认知神经科学、人脑逆向工程以揭示创造力的神经机制。在这方面，研究已取得了一些积极成果。例如，认知神经科学对海马体的研究以及相应的建模，让我们对编码在海马体中的信息特别是位置细胞和网格细胞及其对高维空间探索的作用有了更多的认识。实验研究发现，海马体不仅能回放储存的信息，而且能将旧的信息片断结合在一起以形成新的信息，甚至创立新的想法。有时还能用虚拟的信息来促进想象力的训练。简言之，海马体是生成新思想的极佳的候选地。前额叶的机制既然有对新任务集的选择作用，因此也可能有阐释新思想的作用。[2]此外，认知神经科学还有这样的发现，即大脑回路的功能描述可借助关于大脑区域的网络来实现，因为有些区域是传播和加工信息的关键中心。例如，注意网络、语义网络、默认网络、认知控制网络和突显性网络就是这样的中心，对创造力的出现至关重要。以默认网络为例，它由人的默认过程所激活，由顶叶皮层、内侧前额叶皮层和海马等区域所构成，有负责自发思维的作用。这种网络与创造力的关系很密切，因为它与海马体中的情境记忆、自发检索和基于个人过去经验的模拟有着不可分割的关系。

借助对行为和心理任务中脑电活动的分析，我们可以看到网络中兴奋与抑制的动力学现象。再如对创造力的测试一般离不开对频率、灵活性、原创性、详尽性的测试，而所有这些测试又与问题解决有关。这些表明，相同的大脑回路和认知机制对于高级大脑功能和创造力的发挥是不可或缺的。[3]

---

① Alexandre F. "Creativity explained by computational cognitive neuroscience". In Cardoso F A, Machado P, Veale T, et al (Eds.). *Proceedings of the Eleventh International Conference on Computational Creativity*. Coimbra: University of Coimbra, 2020: 376.

② Derdikman D, Moser M. "A dual role for hippocampal replay". *Neuron*, 2010, 65 (5): 582-584.

③ Dietrich A. "The cognitive neuroscience of creativity". *Psychonomic Bulletin & Review*, 2004, 11 (6): 1011-1026.

即使承认创造力的非人类中心主义的合理性，承认非人物质可以实现创造力，但人脑毕竟是已知的最卓越的创造力的发祥地。因此用人脑逆向工程方法深入细致地研究大脑即使不是唯一的出路，但至少是全面认识创造力的根源、机制和条件的一个必要条件。从计算创造力研究的角度说，要建构人工创造力，无疑要弄清它的实现机理和方式，而人脑实现创造力至少是创造力实现的一个典范。因此从认知神经科学角度展开对创造力大脑实现秘密的探索有其不可限量的意义。当前迫切要做同时又可能做好的工作是，具体解剖大脑的不同区域及其功能，探讨它们与创造力的联系，进而建构关于它们的表征，通过探讨不同形式记忆间的相互作用来探讨大脑行为的选择和组织方式。另外，理解大脑有关区域的机制和相应的大脑回路也十分重要，因为它们是创造力实现的一个条件。有理由说，大脑为避免对某些情境进行烦琐的、有时无法完成的分析，会形成一些更好的机制，而创造力就是这样一种能有效探索新方案的选择机制。

总之，根据 CCN，计算创造力克服已有困难、突破已有局限的一个出路是，在深入研究大脑的基础上建构相应的、有助于计算创造力机器实现的模型。这就是说，把计算创造力与认知神经科学结合起来是一条可供选择的出路。认知神经科学研究表明，创造力的出现可能与海马体及其在默认网络中的作用有关，而阐释的加工又与任务集的重组有关，它们可分别看作发散思维和收敛思维的神经基础。重组性创造力更困难的方面可能与语义基础有关，因此要揭示这种创造力的秘密，有必要深入探讨语义网络的机制。

通过对大脑的研究可以看到，创造力所得到的新思想并不是大脑无中生有创造出来的，因为在大脑创新之前，新的东西并不存在于大脑中。它只有"旧"的东西，如通过学习储存在记忆中的东西。大脑创新的方式是以旧的东西为基础，或用旧材料、已有的记忆来创立新的思想。正是旧的东西创造了新的东西。既然如此，计算创造力研究就应关注这种新与旧、创新与继承的辩证法。

第十八章
AI 的创造力建模尝试与典型模型考察

　　根据 AI 实现计算创造力的逻辑，创造力能否由机器来实现，关键要看能否为创造力设计出相应的程序、软件系统。而要建造能表现创造力的软件系统，就要有相应的模型。科学方法论告诉我们：要认识复杂对象，一种有用的方法就是建构关于它的模型，以便揭示其主要的构成要素、结构和机制，把握其实质和主要特征，就像要建立三峡大坝，首先要为其建构模型一样。所谓模型是复杂对象的一个简化的摹本，其作用是帮助我们把握复杂的对象。它借助抽象，将对象中的非主要的方面过滤剔除掉，只剩下主要的、值得关注的方面。在此基础上，再通过理想化、形式化的方式，让对象得到进一步过滤和简化，进而形成关于构成要素及其关系、结构和机制的形式化描述和说明。AI 研究要让机器实现创造力这一智能最根本的特性当然也要探讨模型的建构问题。

　　要为计算创造力找到可行的创造力模型，首先，必须祛魅，消除笼罩在创造力之上的神秘主义和浪漫主义，进而对它做计算说明，设法用机器能够"理解"的方式，用能导致机器实现的计算语言去描述和说明创造力。在前面，我们已考察了 AI 对创造力的祛魅和计算说明，这一章就顺着这一逻辑来探讨其具体的模型建构工作。其次，还要解决这样的前提性问题，即澄清创造力概念的外延或原型实例的范围。因为对它们的理解不同，具体的建模操作以及所建构的模型的形式和内容将大相径庭。例如，如果只承认人的创造力是创造力的原型实例，其外延只在人的各种创造力样式的范围内，那么所建构出来的创造力模型就只是关于人的创造力的模型；如果像前述"宽创造力"和"后创造力"理论所主张的那样，创造力的样式还应包括非人生物、进化、DNA 等的创造力，那么模型建构尝试就会判然有别。有鉴于此，本章将按照对创造力原型实例的不同理解，来组织、考察创造力的模型，如先考察基于对人的创造力理解所建构的模型，然后再考察对创造力的局部方面、能力和机制（如类比、意外发现、灵感等）的建模形式，最后考察各种关于创造力建模的宽形式，如为人和非人创造力建构的大模型和所谓的"统一论"的模型等。

第一节　创造力的形式化理论及其模型

施米德胡贝（J. Schmidhuber）认为，要让机器实现创造力，就必须对过去神秘莫测的创造力作自然化、计算化和形式化工作，进而为之建立模型。不过，由于考虑到创造力的种类太多、太复杂，加之他受专业、兴趣的限制，于是把建模限定在人类艺术创造力这一具体的类型之上，至少主要通过考察艺术创造力来建构自己的模型。他在一篇讨论计算创造力的论文中，将目标和任务锁定在"为模拟艺术创作建构一种关于创造力的形式化理论"[①]。当然，他有时也附带讨论科学创造力的建模问题。

根据他的创造力模型，能不停歇地生成不平常的、新颖的、令人惊讶的行为和数据的自主体，简言之，有创新能力的自主体，一定有两种学习组件，一是通用的奖励优化器或强化学习器；二是自主体的不断增长的数据历史的

---

① Schmidhuber J. "A formal theory of creativity to model the creation of art". In McCormack J, d'Inverno M (Eds.). *Computers and Creativity*. Berlin: Springer, 2012: 323.

自适应编码器，其作用是记录自主体与环境的互动历史。[①]编码器学习的进步就是对奖励优化器的内在的奖励，即是说，奖励优化器被驱动去发明有趣的时空模式，这些模式是编码器所不知的，但即使不用太大的计算努力也能学会对它们的编码。为了将奖励最大化，奖励优化器会创造越来越复杂的行为，这些行为能产生暂时让人惊诧的使编码器快速完成改进的结果。基于这样的构想，就能将这样的自主体形式化，并让它实现于学习机之上，进而产生具有好奇心和创造力的人工科学家和艺术家。

在施米德胡贝看来，基于上述模型，创造有创造力的人工科学家、艺术家不仅是可能的，而且已有成功的事例，如许多能绘画的软件系统能不依赖于人的监管，只通过产生内在审美奖励，学习如何设计行为系统，就生成了具备新颖性和令人吃惊特点的作品。

根据施米德胡贝关于创造力的形式化理论，创造力是一种生成新模式的作用过程，这些模式包含以前所不知的规则，还能帮助观察者进一步改进模式，压缩算法。这是他通过解剖人的创造力所得出的结论。在他看来，人都有这样的倾向，即在生命的不同阶段，将相同类型的目标性功能或奖励性功能最大化。奖励的一种形式是应用在强化学习中的标准的外部奖励，如饥饿时吃东西的积极奖励，碰到障碍时的消极奖励（疼痛），除此之外，还有内在奖励或审美奖励，它们是有创造力的人通过学习编码从一些自我生成的行动或观察系列中得到的。重视奖励在创新行为中的作用，不是施米德胡贝的首创。因为计算创造力研究中已有这样一些不同的理论倾向。一种倾向是突出奖励优化器的作用。这种优化器能将人所给予的外部奖励最大化，而人是为回应某种改进的计算模式生成器的艺术创作而给予这些奖励的。另一种倾向是关于创造力的形式化方案，它强调的是具有创造力和好奇心的无监督系

---

① Schmidhuber J. "A formal theory of creativity to model the creation of art". In McCormack J, d'Inverno M (Eds.). *Computers and Creativity.* Berlin: Springer, 2012: 323.

统，这些系统被鼓励根据学习进展去创造能生成内在奖励的新颖、审美愉悦的模式。①

施米德胡贝赞成并试图予以推进的是后一种倾向，他认为这一研究不仅应重视奖励，而且还应关注与创造力密切关联的好奇心，并对之作形式化。尽管许多人特别是心理学家已看到了好奇心对创造力的基础作用，如认为好奇心是探索行为的动机，因为它追求新奇和非稳态驱动。但问题是，已有的认知没有说明它在形式上的细节，因此不利于建构人工的好奇系统。在施米德胡贝看来，只有对之作形式化处理，人们才能从数学上定义好奇心，进而让好奇心表现于计算机之上。

怎样对好奇心进行形式化？要形式化，就需要分析。在他看来，好奇心中一定有乐趣或趣味。他对乐趣的形式化是这样处理的，即认为它反映了编码艺术或其他对象所需比特数量的变化，并考虑了主观观察者不断增长的知识和所得到的学习算法上的限制。例如，随机噪声总是新奇的，因为它是不可预测的。根据关于创造力的形式化理论，只有在有可测量的学习进步的地方，惊诧和审美奖励才能出现。就趣味的机器实现而言，它至少有两种拥有方式，一是执行一个已知的学习算法，它能改进数据的压缩；二是执行能产生更多数据的行动，然后学习更好压缩或解释这个新的数据。

施米德胡贝对创造力的形式化还表现在，对康德的有些观点作了形式化处理，如康德把主观观察者看作宇宙的中心，而施米德胡贝的形式化理论则这样予以形式化，认为主观观察者是一种参数；如果不考虑个别观察者的当前状态，人们就不能判断某物是不是艺术品。总之，以往多数关于审美对象趣味性的观点多着眼于它们的复杂性，忽视了主观复杂性在学习中的变化，

① Schmidhuber J. "A formal theory of creativity to model the creation of art". In McCormack J, d'Inverno M (Eds.). *Computers and Creativity.* Berlin: Springer, 2012: 324.

而这种变化则是创造性的形式化理论的关键方面。[①]

在将创造力进行形式化的基础上,施米德胡贝从 1990 年开始就一直从事建构人工科学家和艺术家的工作, 其目的是建构一个关于世界及其在里面从事创新的模型。这些人工科学家实际上是他的创造力模型的具体化。根据他的模型, 这些科学家能不断地追求或连续地改进已有的模式, 方式是创造或发现更有惊诧感、更新颖的模式。这种新模式的作用就是以至今所不知的方式预测或压缩数据。它们能主动做实验, 实即制定算法协议程序或动作系列, 以探索环境, 总想学到能表现先前不知的规则或模式的新行为。这些人工科学家的构成元素包括以下几种: ①一个自适应的世界模型, 反映的是关于世界的当前知识; ②一个能连续改进模型的学习算法, 如能分辨新的、令人吃惊的时空模式; ③内在奖励测量模型, 其改进根源于它的学习算法; ④单个的奖励优化器或强化学习器, 能将这些奖励转化为预期优化未来奖励的行动序列。据说, 这些因素可让人工科学家有好奇心和创造力, 因为它们有获得技能的内在动机和动力, 通过这些技能得到与世界互动的更好的模式, 发现"大开眼界"的新模式, 它们能以先前所不知的方式预测和压缩。[②]

施米德胡贝认为, 用不同方式组合上面的人工科学家构件, 机器在实现创造力时可出现这样一些情况: ①基于作为预测世界模型的自适应递归神经网络的非传统强化学习可以用来将这样的内在奖励最大化, 它们是根据与预测误差的比例而确定的; ②传统强化学习可将内在奖励最大化; ③传统强化学习能根据个体的先验和后验之间的相对熵使内在奖励最大化; ④非传统强化学习能学习概率、分层程序和技能。在施米德胡贝看来, 据此设计的计算

---

① Schmidhuber J. "A formal theory of creativity to model the creation of art". In McCormack J, d'Inverno M (Eds.). *Computers and Creativity*. Berlin: Springer, 2012: 326.

② Schmidhuber J. "A formal theory of creativity to model the creation of art". In McCormack J, d'Inverno M (Eds.). *Computers and Creativity*. Berlin: Springer, 2012: 330-331.

机程序已经包含了基本创新原则的近似值。[①]

如此设计的程序真的应被看作科学家或艺术家吗？从有些方面看，它们像科学家，如它们生成的作品相对于先前知识和它们自己有限的预测器而言，有新颖的一面，当然与人类科学家的差异还是有的，如人类科学家有更好的学习算法来将奖励最大化，其未知的学习算法可能更适于预测真实世界的数据，这些无疑是人工科学家所无可比拟的。另外，按照上述方式设计的艺术方面的人工创新系统肯定能生成以前没有的即新的作品，但从美学上说，它们美吗？答案取决于对美本身的看法，而这种看法是无法统一的。如果是这样，就不可能对上述问题形成统一的看法，有的人可能根据情绪上的标准加以评价，即只要一首歌让人产生某种情感体验就可认为它是美的，而有的人则根据奖励来评价。施米德胡贝认为，一作品只有具有优雅和简单的品质才能说是美的，或者说，只有发现了先前所不知的简单性和新的模式才能说是美的。根据这个标准，就可认为人工创新系统生成的作品是美的。[②]

多林等也建构了自己的关于创造力的形式化理论。其具体操作是，先将创造力分解成构成要素，如新奇、令人吃惊、有趣、充满乐趣、审美奖励等，然后从计算上加以形式化。例如，对内在乐趣就可这样形式化，乐趣的高低取决于自主体编码数据所需的计算力的大小。一种独立的强化学习算法可这样将预期乐趣最大化，如主动寻找或生成允许最初不知但可学习的数据，纯粹的乐趣可看作主观简单性或优雅或美的变化。[③]

在将创造力概念进行计算化并为之建模的过程中，多林等首先面对的是

[①] Schmidhuber J. "A formal theory of creativity to model the creation of art". In McCormack J, d'Inverno M (Eds.). *Computers and Creativity*. Berlin: Springer, 2012: 330.

[②] Schmidhuber J. "A formal theory of creativity to model the creation of art". In McCormack J, d'Inverno M (Eds.). *Computers and Creativity*. Berlin: Springer, 2012: 332.

[③] Schmidhuber J. "A formal theory of creativity to model the creation of art". In McCormack J, d'Inverno M (Eds.). *Computers and Creativity*. Berlin: Springer, 2012: 334.

这样一个存有争论的重大问题，即要不要像博登等权威那样把有用性、有价值性、受欢迎等特性或标志作为创造力的内在构成加以建模？多林等尽管像博登等一样坚持计算方案或发展了的计算主义，但基于自己对创造力的形式化解剖，在建模时设法绕过博登等定义创造力时重价值、适应性之类的偏向。我们知道，权威的方案尽管强调理解创造力应突破传统的沙文主义、浪漫主义，承认创造力的外延应扩大到 AI 和计算机的创造力，但在创新的标准中，它除了坚持"新颖性"这一点之外，又增加了"有用性"或"适当性"，认为一作品要被认为有创新性，就必须被人类观察者认为对某种应用是有用或适当的。例如，博登的著名的、经常被 AI 圈内外引用的观点就是，创造力是能产生这样的思想或产品的能力，其区分标准包括：①是新颖的；②是令人惊诧的；③是有用或有价值的。①博登的定义尽管影响很大，但争论也很大，许多人质疑说：真的有必要将有用性、适当性等价值因素看作创造力的标志吗？霍夫斯塔特（D. Hofstadter）等持肯定态度，而有一部分人认为，这样的"扩张"是"不靠谱的"，把创造力与价值连在一起，"值得怀疑"②。与此相近的观点强调，不应把是否流行或受欢迎之类的价值因素当作创造力的标志。多林等也持否定观点，根据是，创造力研究只应关注创造力本身，而价值因素不是创造力本身的构成，是因评价而有的东西，是在将创新成果放到评价者面前之后才会出现的东西。质言之，只有超出创造力本身，深入到社会情境中，才有是否有用、是否受欢迎这样的价值评价问题。③多林等认为，博登等的创造力模型在哲学、心理学上可能是有用的，过去许多人甚至承认它对计算创造力理论有指导作用，但其实不是这样，它"在指导人们

---

① Boden M. *The Creative Mind: Myths and Mechanisms.* 2nd ed. London: Routledge, 2004: 1-51.

② Dorin A, Korb K. "Creativity refined: bypassing the gatekeepers of appropriateness and value". In McCormack J, d'Inverno M (Eds.). *Computers and Creativity.* Berlin: Springer, 2012: 340.

③ Dorin A, Korb K. "Creativity refined: bypassing the gatekeepers of appropriateness and value". In McCormack J, d'Inverno M (Eds.). *Computers and Creativity.* Berlin: Springer, 2012: 350.

编写创新软件方面并没有人们赋予它的那些用处"，因为这个理论没有从形式上定义新奇、令人吃惊和有用性这些创新标志，而形式化定义对创造力的建模和机器实现必不可少，因为这里的目的是要让创造力深入到算法之中。①总之，博登等权威的观点不利于形成关于创造力的科学定义，会妨碍建模，直至会影响基于软件的创造力的生成。从工程学的角度看，过去的方案缺乏关于创造力的清晰的、形式化的概括，这对创造力的 AI 实现是没有用的。若将博登的看法引入计算创造力探讨会不利于对创造力的规范理解，会导致许多不可克服的难题。要找到有利于机器实现的创造力定义，就必须抛弃或绕开从有用性或价值角度对创造力的规定。

在多林等看来，机器有无创造力，其产品是否有创新，不应该用适当性和价值性标准来评价，不具有这些特点的也可被认为有创造性。由于传统对创造力的解释包含对适当性和价值性的承诺，以及定义缺乏形式化，因此计算创造力理论至少可以置之不理。②

多林等基于对创造力的以新计算主义为基础的解剖，大胆提出，要为创造力建构模型，就必须为建模找到形式化方法和概念（这是前提条件）。只有这样，才能让人工系统凭自己的内在转化过程生成创新的成果，并自己评价自己的成果。③基于这些认知，多林等明确倡导这样的方案，它撇开传统的适当性和价值性概念，独立地定义创造力，并从算法上加以分辨，最后设法对创造力成果作明确的测量。

基于对创造力的计算化和形式化，他们认为，应这样来界定或建模创造

---

① Dorin A, Korb K. "Creativity refined: bypassing the gatekeepers of appropriateness and value". In McCormack J, d'Inverno M (Eds.). *Computers and Creativity.* Berlin: Springer, 2012: 343.

② Dorin A, Korb K. "Creativity refined: bypassing the gatekeepers of appropriateness and value". In McCormack J, d'Inverno M (Eds.). *Computers and Creativity.* Berlin: Springer, 2012: 339-341.

③ Dorin A, Korb K. "Creativity refined: bypassing the gatekeepers of appropriateness and value". In McCormack J, d'Inverno M (Eds.). *Computers and Creativity.* Berlin: Springer, 2012: 341.

力，即把它看作一种创造出用原先方法不可能创造出的作品的能力或生成过程。①应承认，这个模型的确简单、明了，且十分量化，如它强调，创新是一个生成以前没有事物的生新过程或能力，只要被生成出来的东西中有多于以前的东西，或有用已有方法得不到的东西，对它们做点比较或加减法，就能将创造力揭示清楚。如果创造力真的像该模型所说的那样，那么将其具体化于程序之中，进而让机制去实现，就没有什么困难了。正是基于这一点，多林等断然否定创造力建模中的非计算方案，认为它们缺乏形式化，因而不能应用于 AI 实践，不能让机器实现，它们不过是无法证实和证伪的浪漫主义隐喻。

从计算创造力的工程实践上说，创造力的定义和建模还有很多形式，不过在多林等看来，它们与上述模型没有本质的不同，只是表述形式和侧重点有一些不同罢了。例如，下面的以框架为基础的创造力模型就是如此。这也是多林等讨论过的模型。他们认为，要让机器表现创造力，就必须写出有创造力的程序。就此而言，计算创造力研究的主要工作就是探讨如何编写有创造力的程序。要如此，必须有服务于这一目的的创造力定义，而要有这样的定义，必须正确理解"框架"。因为程序实质上是一种能产生输出的生成性系统，其输出可能是一组相关的静态产品，也可能是程序本身动态遍历的状态轨迹。因此可以说，一个程序就是一种构架，而一种构架包含一系列随机的生成性步骤，特别是它能产生关于模式的表征。即是说，构架是特定类型的表征，即随机的程式。②例如，量子电动力学就是一种能提出和回答关于光与物质相互作用问题的框架；进化是能生成生态系统、生态位和有机体的框架。总之，框架对创造力至关重要，既是创造力的条件，也是它的背景，

---

① Dorin A, Korb K. "Creativity refined: bypassing the gatekeepers of appropriateness and value". In McCormack J, d'Inverno M (Eds.). *Computers and Creativity.* Berlin: Springer, 2012: 339.

② Dorin A, Korb K. "Creativity refined: bypassing the gatekeepers of appropriateness and value". In McCormack J, d'Inverno M (Eds.). *Computers and Creativity.* Berlin: Springer, 2012: 343.

只有相对于背景来说才能说一过程、一产物有无创新性。他们说："说一种模式有创新性，仅是相对于它的生成框架和其他可用的、替代的框架而言的。"[①]基于这一对框架的理解，他们认为，可提出关于创造力的这样的定义，即创造力就是引入和使用这样的构架的过程，它有产生模式表征的相对高的概率，而这些表征只能用更小的概念产生于先前的构架之中。[②]创造力的样式、不同层次或阶次也是由框架决定的。根据他们的理解，所谓创造力的阶次实际上是创新出现的次序或阶次，它们有一阶、二阶、n 阶之别。例如，一种新的构架在产生一组新的模式时，就有一阶创造力，当新的构架为了产生新的模式而产生新的构架时，就有二阶创造力，如此类推，依次会有三阶、n 阶创造力。

这应该是对创造力名副其实的计算化、形式化理解，如果是正确的，那么它无疑将有利于编写嵌入创造力的程序。促成这一创新理论的一个因素是搜索和优化理论。在多林等看来，如果关于问题的解能根据在某种可定义的表征空间中存在着的计算表征来建立，那么该问题就能通过应用那个空间中的某种搜索算法来解决。相比较而言，无创新性的搜索和均匀的随机搜索对于简单问题即小搜索空间来说可能会取得成功，而对于复杂问题而言，搜索空间巨大，没有创新方案是行不通的。他们自认为，他们的模型能满足上述要求。另外，还要看到的是，这一方案所理解的创造力除了有上述操作性、应用性强等特点之外，还有相对性这一特点，其表现之一是，创造力是相对于已有的、用来生成某类对象的框架而言的，之二是，创造力是相对于拟采用的新框架而言的。最后，这一理论尽管是形式化的，相对简单，但也有揭示创造力根源的意义，例如，它认为，一事物所具有的创造力来自用来产生

① Dorin A, Korb K. "Creativity refined: bypassing the gatekeepers of appropriateness and value". In McCormack J, d'Inverno M (Eds.). *Computers and Creativity*. Berlin: Springer, 2012: 350.

② Dorin A, Korb K. "Creativity refined: bypassing the gatekeepers of appropriateness and value". In McCormack J, d'Inverno M (Eds.). *Computers and Creativity*. Berlin: Springer, 2012: 344.

对象框架的创力，特别是与这些框架产生这些对象的概率比有关。这就是说，事物的创造力根源于它有产生作用的框架。有特定框架，就有其产生、生成作用，有此作用就有创造力。怎样将构架计算化？多林等的看法是，可把它理解为随机的程序，因此是可表征的，而对它们的表征又是由其他随机程序或无构架的东西产生的。它们之所以有创造力，是因为无构架是以一定的概率产生它们的。例如，通过递归，即使没有任何固定的理论界限，我们也能看到无构架及元构架的创造力。当然创造力的根源还有很多。例如，创造力还与搜索和搜索空间有关，即是说，搜索是有创造力的，这可通过定义创造力的程序来加以说明。

从多林等的创造力定义和建模实践以及创造力概念演变的历史，我们可看到，他们的创造力建模顺应了这样的历史潮流，即创造力概念经历了并正在经历着不断放宽外延的进化过程。[①]随着计算主义的诞生及其引发的思想变革，随着创造力的认知方案的诞生，这一放宽外延的趋势进一步发展，以致包括博登等著名学者在内的许多认知科学家认为，创造力是每个正常人都有的能力，普遍存在于人的认识和行动的方方面面，以至穿衣吃饭过程中都可贯穿创造力的运用。新的趋势甚至认为，非人事物，如蚁群行为、金属的退火过程、大自然的进化、DNA 的行为等，都包含创造力。[②]

当然应看到，多林等并未完全认可无限制的放大，而是坚持这样的折中看法，创造力既不是神独有的品格，也不能无条件赋予一切事物，因为创造力有其标准，这就是要像前面所说的那样，从质和量上看一过程所生成的东西有无以前所没有的内容。据此，有些事物有完全的创造力，有些只有其部分，因此应具体问题具体分析。例如，对自然和人工过程就应具体研究它们

① Tatarkiewicz W. *A History of Six Ideas: An Essays in Aesthetics*. Warsan: PWN Polish Scientific Publishers, 1980: 1-32.

② Bentley P J, Corne D W. "Is evolution creative?". In Bentley P J, Corne D (Eds.). *Creative Evolutionary Systems*. London: Academic Press, 2002: 5-62.

"在什么范围内、在多大程度上符合创造力的标准"①。

多林等的模型中还有许多超越传统理解的方面。例如，传统观点一般认为，创造力离不开智慧、智能和有原创能力的作者（authorship），因为只有当智慧发展到一定程度时，只有其后有一个有原创力的作者时，才有可能有创造力的出现。多林等认为，这样说是有哲学上的困惑的。其表现是，如果机器能提出有趣的数学猜想和概念，难道不能说它有创造力吗？如果一群猴子随机地将大英图书馆的全部藏书输出来了，或打印出了《哈姆雷特》，它们能被称为作者吗？电脑生成的艺术品是真正的艺术品吗？程序能做有创新性的事情吗？这些困惑当然是有争议的。心理学和哲学中较流行的看法是，创造力离不开复杂的条件，由不同因素所构成，从时间上说有不同的阶段，这些东西对创造力都是必要条件，少了一个就不能被认为是创造力。就阶段而言，有的人认为是三个，即准备、具体的创新的实施、评价；五阶段论认为，它必须经历五个心理阶段，即准备、孵化或潜伏期、灵感、评价和阐释。多林等认为，不能把这些东西看作创造力的必要条件。如果硬要把它们当作必要条件，那么就会将许多事实上的创造力人为地排除出去。例如，许多物理的、化学的、生物的起源过程就有创新的特点，"都能合法地、有意义地被看作是有创造力的"②。质言之，创新的形式很多，不是人独有的现象，除人之外，物理和化学过程、非人生物甚至整个生态系统都可表现创造力，当然其创新的程度是不同的。因此他们说："创造力最好不应根据它的产生过程，而只应根据一系统基于其操作环境产生一系列结果的概率来定义。"③

① Dorin A, Korb K. "Creativity refined: bypassing the gatekeepers of appropriateness and value". In McCormack J, d'Inverno M (Eds.). *Computers and Creativity*. Berlin: Springer, 2012: 341.

② Dorin A, Korb K. "Creativity refined: bypassing the gatekeepers of appropriateness and value". In McCormack J, d'Inverno M (Eds.). *Computers and Creativity*. Berlin: Springer, 2012: 343.

③ Dorin A, Korb K. "Creativity refined: bypassing the gatekeepers of appropriateness and value". In McCormack J, d'Inverno M (Eds.). *Computers and Creativity*. Berlin: Springer, 2012: 342.

从与其他形式化理论的关系看，多林等的模型有简单、明了、宽泛的特点，例如它能包容施米德胡贝等的形式化理论。后一理论强调的是新模式的生成。之所以说有包含关系，是因为他们的框架论强调的是，要么新模式完全一致于旧框架，要么不一致。若不一致，就要创立能说明这些模式的新框架。如果是后一种情况，那么对新框架的要求就表明，该模式要从有关观点中创造出来。[①]由上可知，多林等的理论有包容性大的特点，能说明创造力的程度差异和形式多样的特点。根据这一模型，如果说人类的创造力是创造力的标准形式的话，那么非人事物的创造力就是不同程度的创造力。从定量上说，这是由已有框架能产生模式的概念所决定的。具言之，程度极高的创造力是由这样的新框架决定的，它能生成其他框架在任何环境下都不能生成的新模式。有的框架完全没有创造力，原因是，它只是复制先前框架所生成的模式。这两极端之间的框架分别具有不同程度的创造力。总之，"创造力的程度与已有框架生成的概率成反比""创新的程度根源于它们的生成性框架所表现出的创造力程度"[②]。

多林等的创造力模型不是尽善尽美的，相反，存在很多理论和工程技术上的问题，其中一个是，类似于这种理论的原则如随机性原则在应用于 AI 时的确能产生创新行为，但其中也有许多尝试一再以失败而告终。例如，Racter 是一个自然语言生成程序，它用模板和随机选择的词来生成令人惊讶的、能唤起人回忆的文本，它生成的东西的确有新颖性，但仔细品味，并无真正的创新性，因为新颖性只是创新性的一个要素，仅有它不足以保证有真正的创新性发生。多林等对此的辩解是，既然引入随机性可保证创造力的新颖性，而创造力就是要追求新颖性，因此上述基于随机性的批评不仅没有证

① Dorin A, Korb K. "Creativity refined: bypassing the gatekeepers of appropriateness and value". In McCormack J, d'Inverno M (Eds.). *Computers and Creativity.* Berlin: Springer, 2012: 351.

② Dorin A, Korb K. "Creativity refined: bypassing the gatekeepers of appropriateness and value". In McCormack J, d'Inverno M (Eds.). *Computers and Creativity.* Berlin: Springer, 2012: 351.

伪他们的创造力模型，而恰恰证明了它的合理性。

批评者认为，尽管框架对于多林等的模型至关重要，但他们对框架的定义并不能令人满意，特别是新框架或旧框架的概念并没有得到明确定义，因此他们关于创造力的模型在理论基础方面是值得重新思考的，其实用价值也是有限的。多林等认为，这一反对意见有其合理性，因为没有人能在无限精确的算术水平上完成定义，而这样的定义对于在一种连续状态空间中识别那些荒谬但精确的结果是必不可少的。特别是，他们的定义还考虑到了与文化背景的关系，因此有待计算的空间更大，因此这里有很多需进一步探讨的问题。他们说："要做到完全正确，我们还需要将它与这样的测量系统关联起来，它既一致于文化测量实践，又一致于规范的测量错误。"①但完成这些任务非一日之功。

第二节　创新系统框架及其发展

威金斯是计算创造力研究中的一面旗帜，围绕计算创造力的本质、基础、机制和学科建设做了极有创造性的、被经常引用和讨论的工作。在创造力的建模中，他发挥这一优势，基于自己的计算创造力理论为创造力建构了一种极有特色的模型。他明确指出，他的模型的目的就是阐释、发挥博登关于创造力描述层次的理论，并在形式化处理的基础上建构关于被认为有创新性的系统的模型，即通常所说的"创新系统框架"。其影响很大，讨论和发展的人很多，后面考察的"创新行为选择框架"就是经修改和发展而派生出的模型。

---

① Dorin A, Korb K. "Creativity refined: bypassing the gatekeepers of appropriateness and value". In McCormack J, d'Inverno M (Eds.). *Computers and Creativity*. Berlin: Springer, 2012: 349.

一、威金斯的创造力分析和创造力模型

根据他的标准，创造力的模型是否合格，关键要看这模型是否揭示了创造力作为一种行为的本质，是否将创新系统的关键属性表现于模型之中。

博登的创造力理论是威金斯创造力建模的出发点。当然，威金斯对之既有肯定和借鉴，也有批评和发展，如认为她没能说明创造力的机制，这对创造力在机器上的形式化应用是不利的。只有对之补充完善，进而将发展完善了的创造力理论形式化，才有可能为其建模，才有可能呈现博登创造力理论的学理和实用价值。

根据博登对创造力的分类，创造力可从两方面分类，一是根据新颖性相对的对象分为心理学的创造力和历史学的创造力，前者是相对于创新主体的创造力，后者是相对于社会历史已有认知的创造力。如果一种认知对创新主体自己过去的认知有超越，那么这种认知创造力就属前者，如果同时超越了过去所有人的认知，那么就属后者，例如爱因斯坦的相对论就属后者。二是分为组合性、探索性和转型性创造力。组合性创造力简单，就是对一些要素进行重组，以便得到新的表现，而且也好建模；探索性创造力就是对部分或全部可能性空间（状态空间）的探索；转型性创造力就是对决定可能性空间的规则或范式的转化。如果概念空间有定义规则，且规则是可变化的，那么对它们作出改变就是转型性创新。后面我们将看到，威金斯的创造力建模重点关注的是探索性和转型性创造力。

威金斯的发展表现在，构建了作为建模创造力之基础的所谓的"创新系统构架"。根据这一构架，创新系统开始于某种概念集合，接着，通过一系列的步骤，例如通过探索概念空间创立新的概念。就此而言，探索是建模创造力时必须关注的核心机制。他的发展还表现在，在大量的形式化、计算化工作的基础上，为创造力建构了一个极具个性的模型。在具体建模时，他的理

论既有关于创造力的形式化理论，又有非形式化的理论。就后一方面而言，他认为存在着一切概念的一个普遍集合，此即后面要讨论的概念空间，里面既有抽象观念（如数学公理等），又有人的具体知识（如一幅画、一首诗等）。[①]

先看威金斯对创造力的形式化和计算化。威金斯认为，只要能合理地、准确地揭示这样几个关键概念的本质及其关系，就可为创造力建构出能应用于编程和机器实现的模型。一是"创新系统"。它指的是自然或自动过程的集合，这些集合体能模仿人身上被认为有创新性的行为。二是"创新行为"。它指的是创新系统所完成的行为。三是"新颖性"和"价值性"。有的人在论述创造力的特点时常用"令人惊讶"，威金斯认为，它们指的是创新成果的消费者的感觉或情感，因为它们要么是由创新成果的新颖性所引起的，要么是由创新系统的意想不到的能力所引起的。

要建构关于创造力的模型，接下来的工作就是描述创新系统的框架，即对之作具体的形式化处理。在威金斯看来，要理解和描述创新系统，首先必须了解"可能性宇宙"这个概念，不妨称作"u"，指的是创新过程中任何时刻概念空间的非严格的子集，或者说是所有可能概念组成的小宇宙，具言之，是一个多维度空间，能表征与我们希望其有创新性的领域有关的任何事物。这里的公理是，所有可能概念，包括空概念，都能在 u 中得到表征，但其中的所有概念没有相互同一关系。威金斯在这里的贡献在于，对这些特点和关系作了形式化处理，即用专门的形式化符号重新予以表述。其次，有创造力的系统的另一关键要素是已有的概论空间（如领域知识）C。"概念空间"是从博登那里借用的，但有改进。威金斯为弥补博登没有严格定义概念空间的不足，做了自己的发挥。我们知道，博登只是根据一组定义规则对概念空间做出了松散的说明。而威金斯认为有两类规则集，它们是限定这种概念空

[①] Wiggins G. "Searching for computational creativity". *New Generation Computing*, 2006, 24 (3): 209-222.

间的规则或约束，可分别用 R 和 T 表示，前者是约束空间的规则，后者是可以遍历空间的规则，可看作是对探索策略的编码，可以包含启发式。此外，还有一种评估方法 E，它能给位置赋值，能产生适应度函数。为了说明空间搜索，威金斯还引入了一个编译程序，可写作《.,.,.,》，它能基于 L 的子集计算一种函数，即让 u 的全部有序子集 Cin 映射到 u 的另一子集 Cout 之上。

创造力之所以会发生，除了存在着概念空间之外，还离不开对它的探索。因为创新的一个前提条件尽管是有相应的概念空间，但要从中引出创新思维，必须有对原有的概念、认识和可能的思想的搜索、探索。基于这一认识，自博登开始就有把探索看作创新过程的思想，威金斯等则进一步提出：生成创新概念的过程就是探索的过程。这种探索可为一个作用于概念系列（系统已加工过的概念列表）的运算符号所模拟，其结果是产生一个新的概念列表，该列表又可在下一个循环探索中被加工。在威金斯建构的系统中，探索操作符把可接受性和性质作为参数，并由此从现有概念系列计算出新的概念系列，从而导致创新的发生。在他的系统中，探索是从一组初始概念开始的。因此允许出现这样的情况，即创新系统从某个给定的概念集开始。根据威金斯的界定，探索总是从单一的完全未知的概念开始的，它表征的是系统没有已知概念这一情况。[①]

最后，要理解创新系统的框架，还要认识前述两种规则即 R 和 T 的价值，并对概念空间的成果作出评价。在此基础上，威金斯讨论了探索性创造力和转型性创造力的特点，说明了转型性创造力的构成和本质。根据他的模型，转型性创造力就是元层次的探索性创造力，因此只要弄清了探索性创造力，就不难明白转型性创造力。因为对概念空间的遍历有时会超出现有概念，进

---

① 参见 Ritchie G. "A closer look at creativity as search". In Maher M, Hammond K, Pease A, et al (Eds.). *Proceedings of the Third International Conference on Computational Creativity*. Dublin: University College Dublin, 2012: 41.

而就会发生偏离，并根据评估方法被证明有价值，果如此，新的点子就会出现在这个领域，概念空间就会扩展，最终就有转型性创造力的出现。不难看出，它与探索性创造力只在元层次有不同，在其他方面没有不同，即是说，概念空间的转型可通过对概念空间的探索而得到，而探索性创造力根据他的理论框架是不难说明的。根据他的说明，探索性创造力就是在概念空间中搜索最佳选项的过程。有此创造力的系统由下面七部分构成：①普遍概念集合；②表述有关映射的语言；③可接受映射的符号表征；④性质映射的符号表征；⑤探索机制的符号表征；⑥解释③和④中的表达式的解释器；⑦解释⑤中的表达式的解释器。由于有这样的部分和结构，创新系统就成了有对象层次的系统。由于各部分能相互作用，因此创新系统的创新就表现为在领域或概念空间中对概念的探索。威金斯进一步认为，由于在上述层次之上还存在着元层次，其作用是对系统构成要素的反观自照，或对对象层次及可能的层次的探索，以找到在新颖性和价值性上不同的概念空间，进而模拟转型空间中的观念，最后就有转型性创造力的发生。由于探索是建模创造力时必须关注的核心机制，因此在特定意义上可以说，探索是创造力计算建模的重头戏。①

　　基于大量的工作，威金斯为创造力建构了一个极具个性、极有影响的模型。在他看来，尽管可说创新是构建，但从 AI 探索的形式化上说，"新"指的不是"构建"，而是"到达"。即是说，所有可能的概念是某种普遍集合中的要素，但创新系统计算出了一个通过该集合到达特定概念的路径，而那些经过计算得到的概念代表的则是"发明"或"发现"。也可这样说，创新是被人完成的、被认为有创新性的行为，它要么有对自己以前认识的超越，要么有对已有人类认识的超越。用博登的话可这样简明地加以表述，即创造力是对概念空间的探索。如果这样看待创新的本质及标准，即看是否有对已

---

　　① Wiggins G. "A preliminary framework for description, analysis and comparison of creative systems". *Knowledge-Based Systems*, 2006, 19 (7): 449-458.

有认识的超越，那么也可认为，人工计算系统也可表现创造力。这种创造力可简称为计算创造力。当然这个概念有歧义。威金斯认为，通常所说的计算创造力有两种指称，一是指作为一个研究领域的计算创造力，可完整地称作计算创造力研究或科技部门；二是指人和机器所表现出的创新行为，即计算系统所体现、实现的创造力。这一概括其实反映了多数人对计算创造力的理解。威金斯赞成这一理解，但又有补充，其表现是，他并不认为只有机器才能表现计算创造力，他同时认为自然系统如人类和其他动物的大脑也有这种能力。这就是说，计算创造力也是从广泛存在的创造力个例中抽象出来的，或者说是对诸多个别创造力一般本质的一种概括。这里表达了这样的吸收了计算主义创造力理论同时又有其发展的创新观，即任何创造力都具有计算的本质，都可从计算上去揭露创造力的本质，例如它们本身具有计算化的本质。基于这样的认知，威金斯对作为一门科技研究领域的计算创造力下了这样的定义，"它是通过计算工具和方法对自然和人工系统所表现的这种的行为的研究和支持，如果它由人类完成就会被认为有创造力"，同样，如果它由机器、软件这样的人工系统来实现，那么也可称作创造力。①相应地，作为一种过程和能力的计算创造力，就是由人工和自然系统所表现出的、具有计算本质的因此能接受计算说明的、能生新的过程和能力。

由于威金斯对创造力的理解比较宽泛，因此除了上面建构的关于作为科学的发明创造的创造力模型之外，他还建构了关于日常创造力即常人也具有的创造力的全局模型，其理论基础是巴思著名的"全局工作空间理论"和关于预测认知的种种理论，其实验依据是关于音乐知觉统计建模方面的具体研究成果。其新的观点是，应规范对全局工作空间的访问，进而化解巴思所说的临界悖论。他认为，日常创新过程中有一种一般性机制，它能产生与通常

① Wiggins G. "A preliminary framework for description, analysis and comparison of creative systems". *Knowledge-Based Systems*, 2006, 19 (7): 451.

所说的自发创新灵感无异的结果。这样的创新过程与莫扎特自述的音乐创新过程无异。

威金斯的这一建模仍以计算主义为基础，如坚持关于创造力的计算解释，认为创造力之所以有创新作用，是因为里面有一种计算系统在起作用，它能成为实现创立新观点的基础，例如音乐创新背后就有这样的计算系统。

威金斯赞成建模完整的、新颖的创新过程，但反对抽象的建模，因为这无异于从外面根据输出来判断主体的创新过程。另外，他强调，建模时要尽力避免评价问题，只关注过程，关注执行这类过程的系统。①他的建模所做的工作主要表现以下几个方面：第一，说明了所用的理论方法，论证了灵感与创新推理的区别；第二，论证了自己思想所依赖的拓展了的背景，包括许多认知理论，如前述的巴思的"全局工作空间理论"；第三，为自己所坚持的观点提供了进化论证；第四，讨论了模型的实现问题。

他强调，要建构关于人类创新过程的相应的认知理论和计算系统，必须坚持以下几点：一是可证伪性原则，由于我们尚不知道人类是如何完成创新行为的，因此所建构的理论要具有可证伪性；二是进化情境原则，即必须对所提出的机制、相应的发展顺序所具有的进化优势给出说明；三是有学习能力；四是有生成新成果的能力，如能生成在创新领域内得到证明的新产品；五是有反思能力，如能对系统的行为作出反思、修改和解释。

基于这些探讨，他建构了关于人类特定创造力的假说性、计算性的模型。根据这一模型，创造力首先必须有这样的机制，它既可直接执行，也可间接执行。其次，创新还离不开创新自主体，它是具有行为循环的程序或机器人，该循环由对世界的知觉和基于知觉的行动所构成。要建模更高的认知发展，

---

① Wiggins G. "Crossing threshold paradox: creative cognition in the global workspace". In Maher M, Hammond K, Pease A, et al (Eds.). *Proceedings of the Third International Conference on Computational Creativity*. Dublin: University College Dublin, 2012: 180.

还需承认有预测系统，通过此系统，有机体能根据学到的模型预测接下来会发生的事情，并将此与当下的感性输入比较。这样做提供了一种简单而有效的机制，它能发现什么是异常的，什么是潜在的新机会，什么值得注意。基于这些可以说，认知过程中有能预测的自主体和做出反应的自主体。前者能在威胁来临时设法予以避免，后者在经历威胁时做出反应。自主体的重要特征是有自主性，其作用主要不在于识别和分类，而在于能设想下一步会发生什么，该作什么反应。威金斯认为，自主体有学习的能力，如学习范畴化，学习把事件的发生与奖励或威胁关联起来。[1]

总之，在他的关于创造力的模型中，知觉和预测基于对世界的看法密切结合在一起了。这里有两个子模型，每一个子模型包含多种预测器，将两个子模型输出的分布相乘，就可得到其相对信息熵的权重，多个预测器输出的分布可以以相同方式组合在一起。这个系统由于与巴思的"全局工作空间理论"有一致之处，再加上威金斯自己创立的以信息内容和熵为基础的关于竞争机制的理论，因此似乎就能说明创造力的形成机制和条件。[2]

在与麦克林的一项合作成果中，威金斯对创新系统构架作了发展，相应地，对创造力模型也有一定的发展。这样的发展得益于计算创造力研究的反哺作用。这样的研究让他们对计算创造力有了更新的认知，而对计算创造力的探讨又让他们对创造力有了新的认知，特别是有了更好的计算说明。当然，仍不可否认的是，在这种说明形成的过程中，著名 AI 哲学家博登的创造力定义在继续发挥奠基性作用。根据博登的看法，创新就是在概念空间中探索。

---

① Wiggins G. "Crossing threshold paradox: creative cognition in the global workspace". In Maher M, Hammond K, Pease A, et al (Eds.). *Proceedings of the Third International Conference on Computational Creativity*. Dublin: University College Dublin, 2012: 186.

② Wiggins G. "Crossing threshold paradox: creative cognition in the global workspace". In Maher M, Hammond K, Pease A, et al (Eds.). *Proceedings of the Third International Conference on Computational Creativity*. Dublin: University College Dublin, 2012: 186.

根据威金斯等的新解读，这里有这样的二元性，即一方面是一致于规则的对已有项目的探索，另一方面是按那些规则对新项目的建构。之所以要这样，是因为这里的空间范围是未知的。[①]在此基础上，他们对创新系统构架作了新的改进。根据新的观点，创造性探索有三个关键因素，即概念探索空间本身、对空间的遍历和对空间中发现的概念的评价。换言之，创新离不开搜索、搜索方式和对所发现的东西的评价。除此之外，创新当然还有其他构成方面，如内省、自我修改和对界限的突破等。这就是说，探索空间、遍历编码和评价反应不是凝固不变的，而会受到创新主体的考察、修改和挑战。三者的关系如图 18-1 所示。

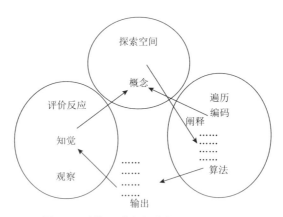

图 18-1　创新系统框架的构成及内部关系

这一关于创新系统的框架，不仅揭示了创新的构成要素、构成及其关系和动力学过程，而且能对偏离预期概念空间的探索行为作出评估，进而提供解决办法。

怎样理解概念探索空间？它本身就是概念，即已有的知识、信念、思想、概念、见解等等，具言之，是由性质维度所定义的通用空间中的区域。据此

---

① Mclean A, Wiggins G. "Computer programming in the creative arts". In McCormack J, d'Inverno M (Eds.). *Computers and Creativity*. Berlin: Springer, 2012: 246.

可以说，博登所说的转型性、革命性创新就是这些区域的转型，而转型是由在它们中和它们之上的探索过程推动的。既然如此，概念空间就是开放的，而非封闭的。[①]换言之，创新主体的创新就表现在突破搜索空间的界限上。以艺术的机器创作为例，探索空间限定了编程人员的概念，如他们当下的艺术关注点就是由他们已学的技术和惯例构成的，其遍历的策略就是试图通过编码算法以生成概念的一部分，最后，评价就是对输出作出反应的知觉过程。有了计算机创造力，人的创新就具有了延展性特点，如在艺术创作中，艺术的编程就让人的创作过程超出心灵，最后扩展到计算机之中。编程人员的概念可以推动遍历策略的发展，这种策略被编码为计算机程序，当然程序员不一定具有评估它们的认知能力。

在计算创造力中，创新过程受着程序员关于什么是最终的、有效的结果的概念的引导，这是由程序员当前的关注点所决定的。当遍历扩展到搜索空间之外时，转型创造力就会被触发。如果被发现的概念实例是有效的时，那么搜索空间就会扩展，以至能包括它；如果无效，那么遍历策略就可能被修改，以避免未来出现相似的事例。

当然，威金斯承认，要真正建构关于创造力的模型还有很多工作要做，如对人类创造力这个黑箱的认识还很欠缺，工程实现上要做的工作更多，例如，如何在创造力模型中集成多个生成器，就是一个艰巨的工程任务。

二、创新行为选择框架

这是林科拉等为弥补威金斯的"创新系统框架"的不足而建构的一个创造力模型。如前所述，"创新系统框架"是当今计算创造力研究中最有影响的将创造力形式化为概念空间探索的模型。在林科拉等看来，它尽管很流行，但有其缺陷，即既没有将探索中的行为形式化，也没有将行为选择形式化。

---

① Gärdenfors P. *Conceptual Space: The Geometry of Thought.* Cambridge: The MIT Press, 2004: 1-25.

这种缺陷限制了它在分析创新过程中的应用。有鉴于此，他们试图解决这一问题，如通过探讨探索空间遍历函数中缺失的这些因素，进而在此基础上建构新的模型，来发展创新系统框架。他们还揭示了观念和产品的区分，提供了创新探索的停止条件。他们把他们发展了的框架称作"创新行为选择框架"。其意义在于，它把创新系统看作基于观念和产品的有效性、新颖性、价值性来选择行为的自主体，这将有利于深化对创新系统的分析，而这样的分析有利于把创新系统建模为利用行为选择的程序。①

在具体建构模型时，林科拉等改造四 P 理论提出，创新过程是创新成果得以完成的途径。计算创新系统的创新可被描述为自主体在特定环境下为生成创新成果所完成的行为选择和实施过程。所谓行为选择，指的是自主体基于当前状态和总目的对下一步该做什么的抉择。尽管行为选择重要，必不可少，但已有的模型几乎没有把行为及其选择放到创造力专门的形式构架之中，已有的自主体研究要么用启发式行为选择，要么在更一般的形式框架中考虑创新行为选择。其问题是，启发式方法不能为比较提供统一的形式基础，而一般性构架对专门的创造力显得过于抽象、笼统，这些都限制了深度分析创造力的潜能。为克服这些缺陷，林科拉等提出，应把他们倡导的"创新行为选择框架"当作描述和分析个别创新自主体的行为选择的基础。之所以作这样的改进，是因为原来的模型有这样的局限性，如把遍历函数作为黑箱，没有说明自主体如何决定下一步的移动，没有把概念与产品区别开来。概念是自主体对观念的内在表征，而产品是概念的外部数字表征。最后，原来的模型没有规定停止条件。他们的改进方案试图克服这些局限性，如不把遍历函数分解成与自主体有关的成分，允许基于概念和产品的有效性、新颖性和价

---

① Linkola S, Guckelsberger C, Kantosalo A. "Action selection in the creative systems framework". In Cardoso F A, Machado P, Veale T, et al (Eds.). *Proceedings of the Eleventh International Conference on Computational Creativity*. Coimbra: University of Coimbra, 2020: 303.

值性的行为选择，探寻概念和产品探索的可能停止条件。

不可否认，这些改进和发展受到了马尔可夫决策过程理论的启发。这一理论要解决的是系列决策问题。它模拟了任意自主体及其环境在时间中的可能相互作用。在相互作用的每个点上，自主体都能从环境中得到回报。这里的问题有，如何找到一个策略即一个决策规则，它能从初始状态开始将未来的累积回报最大化。无限视界的马尔可夫决策过程是一个四元组，即（S，A，P，e）。S 指的是环境状态，A 指的是能完成行动的自主体，P 指的是环境的动力学，e 指的是回报函数。这一理论要说的是，环境状态编码了过去的自主体与环境的相互作用信息，而该信息对未来的动力学至关重要。把这一理论应用于计算创造力研究已有一些开创性的工作，如有的人把创造力作为盲目的变化和选择过程来建模，认为创新行为可看作一种减轻创新探索复杂性的过程。林科拉等试图推进这一应用，以发展前述的创新系统框架，其表现是，用状态、行为、环境动力学等概念来说明创新的行为和行为选择。

创新行为选择框架的特点是，将行为及其选择加到原先的创新系统构架之上。这样做的目的就是要用创新系统构架来说明创新自主体。林科拉等拟建构的自主体是一个有封闭回路的、能实施创新过程的系统，它只能用自己的行为和推理在探索空间内移动，而这行为能改变概念和产品空间的状态。

他们发展了的创新行为选择框架有这样一些构成要素：①宇宙 U，它有两个子集，一是 U_w，包含的是概念，二是 U_d，包含的是产品；②输入与输出系列；③时间；④价值性、有效性和新颖性；⑤遍历规则 T。它有封闭回路遍历，如自主体能观察它的位置，选择下一步行动，进而加以执行。此执行又会影响它的行为。根据这个框架，一行为可以改变自主体在概念和产品空间中的位置。它包含两种行为，即翻译和再认知。自主体可以自由执行它选择的操作，但可为自主体选择的行为是因位置的不同而不同的。自主体的行为选择可以用不同的机制来完成，每个机制又可用下面因素中的一个或全部，如自主体评价它的价值、有效性和新颖性，过滤它各种可能的行为，预言行为的可能结果，选择下一步的步骤。[①]

如前所述，以前的计算系统框架的一个问题是没有规定停止条件。为了解决这个问题，让系统有停止条件，新的系统框架使用了这样的方法，即在新框架中增加这样的附带因素：一是阈值，即让评估高于初始时给予自主体的某些绝对阈值；二是预言；三是资源限制；当然还可能有其他的停止条件，如根据设计和目的设定的标准等。

总之，林科拉等的行为选择框架为分析创新自主体正在进行的生成概念和产品的过程提供了形式化工具，同时，由于该框架将自主体的行为、位置序列及其对目标的匹配形式化了，因此它也能对最终行为作出高层次分析。这些在一定程度上为在计算系统中实现创造力扫清了障碍。

第三节　创造力的单一过程、方面和机制的建模

创造力的建模有不同形式，如有的关注的是对整体的、一般性的创造力的建模，前面两节考察的就是这类工作；还有的关注的是以非人类中心主义为旗帜的带有自由主义倾向的建模，详见下节；有的关注的是对创造力的某一方面、因素或某一过程或某一机制的建模，本节将择要加以考察。

一、"探索轨迹分析"与发明创造家的探索过程建模

我们这里关注的是后一类建模形式中的一种，即基于对创造力发挥作用

[①] Linkola S, Guckelsberger C, Kantosalo A. "Action selection in the creative systems framework". In Cardoso F A, Machado P, Veale T, et al (Eds.). *Proceedings of the Eleventh International Conference on Computational Creativity.* Coimbra: University of Coimbra, 2020: 306.

过程中的探索过程分析，对探索过程进行建模。这与前面考察的威金斯的模型有一致之处，即都重视探索过程。不同在于，威金斯除重视这一机制之外，还关注创造力的其他方面及其建模。

　　毫无疑问，发明创造家在完成发明创造时一定有其探索过程。例如，他们留下的草图、草稿、修改稿以及被拒绝或抛弃的某些想法等就记录着他们艰辛的探索过程。通过它们，我们可一睹发明创造家取得创新成果的心路历程。这种分析发明创造家心路历程的方法通常被称作"探索轨迹分析"。其特点是，不关心在前的准备过程和最终完成的创新成果，而着力探索、考察、分析中间过程，当然它也关心成果，只是成果不是创新的最终成果，而是记载中间过程的笔记和手稿之类的东西。这样的研究思路有许多不同的实施方案，如非单调论认为，创新的探索轨迹是非单调的，意即取得最终创新成果的过程是迂回曲折的，而非直接、渐进的进步。还有观点认为，也存在着简单的探索过程。中立的观点认为，在分析探索轨迹时务必谨慎、精确和定量。诸方案的共同性在于，都承认创造力与非单调性密不可分，不同在于，对于非单调性的本质特点、原因有不同的理解，在建模和机器实现时有不同操作。[①]

　　就非单调性的理解而言，有一种方案关注的是对草稿的评估，特别是试图弄清，草稿是否会随着时间推移而单调地变得更好。这种轨迹分析有鲜明的定量特点，如有的人制定了分析草稿的 26 个评价标准，然后让专家和非专家根据它们对草稿给出评分，在分析的基础上，提取质量维度，其基本结论是，以前被评价为有创意的作品来自不太单调的轨迹。另一种方案强调要关注草稿、草图本身的结构，这里的草图可以是名家名画的草图，如毕加索的名画的草图。

---

① Jennings K. "Creative search trajectories and their implications". In Maher M, Hammond K, Pease A, et al (Eds.). *Proceedings of the Third International Conference on Computational Creativity.* Dublin: University College Dublin, 2012: 49.

这里重点考察一下詹宁斯（K. Jennings）的综合性理论。他强调，在得出非单调性结论时应小心、精确、定量。为论证这一点，他强调，在分析探索轨迹时应注意这样一些区别。这些区别是围绕下述问题展开的，即探索要发现什么，轨迹单调性的哪些方面是有趣的，如何测评单调性。其中，首要的区别是路径探索与位置探索的区别。路径探索是在初始状态和目标状态之间的探索，关心的问题是：要发现的是什么样的状态系统？这里的状态有外在问题状态和内在探索状态之别，前者指解决方案的路径，后者指搜索轨迹。而位置探索是指对理想的结果状态的探索，关心的问题是：单调意味着什么？这里有两种分析路径，一是分析从中间状态到结果状态的距离，中间状态可能具有单调性或非单调性；二是分析中间状态的性质，如单调性的适应性、复杂度等。

就状态探索而言，应考虑的状态必须是内在状态。要判断这里的单调或非单调，应以变换的距离为依据，因为这是对探索轨迹是否包含无用功的最好的测量。就位置探索中的单调性而言，其目的是要找到最理想的最终状态。在这里，詹宁斯用了场景隐喻，里面的状态被认为是根据可用操作符从拓扑学上组织起来的。每个状态的可取性用（$f\vec{x}$）表示，指的是它的适应度。位置探索中的单调性不同于路径探索，因为后者指的是探索轨迹中的状态，而位置探索可让人们看到中间状态及其单调性。他把这种中间状态的单调性称作状态单调性。在这里，距离的变换是单调性最关键的方面。还有一种单调性，他把它称作适应度单调性，其适应度函数会随时间变化而变化。

总之，根据这一建模尝试，在研究发明创造的探索轨迹时，务必区分开路径探索和位置探索。就路径探索而言，对探索过程有效性的重要测量就是问题解决者的内部状态变换单调性，它与问题本身的状态可能相同，也可能不相同。就位置探索而言，承诺使用复杂探索过程的人一定会拒绝两种零假设过程，即直接探索和爬山探索。而要拒绝它们，就不仅要证明状态和适应度中都存在着非单调性，而且要证明以下几个方面：①状态非单调性会与距离变换一同发生；②被观察到的状态的非单调性并不反映不可观察维度方面的变化或标准变化的结果；③回顾式地评价的适应度非单调性在被同时评价时也有非单调性。就非单调性的根源而言，它既可来自直接的、理智的、有根据的过程，也可来自类似爬山的、机械的、不知情的过程。[①]

詹宁斯尽管探讨了实现轨迹分析理论的经验技术，论证了轨迹单调性对研究创造力的意义，因此其建模有其合理性，但所提出的观点和论证中有许多值得深思和商榷的方面。首先，其问题在于，在真实的创新过程中，路径和位置探索都不可或缺，而且常常不可分地结合在一起，但詹宁斯像其他方案一样把它们截然分开了，甚至突出位置探索，这无疑是有其局限性的。其次，他尽管承认标准的变化是研究探索轨迹的重要考虑因素，但对这种变化如何发生、何时发生及其原因何在，并没有给出具体说明。再者，他肯定标准变化可与爬山过程一致，也是值得商榷的。最后，对运算符的作用，特别是探索过程中所发现的运算如何影响关于状态单调性的结论，他语焉不详。

二、基于进化计算的类比模型

类比得出的结论尽管具有或然性，但一般不否认它的创新作用，即一般都承认它是创新的一种方式甚或是机制。许多人认为，类比是"认知的核心"，因为类比的认知过程是人类理智能力诸多决定性方面的核心，这些方面主要有问题解决、知觉、记忆、创造力。类比的能力与创新思维有广泛的联系，在艺术和科学的新知识发现和发展中发挥着根本性作用，如开普勒对行星运动定律的解释是借助与来自太阳光的辐射的类比完成的，卢瑟福的原子模型

---

① Jennings K. "Creative search trajectories and their implications". In Maher M, Hammond K, Pease A, et al (Eds.). *Proceedings of the Third International Conference on Computational Creativity*. Dublin: University College Dublin, 2012: 55.

是基于与太阳系的类比创立的。为建模类比这一创新形式，拜丁（A. Baydin）等创立了基于新的进化计算算法的、用于自动生成跨域类推的技术，它不同于已有的计算类比方案，这些方案仅限于在两个给定的事例之间建立类比，而拜丁等的新方案能对一个给定的情况，用新的类比来创建一个类比。其算法基础包含了"模因"（memes）这一概念，它指的是文化或知识的单元，能在适应度测量下进行变异和选择，并将不断进化的知识块表示为语义网络。他们还用基于一种结构映射的类比理论的适应函数，证明了自发生成类似于所与基础网络的语义网络。

要让计算系统模拟类比推理，首先当然得弄清它的本质和工作原理，揭示它具有创新作用的机制，并为之建立模型。这样的工作很多，新方法和新成果比比皆是，如博登把类比看作一种组合性创造力，因为它用熟悉的观念生成了不熟悉的组合。拜丁等不赞成这一观点。还有一些人用计算和认知的观点来研究类比，其最重要的成果是结构映射理论，其计算实现的表现就是诞生了所谓的"结构映射引擎"。其主要代表人物有金特纳（D. Gentner）、马克曼（A. Markman）、霍夫斯塔特等。[1]他们认为，类比就是一种结构匹配，在此匹配中，基础域中的要素借助它们的关系相似性映射到目标域中的要素之上。霍夫斯塔特等用知觉解释类比，认为类比就是高阶知觉，在这里，一种情境被知觉为另一种情境。该领域最有影响的成果被认为是弗伦奇（R. French）的一篇论文。[2]他不仅建立了关于类比的计算理论，而且试图建构关于类比的机器实现系统。还有一种观点突出的是一致性原则，认为类比是与结构、语义相似性和目的有关的约束满足问题。还有人用隐喻解释类比，认为类比推理可推广到更具体的隐喻事例之上，它强调的是用一种事实解释另

① Gentner D, Markman A. "Structure mapping in analogy and similarity". *American Psychologist*, 1997, 52 (1): 45-56.

② French R. "The computational modeling of analogy-making". *Trends in Cognitive Sciences*, 2002, 6 (5): 200-205.

一事实。高相关认知理论则强调概念融合原则，认为把几个已有概念关联起来就能创立新的意义，这一过程发生在意识层次之下，是作为认知的根本机制起作用的。这一观念的计算实现体现在关于抽象思维、创造力和语言的计算模型之上。其分类也很多，如有人根据相似性的样式把类比分为以属性相似性为基础的类比和以结构相似性为基础的类比。根据基础事例和目标事例是否属于相同的领域，类比推理可分为两类，即一是域内的类比，即基于同一领域的表面相似性所作出的类比；二是跨域的类比，它是根据语义上遥远信息间的深层结构相似性所作出的类比。[①]

拜丁等借鉴和融合有关成果，通过自己的创造性研究提出，类比是基于相似性将信息从一个已知主体（类似物或基础）转移到另一特定主体（目标）之上的过程。根据前述的对类比的域内和跨域的理解，拜丁等基于进化计算建构了方便得到机器实现的跨域自动类比生成技术。假设有两种情况，一是给出基础的情况 A，二是新的类比的情况 B。根据他们的方案，沿着 A 和 B 之间的类比映射可将 B 创造性地推论出来。他们自认为，这一方案与计算创造力的观点高度相关，因为类比不仅仅是简单认识源事例与目标事例之间的关系，还包含创新，例如类推出的情况就是随着类推而创造出来的。

为了建立新的类比模型，他们利用模因概念对进化算法进行改进，从而发展出了一种新的进化算法。先看模因概念及技术。道金斯（R. Dawkins）是模因理论与算法的奠基人，他通过与生物进化中的遗传单位（即基因）的类比，创立了模因概念，把它当作文化进化中观念呈现的信息单元，认为它能由个体心灵承载，并得到改变和复制。模因的例子包括：曲调、观念、口头禅、服饰、制造锅的方法等。正像基因在基因库中能通过精子或卵子从一

① Baydin A, Mántaras R, Ontañón S. "Automated generation of cross-domain analogies via evolutionary computation". In Maher M, Hammond K, Pease A, et al (Eds.). *Proceedings of the Third International Conference on Computational Creativity*. Dublin: University College Dublin, 2012: 26.

个个体跑到另一个个体之上一样，模因也能在模因库中从一个大脑跳到另一个大脑之上。①改进了的进化算法的特点在于，利用泛化的达尔文主义对引起生命多样性的进化过程机制进行概括，进而用变异、自然选择和遗传的进步来解释广泛的现象，甚至把这一解释模式推广到经济、文化、心理和物理现象之上。就应用而言，进化算法的无启发式最优方法是上述观念实现于计算机上的表现，已成了解决自然科学、社会科学和工程技术中的广泛问题的技术。根据这个算法，形成种群的个体表征的是文化或知识的单元，这些单元可发生变异、传播和选择。这里的个体指的是简单的语义网络，而这些网络又是概念和二元关系的有向图。它们通过进化算法的交叉和变异的模因形式而发生变异。

基于这些，拜丁等将概念网的常识知识库应用于语义网络的建构。最后，他们用来自心理学的结构映射理论的类比相似性来定义模因适应度，并表明，生成类似于给定基础网络的语义网络是可行的。由于有不同的可能适应度测量方法，因此所倡导的表征和算法可看作能生成具有这样的理想属性的知识的一般工具，这种属性是被表征的知识的一种可量化的函数。他们认为，他们的算法也可看作用关于知识的模因理论进行实验的一种计算模型，这些理论的例子如进化认识论、文化选择理论。

进化计算和模因算法单独使用已显示出了重要的应用前景，再结合起来运用，其作用将更大。例如，融合到进化计算中的模因算法已成了一种成熟的技术，在解决许多困难的优化问题中发挥着重要作用。它一般被阐释为一种混合方案，其中融合了进化算法和局域探索方法。根据这一算法，在每一代中，基于进化算法进行全局抽样的种群就会出现一个个体，该个体通过模仿文化进化，借助每个候选解决方案完成学习步骤。这一方法已应用到了广

---

① Dawkins R. *The Selfish Gene.* Oxford: Oxford University Press, 1989: 1-7.

泛的问题解决之中，如 NP 优化问题、工程、机器学习和机器人技术。同样，由于进化算法已被证明能从工程技术上模仿创造力，如在绘画、音乐、设计等方面表现颇佳，融合了模因算法的进化计算更是如此。拜丁等看到了这些方法的应用价值，便尝试将它们应用于对类比的研究之中，进而建构出了基于进化-模因算法的类比模型。这里作为基础的是他们改进过的所谓"新进化-模因算法"。其特点首先表现在，强调有一个模因库，它由表征为语义网络的个体所组成，会受适应度标准下的变异和选择的影响。其次，经历变异、传播和选择的正是文化或信息的单元，该单元非常接近于道金斯所说的单元。最后，这里所说的模因算法是个体学习和进化算法的混合体，旨在成为一种只关注知识的模因进化的新工具，其应用领域主要是基于知识的系统、推理和创造力。[①]

拜丁等的算法的推演类似于进化算法的循环，只有相对小的参数集，其语义网络被实现为概念和关系对象的链表数据结构，里面也包含表征、适应度评估、变异和选择步骤。他们所用的参数有这样一些特点，例如他们用的突变和交叉概率值类似于进化算法中基于图形的参数。交叉概率是 $P_c=0.85$，略高于平均水平的变异概率 $P_m=0.15$。这些有助于解释模因学文献中所假定的高突变趋势。在具体实验时，他们让一个有 $Pop_{site}=2000$ 个个体的种群进行比赛选择，其比赛规模是 $S_{size}=8$，获胜概率为 $S_{prob}=0.8$。用这些参数，他们给出了两组实验的结果。一是关于某些基本天文知识网络进化的类比；二是关于家族关系网络结构的类比。结果表明，在进化约 40 代之后，进化渐进地到达最高的适应度，这与下面的情形大体一致，在这里，最佳个体的大小与给定的基本语义、网络大体相当。在这之后，一对一的类比改进变得更加

[①] Baydin A, Mántaras R, Ontañón S. "Automated generation of cross-domain analogies via evolutionary computation". In Maher M, Hammond K, Pease A, et al (Eds.). *Proceedings of the Third International Conference on Computational Creativity.* Dublin: University College Dublin, 2012: 26.

稀疏和不太可行。实验表明，他们倡导的算法能自发地创建类似于基础语义网络中给定的知识集合，且表现良好。在大多数情况下，他们的推演能在50代和合理的计算时间之内形成广泛的类比。[①]

　　就类比推理本身而言，模因算法能成功生成类似于给定事例的多种新事例，即可从对源对象的认知中创造性地生成关于目标对象的新认知、新结论。这一类推模型不同于其他模型的地方在于，类比是基于假定可用的候选源域集通过评估与给定目标事例的可能类比完成的。由于有此特点，因此他们的类比模型从一开始就能开放地、自发地、创造性地提出类比实例，复制基本的创新行为形式。

　　就本质而言，拜丁等呈现的类比模型实际上是融合了模因技术的进化算法的一种应用。它把语义网络当作进化个体，类似于以基因为基础的文化进化模型。这里的语义网络的作用在于，能为实现模因的变异和选择提供基础。另外，他们的模型还引入了能加工表征的变异算子的基本形式，且有对常识知识库中知识的利用。最后，他们基于心理结构映射理论论证了模因适应度的测量方法。

　　就这一研究对于 AI 和计算创造力研究的意义而言，它的确有助于解决 AI 和计算创造力研究中长期困扰人们的这样一个难题（最起码，它有对此难题的认识和化解它的愿望），即已有 AI 系统都无法接近、利用正常成人用一生经验建构起来的丰富无比的、得到巧妙组织的概念库、知识库和技能，因而无法实现真正意义上的智能，即使有些人工系统能表现符合图灵测试标准的创造力，但只是解释主义或归属论意义上的创造力，而与人的创造力尚有本质的差别。在这一点上，拜丁等的方案尽管不能说已经解决了上述问题，

① Baydin A, Mántaras R, Ontañón S. "Automated generation of cross-domain analogies via evolutionary computation". In Maher M, Hammond K, Pease A, et al (Eds.). *Proceedings of the Third International Conference on Computational Creativity.* Dublin: University College Dublin, 2012: 30-31.

但作了尝试性探讨，如在他们的模型中有对常识知识和推理元素的利用，这至少从一个侧面将人类积累的知识融入了关于创造力的计算建模之中。

再顺便考察一下基于模因的艺术创造力建模方案。这是由日本的小川（S. Ogawa）等提出的方案。他们的目的是想让计算机模拟画家顿悟式的创作过程，建构能与人类互动的人工创作系统。要如此，就要弄清人的创作过程及机制。他们通过分析认识到，创新过程既离不开顿悟，也依赖于一些对创新必不可少的微观过程。基于这样的创造力理解，他们建立了自己的模型。这是一个由视觉艺术家、认知科学家和计算科学家合作完成的成果。他们关注的微观过程主要是关联绘画创作中的微观过程。具体是这样操作的，即分别在日本和欧洲的美术馆举办四场工作坊，在每个工作坊，允许 15—19 人参加，年龄一般为 8—14 岁，且每个工作坊最多允许 6 个成人参与。他们的观察是在这样的过程中完成的：第一步，让参与者看 20 张来自世界各地的风景画，然后再用这些画中的建筑、人物等画出自己喜欢的画作。第二步，由画家把自己的画插到两幅儿童画之间，并让三幅画形成一个无缝的场景。最后把所有的画都连接在一个没有起点和终点的环上，如此完成的画被挂在美术馆的天花板上，这样，观众在观看时就会被画作所包围。小川等要建模的就是这一拼接画作之创作的微观过程。其建模的方法论步骤如下：第一，设法弄清艺术家在将绘画连接起来时出现的新想法；第二，作出分析，进而对上述过程作出识别和分类；第三，建立一个能执行这些过程的模型。这个模型是以模因为基础的、受进化论启发的多自主体构造。[①]

通过对大量数据的整合和分析，小川等认为，在艺术家创作关联绘画的过程中，发挥关键作用的微观过程如下：首先，复制并在此基础上进行转换、

---

① Ogawa S, Indurkhya B, Byrski A. "A meme-based architecture for modeling creativity". In Maher M, Hammond K, Pease A, et al (Eds.). *Proceedings of the Third International Conference on Computational Creativity*. Dublin: University College Dublin, 2012: 170.

交换、扩展；其次，通过递进过程，从相同形式（形态、阴影）探索到意义相似的形式和语义关联，再到变形形式、保持形式的连续性、进行形式对比，达到概念对比和形式相似性的统一；最后，阐明概念。

小川等的模型以模因为基础，即用模因的形式化来表征上述创作的微观过程。他们所说的模因代表的是那些可以生成、传递、转化、相互结合甚至消失的观念，例如在把两幅画连接起来时，里面就有许多相似的操作和相互作用。在有些领域，模因就是马、天鹅之类的元素。马作为模因起作用不是因为它是马的概念，而是因为它携带着形状、奔跑之类的属性。基于这样的认识，小川等把模因作为建模的表征单元。他们还看到，模因可以泛化，可以组织成等级结构。

有了模因就可完成这样一些行为，如完成复制和转化性复制（即复制中有属性变化），完成属性变换、属性覆盖，作出统一化（如把两个模因合为一个），创造新模因。

为了建模将两幅画连在一起的微观创新过程，小川等建构了一个以模因为基础的系统，它融汇了这样一些特征：第一是视觉注意的建模，旨在识别突出的元素或邻近的图画；第二是为图画元素之间的特定关系指定模因；第三是为像拓展和连续这样的一般技术指定模因；第四是为竞争模因选择、确定各种启发式方法。

为了让上述想法得到机器实现，他们用了两种技术方法，一是进化算法，二是基于自主体的方案。这两种方法都可利用模因计算中熟悉的概念，如局部探索等，进而在最终评估时能利用大量的变异运算符。另外，他们的系统在模拟创造力的微观过程时，还利用了已有的研究成果和技术，如并行、竞争-合作构架、并行平台探索等。他们承认，已有方法对他们有重要启发，但他们的方案又有继承上的创新及独特之处，如他们的模因更像有自己数据的自主体，而不像背景构架中的知识源。

三、基于关联的创新系统：对类比的更深机制的建模

格雷斯等通过对作为创造力重要基础的类比的分析认为，其中至关重要的决定因素是"关联"。因此要为类比建立模型，当务之急是弄清这一机制。这里的"关联"指的是在两个概念或观念间建构新的联系。他们认为，这是一切创造性活动中具有核心地位的认知过程，一般常见于类比和隐喻之中，常以关联性推理的形式表现出来，而这种推理是复杂相似性判断以及认知的识别和简化活动的一个关键要素。

就其具体构成而言，关联由三种过程构成，即表征、解释和映射。表征的作用是产生关于对象的原始表征，这些表征又能被解释和映射，甚至被循环迭代地探索、转换和映射。就其作用而言，关联有表征对象的作用，但其方式很特别，即通过让新关系出现的方式来表征对象。关联的方式多种多样，例如"在行动中反思"就是其中一种方式。格雷斯等通过研究有创造性的设计过程发现，设计者会改变他们正在关注的表征，接着观察和反思这种改变的结果。基于这类反思，设计者还会采取进一步的行动，以改变这种新生的设计表征。这种迭代的交互会将创新的可能性空间放大，直至找到最优的解决方案。在这种方案的基础上，经过改进还可能出现"由解释驱动的关联"方案。它实质上是基于反思和行为的迭代循环而形成的关联的构架。其特点是可被泛化，如可以推广到设计过程之外的、可以建构有创新潜力关联的任何领域。"由解释驱动的关联"还能运用对被关联的对象的迭代转换和探索，以生成一种能构建新的映射的表征。在这里，解释就是对被建立了新关系的对象的表征的转换。这种转换能影响对象表征，并促成它们之间的潜在映射。根据这一方案，解释实际上是系统知识的被表征要素，允许它们被建构、被评价、被储存和被检索。解释过程与探索映射的过程迭代地交互，并并行地发挥作用。从关系上说，解释能影响映射探索，映射也能影响解释的建构、

应用和评价。[①]

　　基于上述对创造性类比中的关联作用这一关键机制的挖掘和解剖，格雷斯等对创造力的本质和标准作了批判性思考。根据通常观点，创造力的本质或区分标志是能生成有新颖性和价值性的认识，符合这两点即为创新性认识。格雷斯等认为，把这两个标准用于关联这种创新形式，麻烦就来了，因为通过建构新关系尽管肯定能让有新颖性的认识出现，但这种建构有时并不是服务于某种目的的，因此所生成的认识就不一定同时具有有用性。根据格雷斯等的看法，关联这种创新形式中有所谓的"自由"关联，它在建立关联时并没有想到什么目的，即无意于实现什么目的，也无意于服务什么。从这个角度说，这种关联没有什么用，没有什么价值。但这不是说，自由的关联绝对无用，相反，它对它所建构的系统一定是有用的，不然就不会去建构。因此如果要评价这种关联的价值性，就只能从这个角度去评价。[②]

　　格雷斯等基于上述分析，不仅开发了以关联为基础的类比模型，而且设法让它实现于工程实验之中。他们的模型包括五个过程，前三个是形成概念、形成关系和建构图式。它们合在一起就组成了基于解释的构架的表征过程。后两个是映射和解释。它们是使基于解释的构架得到实现的过程。该构架的出发点是形成关于对象的表征，如从对象中抽象出一些特征，然后加以分析、整合、分类，直至形成概念。在这个过程中，一些关系和特征会被编译成图表征，而这些表征就成了映射和解释的基础。映射过程会在这些图表征中搜索包含公共边界标号的子图。运用解释后所形成的转换会影响对象图表征的

---

① Grace K, Gero J, Saunders R. "Represesedational affordances and creativity in association-based systems". In Maher M, Hammond K, Pease A, et al (Eds.). *Proceedings of the Third International Conference on Computational Creativity*. Dublin: University College Dublin, 2012: 196.

② Grace K, Gero J, Saunders R. "Represesedational affordances and creativity in association-based systems". In Maher M, Hammond K, Pease A, et al (Eds.). *Proceedings of the Third International Conference on Computational Creativity*. Dublin: University College Dublin, 2012: 195.

内容与结构。

要将上述类比模型付诸计算实现，要用到大量的转换方法，如将图表对象直接加以转化，将特征或概念直接加以转化，对图表征加以重构。从实现过程来说，该方法用矢量图像作为输入，从由矢量线形成的最小封闭图形中计算出对象特征。在这个过程中，映射探索是作为一种遗传算法来实现的，它在每个对象的图表征之间探索子图同构。遗传算法种群中的每个个体都是一个对象中的特征与另一个对象中的特征之间的一系列映射。该算法的适应度是从两个对象的特征映射中构造出来的最大连续子图。解释过程是通过特征之间关系的替换来实现的。

格雷斯等自认为，他们的工程实验足以表明，他们的模型是有建立新关系这样的创新能力的，例如即使不使用解释，他们的计算系统也能生成关于视觉对象的表征，这些表征进而能为关系的共同模式所探索，并让这些关系所关联的特性得到映射。由于该系统有重新解释表征的能力，因此它的作用不局限于从字面上建立新关系，而有实实在在的创新能力。[①]例如，解释一经产生，就能改变映射的方式和质量，进而，如果映射探索达到这样的地步，在这里，新的解释优于已有的解释，那么这种解释就会成为一种积极的、新颖的解释。这显然可看作一种创新。

总之，完全有可能用解释驱动的探索方案来建构真实世界设计对象之间的新关系。根据心理学的新颖性标准，该计算系统用解释所建构的新关系至少有心理学上的新颖性，即相对于没有建构相同解释的人来说是新的，而通过使用额外信息而形成的新关联对于任何接触到该信息的人来说也是新的。即是说，将他们的基于关联的类比模型应用于计算系统之上，可以生成博登

---

① Grace K, Gero J, Saunders R. "Represesdational affordances and creativity in association-based systems". In Maher M, Hammond K, Pease A, et al (Eds.). *Proceedings of the Third International Conference on Computational Creativity*. Dublin: University College Dublin, 2012: 199.

所说的两种创新，即心理学上的创新和历史学的创新。他们的系统的有用性也是显而易见的，因为映射是在被转换的表征之间生成的，这些表征显示的是以前表征中所没有的结构和联系，因此这些映射的有用性就可通过系统基于这些结构所采取的行动来评估。①

四、基于过程的艺术创造力建模

艺术创造力建模和机器实现是计算创造力研究中热门的、成果颇多的研究领域，其建模形式很多，如基于模因和基于过程的建模。基于模因的建模在前面已有考释，这里探讨基于过程的建模形式。

达尔斯泰特（P. Dahlstedt）为建模艺术创造力提出了基于过程的空间模型。建立这一模型的直接动机是克服已有建模只关注在有限概念空间中搜索的片面性。根据他的看法，已有计算创造力研究是值得反思和变革的。例如，"许多实验是在传统的 AI 范式下展开的，用的是符号推理、基于知识的系统、统计模型和启发式搜索"②，而且这些实验通常是在受限的定域中进行的，其目标搜索形式也是严格限定的，如对明确定义的问题的解决。以这样的工作所建立的模型把创造力理解为这样的线性过程，如首先是认识到一些问题，然后将一个解加到元推理层面，以影响过程和领域本身。③其问题在于，过于简单，离真实生活有一定距离，为建模所选择的任务往往规模不大，如果这些任务由人类完成，就不会被认为有什么创造性。再者，它们有多余的探索过程，更像优化过程，而没有涉及概念空间的拓展。由于固守于已有的概念

① Grace K, Gero J, Saunders R. "Represedational affordances and creativity in association-based systems". In Maher M, Hammond K, Pease A, et al (Eds.). *Proceedings of the Third International Conference on Computational Creativity*. Dublin, University College Dublin, 2012: 202.

② Dahlstedt P. "Between material and ideas: a process-based spatial model of artistic creativity". In McCormack J, d'Inverno M (Eds.). *Computers and Creativity*. Berlin: Springer, 2012: 225.

③ Buchanan B. "Creativity at the metalevel AAAI-2000 presidential address". *AI Magazine*, 2001, 22 (3): 13-28.

空间，因此探索到的东西都在事先知道的东西的范围内，因此这样的过程难以产生创新所需要的新颖性，进而也不会引起人的惊诧感。最后，在关于计算创造力的文献中，对作为新颖性和复杂性之根源的过程的关注也是不够的。[①]

达尔斯泰特的建模尝试尽管主要是服务于计算创造力的机器实现，但客观上有"可提升对人类创造力的理解"的作用。[②]

基于对创造力的解剖，达尔斯泰特建立了这样的关于创造力的模型，即创新过程是对可能性空间的结构性开发、探索。所谓结构性开发和探索是指创新成果的动力学与变化着的材料形式之间的相互作用。具言之，创新过程通过把观念、工具、材料、记忆和文化背景结合起来来完成创新，因此是一个连贯、动态和迭代的过程。这个过程发生在被选择媒介的空间中，受到工具和被不断修改的观念的引导，进而可拓展先前的创新空间模型。[③]这是达尔斯泰特通过对自己艺术实践及其创造力的解剖，结合计算机建模的需要而抽象出的模型。

这个模型把观念、工具、材料、记忆和文化背景等概念熔于一炉，认为创造力是动力学的迭代过程，它沿着实践上可能的路径在理论上可能的空间中不断探索，同时，它还受到不断改进的概念表征的引导。这个模型还包括自解释、巧合和作品后的概念之重新阐释等要素。[④]总之，根据这一模型，"创新过程是对极大的未知可能性空间的探索"[⑤]。这种探索是有章可循的，

---

① Dahlstedt P. "Between material and ideas: a process-based spatial model of artistic creativity". In McCormack J, d'Inverno M (Eds.). *Computers and Creativity*. Berlin: Springer, 2012: 225.

② Dahlstedt P. "Between material and ideas: a process-based spatial model of artistic creativity". In McCormack J, d'Inverno M (Eds.). *Computers and Creativity*. Berlin: Springer, 2012: 205.

③ Dahlstedt P. "Between material and ideas: a process-based spatial model of artistic creativity". In McCormack J, d'Inverno M (Eds.). *Computers and Creativity*. Berlin: Springer, 2012: 205.

④ Dahlstedt P. "Between material and ideas: a process-based spatial model of artistic creativity". In McCormack J, d'Inverno M (Eds.). *Computers and Creativity*. Berlin: Springer, 2012: 206.

⑤ Dahlstedt P. "Between material and ideas: a process-based spatial model of artistic creativity". In McCormack J, d'Inverno M (Eds.). *Computers and Creativity*. Berlin: Springer, 2012: 210.

即不是任意的。

五、创新途径的多样性与关于隐喻的建模

印度认知科学家因杜尔亚（B. Inturkhya）基于对艺术、科学、数学等认知领域中的创新事例的考察，阐述了一个关于创造力的极具操作性的说明，建构了一个模型，它能说明隐喻如何对问题形成新的洞见，认为所有认知会无一例外地遗漏一些信息，而隐喻则能找回、恢复这些遗失的信息，因而是创造力得以发生的一个条件。隐喻和类比有一定的关联，但有很大不同，如类比是基于已有的概念化来进行映射的，而隐喻为了创立新的概念化会摧毁已有的概念化。

由于创造力有个体和群体之分，"新"也因相对的对象之不同而有所不同，因此因杜尔亚在这里关心的主要是相对于创新个体的创造力在有关认知领域中的作用，关心的是生成关于问题和情境的新观点的过程，例如个人在艺术、科学等中表现出的创造力（群体创造力的建模详见下节）。但是，为创造力建模为什么要关注隐喻？他的看法是,隐喻隐藏在许多创新形式背后，是其有创造力的一个机制。要想为创造力建模，就应为隐喻建模。他把隐喻作为创新的一个机制是基于他对创新方式的研究。

在因杜尔亚看来，实现创新的途径、方式或脉络有很多，例如，第一，使熟悉的东西成为陌生的。具言之，一种探讨解决目标问题进而形成新的方案的途径是，以陌生的方式去考察，其操作是，将目标问题或对象与完全无关的情境放在一起。[①]第二，概念移植：要获得对概念的新认识，必须进行转移，即把它放在其他无关概念的情境中。问题解决中的重要步骤是进行问题设置，考察问题如何被陈述、被观察。数学推理、法律推理、科学发现和

---

① 参见 Gordon W. *Synectics: The Development of Creative Capacity.* New York: Harper & Brothers Publishers, 1961.

产品开发中的大量创新事例说明，移植是重要的创新机制和方式，如把一个
领域中的一种熟悉的操作、概念或理论应用于另一个领域，往往会导致新的
思想或产品的生成。第三，异类联想：支撑创新行为的模式就是在两个自一
致但不相容的参照系中来认识情境或观念。第四，纵向思维与横向思维。在
纵向思维中，可从假设开始，然后深入探讨它们的含义；在横向思维中，目
的是以不同的方式考察问题，结果可能是，熟悉的假设受到质疑，一些新的
假设被引入。第五，疏远或陌生化：在创新过程的第一阶段应做疏远的工作，
如好像是第一次接触有关对象和现象，换言之，不是用熟悉的范畴去看对象，
而是有意识地抛开通常的观察方法，设法把这对象看作陌生的。也有这样的
情况，如以新的方式将一种熟悉的操作应用到另一个熟悉的对象之上，就会
有新见解产生。皮亚杰早就强调，创新常来自将熟悉的操作应用到一些也是
熟悉的但与操作无关的对象之上。

　　这些方法的共同之处在于,强调在创新中必须摆脱或阻止已有的概念化,
用看待其他对象的方式来看待这个对象。[①]它们之所以有创造力，有生成新
成果的作用，是因为其中有投射行动、格式塔、隐喻在发挥作用。例如，在
形成关于一个对象的新观点时，常用的方案是运用与该对象通常没有联系的
操作，或把该对象看作另一个无关的对象。这类操作中就包含隐喻等因素的
作用。因为每一个认知行为都必然会遗漏一些信息，如把一对象称作"椅子"，
这个概念就会漏掉形状、信息、重量、结构等方面的大量信息。因杜尔亚在
这里有这样一个发现，即认为创新的一个关键是，将遗失的信息补充进来。
但问题在于，如何认识到被遗失的信息，特别是对问题的解决来说重要的信
息？皮亚杰的行为导向方案认为，当人对某对象采取一些新的行为时，对象

---

① Indurkhya B. "On the role of metaphor in creative cognition". In Ventura D, Pease A, Pérez y Pérez R, et al (Eds.). *Proceedings of the International Conference on Computational Creativity.* Coimbra: University of Coimbra, 2010: 54.

的遗失信息或新的方面就会显露出来。这一行为就是内化行为或操作，实际上是一种格式塔的投射过程，即把一种图式、一种格式塔整体地投射到内化对象之上。总之，通过把不同的格式塔或不同的一组操作投射到对象之上，可把对象遗失的信息找回来。在这个过程中，隐喻的作用极为重要。因为这里的投射及信息的找回靠的就是隐喻。例如，我们通过把一个对象当作另一个对象看待，我们就被迫把第二个对象（源对象）的概念组织投射到了第一个对象（目标对象）的经验或图像之上了。这个过程实际上就是隐喻。因此隐喻是得到关于环境的新信息的有用、有效的工具。①

　　这里的问题是，隐喻实质上是对目标对象的一个替代的概念化，而这个概念化可能同样存在这样的问题，即不能全面展示对象的信息，即也有信息遗漏的问题，只是它遗漏的是不同于第一个概念化遗漏的信息的信息。因此如何将遗失的信息尤其是关键信息找回来的问题仍未真正解决。有一种方案强调，可将多次概念化结合起来，这样做尽管会找回更多的遗漏信息，但仍无法保证全部找回。

　　鉴于这类问题，因杜尔亚提出，隐喻方案只是一种试错法，因为即使在概率论的意义上，也无法保证找回全部遗失信息。如果是这样，隐喻对创新还有用吗？他的回答是，不能一概而论，具言之，隐喻有时无用，有时有用且不可或缺。在类比方法可以帮助人们创新时，隐喻就没有用。因为人们工作在熟悉的课题之上，常规概念化是够用的，且对问题的解决不需要遗漏的信息，因此基于常规操作的推理和概念化就是很有效的。但如果问题不同，其解决离不开新信息，或需找到遗漏的信息，那么类比就成了创新的障碍。在这种情况下，隐喻方案就必须用上。这就是说，为了创新，有时需要让熟

① Indurkhya B. "On the role of metaphor in creative cognition". In Ventura D, Pease A, Pérez y Pérez R, et al (Eds.). *Proceedings of the International Conference on Computational Creativity.* Coimbra: University of Coimbra, 2010: 56.

悉的对象变成陌生的对象,在这种情况下,隐喻就是"认知上昂贵的一种操作",因为它无法事先保证此操作是否会成功,何时能成功。可见,应谨慎使用这一方法,如只有当像类比这样的方法无效时,才可谨慎用隐喻这一方法。[①]

因杜尔亚注意到,传统的方案重视符号表征的映射,在创造力问题上已暴露了其众多严重的局限性。例如,它们难以说明创造力的多样性和复杂性,它们抓住了创造力的某些方面,如现成知识之间的新联系,从源目标到目标对象引入新假说的必要性,但无法说明创新所包含的认识上的革命或质变;基于语料库的分析和分布式表征的模型似乎有较好的表现,但它们太拘泥于语言学隐喻。在他看来,有前途的模型是关于表征建构过程的模型,它接近于基于隐喻的认知机制模型,强调表征来自概念网络和低阶对象之间的相互作用。他倡导的隐喻模型认为,创新的思想是一种突现,根源于把概念应用于以前不熟悉的对象之上,或应用于与所关注对象没有联系的对象之上。[②]

六、作为一种创新形式的意外发现的计算建模

"意外发现"(serendipity)是沃波尔(H. Walpole)所创立的一个词,旨在强调存在着一种新的发现形式。他用一个波斯民间故事《锡伦迪谱[③]三王子的旅行和冒险》作了说明。在这个故事中,有三位斯里兰卡王子一起旅行,他们通过大量观察,意外精明地发现了很多他们并未追求和想到的东西。沃波尔为概括这一过程就改造 serendip 一词,将其称作 serendipity,可意译为"意外发现"。这个词在创立后的相当长一段时间内是被作为一个有点神

[①] Indurkhya B. "On the role of metaphor in creative cognition". In Ventura D, Pease A, Pérez y Pérez R, et al (Eds.). *Proceedings of the International Conference on Computational Creativity*. Coimbra: University of Coimbra, 2010: 57.

[②] Indurkhya B. "On the role of metaphor in creative cognition". In Ventura D, Pease A, Pérez y Pérez R, et al (Eds.). *Proceedings of the International Conference on Computational Creativity*. Coimbra: University of Coimbra, 2010: 58.

[③] 其对应西文是 Serendip,即斯里兰卡的波斯语名字。

秘意味的词被使用的，指的是人们幸运的、凭运气的发现或发明创造，后逐渐成为日常语言中的常用词汇，随着科学哲学探讨的扩展，它成了一个表示一种科学发现形式的专门术语。也有人认为，它是一个有价值的、充满矛盾的概念，因为它同时有贬低和突出科学家的创新成就的意义。由于有这样的意义，因此借助意外发现得到的成就要么被低估，要么被高估。[①]

只要考察历史上重大的创新事件，就会发现，即使不是所有的重大创新都得益于意外、偶然而幸运的发现，至少有相当一部分创新过程中都贯穿着或包含这样的环节。围绕这个课题，已出版了大量汇集、研究意外发现案例的著作，其中，有的著作列举 70 例，有的按学科列举，多的涉及 1000 例。其中最神奇的案例包括：凯库勒在梦的引导下对汽油环结构的发现，奎宁对治好疟疾的药品——奎宁的碰巧发现（他注意到，得疟疾的秘鲁土著克丘亚人喝了被金鸡纳树皮污染的水，居然好了），青霉素等的发现，等等。这些案例都充满了趣味性、偶然性、意外性。有一种观点认为，科学技术的历史充斥着意外发现，而机遇、运气是许多创造性行为的首要因素，有的人甚至将意外发现等同于意想不到的、出人意料的认知成果。还有脑科学家通过对科学家发现过程的个案观察和对科学思维过程的大脑成像研究强调，科学家的重大发现中超过一半得益于意外发现。[②]

在创造力研究大力发展的今天，许多人不仅从哲学、心理学和具体科学的角度开展对意外发现这一创新形式的探讨，而且将它纳入计算创造力研究的视野。皮斯（A. Pease）等就是其代表，不仅为意外发现建模，而且尝试

① Pease A, Colton S, Ramezani R, et al. "A discussion on serendipity in creative systems". In Maher M, Veale T, Saunders R, et al (Eds.). *Proceedings of the Fourth International Conference on Computational Creativity.* Sydney: The University of Sydney, 2013: 64.

② 参见 Pease A, Colton S, Ramezani R, et al. "A discussion on serendipity in creative systems". In Maher M, Veale T, Saunders R, et al (Eds.). *Proceedings of the Fourth International Conference on Computational Creativity.* Sydney: The University of Sydney, 2013: 64.

让其实现于计算系统之上，大胆提出了"计算意外发现"（computational serendipity）的研究纲领，认为它是创造力研究中的重要课题，只要细心、努力加以开发，这一研究就能导致创造力系统中新的、有价值的发现技术。在这里，他们倡导一种新的计算概念，即与意外发现有关的计算概念。它的目的就是要对意外发现作出计算说明，揭示其计算本质和机制。因为任何概念要成为 AI 中有用的概念，任何创新过程和机制要转化成算法，必不可少的是对有关概念的细节有算法层次的认知。"意外发现"也不例外，要在 AI 中予以建模，必须形成关于它的算法层次的认知。他们工作的基本思路是，先探讨计算语境下的意外发现，然后建构关于它的系统理论，特别是论述有关的计算概念，回答计算机中的偶然发现是否可期，进而在建模的基础上让其实现于计算机之上。

在语词分析和概念分析方面，社会学家默顿和历史学家巴伯对"意外发现"作了详细的考释和描述，追溯了这一概念从 1754 年创立到 1954 年意义的演化，特别是从 1954 年到 2004 年其用法的扩展，"这些内容对于需要深入理解这一复杂概念在算法层次细节的人来说是一宝贵的资源"[①]。

基于有关研究，皮斯等认为，这个概念有三个方面值得特别注意：第一，意外发现是过去没有想到因而未予以探求的发现，尽管有的词典把这个特点、标准删掉了，但仍值得注意；第二，尽管这个词开始是用来描述事件的，但后来被用来指称心理属性；第三，心理学的视角应与社会学视角结合，即应同时从这两个角度去考察意外发现。

在上述分析的基础上，皮斯等对"意外发现"这一日常概念作了计算说明，即用计算语言对之进行还原，将其计算化。如前所述，这是计算建模和

---

① Pease A, Colton S, Ramezani R, et al. "A discussion on serendipity in creative systems". In Maher M, Veale T, Saunders R, et al (Eds.). *Proceedings of the Fourth International Conference on Computational Creativity.* Sydney: The University of Sydney, 2013: 65.

机器实现的前提条件。要完成这一工作，必须做两件事，一是澄清意外发现的特点，实即弄清作为语词的"意外发现"的内涵；二是找到对应的计算概念，即把日常概念还原为计算概念。①根据他们的研究，意外发现的特点主要包括以下几点。第一，聚焦点转移，即将关注的目的、研究的重点从以前一直在关注的事物、问题上转到其他对象之上。这在计算系统中不难实现，如可让它从一个对象转到另一个对象上，或重新选择一个对象。第二，从意外发现的构成来说，可把它分解为如下构成：①已有积累，包括先前经验、背景知识、求解问题、技能和当前的关注点。这些也不难在计算系统中实现，如可将它们翻译为人工系统中的背景知识、未解问题、当前目的等。②意外发现的触发因素、导火线，即发现之前出现的引起意外发现的事例、语言，如一个梦、一个培养皿、废弃的胶水等。人工系统中也可建构对应的东西，如事例或概念等。③桥梁，即让触发器过渡到发现结果的中间环节，如溯因推理之类的推理技术（弗莱明为解释器皿中的斑块这一发现就用了溯因推理），以及概念重组等。在 AI 中，有些推理技术与创造力的联系远大于其他技术，如类比推理、概念重组、遗传算法和自动理论生成技术等。另外，在机会来临时完成聚焦点转移的能力也是中介桥梁。④结果，即所完成的发现本身，它可以是新的产品、工艺品、工艺过程、假说、功用等。

笔者认为，意外发现的构成因素、依赖条件远不止这么多，如它一般离不开人们的积极探索、探究过程，如至少有这样两种，一是按计划的、依据规律的探索；二是对未知的以及认为不可能的、偶然的、意料之外的现象的探索。

根据皮斯等的研究，意外发现有这样三个考察和评价维度。第一是机遇。

---

① Pease A, Colton S, Ramezani R, et al. "A discussion on serendipity in creative systems". In Maher M, Veale T, Saunders R, et al (Eds.). *Proceedings of the Fourth International Conference on Computational Creativity.* Sydney: The University of Sydney, 2013: 65.

这是意外发现中起着关键作用的因素。胡克（R. Hooke）说得好："发现的最伟大的部分不过是一点机遇、一点运气而已。"[1]在某种意义上，意外发现之所以作为创新的形式出现，有时恰恰是运气、机遇所使然。这种发现尽管偶然，事先没有预想到，但它常能形成令人惊诧的、意想不到的、不期而至的有用成果。如此形成的成果，可以是一种实物，如一种药物，也可以是一种思想、观念，一种文物，等等。意外发现的触发因素常常是不可能的、意想不到的、没打算探寻的、随机的、巧合的、奇怪的事情，常出现在结果之前，且与结果关系不大。这些特征在计算系统中受到了关注，如随机性的价值已被认可，遗传算法用的就是用户自定义的突变概率，通常设置为 5%—10%。

第二是睿智。这个维度强调的是发现者身上的属性或技能，是触发因素与结果之间的桥梁。这种技能主要表现在有开阔的视野、开放的思想，即驾驭、利用不可预测事物的能力，转换聚焦点的能力，适当的推理技术，对发现价值的敏感性，等等。

第三是价值评价，即发现者能及时幸运地认识到意外得到的发现及结果的价值，有对价值的评估。计算系统也开始关注这一维度，例如对意外发现的评价要么让局外人作出，要么由程序员或由计算系统作出。

这三方面考察和评价的维度、标准，是所有有意义的意外发现事件中共有的东西，当然它们在每一个事件中的量上的表现是不一样的，如有的有价值的意外发现在这三方面都有很高分值，而有的意外发现只在某一方面表现良好。

皮斯等受情境主义思想的影响，认为意外发现的获得离不开环境因素的作用，既然如此，这样的关系在让计算系统表现意外发现时也必须得到计算

---

[1] 转引自 Pease A, Colton S, Ramezani R, et al. "A discussion on serendipity in creative systems". In Maher M, Veale T, Saunders R, et al (Eds.). *Proceedings of the Fourth International Conference on Computational Creativity.* Sydney: The University of Sydney, 2013: 64.

模拟。他们不仅揭示了意外发现所依赖的环境及其特点，而且还探讨了如何从计算上模拟的问题。他们试图模拟的东西包括以下几方面。①动态世界：数据分阶段呈现，而不是作为完整、连贯的整体，相当于网络等实时媒体中的流媒体。②多样性情境：信息从一个情境或领域应用到另一领域，这在类比推理中很常见。③多样性任务：类似于计算系统中的线程、分布式计算。④多重影响：发现者与其他人乃至社会的相互作用，相当于自主体体系结构之类的系统，在其中，不同的自主体之间应有相互作用。

有观点认为，机遇在意外发现中的确有其作用，但要对它作出编程则不太可能。皮斯等不赞成这类"泼冷水"的观点，认为有这样的环境，它们能增加做出充满机遇性的发现的可能性，而且事实上，计算系统中已有这样的发现，他们说："相关的机器学习技术，如异常检索和异常分析，事实上已出现了。"[1]

笔者认为，研究人员已从自己的特定视角切入了意外发现的研究，不仅在借鉴利用已有哲学、心理学、科学哲学成果的基础上，推进了对它本身的认知，获得了新的洞见，而且将有关成果转化成了计算技术。皮斯等说："我们认识到的意外发现的许多本质构成方面已成了广为流传的计算技术。"[2]而且其中许多工作与计算建模关系密切，特别值得注意的是，聚焦点的转移对于这样的研究，即关于问题的重新阐释在问题求解中的作用的研究，十分重要；同样，问题的转移，即问题随着可能解决方案的发展而变化，也是如此。关于机遇也出现了大量有价值的研究，例如有一种关于"盲变和选择性保留"

---

[1] Pease A, Colton S, Ramezani R, et al. "A discussion on serendipity in creative systems". In Maher M, Veale T, Saunders R, et al (Eds.). *Proceedings of the Fourth International Conference on Computational Creativity.* Sydney: The University of Sydney, 2013: 69.

[2] Pease A, Colton S, Ramezani R, et al. "A discussion on serendipity in creative systems". In Maher M, Veale T, Saunders R, et al (Eds.). *Proceedings of the Fourth International Conference on Computational Creativity.* Sydney: The University of Sydney, 2013: 70-71.

的创造力模型，它把生物进化与创造力区别开来，对"盲目"的建模就十分接近于意外发现。

类似的建模形式还可列举很多，这是因为现实发生了的创造力依赖的条件和机制太多了，抓住其中一个，加以形式化并予以建模，就会诞生一个关于创造力个别条件和机制的模型。

七、灵感的计算分析与关于"知识对象—洞察力"的模型

计算创造力研究的任务是建构人工的创新智能。它类似人类的作为智能形式的创造力。要得到这样的智能，就要重新认识人的认知结构和知识加工过程及其机制。陈罗兰（Rowland Chen）等说："当务之急是重思人脑是如何管理知识的，智能是如何活生生地表现出来的。"[①]他们重思的一个结果是在其中看到了"知识对象—洞察力"这样的机制，特别是进一步深化了对灵感的作用及其发生条件的认识。经过提炼，他们形成了关于"知识对象—洞察力"的模型。根据这个模型，人的创造力离不开知识对象和洞察力（功能）。而它们都有自己复杂多样的层次，每个层次都是从下一级的层次突现出来的。他们的模型不仅有强调层次这一特点，而且以不同于已有的人工创新模型的方式把握和建模各层次的知识。在他们看来，创造力是所有这些层次的知识和能力相互作用的产物，离开了其中的任一层次，系统就会崩溃，创新就不能发生。

他们认为，以此为基础，可找到实现人工创新智能的一种方式，进一步探索，就有望冲破已有发展人工智能的模拟范式，走上真正的建构之路。[②]根

---

① Chen R, Dannenberg R, Raj B, et al. "Artificial creative intelligence: breaking the imitation barrier". In Cardoso F A, Machado P, Veale T, et al (Eds.). *Proceedings of the Eleventh International Conference on Computational Creativity.* Coimbra: University of Coimbra, 2020: 324.

② Chen R, Dannenberg R, Raj B, et al. "Artificial creative intelligence: breaking the imitation barrier". In Cardoso F A, Machado P, Veale T, et al (Eds.). *Proceedings of the Eleventh International Conference on Computational Creativity.* Coimbra: University of Coimbra, 2020: 318.

据陈罗兰等的看法，当下和未来计算创造力研究主要应攻克的课题是，如何突破模仿、模拟的格局和套路。[①]在他们的心目中，单纯的模拟就是计算创造力研究要突破的障碍，因为模拟的技术主要是机器学习，这一技术以资源密集型的方式通过算法来训练和测试数据。若只有模拟，就没有办法深入到创新的层面。现实的问题恰恰在于，已有 AI 所做的工作主要是用机器学习来模拟，此前的模拟就是 AI 的界限。根据陈罗兰等的诊断，要有突破，就要到人脑中探索计算创造力。根据他们的认知，计算创造力就发生和存在于人脑的功能之中，要建构指导机器实现创造力的模型，就要建构关于人的思维过程的模型。他们的"知识对象—洞察力"模型就是贯彻了这一思路的模型。[②]

所谓"知识对象—洞察力"模型是关于人类创造力和人工创新智能的一个研究框架，目的是帮助计算机复制人类的创新智能。[③]当然，这一框架无意建模创造力的方方面面，只拟建模人类创新思维过程中的部分机制，以服务于人工创新智能机的开发。根据这一框架，如图 18-2 所示，"知识对象—洞察力"是一个等级结构，会出现在人的思维过程中，知识对象出现在其左边，洞察过程出现在右边，洞察过程在知识对象上运行。随着它们组成的层次结构的上升，认知成熟的水平会相应提升。知识对象有 9 个层次，洞察过程有 10 个层次。该模型运行的初始状态被称为知识空白的状态，其顶部是灵感、顿悟过程所导致的知识对象创新的过程。

① Chen R, Dannenberg R, Raj B, et al. "Artificial creative intelligence: breaking the imitation barrier". In Cardoso F A, Machado P, Veale T, et al (Eds.). *Proceedings of the Eleventh International Conference on Computational Creativity.* Coimbra: University of Coimbra, 2020: 321.

② Chen R, Dannenberg R, Raj B, et al. "Artificial creative intelligence: breaking the imitation barrier". In Cardoso F A, Machado P, Veale T, et al (Eds.). *Proceedings of the Eleventh International Conference on Computational Creativity.* Coimbra: University of Coimbra, 2020: 322.

③ Chen R, Dannenberg R, Raj B, et al. "Artificial creative intelligence: breaking the imitation barrier". In Cardoso F A, Machado P, Veale T, et al (Eds.). *Proceedings of the Eleventh International Conference on Computational Creativity.* Coimbra: University of Coimbra, 2020: 319.

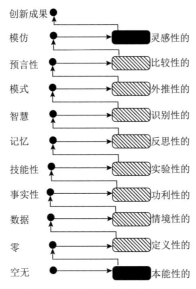

图 18-2　认知等级结构中的"知识对象—洞察力"

　　图 18-2 从下往上要表明的是，本能性洞察力作用于空无的对象，结果产生为零这样的认知。在完全的虚空中，连意识也没有。当有本能性洞察力发生时，尽管产生的是零，但毕竟有对有与无的意识。在第二个层次，定义性洞察力作用于零，便有作为数据的知识。在第三个层次，情境性洞察力作用于数据，就能产生可供后面所用的事实性知识。在第四个层次，功利性洞察力作用于事实性知识，便能产生技能性知识，如关于如何用对象、为何要运用的知识。在第五个层次，实验性洞察力作用于技能性知识，就会产生记忆。在第六个层次，反思性洞察力作用于记忆库中的信息，就能产生智慧。在第七个层次，识别性洞察力作用于智慧，就会产生模式。如此类推，外推性洞察力作用于模式，就会产生预言性知识。比较性洞察力作用于预言性知识，就会产生模仿。灵感性洞察力作用于模仿，就会导致创新过程的发生，最终形成创新性思想。这种洞察力在人身上事实上存在着，但在计算 AI 中，还

没有被设计出来。[①]

　　陈罗兰等设计的模型就是要解决这一问题，即试图生成人工的、灵感性的创新智能。它能用独特的、当然有待发展的计算机和计算算法模拟人的灵感性洞察力，进而生成有创造性的成果，最后超越模仿层次。他们自认为，他们根据他们的"知识对象—洞察力"模型所设计的计算创新系统如"咖啡大师"，就不是简单模拟已有知识和技能，其表现是，被内置了灵感过程，因此突破了模仿的壁垒，进而在解决人工创新智能的瓶颈问题上迈出了有意义的一步。

　　类似的工作也出现在了其他模型上，如DIKW金字塔模型就试图把数据、信息、知识和智慧（data，information，knowledge and wisdom，DIKW）融合成一个等级系统。其他类似的模型还有一些，其共同点就是把创造力设计为模仿、预言、模式、智慧、记忆、技能等的函数。缺少某一功能，系统就会崩溃。以即兴演奏的音乐表现为例，它是灵感性洞察力的典型表现，其创新依赖于理智、经验和技术等。专家们已设计出了能即兴演奏的人工系统。例如，JerryBot 就是多个人类音乐家和机器组成的能即兴演奏的乐队（详见第二十一章）。

　　这一模型的合理性在于，不仅突出了灵感、洞察力这样的能力在创新中的决定性作用，而且揭示了创造力所依赖的复杂条件。其问题在于，陈罗兰等把灵感之外的许多因素都当作必要条件似乎不符合人类创造力生成和起作用的实际情况，因为即使是那些重大的、属于社会历史性的创新，也显然会缺少其中的某些因素，然而这些创新在缺少了它们的情况下仍可发生。另外，要将这一模型实现于机器之上，正如倡导者已看到的那样，还有很多数学和

---

　　① Chen R, Dannenberg R, Raj B, et al. "Artificial creative intelligence: breaking the imitation barrier". In Cardoso F A, Machado P, Veale T, et al (Eds.). *Proceedings of the Eleventh International Conference on Computational Creativity.* Coimbra: University of Coimbra, 2020: 320-321.

工程技术问题需要解决。再者，各种洞察力的构成、本质还有待于自然化、计算化，不然，就无法被机器实现。还有这样一些问题都值得进一步探讨，如阵矩微积分、统计和概率论是否足以让已有的 AI 技术来实现创造性洞察力？如果不能，需要什么样的数学来满足软件方案的要求？最后，要弄清洞察力的本质，仅依靠 AI 的探讨显然不够，至少还必须进行大量的生物学、心理学和哲学探讨。

八、作为创造力表型特征的新颖性、典型性、有用性的建模与整合论模型

根据博登的看法，有新颖性就会伴随令人震惊的特点（这也是创造力的一个标志性特征）。马赫等承认，新颖性是衡量一个新设计区别于已有设计的指标，但不赞成说，对设计空间中的预期的超越就会具备令人震惊的特点。这就是说，新颖性不同于令人惊讶性，两者应区别对待。它们的测量指标和方法论是不一样的，例如每一个设计的新颖性可用一组决定它在概念空间的位置的特征来表示。这一度量依赖于容易执行的机制，因此对计算创造力研究极为重要。[1]新颖性不同于令人震惊性的主要表现是，新颖性会随情境变化而变化。G. 里奇认为，创造力有三个标志性特点，即新颖性、典型性、有用性。[2]所谓品质是指创新成果必须是有用、有价值的，或具有有利性。许多关于创造力的抽象概念构架明确将新颖性和典型性建模为创造力的构成要素。[3]

---

① Maher M, Brahy K, Fisher D. "Computational models of surprise in evaluating creative disc". In Maher M, Veale T, Saunders R, et al (Eds.). *Proceedings of the Fourth International Conference on Computational Creativity.* Sydney: The University of Sydney, 2013: 147-151.

② Ritchie G. "Some empirical criteria for attributing creativity to a computer program". *Minds and Machines*, 2007, 17 (1) : 67-99.

③ Ventura D. "How to build a CC system". In Goel A, Jordanous A, Pease A (Eds.). *Proceeding of the Eighth International Conference on Computational Creativity.* Georgia: Georgia Institute of Technology, 2017: 253-260.

新颖性和有用性是公认的创造力的外在标志，也可理解为将创新与非创新区分开来的标准。由于这两个性质是创造力外显的结构性、价值性的特点，我们也可把它们称作创造力的表现型或表型。根据图灵主义，只要一系统有智能的行为表现，不管其后的实现机制和过程是什么，我们都可判定该行为是智能现象。基于这样的考虑，计算创造力研究中便出现了这样一种建模尝试，即不管系统后面的构成、结构、机制和过程，而设法建立关于新颖性和有用性的模型，以便让机器通过这一模型的执行而表现创造力的这些表型。赞成这一方案的不是个别人。我们这里先看博迪利（P. Bodily）的探讨。

博迪利等认为，一行为有无创造力，在很大程度上取决于如何处理新颖性与典型性这对对立性质之间的关系。两者对比、协调、平衡好了，就有创造表现出来，因此协调好两者的关系是让机器实现创造力的一个出路。[①]这显然是图灵主义在计算创造力研究中的一个表现。

根据他们的理解，模型既反映了人们对对象细节及其内部关系的认知成果，又利用了来自哲学的原则，因此超越了单个的事例，同时具有很强的可应用性和实现性。既然如此，要让机器实现创造力，首要的一步是为他们建模。事实也证明了这一点，如创造力的进化模型从实践上探讨了这样被广泛接受的理论的实现问题，它认为，创造力是一个自适应、自迭代的过程。在关于动态知识库的模型中，被评价为本领域有新意的成果丰富了系统的事例集，关于创新过程的生成和验证模型揭示了创新过程的基本阶段和运作机制，这些对本领域认识和实践的改进都产生了极大的推动作用。同理，建模关于创造力的新颖性和典型性之间对立统一关系的模型，至少有助于让机器表现出创造力的形式特征。

① Bodily P, Glines P, Biggs B. "'She offered no argument': constrained probabilistic modeling for mnemonic device generation". In Grace K, Cook M, Ventura D, et al (Eds.). *Proceedings of the Tenth International Conference on Computational Creativity*. Charlotte: Association for Computational Creativity, 2019: 80.

他们承认，对于创造力中的新颖性与典型性之间的对立统一关系，人们已有较多探讨，如一种尝试是，将新颖性和典型性放在被称作"冯特曲线"或"特征函数"的谱系之上，进而通过找到将它们适当平衡的方法论去获得成功的创造力。

在图 18-3，"冯特曲线"把价值建模为两个非线性函数的总和，H_x 指的是对新颖性超出了典型性阈值的奖励，N_x 指的是对新颖性超出了典型性阈值的惩罚。

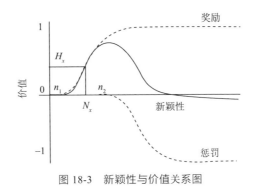

图 18-3　新颖性与价值关系图

博迪利等对已有的探讨既有借鉴，又有发展。根据他们的判断，已有的创造力建模有这样的不足，即没有处理好新颖性和典型性的关系。要更好建模创造力，一个不可忽视的工作是，如何让创新系统保持新颖性和典型性的协调性、平衡性，即既尊重、服从已有的规则，让所作的创新有一定的典型性，能接地气，不致因太离奇而被人们拒绝，又要保证有对新事物的探索性发现，质言之，既有继承又有新的发展。他们说："一个创新系统既应遵循某些层面的规范，又能在其他层面完全突破这些规范。"[1]从创新的动力源

---

　　① Bodily P, Glines P, Biggs B. "'She offered no argument': constrained probabilistic modeling for mnemonic device generation". In Grace K, Cook M, Ventura D, et al (Eds.). *Proceedings of the Tenth International Conference on Computational Creativity*. Charlotte: Association for Computational Creativity, 2019: 82.

泉说，正是这两种性质的并置激发了人们对创造力的认知。

博迪利等讨论这两种性质的关系，目的不是要建构关于创造力的标准化模型，而是要从工程实现的角度解决这样的问题，即怎样模拟新颖性和典型性，以便具体利用它们对创新的作用，同时保证有效地将两者体现出来。[①]基于这样的认识，他们认为，创造力建模的一个方向是，以共时性方式利用创造力的性质、特点和作用。要如此，就要在创造力生成模型中表征这两种性质时充分发挥约束概率模型的作用。他们认为，马尔可夫模型是约束概率模型的一个典范，因此可将其应用于一个被称作 Mnmmonic 的生成性助记系统的计算创造力的建模之中。他们的实验表明，马尔可夫模型在表现了新颖性和典型性的助记系统中是适用的。

他们认为，计算创造力可看作一种生成性或产生性的作用过程。对于任何特定领域来说，其可能的被生成的创新成果的集合 $D=\{x_1, \cdots\cdots, x_n\}$，可被表征为一个随机变量 X，它具有概率 $P(x_i)$，取值为 x_i。概率模式的首要优势是，它们能从训练的事例集中形成概括，进而能生成新的输出成果。由于这种概括独立于系统设计师的偏向，因此它支持这样的观点，即概率系统具有一定程度的自主性。

尝试对创造力的局部或个别因素、方面和机制进行建模的例子还有很多，如有一种所谓的整合方案认为，整合、综合活动既会发生在概念和理论之中，也会出现在意义的创立、论证和思想的传递过程中。它之所以具有创新的作用，是因为通过整合，会产生旧要素所没有的内容，即整合后会出现一种以前所没有的东西。基于这样的认识，有专家提出，整合理论及其建模尝试可看作计算创新系统开发的一个引擎。根据一种整合理论，整合之所以能导致

---

① Bodily P, Glines P, Biggs B. "'She offered no argument': constrained probabilistic modeling for mnemonic device generation". In Grace K, Cook M, Ventura D, et al (Eds.). *Proceedings of the Tenth International Conference on Computational Creativity*. Charlotte: Association for Computational Creativity, 2019: 82.

创新，是因为其后有这样一些心理空间，如通用空间（包括目的、能力等）、输入空间、输出空间和混合空间等。每个空间都对应着一个局部的、临时的知识结构，这些知识结构是为局部理解和行动而建立的。在这一理论的具体实现过程中，心理空间是作为图形语义而被储存的。就每一空间的具体结构和作用而言，输入空间是作为初始知识源而起作用的，如它可提供供整合所用的内容。输入空间之间有映射发生，映射把输入空间关联起来并反映在通用空间之中，进而可封装输出空间所具有的要素。在混合空间中，对输入空间中的要素的整合被分成三类子任务，即构成、完善和细化。整合的过程允许所生成的混合体具有基本的多样性。要让整合作为高度综合的、易于理解的且能生新的整体，必须坚持八种优化原则。其中有这样两个值得一提：第一，混合必须被作为一个单元整体来知觉和处理，混合中的每个要素都应得到整合；第二，混合中的要素应作为随时增加的输入模式来对待，这样便有利于借整合形成新的组合。①

九、关于元创造力与自我觉知的建模

林科拉等建构了一个关于元计算创造力和自我意识的模型，目的是帮助人们认识和分析创新系统的元创新能力，引导创新系统更好朝着自主、适应的方向发展。②

该模型由许多具有创造力的、自我意识的方面所构成，这些方面在不同的组合体中都能对系统的元创新能力发挥作用。该模型的灵感来自心理的元

---

① Gonçalves J, Bembenek A, Martins P, et al. "Going into greater depth in the quest for hidden frames". In Grace K, Cook M, Ventura D, et al (Eds.). *Proceedings of the Tenth International Conference on Computational Creativity.* Charlotte: Association for Computational Creativity, 2019: 291-293.

② Linkola S, Kantosalo A, Männistö T. "Aspects of self-awareness: an anatomy of metacreative systems". In Goel A, Jordanous A, Pease A (Eds.). *Proceeding of the Eighth International Conference on Computational Creativity.* Georgia: Georgia Institute of Technology, 2017: 189.

创造力理论和自适应软件系统的开发。

所谓元创造力是能及时识别、反映自己创新过程并予以调节的能力，也是任何被认为有自主的、内在创新动机的认知系统的本质特点。其"元"表现在系统能在发挥创新作用时指向自身，反观自照。之所以有这些特性，是因为该系统有所谓的自我意识能力。很显然，这样的认知源自对人的创造力的结构和本质特点的解剖。这样的认知已得到了很多人的认同，如詹宁斯认为，创新自主性的一个必要条件是自主地发生变化，即系统有根据自己的决定改变其标准的能力。之所以有这样的自主性，是因为系统有自我意识能力。当把这样的认知贯彻到人工系统中时，系统就会表现出元创造力和自主创新能力。不仅如此，它们还能帮助系统进化，最终摆脱程序员或其他自主体的控制进而自主地生成自己的创新成果。①

由于元创造力和自我意识有这样的作用，因此它们成了计算创造力中一个热门的、受到了广泛讨论的课题。威金斯、科尔顿和格雷斯等有影响的计算创造力专家对此都多有贡献。例如，威金斯和科尔顿等在研究转型性创造力时就有这样的工作，即通过为原来的程序增加新的规则来扩大、提高它们的创造力。文图拉（D. Ventura）等在研究烹饪中的计算创造力时，通过改变其烹饪系统的评估功能来实现元层次的能力。在林科拉等看来，人们尽管有建构具有元创造力系统的强烈渴望，并且在理论上进行了一些尝试性探讨，但关于它的本质和如何运转的模型建构尝试几近阙如。而没有合格的建模工作，其他方面如机器实现方面的工作就不可能如愿实现。为弥补这一不足，他们作了这样的建模尝试。他们说："我们的目的就是要创立用于描述和建构创新系统的概念、构件和过程，以发展对元计

---

① Jennings K. "Developing creativity: artificial barriers in artificial intelligence". *Minds and Machines*, 2010, 20 (4): 489-501.

算创造力的理解。"①

　　要建模，前提工作之一是澄清概念，弄清元创造力的构成和作用机制。根据他们的梳理，元创造力概念是基于对人的创造力的解剖同时结合了软件结构研究的需要和实际而创立的。在计算创造力中，"元创造力"现在有两种用法，一是把系统的编程人员称作元创造者，把创立这样的系统称作元创新。例如，在音乐计算创造力研究中，这一用法很常见。二是把系统觉知和调适自己的创新过程、自主进化自己创新能力的过程称作元创造力。如文图拉说：元创造力是系统"通过学习、互动、环境效应改变自己的领域知识和总括性标准的能力"②。林科拉等在部分接受后一看法的基础上做了自己的发展和完善。他们吸收了已有的对自我觉知的定义中的思想，即让有关心理活动成为自己关注对象的能力，以及能改变自身状况和行为的能力，认为元创造力包含自我觉知，自我觉知又包含自我调控、自我反省，或根据自我反省来完成自我调控的能力。在软件系统中，元创造力是创新系统的一种能改变、调节自己创新行为的能力，这种能力与自适应能力密不可分。

　　总之，根据林科拉等的解剖分析，元创造力和自适应能力都有自我觉知或意识，这是人和机器自己注意自己的能力。一系统要完成创新任务，要自适应环境，其必要条件是，它能知道它的可能性空间、资源、要解决的问题、当前的条件和状况等，并做出及时的调节。也就是说，自我觉知包含这样一些方面，如自反映、自调控，进而让系统做出适当的决策和行为。

　　强调元创造力包含自我觉知意味着，元创造力有自上而下的结构，即有

　　① Linkola S, Kantosalo A, Männistö T. "Aspects of self-awareness: an anatomy of metacreative systems". In Goel A, Jordanous A, Pease A (Eds.). *Proceeding of the Eighth International Conference on Computational Creativity.* Georgia: Georgia Institute of Technology, 2017: 189.

　　② Ventura D. "Mere generation: essential barometer or dated concept?". In Pachet F, Cardoso A, Corruble V (Eds.). *Proceedings of the Seventh International Conference on Computational Creativity.* Paris: Sony CSL, 2016: 17-24.

一种像自我一样的东西在顶层发挥着识别和调控的能力，它能觉知其他部分的行为和状况。这样的关于元创造力的构成论实际上是一种模块论，其好处是，能较好说明自我觉知，说明它在哪里以及如何发挥作用，但缺点在于，如果系统的创造力是基于多自主体的互动而从下而上突现出来的，那么这个模型就不适用于这样的系统。

林科拉等意识到，元创造力和自我意识建模还有这样的难题，即如何让有这些能力的系统有自适应能力。通常的解决办法是，把它设计成闭环系统，如通过一个反馈回路将操作状况的有关变化反馈给系统。这些变化源于软件系统或有关情境。其问题是，如此设计的效果不尽如人意。林科拉等认为，其原因是系统的内部结构没有很好地内化关于元创造力和自我觉知方面的研究成果。在他们看来，系统要能自适应，首先必须能反映自己的变化，而要如此，又必须有适当的对系统作出自表征的结构。自适应软件常用的是通用控制结构，它有两部分，一是被管理的基础系统，二是完成控制的自适应系统。林科拉等认为，它们过于简单，不足以应对内外的复杂变化。为予以改进，他们的模型作了这样的调整，即先定义有创新能力的系统所包含的创新自我觉知的六个方面，然后说明，不同类型的系统是如何用六个方面的不同组合完成建构的。该模型把自我觉知作为创新系统的有意义自变化的基础，说明了这六个方面是如何帮助创新系统完成推理，从而做出关于行为的决策的。这六个方面分别是：①创新成果或输出觉知。有这种觉知的系统能监控它所完成的输出，并根据所观察到的信息调整下一步该生成什么样的输出。②生成器觉知。有此能力的系统能监控生成器的行为，并根据信息做出调节，同时重新设计生成器中的某些部分。③目标觉知。有此能力的系统能观察它如何实现自己的创新目的，进而改变自己的行为，如果必要，还可修改目标。④互动觉知，有此能力的系统能知觉它的某些行为如何与其他自主体及环境互动，为了影响它们，它还会决定下面应如何进一步互动。⑤时间觉知。有此能力的创新系统能适时知道它的行为，既知道过去，也预测未来，并基于观察修改行为。⑥元自我觉知。有此能力的系统能观察自我觉知本身，并根据变化对自我觉知做出调节。①

林科拉等强调，他们的模型中的这些方面既有隐性又有显性的相互作用关系。就自我觉知本身而言，它有反省和控制两方面，如反省某个方面就意味着深入其中，监控它，以获得关于它的信息，进而做出处理。控制指的是对内部过程做出调节或修改。自我觉知的每个方面都有许多可能的反省和控制形式，如有的简单，有的复杂，有的强，有的弱，等等。在他们看来，系统的这些方面组织得好，如反省和控制处在适当的关系中，就能有意义地进化。它们的反省和控制的连接关系有外生和内生之别。外生连接是由外力促成的连接。内生连接是由主动建模反省与控制的关系而促成的。实践表明，这两种连接在元创新系统中是可以共存的，并能有效起作用。

就林科拉等的模型与计算创造力中的其他相关模型的关系而言，其可以说是有异有同。同表现在，都承认自我觉知和元创造力的重要性，并试图在创造力计算建模和机器实现中将它们体现出来。不同表现在，首先，林科拉等的模型试图表明，人工创新系统能通过生成框架信息向观察者解释它们的创新作用及过程。例如，林科拉等的模型的输出觉知系统能解释它的创新成果，生成觉知系统进一步反映了它是如何获得这些成果的，目标觉知系统能谈论它的目标，并把结果与到达目标的过程关联起来。其次，他们的生成器觉知尽管类似于威金斯的元层次的转型创造力，威金斯的论述不够具体，而林科拉等做了大量细致而具体的工作。再次，元层次的要素允许系统摆脱不必要的创新。林科拉等的系统不仅能做到这一点，还能摆脱无灵感的生成过

---

① Linkola S, Kantosalo A, Männistö T. "Aspects of self-awareness: an anatomy of metacreative systems". In Goel A, Jordanous A, Pease A (Eds.). *Proceeding of the Eighth International Conference on Computational Creativity*. Georgia: Georgia Institute of Technology, 2017: 191.

程。最后，他们的系统也有意外发现这样的创新过程，因为这个系统能利用这样的情境，例如自驱动的系统能识别有关情境，评价偶然事件的价值，能评估哪种计划更好。当然，它又不会盲目相信偶然事件，而会根据具体情况采取相应的行动。

林科拉等自认为，他们的元自我觉知模型是许多高层次的创造力的发源地。例如，有元自我觉知，就会生成专门性好奇心，这种好奇心又是有意的转型性创造力的一个驱动力。他们说："没有元自我觉知，系统不可能获得关于它的状态的统一观点，不知道应把注意力指向哪里。"①应该承认，他们对元创造力和自我觉知的解剖及建模不仅对计算创造力研究有积极意义，而且对我们从哲学上进一步认识创造力的内部奥秘和本质也有启发意义。

十、关于好奇心、意图、自主性的建模

创造力离不开自主性，自主性离不开好奇心、惊诧感和意图。格雷斯等基于对创造力作用机制的解剖，建构了一个模型，根据它，意图来自在以专门性好奇心为基础的过程中所发生的令人惊诧的事件，当创新系统基于所学到的知识指导它的生成过程时，就可实现意图和自主性。他们自认为，只要将模型应用于工程实践，所形成的计算系统就能有意图地表现转型性创造力。②

格雷斯等之所以要在计算创新系统中建模这些创造力中的构成元素，是因为他们认为，已有人工创新系统所依据的原理和模型有这样的问题，即它们尽管已能表现一定的创造力，有些甚至超越了人类，但其基本原理存在着根本的缺陷，如它们有这样的假定，只要有适当的探索算法就能表现相应的

① Linkola S, Kantosalo A, Männistö T. "Aspects of self-awareness: an anatomy of metacreative systems". In Goel A, Jordanous A, Pease A (Eds.). *Proceeding of the Eighth International Conference on Computational Creativity.* Georgia: Georgia Institute of Technology, 2017: 195.

② Grace K, Maher M. "Specific curiosity as a cause and consequence of transformational creativity". In Toivonen H, Colton S, Cook M, et al (Eds.). *Proceedings of the Sixth International Conference on Computational Creativity.* Provo: Brigham Young University, 2015: 260.

创新过程。这一看法的问题在于，没有看到自主的意图的作用，因此据此而建模的系统从来没有自己决定要创立什么，要制造什么，因为它们只是执行外在力量所安排好的程序。它们所执行的探索算法本身没有目的。尽管可以说，它们能基于经验修改目的，但仍存在这样的难题：在什么条件下，它们能修改它的探索？

有观点认为，对人的创造力重要的意图、自主性对人工系统不一定是必要的，因为只要它们能生成如人的创新成果一样的成果就够了，更关键的是，计算系统不可能有自己的目的、意图、自主性，但这不影响它们生成创新成果。格雷斯等认为，意图和自主性是创造力不可或缺的，它们与创造力的定义密不可分。就评价而言，只有有创新的意图和自主性，一个产品才能被评价为有创新性。因此，意图对创新成果的生成和计算创造力都至关重要，在其成果的欣赏和生成过程中也有关键作用，另外，要创新，必须有总体框架意识，同时必须构建这样的框架，而意图为这样的构建提供了关键信息。因此，一个创新系统要有为自己的工作构建框架说明的能力就必须有意图，进而必须有为自己的决策作出解释的能力。而没有有意图的自主性，系统就无法提供这样的解释。再者，要创新，就必须有探索，而只有能构建框架才能解释这样的探索，因为构建框架是创新系统让受众相信它的创造力必用的手段。

正是看到了意图、自主性对创造力的这种作用，一些研究者已开始了对它们的建模，但这类工作有这样的问题，即有关的建模所依据的信息是外在于创新领域的信息。格雷斯等认为，若不能学习如何把这样的外在信息与创新领域关联起来，那么所建模的意图就不能真正体现自主性。创新系统如何从其关于创新的领域知识中提炼出意图呢？在什么基础上，它才能把它的启发集和过去的创新转化成对它的探索过程的情境约束？

为了找到问题的答案，格雷斯等研究了这样的认知过程，即人类设计师在设计过程中是如何思维的，他们对创新方案的探索是如何进化的。根据研究，他们发现人类设计师并不是按部就班地分析、综合、评估，而是在这些过程中反复切换，以发现新问题，就像发现问题解一样。在专业设计中，这种问题构架与问题解之间的共进化极为明显，值得计算创造力研究关注。对草图设计师的认知协议分析表明，他们不仅经常在他们的草图中有新的发现，而且这些发现还会让他们经常做出重新规划。这些重新规划反过来又促进更多意外的发现。这些表明，意图和探索的循环对创造力的形成是有利的。格雷斯等的一个目的就是要在计算建模中反映这种循环。他们说："建构有意图创造力计算模型的灵感来自定义创新任务和并行完成任务的迭代过程。"[1]意图不是被创造的，而是来自探索。这种探索行为的催化剂是追求别人想不到的东西，即追求新奇，充满对新的产品的渴望，形成探索某种设计空间的意图。这类心理可称作好奇心。当然，好奇心有专门性和多样性之分。格雷斯等关心的是专门性好奇心，试图在模型中建模的也是这种与意图、自主性连在一起的好奇心。他们认为，只要对它们做出适当的建模，就能以此为基础让计算系统表现出博登等所说的探索性创造力和转型性创造力。

　　下面看他们的具体建模。他们的模型的理论基础是创新评价理论、关于好奇心的心理学理论、关于设计师如何应对意外发现的认知理论。在这些理论的基础上，他们首先探讨了新颖性、惊讶性和转型性三者的关系，认为它们就像三个失散多年的兄弟一样，其实关系非常密切，甚至可以说是一体的，可统称为"意外性"。这是他们 2014 年就已论证过的一个观点。由于是一体的，因此其中任何一个都可看作创造力的独有标志，即只要出现了一个，就可断定某行为或某成果是有创新性的。这里值得探讨的是好奇心及其与新颖性的关系。好奇心含义颇丰，既指不同的人在不同程度上所具有的特质，也

　　① Grace K, Maher M. "Specific curiosity as a cause and consequence of transformational creativity". In Toivonen H, Colton S, Cook M, et al (Eds.). *Proceedings of the Sixth International Conference on Computational Creativity.* Provo: Brigham Young University, 2015: 261.

指促使人们去追寻、体验新的刺激的动机状态。在计算创造力中，有一种观点认为，好奇心作为一种状态是计算创新系统的动力，因为有这样的原则，即求新的意识和冲动会推动对创新方案的探索。[①]格雷斯等认为，可根据两条轴线区分好奇心状态，一是知觉性好奇心与知识性或理性好奇心，二是专门性好奇心和多样性好奇心。知觉性好奇心是指向新颖的感性刺激的好奇心，一般动物都有，知识性好奇心是旨在获得新颖知识的好奇心。这种好奇心可为学习概念空间和在其中测量新颖性的系统所建模。第二种区分尚未受到计算创造力领域的太多关注。格雷斯等试图弥补这一不足，认为专门性好奇心是对能解释目标概念的观察结果的探寻，多样性好奇心是对没有任何专门目标的新信息的探寻。专门性好奇心尽管能从建模上探讨，但麻烦的是，多样性好奇心难以处置。

格雷斯等鉴于惊讶与好奇心联系紧密，同时是创造力的标志性特点，还对惊讶提出了建模尝试。他们根据认知研究成果强调，追求惊讶，让人震惊对创新过程影响很大。在设计领域，这一现象受到了一定的关注。在他们看来，设计就是与媒介的反思性对话，因为设计师会不停地把新的东西综合到他们新的设计中，接着思考这样做的效果。这都是由追求惊讶的心理所决定的。有些计算系统也在建模设计师这种由追求惊讶驱动的反复反思方案。研究发现，追求惊讶会导致问题的转向，而问题转向反过来又会进一步推进对惊讶的追寻。就惊讶与好奇心的关系而言，前者对后者有刺激、激发作用，特别是能促发专门性好奇心。已有人工创新系统在建模它们的这种关系，如让惊讶引发的专门性好奇心来推进系统中的转型创造力。格雷斯等在此基础

---

① Grace K, Maher M. "Specific curiosity as a cause and consequence of transformational creativity". In Toivonen H, Colton S, Cook M, et al (Eds.). *Proceedings of the Sixth International Conference on Computational Creativity.* Provo: Brigham Young University, 2015: 261.

上专门开发了一种构架，以探讨这样的行为如何得到计算实现。[①]它也可理解为关于意外触发的专门性好奇心与转型性创造力的模型。这一模型的理论前提是关于意外和好奇心的模型。而后一模型又借鉴了威金斯的创新系统构架。这一构架通过遍历概念空间的探索过程，加上遍历所有可能概念空间组成的空间，来生成特定输出。所形成的系统既有探索性创造力，又有转型性创造力。

由于格雷斯等建构关于意外和好奇心的模型的目的是要认识和建模专门性好奇心，因此就需要改造和拓展威金斯的定义。他们强调，专门性好奇心可定义为，沿着特定转型实例所激发的探索轨迹去追寻进一步的转型。另外，他们还从四个方面扩展了威金斯的形式化。例如，为了让创造者被自己的输出所震惊，创新系统就必须把它的创新成果重新知觉为生成过程的一部分。为了融合其他创造者的影响，对创新系统的生成过程的输出就必须包括它已观察到的所有成果。为了建模预期的概率本质，概念空间就应该是一组模糊的可能概念，而不是清晰的可能概念。格雷斯等认为，他们的这些改进有助于反映创新系统的情境的、社会的和基于预期的本质，有助于说明转型创造力为什么以及何时会出现。[②]

基于大量的形式化论证，他们用他们对意外的、无法想象的成果的定义描述了不同形式的转型创造力，说明了一个系统如何采用对下一代的约束来应对意外，进而有目的地探寻进一步的意外发现。[③]在这个过程中，作为惊

① Grace K, Maher M. "Specific curiosity as a cause and consequence of transformational creativity". In Toivonen H, Colton S, Cook M, et al (Eds.). *Proceedings of the Sixth International Conference on Computational Creativity.* Provo: Brigham Young University, 2015: 262.

② Grace K, Maher M. "Specific curiosity as a cause and consequence of transformational creativity". In Toivonen H, Colton S, Cook M, et al (Eds.). *Proceedings of the Sixth International Conference on Computational Creativity.* Provo: Brigham Young University, 2015: 263.

③ Grace K, Maher M. "Specific curiosity as a cause and consequence of transformational creativity". In Toivonen H, Colton S, Cook M, et al (Eds.). *Proceedings of the Sixth International Conference on Computational Creativity.* Provo: Brigham Young University, 2015: 264.

讶的专门性好奇心至关重要。因为系统看到无法解释的输出后就会基于惊讶、好奇心设法探寻出路，如设法学习，努力改进关于世界的知识。在这里，可把学习看作系统对不可解释现象的回应。基于此，便会出现第一种转型，因为通过学习，能得到新的规则，进而便会出现范式、方法的根本转化。格雷斯等还认为，系统在看到意外的结果时会有惊讶、震惊的表现，既然如此，就可把这种结果引起的惊讶看作创新系统对意外结果的反应，进而便有第二种转型。在这里，学习与意想不到的结果有关，进而能导致这样的范式转型，它们能让系统在原先预期的基础上看到新的可能性，进而改变探索的轨迹。

惊讶会如何影响系统未来的创新行为呢？如前所述，专门性好奇心是通过将目的应用于行为之上来有意追寻专门的新知识。就创新系统而言，这是基于惊讶引起惊讶这一假说有目的地探寻意外刺激的转型。就其与创新的关系而言，有对结果的专门性好奇心就是试图创造更多包含着有趣性的结果，即有这样的好奇心，就会有相应的创新行为。

这样的过程可以在人工系统中得到实现，如只要根据意外结果所违反的规则建构相关的映射，就能让系统关注其自身的、产生了意外结果的知识。这种专门性好奇心的结果会根据所违背的知识的结果发生变化。如果规则定义了领域的边界，那么相关的映射会对这样的结果作出评估，它们冲破的界限与好奇心冲破的界限是相同的。如果违反的规则关注的是罕见的范畴，那么相关映射就会对范畴中的结果作出评估。

总之，根据格雷斯等的模型，创新系统是可以自主地激发自己的好奇心的。以能生成新的食谱的人工系统为例，这类系统有这样的规则，即用计算上的类比来让两个菜谱映射，然后让新配料从源领域转移到目标领域。系统能对法式馅饼和煎蛋卷进行类比，因为两者都包含一个基础层。类比转换的规则能知道什么会消失，并创立一个新菜谱，如经过一定程序将番茄酱涂在煎蛋卷上。这对于规则来说是意外的。正是对于配料和烹饪方法意外组合的专门性好奇心导致了一种转型性创新，即专门去探寻新的菜谱。

不难看出，这里关于意外、惊讶、专门性好奇心和创新的模型不仅深入到了创新过程的内在构成、动力和机制问题上，而且在建构模型的基础上进行了工程实现的尝试。这些探讨在一定程度上回应了过去的创新系统这样的不足，即它们缺乏自主的评价决策和有目的的行为。就思想渊源而言，林科拉等的模型的灵感来自对人类创新过程的新的解剖，如看到人类的创新能自己生成好奇心、惊诧感和目的性，而且这些因素还能成为创新输出的动力源泉或引擎。受人类创新机制的启发，他们根据对创新系统的关于概念空间的学习模型的违背来建构关于好奇心、惊讶的模型，认为专门性好奇心行为能探索令人吃惊的刺激。他们的创新还表现在，对创造力哲学的问题作了新的探讨，如区分开了转型创造力的三种原因，即无法解释的结果、意外的结果和专门性好奇心。具言之，如果无法解释的现象是在同样有价值的结果中发现的，那么这种结果就没有创造力。因为转型性创造力根源于缺乏作出预言所需的充分知识，但在这种情况下，意外的结果可导致偶然、意外的创造力，因为系统在没有任何目的的情况下发现了它，同样，专门性好奇心会导致有意的创造力。

格雷斯等的创造力的建模研究工作一直在往前推进。2017年，他们在上述建模以及在为类比推理建构了模型的基础上，又为好奇心建构了一个旨在激发好奇心进而生成更多创新行为的模型。他们的灵感来自博登这样的思想，即心理学上的创造力离不开好奇心的作用。为揭示其中的秘密与机制，格雷斯等在专门研究了好奇心的基础上建构了一个模型，并据以开发了一种能模拟用户的好奇心、价值观的创新系统。他们认识到，要让人工系统有创造力，关键是弄清创造力的动力问题，同时让所建构的模型表现创新所需要的动力。经过对创造力的解剖，格雷斯等认为，从大的方面来讲，动力或动力激发器不外两大类，一是外在的刺激、压力、奖励，二是内部的冲动。在两种动力中，内在动力具有根本性。外部动力要发挥作用必须转化为内在动力，而内在动力是自决定、自成长的驱力，是人生活下去的主要根源。在格雷斯等看来，内在动力在有创造力的人身上就表现为对所感兴趣和追求的东西的好奇心。或者说，好奇心是内在动力的一种模式，因为它能驱动人对新奇心的追寻。

　　正是看到这些，很多人尝试了对好奇心的建模。格雷斯等建模的特点在于，试图模拟的是个人用户的好奇心及其促发，无意将好奇心加于智能交互系统之中。[1]其基本假定是，人类用户会带着获得历史性创新经验的目的在特定领域完成特定的行动，用户所采取的行动包括在特定领域与有关成果保持联系，同时也包括创造新的成果。由于反复接触历史性创新刺激，因此用户有对多样性的偏好。在格雷斯等的模型中，既有对历史性创新评价的模仿，也有对这种创新过程的模仿。其结构是，用户以偏好和惊诧的形式反馈他们在某领域中的行为。该反馈可分别用来评估他们行为的新颖性和有用性，既可以发生在看到一项新的成果时，也可表现为这样的形式，如喜欢或不喜欢、习以为常或吃惊。该模型有两个模拟器，即新颖性模拟器和有用性模拟器，它们都能运用上述反馈。此外，其中还利用了心理性创造力模型。该模型能利用整个数据库，并以条件概率的形式建构一组预期。其具体作用是，为好奇心模型提供一个相似度度量，基于此，新颖性模型可用它来将用户已评级的对象与未评级的对象加以比较。他们的好奇心模型中还有建议生成器，其作用是根据被推论的值和新颖性函数向用户提出建议。

　　上述好奇心模型既可应用于计算创造力情境，也可用于其他创新工作。例如，对有关论文做出研究就是科学创新的一个例子，在这个过程中会有意外的发现，并导致创造性研究行为，进而促成自己写出新的论文。

---

　　[1] Grace K, Maher M, Mohseni M, et al. "Encouraging p-creative behavior with computational curiosity". In Goel A, Jordanous A, Pease A (Eds.). *Proceedings of the Eighth International Conference on Computational Creativity*. Atlant: Georgia Institute of Technology, 2017: 121.

　　林科拉等自认为，他们的模型能用计算创造力技术来激发用户将自己的行为多样化。因为这个模型有这样的核心作用，即向用户推荐历史性创新行为，所依据的假设是，这些行为模仿了用户的好奇心，而这种好奇心正是用户探讨某领域的内在动机。基于这些考量，他们在上述好奇心模型的基础上，开发了一种能模拟用户的好奇心、价值观的创新系统。该系统比较逼真，能表现出历史学上的创造力。他们认为，这些系统可以作为好奇心引擎发挥作用，如重复模拟好奇心，激发行为的多样性。是故，他们把这类系统称作"个性化好奇心引擎"。其设计思路是，让这类系统为模拟用户的好奇心而模拟这些用户的新颖性观念和价值观，进而促使用户表现出历史学上的创造力。[①]由于这些系统能激发多样性，克服固化倾向，因此适合完成创新任务。格雷斯等之所以如此设计，是因为他们认为，好奇心能激发创造力，因此他们便想到设计出这样的系统，它们能用计算创造力技术来激发用户的好奇心，进而让用户考虑更多样的行为方案。

第四节　创新系统的放大与创造力建模的延展性方案

　　这里所说的创新系统放大，既指将创造力扩展到单纯的能力之外，使其包括创新主体、过程、成果、享用者、评价者、社会文化、情境因素等，又指将创造力推广到人以外的像进化、DNA、生态系统之类的有创造力的实在之上。这里所说的延扩方案指的是以四 P 或六 P 理论、大系统论、四 E 理论特别是情境主义理论为基础的强调放宽创造力建模原型实例范围，让其超越人的创造力的方案，其矛头直指人类中心主义和碳法西斯主义的创造力理论。

---

① Grace K, Maher M, Mohseni M, et al. "Encouraging p-creative behavior with computational curiosity". In Goel A, Jordanous A, Pease A (Eds.). *Proceedings of the Eighth International Conference on Computational Creativity.* Atlanta: Georgia Institute of Technology, 2017: 120.

这里所谓人类中心主义是指这样的创造力理论，主张世界上只有人才有创造力，因此计算创造力只能以这种创造力为建模的原型实例。所谓碳法西斯主义也是一种极端化的创造力理论，只是比人类中心主义稍加宽容，主张计算创造力研究只应关注和建模生物系统这类由碳物质所组成的实在所实现的创造力。

一、原型实例多样论视域下的创造力概念的重思

约翰逊（C. Johnson）解决创造力定义和建模问题的一种方式是，通过将人的创造力与计算系统的创造力加以比较，寻找已有的创造力定义和建模中存在的问题，然后在解决相关问题的基础上重构创造力的定义和模型。这一方案显然是对创造力研究和建模中的人类沙文主义的反动，它不仅将机器实现的所谓计算创造力当作既成事实，而且认为，不能再仅以人类的创造力为认识创造力唯一的原型实例，而应同时研究包括计算创造力在内的非人的创造力。在他看来，同时考虑广泛的创造力样式，既有助于我们进一步认识人的创造力的本质，特别是揭示以前没有注意到的方面，又有助于我们在计算创造力中探讨未被看到的有关行为及其内在本质。

约翰逊按照这样的思路在计算创造力视域下重思创造力的定义问题时，发现了过去的创造力定义中的许多问题，其中一个是过于单调。他说："创新行为并非单一的行为，例如要真正成为一个有创造力的人，要做的事情很多，做的方式很多。"[①]另一问题是，通常的理论不具有普遍性，因为它们主要建立在对科学创造力的研究之上，如此形成的结论显然不适用说明艺术家的创新行为。再次，抽象创新行为离不开考察样本，但应以什么为样本呢？

---

① Johnson C. "The creative computer as romantic hero? Computational creativity systems and creative personae". In Maher M, Hammond K, Pease A, et al (Eds.). *Proceedings of the Third International Conference on Computational Creativity*. Dublin: University College Dublin, 2012: 57.

应关注什么样的事例呢？一般的回答是，要关注多数人的创新行为，但多数人是否包括"艺术家"？就计算创造力研究而言，应以什么样的有创造力的人为原型？应解剖哪些人的创新行为？一种方案是选择初学者作为样本，相应地，计算创造力有这样的开发方案，即把能完成初学者创新行为的系统作为开发的第一步，由此出发，一步步去建模开发更复杂的系统。另一种方案是建构能完成成熟创新行为的系统，其样本是成熟的艺术家。

在约翰逊看来，这些方案首先存在这样的问题，即关注的主要是个别或局部的创新行为或事例，因此所得结论不具有普适性。其次，停留在对创新过程的行为结果的研究之上，不利于揭示创造力的内在秘密和本质。约翰逊说："并非所有有创造力的人都以相同方式创新。"[①]

为避免已有方案的片面性，他提出，应扩展考察的空间，例如，创造力研究所依赖的样本应像 G. 里奇所说的那样，是"能激发灵感的集合"[②]。约翰逊赞成建模的榜样应是"集合"，而不能是少数个别，但又认为，该榜样不应是作品之类的创新结果，而应是完成创新任务的主体及其行为。他把其扩展的空间称作"有创造力的人的空间"，即代表广泛态度和方案的、从非形式角度定义的空间。其维度主要包括三个方面：一是个体与群体维度；二是新媒体与旧媒体维度；三是重视传统和开发工艺技术的维度。由于他强调创造力研究的多维度性，因此他的方案也可被称作多维度论。这里对前两个维度稍作展开分析。

先看第一个维度，即个体与群体。以艺术创新为例，其主体有个体与群体之别。后者可理解为，个体嵌入社会之中，结合为整体以完成创作。在人

① Johnson C. "The creative computer as romantic hero? Computational creativity systems and creative personae". In Maher M, Hammond K, Pease A, et al (Eds.). *Proceedings of the Third International Conference on Computational Creativity.* Dublin: University College Dublin, 2012: 57.

② Ritchie G. "Some empirical criteria for attributing creativity to a computer program". *Minds and Machines*, 2007, 17 (1): 67-99.

类的创新过程中，后一创新形式极为常见，而在计算创造力研究中，一般只关注个体主义的创造力，很少看到人工系统连续地通过互动来完成创新任务。基于对人类创新主体及方式的认识，约翰逊认为，模仿群体的创新行为应是未来计算创造力研究的一个方向，但问题是：模仿群体创新行为的系统应如何建构？一个灵感来源可能是给予初学者的宽泛的指导，以让他能即兴表演。虽然即兴表演是自由的，但又不能随心所欲。这种指导可能包括三点，即听、不浪费时间、培养集体责任感。要让计算创新系统执行这三点，无疑要研究人是如何执行它们的。基于此可设计这样的系统，它能将听过的短语与语料库相匹配，然后开发音频信息检索系统，再根据匹配做出响应。第二个指导是不浪费时间，这比较容易被计算系统执行。第三个指导可能要困难一些，这里的"集体"包括其他演奏者和听众，社会责任感可理解为与他人配合、合作。对这些合作的认识有时是在别人认为行为不恰当时得到的。在人工系统中，这可通过其他演奏者对人工系统的反馈来实现。①

　　再看第二个维度，即新媒体与旧媒体。对新媒体，人们有不同的理解，一种理解是，指利用计算机来进行传播和表演的文化对象。由计算创造力所生成的东西是新媒体还是旧媒体？既可以说是旧媒体，也可说是新媒体。说它新的根据是，它的目的是创作以文字形式表现出来的作品。这在音乐和绘画中表现得特别突出，因为这样的计算系统能以新媒体方式工作。但几乎没有计算系统能生成互联网艺术或多媒体作品，几乎没有作品在组织材料时运用基于计算的工具，如转码，基于数据库的动态作品创作，更难看到计算审美、数据库审美。尽管计算创造力诞生于互联网时代，但一般的计算创造力系统生成的输出只能表现为固定的媒体，如文字、像素等，真正能与外部世

---

① Johnson C. "The creative computer as romantic hero? Computational creativity systems and creative personae". In Maher M, Hammond K, Pease A, et al (Eds.). *Proceedings of the Third International Conference on Computational Creativity.* Dublin: University College Dublin, 2012: 58.

界互动的人工系统是很罕见的，多数能生成故事的人工系统所生成的故事都是关于思想和人物的固定集合的，多数会画画的人工系统都是以抽象媒体的形式运作的。它们要与外部环境互动，都得靠设计人员。到目前为止，计算创新系统只能在基于计算机的媒体上实现，而计算机有两种容易混淆的角色，即创造者角色和创新工作赖以实现的媒体角色。由于对人工系统的创新评价存在着困难，如其创新是应归功于计算机，还是归功于计算环境，抑或归功于设计人员，很难给出令人满意的回答，因此计算系统往往不被看作新媒体作品。

在约翰逊看来，这里的一个出路是建构这样的计算创新系统，它能帮人们弄清计算机擅长做什么。这就是说，同时应看到计算机不能做什么，如承认计算机不可能复制人类创造力的某些方面，最明显的是不能像人类那样生成流畅的自然语言文本。但计算机和基础的计算设施也有它的巨大潜力、资源和优势，可以利用它们促成一些新的创新形式。[1]事实上也是这样，例如摄影、绘画等艺术领域已出现了这样的创新形式，它们若没有计算的基础设施的帮助是不可能完成的。在这里，计算基础设施的作用显然大于媒体的作用。约翰逊自己的研究实践也说明了这一点，如他建构的人工系统在一次创作时，先确立了对图像的预期，后在创作中，根据情境变化生成了计划中所没有的结果。很显然，它纯粹是人工系统的"意外发现"。它不是随意的生成，而是由一种过程"选择的"，该过程背后有大量的计算基础设施。[2]

---

[1] Johnson C. "The creative computer as romantic hero? Computational creativity systems and creative personae". In Maher M, Hammond K, Pease A, et al (Eds.). *Proceedings of the Third International Conference on Computational Creativity.* Dublin: University College Dublin, 2012: 60.

[2] Johnson C. "The creative computer as romantic hero? Computational creativity systems and creative personae". In Maher M, Hammond K, Pease A, et al (Eds.). *Proceedings of the Third International Conference on Computational Creativity.* Dublin: University College Dublin, 2012: 61.

二、进化方案基于创造力多样论的建模尝试

这里的进化方案是由许多艺术家、生态学家、计算机科学家等共同倡导的一种广义的、强调用进化的观点看待创造力本质的计算创造力研究方案，其中有许多不同形式，如生物学方案、生态学方案、动力系统方案、进化计算方案等等。它们的共同特点是强调，创造力的样式多种多样，包括人、生物体、人工系统等所实现的创造力。要为创造力建模，必须以进化方案为基础关注广泛的创造力样式。当然，它们更看重人工系统所实现的创造力，特别是着力探讨如何让计算系统表现创造力。

根据这一方案，世界上的确有不同的创新形式或过程，如人的和自然的。自然的创新又有两种形式，第一种是特定的生成过程的迭代，迭代到某一步，当被评价为有一个完满或较完满的结果时，就被认为完成了创新。这类似于自然进化，在这里，每一代新的个体都是按行动方案发展出来的。第二种是对临时形式的累积性处理和加工，它们主要表现在山脉、岩石等自然结构中，它们记录了其自身产生的历史，如生成和侵蚀的过程。可把这一过程称作生成性和累积性的创造过程。人类的艺术创新过程就是这样的累积性过程，同时也适用于进化算法的建模。

各种进化方案的共同理论和技术基础是进化计算。这种计算包括遗传算法、进化策略和遗传规划等技术。它们在创造力建模和机器实现中都有良好的表现，如帮助复杂创新系统的用户更好地定位高创新回报的区域等。进化计算的方法能生成和测试这样的算法，它们能进化出一系列的候选解或产品，如子代的产品通过随机突变或被选择的父代的重新组合而生成。种群通过某种方法测试和排名，最有价值的个体及其后代更有可能在后面的演化中生存下来。总之，其成功与否依赖于以下因素：①表型空间的结构；②适应度评估在确定所产生的产品在质量方面的有效性。进化计算方案在艺术作品的计

算机生成和审美评价中已得到了应用。这里首先要区分这样两种系统，一是能产生创新结果的进化系统，二是能产生审美快感结果的进化系统。前者不排斥后者，但它们一般是独立的。例如，作为机器或算法的进化系统即使没有创造力，也能生成有审美快感的图像。[①]

在创造力的计算分析和具体建模中，进化方案强调的是优化，如先定义一些标准，这些标准允许根据个体对特定任务的适应程度来排列它们在被选择的群体中的先后顺序，然后做出选择。经过迭代，最终选择最适应者。完成了这样的迭代和选择过程，即生成了创新的结果。应客观承认的是，这一方案在创造力的自然化、计算化中尽管有不俗的表现，但有突出一点而不及其余的片面性，如过分强调优化，而忽略了创造力中同时存在的其他关键机制。这是不利于创造力的建模的，因为创造力不只是一个简单的优化问题。

进化方案中的动力学方案强调的是创新过程中的动态过程。根据这一方案，创新过程中真正有创造力的东西是其中的动态过程。在根据这一创造力理解建构的人工创新系统中，软件包含漫游在虚拟世界中的生物的表征，它们通过相互消费或从非生物界获取如光、热之类的能量，这些虚拟生物为了配偶、繁殖而争夺所需的资源，随着演化的推进，不适者会被淘汰，适者会重复此过程而进行进一步竞争，直至最后成为最优者，这是创造过程的最后成果。这样的软件系统被认为有创造力，其过程是程序员写出能在计算机上实现的算法，然后让其运行。该过程既可以有人的交互式指导，也可以是自动的。由程序所实现的连续的动态过程会形成自己的作品或产物，它们被认为富有创新性。

进化方案中较新的、最值得关注的是生态学方案。其创立的一个直接动机就是想克服前述的其他进化方案太过重视优化过程的片面性。由于它以生

---

① McCormack J. "Creative ecosystems". In McCormack J, d'Inverno M (Eds.). *Computers and Creativity.* Berlin: Springer, 2012: 43.

态学为基础，同时吸收了大量建模方案的合理成果，因此它对创造力的建模代表的是一种不同于遗传算法之类的传统方案的、受生物学启发的替代方案。①生态学方案不满已有的创造力理解，认为有创造力的东西一定是系统，可称作一种特殊的生态系统。这一思想是在生理学家珀金斯（D. Perkins）的"有创造力的系统"的基础上提出的。这里之所以被称为系统，是因为它具备让一事物产生新产物的机制或基础，且这些机制或基础只有在结合为系统时才有创造力的突现。例如，在生物界，一个具有创造力的系统是同时在特定环境下产生新颖性和适应性的系统，据此，自然选择是这样的系统，它能通过遗传复制和选择这样的非目的性过程，产生出像原核生物、多细胞生物、社会制度和语言之类的产品。同理，社会的相互作用也是有创新力的系统。这些系统之所以被看作创新系统，是因为它们生成了新的、以前没有的东西。在进一步追问新颖性、新奇性的根源和机制时，它强调，新奇性是被创造的世界不可分割的部分。世界之所以出现了以前所没有的新东西，是因为有选择和进化。选择的作用表现在，为复制选择新的选项；进化的作用在于，能发现看似违反直觉的设计，该设计在性能上远胜于人类的设计。进化系统具备设计非常规但有用的产品的潜力，它甚至超越于人的创新能力。

生态学方案在创造力建模中的另一创新表现在，对创造力作了别具一格的自然化和计算化。它也看到，要将创造力的概念应用于计算机之中，必须用形式的、系统的术语来定义创造力。在作这样的自然化时，可从考察"进化生态系统开始"，因为生物进化一般被认为是创新系统，其表现是，它能发现"适当的新颖性"，基于此，研究进化计算的科学将进化计算从生物进化中抽象出来，认为它能解决搜索、优化和学习问题。在这里，进化计算中重要的方面是有选择地提取或抽取。根据生态系统方案，可用生物系统的创

①　Cohen H, Nake F, Brown D, et al. "Evaluation of creative aesthetics". In McCormack J, d'Inverno M (Eds.). *Computers and Creativity.* Berlin: Springer, 2012: 95.

造性过程、进化计算来说明创造力概念。在进化计算中，创新实即产生适当的或有适应性的新颖性。在计算创新中，这种创新可这样概念化，即把它看作在可能性空间或有高创造性回报的区域搜索的过程。这就像在沙漠中找金子一样，创新就是在沙漠中找金子，要如此就要搜索。只有在概念空间中搜索才有可能导致创新的发生。当然，不是任何搜索都有创新作用，只有同时解决好如下四方面问题的搜索才有此作用。①稀奇性：可行解决方案稀疏地分布在非可行的可能性的广阔空间中。②孤立性：概念空间中具有高度创造价值的地方被广泛地分离和断开，因而很难找到。③绿洲：现有的方案提供了一个很难离开的绿洲。④平衡：概念空间的许多部分是相似的，并没有提供能帮忙找到更有创造性奖励领域的线索。①在麦科马克看来，要让搜索成为有创造力的搜索，就应尽可能多地知道正在搜索的空间结构，因为这不仅允许人使用有效方法全面地搜索，而且能在重构空间的过程中让人更直观地进行创造性搜索。还应明白的是，搜索过程就是探索过程，因为对于多数有创造力的系统来说，这个搜索空间是巨大的，没有有效的探索，是难以让搜索发挥创新作用的。就人的创造力而言，一定有某种生成机制作为任何计算创新系统的基础，这里的创新是离不开人的才能的。就机器的创新来说，如果设计是有效的，那么计算创新系统一定要模拟人的创造力。就生物系统而言，可能的 DNA 系列空间比可行或可能的表型空间大得多，而可能的表型空间又比实际的表型空间大，DNA 是高度成功的自我复制分子。

　　生态系统方案超越其他进化方案的地方表现在，强调找到有创新性的搜索空间不只是一个优化问题，即是说，创新问题比优化问题复杂，因为形成了优化解，不一定意味着找到了创新结果。其根源在于，穿越创造性空间的轨迹不是逐步朝着目标优化的轨迹，相反，它是一个复杂的过程，如要经过

---

① McCormack J. "Creative ecosystems". In McCormack J, d'Inverno M (Eds.). *Computers and Creativity*. Berlin: Springer, 2012: 41.

一系列中间环节，要经历目标的修改，这些环节中每一个都会影响后面的步骤，都可能有自己的创造力。如果我们想通过把人类智慧与概念空间的直观结构及表征结合起来，去寻找新的有创造力的空间，那么应探索其他的可能性，如可到大自然的进化中去寻找。这是因为，每个物种不可能离开环境和其他物种独立存在。它们结合在一起形成了可对进化过程产生决定性影响的相互依赖网络。这种网络就有创造力。因此这里有必要且有可能根据来自进化生物生态系统的结构和功能对创造性空间的搜索重新做出概念化。正是有此强调和操作，麦科马克等倡导的创造力建模方案才被称作"生态系统方案"。

要根据生物生态系统建模创造力，就必须对这种系统作具体解剖，例如具体探讨生物生态系统中真实的结构、动态过程和功能关系。麦科马克等在完成了相应研究的基础上提出，有创造力的生态系统的模型有这样的结构、属性和特点：第一，有构成要素和环境，正是这些要素和环境共同构成了生态系统；第二，有动力系统，它能让生态系统根据内外条件在时间上变化和适应；第三，能自观察，正是它在构成要素和环境之间提供桥梁；第四，自我修改，这允许一个构成要素在系统内调节自己的行为；第五，相互作用要素之间互相作用，与环境相互作用，让系统表现出作为整体的突现行为；第六，有反馈回路，这让系统有办法控制、调节和修改系统的行为；第七，进化，它让系统能长时期变化、学习和适应。

生态系统方案的倡导者认为，基于这样的创造力解剖和建模所建构出来的人工系统有创造力或有创新行为，就表明他们的创造力建模是正确的。例如，他们按这样的思路、模型设计出了带有生态系统特点的程序，其成功的事例有线条画系统，就它们"创作"的画是其他机器和人没有画过的而言，也应认为它们是"创新"作品。这里的"创新"是系统完成的，不是由人或程序员完成的，因为它们是机器"自动"生成的。[①]

生态系统建模的积极意义在于，为开发新的创新系统和过程提供了有趣的概念基础和实践尝试。它不仅在开发新的创新形式方面作了大胆探索，而且为人类发展自己的创造力提供了有益的启示。例如，它把环境的作用囊括进来，允许动态组件与环境交互，这便为科学家、艺术家的创新提供了可能的借鉴，至少有开阔他们创新可能性空间的作用。就此而言，在生态系统向人类学习的同时，致力于创新的人也应向生态系统学习，因为生态系统也有自己的创新本质和独特方式。可以预言，随着人工生态创新系统创作作品的复杂性、精湛性的发展，我们将看到根据这一模型建构的计算机在创新方面更加美妙的前景。

三、对创造力孤岛论的超越和以动力论为基础的创造力建模

鲍恩对扩大建模范围的探讨从归属问题开始。所谓归属问题是指，在人机协作的创新过程中如何看待设计师、软件、代码、机器过程的作用，其中的创造力是应该归属于人，还是归属于机器，抑或同时归属于所有参与者？一般的看法是认为，人工系统、人机协作创新系统所实现的创新应归功于人类设计师、程序员。鲍恩的看法是，对于系统的创新输出来说，只要涉及这一过程的自主体都应被看作创造力的贡献者、所有者。[②]在他看来，常见的自主作用归属都是有问题的、不精确的、片面的。如"贝多芬创作了《命运交响曲》"，"达·芬奇画了《蒙娜丽莎》"等表达式，就漏掉了导致这类创新结果的许多因素，如别人的启发、社会文化的影响等。这也就是说，已

① McCormack J. "Creative ecosystems". In McCormack J, d'Inverno M (Eds.). *Computers and Creativity.* Berlin: Springer, 2012: 48-49.

② Bown O. "Attributing creative agency: are we doing it right". In Toivonen H, Colton S, Cook M, et al (Eds.). *Proceedings of the Sixth International Conference on Computational Creativity.* Provo: Brigham Young University, 2015: 17.

有的创造力定义只抓住了个别人的部分作用，而没有完全准确揭示创造力的根源和本质。在这里，鲍恩赞成心理学家契克森米哈赖的大系统论，即创造力离不开异质群体、不同参与者的相互作用。①西蒙顿（D. Simonton）认为，创造力最好被建模为依赖于群体协作的随机过程。②

在综合上述思想的基础上，鲍恩创立了自己的动力观。其基本观点是，创造力作为一种实现了的存在不是一个静止的结构，而应该用赫拉克利特的流变论（无物常驻、一切皆流）来理解。换言之，事物不是具有固定属性的实在，而是恒常变化的过程，处在不断的再创造之中，可用"流变"（becoming）一词来准确地加以描述。创造力所生成的创新成果是由异质因素相互作用所促成的随机的、网络的宏大过程所使然。从渊源上说，动力学方案实际上是吸收了四 E 理论或情境主义认知观的产物，它认为，创新过程及其评价离不开复杂的、动态的、与环境相互作用的大系统。这一理论回答了这样的问题，如实在的变化的、时间上的边界是什么，它们何时结合在一起作为自主体起作用，它们的作用何时出现，在哪里出现，输出是由什么造成的，等等。③

如此理解创造力是对传统的创造力理论的反动。传统观点是动力观的对立面，实质上是创造力孤岛论，即把创造力看作孤零零的、与世隔绝的东西，只看到导致创新过程发生的某一或某些因素，评价时也将它归属于个体。鲍恩说："不用动力的构架来看事物，把它看作整齐划一、有界的实在，是日常生活中对世界的简化理解，其问题是，没有看到世界流变、相互影响、有

① Csikszentmihalyi M. "Implications of a systems perspective for the study of creativity". In Sternberg R (Ed.). *Handbook of Creativity.* New York: Cambridge University Press, 1999: 313-335.

② Simonton D. "Scientific creativity as constrained stochastic behavior: the integration of product, person, and process perspectives". *Psychological Bulletin*, 2003, 129 (4): 475.

③ Bown O. "Attributing creative agency: are we doing it right". In Toivonen H, Colton S, Cook M, et al (Eds.). *Proceedings of the Sixth International Conference on Computational Creativity.* Provo: Brigham Young University, 2015: 17.

多孔边界、融合、断裂所用的方式。"①

　　根据鲍恩的看法，在包括计算创造力研究在内的广泛领域中坚持和贯彻动力观是大势所趋，因为这样的思想在 AI、心灵哲学、进化心理学、人类学等学科中早已诞生，如明斯基的心灵社会论、巴思的"全局工作空间理论"以及巴尔科等的关于进化心灵的多领域模型。最近影响极大的四 E 运动、情境化运动等都一致主张，即使是人类自主体也不是单子式存在，而是由相互作用的网络构成的复合系统。人类学中也有这样的思想，如认为在有的文化中，个人并不被认为是个体的、可分的、有界的实在，因为人无法与他人、世界绝对割裂开来。鲍恩认为，计算系统的流变性、网络性、相互依赖性、情境性、"社会性"等更加明显。根据这种宽创造力理论，过去在创造力的建模和机器实现方面之所以收效甚微、步履艰难，主要的原因在于，指导它们的理论是包括孤岛论在内的狭隘的 AI 理论。②

　　鲍恩看到，计算创造力领域中已有人倡导和践行"宏观理论"或"动力学方案"。根据这类方案，创造力不是由某一个自主体独立完成的，而由众多因素共同决定。但已有的动力观的问题是，尚未找到好的办法将这种方案及其相应的模型变成一种可付诸工程实践的方法论，无法将它们应用于计算创造力的评价之中。③要解决这类问题，没有其他办法，只有进一步加大探讨的力度和深度，其中重要的一点是拓展关注的范围，完成一系列的转向。鲍恩说："在研究创造力时仅关注人的完成创新过程的认知能力，这对计算

①　Bown O. "Attributing creative agency: are we doing it right". In Toivonen H, Colton S, Cook M, et al (Eds.). *Proceedings of the Sixth International Conference on Computational Creativity.* Provo: Brigham Young University, 2015: 18.

②　Bown O. "Attributing creative agency: are we doing it right". In Toivonen H, Colton S, Cook M, et al (Eds.). *Proceedings of the Sixth International Conference on Computational Creativity.* Provo: Brigham Young University, 2015: 20.

③　Bown O. "Attributing creative agency: are we doing it right". In Toivonen H, Colton S, Cook M, et al (Eds.). *Proceedings of the Sixth International Conference on Computational Creativity.* Provo: Brigham Young University, 2015: 18.

创造力研究是成问题的"，因为能完成创新任务的各种计算系统可能不会以类似于人类的方式去行动，因此计算创造力研究的一个出路是摆脱人类中心主义构架。[①]而要如此，则应抛弃"创造力孤岛论"。鲍恩呼吁，来一场转向，即从孤岛论转向动力观或宏观层次的理论构架。这样的转向对计算创造力研究有两大好处：第一，能帮我们更好地理解人类的音乐、艺术等文化活动，理解人类的创造力；第二，通过提供实践方法，有助于我们对创新主体作出正确归属。[②]在鲍恩看来，许多子系统的集合，可以超越界限进行交流，以至于形成与人类交互的超级系统。就自主作用来说，它与特定子系统的联系极为密切，离不开大量的子系统，有时它就表现为子系统之间的交互作用，或系统与环境的相互作用。

如何将动力学方案应用到计算创造力研究之中呢？第一步是要弄清以前对创新自主体的看法及其危害。过去的孤岛论要么认为自主体是人，要么认为是计算机。对于这些自主体，应研究人们对它的边界、自主性以及创新作用有何假定。第二步是把创新自主体看作由多种因素构成的大系统，同时研究不同子系统在哪里统一于合作的行为之中，或分解为不同的组件，研究不同子系统如何随时间而改变它的状态和结构。通过研究可以发现，它们是一个时间过程，在这个过程中，系统的开发者、观察到的结果、迭代过程等对创造力的形成都有其作用。这就是说，在创造力的形成过程中，宏观系统中的不同因素有不同方式和程度的作用。既然如此，在追溯创新成果的责任角色时，应根据参与这一过程的不同因素所承担的角色、所起的作用来分配，

---

① Bown O. "Attributing creative agency: are we doing it right". In Toivonen H, Colton S, Cook M, et al (Eds.). *Proceedings of the Sixth International Conference on Computational Creativity.* Provo: Brigham Young University, 2015: 18.

② Bown O. "Attributing creative agency: are we doing it right". In Toivonen H, Colton S, Cook M, et al (Eds.). *Proceedings of the Sixth International Conference on Computational Creativity.* Provo: Brigham Young University, 2015: 18.

即不能把创新过程及成果归功于一个自主体，而应归功于所有有关的子系统和过程。

鲍思用了大量实例证明自己的动力观及其在一切计算创造力评价中的应用。在他看来，不用这样的观点，有些评价无法进行，如有这样的由多种实时算法完成的即兴演奏，其中既有人类的鼓手、萨克斯演奏家，也有人工系统，还有观众的互动，在这里，就无法把演奏的效果（创造性输出）归结为某一个自主体，而必须归结为所有承担了其角色的参与者。[1]基于这些对创造力的超越个体和个别因素的、跨越主体和环境的因素及其相互作用的认识，鲍恩建立了关于创造力的以动力论为基础的模型。

四、观察创造力的范式变革与多层次的创造力模型

索萨等倡导的是一种比之前的生态系统模型更为广阔的观察创造力的视角，如强调同时从文化、社会、群体、产物、个性、认知、神经过程、计算创新过程这些角度考察创造力。基于此，他们建立了一个关于创造力的多层次模型，它能定义这些层次间的功能关系，并为计算创造力的研究和工程实践提供构架。[2]

他们放宽创造力的观察维度，既与他们对创造力本身的看法有关，还由他们对创造力与评价的关系的看法所决定。他们认为，创造力事实上是由创造者之外的第三方对新颖性和有用性的评价或价值归属得到定义的。换言之，创新的产品、过程或有创造力的人都不可能离开语境而被理解，正是在此语境下，上述价值才得到归属。由于评价牵涉复杂因素，因此创造力不是孤立

---

[1] Bown O. "Attributing creative agency: are we doing it right". In Toivonen H, Colton S, Cook M, et al (Eds.). *Proceedings of the Sixth International Conference on Computational Creativity.* Provo: Brigham Young University, 2015: 21.

[2] Sosa R, Gerp J. "Multilevel computational creativity". In Maher M, Veale T, Saunders R, et al (Eds.). *Proceedings of the Fourth International Conference on Computational Creativity.* Sydney: The University of Sydney, 2013: 198.

的心理现象，而是一种名副其实的心理-社会-文化现象。①

从方法论上说，现当代创造力研究的发展不仅体现在认识的发展之上，还体现在观察的范式的变化之上。概括地说，综观索萨等所倡导的观察范式，创造力的观察范式已经历并正经历从个人行为到由社会因素制约的个人行为，再到更具整合性的范式的转化。传统的创造力观察可概括为这样的个人行为观，即认为创造力不外是个体的过程、行为及其结果。根据这一纲领，自主体的结构由与外部环境相互作用的个体所构成，因此理解了个体的行为对于建模创造力就是充分的。后来，出现了这样的试图超越上述范式的社会心理学范式以及上一部分考察过的生态系统方案，它们强调，要理解创造力，必须关注个体与外部环境因素的相互作用。新的纲领是，倡导拓展观察视角，即同时从文化-心理学角度加以观察，强调实施一种转向，即从关注社会因素制约的个人行为的观点转向更具整合性的观点。根据这一新的观点，许多相互依赖的关系共同塑造了复杂的有创造力的系统。索萨等认为，他们的多层次创造力模型是上述范式的进一步发展，它试图创建一个关于创造力的更开放的架构，即关于观念-自主体-社会的架构。它反映了创新系统的三个维度——认识论维度、个体维度和社会动力学维度——及其统一关系。这一构架综合了关于创造力的下述五种理论中的积极因素，第一种理论强调的是范例、支持者和社区；第二种理论强调的是，发明创造、企业家和市场；第三种理论强调的是人类圈，特别是其中的进取精神和文化；第四种理论强调的是领域、个体、专家团队；第五种理论强调的是逻辑、天才和时代

---

① Sosa R, Gerp J. "Multilevel computational creativity". In Maher M, Veale T, Saunders R, et al (Eds.). *Proceedings of the Fourth International Conference on Computational Creativity*. Sydney: The University of Sydney, 2013: 198.

精神。[①]索萨等认为，他们的综合性构架可成为计算创造力研究的基础，因为它包含思考计算创造力的新方法，例如它鼓励根据不同的学科来思考计算创造力，让不同研究传统展开对话，完成分析单元、变量和层次间互动的映射。

　　索萨等认为，他们倡导的范式是创造力研究范式进化的一个产物。从过往的历史看，在观察对象时，根据理论工具的层次和复杂性来整合多门学科的尝试可追溯到孔德的科学等级结构论。从维果斯基开始，文化心理学已开创了这样的传统，即突出文化中介在认知功能发展中的作用。社会学方案突出了社会对创造力的作用。后来又诞生了观察创造力的生态学范式。多层次创造力模型在上述方案的基础上更进一步，试图把创造力置于更广阔的视野之下，突出社会、文化、心理因素之间的相互作用，进而融合当代的两种研究走向，一是整体论走向，它追求的是等级、阶次的上升，即突出高层次的作用，降低低层次的影响；二是还原论倾向，它努力观察层次的下层，以弄清能说明高层次属性的低阶因素。索萨等认为，要理解像创造力这样的现象，必须有"跨学科的视角"，即把社会学、心理学、人类学、生态学等整合起来，看到它们因果关系层次的相互作用。根据他们的特殊理解，跨学科视角也就是多层次方案，其任务就是表明组织层次之间和之内的因素的复杂相互作用和影响，这些层次包括文化、社会、个性、认知、神经过程。在此基础上建立的跨学科模型就是要说明组织层次间的协调关系。在这个过程中，已有的成果可以成为"他山之石"，如情境中的多层次人格理论以及认知、情感人格系统理论就可以为我们所借鉴，它们有助于说明，如何将多层次的分析整合起来，以更可靠、更完善地理解像创造力之类的复杂行为。

　　索萨等倡导的研究范式的变革不是个别人的猎奇，而代表着一种思潮，

---

　　① Sosa R, Gerp J. "Multilevel computational creativity". In Maher M, Veale T, Saunders R, et al (Eds.). *Proceedings of the Fourth International Conference on Computational Creativity.* Sydney: The University of Sydney, 2013: 199.

倡导和阐发这一范式的人很多，如因杜尔亚的计算创造力理论强调，要理解创造力，必须看到系统层次间的相互作用。而要看到这种相互作用，最好是设想这样的难题，即当无意识的过程生成了被人们看作有创新性的作品（如精神分裂症患者的作品，由意外发现得到的成果等）时，可以问一下："创造力在哪里？"当创新是由大自然完成时也可提这样的问题。在这种情况下，只要探讨创造力的生成过程和评估过程之间的相互作用就有可能超越这样的困境，即在特定层次，我们看不到可称作创新的独特的、脱离环境的、孤立的东西。[①]

　　在综合大量研究成果的基础上，索萨等建构了关于创造力的多层次模型，认为分析、揭示创造力的构成、机制和本质有这样八个层次，即文化（如同行评议、环境等）、社会（社会的把关和调控因素、有创造力的阶层、社会资本、迁移）、群体（群体一致性、团队多样性）、产品（相对优势、兼容性、复杂性、可试验性等）、个性（外向性、支持性、开放性）、认知（创造性认知）、神经过程（神经解剖、神经网络模型）、计算创新过程（机器创造力、发明创造的计算模型、工具和支持系统）。在他们看来，这些分析层次也适用于计算创造力。如果是这样，那么就意味着计算创造力研究范式的一种变化，它表达了放宽计算创造力界定的呼声，即不再认为计算创造力是机器工具所实现的一种无生命、无意识、无社会文化性的功能，一种纯粹作为工具的计算过程，而真正把它们看作一种像人的创造力一样的广泛的文化-社会-心理现象，看到计算创造力也有文化性、社会性、个体性和认知性。所谓文化性指的是计算创造力是这样一种旨在模拟或利用下述文化资源的过程，如知识库、语料库、文化进化、组织文化、大众媒体、市场趋势、经济

---

① Indurkhya B. "Whence is creativity?". In Maher M, Hammond K, Pease A, et al (Eds.). *Proceedings of the Third International Conference on Computational Creativity*. Dublin: University College Dublin, 2012: 62-66.

环境等；所谓社会性是指这样的过程，即能说明网络、移民、社会权威、阶层结构、社会资本等的影响的过程；所谓个体性指的是动机、好奇心、情绪、生活方式等；所谓认知性指的是与创新认知有关的一切过程，如直觉、洞见、孵化、记忆、问题解决、表征、推理、知觉、归因偏差、启发式等。

创造力多层次模型不仅揭示了创造力的复杂构成，而且说明了创造力研究的多种层次及其关系。其内的跨层次交互为研究计算创造力开辟了两种前进方向：一方面，它允许研究层次之间的生成、创新过程，如个体如何独自或在团队中完成创新，什么样的神经和认知过程有助于解释创新行为，等等；另一方面，它对本领域一些薄弱环节的改进有启示作用，如有助于更好说明评价过程。根据这一模型，评价不再是外在于创新过程的东西，不再只是对创造力中的有用性、价值性这个标志的评价，而同时是对另一标志即新颖性的评价。①

应承认，这一模型不仅有新意，而且有深化和拓展创造力研究的积极意义，至少有纠偏、弥补理论空白的作用。例如，它作为一种分析工具是有利于理论建构的，可帮助人们考察有关理论系统中的假定和原则。它告诉我们，文化也是人的创造力的一个条件，具体是作为认识论背景起作用的，创造者（个人或群体）正是在此背景下根据人们的需要生成新的产品，人生成新产品的过程又是以分销商或推广者为中介的。另外，他们的模型能支持替代性建模方案，因此具有灵活性。而这种灵活性又包容了各种研究传统，如包括宏观文化和微观神经过程之间相互作用的最小模型。②根据索萨等的模型，创

---

① Sosa R, Gerp J. "Multilevel computational creativity". In Maher M, Veale T, Saunders R, et al (Eds.). *Proceedings of the Fourth International Conference on Computational Creativity.* Sydney: The University of Sydney, 2013: 200.

② Sosa R, Gerp J. "Multilevel computational creativity". In Maher M, Veale T, Saunders R, et al (Eds.). *Proceedings of the Fourth International Conference on Computational Creativity.* Sydney: The University of Sydney, 2013: 200.

造力的诸层次既有独立的一面，如每个层次内部有自己独立的过程和功能，又有相互依赖的一面，即各个层次相互关联。由于有这些关系，因此计算创造力广泛的认知功能就能在该系统内部得到研究，其中一些是从低层次中突现出来的，一些仅在认知层次被定义，还有一些会引起高阶个性或群体过程。

这些积极意义已得到了实践的证明，如 2012 年《计算创造力国际性研讨会论文集》中的 34 篇论文要么承认八个层次中的一个，要么承认几个，还有的在这八个之外增加了一个范畴，即"工具"，指的是开发计算的工具，它们可以支持人类的创造力，或促成人类的创造力。这些文章中有 40% 的内容讨论的是现有的计算创造力的过程，11% 的内容讨论的是作为目标的计算创造力的过程。它们都认为，这些层次指的是旨在生成创新方案的方法和技术。当然有少数层次，如产品个性等，是所有文章没有涉及的层次。[①]

同时应客观指出的是，上述创造力多层次模型也有明显的问题，如它对层次间的相互作用、因果关系未作具体、量化的说明，其中的学科划分也有不一致等逻辑问题，对专门知识之间关系的跨层次理解也有其局限性。另外，还有很多方面、问题值得进一步探讨，有一些空白值得填补，如这样一些建模工作尚属空白或明显不够，应通过进一步的研究去建构，即包括：明确计算创造力过程的创造力评估模型，关于创造力背后的中枢机制的创造力评估模型，关于个性和动机在创造力及其评估中的作用的模型，关于创造力评估中识别到的产品内在属性的模型。再者，索萨等的模型留下了这样的、有待今后的研究化解的难题，即在生成和评估模型中如何可能接近文化因素？如果可能，有哪些方式？基于初步的认知，这是可用多种方式予以接近的，如可作为知识资源和生成技术，作为评价产品的标准，作为创造者从中吸取新

---

① Sosa R, Gerp J. "Multilevel computational creativity". In Maher M, Veale T, Saunders R, et al (Eds.). *Proceedings of the Fourth International Conference on Computational Creativity.* Sydney: The University of Sydney, 2013: 201.

鲜元素的领域的外生因素，作为激励或抑制创新过程的规章制度，作为市场、文化推广和提升创新价值的载体来接近和研究。还有这样的难题，如如何研究社会和群体层次？可把它们作为创新过程中合作的大集体或小集体来研究；作为影响创造者和评价者的精神领域来研究；作为能导致分割、迁移和制度化的行为的整合结构来研究，作为时间和空间趋势来研究。[1]还有，如何看待计算工具？以前一般把它看作人类完成创新工作或制造产品的纯粹工具。计算创造力理论的新看法是，计算工具也能支持对人工和人类生成的产品的个人和集体评估。例如，通过自动引出评估函数来满足客户的需要和要求，然后再据以指导计算系统和人类设计者。[2]最后，计算创造力多层次模型能被机器实现吗？应承认，已出现了这样的计算生成系统，它能用符号或中枢技术实现层次六、七、八，其目的是创作堪与《蒙娜丽莎》媲美的作品。还有这样的多层次计算系统，它用了从八个层次中挑选出来的层次，如两个或多个，目的是想用该系统去创作大量的作品，如小说、绘画等。[3]这些系统的输出意义不局限于作品本身，还在于，它们推进了对创造力的认知，特别是帮我们认识在创新和评估后面起作用的原则及机制。

五、创新交互的四策略模型

塔布（R. Tubb）等的这一模型既是一个关于一般创造力的模型，又是计算创造力研究中的一个能解释计算机音乐家主观经验、有助于设计提高创新交互水平的模型。从关系上说，后者是通过对一般创造力的解剖并以前者为

---

① Sosa R, Gerp J. "Multilevel computational creativity". In Maher M, Veale T, Saunders R, et al (Eds.). *Proceedings of the Fourth International Conference on Computational Creativity.* Sydney: The University of Sydney, 2013: 201.

② Sosa R, Gerp J. "Multilevel computational creativity". In Maher M, Veale T, Saunders R, et al (Eds.). *Proceedings of the Fourth International Conference on Computational Creativity.* Sydney: The University of Sydney, 2013: 202.

③ Scotti R. *Vanished Smile: The Mysterious Theft of the Mona Lisa.* New York: Vintage, 2010: 202-203.

基础而建构出来的。

　　这一模型是在考察、综合众多创造力模型的基础上建构出来的。具言之，对之有影响甚至为其吸收了思想营养的模型主要包括以下几种。①发散—收敛模型：发散的作用是生成关于问题的多种候选解决方案，收敛的作用是缩小选项，直至找到最适当的方案。②达尔文主义模型：创造力就是达尔文主义过程，即一个对观念的变化操作和选择的过程。③"孵化—灵感闪现"模型：顿悟问题不是诉诸逻辑推理步骤能解决的问题，顿悟是在突然从新的角度进行思考时出现的，概念组合有时也能产生顿悟，但这离不开无意识的作用。④"特殊过程"模型：顿悟问题只有用不同于逻辑或语言过程的大脑过程才有望解决。⑤威金斯的创新系统构架（前面有考释）：以博登的创造力分类（组合性、探索性和转型性创造力）为基础的创造力模型。[①]⑥关于直觉的"双重过程"模型：直觉的常见否定性定义是，不靠推理直接获得知识的能力，肯定的定义是双重过程模型，它说的是，大脑中有两种能力系统，一是快速的、并行的、联想的但有偏见、缺乏灵活性的系统，二是更理性的、分析的但缓慢运行的系统，它离不开有意识的努力，只有有限的工作记忆，这是埃文斯等倡导的理论。

　　塔布等赞成双直觉模型对心灵的这种二分，当然有补充，如把它们分别称作隐系统和显系统。在说明这两种过程如何关联于创造力时，塔布等提出，通过将思维发散和收敛结合起来，利用解空间遍历机制可让它们关联起来。[②]塔布等之所以借鉴威金斯的模型中的因素，是因为他们认为，该模型能在有限、连续的参数空间中发挥导航作用，有助于说明创造力是什么。

① Wiggins G. "A preliminary framework for description, analysis and comparison of creative systems". *Knowledge-Based Systems*, 2006, 19 (7) : 449-458.

② Tubb R, Dixon S. "A four strategy model of creative parameter space interaction". In Colton S, Ventura D, Lavrač N, et al (Eds.). *Proceedings of the Fifth International Conference on Computational Creativity*. Ljubljana: Jožef Stefan Institute, 2014: 17.

　　总之，在兼收并蓄、博采众长的基础上，塔布等建构了关于创新交互的四策略模型。它说明了如何把两阶段模型（发散与收敛）与双过程模型（隐过程和显过程）结合起来，最终表达了他们对创造力的构成、机制和本质的看法。从应用上说，它能直接应用于对创新软件的设计，如能指导创新作曲界面的设计。根据这一模型，发散与收敛、隐过程与显过程，若分开看待，可看作创新的四种策略。但这四种策略不是绝对孤立的，而可以相互作用。正因为它们以特定方式相互作用，因此才有特定形式的顿悟的发生，进而有创新成果的突现。根据塔布等对创造力机制和本质的认识，具体的创新的过程就是以特定的方式运用这些策略，协调它们的关系，让它们以特定方式结合起来发挥作用。基于这一认识，他们对参数探索策略做了分类，论述了这些策略如何结合起来以打造具有新颖性和价值性的作品。

　　为说明这些策略的关系，他们引进了象限概念，指的是坐标系中的四个区域。这是他们的模型的一个特色和基础，因此他们把该模型称作四象限模型。根据此模型，坐标系中有四个象限或区域，上面四个范畴经过组合正好形成了四对对创造力至关重要的范畴，即发散—隐（探索性）、发散—显（反思）、收敛—显（分析）、收敛—隐（默会）。它们各占一个象限，可以是在大脑（或概念空间探索）中实现的策略，或者是一种工具（参数空间探索）的控制实施。塔布等的模型除了上述构成之外还有一个组件，即评估过程。它是创新过程的最后环节，是决定一项成果是不是创新成果的最后审判官。

　　计算创造力研究领域中的创造力模型不同于哲学和心理学中的纯学术性模型的特点在于，它们是为满足创造力机器实现这一工程学需要而建构的，因此具有突出的应用动机和实证色彩。但由于工程学上的需要和实践离不开对一般创造力的理论探讨和建模，因此计算创造力的创造力模型同时又有一定的学理意义。塔布等的创造力模型也是这样，在有学理意义的同时，不仅有重要的工程学意义，而且被直接应用于创造力的机器实现工程，如他们把其转化成了创新软件设计的指导方针，其表现是，让其指导设计和评估有创造力的界面。根据他们的模型，计算机界面应尽可能一致于人类思维过程，这不仅表现在步骤上，而且也表现在寻找最终结果的探索策略上。这就是说，界面要表现创造力，必须支持探索性、反思性、分析性和默会性模式。在他们看来，即使是像顿悟、孵化—灵光闪现这样的创新机制也可以以某种方式反映在创新技术的交互之中，因为已有的技术可以增强每个个别的象限，当然，其缺陷也容易在策略之间传递。在塔布等看来，几乎所有用了有创造力软件的用户界面都能提供这样的参数，以致有关特征能以单独、连续的方式加以编辑。这些界面可以应用于音乐创作、动画制作、工业和建筑设计、电脑游戏等。它们几乎渗透到了 21 世纪数字文化的方方面面。如果这种互动模式真的改变了人们的创新方式，那么这样的逻辑安排对艺术家的发明创造就会产生重大影响。

六、创造力依存条件的复杂性与以受众为中心的创造力建模

这一建模尝试也是在批判人类中心主义、碳法西斯主义的基础上发展起来的，强调建模环境条件、社会文化因素和构建背景信息对于创造力的作用。其倡导者很多，里面的理论形态也很多，如查恩利（J. Charnley）等强调构建背景信息对创造力的作用，认为这样的信息是人类创造力的根本方面。基于这样的认识，这一方案试图让计算创造力系统有生成、构建有关背景信息的功能，探讨它能生成哪些背景信息。[①]

这里重点考察因杜尔亚的以受众为中心的创造力模型。在他看来，计算创造力研究的新方向应指向这样的带有哲学性的课题，即怎样才能精准抓住

---

① Charnley J, Pease A, Colton S. "On the notion of framing in computational creativity". In Maher M, Hammond K, Pease A, et al (Eds.). *Proceedings of the Third International Conference on Computational Creativity*. Dublin: University College Dublin, 2012: 77-81.

创造力的本质。

他承认，有各种分析创造力的方案，如把它看作过程、心理能力、具身现象、镶嵌性现象、生态现象，还有方案关注创新行为的产物（如新理论、新工具、新产物等）。究竟该如何理解创新事件？其根本决定因素是什么？因杜尔亚认为，这样的针对上述常见观点的提问早已有之，不是他的首创。他的首创在于，第一次强调上述观点中包含某种根本的错误。为予以纠正，他倡导应从旁观者角度看待创新事件，基于此，他对创造力提出了替代性的阐释。这一阐释有异端的外观，但提出了关于创造力的大量问题和阐释构架，特别是揭示了计算机在创新中的作用。①因杜尔亚试图论证的方案是，把创造力看作一个事件，或一个故事，其中的要素包括创新主体、产物和观众或听众。创新主体创造出产物，然后有观众来欣赏、评价。只有发生了评价这样的过程，才有创造力被归之于创新主体这样的创新事件的发生。这里当然有复杂的创新过程，但它们既与创新主体有关，也与观众有关，质言之，观众在创新过程中也有其作用，这种作用可称作"现场"（the field）。以文学创作为例，各种创新故事的主题是观察者与产物之间交互的产物。为使这一事实更明确，因杜尔亚提出了一种关于创造力故事的替代的表述，它把观察者放在驱动者的位置，认为这更准确地揭示了创造力的实质。②

因杜尔亚在建模一般创造力的过程中，的确看到了创造力中常被忽视的方面，如他认为，一事件之所以成为创新事件，一个人之所以被认为是富于创新的人，并不完全取决于创新的人，而与人们对他们作品的反应方式有关。以莫扎特为例，"他的作品之所以被认为伟大，是因为人们对他的作品作了

---

① Indurkhya B. "Whence is creativity?". In Maher M, Hammond K, Pease A, et al (Eds.). *Proceedings of the Third International Conference on Computational Creativity*. Dublin: University College Dublin, 2012: 62.

② Indurkhya B. "Whence is creativity?". In Maher M, Hammond K, Pease A, et al (Eds.). *Proceedings of the Third International Conference on Computational Creativity*. Dublin: University College Dublin, 2012: 62.

特定的反应"①。同样，乔布斯之所以成为新技术发明创造的标杆人物，是与人们对他的创新思想和产品的反应密不可分的。在因杜尔亚的建模过程中，案例的研究还能说明这样一个道理，即不同创新主体只在创作出了富有创意的作品这一点上是相同的，而在心理的其他方面差异很大，如不一定都有健康的心理，有的甚至有精神分裂症、癫狂病等，如英国极有成就的画家威尔夏（S. Wiltshire）就是如此。尽管如此，观众或读者还是认可了他们的创新。因此，这里起作用的仍是观念的反应。②

再就新颖性是不是创造力的一个标志这一问题而言，索耶（K. Sawyer）不赞成正统观点把它看作创造力的首要标志，认为新颖性对创新既不必要也不充分，他通过考察大量创新事件表明，文化因素对创新的评价至关重要。③因杜尔亚赞同这一点，但把它与他的"观众决定论"结合起来，大胆提出："文化本身可能就是一个观众。"④

在创造力建模的原型实例问题上，因杜尔亚赞成计算机实现的创造力是原型实例的一种的观点，但同时强调，必须关注这种创造力的特殊性，如这里没有创造者，没有创新的意图。有些人据此认为，计算机既然没有动机、意图、追求、情感，因此是不可能有创造力的。在因杜尔亚看来，这类看法的基础性假设是，创造力离不开有情感等因素的创造者。其实，情感等因素并不是创新事件的决定因素，因为在人类的创新事件中，有些人并没有正常的情感和动机，照样产生了创新事件。之所以如此，其决定因素是旁观者的反应和评价。对于计算机生成的产品也应如是看，即只应看人们的反应，不

---

① Indurkhya B. "Whence is creativity?". In Maher M, Hammond K, Pease A, et al (Eds.). *Proceedings of the Third International Conference on Computational Creativity*. Dublin: University College Dublin, 2012: 62.

② Indurkhya B. "Whence is creativity?". In Maher M, Hammond K, Pease A, et al (Eds.). *Proceedings of the Third International Conference on Computational Creativity*. Dublin: University College Dublin, 2012: 62-63.

③ Sawyer K. *Explaining Creativity*. Oxford: Oxford University Press, 2006: 62.

④ Indurkhya B. "Whence is creativity?". In Maher M, Hammond K, Pease A, et al (Eds.). *Proceedings of the Third International Conference on Computational Creativity*. Dublin: University College Dublin, 2012: 63.

应管其后的内在过程和构成。①如果这样看问题，那么就应承认计算机也可实现创造力。

　　与创造力之现实发生有密切联系的因素还有很多，如四 P 理论所说的产物、过程、创新的人、情境等。因杜尔亚的看法是，通过创新过程所形成的产物肯定是现实的创造力必不可少的标志。除此之外，还应把对象也看作这样的条件。因为如果创新主体为了得到新颖且有用的观点而与对象互动，那么就可认为此对象有创新潜力。质言之，对象也是决定一行为是否应被称作创新的决定因素，它本身甚至有创造潜力，至少应该说，人造物对创造力是有作用的。过程指的是生成有创新性产品的过程，对人造物的生成显然是有创造力的。应注意的是，该过程既包括创新主体所完成的行为，也包括受众与所生成的产品的互动过程。认识到这一点对从计算上建模创造力极有意义。其表现是，如果我们不考虑受众，不作出关于他们如何可能与所生成的产品互动的假定，我们就无法实现建模创造力的理想。基于这样的以受众为中心的创造力模型，就可设计、实现和实验这样的计算系统，只要它们能生成让受众感到有新颖性和有用性的作品，那么就可认为它有创造力。如果是这样，计算系统对研究创造力的前景就是不可限量的。他说："计算系统比人更适于探讨创新可能性的空间。"②他也有重视创新主体或人的一面，但同时强调，人指的是具有或完成创新行为的个体或群体，这里同样要把观察创新的眼光扩展到主体之外，即应关注受众，因为主体创造的产品只有与受众互动才能最后被认定为是创新产品，因此受众在创新中也起着关键作用。评价环境指的是对产品生成有影响的环境因素，如文化、情境等。在这里，他仍反对过去的作者中心论，强调应把受众放在动力源、驱动者的地位，因为受众

---

① Indurkhya B. "Whence is creativity?". In Maher M, Hammond K, Pease A, et al (Eds.). *Proceedings of the Third International Conference on Computational Creativity*. Dublin: University College Dublin, 2012: 63.

② Indurkhya B. "Whence is creativity?". In Maher M, Hammond K, Pease A, et al (Eds.). *Proceedings of the Third International Conference on Computational Creativity*. Dublin: University College Dublin, 2012: 65.

是决定一部作品是不是创新作品，以及创新是否如愿成功的关键因素。[①]

基于上面的分析，因杜尔亚对创新事件中的决定因素及其本质得出了这样的"无作者论"结论，"受众的反应才是决定创新个体或群体的行动、过程或产品是否具有创新性的东西"[②]。"创新是认知自主体获得这样的新观点所经历的过程，该观点通过与对象或环境的互动对自主体有一定的有用性（或是有意义的）"。这个定义表达了因杜尔亚两个方面的新见解：第一，在看待创造力时应完全采取受众的立场，可不涉及创造者。这个观点可称作关于创造力的"无作者论"。第二，他强调，通常所说的新颖性和有用性，并不具有普遍性，只对创新主体自己有效，因为只有从其自身的观点出发，才有这样的评价。正是基于这一点，因杜尔亚才说，他没有涉及博登等所说的小写的心理学创造力和历史学创造力，只涉及了这两种创造力的大写形式。[③]

基于上述关于创造力的以受众为中心的模型，因杜尔亚大胆提出，计算创造力的研究应进行这样的转向，即从过去坚持的创造者中心论转向受众中心论。根据这一观点，过去的创造力建模将研究的重心放在探讨人的创造力的内在过程、机制及实现条件之上，包含对创造力的狭隘的预设。根据他新提出的关于创造力的模型，创造力不是一个孤立的事件，不止于内在的过程，而是由复杂因素构成的整体性事件，其中有过程、人、环境、受众等复杂因素。在这个系统中，中心不是不创造者，而是受众。受众才是创造力的真正动源、驱动者。如果是这样，计算创造力的未来研究就应重点关注受众的需要、认知结构、文化心理欣赏和评价结构，在此基础上去完成对创造力的计

[①] Indurkhya B. "Whence is creativity?". In Maher M, Hammond K, Pease A, et al (Eds.). *Proceedings of the Third International Conference on Computational Creativity*. Dublin: University College Dublin, 2012: 64.

[②] Indurkhya B. "Whence is creativity?". In Maher M, Hammond K, Pease A, et al (Eds.). *Proceedings of the Third International Conference on Computational Creativity*. Dublin: University College Dublin, 2012: 63.

[③] Indurkhya B. "Whence is creativity?". In Maher M, Hammond K, Pease A, et al (Eds.). *Proceedings of the Third International Conference on Computational Creativity*. Dublin: University College Dublin, 2012: 63.

算建模。

应客观承认的是，如果我们关注的不是作为潜能的、能力的创造力，而是现实实现了的创造力，那么因杜尔亚的观点的确是有其合理性的，他的确发现了过去的创造力认识和建模中忽视了的一个关键而必不可少的因素，即受众的评价。若承认这一点，那么创造力的定义就应予以修改，其理解必须有相应的变化。他说："根据我们关于创造力的阐释，自主体和人造物的创造力最好理解为派生性概念。"①在我们看来，因杜尔亚对创造力的本质和建模提出了极有创新性的见解。从效价上说，它有促使我们进一步思考创造力本质的意义，对我们总结、反思已有研究成果有启示意义。从工程实践上说，对于设计和开发计算创新系统的理论和方案也有一定的积极意义。这里其实完成了一个看似细小但意义重大的重心转向，值得 AI 工作者关注。这一转向强调的是，从过去着力建模创造者的创新过程，转向研究和建模观众、受众的各方面，包括他们的文化需要、鉴赏力、偏好、评价标准，以及他们对新刺激反应的认知过程等等。在因杜尔亚看来，这样的转向才是未来计算创造力的"关键"。当然，他承认，创造力不等于流行性。能预言一部作品流行并不等于它被评价为有创新性。尽管如此，经过对技术的改进和调整，类似的程序可能产生出对创新关键的东西。最后应看到的是，如果坚持创造力是一种心理能力和过程这一同样有根据的规范性理解，那么他的观点的片面性也是很明显的。

七、"创造力不在任何地方"与关于创造力的"变量作用域"模型

这是塔卡拉（T. Takala）创立的一个创造力模型。在创造力的构成问题上，他反对创造力孤岛论，赞成宽创造力理论对创造力的松绑；从理论渊源

---

① Indurkhya B. "Whence is creativity?". In Maher M, Hammond K, Pease A, et al (Eds.). *Proceedings of the Third International Conference on Computational Creativity.* Dublin: University College Dublin, 2012: 64.

和基础上看，他的建模有兼收并蓄的特点，具体工作是从分析已有的创造力理解开始的。

常见的一个定义是，创造力是能生成新的、有用的思想或产品的能力。其问题是，"新的"这一标准或要求不精确，有时因为一点轻微的修改、变化，就可让一个观念的新旧发生根本变化。纽厄尔等的定义是，创造力即解决问题的能力。这个定义的特点是，突出新颖性、有价值、反传统、越轨等。但他们同时又认为，找不到把创新和非创新区别开来的严格定量标准。博登等认为，创新的一个标志是，令人震惊或意想不到或离经叛道。还有人认为，创新没有客观的定义，因为所谓的创新离不开人的主观判断，特别是离不开旁观者的评价。

塔卡拉在借鉴上述关于创造力标准理论的基础上提出了反客观主义概念空间理论的理论，认为创造力没有客观的定义，完全取决于评价，一个过程被评价为新颖的或意想不到的，即可被认为是有创新性的。他说："评价是创造力根本的决定因素，正是它分辨出生成者所产生的成果的价值和新颖性。""创造力在旁观者眼中，不可能被客观定义。"[1]质言之，创造力具有相对性，与评价的层次有关，即可分别从计算机层次、个人层次和社会历史层次上去加以评价。为了把握这一相对本质，塔卡拉借鉴纽厄尔等的"生成—验证模型"提出，创造力是一个"变量作用域"，即由情境中的计算机、个人、社会和历史等变量因素所决定。它们合在一起即是情境或作用域，正是它们决定了对一个过程输出的预期，人们正是根据这种预期来评判该输出是否有创新性的。例如，如果它不同于、超越于预期，即被认为有创新性；如果一致于预期则没有创新性。塔卡拉说："如果意料不到的某物出现了，

---

① Takala T. "Preconceptual creativity". In Toivonen H, Colton S, Cook M, et al (Eds.). *Proceedings of the Sixth International Conference on Computational Creativity*. Provo: Brigham Young University, 2015: 252.

即如果对它的预期没有实现，那么它就有令人震惊的特点。"①什么是预期？预期可理解为对成果或过程的约束，即人们在创新之前所想到的应成为的或被认为会成为的事情。这些约束既可以是硬的，如能定义一个领域的自然和逻辑规律，或游戏规则，也可以是软的，即由习惯所使然的，如习惯、风俗、礼仪、时尚、社会规范、政治制度等。

就创造力所具有的有价值和新颖性两个特点而言，它们也受评价约束。例如，使创新行为有价值的东西是，这种行为是建设性的、有意义的行为，而不是无序、违反规则、没有目的的行为。创造力的新颖性表现在它是一种新的行为，该行为是有规则的、可重复的。它看到了限制，但试图有所突破，进而去搜寻建设性的解决方案。总之，创造力是对约束的管理，或者说是在约束的冲突中找到解决办法的能力或过程。

如何看待创新的程度？我们可以根据抽象和认知复杂性程度来判断。最低层次的是这样的创新，它的解决方案已经为人们所知，但碰巧不在当下注意的范围之内。高一层次的创新是，解决方案不为人们所知，但通过已知方法和规则，稍加努力就可找到。更高一层次的是，解决方案潜在可找到，但需要通过探寻新方法、新规则，通过建设性行为，才能找到。最高层次的创新是，解决方案似乎或事实上找不到，但通过创造性努力最终找到了。

应看到的是，塔卡拉在创造力建模中尽管强调评价对创造力的决定性作用，但他并未得出将创造力等同于评价的片面结论，因为他同时承认，一个过程或行为要被评价为创新还离不开它有相应的表现，这些表现同样是创造力的必要条件。例如，前概念作用就是这样一个必要条件。前概念是针对概念空间而提出的。关于概念空间，最近占主导地位的观点是，创新过程就是对概念空间的探索，如果是这样，创造力就有其客观性，不依赖于评价。评

---

① Takala T. "Preconceptual creativity". In Toivonen H, Colton S, Cook M, et al (Eds.). *Proceedings of the Sixth International Conference on Computational Creativity.* Provo: Brigham Young University, 2015: 252.

价是创新完成后的活动。塔卡拉认为，创造力的原始形式与概念空间没有关系，质言之，存在着"前概念的创新"，即与概念无关的创新。这样说的根据是神经科学和人工智能的有关成果。例如，在神经网络中，感性信息从统计上被建模为条件分布和连接。根据超感觉的、次符号层面的概念形成理论，概念空间充其量是感觉和符号层次之间的潜在桥梁。在这里，个别对象被表征为空间中的点，一般化概念表征的不过是领域。在考察这些成果的基础上塔卡拉提出了这样的观点，创造力不依赖于几何特征空间，因为它可以让自组织网络的神经细胞作为感性输入的代表性样本。在这里，概念不是显式地形成的，而只是近似细胞的动态集群。在塔卡拉看来，概念只能说是前概念，近于概念思维之前的心理过程。在这里，感觉运动居主导地位。这样的前概念也可说是原型符号，能被识别，但不能用属性加以定义。因此创造力即使客观存在，也只能表现为原始的形式，如通过前概念完成问题的解决和冲突管理。[①]

由上可见，前概念在塔卡拉的创造力模型中占有突出的地位。如何让机器模拟前概念这一因素呢？他的回答是，借助自组织映射可让前概念在机器的创新行为中表现出来，并发挥创新的作用。自组织映射是科荷伦所建构的一种有广泛应用的群集设备，在模式识别和数据分析中经常被应用，也可用来实现概念空间。其实，它是一种有生物学动机的神经网络，是认知科学的一种模型，由一系列连接到输入值向量的细胞所构成，其单元格的连接权值 w_y 最初是随机的，后来可发生这样的变化，如给定输入向量 x，选择权值向量 w_j 最匹配的单元格，并将其权值调整到输入值。由于有大量的输入样本，网络通过无监督机器学习来组织自身，而不会使用明确给定的概念。在模式识别中，这一网络是作为分类设备起作用的。它能有效分辨输入向量是属于

---

① Takala T. "Preconceptual creativity". In Toivonen H, Colton S, Cook M, et al (Eds.). *Proceedings of the Sixth International Conference on Computational Creativity*. Provo: Brigham Young University, 2015: 253.

一个还是另一个范畴。由于每个细胞代表一个相关输入值的向量，因此它可作为一个关联储存器起作用。

在塔卡拉看来，可分离集群可以被解释为原始概念或前概念的集合。当某一输入激活一些细胞时，它们的相似邻居也会在集群中被激活。接下来，如果集群被标记为语义信息，比如颜色名称，那么输入就会被识别为这种信息。这一过程类似于心理学的分类行为。这就是说，集群中的任何分类行为都能得到细胞群的支持，而落在区域边界的输入将处在未知区域。在这里，分类是不可靠的。这一致于范畴知觉，在范畴知觉中，靠近范畴边界的刺激比范畴内的刺激更难识别。塔卡拉承认，这里有这样的不清楚的问题，即人类的知觉范畴是否独立于符号概念，它们是由固定的原型呈现的还是由区域边界呈现的。塔卡拉由此猜测，如果出现了这样的可识别的区域，那么即使没有高层次的语义机制也能形成概念。他还用实验事例说明，自组织映射能解决运动手臂的控制问题，进而能证明前概念创新行为的存在。①

通过对机器人手臂在运动中的创新的观察，塔卡拉得出结论：坚持最近完成的有用的行为，不断建立新的预期，对系统以创新方式行动必不可少，当然这些不是充分条件。如果没有从失败的试验中得到的负反馈，系统就会不断重复，因而不会有什么创新。同样，如果没有正反馈，系统则会失去时间属性，只会以相同方式做出反应。根据他的观察，手臂完成的新的运动类似于发散性思维，在这里，多变的选择是试验出来的，不是随机的，当然会受到联想的引导。另外，创新性行为还依赖于问题域及其表征。

总之，塔卡拉的理论和实证研究突出的是情境、预期和认知的前概念层次对创造力的作用。例如，预期就是一种软约束，只有对它违背和超越，才有可能找到对问题的新的、令人吃惊的解决方案。为了揭示创造力的原始形

---

① Takala T. "Preconceptual creativity". In Toivonen H, Colton S, Cook M, et al (Eds.). *Proceedings of the Sixth International Conference on Computational Creativity.* Provo: Brigham Young University, 2015: 253.

式，他建构了能够让其实现的计算模型。他认为，这一研究可成为进一步创新研究的基础，因为概念空间的自主生成可用自组织储存和学习机制来证明。即使使用的案例是手臂的行动及其创新，但所提出的模型具有一般方法论意义，且可应用于许多领域。

塔卡拉关于创造力的模型既借鉴了相关的成果，同时也有这样的创新，例如探讨了它的工程实现问题。他把自组织神经网络与通常用于符号层次的控制机制结合起来，不用事先定义的启发式或被编码好的算法，而用通用学习原则来形成前概念，让反馈机制在其上运作。他得出的结论显然是"离经叛道"的，如认为创造力不在任何地方，因为它受到来自很多领域因素的共同作用。另外，一项成果要具有令人吃惊的性质，情境就应包含预期，该预期必须被违背。再者，问题、动机也是创新的条件。如果问题是从外面提供的，那么系统就会以服从的形式起作用，而真有创造性的心灵是充满好奇心的，不满足于解决问题，还喜欢提出新的问题。这些对认识创造力的本质都是有启发意义的。当然，创造力最重要的必要条件是评价，因为一个过程或行为即使具备了其他条件，但若不被人评价为创新，也不能成为创新事件。

八、"计算创造力的新方向"与关于自主创新系统的非人类中心主义模型

这一模型是由居切尔斯伯格（C. Gucelsberger）领衔、科尔顿等参与的团队完成的一项成果，其特点是深深打上了四 E 理论、情境主义思潮的烙印。基本思想是强调，要建模创造力，不仅要看到人类创造力这样的特点，即有意图、自主、依赖行为和情境，而且要关注人工系统实现创造力的复杂性。在倡导者看来，这一模型反映了认知、创造力研究的最新成果和思潮，代表着计算创造力研究的新方向，即要建构自主的、有意的、超越人类中心主义

的创新系统，必须坚持从下到上的原则。[①]

究竟是赞成还是反对创造力研究中的人类中心主义？这涉及创造力研究中的一个基本理论问题：创造力是不是人独有的能力？要解决这里的争端，关键是弄清创造力的标准。这个标准在过去具有人类中心主义的特点，即是基于对人的创造力的分析而抽象出来的。但问题是：除了人的创造力形式之外，还有无非人的创造力形式？非人类中心主义的回答一反传统的观点，强调人以外的许多实在都有创新能力，如自然界的进化等。居切尔斯伯格等说："创造力概念是人造的，但不能始终以人为中心，因为只要理解了有意的创新作用能由人工造物实现，那么我们就能在以前没有发现创造力的系统中看到创新力。"[②]如果真的是这样，那么过去的以人类中心主义为基础的创造力理论就真的被证伪了。以创造力所依赖的意向性、自主作用为例，居切尔斯伯格等认为，意向性不仅是人所具有的特点，同时也是所有有机体的特点，甚至现在有些软件、机器也能表现这一特点，自主作用也是这样。在论证其内在的可能性根据时，他们基于自创生的、生成的认知科学明确主张，意向自主体的目的由于决定了它的内在指向性，因此有维持自己存在的作用。倒推过去可得出结论，只要一实在能维持自己的存在，有其内在指向性，就可说它是自主的、有意向性的系统。人工自主体建构的理论和实践也说明了这一点。在居切尔斯伯格等看来，人工自主体现在已不是纯粹的理念，而已现实地出现在机器之中了。它们有特定意义的意向性和自主作用，有些还有自

① Gucelsberger C, Salge C, Colton S. "Addressing the 'why?' in computational creativity: a non-anthropocentric, minimal modal of intentional creative agency". In Goel A, Jordanous A, Pease A (Eds.). *Proceedings of the Eighth International Conference on Computational Creativity.* Atlanta: Georgia Institute of Technology, 2017: 128.

② Gucelsberger C, Salge C, Colton S. "Addressing the 'why?' in computational creativity: a non-anthropocentric, minimal modal of intentional creative agency". In Goel A, Jordanous A, Pease A (Eds.). *Proceedings of the Eighth International Conference on Computational Creativity.* Atlanta: Georgia Institute of Technology, 2017: 129.

主的意义生成能力。人工自主体的意向自主作用和意义生成有两个条件，即构成性自主性和适应性。①所谓构成性自主性是指，系统在特定的描述层次必须能够生成自己的整体同一性。②另外，自主体要保证自己的长期同一性，还必须有面对不确定性、变化性的适应性。所谓适应性指的是系统根据环境变化而调节自身状态及与环境关系的能力。据此可进一步论证说，有构成性自主性和适应性的自主体能表现出有创新性的行为。

在建构关于创造力的模型时，他们像其他多数研究计算创造力的人一样坚持以符号主义为特点的计算主义。所不同的是，他们为化解符号主义所面对的难题又改造、吸收新兴的认知科学中的四 E 理论特别是其中的具身和行然或生成性方案的积极成果。他们之所以不放弃符号主义，是因为它是占主导地位的且仍有用的计算创造力研究方案。他们自己的实践似乎也证明了这一点。例如，他们根据这一方案，以软件为基础，成功地在艺术等领域完成了建模人的层次的复杂创造力的工作。他们设计的一个能完成创作任务的人工系统"绘画小子"就是如此，它就是以符号主义为基础的计算创造系统，它的创造力就表现为对符号的处理。③其问题在于，它不仅受到了塞尔意向性缺失难题的困扰，而且还被指责由于缺乏自主性、自主作用、价值生成和判断能力因而没有真正意义上的创造力。居切尔斯伯格等是如何解决这类问题的呢？

---

① Froese T, Ziemke T. "Enactive artificial intelligence: investigating the systemic organization of life and mind". *Artificial Intelligence*, 2009, 173: 466-500.

② Gucelsberger C, Salge C, Colton S. "Addressing the 'why?' in computational creativity: a non-anthropocentric, minimal modal of intentional creative agency". In Goel A, Jordanous A, Pease A (Eds.). *Proceedings of the Eighth International Conference on Computational Creativity.* Atlanta: Georgia Institute of Technology, 2017: 132.

③ Gucelsberger C, Salge C, Colton S. "Addressing the 'why?' in computational creativity: a non-anthropocentric, minimal modal of intentional creative agency". In Goel A, Jordanous A, Pease A (Eds.). *Proceedings of the Eighth International Conference on Computational Creativity.* Atlanta: Georgia Institute of Technology, 2017: 129.

　　其基本操作很清楚，那就是借鉴流行的具身性、行然性思想和实践。我们知道，布鲁克斯为了避免符号主义的上述问题，坚持无表征策略，认为认知具有情境性、具身性特点。根据这种情境主义方案，认知过程是从有机体与环境的互动中突现出来的，与行动密不可分。这一方案之所以被居切尔斯伯格等推广到计算创造力研究中，一是受到了关于创造力的情境主义理论的影响，它认为创造力不可能平白无故地发生，不可能出现在虚空中，一定是由一种情境性活动所使然，因为创新过程与人的文化、社会和个人情境密不可分。二是因为具身 AI 已成了建模人工自主体的成熟的认知构架。这些自主体有自己的评价函数，能判断一行为的好坏。它们能用这些值来驱动行为。事实上，AI 的具身原则已应用于计算创造力研究之中了，如有的人已开始关注自主体的形态对创造力的影响，其成果是制造出了能与人类演奏者合作、与观众互动的即兴演奏机器人。不同于符号主义的地方在于，以音乐创作为例，自主体即兴演奏的音乐不再是一系列的音符，而是由情境因素调节的充满多样化的复杂过程，里面包括具身性的创新。其局限性在于，具体化于封闭的感觉运动回路不足以让自主体根据自己的目的来评估世界的特征，再者它无法排除来自外部的赋值。例如，有的系统是硬编码的，允许系统执行一组指定的指令，一旦合作者偏离协议，系统就无法正常运行。[①]尽管如此，具身 AI 仍有这样的优势，即基于具身理论设计的自主体能知觉到它的执行器对外部环境的影响，这种影响又能借助它的内部控制器，引起下一个行为。另外，它也无须内部表征，只以世界为模型就能与环境互动。当然，它对问题的解决也是有限度的，例如具体化于封闭的感知运动回路中，对于自主体

---

① Gucelsberger C, Salge C, Colton S. "Addressing the 'why?' in computational creativity: a non-anthropocentric, minimal modal of intentional creative agency". In Goel A, Jordanous A, Pease A (Eds.). *Proceedings of the Eighth International Conference on Computational Creativity.* Atlanta: Georgia Institute of Technology, 2017: 130.

评价世界的、与其自身目的有关的特征就是不充分的。[①]

　　居切尔斯伯格等在建模创造力时也有对行然性或生成性方案的借鉴。在情境主义认知科学运动中，行然主义相对于具身性方案又有进一步的发展，如不满足于具身性、环境因素对认知的作用，而具体突出自主体所完成的行为对认知的作用，认为自主体的知觉以及为它所知觉到的东西是由它所做的事情决定的。具身性方案克服了符号主义计算创造力的某些局限性，但不能说明自主体所具有的目的及其作用。行然主义创立的一个动机就是要解决这个问题。为此，它借助一种适当的内在价值函数将自主体的行为建立在内在动机模型之上。这种函数的引入就把自主体的行为与它的目的关联起来了。

　　行然主义不是关于认知的非还原的、非表征主义理论，而是突出行为对认知基础具有决定作用的理论。有多种理论形态，其中的自创生行然主义认为，有机体的有意的自主作用根源于生命，生命本身就是原因和结果，因此它们有"自然的目的"。生命的内在的目标定向根源于它们的自生的目的。意义之生成也是如此，因为生命体能通过感知运动表现自己的存在，根据自生的需要形成自己关于世界独有的观点。环境有什么特征，被赋予什么意义，都是由它们影响个体自组织和持续自保的方式所决定的。总之，具有自生成同一性的系统都有自己的目的性。就此而言，有机体是自创性系统，它们是能实现构成性自主作用的最小的生命组织。既然如此，人工系统的建模就应看到有机体的这些特点，如应该有内在目的性，而这又离不开构成性自主性。[②]这

---

① Gucelsberger C, Salge C, Colton S. "Addressing the 'why?' in computational creativity: a non-anthropocentric, minimal modal of intentional creative agency". In Goel A, Jordanous A, Pease A (Eds.). *Proceedings of the Eighth International Conference on Computational Creativity.* Atlanta: Georgia Institute of Technology, 2017: 130.

② Gucelsberger C, Salge C, Colton S. "Addressing the 'why?' in computational creativity: a non-anthropocentric, minimal modal of intentional creative agency". In Goel A, Jordanous A, Pease A (Eds.). *Proceedings of the Eighth International Conference on Computational Creativity.* Atlanta: Georgia Institute of Technology, 2017: 131.

是行然自主体的第二个必要条件。

总之，居切尔斯伯格等认为，借助行然主义，特别是其中的自创生行然主义，就能化解现有创造力计算建模中的种种问题，如许多创造力模型遗失了创造力固有的价值性，所建构的人工系统不能独立地制定评价标准，不能独自完成价值评价，无法从非人的观点去说明价值。由于有这些问题，已有人工创造力系统往往存在缺失内在目的性的问题。

在具体解决这些问题、完成建模任务时，居切尔斯伯格等坚持创造力多样论，特别是借鉴了鲍恩把创造力分为适应性和生成性两种创造力的思想（前面有考释）。在改进的基础上，居切尔斯伯格等论证了以下两种创造力，一是完全的行然性自主体身上的适应性创造力，二是自创生的创造力，它是组织上封闭的系统所表现的创造力。①对自创生的创造力，他们基于瓦雷拉的有关思想做了进一步的探讨。瓦雷拉用"创新循环"描述了以下两个过程：①组织上封闭系统的自组织；②它作为自主统一体的自维持。居切尔斯伯格等对创造力的区分是基于上述阶段划分进行的。从外部观察者的观点看，系统是短暂且不断变化的，在此阶段尚未形成对系统本身的观点，其价值只能从外部赋予。不过，一旦系统从内在方面将自己个性化，就会以自己的位置和具体化为中介，从而建立起一种关于世界的观点。这样就可从系统本身来看待创造力。在这里，相对于它的结构的每个变化都会有一个值，因为它要么保护要么摧毁它的组织。系统为了维持自己的同一性，一定会采取积极、有价值、维护组织的行动。

基于这些分析，他们为创造力构建了这样的模型，认为创造力不过是系统对结构的主动修改，以保持它的连续存在。如果这些变化完全由外部力量

---

① Gucelsberger C, Salge C, Colton S. "Addressing the 'why?' in computational creativity: a non-anthropocentric, minimal modal of intentional creative agency". In Goel A, Jordanous A, Pease A (Eds.). *Proceedings of the Eighth International Conference on Computational Creativity.* Atlanta: Georgia Institute of Technology, 2017: 132.

所引起，那么就可说系统没有自创生创造力。这种创造力是最低限度的，因为它不一定具有新颖性的特点。为了把它与适应性创造力区别开来，他们还把它限制在虚拟的系统之上。该系统不会受外部力量的影响，没有外部力量能摧毁它的组织。当然，这不是说自创生创造力绝对不能表现出有用的、新颖的行为。自创生创造力是理论化概念，因为物理上具体的系统总受熵力或自由能的支配，如要么隐式地依赖于环境，要么显式地受其扰动。为了维持系统的同一性，系统就必须具有适应性。居切尔斯伯格等认为，适应性代表的是自创生系统中创新行为的内在机制。根据有关新成果，自适应系统不会在短时间内解体，在消失之前会经历结构变化。这种结构变化正是系统的生存集。自适应系统一定知道何时接近它的生存边界。它不同于先前的孤立系统，其未来的结构不仅受当前的形态和动力学的影响，而且受外力扰动。他们认为，在这样一些情况下，自适应系统能表现出创新的行为，如以不同于以前的方式对熟悉的扰动作出反应，对以前未曾遭遇的扰动作出反应。因此可以说适应性创造力是这样的创造力，即构成上自主的、适应性的自主体所表现出的创造力，其特点是以新的方式对未曾遭遇的扰动做出灵活反应。根据这个标准，行然性自主体由于具有有意图的自主作用，因此一定具有适应性创造力。[①]

关于行然性、行然性自主体与创造力的关系问题，AI 界的研究很多。居切尔斯伯格等在总结有关成果的基础上，多有创发。弗里斯顿（K. Friston）提出的自由能原则认为，生命体和人工自主体为了不成为无组织的事物，一定会努力维持其感知状态的熵的上限，即平均的惊诧值。自由能在被形式化为其模型和世界之间的差异时就成了令人惊诧的、可追溯的上限。自由能最小化的自主体可看作行然性自主体，正是它实现了构成上的自主性和适应性。

---

① Gucelsberger C, Salge C, Colton S. "Addressing the 'why?' in computational creativity: a non-anthropocentric, minimal modal of intentional creative agency". In Goel A, Jordanous A, Pease A (Eds.). *Proceedings of the Eighth International Conference on Computational Creativity.* Atlanta: Georgia Institute of Technology, 2017: 132-133.

自由能原则是围绕行为和模型最优化而发展的。还有一种被称作权力最大化的信息理论原则，它也试图满足行然性 AI 的条件。这一原则能用权力最大化量化地说明自主体感知运动回路的效率。鉴于自主体不能用功能失调的回路来抵消干扰，不能满足它的能量或材料要求，因此，该原则便用赋权来代表自主体的生存能力，并让它维持组织的封闭性。根据这一原则，在行动中能将权力最大化的自主体就可以表现出适应性的创造力。①

　　居切尔斯伯格等对这些成果既有借鉴，又有发展，其首要的表现是，他们承认行然性、具身性对自主体建构不可或缺的作用，认为在关于自主体的有意创造力自主作用模型中，其行然性等因素的有用性或价值根源于系统对稳定存在的维持作用，系统的意义生成和创新行为是由行然性和具身性决定的，因为一个物理上具身的自主体有其独特形态，能通过感受器、效应器等与世界互动。居切尔斯伯格等的研究还表明，有一些人工系统尽管没有自己的目的，没有创造性的行动，但其行为会被观察者认为是有创造力的。居切尔斯伯格等承认，因为人们对创造力有不同理解，因此有相反的情况，如有些系统由于有适应性创造力，因此能相对于自己的内在值表现出新颖的、有用的行动，但不被人们看作是有创造力的。这些系统将它们的价值和行为建立在其具身性的基础之上。它们的输出、它们在环境中的结构和标志相对于其具身性都有价值载荷。但根据有的创造力标准，它们就可被判断为没有创造力。②

　　其次，居切尔斯伯格等认为，他们根据自创生行然主义对自主作用、适

---

　　① Gucelsberger C, Salge C, Colton S. "Addressing the 'why?' in computational creativity: a non-anthropocentric, minimal modal of intentional creative agency". In Goel A, Jordanous A, Pease A (Eds.). *Proceedings of the Eighth International Conference on Computational Creativity.* Atlanta: Georgia Institute of Technology, 2017: 127-138.

　　② Gucelsberger C, Salge C, Colton S. "Addressing the 'why?' in computational creativity: a non-anthropocentric, minimal modal of intentional creative agency". In Goel A, Jordanous A, Pease A (Eds.). *Proceedings of the Eighth International Conference on Computational Creativity.* Atlanta: Georgia Institute of Technology, 2017: 133-134.

应性和自主性等概念作了计算说明。这可看作计算创造力研究中的一个"首创"①。尽管也有人在计算创造力研究中倡导行然主义，如有的基于感知运动行然主义建构关于创新协作的模型，但缺乏对有意图自主作用的论述。另外，自创生概念也已应用于计算创造力研究之中了，如有的用它描述群体的创造力，有的还把关于创造力的自创生模型建构为群体智能系统，但这类尝试没有对意义生成作内在的说明。再者，已有研究主要以人的创造力为模板，因此难以解释为何人工系统在缺乏内在目的性的情况下仍展现出创造力。居切尔斯伯格等对这些问题都有化解，提出了建设性方案。其基本思想是强调用行然主义的 AI 构架来对最低限度的具身化自主体所展现的有意图的自主作用进行非人类中心主义的说明。例如，他们一反传统的把创造力理解为最高智慧的模式，认为创造力与简单有机体的生存和应对变化着的环境的能力密不可分。他们通过研究发现，自主的、自适应的自主体一定能完成有内在价值的、过去没有用过的新行为。既然如此，创造力就有两个关键因素，即自主体和适应性。他们强调有意图的、创新的自主作用一定离不开 AI 的行然本质，即内在的价值函数反映了自主体自身的目的性，同时自主体表现出的适应性也可看作关于创造性自主作用的非人类中心主义模型的一个基础。②

最后，他们的非人类中心主义方案吸收了行然主义的思想，对意义生成作了行然主义说明，认为创新自主体之所以能利用现有材料生成新的意义输出，是因为它们在与环境的互动中完成了种种适应性行为。居切尔斯伯格等

① Gucelsberger C, Salge C, Colton S. "Addressing the 'why?' in computational creativity: a non-anthropocentric, minimal modal of intentional creative agency". In Goel A, Jordanous A, Pease A (Eds.). *Proceedings of the Eighth International Conference on Computational Creativity.* Atlanta: Georgia Institute of Technology, 2017: 134.

② Gucelsberger C, Salge C, Colton S. "Addressing the 'why?' in computational creativity: a non-anthropocentric, minimal modal of intentional creative agency". In Goel A, Jordanous A, Pease A (Eds.). *Proceedings of the Eighth International Conference on Computational Creativity.* Atlanta: Georgia Institute of Technology, 2017: 134.

强调，如果我们转换视角，如我们坚持它们的具身性，而不是我们的具身性，那么我们就能评价有自主作用的人工和自然自主体的适应性创造力。如果我们的创造力依赖于具身性，那么由于其他有机体和人工自主体都有自己特定的具身性，那么这一类创造力的样式就不局限于人类的创造力。不仅如此，"我们还应超越自然界中存在的创造力，去探索创造力的可能样式"①。基于这些论述，居切尔斯伯格等提出，计算创造力的研究应坚持自下而上的原则。只有这样，才能铲除横亘在人类创造力与非人创造力之间的解释鸿沟。根据这一原则，理想的即持续的适应性创造力将会引起更复杂的创新行为。居切尔斯伯格等相信，他们的非人类中心主义方案能促进计算创造力研究的发展，拓展视域，开辟新的疆域。

九、关于创新认知的统一内外因素的模型

这一模型是由梅柯恩（V. Mekern）等在综合和简化发散性创新模型、收敛式创新模型的基础上，同时受其他有关思想的启发而建构的一种模型。它认为，创新是一种认知过程，其基础是找到概念和观念特征之间的适应性关系。所谓概念的特征是指概念之间的关系不是直接建立起来的，而是借助特征而确定的，所谓适应性是指根据不同情境对可能的特征进行加权，从而使不同特征的作用根据其对当前情境的适应程度而动态调整。②相对于其他综合性方案而言，这一模型不仅强调现实表现出来的创造力是由包括情境因素等大量复杂因素共同促成的，而且认为这些因素之间存在内在的统一性，因

---

① Gucelsberger C, Salge C, Colton S. "Addressing the 'why?' in computational creativity: a non-anthropocentric, minimal modal of intentional creative agency". In Goel A, Jordanous A, Pease A (Eds.). *Proceedings of the Eighth International Conference on Computational Creativity.* Atlanta: Georgia Institute of Technology, 2017: 134.

② Mekern V, Hommel B, Sjoerds Z. "Computational models of creativity: a review of single- process and multi-process recent approaches to demystify creativie cognition". *Current Opinion in Behavioral Sciences*, 2019, 27: 47-54.

此，倡导者把这一模型称作统一模型。

首先，梅柯恩等顺应了创新认知研究中出现的这样一种新的倾向，即强调特征提取和关联在创新认知中的作用，认为这是创造力的一个重要方面。根据这一类方案，特征集是概念的分布式表征。这样说的意思是，特征集在一定程度上最大限度地代表着这个概念。这一方案也可推广到计算创造力研究中。例如，在计算创造力的实现中，也可利用特征提取和关联。果如此，就可把发散性思维与收敛式思维结合起来，以让它们发挥创新作用。例如，发散性思维可以通过思维的发散生成创新观念或创造性地解决问题，收敛式思维能为定义清楚的问题提供单一的最佳解。在这两种思维中，共同的能力是寻找关联。这两种思维已在双过程计算画家系统设计中得到了应用。其关键的操作是用图像 B 替换图像 A，因为它们共有颜色和纹理这样的特征。

其次，梅柯恩等关于创新行为的统一模型还认为，创新行为是由特征之间的相互作用促成的。他们认为，要想让创新系统在创新过程中表现出一定程度的灵活性，就应根据环境的变化激活特征之间的不同连接。这里有两个过程，一是分布式特征的编码，二是为相关特征建立灵活的连接，以突出情境化作用和个体差异。根据这两个过程，可用三个标准来评价创新模型：一是看特征的分布性，二是看连接在不同情境下的灵活性，三是看个体差异。[①]

问题是，尽管特征重要，但计算创造力共同体却没有办法从概念中编码或提取特征。以前的编码要么是手工的，要么是让被编码的特征不具有分布性。当然，神经网络有办法从原始数据中找到特征，如已开发的自动编码器就有这种作用。当然人们对此可能有不同的看法。有的人可能会说，自动编码器编码的特征只是数字，与自然界的颜色、形状等有不同的本质。

---

① Mekern V, Hommel B, Sjoerds Z. "Computational models of creativity: a review of single-process and multi- process recent approaches to demystify creativie cognition". *Current Opinion in Behavioral Sciences*, 2019, 27: 47-54.

　　下面再看吴季晨等在化解这类问题的过程中所进行的创造力建模工作。他们认为，使特征重要的东西既不在于它们是抽象的数字，也不在于它们是神经元的激活，而在于，它们是否能成为概念或对象的分布或表征集合。自动编码器的编码和解码过程能保证被编码的特征最大限度地是输入数据的表征。其具有创造力的机制在于，自动编码器有这样的属性，即被编码的特征是数据上专用的。这一属性使自动编码器可以从特征中生成以前所不知的对象。由于有这一好处，因此创造力计算建模就可在上面大有可为。按这一思路，最近关于域转移网络的研究已经能够完成特征编码和关联这样的过程。[①]吴季晨等以对影音翻译中创造性行为的探讨和评价为例探讨了计算创造力的建模问题。他们认为，创造性认知有两步，即特征编码和灵活的特征关联，而这是可以在计算机程序中实现的。其方法论是将为图像数据和时态数据设计的程序应用到影音翻译中，基于此，他们建构了自己的关于图像映射和音乐-视频映射的模型，并说明了该模型为何能完成创造性行为。[②]以图像映射模型为例，评价用的是阿里巴巴天池大数据竞赛获得的服装图像数据集。在评价时，首先，要评价的是对超参数设置敏感性；其次，是根据已知图像到图像的翻译数据集来测试模型。这里的关键问题是，他们如此设计的模型有创造力吗？要回答这一问题，有两种评价方法：一是用外部标准去评价；二是从内部、由模型来评价，如从技术的观点来评价模型的创新行为。评价的标准如下：①特征具有分布性、代表性；②领域空间之间的连接在不同环境下具有灵活性；③建模了变化的、持续的个体。根据这些标准，可以得出结论说，他们的模型

　　① Wu J C, Lamers M, Kowalczyk W. "Being creative: a cross-domain mapping nework". In Cardoso F A, Machado P, Veale T, et al (Eds.). *Proceedings of the Eleventh International Conference on Computational Creativity.* Coimbra: University of Coimbra, 2020: 221.

　　② Wu J C, Lamers M, Kowalczyk W. "Being creative: a cross-domain mapping nework". In Cardoso F A, Machado P, Veale T, et al (Eds.). *Proceedings of the Eleventh International Conference on Computational Creativity.* Coimbra: University of Coimbra, 2020: 223.

有创造力。进一步的问题是：他们的模型能模拟像人那样的行为吗？回答是肯定的，例如，当为模型提供衣服下面的裤子或裙子时，它就能输出相应的、搭配恰当的上衣图样。这说明，它能根据以前没有见到的衣服的下部信息创作出相应的上衣，这就是说，他们的模型在环境变化了的情况下，能创造灵活的图像映射。这些变化了的行为模拟的就是人在某些情况下的创新行为。[①]

如果真的是这样，那么就可以说，他们找到了创造力的新机制与实现方式，这就是特征提取和关联。质言之，只要能以适当方式完成这样的行为，那么系统就可表现出一定的创新行为，他们的模型正是这样运作的，如从一个领域提取和编码了有限簇的特征和无限的个体变化，然后将这些簇特征映射到第二个领域的簇特征之上，进而在这里生成（或解码）第二个领域中的实例。由于与先前的工作不同，因此编码—解码功能与映射功能的分离便更多地模仿了人类的创新行为，从而使映射功能能适应变化了的情况。

这一探索的创新还表现在，在创新认知理论与机器学习理论之间建立起了桥梁。由于运用了机器学习方法，因此他们的模型首先能表现出高层次的，同时具有更好适应性和个体性的创新行为。其次，这一模型作为计算创造力的一种实现方式为计算创造力提供了一种高度自动化的方法，有了它，特征分布和连接中的统一行为控制模型就成了可计算的。

当然，有许多技术问题值得进一步探讨，有许多限制有待突破。例如，在计算建模的方向上，有限簇和拓扑映射就有其局限性。还需探讨的是：如何建构不同于特征空间中所用的索引簇的连续的特征空间？如何根据这些特征空间的区域性来设计映射函数？另外，他们所用的映射规则只是模拟了有限的、似人类的创新行为。要让模型有更高、更大、更灵活的创造力，还要

---

① Wu J C, Lamers M, Kowalczyk W. "Being creative: a cross-domain mapping newwork". In Cardoso F A, Machado P, Veale T, et al (Eds.). *Proceedings of the Eleventh International Conference on Computational Creativity.* Coimbra: University of Coimbra, 2020: 225-226.

进一步研究人类创造力的秘密。

小　结

创造力的建模呈现多元化发展的态势，一方面，传统的、以人类中心主义为基础的建模方案仍大有市场，如许多人仍坚持对创新过程的心理分析，强调建模只应关注人类创新主体的认知过程；另一方面，非人类中心主义的反传统建模尝试如雨后春笋般涌现，特别是同时对抗人类中心主义和碳法西斯主义的综合性方案更是大行其道。这一新的方向是由计算创造力推动的，因为计算创新系统既有个体，又有集体，更有人机交互系统，因此在创造力的归属问题上，就有多元化选择，如可同时归属于个体、集体、计算系统、人机交互系统等。这是创造力哲学和计算创造力中亮丽的风景，强调关注创造力的广泛的构成和生成条件。根据新的建模方案，创造力及其所形成的结果不是简单的心理过程，而包括复杂的构成因素，例如人们总是在一定的环境下判断一个过程或产物是否有创造性。也就是说，创新离不开判断者、评价者及其所生活的环境。这种转向也强烈地表现于计算创造力研究之中，过去只注意建模人类创新的内在过程，而新的方案则强调建模创造力的复杂决定因素及其关系，例如强调建模评价过程。

还有这样的倾向，即强调在文学艺术创造力的建模中不能再只关心有关算法的编写，而应关注受众反应等广泛的现象。因为只重视编写能生成创新成果的算法，这将使计算创造力失去现实的意义。当下一个迫切的任务是，挖掘和发扬计算创造力的价值。而要如此，研究者就应将目光转向对创造力本身及其机器实现的研究之上，在构建创新算法时，应根据接受理论的原则，淡化模型所生成的成果，对之作模糊解释，而把重点放在研究和建模文本读者、受众的反应、接受之上。在这里，一项基础性工作是深入探讨文学理论中接受理论的有关内容及其对计算创造力研究的启示。接受理论原本是一种美学理论,其主要观点包括:①作品仅仅是一种人工的艺术制品(第一文本),读者理解后再生的形象是第二文本,是真正的审美对象。②作品完全符合读者的期望阈,才能被看作有创意的作品。所谓期望阈是读者在阅读前已有的、在阅读中进入阅读过程的意识。③作品中潜在包含着特定的呼唤机制。这是任何作品都一定会留下的让读者去想象的空间,它呼唤读者去填补未尽之意。它一方面可激发读者再创造,另一方面又规定读者不能超越文本的潜在意义。

计算创造力研究中的一种新的倾向呼吁,应该用接受理论的基本观念来理解计算创造力。根据这一方案,机器生成的作品有无创新性,生成此作品的计算系统有无自我,能否被看作有边缘心理的"数字人物",关键要看读者的阅读和认识。读者的认知以及想把意义加于文本中的意愿、动机是由三个因素决定的:一是挑战性的视觉形式,它能吸引读者关注文本;二是困惑,它能让文本有更多的理念;三是隐含的叙事。把接受理论应用到计算创造力研究中可以得到这样的启发,即文本的创作不完全取决于作者或计算系统,还依赖于读者的阅读、接受。真正的创作过程实际上是一个不断生成的过程,即从作者创作的第一文本到读者形成的第二文本的过程。读者的阅读是计算系统创造的文本不可或缺的环节,因为它创作的东西的最终状态和可理解性就包含了读者加上去的许多东西。根据读者反应理论,文本的意义不在文本中,而在读者的心中。作品显现出来的意义和状态主要由读者的理解范式所决定,范式变了,其意义和地位也就不一样了,如毕加索的《阿维尼翁的少女》,开始被艺术界所忽视,很多年后才受到人们的重视。之所以有这样的变化,是因为艺术家和受众的理解范式发生了变化。[①]当然,这样的倾向在突出被过去忽视的因素时,又有从一个极端走向另一极端的偏颇。

---

① Agafonova Y, Tikhonov A, Yamshchikou I. "Paranoid transormer: reading narrative of madness as computational approach to creativity". In Cardoso F A, Machado P, Veale T, et al (Eds.). *Proceedings of the Eleventh International Conference on Computational Creativity*. Coimbra: University of Coimbra, 2020: 148.

第十九章
计算创造力的焦点-热点问题与重大课题

如前所述，作为 AI 的一个研究领域的计算创造力既是多学科驰骋的疆场，又是融基础理论探讨与工程技术实践为一体的大杂烩，其关注的问题无论是从理论还是从实践上看都是极其多的。本章的任务是从其广泛的问题中提炼出若干关注度高、争论多且确实属于重大级别的热点、难点和焦点问题加以考释，以期避免我们迷失于树木而不见森林，更好地把握计算创造力这一研究领域的整体面貌和本质特点。

第一节　怀疑论问题的进一步思考

计算创造力的怀疑论从这一领域诞生之初就一直形影不离地伴随着它的发展。其基本质疑是，计算机程序只能完成程序员知道如何完成的任务，不可能生成或实现以意识、意向性、自主性和灵感等为必要条件的创造力，如果说人工系统表现了所谓的创新行为，那不过是因为其后有程序员在行使创造力，或是旁观者在隐喻的意义上把"创造""创造力"之类的语词归属了人工系统。也可以这样说，如果像前面所讨论的那样认为计算创造力也有判断标准，不管是通常的两标准（新颖性与有用性）还是三标准（再增加令人震惊），抑或是上面所说的综合的多标准，都有可能得出无法用计算方法在机器上实现创造力的怀疑论结论。因为这些标准的使用都有严格与非严格、从内在机制上看和从外在行为上看的差别。若从外在行为非严格地去评价，可能得出有计算创造力的结论，反之，则会得出相反的结论。由于有诸如此类的问题，因此计算创造力是否可能就一直是有争论的、困扰许多学人的问题。我们这里拟在第十五章关于计算创造力怀疑论问题探讨的基础上进一步考察一些专家的反怀疑论思考和论证。之所以要花这样的笔墨，是因为这样的论证凝聚着致力于计算创造力研究的人对于计算创造力本质、潜力和发展方向的研究成果，因此属于本书应予以关注的内容。

菲茨杰拉德（T. Fitzgerald）等不赞成怀疑论，认为如果创造力的标准是新颖性和有用性，那么可以认为计算机能通过计算方法表现创造力，因为它能自主地根据环境的变化生成对它是新的、有用的行为。这里的创新可表现在三方面，或有三种创造力，即视知觉上表现的新的、有用的行为，机器人创造力，人机协作完成的创造力。[①]在他们看来，这里关键是看到机器人的创造力的特点。若不看到这一点，得出机器人没有创造力的结论是很容易的。根据他们的观点，机器人不是绝对没有创造力的，只是它们表现的创造力有不同于人的创造力的特点。其表现是，机器人表现出的具体创造力有对自主作用和创造力的双重关注，另外，它的知觉和行为具有情境性特点。这表现在，它有高维的输入和输出空间。这就是说，它能依据高维真实知觉数据作出自主推理。在此基础上，菲茨杰拉德等大胆提出，判断机器人有无创造力，既可根据一般标准（新颖性和有用性）来判断，也可结合机器人的特点来重新制定标准。例如，可按上述思路提出这样两个标准，一是看有无自主性。如果它能用先前学到的表征来对任务做出推理，同时最大限度地减少对人类

---

① Fitzgerald T, Goel A, Thomaz A. "Human-robot co-creativity: task transfer on a spectrum of similarity". In Goel A, Jordanous A, Pease A (Eds.). *Proceedings of the Eighth International Conference on Computational Creativity.* Atlanta: Georgia Institute of Technology, 2017: 104.

教师的依赖，那么就可认为它满足了创造力的一个标准。二是看它能否形成新的输出。如果它能根据周围物体的位置学习如何完成任务，能基于参数技能模型，对物体位置做出新的调整，那么就可以认为它有创造力。[①]

对计算机能否表现创造力这一问题的回答之所以不同，还与人们的关注点有关，如果只承认人类创造力是唯一的原型实例，且像创造力分析的传统方案那样，只重视对创新过程内在的心理分析，只关注创新者的内在认知过程，进而把是否表现人类创新的内在构成、过程和机制当作标准，那么很容易得出怀疑论结论。新的方案由于反对人类中心主义、碳法西斯主义，且坚持创造力的可多样实现论，因此强调关注创造力的广泛构成、生成条件和多种多样的实现方式，因此一般不否认机器实现创造力的可能性，如我们即将要阐述的，有些人只管按自己的创造力理解去研究如何让机器实现创造力，而不关心计算创造力是否可能的问题。[②]

芒福德（M. Mumford）等对怀疑论问题的思考用功颇大，也产生了一定影响。他们认为，怀疑计算创造力的可能性是一种偏见，根源是认为创造力离不开智能和自主性，离不开愿望、自主思维，而机器不可能有这些能力。当然，芒福德等也不赞成通常的对怀疑论的简单否定。如有这样一种否定怀疑论、论证计算系统有创造力的常见方式，即强调观察和分析它所生成的产物，而不管内在过程，只看它生成的产物与人通过创造力生成的产物有无不同。这种比较甚至可以用双盲实验来完成。对产物的比较主要是从品质、新颖性、典型性、有用性等角度展开。这种论证不过是图灵测试的一种翻版。

---

① Fitzgerald T, Goel A, Thomaz A. "Human-robot co-creativity: task transfer on a spectrum of similarity". In Goel A, Jordanous A, Pease A (Eds.). *Proceedings of the Eighth International Conference on Computational Creativity*. Atlanta: Georgia Institute of Technology, 2017: 105-106.

② Charnley J, Pease A, Colton S. "On the notion of framing in computational creativity". In Maher M, Hammond K, Pease A, et al (Eds.). *Proceedings of the Third International Conference on Computational Creativity*. Dublin: University College Dublin, 2012: 77-79.

也有人鉴于这种论证的行为主义问题而强调应分析创新的过程，看它与人类的创新过程是否一致，或是否具备其必要条件。以艺术作品的形成过程而言，如果它具有鉴赏力、审美价值、意向性和相应的能力，那么就应认为它有创新性。此外，如果一个系统能根据一种审美尺度学习自己的适应度函数，那么也应承认它有创造力。尽管这样的比较有其合理性，然而，事实上能够完全符合这一要求的人工系统几乎不存在。

芒福德等认为，怀疑论尽管有对计算创造力研究"泼冷水"的一面，但其积极意义也是不容否认的。怀疑论为这一研究注入了动力，提出了引导研究深入的问题，并促使研究人员去进行理论探讨和实践建模。在芒福德等看来，要回应怀疑论的批评，我们应从思考这样的问题出发：要让人从主观上相信人工系统有创造力，该做什么？根据他们的研究，首先该做的是，设法树立辩证地看问题的观点。芒福德等用到了"双刃剑"概念，它指的是人工系统本身包含这样的两面性，即一方面会增加对创造力的认识，另一方面又会削弱或否定这样的认识，例如解剖它的操作会让人发现，它纯粹按指令运行。其次，要从哲学上弄清创造力的必要条件。只有弄清了，才能弄清计算系统如何才有创造力。为此，他们用问卷调查的方式去了解人们对创造力必要条件的理解。被调查的人包括内行、专业人士、怀疑论者、一般群众等。从大量的回答中，他们总结出八个条件。当然，他们认为，其中有些有合理性，有些是不妥的。它们分别是：①横向思维，即突破固有框架，打破思维定势，超越归纳和演绎这样的逻辑思维；②灵活性，如能在任何约束下完成各种任务；③鉴赏力，如能判断品质，能把好结果与坏结果区别开来；④新颖性；⑤类推，能在看似无关的概念间进行类推，或把它们结合起来，或将旧的转化为新的；⑥自我改进，如能从经验中学习；⑦自主性，如能独立思维；⑧特殊的情感，如有胆识、充满好奇心。怀疑论者特别重视自主性。他们之所以认为计算机不可能有创造力，其根据主要是机器不可能有自主性这一创造力最重要的标志。他们认为，自主性的表现很多，如独立自主，自己作选择，独立的理智能力，独立思维，其行为不由算法所决定，不是编程的结果，能自己编程序，没有关于行动的明确固定的规则。[①]

在芒福德等看来，八个条件中，有些是计算系统可以满足的，如灵活性、类推、自我改进等，而像自主性、特殊的情感等则是计算系统无法满足的，但问题是：它们是创造力的必要条件吗？没有智能、自主性，是否就没有创造力？芒福德等的看法是，智能、自主性并不是创造力的必要条件。[②]这样的看法是建立在他们对创造力与智能、自主性的内在关系的研究的基础上的。芒福德等认为，怀疑论观点的意义在于，促使人们进一步思考这些问题：智能的不同方面以什么方式与创造力的不同方面相关联？它们究竟有什么关联？智能是创造力的必要条件吗？提高有创造力的软件的智能尽管可能会提高人们对它的创造力认知，但它对系统的创造力真的有影响吗？如何才能证明一个有创造力的系统的自主性？在他们看来，可通过讨论创造力的"门槛问题"来回答这些问题。所谓"门槛问题"，即创造力的最起码条件是什么。

芒福德等通过讨论程序与程序员的关系间接回答了这类问题。他们认为，要弄清计算系统能否满足创造力的最起码条件，关键是把两者明确区别开来，正确、准确地看到程序的本质和作用。[③]如果程序的执行不完全是由程序员决定的，即不是完全按编程的指令行进的，而有根据情境变化作出调整的一面，特别是程序能自己来编码、编程，那么这样的程序就应被认为具备了创

---

① Mumford M, Ventura D. "The man behind the curation: overcoming skepticism about creative computers". In Toivonen H, Colton S, Cook M, et al (Eds.). *Proceedings of the Sixth International Conference on Computational Creativity*. Provo: Brigham Young University, 2015: 2-4.

② Mumford M, Ventura D. "The man behind the curation: overcoming skepticism about creative computers". In Toivonen H, Colton S, Cook M, et al (Eds.). *Proceedings of the Sixth International Conference on Computational Creativity*. Provo: Brigham Young University, 2015: 4.

③ Mumford M, Ventura D. "The man behind the curation: overcoming skepticism about creative computers". In Toivonen H, Colton S, Cook M, et al (Eds.). *Proceedings of the Sixth International Conference on Computational Creativity*. Provo: Brigham Young University, 2015: 1.

造力的起码条件。倡导这一看待计算系统有无创造力的观点的人很多，如库克（M. Cook）和科尔顿已做了有创新性的代码生成方面的开创性工作，它们能让非专业人士提升对软件自主性的认识。还有这样的尝试，即开展元编程研究，旨在编写能够自己编写代码的代码。这样的程序尽管不一定能转化为更富创造力的程序，但它肯定能让人相信，程序不同于程序员。这就是说，除程序员之外，还有一种可被归属创造力的实在，即程序本身。这样的程序已不是理想，而是现实，它们能用机器学习方法来提高机器的美感、认知能力和技能，能让人认识到，机器有能力超越原来的编程。

就事实而言，程序与程序员的区别在下述软件中可以看得一清二楚。例如，飞机起落架软件的工作都是由程序员设计好了的，如在什么条件下出现什么状态，从输入到输出的映射是明确的、按部就班的。这样的程序与程序员的指令没有太大区别。但笑话生成器就不一样了，其中的程序在运行中生成的笑话是不可预测的，无法事先规定，因为后面的一系列步骤是由变化着的情境决定的，会生成什么样的笑话是无法预测的，在这里，程序员是不知道程序所生成的笑话的可能范围的。①

一般认为，有决策能力，有动机和意愿，也是创造力的起码条件。因此，机器有无真正创造力争论的一个焦点在于如何看待机器的所谓决策。由机器作出的决策是不是完全由设计人员预告规定的？有些人认为，用了学习算法和基于情境主义的软件可以自己做出决策。但即便如此，怀疑论者会进一步指出，这种决策是随机做出的，因此不能认为机器有真正的创造力。库克等承认计算机的决策的确存在这个问题，但可通过进一步的研究解决这个问题，如他们设计了一个进化系统，它生成的编码能为决策摆脱随机性提供基础。

---

① Mumford M, Ventura D. "The man behind the curation: overcoming skepticism about creative computers". In Toivonen H, Colton S, Cook M, et al (Eds.). *Proceedings of the Sixth International Conference on Computational Creativity*. Provo: Brigham Young University, 2015: 5.

他们说："如此做出决策是有根据的，尽管带有主观性。"①

库克等为了让软件有创造力，也设法让它能在小规模的主观情境中自己作出有意义的决策，如从多种颜色中选出好看的颜色。在库克等看来，偏好函数可成为计算创新系统表现决策力进而表现创造力的基础。所谓偏好函数就是能生成简单代码片断的系统。该系统把某种类型的两个对象作为输入，并表现出对其中某一对象的偏好或选择。该系统的运行依据的是进化代码片断，并使用特定指称组合作为适应度函数。库克等承认，由于软件没有记忆，没有生化反应能力等，因此要让它自己作出决策，就需为其提供做出和论证主观决策的能力。为此，他们建构了偏好函数这样的系统。库克等认为，通过引入偏好函数，我们可以消除将计算系统表现的创造力归之于设计人员的常见做法，而承认计算系统具有独立的、真正的创造力，最终有效应对怀疑论的质疑。②

为了让计算系统具有独立的、真正的创造力，库克和科尔顿依据偏好函数设计了一个"攀登元高山"的程序，借助它，创新软件可以迭代改进，以消除设计人员对软件的影响，而不是通过增加新子系统来替代设计人员的贡献，进而让软件凭自己来做决策。③其具体操作是，让软件系统自己生成偏好函数，即一小段能表达对同一类的两个对象偏好的代码。这些代码以比较器概念为基础。比较器常用来表示列表上的顺序，在这里，它接受两个对象，如果第一个对象分别小于、等于、大于第二个对象，那么分别返回-1、0 和

① Cook M, Colton S. "Generating code for expressing simple preference: moving on from hardcoding and randomness". In Toivonen H, Colton S, Cook M, et al (Eds.). *Proceedings of the Sixth International Conference on Computational Creativity*. Provo: Brigham Young University, 2015: 9.

② Cook M, Colton S. "Generating code for expressing simple preference: moving on from hardcoding and randomness". In Toivonen H, Colton S, Cook M, et al (Eds.). *Proceedings of the Sixth International Conference on Computational Creativity*. Provo: Brigham Young University, 2015: 9-10.

③ Cook M, Colton S. "Generating code for expressing simple preference: moving on from hardcoding and randomness". In Toivonen H, Colton S, Cook M, et al (Eds.). *Proceedings of the Sixth International Conference on Computational Creativity*. Provo: Brigham Young University, 2015: 9.

1。在上述系统中，函数也是这样起作用的，如一个偏好可被认为是对一组特定类型对象的排序。用形式化语言说，一个偏好函数是这样的函数，它取类型 T 的两个对象 t_1 和 t_2，然后返回三个整数值 $r \in \{-1, 0, 1\}$ 中的一个。偏好函数的探索与设计人员无关，其所编程序也未预先做出什么规定，完全由系统根据一些指标来探索，即它喜欢什么类型的对象完全由它根据一些指标来决定。另外，所作决定之所以不再是随机的，不再由设计人员预先安排，是因为这些指标本身是灵活的、领域不可知的，也没有人规定应选择什么样的偏好。这些指标有专门性、传递的连贯性、自反性、一致性等特点。前三个指标可用于判断偏好函数，而后一个指标则适用于模拟两个偏好函数在同一组输入上的相似性或差异性。

总之，他们开发的系统能够可靠地为任意目标生成有趣的偏好选择，尽管尚需进一步完善，但已展现出具有前景的探索路径，有助于提高计算创造力系统所提供框架的品质。当然，应承认的是，生成能表现偏好、自主决定的一段代码，这是有争议的。否定的理由是，许多决策要么是随机作出的，要么是由手工设计的启发式所指导的，而软件不可能真正具有人在创新过程中所表现出的自主决策能力。库克等的辩解是，如果真的把随机的决策当作自主的决策，那的确是在欺骗观察者，但这里的探讨由于利用了偏好函数，就超越了随机决策。当然，人们还可继续质疑计算系统及其偏好，如面对新情况时，计算系统会偏向和选择什么？为什么？库克等承认，他们并没有对创新软件研究中的所有主观决策问题作全面、完善的解答，只是想为新的、突破已有困境的探讨提供一种可能的选择。①

在反怀疑论者看来，程序、计算机之所以可以满足创造力的门槛条件，

---

① Cook M, Colton S. "Generating code for expressing simple preference: moving on from hardcoding and randomness". In Toivonen H, Colton S, Cook M, et al (Eds.). *Proceedings of the Sixth International Conference on Computational Creativity*. Provo: Brigham Young University, 2015: 15.

是因为它们能超越原初的程序，如通过机器学习做程序事先没"想到"或没被指定做的事情。这些都是不难做到的。其实，经典的 AI 算法也能做编程人员所不知道的事情，最重要的是，它能获得建造者没有赋予的技能。还应看到的是，只要程序、机器有起码的创造力，其发展前景就是不可限量的，因为有了这样的创造力，它就会更有能力，更强大，更多才多艺，更少受常规方案的约束，更趋于开放，更能适应变化的情境并应对不可预测的复杂性。随着这些能力的提高，创造力又会进一步提升，如此递进，以至无穷。①

如果他们的方案有合理性和前途，那么值得进一步探讨的首先是，要根据代码生成来展开进一步的探讨，要生成更复杂的偏好函数，就要扩大系统的状态空间；其次，要探讨系统该如何自动简化被生成的偏好函数；最后，用更高级的数学语言来表征偏好函数对这一研究极为重要，因此也值得探讨。

珀雷拉在面对怀疑论的进攻时保持冷静和辩证的态度，强调要让机器有真正的创造力是很困难的，就此而言，怀疑论是有其合理性和价值的，但要断言机器绝对不可能表现创造力则是错误的。在他看来，要有力地反击怀疑论，并让机器有真正的创造力，研究者同样要有创造力，即以创新的精神去研究 AI，如应该有对传统和已有 AI 技术的超越。传统的 AI 搜索很少或几乎没有关注外部世界，而让机器表现真正的创造力，则必须关注探索空间之外的世界，研究机器进入外部世界进而与之交互的方法。他说："正是在这个可到达与不可到达的悖论中，创造力的研究才能在 AI 内具有根本性。"②

库克和科尔顿也强调，不应低估设计和制造有创造力的机器在工程上的困难，不应低估让人们认可机器的创造力的困难。这里所说的"真正创造力"是有不同理解的。理解不同，对于机器是否有创造力的回答自然不同。因此

---

① Pereira F. *Geativity and Artificial Intelligence: A Conceptual Blending Approach.* Berlin: Mouton de Grhyter, 2007: 205.

② Pereira F. *Geativity and Artificial Intelligence: A Conceptual Blending Approach.* Berlin: Mouton de Grhyter, 2007: 206.

要反击怀疑论，要让机器建模真正的创造力，这样的一项工作是不能不做的，即"管控好人们对创造力的理解"①。而要做到有效管控，一是要进行元探讨性工作，二是坚持创造力三脚架理论，并深入理解其技能、想象力、鉴赏力这三个必要构成要素。从标准上说，创造力同时有内外标准。外在标准当然是行为主义标准。当然，科尔顿等对此标准有较大改进。根据此标准，如果一输出或行为能通过图灵测试即为有创造力。基于此，要让软件有创造力，需要做的工作主要是，让软件在创造作品时，同时或依次表现出这样的行为，通过该行为，人们能认为该行为的实施者具备一定技能，有理解力和想象力，即符合上面的三脚架构成，那么就应认为它有创造力。②当然，他们强调，在理解时要注意两点，第一，这不是关于人的创造力的规定；第二，这是一个基准测验，即是说，这不意味着软件有极高的创造力。在他们看来，要让机器的行为被认定为创新行为，设计人员就应树立这样的责任意识，即为了提升软件的创造力认可度，就应不断增强其技术性、理解性和想象性行为。另外，他们对图灵测试还有这样的发展，强调对创造力的建模既要重视对行为结果的建模，又要重视对创新过程的建模。至于用什么方式实现对过程的建模，则要另当别论。他们的建议是，以模拟人类的创新过程为主，以自主设计独立过程为辅。③基于这些看法，他们倡导非盲法比较测试，即既看作品具体的生成过程，也看观众的评价。例如，如果人们愿意购买机器生成的作品，像愿意买人类创作的作品一样，因为所买的作品既刺激心灵，又吸引

① Colton S. "The painting fool: stories from building an automated painter". In McCormack J, d'Inverno M (Eds.). *Computers and Creativity.* Berlin: Springer, 2012: 36.

② Colton S. "The painting fool: stories from building an automated painter". In McCormack J, d'Inverno M (Eds.). *Computers and Creativity.* Berlin: Springer, 2012: 13.

③ Colton S. "The painting fool: stories from building an automated painter". In McCormack J, d'Inverno M (Eds.). *Computers and Creativity.* Berlin: Springer, 2012: 14.

眼球，那么，就应认为机器有创造力。[1]在他们看来，图灵测试还应增加这样的标准，即思维、想象、理解标准。如果软件生成的作品能像已有的科学、艺术杰作一样促进人思考，引人入胜，那么也应认为它有创造力。换言之，如果有创新能力的软件能做人类艺术家做不了的工作，如在数千个时间步骤上，计算出数千个笔画放在什么位置为最合适，这是人类画家做不到的，而软件能做到，据此可说，软件画的画有时比人画得更好。

判断创造力的内在标准很重要，但很难建模。科尔顿等通过他们设计的绘画创作软件"绘画小子"试图在这方面有所突破，为此，他们坚持下述七个设计原则。第一是"不断减少循环原则"。科尔顿等看到，建模能模拟人类创造力内在过程的软件，要以人类的创造力为榜样，弄清其原理、构成等。但问题在于，哲学、心理学、认知科学等在认识人类的创造力方面进展缓慢，可供借鉴的内容有限。但 AI 专家不能坐等这些领域提供有用的理论，而应该承担起研究一般创造力的任务，"在实现理解一般创造力这一目标时有所作为"[2]。如果这样去努力，便会碰到一种循环，即我们的研究会影响对自然创造力的理解，而这一理解又会影响我们的研究。直到我们同时理解了自然和人工的创造力时，我们才会减少或跳出上述循环。在科尔顿等看来，循环是可以打破的。尽管在从事以自然创造力为榜样的人工创造力建模时，可能在涉及一般创造力和人工建模创造力的关系时陷入循环，但处理得好是可以避免循环的，甚至可达到双赢的效果。[3]第二是复兴被抛弃的"问题解决范式"。这一范式曾是 AI 的主要范式，强调人工智能的主要任务是

[1] Colton S. "The painting fool: stories from building an automated painter". In McCormack J, d'Inverno M (Eds.). *Computers and Creativity.* Berlin: Springer, 2012: 15.

[2] Colton S. "The painting fool: stories from building an automated painter". In McCormack J, d'Inverno M (Eds.). *Computers and Creativity.* Berlin: Springer, 2012: 11.

[3] Colton S. "The painting fool: stories from building an automated painter". In McCormack J, d'Inverno M (Eds.). *Computers and Creativity.* Berlin: Springer, 2012: 11.

建模问题解决这一智能的关键特征。可惜后来被冷落或被抛弃了。现在是复兴它的时候，而复兴的重任落在了计算创造力研究人员的肩上。[1]第三是整体大于部分之和原则。能完成创新的软件是多系统结合在一起的整体，它必大于部分之和。有创造力的系统的任务由子任务构成，子任务由子系统完成，这些子任务单独看可能无创造力，但结合在一起则有，如有些子系统能完成演绎任务，它本身无创造力，但运用到有创造力的软件中，则成了其表现创造力的条件。第四是攀登超级高山，即赋予软件明确的目标，并围绕此目标运用软件。该原则说的是，先要知道，为什么要使用软件，然后后退一步，写出这样的编码，它允许软件为同样的目标而使用软件。第五是创造力的出现遵循的是三脚架原则。在他们看来，帮助人们改进、修改对创造力的理解同时要做这样三件事，一是在创建有创造力的系统时，认识到理解同编写理智性算法一样重要；二是让软件能理解自己、他人的工作，理解自己所用的材料；三是让软件有想象力。第六是美在旁观者心中。该原则说的是，一对象美不美，取决于观看者的观点和评价。同样，软件是否有创造力，取决于别人怎么看。而看，不外是看行为表现，因此模拟人的创新行为表现十分重要，但仅此还不够，还应重视对过程的建模。第七是佳作能改变人的心灵。[2]

要从内在过程方面对创造力进行建模，并设计出相应的、有发展前景的软件，我们必须把困难复杂的概念还原为更简单的抽象形式，以让它们在机器中实现。当然有些概念太复杂，尚不能用程序直接予以表达。现在的一种克服这一障碍的方法是，设计一种能激活自身创造力的程序，它能自己增强其复杂性，并能寻找与人、环境交往的方式。问题是：如此从内在方面建模的过程能被看作真正的创新过程吗？科尔顿等的看法是，这再次回到了创造

---

[1] Colton S. "The painting fool: stories from building an automated painter". In McCormack J, d'Inverno M (Eds.). *Computers and Creativity*. Berlin: Springer, 2012: 12.

[2] Colton S. "The painting fool: stories from building an automated painter". In McCormack J, d'Inverno M (Eds.). *Computers and Creativity*. Berlin: Springer, 2012: 13-14.

力的规范性问题，即是说，怎样予以回答取决于如何看待创造力。例如，如果认为创造力根源于技能、想象力和鉴赏力这样的三脚架，而不是根源于其他神秘的能力，那么可以说，软件模拟了创新的内在过程，因此是真正的艺术创作，因为"软件模拟了成为人类画家所必需的技能"，模拟了人的想象力和鉴赏力。[①]就动画生成技术而言，"软件还有人类画家所不具有的能力"[②]。当然，由于对这些能力的建模和实现方式的探讨刚刚起步，难免存在不足。就内部而言，鉴赏力和想象力的表现不如技能的表现。在情感建模领域，软件只表现出了对主题材料和绘画风格的一定程度的欣赏能力。就想象力而言，软件在场景和拼贴画生成方面已表现出了一定的能力，当然还不够，这是有待发展的。科尔顿等已在实现的基础方面做了一些工作，如设计教学界面，一旦该界面完成，就可用于训练软件。另外，还有望扩展拼贴画生成方案，有了它，在线资源就能作为艺术材料被利用。为实现这一目的，他们打算建构一个计算创造力集合体，该集合体包括能创造性地、分析地完成任务的单个流程，以及完成信息检索任务的流程。此外，还包括一种插件，它能把上述过程综合起来，以生成有文化意义的作品。

从问题研究的逻辑上说，要研究计算创造力，的确要优先回答计算创造力研究"是否可能"这一前提性问题。笔者认为，由于这既是一个理论问题，也是一个实践问题，且后一方面更根本，更关键，因此我们既可以双管齐下，也可将重点放在实践的探讨和关注之上。事实上，AI采取了边讨论这一问题边实践的策略，并取得了大量的积极成果，从实践上对这一问题给出了肯定的回答，因此我们认为，现在似乎没有必要再纠缠是否可能这一问题。尽管仍有许多人不承认计算机所表现出的创造力是真正的创造力，但由于对创造

---

① Colton S. "The painting fool: stories from building an automated painter". In McCormack J, d'Inverno M (Eds.). *Computers and Creativity.* Berlin: Springer, 2012: 32.

② Colton S. "The painting fool: stories from building an automated painter". In McCormack J, d'Inverno M (Eds.). *Computers and Creativity.* Berlin: Springer, 2012: 32.

力的理解有规范性特点，不同人有权提出自己的创造力理解，因此根据一些不同的理解，计算机已表现出了创造力，其中有些创造力已超越了人类。特别是根据图灵主义标准，计算机事实上已有人类创造力的外观、行为表现和效果。

事实上，计算创造力研究已采取了这样的前进方式，即不管"是否可能"等宏大理论问题，而在解剖具体的创造力形式的基础上，开展一些具体的、细小的人工机器实现创造力方面的研究工作。卡多佐（A. Cardoso）等认为，我们无法将创造力理论化、形式化，或无法找到一种令多数人满意的形式化表达，这进一步增加了它的神秘难解性。[①]它已成了所有研究计算创造力的人面前的一头"大象"，类似于盲人摸象的情境。其困难的根源在于，"创造力"一词在不同的人心目中有不同的含义，甚至有多种不同的指称。纽厄尔等认为，要形成一个本质主义的说明是不可能的，于是转向探讨创造力的不同方面和标志性特点，认为一个解决方案要被断定有创新性必须符合以下四个标准：①有新颖性和有用性；②抛弃或超越了以前的看法；③根源于强烈的动机和持续的研究；④澄清了以前混乱的问题。[②]基于这样的看法，计算创造力研究中存在一种倾向，即倡导研究计算创新系统开发中的具体的工程实践问题，而忽视纯理论性的问题，如研究故事、音乐作品、幽默、笑话等的人工生成过程中所涉及的专门工程技术问题。持这一倾向的人把创造力看作自己要建构的人工系统的附带因素。在他们看来，要得到人类水准的计算创造力，不能从宏大的课题（如整首诗、整幅画）开始，而应从具体细小

---

① Cardoso A, Veale T, Wiggins G. "Converging on the divergent: the history (and future) of the international joint workshops in computational creativity". *AI Magazine*, 2009, 30 (3): 16.

② Cardoso A, Veale T, Wiggins G. "Converging on the divergent: the history (and future) of the international joint workshops in computational creativity". *AI Magazine*, 2009, 30 (3): 16.

的问题入手，如熟悉的但有创新性的阶段、片断和图像。[1]也可以说，应关注这样的问题，即能帮助我们认识人和机器创造力本质的问题。

第二节　作为计算创造力研究的"牛鼻子"的软件工程

软件工程是将系统化的、严格约束的、可量化的方法应用于软件的开发、运行和维护的工程技术研究和实践。从科学基础上说，它要应用计算机科学、数学、逻辑学、工程科学及管理科学等的成果、原理和方法，其中，计算机科学、数学和逻辑学可帮助构建模型与算法，工程科学用于制定规范、设计范型、评估成本及确定权衡，管理科学用于计划、资源、质量、成本等管理。

在计算创造力研究中，有一种观点认为，软件工程是计算创造力研究的主要驱动力。[2]用我们的哲学术语说，它是名副其实的"牛鼻子"，因为不管为创造力做多少祛魅、自然化、形式化、计算化和模型建构的工作，最终都要通过软件来落实和实现，硬件在这方面是无能为力的。只有抓住软件工程这个根本，其他问题才能迎刃而解。有的人甚至认为，计算创造力研究的主要工作就是在所从事的应用领域（如绘画、游戏、科学发现等）研究、设计、编写有创造力的软件。

由于人们认识到软件工程在计算创造力研究中的重要性，因此有关研究很多，且呈上升之势。例如，不仅有大量专门的学术、技术机构关心这类研究，许多与计算创造力相关的机构、社团也致力于创新空间中运行的软件的开发、理解和共享。事实上，也取得了一些积极成果，如程序生成即兴演奏

---

[1] Cardoso A, Veale T, Wiggins G. "Converging on the divergent: the history (and future) of the international joint workshops in computational creativity". *AI Magazine*, 2009, 30 (3): 16.

[2] Colton S, Pease A, Cook M, et al. "The HR3 system for automatic code generation in creative settings". In Grace K, Cook M, Ventura D, et al (Eds.). *Proceedings of the Tenth International Conference on Computational Creativity*. Charlotte: Association for Computational Creativity, 2019: 108.

会（the Procedural Generation Jam）、民族小说生成月（the National Novel Generated Month）、推特机器人社团（Twitterbot Commdnity）和"创造力AI运动"（the Creative AI Movement）。库克等认为，这些社团的工作可看作计算创造力研究的灵感、启迪之源，为未来的发展和信息交流提供了机会。[①]还有一些开发者、工程师和艺术家尽管不属于任何学术团体，有些也没有机构和经费支持，但热衷于与计算创造力有关的软件开发和研究，并拥有大量宝贵的好想法和思想资源，为可持续发展的技术和创新团队的建设提供了启示和资源。当然，由于交流方面的障碍，他们的工作及成果一般不为学术机构所知，双方知识、资源、方法的共享值得以后研究和改进。

科尔顿等不仅对软件工程在计算创造力中的地位、具体研究和设计原则、方法、过程进行了大量有影响力的探讨，而且对其中的工程技术和哲学问题展开了值得我们关注的讨论。例如，其最大的亮点是探讨了既事关工程又具有重要哲学意义的问题，即真实性问题或已有创造力软件的"真实性缺失"问题。稍后，我们再回到这个问题上来。

科尔顿等认为，计算机编程应该而且可以表现创新行为，即拥有真正的创造力，但已有的计算创造力研究没有把它作为一个课题来攻关，没有看到其重要性、难点及其根源。例如，一般人知道，创造力计算建模的主要工作是编写软件，但这样的软件的本质和作用不过是生成代码和算法，因此计算创造力中出现的软件不过是达到目的的手段。如果认识停留在这个水平，计算创造力的理想是无法实现的。既然如此，现在就是从创新软件的角度对软件工程作出认真反思和研究的时候了。科尔顿等认为，软件所生成的代码和算法有时可以成为一种创新成果。这样的软件可称作有创造力的软件生成器，

① Cook M, Colton S. "Neighbouring communities: interraction, lessons and opportunities". In Pachet F, Jordanous A, León C (Eds.). *Proceedings of the Ninth International Conference on Computational Creativity*. Salamanca: University of Salamanca, 2018: 256.

它的一个作用是向世界提出问题，而不是解决问题。要如此，就要改变方法论，如利用来自计算创造力和哲学的方法，看到创造力的情境主义方法、生态学方法等的关键作用。[①]

如果用新的方法看待软件工程，那么它就会以新的面貌即本身具有创造力的自主体出现在我们面前。例如，计算创造力编程中的代码就不像在其他地方那样只是一种达到目的的手段，而会像科学或艺术中的成果或过程一样，即这样的代码也有自己的生命，可以被研究，被修改，可应用于不可预见的领域中，可受到文化的推崇，等等。在此基础上，科尔顿等提出，应重新思考软件和编码的本质，并认为这是推进计算创造力研究的新途径。他们说："如果把计算机程序看作有自己权利的重要成果，而不单纯被看作完成任务或解决问题的过程，那么计算创造力研究将会因此而受益。"[②]在他们看来，当务之急是好好研究软件工程的创造性行为，并努力将其自动化。而要如此，就应重思创造力的本质。根据他们的新研究，创造力的作用不只在于解决问题，更重要的是向世界提出问题，或将世界问题化。所谓问题化是指，所生成的代码暴露了这样的机会，即要么有助于通过问题解决更好地理解世界，要么将代码应用于变化着的技术之中以改变世界。他们认为，要让软件发挥这样的作用，必须加强自动编程的研究。只有将自动编程提到计算创造力的高度来理解和实践，我们才会对软件创造力获得新的哲学理解。[③]这里所谓自动编程指的是一系列能使人们更有效地编程的技术，该技术在 AI 的机器

---

① Powley E, Colton S, Cook M. "Investigating and automating the creative act of software engineering". In Pachet F, Jordanous A, León C (Eds.). *Proceedings of the Ninth International Conference on Computational Creativity.* Salamanca: University of Salamanca, 2018: 224.

② Powley E, Colton S, Cook M. "Investigating and automating the creative act of software engineering". In Pachet F, Jordanous A, León C (Eds.). *Proceedings of the Ninth International Conference on Computational Creativity.* Salamanca: University of Salamanca, 2018: 224.

③ Powley E, Colton S, Cook M. "Investigating and automating the creative act of software engineering". In Pachet F, Jordanous A, León C (Eds.). *Proceedings of the Ninth International Conference on Computational Creativity.* Salamanca: University of Salamanca, 2018: 225.

学习、进化编程和自动编程综合中很常见。科尔顿等在这里的创新表现在，试图提出和实践关于自动编程的创新方案，它能将自动代码生成的潜力最大化，甚至能用类似人类的方式生成人类可理解的代码。类似人类的方式是指软件工程师处理编程任务的各种方法，如一组逻辑迭代步骤、自上向下或自下向上等。采用这些方式，所生成的代码就能为人所理解。而且创新系统在运行时也能利用代码构架方法。他们认为，如此设计的自动编程软件不仅有自主地、创造性地生成代码的能力，而且有广阔的应用前景，如帮助人们在新兴科学领域发现问题，建构能自修改、自改进的自动创新系统，等等。

　　总之，根据他们的方案，计算创造力的软件工程的主要任务是，研究计算系统如何自动、自主创造性地生成代码。要建构更先进的自动编程系统，关键是将数学理论生成推广到自动的编程之上，将 MCTS 应用于迭代代码生成的决策制定之中。MCTS 是 Monte Carlo Tree Search 即蒙特卡洛树搜索算法的简称，起源于第二次世界大战时期的"曼哈顿计划"。之所以以著名的摩纳哥赌城命名，是因为赌场本身充斥着偶然、随机、运气的事件。这一方法是一系列方法的统称，其核心思想就是强调通过有规律的"试验"来获取随机事件出现的概率，并通过这些数据特征来尝试得到所求问题的答案的近似解。借助这类方法形成的自动软件生成系统可以帮助人们得到在文化上可理解的程序，这些程序能发现问题，能帮助人们更好地理解科学发现等创新行为的计算建模，因此这一工作有利于计算创造力的发展，可看作计算创造力研究的一个出路。

　　再来看自主创新系统特别是有创造力的软件的"真实性缺失"问题。[1]这一问题说的是，软件系统所表现的创造力是否客观地、真实地由它完成，或

---

[1] Colton S, Pease A, Saunders R. "Issues of authenticity in autonomously creative systems". In Pachet F, Jordanous A, León C (Eds.). *Proceedings of the Ninth International Conference on Computational Creativity*. Salamanca: University of Salamanca, 2018: 272.

是不是被评价为、被解释或被归属为有创造力。如果它真实性地、具体地表现了创造力，那么它就要么是创新的真正合作者，要么是能自己创新的实在。但问题是，它只是被评价为有创造力，而非真有创造力。在怀疑论者看来，"真实性缺失"是已有人工系统创造力的一个主要局限。

科尔顿等认为，这是软件工程建设中要正视和突破的难题。他们说："对于人工系统中文化上可接受的、真正自主的创新行为来说，我们相信缺乏真实性是一个迫在眉睫的问题。"[①]毫无疑问，这也是最值得探讨、最有意义的问题，因为解决好这里的问题有助于将自主创新软件带给社会的福利、价值最大化，同时有助于解决计算系统被认为没有意义生成能力、没有创作意图之类的问题。因为真实性问题更根本，如果计算系统解决了这一问题，那么意义之类的问题便烟消云散了。

要让计算系统真的有创造力，首先要研究、弄清人类创造力中的真实性，如说他们真的有创造力是什么意思？创造力真实性的标准、表现是什么？科尔顿等认为，人的创造力之所以是真实的，除了真的是由人的目的、动机、力量决定并可随时予以调节的之外，它还镶嵌、渗透在人类文化之中，与之融为一体，既受文化的制约、影响，又服务于文化。"真实性"的范围还可扩大到人类生活的广泛方面，如对自己经验、经历的描述是不是真的。从伦理上说，真实性是一种道德属性，是一种塑造我们世界的理想。真实性有许多形式，如名义上的真实性和名副其实的真实性、可接受的真实性和不可接受的真实性等。真实性的反面是不真实性，有的不真实性是社会能容许或接

---

① Colton S, Pease A, Saunders R. "Issues of authenticity in autonomously creative systems". In Pachet F, Jordanous A, León C (Eds.). *Proceedings of the Ninth International Conference on Computational Creativity*. Salamanca: University of Salamanca, 2018: 278.

受的，如作家的不真实性。①

科尔顿等还研究和回应了怀疑论者在这里的批评。后者的一个基本观点不过是，软件没有真正的创造力，说它有创造力是不真实的，这也等于把"非真实性"加到了软件身上。其主要的根据是，软件没有爱之类的心理，没有生育之类的过程，等等。科尔顿等通过研究发现，人及其创造力之所以真实，是因为人及其创造力有"接地"（grounding）的特点，即生活于、具体化于他们的世界中，如海德格尔所说，人是在世存在。既然计算系统不接地，没有生活基础，当然就不能创造出真正的创新成果。②因此要解决真实性问题，关键是解决计算创造力软件的"接地"问题，即应让它有自己的生活世界，让它嵌入、具体化于它的世界之中。其实，计算创造力研究者已在着手解决这一问题，"情境主义计算创造力"构想就是其积极成果。③另外，内在动机模型也在解决上述问题方面迈出了积极的一步。这是一种关于内在动机的计算模型，它不是为创新系统提供通过外在方式确定的目标，如让它以特定方式创作作品，而是为其提供内在动机，如建立奖励机制：发现了新的东西就给予奖励，将"授权"最大化。最后，好奇心的研究及其建模也有解决内在动机从而解决真实性问题的意义。

科尔顿等赞成并发展了这些探讨，强调要让软件有真实的创造力，消除人们对"不真实"的指责，就要让软件在创作过程中记录和利用其生活经验。库克等承认，软件的确不可能有人所具有的那种生活经验，但可以有其特殊

---

① Colton S, Pease A, Saunders R. "Issues of authenticity in autonomously creative systems". In Pachet F, Jordanous A, León C (Eds.). *Proceedings of the Ninth International Conference on Computational Creativity*. Salamanca: University of Salamanca, 2018: 274.

② Colton S, Pease A, Saunders R. "Issues of authenticity in autonomously creative systems". In Pachet F, Jordanous A, León C (Eds.). *Proceedings of the Ninth International Conference on Computational Creativity*. Salamanca: University of Salamanca, 2018: 277.

③ Colton S, Pease A, Saunders R. "Issues of authenticity in autonomously creative systems". In Pachet F, Jordanous A, León C (Eds.). *Proceedings of the Ninth International Conference on Computational Creativity*. Salamanca: University of Salamanca, 2018: 277.

的生活经验。例如，他们设计的"绘画小子"这一人工绘画系统就有生活经验，它可与多人互动，其中包括著名的人物，还能让人高兴、失望、激动等等。[①]当然由于软件来自编程，因此要让人们承认它有真实的生活经验是很困难的。

科尔顿等还对软件工程实现创造力的具体工程技术问题做了大量探讨，他们认为计算创造力的软件工程的核心技术是代码自动生成。要实现这一愿景，必须坚持两个原则，第一，应将世界问题化。这就是说，这里不只是要解决问题，而且更重要的是提出问题，同时考虑问题、假设、猜想和创造力给养（affordance）及其相互关系。第二，创建程序应被看作有自己权利的工作，而不只是达到目的的手段。通过这种方式，代码自动生成就可为最前沿的计算创造力技术提供一个合适的试验场地。在这里，对话性生成技术的作用也很重要，因为只有通过它，才能让用户相信所生成的代码产品是有用的，进而解决有关的哲学问题，如计算系统如何可能具有自主性、意向性等。

这里，我们以科尔顿等关于软件工程的"思想体系"为个案探讨这一工程的重要意义以及研究过程中必然涉及的理论和方法论问题。

我们知道，科尔顿等的计算创造力研究的特点在于，既重视工程技术问题，如代码生成技术等，同时也重视基础理论问题探讨，如把计算创造力研究定义为探讨如何通过哲学等多学科参与实现机器的创造力。在这里，他们明确把他们的理论成果称作 idealogy，即关于计算创造力一般性问题的思想体系和指导其工程实现的系统理论。

现有的代码生成技术主要包括自动程序合成、遗传编程和机器学习技术，如归纳逻辑编程等。其局限性在于，难以成为通用代码自动生成方法的基础。

---

① Colton S, Pease A, Saunders R. "Issues of authenticity in autonomously creative systems". In Pachet F, Jordanous A, León C (Eds.). *Proceedings of the Ninth International Conference on Computational Creativity.* Salamanca: University of Salamanca, 2018: 277.

为发展代码自动生成技术，科尔顿等陆续提出了一系列的理论形成系统，它们分别表现为 HR1、HR2 和 HR3。HR1 是一种数学概念形成程序，其作用是发现像发明整数序这样的对象。HR2 是更通用的数据挖掘系统。它们都可看作代码自动生成器，因为如 HR1 能形成逻辑编程（Programming in logic，Prolog）代码，能表征被发现的概念。HR3 是他们花了五年时间从零开始开发的。它以过去的方法论为基础，具备完全的代码自动生成能力。不仅如此，它还有成功的应用。他们说："HR3 是一个 Java 应用程序接口（application program interface，API）。其中，HR3 能为许多创新工程以种种方式所调用，能自动建构和使用由一组方法构成的数据库。"[①]即是说，它是作为通用代码自动生成智能系统开发的，可用来完成需要由人类程序员完成的编码任务以及不需要人类手工编码完成的任务。为了达到这一目的，他们把传统的 AI 任务看作代码自动生成过程，同时对一些基本的理论和工程问题阐发了自己的新看法，如对下面一些的所谓区分问题，即任务区分、领域区分、清晰性区分、程序与程序员的区分等，发表了不同于传统的看法。就任务区分而言，过去通常把生成方法论、分析方法论和支持方法论区别开来。他们认为，软件应像人类编程人员一样同时完成这些任务，如生成图像，提供有关出处，做出分析，基于文本提供某些信息（支持）。最后，他们的 HR3 消除了程序与程序员的区分，因为它不仅是程序，而且能够重写程序，能提升和增强程序的性能，改变其组成。

科尔顿等自认为，当他们把 AI 中的深度学习方法论应用于软件开发中时，他们实现了对黑箱方案的超越，因为深度学习方法能同时应用于分析性任务和生成性任务。由于能分析，因此便有解释、沟通能力。这样一来，能

① Colton S, Pease A, Cook M, et al. "The HR3 system for automatic code generation in creative settings". In Grace K, Cook M, Ventura D, et al (Eds.). *Proceedings of the Tenth International Conference on Computational Creativity.* Charlotte: Association for Computational Creativity, 2019: 108.

解释的 AI 系统就一定会比黑箱方案更受欢迎。由于能生成，因此就具备自主创新能力。他们还认为，HR3 能在以数据为中心的创新工程以及数学发现、数据挖掘和艺术创作中发挥作用。

难能可贵的是，他们在讨论软件工程的技术问题时，自觉进行了带有哲学性质的理论探讨，自认为建构了"思想体系"。他们说："我们回到前面所说的思想体系……讨论这项工程如何解决计算创造力的种种问题。"[①]他们的思想体系的核心主张是，把不同的 AI 任务看作即时的代码生成问题，认为只要将它应用于实践之中就可在创新工程中达到创新的目的。他们还认为，他们的理论和系统具有普遍的适用性，而不只是适用于某个特定的领域。为说明这一点，他们展示了 HR3 在数学发现、数据挖掘、艺术创作中的应用。[②]就数学发现来说，在一个 2.6 吉赫（GHz）的笔记本电脑上使用一个线程，生成过程大约需 33 秒，而且 HR3 生成并测试了 276 917 个过程（每秒 8.413 个），产生了 16 897 个不同方案，其中 16 817 个是布尔值，61 959 步产生了一个空过程。HR3 对此问题作了化解，如认为整数 23、57、73、113 尽管都包含相同的数字 2，但不能为 2 整除。正是这一特点使它们成了质数。除了上述应用之外，HR3 还解决了"倒计时数字游戏"、以不同方式进行不变量发现和动态调查问题。它不仅有应用的广度，而且在应用于特定领域时还有其深度，在协同创新环境中，还能增强人的创新能力。HR3 之所以有这些作用，是因为它有其灵活性。例如，对不同的 AI 任务进行自动编程；它的产生规则方案能将代码生成与输出结果分开，这样就能提高效率；它用元

---

① Colton S, Pease A, Cook M, et al. "The HR3 system for automatic code generation in creative settings". In Grace K, Cook M, Ventura D, et al (Eds.). *Proceedings of the Tenth International Conference on Computational Creativity.* Charlotte: Association for Computational Creativity, 2019: 109.

② Colton S, Pease A, Cook M, et al. "The HR3 system for automatic code generation in creative settings". In Grace K, Cook M, Ventura D, et al (Eds.). *Proceedings of the Tenth International Conference on Computational Creativity.* Charlotte: Association for Computational Creativity, 2019: 112-114.

层次代码库来执行支持性任务,使用随机代码来寻找最为有趣的方法论;等等。

当然,这里的探讨仅只是开始,不完善、困难、挑战在所难免,如元代码库生成尽管对支持代码的许多方面有帮助,但对元代码库可用性的探讨只是开始。另外,HR3 的应用尽管在理论上有普适性,但实际的应用是很有限的,要应用到像胶水代码(能粘合那些可能不兼容代码的代码)的生成、数据压缩、图像过滤、程序合成等任务中,还要做大量的理论和工程技术探讨。

再来考察拉塞尔(Q. Rosseel)和威金斯关于软件工程的思考和具体研究工作。他们认为,软件工程本身就是一种创造性的工作。软件的研究与编写不是通常所说的演绎过程,而是一种创造性的探索过程。要让它表现创造力,就更需要创造性的研究和实践。他们所完成的一个探讨是,尝试把参与—反思式模型和 Floyd-Hoare 逻辑①结合起来,进而应用于创新性软件的建构之中,特别是具体论证了故事生成原则如何应用于软件建构之中。

所谓参与—反思式模型是由沙普利斯于 1995 年提出的一种关于如何生成故事的模型。拉塞尔等的创新在于,将故事生成模型类推到软件建构中,用程序或软件代替故事或叙事,用程序分析的标准方法所规定的程序语义学代替对叙事格式完善性的约束。原先的故事生成模型是一种描述作者创作故事的创新过程的认知模型,它把故事创作过程分为参与、反思两个阶段。沙普利斯通过对作家的创作过程的观察得到了这样的发现,即作家不能同时既制定写作过程又将它再现出来或对它做出反思。根据他的分析,回顾写作或创作的过程可称作"反思","参与"指的是深入创作过程中。这意味着,要反思一文本,作家就得停止写作,这样就有一种循环发生。尽管它们有循环,但作家就是在这个过程中完成自己的创作的,如参与与反思的相互作用

---

① 是由英国计算机科学家东尼·霍尔开发的一个形式系统,其作用是提供典型的建立在谓词逻辑基础上的公理语义。有了这种语义,人们就可以在程序代码和谓词逻辑公式之间建立起"等语义关系"的转化,从而确保程序验证方法的有效性。

推动了材料的组织，参与为反思提供了新材料，反思为参与提供了对材料的新解释，让作家有新的计划。这一模型在计算创造力的故事生成中已有大量应用，并取得积极的成果。

问题是：生成生成故事模型怎么可能内化于、实现于软件建构之中呢？拉塞尔等认为，生成故事模型可为程序所实现的根据在于，故事和程序有这样的共同属性，即它们能表现来自创造性写作过程的思想。角色或人物与变量有直接的对应关系，如角色可以有不同的形式和个性，变量有不同的类型和值。故事中的角色会受事件、行动的影响，故事情节的发展也受它们的制约，同样，变量会受语句调用的影响，而这些协同又会改变变量的状态，以至让程序表现相应的行为，总之，程序与故事的诸多类似性为在程序建构中利用生成故事模型奠定了基础。例如，如果知道一程序状态 R 怎样转化为另一有一组语句 S 的状态 Q，那么程序的语句就能表现生成故事模型。[①]在此基础上，程序的建构就能用已有的概念、规则和资源采用编程语言生成软件。在其最高层面有三个主要过程：一是程序输入解析，其作用是将输入程序中的语句提取出来并泛化成 Hoare 三元组；二是程序系列参与，即选择 Hoare 三元组并构建程序；三是程序系列反思，即根据用户指定的规格，验证和编辑所涉及的程序系列。

程序建构的过程是，首先由用户提供清单，并提供解释。接着是程序系列的构建，即所谓的"参与"，具体工作是基于三元组存储、语句存储和条件存储来构建程序。再就是程序系列的反思，这是软件建构的关键环节。当用户参与传递一个程序系列时，就需要通过反思来确定哪些三元组与用户传递的规范有关。这两个环节是可以交互的，即既可由参与深入反思，也可由

---

① Rosseel Q, Wiggins G. "Engagement-reflection in software construction". In Grace K, Cook M, Ventura D, et al (Eds.). *Proceedings of the Tenth International Conference on Computational Creativity.* Charlotte: Association for Computational Creativity, 2019: 321.

反思返回参与，还可以根据用户的安排来思考程序系列，然后进行程序系列的编写。总之，拉塞尔等设计的系统要做的是这样的工作，即设法将单个语句组合起来，以便让它用 C 语言组合简单的程序，接着设法建模这样的能力，如它能用复合语句或块来完成创新任务。只有这样，才有可能建构这样的控制流结构，它们能规定计算由以得到执行的逻辑顺序。块的作用是将陈述和语句组合在一起，这使它们在语法上等值于 C 语言编译器的解析器中的单个词句。所有控制流结构也都用块结构，因此 Hoare 三元组就自然能在表征块结构的过程中表现出通用和灵活的特点。

当然，人们对于如此建构的软件究竟有无创造力是有不同看法的。这是因为，要判断它有无创造力，是否能创新，必须有一个组件来完成对所形成概念的评估。但在现在条件下，这样的评估是通过手动方式来完成的。因此要让它真正具备创造力，就需要引入自动化的评估过程，而这离不开整合更多基于软件工程规模和复杂性度量的评估过程。

第三节　活算法：计算创造力从理想到现实的枢纽

如前所述，怀疑论一直存在这样的纠结，即人的真实创造力的重要特点是自主性、灵活多变性，而已有的计算创造力由于是按程序、算法按部就班地运行的，一般没有上述特点因而不是真正的创造力。如果这个责难是正确的，那么计算创造力研究的一个短板、困局便显而易见了：已有的算法让计算系统无法表现真正的创造力。因此可以说，计算创造力得于斯者，也毁于斯。"活算法"就是为解决这一难题而出现的一种研究实践。所谓活算法（live algorithms）或实时算法，据倡导者设想，就是能让计算创造力有自主性、灵活性进而有真正的创造力的算法。这无疑是算法研究的革命性构想。如果能如愿实现，那当然可看作计算创造力研究史上的一场革命。

要认识活算法，我们必须从算法说起。所谓算法是指解决问题的一系列的清晰指令。算法中的这些指令其实是一种计算，或一种形式转换过程，即从一个初始状态和（可能为空的）初始输入开始，经过一系列有限而清晰定义的状态，最终产生输出并停止于一个终态。计算创造力研究像其他 AI 研究一样，一项主要工作就是编写程序，建构算法。玛尔说："研究工作，特别是对自然语言理解、问题求解或记忆结构的研究，很容易蜕化成为编写程序，这种程序只不过是一种没有启迪作用的对人类行为方式的某个小方面的模仿而已。"[1]因为被编写出来的、让机器执行的程序不过是一种形式上的指令，其加工的符号本身并不意指任何东西。要意指什么，计算的结果究竟有什么用，都依赖于使用计算机的人的解释，因此在特定的意义上可以说，以这样的算法为基础的人工系统究竟有无智能，有无创造力，不过是一个解释问题。彭罗斯说，已有的会创作和理解故事的"程序所具有的这类复杂性的算法不能对其实行的任何任务有丝毫真正的理解，对这一点的展示是相当令人信服的，而且它（仅仅）暗示，不管一种算法是多么复杂它都不能自身体现真正的理解"[2]。"我不相信强人工智能的只要制定一个算法即能召唤起意识的论点。"[3]智慧也是如此，"智慧不能用算法的方法，也就是电脑，正确地模拟智慧……在意识行为中必须有本质的非算法成份"[4]。

如前所述，指责计算系统没有真正创造力的逻辑如出一辙。怀疑论者之所以认为计算机没有真正的创造力，是因为它所做的不过是按算法机械地、

① [英]玛尔：《人工智能之我见》，载[英]玛格丽特·博登编著：《人工智能哲学》，刘西瑞、王汉琦译，上海译文出版社 2001 年版，第 192 页。

② [英]罗杰·彭罗斯：《皇帝新脑：有关电脑、人脑及物理定律》，许明贤、吴忠超译，湖南科学技术出版社 1994 年版，第 21 页。

③ [英]罗杰·彭罗斯：《皇帝新脑：有关电脑、人脑及物理定律》，许明贤、吴忠超译，湖南科学技术出版社 1994 年版，第 470 页。

④ [英]罗杰·彭罗斯：《皇帝新脑：有关电脑、人脑及物理定律》，许明贤、吴忠超译，湖南科学技术出版社 1994 年版，第 470 页。

一步接一步地运转。如此做了，只是像机器在运转。而创造力是一种灵活地、自主地完成创新任务的能力，因此要让算法表现创造力，就要让算法来一场脱胎换骨的变革，如必须有自己的自主性、灵活性，质言之，让算法变成活算法。①布莱克威尔（T. Blackwell）等认为，这样的研究是"算法开发待开垦的处女地"②。按这样的思路进行探讨在计算创造力领域中已有很多。

布莱克威尔等把他们基于有人工系统参与的团队的即兴创作研究称作"关于活算法的形式方案"，其论证步骤是，先概述设计方法论及其原则，接着说明该方法论如何对计算机音乐系统进行范畴化，如何作为描述活算法行为的概念工具应用于工程实践，然后探讨如何将 AI 的成果应用于活算法设计，如何将动力系统方案应用于这一设计。③

为完成上述任务，他们先对计算创新能力作了活体解剖，认为它有这样的特点，即自主性、新颖性、惊诧感、机械性、人工性（依赖于人的开发，运行中有时需适度的人工辅助和调控）。他们认识到，要让算法表现创造力，就要让算法具有上述特点。过去的算法之所以没有灵活性、自主性等特点，与有些方面不能直接编程有关。④不能编程的方面主要是指它在与文化、社会、观众发生关系时的互动性、参与性。既然如此，若能在编程时解决这些问题，使算法具有根据情境变化及时做出调节的能力，那么就可让它具有互动性、参与性的特点，进而有自己的自主性和灵活性，最终成为名副其实的活算法。总之，如何让算法有灵活性、自主性，能与人、环境互动，这是研究算法如

① Blackwell T, Bown O, Young M. "Live algorithms: towards autonomous computer improvisers". In McCormack J, d'Inverno M (Eds.). *Computers and Creativity*. Berlin: Springer, 2012: 147.

② Blackwell T, Bown O, Young M. "Live algorithms: towards autonomous computer improvisers". In McCormack J, d'Inverno M (Eds.). *Computers and Creativity*. Berlin: Springer, 2012: 148.

③ Blackwell T, Bown O, Young M. "Live algorithms: towards autonomous computer improvisers". In McCormack J, d'Inverno M (Eds.). *Computers and Creativity*. Berlin: Springer, 2012: 152.

④ Blackwell T, Bown O, Young M. "Live algorithms: towards autonomous computer improvisers". In McCormack J, d'Inverno M (Eds.). *Computers and Creativity*. Berlin: Springer, 2012: 161.

何有创造力的关键。因为只有当算法以及执行此算法的机器具备此特点时，机器思维、创新的目的才能实现。他们说："急需解决的问题是，如何让机器令人信服地模仿人的表演，以至于让合作者、听众承认活算法是与其他表演者有相同音乐地位的有贡献和有创造力的团队成员。"①

基于这样的认知，布莱克威尔等试图建构一个能与人类音乐家互动、交互的"活算法"。包含这种算法的系统也可以说是自动、自主的机器。例如，在音乐表演中，它是能与人类音乐家实时交互、共同演奏的音乐系统。其背景音乐是即兴创作的。这样的活算法是多学科的研究课题，离不开音乐技术、表演学、计算机科学、AI 和认知科学的通力合作。要建构这样的算法，首先需要作模块化分解，其次是建构相关的接线图集，最后还要考虑技术、行为、社会和文化情境因素。

布莱克威尔等认为，这里的关键是改进、发展算法，让它真正成为这样的活算法，即响应性地、主动地、得体地行动，同时无须人的直接干预。要如此，既应有创新，又应创造性地利用 AI 最新的方法。如此形成的系统应有这样的特点，它根本不同于作为工具的计算机，不同于创作乐谱的计算机，在这种计算机中，设计者的意图被编码为一套规则或指令，因此其所谓的创作不是真正的创造力所需要的活算法。②要得到活算法，需向人类学习，模拟人类的创新过程。以即兴表演为例，人类之所以能完成即兴表演这样的、离不开创造力的任务，是因为表演者有这四方面的特点，即自主性、参与性、主导性和新颖性。因为即兴表演若是由团队完成的，就需要每个成员见机行事，发挥自己的主动性、创造性、协作精神。就此而言，即兴表演是真正的即兴创作。一般而言，即兴创作既离不开事先的约定计划甚至被准备好的材

---

① Blackwell T, Bown O, Young M. "Live algorithms: towards autonomous computer improvisers". In McCormack J, d'Inverno M (Eds). *Computers and Creativity*. Berlin: Springer, 2012: 148.

② Blackwell T, Bown O, Young M. "Live algorithms: towards autonomous computer improvisers". In McCormack J, d'Inverno M (Eds). *Computers and Creativity*. Berlin: Springer, 2012: 148.

料，这些材料可能在创作过程中被重新编码和变异，又离不开表演过程中根据观众反应和其他合作者的表现随机创作、增加的东西。形象地说，即兴创作类似于自然界的自组织过程。布莱克威尔等认为，即兴表演尽管要求很多、很高，但做好这三方面的工作，如模块化分解、建模/推理、组件合成，就可让活算法具备上述四个特征。他们自认为，他们的这些想法为活算法领域的研究提供了理论工具。①

　　根据他们的研究和设计，按照上述思路建构的活算法或活软件由于能模拟人类参与即兴创作成员的表现以及他们之间的交互过程，因此也可参与即兴创作。就人类个体而言，他们要参与这个过程并以适当方式表现自己，就需要一系列的能力和知识，如作为音乐家所需的能力和知识，以及作为社会互动成员的相应能力和知识，当然最重要的是上面所说的有自主性和能动性。内置了活算法的计算系统要成为即兴创作的一员，除了要有相应的知识和能力之外，还必须从自动（automatic）系统提升或质变为自主（autonomous）系统。只有这样，它才能在面对未知或没有预见到的输入的情况下做出适宜反应，特别是以未被程序安排、规定的方式行事。质言之，自主性是机器得以成为即兴创作群体中平等一员的必要品质。计算系统有这种自主性才可成为自主体。而要让活算法成为即兴创作团队中的一员，就必须把它建构成一种自主体。若是音乐的即兴创作，就应把它建设成音乐自主体，如能将自己的行动建立在它知觉到的信息（输入）的基础之上，其行动能基于事先加载的音乐反应的程度决定自动化的程度。自动化与自主性在这样的即兴表演中同样必要，但区别也很明显。自动化系统的特点在于，它下一步要干什么不依赖于输入，因此它是封闭性动力系统。在这里，包括硬连接在内的知识的初始条件决定了未来的所有状态。自主系统则不同，它能在面对没有预想到

---

　　① Blackwell T, Bown O, Young M. "Live algorithms: towards autonomous computer improvisers". In McCormack J, d'Inverno M (Eds.). *Computers and Creativity.* Berlin: Springer, 2012: 148.

的输入的情况下进行决策，作出适当反应。这样的能力越灵活、越高，其自主性程度就越高。[1]

自主体要成为一名即兴创作团队的合格成员，还必须超越简单的模仿，即在自己的表现中要体现新颖性，要说点、做点一般系统所未曾说和做的事情。人类参与的成员就是这样，不然他就不是一名参与即兴表演的音乐家，而会成为妨碍整个群体创造性发挥的障碍。活算法也应有适时体现新颖性的能力。[2]

活算法的构想和实践尽管有大胆创新的一面，但准确地说是在继承基础上的创新。布莱克威尔等承认，已有 AI 成果是这一方案得到诞生的沃土。例如，AI 中的推理要么基于程序规则集，要么基于学习、训练。对于这两方面，活算法都有借鉴，如利用前者，它积累了大量的符号化 AI 研究经验，包括知识表征、问题解决、专家系统。另外，这一算法也利用了机器学习方面的研究成果，如大量利用学习算法、训练集和网络结构。他们说："领域知识被硬连接到活算法中，可为学习算法提供理想的检测实例。"[3]还有，动力系统构架也是这一方案有用的思想源泉。正是基于一根据，活算法才能表现出人类创新能力所具有的自主性、参与性、主导性、新颖性。根据动力学方案，这里应优先解决动态的、不确定性环境下的计算导航问题，而其他方案把这样的系统看作封闭系统，而在封闭系统中，需要大量的初始数据来解释机器人可能接受的所有可能输入。这是难以实现的。即使能实现，其效力也极低，而开放动力系统的效力则不同，因为该系统是开放的，模拟的是蚂

①　Blackwell T, Bown O, Young M. "Live algorithms: towards autonomous computer improvisers". In McCormack J, d'Inverno M (Eds.). *Computers and Creativity*. Berlin: Springer, 2012: 150.

②　Blackwell T, Bown O, Young M. "Live algorithms: towards autonomous computer improvisers". In McCormack J, d'Inverno M (Eds.). *Computers and Creativity*. Berlin: Springer, 2012: 150.

③　Blackwell T, Bown O, Young M. "Live algorithms: towards autonomous computer improvisers". In McCormack J, d'Inverno M (Eds.). *Computers and Creativity*. Berlin: Springer, 2012: 159.

蚁在森林中的移动，蚂蚁在其中移动的森林环境是开放的，是不可预见的，每前进一步都有新的情况，因此需要适时做出新的抉择，即时创新演奏也是如此。

布莱克威尔等在推进活算法研究时，鉴于活算法必须面对开放的、不确定的、难以预测的环境这一实际，大胆利用了开放动力系统框架。根据这一框架，动力系统中的一状态 x 是按照 $x_{t+1}=f(x_t,d)$ 这一规则进化的。在这里，x 代表规则的参数化。$x_t, x_{t-1}, ..., x_{t-n}$ 这个系列定义的是可能状态空间 H 中的一个轨迹。这根本有别于封闭系统中的情况，因为封闭系统是这样的系统，它的进化只依赖于一个固定参数和初始状态，因此与环境缺乏交互性。开放动力系统则不同，包含的因素多而复杂，如常微分方程、迭代、映射、有限状态机、元胞自动机和离散递归神经网络。另外，开放动力系统还有时变参数，因此有许多相图。由于参数的平滑变化在分叉点会产生拓扑变化，因此开放的 x 系统的全部属性是高度依赖于情境的，进而系统便有复杂多变的行为。在活算法设置中，系统参数由分析参数导出，如果 H 被选择直接映射 Q 的控制空间，那么系统的状态就能被直接解释为一组合成器参数，输入 P 可映射到吸引子，其优点是靠近 P 的轨迹类似于参与性，然而 x 可能不在 P 的吸引范围内，其轨迹可能不同于 P，这样一来，就可能使产生的结果具有新颖性和主导性。总之，开放动力系统适应未知输入的特点表明，它能让算法具有自主性、灵活性、适时性。[①]在这里，算法之所以是活的，是因为它不是完全由编程人员事先编制好的，而有与情境互动的一面，就像进入森林中的蚂蚁要适时根据新的情境做出新的行为反应一样。由此所决定，活算法的有些方面有不能被直接编程的一面。

活算法之所以是活的，还表现在由上述特点所派生出的行为之上。布莱克威尔等认为，他们的活算法能表现四种不为封闭系统所具有的独特行为：

---

① Blackwell T, Bown O, Young M. "Live algorithms: towards autonomous computer improvisers". In McCormack J, d'Inverno M (Eds.). *Computers and Creativity*. Berlin: Springer, 2012: 160.

①跟踪，如同步跟踪其他执行者所做的事情；②反射，如从表演者那里提取更抽象的风格信息或音乐内容，然后让这些信息以新的方式返回到表演者；③耦合，即系统的这样的行为，它们由内在创新例程所驱动，这些例程会以种种方式受到上述信息的影响；④协商，即更复杂的行为，它们与耦合有关，但以人的认知为基础。这些行为具有突现性，而不是被程序规定好的，即也有不能被编程的一面。

布莱克威尔等不仅有对活算法的理论探讨，而且有具体的工程实践，这表现在，他们设计了作为人工音乐家的活算法。他们的逻辑是，既然人类音乐家的特点在于以协商、互动的形式演奏音乐，而活算法也有此特点，其具体表现是，既可独自演出，与他人联合即兴创作，还可人机交互，维持我们希望在表演中看到的基本的相互作用关系，因此可把参与音乐即兴演奏的活算法看作有自主独立创新能力的音乐家，即人工音乐家。不仅如此，由于活算法在参与团队的即兴创作时能与观众互动，因此可把活算法看作一种社会存在，当然这不是事实本身，而是基于特定观点所作出的解释或想象。①事实上，布莱克威尔等已按上述思路建成了以活算法为基础的人工系统，它们有些旨在表现前面所述的人类自主体的创造力必具的特征（如自主性、新颖性等），有些试图在表演情境下验证这些系统的表演效果，例如帕凯特（F. Pachet）的"连续者系统"就是成功运用反射算法的一个例子。它是这样设计的，即要根据表演者的风格，利用对表演者的马尔可夫分析法，对独奏者作适时的反应。②活算法的一个有轰动性的成功事例是，2009 年伦敦大学的金史密斯学院组织了这样的音乐会，它吸引了许多人工系统，它们可与世界

---

① Blackwell T, Bown O, Young M. "Live algorithms: towards autonomous computer improvisers". In McCormack J, D'Inverno M (Eds.). *Computers and Creativity.* Berlin: Springer, 2012: 166.
② Blackwell T, Bown O, Young M. "Live algorithms: towards autonomous computer improvisers". In McCormack J, D'Inverno M (Eds.). *Computers and Creativity.* Berlin: Springer, 2012: 167.

著名即兴演奏家同台献艺。①

不可否认，让内置了活算法的系统作为"参与者"参与到团队的即兴演奏中是一项艰巨的挑战。因为参与即兴创作，即使是对人类音乐家来说也是挺困难的工作，而要让人工自主体以真正意义上的"参与"方式参与到团队的创作中当然是难上加难。布莱克威尔等说："在这里，用自上而下的方式预编程序是非常困难的。"②因为编程时有这样的问题不好解决，即如何确定下一步音乐发展的方向？哪一个下一步可能的贡献会有利于音乐的发展？要成为团队即兴创作的合格参与者，还必须有履行直接领导角色的能力，如能主导音乐的方向、唤起新的音乐中心等。为解决这些问题，真正实现用人工系统建模即兴创作团队的创作过程这一愿景，一般常用的模型是"概念空间探索"，用算法术语来说，这种探索是通过一组参数的迭代或让系统状态导航到遥远的状态来实现的。这样的探索可看作是对计算机形式代码的潜力的探索。③在这里，要让程序具有创新能力，我们必须知道创新的方式。创新的方式很多，如对已有观念的异常的重新组合、在概念空间中的探索、概念空间的转型。就概念空间的转型这一方式而言，要有这种创新，就必须有主动干预的能力。④布莱克威尔等认为，用活算法完成的音乐可以做到这一点，因为它能改变我们对人类和机器如何参与集体表演的预期，改变我们对随后的创新结果本质的看法。他们说："团队即兴创作已为转型创造力提供了一种有力的方案。"因为只要一算法能参与这样的创作，

---

① Blackwell T, Bown O, Young M. "Live algorithms: towards autonomous computer improvisers". In McCormack J, d'Inverno M (Eds.). *Computers and Creativity.* Berlin: Springer, 2012: 173.

② Blackwell T, Bown O, Young M. "Live algorithms: towards autonomous computer improvisers". In McCormack J, d'Inverno M (Eds.). *Computers and Creativity.* Berlin: Springer, 2012: 151.

③ Blackwell T, Bown O, Young M. "Live algorithms: towards autonomous computer improvisers". In McCormack J, d'Inverno M (Eds.). *Computers and Creativity.* Berlin: Springer, 2012: 151.

④ Boden M. *The Creative Mind: Myths and Mechanism.* London: Routledge, 2004: 4.

其表现被认为是适当的，那么就应承认它有转型创造力。[1]

为了建构计算机音乐系统，布莱克威尔等设计了一个被称作 PQF 的结构，它包含可用不同方法结合在一起的三个模块。以一种方式结合，就有一个人工音乐系统，结合方式稍有变化，就有另一种系统。三个模块分别是 P（倾听/分析）、Q（执行/合成）和 F（形成构型、推理甚或直觉）。它们都同时发挥两方面的作用，一是表征基本功能，二是表征实际的软件构成。这三个模块要结合在一起作为有创造力的系统起作用离不开活算法，因为上述三个模块就存在于其中，并通过它相互关联，最终成了无须人类控制就能协同作用的系统。由于该系统内有活算法，具备这样的构成及其相互作用，因此它具有人类实时创新系统乃至即兴创作所具有的四个特征：自主性、参与性、主导性、新颖性。

在这个活算法系统中，三个模块的地位和作用可形象地表述为，P 像耳朵，F 像大脑，Q 像声音。三个模块之间有几种基本线路，如有的有人类控制器，有的没有，这种连接可帮助形成计算机音乐系统的分类。活算法的新颖之处在于，它包含一种形成构型/推理的模块。该模块既无音频输入，也无音频输出，因此是更通用的算法，可以应用于非计算机音乐环境中。用算法术语来说，该模块是一种生成单元，即能产生思想和想象的机器，其功能就是让该系统表现出自主性和新颖性。这个算法的输入由 P 模块提供，合成单元 Q 有输出音频的功能。

根据布莱克威尔等的设想，这些模块结合在一起，就能把声波领域的分析和执行功能融为一体，进而通过与 F 这一模块合并建立一个把音频和计算领域沟通起来的回路。他们承认，理想的活算法有真正、完全的自主性，但

---

① Blackwell T, Bown O, Young M. "Live algorithms: towards autonomous computer improvisers". In McCormack J, d'Inverno M (Eds.). *Computers and Creativity*. Berlin: Springer, 2012: 151.

现实的活算法还需要一定的人工干预。①

　　总之，在布莱克威尔等看来，活算法是计算创造力值得开发的"处女地"，是人工系统能否实现真正创造力的枢纽。而且最重要的是，它已不再是纸上谈兵。例如，在人机合作的即兴创作中，其他表演者表面上能看到的是，参与合作表演的活算法系统不过是一个墨盒。其实不是这样，例如，只要观察它的输入和输出流，就可看到，该系统有自主创新的功能，因此是一个独立的整体。在此系统中，参数可在任何方向传递，简单地说，功能模块接受输入，并在连续的过程中释放输出。事件之间的静默时刻则由一系列常数参数表示。P 的任务是将参数流传递给 F，Q 的任务是将输出流超声化，P 和 Q 作为传感器使 F 与外部环境相互作用。

　　这里的问题是：在团队即兴创作中，人类参与者会被音乐家看作有自主作用的主体，但参与这一创作的机器或活算法能得到音乐家这样的认可吗？布莱克威尔等认为，这是活算法研究中的一个关键问题。如何才能让音乐家相信机器伙伴对团队即兴创作作了有效的值得尊敬而不是被否定的贡献呢？

　　在布莱克威尔等看来，专家的评价依据的其实不是事实，而是基于对有关概念的理解而作出的，因此只要澄清概念，就能解决上述问题。根据布莱克威尔等的看法，有自主性的系统就应被承认是合格的参与者，而自主性是一个相对的概念，即是相对于自动化和他律而言的，具言之，是介于这两个概念之间的概念。他律即完全由外物所决定，因此遵循他律的事物只能作被动反应，而自动化的事物是完全按既定规则起作用、没有任何参照因素的系统。只有既不是他律又不是自动化的系统才是自主系统。当然，系统的自主性有程度的差别，如最低的自主性，与环境的耦合程度最低，随着

---

① Blackwell T, Bown O, Young M. "Live algorithms: towards autonomous computer improvisers". In McCormack J, d'Inverno M (Eds.). *Computers and Creativity*. Berlin: Springer, 2012: 156.

程度的提高，自主性程度也会得到提高。[1]从否定方面说，完全随机的、任意的、凑巧的行为不是自主行为。活算法之所以被认为有自主性，是因为它通过提供结构性输出避免了随机性。另外，从输出是否具有连贯性、想法是否游移不定，也能判断其后的主体是不是自主体。在他们看来，活算法能保持连贯性，能遵循思维的同一律，因此应被认为有自主性。

不可否认，活算法的开发在自组织动力系统、机器学习、机器文化等多种技术的推动下已取得了巨大的进步，但必须同时看到的是，就研究现状而言，现在主要停留在研究有人工音乐家参加的团队如何完成即兴创作之上，如让人工系统模仿乐手在面对各种和声结构时把学过的旋律模式结合起来以做出反应。这在商业乐队中被证明是可行的，尽管只是开始。另外，活算法的灵活性、自主性尚不能说是真正的灵活性、自主性，因为它下一步的抉择和实际行动尽管与输入的实时环境及其变化有关，但就音乐演奏的算法来说，它在本质上依赖于输入流的内在音乐组织，因此算法就很难针对具体情况做出实时的、灵活的反应。再者，真正的音乐作品和表演具有不可避免的文化和社会嵌入性，它们始终处在互动、相互影响之中。就人的表演而言，实时的社会、文化环境本身是引起音乐家接下来表演的输入因素。已有的音乐方面的活算法尽管认识到了社会、文化因素的重要性，并试图在程序设计时予以建模，也有新的技术如以软件为媒介的社交网络等在被利用，但并未取得令人满意的效果。正因为这样，学界对活算法的研究也不乏批评之声。[2]

---

① Blackwell T, Bown O, Young M. "Live algorithms: towards autonomous computer improvisers". In McCormack J, d'Inverno M (Eds.). *Computers and Creativity.* Berlin: Springer, 2012: 158.

② Blackwell T, Bown O, Young M. "Live algorithms: towards autonomous computer improvisers". In McCormack J, d'Inverno M (Eds.). *Computers and Creativity.* Berlin: Springer, 2012: 171.

第四节 计算创造力的框架、机制与领域
通用性-专门性问题

一、计算创造力的框架问题

我们先看计算创造力研究中的框架问题。这里的框架问题是 AI 的一般性框架问题的具体化。在上篇中，我们对 AI 的一般性框架问题有专门的考察。我们已经知道，尽管它不是所有 AI 领域共同、普适的问题，但至少是许多研究领域绕不过去的重要问题。[①]

计算创造力研究无法回避框架问题，因为创造力作用的发挥与环境的变化密不可分。如果固守创造力分析的传统方案，那么是无法让计算系统表现真实的创造力的。因为创造力的一种传统方案只注重对创新过程的心理分析，只关注创新者内在的认知过程。如果据此去建模创造力，即使把创造力的全部心理细节都弄清楚了，也无法让人工系统表现出能对变化的情境做出实时反应的创新行为。正是看到这一点，计算创造力研究也十分重视框架问题，强调将创新过程看作与环境互动的过程，强调关注其广泛的构成和生成条件。

查恩利等认为，创造力及其所形成的结果不是简单的心理过程的产物，而包括复杂的构成因素，是典型的复合事件，例如人们总是在一定的环境下判断一过程或产物是否有创造性。也就是说，创新离不开判断者、评价者及其所生活的环境。其复杂性还在于，像环境这样的决定因素中又包括很多子因素，如大量的背景信息，它们反映以下内容：作者对作品的感觉，作者对作品主题和内容的看法，作品与其他作品的关系，创作前、中、后的心情等。

[①] Hayes P. "What the frame problem is and isn't". In Pylyshyn Z (Ed.). *The Robot's Dilemma: The Frame Problem in Artificial Intelligence.* Norwood: Ablex Publishing Corporation, 1987: 130.

这就是说，一作品是否会被认为有创造力，与其背景信息，即是否构建了相应的背景信息密不可分。例如，没有标题和附带的文字说明，一作品就没有什么创新价值，因此构建背景信息，或提供设计信息是创造力的本质构成部分。他们说："这样的信息在创新行为中总起着某种作用，因此是人类创造力的根本方面。"①在查恩利等看来，新的建模创造力的方案与传统方案的差别其实就是框架上的差别。新的框架强调的是，在为创造力建构模型时，在让机器实现创造力时，应看到建模背景信息以及大量相关因素对于创造力的作用。

根据这一方案，在建模时，有三点极为重要，即动机（为什么要做 x）、意图（在做 x 时，有何意愿）、过程（怎样完成 x），为予以实现，它还用计算术语对它们作了计算化处理。②

威金斯提出的创新系统构架（framework）其实也是对计算创造力的框架问题的一种回应。关于这一构架，我们在前面已有考释，这里不再重复。

计算创造力还有一种对构架的独特的理解，即把它作为动词理解，可译为"构建"（framing）。它指的是对能从计算上完成创新工作的构件、构成要素及其结构的构建，如为软件的行为和动机提供叙事情境或情境信息的过程就是这样的构建活动。这样的构建工作是建构计算创新软件的重要方面。计算创造力研究之所以要有这样的构建活动，主要是因为计算系统所生成的创新成果往往不能得到领域内专家的认可。要取得认可，就应构建适当的构件，如在设计时设法提供关于创新工作能力后面的动机、过程和意义的信息。

---

① Charnley J, Pease A, Colton S. "On the notion of framing in computational creativity". In Maher M, Hammond K, Pease A, et al (Eds.). *Proceedings of the Third International Conference on Computational Creativity*. Dublin: University College Dublin, 2012: 77-81.

② Charnley J, Pease A, Colton S. "On the notion of framing in computational creativity". In Maher M, Hammond K, Pease A, et al (Eds.). *Proceedings of the Third International Conference on Computational Creativity*. Dublin: University College Dublin, 2012: 77-81.

有了这样的构建工作，软件就能在生成创新成果的同时设法克服人们评价中的偏见，改进人们对它的成果和它本身的认知。

在计算创造力研究中，构建相应框架的工作早已开始，且有不同的形式，其过程包括动机构建、执行过程构建和展示方式构建。科尔顿等认为，要完成这样的构建，必须解决这样一些问题，如确立构建的目的、提供信息资源、构建算法自解释、准备有关的设备等。他们的 FACE 和 IDEA 模型就是基于这样的考虑而形成的旨在解决上述问题的构架。

根据 FACE 模型，计算创新系统能完成这样的创新行为，即一系列的生成行为，它们共有四类：概念、概念表达、审美评价和构建。这里的概念就是可被执行的程序，如能接收输入，形成输出；概念表达指特定概念的一对输入和输出；审美评价可被定义为一个函数，它接收概念、概念表达，然后输出从 0 到无限之间的一个真值；构建指构建一段让人们能理解的自然语言文本。[①]这里构建的主要作用在于，让用户、受众认可、理解机器的创造力，因此是一项在设计计算系统时的辅助性工作，即为其提供背景说明、相关信息。库克等说：“构建是计算创新软件设计中非常有用的概念，既是提升受众经验的工作，又是系统设计后面的指导原则。”[②]

这里新的工作是，在原有构建工作及成果的基础上，将构建过程中的不同构件分解为细粒度要素，特别是把构建过程看作系统设计的一步接一步的行为，看作设计过程的组成部分。

有些人认为,想象力像上面的背景信息一样也是创造力的一个重要构件,

① Colton S, Charnley J, Pease A. "Computational creativity theory, the FACE and IDEA descriptive models". In Ventura D, Gerva P, Harrell D (Eds.). *Proceedings of the Second International Conference on Computation Creativity*. México City: Universidad Autónoma Metropolitana, 2011: 90-95.

② Colton S, Pease A, Cook M, et al. "Framing in compositional creativity—a survey and taxonomy". In Grace K, Cook M, Ventura D, et al (Eds.). *Proceedings of the Tenth International Conference on Computational Creativity*. Charlotte: Association for Computational Creativity, 2019: 156-157.

因此至少是建构创新系统时必须考虑的一个因素，因为想象力对创新系统有这样的作用，即以知觉、经验和概念知识为基础，并把它们重组为以前没有的新观念、新思想。为了充分利用想象力在计算创造力中的作用，希思（D. Heath）等基于联想记忆模型和向量空间模型构建了联想概念想象框架。该框架的作用过程是，先学习概念知识，再弄清这些概念与有关产物之间的关联，然后通过这些来激发想象力，进而创造新的观念和输出。①

希思的联想概念想象构架既吸收了哲学和心理学中想象力研究的成果，又有自己的创新和发展。他们首先注意到，"想象"一词的用法太多，这与语境、观察的层次、粒度等有复杂关系。它的多义性表现在，人们既可直观地想象一个世界，也可想象去杂货店是怎么回事，想象成为名人是什么样子，等等。他们在这里的创新表现在，同时重视再现性想象和创新性想象。他们的构架由两大部分即向量空间模型和联想记忆模型所构成。向量空间模型的任务是，从大语料库中学习如何把语义信息编码为能填充概念空间的概念向量。联想记忆模型的任务是，在这些概念向量和来自不同领域（如音乐、绘画等）的例子之间学习如何关联。这些联想或联想记忆模型是双向的，能根据所与的概念向量分辨并生成产品，编码在向量空间中的语义结构允许这个构架根据以前没有得到例示的概念促成对新输出的想象。

向量空间模型的理论基础是这样的语言意义理论，即语言或概念的意义在于用法，相似的词会出现在相似的语境中，联系在一起的词会共出现。向量空间模型利用了这一点，通过分析大量的语料库，学习每个概念的多维度向量表征。该模型把语词还原为向量表征，而后者又可比作其他语词向量。意义相似的概念在向量空间或概念空间中有直接相互联系的向量，概念之间

---

① Heath D, Dennis A, Ventura D. "Imagining imagination: a computational framework using associative memory models and vector space models". In Toivonen H, Colton S, Cook M, et al (Eds.). *Proceedings of the Sixth International Conference on Computational Creativity.* Provo: Brigham Young University, 2015: 244.

的联系可以通过它们在概念空间中的邻近关系隐式地被编码。他们的构架除了能知道概念如何相互关联之外，还能理解概念如何关联于外部世界，即能观察和知觉它。为达到这一目的，该构架便利用联想记忆模型来学习如何让概念与外部事实关联起来。[①]顾名思义，这一模型指的是这样的计算模型或算法，它能学习概念向量和有关产品之间的双向关系，如不仅能根据这些产品预言适当的概念，而且能根据所与概念向量朝其他方向发展，生成其他产品。

希思等认为，他们的构架可用多种算法来实现，如可用机器学习算法来训练、预言与产品对应的概念矢量，其生成作用能由遗传算法实现，该算法又会用分辨模型作为适应度函数，如遗传算法可在得到"悲伤"这一向量时想象"悲伤"的旋律，进而分辨模型就知道"悲伤"旋律应具有什么特征，并指导进化过程。总之，只要有关的组件到位，并得到适当训练，上述构架就能实现工程化，进而完成想象乃至创新任务。例如，在完成感性的想象时，它会生成与特定概念对应的输出，在看到"猫"的图像后，它就学到了猫看起来像什么的表征，接着联想记忆模型就从"猫"的概念向量开始，生成可能与"猫"向量有关系的图像。在实现创新性想象时，该构架借鉴其他模型，如这样的模型能从大语料库中学习词汇向量，然后得到原始图像的训练，用深度卷积神经网络学习预测正确的向量标记。希思等的实验也表明，他们的构架经过适当训练和学习，可以完成预定的想象任务，即能表现想象力，如从概念空间中概念间的向量开始，基于该构架的人工系统去想象概念的组合是什么样子。类似的系统还能冒险沿着不同维度偏离概念向量，想象现有概念会发生什么样的形变。最后，有的系统能形成跨领域的输出，如在看到关

---

① Heath D, Dennis A, Ventura D. "Imagining imagination: a computational framework using associative memory models and vector space models". In Toivonen H, Colton S, Cook M, et al (Eds.). *Proceedings of the Sixth International Conference on Computational Creativity.* Provo: Brigham Young University, 2015: 247.

于狗的图画时，它能想象狗的声音可能是什么样子。

当然，上述构架只是一种模型，它实际上能表现什么样的想象力取决于实际的系统用什么样的模型和实现技术。由于相关模型的功能有限，因此他们建模的构架在作用上也有其限度，如不能在像素级①上生成关于任意概念的具体而详细的图像，不能知觉复杂的音乐，等等。要具备这样的能力，只有寄希望于深度学习系统的诞生。但随着研究的深入，这样的系统是有望实现的。

二、深度学习神经网络引出的创新能力的人格化解释与机制问题

再看计算创造力研究中关于高深创新能力的人格化解释与机制问题。这是由深度学习神经网络的发展引出的一个前沿问题。其实，它包含大量有区别但又有联系的问题，例如，创造力像深度学习神经网络一样，处在它们顶部最高级、最深奥、最复杂的地方，存在着无法用科学术语解释的东西，此即名副其实的"黑箱"。要解释清楚，简便的办法就是运用日常语言、经验知识，但这样容易陷入拟人化或人格化解释。而如果长此以往，那么它就永远是计算创造力无法接近和模拟的神秘世界。因此摆在计算创造力研究者面前的就有这样一些关联在一起的问题：如何打开黑箱，揭示里面的奥秘？如何祛魅？如何将有关的过程自然化、形式化？在一些人看来，创造力和深度学习神经网络中的那种神秘莫测的地方其实就是机制问题，因此摆在计算创造力研究面前的一个前沿焦点问题就是：什么是创造力的真正机制？如何揭示和建模该机制？由于这些问题由深度学习神经网络所引起，因此我们的分析就从这里开始。

大量实践表明，深度学习神经网络已表现了多样的、复杂程度极高的能力，因此受到了广泛的关注。但从解释的角度看，它又变成了"黑箱"式的

---

① 指的是以单个像素点为单位的尺度和精度。

存在，因为它的高层次行为未被精确编程，暂时也无法编程，因为这些行为是由数以万计的简单计算单元的相互作用所实现的。这便引出了一个新的问题，即这些行为常受到拟人化的解释或心理主义的解释，以致出现了这样的现象，本来是基本自然现象或机械化现象的网络、机器构造却成了一种比人更加人性化、人格化的现象。这在对神经网络和 AI 的神奇表现的解释中是很常见的现象。为什么是这个样子？一个可能的根源是，深度学习神经网络和创造力的最深隐秘处具有不透明性。它们一旦由大量构件结合起来形成整体并有自己的突现特性时，便成了盲人面前的大象。就神经网络而言，我们能知道的是激活层次和数百万个节点之间被加权的连续发生的事情，而缺乏必要的分析工具去理解它们的决策和行为的具体生成过程。为了解决这类问题，已有人提出了"能解释的 AI"的构想。其目的是让机器在形成创新成果时，有对自己的创新过程的反思性理解、报告或交流。但这只是可能的解决方案中一种不太好变成现实的选项。

　　新加坡的计算创造力研究专家怀斯（L. Wyse）并不回避这里错综复杂的问题，同时做了这样的工作，如在梳理问题的基础上，一方面为黑箱祛魅，消解拟人化理解，以获得精确认知；另一方面对机器的创造力形式做出探讨，特别是聚焦于创造力的机制问题，以获得有深度的、到位的理解。为此，他研究了深度学习神经网络的运行机制、本质和行为特点，特别是其与创造力有关的行为特点，例如具体深入到机制之中，探讨它们是如何引起这些行为特征的。他认为，创新能力的生成机制与计算认知过程有密切的关系。[1]就计算创造力的未来发展而言，它要如愿实现其理想，就必须将主要的精力聚焦于创造力机制的建模和机器实现之上，道理很简单，创造力主要根源于机

---

① Wyse L. "Mechanisms of artistic creativity in deep learning neural networks". In Grace K, Cook M, Ventura D, et al (Eds.). *Proceedings of the Tenth International Conference on Computational Creativity.* Charlotte: Association for Computational Creativity, 2019: 116.

制。人要让机器创新，并理解其创新过程，就必须掌握其引起创新行为的机制。总之，"机制"的概念应成为计算创造力研究的一个重点和热点。[①]

理解创造力的机制的一个有效办法是解剖神经网络的机制。根据怀斯的认识，这里的机制指的其实是，神经网络的复杂结构以及单元级的、能接受数据训练的学习算法。正是它们让网络组织自己，并表现出复杂的有时令人震惊的行为。有了这些机制就能解释网络的类似于人的能力的能力。这里的机制不是由编程决定的，而是突现的，因此承认它们的"隐秘"本质就不只是确立创造力标准化时的一种方法论上的考虑。要理解这些机制如何起作用，就不能仅作推论性的解释，而应作科学的研究，看到计算机代码对生成创造力的作用。

怀斯认为，看到神经网络机制的突现本质对计算创造力的研究也很重要。因为同样的道理在于，孤立地看，创新系统的构件及程序可能没有创造力，但当大量必要条件和因素结合成整体并发挥作用时就会表现出创造力。理解了机制的根源和作用，就有可能揭示深度学习构架的创新特点，就可超越对机器创造力的拟人化理解。根据怀斯的研究，拟人化的术语是可以用机制来解释的。他认为，其内在机制引起了与创造力连在一起的这样五个特征，即认知转换、不同领域的综合、情感识别及合成、类比及隐喻机理、抽象。这些特征可看作描述创造力的子模型的子集。

借助深度神经网络的结构，也可具体认识创造力的机制的内在秘密。众所周知，这些网络一般是分层的，一个层次的神经元组通过突触权值关联于下一层，其典型例子是图像分类器，其中网络输入是图像的像数值，输出层单元激活可被解释为类别的标志。深度学习神经网络之所以能表现复杂而神

---

① Wyse L. "Mechanisms of artistic creativity in deep learning neural networks". In Grace K, Cook M, Ventura D, et al (Eds.). *Proceedings of the Tenth International Conference on Computational Creativity*. Charlotte: Association for Computational Creativity, 2019: 116.

奇的行为，是因为它有相应的复杂机制。正是这机制决定了它的一系列独特的行为。对这类网络的结构、机制和行为的理解之所以能帮助理解创造力，是因为两者有相似性，例如神经网络的那些行为都与创新行为有关。具言之，网络所表现的行为不是由编程所使然，而是从节点和权重层级的相互作用突现出来的。创新系统的创新行为也是如此。

　　计算创造力研究创造力机制的进路还有很多，如其中一种较有影响的选择是强调通过人脑逆向工程来揭示创造力的机制。前面，我们曾经涉及过人脑逆向工程这一概念。我们这里关心的是计算创造力研究提出的创造力的逆向工程学。这样的研究在这里之所以必要和紧迫，是因为这里有这样的问题，即我们在创造、建构、设计人工创造力时必须回答的问题：我们建构的是哪些创造力？我们创造的是什么样的非人工创造力的版本？根据什么程序、步骤来创造？我们要解决的是什么样的问题？其麻烦在于，我们对我们要建模的创造力的原型所知甚少，或一无所知。如果是这样，计算创造力研究的一个出路便是，展开对创造力的逆向工程研究，实即重新对创造力进化过程进行概念化。这里的逆向工程主要是概念上的，即基于对人类创造力的解剖建构关于创造力的具有逼真性和可操作性的概念图式。①

　　通过逆向工程的研究，我们可以认识到创造力经典理论中这些原则的合理性，即创造力离不开英雄式的自主体，而这种主体又离不开其他物质（当然包括大脑中的物质）和环境。基于逆向工程研究，斯蒂芬森用"后创造力"概念概括自己关于创造力本质和机制的认识。②

---

① Stephensen J. "Post-creativity and AI: reverse-engineering our conceptual landscapes of creativity". In Cardoso F A, Machado P, Veale T, et al (Eds.). *Proceedings of the Eleventh International Conference on Computational Creativity.* Coimbra: University of Coimbra, 2020: 331.

② Stephensen J. "Post-creativity and AI: reverse-engineering our conceptual landscapes of creativity". In Cardoso F A, Machado P, Veale T, et al (Eds.). *Proceedings of the Eleventh International Conference on Computational Creativity.* Coimbra: University of Coimbra, 2020: 331.

基于这些探讨，斯蒂芬森为计算创造力提出了一系列的设计原则，目的是让机器在与人类合作时更好地表现创造力。其主要的原则是可解释（explainable）原则。在 AI 中，已诞生了可得到解释的 AI 系统，解释的目的是让黑箱系统变成透明的系统，进而可用解释模型加以说明。该模型能传递决策得以形成的方式。基于此，斯蒂芬森提出了"可解释计算创造力"这一新概念，主张把这种创造力研究作为可解释 AI 的一个子领域，其任务是在计算创造力语境下研究双向解释模型。这里的"可解释"不仅指对计算创造力做出解释，而且包括对话式的沟通。这一模型的最终目的是在人与机器之间建构双向交流通道，以让它们有真正的合作创新，从而提高合作创新的质量、深度和有效性。[①]

三、计算创造力的领域通用性与领域专门性问题及其争论

计算创造力研究中的领域通用性与领域专门性之争，是心理学中同类问题的延伸或在计算创造力研究中的具体化。在心理学中，所谓领域通用性是指存在着普遍适用于一切领域的创造力，不管在哪一专门领域进行创造，用的都是同一种创造力；而领域专门性强调的是不同领域所用的创造力不同于其他领域的创造力，例如文艺创作所依赖的创造力就不同于科学发现中所用的创造力。在计算创造力研究中，占主导地位的一种观点是认为，计算创造力只适用于特定领域，即每一个专门领域都有自己独有的创造力。就工程实践而言，多数人的工作都侧重于研究和开发专门领域的创造力。一种有创造力的软件只在某个领域有效，如下棋软件就只能下棋，里面的创造力没有普适性、通用性。新的观点是强调，由于存在着通用创造力，因此可以而且应

---

① Stephensen J. "Post-creativity and AI: reverse-engineering our conceptual landscapes of creativity". In Cardoso F A, Machado P, Veale T, et al (Eds.). *Proceedings of the Eleventh International Conference on Computational Creativity*. Coimbra: University of Coimbra, 2020: 331.

该开发具备这一特点的创造力软件，它能适用于多个领域。尽管我们目前只能开发适用于较少领域的有创造力的软件，但随着认知的发展，计算创造力将有更多的应用领域。最近的计算创造力国际性研讨会已把这种多领域的计算创造力看作一个值得大力发展的研究领域，投入了一定的力量。当然，其倡导者同时也承认，在将计算创造力推广到更多领域时，要考虑这些领域与原先领域的相关性，考虑所选择领域对所设计系统的结果的潜在作用或影响。洛克伦等认为，计算创造力是领域通用还是领域专门这一问题具有多面性，不能作简单的肯定或否定回答，因为问计算创造力是不是领域通用的，比问计算系统是不是领域通用的要宽泛、复杂得多。[①]我们这里重点考察一下洛克伦等的研究。

在洛克伦等看来，要回答计算创造力是否通用，首先要回答涉及其本质特征这一问题，即特定计算系统所表现出的创造力是否依赖于该系统所处的应用领域？特定系统的创造力是否打上了这个系统的印记、受制于这个领域？这里还有以下值得进一步探讨的问题：创造力本身是不是领域通用的？它本身具有普适性吗？一系统的创造力依赖于编程人员所选定的领域吗？如果这些问题是合理的，那么就可进一步探讨：系统的创新能力依赖于程序员的创造力吗？

在探讨创造力是领域通用还是领域专门的问题时，洛克伦等认识到，人们之所以对它莫衷一是，是因为人们对创造力有大量不同的看法，据说有一百多种。对此，我们在前面有考释。由于众说纷纭，因此 AI 中便有这样俏

---

① Lourghran R, O'Neill M. "Is computational creativity domain general?". In Pachet F, Jordanous A, León C (Eds.). *Proceedings of the Ninth International Conference on Computational Creativity*. Salamanca: University of Salamanca, 2018: 112.

皮的、不无道理的说法，"创造力是需要用创造力来解释的东西"①。

根据洛克伦等的研究，创造力的不同定义中也有其共性，即承认创造力包含新颖性或原创性与有用性或有价值这两个共同构成或特点。在创造力的分类问题上，也有趋同的一面，如博登的三分法（根据创新方式分为组合性、探索性、转型性）和二分法（根据创新的程度把创造力分为相对于个人自己的心理学创造力和相对世界历史的历史学创造力）得到了较多人的认可，即使有人有不同看法，但也会把它当作讨论的出发点。还有这样的分类也有较高的认可度，如把创造力分为相对于个人的创造力和相对于文化的创造力。②

洛克伦等还看到，创造力心理学和哲学中的普适性争论之所以复杂，是因为创造力的构成要素太多，如创新主体、过程、结果和环境等，既然如此，它们的每一方面就都有通用和专门的问题。这就是说，这里的争论既涉及一个领域中创新的人、过程、成果在其他领域是否也得到认可，又牵涉评价和训练创造力的问题，如一个领域中培养的创造力在另一个领域是否有效，能否在数学领域培养音乐的创造力，等等。由于这样的复杂性，因此占主导地位的观点是领域专门性理论。洛克伦等承认，创造力的确具有领域专门化特点，即有些领域有其独有的创造力，如音乐、数学领域等的创造力在其他领域就是不管用的。不管创造力是否具有领域通用的特点，其存在和表现均局限于特定领域，这是一个客观事实。这是由人的本质特别是行为的本质所决定的，因为每个人都有自己的特殊性，即使面对相同的对象，人们关注的方面以及随后的反应也大不相同。另外，每个人都有自己的特殊的动机、愿望、爱好、才能、专门知识等，每个人都有自己的长处和优点，寸有所长，尺有

---

① Meusburger P. "Milieus of creativity: the role of places, environments, and spatial contexts". In Meusburger P, Funke J, Wunder E (Eds.). *Milieus of Creativity: An Interdisciplinary Approach to Spatiality of Creativity*. Berlin: Springer, 2009: 97-153.

② Csikszentmihalyi M. *Creativity: The Psychology of Discovery and Invention*. New York: Harper Perennial, 2013.

所短，因此他们的包括创新能力在内的所有能力都一定有其个性，总与专门的领域有这样或那样的关联。[①]

但又必须看到，个性中总是包含着共性，领域专门性的创造力并不妨碍它们贯穿的通用性。正是因为有这样的关系，因此折中的观点仍有较大影响。它认为，创造力是领域通用的，但必然寓于专门的领域，以专门的创造力表现出来。

洛克伦等还认为，要真正解决上述问题，仅停留在概念层面的争论是没有什么好处的，而必须对创造力作具体解剖。只要作这样的解剖就不难发现，创造力具有表层的构成和特点，如新颖性和有用性。再往创造力的内在过程深挖，还可看到，创造力有意向性或定向性这样的特点，它指的是诱发创造力并贯穿在创新过程中，推动创新过程的东西，例如从事创新工作的人总是有意地这样去做。这三者对创造力必不可少，即只要有创造力出现，自主体就一定会表现出新颖性、有用性和意向性。[②]

既然一般的创造力有通用的一面，因此计算创造力原则上能建模通用的创造力，当然要将这一点变成现实，在当前的认识和技术水平之下还是很困难的。因为计算创新系统的设计和实现必然包括这样的步骤，即算法选择、数据分析、思考内部运作、考虑系统层次。还有人认为，第一步是选择应用领域。只有做出这样的选择，才能确定基因型层次和表现型层次的表征。在洛克伦看来，这些实现计算创造力的步骤在今天都无法实现通用创造力，只适宜于建模专门的创造力。由上所决定，尽管已有的研究中有些会涉及多领

---

① Lourghran R, O'Neill M. "Is computational creativity domain general?". In Pachet F, Jordanous A, León C (Eds.). *Proceedings of the Ninth International Conference on Computational Creativity*. Salamanca: University of Salamanca, 2018: 114.

② Lourghran R, O'Neill M. "Is computational creativity domain general?". In Pachet F, Jordanous A, León C (Eds.). *Proceedings of the Ninth International Conference on Computational Creativity*. Salamanca: University of Salamanca, 2018: 114.

域的创造力，但现在的创新系统开发都带有领域专门性的特点，即重点关注某一领域的创造力的开发，如音乐、绘画创造力等。设计人员的动机、目的足以说明这一点，他们一开始就明确要建模什么样的创造力，其中心、边界是什么。既然如此，所建模的创造力一定是领域专门化的。

计算创造力在当今难以通用的另一个原因在于，计算创造力的专门化一开始就是由程序员指定了的。事实上，有的系统所实现的所谓适应性创造力鲜明地体现了计算创造力的领域专门化特点。因为这种创造力就是能改变系统的输出或行为的创造力，而行为一定是特定领域的行为。再就创造力的存在范围而言，随着计算创造力的诞生，已有的创造力并不局限于那些有世界影响的发明创造，因为每个人都有自己的创造力。更重要的是，由于创造力研究中诞生了非人类中心主义，因此人们现在一般承认，除了生物系统所实现的创造力之外，还有由机器所实现的创造力。这样一来，创造力及其性质就更加复杂。例如，如果说人的创造力中包含着人性，那么计算创造力就是没有人性的创造力。[①]当然，也有这样的例外，如对它的评价则有对人性的强调，有的人认为，在评价或讨论计算创新系统时，应考虑人的看法，即看人是否承认其有创造性。创造力的通用性的困难还在于，所有的学科、能力都有分化的趋势。例如，在艺术世界，文艺复兴时期的艺术家可以在许多不同领域发挥创新才能，但在现代，艺术世界不断碎片化、专门化，不仅专门的领域越来越多，而且风格和目的都越来越专门化。[②]

洛克伦等认为，机器的能力是在发展的。例如，随着机器学习技术和计

---

① Lourghran R, O'Neill M. "Is computational creativity domain general?". In Pachet F, Jordanous A, León C (Eds.). *Proceedings of the Ninth International Conference on Computational Creativity*. Salamanca: University of Salamanca, 2018: 116.

② Lourghran R, O'Neill M. "Is computational creativity domain general?". In Pachet F, Jordanous A, León C (Eds.). *Proceedings of the Ninth International Conference on Computational Creativity*. Salamanca: University of Salamanca, 2018: 117.

算创造力等的发展，特别是诞生了由数百万神经元组成的深度神经网络，人工系统的计算力、智能都在快速发展，因此有理由相信以后的机器能像人一样表现通用的创造力，而且现在是为这一前景作准备的时候。另外，能否建构或创造通用的创造力，取决于我们能否创造像人类心灵一样有通用性的人工心灵，尽管对神经网络的训练总是限定在某种专门任务之上，现在尚没有具有通用智能特点的 AI，但像人类心灵一样的人工心灵事实上已出现在了地球之上。再者，人类通用创造力的培养、发展和研究也能让我们看到通用创造力计算建模的希望。例如，在教育学中有这样的成功事例，即将儿童在一个领域培养出的创新能力推广到另一个领域，这就是说，人的通用创造力事实上是可以培养和发展的。既然如此，今后也可通过一定的方式让软件在一个领域得到的创造力推广到别的领域，进而不断提升其通用性、普适度。

总之，我们现在尽管只能满足于开发弱创造力和领域专门化的创造力，但在这个过程中，如果我们逐步积累经验，多方面、多途径、多角度地研究创造力，弄清通用创造力所依赖的条件，然后让计算系统具备这些条件，如让它有足够通用的、能理解多个领域的智能，并拥有强创造力，那么我们将逐渐实现对通用创造力的建模。[①]

第五节　计算创造力研究中的美学、自我学、伦理学问题及其他

本节的任务是考察计算创造力研究中涉及的美学、自我学、伦理学以及其他带有较强基础理论特别是哲学意义的重大问题。

---

① Lourghran R, O'Neill M. "Is computational creativity domain general?". In Pachet F, Jordanous A, León C (Eds.). *Proceedings of the Ninth International Conference on Computational Creativity*. Salamanca: University of Salamanca, 2018: 117-118.

一、计算创造力研究中的审美问题

先来看计算创造力对审美能力的建模和机制实现问题的探讨。只要考察创新成果，不管是科学发现，还是艺术作用，我们都会发现，创新成果除了具有新颖性、有用性、令人惊诧等标志性特点之外，还有美感，能满足人的审美需要。博迪利等说："有意识的计算创造力的一个高级目标就是要让人工系统拥有自己的审美能力。"[①]然而，多数计算系统最大的缺陷是没有对审美能力进行建模，相应地，该领域的研究在计算创造力方面几近成为一片空白，至少是薄弱环节，鲜见对建模指导原则的系统建构的探讨。其主要的原因大概是这样的认识在作怪，即计算机无法表现情感，无法作出自己的审美判断，因为审美能力抵制编程。一些关注文艺创造力建模的人对此深感忧虑，认为这是不利于计算创造力的发展的，因为一方面，任何创新成果都有美学特性，人的创造力也有对美的追求，因此审美能力是人的创造力的一个方面；另一方面，文艺创造力是创造力的重要类型，其内在基础和机制就包括审美能力。鉴于这些，一些人大力倡导计算创造力与审美价值的融合。由于这一点得到了较多人的响应，因此解决计算创造力缺失审美能力问题、探讨如何建模审美能力便成了计算创造力研究中一个重要的走向。其主要工作是，探讨如何把审美价值融入计算系统之中，如何在工程学实现过程中让计算系统或隐或显地包含审美价值，表现审美追求。有的人认为，创造力的高低，是否增强，应从它的审美价值角度去评价。博迪利等想做的是这样的工作，即探讨建模这样的系统应依据什么原则，计算创新系统应选择什么样的审美标准，需要什么样的美学。

博迪利等认为，要让计算系统有自主审美能力，就必须研究元美学，即

---

① Bodily P, Ventura D. "Explainability: an aestheic for aesthetics in computational creative systems". In Pachet F, Jordanous A, León C (Eds.). *Proceedings of the Ninth International Conference on Computational Creativity*. Salamanca: University of Salamanca, 2018: 153.

能指导系统选择自己美学的美学。他们以威金斯的计算创造力形式化理论为基础，对元审美作了形式化处理，认为可解释性是自主创新系统有效的元审美能力。[①]根据他们的研究，艺术不只是一种供人消遣、带来愉悦体验的工具，同时也是一种认知手段。美学是关于艺术的哲学，是批评理论，是一组关于美和善的东西的价值评价或信念。计算创造力是不是创造力，除了有其内在的标志之外，还与评价有关。而评价有审美评价和创造力评价，后者关心的是有无新意，前者关心的是能否让人愉悦，让人有美感。这特别表现在艺术作品的评价之上。例如，要评价艺术作品的创新性，除了要关注它是否新颖之外，还要关心它是否有审美价值。所谓审美价值是指这样的性质、品质，即一艺术品被判断为成功的或有创新性的必要条件。在作为评价科学的美学中，评价应与判断区别开来，评价表征的是技术的、客观的可量化的尺度，而判断是对人性的、主观的和品质上的价值的断定。

要让计算系统有审美能力，首先应知道它是什么，其内在作用机制是什么。这当然是一个见仁见智的问题。博登认为，它是先验的心理结构，是一种内在的、能作出价值评价的心理能力。威金斯把这种内置的价值评价能力称作按照我们认为适当的标准对概念作出价值评价的一组规则。还有人把它看作自主系统所具有的、根据它的标准引起和引导变化并生成自己"意见"的能力。计算创造力要建模它，还必须找到将审美能力形式化的办法。这方面的探讨也很多。伯克霍夫（G. Birkhoff）的《审美标准》（*Aesthetic Measure*）一书被认为是计算美学的奠基之作。在该书中，他把审美测评标准看作秩序与复杂性的比率。熵和复杂性都具有审美尺度的意味。当这些尺度应用于具体作品的评价时，它们代表的就是计算系统中所用的审美评价标准。根据一

---

① Bodily P, Ventura D. "Explainability: an aestheic for aesthetics in computational creative systems". In Pachet F, Jordanous A, León C (Eds.). *Proceedings of the Ninth International Conference on Computational Creativity*. Salamanca: University of Salamanca, 2018: 153.

种假定，要判断一作品是否具有创新性，必须运用有关的审美标准，或关注该作品所具有的审美性质。一般认为，这样的性质主要有两种，即新颖性和典型性，测量这些性质可用冯特曲线。该曲线代表的是一作品新颖性增加时的作品的价值。刚开始，其价值会随着观念、特征整合到作品中而呈增加之势。然而到某一点，作品变得如此之新，以至于它不再适合趣味性评价，其价值开始下降，直至失去其趣味性。当然，在有些人看来，审美判断的标准除了新颖性和典型性之外，还应该有很多，如技巧、想象力、可欣赏性、有价值和引起惊诧。霍夫斯塔特认为，还应把复杂性看作创造力的审美标准。[①]

在对审美能力有了一些认知的基础上，计算创造力研究已开始了它的工程实践，如为其建构模型，探讨它的技术实现方式，其较有影响的方式包括根据用户评分得到训练的神经网络、马尔可夫模型和"常用"知识模型等。[②]在计算创造力的研究中，还有这样的共识，即认为人工创新系统所具有的审美能力必须具有自主性，不能依赖于程序员的编程。而要有自主性，计算系统就必须能够按自己的风格形成自己的审美标准及评价。有的人还强调，这里应摆脱人类中心主义的建模方式，让计算系统表现出行然性的 AI 构架，这样的构架应成为关于有意的创新自主体的最低限度的模型。有的人认为，人工系统在一定程度上开发出自主的审美能力是有其可能性的，如库克（M. Cook）等就开发了一种绘画系统。它进化出了自己的偏好函数，该函数能让系统做出非随机的、连贯的审美选择。[③]还有一种设计试图实现独立的语义和图像生成模型，自动地用语义模型来指导图像的生成过程，这些图像传递

①　Hofstadter D. *Gödel, Escher, Bach: An Eternal Golden Braid*. New York: Basic Books Inc., 1979.

②　参见 Bodily P, Ventura D. "Explainability: an aestheic for aesthetics in computational creative systems". In Pachet F, Jordanous A, León C (Eds.). *Proceedings of the Ninth International Conference on Computational Creativity*. Salamanca: University of Salamanca, 2018: 154.

③　Cook M, Colton S. "Generating code of expressing simple preference: moving on from hardcoding and randomness". In Toivonen H, Colton S, Cook M, et al (Eds.). *Proceedings of the Sixth International Conference on Computational Creativity*. Provo: Brigham Young University, 2015: 8-16.

的是特定的概念，包括在训练中未曾出现的概念。①

　　在解决计算系统缺失审美能力、探讨审美能力实现于计算系统的过程中，博迪利等承认"自主审美能力是创新系统的关键构成"②，同时强调，需进一步探讨这样的问题：计算系统应该根据什么样的特征来建构自己的审美能力？为了解决这一问题，他们阐述了一种描述、分析、比较审美能力的构架，它类似于威金斯的构架，不同的是，它强调的是审美而非概念。在威金斯的构架中，一组评价概念的规则被阐述为创新系统的关键构成。博迪利等的构架的假设是，存在着一个包含着所有可能审美判断的 u 宇宙。我们可以这样定义，它是多维度的空间，这些维度允许表征任何审美判断，所有可能的、不同的审美判断与不同的点相对应。这些审美判断的形式包括抽象的与具体的、局部的和全局的。

　　另外，要建模有审美能力的创造力，必须认识到创造力的社会本质即创造力对创造者与社会生活关系的依赖，因为根据博迪利等坚持的创造力的情境主义或延展理论，创造力不发生于大脑之内，而发生于人的思想与社会文化的关系之中。创造力的认知依赖于对审美的解释，而解释就是对对象的审美，换言之，好的审美是可以解释的，如被解释为关于艺术的信念的口头或书面陈述本身。这就是他们关于创造力的可解释原则。他们说："能解释的审美能力可帮助我们认识感性的、审美驱动的创新系统。"③这里要注意的是，他们强调的是能解释的审美，而不是被解释的审美。他们之所以把审美

---

　　① 参见 Bodily P, Ventura D. "Explainability: an aestheic for aesthetics in computational creative systems". In Pachet F, Jordanous A, León C (Eds.). *Proceedings of the Ninth International Conference on Computational Creativity.* Salamanca: University of Salamanca, 2018: 154.

　　② Bodily P, Ventura D. "Explainability: an aestheic for aesthetics in computational creative systems". In Pachet F, Jordanous A, León C (Eds.). *Proceedings of the Ninth International Conference on Computational Creativity.* Salamanca: University of Salamanca, 2018: 155.

　　③ Bodily P, Ventura D. "Explainability: an aestheic for aesthetics in computational creative systems". In Pachet F, Jordanous A, León C (Eds.). *Proceedings of the Ninth International Conference on Computational Creativity.* Salamanca: University of Salamanca, 2018: 156.

能力当作创新能力的关键构成，是因为他们认为，审美能力能提升创新成果的价值或有用性，而价值正是创造力的两个标准（新颖性和有用性）之一。能解释的审美可以让创造者将这种价值传递给他人。被解释的审美只能让其他人理解一成果为什么是有价值的。

更深层的哲学问题是：既然创造力包含审美能力，而审美能力离不开可解释性（其作用是提升创新成果的价值），那么什么样的可解释性有利于创造力的生成？之所以要提出这个问题，是因为他们看到，创造力本身有时具有不可解释的特点，有的人甚至认为，不可解释性是创造力的关键构成。因为根据对创造力的复杂性解释，创造力是在创新过程扩展到复杂性的充分必要阈值时突现出来的。在这里，几乎没有什么信息能帮助观察者去理解和解释创新过程。值得肯定的是，博迪利等闯进了创造力哲学的复杂性领域，意识到并提出了有价值的问题，如创造力与复杂性的关系问题，创造力可解释的程度和范围问题，还试图作出自己的回答，但由于问题本身的复杂性，他们并未作出明晰、令人满意的回答，如只是强调说，要认识创造力，要讨论可解释性、创造力、复杂性的关系，关键在于找到下述两方面的平衡，一方面，对于人和计算机来说，几乎没有什么信息可帮助人们理解和解释创造力；另一方面，有太多的现象让人认识到，创造者不过是在执行预定的指令。[①]

这里有意义的、值得进一步探讨的问题是创造力与复杂性、解释的关系问题。一种观点认为，创造力是复杂性达到一定程度时的一种突现现象。突现前可认识和解释，但突现过程本身和突现后的创造力是不可认识和解释的。这自然引出了创造力是否包含一种抽象的、核心的、领域中不可知的机制的问题。

---

① Bodily P, Ventura D. "Explainability: an aestheic for aesthetics in computational creative systems". In Pachet F, Jordanous A, León C (Eds.). *Proceedings of the Ninth International Conference on Computational Creativity.* Salamanca: University of Salamanca, 2018: 159.

我们认为，看到创造力的复杂性是化解这里的困难的必要条件。其复杂性的表现除了创新过程内部存在着复杂性之外，还表现在创造力的样式是多种多样的，如日常生活和行为中的创新与重大科学认识上的创新，相对于个人认知的创新，相对于世界历史的创新。很显然，日常生活和相对于个人认知而言的创新就是不那么复杂的，就没有不可知的机制，即有可解释的一面。但博迪利等由于没有对上述区分，只是笼统地说创造力本身复杂，不可解释。

博迪利等认为，尽管创造力有不可解释的特点，但作为创造力重要构成的审美则有其可解释性。它指的是创新的自主体可将创新的价值告知于人，即向他人宣传、解释。正是因为有这样的可解释性，因此创新主体才能让创新的有用性这一特点表现出来。[①]根据这样的思路，他们做了这样的自认为对计算创造力有重要贡献的工作，即让系统有自动地完成审美判断的能力。这样的系统是独立于任何特定的创新领域而被开发的，并能以模块化形式应用于多种不同的领域，事实上，按图灵标准，还具有一定的创造力和自评价能力。从效果上来说，由于这样的系统能提供开箱即用的审美模型，有自主的引导能力，因此对那些乐于看到计算创造力的生成能力的人来说也是有用的。

总之，计算创造力的发展应关注、重视审美能力的开发，因为它是创造力的本质构成，而审美能力与可解释性密不可分。审美能力的可解释性是计算创造力研究中应遵循的一个最低限度的、有价值的标准。既然如此，计算创造力在审美方面的研究就应关注和加强对可解释性的研究。[②]

① Bodily P, Ventura D. "Explainability: an aestheic for aesthetics in computational creative systems". In Pachet F, Jordanous A, León C (Eds.). *Proceedings of the Ninth International Conference on Computational Creativity.* Salamanca: University of Salamanca, 2018: 159.

② Bodily P, Ventura D. "Explainability: an aestheic for aesthetics in computational creative systems". In Pachet F, Jordanous A, León C (Eds.). *Proceedings of the Ninth International Conference on Computational Creativity.* Salamanca: University of Salamanca, 2018: 159.

二、计算创造力是否还应包括评价能力？

这里的评价问题与我们后面将辟专章讨论的评价问题有联系，但侧重点有很大不同。这里关注的是心理学和哲学中的创造力作为能力、过程是否包括评价构件延续性问题，即追问和探讨，让计算系统表现出来的创造力除了生成有新颖性、价值性的成果这一能力之外，是否内在地包括评价能力，是否要在有创造力的软件设计和开发时同时考虑对这方面的建模和实现。

在哲学和心理学中，人们对创造力本身是否包括评价能力是有不同看法的。一种观点认为，创造力不仅包括生成的过程，而且还有解释的方面，同时还包括旁观者、周围的业余和职业评论者的理解、认可和评价。这当然是我们前面介绍的大系统观或宽创造力理论坚持的观点。根据这一对创造力的宽理解，创造力不仅包括创新主体、能力、过程、成果、领域、专家团队，还包括创新主体在创新过程中随时的评价，以及成果形成后的受众和社会的评价。例如，一首动听的歌曲激发了听众丰富的内心情感，在听众心中产生了共鸣、震撼之类的结果，这既离不开创造力的生成过程，又离不开人们的解释和评价过程。[①]这里所说的解释、理解过程既包括对作品的认知、理解、把握，又包括在理解基础上出现的批评和评论。基于此，费希尔（D. Fisher）等说："评价本身就是一种创造性行为，因为它需要理解大量的创新能力，而这些能力都是以令人信服的方式交流的。"[②]相反的、狭义的观点认为，创造力只能是由创造者完成的行为，只要它相对于自己过去的认识或社会过去的认识有以前没有的内容，就可被认为是创新行为。这就是说，创造力与

---

① Fisher D, Shin H. "Critique as creativity: towards developing computational commentators on creative works". In Grace K, Cook M, Ventura D, et al (Eds.). *Proceedings of the Tenth International Conference on Computational Creativity*. Charlotte: Association for Computational Creativity, 2019: 172.

② Fisher D, Shin H. "Critique as creativity: towards developing computational commentators on creative works". In Grace K, Cook M, Ventura D, et al (Eds.). *Proceedings of the Tenth International Conference on Computational Creativity*. Charlotte: Association for Computational Creativity, 2019: 173.

成果形成后自己及他人的评价无关，亦即不包括评价这一构成。

我们认为，这两种观点并无冲突。它们实际上从不同角度突出了创造力的两种存在方式或种类，一是广义的、得到了社会认可的创造力，如牛顿力学定律、爱因斯坦相对论；二是已完成了的但暂时没有传播开来的、今后有可能或没有可能现实化的潜在的、狭义的创造。这样的成果其实很多，如获得性遗传理论在被社会认可之前就长期处于这样的状态，许多人不为他人所知的新想法、新行为也属于这种情况。也就是说，创新能力的理解有宽与窄、广义与狭义之别。坚持宽理解，就会主张创造力应包括评价，相反，坚持窄理解，就会像传统观点或关于创造力的"浪漫主义的生成模型"那样主张，创造力只是内在的生成新思想的能力。

计算创造力研究中的两种对立的观点其实也是这样，坚持宽理解，在建模和机器实现时，就自然会把评价看成是创造力建模的应有之义，反之，就会局限于有自我意识的、能设计自己的创新思想的自主体之内，把对创造力的建模看作对内在复杂性的生成过程的建模。①因此，两种方案没有对错、好坏之分，因为创造力是否包括评价这一问题是一个规范性问题。

三、创造力建模是否应关注情境问题？

这一问题在性质上与上面的评价问题相仿，是认知科学中的四 E 理论特别是情境主义运动推广到计算创造力研究中派生出的问题。这里的情境指的是创新发生的背景，包括设计的构想、背景信息等。根据创造力的一种宽理解，创造力应包括情境这一构件，因为有的解决方案相对于过去被认为是新的，但当情境发生了变化时，它就不再被看作是新的。可见，情境的变化对

---

① Fisher D, Shin H. "Critique as creativity: towards developing computational commentators on creative works". In Grace K, Cook M, Ventura D, et al (Eds.). *Proceedings of the Tenth International Conference on Computational Creativity.* Charlotte: Association for Computational Creativity, 2019: 173.

人们的新颖性认知有制约作用。[①]很显然，这是一种反传统、反常识的观点。根据通常的观点，创造力就是能力、过程，与情境风马牛不相及。我们重点考察一下计算创造力中的情境论观点。

根据情境论的计算创造力方案，包括创新、设计在内的活动实际上都是情境化活动，因为活动的目的、任务、要解决的问题都是由情境所引发的，解决问题的资源是受情境限制的，人过去的经验、预期本身是情境的组成部分。情境会促成一种特殊的解释、理解形式，即情境理解，这是创新的一个前提条件。既然如此，在设计有创造力的软件时，就应把情境的建模当作其关键性工作。佩里西奇（M. Perišić）等说：“要理解设计活动的创新方面，必不可少的是理解概念空间如何变化。”[②]要理解这种变化，必须理解情境的变化，因为情境的变化才是概念空间变化的根源和动力。他们说：“情境的转变可看作利用以前的经验来创新设计空间和修改已有空间的动力。”应强调的是，他们所关注的情境指的主要是科尔顿等所说的、现在受到大量讨论的框架，而这种框架就是各种参与者的交互，既可以是一般的，也可以是非常具体的，要么被设想为内在结构，要么被设想为分类结构，如在运动领域内，运输框架可为搬运工提供沿途的运输工具。

在佩里西奇等看来，要让计算系统表现出创造力的新颖性这一关键特征，就要设法在设计中发挥相应情境的作用。我们这里主要分析一下佩里西奇等用计算实验对新颖性这一创造力的关键方面及其与情境的关系的探讨。他们想弄清的问题是，新颖性如何受情境变化的影响，情境的变化是如何发生在设计所

---

①　Perišić M, Štorga M, Gero J. "Situated novelty in computational creativity studies". In Grace K, Cook M, Ventura D, et al (Eds.). *Proceedings of the Tenth International Conference on Computational Creativity*. Charlotte: Association for Computational Creativity, 2019: 286.

②　Perišić M, Štorga M, Gero J. "Situated novelty in computational creativity studies". In Grace K, Cook M, Ventura D, et al (Eds.). *Proceedings of the Tenth International Conference on Computational Creativity*. Charlotte: Association for Computational Creativity, 2019: 286.

依赖的概念空间之中的。他们强调，应从情境视角来研究设计中的新颖性的角色和机器建模、实现问题。其基本观点是，情境变化会影响对新颖性的评价。为阐释这一观点，他们提出了两个假说：第一，在设计过程中，以前被认为是新的解决方案会变成没有新意的；第二，有些以前不被认为是新的方案，可能被评价为新的。他们用关于设计团队的计算模型验证了这两个假说。

他们的创造性工作是，在情境主义的基础上完成了对新颖性的建模。根据这一模型，一个设计团队可看作一个由认知丰富的、社会性的自主体组成的集合体，每个自主体代表的是个别的设计者，自主体的心理模型有三个层次，即功能、行为和结构层次。在每个层次，节点的集合表征的是自主体已知的功能、行为和结构。功能与行为的连接、行为与结构的连接，代表的是自主体所知的要素之间的关系。

自主体要拓展结构空间，必须执行两种机制，即联合和压缩的机制。另外，单个结构中的团队要避免固化还必须执行这样的机制，即如果一个结构在 10 个模拟步骤中反复出现，并且相关行为节点与该结构的关联在每个自主体的心理模型中都有充分的基础，如最大连接权值超过 98%，那么这个结构就会被抑制，有关行为与结构的连接权值就会降低。这一机制一致于这样的情境，即设计团队的每个成员都赞成一种解决方案，并把它放在一边，再去设法想出新的想法，同时记住该方案的行为和属性。

为了验证他们的假说和模型，他们在计算系统上做了较多实验，如在每次模拟过程中，将任务表征为一组网络属性。根据他们的模型，一个结构只有满足这些网络属性才能被认为是一个解决方案。为了评价结构的新颖性，每个结构就用其相关的网络属性来描述。他们在网络上一共进行了 300 次模拟实验，每个实验都在可达空间结构节点大小达到 10 万个的时候终止。可达空间结构和可达可行结构空间的大小平均值、大小的标准差呈现如下统计分布：平均值为 187，每个模仿节点的新的大于非新的数量的平均值为 187，标准差为 167.06，每个模仿节点的非新的大于新的数量的平均值为 653，标准差为 256.88。这就是说，在有些情况下，新的解决方案最终变成了不新的，而有些非新的解决方案变成了新的。变新的机制是，自主体扩展了方案的空间，进而随时间变化，它们创立了新的结构。在每一步模拟中出现的新方案的数量随着模仿的推进而增加，但被看作新的、可行方案的比例却随着时间的推进而逐渐下降。

总之，佩里西奇等利用设计中创造力的计算模型探讨了新颖性这一创造力的重要方面，试图揭示新颖性随情境变化而变化的现象及规律。他们自认为的一个新发现是，设计的背景信息这样的情境因素在变化时有扩大解决方案的空间的作用，因此一个看起来新的方案相对于其他多数方案来说就没有什么新意。

四、计算创造力研究中的自我问题

一些人基于对人的创造力的分析认为，人的创造力离不开自我的作用，而已有的创造力计算建模遗忘了自我这一方面。例如，已有研究少见或几乎没有对自我与创造力关系的探讨与建模，已有的计算系统难见自我的踪影，有的涉及了内在过程，但没有涉及自我，如创造力三脚架理论建模的是技能、鉴赏力和想象力，特别是有一走向，只是着力探讨创新成果的生成，而未涉及对创新自我的建模，究其根源是人们对创造力的解剖存在片面性，如只注意了想象、归纳、发散、收敛等对创造力的决定作用，但没有看到自我的作用。

根据耶姆瓦尔（V. Jamwal）对创造力的分析，真正的创造力一定包含自我的作用或表现，即一定有自我的创造性的外化，而已有的对创造力构成的建模对这种表现都是不充分的。因此他认为，创造力计算建模的主要工作应包括建模"自我的表现"，而关注这一点又意味着看到自我是环境中活生生的实在，它同时具有内在的观点和表现自己的能力。

我们知道，人的确有这样的特点，即通过戏剧、绘画、诗歌等创造性的艺术形式表现自我，而这又是由内在的需要所决定的，因此通过创作表现自我是人的本性之一。就其主要方式而言，自我表现就是人通过语言、面部表情等将自己的思想和情感表现于外。这是人的本性，也是人与人相互交流的前提条件。在多种自我表现形式中，创造性自我表现是最重要、最高级、最能体现人的本质特点的形式。其独特之处在于，在自我表现中增加了"创造性"这一额外的东西。例如，人以创造性的方式或以艺术的形式来表现人的自我。①另外，从效力和价值上说，人的创造力之有殊胜、高超、灵活等特性，应与它是由统一的自我完成的有密切的关系。

计算创造力研究之所以应重视自我，是因为创新输出一定包含创造者的自我及其观念的影响，这特别体现在文学艺术这样的创新成果之中。其创新成果之所以有不同于其他成果的新颖性、令人震惊性、个性，是因为它们是作者自我特质的特定放大，反映了作者自我的个性、思想和感情。可以说，这些作品是作者"创造性的自我表达"②。这种表达有其客观的方面。客观自我的"我"，如思想、知觉、情感，就是其表现。它们构成了一个内部世界。每个自我都有其独特的构型，如特定的气质、个性、智能、知觉、人格背景。基于这样的认知，创造性自我表现便成了计算创造力研究的一个课题。这种研究突出的是自我表现中的创造性，如创新成果的生成，能生成成果的技术和意图等。但不足的是，尚缺乏对这一过程中的"自我"的关注。耶姆瓦尔认为，要切入这一研究，应关注两类问题：一是想表现的自我是谁？二

---

① Jamwal V. "Exploring the notion of self in creative self-expression". In Grace K, Cook M, Ventura D, et al (Eds.). *Proceedings of the Tenth International Conference on Computational Creativity*. Charlotte: Association for Computational Creativity, 2019: 331.

② Jamwal V. "Exploring the notion of self in creative self-expression". In Grace K, Cook M, Ventura D, et al (Eds.). *Proceedings of the Tenth International Conference on Computational Creativity*. Charlotte: Association for Computational Creativity, 2019: 333.

是需要被表现的自我是什么？由于自我表现在艺术实践中是创新行为的本质构成，因此对创造力的建模忽视自我是不可取的。他说："在计算创造力研究中，应重新认识自我，应把自我当作第一实在看待。特别是当系统自称是自我表现的自主体时，更应如此。"①

为了形成关于自我的能被建模的概念，耶姆瓦尔考察了哲学和心理学的有关自我理论，如捆绑论、二元论的实体自我论、先验自我-经验自我论、珍珠串自我论、记忆自我论等。就笔者所知，耶姆瓦尔对哲学方面新的自我研究有一些了解，但不够全面，也没有深度。对心理学方面自我论的认识也存在这个问题。他注意到了多重自我论中的一些自我形式，但极为有限。例如，除了通常所说的物质、心理、社会自我之外，还有工作自我、家庭自我、父母自我、政治自我、固执自我、情绪自我、性自我、创造性自我、暴力自我、生态学自我、延展自我、主体间自我、私人自我等等。之所以要尽可能全面地了解自我表现的样式，是因为只有这样，才能在里面识别出哪一种自我与通用的机器驱动的创新自我表现具有更密切的关系。知道少了，就可能将关键的形式遗漏掉。

在考察有限的自我样式的基础上，耶姆瓦尔试图提出一种能平衡、包含各种对立自我论的构架。他认为，它的构成包括以下几个方面：①现实的自我，即一个人实际所是的东西；②次级的自我，如一个人在生活过程中所获得的经验、知识等；③个人的自我概念，即镶嵌在心智中的自我概念或定义。②由于在自我认识方面存在上述不足，因此这个构架明显给人以单薄、

---

① Jamwal V. "Exploring the notion of self in creative self-expression". In Grace K, Cook M, Ventura D, et al (Eds.). *Proceedings of the Tenth International Conference on Computational Creativity*. Charlotte: Association for Computational Creativity, 2019: 331.

② Jamwal V. "Exploring the notion of self in creative self-expression". In Grace K, Cook M, Ventura D, et al (Eds.). *Proceedings of the Tenth International Conference on Computational Creativity*. Charlotte: Association for Computational Creativity, 2019: 333.

不全面、缺乏深度的感觉。

由于自我太复杂了，有关部门对自我的认识太少了，特别是对自我的内在构成、存在方式和作用机制的认识更是贫乏，因此现在能做好的工作主要是在计算创新系统中建模自我的表现。要如此，首先，解决"框架"问题，如一个艺术家要创作某作品必须弄清以下几个问题：①动机，即为什么要创作；②意图，即创作时打算做什么；③过程，即怎样完成创作。掌握了这些信息，就有了模拟创新过程的"框架"。耶姆瓦尔强调，要让创新自我表现得到机器实现，就必须获得框架信息。其次，要用好科尔顿等所建构的 FACE 模型。它旨在根据它完成的创新行为来描述创新系统。根据这一模型，创新行为可生成四类输出，即概念、概念表达、审美评价和构建。这一模型在计算创新系统中有很多成功应用，推广到创新自我表现中也不困难，如在创新自我表现系统中很容易建构框架信息，概念转换为表现也不难。在模拟了自我表现的系统中，重点是将作为自我之组成部分的东西，如观念、情感、追求、经验等，转化为外部世界中可见可触的东西，如音乐、绘画、设计方案等。最后，计算创造力研究尽管已开始了创造力四视角的建模（生产者、产物、过程和环境），但其关注的生产者没有抓住创新成果生成者的特点与构成。根据新的理解，创造性自我作为系统的生产者应同时是世界的亲历者、生产生活的反观者和想象者。

总之，耶姆瓦尔探讨了创造性地表现自我如何可能是主体创新活动的一个主要动机，进而在解剖人类创造力时发现了自我这一因素对创造力的必不可少的制约和影响，强调自我及自我表现应成为计算创造力研究的新课题。在此基础上，他还从计算创造力角度探讨了如何建模和实现自我、自我表现的问题，认为建构包含自我和自我表现能力的系统有助于推进人机创新合作，更好地理解有创造力的机器的价值。①

五、计算创造力的极限问题

创造力研究中的"极限"或"限制"有不同的赋义，如一种赋义是指人和人工系统的创造力有无止境，机器的创造力是否会超越人类的创造力。一种观点认为，人的创造力有极限，机器会超越人的创造力。例如，有些设计工作人类不能做出，但机器能做出来，近年来许多计算机系统已完成了这样的"反直觉"设计逻辑，它们大大超越于人类的设计。这就是说，许多设计是计算机可完成的，但人类设计师则不可能完成。②还有观点认为，机器的创造力也有极限，当然有的人认为没有。对此我们在讨论 AI 的奇点和爆炸问题时已有较多讨论。

我们这里所讨论的"极限"是从香农的信息论借用的概念。香农所说的极限（或称香农容量）指的是在会随机发生误码的信道上进行无差错传输的最大传输速率。它的存在是香农定理在带宽有限的信道上的一个结论，也可称作香农限制，即在指定的噪声标准下信道理论上的最大传输速率。将这个概念运用到计算创造力中，有宽和窄两种具体用法。宽的用法指的是计算创造力的未来学问题，即随着计算系统创新能力的量的积累的增加，特别是以后随着技术的发展可能出现的爆炸式的增长，计算创造力会不会像其他 AI 形式一样以奇点的形式存在，最终发生大爆炸，以致超越人类的创造力。这类极限问题已成了 AI 研究中成果丰硕且备受关注的研究领域，我们在本书上篇中有较多考察。这里我们关心的是计算创造力中关于"极限"的窄的用法的探讨。这种意义的极限类似于噪声出现时可靠通信的"香农极限"，或

① Jamwal V. "Exploring the notion of self in creative self-expression". In Grace K, Cook M, Ventura D, et al (Eds.). *Proceedings of the Tenth International Conference on Computational Creativity.* Charlotte: Association for Computational Creativity, 2019: 334.

② McCormack J, d'Inverno M. "Computers and creativity: the road ahead". In McCormack J, d'Inverno M (Eds.). *Computers and Creativity.* Berlin: Springer, 2012: 422.

发动机效率的"卡诺极限"。这样的极限定理在数学系统理论中很流行。根据这种用法，用多种算法实现的计算创新系统已符合创造力的新颖性和有用性标准，但这些五花八门的设计方案引出了这样一个类似信息理论碰到的极限问题：它们的创造力是否有根本性限制？或是否有其上限？对人、机器、混合系统都可提出类似的问题。已有的数学形式主义方案虽然抓住了组合创造力的关键方面，但其表现出的根本性限制类似于香农极限或限制，即在会随机发生误码的信道上进行无差错传输的最大传输速率问题，或在指定的噪声标准下信道理论上的最大传输速率问题。这里我们重点考察一下瓦什尼（L. Varshney）对计算创造力极限问题的一种分析和解答。他应用有关理论试图揭示创造力中的意向性这一标志性特征的本质及其与另外两个标志（新颖性和有用性）的关系，把意向性当作一种沟通问题。根据他关于计算创造力的标志的一种看法，计算系统所生成的成果要被评价为创新成果，不仅要有新颖性和高质量，而且能可靠传递所与信息速率中的信息。由此而来的根本性极限或限制类似于香农极限或机器学习中的信息瓶颈优化。在他看来，将这些极限定理用到计算创造力中有这样一些意义：第一，它们有助于决定哪些资源和性能标准是根本的，哪些是不重要的；第二，它们有助于把可能与不可能的东西区分开来，进而为人们找到最佳设计原则提供条件；第三，它们定义了这样的基准，这些基准允许在绝对尺度上评价新的创新算法；第四，它们提出了推动人们构建能实现这些极限的技术的理想。①

瓦什尼通过对计算创造力的意向性问题的探讨具体说明了计算创造力中的极限问题。他看到，新的理论和实践对计算创造力提出了越来越高的标准，如许多人认为，计算系统要被认为有创造力，不仅要表现新颖性和有用性的

---

① Varshney L. "Limits theorems for creativity with intentionality". In Cardoso F A, Machado P, Veale T, et al (Eds.). *Proceedings of the Eleventh International Conference on Computational Creativity.* Coimbra: University of Coimbra, 2020: 390.

特点，还必须有意向性和自主性。这种对人工创新系统的要求自然会让人想到香农、韦弗（W. Weave）所提出的有关通信的三个层次的问题：①技术问题（通信的符号如何准确传递？）；②语义问题（被传输的符号如何明确传递想传递的意义？）；③有效性问题（所接受的意义如何有效地影响行为？）。瓦什尼认为，创造力建模也有这些问题，不过，他只关心创造力的语义问题即意向性问题。基于对创造力的认识，他赞成这样的观点，即人工系统生成的成果要被评价为有创新性，必须有其意向性，如不仅要有新颖性、有用性，而且要可靠地传递信息。[①]

还要看到的是，他对创造力本质和分类的理解依据的正是博登的观点，如认为创造力就是对概念空间的探索，其样式有组合、探索和转型三种形式。在三种形式中，他关心的主要是组合性创造力。他认为，对这种创造力研究得出的结论可推广到其他形式创造力之上。

瓦什尼先对组合性创造力进行了形式化，如将它的概念空间、两种评价维度（有用和新颖）、计算创造力算法的一般描述加以形式化。在他看来，有用性可用非负数函数来确定，它度量的是输出产品的有用性。他认为，要让人工系统实现创造力，不仅要形式化，还要设法将意向性体现在这种形式化之中，具言之，将意向性形式化为一种需求，即实现从创造者到使用输出成果的受众之间可靠信息传递的需求。在这里，对创新成果承载信息的知觉被建模为具有转换概率分布的噪声信息。这里有被知觉到的信号，该信号会被解码为信息 m。由于目的是传递信息，因此通过创新成果传递的信息的错误率是任意小的。

由于信息传递有其极限，因此计算系统的创造力也是如此。因为对于可

---

① Varshney L. "Limits theorems for creativity with intentionality". In Cardoso F A, Machado P, Veale T, et al (Eds.). *Proceedings of the Eleventh International Conference on Computational Creativity*. Coimbra: University of Coimbra, 2020: 391.

靠通信来说，有限的信息速率 R 是信道容量 C。如果信息策略有其约束，那么该容量就会减小。由于噪声通道编码了定理，因此信道容量的基本极限就可用定理描述如下：当有噪声出现时，在要求输入分布在一家族内这一输入约束下，可靠通信的基本极限是信道容量。基于这一定理，考虑到其他因素，就可得到具有意向性的创造力的这样一个极限定理，即对于特定知觉信道和已知集合 θ 来说，只要最小的平均质量 Q 有最小新颖性 S，通信意图 R 的最大信息速率就能可靠地传输。这些定量的、形式化分析要说的不外是，当把意向性嵌入创造力之中时，创新成果中的新颖性和有用性就会降低。有了这一关于创造力极限的观点，我们就能看到创造力与信息瓶颈函数的关联。

总之，这是一种工程系统理论，其目的就是用信息几何学来说明创造力的限制。明白这一点对计算创造力的发展是有好处的。这里的启示是，尽管在创造力建模时引入意向性可以提升创造力的逼真性，但与创造力的两个标志性特征即新颖性和有用性是有矛盾的，即会导致它们的降低。正是考虑到这一冲突，瓦什尼论证了意向性创造力的极限定理，试图把创造力极限与香农所说的可靠通信的极限联系起来。这里仍存在这样的问题需要以后的研究来解决，即必需的通信意图可以降低所生成的成果的新颖性和有用性，而与机器学习的信息瓶颈函数的关联又表明，创造力的新颖性与灵感又没有什么关系。既然如此，未来研究的新课题是弄清特定创新情境下有和没有意向性的基本限制，并对这些限制与现有计算创造力算法的性能的关系作出比较研究。

六、计算创造力的伦理及其他哲学问题

关于计算创造力所必然包含的伦理道德问题,已涌现了许多不同的观点。一种观点认为，开发计算创造力存在以下大量的伦理道德问题：如果计算创造力在未来真的成了奴役人类的东西，那么我们现在的开发和发展就是不道德的；即使没有上述问题，但现在对它的开发，可能让一部分从业者失去工

作，因此也有道德问题。当然这是有争论的，因为也有人认为，开发这种创造力有利于社会进步，甚至有利于社会的道德进步。还有观点认为，已有的 AI 会妨碍创造力发挥的进程，从而让人们不能分享创造力给人的红利，因此当前 AI 研究的一个任务是，研究 AI 对创造力的潜在威胁，探讨如何建构能实现或保护、激发创造力的 AI 系统。[①]

计算创造力研究还有很多哲学问题。例如，要让机器有创造力，就要全面深入探讨创造力，弄清它的实质、机制、样式等，而要开展这样的研究，首先要尽可能多地寻找创造力的个例。要找个例，就要有关于创造力的标准，即要有对其本质的认识。如此递进，以至无穷。其结果是，对个例的寻求和对本质的探讨无从下手。再者，计算创造力及其相关研究尽管从一个侧面拓展和深化了对创造力本身的研究，其一个表现是，让我们看到了更多的创造力的形式，如除了相对于个人的创造力、相对于社会历史的创造力、组合性创造力、探索性创造力、转型性创造力、大写的创造力、小写的创造力等之外，还发现了这样一些形式，如情境性创造力、分布式创造力、宽创造力或非个人主义的创造力、适应性创造力、生成性创造力、人机协同创造力、机器支持的创造力以及博迪利等所说的"相关于群体"（group-relative）的创造力[②]等等，但由于这些创造力形式的本质特征有冲突和相互矛盾的地方，这便让我们在从中抽象创造力的共同本质特征时面临不可克服的困难。例如，机器所表现的创造力以及人机协作的创造力在外在行为表现上可能有相同于人的创造力的地方，但内在的实现过程和机制则没有太多可比性。因此要探

① Loi M, Viganó E, van der Plas L. "The societal and ethical relevance of computational creativity". In Cardoso F A, Machado P, Veale T, et al (Eds.). *Proceedings of the Eleventh International Conference on Computational Creativity*. Coimbra: University of Coimbra, 2020: 398.

② Bodily P, Ventura D. "What happens when a computer joins the group?". In Cardoso F A, Machado P, Veale T, et al (Eds.). *Proceedings of the Eleventh International Conference on Computational Creativity*. Coimbra: University of Coimbra, 2020: 41.

寻各种创造力个别中的共性在今天就成了一个困难的哲学认识论问题。

　　其他的哲学问题还有很多，例如谷歌的围棋程序"阿尔法狗"打败了世界冠军李世石。它之所以能打败，除了它有存储量大、计算速度快而准等优势之外，无疑还有其独有的、人所不知的创新能力。面对人类创造力创造出来的创新成果，即"阿尔法狗"这样的人工计算创造力系统，我们不得不思考这样的未来学问题：我们在创造比人类更具创造力的创新系统时是否冒着摧毁人类创造力的风险？如何预测我们研制的人工创新系统对人类的潜在负面影响？我们是否准备好了承担这里的责任？如何才能减轻计算创造力对人类的负面影响？① "阿尔法狗"是不是计算创新系统？计算创新系统能否超越人类的创造力？有意思的是，这些由计算创造力引出的问题，本身又促使我们进一步去思考计算创造力本身，如究竟该如何理解计算创造力。

　　有一种观点认为，"阿尔法狗"作为计算创新系统既然它打败了人类冠军，那么可以说，计算创新系统的创新能力可以超越人类。博迪利等说："超越人类创造力水平的计算系统已经是一事实，我们还可能在越来越多的创新领域中看到越来越多的这样的系统。"②但这里也有这样的问题：下棋是一种特殊的智力运动，其他领域的创造力不同于这里的创造力，因此计算创新系统在这里能胜于人类，但在其他领域，它们也能超越人类吗？回答当然因人而异。博迪利等认为，这样的比较可类推到其他领域。也就是说，在其他领域，机器实现的创造力也可超越人所表现的创造力。③其他领域的人与机

---

　　① Bodily P, Ventura D. "What happens when a computer joins the group?". In Cardoso F A, Machado P, Veale T, et al (Eds.). *Proceedings of the Eleventh International Conference on Computational Creativity.* Coimbra: University of Coimbra, 2020: 41.

　　② Bodily P, Ventura D. "What happens when a computer joins the group?". In Cardoso F A, Machado P, Veale T, et al (Eds.). *Proceedings of the Eleventh International Conference on Computational Creativity.* Coimbra: University of Coimbra, 2020: 42.

　　③ Bodily P, Ventura D. "What happens when a computer joins the group?". In Cardoso F A, Machado P, Veale T, et al (Eds.). *Proceedings of the Eleventh International Conference on Computational Creativity.* Coimbra: University of Coimbra, 2020: 43.

器创造力比较之所以可行，是因为创造力都是一个优化问题。

另外，创造力的样式很多，就个人或心理性创造力而言，计算创造力肯定能超越人类，历史性创造力也是这样吗？以李世石为例，他追求的是历史性创造力，他能打败其他人类选手，说明他有历史性创造力，但当他被"阿尔法狗"打败时，说明机器不仅有这种创造力，而且有更大的历史性创造力。他本人对他退役的理由作了这样的说明，即机器已成了不可超越的实在。这意味着，在这里，他和其他人不可能再有历史性创造力，因为他无法超越机器。

博迪利认为，契克森米哈赖的心流模型有助于说明这里的道理。人在注意力集中时，在以高水平的技能应对巨大的挑战时会进入一种有序的、积极的状态，人会有心流感（即能量集中的状态）。即是说，只有当人用高水平的技能去应对巨大的挑战时，人才会进入这种心流状态。在这种状态中，厌倦、冷淡、焦虑之类的作为混沌无序状态之标志的东西会降低或减少，或不出现，而表现出积极、唤醒、放松、自制力强的状态。进入到这样的状态，人是最有可能产生创新思想的。根据这一模型，计算系统的创造力是可能超越人类的，因为随着计算系统与人类创造力竞争的能力的提高，人会认识到，他们生成新颖性和有用性思想的挑战水平会超过他们的技能水平，即不再有可能以高水平的技能去应对巨大的挑战。这样的状态必然会引起人的焦虑和怀疑，而这样的不利的情绪若不克服就会降低或扼杀人的创造力。[1]

---

① Bodily P, Ventura D. "What happens when a computer joins the group?". In Cardoso F A, Machado P, Veale T, et al (Eds.). *Proceedings of the Eleventh International Conference on Computational Creativity*. Coimbra: University of Coimbra, 2020: 43.

第二十章
创造力支持工具、协同创造力与群体创造力

如前所述，作为一种能力或因变量的计算创造力是由软件、机器等人工系统所实现的创造力。其实现的方式多种多样。大致说，包括两大类：一是由人工系统独立完成的创造力，我们在后面将用三章篇幅探讨这类创造力；二是由人工系统参与而形成的创造力。我们这里要考察的创造力支持工具、协同创造力与群体创造力等就是后一类创造力中几种常见的、基本的实现方式。它们的共同特点是，不是由人、人工系统分别独自完成的，而是由人与机器一同实现的。至于如何予以表述，是有不同看法的，如有的人说这里显现出来的创造力"有计算机的参与"，或说它是由计算机"促成的"、"引发的"或"协助完成的"等等。但它们的区别也是较明显的，如人机合作的创造力是机器参与的创新，或者说是人工系统为创新过程贡献了力量的创造力，创新支持工具说的是人工系统作为工具对创造力发挥了辅助性的、补充性的作用。前者说的是计算机帮助生成了创造力，后者说的是它有辅助创新的作用。所谓群体创造力或共创造力（co-creativity）被认为有多个部分，甚至包括用户、受众、一次创新和二次创新等，是以一种混合的方式所促成的创造力。质言之，这种共创造力是由多部分协同、合作完成的，其中，每一部分都有其专门的作用。此外，还有集体创造力、创造力伙伴或同僚等多种相近但又有区别的形式。

　　这类研究开始于 2005 年。就在这一年，许多专家开始关注这样的问题：计算机如何成为创新过程的一个伙伴？这一问题很快变成了这样的焦点问题：计算机如何发挥对人的创新过程的贡献？随着对问题认识的深入和拓展，这一问题中逐渐派生出了人机协作创造力、共创造力、创造力支持工具等研究领域的子问题。在 2016 年，这些问题还成了当年计算创造力国际性研讨会的一个主题。

第一节　创造力支持工具

　　研究新的支持创新过程的工具的灵感来自这样的认识，即能提供未知但有趣的信息片断有助于抓住问题的要害，启发新观念，激发新思想。换言之，这一研究领域的创意来自对创造力的理解，即创新过程有时得益于周围人的一个无意的提示或言行；有时得益于其他人想法的启发；有时，知道得越多，就越有可能创新；有时，一个创新行为如一项发明创造，往往得益于对几个层面或信息领域的关联、混搭；等等。因此开发创造力支持工具的目的不是要让人工系统直接独立生成现成的创造力，而是要为人们（例如用户）更多、更快地形成新思想、拿出创新成果提供启发和支持。简言之，这一研究的目的是用计算创造力及其产品帮助人类创新。[①]

一、创造力支持工具研究的基本理论问题

　　创造力支持工具作为计算创造力研究的一个子领域，其兴起得益于对已有计算创造力研究实效不明显等不足的忧虑和弥补这些不足的追求，以更好

[①] Yeap W, Opas T, Mahyar N. "On two desiderata for creativity support tools". In Ventura D, Pease A, Pérez y Pérez R, et al (Eds.). *Proceedings of the International Conference on Computational Creativity.* Coimbra: University of Coimbra, 2010: 180-182.

地帮助人类创新。通过对计算创造力理论和应用研究的反思，人们发现，尽管过去对计算创造力研究比较多，成果也不少，但"我们并没有弄清心灵如何以创新的方式运作"，这里的挑战性任务是，如何开发计算工具来帮助心灵实现创新。之所以说这是挑战性任务，正如施奈德曼（B. Shneiderman）所说："开发能支持创造力的软件工具是一个雄心勃勃但含糊不清的目标。"①

　　创造力支持工具的开发有多方面的理论和实践意义。例如，其中有这样一个意义，即有助于解决在复杂概念空间中搜索而结果不令人满意进而达不到创新目的这一问题。就复杂性问题而言，寻找最佳方案的可能性空间通常很大，因此搜索必须通过迭代地考察空间的子集来完成。而这又离不开搜索策略。所谓搜索策略指的是控制迭代过程的方法和技术，如怎样从一个子集移动到另一个子集，怎样评价每一个方案。如果每个阶段所考虑到的选项至少能部分被观察到，那么就有可能追溯人们在可能空间中如何随着时间推移而移动，这一过程可称作搜索轨迹，其作用是为人们选择使用什么样的搜索策略提供线索。要追踪搜索轨迹，就得有工具。现有的创造力研究技术都不能满足这个要求。有些创造力支持工具有这样的作用，例如詹宁斯开发的一种计算化的审美合成（aesthetic composition）技术，在应用于实验中时，能让参与者在电脑上搜索一个三维场景，直至找到最能抓住他们兴趣的图像，进而帮助创新任务的完成。②

　　建构创新支持工具的主要工作是研究如何设计出有助于人们更好创新的工具和技术。科特尔（T. Kötter）等说："为了支持创新，帮助激发新的发明创造，我们提出，将不同领域的数据集成到一个单一的网络中，以建模跨

---

① Shneiderman B. "Creativity support tools". *Communications of the ACM*, 2002, 45 (10): 116-120.

② Jennings K. "Search strategies and the creative process". In Ventura D, Pease A, Pérez y Pérez R, et al (Eds.). *Proceedings of the International Conference on Computational Creativity*. Coimbra: University of Coimbra, 2010: 138.

领域关联的概念。"①在这里，计算创新系统是作为后续可能发生创造力的工具而发挥作用的，例如，它不一定会像传统检索系统那样回应给定的查询，而试图提供有趣、新颖的信息，这些信息是有利于创新，有利于打破思维定势的。创造力支持工具不同于创新思维工具。后者包括的方法很多，如头脑风暴法、水平思考法等。它们鼓励用户自己想出新点子，而前者的特点是，自动生成能引导或激发用户对问题形成更具创意的解决方案。

创造力支持工具研究颠覆了过去以创造者为中心的观点，而强调创新是一个包含创造者与使用者或创新成果消费者互动的、不断提高的过程，里面不仅有原创者的贡献，如提出的创意及其对该创新工作的开启和奠基，而且还有由创新成果所刺激、诱发的用户的二次创新。可见这里诞生了这样两对有意义的范畴：创造者与消费者、一次创新与二次创新。用户是创新成果最直接的、最热心的消费者，当他们碰到并使用创新成果时，他们不仅会予以消费，有时还会受其刺激和启发，参与到创新过程的新阶段中来，进而形成二次创新，如让他们深入到新的概念空间，这会促使他们作出新的创新。由此可以说："真正的创新成果不仅是其创造者创新经验的一个产物，而且必定会在适当参与其中的消费者中激发创造力。"②

在创造力支持工具领域，已有许多成功的研发案例。根据应用领域可分为如下四种：一是用机器作为管理、辅助工具；二是作为交流沟通工具；三是让机器成为创新的增强器，即通过机器增强人类创新；四是让机器成为创新行为中的合作者，如在诗歌创作中，先让机器写，然后人类诗人再来将其

① Kötter T, Thiel K, Berthold M. "Domain bridging associations support creativity". In Ventura D, Pease A, Pérez y Pérez R, et al (Eds.). *Proceedings of the International Conference on Computational Creativity.* Coimbra: University of Coimbra, 2010: 200.

② O'Donoghue D, Abgaz Y, Hurley D, et al. "Stimulating and simulating creativity with Dr inventor". In Toivonen H, Colton S, Cook M, et al (Eds.). *Proceedings of the Sixth International Conference on Computational Creativity.* Provo: Brigham Young University, 2015: 221.

作为创作的基础或灵感。根据目的与手段的关系可把它们分为两大类，一是以服务于该工具以外的存在为目的的创造力支持工具，例如它的运行最终能给用户带来经济利益，帮用户生成看得见、摸得着的成果，即具有生产性或生成性；二是本身有自己目的的创造力支持工具。这里，我们按后一分类分别考察相关的创造力支持工具。

二、融合性认知模型与"发明家博士"

我们先看"发明家博士"（Dr Inventor）这一能够服务于其他存在的创造力支持工具。它是根据前述创新设计理念完成的一个计算创新系统。其理论基础是"关于人的融合性、能推理的认知模型"，当然还利用了关于类比比较和概念混合的对应投射方面的研究成果。它是很多人倡导并得到不断发展的人工系统，既是关于创造性思维的模型，也是激发用户创新过程的工具。它之所以具有创造力，是因为它通过运用大数据观点来进行创造性比较，能在准结构化文档（如学术论文、专利申请）与心理学材料之间完成创造性融合。另外，基于对类比方法本身的挖掘，它能将新的类比模型应用于对其设计本身的挖掘，将新的类比模型应用于对它的设计之中，如不像常见的类比更多地关心领域内的映射，而关心语义遥远的源领域与目标领域间的映射。它坚持的是三空间模型，即一个总类或通用空间和两个包含着"研究对象框架"的两类输入空间。其中，通用空间包含输入 1 和输入 2 的对应关系之间的本体论的相似性。通用空间能让"发明家博士"发挥监控作用，让其保持语义一致性，直至找到更能满足用户需要的比较。它的输出空间代表的是对输入的解释。

"发明家博士"之所以具有诱发二次创新的作用，一是因为它是"自维持"的创造力模型，该模型的构件包括：处理文档摘要、信息提取的组件，负责本体论学习、匹配、个性推荐的组件，负责研究对象框架的生成、评价和类比推理的组件，负责映射、检索和最后的可视分析的组件。二是因为它的两个输入空间中都有"研究对象框架"。正是该框架激发了后续的创造力。这里的研究对象是其核心数据构件，包括出版物、专利、数据、软件社交网络信息等资源或研究性输出。它能根据每个研究对象生成一个基于图的表征，该表征就是研究对象框架，就是从对象中抽象出来的关键概念和关系。[①]

"发明家博士"之所以有辅助、启发发明创造的功能，是因为它有特定的引擎，这就是创造性的、基于类比的比较及其支持这类创新的工程技术。如前所述，计算创造力领域有这样的认知，大量研究已发现类比比较对于生成新的、有潜力的类比和融合有巨大的作用。首先，灵感的源领域与所与目标问题存在着语义上的差异，即是说，创新之源往往完全不同，以前不知道，当然没有予以具体探究。其次，创新之源包含着必要的结构相似性，正是它为生成对所与问题的有效类比解答提供了条件。为了找到创新解，"发明家博士"会探索融合方法，它们涉及两个语义上相距甚远的领域，能生成领域间的映射，进而导致对其中新领域的推论。

总之，"发明家博士"是一个支持创造力发挥作用的模型，既能作为支持创新的工具起作用，又能模仿创新推理。例如，它能从以 pdf 格式呈现的研究出版物中提取文本，可解决其中的许多复杂意义问题，能用心理学测试中所用的文本资料来生成类比比较，进而完成创新工作。其映射和评价过程用本体论信息作为优选标准，并能据此选择比较方法，以找到对用户有最大潜力的创新方式。

---

① O'Donoghue D, Abgaz Y, Hurley D, et al. "Stimulating and simulating creativity with dr inventor". In Toivonen H, Colton S, Cook M, et al (Eds.). *Proceedings of the Sixth International Conference on Computational Creativity.* Provo: Brigham Young University, 2015: 221-222.

三、"以自身为目的的创造力"与"随意的创造者"

"随意的创造者"（casual creator）属于第二种创造力支持工具。它由康普顿等所研制，要支持的是不以目的或任务为中心的创造力，即不追求经济利益、物质报偿，不想让创造力具有所谓的生产性。它支持的创造力可能只是好玩、有趣，或为创新而创新。这种创造力可称作"以自身为目的的创造力"或没有明确功利动机的创造力，如游戏设计中的创造力就是如此。由这一特殊的目的所决定，这种工具便表现出了不同于其他工具的这样一些特点，如独特的设计考量、最优设计模式、想在用户身上产生的独特的心灵状态等。按这一理念设计而成的"创造者"是"随意"的创造者，它是一个相互作用系统，即鼓励快速、自信和愉快地探索可能性空间，通过创新或发现找到令人惊讶的新输出，为制作它们的用户带来自豪感、所有权和创造力。[①]

在创造力支持工具研究中，还有这样的尝试，即为了帮助人完成创新任务而努力把创造力支持工具建构成像保姆、笔友、教练和同事一样的人工系统。易普（W. Yeap）等认为，要开发这样的工具，有两种机制必须建构，即原创和赋能。前者指的是帮用户生成新观念，后者指让用户有创造力。对这两种机制，他们不仅作了理论上的探讨，而且还试图在计算机上付诸实施。为此，他们设计了一个名叫"创新—Pad"的创造力支持工具，目的是帮助广告开发商形成创新灵感并创作出新颖的广告作品。在这一系统中，原创指的是能生成有助于解决广告中面临的问题的新观念的过程，赋能是指为用户提供时间来想出广告的创意，并为用户暗示一些"种子"想法。[②]在易普等看来，原创也可以说是创造性思维的本质构成，即生成和发现新思想的能力。

---

① Compton K, Mateas M. "Casual creators". In Toivonen H, Colton S, Cook M, et al (Eds.). *Proceedings of the Sixth International Conference on Computational Creativity.* Provo: Brigham Young University, 2015: 229.

② Yeap W, Opas T, Mahyar N. "On two desiderata for creativity support tools". In Ventura D, Pease A, Pérez y Pérez R, et al (Eds.). *Proceedings of the International Conference on Computational Creativity.* Coimbra: University of Coimbra, 2010: 181.

要形成这样的思想，既要靠收敛式思维，也要靠发散式思维。当然，在支持创造力的工具中实现的原创能力主要指思维的发散。作为支持用户创造力的工具，它的作用表现在，当用户反复使用时，能促成许多新的想法，这些新想法又能激发用户的灵感，从而启发他们去探寻新的解决方案。

要开发这样的工具，应该用这样的方法精心设计，它能把对新想法的需要与能创造性解决问题的观念结合起来。在这个过程中，就要用好赋能这一机制。它强调的是，让用户"自由地"开发自己的新想法，所谓"自由"是指尽量少地干预用户的思维过程。要实现这些愿景，就需要找到具体的实施方案。常用的方案如下：一是让创造力支持工具镶嵌于问题解决环境之中；二是让创造力支持工具在问题解决中有其独立的时机，在每个阶段之后，再将工具加以更新。

易普等开发的支持广告创新的工具对广告设计人员创作出有创新意义的广告真的有一定的支持、帮助作用，并且可以节约用户很多资源和劳动，如他们开发的原创过程和界面，可以让用户不做太多事情，只需关注上面生成的能解决问题的新思想的过程就行了。但应看到，这样的工具的作用毕竟有限，因为在广告设计中有两个问题，即一是为广告设计提供新思想，二是最终开发出有创新的广告。他们的工具充其量只对前一方面的工作有一定帮助。

四、其他形式创造力支持工具举要

用计算创造力来支持人类创造力的尝试还有很多。我们再考察这样一种方案，即通过帮助发现跨领域的意外关联来支持创新。①它是由科特尔等为

---

① Kötter T, Thiel K, Berthold M. "Domain bridging associations support creativity". In Ventura D, Pease A, Pérez y Pérez R, et al (Eds.). *Proceedings of the International Conference on Computational Creativity*. Coimbra: University of Coimbra, 2010: 200.

了解决人类创新中这样的新难题而建构的：一方面，可用数据以惊人速度膨胀；另一方面，工作在跨学科领域的人越来越多。在这样的环境下，要找到所需要的有用信息就变得十分困难。因为个人仅凭一己之力根本无法知道所需信息在哪，怎样去寻找。经典的信息检索系统过于依赖于问题或查询的公式化，这样的检索对于不熟悉或完全无知的领域是很难找到所需的信息的。为解决这类问题，加上有这样的灵感，即能提供未知但有趣的信息不仅能弥补创新主体信息少、不周全的缺陷，而且能激发新的思想，科特尔等便创立了上述创造力支持方案。其目的主要不在于像传统检索系统那样回应给定的查询，而是要提供有趣且新颖的信息，这些信息有利于创新，有利于打破思维定势。

这一通过发现不同领域间的意外关联来支持创新的方案是这样实现的，即把来自异构域的信息集成到单个网络中，进而有利于跨相关信息资源链接的建立。①根据科特尔等的研究，沟通不同领域的关联过程尽管不能自动生成新想法或新假说，但能通过发现似乎无关的概念之间的有趣关系进而将不同领域融合起来，最终促成创造性思维的发生。

完成上述任务的重要环节是异类联想与双联想网络。所谓异类联想指的是，通过寻找多领域之间的联系而把来自它们的信息融合在一起。这种联想尽管不是所有创造性发现的基础，但其中的一些发现是通过把语义上相距甚远的概念关联在一起而完成的。为了找到异类信息之间的关联，有必要把来自不同领域的数据整合起来。为完成这一任务，科特尔等认为，可建构双联想网络，该网络有这样的功能，即能把语义上有意义的信息与松散耦合的信

---

① Kötter T, Thiel K, Berthold M. "Domain bridging associations support creativity". In Ventura D, Pease A, Pérez y Pérez R, et al (Eds.). *Proceedings of the International Conference on Computational Creativity*. Coimbra: University of Coimbra, 2010: 200.

息碎片整合在一起。之所以如此，是因为这类网络的基础是灵活的 k-部图[①]结构，它由表征信息单元或概念的节点与表征它们之间关系的边组成。该网络的每一分区都包含某种类型的概念或关系，如基因、文件、模因等，它们模拟了集成信息储存库的主要特征。由于这样的网络能关注概念及其关系，因此能集成大量数据。

科特尔等认为，一旦表现为概念和关系的信息在网络中结合在一起时，就可对之进行分析和挖掘，进而新的、意想不到的、有趣的信息片断就能支持创造力的生成。在这个过程中，异类联想的作用十分关键，因为它不仅是双联想网络中识别上述有趣信息的模式，而且是把来自不同领域的概念联系在一起的一种链接。这里的领域是指一组概念，因此领域要么由一类概念组成，要么将许多不同类的概念捆绑在一起。异类联想的主要组成包括以下几个方面：第一，链接，即不同领域的概念之间的联系，就其具体形式而言，一个链接就是一个概念、子图或其他类型的关系；第二，桥梁概念，其作用是把来自不同领域的密集子图联系起来；第三，桥梁图，其作用是把来自不同领域的概念关联起来；第四，结构相同性。具有结构相同性的不同领域，是由两种不同领域的子图关联在一起的，这是最抽象的异类联想模型，它能把没有任何联系的领域关联在一起。

总之，科特尔等阐释了一种旨在支持创造性思维的方案。据以开发的创造力支持工具使用了异类联想和双联想网络等技术，它们通过发现概念间的联系，通过在先前认为没有联系的领域之间的架桥，可以培育和促发好奇心，帮助人广泛联想，深入挖掘，进而促成创新思想的形成。[②]

---

① 若一个简单图 G 的顶点集 V（G）可以划分成规模分别为 $n_1,\cdots,n_k$ 的 k 个子集，使得 $u\leftrightarrow v$，当且仅当 u、v 位于该划分的不同集合中，则称 G 为完全 k-部图。

② Kötter T, Thiel K, Berthold M. "Domain bridging associations support creativity". In Ventura D, Pease A, Pérez y Pérez R, et al (Eds.). *Proceedings of the International Conference on Computational Creativity.* Coimbra: University of Coimbra, 2010: 200.

第二节　人机协同创新

相比于创造力支持工具，人机协同创新在计算创造力的建模程度和规模上又向前迈出了一步。这样的计算创造力的实现方式不再只是作为工具来帮助人创新，而是作为有一定自主性的主体与人，与其他计算系统一道完成创新任务。质言之，它指的一般是包括人和机器等在内的多个参与者主动参与的一种创新过程。如果这里的协同创造力是计算的，那么其中至少有一个参与者是计算机。最典型的例子是人机即兴合作演奏。在这里，"人机的贡献相互影响，这恰恰是这种合作的即兴演奏的本质"[①]。当然，应承认，学界对人机协同创新的理解不完全一致，如一种观点认为，协同创造力是一种类似于格式塔的东西，因为参与者的贡献一经结合为一种创造力，就成了一种整体大于部分之和的现象。如果是这样，协同创造力就成了创造力各种个例中的一种，如在人机的实时即兴演奏中，人机对创造性演奏的完成平等地发挥了作用，使之成了不同于其他创新的新的创新方式。这种创造力是在人机相互作用中突现出来的。

一、人机协同创造力的基础理论问题与统一框架的建构尝试

人机协同创造力不同于人与人合成的创造力，因为计算机在人机合作的创造力中至少可扮演四种角色：①像保姆一样，即在完成创新工作的过程中，帮助人们尽可能有效地工作；②作为笔友起作用，即帮助人记录和交流思想，启迪其他合作者，有时能提供灵感和新点子，或帮助其发展、完善；③作为教练，如作为专家系统，以知识渊博的优势帮助用户更好地表现创造力；

[①] Davis N. "Human-computer co-creativity: blending human and computational creativity". *Proceedings of the AAAI Conference on Artificial Intelligence and Interactive Digital Entertainment*, 2013, 9 (6): 9-12.

④作为同事，成为人机系统中真正的伙伴，一同完成创新任务。

一个要被认作协同创造力中的合作伙伴必须具备哪些条件？一般认为，这应该用类比方法来回答，如弄清人类个体在什么情况下才能被看作多人合作创新中的参与者？以即兴合作演奏为例，一个人要被看作有创造力的合作者，必须以协商的方式，朝着期望的方式，带着共同的理解和意图去完成创新任务。当然，有不同的看法，如有的人强调，在协同创造力中，创新的责任要么应归于团队的每个个体，要么应归于团队，可根据互动和构思的水平来加以判断。有的人认为，应该用混合的方法来判断，同时看到人的主导作用。有的人主张，通过动态分析来归属创新的作用。①

从与创造力支持工具的关系上说，协同创造力的参与者不同于这种工具。如前所述，创造力支持工具只是作为工具、作为创造力生成的条件起作用，而协同创造力中的软件或机器不再是工具，而以创新自主体的形式存在，并发挥着不可替代的作用。

不管如何理解协同创造力，有一点是不争的事实，即创造力的进化史上又诞生了一种创造力，即由人与其他系统共同发挥作用所促成的创造力。就其意义而言，人机协同创新系统不仅能生成新的创造力，而且能促进和提升人的创造力。相应地，计算创造力研究中便诞生了这样一个新的研究领域，即对人机协同创造力的研究。它关心的是如何设计和建构能交互的、有创造力的计算合作者。这种合作者能通过用户的界面与人交互，进而与人结合在一起，形成有共同目的和任务分工的创新系统。其独特之处在于，合作系统中的子系统都有相对独立的自主创新能力，有共同的创新轨迹，有自己的主动权，但又不同于单一的自主创新系统（自己不借助协作而独立完成创新的

---

① 参见 Jordanous A. "Co-creativity and perceptions of computational agents in co-creativity". In Goel A, Jordanous A, Pease A (Eds.). *Proceedings of the Eighth International Conference on Computational Creativity.* Atlanta: Georgia Institute of Technology, 2017: 161.

系统）。如前所述，这种创新协作系统的子系统由于都有独立自主性，因此又有别于第一节所说的创造力支持工具（只帮助用户创新）。质言之，就三者关系而言，协作创新系统是介于单独自主创新系统和创新支持工具之间的一种计算创造力形式。这样的创新系统不仅得到了大量的理论研究，而且取得了应用上的成功，如音乐、绘画、诗歌创作等领域都诞生了大量的机器创新合作者。值得探讨的新课题是：如何设计、评价和描述这样的系统？如何为在不同领域中流行的人机协同创新系统建构统一的框架？

坎托萨诺（A. Kantosalo）等从 2014 年开始一直在进行人机合作创新系统的探讨。他们认为，人机协同创新是一种合作创新的新形式。在这种创新中，人和机器对生成某种创新成果各负其责。他们说："所谓共同创新指的是一种社会创新过程，它能让创新活动和意义在社会-技术环境下突现出来，并得到分享。"在这个过程中，机器不只是工具，而同时是创新的参与者。①在 2014 年，他们探讨了这样一些问题，即要完成这种创新，应坚持什么样的设计原则，经历什么样的设计过程；如何将机器创新方法转化为共同的创新方法；如何从批处理方法转化为人机共同创新。他们认为，这里有两种进路：一是以用户为中心的设计，二是基于计算创造力观点特别是威金斯的计算创造力模型的设计。前者就是让用户参与设计，以明确理解用户的目的和任务需求，进而作出迭代设计和评估。这里重点考察第二种进路。

坎托萨诺等基于计算创造力的观点，根据威金斯把创造力形式化为探索的模型，研究了软件支持的创新行为。他们认为，这个模型为考察协同创新过程和研究此过程中的交互作用提供了方法论。例如，用威金斯的模型可以清晰地描述来自这类冲突的问题，如规则、评估函数、计算机及用户的遍历

① Kantosalo A, Toivanen J, Xiao P, et al. "From isolation to involvement: adapting machine creativity software to support human-computer co-creation". In Colton S, Ventura D, Lavrač N, et al (Eds.). *Proceedings of the Fifth International Conference on Computational Creativity.* Ljubljana: Jožef Stefan Institute, 2014: 1.

函数之间的冲突，用户和计算机在这种冲突中采取的行动决定了该用什么规则和评估函数等。他们考察了支持人机共同创新的三个交互软件实例，如为有复杂需求而设计的能生成双关语的系统 STANDUP 等。

到了 2020 年，坎托萨诺又与其他合作者一道将关于人机协作创新系统的思想、建模和工程实践大大向前推进了，特别是形成了关于这一研究领域新的、系统的理论体系。其新的一个表现是，借鉴和发展了威金斯等将责任看作计算创造力、人机协同创造力的本质规定性的思想，认为人机协同创新是由至少一个人与一台机器共同完成的创新活动，其行为责任也是共同的。这是计算创造力研究的一个子领域。①

他们的新理论的出发点是对本领域已有研究成果的总结和反思。根据他们的梳理和反思，先前的人机协作创新系统研究所依据的创造力理论是四 P 理论，它认为创新包括人、过程、产物和环境四种构成。②这一理论不仅在心理学中极有影响，在计算创造力哲学中也是如此，甚至在建构人机协同创新系统时，许多人用的也是这一框架。在坎托萨诺等看来，即使撇开计算创造力，只从心理学角度考察上述四 P 理论，也能看出其明显的漏洞。例如，四 P 理论只注意到了个体的创新，而没有触及不同观察视角之间的关系，没有注意到创新的社会和文化方面。为全面起见，有的人提出了五视角理论。其改进、创新的理论基础是新生的情境化认知理论，根据这类理论，认知有具身性、延展性、分布性等特点，不局限于人脑。新的五视角理论赞成"分布式创造力"的说法。该概念强调的是，要重视与创造力有关的社会因素的研究。基于新的研究，创造力的观察维度包括：创造者、行动、产物、受众和创造力给养（affordance）。创造者是存在于社会群体中的人；行动指的是

---

① Kantosalo A, Takala T. "Five c's for human-computer co-creativity-an update on classical creativity perspectives". In Cardoso F A, Machado P, Veale T, et al (Eds.). *Proceedings of the Eleventh International Conference on Computational Creativity.* Coimbra: University of Coimbra, 2020: 17.

② Rhodes M. "An analysis of creativity". *The Phi Delta Kappan*, 1961, 42 (7): 305-310.

创新的心理过程和外部行为表现；产物指的是有情境意义和物质属性的对象；受众是创新成果形成之后可能与之发生关系的人，即可能履行评价、肯定、否定职责的人；创造力给养是导致创新发生的各种资源和支持力量。这样一来，五视角理论就将四 P 理论的四因素发展成了五方面，环境在这里除了指环境的社会方面，可概括为受众，还指环境的物质方面，它们为创新活动提供了物质约束和支持。在坎托萨诺等看来，五视角理论的问题仍在于没有注意到协同创造力这样的创新形式。构成论的形式还有很多，如六因素等。这类理论不仅在计算创造力研究中发挥着理论指导的作用，而且对许多应用研究也有影响，如乔丹斯于 2016 年将这一理论用于对计算创造力的新颖性和有用性的评价之中，科尼利（J. Corneli）在同年又用这一框架来分析创造力的设计原则，坎托萨诺等于 2019 年则尝试用这些维度来描述人机协同创新的过程。

坎托萨诺等认为，这类创造力的构成理论可能适用于说明个人创造力、机器创造力，但不适用说明人机协作的创新，因为这种创新涉及大量不同的参与者，包含的过程也是复杂的，所凝聚的贡献在形成最终成果之前来自不同的地方。基于新的研究，他们对人机协同创新之构成提出了这样的看法，即人机协同创新离不开人机组成的集体、集体创新过程以及环境对共同体的影响等多种因素的作用。这就是说，对协同创造力也可从主体、过程、结果和环境等维度去揭示，但每个维度的内容在这种创造力中大不相同。这些因素不是静止的，而具体化于变化多端的情境之中。①

根据坎托萨诺等的研究，人机创新集合体（collective）是不同于以前所说的创新主体的一种实在，至少由一个人和一个计算合作者组成。该集合体的合作由个人、协同创新过程和支持这些因素的相互作用所完成。合作所产

---

① Kantosalo A, Takala T. "Five c's for human-computer co-creativity-an update on classical creativity perspectives". In Cardoso F A, Machado P, Veale T, et al (Eds.). *Proceedings of the Eleventh International Conference on Computational Creativity*. Coimbra: University of Coimbra, 2020: 17.

生的成果得益于合作者共同的奉献,这奉献又能传递给受众和其他社会成员,为大家一同分享。协同创新的活动发生在特定的环境之下，该环境由文化产品、习惯、物质材料和心理资源等构成。如果说协同创新系统也有其构成，那么可以说，它有这样一种全新的构件，即集合体、合作、贡献、群体和环境。它们合在一起就形成了一种系统。其作用在于，能说明来自不同维度的人机协同创造力。这里的集合体指的是参与创新的人与机器组成的创新主体或系统，合作指的是合作者所完成的创新过程，包括元层次的交互，如商定共同的目标、交换信息、讨论工作方法，此外，这种合作还能生成新的想法和完成身体行为，以及附带的交互。坎托萨诺等认为，人机合作创新的组织方式可有这样的五种二分法，即固定与持续的方式、近端与远程的方式、水平与等级的方式、同质与异质的方式、人驱动与计算驱动的方式。他们所说的贡献类似于人类创造力所生成的成果，因为它具体指的是人与机器在合作中相互交换的产品和产品的一部分，因此他们把它们称作"贡献"。①

针对人机协同创新系统研究中存在的缺乏统一构架的问题，坎托萨诺等将重点对准了如何为不同领域中使用的协同创新系统构建统一的框架，如试图通过创造性工作构建一个能描述不同创新协作系统中的计算机和用户的行为的框架，以便为有关研究者讨论共同创新的任务、形成可通用的接口进而解决不兼容的问题提供不受领域限制的词汇。他们认为，人机交互不外三个面向，即交互的模式、风格和策略。模式指的是合作诸方之间信息交互的形式，风格指的是有关行为和控制系统在这些通道上的行为模式，策略指的是

---

① Kantosalo A, Takala T. "Five c's for human-computer co-creativity-an update on classical creativity perspectives". In Cardoso F A, Machado P, Veale T, et al (Eds.). *Proceedings of the Eleventh International Conference on Computational Creativity.* Coimbra: University of Coimbra, 2020: 23.

促成这些行为的目的和计划。[1]这三种交互合在一起就组成了一个由低到高的层级框架。底层是交互的模式，描述的是交互的通道和媒介，强调的是交互的物质基础，如输入和输出构造、信息通道、传感形式；中间层级是交互的风格，它以模式为基础，强调的是概念交互、行为及对象；最上层是交互的策略，强调的是系统能用明确的目标、具体的交互计划和参数来设计和描述系统。在这里，参数是核心的构成。它们为创新系统分辨有价值的创新行为提供了方法。该参数实即判断创新与否的标志，包括三类，即有用或有价值、新颖、互动。后一标准是人机合作创新系统独有的，主要是用来评价用户行为或用户与系统协作行为的方式的，而不涉及对成果的评价。在这里，只有当用户、机器有合作行为时才能被判断具有了创新的条件。

坎托萨诺等的统一构架还指出了人机协同创新系统内诸合作者相互影响的途径，认为在人与人的合作创新中，合作者要完成交互以协调各自的贡献，必须有姿势、言语沟通和情绪反应等方面的互动。就情绪反应而言，这种反馈能从情感上反映他们的态度，传递他们关于过程的认知，同时又不影响他们工作的注意力，因此这种交互形式对人与人的合作创新功不可没。在人机的合作创新中，情绪的反馈同样有其作用，如合作者只有在知觉到用户的认知和情绪状态时，才能确定合作的动态过程，决定自主体对最终创新成果应作出什么样的贡献。当然，让计算机有这样的识别情感反应的能力对 AI 来说是巨大挑战。阿卜杜拉希（S. Abdellahi）等要应对的就是这一挑战，即试图设计这样的合作创新自主体，它能通过用户的面部表情识别用户的情绪和

---

① Kantosalo A, Ravikumar P, Grace K, et al. "Modalities, styles and strategies: an interaction framework for human-computer co-creativity". In Cardoso F A, Machado P, Veale T, et al (Eds.). *Proceedings of the Eleventh International Conference on Computational Creativity.* Coimbra: University of Coimbra, 2020: 57.

认知状态。[①]

总之，协同创造力研究不仅为计算创造力的理论和工程实践研究写出了壮丽的一章，极大地丰富了计算创造力的内涵和外延，而且对创造力哲学的发展也有积极意义。如上所述，它对创造力进行了新的概念化。这种概念化既有回应计算创造力研究中的许多难题的意义，也为创造力哲学重思创造力概念提供了思想资料和启迪。坎托萨诺说得好："对创造力相对于群体的概念化提供了一种相对于社会的阐释，它能弥补经典的个人创造力和社会历史创造力在自然划分中所产生的割裂。"[②]根据新的概念化，协同创造力、群体创造力等是由共同体和个体而参数化的，因此这些工作可为创造力概念提供内容丰满的表达，如每一个参数化都提供了一种观点、评价、信念。这就是说，对创造力的评价要考虑到个体和群体在创新过程及结果方面的不同观点和信念。

二、交互方案与多自主体方案

计算创造力协同创新研究中的交互方案是受人类创新过程中这样的过程的启发而诞生的，例如人类创新主体在创作作品时，常常会受到他人、周围环境特别是文化的影响，有时要求助于更内行、更有研究的人的帮助或参与，即离不开社会交互之类的过程，由此而形成的作品的部分价值就受到了不为个体制约的因素的影响。鲍恩的基于交互理论的设计方案想体现的就是这样

---

① Abdellahi S, Maher M, Siddique S. "Arny: a co-creative system design based on emotional feedback". In Cardoso F A, Machado P, Veale T, et al (Eds.). *Proceedings of the Eleventh International Conference on Computational Creativity.* Coimbra: University of Coimbra, 2020: 81.

② Bodily P, Ventura D. "What happens when a computer joins the group?". In Cardoso F A, Machado P, Veale T, et al (Eds.). *Proceedings of the Eleventh International Conference on Computational Creativity.* Coimbra: University of Coimbra, 2020: 46.

的情境主义或宽创造力思想。①由于我们后面在讨论评价问题时要具体考察鲍恩的交互方案，因此这里只概述其与协同创造力有关的思想。

鲍恩的交互方案受到了人类学"分立"和"多孔主体"的启发。所谓"分立"（division）说的是把人理解为孤立的存在，而"多孔主体"（porous subject）强调的是，在观察人时要看到人的深层结构和离不开其他个体这样的事实。根据这个概念，每个人表面上是独立的个体，其实是包含复杂构成的有缝隙或有孔的复合体。移用到计算创造力研究中，它指的是，人由文化影响力所构成，且有持续的影响渗透力。计算创造力研究中的新观点是，与个体之间影响流相对应，大脑中存在的是子模块的交互，亦即有孔的复合体。因此在建构自主体时应关注关系因素、集体因素对创造力的决定性影响，鲍恩说："人的创新行为受到了结构性因素的制约，它们有指导创造者、提升自主性的作用。"既然如此，以建模人脑为己任的 AI 就不应只关心、研究群体中的孤立单元，而应研究夫妻、元组、更大群体和认知子模块及其交互关系。②

根据交互设计方案，人工创新系统应被设计为具体化于与人的交互关系中的对象。它之所以可行，是因为它有这样的经验基础，即与其他主体和用户有关的交互、经验是可观察和可测量的。鲍恩强调，这里突出人机交互，不是要研究人员改变这样的目的，如把人工系统作为艺术家或设计师或用户的工具来建构，不是要放弃将创造力自动化的目的，而是要采取多元化方法将作为通过交互而实现的创造力应用到相关的地方，从支持创造力工具和协同创新的角度来考察可用性。他认为，关注交互对创造力实现的作用才是交

---

① Bown O. "Empirically grouding the evolution of creative systems: incorporating interaction design". In Colton S, Ventura D, Lavrač N, et al (Eds.). *Proceedings of the Fifth International Conference on Computational Creativity*. Ljubljana: Jožef Stefan Institute, 2014: 116.

② Bown O. "Empirically grouding the evolution of creative systems: incorporating interaction design". In Colton S, Ventura D, Lavrač N, et al (Eds.). *Proceedings of the Fifth International Conference on Computational Creativity*. Ljubljana: Jožef Stefan Institute, 2014: 116.

互设计与计算创造力能够勾连起来的地方，例如建构自主的人工艺术家就是要建构能从根本上与人互动的人工系统。

除上述概念和重点之外，交互设计方案还有一个亮点，即强调"用户经验"。它指的不是功能上的效用，而是与交互有关的主观性质，如可取性、可信性、满意度、可及性、无聊感等。要知道用户的经验、需要，就要知道并理解用户的愿望、预期、假定以及关于人工系统的全部概念模型。既然计算创造力研究要关注用户经验，因此就不能再简单把计算创造力看作一个功能设计问题。

再看多自主体建构。要建构多自主体系统，前提之一是找到让人工系统有自主性进而成为名副其实的自主系统的办法。基于这一考虑，鲍恩提出了"创建自主系统"或"自主性设计"这样的构想。从与交互设计的关系看，在特定意义上也可把自主性设计看作交互设计中的重要课题，因为研究前者有助于化解自主体建构中这样的悖论，如"人工系统是不依赖于创造者的自主的系统"①。另外，如果把有创造力的软件建构成有自主性的合作者，那么人类艺术家与软件自主体的交互就是一种持续的、连贯的过程，而不是通往自主创新系统的一个站点。

总之，承认交互就意味着承认用户、开发者、设计者以及被开发软件系统的独立地位，承认他（它）们之间存在的合作、共生关系。有了这样的认知，就不会再为软件系统有无创造力、有多大创造力这样的评价问题而困惑不已，相应地，机器的"完全自主性"就将变成现实。②

---

① Bown O. "Empirically grouding the evolution of creative systems: incorporating interaction design". In Colton S, Ventura D, Lavrač N, et al (Eds.). *Proceedings of the Fifth International Conference on Computational Creativity.* Ljubljana: Jožef Stefan Institute, 2014: 117.

② Bown O. "Empirically grouding the evolution of creative systems: incorporating interaction design". In Colton S, Ventura D, Lavrač N, et al (Eds.). *Proceedings of the Fifth International Conference on Computational Creativity.* Ljubljana: Jožef Stefan Institute, 2014: 117.

第三节　共创造力与群体创造力

本节的任务是，先考察专家们对共创造力的一种理解及建模，以及在创造力同僚方面的尝试性探讨；然后再考察在自主性和独立性方面比前面两节所讨论的创造力支持工具和协同创造力更进一步的群体或集体创造力的研究。

一、共创造力与计算机同僚

计算创造力中的共创造力有其特定的含义。它不是人与人或人与机器的一般的合作所导致的共创造力。计算创造力中的共创造力尽管也是由多个部分以一种混合、合作的方式促成的，尽管其中的每一部分都有其专门、平等的作用，但促成这种共创造力的合作不同于一般的合作。其他地方的合作可被建模为一种劳动分工，每个个体的贡献之总和就是合作的结果，但计算创造中的共创造力允许参与者根据同伴决策及行为的反馈来即兴发挥。其想法可以混合，并以来自团队成员的个性和动机的混合方式建立起来。在这里，创新成果是通过多个部分之间的互动和协商而突现出来的，其结果大于个体贡献之总和。这种互动可以扩大，甚至包括一个能在人机创新过程中与人类用户合作的有足够创造力的自主体。当然，这样的理解是一家之言，因为也有人认为，共创造力概念也可涵盖创造力支持工具和协同创造力。

抽象艺术的即兴创作是共创造力的一个典型例子。在有关专家看来，抽象艺术对于创造力研究特别有意义，因为抽象艺术中的概念转化和意义多变对创造力极富启发意义。它的多变性使它成了协同创新的理想选择。因为合作需要快速而轻松地协调彼此立场，建构共同的意义追求。以人工系统模仿毕加索的作品的创作过程为例，它要模仿的是即兴抽象艺术创作过程。这种抽象艺术的一个特征是，它在创作的全过程中有变形和转型的能力。在这里，即兴创新过程更像是一场对话，在此过程中，每个部分都在为互动创作作贡献，它不同于其他形式创造力，因为其结果是随机生成的，过程就是结果。

共创造力之所以能由创新团队合成，是因为该团队中的成员都是以同僚或同伴的角色存在和起作用的。下面我们来考察戴维斯（N. Davis）对计算机同僚及其建模的探讨。他试图建构能参与合作创新的计算机同僚，为此，他建构了一个基于情境主义的生成模型，进而在必要的理论探讨的基础上，探讨了如何在计算机上实现这种同僚的工程学问题。

这里所谓"同僚"指的是能作为一个创新团队中的独立一员平等发挥作用的计算创新系统。由这种同僚参与的人机合作创新系统很相似于上一节所讨论过的创新协作系统。在两种系统中，计算系统都不是作为创新支持工具起作用的，而都有其独立的作用；其不同在于，两个系统中的计算机的地位和作用有微妙的差别。例如，作为同僚的计算机的地位和作用要高，是作为与其他合作者的平等的伙伴存在和起作用的，而不是以助手、保姆等形式起作用的。例如，在即兴演奏中，作为同僚的计算系统同样有组织、协调、指挥的作用。

戴维斯建构的计算机同僚是会参与绘画合作创作的人工系统。他把它称作"绘画学徒"。在具体的设计和建构过程中，他把有关艺术、创造性认知理论与计算机科学技术融合在一起，建构了一种所谓的关于创造力的生成模型。据此，他设计了一个能与人、计算机连续地、协调地合作的有创造力的人工系统，即绘画学徒。[①]其工作当然有对已有研究成果的继承。他承认，已诞生了许多性能越来越好的、真正发挥着支持人类创新和生成更多有创造

---

① Davis N, Popova Y, Sysoev I, et al. "Building artistic computer colleagues with an enactive model of creativity". In Colton S, Ventura D, Lavrač N, et al (Eds.). *Proceedings of the Fifth International Conference on Computational Creativity*. Ljubljana: Jožef Stefan Institute, 2014: 38.

性产品作用的计算机同僚，它们能帮人探讨新的可能性，完成复杂的模拟，想出新点子，挖掘和发展新思维、新思路，等等。不过，戴维斯又认为，它们也有其局限性，如有些绘画软件还不具有原创性。为了突破这一局限，人们尝试开发更有创造力的计算机同僚，让它们与人、计算机合作，以提升团队的创造力。这种同僚的首要作用是能在创新的人与自主生成创新产品的计算机之间架起桥梁。在戴维斯看来，这些研究的理论根基有问题，究其原因是，理论研究和工程实践中有一些急需填补的空白，如怎样把支持创新的工具、人、计算机结合起来以生成连续、合作、共创新的过程。另外，计算创造力领域还没有一种关于建构创新系统的设计原则。

戴维斯认为，要提高计算机同僚的创造力水平，在突破上述局限性方面更有成效，弥补空白，必须建构更科学、有效的模型。他建构的关于创造力的生成模型综合了认知科学、创造性理论的成果，努力把创造力建模成一种生成过程。创造力之所以是生成性的，是因为它完成的创新过程不是事先规定好了的，而是与环境以及环境中的其他自主体有关的，是在与它们交互中根据实际情况而适时地完成的。由此所决定，它的每一个行动都具有创新性。以艺术创作为例，"根据这种观点，创新行为不是在执行完全固定的计划和艺术目标，而是通过与环境实时的相互作用而突现的，这里还离不开模仿和被知觉到的艺术启示的作用"①。

生成模型的关键词是 enaction，一般中译为"生成"，指的是认知过程不是事先决定好的，而是由认知进行中的有关因素特别是行为共同促成的。由于其主要决定因素是行为，因此也可把这里的生成理解为"行然"，即由行动所使然。它是具身范式的一种推广，后者认为，认知是由我们身体让我

---

① Davis N, Popova Y, Sysoev I, et al. "Building artistic computer colleagues with an enactive model of creativity". In Colton S, Ventura D, Lavrač N, et al (Eds.). *Proceedings of the Fifth International Conference on Computational Creativity.* Ljubljana: Jožef Stefan Institute, 2014: 41.

们与环境互动的方式所决定的。生成范式强调的是，知觉在指导和促成突现性产物中所起的作用。据此，它把知觉重构为一种依赖于行动的、动态的过程。根据这种认知理论，认知是预期、同化和适应的循环，所有这些都不仅镶嵌于知觉和行动的全过程之中，而且是这个过程的促成因素。例如，生成性知觉一定包括这些因素的协商，如主体的意向状态、个体的技能和身体能力、环境的可知觉特征。生成认知过程对参与性的意义生成，即以与环境和其他自主体合作的方式协商意义、行动的生成，极为关键。不难看出，生成性方案与传统认知理论背道而驰，如它不再假定明确阐释的目标、详细的计划和内在表征。

不仅如此，生成范式对创造力研究有重要的启发意义，因为在创新个体"通过做事来思维"时，生成性对创新过程发挥关键作用。这一范式告诫我们，创新过程是一种多因素的互动过程，一种在由人类主体、环境以及生存于内的自主体所组成的动力系统中逐渐展开的过程。例如，意图既是突现的，也是通过与其他自主体、环境互动而不断变化的。其最值得深思和挖掘的命题是，通过做事来思维、通过行为来创新。以艺术家的创作为例，在开始时，他们只能生成模糊的想法，然后用某种形式的草图或原型活动来创造性地探索、评估和完善艺术意境。草图、素描就有助于有创新能力的个体通过做事来思维。当行动或观念以某种方式具体化时，知觉系统就能得到比纯粹的推理更丰富的数据。

总之，根据关于创造力的生成模型，创新过程就是具有理智知觉能力的自主体与具有丰富资源的环境之间的突现性协商、探索性交互的过程。图20-1说明的是，该模型在视觉上的常规表现，揭示了如何将它们应用于对时间中的创造性认知的建模。这里的新概念是"知觉逻辑"，它指的是知觉过滤器，可以突出环境中有关的可用信息，而抑制无关信息。

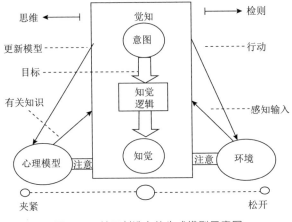

图 20-1　关于创造力的生成模型示意图

在这里，自主体的觉知是由一系列认知上的垂直矩形表示的，其意思是，自主体"晓得"被知觉到的东西以及它当下的意图。要了解这个模型的预期作用，可这样设想，整个觉知矩形（模型的核心部分）能作为自主体的一个专注功能向认知连续体的左边或右边转移。常规的行动如驾车只要求最少的思维和有限的相关的感知输入。关于常规行动的生成或时间上延展的模型可从视觉上描述为，让觉知矩形处于平衡状态，如要更新和修改策略，就向左偏；如要在感知—行动循环中互动评估有关想法，就向左偏。

如果自主体完成的是不熟悉的任务，那么就会动用这样的认知资源，它们有助于建构关于情境的心理模型。当新手要学习如何过滤无关信息，在任务的有意识监督下有效完成操作时，感知—思考—行动循环就会逐渐夹紧，直至得到专门的知识。此外，自主体会进行纯粹的反思或纯交互检测。

要模拟工作记忆，自主体只需有限的认知资源，这些资源是通过一个定向注意过程被使用的。在这种集中注意力的过程中，自主体会把注意力集中到对情境的思考和以慎思、交互方式的行动之上。

在这个模型中，认知过程中的不同点会形成独特的知觉逻辑。其作用是在理智地知觉环境中得到的资源，如保留有用、有关的资料，过滤掉无关的信息。[①]在知觉逻辑中，知觉有"夹紧"和"松开"两种状态。所谓松开指的是，当自主体放下有关工作时，知觉就会停下，而注意力转向了对解决方案的思考和模仿，直觉考察环境的细节，以找到新的资源。当自主体致力于完成常规任务时，感觉材料就会被夹紧，以过滤掉不必要的细节和看待对象的非常规的方式。

这一模型还对创新的方法及其机制作了探讨和建模。例如，它强调放松语义约束，这样会出现新的概念化，从而克服功能固化。而功能固化是不利于顿悟等现象的发生的。其次，这一模型揭示了分心或分神（distraction）对于创新的意义。戴维斯说："分神是让个体摆脱日常认知的一种方式。"[②]例如，在抽象艺术中，艺术创作未完成的部分或来自合作者意想不到的贡献会让艺术家分神。结果，艺术家就可能通过画其他线来解决问题，进而刺激创新灵感。该模型还描述了知觉如何利用不同的知觉逻辑来过滤环境中的信息，进而说明了意义协商。在他看来，应用不同的知觉逻辑会改变感觉输入被加工、组织和理解的方式，有助于自主体从环境信息中得到新的启迪，进而帮助自主体发现新的创新思想对与目标有关的对象的意义。

戴维斯不满足于理论探讨，还努力将关于创造力的生成性模型应用于创新系统的连续即兴合作创新之中。为此，他建构了一个被称作绘画学徒的计算机艺术同僚。这个系统将上述模型的原则具体化于计算机之中，如用不同复杂程度的知觉逻辑来分析实时即兴创作中用户的输入，并做出反应。可以

---

① Davis N, Popova Y, Sysoev I, et al. "Building artistic computer colleagues with an enactive model of creativity". In Colton S, Ventura D, Lavrač N, et al (Eds.). *Proceedings of the Fifth International Conference on Computational Creativity*. Ljubljana: Jožef Stefan Institute, 2014: 41-42.

② Davis N, Popova Y, Sysoev I, et al. "Building artistic computer colleagues with an enactive model of creativity". In Colton S, Ventura D, Lavrač N, et al (Eds.). *Proceedings of the Fifth International Conference on Computational Creativity*. Ljubljana: Jožef Stefan Institute, 2014: 42.

肯定，基于上述模型的与计算机同僚的合作像人类艺术家之间的合作一样，有提升、扩展创造力的意义，例如丰富了合作过程中的探索性，扩大了创新的参与范围。其构架如图 20-2 所示。

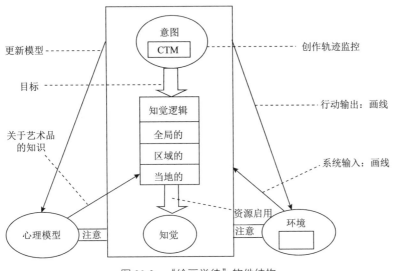

图 20-2 "绘画学徒"软件结构

其创新过程始于输入的一个画线，然后画布上的所有线条都发送到知觉逻辑模块，该模块接着咨询创作轨迹监控，以决定把什么知觉逻辑应用到它当前的数据集之上。已计划好的创作轨迹监控器有一个基于用户先前绘画行为的粗粒度记录，接着，创作轨迹监控器将用户绘画行为的最后 10—15 秒加以平均。最后，该系统用平均的创作轨迹来决定在当前的交互中该用哪个层次的知觉逻辑。如图 20-2 所述，知觉逻辑有全局的、区域的和当地的三个层次。

戴维斯的实验说明，按照上述模型设计的"绘画学徒"软件至少可作为创新支持工具、计算机同僚在人机交互的绘画创作中发挥创新作用，因为如此设计的同僚有即兴创造力，即根据变化的情境与其他部分协调、合作。以艺术创作为例，它可通过参与艺术家的创作过程来丰富、提升创作过程，其最终结果只能被看作这种合作经验的一种记录。

"绘画学徒"由于是以生成模型为基础建立的，因此就有自己的自主创新能力，并通过这种能力与其他画家合作创作。这就让它区别于创新支持工具。我们知道，后者的作用是帮助用户用更短的时间生产出更精美的产品，而前者的作用则在于通过积极探索和创造性参与来一起促成合成性创新过程的完成。因此要评价它们是否有创造力，只需看它们是否参与了合作创新的过程。

为检验绘画学徒的合作创新能力，戴维斯做了人类画家与绘画学徒的合作创作实验。其合作达两个多小时。合作的时间长度不同，所产生的作品不一样。在一幅画中，绘画学徒利用它的基本模拟功能完成了有一定复杂性的输出。应该说，戴维斯的目的基本实现了，即利用创造力在即兴创作中的突发本质，努力建构一种方法，它能让人工系统知觉、分析、理解和创造性地重用人类艺术家的作品。要如此，就要教人工系统如何识别线组（区域的知觉逻辑），如何定义这些线组之间的关系（全局的知觉逻辑），同时，人工系统能在作出自己的艺术合作贡献时何时运用这些知识（创作轨迹监控）。①

二、群体创造力与合成创新系统

马赫（M. Maher）创立的合成创新系统这一新方案，旨在探寻计算和群体创造力研究的新方法、新方向。②

根据他的新分类，创造力有这样一些类型，一是机器表现出的创造力。对这种创造力的研究不是特别困难，因为这种创造力就表现为过程，而此过程可形式化为计算过程。二是人表现出的创造力。三是人机合作完成的合成

---

① Davis N, Popova Y, Sysoev I, et al. "Building artistic computer colleagues with an enactive model of creativity". In Colton S, Ventura D, Lavrač N, et al (Eds.). *Proceedings of the Fifth International Conference on Computational Creativity.* Ljubljana: Jožef Stefan Institute, 2014: 44.

② Maher M. "Computational and collective creativity: who's being creative?". In Maher M, Hammond K, Pease A, et al (Eds.). *Proceedings of the Third International Conference on Computational Creativity.* Dublin: University College Dublin, 2012: 67.

创造力，即群体创造力。计算创造力研究的一项欠缺且值得加强的任务就是开发人机结合的合成计算智能系统。

对新型合成系统创造力的研究有这样的特点，即淡化创新主体，不过问创新主体。因为在合成创新系统中，人的创造力和机器的创造力的界限十分模糊。与这一特点相应，出现了这样的呼声，即今后的计算创造力研究应更多关注对计算创造力本身及其认识和建构方法的探讨，而少争论或压根不管这样的问题，即在计算创造力中，创新主体是谁，是人还是机器，还是更大的人类群体或人机结合体。

马赫在坚持上述观点的基础上，为选择和确立计算创造力及合成创造力的正确方向，从原创和交互作用角度探讨了创造力的根源。[①]在他看来，应从过程和产物的角度理解创造力。这样理解的一个好处是，能避免得出人有而机器没有创造力的片面结论。在如此理解时，关键是把过程和结果区别开来。它们是两种描述计算创造力的方法，一是描述其过程方面的特点，二是描述其结果方面的特点。前者旨在弄清计算系统的认知行为，后者旨在揭示创新过程的结果及其特点。在从过程上理解创造力时，应像博登那样关注可能性空间。该空间即概念空间，或者说是思维的结构化方式。在计算系统中，它们是状态空间。要弄清创新过程，就要弄清这些空间怎样变化，这些空间与已知结果、有创新潜力的结果之间是什么关系。对创造过程有两种描述，一是博登从哲学和 AI 角度所作的描述，认为创新过程有组合、探索和转型三种形式，每一种形式说的是已知产物的概念空间生成创新产物的方式，以及概念空间随着产物出现的变化方式；二是格罗（J. Gero）的描述。他认为，创新设计的计算过程有组合、转型、类比、突现和第一原则，前两种形式相

[①] Maher M. "Computational and collective creativity: who's being creative?". In Maher M, Hammond K, Pease A, et al (Eds.). *Proceedings of the Third International Conference on Computational Creativity.* Dublin: University College Dublin, 2012: 67.

近于博登的论述，类比指将源领域中的概念转移到目标领域，以在目标空间中生成新的产物。突现指在能引起新产物的概念中找到新的基础结构的过程。第一原则作为过程就是要在不根据已有产物去定义概念的情况下生成新的产物。①

在马赫看来，这些理论的问题在于，对创新的产物几乎没有触及。这对计算创造力的探讨是不利的，因为若不从创新成果角度看待创造力，那么在探讨能增加人类创造力的计算系统时，在阐释生成了创新成果的过程模型时，就无法对产物作出评价。

怎样看待创新成果？一般的看法是，应根据新颖性和有用性来加以判断；有的人强调从价值角度评价；有的人把新颖性与品质结合起来，把个体在工程设计中的想法作为创造力的相对测量标准；有的人把创新设计与观念构想联系起来，并为新颖性、变化性、品质和观念数量制定度量标准；有的人认为，创新产物有四个属性可用来描述创造力的种类和层次，即有效性、新颖性、典雅性和原创性；有的人强调创新产物的语义尺度，认为它们从下述三个方面定义了产物的创造性和新颖性，即产物是原创的、令人震惊的、新生的；更综合的看法是认为，创新的产物有这样的标志，即原创、有价值、新颖、适当、有趣、优雅、独一无二、令人震惊。②

马赫认为，已有的研究找到了种种评价标准，但问题之一是，评价的技术与这些标准并没有直接关联起来；之二是，即使建立了一些关联，但它们并不令人满意。例如，有的人提出了"一致同意评价技术"，强调应根据集体的判断来评价创造力，其他相近的评价方案还有"创新产物语义尺度""创新的问题求解诊断尺度"。马赫不满这些技术，强调从新颖性、价值和惊诧

---

① Gero J. "Computational models of innovative and creative design processes". *Technological Forecasting and Social Change*, 2000, 64 (2-3): 183-196.

② Maher M. "Computational and collective creativity: who's being creative?". In Maher M, Hammond K, Pease A, et al (Eds.). *Proceedings of the Third International Conference on Computational Creativity*. Dublin: University College Dublin, 2012: 68.

三个方面去评价创新产物，并建构了相应的模型。他所说的新颖性主要看产品与已有产品有什么不同，有多大的不同，如离概念空间中的已有产品的集群的距离有多大。价值主要从效用、性质和吸引力角度考察、比较创新产品与已有产品有何不同。在确定已有产品的价值属性时，该模型用的是集群算法和距离度量。惊诧判断涉及的是人们形成的对后面的创新观念的预期。

马赫之所以强调从创新成果角度揭示创造力的本质，是因为若不这样看问题，即只从内在能力角度界定创造力，就可能把由人工计算系统参与的群体创造力排除在创造力的大门之外。若从结果上看问题，当碰到某行为结果进而用上述创新标准去评价时，当进一步追溯这个创新成果的根源时，就可能发现有些创新成果既不源自单个的人，也不源自机器，而来自人和机器组成的群体。马赫强调，这里所谓群体指的是促成创新成果出现的共同体。其形式既可以是从事某一学科研究的人所组成的共同体，也可以是多个人工自主体组成的共同体，还可以是人机相互作用组成的整体。正如博迪利等所说："如果一个共同体的成员形成了有新意的想法，那么这种创造力就是具有群体层次特点的创造力。"[1]

马赫认为，从与个人创造力的关系来说，群体创造力评价所依据的尺度从个体扩大到了群体。从量上说，群体越大，个体所完成的创造性的可能性就越小，因为个体创造力只要相对于以前的认识有新意就是创新，而群体层次的创造力所相对的个体是群体中的所有个体，只有相对于其中的每个个体的认识来说有新意才能被认为有创新性。

马赫关注的主要是这样两种群体创造力，一是人机组成的群体创造力，二是机器与机器组成的群体创造力。前者的例子如人机协同即兴演奏，后者

---

① Bodily P, Ventura D. "What happens when a computer joins the group?". In Cardoso F A, Machado P, Veale T, et al (Eds.). *Proceedings of the Eleventh International Conference on Computational Creativity.* Coimbra: University of Coimbra, 2020: 45.

的例子是如通过互联网将一些有创造力的团体联系起来就表现出了大规模的群体创造力，其典型群体事例有 Designcrowd.com、Quirky.com、OpeningDesign.com 等等。其中，第一个系统是由互联网把许多作为设计师的大规模的人群、人工系统及其创造力汇集起来而形成的系统；第二个能众包创新产品开发，在这里，创新集体与内部设计团队合作，以设计从观念到市场的产品；第三个是建筑和城市规划平台，它们鼓励不同背景的人参与某个项目设计，并为民意调查和众包工作提供空间。这些平台的共同点在于，依赖专业和非专业的群体参与。它们的网站支持集体讨论和各种方式的参与。它们吸引了来自不同方面的创造性贡献，其中有发表一两次评论的观察者，也有经常参与的、积极贡献新想法的人。从智能方面说，它们表现的智能是不一样的，主要有合作（collective）智能和集成（collected）智能之别。前者的设计是通过鼓舞投票和协作完成的，所表现出的创造力是在线群体的突现属性，在这里，团队有意识地组织和管理，因此可产生创新。后者是通过汇集个体的设计完成的。

在 Quirky.com 这一网站上进行的新研究表明，群体可以作为更大的设计过程对观念创新和评估献计献策。例如，包括众包在内的一个设计过程可以与个体、团队一道分享观念创新和评估过程。

马赫认为，要推进群体创造力的研究，必须进一步探讨概念框架的建构。为了实现人机交互的集体创新，马赫构建了这样一个概念框架，它想说明的是，人机如何实现观念创新和交互，如何将个体的贡献映射到可能性空间中。先看观念创新，它指的是新点子的创立、合成、评价、实现过程。这些点子或观念能导致有创新潜力的产品或解决方案的出现。如果用观念创新来描述计算创造力，那么就有办法分析人、计算机的群体创造力，有可能揭示创新观念的根源，因为在人机合成系统中，我们能看清创新观念及其评估发生在哪里。根据马赫的模型，人和计算自主体在这个创新空间中对计算创造力都有不可或缺的作用。马赫分别从人和计算自主体的维度描述了他们对创新观念的贡献。他认为，模型和生成这两个范畴可以描述人在计算创造力中的作用。"模型"说的是，人的作用就在于开发计算模型和过程。计算系统之所以有创造力，是因为它是创新观念或人工产品的源泉。"生成"说的是除了人生成创新观念之外，还包括计算系统通过提供信息，通过为生成创新产品提供数字环境，通过为影响创新认知的数字内容提供知觉界面，促进或增强人的创造力。

从计算自主体的维度看，马赫的构架包括三个范畴，即支持、增强和生成，它们能描述计算系统的作用。所谓"支持"，是指计算系统通过提供工具和技术来支持人的创造力；所谓"增强"是指，计算系统通过提供知识或改变人的知觉来拓展人的创造能力；所谓"生成"指的是，计算系统产生创新观念并由人进行解释和评价的过程。由此可看出，如此生成的群体创造力与前面所说的创造力支持工具、人机协同创造力既有交叉，也有不同。其最大的不同是群体创造力具有更大的兼收并蓄的特点。例如，就交互而言，创造力支持工具和协同创造力都依赖于交互，特别是人机交互，但这些人机交互是一对一的，而群体创造力依赖的交互常表现为一对多，多对一。马赫认为，在群体创造力的人机交互中，有三个范畴可以用来描述人在这里的作用，首先是"个体"，指的是计算系统被开发成支持一个人的系统；其次是"群体"，它指的是计算系统所支持的群体或预先确定的团队；最后是"社群"，指的是计算系统允许众包和集体智能。从计算系统的维度看，有三个范畴适合描述计算交互的规模，它们分别是"个体"、"团队"和"多自主体社群"。

马赫自认为，他建构的关于创新系统中的过程和产物的框架有助于发展计算创造力。在他看来，观念创新和交互是计算创造力研究的独有课题，它们足以把这一研究与其他研究区别开来。以前关注的交互是一对一的交互，新的取向关注的是复杂的交互。马赫认为，未来的工作是通过进一步的探讨开发出更大规模的合作环境，以增强创造力；此外，还应发展创造力的多自主体模型和能生成群体创造力的在线社群。[①]

三、基于计算社会创造力的创新自主体社团

我们在前面曾考察过计算社会创造力。这里要探讨的是从中进化出的一个交叉性的研究领域，它的任务是在计算社会学语境下设计和分析创新自主体社团。[②]由于这类研究较多，我们将主要关注林科拉等的工作，即依据他们自己的计算社会创造力理论（前面有考释），基于威金斯等的"创新系统构架"对创新自主体社团的建构。[③]所谓创新自主体社团，是指由作为计算系统的自主体所组成的更大的计算系统。它不是人机创新系统，而是由许多软件、机器通过特定方式联合而成的机-机合成系统。

"创新系统构架"是威金斯等提出的、用来描述创新系统内的过程的一种有用的工具，但主要适用于单个的自主体。林科拉等试图把它推广到创新系统社团之中。如此拓展的构架的优势在于，可描述与创造力有关的广泛社会现象，弄清个别自主体如何关联于整个社团，以及这样的社团会导致什么样的社会后果。

为了让创新系统构架适于说明创新自主体社团，他们对这一构架作了这样的发展，如通过增加表征了社会中的信息交换的输入参数来解释怎样将这一构架用来解释社会中的自主体，然后讨论计算创造力研究应关注的社会因素，如社会聚合函数 Π 和社会性的 R、T 和 E，后三个大写字母代表的是社

① Maher M. "Computational and collective creativity: who's being creative?". In Maher M, Hammond K, Pease A, et al (Eds.). *Proceedings of the Third International Conference on Computational Creativity*. Dublin: University College Dublin, 2012: 68-71.

② Saunders R, Bown O. "Computational social creativity". *Artificial Life*, 2015, 21 (3): 366-378.

③ Linkola S, Kantosalo A. "Extending the creative systems framework for the analysis of creative agent societies". In Grace K, Cook M, Ventura D, et al (Eds.). *Proceedings of the Tenth International Conference on Computational Creativity*. Charlotte: Association for Computational Creativity, 2019: 204.

会规范、过程和政策。他们的扩展以两个假定为前提：第一，每个自主体都是一个独立的创造者；第二，社团中的每个自主体都被假定能表现探索性创造力。这类创造力能用遗传算法、深度学习技术等来实现。另外，他们的发展还表现在，重新定义了一些概念，如他们把一个社会 S 定义为自主体组成的一个集合，$S=\{A_1, A_2, \cdots, A_n\}$。他们的基本观点是，自主体间的相互关联、规范和其他社会现象都是自主体的属性，因此通过考察自主体关于社团结构的观点就能知道社团的状态和作用方式。最后，他们把社团经历的时间步长定义为 t（$t \geqslant 0$），在这里，社团在 $t=0$ 时开始初始化。他们假定，每个自主体 $A_i \in S$ 是具有自己私有的构架的独立的创造者，这就是说，自主体能决定它应创造出什么样的产品。

社会聚合函数 II 是他们发展的核心要素。它能在考虑社团中存在的不同社会规范、过程和政策的基础上，将个别创造力的属性、构架、关系等解释为社会性的宽概念。从形式上说，II 以时间步长 t、S^t 的一组自主体为参数，并为该时间步长输出社会性的 R、T 和 E。可写作：

$$\text{II}\left(S^t\right) = \left\{R_{S^t}, T_{S^t}, E_{S^t}\right\}$$

在这里，$R_{S^t}, T_{S^t}, E_{S^t}$ 是所有自主体的一个聚合。社会聚合函数 II 能作为解释函数起作用，如能解释个别的自主体及其相互作用。它的输出，R_S、T_S 和 E_S 可看作对这些问题的解释，即社会承认哪些成果是有效的，社会能得到什么创新成果，哪一成果被社会认为是有价值的。

再看 R_S、T_S、E_S 与有关自主体的社会模型的关系。他们假定，在他们的模型中，社团只有一个专家团队，所有自主体都是它的组成部分。先看 R_S，在这里，社会的 R 代表的是 S。R_S 指的是社会 S 对哪些成果被承认是有效的集体的理解。要把个体自主体的属性转化为 R_S，必须考虑到社会政策、沟通结构等因素。再看 T_S，它指的是社团能取得的创新成果。每个自主体都可生成自己的成果，但它们怎样遍历空间则要受到自主体之间沟通的影响。E_S 定义的是那些会得到广泛社会认可的成果，即哪些会被认为是有价值的。①

再看他们对创新自主体社团结构和运作过程的分析。分析的出发点是"基本变化"，即向 R_S、T_S 和 E_S 的变化，接着要做的工作是，对单一时长上的社团作出描述，研究社团如何在时间中变化，然后通过扩展来确定不同的自主体的角色，弄清其对社团所起的具体作用，最后是分析所用的社会策略。就基本变化而言，以向 R_S 的变化为例，这可能意味着社团对什么会被看作艺术品的看法将发生调整，如一种新的绘画风格可能被认为是艺术。林科拉等认识到，创新自主体社团要有真正的创新力，必须成为和谐和有活力的社团，如 E_S 和 R_S 的关系对社团是有利的，它们的张力可以成为社团发挥集体创新作用的主要动力。这里有两种理想的情况，第一，如果 $E_S=R_S$，那么社团 S 是和谐的。这就是说，社团实际上把它认为有效的成果评价为有价值的成果。第二是有活力的对抗，$R_S \neq E_S$。在这种情况下，就需要要么对 E_S 作基本改变，要么对 R_S 作基本改变，以便让它们相等。这就是说，E_S 与 R_S 之间存在着某种社会张力，它会引发文化碰撞、交流，要求做相应改变。

创新自主体社团在时间上的变化是计算社会创造力研究的一个关键问题。这里的重要工作是对其内部结构和过程作动力学分析。在林科拉等看来，要使一社团成为有活力的创新社团，从否定方面说，就是不能让它成为停滞不前的社团。其表现是，它在任何时候都无法形成向 R_S、T_S 或 E_S 的基本变化。反过来，要做的工作是探讨如何让它成为连续不断地变化、转型的社团。这样的社团的标志是，社团能随着时间的推进形成向 R_S、T_S 或 E_S 的改变。

---

① Linkola S, Kantosalo A. "Extending the creative systems framework for the analysis of creative agent societies". In Grace K, Cook M, Ventura D, et al (Eds.). *Proceedings of the Tenth International Conference on Computational Creativity*. Charlotte: Association for Computational Creativity, 2019: 206-207.

要这样，它就必须是一个思维发散型和有活力的社团。[①]

应看到的是，林科拉等论证的计算社会创造力的扩展性方案，尽管没有为分析发生在创新社团中的沟通过程提供工具，但在概念层面上，它为分析沟通的结果和其他社会现象提供了技术和资料。更重要的是，它揭示了这样的系统有创新潜力的机制。当然许多理论和工程上的难题还值得进一步探讨，如如何识别这样的相互作用就是一个难题，它不直接影响 R_S、T_S 和 E_S，是出现在充满好奇心的自主体组成的社团中的沟通模式。由于这一理论只是阐释了每一自主体所包含的创新系统构架，因此它有可能遗漏这类构架的其他因素。

四、"社会创造力"：一种新的创造力的原型实例

"社会创造力"之所以被打上引号，是因为它有歧义性。它指的不是通常所说的由人所组成的社会所实现的创造力，而是由一种特定的社会即网络等新技术形成的平台所实现的创造力。它本来是非人的创造力，之所以被称作社会创造力，是因为这种创造力主要是由社会所消费的。其主要例子是由社会成员搭建起的公共网络平台，如随着 Web2.0 的发展，可用信息的爆炸式增长使不断出现的公开可用内容以不断增长的速度在社交媒体中被创造出来，这些取之不尽的内容资源提供的有用信息可以支持正式和非正式社会群体的创新。因此这里的计算创造力既有创造力支持工具的意义，也有人机合作和群体创造力的意义。这样的事例还有很多，如现在学者们不可或缺的搜索引擎和输入法软件就是社会创造力的表现。总之，各种技术可促进社会创造力的发展，社会创造力又不断推进技术的进步。

社会创造力除了依赖于技术进步之外，还与参与创造过程的人们搜集、

[①] Linkola S, Kantosalo A. "Extending the creative systems framework for the analysis of creative agent societies". In Grace K, Cook M, Ventura D, et al (Eds.). *Proceedings of the Tenth International Conference on Computational Creativity*. Charlotte: Association for Computational Creativity, 2019: 208-209.

关联信息和创立新思想所用的协作方式有关。根据计算创造力理论的解剖，它有以下特点：①能定义和探索可能观念的概念空间；②能设定特定目标，以让个体和群体进入暖流的有效期间；③在异步协作的分布式个体组成的群体中维护暖流的流动；④指导个别学习者进入近端发展区间，鼓励他们学习创新技术，学会把问题域作为流动过程的组成部分。①

社会创造力的形成和发展得益于这样几种创新技术的推动，一是探索性的创新技术，如商务服务的创造力触发器，它们能引导人们找到与创新观念有关的解决方案；二是约束消除技术，这是一种转型创新技术，它们能消除或减少许多不必要的约束，增加可能的探索空间；三是类比问题解答，它能将相互关联的事实网络从映射源领域转移到目标领域。每一种技术都有它的优势和局限性，但结合起来则有利于社会创造力的生成和发展。

目前欠缺因而值得探讨的工作是，在社会创新过程中应该有什么样的标准和机制来帮助人们根据时空条件选择最有用的创新技术。为解决这一问题，韦伯斯特等设计了一个模型，即 COLLAGE。它是欧盟资助的一个综合项目，旨在为设计有效的 Web2.0 社会创造力和学习技术提供信息，使之更好地造福于社会。具言之，它试图对支持社会创造力的流动空间作出计算建模，并加以应用，以指导社会群体中的以人为中心的创新认知，如指导他们如何设定创新目标，如何选择和运用创新技术，如何在创造性问题解决中进行社会交互，等等。其重点是设计、开发和验证一套创新的云社交创新服务。它们可让学习过程和许多相关系统相互联系起来。为此，它将开发一个关于理想创新过程的描述性模型，这些创新过程来自已有的理论和关于创新及学习的模型。

---

① Webster S, Zachos K, Maiden N. "An emerging computational model of flow spaces to support social creativity". In Maher M, Veale T, Saunders R, et al (Eds.). *Proceedings of the Fourth International Conference on Computational Creativity.* Sydney: The University of Sydney, 2013: 192.

韦伯斯特等的模型的一个版本就是描述创造力和学习如何可能在社会过程中关联在一起，特别是描述流动、创造力、学习得以成功的概念空间。其作用是，可让设计有效的社会创造力和学习技术成为可能，推进这样的技术服务，如告知如何选择和利用不同的创新技术与支撑工具。

这里是 COLLAGE 社会创造力和学习模型的一个版本。创建此模型的目的是告知如何选择和利用不同的技术及计算服务，以促进创新观念的生成。其理论基础是博登的"概念空间"和施奈德曼（B. Shneiderman）的 GENEX 构架。GENEX 构架是关于社会创造力的情境主义模型，认为在社会创新过程中，有四个关键过程，一是从公共领域和可用数字资源中搜集信息；二是与同事、团队保持联系、互动、咨询和合作；三是创立、探索、构造和评价解决方案；四是在团队中传播、交流解决方案，并将其存储在数字资源中。[①]博登的探索空间理论以及流行的目标驱动创新探索空间理论也是韦伯斯特等的模型的基础。例如，他们的模型利用了空间中的模块构建块，由此该模型就成了一种基于探索的创新过程，即先把初始较大的问题分解成子问题，然后探讨如何将子问题结合在一起，最后逐一加以解决。要找到解决办法，无疑要在空间中探索。这里也有空间过大因而无法有效搜索的问题。他们的解决办法是，设计一系列的创造性探索活动，每一个活动探索当前目标表达的局部空间。在模型中，他们用较大设计空间中的子空间来表示一个创造性探索活动，并把基于探索的技术和理论应用于其上。尽管如此，这里仍有这样的问题：既然空间很大，怎样才能遍历一切子空间呢？有一种解决方案试图把契克森米哈赖的"流"（flow）与维果斯基的"近端发展区域"概念结合起来。"流"概念说的是，当一个人或一个团队完全沉浸在一项活动中时会感觉到完全投入且精力充沛，充满成功的期待，进而就会有一种"暖流"被

---

① Shneiderman B. "Creativity support tools". *Communications of the ACM*, 2002, 45 (10): 116-120.

经验到。这种流是创造力的温床。有三个因素一定会进入流的状态，它们分别是目标、平衡和反馈。"近端发展区域"概念说的是，学习者在没有帮助的情况下所做的事情与在有指导情况下所做的事情之间存在着连续性，学习就发生在这个连续的区域。综合上述理论可以说，要让学习发生，在一个创新的社会过程中，人们必须面对目前能力所及之外的任务，在近端发展区域中的任务就是我们凭自己能完成的任务，但要做好通常还需要别人地帮助。

韦伯斯特等把这些思想结合起来，并融进"协作学习模型"这一概念，最终形成了自己关于社会创造力与学习的模型。它借助能促成暖流形成的目标、平衡和反馈，描述了每条能把知识和挑战空间关联起来的路径。以游戏创造力建模为例，它有这样的机制，此机制能提供有待实现的目标，进而探索问题解决者的专门领域知识、技能与任务的被认识到的挑战之间的平衡，并提供专门的支持创新的明确直接反馈服务。[①]如何通过上述模型对社会创新过程提供计算指导呢？

为提供计算指导，他们建构的模型利用了这样一些概念，如有利于观念发现的信息探索、个体和社会流、近端发展区域等，如此利用的目的是在社会创新过程中应用不同的计算服务和邻近空间，并向用户推荐。此外，他们还开发了一个计算环境，它能应用不同服务和空间，最大限度地探索并促成暖流和学习。所提供的计算指导将像催化剂一样，通过帮助设定可实现目标、提供资源进而推动社会创造力的发展。计算指导的作用还表现在，指导问题解决者依据变化的情况有效利用不同的创新技术，在知识和挑战之间保持平衡。[②]

---

① Webster S, Zachos K, Maiden N. "An emerging computational model of flow spaces to support social creativity". In Maher M, Veale T, Saunders R, et al (Eds.). *Proceedings of the Fourth International Conference on Computational Creativity*. Sydney: The University of Sydney, 2013: 191.

② Webster S, Zachos K, Maiden N. "An emerging computational model of flow spaces to support social creativity". In Maher M, Veale T, Saunders R, et al (Eds.). *Proceedings of the Fourth International Conference on Computational Creativity*. Sydney: The University of Sydney, 2013: 191.

由于社会创造力有前面所说的四个特点，因此计算机创新服务就有了前进的方向和办法。例如，根据第一个特征，计算机创新服务就可做到：①让社会群体成员在可能观念的概念空间完成明确的信息探索和观念发现；②让他们能明白无误地执行创新服务。这些只是初步的设想，要完善这些想法，特别是把它们付诸计算机实现，还有大量工作要做，如模型的形式描述，特别是，要真的在可能空间中进行有效探索，还必须建构关于创新探索的计算模型。再者，社会创造力的开放式平台即使建立起来了，还会出现进一步的问题：如何开发、挖掘、提升社会创造力呢？

居特勒（M. Guertler）等重点探讨了后一问题，认为在群体内部鼓励和实施观念竞争是解决上述问题的一个有效的方法。例如，若把它与引导用户的方法以及来自集思广益、交流方面的方法结合起来，将极大地促进开放式创新。[①]其首要步骤是，将公司环境整合成创新过程或平台，以推动创新。这优于其他方法。我们知道，常见的开放式创新方法是基于网络的新观念竞争、竞赛，它允许公司成员公布要解决的问题或要完成的任务，鼓励人们提出解决办法，这是一种集思广益的创新方法或群体决策技术。在居特勒等看来，这类方法的问题是，所搜集到的方案相对同质，创新的数量和质量都很有限。为予以改进，充分调动群体创造力，居特勒等提出了一种被称作"瓶中的观念"的开放式创新技术。

"瓶中的观念"的具体内容包括：开放式创新、激励性语词分析、金字塔法、集思广益法和香农的通信模型。在这里，开放式创新的作用在于，开发和利用系统内外的众多资源，让系统与环境互动，从而开发和促进创新。这里还应注意"众源"这个新概念，它强调的是，群体中的个体都有创造潜力，

---

① Guertler M, Muenzberg C, Lindemann U. "Idea in a battle—a new method for creativity in open innovation". In Maher M, Veale T, Saunders R, et al (Eds.). *Proceedings of the Fourth International Conference on Computational Creativity*. Sydney: The University of Sydney, 2013: 194.

它们是创新的、广泛的、众多的资源。社会创造力研究的任务就是探讨把它们有效调动并集合起来的原理和方法。激励性语词分析是一种创新方法，其操作方法是，通过让参与者得到与主题无关的语词来激发他们的创新思想。参与者会自发地用有关标准来分析这些词，并设法寻找与原主题的关联。要理解金字塔法，必须理解"领先"（lead），它是指有下述特点的群体成员：第一，他们的创新能力有领先性，如领先于市场；第二，他们有积极奉献的强烈动机。计算创造力研究中已开发出了识别和激发他们动机的几种方法，其中一种是基于滚雪球效应建立的堆积法或金字塔法。它的一个假定是，对一个课题有兴趣的人更了解其他比他更专业、更有潜力的人。金字塔法以这样一群人为出发点，他们能说出更专业的一些人，再让这些专业的人推荐更专业的人，如此递进直到找到真正有领先性的用户。集思广益法或合成法是基于头脑风暴法而发展起来的一种群体创新技术。其要点是，基于与不同领域（如文字、自然、符号等）的类比，运用该方法的人就有可能在解决问题时深入到汇集了诸多解决方案的空间。这一方法的参与者一般不超过十人，由一名经验老到的主持人引导，按四步进行，一是划分阶段，要做的是交代问题及其定义，探索和分析解决方案；二是孵化阶段，在建立类比的基础上，后退一步，如通过思考其他有兴趣的人面对此问题会怎么办，形成有个性的类比，进而找到对问题的抽象解决方案；三是对所陈述的类比作出分析，并将其转化为对原问题的解；四是评估和验证。

再看香农的通信模型。它指的其实是香农通信理论及其应用。在观念竞争或集思广益过程中，或在问题描述与解释之间，设法发挥信息沟通、交流的作用，因为这是决定是否能生成好的解决方案的一个因素。为保证沟通的畅通和有效，就有必要遵循香农对信息传播过程的规定，如信息源、发送器、信道、接收器和目的地。这里对社会创造力生成和发展重要的思想是，认识到信息中会出现噪声源，它会影响沟通，如对它的解释、扩展、减少、应用会改变原来的信息。因此要激发社会创造力，就要设法消除噪声或将其降低到最低限度。

不难看出，"瓶中的观念"的理论基础是集思广益这样的创新原则和香农著名的通信模型，其目的是想打破观念竞争中固定下来的程式，其具体实施办法是将集思广益的过程分配给不同的个体，以积极地方式将香农模型具体化。例如，通过把问题随机分配给新观念探求者乃至用户，充分调动、激发他们的创造潜力；通过把随机过程引导到有效的渠道，基于领先用户概念的金字塔法，实现社会创新的目的。在这个过程中，最先得到问题的人不会解决问题，而只会作为代理起作用，如将问题转发给他们认为合适的、在特定领域有经验的用户，再让用户将解决方案提交给方案寻求者，并由他们评估方案的价值。这一群体创新技术适用于解决低或中等复杂程度的问题或任务。

为了提升观念竞争中创造力和新观念的品质，居特勒等在观念竞争平台上重新设计了沟通过程，其步骤是，观念寻求者先描述问题，包括信息源，并在平台上发布出来，其他参与者接收、选择、理解任务，以类似方法发送解决方案。为提高创造力，他们将集思广益法分解为四个步骤，每个步骤分配给其他组，一是划分，二是孵化，三是提供分析，四是验证和评估。如此改进了的创新方法的确有助于提升创造力及其所形成的创新思想的品质，之所以如此，是因为它广泛融合了已有群体创新方法的优点，抛弃了它们的缺陷。其最大改进是将原来的创新步骤逐一分解、分配到不同的群体。其应用价值在于，能为新媒体开发和分布式产品开发活动提供增强、转移和执行经典创新方法的方法。这里未解决的、值得探讨的问题是：这样的方法让问题解决者的满意度和积极性提高了吗？当参与者有不到位的理解、有自己的偏狭等问题时，如何保证方法的有效性、有用性？

小　结

在前面三节，我们借鉴计算创造力研究中的相关理解，依据我们的思考，将计算创造力研究中的旨在让计算系统参与更大系统创新过程的相关探讨概括为三种形式，即创造力支持工具、协同创造力与群体创造力。它们不同于其他计算创造力形式的地方在于，不像其他有创造力的计算系统能独自完成某一项创新任务，只是作为完成某一创新任务的一部分发挥作用。当然，由于在这个过程中，它们的独立性、自主性和起作用的方式是不一样的，因此我们按照它们发挥创新作用时的独立性、自主性的程度将它们由低到高区分为创造力支持工具、协同创造力与群体创造力。这在前面已有具体说明。

这里还要强调的是，由于这一研究领域刚刚起步，包括概念界定在内的许多问题都在探索之中，许多规范尚未建立起来。例如，人们对"共创造力"、"创新伙伴"或"同僚"的理解差异就很大。在本书中，我们把共创造力理解为在独立性、自主性上高于创造力支持工具和协同创造力的样式，即属于群体创造力的基本形式。这当然是一种特定的赋义，因为也有专家把它的外延放得很大，甚至认为，它可包括创造力支持工具和协同创造力。这从语言哲学的角度来说当然是合法的，而且只要有明确的限定也不会造成用语上的混乱。再如，在创造力支持工具的研究中，也有人把"创新伙伴"或"同僚"看作创造力支持工具的一种形式。这与我们的理解也不会发生冲突。因为它有明确的不同于我们的规定。例如，它的赋义是，作为创新伙伴的计算系统尽管没有独立的创新能力，但能作为有创造力的大系统不可或缺的子系统或伙伴与其他子系统相互配合，例如与人合作，协助用户的旋律创作。由于这里的伙伴只是帮助创新过程的完成，而没有独立的创新能力，因此在本质上仍属于创造力支持工具的范畴。这种创造力伙伴的样式很多，随领域的不同而不同。例如，专家们根据自己的专长分别设计了能在音乐创作、演奏、绘画、游戏、广告等领域协助创新的工具。其中一种形式是，按照机器学习的要求，通过运行所形成的学习模型来生成以前没有出现过的成果。这类方案的灵感来自对人类协作创新过程的观察，基于观察成果设法模拟人类的认知过程。总之。只要指代明确，且保持一贯，用什么符号加以表示，都不会造成什么混乱，非但如此，对所选定的研究还有铺垫作用。

值得肯定的是，计算创造力的这类辅助创新的研究既大大深化了有关研究，在更好完成计算创造力的理想和任务方面向前迈出了宝贵的一步，同时，由于这类研究和建模的基础性工作是解剖人类和其他实在的创造力，加上，它有更直观的方法和技术，能进一步具体再现创新的过程和机制，因此又有助于我们具体深入地认识人类的合作创新过程及其内在奥秘和机制。有理由说，计算创造力的这些对合作性创造力的研究在顺应创造力认识发展趋势的同时，又成了时代的弄潮儿，极大地推进了这样的认识趋势。不仅如此，就创造力自身的进化史和发展史而言，上述对合作性创造力的研究也让人工创造力大大丰富起来。我们知道，随着最近几十年的数字媒体技术的发展，创造力不断进化出了新的样式，如对已有材料进行重组，或重新混合，以及伴随新技术发展的协同、合作性创新形式。它们突出的是合作生产、协作、共同创新、用户与生产者的联合创新。例如，在互联网中，不仅有"互创"（intercreativity）的理论，也有其实践，试图打造无等级的互创网站。与这些创新形式的发展相应，理论研究和新的认识也空前活跃。例如，将创造力当作协同、合作和分布性实践活动的思想在计算创造力研究中就极为盛行。它们一方面发挥着支持人类创新活动的作用，另一方面也向人类创造力提出了挑战。其极端主义的、绝对乐观主义的思想是所谓的"英雄式 AI"，其追求是"让软件扮演唯一创造者的角色"①。撇开这类极端的思想至少可以肯定，创造力的进化和创造力理论、实践的发展已形成了多元化发展格局，其表现很多，如苹果公司开展的"非同凡想"（Thinking Different）运动和奥多化公司的"团队云创新"都代表着创新形式多元化发展的新走向。

计算创造力对合作性创造力的研究尽管取得了一些成就，但连计算创造力研究专家也不否认，其发展刚刚起步，质量不高，相对肤浅，因此接下来的工作是进一步探讨，如何让人工系统成为真正的合作创新者。已有的协同创造力中的合作、交互只是浅层次的，合作诸方都是孤立的，是黑箱，没有讨论、"思想交流"，如用户不知道机器的决策，无法与之互动、合作，等等。一般的合作、协作必然包含相互解释、沟通、学习等，人机协同创造力开发要提升档次，就要在这些方面有所突破。

值得庆幸的是，人们不仅意识到了这一领域中交互研究的欠缺，而且在开始着手探讨出路和解决的办法。从某种意义上可以说，畅通的、有真正自主性的交互是人机合作创新的一个枢纽，这是由计算创造力研究的目的和任务所决定的。它至少有这样一个目的，即建构能力越来越强大的、能独立完成创新任务的自主系统。要这样，该系统就必须有能力与人类进行有意义的交互，而要如此，它要么能生存于人类的环境之中，要么有与人类的认知交互，要么能理解人类构建关于环境的认知方式。为了让计算系统有这样的交互能力，施彭德诺夫等设计了一种关于人类知识库的模型，它由根源于环境知觉的概念所构成，描述了知识是怎样获得的，怎样应用于创造性的表现和审美评价之中。其形式化目标是将它作为能有效分析创新复杂过程的抽象模

---

① d'Inverno M, McCormack J. "Heroic versus collaborative AI for the arts". In Yang Q, Wooldridge M (Eds.). *Proceedings of the Twenty-fourth International Joint Conference on AI.* Palo Alto: AAAI Press, 2015: 2438-2444.

块。①在建模中，施彭德诺夫等首先分析了人类创造力的构成和运作机制。根据他们的分析，创造力至少包括环境作用、知觉、概念、知识、能力等因素。既然如此，一种全面的计算创造力模型就应包括以下三种：关于环境的模型、关于心灵如何知觉环境的模型、关于心灵如何构建知觉的模型。为行文方便，他们把环境的量化称作现象，把对现象的结构化知觉称作概念，把心中所有由概念形成的构造称作知识。②基于这样的理解，他们揭示了已有计算创造力研究中这样的缺陷或空白，即没有形成关于有用知识的模型。既然如此，"正视此空白，用有用的知识模型来填补它，似乎是发展关于创造力计算模型的有效途径"③。

基于这样的认知，他们建立了这样的模型，该模型将获得关于概念的知识库过程形式化，这些概念根源于心灵在观察环境中的现象时出现的感觉经验，这种知识库可以为心灵的许多能力所运用，如概念表达和审美评价就可运用它们。在这个模型中，知识库的形成根源于对环境的原子性感觉经验，即是以交互为基础的。从根本上说，将这些知识根植于环境现象之中，为在心智之间处理和分享概念提供了具体的参照系，而这样的过程又是创造力的基础，因此是值得创造力建模时关注的东西。因为心智获取概念，建构知识库，是为心智的其他能力服务的，例如它们可为心灵从事自己的表现行为提供资源和动力，这特别表现在绘画等艺术作品的创作之中，这种创作就是基

---

① Spendlove B, Venture D. "Modeling knowledge, expression, and aesthetics via sensory grounding". In Grace K, Cook M, Ventura D, et al (Eds.). *Proceedings of the Tenth International Conference on Computational Creativity.* Charlotte: Association for Computational Creativity, 2019: 325.

② Spendlove B, Venture D. "Modeling knowledge, expression, and aesthetics via sensory grounding". In Grace K, Cook M, Ventura D, et al (Eds.). *Proceedings of the Tenth International Conference on Computational Creativity.* Charlotte: Association for Computational Creativity, 2019: 326.

③ Spendlove B, Venture D. "Modeling knowledge, expression, and aesthetics via sensory grounding". In Grace K, Cook M, Ventura D, et al (Eds.). *Proceedings of the Tenth International Conference on Computational Creativity.* Charlotte: Association for Computational Creativity, 2019: 326.

于已有认知生成源于生活、高于生活的形象的过程。①

　　这一模型对计算创造力研究的意义在于，既可作为建构计算心智的框架发挥作用，又可将人类心智建模为计算系统的一部分。尽管这一模型很复杂，难以在机器中得到完全实现，但它的形式化有望转化为抽象的模块化，从而有效地简化困难问题。还应看到的是，相关模型尽管是根据对人类心智的解剖而建构的，但不一定是关于人类心智的精确模型，它只想成为一种观察心灵的视角，为设计计算心智提供条件。②

---

① Spendlove B, Venture D. "Modeling knowledge, expression, and aesthetics via sensory grounding". In Grace K, Cook M, Ventura D, et al (Eds.). *Proceedings of the Tenth International Conference on Computational Creativity*. Charlotte: Association for Computational Creativity, 2019: 328.

② Spendlove B, Venture D. "Modeling knowledge, expression, and aesthetics via sensory grounding". In Grace K, Cook M, Ventura D, et al (Eds.). *Proceedings of the Tenth International Conference on Computational Creativity*. Charlotte: Association for Computational Creativity, 2019: 327.

第二十一章
文学艺术创造力的工程学建模实践

计算创造力研究及其进步主要是通过两种方式实现的，一是一般性的基础理论研究，二是研究计算创造力的具体应用，例如从工程学上探讨如何让计算创造力实现于这样一些应用领域，即除上一章所说的创造力支持工具及协同创新之外，还有像音乐、视觉、语言创新、游戏、概念创新、幽默、隐喻、定理证明、科学发现、问题解决、评价、创造力元问题。语言创新下又有叙事、故事、诗歌、食谱、词汇创新等。如此实现的创造力是不同于合成创造力的、有独立自主特点的计算创造力。这里所谓工程学指的是运用数学、物理学及其他自然科学的原理和技术来设计有用物体的进程的学科。工程实践指的是计算创造力运用有关的科技原理设计、研制能实现各种专门的创造力的人工计算系统的实践活动。后面我们将把上述独立自主计算创造力的应用领域归为三大类，进而用三章的篇幅分别考察计算创造力在文学艺术创造力、科学技术创造力和其他领域（如游戏、烹饪、广告、自然语言处理等）的创造力三大部门的工程实践活动，看它们是如何让人工系统表现出相应的创造力的，以为我们从哲学上进一步认识创造力的庐山真面目提供直观素材。先看文学艺术创造力的人工计算系统实现，主要考察专家们如何让人工计算系统表现绘画、小说故事创作、音乐创作和表演等方面的创造力。

第一节　文学艺术创造力建模与机器实现的
一般问题与进程

文学艺术创造力的建模与机器实现呈多元化发展格局。除了经典的以计算主义为基础的关注内在创新过程之建模和机器实现的进路之外，其他的如社会化方案、情境主义方案等都占有自己的"市场份额"。这里特别值得一提的是更具综合性的社会—延展范式和方法论。

如前所述，鲍恩将这类方案应用于进化背景，并基于对社会和个体创造力的解剖及其模型，认为可建构关于文学艺术方面的计算创造力的生成性和适应性方案。[①]在过去，一般把表现适应性创造力作为建构艺术类型的计算创造力系统的目标，即是说，让这些系统具有创造力，就是让它们表现适应性创造力。所谓适应性创造力是系统为获得生存和发展的利益而创造新的模式的行为。生成性创造力则相反，它指的是，一个系统创造新的模式、行为时，没有考虑它们对系统是有利还是不利的。这里机器建模的困难在于，如何让人工系统表现像人那样的具身性和情境性。已有的系统在这方面的表现都很糟糕，只是在人机合作方面取得一些成功。鲍恩认为，这样的工作应成为文学艺术创造力计算建模和机器实现探讨中的一个主攻方向。[②]例如，这里值得探讨的是，如何让软件系统成为文学艺术创作的真正作者，以及如何建构一种有物理身体的、自主的机器人艺术家，它是作品的真正作者，而不是人类创造过程的代理。好在这样的认知得到了许多人的认同，工程上的实践也在推进。鲍恩说："艺术方面的计算创造力研究在许多严肃的领域正在

---

① Bown O. "Generative and adaptive creativity: a unified approach to creativity in nature, humans and machines". In McCormack J, d'Inverno M (Eds.). *Computers and Creativity*. Berlin: Springer, 2012: 373-374.

② Bown O. "Generative and adaptive creativity: a unified approach to creativity in nature, humans and machines". In McCormack J, d'Inverno M (Eds.). *Computers and Creativity*. Berlin: Springer, 2012: 375.

顺利推进，但也面临着真正巨大的挑战。"①

　　让机器表现文学艺术创造力早就成了有关领域探索者的一个理想，如在 18 世纪，随着工业革命的发展，机器表演从想象进入了实践，沃康生（J. de Vaucanson）和肯佩伦（B. Kempelen）等就是这一艺术形式的痴迷者和大胆的实干家，前者设计了长笛自动播放机，后者设计了下棋机器，尽管不太成功，但毕竟让机器表现创造力的愿望和行动变成了现实。这样的尝试不仅有工程学上的意义，还有重要的哲学意义，因为它们促使人们进一步思考这样的极具价值的哲学问题，如创造力的本质、创造力自动化的可能性，以及创造力的自主性与自动化的关系等等。

　　最近 40 多年来，艺术家与计算机专家合作，用机器人来创作有鲜活生命和行为表现的造物，从而完成了从机械表演到机器人表演的转化。最近，随着四 E 理论的发展，机器人具有了一定的情境化特点，即可与环境、社会互动，如艺术自主体有具身性和情境性，能为社会访问，能被观众共享和经验，同样，具身性艺术自主体能与其他有创造力的自主体共享社会空间。

　　机器人表演者与观众的互动能力不仅依赖于机器人自己的行为和反应，而且依赖于这些行为的具身性和生成性。有根据说，如果这些具身性和生成性反映了机器表演者关于世界的概念，如果它有表现和交流其主体性的倾向性，那么它的表现就是成功的，就有其创造性。②

　　① Bown O. "Generative and adaptive creativity: a unified approach to creativity in nature, humans and machines". In McCormack J, d'Inverno M (Eds.). *Computers and Creativity*. Berlin: Springer, 2012: 378.

　　② 参见 Gemeinboec P, Saunders R. "Creative machine performance: computational creativity and robotic art". In Maher M, Veale T, Saunders R, et al (Eds.). *Proceedings of the Fourth International Conference on Computational Creativity*. Sydney: The University of Sydney, 2013: 216.

第二节　音乐创造力机器建模与音乐作品生成系统

音乐创造力的计算创造力分析和建模是这一领域热门的、成果较多的工作。我们这里先考察著名计算创造力研究专家威金斯的有关工作。

一、心灵的合唱团模型与自动生成情感性音乐作品的系统

威金斯最有特色、影响较大的一项工作是，改进巴思的"全局工作空间理论"，结合其他关于音乐、记忆、创造力研究的成果，将"意识剧场"概念扩展为"意识歌剧院"或"合唱团"概念，建构了一个音乐感知模型，认为他提出的音乐生成模型可以在意识模型语境下发挥作用，进而可解释音乐创造力，并为建构有音乐创造力的人工系统奠定理论基础。

根据他的关于创造力的"歌剧院"或"合唱团"概念，心灵中的成员即低层次的个别的认知过程都像合唱团中的成员，这些成员一方面不是关注的焦点，处在舞台的边缘，但另一方面随时有进入中心的可能，如只要聚光灯扫射过来了就是如此。这个类比强调的是，即使是处在创造力边缘的知识、能力、观众、情境都像创造力的关键的知识、能力一样，随时有成为中心的可能，因为聚光灯随时可能照到它们，使它们成为中心。

威金斯的具体建模工作是从解剖音乐家的创作过程开始的。以莫扎特为例，根据以前带有神秘主义色彩的分析，莫扎特在创作时似乎有一种创造力的闪光，就像神的灵感闪现一样。在这种闪现中，他能"看到"他的每一个作品的全部细节。其实，莫扎特自己对自己创作的说明并没有这样的神秘感，如他常说，他的创作是"在乘马车旅行时""在美餐后散步时"不经意完成的。①根据威金斯的音乐创造力模型，音乐创作首先离不开适当的情绪，如

---

① Wiggins G. "The mind's chorus: creativity before consciousness". *Cognitive Computation*, 2012, 4 (3): 308.

"必要的情绪状态",其次是专注,不分心,"完全是作曲家自己",还有就是惊人的记忆力。他们之所以能创作出不朽的名作,是因为有这样的机制,即把显性技术与隐性想象力巧妙地结合起来,有信息闯过"无意识门槛",进到全局工作空间并被访问。①

莫扎特的创作过程可以被计算建模和机器实现吗?不管效果如何,已出现了许多建模尝试,如皮尔斯的模型经过适当训练,能用采样算法从语料库中生成可接受的赞美诗旋律。威金斯认为,这些模型尽管有其创新性,但离莫扎特的创新过程和效果还有很大差距。这里最难建模的是莫扎特所自述的在创作时"完全是作曲家自己"。威金斯认为,可以用他的合唱团模型来模拟,因为合唱团在歌曲被唱出(相当于创新思想之迸发)之前也有一个静谧的时期,创新就是在这里生成的。②

音乐作品生成系统是计算创造力研究中做得最多、最富有成就、最能代表计算创造力研究水平的一个领域。其已诞生了大量各具特色的能生成不同风格作品的有创新意义的软件。例如,这里呈现的系统是由蒙蒂斯等所设计的一个能自动进行音乐作品创作的系统。它不仅能生成人类和其他人工系统以前无法创作出来的作品,而且能表达预期的情感即目标情感。它创建了元语法模型,即隐马尔可夫模型和基于从表达了特定情感的语料库中选择的音乐统计分布。所谓隐马尔可夫模型描述的是含有隐含未知参数的马尔可夫过程。其任务是从可观察的参数中确定该过程的隐含参数,然后利用这些参数来作进一步的分析,例如模式识别。这样的人工创新系统还能用这些模型以概率方式生成具有相似情感内容的音乐选择。实践证明,它生成的音乐选择极具个性,一致于目标情感,所完成的任务接近有创造力的人类音乐家执行

---

① Wiggins G. "The mind's chorus: creativity before consciousness". *Cognitive Computation*, 2012, 4 (3): 315.

② Wiggins G. "The mind's chorus: creativity before consciousness". *Cognitive Computation*, 2012, 4 (3): 317.

此任务的水平。[①]

再看抒情歌曲的自动作曲系统。托伊瓦宁（J. Toivanen）等宣布："我们已解决了自动创作具有音乐和抒情特点的抒情歌曲这一挑战性课题。"[②]他们设计了一个人工音乐系统 M. U. Sicus，据说它能完成上述任务，例如它能在收到输入的由词作家创作的歌词的基础上，经过对歌词的"理解"，创作出能表达歌词情感和思想的旋律。该系统的主要运作机制是，音乐创作子过程可以访问歌词创作子过程的内部构件，因此所"创作"的音乐能根据歌词创作的意图来进行创作，这样一来，它就超越了表面的模仿、拼凑。[③]这是许多研究音乐创造力机器实现的人的一个共识。在其倡导者看来，已有的音乐创作软件设计尽管很多，但多停留在模拟的层次。这是计算创造力研究要突破的一道难关。因为若只有模拟，就无法达到名副其实的创新的层次。从特定意义上可以说，模拟就是 AI 和计算创造力的牢笼。计算创造力研究要想让机器有创新行为，就要超越或打破这个障碍。

二、"音频隐喻"与声景音乐作品的计算生成

索罗古德（M. Thorogood）等基于他们关于创造力的隐喻模型（详见第十八章）设计了一个被称作"音频隐喻"的人工创作系统。根据他们的模型，反语是一种充满艺术色彩和启发性的创造性语言表达形式，"x 是 y"之类的隐喻在说者和听者之间建立了一种约定，如说"x 是一条蛇"，传达的意思

① Monteith K, Martinez T, Ventura D. "Automatic generation of music for inducing emotive response". In Ventura D, Pease A, Pérez y Pérez R, et al (Eds.). *Proceedings of the International Conference on Computational Creativity*. Coimbra: University of Coimbra, 2010: 140.

② Toivanen J, Toivonen H, Valitutti A. "Automatical composition of lyrical songs". In Maher M, Veale T, Saunders R, et al (Eds.). *Proceedings of the Fourth International Conference on Computational Creativity*. Sydney: The University of Sydney, 2013: 87.

③ Toivanen J, Toivonen H, Valitutti A. "Automatical composition of lyrical songs". In Maher M, Veale T, Saunders R, et al (Eds.). *Proceedings of the Fourth International Conference on Computational Creativity*. Sydney: The University of Sydney, 2013: 87.

比一个逻辑概念或精确语词的含义多得多，因为它至少还有危险、狡猾等意。更重要的是，语言中充斥着大量有创造性的隐喻，它们的作用是促进易于记忆、沟通感情的交流。例如，它们能让说者最大限度地暗示，最小限度地承诺任何单个解释，因此它们在交流中可以为人们提供新的信息，让人们联想其他信息。尽管在日常生活中，隐喻用得很多，但在信息检索查询中用得却很少。信息检索没有对语词的创造性和非创造性用法作出区分，这是因为它一般只关注了语词的字面意义，而没有关注它们的暗示性、提示性、联想性作用。之所以要关注隐喻，是因为在信息查阅时，用户有时就用隐喻性的语言表达自己的信息需求。在这种情况下，就有必要设计和建构能满足这种需求的计算模型。

根据这些关于隐喻的研究及建模，索罗古德等设计了这样的系统，即"音频隐喻"，它可创作新颖的声景作品，可以处理来自 Twitter 的自然语言查询，可以检索来自在线用户提供的音频数据的有语义关联的声音记录。在创建音频文件搜索查询时，它用的是自然语言加工。另外，该系统还能根据一般的音量组合类别对音频文件进行切分和分类。就技术实现方法而言，它用的是该系统的原型实现。[①]

"音频隐喻"系统相对于已有同类的软件系统而言还有这样的改进，即关注了非符号的音乐形式。我们知道，已有音乐创作系统的研究一般侧重于音乐的符号表征，而非符号的音乐形式几乎无人问津。索罗古德等的声景作曲就是典型的非符号的音乐形式，其宗旨是唤起听众的记忆和用声音记录的声景联想。声景是人们在特定时间、地点所感受到的音频环境，听者通过高级认知功能，将感知到的认知世界与已知的声音环境进行模式匹配，并从触发

---

① Thorogood M, Pasquier P. "Computationally created soundscape with audio metaphor". In Maher M, Veale T, Saunders R, et al (Eds.). *Proceedings of the Fourth International Conference on Computational Creativity*. Sydney: The University of Sydney, 2013: 1.

的联系中推断其意义，将声景带入心灵。

音频文件查询是由自然语言产生的，这些请求可以是用户描述的一般记忆，如一本书中的短语，或一篇论文的一部分。他们的"音频隐喻"接受自然语言查询，借助算法，该查询可转化为音频文件搜索查询。该系统可在线探索与自然语言查询中的单词特征有语义关系的音频文件，所生成的音频文件建议可根据声景范畴（背景、前景以及有前景的背景）加以分类，分类作曲引擎可自动组合被分段的音频文件。

这里的"音频隐喻"想表达的是这样的想法，即该系统生成的自然语言探索的音频表征可能没有文字上的关联。这里所说的创造力是博登倡导的三种创造力中的一种，即通过重新组合熟悉的观念而形成的创造力。

"音频隐喻"作为一种人工创作系统，运用的是由自然语言处理系统驱动的推理，将其作为声景组合的一种方式，并利用来自众包系统中的语义结构。此外，该系统还试图把语词与声音联系起来，以组合成新的文本表征。基于这些，可以说该系统表现了组合性创造力。或者说，它是一种有创造力的、自主的声景合成系统，所用的新方法是，从自然语言输入和众包录音中生成作品。换言之，这是一个声景组合引擎，它使用自然语言查询、选择音频片断，并对所生成的文件进行切分和分类，再对它们进行加工，最后将它们组合成声景作品。①其应用价值在于，可帮助声音艺术家和自动系统从在线音频库中检索和切分专场录音。

三、人机合作的实时即兴创作和演奏

即兴合作音乐创作、演奏是一种综合性的艺术形式，既要求演奏参与者

---

① Thorogood M, Pasquier P. "Computationally created soundscape with audio metaphor". In Maher M, Veale T, Saunders R, et al (Eds.). *Proceedings of the Fourth International Conference on Computational Creativity*. Sydney: The University of Sydney, 2013: 2.

根据观众和其他参与者的当下行为反应作出得体的配合，又离不开每个参与者的即兴发挥。在这种发挥的过程中，即兴的创新是最起码的要求。最近的计算创造力研究中诞生了这样的实践，即让有特定音乐演奏能力的机器人或软件与人类音乐家一道演奏，完成人机合作的实时即兴创作和演奏。要让机器有这样的创造力，一个必须解决的技术问题是，要有实时或现场编码技术。这种技术必须是一种通过使用动态语言解释器来对源代码进行实时编辑的即兴创作音乐或绘画作品的方法，或者说，为了完成即兴创作而用图灵机语言来编写需遵循的规则。这里的"实时"不是指现场的观众、听众，而是正在运行的代码的实时更新。它要求艺术家运用比标准更高的抽象程度，进而使用形式化的计算机语言来表征他们的作品。

尽管以前只有人类能在实时编码方面表现创造力，但现在计算创造力的研究也试图表现这种能力。自 2004 年以来，实时编码成了计算创造力研究中的一个新生的、极活跃的领域。问题是：计算创造力能否模拟、表现实时编码能力？

人的智能甚至包括创造力的特点在于，能根据情况的变化调节行为所遵循的规则，即有实时编码的特点。计算创造力研究在这里关心的问题是，计算机能像人类那样进行实时编码吗？人类作为能实时编码的自主体能被软件创新自主体取代吗？实时编码不同于传统的编码（这也是它的困难之所在），以前的编码在执行过程中没有修改和变化，按程序完成的输出是事先规定好了的，其问题是必然导致作者身份的混乱，如按程序做的事究竟是应归功于人类作者（编程人员）还是应归功于执行程序的机器。如果说人工系统的行为有创造力，那么这种创造力应归于谁呢？机器有创造力吗？以前的编码技术就不存在这个问题。计算创造力研究要解决这个问题，完成实时编码，必须优先弄清的是，实时编码人员所生成的代码是什么。很显然，他们的代码并非他们的作品本身，而是对完成作品的方法的一种抽象层次描述。如果是这样，有计算创造力的自主体应具有的就是这个抽象层次描述。因此接下来的工作就是让自主体获得这样的抽象层次描述。

这里的探讨还处在初创阶段，一般是从建构能实时编码的音乐创新自主体开始，如探讨即兴音乐创作中的实时编码。这样的探讨已经开始，如分析形式语言的表达式与声音的音乐形式表达式之间的关联，开发新的表现新音乐形式的新方法。这些如果成功了，那么需要的就不是一种音乐形式，而是以新的方式理解音乐。麦克林和威金斯说："正是这种理解音乐的新的计算方案，证明探讨有音乐创造力的软件自主体是极有价值的。"不仅如此，从实时编程的角度看，计算创造力在这里也是"有前途的"，尽管我们的认识和实践还处在初创阶段。①可喜的是，能参与即兴演奏、能与观众互动的机器乐手已研制出来了，并有良好的表现。②

桑德斯等为了建构有即兴合作演奏能力的人工系统，依据前面所说的情境主义特别是具身性方案，建构了一个好奇自主体模型。之所以被称作好奇自主体模型，是因为桑德斯等认为，这样的系统由能够独立生成、评估、交流和记录新成果的有好奇性能的设计自主体所构成（详见第十八章）。在此模型的基础上，他们还有这样的工程实践，例如设计了一个能够参与即兴演奏的机器人，它是在 SparkFun 电子公司的裸体机器人 Ardubot 平台上建造的，经过添加扬声器、一对麦克风和足够多的处理单元就成了一个自主体，里面的那些处理单元能表现自己对声音环境的"兴趣"。③

---

① McLean A, Wiggins G. "Live coding forwards computational creativity". In Ventura D, Pease A, Pérez y Pérez R, et al (Eds.). *Proceedings of the International Conference on Computational Creativity.* Coimbra: University of Coimbra, 2010: 179.

② 参见 Saunders R, Gemeinboeck P, Lombard A, et al. "Curious whispers: an embodied artificial creative system". In Ventura D, Pease A, Pérez y Pérez R, et al (Eds.). *Proceedings of the International Conference on Computational Creativity.* Coimbra: University of Coimbra, 2010: 100-103.

③ Feld D, Csikszentmikalyi M, Gardner H. *Changing We World: A Framework for the Study of Creativity.* New York: Praeger Publishers, 1994: 107.

　　总之，桑德斯等通过自己的实践让具身人工创新系统的理念得到了机器实现，所建构的系统不同于一般的人机互动系统，例如在这里，参与的人不具有优先地位，只是人机合作的大系统中平等的一员。如果说他们有引导作用的话，那么参与创作的机器人也有，因为他们在与机器互动时根据情境需要和观众表现所完成的实时的新表现会成为机器人适当跟进的刺激，同样，机器人的新表现也会成为引起他们新的配合行为的刺激。

　　人机合作即兴演奏的创造力计算建模与实验研究十分活跃，成果颇多，再看陈罗兰等在其"知识对象—洞察力"模型（详见第十八章）的基础上设计的一个能完成即兴演奏的人工计算系统。他们认为，人在创新时，灵感不会平白无故地产生。要有创新所依赖的灵感，必须有相应的知识和能力。他们建构的"知识对象—洞察力"模型的等级系统说的就是这个道理。在梯级结构中，缺少某种能力，系统就会坍塌。他们据此设计出的能即兴演奏的人工系统被称作 JerryBot。它是多个人类音乐家和 ACI 机器组成的能即兴演奏的乐队。所谓 ACI 是以应用程序为中心的基础设施，作为网络虚拟化和配置的方法，能在硬件而非软件中执行网络虚拟化，并能用应用程序感知网络策略和管理层。JerryBot 之所以有创新和表现能力，是因为仅数据一项而言，它就储存了自 1965 年到 1995 年的 2500 场音乐会近 7500 小时的信息。只要在组合上稍微作一点改变，就有新的音乐形式和内容发生。不仅如此，它还被整合进了识别、外推、比较和灵感等多种洞察力，进而成为一台 ACI 机器。这样的成功实践还有很多，如有一机器人演奏家"西蒙"就表现了基于具身性的计算创造力，它用物理的手势框架来完成人类和非人类音乐家之间的同步音乐即兴创作。在这里，机器人演奏者的作用不仅是发出声音，而且在与其他乐队成员一道即兴表演中，在与观众的互动中也发挥了重要作用。①

① Hoffman G, Weinberg G. "Interactive improvisation with a robotic marimba player". *Autonomous Robots*, 2011, 31: 133-153.

四、音乐创造力的惊讶建模与机器实现

再来考察布内斯库（R. Bunescu）等关于惊诧的创造力计算建模研究及其在此基础上对音乐创造力机器实现的研究工作。根据他们对人类创造力机制的解剖，能生成令人惊诧的输出能力对创新行为必不可少，在特定意义上可以说，令人惊诧既是创新成果的标志性特点，也是驱动创新的一个动力，更是创新成果新颖性和有用性达到一定程度的必然标志。因为令人惊诧就是出乎意料或让人意想不到，这被认为是某种机制的组成部分，它能在音乐/艺术等领域促成特定情感的发生。计算创造力研究已有很多关于惊诧这一特征的建模尝试，有的还进行了关于指导创造力探索算法的建构。在休伦（D. Huron）看来，音乐的主要情感内容来自艺术家对预期的处理。例如，作曲学会及时确立预期，形成期望，然后有意予以违背，这样就会导致紧张、预测、评价性反应的发生。[1]多数用于生成任务的机器学习模块都是在一个数据集 D 上训练一个模块 P^M，该数据集足够大，能真实逼近真实的数据分布。但有两个根本的局限性：一是不可能产生真正令人惊诧的事件；二是令人惊诧的事件完全是随机产生的，没有什么机制能控制惊诧的产生。

为了让人工系统有更令人惊诧的特点，并实现对惊诧生成的数据驱动控制，布内斯库等提出了双模块构架。它由学习预期的听众模块 M^a 和与之有联系的能学习惊诧的作曲家模块 M^c 所构成。M^c 可以通达由 M^a 所计算的预期。这两个模块可分别在不同的数据集 D^a 和 D^c 上训练。这两个模块结合在一起能促成对惊诧的自然测量。当用中枢网络来实现这两个模块时，实验证明它们能学习如何生成随机的惊诧模块，并有潜力作为创新过程中机器学习方案的一般构架发挥作用，还可以解决前述模块不能生成令人惊诧的情感的问题。

---

① Huron D. *Sweet Anticipation: Music and the Psychology of Expection*. Cambridge:The MIT Press, 2006: 1-41.

①他们认为，这个双模块构架可以用不同的机器学习模块来例示，就作用而言，可以用来生成音乐作品。布内斯库等借鉴了已有的训练方法，但又有所发展。通常的做法是，在一种音乐语料库 D 上训练一个模块，并通过对它进行模块采样来生成作品，最终系统就能表现一定的产生惊诧的能力。布内斯库等的改进是，在两种语料库上分别训练上述两个模块。他们认为，如此运作的系统就有更强的生成惊诧的能力。根据对惊诧生成过程的解剖，惊诧来自对预期、期望的违背、超越，既然如此，听众模块就要学习何时生成很高的期望，而作曲家模块就要学习如何违反足够高的期望。在这里，训练和测试以准随机的形式生成。由于作曲家模块被设计为听众模块的对立面，因此对于作曲器的系列来说，先行词尽管相同，但后续的系列则被翻转了。通过训练，作曲器就有望通过学习知道，每当听众的期望值高时就要针对它，生成对立的位。总之，通过违反、超越听众的预期、意料、期盼，作曲器就可生成惊诧感。②

五、大师级即兴创作软件与脑电波控制的即兴演奏

帕凯特对如何建构具有大师级水平的即兴创作软件作了创造性探索。我们知道，在计算音乐创造力研究中，即兴创作的自动生成一直是一个引人注目的课题，已有许多软件问世。它们的支撑技术不尽相同，所生成的作品在风格、类型上也差异很大。例如，在爵士乐风格中，有些程序就创作出了有一定合理性的即兴演奏。但到目前为止，还没有一个程序能达到大师级的水平。为予以弥补，有些人便开始探讨如何对音乐大师级的艺术能力进行建模，其初步尝试是采取条理化的方式将新的音乐生成方式整合起来。这一研究的

---

① Bunescu R, Uduehi O. "Learning to surprise: a composer-audience architecture". In Grace K, Cook M, Ventura D, et al (Eds.). *Proceedings of the Tenth International Conference on Computational Creativity*. Charlotte: Association for Computational Creativity, 2019: 41.

② Bunescu R, Uduehi O. "Learning to surprise: a composer-audience architecture". In Grace K, Cook M, Ventura D, et al (Eds.). *Proceedings of the Tenth International Conference on Computational Creativity*. Charlotte: Association for Computational Creativity, 2019: 46.

意义在于，既有利于提升机器的创造力，又有利于更好地认识人类的创造力特别是杰出人才的创新能力。[1]杰出人才是有非凡才能和成就的人，在每个领域中都有这样的人物，在音乐艺术领域更是如此。在帕凯特看来，要在计算机上建模杰出人才或大师级的创新才能，必须对之进行自然化、计算化。帕凯特的计算化可这样概括，"根据复杂性和计算机科学的观点，可把大师看作非凡的问题解决大师。大师可客观地测量和观察，作为概念比创造力更加具体"[2]。具言之，大师有这些量化指标，如有在极大搜索空间中实时、轻松地驾驭的能力，把部分决策过程转移到身体，能以非凡方式汇聚知识，能创造性地解决问题。在具备这些量化指标的基础上，帕凯特以爵士乐的比博普大师为例，探讨了如何建模其非凡发明、创新能力的问题。[3]比博普是爵士乐的一个特点，出现于 20 世纪 40 年代，强调和声变化和个人即兴。其艺术标准是高技术、快速度。其乐手们凭借高超的演奏技术张扬自己的音乐个性。帕凯特在研究这类人才创新特点及机制的基础上，建立了一个人工系统，它能生成乐句，其音乐质量与人类大师生成的是相同的。他认为，只要去听一下它的输出就可明白这一点。[4]

帕凯特从工程学角度对"大师如何做出非凡的创新成就"提出了这样的可操作的解决方案，即引入"意向得分"概念，让大师在生成一作品时采取一系列高级的音乐决策。在此方案中，意向得分是自动生成乐句的脊梁，帕凯特所建构的系统可看作是这种得分的解释者，正是它生成了能满足此要求

① Pachet F. "Musical virtuosity and creativity". In McCormack J, d'Inverno M (Eds.). *Computers and Creativity*. Berlin: Springer, 2012: 115.

② Pachet F. "Musical virtuosity and creativity". In McCormack J, d'Inverno M (Eds.). *Computers and Creativity*. Berlin: Springer, 2012: 119.

③ Pachet F. "Musical virtuosity and creativity". In McCormack J, d'Inverno M (Eds.). *Computers and Creativity*. Berlin: Springer, 2012: 119-120.

④ Pachet F. "Musical virtuosity and creativity". In McCormack J, d'Inverno M (Eds.). *Computers and Creativity*. Berlin: Springer, 2012: 119-125.

的作品。有这样的得分，就可生成高品质的、大师级的乐句。其具体的实现技术手段很多，如进化算法、自上而下的方法、逻辑算法等，有的还用根本语法即兴创作爵士乐，但所生成的作品的水平低于专业音乐家的水平。在帕凯特设计的所谓大师级的音乐生成系统中，基本引擎是一个最大阶为 2 的变阶马尔可夫链生成器。它形成的所有决策都是在节拍水平上做出的，能取得意向得分。这就是帕凯特根据对音乐大师的理解设计的一个交互音乐系统 Virtuoso。它能用任意输出控制器实时控制爵士乐的生成。他自认为，它实现了他关于人类音乐大师的理解和技术构想。通过此系统，用户可体验到成为音乐大师的感觉，而不必真的成为音乐大师。

根据帕凯特对爵士乐大师创作的解剖，爵士乐自动生成涉及两个关键维度，即侧滑和精细控制，只要能在这两个方面的建模中取得成功，就能生成符合要求的作品。第一方面不难实现，第二方面即使是对人类大师而言也是一项艰难的挑战，因为里面有复杂的组合问题，如何予以解决，对于人类来说都是一个谜。这是需要未来进一步予以探讨的。①

戈德斯坦（R. Goldstein）等对计算音乐创造力的探讨侧重的是计算系统这种新的创新表现方式，即如何通过脑电波控制来更好地完成音乐即兴演奏。所谓脑电波（Electroencephalogram，EEG）是用电生理指标记录大脑活动的方法。借助 EEG 来完成即兴演奏这样的研究此前已走向了应用，如 Impro-Visor 和 Mind-music 是两个能即兴演奏的计算系统。它们能用 EEG 等技术和相关的软件，通过对用户的脑电波控制，让他们参与即兴演奏。这样的演奏就是大脑控制的即兴演奏，可看作生成和发展音乐创造力的一种形式。再如，路西尔（A. Lucier）曾做过这样的尝试，即设法让脑电波转化为声音，进而将脑电图信号放大以生成音乐。很显然，这同时为借助大脑的活动来进

① Pachet F. "Musical virtuosity and creativity". In McCormack J, d'Inverno M (Eds.). *Computers and Creativity.* Berlin: Springer, 2012: 125.

行创造性表达提供了方法论。还有研究发现，脑电波在脑细胞质量指数（brain cell mass index，BCMI）中提供了被动控制的手段，允许心理状态接近并映射为有关的音乐片断。这些显然是多学科、多技术、多方法综合起作用的产物，例如其现实的表现会涉及苦思冥想、EEG 生物反馈、实时音乐生成等过程和技术的综合。[①]

在这些研究成果的基础上，戈德斯坦等经过新的探讨，建构了一个被称作 Mind-music 的系统，它运行于 Impro-Visor 这一音乐即兴演奏系统之内。其特点是能完成由大脑驱动的音乐即兴演奏。在这里，脑电图信号是由 Muse 这个设置来分辨的，接着，用户的大脑活动就可借助 Mind-music 驱动后面的音乐生成。这一系统生成的音乐反映了参与的人当下的大脑活动，并能基于人的心灵状态生成一种音乐表达。在这个过程中，用户既可通过心理状态来控制音乐生成，又能从反馈和演奏乐器中获得享受。之所以有这样的双重作用，是因为这一系统同时具备两种功能：第一是产生有意的音乐影响力，如用户利用头部倾斜的方向来让音符持续或长或短的时间；第二是产生大脑活动的正向反馈。在这里，音符持续的时间反映了当前由阿尔法波测量到的放松水平，如果持续时间长，那么就表明达到了更深层次的放松。

Mind-music 的结构可用图 21-1 表述如下。

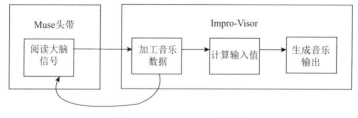

图 21-1　Mind-music 结构图

---

① Goldstein R, Vainauskas A, Ackerman M, et al. "Mindmusic: brain-controlled musical improvisation". In Grace K, Cook M, Ventura D, et al (Eds.). *Proceedings of the Tenth International Conference on Computational Creativity.* Charlotte: Association for Computational Creativity, 2019: 282.

戈德斯坦等在改进这种音乐创造力的计算实现时是这样操作的，在让用户接受脑电信号并进入即兴演奏时，切断所有中间环节、媒介，只使用大脑电信号直接控制即兴演奏。用户这样的表现不需要训练或具备专门的音乐知识，比传统的乐器容易操作，且像冥想一样有利于心理健康。在这个过程中，戈德斯坦等用轻便的脑电图头带 Muse，去访问用户的脑电图数据，然后用这些数据去驱动即兴演奏，最后将它们整合到即兴演奏系统 Impro-Visor 之中。其间，实时的反馈能让用户通过音乐的变化来判断系统的心理状态，让用户定期地知晓这样的状态。实验证明，这种反馈是控制计算系统的心理状态的有效方法。用户由于能以快乐的沟通方式知晓自己的心理状态，因此就有可能让自己拥有更健康的心态。直接的脑电图反馈由于是由替代的即兴演奏驱动器来补充的，因此允许用户头部发生适当的倾斜或摇动，以影响音乐的变化。系统中的 Muse 这个设备能分辨头部位置，识别用户头部是向左还是向右倾斜，抑或居中，进而头部位置又能控制即兴演奏中的音符持续多久。这种易于控制的反馈能为那些因瘫痪或其他障碍而无法演奏乐器的人提供音乐表现的机会。

总之，这一研究的特点在于，借助头部倾斜式大脑活动来影响音乐即兴演奏的音符持续时间，进而探讨由心灵驱动的音乐即兴演奏。这不仅有重要的心灵哲学意义，如有助于认识人的大脑活动与心理活动的关系及意义，而且有重要的计算创造力意义。音乐、音量、节奏、动态、音符质量等方面可能受到大脑数据的影响，更先进的系统可能反映更高层次的概念，如音乐的音调和情绪。借助对其他脑波（如 beta、theta、delta 和 gamma）的综合，就有望更全面地窥探人的心理状态，进而将它们反映在音乐创作之中。[①]这一

---

① Goldstein R, Vainauskas A, Ackerman M, et al. "Mindmusic: brain-controlled musical improvisation". In Grace K, Cook M, Ventura D, et al (Eds.). *Proceedings of the Tenth International Conference on Computational Creativity.* Charlotte: Association for Computational Creativity, 2019: 285.

研究同时还有价值性心灵哲学的意义，例如它把音乐与正念冥想结合起来，探讨它们对于人的心灵转化特别是减轻烦恼、焦虑的作用，以及对于人们提高和分配注意力的意义。研究者认为，Mind-music 由于将正念冥想与音乐结合起来了，因此有可能为那些患有心理疾病的人带来更有效的治疗方法。这一系统对健康的人也是有用的，因为它能为他们获得更好的心境提供帮助，甚至能为不具备音乐能力的人从事音乐创作和表达提供条件。

第三节　绘画创造力的机器实现

我们这里先以 H. 科恩的会画画的计算机程序为例来考察绘画创造力的机器建模和实现的工作及特点，然后再来探讨其他的绘画创造力建模尝试。

H. 科恩是很有成就的艺术家，后转向 AI，致力于探讨人的创造力以及如何设计有创造力的计算机程序的问题，其突出成果是设计了若干代的作为计算机"画家"的 AARON，奠定了其在本领域的崇高地位。在回应"创造力能否被计算建模以及为机器实现"这一前提性问题时，他不是泛泛讨论机器能否实现创造力之类的一般性问题，而具体深入到特定领域如艺术、音乐、绘画等的创造力的探索之中。H. 科恩发挥自己精通绘画的优势，着力探讨这个领域如何让机器表现创造力的问题。

根据 H. 科恩对人类创造力构成因素的解析，它有这样一些构成：一是内在的过程；二是外部对象的生成，如画出图画等；三是有修改信念、创立新的信念的能力；四是有"推测"（speculation）能力。人之所以能形成好的主意、新的想法，主要原因是人有推测之类的能力。既然如此，弄清人形成好主意的机制就是让程序表现创造力的一个条件。①

---

① Cohen H. *On The Modelling of Creative Behavior.* Santa Monica: The Rand Corporation, 1981: 10.

H. 科恩的有创作能力的人工画家就是基于这些对人类画家的创新能力的解剖而设计和建构的。就 AARON$_2$ 这一改进了的绘画程序而言，由于它不可能有像人那样的经验积累，因此它将从任意状态开始，从此以后，该状态将根据算法和内外条件的变化而发生变化。这里所说的"状态"不是程序的记忆状态，变化的状态也不是指将新数据写入已有数据结构。它指的是程序的表征空间。例如，产生新表征的技术功能将与表征本身生活在同一空间中，即是说，这些功能将成为表征的构成因素，这种表征空间就是"状态"。

我们在第十七和十八章探讨计算创造力的发展方案和模型建构时曾说过，本领域的情境主义特别是具身主义、生成主义方案如日中天，让软件、机器人的创造力具有具身性、生成性不仅是理论设想，而且已有大量的工程实践。这里我们再通过考察格迈博克（P. Gemeinboec）等对机器人"Zwischenräume"艺术环境的开发工作说明绘画创造力建模中的情境主义影响及其特点。这是一个由机器主导的、能为它自主改变的环境。在这样的环境中，格迈博克等进行了这样的实践，即把具身的、有好奇心的自主体嵌入画廊的墙壁之中，目的是把它们变成一个供开放探索和转化的场所。[①]以机器人"Zwischenräume"的第一版为例，它的每个单元有一个箱子，这些箱子安装在一个垂直的吊架上，并且每个单元还配备了一个安装在铰接背上的摄像机、一个电动锤和一个麦克风。其内有控制系统、机器视觉、能生成动机的计算模型，有能学习的模块和自主的、自导向的子系统。其视觉系统可构建场景的多维模型。其中心系统能加工、学习和记忆关于运动、形状、颜色、声音等方面的信息。这些让它能作为自主体生成对环境中事件的预期。它还有强化学习机制，此机制能学习照相机视域内的运动过程，其目标就是将内

---

① Gemeinboec P, Saunders R. "Creative machine performance: computational creativity and robotic art". In Maher M, Veale T, Saunders R, et al (Eds.). *Proceedings of the Fourth International Conference on Computational Creativity*. Sydney: The University of Sydney, 2013: 216.

在生成的、对于捕捉到有趣图像的奖励最大化，并制定基于行动奖励的政策。学习的作用在于指导机器人的知觉和行动，从而引起反馈过程。借助这些构造、机制和方式，机器人就能表现与环境交互甚至重塑环境的创新能力。

由于这里的机器人有创造力，因此能将墙面转化为一个有趣的学习环境。从观众的角度看，这墙面就是它表演的舞台。更重要的是，这里为研究计算创造力和具身性对它形成的作用开辟了一个可感可触的场景。机器人之所以有创造力，是因为它有具身性。格迈博克等说："要正确理解和建模创造力，必须弄清它是如何通过世界与内在能动的、探索性的有效自主体之间的相互作用而产生出来的。"质言之，创造力离不开自主体具体化于环境之中，离不开自主体与环境的相互作用。[①]这是因为，有些环境属性难以甚至不可能从计算上来模拟，而自主体的具身性则为它通过利用环境属性来扩展行为范围提供了条件。就 Zwischenräume 而言，机器的创新作用不是事先规定的，而是通过考察和处理环境中发生的东西进化出来的。随着自主体具身性基于与环境相互作用的发展，这里的机器人的创新作用又能反过来影响其从中突显的过程。

机器人之所以有创新作用，还与设计时对生成性或行然性方案的贯彻有关。根据生成性方案，自主作用是"在内的"作用，即是一种与自主体的行为连在一起、由行为所使然的生成现象，因此不是某人或某物独有的东西。行为之所以如此重要，是因为改变、塑造世界的行为是通过动态环境与自主体之间的"结构性耦合"而发生的。上述机器人也贯彻了这样的认知。它尽管会威胁墙面的结构完整性，但它适应了变化的环境，如被破坏了的墙，并能在这样的情况下与环境发生知觉和行动关系。环境与创造力的联系是双重

---

① Gemeinboec P, Saunders R. "Creative machine performance: computational creativity and robotic art". In Maher M, Veale T, Saunders R, et al (Eds.). *Proceedings of the Fourth International Conference on Computational Creativity*. Sydney: The University of Sydney, 2013: 218.

的：第一，机器人对环境的探索和经常改变行为的内在动机体现的是最简单层次的创新过程，类似于涂鸦行为，其动机是对各种可能性进行探索，而不是与其他事物进行有目的的交流；第二，观众基于自己的情境解释机制与环境的相互作用，做出大量有意义的行为，这些又成为环境的组成部分，进而成为促成机器人新行为的合力中的一个因素。因此自主体的具身性、生成性就成为进入人类世界、创造出新的意义的关键，自主体所生成的知觉也为了解自主体的观点提供了窗口，进而可以改变观众的观点。

基于这样的设计理念，这里的机器人就有这样的特点，即不是对环境的变化做出简单的反应，而是寻求与环境、观众的互动。例如，机器人一旦按程序运行，观众的形象和行为就会被机器知觉为环境中的变化，进而成为机器内在动机系统的组成部分。由于机器人的表现是由它知觉到和预期的东西驱动的，因此该表现可看作是对观众表现的回应。在这里，完成表现的不只是机器人，而且是观众。总之，机器人的具身性的一个重要方面是，机器人将有创造力的自主体镶嵌于变化着的环境之中。

这一理论研究和工程实践的意义在于，有助于改变对计算创造力的狭隘看法。过去有一种看法认为，计算创造力充其量是一种工具性过程，是一种辅助人创新的手段，甚至是一种隐喻性的创造力。新的实践目标是，让计算创造力更接近于人的活生生的、与情境密不可分地结合在一起的创造力。特别是，这里把关于创造力的模型整合到了艺术行为之中，扩展了机器与环境发生开放的、非决定相互作用的范围，增添了新的相互作用的样式。这一研究不仅揭示了具身性、生成性对于创造力计算建模与实现的作用，而且有效地进行了创造性的工程实践。①

下面考察一下多林等基于他们发展计算创造力的进化论方案所做的一些

---

① Hoffmann G, Weinberg G. "Interactive improvisation with a robotic marimba player". *Autonomous Robots*, 2011, 31: 133-153.

尝试性工作。以他们依据进化论方案开发的一个纹理生成软件 EvoEco 为例。它可让用户使用、检验，如用它去进化出自己想要的图像。进化出的图像有些肯定是有创新性的，因为里面无疑会有以前没有出现过的图像。如果用户从 16 个纹理中选择一个父代图像，然后用它来生成 16 个子代图像，可不断重复进行，直到用户决定停下来为止。这里也可运用交叉操作，如从一幅图像中采样参数，从另一幅中提取互补参数，然后将它们组合，进而就可生成新的图像。用户还可从吸引力、新颖性、创新性、有趣性等角度对软件生成的中间图像、最后图像作出评估。①

多林等承认，他们的软件 EvoEco 并没有完全达到让计算系统具有自主创造力的所有和最终目的。从表面上看，软件不能超出人通过设计希望它达到的那种新颖性，即它能做的似乎完全限制在人的设计范围内。应承认，表征中硬编码的范围限制了人设计的所有系统，这有其必然性，但数字计算机难道不能超越开发者的希望吗？软件不能有超越人的希望的创新吗？回答应是否定的。特别是，如果在有创造力的软件开发中坚持进化论方案，那么让软件超越设计的范围而表现自主的创造力则是完全有其可能性的，因为自然界的进化说明了进化的创新总在突破原来的限制。如果我们在模拟进化及其创新时做得足够好，那么软件超越人的希望的创新也是有其可能性的。②

下面我们再来考察加波拉（L. Gabora）等基于进化论方案对有关创新软件的开发工作。他们认为，要建构关于创造力的计算模型，必须认识创造力背后的机制。根据最新的大量研究，情境聚焦和递归回忆就是这样的机制。因为从种系创造力的发展过程来看，这两种机制在人类创造力进化史上具有里程碑的意义，正是因为它们的出现，才有创造力的"大爆炸"。该大爆炸

---

① Dorin A, Korb K. "Creativity refined: bypassing the gatekeepers of appropriateness and value". In McCormack J, d'Inverno M (Eds.). *Computers and Creativity.* Berlin: Springer, 2012: 355-356.

② Dorin A, Korb K. "Creativity refined: bypassing the gatekeepers of appropriateness and value". In McCormack J, d'Inverno M (Eds.). *Computers and Creativity.* Berlin: Springer, 2012: 358.

发生在旧石器时代晚期，反映了与生物机制微调有关的基因突变。这些机制依据情境，通过改变被激活的认知接受域的特异性，塑造了在收敛与发散模式之间做出潜意识转换的能力。这种能力可称作情境聚焦或关注能力。因为它离不开人们对所处情境做出反应的集中和分散注意力。分散注意力，就是将激活扩散到广泛区域，这有利于思维发散，能让隐藏的东西得到显现，集中注意力则有利于思维收敛。①从种系发展来看，人类创造力的起源与有意检索储存信息息息相关，这种能力被称作自我触发回忆和重复环路。它们使信息根据情境需要递归地被加工，进而让人随意访问记忆。②

依据上述认知，加波拉等建构了一种进化艺术系统，它能在没有人类帮助的情况下生成自进化的艺术肖像系列。他们在这里想弄清楚的是，将情境聚焦的能力纳入到适应度函数中对计算系统生成被认为有创新性的艺术作品是否有关键作用。他们是这样把情境聚焦的能力实现于进化艺术算法之中的，即让程序有改变其流变性水平并控制创新过程不同阶段以对它产生的输出做出响应的能力。他们之所以以肖像创作为研究创造力起源的案例，是因为他们认为，这种创新形式既需要集中注意力和分析性思维，又需要分散注意力和关联性思维，以满足广泛的且有时有矛盾的审美标准。③

他们的上述创造力进化系统运用了达尔文进化计算，特别是运用了受遗传算法和遗传编程技术启发的探索算法。因为这些技术通过将随机生成的潜在解释种群编码为一个遗传指令集，使用预定义的适应度函数评估每一种解

---

① Gabora L, DiPaola S. "How did humans become so creative? A computational approach". In Maher M , Hammond K, Pease A, et al (Eds.). *Proceedings of the Third International Conference on Computational Creativity.* Dublin: University College Dublin, 2012: 205-206.

② Gabora L, DiPaola S. "How did humans become so creative? A computational approach". In Maher M, Hammond K, Pease A, et al (Eds.). *Proceedings of the Third International Conference on Computational Creativity.* Dublin: University College Dublin, 2012: 204.

③ Gabora L, DiPaola S. "How did humans become so creative? A computational approach". In Maher M, Hammond K, Pease A, et al (Eds.). *Proceedings of the Third International Conference on Computational Creativity.* Dublin: University College Dublin, 2012: 206.

决问题的能力，为生成新一代而变异最优者，不断让这一过程重复，直至找到可接受的解。总之，就计算建模的目的而言，遗传编程技术被证明是一个可以支持情境聚焦适应度函数模块的方便而基本的工具。他们的系统还运用了双重进化技术，以便让它模拟对创新至关重要的自由与约束机制。所谓双重进化，一是"家长式"的进化，如那些适应度最高的画作会传递它们的相似性策略，最终出现家族相似性家长；二是"叔叔"的进化，这里的"叔叔"是指与当前相似适应度有关，但更具艺术创新性的画作。由于有这样的双重进化，艺术作品就能在继承的基础上获得创新，因为有"叔叔"类画作的进化，有自由度的存在，新颖性就会通过背离现有参照系而突显出来。①

这样的计算系统创作的画作至少能够通过图灵测试。其表现是，它们生成的画作经过筛选和编辑后提交至五大画廊和博物馆，全部都被选中，并与其他作品在里面一同展出，如麻省理工学院博物馆和亚特兰大高等艺术博物馆等。人类画家和评论家看了后，都一致认为，它们是由人类画家画的，是"充满了创新思想的、起伏跌宕的艺术作品"。②

研究绘画创造力的人像研究其他形式的创造力建模的人一样有这样一种感受，即本领域研究成果众多，如有不胜枚举的模型和人工创造力系统，但它们表现的所谓创造力与真正的创造力相比总有那么一些不伦不类的味道，有些创造力甚至不是由人工系统真实地完成的，而是由评价的人强加的。究其原因，其中至少有这样一个，即真实存在的创造力太复杂了，而过去对它们的描述多停留在抽象、笼统、定性的层面。这是不利于建模和机器实现的。

---

① Gabora L, DiPaola S. "How did humans become so creative? A computational approach". In Maher M, Hammond K, Pease A, et al (Eds.). *Proceedings of the Third International Conference on Computational Creativity*. Dublin: University College Dublin, 2012: 208.

② Gabora L, DiPaola S. "How did humans become so creative? A computational approach". In Maher M, Hammond K, Pease A, et al (Eds.). *Proceedings of the Third International Conference on Computational Creativity*. Dublin: University College Dublin, 2012: 208.

要如此，一项必不可少的工作是解决量化问题。埃尔加马（A. Elgammal）指出："要建模人类创造力并让其得到机器实现，一个出路就是将其量化。"[①]这样做不仅可为建模和实现铲除障碍，而且能让计算机自己的创新评价更具操作性，更简单易行。他们以绘画创造力为突破口，认为人类绘画的创造力可用不同类型的概念来描述，例如既可用空间、质地、形态、线条、色彩描述艺术作品的元素，还可用运动、统一性、协调性、变化性、平衡性、对比性、模式等来描述艺术品的原则，等等。这些概念或多或少可以通过当今的计算机视觉技术来加以量化，如一些新诞生的技术可根据特定的艺术概念来测量绘画之间的相似性。当然，这里有一些问题必须予以解决，例如如何验证算法所获得的结果。为解决这一问题，他们提出了一种验证算法结果的方法，那就是"时间机器实验"[②]。它说的是，将一部作品创作的正确时间改为错误时间，然后通过在整个数据上运行算法，用错误时间来计算它的创新得分。在此基础上，计算其创新得分的增益（或损失），并与根据正确时间的得分进行比较。这些探讨都是初步的，值得大力推进。

第四节　综合性艺术创造力的计算实现

迪保拉等的计算创造力工程探讨想解决的问题是，如何完成这样的概念和工程转化，即把基于创造力的进化研究成果转化为专业设计师的真实世界的进化计算系统。其初始系统是"达尔文注视"，即一个基于创造力认知理

---

① Elgammal A, Saleh B. "Quantifying creativity in art networks". In Toivonen H, Colton S, Cook M, et al (Eds.). *Proceedings of the Sixth International Conference on Computational Creativity.* Provo: Brigham Young University, 2015: 39-40.

② Elgammal A, Saleh B. "Quantifying creativity in art networks". In Toivonen H, Colton S, Cook M, et al (Eds.). *Proceedings of the Sixth International Conference on Computational Creativity.* Provo: Brigham Young University, 2015: 39-40.

解的、有创造力的遗传程序系统。它生成的艺术作品在世界著名画廊展出，数以万计的人认为它是由人创作的作品。迪保拉等不满足于此，后不断改进，如曾与一家著名设计公司合作，以探索有关技术的潜在价值和应用，让它有更多的创造性设计迭代。经过这样的探索，于是就出现了第二代进化计算系统，即 Evolver（进化者），它能为设计师提供快速、唯一的创新选择，这些选择超越于习惯的方法，可以在创新设计的不同阶段进行模块化使用。迪保拉等设计这些系统想达到的目的在于，自主地将创造力融入算法之内，将人类创造力理论的元素应用于人工系统设计，将它们作为工具融入设计过程中。①根据他们的理解，计算创造力研究的任务就是要依据情境主义原则，用计算方式模拟人的创造力进而形成具有自己创造力的系统，让人工系统在与情境互动中表现人所具有的创造力。这样的创造力也可以说是在联想性和分析性焦点之间自由转换的能力。迪保拉等所设计的人工系统要实现和应用的就是这种创造力，即用一种自动适应功能去实现"情境性聚焦"。

迪保拉等不仅开发了这样的系统，而且还与有关公司保持合作，以考察有关技术在支持多变量创造性设计迭代方面的潜在用途。在这个过程中，他们还发展了他们的系统，即把它改进为一个能应用于流水生产线的交互式创造力支持工具。这就是他们的人工系统的第二代，即 Evolver（进化者），它能为设计师提供快速独特的选项。

设计上的变化是由应用性需要所决定的。在这个过程中，必须要做的是对设计师的真实的迭代过程作出评估、检验。迪保拉等还与用户一道探讨了这种转化的有效性问题，考察了非专业设计师如何欣赏和使用这种有创造力的进化系统。很显然，这些工作对人们进一步探讨如何将人工创新系统应用

---

① Dipaola S, McCaig G, Carlson K, et al. "Adaption of an autonomous creative evolutionary system for real-world design application based on creative cognition". In Maher M, Veale T, Saunders R, et al (Eds.). *Proceedings of the Fourth International Conference on Computational Creativity*. Sydney: The University of Sydney, 2013: 40.

于更有力的、以用户为中心的真实世界是有启发意义的。^①

Evolver 作为改进了的有计算创造力的系统,其突出的成就是探讨了计算创造力在真实世界的应用。之所以有此应用价值,是因为它是依据情境主义原则设计的,能与环境进行实时交互。为完成这一任务,迪保拉等与一家艺术咨询公司合作,开发了能够补充和激发其迭代设计过程的软件。该软件的作用是可完成酒店装修的视觉设计,至少可参与设计师直观且可视化的创作过程。之所以可以发挥这类作用,是因为该软件应用并改进了 Evolver。

Evolver 是基于深入研究交互和进化机制而设计的一种人工系统,旨在通过将一些设计任务自动化、重构情境探索空间来支持 FBFA 的专门设计过程。它为创新提供了一个头脑风暴的平台,如通过控制配色方案,综合不同作品的艺术风格,进而生成以前需由人类设计师创作的各种原创作品版本。它还通过自动地重复一些工作,如裁剪艺术作品,为设计提供一些生成能力。为方便用户使用,该系统还将一个对用户友好的模块与灵活的内部图像表征格式结合起来。只要设计师提供种子材料和首选结果,该系统就能生成候选艺术作品的种群,接着在用户控制下完成对候选艺术品的杂交和变异,最后经过迭代,就能生成新的艺术作品。设计师可以在这个过程的任何阶段提取任何作为结果的候选作品,以用于其他目的,或作为后续工作的生成素材。该系统的参数包括款式、颜色、层次、图案、对称和画布尺寸等。^②

该系统在本质上是一个进化系统,实现上述创造力靠的主要是遗传算法。

---

① Dipaola S, McCaig G, Carlson K, et al. "Adaption of an autonomous creative evolutionary system for real-world design application based on creative cognition". In Maher M, Veale T, Saunders R, et al (Eds.). *Proceedings of the Fourth International Conference on Computational Creativity*. Sydney: The University of Sydney, 2013: 41.

② Dipaola S, McCaig G, Carlson K, et al. "Adaption of an autonomous creative evolutionary system for real-world design application based on creative cognition". In Maher M, Veale T, Saunders R, et al (Eds.). *Proceedings of the Fourth International Conference on Computational Creativity*. Sydney: The University of Sydney, 2013: 41-42.

在建构这样的系统时，最关键的一个设计决策是对遗传编码的规范。编码的具体选择勾画出了可能图像的空间，影响着图像在进化过程中变化的方式。在具体的进化过程中，基因型在潜在图像空间上可诱发出一个度量，如某些表征的选择会让一些风格或图像从基因上关联起来，而让另一些在基因上无关。关系密切的图像出现的概率会很高。这就是说，基因型会引起审美上相似、遗传上相关的图像。随着进化过程的推进，艺术品有审美价值的方面会成功地被选择和结合在一起。这一特性被称作基因关联。迪保拉等认为，这一特性对交互性的、有创造力的工具至关重要，对于设计师也是如此。[①]

该系统为了生成越来越好的创新成果，也被设计了评价机制。这里的评价是指让设计师和用户对系统作出评价，如系统能向他们提出一系列的关于系统有无创造力的问题，让他们作出回答，然后再根据回答改进后面的行为输出。

经过大量的实践，Evolver 的艺术创新潜力得到了彰显，其表现受到了人们的好评。如有这样的评价，"Evolver 是有创造力的伙伴，例如它能提出正常人类认知能力之外的替代方案"[②]。有的人甚至认为，人脑的能力有时是有限的，而 Evolver 则有无限的创造力。还有设计师说："Evolver 引导我做出以前从来未想到的选择，增强我们的设计思维，让我们超出常规想法得到抽象的想法。"[③]

① Dipaola S, McCaig G, Carlson K, et al. "Adaption of an autonomous creative evolutionary system for real-world design application based on creative cognition". In Maher M, Veale T, Saunders R, et al (Eds.). *Proceedings of the Fourth International Conference on Computational Creativity*. Sydney: The University of Sydney, 2013: 44.

② Dipaola S, McCaig G, Carlson K, et al. "Adaption of an autonomous creative evolutionary system for real-world design application based on creative cognition". In Maher M, Veale T, Saunders R, et al (Eds.). *Proceedings of the Fourth International Conference on Computational Creativity*. Sydney: The University of Sydney, 2013: 45.

③ Dipaola S, McCaig G, Carlson K, et al. "Adaption of an autonomous creative evolutionary system for real-world design application based on creative cognition". In Maher M, Veale T, Saunders R, et al (Eds.). *Proceedings of the Fourth International Conference on Computational Creativity*. Sydney: The University of Sydney, 2013: 45.

第五节　文学创作软件的开发与故事生成系统

这里要考察的是 AI 对文学创造力的建模和机器实现方式的探讨。这里的文学创造力主要是指在小说、诗歌、故事等的创作过程中表现出的创造力。

关于文学创造力算法、软件的研究和开发方案有很多，其理论基础、具体实施原则和方法差异也很大。例如，阿加福诺娃（Y. Agafonova）等的方案特别强调要开发具有人格化的算法。在他们看来，要让有创造力的算法或创新生成系统人格化，除了要看到读者及其接受过程的作用之外，还应看到疯狂与创新的关系，即把疯狂看作创新的一个源泉。这是他们解剖创造力的一个新奇结论。他们认为，只要深入研究创新文本的生成过程就能发现其背后的根本认知结构中包含疯狂的机制。这也许在有些文学创作中有其根据。他们还认为，要认识创造力的真相，还应探讨这样的问题，即文本生成中的创造力意味着什么？是对新颖性的认知生成还是对不可改变的意义的生成？根据他们的研究，创造力不是一种统计属性，不是对可能性的探索，而是一种近于疯狂的过程。这样的过程离不开一个同一不变自我的作用。既然如此，编写有创造力的算法就应考虑到对自我的建模。不过，他们根据丹尼特的叙事理论认为，自我依赖于人的叙事能力，因此要让算法有自我，就应让它有叙事能力。就此而言，活算法的建构还应内化叙事能力。[①]

他们基于对文学艺术创造力的独到解剖，提出了关于计算创造力发展及其在文艺创作中应用的构想：第一，强调创造力是跨越概念王国之间界限的行为；第二，强调应把文本生成器当作疯狂浪漫的诗人来建构；第三，要将算法人格化，这样才能使叙事突出人物个性；第四，应重视读者的阅读和解

---

① Agafonova Y, Tikhonov A, Yamshchikov I. "Paranoid transformer: reading narrative of madness as computational approach to creativity". In Cardoso F A, Machado P, Veale T, et al (Eds.). *Proceedings of the Eleventh International Conference on Computational Creativity*. Coimbra: University of Coimbra, 2020: 150.

释的作用，因为计算文本和创新文本之间的冲突可通过扩展解释视野来化解。[①]根据这样的思路，他们建构了自己的被称作文本生成器的、带有实时算法特点的软件，它有疯狂、浪漫、人格化的特点，可称作"偏执狂转换器"。这是一个以神经网络为基础的"偏执狂"系统。里面的第一个网络即"偏执狂作家"是基于生成式预训练转换器（generative pre-training transformer，GPT）的调优条件语言模型而起作用的，第二个网络即"评论家子系统"用的是双向编码器表征转换器（bidirectional encoder representations from transformer，BERT），能作为过滤子系统起作用。评论家从偏执狂作家生成的文本流中挑选最好的文本，并过滤它认为无用的文本。由于创造力离不开自我，自我离不开叙事，叙事离不开记忆，因此他们的偏执狂转换器被赋予了这样的记忆能力，即能记住与人类的互动经验，它的视觉、言语的自我表现来自神经的、疯狂的、为读者所增强的叙事。最后，用现有的手写合成神经网络形成一个手写日记。这些能让读者沉浸在创作、阅读的关键过程之中，使读者与最终文本形成有个性的交互，最终把所阅读的文本"接受"或评定为创造性的作品。

一、故事创造力建模与机器实现的一般进程

人工故事创作或生成系统是计算创造力研究较早、较多也较成功的领域。这里我们重点加以考察。

如何让计算系统生成像人类作家写出的新颖而有趣的故事对人工系统来说是一个极具挑战性的难题。鉴于塞尔等的责难，新的计算故事生成不再只关心符号转换或表述形式层面的生成过程，而着力探讨内容层次的生成过程。

---

① Agafonova Y, Tikhonov A, Yamshchikov I. "Paranoid transformer: reading narrative of madness as computational approach to creativity". In Cardoso F A, Machado P, Veale T, et al (Eds.). *Proceedings of the Eleventh International Conference on Computational Creativity*. Coimbra: University of Coimbra, 2020: 148.

这一工程尽管浩大而艰难，但致力于这一课题的人还是在默默努力，已创立了一些各有特色的方案：①基于计划的方案，其工作是建立这样的模型，即能模拟特定世界中人物的目标导向行为；②图式化方案，用故事语法的形式/主题结构形式及其他形式来将故事结构知识形式化；③基于事例的方案，在建模故事生成过程时，重视以各种方法论重构现有故事，其样式有基于安全的推理模型、检索可能的下一步操作模型、类比推理模型等等；④基于计算概念混搭策略的故事混合方案。①

在文学艺术的计算创造力研究中，设计故事生成自主体经历了以下四个阶段。

第一个阶段可追溯到 20 世纪 70 年代的"自动小说作家"（1973 年）。它借助生成语法讲述了发生在某舞台上的谋杀故事，里面的人物能为目标的实现采取一系列的步骤。该系统尽管不成熟，但却是世界上第一个最值得注意的故事生成器，其运作的基本过程是这样的：①从事先定义的集合中识别一个人物；②从事先定义的集合中向这个人提一个问题；③从事先定义的集合中创造一个微世界；④将①—③输入到模拟器，记录那个人物解决他的问题的尝试；⑤要么停下来，要么继续向前推进。据说这个系统有创造力，但在批评者看来，除了有精神病的人之外，恐怕没有人会把文学的创造力归属于这个系统。当然没有争论的看法是，一个系统要得到这样的归属，的确必须按上述循环的命令运行。客观而言，上述故事生成系统无疑有很多缺点，如涉及的人物较单调等。鉴于这类问题，ROALD 这一故事生成系统诞生了，其构成较复杂，如有一个模拟器，它能像 TALE-SPIN 一样生成情节，里面有一个模块能生成所谓的"世界"，还有一个模块是表征叙事者的计划和生成实际的情

---

① Akimoto T. "Theoretical framework for computational story blending: from a cognitive systematic perspective". In Grace K, Cook M, Ventura D, et al (Eds.). *Proceedings of the Tenth International Conference on Computational Creativity*. Charlotte: Association for Computational Creativity, 2019: 49-50.

境的。①在批评者看来，与人类作家相比，这个生成系统仍缺少很多关键的东西，如情节较单调，缺少人类创作故事的趣味性，难以预料，等等。②

第二个阶段的代表性成果是特纳设计的游吟诗人系统。这一阶段的倡导者坚持强人工智能，相信人的创造力能还原为计算。这被有些人看作最好的故事生成器。其突出特点是，有更好的坚实的理论基础。其表现是特纳著有《创造性过程：关于故事讲演和创造力的计算模型》一书，它总结了他的理论研究心得③，并为 AI 探讨自主体如何表现文学创造力提供了一定的理论基础。④根据特纳的看法，创造力表现在解决问题的能力之上。所谓解决问题是指，要么用新的方法去解决问题，要么重组已有的方案去解决新的问题。⑤

第三个阶段是布林斯乔德等设计的 BRUTUS 所开创的新的故事生成系统阶段。其特点是，一方面，相信人类的文学创作超越于计算之上，即不可能有计算的实现；另一方面，又设计适当组织起来的计算来表现创造力的外观。这一阶段出现的必然性在于，第二阶段追求的计算还原和物化实现都成了梦幻泡影，这类严峻的事实促使人们转向带有解释主义倾向的策略，即"放弃计算还原的梦想而转向探寻更灵巧的工程实现"⑥。

第四个阶段的代表性成果是最近约二十年受情境主义影响而诞生的能与环境交互的、具有更大"创新"能力的人工故事生成系统。

---

① Mhashi M, Rada R, Mili H, et al. "Word frequency based indexing and authoring". In Williams N, Holt P (Eds.). *Computers and Writing: State of the Art*. Dordrecht: Kluwer Academic Publishers, 1992: 131-148.

② Mhashi M, Rada R, Mili H, et al. "Word frequency based indexing and authoring". In Williams N, Holt P (Eds.). *Computers and Writing: State of the Art*. Dordrecht: Kluwer Academic Publishers, 1992: 131-148..

③ Turner S. *The Creative Process: A Computer Model of Storytelling and Creativity*. Hillsdale: Lawrence Erlbaum Associates, 1994.

④ 参见 Bringsjord S, Ferrucci D A. *Artificial Intelligence and Literary Creativity: Inside the Mind of BRUTUS, a Storytelling Machine*. Mahwah: Lawrence Erlbaum Associates, 2000: 151.

⑤ Turner S. *The Creative Process: A Computer Model of Storytelling and Creativity*. Hillsdale: Lawrence Erlbaum Associates, 1994: 22-23.

⑥ Bringsjord S, Ferrucci D A. *Artificial Intelligence and Literary Creativity: Inside the Mind of BRUTUS, a Storytelling Machine*. Mahwah: Lawrence Erlbaum Associates, 2000: 149.

二、基于解释主义和逻辑主义的 BRUTUS

下面，我们先重点剖析布林斯乔德等的建模尝试和工程实践，然后再来考察以情境主义为基础的故事生成方案。

布林斯乔德等"放弃计算还原的梦想而转向探寻更灵巧的工程实现"[①]，即设法让机器作家的作品表现人类作家之作品那样的效果，而不模仿创作的过程，为此，他们在实验室花了五年时间创造了一个机器作家，即 BRUTUS。

在具体建模时，布林斯乔德等先具体解剖人类天才作家的创造力，从中抽象他们的标志性特点，然后将它们计算化、形式化，据此写出算法，设法让他们的故事生成器也有表现这些特点的对应部分。他们认识到，好的故事之所以好，就是因为作家能在多种变化中选择一般人想不到的变化。多变性还表现在情节、情境、主题、文字风格、意境等方面。[②]

应特别注意的是，布林斯乔德等在设计有故事创作能力的人工系统时坚持的是这样的带有解释主义倾向的原则，即只能模拟人类作家的创新结果，如通过怎么都行的方法设计这样的系统，只要它能产生人类作家作品所产生的效果就够了，而不必模拟人类作家的创作过程及机制。再说，这样的模拟对人工系统来说也是不可能的，因为计算机凭自身不能完成人所具有的那类创造性活动。这些观点其实也有图灵主义的影子。他们说："根据纯粹的行为表现可以肯定计算机有创造力。"[③]思想实验可以证明这一点。例如，这些思想实验表明计算机能做出各种创造性行为，包括写小说，与文学家讨论莎士比亚，创作音乐，等等。

他们用有点形式化的语言说明了他们的设计原则，假设 S^I 指的是有趣故

---

① Bringsjord S, Ferrucci D A. *Artificial Intelligence and Literary Creativity: Inside the Mind of BRUTUS, a Storytelling Machine.* Mahwah: Lawrence Erlbaum Associates, 2000: 149.

② Bringsjord S, Ferrucci D A. *Artificial Intelligence and Literary Creativity: Inside the Mind of BRUTUS, a Storytelling Machine.* Mahwah: Lawrence Erlbaum Associates, 2000: 163.

③ Bringsjord S, Ferrucci D A. *Artificial Intelligence and Literary Creativity: Inside the Mind of BRUTUS, a Storytelling Machine.* Mahwah: Lawrence Erlbaum Associates, 2000: 12.

事的集合，该集合有两种属性 P_1 和 P_2。就第一点而言，S^I 一定是无法判断的，因为对于 S 中的任意故事来说，没有程序能回答：它是否有趣？就第二点来说，一定有从所有程序集合到 S^I 的某种可能映射。当给出据称能决定 S^I 的一个程序作为输入时，该映射就产生了 S^I 的一个 P 所没有的元素。这样一来，S^I 似乎就有两种属性，因为研究者一直让这两种属性在起作用。布林斯乔德等认为，如果是这样，就可用演绎推理来证明丘奇的理论是错的：

（1）如果 $S^I \notin \Sigma_1$（或 $S^I \notin \Sigma_0$），那么就会有一个程序 P，它通过调整程序来确定 S^I 的成员，以便产生能列举 S^I 成员的程序。

（2）没有这样的程序 P，它能调整决定 S^I 的成员的程序，以产生能枚举 S^I 的成员的程序。

（3）S^I 能有效地被决定。

因此丘奇的理论是错误的。[①]

布林斯乔德等在这里是否陷入了矛盾？我们认为，表面上有矛盾：一方面，他们认为故事的有趣性不能被形式化，因此不可能有计算上的实现；另一方面，他们又设计了能生成有趣故事的程序。其实没有陷入矛盾，因为只要理解他们的解释主义倾向和关于智能的行为效果论，就不会认为他们陷入了矛盾。[②]

为什么要研究有创造力的人工故事生成系统？概括说，他们这样做有两个理论上的原因，一个实践上的原因。两个理论上的原因分别是，第一，这样做有助于我们思考我们是不是机器，即有利于认识人自身。如果人类认识的创造力能为计算机表现出来，那么我们人就是计算机。第二，有助于弄清逻辑与创造力的情感世界的关系，特别是有助于揭露主张两者水火不相容这一观点的错误。其实践上的原因是，有利于建构这样的机器，它们离不开创

① Bringsjord S, Ferrucci D A. *Artificial Intelligence and Literary Creativity: Inside the Mind of BRUTUS, a Storytelling Machine.* Mahwah: Lawrence Erlbaum Associates, 2000: 123.

② Bringsjord S, Ferrucci D A. *Artificial Intelligence and Literary Creativity: Inside the Mind of BRUTUS, a Storytelling Machine.* Mahwah: Lawrence Erlbaum Associates, 2000: 125.

造力，或能在需要创造力的舞台上与人类一道工作。

布林斯乔德等的计算创造力研究既有哲学上的理论探讨，更有工程学的实践。下面我们看他们如何从工程学上建构有创造力的人工作家。[①]

他们首先要突破的工程上的难题是，BRUTUS 如何像人类作家那样理解、处理趣味性？这对他们之所以是工程难题，是因为他们认为趣味性是不可计算的。根据他们的解释，自主体的确没有实现趣味性的机制和方程。读者从它们作品中感受到的趣味性与其说是自主体及其作品提供的，不如说是读者自己受到了作品的某种刺激而自己想象出来的，或者说被唤起的。布林斯乔德等说："如果 BRUTUS₁ 创作的叙事作品引起了读者的想象，那么趣味性就会出现。"这就是说，他们在设计自主体的"创造力"时，压根就没有考虑如何让它有创造性，如何让它的作品内在表现出趣味性，而只是考虑如何引导读者做出感觉到了趣味性的反应。他们认为，他们找到了确切的方法能让 BRUTUS₁ 在"创作"故事时，能够引导读者进入某种意识的场景，唤起特定的想象、联想。[②]很显然，这是一种让人工系统实现创造力的不同于内在过程方案的重结果的方案。内在过程方案的代表和实践者是尚克。他认为，他设计的故事生成程序不仅能"创作"故事，而且能让它充满趣味性，因为这些故事触及了死亡和危险之类的主题。对它们的触及又是通过描述意外事件和人际关系这类算子实现的。在布林斯乔德等看来，内在过程方案行不通，因为我们根本不可能让自主体有像人类那样的创作故事的内在过程，它们不可能真正创作出有趣味性的故事，只能通过特定方式引起读者的想象，让读者觉得自主体有这样的能力，因为创造力、趣味性都具有不可计算性，因此不能有计算上的实现。尚克对创作、趣味性的所谓定义、形式化都是空

---

① Bringsjord S, Ferrucci D A. *Artificial Intelligence and Literary Creativity: Inside the Mind of BRUTUS, a Storytelling Machine.* Mahwah: Lawrence Erlbaum Associates, 2000: 9.

② Bringsjord S, Ferrucci D A. *Artificial Intelligence and Literary Creativity: Inside the Mind of BRUTUS, a Storytelling Machine.* Mahwah: Lawrence Erlbaum Associates, 2000: 145.

头支票，程序所生成的故事表面上有趣味性，其实只是"用了无数类技巧中的一个技巧"，尚克并未为创造力、趣味性的可计算性提供有说服力的根据。[①]

根据布林斯乔德等对人类作家创新成果的效果的分析，故事生成器要让自己的作品在读者心中产生像人类作家作品那样的效果，就必须满足这样七个有魔力的必要条件：①符合对创造力的预想的说明。②能在读者心中引起想象、联想。③在意识的意境中编撰故事。因为好的故事生成系统不仅要有行动的景观，而且要有意识的景观。这是由人物的心理状态所引起的景观。④能将概念数字化。人工自主体不会声称自己有文学上的创造力，除非在作品中处理了重大的主题，如恐怖、危险、爱情等。而只有当这样的主题得到了形式化，才能说它处理了这类主题。⑤能真正生成有趣的故事。即是说，所生成的故事必须有趣味性，而要如此，必须超越可计算性。⑥让故事有深层的、持续的结构。⑦避免写的是"机械性"的散文。[②]

要建构出能产生这种效果的人工系统，故事的语法问题也是必须解决的问题。过去有一段时间，关于 AI 中故事语法的探讨一直很活跃，但后来受到了布洛克等的有力否定，因此一度陷入消沉。他们的否定有三个方面：一是认为故事的语法在形式上不充分；二是故事的语法未能成为一部作品作为故事的充要条件；三是对故事理解的计算说明没有任何帮助。布林斯乔德等认为，这些批判对于他们的方案没有任何影响，因为他们的工作并不涉及故事理解。当然他们关心故事如何生成的问题。再者，由于他们的目的不是要实现故事语法，因此他们的故事生成器不存在所谓的"不充分"的问题。他们承认，"有趣的故事一定是一个或更多故事语法的部分例示"[③]。这就是

① Schank R. "Interestingness: controlling inferences". *Artificial Intelligence*, 1979, 12 (3): 290.

② Bringsjord S, Ferrucci D A. *Artificial Intelligence and Literary Creativity: Inside the Mind of BRUTUS, a Storytelling Machine.* Mahwah: Lawrence Erlbaum Associates, 2000: 153.

③ Bringsjord S, Ferrucci D A. *Artificial Intelligence and Literary Creativity: Inside the Mind of BRUTUS, a Storytelling Machine.* Mahwah: Lawrence Erlbaum Associates, 2000: 154.

说，故事语法仍可看作故事生成系统的必要条件，因为如果要让故事有其结构，那么就必须设计适当的语法。常用的是桑代克的故事语法。[1]布林斯乔德等也创立了自己的故事语法，并据此设计了自己的故事生成器。其语法的主要内容是，主人公因受到了中心角色缺陷的折磨而冒险，并有机会忏悔这一缺陷，如果反复失去机会，此角色就会消失。布林斯乔德等认为，情节结构可借助故事语法来设计，有些结构还能引起读者共鸣。只有这样的结构才是人工生成器所需要的结构。[2]

根据上述构想设计的 BRUTUS 是能"创作"故事的人工构造。它们能进化，且事实上进化出了很多代。实践表明，即使是第一代 BRUTUS$_1$ 也有形式表征力，如通过适当的情节、故事结构和语言合成"创作"出有趣味性的故事。这里的问题是：它们是怎样实现其创造力的呢？布林斯乔德等强调，他们只关注这里的"怎样"，而不关心"是什么"，因为弄清"怎样"对 AI 更为重要。说某系统写成了一个故事，就回答了"是什么"这一问题，而探讨一个自主体怎样生成故事对人们判断自主体的智能和创造力极为重要。[3]再者，对"怎样"的探讨，可让我们知道，程序的初始数据怎样映射到有创造力的人工产品上。[4]

他们解决"怎样"问题的基本思路和方法是，通过一系列技术手段建构一个真实的、可称作创作故事的作家系统，它能借助内在的逻辑结构和执行过程让被生成的故事离最初的内在知识表征有足够的距离，并沿着不同的维度（宽广的变化度）发生变化，进而让读者得出该系统有创造力的归属或

---

① Bringsjord S, Ferrucci D A. *Artificial Intelligence and Literary Creativity: Inside the Mind of BRUTUS, a Storytelling Machine.* Mahwah: Lawrence Erlbaum Associates, 2000: 155.

② Bringsjord S, Ferrucci D A. *Artificial Intelligence and Literary Creativity: Inside the Mind of BRUTUS, a Storytelling Machine.* Mahwah: Lawrence Erlbaum Associates, 2000: 159-160.

③ Bringsjord S, Ferrucci D A. *Artificial Intelligence and Literary Creativity: Inside the Mind of BRUTUS, a Storytelling Machine.* Mahwah: Lawrence Erlbaum Associates, 2000: 160.

④ Bringsjord S, Ferrucci D A. *Artificial Intelligence and Literary Creativity: Inside the Mind of BRUTUS, a Storytelling Machine.* Mahwah: Lawrence Erlbaum Associates, 2000: 161.

印象。可见，读者的创造力评价由两方面所决定，一是故事系统的表现，二是读者的"归属"。为了让读者给出这样的归属或评价，设计时除了考虑上述因素之外，还要考虑故事情节演进、变化的维度，即怎样增加维度，怎样通过意想不到的变化路径、维度让读者得出有创造力的印象。布林斯乔德等考虑的维度主要有情节、角色、场景、文学主题、写作风格、意境等。根据布林斯乔德等对读者创造力印象生成机制与过程的分析，若故事具有多变性，读者便会对作品形成有创造性的印象，而这种多变性又依赖于所谓的"构架差异性"。如果对于故事中能够变化的每个方面而言，都存在一个技术构架能将对应的不同构成因素参数化，以获得不同的结果，那么故事生成系统就有构架上的差异性。BRUTUS 就是按上述思路设计的，它"拥有独一无二的组合和独特的构架，进而有其他系统无法比拟的更大的多变性和创造性"。在这里，构架特别重要，因为"只要构架做好了，实现上述创新的效果就不在话下"[①]。他们的故事生成构架主要有这样几方面：①组件配置；②形成情节；③故事结构拓展。[②]组件配置指的是故事生成系统的组件库，诸选择就是从里面挑选出的，而此库又是通过解析著名的、适当类型的短篇小说而形成的。情节生成构架如图 21-2 所示。

图 21-2　情节生成构架示意图

　　例如，BRUTUS₁ 能生成基于主题描述的场景，其故事大纲是通过从典型集合中挑选段落和句子语法而构成的。这些语法极像极高参数化的组件，它

　　① Bringsjord S, Ferrucci D A. *Artificial Intelligence and Literary Creativity: Inside the Mind of BRUTUS, a Storytelling Machine.* Mahwah: Lawrence Erlbaum Associates, 2000: 161.
　　② Bringsjord S, Ferrucci D A. *Artificial Intelligence and Literary Creativity: Inside the Mind of BRUTUS, a Storytelling Machine.* Mahwah: Lawrence Erlbaum Associates, 2000: 162.

们基于主题、情节和维度而具体化。总之，BRUTUS 的设计融合了各种技术，因此成了有创造力的自主体。①

再看故事结构拓展。布林斯乔德等的方案明显不同于已有的系统。一般的故事生成系统重视的是情节的多变，如用计划引擎来生成情节描述，然后将这些描述映射到自然语言结构之中。其问题是这种构架中明显的、分散的结构无法保证所生成故事的趣味性。其趣味性只作为故事生成器规划过程的副产物出现。在这类方案中，一般是通过描述生成过程来产生有趣味的叙事。还有方案依靠的主要是故事语法，这类系统通过故事语法的迭代结构扩张去建构极详细的轮廓。例如，一个在 1984 年开发的系统 GESTER 用的就是这样的故事语法，它能形成关于古代法国史诗的故事梗概，其问题是，难以用故事语法所需的直陈形式来表征复杂的情节和文学的多变性。布林斯乔德等认为，他们的 BRUTUS 解决了这类问题，方法是用了这样的故事语法，在这里它们是有效的，能用独立于其他故事生成维度的方式来形成故事梗概。②BRUTUS 之所以能如此，是因为它是一个复合的构架。它的构架的因子分解明确反映了故事生成过程，如开始于对主题的符号编码，然后过渡到趣味性生成，主题的具体化也可用来引导情节生成、故事结构扩展和语言生成。结果是能很快得到符合主题的场景和故事。BRUTUS₁的复合结构构架如图 21-3 所示。

如图 21-3 所示，通过主题具体化，BRUTUS₁ 能生成作为一个故事之场景的情节；通过故事结构扩展，它在形成故事梗概的基础上生成表述故事的语言。

如图 21-4 所示，BRUTUS₁ 的技术构架可分为知识层和加工层。知识层包括同类的知识，它们是产生关于特定主题的故事必不可少的；加工层的作

---

① Bringsjord S, Ferrucci D A. *Artificial Intelligence and Literary Creativity: Inside the Mind of BRUTUS, a Storytelling Machine*. Mahwah: Lawrence Erlbaum Associates, 2000: 163.

② Bringsjord S, Ferrucci D A. *Artificial Intelligence and Literary Creativity: Inside the Mind of BRUTUS, a Storytelling Machine*. Mahwah: Lawrence Erlbaum Associates, 2000: 164.

用是，综合利用知识层的知识来生成故事。以 BRUTUS₁ 为例，它的加工层代表的是关于故事生成的计算方案。①

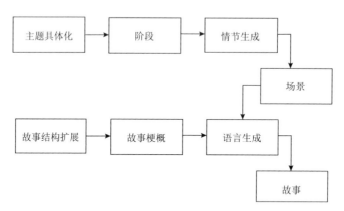

图 21-3　BRUTUS₁ 的复合结构构架

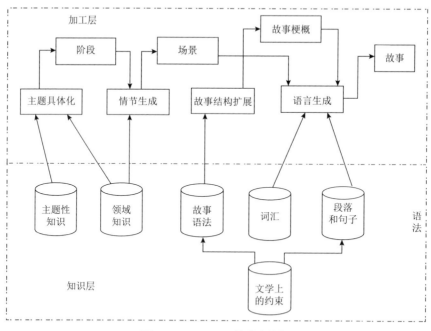

图 21-4　BRUTUS₁ 的技术构架

① Bringsjord S, Ferrucci D A. *Artificial Intelligence and Literary Creativity: Inside the Mind of BRUTUS, a Storytelling Machine.* Mahwah: Lawrence Erlbaum Associates, 2000: 165.

如图 21-4 所示，这里的知识层包括的是生成故事所必需的各种知识的表征。这些知识主要有领域知识、语言知识、文学知识等。领域知识可看作故事元素，如人物、位置、事物、事件等，它们的特定组合能形成许多关于特定主题的故事。文学知识是用来识别来自领域知识的一组元素，以及讲述故事所需的有关联的角色。文学知识库的故事语法用于编排故事的高级结构，该结构决定了先写哪个段落，要用到哪些句子形式，最后用语言知识来形成语法正确的英语句子。这里加工层的设计独具匠心。在 BRUTUS 中，故事的生成过程可分解为四个高级过程，即主题具体化、情节生成、故事结构扩展和语言生成。每一个过程都要用到储存在 BRUTUS$_1$ 知识库中的被表征为知识层组成部分的知识。[①]其技术上实现的结构和方法可这样加以概念化，BRUTUS$_1$ 是用大量的知识表征和被称作 FLEX 的逻辑编程系统中可用的编程技术来实现的。FLEX 是由 Plex 公司开发的，以常见的逻辑编程语言 Prolog 为基础。这种语言的基础是通用的计算方法，它从目标陈述句开始，然后进入事实数据库，最后设法找到目标的根据。FLEX 的作用是让开发人员对 Prolog 进行完全访问，并提供基于框架的结构、关系、产生规则和语法的示例。[②]

加工层是生成有趣味性故事的关键构架。其作用主要包括以下几种。①阶段设定：主题具体化。主题实例化的过程就是从能生成关于特定主题故事的领域知识库中选择组件的过程。它用的是 FLEX 软件，基础是对像背叛这样的主题的数字形式化，以及基于 Prolog 的指向目的的推理机制，其作用是搜索领域知识库，集合形成故事所需的元素。②通过模拟建构情节。生成情节的过程可以让 BRUTUS$_1$ 围绕特定主题形成各种情节。通过 FLEX 提供的向前推理过程，BRUTUS$_1$ 能模仿人物的行为，情节生成过程中所用的知识

---

① Bringsjord S, Ferrucci D A. *Artificial Intelligence and Literary Creativity: Inside the Mind of BRUTUS, a Storytelling Machine.* Mahwah: Lawrence Erlbaum Associates, 2000: 166.

② Bringsjord S, Ferrucci D A. *Artificial Intelligence and Literary Creativity: Inside the Mind of BRUTUS, a Storytelling Machine.* Mahwah: Lawrence Erlbaum Associates, 2000: 171.

主要是行为方面的知识。人物、角色一定具备行动前的知识，如目的和计划所代表的知识。条件—行动规则代表的是反应性行为。这些规则表征的是人物对特定情境会作出的反应。一旦启动，它们就会引起能产生新的状态的行动，进而让更多规则被激活。这一过程模仿的是人的反应性行为链条，其终点是，向前推理过程终止，表示最终状态已出现，模仿完成了。③写故事：故事梗概和语言生成。主题具体化和情节生成会分别产生一个阶段和一个场景。场景将作为输入进入语言的生成过程。在这个过程中，句子将根据出现在场景中的人物、目标、事件等来建构。句子采取什么类型，以什么样的顺序出现，都取决于故事的梗概。故事梗概是由故事结构扩展过程产生出来的，故事语法被用来表征各种可能的故事结构。④主题的变化。主题的变化是通过调整描述了不同结果的主题关系而实现的。①⑤趣味性的实现。布林斯乔德等承认，人与计算机在本质上是不同的，人之所以能感知一情节是否有趣，是因为有相应的知识。作家的成功就在于善于利用这种知识。而计算机程序要实现趣味性是有"许多障碍的"。这对布林斯乔德等来说是一大挑战。事实上，突破计算机表现趣味性这一障碍可以说是他们创立 BRUTUS 方案的一个动机。②他们突破限制的办法就是前面提到的方法，即设法让人工系统生成的故事能在读者心中产生让他们觉得有趣的刺激。

其突破障碍的技术路线是，先找到有趣的文学主题，然后在情节、故事结构和语言细节等方面下功夫。在他们看来，这里的关键是选择好主题，并将它形式化。一旦主题得到充分的形式化，该主题就能被编码为 BRUTUS₁ 的一个 FLEX 图式。这个图式表征的是该主题的一些静态要素，FLEX 关系表征的是领域要素之间的关系，这些要素的具体化就会导致一个故事的出现。

① Bringsjord S, Ferrucci D A. *Artificial Intelligence and Literary Creativity: Inside the Mind of BRUTUS, a Storytelling Machine.* Mahwah: Lawrence Erlbaum Associates, 2000: 191-198.

② Bringsjord S, Ferrucci D A. *Artificial Intelligence and Literary Creativity: Inside the Mind of BRUTUS, a Storytelling Machine.* Mahwah: Lawrence Erlbaum Associates, 2000: 199.

按这样的方式，他们的机器真的"创作"出了四个故事，如《自欺中的背叛（有意的）》、《简单的背叛》、《自欺中的背叛（无意识的）》和《自我背叛（无自欺，有意识的）》。它们都是关于背叛这一具有永恒意义的主题的。[①]之所以说有永恒意义，是因为这一主题是莎士比亚等名家经常涉及的。

要将背叛这一主题形式化，除了需要分析、定义概念之外，还离不开找到一种有表现力的逻辑。他们说："这种逻辑必须极有表现力。"[②]他们认识到，建构这样的逻辑系统既必要，又艰难，因为这类主题对基于逻辑的故事生成系统提出的要求极为苛刻。[③]面对这一难题，只有两种选择，一是广泛了解各种逻辑系统和相应的实现方式，它们能促成人工自主体，成为具有加工形式结构的基础，而这些结构能反映人类所理解的背叛的全部意义。二是根据一种更低层次的逻辑来设计一种系统，由于设计离不开智慧，因此这种逻辑理解了背叛的全部意义。他们赞成的是第二种方案。正是因为有这样的选择，因此他们的方案又包含计算主义的因素。其表现是他们赞成关于命题态度的句法方案。当然他们承认，句法方案在哲学上有其局限性。为弥补其不足，他们建议将一种量化模态逻辑作为这里的 AI 基础。[④]

怎样判断人工系统有无创造力？或者说，人工系统"写出"的故事符合什么样的条件才可被认为是有创意的？布林斯乔德等坚持的是图灵测试标准和方法。例如，假如有一个人工自主体，它写出了一个有创意的故事，写好后让人盲评，判断该故事是由人还是机器写的。如果被评价为由人类作家撰

---

① Bringsjord S, Ferrucci D A. *Artificial Intelligence and Literary Creativity: Inside the Mind of BRUTUS, a Storytelling Machine.* Mahwah: Lawrence Erlbaum Associates, 2000: 200-204.

② Bringsjord S, Ferrucci D A. *Artificial Intelligence and Literary Creativity: Inside the Mind of BRUTUS, a Storytelling Machine.* Mahwah: Lawrence Erlbaum Associates, 2000: 85.

③ Bringsjord S, Ferrucci D A. *Artificial Intelligence and Literary Creativity: Inside the Mind of BRUTUS, a Storytelling Machine.* Mahwah: Lawrence Erlbaum Associates, 2000: 93.

④ Bringsjord S, Ferrucci D A. *Artificial Intelligence and Literary Creativity: Inside the Mind of BRUTUS, a Storytelling Machine.* Mahwah: Lawrence Erlbaum Associates, 2000: 93.

写，那么它就通过了测试，该系统就应被认为有创造力。这个游戏还可像图灵测试那样进行，如分别给一个机器和一个人一个简单的句子，"巴恩斯把心思藏在心里，并尽可能让恐惧藏而不露"。然后要求人和人工创作系统各写一篇 500 字的故事，越有趣，越有文学性，其创造力就越强。据说，人工系统可以写出能通过测试的作品。①

就精神实质而言，布林斯乔德等的计算创造力理论和工程实践体现的是逻辑主义或计算主义或符号主义。他们也不否认这一点。他们说："我们的方案完全以逻辑为基础"，不诉诸神经单元和动力系统，即与联结主义无关。②他们明确反对联结主义，同时也不赞成人工智能创始人麦卡锡的比喻：人工智能犹如骑在两个马背上的骑手，一是联结主义，一是逻辑主义。因为布林斯乔德等认为，两种主义的道路是不同的。例如，联结主义在我们怎样做我们应做的事情这一问题上，几乎与科学的进步无关；而逻辑主义则致力于推进科学的进步。如此看待联结主义当然是值得商榷的。他们对联结主义的理解中就包含偏颇，如他们认为，它是为了抽象模仿人脑而建构的，其中央设置是合成的，当然也像大脑，其策略是进化。即是说，它的理想是造出像人一样（类人）的自主体，如能看、识别环境中的对象，能做出种种行为反应，能与人交流互动，最终能被归属意识。它根本对立于逻辑主义，因为它构建的人工系统完全没有逻辑的灵魂，没有知识表征，没有推理，没有标准的量词规则，而这些东西恰恰是逻辑主义 AI 的基石。"没有这些基石，人工智能的成功是不可设想的。"因此布林斯乔德等倾向于逻辑主义。他们说："我们的愿望不只是建构文学创作自主体，而且是获得对它们的理解。我们运用

---

① Bringsjord S, Ferrucci D A. *Artificial Intelligence and Literary Creativity: Inside the Mind of BRUTUS, a Storytelling Machine.* Mahwah: Lawrence Erlbaum Associates, 2000: xxii.

② Bringsjord S, Ferrucci D A. *Artificial Intelligence and Literary Creativity: Inside the Mind of BRUTUS, a Storytelling Machine.* Mahwah: Lawrence Erlbaum Associates, 2000: 26.

的是逻辑。但请注意，我们不关注基础性计算采取什么形式。"①

三、基于情境主义的"会讲故事的系统"与 Scéalextric

接下来我们再看看受到情境主义影响的新一代"会讲故事的系统"。它们是一种专门用来讲故事的计算系统，其特点是由机器自动生成被认为有创意的有情节的故事。每个故事生成系统都会利用故事生成器算法（story generator algorithm，SGA），它是能形成被认为创作了故事这样的输出的计算程序。这里我们重点剖析康赛普西翁（E. Concepción）等的工作。他们受情境主义影响，借鉴过去故事系统开发的经验，设计出了新一代的故事生成系统，即交互叙事情感故事（interactive narrative emotional story，INES）。它基于 Afanasyev 构架重构了 Charade，其表现是，在 Charade 生成模型中增加了一个新的阶段，该阶段为该系统提供了一种更具结构化的方式，另外，它允许在现实环境中测试 Afanasyev 构架及其知识表征模型。就 Charade 这一故事生成系统而言，它是一种面向模拟的、基于自主体的故事生成系统，可以"创作"这样的故事，如描述角色之间关系的演化，用的是受限制的低阶模拟技术。它的生成模型关注的是情节的"构思"。Afanasyev 是一种自动生成故事的、与面向服务的结构关系密切的协作构架模型，或者说是一种专门用来建构面向服务的自动生成故事系统的构架，包含不可知的故事表征模型，其作用是简化不同系统之间的知识协作交换。②从工程学角度看，它是由高级服务排列而成的微服务集合。每种服务展示的是基于表征层状态转换（representational state transfer，REST）的 API 能力，能理解和生成有关信

---

① Bringsjord S, Ferrucci D A. *Artificial Intelligence and Literary Creativity: Inside the Mind of BRUTUS, a Storytelling Machine*. Mahwah: Lawrence Erlbaum Associates, 2000: 32.

② Concepción E, Gervás P, Méndez G. "INES: a reconstruction of the Charade storytelling system using the Afanasyev Framework". In Pachet F, Jordanous A, León C (Eds.). *Proceedings of the Ninth Intentional Conference on Computational Creativity*. Salamanca: University of Salamanca, 2018: 48-49.

息。里面的主要微服务包括：①故事导演，即安排整个生态系统的微服务；②情节生成器；③场景生成器；④过滤管理；⑤草案反射器，即为决定故事是否应加以完善而分析故事的微服务；⑥话语生成服务。这个构架刚开始尽管只是想成为一种建构协作式讲故事的模型，但它又不是一种单纯而简单的工具，因为它可把系统重建为基于微服务的模型。

康赛普西翁等的故事生成系统 INES 的建构有双重目的，即开发 Charade 的更完善的版本，并展示 Afanasyev 的基础作用。如此形成的系统是一个面向微服务的生态系统，在里面，每一个故事生成阶段都能由微服务来实现，而一个微服务又容易被另一服务取代，只要新的微服务保持 Afanasyev 模型所建立的接口契约就行了。

康赛普西翁等认识到，人工故事生成系统要发挥作用，显然必须有相应的知识。要得到知识，必然面临这样的难题：怎样获取表现为特定表征形式的知识资源？要有这样的知识，就得用形式语言，而这样运用又有其内在的困难，即现实世界实际的表述与它在形式结构的表征是脱节的。对此，一种可能的解决方案是，用受控的自然语言来表示知识的交互。Afanasyev 模型用的正是这样的方案。

下面再来考察受情境主义影响的具身机器人借身体动作完成的故事创作系统。这一方案是鉴于已有方案的下述局限性而创立的，如那些只能用显示屏讲故事的系统在与读者互动方面是有限制的。为化解这个问题，威克（P. Wicke）等设计了这样的自主体，它能通过行为生成自己的故事，如能根据读者、受众的反馈讲述自己创作出的故事，而反馈是通过询问带有个性的问题完成的。这种机器人作家拥有两种不同的故事生成模式：一是直接讲述的方式；二是由采访引导的互动访谈形式，该形式能从用户那里提取个人经历、生活琐事作为新故事的素材。[①]

用机器人讲故事的尝试和研究已有十多年的历史。众所周知，已有的机器人能完成表达复杂情感和意思的行为，如仰望、赞美、祷告、传道和敬拜等。故事生成系统的研究人员利用这类成果，探讨机器人在讲故事时如何用有意的手势和眼睛运动发挥对讲故事的作用，在这个过程中，还建立了汇集专业舞台演员的手势和眼睛活动的数据库。这类尝试有积极的效果。实验发现，使用了这类数据库的效果大大好于单纯讲故事系统的效果。

受这类成果的启发，研究人员进一步用语言从用户那里获取带有个性特征的经验。例如，威克等让机器人使用问答模式。有的还将机器人的对话能力与问题回答界面相结合，维基百科还允许以对话方式从网上检索信息，人机交互的评估关心的是触觉传感器、面部检测和非语言线索的作用。总之，由于具身认知方案在故事人工生成研究中的应用，多数自动故事生成方案都利用了机器人的具身性优势，如在适当的时候，用适当的手势和眼睛运动来增强行为定向文本信息流的作用。最典型的是故事呈现的形态学方案，它试图借助机器人的行动来讲故事。

威克也开发了这样的故事生成系统，即 Scéalextric。它用的是易于推广的开放的、模块化的知识表征，能提供包含三万个与故事相关的语义三元组的公开发行版，它们能帮助完成情节和人物设计。该系统储存了约 800 个动作语词，这些词就是机器人的语义材料，足以让它在创作生动故事时向听众提出具体的、有意义的问题。

还应看到的是，行然性方案在故事生成系统建构中也产生一定的影响。鉴于行然主义的合理性、有效性，威克明确声称，要在自己的故事生成系统

---

① Wicke P, Veale T. "Interview with the robot: question-guided collaboration in a storytelling system". In Pachet F, Jordanous A, León C (Eds.). *Proceedings of the Ninth International Conference on Computational Creativity*. Salamanca: University of Salamanca, 2018: 56.

中应用这一方案，强调高级认知的前提条件、基础是活跃的有机体在它的环境中的动态相互作用。建模这种环境用的方法不是把感性输入转换成内部表征，而是通过探索性交互创建新的意义。机器人的建模也能依据行然主义，如让它从环境中学习、调节、改进。如此建构的机器人系统由于被安装有反馈回路，因此该系统既是生产者，也是被生成的成果。靠这样的反馈回路，演员对观众完成的特定行为可能会引发观众相应的反应。该反应随后又会影响演员后面的行为。演员的主要行为是讲故事，但手势等身体动作也会促进有效的反馈。

威克等按这样的思路设计的系统 Scéalextric 有两个模块，都是用 Python 和 NAOqi 包开发的。这种由软件机器人公司提供的软件包可以方便地访问硬件中的不同模块。除模块之外，这样的系统还有数据库和处理有关问题的方案。Scéalextric 有自动的故事生成功能，其构架包含大量可能的情节供机器人挑选。它能将单个的情节结合在一起，形成连续的情节，并让两种角色（x 和 y）以下述三种形态呈现出来，即 x 作用于 y，y 作用于 x，x 再反作用于 y。该系统能生成 3000 多个情节片断。这些情节是由包含 800 多个情节动词的、因果上适当的三重关系构成的。最终的故事空间被建模成了一种像森林一样的构造，其中，每个顶点都是一个情节动词，每次随机的行走都会产生一个因果连贯的情节。这里是穿越森林的一个例子：A 向 B 学习→A 受到 B 的启发→A 爱上了 B→A 与 B 在一起→B 对 A 没有留下好印象→A 对 B 的幻想破灭→A 与 B 分手。

由于 Scéalextric 有很大的可能情节空间，因此能做自己的选择，如用随机行走探索故事森林。它利用手势讲故事不同于以前系统的地方在于，因为它储存了 400 多个可能的手势，因此其手势更丰富多彩。由于它采用了机器人的新型自动语言模块，因此文本在语言表现的方式上更加多样且生动。系统在说出每句话时，都会进行预处理，以增强其可理解性。由于使用了机器人的语言识别模块,因此 Scéalextric 能与用户交流。该模块配备了一个词汇表,机器人通过内置的单词选项对之做出反应。

应看到的是,依据具身性和行然性方案建构的故事生成系统即使不能说解决了 AI 的符号落地问题,但至少意识到了这个问题对于故事生成系统之建构的重要性,并进行了有一定启发意义的化解。所谓符号接地(symbol-grounding)问题实即塞尔所说的语义缺失难题:表征的符号是如何与它们所代表的世界上的事物相关联的?以特定情节动词的表征为例,该表征如何关联于对该词的直观理解?威克等为化解上述问题采取的应对办法是,尽量通过一定的技术路线让所生成的故事能满足受众或消费者的心理需要。根据他们的心理分析,虽然受众在银屏上读文本也能获得理解和享受,但设计出能讲述故事的系统则可以让读者与作者、听者与作者互动,其效果会更好。也就是说,该系统在互动中的讲述,所产生的效果会更好,能更好地满足受众的需要,如会让受众有亲临其境的感觉,引发认同感,促使移情发生。有研究者指出,比起屏幕上的模拟头像,人们对实体性机器人更容易产生同理心。同理,说者的姿势、眼神和言语等物理形态更容易让受众认同说者,让人类认同机器,而认同说者的受众能更好地理解说者所讲故事要传达的情感和思想。然而,这显然只是设计者的一厢情愿。关于具身和行然特点的机器人故事生成系统是否真的产生这样的效果,是值得实践验证的。威克等作过一些验证工作,据说产生了一些积极的效果,但他们同时承认,他们的工作还"有待进一步研究"[1]。

在计算创造力的故事创作系统研究中,除了上述各种情境主义的新走向之外,还呈现出一些融合性研究的动向,如有的强调将各种人工故事生成方案综合起来,取长补短;有的强调要在关注具身主义之类的方案的同时,应

---

[1] Wicke P, Veale T. "Interview with the robot: question-guided collaboration in a storytelling system". In Pachet F, Jordanous A, León C (Eds.). *Proceedings of the Ninth International Conference on Computational Creativity*. Salamanca : University of Salamanca, 2018: 60.

重视社会学角度的考量。根据新的融合性方案，已有故事生成系统尽管在运用计算手段、技术方法创作有欣赏价值的故事作品方面取得了一些成绩，但仍存在这样的问题，即这些方案各行其是，彼此没有交互、借鉴。为予以改进，已进行了这样的尝试，即在研究、借鉴不同方案的合理成果的基础上，探寻将它们融合起来、建构统一模型的办法。根据这样的探讨，人和机器人故事生成系统的共同创作过程可分为这样一些阶段，如反馈回路、分辨过程、整合过程等。①还有的方案认为，尽管已有研究在实现多种目的方面表现不错，如帮助我们进一步认识了人的创新过程的秘密和本质，但对如何在情节生成过程中表征和利用社会知识这一点探讨不够，甚至仍属阙如。要利用这样的知识，当然要做许多工作，如社会规范、规则如何应用于情节的生成过程之中。其复杂性在于，规范具有双刃剑作用。例如，打破或超越一种规范可能导致生成一个有趣和新颖的故事，但一个接一个的行动对社会规范的突破又可能产生不连贯、无聊的故事。在新方案的倡导者看来，之所以要重视社会维度、社会知识，是因为它们不仅与故事生成过程密不可分，而且为确保和评价故事的新颖性、有趣性和连贯性提供了有价值的信息。这一方案不停留于纸上谈兵，也有工程学上的尝试，如根据上述认知开发了 MEXICA 这样的故事生成器，其特点是，具备应用社会知识的能力。罗曼（I. Román）等还基于上述认知对 MEXICA 作了改进，如在里面增加了这样的机制，它能从激动人心的故事中抽取社会规范，能分辨被突破的社会规范，能利用有关信息进而提升故事有趣性。②

---

① Gervás P, Léon C. "Reading and writing as a creative cycle: the need for a computational model". In Colton S, Ventura D, Lavrač N, et al (Eds.). *Proceedings of the Fifth International Conference on Computational Creativity.* Ljubljana: Jožef Stefan Institute, 2014: 182.

② Román I, Pérez y Pérez R. "Social mexica: a computer model for social norms in narratives". In Colton S, Ventura D, Lavrač N, et al (Eds.). *Proceedings of the Fifth International Conference on Computational Creativity.* Ljubljana: Jožef Stefan Institute, 2014: 192.

四、其他文学创造力形式的机器实现

故事以外的文学创造力形式有很多，如剧本、诗歌、歌词、小说创作等。我们这里只探讨一下计算创造力对诗歌创造力的建模和机器实现的研究工作。

有些文学创造力的建模和机器实现是在情感性创造力的范式下展开的。根据维尔等的看法，文学艺术的创造力与情感密不可分，在特定意义上甚至可以说，各种文学艺术创造力的形式可归结为情感创造力。它们是以情感为基础的、不同于科学和理性创造力的创造力。在这类创造力中，情感、情境、背景举足轻重。[①]在维尔等看来，重视情感性计算创造力的研究有助于扩大计算创造力开发的范围，让有关成果更好地再现生成这些成果的过程，同时让它们更好地为受众所熟悉和使用。其应用研究也在进行中，并取得了一些积极成果，如科尔顿等所设计的"绘画小子"是一个多才多艺的肖像生成器，它能感知所画人物的情感，并在输出中反映它的认知和理解。这样的计算创造力研究由于关注人工系统与周围环境特别是用户、受众的互动，因此只要将其个性化就能将计算创造力提升为一种交互过程。再如奥利维拉（G. Oliveira）的诗歌生成器 PopTryMe，其能以多种方式增强其核心知识库，能实时使用推特将输出内容放在当下的社交媒体中。通过再现对用户及其世界的认知，它们展现出了自我意识的特点。这种能创作诗歌的人工系统不再是塞尔"中文屋论证"中所说的不懂中文的塞尔，而是有更广博知识甚至有情感的自主体，它们能预测它们的创新输出如何影响他人。[②]之所以如此，是因为能创作诗歌的自主体是个性化

---

① Veale T. "Read me like a book: lessons in affective, topical and personalized computational creativity". In Grace K, Cook M, Ventura D, et al (Eds.). *Proceedings of the Tenth International Conference on Computational Creativity*. Charlotte: Association for Computational Creativity, 2019: 25.

② 参见 Veale T. "Read me like a book: lessons in affective, topical and personalized computational creativity". In Grace K, Cook M, Ventura D, et al (Eds.). *Proceedings of the Tenth International Conference on Computational Creativity*. Charlotte: Association for Computational Creativity, 2019: 25-30.

存在。维尔说："创造力是一种高度个性化的事情。"[①]在人类的诗歌创新过程中，创新主体会全身心投入其中，根据自己的经验和价值观去创造希望别人认为有创新性的成果。即使创新是为别人作出的，用的是别人的资源，但创新本质上是私人的事情，刻上了个性化的烙印。就此而言，个性化既是创作的规范，也是其动力。在个性化这一决定创造力的动力系统中，人的目的、动机、愿力、愿景、憧憬、激情、冲动、气质等都功不可没。既然如此，诗歌等创造力的机器实现就应设法建模个性化。前述的诗歌生成器就是根据这样的认知设计的。

　　还有这样的尝试，即不追求创建能独立完成诗歌创作的人工自主体，而着力探讨如何在人类的诗歌创作中让计算系统发挥辅助创作的作用。这种理念的一种实现方式是，建构专门的网络平台，供人类诗人在创作时使用。这样的系统之所以也被认为有创造力，是因为它们不仅有提供资料等方面的辅助性作用，有时有提供启迪、诱发灵感、贡献可供选择方案等方面的作用。根据这样的认知，皮斯等设计了一个流程图系统，专门用来实现他们的计算创造力计划，其中的每个节点承担数据类型方面的一个特定任务，如文本和图像方面的数据。这些任务既可以是生成性的，也可以是评估性的，还可以从网站中获取数据。这个流程图系统通过将推特上的推文编辑成诗歌草稿，使用单个形容词作为探索词，同时使用情感分析和韵律推敲。他们专门成立了流程图项目研究组，其目的就是创建一个平台来专门开发计算创造力系统，同时让致力于此研究的人既为之献计献策，又从中受益。有了它，世界各地的研究人员就可以在网站上开发本地节点，上传相关成果，并从上面获得自

---

　　① Veale T. "Read me like a book: lessons in affective, topical and personalized computational creativity". In Grace K, Cook M, Ventura D, et al (Eds.). *Proceedings of the Tenth International Conference on Computational Creativity*. Charlotte: Association for Computational Creativity, 2019: 28.

己所需的资源。[①]

　　该项目还有这样的目的，即探索软件自动建构流程图系统所用的方法，以便能在加工层面完成创新工作。有这样的前景，即如果这种自动化构建工作变成了现实，那么就能在服务器上放一个软件版本，它能不断生成、测试和评估它生成的流程图，并使它生成的产品可用。随着新节点的开发，它们将自动地为系统调用，相应地会直接形成新的流程图。这一项目会促进有意向的、充满运气的创作，即只要一步步推进，意想不到的创新成果就会接踵而至。这是由这一构架的动态本质决定的，例如节点会访问网络服务，正在使用的数据将不断变化，节点又随之得到更新，并不断上传新节点，进而让新的流程图得到创建。

　　这一研究的泛化形式就是文档自动化建设。其前景极为广阔，例如，按上述程序，系统可以基于包括诗歌、音乐、故事创作乃至科学发现在内的多方面信息，根据类别和用户需要，自动生成文档。

---

　　① Pease A, Colton S, Ramezani R, et al. "A discussion on serendipity in creative systems". In Maher M, Veale T, Saunders R, et al (Eds.). *Proceedings of the Fourth International Conference on Computational Creativity*. Sydney: The University of Sydney, 2013: 68-69.

第二十二章
科学创造力的计算建模与机器实现

科学创造力是指在数学、物理学、工程技术等领域中起作用的创造力，不同于文学艺术创造力的关键特点在于，它的现实表现尽管离不开动机、激情、想象等因素的作用，但主要依赖于创新主体的理性能力、发现和问题解决能力。计算创造力对这种创新形式的建模和机器实现的研究旨在创建这样的软件系统或程序，它们能在科学成果创立中独当一面或与人类科学家合作承担一些创造性的责任。

第一节　科学创造力计算实现研究的一般进程和基本理论问题

如前所述,科学创造力就是在各科学部门研究中发挥创新作用的创造力，其成果就是以各种形式表现出来的科学发现和发明创造。AI 对这类创造力的计算建模和机器实现早就开始了，如 20 世纪 70 年代格温（D. Gerwin）就开始了对科学发现的模拟工作。他思考过这样的问题：人们怎样从特定的数据点推论出数值定律或函数。为了理解这个过程，他给被试几组数据，然后设法找到能最后概括每组数据的关系,利用从这种实验中所搜集到的言语材料，他建构了模拟被试行为的模型。成功的案例还有很多，如 DENDRAL 是 20

世纪 60 年代开发后在 80 年代得到改进的问题解决程序（详下）；BACON
旨在成为能做出重要科学发现的一般性系统，它用更加有力的启发式方法在
规律空间中搜索，据说可以创立能更加简明地陈述规律的有用概念。[1]此外，
生物学、化学、物理学等与计算创造力的交叉研究中还诞生了许多以著名科
学家名字命名的计算创造力程序，如以布拉克、格劳伯、道尔顿、斯塔尔等
命名的程序。这些程序能重新发现许多重要的物理、化学定律、原则、公式
等，如玻意耳的把合体压强与体积关联起来的定律——$PV=C$、欧姆定律——
$I=U/R$ 及其变形公式：$U=I·R$ 和 $R=U/I$ 等，都能被有关程序重新"发现"。
它们不仅能为科学家做有用的事情，而且能为理解科学创新的本质提供启示。
它们至少具有表面上的创造力或心理学上的创造力，有些也有历史性的创造
力，因为这些程序尽管被"灌输"了有关问题和算法，但答案毕竟是自己做
出来的。有时有这样的情况，如化学家知道物质的构成成分，但不知道它的
结构，而一些程序可弥补这一不足，如 DALTON 以原子论为前提，并据此为
一些给定构成元素找到分子结构。[2]

　　但相比于其他应用研究而言，计算创造力应用于科学发现的研究是一个
相对薄弱的领域。例如，对科学和数学发现的建模相对较少，能实现科学创
造力的计算系统也相对有限。2017 年的一项关于国际计算创造力协会研究工
作的统计表明，此前 12 年发表的关于计算创造力的 353 篇论文中，只有 3%
的论文涉及科学发现、数学和逻辑问题。承认其是薄弱环节，已成了本领域
多数专家的一个共识。造成这一状况的原因并非人们不了解这一研究的意义，
而主要是这一课题过于难解。好在人们已有清醒的意识，并开始了严肃的反
思，如皮斯等就做了许多这样的工作。他们认为，要在这方面有所突破，就

---

① Langley P, Simon H, Bradshaw G, et al. *Scientific Discovery: Computational Explorations of the Creative Processes*. Cambridge: The MIT Press, 1987: 64.

② 参见 Boden M. *The Creative Mind: Myths and Mechanisms*. 2nd ed. London: Routledge, 2004: 211-212.

应在科学发现这一最需要计算创造力的地方有良好的表现，当务之急是找到应用中存在的问题及其根源。而要如此，还要弄清这一课题研究的现状，特别是落后的表现。基于这样的考虑，他们对本领域的现状作了深刻的反思。根据他们的研究，至少存在以下一些问题。

第一，关心科学发现的 AI 研究者在其他领域涉及了与创造力有关的工作，但几乎没有人从计算创造力的角度展开科学发现的研究，如自动推理和自动科学发现是 AI 中两个研究较多的子领域，但鲜见有人从计算创造力角度考虑问题。

第二，即使有对科学发现的研究，但关注的主要是数学挖掘和自动演绎之类的技术问题，一些人甚至认为，由于创造力困难重重、变化不定且难以捉摸，这一领域不值得关注，这种看法可能导致该领域落后。

第三，在计算创造力研究中，有些人认为，即使能让计算系统完成创新任务，但评价起来太困难。即使评价有其可能，但对科学发现的评价与对艺术的评价相比，关注后一评价的工作相对较多，针对前一评价的专门、具体的研究相对较少，有的评价研究甚至有笼统、不太注重两种评价个性差异的问题。

第四，自动推理技术并未在数学中得到广泛应用，自动科学发现的 AI 研究无法满足对自动生成科学知识的可交流性的需要。

第五，就人员分布而言，研究科学发现计算实现的人相对较少，而研究计算创造力在其他领域中应用的人相对较多。

皮斯等认为，计算创造力研究者可从三方面解决这些问题：①基于认知机制将计算创新系统应用于数学和科学发现；②在这样的背景下，将经验用于交互系统的建构和评估；③将专门知识应用于构建自动生成的背景信息框架，以提高自动生成科学知识的可交流性。[①]

要建模科学发现或适用于科学的创造力，要在建模的基础上将这种创造力实现于机器或软件之上，必须重新认识科学的内涵和外延，弄清其中各分支贯穿的创造力的共性和个性。皮斯等认为，要认识科学的本性，应从方法论、研究对象、积累起来的知识、纲领、术语、概念体系等维度展开研究。根据他们的观点，科学创造力是贯穿于这些主要分支中的创造力：①物理科学（化学、物理学、天文学）；②生命科学或生物学（动物学、植物学、生态学、遗传学）；③地球科学（地理学、地质学、气象学、海洋学、古生物学）；④社会科学；⑤形式科学（逻辑学、数学、理论计算机科学、统计学）；⑥应用科学，里面有工程学（计算机科学、土木工程、电气工程、机械工程）；⑦健康科学（医学、牙医、药剂学）；⑧农业科学。这就是说，计算创造力要建模的科学创造力不仅是贯穿在传统物理学、化学和数学等中的创造力，而且包括运用于社会科学、健康科学等领域中的创造力。质言之，这里的科学和科学创造力都是广义的。

在反观科学创造力计算实现研究的历史和现状时，既要看到存在的问题和差距，也不能妄自菲薄，而应同时看到已经取得的成绩、已积累的经验，这有利于坚定、提振和发展在这一领域大展宏图的信心。就计算创造力研究的历史而言，科学创造力的建模和机器实现是计算创造力这一领域诸多应用研究中开辟最早、曾经最有成就的一个子领域。例如，早在 AI 创立之初的1955 年，纽厄尔、香农和西蒙的"逻辑理论家"就是这样的有创造力的人工系统，它能从公理出发，探索结论的证据。到了 80 年代，诞生了大量的定理证明器，如 HOL、NuPrl、Nathm 等软件和方案，它们能满足实践推理的需

---

① Pease A, Colton S, Warburton C, et al. "The importance of applying computational creativity to scientific and mathematical domains". In Grace K, Cook M, Ventura D, et al (Eds.). *Proceedings of the Tenth International Conference on Computational Creativity*. Charlotte: Association for Computational Creativity, 2019: 250.

要。当然可惜的是，模拟数学推理尽管一直是 AI 发展的一个追求和动力，但它并没有得到数学家的广泛认可和应用。

尽管数学家对 AI 建模数学创造力的尝试反应冷漠，令人沮丧，但也有其积极意义，那就是促使人们冷静思考这样的问题：如何高质量地将证明技术应用于主流的数学实践之中？当证明的规模极大且复杂时，如何完成证明？这无疑向 AI 的证明技术提出了挑战。最急需解决的问题是如何解决 AI 的定理证明与人类实际的数学研究脱节这一问题。这是 AI 的成果不能为多数数学家所认可的症结之所在。通过研究，计算创造力研究专家已取得了这样的认识，即要实现自动推理，开发能生成数学家所生成的数学知识的系统，在过去有两个障碍：一是很难知道这系统是什么；二是如何自动化？AI 对这类问题有一些探讨，形成了一些跨学科的回答。但如此形成的自动推理的基础主要是传统的数学模型，这是一种基于逻辑的工作，无法满足复杂的自动推理的需要。尽管已构建的数学证明对人类的相关探索有帮助，但它们与人类的数学证明还有很大差别，因为后者发生在社会环境中，有创新、非形式推论、试错、类比、猜想、解释等过程和特点掺杂其中，而这些在已有的自动推理、机器数学证明中没有得到适当的反映。

鉴于这些，计算创造力加大了对人类数学推理、证明活动的解剖力度、广度和深度，进而对前进的方向有一定的认知，看到了契机与挑战并存，也明白了哪些是它的用武之地。不仅如此，计算创造力对人的数学活动认识的深化和拓展还有助于研究者化解这样的难题：怎样让机器的证明像人一样运作？怎样像人那样自动化？经过努力，计算创造力研究有了较大的转机和起色。例如，基于对人的认知机制如概念综合、类比、隐喻的认识，人工计算系统可以建构能模拟这些过程的、能应用于数学论证的系统；另外，研究者凭借建构和评价能向用户提供有创造力的交互系统及其使用经验，借助这样一些技术和平台可以与专业数学家一道展开研究工作。

可喜的进步不仅体现在数学推理和证明的建模与机器实现上，更体现在这类工作的拓展和推广上，即人们不再局限于自动推理和证明的研究，而将目光投向了更一般的自动化科学发现的建模和机器实现之上。随着计算创造力研究的发展，这方面的成果纷纷涌现出来。例如，DENDRAL 系统是一种能帮助化学家判断某些特定物质的分子结构的专家系统。20 世纪后半叶，美国斯坦福大学的专家先提出了一种可以根据输入的质谱数据列出所有可能的分子结构的算法，后通过用规则表示知识系统的建构方法，建成了 DENDRAL 系统。它能用启发式搜索法系统评估一组原子在化学规则中所表现出的不同拓扑排列，从而完成类似于人工排列所有可能分子结构的工作。DENDRAL 是世界上第一例成功的专家系统，从此各种不同的专家系统相继诞生。从功能上说，DENDRAL 由三部分构成，也可以说通过三步完成它的工作：①规划：利用质谱数据和化学家对质谱数据与分子构造关系的经验知识，对可能的分子结构形成若干约束；②生成结构图：利用莱德伯格（J. Lederberg）的算法，给出一些可能的分子结构，利用第一部分所生成的约束条件来控制这种可能性的展开，最后给出一个或几个可能的结构；③利用化学家对质谱数据的知识，对第二步给出的结果进行检测、排列，最后给出分子结构图。

之所以说 DENDRAL 有创造力，是因为它不仅能做人类化学家所做的创新工作，而且能做他们做不了的或在短时间内做不了创新工作。例如，分子在一个"弱"点断裂，化学家通常可将它分开，并识别它的碎片，进而据此分析一个未知的化合物，这显然是具有创新性的工作，DENDRAL 可帮化学家完成这一工作，如根据化合物的摄谱仪，提出化合物分子结构的假设，还能根据对碎片的记录，指出如何检验这些假设。

如果说 DENDRAL 的创造性依赖于编程人员所提供的关于化合物如何分解的化学规则，因而缺乏原创性的话，那么元-DENDRAL 就可摆脱这种依赖性，因为它增加了这样一个模块，该模块能为基础层次程序的应用找到新的规则，换言之，它能探索化学数据空间，进而找到新的约束，转化或放大该程序所依存的概念空间。在寻找新规则的过程中，它能在熟悉的化合物的光谱图中识别出不熟悉的模式，然后提出合理解释。博登评价说："这个程序具有创造力，甚至在某种程度上具有历史性创造力。它不仅（用启发式方法、穷尽搜索）探索它的概念空间，而且通过增加新规则扩大概念空间。它能提出（关于'有趣'分子的）预言，对此化学家可予以检验。它能形成对大量新的、化学上有趣的化合物的合成。它可发现以前没有想到的、能分析几种有机分子的规则。"[①]其不足在于，它只局限于生物化学的一个小领域，且离不开专家提供的高度复杂的理论。

20世纪末，科学创造力机器建模这一领域发展很快，开始利用机器学习数据，进而能从复杂历史事件过渡到对新事件的发现，这些在天文学、生物学、化学、地质学等领域有广泛应用。最近，随着机器学习技术的发展、数据的爆炸式增长，机器的发现功能越来越强大，如在金属玻璃和新药等的开发方面有较佳的表现，还可帮助开发成本低、功率高的塑料太阳能电池，等等。当然，其问题、空白也很明显，还有人对机器学习技术的准确性和可重复性提出了质疑；另外，自动生成的科学知识的可交流性也需提高，因为科学家需要的是能交互的、主动的、综合的系统，而不是自动的系统；最后，研究的结果只有用科学家能理解的语言来交流才能对科学研究发挥所需要的作用。[②]

计算创造力研究最重要的成就是对科学发现之建模和机器实现基本原理、机制和方法论的探讨。它们已表现出了较高的工程实践意义。例如，科

---

① Boden M. *The Creative Mind: Myths and Mechanisms.* 2nd ed. London: Routledge, 2004: 207.

② Pease A, Colton S, Warburton C, et al. "The importance of applying computational creativity to scientific and mathematical domains". In Grace K, Cook M, Ventura D, et al (Eds.). *Proceedings of the Tenth International Conference on Computational Creativity.* Charlotte: Association for Computational Creativity, 2019: 253.

尔顿等对自动生成解释性、沟通性、背景性信息的计算系统的研究和开发，就可应用于自动科学发现系统的研究。[①]皮斯等认为，计算创造力在自动数学证明和科学发现中大有用武之地，值得 AI 关注。当然，人们对计算创造力研究在自动科学发现机器建模中的作用是有不同看法的，如有一种观点认为，其作用不外是"生成"某种思想或成果。[②]皮斯等认为，计算创造力还有其他作用，如不仅能帮助机器实现审美判断和创造力，而且对一般的科学发现之机器实现有提供理论基础和方法论指导的作用。例如，计算创造力能为科学发现之建模和机器实现提供框架，提供构建性或背景性信息，有发现新的元层次的过程的作用。[③]有鉴于此，皮斯等提出，在推进这些领域的计算创造力研究时，可加强对解释性、背景性框架信息系统的开发，重视对可理解性的研究和建模，因为这是数学证明和科学发现人工创新系统开发的一个组成部分，有助于提升其创造力。他们说："这里的关键挑战与科学、数学中的可理解性有关。"[④]为此，他们对科学和数学中更具普遍性的可理解性问题展开了深入的、哲学意味极强的探讨。他们根据牛顿等的思想提出，理解和解释是自然科学的首要目的。这样的理解越多、越深刻，所导致的创造力就越大越强。但问题

---

① Pease A, Colton S, Warburton C, et al. "The importance of applying computational creativity to scientific and mathematical domains". In Grace K, Cook M, Ventura D, et al (Eds.). *Proceedings of the Tenth International Conference on Computational Creativity.* Charlotte: Association for Computational Creativity, 2019: 253.

② Pease A, Colton S, Warburton C, et al. "The importance of applying computational creativity to scientific and mathematical domains". In Grace K, Cook M, Ventura D, et al (Eds.). *Proceedings of the Tenth International Conference on Computational Creativity.* Charlotte: Association for Computational Creativity, 2019: 255.

③ Pease A, Colton S, Warburton C, et al. "The importance of applying computational creativity to scientific and mathematical domains". In Grace K, Cook M, Ventura D, et al (Eds.). *Proceedings of the Tenth International Conference on Computational Creativity.* Charlotte: Association for Computational Creativity, 2019: 255.

④ Pease A, Colton S, Warburton C, et al. "The importance of applying computational creativity to scientific and mathematical domains". In Grace K, Cook M, Ventura D, et al (Eds.). *Proceedings of the Tenth International Conference on Computational Creativity.* Charlotte: Association for Computational Creativity, 2019: 254.

是，随着科学的发展，积累起来的待理解的知识如此之多，以至于个体无法全面掌握和理解。要解决这个问题，我们就有必要把一部分理解任务交给用户、受众，旁观者。基于这样的考虑，他们便一直在探讨对背景信息系统的建构，以便为计算创新系统增强创造力提供条件。最后，计算创造力对科学发现之建模和机器实现的作用还表现在，它的许多范式、框架、图式有规范、引导科学发现之机器实现的作用，例如威金斯的计算系统构架、科尔顿等的创造力三脚架理论等就是如此。根据后一理论，一个系统要表现出创造力，要发挥完成特定科学发现的作用，必须有三个必要的构成因素，并相互作用，它们是技能、想象和欣赏。它们必须同时在系统中存在和起作用，否则系统就无法表现创新行为。[①]

第二节　人类专家无法匹敌的预测 DNA 和 RNA 结构的软件工程

AlphaFold 预测蛋白质 3D 结构可看作最著名、最成功的科学创造力计算建模和机器实现的典范。我们知道，生物体的所有功能几乎都与蛋白质有关。这些复杂的大分子由氨基酸链构成，其功能主要取决于它的 3D 结构。生物医学领域的众多挑战，包括开发治疗疾病的创新疗法，都依赖于对蛋白质结构和功能的理解。但迄今人类对它的认知是十分有限的。目前已知的氨基酸序列的蛋白质分子有 1.8 亿个，但其三维结构信息被真正认识清楚的还不到0.1%。在过去的五十年中，科学家们已经能够利用冷冻电子显微镜、核磁共振或 X 射线晶体学等实验手段在实验室中确定蛋白质的形状，但每种方法都依赖于大量的试错，耗时耗力，且结果不令人满意。1972 年，诺贝尔化学奖

① Colton S. "Creativity versus the perception of creativity in computational systems". *AAAI Spring Symposium: Creative Intelligent Systems*, 2008, 8: 14-20.

得主安芬森（C. Anfinsen）提出了这样的假说，即蛋白质的氨基酸序列应该是由它的 3D 结构决定的。从此以后，如何预测蛋白质的 3D 结构，如何揭示它的分子动力学就一直是困扰生物学界的难题，甚至可以说成了有关领域的"哥德巴赫猜想"。若能在这方面取得哪怕一点小小的进步，都可被看作科学史上的重要发现或创新成果。我们知道，著名的 DeepMind 公司[①]开发了一种能预测蛋白质结构的、有计算创造力的 AI 系统 AlphaFold。它也是一个有学习和进化能力的深度学习系统，因此能不断改进。2018 年开发的是第一代，即 AlphaFold$_1$。专家们基于来自蛋白质序列和结构的公共知识库中的 17 万多种蛋白质对程序进行了培训。此外该程序还采用了一种注意网络和深度学习技术，它们有识别大范围问题的作用，进而有找到问题解的能力。对硬件系统进行训练需要几周时间，然后用一天的时间就能将程序汇聚到每个结构中。AlphaFold$_1$ 即便是初创，其表现也不俗，例如，在同年 12 月的第 13 届国际蛋白质结构预测竞赛（CASP）中，使用 AlphaFold$_1$ 的研究人员团队在总体排名中就取得了排名第一的好成绩。因为该程序被竞赛组织者认为对最困难的预测目标的蛋白质结构作了最准确的预测。即使用人类的创造力标准来评价，这个预测也是货真价实的创新成果，因为现有的其他预测方法包括人类专家的预测方法都不能根据相似的蛋白质系列得到该程序所取得的那样的结果。2020 的第二代 AlphaFold$_2$，百尺竿头更进一步。例如，它在解析蛋白结构的速度上有了进一步的提高，其处理速度比第一代快了大约 16 倍。在 2020 年的 CASP 竞赛中，在接受检验的近 100 个蛋白靶点中，AlphaFold$_2$ 对三分之二的蛋白靶点给出的预测结果与通过人工实验手段获得的结果相差无几。在有些情况下，已经无法区分两者之间的区别是由于 AlphaFold$_2$ 的预测出现

---

① 位于英国伦敦，是由人工智能程序师兼神经科学家哈萨比斯（D. Hassabis）等联合创立的 Google 旗下的 AI 高科技公司。其突出成就是将机器学习和系统神经科学的最先进技术结合起来，建立了强大的通用学习算法，开发了像 AlphaFold 这样的有计算创造力和科学发现功能的软件。

错误，还是实验手段产生的假象。2021 年 8 月，DeepMind 公司在《自然》（*Nature*）上宣布已将人类 98.5%的蛋白质预测了一遍，计划 2021 年年底将预测数量增加到 1.3 亿个，达到人类已知蛋白质总数的一半。该公司还公开了进一步优化的 AlphaFold$_2$ 的源代码，详细描述了它的设计框架和训练方法，以供有关领域的专家参考和研究。

　　无论是用通常的创造力标准（新颖性和有用性），还是根据其实际产生的效果去评价 AlphaFold 系统，都有根据说，它是真正具有巨大计算创造力的人工系统。正因为有这些突破和创新，因此 AlphaFold$_2$ 对蛋白质结构的揭秘由于被认为是具有革命性意义的重大科技成果，因此两位科学家哈萨比斯和江珀（J. Jumper）便顺理成章地获得了 2024 年诺贝尔化学奖。就理论和实践意义而言，它的预测不仅有深化人类对蛋白质 3D 结构及功能的认识意义，而且启迪了人们进一步的创新灵感。例如，华盛顿大学蛋白质设计研究所的贝克（D. Baker）教授团队从 AlphaFold$_2$ 的设计思路中获得了启发，构建了名为 RoseTTAFold 的软件系统。它的神经网络能够同时考虑蛋白质序列的模式、蛋白质中不同氨基酸之间的相互作用，以及蛋白质可能出现的 3D 结构。在这个系统中，一维、二维和三维的信息能够相互交换，因此有助于神经网络在综合所有信息的基础上，确定蛋白质的化学组成部分和它折叠产生的结构之间的关系。更重要的是，AlphaFold$_2$ 有极广的发展前景，它对蛋白质结构的预测只是计算创造力在生命科学领域发挥作用的开端，在今后，它将与科学家合作，成为生命科学领域创新发展的一个推手。由于它有无可比拟的潜力和资源，因此它对蛋白质的预测将不停留于结构层面，还将认知推进到生命更为隐秘的深处。[①]

　　下面要考察的 ARES 这一有计算创造力的算法与上述软件有异曲同工之

---

　　① Jumper J, Evans R, Pritzel A, et al. "Highly accurate protein structure prediction with AlphaFold". *Nature*, 2021, 596 (7873): 583-589.

妙，只是它的作用是预测 RNA 的三维结构，但它也拓展了人类对生物、生命微观奥秘的认识，是可与 AlphaFold 媲美的重大创新成果。

人类基因组转录成 RNA 的部分是蛋白质编码的 30 倍左右，其分子结构和特性像蛋白质一样，可折叠成三维结构。它之所以能完成像催化反应、基因表达、调节先天免疫和感知小分子等一系列功能，靠的就是这种折叠而成的三维结构。认识这些结构和功能具有无可比拟的学理和实践意义，如可帮助我们认识 RNA 发挥作用的机制，进而设计合成 RNA 和发现 RNA 靶向药物。然而，迄今的生物科学对 RNA 结构的认知十分贫乏，已认识到的 RNA 结构只是其全部蛋白质结构的不到 1%。认识之所以难以在广度和深度上向前推进，原因在于，RNA 折叠成复杂三维结构的形状既难通过实验也难从计算上确定。因此探索 RNA 的结构和功能一直是生物科学重大的挑战性课题。就在 2019 年，斯坦福大学博士艾斯曼（S. Eismann）、汤森德（R. Townshend）和德罗尔（R. Dror）协作攻关，开发出了一个新型的 AI 算法，即 ARES。它能准确预测出 RNA 三维结构。

他们的创新当然得益于 AI 特别是计算创造力的蓬勃发展。例如，更具智能性甚至有一定自主性和创造力的算法不断被开发出来，并行硬件也有了长足的进步，大型训练数据集的可用性不断增强，人工神经网络的发展彻底改变了图像分类领域。艾斯曼等敏锐地注意到，这些成果应用于结构生物学之中尚有这样的问题亟待解决，即机器学习算法怎样才能更好地表示分子结构。为此，他们利用和发展神经网络的最新成果，设法开发一个深度学习框架，以一种全新的形式进行 RNA 结构预测和设计。他们的目标是能够预测所需结构的核苷酸序列，并为设计新的、能将信息从神经递质传递到免疫系统的 RNA 传感器阵列打开方便之门。

他们构想的创新之处在于，通过引入一种新的机器学习方法，进而开发出了能预测 RNA 结构的算法 ARES。ARES 这个符号是 Atomic Rotationally

Equivariant Scorer 的首字母缩写，意思是原子旋转等变计分器。在让 ARES 发挥预测作用之前，他们用了 18 个已知的 RNA 结构对它进行训练。它没有关于双螺旋、碱基对、核苷酸或氢键的预设，其好处是，它可以适用于任何类型的分子系统。就结构而言，它包括一组已知 RNA 结构的基序和这些结构的替代（错误）变体。通过调整参数，ARES 既可以了解每个原子的功能和几何排列，又知道不同原子间的相对位置。在此基础上，神经网络的各个层次可以通过计算不同粗细尺度的特征来识别碱基对、RNA 螺旋的最佳几何形状、三维空间结构。例如，ARES 网络的初始层可以识别结构基序（生物大分子中的保守序列）。基序的特点是在训练过程中学习到的，而不是预先设定的。初始层的唯一输入是每个原子的 3D 坐标和化学元素种类。通过这些初始网络层的架构，我们可以认识到，给定的结构基序彼此间通常有不同的定位，而且，较粗尺度的基序（如螺旋）通常包括更细尺度的基序（如碱基对）的特定排列。另外，每一层都是旋转和平移等变的，也就是说，输入的旋转或平移在输出时有相应的变换。ARES 能根据前一层的特征和周围原子的几何排列，计算出每一个原子的特征。由于有这些特点，因此 ARES 的诸层能将已识别基序的方向和位置传递到 ARES 网络的下一层，下一层则利用收到的信息来识别较粗尺度的基序。ARES 还可以预测全局属性，同时详细捕获局部结构基序和原子间的相互作用。因为它的初始层在本地收集信息，而其余层则汇总所有原子的信息。实验表明，ARES 可以准确识别 RNA 的模式，并对 RNA 结构做出准确预测。[①]

第三节　类比推理与卢瑟福科学发现过程的重演

多诺霍（D. O'Donoghue）等基于对计算创造力的研究，论证了一个关于

① Townshend R J L, Eismann S, Watkins A M, et al. "Geometric deep learning of RNA structure". *Science*, 2021, 373 (6558): 1047-1051.

类比推理的三阶段模型。在理论探讨的基础上，他们还将此模型应用于机器创新特别是重演卢瑟福的科学发现过程，并回应了建构自主的、有创造力的机器这一工作面临的难题和挑战。①

关于多诺霍等从计算创造力视角对类比推理的理论和建模研究，我们在第十八章已有讨论，这里只想在简述其基本精神的基础上将重点放在对他们的工程实践的考察之上。

他们之所以选择类比推理作为探讨科学创造力机器实现的突破口，是因为他们有这样的认知，即许多重大的科学创新都是由类比推理完成的，至少是由它推动、促成的。他们在研究类比推理的建模和工程实现时关心的主要问题是：我们是否能够创立一个关于这样的类比推理的自主模型，即它能生成新的有创造力的类比？这一研究面临的主要挑战是什么？

多诺霍等认为，这里应具体问题具体分析，因为类比推理有不同的形式，即一是有创造力的类比，二是普通的类比。其区别首先表现在，它们对源领域和目标之间的"距离"的看法和态度是不一样的。例如，在前一个类比中，这两个领域以前没有什么关系，其距离极远，在后一个类比中则很近。其次，尽管两种类比的推理过程相同，但它们的输入和输出是不同的。既然有这样的区别，如果将建模的着眼点放在前一个类比之上，那么建构能够自主完成类比推理的模型就是可能的，他们的三阶段模型就是他们提供的证明。这一模型独立于具体领域，不局限于具体的领域情境，不是狭隘的实用主义模型，而是一种关于创造力的普遍模型。②

① O'Donoghue D, Keane M. "A creative analogy machine: results and challenges". In Maher M, Hammond K, Pease A, et al (Eds.). *Proceedings of the Third International Conference on Computational Creativity*. Dublin: University College Dublin, 2012: 17.

② O'Donoghue D, Keane M. "A creative analogy machine: results and challenges". In Maher M, Hammond K, Pease A, et al (Eds.). *Proceedings of the Third International Conference on Computational Creativity*. Dublin: University College Dublin, 2012: 18.

他们关于类比的三阶段模型的特点在于，强调要返回的源域的多样性，正是这种多样性提升了与创新密切连在一起的新颖性的品质，因为它们有助于检索到更意外的、有潜在创造力的资源。其次，他们的模型试图过滤掉无效的推理，改进与计算创造力有关的品质因素。再次，他们的模型承认创造力有这样三个标志或本质特点，即有向性、新颖性和有用性，并将它们内化于模型之内。其有向性的表现是，强调对某种所与目标源的重新解释；新颖性表现在，它有能力检索潜在有用但语义上遥远甚至无关的源域；有用性表现在，它通过评估过程，将质量标准加于它所认可的推理之上。他们认为，只有当一模型同时表现这三个特点时，才可以说它能表现出创造力。

类比推理三阶段分别是检索、映射和验证。先看关于检索阶段的模型。它通过关注领域拓扑来最大限度地发挥类比推理的创造力，从而克服其他模型存在的语义局限性问题。例如，他们的模型允许语义上遥远甚至无关的可能空间被检索，但在理想情况下又不会用无关的域来阻止随后阶段的发生。他们强调的检索的特点在于,该模型完成检索任务是以结构相似性为基础的，而不太注意类比的另一依据，即语义相似性，具言之，在完成检索时只根据每个域描述的图结构或拓扑结构。这样做可以克服其他模型存在的语义狭隘性的问题，有望检索到令人震惊和有巨大创造力的源域。他们的模型使用的特定拓扑特征包括量化对象的数量和谓词的数量以及根谓词的数量等。拓扑上相似的即同质的域会映射到这个基于拓扑的结构空间的相似位置。为了说明根据被诱发的源域寻找的推理，他们认为，检索的位置是略有偏差的，包含在这个偏差量中的是这样的期望，即源域包括额外的一阶和高阶关系，不过，这里的偏差对最终结果几乎没有产生影响。

关于映射的模型建立在关于映射阶段的标准模型之上，利用的也是领域拓扑学。它由三部分构成，即根选择、根阐释和推理生成。映射是作为根选择和根阐释的系列活动而进行的，并逐渐建立单一的域内映射。一般而言，一个域描述由少量的根谓词构成，它们每一个都控制大量的低阶谓词。根选择指向的是一个表征内的根谓词，它们在那个域中一般表现为有控制作用的因素。每个根谓词都位于树状谓词的根部，而每个根都可看作对树以下的关系的控制，树选择过程要考察每个谓词的"顺序"。根阐释可扩展至每个根的映射，如排列这些关系的对应参数。如果这些参数本身与根关系有关，那么它们的参数将依次映射，直到对象参数得到映射为止，只有当项目一对一地映射约束时，才会被添加到域内映射中。推理生成是类比比较的最后子阶段。在这里，源域中的附加信息被传递到目标域，进而对目标问题形成一个更集中的理解。

再看关于类比推理验证的阶段模型。这是他们模型的最后阶段。验证阶段的目的是确保所生成的类比推理是正确和有用的。这里的验证相对简单，例如只要能拒绝那些被认为无效的谓词就够了。这样做的好处是通过抵制对潜在合理的推理的拒绝，将这种模型的创新潜力最大化。[①]

下面再来考察多诺霍等是怎样将他们的类比模型应用于机器实现的实验的。

在实验中，他们用了三组数据集，即专业数据集、分类数据集和字母数据集。它们总共包含 158 个域。基于此，他们的创新引擎试图为给定的目标问题找到有创新潜力的源域。他们自认为，这些集合的不同本质可成为评估计算模型的基础，如可用它们去评估该模型作为创新引擎的潜力。[②]就专业数据集而言，它包括对 14 类职业（如科学家、牧师、屠夫、商人等）的描述。

---

① O'Donoghue D, Keane M. "A creative analogy machine: results and challenges". In Maher M, Hammond K, Pease A, et al (Eds.). *Proceedings of the Third International Conference on Computational Creativity*. Dublin: University College Dublin, 2012: 17-18.

② O'Donoghue D, Keane M. "A creative analogy machine: results and challenges". In Maher M, Hammond K, Pease A, et al (Eds.). *Proceedings of the Third International Conference on Computational Creativity*. Dublin: University College Dublin, 2012: 20.

分类数据集包括大量变化的域描述，如类比推理经常涉及的领域：太阳系、原子、热流、水流等。字母数据集包含的是 62 个语义约束域。

为了验证他们的类比模型的创新潜力，他们做了这样的实验，即用它来重演卢瑟福著名的类比推理，看它能否重新发现原来借类比推理所得到的结论，能否完成探索性创新。众所周知，卢瑟福的著名类比是关于太阳系与原子的类比。这个重演尽管不完全是原来类比的复制，但却可能成为对他们模型的创造力的一个检验。

类比的传统理解在很大程度上依赖于关于相关领域的描述，而这些描述事实上又会受类比本身的影响。在多诺霍等的模型中，语义上"自由的"检索过程能诱发对同源信息的识别，其中的映射模型能较好地生成正确的域内映射，进而借助有关的算法生成想要的推理。就卢瑟福的类比而言，他把原子核和电子的关系理解为电磁吸引关系，而非一般的吸引关系。这样一来，这种关系就类似于太阳和行星的关系，因为太阳和行星的关系就是一种引力关系，只是在卢瑟福发现电磁吸引关系和引力关系的类比关系之后，这些关系才被一般化为一种像吸引一样的超类关系。多诺霍等认为，他们的模型不论是用简化的还是更现实的域描述，都能成功地起作用，这首先是因为他们的检索和映射模型用的是域拓扑，而非两个域中的谓词同一性。

为检验其有效性，多诺霍等把他们的类比模型运用到了十个事例之上，如热流类比、水流类比、太阳系与原子类比等。这些在过去都是成功的、产生了创新结论的类比。应用的结果是，基于他们的模型建构的系统能得出与原先推理相同的结论。该模型之所以有其有效性，是因为它从潜在源域的大内存中检索到了正确的源；其次，它完成了正确的映射和评估。这些类比比较如果是由人完成的，那么肯定会被认为是创新。现在，它们由人工系统完成了，因此也应被认为有创新性。

总之，关于类比的三阶段模型确实可以作为形成创造力类比的工具。这里的创造力既可以是博登所说的心理学意义上的创造力，也可以是历史学意义上的创造力，因为它确实推出了相对于个人（心理学创新）和群体（历史学创新）而言的创新结论，至于结论是否正确，是否有用，则是有争论的。这不奇怪，新的、自己和别人以前没有提出过的观点不一定是正确和有用的。

另外，还可以肯定的是，多诺霍等对类比推理的内在机制和阶段的探讨，尽管不能说揭示了类比创新的最终机制和创新的秘密，运用它们就可以创立重大的创新理论，但可以说，它们至少揭示了类比创新的最低要求，如认识到，要用类比去创新，最起码应遵循检索、映射和验证的步骤。但要做出重要、有价值的创新，仅靠它们还是不够的，还必须辅之以其他过程、投射、知识和方法。

在评价人工系统的类比推理时还应看到的是，类比推理有不同形式，如有创造力的类比推理和普通的或仅作为数学工具运用的类比（后者没有创造力），而人工系统所建模的一般是前者。在建模前一个类比时，研究人员一般不太看重两类领域的同一关系，而更多关注它们的距离，有时甚至强调它们之间没有太大的关系。这样做的好处是，有利于将创新性最大化，但问题是无法保证创新的正确性和有用性。这些探讨尽管还有其问题，但对于自主的、有创造力的智能机器的建构来说是有启发意义的。

类比推理的计算建模还有很多难题和挑战性工作，如知识表征问题、通用性和专门性的矛盾问题等。要解决这些问题，特别是要在机器实现中解决，还有很长的路要走。另外，如何评价类比推理的有效性、重要性、创新比较的意义等，都是最具挑战性的工作。还有，类比推理应如何与其他方法结合才能更好地发挥创造力的作用也是值得进一步探讨的，已有将它与基于安全的推理结合起来的尝试，并取得了积极成果，但这只是开始。

第四节 科学定律的图解表征与 HUYGENS 系统

施拉格（J. Shrager）致力于科学定律发现的计算建模和机器实现的研究，只是具体的实现方式与他人的工作大不相同。其表现是，他设计的 HUYGENS 系统用图解和命题表征作为两种建立在感性经验之上的不同模式。根据他的方案，理论的形成利用的是这样的过程，它们在不同模式内部和之间运行，可以比较和组合不同表征中的信息。[①]HUYGENS 系统是用一维图完成定律演绎的计算系统。尽管不能说这个系统具体描述了科学家惠更斯的思维方法，但可以说，它在特定层面对图解表征在 17 世纪初形成新思想时所用的方法提供了说明。根据施拉格对科学发现的解剖，图表在科学发现中有关键的作用，于是他考察了一维图解规律演绎的基础，例如考察了 HUYGENS 系统图解规律演绎程序的规则点、算子和启发式，描述了该程序的一个发现模拟。

施拉格断言图表对科学发现有用的根据是，在研究陷入困境时，多重表征为科学家切换到替换表征提供了可能性，而图表有优于其他表征形式的种种属性。它们由于把计算归结为对有关信息的探索，并减少了识别适当算子或推理规则的工作量，因此可促进快速逼近问题解。再者，它们能使所完成的知觉推理比用逻辑所完成的推理更容易。其典型表现是，伽利略解决最快下降时间的问题用的主要是图表法，如画出一系列的图表说明他想说的思想。通过伽利略的图表可知，当斜面倾角 $\theta=45°$ 时，物体滑到斜面底部所用时间最短。在这里，伽利略没有运用传统的数学方法，而只用图表法。之所以如此，是因为传统数学方法太复杂。图表法当然离不开理论思维，只是它用的推理不是常见的逻辑推理，而是知觉推理。这一推理相对其他推理也表现出

---

① Shrager J. "Commonsense perception and the psychology of theory formation". In Shrager J, Langley P(Eds.). *Computational Models of Scientific Discovery and Theory Formation.* San Mateo: Morgan Kaufmann Publishers, 1990: 437-470.

了不可比拟的优越性。例如，在这里要用逻辑推理，就会涉及大量与表述运动定律的抽象方程有关的推理。在这里，要确定最少的时间，还要用到更困难的推理。而用图表法，最少的时间就可通过发现一条不超过圆周的线来探寻，这就是更为简单的知觉推理。

这种利用图表法的发现模式也可用于复杂规律的探寻。施拉格就探讨了这样的图表，它们可用来发现动量守恒定律。[①]动量守恒当然可用许多不同方法来发现：其一，用理论的方式，如根据能量守恒和考察相对于伽利略坐标变换的运动不变性来加以推理；其二，这一定律可通过从实验中搜集的几组数据来推论。由于有这些方法，因此就有建模这些方法的种种计算方案，如有几种系统建模了动量守恒的发现原则，它们利用数值数据，探索变量中的代数关系空间。HUYGENS 系统则不同，它用一维图模拟动量守恒定律发现的过程，同时采用了启发式方法。在这个系统中，变量被表征为数轴上的线段。线段的长度与其变量值的大小成比例。线段的方向、定位和相对大小编码的是变量之间的代数关系。

该系统的运作是这样的，即用图解运算符从数据集中构建图表，将相同的操作符应用于数据集就能生成一组图表。真实存在的关系会表现为一组图中所有通用的模式，而找到这样的模式正是规则探索者的工作。一旦发现了模式，代数定律就能直接从规则和用于生成图表的特定运算符中推论出来。图表运算符的作用就是以构造的方式修改图表，以便用它们来编码变量间的不同关系。HUYGENS 系统的内部表征采用原点、兴趣点和构造点三组数字形式。这种三元点存储在列表中，以形成组。数据的整体组织相当于图表的

---

① 利用图表法揭示科学发现规律的探讨很多，施拉格和程彼得（P. Cheng）是其主角。这里可参见 Cheng P. "Scientific discovery with law-encoding diagrams". *Creativity Research Journal*, 1996, 9 (2-3): 145-162; Cheng P, Simon H A. "The right representation for discovery: finding the conservation of momentum". In Sleeman D, Edwards P (Eds.). *Machine Learning: Proceedings of the Ninth International Conference*. San Francisco: Morgan Kaufmann Publishers, 1992: 71.

结构，就像它们被画在纸上一样。该系统会用简单的例程将数字三元组转换成实线，以便在它的输出中得到显示。每个变量或线的各种属性由该系统记录下来，开始是作为对系统的输入给出的。图组由不同的运算符系列生成，在数据中编码规则的运算符系列会在该组图的每个图表中产生相同的模式，通过寻找这种模式来确定是否存在某种关系是规则探索者的工作。该探索者不仅寻找一个组图中每个图的共同模式，而且还考察图表中的兴趣点。HUYGENS 系统还离不开启发式方法，正是依靠这一方法来限制图表探索空间的大小。

该系统中的运算符、规则观察器、启发式方法尽管大不相同，但结合在一起则能对定律演绎进行有效模拟。特别是，这一系统为下述观点提供了计算证明，该观点是，在不同表征之间切换是提高创造力的有用方法。例如，该系统从所与数据出发，通过在图表中搜索模式，进而切换到一个图表的空间，当找到了模式后，规则就被简单转化成方程。对图表表征的改变允许使用不同的运算符、规则观察器和启发式方法。

有了这些理论铺垫，现在就可来看该系统如何模拟动量守恒定律的发现过程，这一模拟包括五个周期性的规则发现和运算符应用。例如，在第一个循环中，有变量被一启发式搜索选择出来；在第二个循环中，有两个表示速度的线被选择；在第三个循环中，有支持成对的表示速度的线被发现，基于此，该系统就能在速度中找到动量之间的关系；在第四个循环中，有质量线需考虑，因此该系统还必须继续运行；在第五个循环中，该系统就发现了唯一起作用的规则。

总之，这一系统以看似简单的、实则包含定性和定量推理的方式对相当复杂的动量守恒定律进行了编码，成功地模拟了定律的图解发现过程，进而证明了一维图解定律演绎是如何用这样的方式完成的。它与科学发现的观点一致，即借助启发式搜索来解决问题。

这一系统之所以有创新性，是因为图表表征编码了必要而关键的信息，而这样又有助于压减搜索量，让它们在问题求解中完成知觉性推理。[①]这一系统足以证明，用视觉意象完成的创造性发现适合用类似方式得到计算建模，如一维图表定律演绎就可看作启发式问题求解。由此也可明白，建模二维图表发现也是可能的。事实上，已经诞生了这类用于解决专家问题的图解配置模型。其基本构想是，将知觉知识储存为图解配置模型，每一种模式包含不同的信息片断，问题解决方式包括将配置映射到问题图表的适当部分，然后来搜索能满足充分条件的部分语句。

根据这一关于科学发现、创新的计算模型，图表在科学创新中有重要作用。这是因为它们的表征属性使它们在科学发现和问题求解中十分有效。基于这样的认识，其倡导者建构了关于科学创新的计算模型，如 HUYGENS 系统。它用一维图表以演绎方式发现定律。其倡导者也认识到，图表表征尽管重要，但它们并不是科学发现所依据的唯一表征形式，除此之外，其他表征也会被用到，有时还会综合使用多种表征。

第五节　科学发现的计算程序与能完成定量经验发现的 BACON

兰利等并不泛泛地谈论创造力的机器建模，而把建构科学发现的机器实现系统作为主攻目标，明确强调：他们的任务就是建立关于科学家在做出科学发现时所用方法和过程的更为广泛的理论，并以此为基础建模人类的发现过程和机制，探讨如何让计算机来实现科学发现。他们认为，科学家进行科学发现的方法和过程不是单一的，而是多样的，包括规律发现、理论发现、

---

① Shrager J. "Commonsense perception and the psychology of theory formation". In Shrager J, Langley P (Eds.). *Computational Models of Scientific Discovery and Theory Formation.* San Mateo: Morgan Kaufmann Publishers, 1990: 437-470.

隐藏在数据中的概念发现、研究问题的发现、研究工具的发现、好的问题表征的发现和应用等等。[①]既然是多，于是他们先对它们作出分类，然后按类别作出考释，最后将重点放在探讨如何模拟人类科学发现的思维过程之上。他们的目的是建构一种能作出科学发现的计算机程序，其基本方法是，以问题解决的方法特别是启发式方法为基础的方法；其理论基础是，人类在问题解决过程中积累的大量知识；其基本预设是，人的科学发现过程能为计算机模拟。这一思想已被纽厄尔和西蒙等在 20 世纪 50—60 年代论证过，有的人甚至还编出了这样的程序，如寻找字符串规律的程序。

　　基于对科学发现本质和计算创造力潜在作用的分析，如果能够编写出这样的程序，即它描述了有智慧的成人用来解决问题的过程，那么就可以实现科学发现过程的计算机建模。当然，这里还有这样的问题：人类的创新离不开像想象、意象、视觉图像、灵感之类的难以捉摸的过程，如何在计算机程序中表现这些过程呢？由于计算创造力的科学发现研究无法绕过这类问题，因此它们一直是科学发现之 AI 建模中长盛不衰的话题。例如，创新一定会涉及表征，而表征中一定有图像式、形象性表征。怎样描述和理解意象？常见的观点是诉诸内省。兰利等认为，要理解意象在思维中的作用，需要获取比内省所提供的更多的信息。[②]好在认知心理学提供了一些有用的成果。根据这些成果，要理解包括像意象之类的表征，只能深入到与加工表征的思维过程有关的关系之中，关注储存、修改、提取信息的过程。当信息储存于记忆中时，就有算子存在于那里，有信息被给予，就等于在列表中发现了下一项信息。插入信息，删除信息，对信息作出处理，都依赖于记忆的联想

　　① Langley P, Simon H, Bradshaw G, et al. *Scientific Discovery: Computational Explorations of the Creative Processes*. Cambridge: The MIT Press, 1987: 302.

　　② Langley P, Simon H, Bradshaw G, et al. *Scientific Discovery: Computational Explorations of the Creative Processes*. Cambridge: The MIT Press, 1987: 327.

结构。[①]有了这些自然化、量化的理解，对创新所涉及的那些表面上神秘的过程进行建模就成为可能。例如，对形象思维的建模就是如此，因为它不过是加工图像、图表之类的过程，而该过程与在心灵中加工信息没有什么实质不同，对它们的推理是相近的。基于上述分析，兰利等得出了以下结论：①心理图像作为一种思维形式，可以采用与问题解决表征相同的术语来解释，即用某些处理过程加于其上的一组符号结构来解释；②科学家用标准的表征也能进行科学发现；③新表征常表现为一些基本的、通用的表征，如命题表征、列表-结构表征、图像表征等。既然如此，那些过去被看作神秘的过程就可被看作信息加工过程。如果它们是创新的根源或基础的话，那么也不难在机器上得到模拟，如只需建构相应的信息加工系统就行了。同理，科学的发现、创新即使还有像问题创新、工具创新、表征创新、理论创新等形式，也可以用信息加工的术语说明这些过程，因为它们与发现新定律的机制是一样的，即可以用发现定律的机制来说明新的科学问题的发现、新工具的发现、新的用于推理任务的表征的发现。[②]

按照上述思路，已诞生了许多模拟科学发现过程的程序，如 BACON、元-DENDRAL、AM、EURISKO、STAHL 和 GLAUBER 等。它们的差异表现在，所打算完成的任务和具体的执行细节各不相同。共同性在于，都建立在启发式方法引导的选择性探索之上。它们的一般结构也大体相同，遵循的是现在 AI 的主要策略，利用的是选择性探索的原则，如把列表结构作为语义信息的基本表征，把生成（条件—作用搭配）作为对信息做出加工的基本表征。列表中的信息由与属性值有关的对象来表征，例如，在 GLAUBER 中，一个节点可能表征一个特定的化学反应，该反应的属性是对反应及其输出的

---

① Langley P, Simon H, Bradshaw G, et al. *Scientific Discovery: Computational Explorations of the Creative Processes.* Cambridge: The MIT Press, 1987: 327-328.

② Langley P, Simon H, Bradshaw G, et al. *Scientific Discovery: Computational Explorations of the Creative Processes.* Cambridge: The MIT Press, 1987: 336.

输入，输入的值就是一个要求得到反应的化学物质的列表；输出的值是该反应产生的物质列表。[1]

这里重点分析一下 BACON。据说，它能完成定量经验规律的发现[2]，遵循的是这样的思路，即把信息加工理论转化成计算机程序。由于利用了培根的科学发现思想，因此兰利等以他的名字命名这类程序。由于这个程序不断得到改进，因此随着探索的推进，出现了许多不同的版本。兰利等认为，BACONS 能重新发现科学史上的三大发现，即玻意耳定律、伽利略匀加速运动定律和欧姆定律。[3]它们的核心概念是关于内在属性的概念，该概念指的是一个被推论出来的术语，其数值与一个或更多术语的符号值密不可分。它储存在记忆中，需要时能被提取出来。兰利等说："关注内在属性的方法确实具有普遍性，被证明在涉及定量经验规律的任何科学分支中都是有用的。"[4]根据 BACONS 的驱动方式，可把它们分为数据驱动程序和理论驱动程序两类。根据前一方案，科学发现的过程是从数据集合开始的，然后再到里面寻找其规律性。另外，这些程序所用的启发式搜索法都没有关于数据所出自领域的理论预设。理论驱动程序的特点是，将一些领域所用的理论假定合并到启发式搜索法中，坚持从数据到规律的推进步骤，它关注的被探索的规律具有对称性和守恒性。理论驱动程序还体现在基于守恒概念而建构的系统之上。如此建构的系统也能发现定量经验规律。由于有这些特点，它通过

① Langley P, Simon H, Bradshaw G, et al. *Scientific Discovery: Computational Explorations of the Creative Processes*. Cambridge: The MIT Press, 1987: 64.

② Langley P, Simon H, Bradshaw G, et al. *Scientific Discovery: Computational Explorations of the Creative Processes*. Cambridge: The MIT Press, 1987: 65.

③ Langley P, Simon H, Bradshaw G, et al. *Scientific Discovery: Computational Explorations of the Creative Processes*. Cambridge: The MIT Press, 1987: 81.

④ Langley P, Simon H, Bradshaw G, et al. *Scientific Discovery: Computational Explorations of the Creative Processes*. Cambridge: The MIT Press, 1987: 169.

类比推理的一种简单形式发现了守恒定律。[①]

BACON[1-4]用的是数据驱动程序，BACON[5]用的是理论驱动程序，当然仍坚持从数据到规律的推进步骤。下面我们看看 BACON[5] 是如何通过类比推理的一种简单形式发现了守恒定律的。[②]

BACON[5]的理论基础之一是对称性假定。该假定为 BACON[5] 在数据和定律空间中探索指明了方向。尽管这一程序在必要时仍需利用数据驱动的方法，但在运用理论驱动这一原则时比其他程序大大向前推进了。我们知道，有创新精神的化学家除了能发现定律之外，还能弄清各种物质的构成成分，进而建构关于构成元素的模型，该模型能解释物质的隐藏结构。BACON[5]也是这样，它不是简单重复某些理论、概念、定律的发现过程，而能在人的发现的基础上揭示以前认识所没有的新的内容及特点。相对于其他发现程序而言，BACON[5]有更好的表现，如其他程序中有的只是解释了发现是如何做出的，而没有准确再现具体的历史细节；有的能证明一种到达发现的路径，但不能证明该路径在历史上是如何展开的。BACON[5]克服了这些不足，认识到，保证更大历史有效性的一种方法就是建构能说明发现历史进程的模型，而这样做不仅能为此类发现的理论提供更有力的检验，甚至还能修正过去认识中的某些错误。在科学认识史上，有些数据在正确理论发现之前被错误解读了，如开普勒有这样的看法，行星会随着与太阳距离的变化发生周期性变化，这一认识显然存在错误，而错误的根源来自对规律与数据的不精确解读。[③]BACON[5]就是这样一种改进的发现系统，它不仅具备发现功能，还有检验、评价、修

---

① Langley P, Simon H, Bradshaw G, et al. *Scientific Discovery: Computational Explorations of the Creative Processes.* Cambridge: The MIT Press, 1987: 170.

② Langley P, Simon H, Bradshaw G, et al. *Scientific Discovery: Computational Explorations of the Creative Processes.* Cambridge: The MIT Press, 1987: 170.

③ Langley P, Simon H, Bradshaw G, et al. *Scientific Discovery: Computational Explorations of the Creative Processes.* Cambridge: The MIT Press, 1987: 224.

改功能。该系统有特定的数据块，能基于早期证据所作的推论与后来的证据相互作用。如此建构的新系统有这样一些作用，第一，它能回答特定时期所关心的许多特定问题，如 18 世纪燃素理论与氧气理论之间争论的问题；第二，关于发现的详细模型能成为类推出类似系统结构的基础；第三，历史过程的模拟能为科学方法的进化提供具体证据。①

STAHL 也是这样的不再简单重复过去发现历史的程序，因为它具体细致地追溯了发现的几种历史路径，还对研究领域内的各种概念化以及体现了对立思想流派特点的假定提供了阐释，同时融合了关于对象之构成和基本物质基础之守恒的具体知识，能为物质及反应的基础结构的形式提供解释。开始它是由数据驱动的，后来，它对隐藏结构作出推测，就此而言，它是由推测即是由理论所驱动的。它采用了多用途启发式搜索法，以便通过这些方法在多种结论中做出选择，并对结构上的冲突做出处理。②

科学发现的创新除了表现在结论上之外，还表现在科学家以敏锐的嗅觉提出的问题之上，有时提出问题比解决问题更关键。但是要让机器像训练有素的科学家那样提出有真正价值、能引导认识向纵深发展的问题则十分困难。兰利等认识到，AI 在这里的任务就是创立一种能模拟高明科学家提出有价值问题的能力的问题生成器。要生成好的问题，当然得知道好的问题的标志。根据他们的分析，好的问题的特点在于，基本的应用科学对其答案充满兴趣，能够形成答案。另外，问题本身有意义、有价值。相应地，好的问题生成器就是能提出这样的好问题的生成器。要提出新的、有价值的问题，还需具备

① Langley P, Simon H, Bradshaw G, et al. *Scientific Discovery: Computational Explorations of the Creative Processes.* Cambridge: The MIT Press, 1987: 225.

② Langley P, Simon H, Bradshaw G, et al. *Scientific Discovery: Computational Explorations of the Creative Processes.* Cambridge: The MIT Press, 1987: 253-254.

这样的条件，如拥有足够多的信息和知识。[①]再如，问题的提出始于关注，而被关注的东西要么是偶然碰到的现象，要么是来自先前研究者留下的线索。他们把要提出的问题分为这样几类，即决定现象范围的问题、描述现象的问题、净化处理上的问题、识别有关变量方面的问题等。基于这样的认识，他们设计了 AM 这一问题生成程序，可把它称作递归问题生成器。其任务就是用"有趣"这一标准生成有趣的新概念，随着概念加到它的储存中，它就能提出如何用这些概念生成其他概念的问题。[②]问题是：如何将它们形式化呢？他们根据对提出问题过程和机制的解剖、分析得出结论说，提出问题的过程与解决问题的过程实质上是一样的，因此也能形式化，并以解决问题的方式来提出问题。在形成问题的过程中，科学家必然动用所得到的广泛的知识，因此也是认识递增的过程，一点也不神秘。根据这样的理解所创立的 BACON$_5$ 之类的程序，在提出问题时所做的工作就是形成与数据一致的假说，计算的步骤可看作解决不同问题的步骤。总之，"问题提出与问题解决之间没有明确的界限"，都能为程序模拟。[③]

兰利等的工作具有多方面的意义，第一，有助于弄清发现过程的心理学机制，为隐藏在该过程背后的信息加工机制提供可检验的理论；第二，为发现的规范理论提供了基础，特别是为发现过程提供了启发式方法；第三，有助于重新认识发现过程和验证过程之间的关系；第四，有助于认识发现的历史。[④]

① Langley P, Simon H, Bradshaw G, et al. *Scientific Discovery: Computational Explorations of the Creative Processes.* Cambridge: The MIT Press, 1987: 306.

② Langley P, Simon H, Bradshaw G, et al. *Scientific Discovery: Computational Explorations of the Creative Processes.* Cambridge: The MIT Press, 1987: 304.

③ Langley P, Simon H, Bradshaw G, et al. *Scientific Discovery: Computational Explorations of the Creative Processes.* Cambridge: The MIT Press, 1987: 312.

④ Langley P, Simon H, Bradshaw G, et al. *Scientific Discovery: Computational Explorations of the Creative Processes.* Cambridge: The MIT Press, 1987: 5.

第六节　创造力机器实现的形式探索与概念创新系统

创立以前没有的概念，即概念创新，是人类创造力的一个重要的、经常性的表现。在计算创造力研究中极为活跃的珀雷拉以概念创新为侧重点，试图建立关于概念创新的模型，在此基础上去建构计算系统，以便让机器完成概念创新。很显然，要实现这一愿景，必须解决其前提性的基础理论问题。

一、概念创立过程和机制的计算创造力分析

如何理解概念、概念创新？其认知和计算基础是什么？为回答这些问题，他引入了"概念组合""概念混合""隐喻""类比"等概念。所谓概念指的是对思想、对象、行为的抽象，但它可以是一种动态的实在，可以随时间而变化，如"电话"这个概念可随技术的发展而变化。当然，在计算创造力中，概念也可以是静态的、形式化的。就其表征而言，概念可以以不同方式来表征，如在日常生活中，概念可用语言和图像来表征，在心灵中可用原型、例子、微理论来表征，即一个概念就是一个微理论。这三种表征方式在 AI 中都有应用。珀雷拉经常用的是微理论表征，即认为概念应被表征为微理论。[①]就概念与范畴的关系而言，他认为，范畴本身就是概念。

在讨论概念的创立时，珀雷拉认为，首先应澄清"创立"的意义。在过去，它常与发现、发明、形成、生成、设计、创立常混在一起。有的人认为它们同义，有的人区别对待。珀雷拉认为，概念的建构形式有两种，一是形成，二是创立或发明。概念形成也可称作概念学习或发现，它与这种能力的发展有关，这种能力是对事件或事物的共同类型特征的反应，在形成概念时，

---

① Pereira F. *Creativity and Artificial Intelligence: A Conceptual Blending Approach.* Berlin: Mouton de Gruyter, 2007: 47.

主体一定会关注有关的特征，而忽略无关的特征。在 AI 中，这一任务通常通过机器学习完成，在机器学习中，模式是通过数据分析来提取的。概念创立不同于形成，因为被创立的概念不是从生成过程中演绎出来的，在以前不存在，质言之，概念的创立过程是没有根据的，它涉及广泛的可能性，从随机探索到启发式搜索。在概念创立中，评价至关重要。从关系上说，概念的组合不同于创立，前者指的是把两个以上的概念结合在一起，从而可以产生一个有自己突现结果的新概念。

概念的混合涉及两种知识结构的输入，通过映射，就会有第三种结构生成，此即混合。隐喻和类推是两种认知机制，可成为实现不同领域推理的基础，对于创造力也至关重要。两者的机制有共同性，一般认为，许多隐喻的解释问题可通过建立类比模型（如结构映射方法）来解决。为了说明这里的机制，认知科学家建立了所谓的"结构映射引擎"。它最初是作为结构映射理论的计算实现而建构起来的。根据结构映射理论，类比就是一个领域的知识向另一个领域的映射，可以用来指导推理，对一个不熟悉的领域形成猜想，或者将几种经验归纳为一个抽象的图式。这一理论的基础是如下直觉，类比以这样的关系为基础：无论什么知识（因果模型、计划、故事等），它都有决定类比内容的结构性属性，即事实之间的相互关系。类比有三个阶段，一是访问，二是映射和推理，三是评估和应用。映射结构引擎只与中间的"映射和推理"阶段有关。就知识表征而言，它将实在、谓词和集合区别开来。实在对应于低阶的对象和约束，谓词是三种高阶原词，如功能、属性和关系，集合对应于实在及关于实在的谓词的集合。该引擎借助匹配假设建构规则，建立潜在的跨领域的联系。这些规则可在外面编程，并指定创建跨领域联系必须满足的条件。该引擎通过计算最大化集合建构跨领域映射。如果添加任何额外假设会使集合在结构上不一致，那么该集合为最大。这种引擎能解决许多经典的类推问题，如太阳系与卢瑟福原子类比、热与冰流动类比等。

总之，类推和隐喻有揭示未知东西的认知机制，其方式是将一种领域的知识引进另一个领域，进而作出预测，从而对问题提出解决方案。

二、模型建构的方法论与概念创新过程的建模

要让机器完成概念创新，必须有关于它的形式模型。而要如此，又必须弄清建构计算创造力模型应遵循的原则。基于这样的逻辑，珀雷拉先讨论了建构抽象概念模型的要求，然后讨论如何建构模型，最后讨论如何将此模型实现于机器之上。他认为，要建构关于概念创新的模型，必须遵循这样的原则：①必须有知识。没有知识，几乎不可能有创造力。知识的质和量对创造力同等重要。创造力模型需要的是异质知识库。②必须有表征。这对理解已有知识极为重要。创造力模型应在不改变概念意义的前提下建构关于概念的表征。③异类混搭。它涉及跨领域转移，并与发现以前未知关系的能力有关。创造力模型应能发现和探索不同知识结构之间的联系。④元层次推理，即对推理过程进行推理的能力。这是创造力的必然一维，当然最难说明。创造力模型既应加工知识，也应对自身加工知识的过程进行反思。⑤评估。这是创新过程不可或缺的部分。就评价形式而言，创造力模型既应有自我评估，又应对外部评价有所反应。⑥环境的相互作用。环境包括个体、历史、动机等概念以外的一切。它们之所以重要，是因为，不与这些因素发生关系，就没有真正的创造力。⑦目的。⑧收敛与发散思维。⑨常规的过程。创新的过程与非创新的过程并没有根本不同，即使是异类混搭和发散性思维也没有不同于常见思维过程的认知过程，因为它们都是智能的表现。①这最后一点当然是一种关于创造力的还原论，重复的不过是认知方案的结论。

根据这些原则,珀雷拉建构了一个创造力一般问题解决者模型,如图22-1

---

① Pereira F. *Creativity and Artificial Intelligence: A Conceptual Blending Approach*. Berlin: Mouton de Gruyter, 2007: 86-87.

所示。这样做有两个目的，一是提供能简化一切方面的模型，二是突出创造力与 AI 的关系。

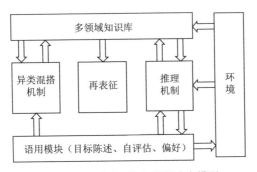

图 22-1　创造力一般问题解决者模型

珀雷拉知道，当从 AI 角度思考时，就有这样的问题出现：为什么说这模型有创造力？它不是另一种 AI 模型吗？它不是在复杂空间中探索吗？他的回答是，有无创造力，关键是看从什么角度看问题，坚持什么样的创造力定义。如果从行为主义角度只关注过程的结果，那么只要一个系统有新的输出，就可说它有创造力；若从对复杂空间的探索看，如果它进行了这样的探索，且有新颖性和有用性，那么就可认为它有创造力；从关于过程的认知观点看，如果它通过一个内在过程产生了对问题的新颖而有用的解，那么就可认为它有创造力。珀雷拉赞成认知方案，认为创新就是以发散性方式解决问题的过程，如搜索其他联系，以不同方式表征知识，改变加工过程，等等，最后找到了以前没有的解决方案。只要一个模型能完成这样的过程，那么就可认为它完成了创新任务。①

珀雷拉认为，他的上述模型不仅有可能表现创造力，而且从形式上揭示了创造力的奥秘，让其有机器实现的可能，更重要的是，还为 AI 做出了这

---

① Pereira F. *Creativity and Artificial Intelligence: A Conceptual Blending Approach.* Berlin: Mouton de Gruyter, 2007: 88.

样的贡献，即揭示了智能的复杂构成及机制，说明了创造力就是一种问题解决过程。就实质而言，他的模型不过是一个解决问题模型，因此对于创造力而言，显得较一般、抽象。为具体化，他按从上到下的方案，又提出了一个关于创造力的具体模型，即概念创立模型。它突出了创新中的特点，如异类混搭、异质知识库、元层次推理、收敛/发散思维方式、目的。在特定意义上，这些都可看作其概念创立模型的基础。

在此模型中，相互作用方面可归结为目的陈述和构型，评估可看作是以自评价为基础的。该模型突出内在创新过程，另外，比较看重发散思维。该模型共由六大模块构成，即多领域知识库、异类混搭机制（从寻找概念间的映射开始，然后创立新概念，接着从一个共映射概念转移到新的、混合的概念之上）、推理机制（运用了发散和收敛两种思维策略）、评估、阐释、目的（图22-2）。

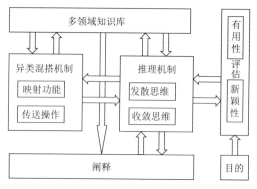

图 22-2　概念创立模型

为了便于在计算机上实现，珀雷拉还借鉴了别人的成果，特别是威金斯的一些符号，如分别表示宇宙、概念或语言、遍历策略的符号 U、L、J。当然，他也自创了许多符号。这里，我们从略。

珀雷拉强调，这个模型还不是概念创新的具体实现方式，只是为后面的机器实现作铺垫。这里的问题是：因为人创立新概念的过程包含意识的作用，因此有什么理由说，这就是概念的创新？他承认，在这一点上，该模型的确没有这方面的考虑，但这无妨，因为有的人在解决问题时，常常没有遵循有意识的步骤。他说：他的模型是"关于如何从计算上模拟概念创立的模型"。之所以把它称作概念创立模型，"是因为它从一个完全的过程生成了新的（潜在有用的）概念"①。还有这样的问题：为什么要有这样的模型？它有什么应用价值？它的构成部分的实现程度是什么？他自认为，这种模型有广泛的应用价值，例如只要新概念的创立在某地方是必需和重要的，就可应用此模型。最明显的是，在设计、建筑和游戏等领域，它大有用武之地。科学的发现和发明由于离不开概念的创立，因此他的模型在这里也大有作为。在理想情况下，它可以作为元层次推理引擎被应用。在一定程度上，它的任何模块都能得到机器实现。当然，元层次推理能力建构起来可能比较困难。

三、Divago：能创立概念的人工系统

珀雷拉为了展示其模型的具体实现过程，他设计了一个人工系统，即Divago。它除了没有包含元层次推理能力的实现之外，其他模块如跨空间映射、异类混搭、异质知识库、推理引擎、评估和阐释都有机器实现的尝试。

Divago 是葡萄牙语，意为"我徘徊"。建构以此命名的人工系统的"目的是为概念创立模型的模块提供实际的实现方式"②。他承认，这样做面临很多挑战，例如总目标与具体实现技术之间会有一些矛盾，搜索策略的实现和约束的选择之间也有冲突。珀雷拉对其构想的说明如图 22-3 所示。

---

① Pereira F. *Creativity and Artificial Intelligence: A Conceptual Blending Approach.* Berlin: Mouton de Gruyter, 2007: 99.

② Pereira F. *Creativity and Artificial Intelligence: A Conceptual Blending Approach.* Berlin: Mouton de Gruyter, 2007: 101.

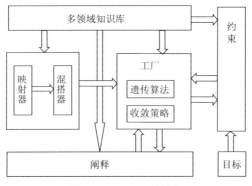

图 22-3　Divago 的构架

　　下面我们看六大模块的具体结构、作用及其关系，并考察珀雷拉为什么认为 Divago 这一人工系统有创立新概念的作用。

　　（1）多领域知识库。其中的所有表征都遵循符号主义方案，对立于亚符号和混合方案。里面有这样一些结构，即概念图、规则、框架、整合约束、事例，其句法相同于 Prolog 语言中的句法，概念图是语义网络，可描述概念或领域。一个概念图就是以节点表示概念、弧表示关系所用的图，因此，一个概念是在与其他概念的关系中被定义的。为了避免混淆，珀雷拉用了这样的约定，即一个概念节点中的每一个都被命名为要素，例如一个概念由概念图、规则、框架所构成，因此就像一个微理论一样。概括说，Divago 用了大量的知识结构，每一个都有自己的作用，如概念图表示一个概念（或领域）内的结构关系；规则的作用是定义专属于概念的程序；框架作为抽象概念允许系统识别概念中的模式，并推出进一步的知识；整合约束的作用是为推理提供限制条件；事例的作用就是列举概念的例子。这些要素不一定同时共存于系统中，所需的表征类型是由当前的问题决定的。例如，如果处理的是推理所需要的概念，且这推理又依赖于隐藏的推理，那么就需要规则起作用；如果要设计专门的对象，如 3D 对象，那么就需要事例来提供真实的输出。

（2）映射器。它定义的是模型的映射函数。在 Divago 中，概念本身是有不同子结构的一个结构，因此映射就极其复杂。例如，对于任何概念图的两个对子来说，映射器会在它们的要素之间找到一组映射。映射器在寻找最大同构子图对子时使用的是扩展激活算法。在这种情况下，当两个概念图具有相同的关系结构时就被认为是同构的。

（3）混搭器。在设计混搭器时，珀雷拉借鉴了他人制定的标准，该标准规定了如何对一组候选混合物进行排序，以及如何让表示性质的基本索引出现在结构之中。混搭器是用来计算所有可能的混合的集合的。它为下一模块即工厂提供了两个基本服务，一是生成混合投射，二是提供传输操作。工厂每当需要创建混合时，就会使用这种操作。工厂是 Divago 的加工中心，与珀雷拉概念创立模型的推理机制相对应，负责应用发散策略，而此策略是作为遗传算法被编码的。在这里，工厂的输出就是被创立的概念，对应于一个混合。因为一个混合是由一串投射定义的，因此对要创立的概念的探索就是对源自最佳混合的一串投射的探索。对于输入概念中的每个要素而言，构成唯一投射的一串投射就是被选择的投射。鉴于搜索空间的复杂性以及计算上的原因，珀雷拉决定执行一个并行搜索算法，即遗传算法。在 Divago 中，基因型对应于选择性投射，个体是被排列的投射系列，每个投射都有其被允许的值。表现型是由传输操作构造的，还能由混合模块给出，由阐释模块阐释。由于有遗传算法，因此 Divago 能根据用户的喜好在巨大混合空间中搜索。如此探索尽管不能保证得到最佳解决方案，但有理由期望，迭代数量越高，就越有可能找到更好的混搭方法，只要它存在于探索空间中。

（4）约束模块。其作用是实现最优化原则，如先对每个混合作预处理，检查框架的满足和完善程度，是否违背整合约束等，接着为每个测量点确定一个值。这些值会加入加权总和中，进而产生混合值，最后返回工厂模块，归属于每个最优压力的权重是由用户确定的。这些约束尽管关注的主要是输出的有用性，但也能产生新颖性。这就是说，Divago 也能达到某种程度的新颖性。珀雷拉所说的约束实际上就是这样的最优原则，即整合、拓扑优化、模式完善、必要关系的最大化、分解、网络、关联。

（5）约束模块所提供的对混合的评估是基于优先原则执行的，这种执行也考虑了来自知识库的知识，以及以查询形式实现的目标。

（6）阐释模块的作用是将几种阐释和完善方法应用到混合之中。正是在这里，规则和框架结论被触发，不完善的框架得以完善。它允许三种不同的解释方式，即基于规则的解释、内在逻辑的解释和基于跨概念的解释。

珀雷拉之所以把 Divago 看作能独自创立新概念的系统，是因为他有这样的设计理念，即只要每个模块有相应的结构，并能按预想发挥作用，且数据按既定方式传递（图 22-3 中箭头所表示的），那么诸模块相互配合组成的系统就能完成概念创新任务。质言之，在珀雷拉看来，这是由每个模块的结构、机制以及整体的配合所决定的（这当然存在争议）。例如，知识库包括一系列概念，每个概念都根据不同的表征来定义，概念映射、规划、构架和整合约束都遵循微理论观（概念即微理论），而例示与例子观保持一致。

新概念创立的第一步是选择输入知识。该选择要么由用户作出，要么随机生成。在提供一对概念后，映射器就会在它们之间建立结构算法，接着将结果映射传递给混搭器。它生成一组投射，该投射隐式地定义所有可能混合的集合。这对推理机制即工厂来说就是搜索空间，工厂基于并行探索引擎即遗传算法开展工作。遗传算法同时与约束、阐释模块相互作用。阐释模块主要用内部逻辑阐释和基于规则的阐释展开工作。在达到满意解或指定的迭代次数之后，工厂停止运行遗传算法，并回归到其最佳方案。在有些情况下，这个结果也成为解释模块的输入。该模块接着对新概念进行阐释。①

---

① Pereira F. *Creativity and Artificial Intelligence: A Conceptual Blending Approach*. Berlin: Mouton de Gruyter, 2007: 140.

四、Divago 的检验、评价及其理论问题

Divago 自设计出来后，就在许多领域试验、验证，并在这个过程中检验和完善其结构及性能。珀雷拉说："验证这个系统的创造力一直是我们追求的目标。"当然尚未取得确定、无争论的结论。[①]按时间顺序，他对 Divago 的验证是这样展开的，例如在较早的船-房实验中，他发现，该系统生成了（关于船-房图画的）全部可能组合的集合。在名词-名词实验中，他的目的是用庞大的知识库来检验 Divago，并将它与概念组合系统加以比较。在造物生成实验中，他的目的是探讨 Divago 对游戏环境的应用，这里涉及对阐释模块的实验。最后，将 Divago 用于一些已定型的混合实验，以验证它作为混合模型的效力。珀雷拉承认，对 Divago 的实验和分析也充满困难，如对所产生结果的价值（有用性）的评价、对系统调整的评价、对结果中每个组件的个别效果评价等都不是那么容易操作的。

这里重点考察一下他的船-房实验。他认为，该实验可对 Divago 的生成概念的能力作出检验和评估。例如，可以说明，Divago 能否从两个输入概念中生成全部的探索空间，进而通过搜索生成新的概念。给出的情境就是一个具有特定目标的系统，例如，画一个船和房子的系统，它有一系列有限的可能性，当然只有一个绘图示例可用。很显然，这会要求 Divago 扩展其可能绘图的知识库。在实验中，知识表征局限于概念图和例示，如用云彩建构的概念图，对"船"和"房"的选择是在一些混合工作和概念组合工作之后完成的。概念图告诉人们的是一些具体的事实，如"船"的概念图说的是，"船有帆、舱口、桅杆等，是物理的实在，是时间中的东西，可作为容器存在，等等"，若用图把这些构件画出来，就会有一只船显现出来。"房子"的概

---

① Pereira F. *Creativity and Artificial Intelligence: A Conceptual Blending Approach*. Berlin: Mouton de Gruyter, 2007: 141.

念图也可这样描述。概念的映射有些很自然，如窗—舱口、物体—船，但有些是映射功能耗尽的结果，如"不透水的—慢的"就是如此，它们是某物的两种属性，如"物体可以是不透水的"，"船可以是慢的"。只要分析这些概念图及其映射，就会发现一些微妙的可转移性，如第一艘帆船上的方形舱口、房子里的圆形窗户，此外还能看到一种混合，它显然共有来自两种输入的知识，要么是视觉上可看到的，如具有矩形帆的船等；要么是看不到的，如房子有三角形的门，其顶部有桅杆。

可设想这样的情境，Divago 在房子知识领域搜索关于房子的图画，但没有找到满意的方案。在这种情况下，它可能逐渐摆脱原来的领域，而进入一个混合空间。在该空间中，新颖性显然增加了，它是一种中间的空间，有关概念不属于一个特定领域，但共享来自更多领域的知识。如果是这样，那么就可说，Divago 生成了大量的图画，它们肯定不同于关于船或房子的一般图画，因为它们混合了其他因素，同时又抛弃了一般图画的因素。这说明，该系统的工作不是重复，不是简单的组合，而是生成了新的结果。①

名词—名词实验也得出了类似的结论，即证明 Divago 有混合性创新能力。例如，分别向它输入了两种不同的信息，它经过内部加工可以输出一个不同于输入的混合性概念。珀雷拉说："名词性混合可引起一个重要的范畴变化。"例如，一个输入是关于婚姻的种种传统规定、习俗，另一个输入说的是同性的两个人组成的家庭。借助系统内的跨空间映射，一些要素如同伴、共同居住、承诺、爱、性等就关联在一起。接着，选择性投射就从传统的婚姻输入转向了混合的社会认同、婚姻仪式、纳税方式，另一种投射就从其他输入过渡到同性、没有生物学意义上的共同孩子、从文化上限定的同伴角色。

① Pereira F. *Creativity and Artificial Intelligence: A Conceptual Blending Approach*. Berlin: Mouton de Gruyter, 2007: 148.

经过这些过程，系统就创造出新的概念。①

珀雷拉对 Divago 实验和检验的探讨，就像对他的计算创造力的理论探讨和工程实现一样，涉及许多值得进一步探讨的问题，其中既有工程实践上的问题，也有深层次的哲学问题。Divago 的建构能否为理论和实践上的问题找到好的解决方案？人们对此提出了正反两方面的看法。珀雷拉的回答是，只要问题通过查询可具体加以说明，只要问题的解存在于探索空间中，只要相关性和整合权重得到突出，那么就可寻找到最优解。不仅如此，系统所得到的解还能具有新颖性，这是因为它的探索空间大而复杂。就系统结果的价值评价而言，一般认为，创新除了新颖性这一标准之外，还有有用性或价值性这一标准，但建立的复杂公式和启发式是否会被结果中增加的值证明为正当的？Divago 有诸如此类的设计能被评价为有用或有价值吗？批评者基于自己的标准说，Divago 没有生成有价值的结果，因此不能说有创造力。珀雷拉的辩解是，不存在关于价值的普遍标准和测量，因此遵循奥卡姆剃刀的思维经济原则在这里就是一种妥当的选择，该选择正好是 Divago 的一个优点，因此该系统只是倡导一种能应用到不同领域的验证，而不是为某种专门的应用定制的。②

珀雷拉承认，在一些应用中，知识表征的问题更多且更大，因为我们关于概念的常识知识远远超出了表征力所能及的范围，即有些无法或不太好表征。尽管有关的架构极有力量，但它们也无法弥补概念图性能上的不足。再者，尽管概念图从理想的角度来说应是动态的，不是孤立的，但事实上它有时不是这样。正是看到这些，珀雷拉承认这是其系统的不足之处，值得"自

---

① Pereira F. *Creativity and Artificial Intelligence: A Conceptual Blending Approach*. Berlin: Mouton de Gruyter, 2007: 213.

② Pereira F. *Creativity and Artificial Intelligence: A Conceptual Blending Approach*. Berlin: Mouton de Gruyter, 2007: 198.

我批评"和改进。[1]

还有，他尽管强调多领域环境，但 Divago 在具体实现时只是表面上考虑了这一点。作为一种创造力模型，它显然缺少了一些具有根本性的部分，如没有与环境的互动。珀雷拉自己也承认，"由于缺乏与外部世界的交互，因此它呈现出某种程度的孤独症特征"[2]。再者，映射器中所用的结构体内存对齐算法也是不令人满意的。这是情有可原的，因为对这个领域的探讨还十分不够，甚至是未开垦的处女地，尚找不到有希望的替代方案。就混合的解释来说，尽管从视觉和文本角度提出了一些解释，但这些解释只涉及了一些方面，而遗漏了其他方面，有时遗漏的甚至是重要的方面。在这里，要避免歧义，就必须具备大量的知识，并且对每一项知识都要有对其构成的递归解释，这就进一步要求掌握基础符号。这些基础符号的语义学一定是依赖于情境的。这意味着，当概念的表征是独立于领域的时，它们的解释必须依赖于领域，至少要依赖于情境。

Divago 真的有发散思维即真的有创造力吗？这是最有争议的。珀雷拉认为，有创造力的主要根据是，它的输出不同于输入，即没有简单重复或再生输入，加上"它有适当的构架（有充分的相关性和整合机制），因此经验证明它能生成有用和新颖的结果"[3]。珀雷拉强调：创造力或发散性的评价问题尽管有不确定性，但实验表明，Divago 能够用一组架构达到近于创新的目的，能生成相同或相近的混合，能帮助计算系统扩展自己的可能性空间。当

① Pereira F. *Creativity and Artificial Intelligence: A Conceptual Blending Approach*. Berlin: Mouton de Gruyter, 2007: 201.

② Pereira F. *Creativity and Artificial Intelligence: A Conceptual Blending Approach*. Berlin: Mouton de Gruyter, 2007: 202.

③ Pereira F. *Creativity and Artificial Intelligence: A Conceptual Blending Approach*. Berlin: Mouton de Gruyter, 2007: 202.

然他又承认，Divago 对于该模型的实现是不完善的。[①]

笔者认为，根据通常的新颖性和有用性标准，特别是如果主要看 Divago 的输出结果而不纠缠它的实现过程，那么有理由说，它无疑有一定的创造力，因为像每个实验所表明的，它生成了许多这样的结果，它们除了复制自己的知识外，并没有重复先前的解决方案；它能达到既定的目标。它的基础是以认知为中心的模型，而此模型被多数计算主义者和认知主义者看作是能生成创造力的模型，再者，它是作为混合的 AI 系统得以实现的，这也是让它有创造力的一个保证。它的综合性表现在，应用了典型的"知识库系统技术"，如规则、约束和知识表征，特别是采用了进化计算算法，其工厂模块用的就是遗传算法。

Divago 之所以有创造力，除了得益于它巧妙的结构和机制设计之外，还抓住了创造力的关键方面，并让它们得到了有效的计算建模。第一，它的架构是单一自主体。第二，就模型而言，Divago 完全符合以认知为中心的模型，因为它是通过认知科学、心理学、哲学和 AI 所说的创造力而建立起来的，最重要的是，它部分地利用了概念混合这一认知机制，并试图进行计算实现。第三，它的记忆是情境性的，因此不是纯粹的形式转化，而有特定的语义性、意向性。尽管 Divago 的实现只意味着一种反馈循环（如输出会成为知识库的一部分），但它试图成为的是一种前馈（feedforward）系统。第四，它具有评估模块，即内置评估功能，它由约束模块完成。第五，从主题上说，这个系统关注的是概念创立。第六，从推理图式来说，Divago 显然是一种混合系统，因为它用了基于规则的推理和遗传算法，甚至有对联结主义的利用。第七，它在许多领域都有应用价值，如科学概念的发现和创立、2D 图纸、3D 生物设计和语言创造力等。

[①] Pereira F. *Creativity and Artificial Intelligence: A Conceptual Blending Approach.* Berlin: Mouton de Gruyter, 2007: 202.

如前所述，相比于艺术创造力、游戏创造力和群体创造力等而言，科学创造力的理论建模和机器实现是计算创造力研究中的薄弱环节，珀雷拉的工作无论从哪方面说都有弥补这些不足的意义，在许多方面甚至做了开创性探索和贡献。例如，所建构的关于概念创立的模型以哲学、AI、认知科学等为基础，不仅尝试将它建构成一种理想的系统，而且努力将它提升为现实的实现版本。他设计了一些模块，并让它们相互作用。其贡献还在于，建构了关于概念混合的计算模型。该模型考虑到了很多过程，如构成、完善、阐释和选择性投射，还依据了许多原则，如最优化原则等。

珀雷拉根据自己的计算理论设计、建构的 Divago 这一人工系统，对有关模块如何结合、如何在机器上实现上述模型作了大胆探索。就效果而言，它的确有其独特性，如确实具备生成被评价为新颖和有用的结果的能力。其对创造力研究的重要贡献在于，不仅从理论上突出了发散思维对创造力的根本性，而且通过工程技术实践探讨了如何通过发散思维实现机器创新。另一贡献是开发了众多的应用领域，这些应用是为了检验 Divago 而设计的，事实上，它们让人直观看到该系统在不同情境下的表现，进而能对它的运行和行为作出分析。它们让人看到，异类混搭、发散思维对该系统的重要性以及在计算领域的应用前景。他说："发散思维对创新行为具有根本的重要性。"[1]

珀雷拉对创造力的评价问题也作了理论和工程实践的探讨。众所周知，评价问题既是创造力研究的根本性问题，也是其难点。他的探讨的特点是，不承诺找到关于有用性和新颖性的普遍公式，只想对计算系统的创造力评价提出一些思考和建议。当然，在这个过程中，他借鉴了他人的成果。[2]

从珀雷拉的工作我们可看到，科学创造力的计算建模和机器实现同时充

---

[1] Pereira F. *Creativity and Artificial Intelligence: A Conceptual Blending Approach.* Berlin: Mouton de Gruyter, 2007: 207.

[2] Pereira F. *Creativity and Artificial Intelligence: A Conceptual Blending Approach.* Berlin: Mouton de Gruyter, 2007: 207.

满着挑战和契机，未来光明灿烂，一些有前途、可导致本领域深度发展的研究课题已在向我们招手。第一，创造力机器实现的方式不只是异态混合、发散、隐喻等，还有很多方式等着我们去尝试。珀雷拉一直把异态混合、发散作为概念创新的主要方法，但这并不意味着没有其他方法，相反，还有很多方法，如概念再表征，与环境的互动、组合、突现，等等。第二，科学创造力建模和机器实现的出路是分析基础上的综合和辩证思维。这就是说，具有更大综合性、辩证性、系统性的计算模型应该且可能有更好的发展前景。值得推进的工作主要包括：重新设计最优化原则，尽可能将创造力还原为更小集合，设法让系统表现出能处理更多输入空间的能力，允许更实际的知识库，它必须绝对大，且得到有序组织。第三，设法让人工系统具有自进化、自适应、自创生的特性，可通过许多不同路径加以推进。例如，首先，加强对计算创新系统与多领域环境之间的关系的研究。因为在多领域环境中，当面对问题时，人工系统应包含许多不同领域的所有知识，开发这种能力的可能算法应来自类比检索之类的工作。其次，可加强元层次推理的研究。再次，可加强对系统与环境交互能力的研究和建模。最后，看到内在评估和阐释是创造力的组成部分，进而在构建有创造力的人工系统时，将评估和阐释作为其不可或缺的模块，使其具备及时判断自身工作新颖性、有用性及其程度的"自我意识"和自我改进的能力。

第二十三章
其他形式创造力的计算建模与机器实现

本章的任务是研究科学创造力和艺术创造力之外其他形式创造力的计算建模和机器实现问题。从量上说，计算创造力对这类创造力的研究超过了艺术和科学创造力的建模，涉及的形式非常多，几乎涵盖了日常生活中创造力的方方面面。这里将只关注其中一些主要的形式，如刑侦、游戏、语言、检索、烹饪中的创造力。在具体考察这些创造力的计算建模之前，我们先简单说说前面曾有交代的"数字创造力"。在特定意义上，这个词比计算创造力的外延要宽泛得多，指的是由数字化的媒体、软件、工具所包含的创造力，或有助于促成现实创造力形式的条件、因素，例如钢笔、雕刻刀、话筒、锄头、实验仪器设备等本身没有独立自主的创造力，但创新主体若没有它们又不能表现现实的创造力，当今最重要、最有力的工具是电脑、多媒体和互联网等。随着认识和技术的发展，它们中的许多将发展成为人类科学创造力和艺术创造力之外的创新形式，其中有些只能作为创造力的支持工具，有些可能拥有独立的创造力，甚至有些作为独立的创造力将表现出超越人类创造力的广阔前景，例如社会网络和社交媒体作为创造力技术，作为人类创造力的增强技术，都有无量的发展空间。①更重要的是，它们的作用不仅在于帮助创造力实现或有独立的创造力，而且能帮助人类表现自身，如促进自我实现，

---

① Zagalo N, Branco P. "The creative revolution that is changing the world". In Zagalo N, Branco P (Eds.). *Creativity in the Digital Age*. London: Springer-Verlag, 2015: 7.

提高自身价值，增强群体凝聚力，创造更美好的社会，质言之，成为人类创造力向前发展的"增强技术"、引擎或"创造力之母"。本领域正在爆发或将爆发创造力革命，其表现是，知识都汇聚于媒体之上，人通过数字媒体创造和表现自己。如果说，它是一场飓风，那么其风眼就是数字技术。多媒体、互联网、多自主体系统等作为有创造力的主体和形式正以其他存在所没有的资源和力量促成和推动着这样的文化运动，即每个人都"自己动手"从事创新。

第一节　刑侦创造力与"犯罪计算意外发现系统"

创造力研究的一个重要意义在于帮助人类应对反社会创造力的横行。所谓反社会创造力主要指恐怖活动和犯罪特别是高科技犯罪、智慧犯罪等中所贯穿的创造力。就犯罪创造力而言，犯罪分子越来越多地将创造力用于犯罪，如网络犯罪、电信诈骗等就是如此，因此对付这类创造性犯罪的方式应是以其人之道还治其人之身。要战胜这类有害的创造力，就要更好地运用自身的创造力，以更优异、积极的创造力反制、消解它。犯罪创造力有时之所以让积极创造力设定的防范措施无效，从而帮助实现罪恶的目的，就是因为它们有技高一筹的一面，或正义的创造力及其成果有其漏洞和不足，需要完善和发展，因此，为了更有效地应对，就要研究和认识这类创造力，知己知彼。这已成为一个包括计算创造力在内的多学科的研究课题。例如，连人类学都加入进来，扬长避短，研究罪犯的年龄、教育水平、就业情况、人际关系、环境、媒体影响；伦敦艺术大学还创建了"设计防范犯罪研究中心"；等等。相应地，新的跨学科的应对方案也层出不穷。"基于创造力的参与式有效管理"策略强调，应建立以受害者为中心的反应机制，而在具体实施时，不应关注无限的"如果—那么"，而应更现实地关注发生了什么，会发生什么。[①]
"生命周期"方案强调，要设身处地地理解犯罪过程的诸阶段，甚至深入这些
阶段。[②] "竞争性创造力的循环反制"方案也强调关注"发生了什么""将
发生什么"，认为这是预防充满创造力的犯罪发生的关键步骤。在这里，关
键是把罪犯看作积极创造力的竞争对手，进而站在罪犯的角度来不断地推翻、
解构已有的概念框架和解决方案。质言之，要弄清罪犯具有创造力的破坏活
动，关键是设法扮演罪犯的角色。[③]

　　由于防范、反制以创造力为基础的犯罪这一工程极其复杂，加之犯罪创
造力本身在快速发展，特别是它也在利用计算创造力等前沿技术，因此计算
创造力在防范和应对犯罪创造力方面的介入刻不容缓。这里，我们拟以皮斯
等对计算机意外发现系统的探讨和建构为个案来探讨本领域的研究进展。

　　根据坎波斯（J. Campos）和菲格雷多（A. Figueiredo）等的构想，要建
构能防范犯罪创造力的计算系统，首先必须弄清犯罪创造力的特点。在他们
看来，其最重要的一个特点是，许多高科技犯罪都有出乎意料或意外的一面。
因此可以此为突破口，建构针对这种犯罪的计算意外发现系统。要如此，又
必须弄清建构这种系统的一般原理和程序。

　　要建模机遇和意外发现，前提是要对之进行形式化处理。坎波斯和菲格
雷多等就进行了这方面的形式化工作，如建构了"意外发现方程"。他们用
逻辑方程描述了许多重大意外发现事例之间的微妙差异。在他们的创新系统
中，计算机是用来促进创新和意外发现的，方法是在正常的搜集参数之外探

---

　　① Durodie B. "Perception and threat: why vulnerability-led responses will fail". *Homeland Security and Resilience Monitor*, 2002, 1 (4): 16-18.

　　② Wootton A, Davey C. *Crime Lifecycle: Guidance for Generating Design Against Crime Ideas*. Salford: University of Salford, 2003: 146.

　　③ Wootton A, Davey C. *Crime Lifecycle: Guidance for Generating Design Against Crime Ideas*. Salford: University of Salford, 2003: 146.

索，以帮助意外发现的实现。以"Max"为例，在这里，用户给这个人工系统发送了一个兴趣列表，然后它找到了用户可能感兴趣的网页；接着，Max用 WordNet$_2$ 扩展探索参数，为用户感兴趣的单词生成同义词。它还具备漫游能力，能从先前的结果中获取信息，并用它们来查询更多的页面。很显然，这个系统用不同策略为用户提供了新的、有"意外发现"性质的信息。

　　这里的难题是，人们对意外发现能否被编程有不同看法。有一种观点认为，机遇在意外发现中作用巨大，但要对它进行编程则不太可能。皮斯等也承认，"应严肃对待计算系统建模意外发现不可能或不可行这一观点"[①]。还有观点认为，难度较大，有些也没有太大价值，因此明智的态度是，珍惜、重视计算系统中的意外发现，但不必鼓励发展。皮斯等认为，存在这样的环境，它们能帮助人做出新的发现，事实上，计算系统中已存在这种发现的类似物。他们说："意外发现并不纯粹靠机遇、运气。"因为睿智和有用性维度同样重要，人们可以学习意外发现的技能，既然如此，就可让计算系统来学习和模拟"相关的机器学习技术，如异常检索和异常分析，事实上已经出现了"[②]。

　　不仅如此，还出现了意外发现的计算机实现的实例。当然，人们对它们是否真的表现了名副其实的意外发现过程是有不同看法的。皮斯与同僚一道建构了一些人工系统来实现自己的理念，其中一个是模拟真实存在情形的系统，它在被提供变化、动态的事实和约束及相近的案例的情况下，从犯罪嫌疑人中确定罪犯。在具体运行中，信息、问题都很混杂，因为只有一些事实

---

①　Pease A, Colton S, Ramezani R, et al. "A discussion on serendipity in creative systems". In Maher M, Veale T, Saunders R, et al (Eds.). *Proceedings of the Fourth International Conference on Computational Creativity*. Sydney: The University of Sydney, 2013: 69.

②　Pease A, Colton S, Ramezani R, et al. "A discussion on serendipity in creative systems". In Maher M, Veale T, Saunders R, et al (Eds.). *Proceedings of the Fourth International Conference on Computational Creativity*. Sydney: The University of Sydney, 2013: 69.

与要找的嫌疑人有关，而其他事实无关。这些事实和其他类似案例在离散时间步上以块的形式提供给 GH，然后 GH 在时间步上分步解决部分问题。在寻找解决方案的过程中，GH 会以类比推理形式将先前案例的属性映射到当前案例的属性之上，然后通过 Weka 机器学习平台以及运用联想规则进行挖掘，以找到事实描述中属性之间的经验性真实关系。GH 找到解决方案即找到嫌疑人的正确率取决于找到相关事实和约束条件的数量，其错误率可控制在 10%以下，若只能找到 50%的相关事实，那么错误率会上升到 31%。科尔顿还设计了理论生成系统 HR。它能从旧概念中提炼或发现新概念。它从描述了概念及其实例的背景知识开始，然后迭代地用生成规则来从旧概念中建构新概念。例如，它能根据经验形成一个或多个猜想，然后用新颖性、趣味性等方面的标准来评价猜想，再推动进行最佳的启发式搜索，用最有趣的旧概念来生成新概念。[①]

　　如何评价计算机实现的意外发现？皮斯等认为，可分三步加以评价。一是确定意外发现的定义，因为不同的人对发现有不同的看法，而看法不同导致了标准的多样化，进而使得评价各不相同。皮斯等倡导的关于计算机意外发现的定义如下：①在有必要储存的系统中，以前无意义的触发部分是偶然产生的，现在被认定为有意义的；②系统得到了被系统内部和外部认定为有用的结果，所用的方式是，加工了重新评价的触发因素和背景信息，并把它们与溯因、类比、概念重组等推理技术结合在一起。二是明确陈述评价意外发现的标准。皮斯等认为，可采用以下评价标准：①系统积累了多种资源，如先前的经验、背景知识、未解问题、技能、聚焦点、目标；一些触发因素在随机、意想不到等机遇因素的作用下出现了。②使用了与意外发现有关的推理技术，如溯因、归纳等；完成了聚焦转移；评价发现是有用的。③随着

---

① Colton S. *Automated Theory Formation in Pure Mathematics*. London: Springer-Verlag, 2002: 1-43.

聚焦点的转移，被评价为有用的结果出现了。[①]三是根据标准对意外发现系统作出评价，并报告检验结果。

　　意外发现机器建模及其实现的问题在于，有助于意外发现的同一个特征也有可能导致相反的意外发现。还有这样的不利情况，即允许自己放下手头工作的系统不会像继续坚持手头工作的系统那样取得成功。这里所说的相反的意外发现指的是，一种被发现者看到了但未被他研究的意外的事实或关系。例如，哥伦布航行至一个新地方，有其意外发现，但他把它看作印度，而不是看作一个新大陆。再者，意外发现像相反的意外发现一样，并不太依赖于智力。果如此，让人工系统表现或增强意外发现这种创新，实际上意味着该系统的倒退。皮斯等的辩护是，不应让所有的创新系统开发人员在他们的软件中没有必要地添加意外发现这样的模块，因为这样做对系统没有好处，也会损害它的其他功能的发挥。但同时必须认识到，意外发现对于未来的计算系统是可能和有用的，可看作值得它们建模的一个特征。这是因为，意外发现在人类科学认识发展史上有不可替代的影响，许多开创性、突破性发现都得益于它。就人工系统的发展而言，要让系统具有重大的发明创造能力，必须先让它们表现常见的、易于实现的创造力，同样，意外发现也有大与小、重要与次要之别，要让人工系统具备表现重大发现的功能，首先得让它具备能够建模小的意外发现的功能。[②]

　　① Pease A, Colton S, Ramezani R, et al. "A discussion on serendipity in creative systems". In Maher M, Veale T, Saunders R, et al (Eds.). *Proceedings of the Fourth International Conference on Computational Creativity*. Sydney: The University of Sydney, 2013: 66.

　　② Pease A, Colton S, Ramezani R, et al. "A discussion on serendipity in creative systems". In Maher M, Veale T, Saunders R, et al (Eds.). *Proceedings of the Fourth International Conference on Computational Creativity*. Sydney: The University of Sydney, 2013: 70.

第二节　决策中的计算创造力系统

创造力对决策的作用自不待言,因为很多决策特别是那些事关一个民族、集体前途命运以及关乎重大科研项目发展方向的决策都无不是创造力的杰作。在这样的背景下，将计算创造力应用于人类的重大决策过程无疑是必要的，就现有的技术条件而言，也是可行的。

延德尔（M. Jändel）在其关于决策过程的计算建模和机器实现研究中先评价了种种建模尝试，接着讨论了如何用计算创造力来参与决策过程。根据他的研究，至少有六种方式和技术有助于实现这一目的，如可利用计算创造力来帮助设计行动线路、弄清未被注意的情境特征、计划改进、弄清不明的异常情况、情境重估、信息探索。计算创造面对决策所能做的这些工作对计算创造力来说既是挑战也是它发展的机遇。为了在这样的机遇中增强计算创造力对决策的影响力，延德尔分别探讨了有关的理论问题和相应而有效的计算创造力方法。

就创造力与决策的关系这一基础理论问题而言，延德尔认为，并非所有的决策过程都充满创造力,但有创造力的决策与没有创造力的决策泾渭分明。例如，在1805年的奥斯特里茨战役中，拿破仑就作出了这样极富创造性的决策，即用欺骗方法，让人们觉得法国人软弱和优柔寡断，俄奥联军果然上了这个决策的当，结果大败。无须创造力参与的决策在日常生活甚至在 AI 中比比皆是，例如一些简单的行为决策就无须动用创造力。

重大的决策固然离不开创造力的参与，但这里有这样一个前提性理论问题：计算创造力对这样的决策有用吗？能应用于决策过程吗？延德尔的回答是肯定的，这在他看来既有理论根据，更有大量的事实根据。例如，下棋计算机能打败世界冠军，肯定得益于它在关键的步骤决策中找到了程序没有规定的步骤。如果是这样，下一步该探讨的问题是：如何将计算创造力应用于决策之中，让其支撑决策？延德尔认为，这里的关键是解决这一问题，即如何设计能应用于决策的、有创造力的程序，如何对由计算手段所生成的观念、想法、决策、产品的新颖性和有用性进行评估。常见的做法是，根据决策者已知的合理选项列表来判断其新颖性，通过分析已生成的想法在当前情况下的作用来判断其价值。为了深化这里的研究，他设计了一种新的构架。

延德尔认为，要将计算创造力技术应用于决策，必须建构具有一般性、普遍性的决策模型，并将这样的模型形式化。只有这样，所建模的模型才能有效地推广到广泛的个例之上。决策模型可分为两类，一是合理化决策模型，二是自然主义决策模型。前者规定了决策"应当"如何建构，后者描述了人们事实上如何作出决策。当然，后者有时超越它的描述功能，而对如何改进决策发表意见。

计算创造力工具如何推广到这两种模型之中？这里我们先考察延德尔如何将计算创造力应用于对合理性决策模型的建构。在他看来，这种模型为从各种可选行动方案中挑选最佳选项提供了方法。计算创造力对合理性决策模型的作用主要包括：提出评价标准，扩展行动选项，设想行动的可能结果，提供心理或计算模拟中应予考虑的因素。[①]再看计算创造力在自然主义决策模型中的推广。这一模型的灵感来自对商业、消费和军事领域如何作决策的研究。有关研究表明，老练的决策者常凭直觉评估形势及其实质，很少考察太多的行动方案。

延德尔对有较大影响的"再认主导决策模型"（recognition primed decision model，RPDM）做了一些拓展性工作。根据这一模型，决策者基于模型分析、

---

① Jändel M. "Computational creativity in naturalistic decision-making". In Maher M, Veale T, Saunders R, et al (Eds.). *Proceedings of the Fourth International Conference on Computational Creativity*. Sydney: The University of Sydney, 2013: 119.

评估，最终能够识别出无异常的情况，并选择最有希望的行动方案来加以审查。执行行动过程的结果会被模拟，要么从心理上，要么由计算机完成。这里值得进一步探讨的是，使用再认主导决策模型的决策者应如何利用计算创造力？由于在延德尔建构的模型中有一些地方被设计为槽，每个槽代表六种方式中的一个，如设计行动线路、情境重估等，因此，他认为，对每个槽可插入一个计算创造力自主体。这些自主体被分别称作 CC_1、CC_2……。它们可以以自己的方式帮助改进决策。以第一个计算创造力自主体 CC_1 为例，它可以帮助决策者寻找行动路线，并基于这样的假设去寻找技术路线，该假设是，情境和目标可以被识别，创造性任务就是找到未被识别的行动路线选项，这些选项会让合理的目标得以实现。只要决策者认清了情境的本质，就会有一个明确的、能由决策者认清的情境本质，进而就会有一个明确的行动探索空间出现。在这种情况下，前述的"再认主导决策模型"就可对其中被列出的行动方案作出评估，进而计算创造力就有了用武之地，其表现是，系统能创造性地提出与列表中的行动方案明显不同且可行的行动方案。CC_1 里面的算法会在行动空间中定义一个相似性尺度，决策者所知道的行动列表可为 CC_1 的自主体所使用，因此，它不会对相近的已知行动方案作出探索。在理想情况下，CC_1 自主体能够使用模拟引擎来确认行动路线的候选行动路线的近似有效性。经过这些操作，远离已知行动路线的候选行动路线就会呈现给决策者，并被添加到已知列表中。例如，想要将岛上居民融入陆地的政府可能会考虑修建桥梁、机场、轮渡等行动方案。CC_1 自主体由于认识到已知行动方案都与物理连接有关，因此可能建议这样的行动方案，如在远程表现上进行投资，或在岛上设立新学校。

计算创造力应用决策过程的工程实例很多，如计算机下棋就是计算创造力应用于决策的典型事例。电脑象棋大师之所以能打败国际冠军，是因为它既能学习创新，又能发展创新，直至在创造力上超越人类大师。众所周知，象棋是既复杂又具确定性的游戏，由于复杂，电脑才能胜过人脑，因为人脑在处理复杂性问题时的决策能力无法与电脑相比，如电脑能找到人脑注意不到的决策，与启发式位置评估相结合的模拟使计算机的自动评估能生成更好的决策。计算创造力在这里对决策发挥的作用还很多，如能帮助人类选手在决定下一步该怎么走时提供建议，还可帮助人类选手修改计划，等等。

再看 Deep Green。它是 DARPA 的一个研究项目，也被称作 DARPA7[①]，旨在为决策者提供新型决策支持。根据这一计划，指挥官可使用先进的图形界面勾勒出行动方案，然后由 AI 人工系统计算其具体后果，提出实施的计划。这个人工系统由数千个模拟程序组成，能够探讨情况会如何发展，认定哪些因素重要，进而帮助作出有创新性的决策。很显然，这里其实包含计算创造力支持决策工程的开发，尽管里面没有明确提到这一点。[②]

第三节　"计算游戏创造力"的理论研究与机器实现尝试

游戏创造力是人类独有的、普遍为一切年龄阶段的人共有的一种能力、行为，其广义的意义甚至包括像下棋、打牌之类的竞技、娱乐活动。这些活动中无疑包含博登所说的心理学和历史学创造力。游戏创造力不仅可体现在人们的休闲活动中，也可体现为严肃的行为中，如游戏人生这种生活方式和态度中就可能包含大智慧和卓越的创造力。由于计算创造力促成了软件和机器所表现的游戏创造力，因此它们的游戏创造力也成了创造力的一种新的原

---

① 美国的 DARPA 专门资助重大创新项目的计划，互联网、半导体、计算机操作系统 UNIX、激光器、全球定位系统（global positioning system，GPS）等许多重大科技成果都曾得到它的资助。这些众多科技创新项目在优先用于军事科技的同时，也惠及了民用领域。

② 参见 Jändel M. "Computational creativity in naturalistic decision-making". In Maher M, Veale T, Saunders R, et al (Eds.). *Proceedings of the Fourth International Conference on Computational Creativity*. Sydney: The University of Sydney, 2013: 121.

型实例。

AI 中的计算游戏创造力研究的任务就是在解剖、建模人类游戏创造力的基础上，探讨如何让软件、机器表现更大、更多样、更能满足人们各方面文化需要的游戏创造力。这已成了计算创造力领域中关注度最高、成就最为突出的一个分支。当然，由于其研究的历史不长，因此问题、空白很多。例如，过去的计算创造力研究主要停留于控制良好的单一层面的领域，如视觉艺术、叙事、音频等。在游戏产品的研究中，尽管注意到了自主生成方法及其应用，但对这些方法创新能力的关注、挖掘、开发显然不够。

一、"计算游戏创造力"概念的提出与基础理论问题

尼奥比斯（A. Liapis）等为弥补上述不足，以计算机游戏为突破口，探讨了计算创造力的开发问题，认为这一领域是计算创造力的理想应用领域。因为它们具备这样一些鲜明而独特的特点，即高度交互，这有助于提升动态且内容丰富的软件应用；另外，它们具有多面性、多层次性，其前景极为广阔。如果能将视觉艺术、音频和层次构架等整合进去，那么将生成更好的游戏创造力。当然，这样的工作难度极大，应成为多学科计算创造力研究的课题。[①]鉴于这些，尼奥比斯等创造了"计算游戏创造力"一词，以此表示这样一个诉诸多学科资源来研究和开发游戏软件创造力的计算创造力研究分支。[②]

尼奥比斯等为了在本领域取得创新成就，对计算创造力特别是游戏创造力的研究历史和现状作了全面的回顾和深刻的反思。在他们看来，十多年来的计算创造力研究主要致力于某一领域计算创新系统、自主生成系统或计算

---

① Liapis A, Yannakakis G, Togelius J. "Computational game creativity". In Colton S, Ventura D, Lavrač N, et al (Eds.). *Proceedings of the Fifth International Conference on Computational Creativity.* Ljubljana: Jožef Stefan Institute, 2014: 46.

② Liapis A, Yannakakis G, Togelius J. "Computational game creativity". In Colton S, Ventura D, Lavrač N, et al (Eds.). *Proceedings of the Fifth International Conference on Computational Creativity.* Ljubljana: Jožef Stefan Institute, 2014: 51.

机同僚或支持创新工具的开发，如非写实艺术、绘画、音乐、笑话、故事小说、数学推理证明和工程设计等。就商业游戏而言，尽管 20 世纪 80 年代就已经在开发计算机生成的游戏软件，但真正有价值的学术研究和自主游戏生成方法的开发是最近的事情。游戏的理论和工程研究不仅大大推动了游戏产业的升级换代，为游戏研究提供了新的视角，而且为计算创造力研究开辟了全新的领域。自动化游戏设计的创新能力是推动计算创造力研究的一种动力，它可以为其发展作出独特的贡献，并有望引发创造性突破，其内在机理在于，计算机游戏由于其本质特性，不可避免地给计算创造力带来了挑战和机遇。

尼奥比斯等在研究了已有工作和发展前景的基础上指出，我们不仅对计算游戏创造力开发的广度和深度缺乏足够认知，而且对其意义和价值的认识也远远不够。他们提出的观点振聋发聩："游戏构成了计算创造力研究的应用。"这样说的理由在于，第一，计算机游戏是多层次、多方面和综合性的系统工程，由此所决定，计算机游戏中要用到的创造力类型就一定是多样的，如视觉艺术、声音设计、平面设计、交互设计、叙事生成、虚拟电影摄影、审美及环境美化等。因此，即使是在单一的软件应用程序中，大量、多样化的创新技能的融合也会使游戏成为计算创造力研究和开发的理想平台。第二，游戏是内容逐渐丰富的过程，具有开放的创造性边界，因此对游戏软件的创新、开发一定会促进计算创造力研究的发展。第三，游戏创作提供了一种与用户的特殊交互，因为游戏软件的创新就是为了生成对用户有用的产品，而要有用，就必须别出心裁，不落俗套。就此而言，计算游戏创造力的研究和开发同时具有促进人类创造力和计算创造力发展的广泛意义，因为新的软件的诞生就意味着创造力的发展。[1]第四，游戏产业还有这样一个鲜明的特点，

---

[1] Liapis A, Yannakakis G, Togelius J. "Computational game creativity". In Colton S, Ventura D, Lavrač N, et al (Eds.). *Proceedings of the Fifth International Conference on Computational Creativity.* Ljubljana: Jožef Stefan Institute, 2014: 46.

即自主创新系统在这里有着悠久的历史，例如程序化内容生成（procedural content generation，PCG）以特定形式为许多商业游戏所使用，其作用是创造吸引人但不可预测的游戏经验。不同于计算创造力所适用的其他领域，游戏产业不仅是要发明程序化内容生成，而且还必然把它作为一个卖点来宣传。

根据尼奥比斯等的认识，计算游戏创造力与计算创造力的关系是，前者既是后者的一个最有特色的子领域，也是其一个综合性的研究课题，因为前者不仅与音频、绘画、文学乃至科学等创造力有平行关系，而且有包含关系，至少有交叉关系，特别是包含前述的艺术创造力和科学创造力。如上所述，计算游戏创造力的研究和开发同时要诉诸其他领域的技术和成果，反过来，它的发展也能带动、促进计算创造力其他领域乃至整个 AI 的发展。笔者认为，如果说计算创造力是 AI 的终极前沿，那么计算游戏创造力就是计算创造力的一个重要突破口，其发展水平反映的是艺术计算创造力和科学计算创造力的水平。

就计算游戏创造力研究对计算创造力研究的意义而言，有这样几方面值得一提。第一，计算游戏创造力研究对计算创造力的分类，如博登的三分法（组合性、探索性和转型性）提出了挑战，因为计算游戏软件表现的创造力没有如此清晰的界限，特别是探索性和转型性创造力的界限常常被打破，即它们的界限在计算游戏创造力中是模糊的。第二，计算游戏创造力研究一方面利用了计算创造力研究中的评价策略和技术，例如新颖性、品质和典型性常被看作评价游戏软件是否有创新性的标准；另一方面，也进行了自己的发展，如强调根据用户的满意度来评价游戏产品的新颖性、品质和典型性，且评价的维度与计算创造力成果的评价维度没有一一对应。另外，为了评价这种特殊的创造力所生成的那种类型的内容，该领域还开发了像 FACE 这样的理论构架，如商业游戏生成器执行的是 $\langle E^g \rangle$ 形式的创新，遗传编码这样的间接编码形式组织的进化算法执行的是 $\langle C^g, E^g \rangle$ 这样的创新形式。第三，计算游戏创造力对计算创造力关于创造力本质和特点的理论提出了挑战，如强调作为多因素构成的游戏不能只被看作视觉和音乐艺术品。这里的创造力的复杂性在于，玩家在享受游戏所激发的创造力的同时，又将自己的创造力带进了游戏的创造力之中。有些游戏有复合的创造力，这种创造力是一个整体，而非部分之总和。研究这种创造力的本质问题将引发创造力研究的突破。新的探索性研究结论是，应观察所生成的游戏能否引起预期的情感，或是否传递了预期的信息。第四，设计面向计算创造力的游戏内容生成器已成了计算创造力研究中又一个有前途的领域，特别是，开发复合生成器对发展游戏创造力更有前途，因为这种生成器可以迭代地关注游戏的不同层次、方面。多自主体系统可以用来模拟游戏开发团队，因为每个自主体可以生成不同类型的游戏内容，如图像、音频或关卡。每个自主体的创新可以启发其他自主体，如生成概念艺术（视觉效果）可以启发关卡设计。同样的效果也可用共创造力来实现，因为多种群在这里可以进化出不同内容方面的基因型。①

尼奥比斯等认为，计算游戏创造力是计算机游戏独有的创造力，当然也是为其服务的一种创造力。这是因为，游戏既能通过计算创新被改进为产品，又能成为研究作为过程的计算创造力平台。计算游戏创造力位于两种研究的交汇点，一是游戏研究的开发领域，二是计算创造力研究的长期领域。要发展计算游戏创造力研究，即要在游戏产业中开展计算创造力研究，无疑要认识到现代游戏开发和设计中多种多样的创新方面、层次，以及在形成最终的游戏产品时，如何将它们协调、整合好。游戏本身具有复杂构成和层面，其生成依赖于许多创造力领域，正是它们保证了游戏在外观、感觉和经验等方面的不断进步。尼奥比斯等用实例说明了游戏所涉及的创造力应用方面，以

---

① Liapis A, Yannakakis G, Togelius J. "Computational game creativity". In Colton S, Ventura D, Lavrač N, et al (Eds.). *Proceedings of the Fifth International Conference on Computational Creativity*. Ljubljana: Jožef Stefan Institute, 2014: 51.

及游戏创新的算法实现。在他们看来，游戏的创新是一种极其独特的创新，如首先表现为视觉艺术的创新，其次分别是音频、叙事、游戏表演、层次结构、游戏玩法和设置等方面的创新。每一个方面不仅有其独有的创新方法，而且还有独有的交互和协作方式。只有结合得有趣、有新意，才能被认为是好的游戏，才会赢得市场。总之，"开发游戏软件是极大地依赖于创造力的活动"①。当然，这是见仁见智的问题。他们之所以认为游戏软件可以具有创新性，是因为他们坚持的是近于图灵式的创新定义，根据此定义，计算机完成的游戏只要能达到人类设计师通过创造力完成的游戏所取得的效果，即"如果完成了相同的任务，那么就应认为它们有创造力"②。

二、持续创新与自动游戏设计

自动游戏设计是计算创造力研究中一个具有挑战性的前沿课题。设计者通过不断尝试形成了这样的结果，即 ANGELINA，它是一个自动的游戏设计系统，已经历了几代的更新。设计人员发现，每一代的软件尽管有其创造力，但这些创造力缺乏连续性，更遑论有进步性。为解决这些问题，他们建构了该软件的新版本。他们把它称作"持续的自动的游戏设计"。也可以说，它是关于计算创造力的一种新方案，其特点是具有"持续创造力"。③

ANGELINA 自 2011 年开发以来，经历了五代的演变，每代都有其侧重和特点，当然总体结构没发生什么变化，一直是作为自动游戏设计系统运行

---

① Liapis A, Yannakakis G, Togelius J. "Computational game creativity". In Colton S, Ventura D, Lavrač N, et al (Eds.). *Proceedings of the Fifth International Conference on Computational Creativity*. Ljubljana: Jožef Stefan Institute, 2014: 51.

② Liapis A, Yannakakis G, Togelius J. "Computational game creativity". In Colton S, Ventura D, Lavrač N, et al (Eds.). *Proceedings of the Fifth International Conference on Computational Creativity*. Ljubljana: Jožef Stefan Institute, 2014: 51.

③ Cook M, Colton S. "Redesigning computationally creative systems for continuous creation". In Pachet F, Jordanous A, León C (Eds.). *Proceedings of the Ninth International Conference on Computational Creativity* Salamanca: University of Salamanca, 2018: 32.

的。其运作要经历预设计、设计和后设计三个阶段。该软件系统最初是一个抽象的系统，几乎不太强调创造性决策，到后来才逐渐考虑现实环境、自评价和框架建构等。设计时碰到的技术问题是，如何平衡高水平的设计工作与细粒度的发现工作之间的关系，以及设计的不透明等问题。为了解决这些问题，库克等对传统的计算创造力研究作了这样的改进，不仅像过去一样关心创新的结果，以及生成这些结果所用的方式，而且还关心"状态呈现"，即已有成果的积淀及其对后面发展的铺垫作用。这是他们在计算创造力的思维方法中所增加的一个新的因素。"所谓状态呈现是指，计算创新系统对环境的影响，以及环境对它的影响。状态呈现随着时间推移而增加，既包含有形的东西（如系统关于过去工作的知识），又包含无形的东西（如公众关于系统的认知）。"[①]呈现会涉及显示、成果和过程三方面因素的关系。根据库克等的看法，这三者的关系是，成果与输出有关，可供观察者消费，过程是输出得以出现所用的手段，显示是系统的环境对过程的影响以及输出对系统未来运行的影响。系统中由于有这种影响的积累，有这些有形和无形的资源，因此就有其连续性，有累积性的进步和发展，进而表现出持续的创造力。

　　基于这些认识，特别是关于状态呈现的认识，他们在设计 ANGELINA 这一游戏系统的新版即第五代时便开始考虑如何在系统中实现上述状态呈现。就其实质而言，这样的思考其实在探索如何让创新软件具备独立性、自主性和跨时间的同一性或连续性，进而有持续的创造力。基于他们的工作，第五代 ANGELINA 最重要的一个变化是增加了以前的系统所没有的状态呈现。他们的预期是，它不仅能生成更好的游戏系统，以更丰富多样、更引人注目的方式构建游戏，而且能成为一种可以更好地调控自身存在状态的系统，

---

① Cook M, Colton S. "Redesigning computationally creative systems for continuous creation". In Pachet F, Jordanous A, León C (Eds.). *Proceedings of the Ninth International Conference on Computational Creativity*. Salamanca: University of Salamanca, 2018: 34.

以便成为后来进一步研究、有更好发展前景的系统。就其结构而言，它有一个支持游戏设计的数据库，另外，每个设计都有一个元数据文档，其作用是追踪项目和待完成任务的重要统计数据。第二个变化是没有确定的出发点和终点。它不是这样运行的，即先打开，再创建一个游戏系统，接着停下来，而是通过一个游戏项目数据库不断循环。它既能选择启动一个新项目，又能从列表中放弃或删除它。这样做的目的，就是想让它成为一个有连续性的系统，如既有对一些项目的抛弃、删除，又有保留和增加。总之，它的核心就是可称作"连续创造力"的东西。这是库克等后来重构软件一直坚持的原则。①

库克等认识到，要让系统具有连续的创造力，就得设计有连续性的结构，有让系统改变秩序的能力。该秩序是它完成创新任务所必需的。要让系统具备这样的能力，就必须改变设计者与作为创造者的软件的关系，如应把软件长期的存在状态放在短期的研究目标之上。基于这样的考虑，库克等在设计时设法让软件具备这样的控制能力，如自己决定自己要做什么，何时做，怎样做，什么时候变成其他东西，或完全停下来。这样设计出来的软件与设计者、用户的关系就不是简单的线性关系，而有极其复杂的互动关系，但软件又有自己的独立性和自主性。

具言之，第五代 ANGELINA 有这样一些设计上的特点：①贯彻由任务驱动的设计原则，而不像以前那样根据协同进化原则。新的设计原则强调的是，将设计的每个部分分解成独立的任务，如设计一个关卡时，就只设计关卡，而不涉及其他任务。②为实现这一原则，库克等提供了一个任务目录，它们能将特定的任务参数化。每个任务都用自己的加工方式来完成。③每个任务系统都被设计为模块。这样设计的好处是清晰和透明。④库克等放弃了

---

① Cook M, Colton S. "Redesigning computationally creative systems for continuous creation". In Pachet F, Jordanous A, León C (Eds.). *Proceedings of the Ninth International Conference on Computational Creativity*. Salamanca: University of Salamanca, 2018: 35.

设计的同时性原则，但又让系统的工作方式具有非线性特点。最重要的是，由于设计坚持了模块性原则，因此新系统就能保证新建的模块既有对先前模块的继承、连续，又有发展的可能，进而可以表现出连续的创造力。⑤强调关注贯穿过程的存在状态，例如在设计一个游戏程序时，把它看作运行着的系统长期发展的一个环节，而不是看作该系统的目标结果。根据这样的设计理论，系统中的每个游戏子程序或模块就是整个系统流程中的一个环节。由此而成的系统就具有连续性，并在累积的基础上实现了进化和发展。①

像以前的版本一样，第五代 ANGELINA 是在统一的游戏开发环境中建构的，不同在于，它输出的是一个文本文件，而非统一的项目。这个文本文件包含的是用库克等所创立的自定义描述语言所描述的整个游戏。文本文件像游戏盒一样发挥作用。它用的是自定义引擎。由这些所决定，第五代 ANGELINA 既能在高级层次上运行，又能在低级层次上运行，且都可以用元编程方法和代码生成技术向语言库添加新的关键词。这些新的关键词可以应用于低级机制的设计之中，并最终过滤到高级机制的目录中。由于可以在不同层次发挥作用，因此它符合连续创新和发展的哲学理念。

库克等的新版本的创新在于，强调并努力在软件中建构这样的存在状态，它有对先前成果的保留、继承，同时又有新的添加，还为后来的添加、发展留下了空间。由于系统中有这样的状态呈现，有这样的模块或结构，因此系统的连续创新就有其可能性保证。他们认为，该设计理念不仅适用于 ANGELINA 的最新版本，而且"与计算创造力的所有领域都有关系"②，

---

① Cook M, Colton S. "Redesigning computationally creative systems for continuous creation". In Pachet F, Jordanous A, León C (Eds.). *Proceedings of the Ninth International Conference on Computational Creativity*. Salamanca: University of Salamanca, 2018: 36.

② Cook M, Colton S. "Redesigning computationally creative systems for continuous creation". In Pachet F, Jordanous A, León C (Eds.). *Proceedings of the Ninth International Conference on Computational Creativity*. Salamanca: University of Salamanca, 2018: 37.

即可推广到计算创造力的所有研究领域之中。因为这种存在状态尽管像系统中的过程一样，没有具体的指导程式，但他们新系统中的下述三个特点可以让计算创新系统表现前述的存在状态：①连续性，即系统没有开始和终点，能在任务和计划之间无缝隙切换，能记录进程，能在适当时候启动和停止运行；②模块性，即系统一次处理一项工作，但又能在几个任务中作出选择以便推进计划的执行；③长时间性，即系统是基于长时间框架建构的。库克等自认为，这些特征除了有上述作用之外，还有如下理论和工程学意义：有助于人们思考计算系统如何超越单个的创新活动，让其连续地、发展地进行下去；如何随时间推进对系统作出改进；该向外界呈现什么样的界面；未来如何予以扩展。此外，这些特征还有助于我们研究这样一些问题，如如何驱动长期系统，如何建构更复杂的、利用了历史数据的配置文件，如何对系统作出测试，如何重置，等等。

总之，ANGELINA 这一游戏设计系统的新版本反映了他们在计算创造力和自动化游戏设计研究上的新的、发生了重要变化的思想，如在计算创新系统中引入存在状态这一新结构，以补充、发展和完善已有的关于软件系统的过程和结果的理论。

三、"创造性飞跃"与计算游戏创造力的发展

诺伊（L. Noy）等在计算创造力研究中的重点是游戏等应用领域的具体工程学实现问题，但又做了一些基础理论研究，如探讨创新行为的种类与一般本质问题，论证了"创造性飞跃"的思想。在他们看来，有三大类创新行为，即风趣的人的双关语、科学家的发现和诗人的抒情表达。它们在本质上是相似的，即都包含"创造性飞跃"这样的过程。它指的是两个不同关联矩阵的瞬时交集。以对一个给定问题的创新解答的探索结果为例，在"创造性飞跃"出现之前，探索者始终集中在一个熟悉的子领域，碰到的也是熟悉的

解决方案，由于机遇、直觉或其他力量的作用，问题解决者深入到了一个陌生的、异质的领域，它属于另个一平面，通过努力，他得到了新的解决方案。这是思想、认识的一种飞跃。从能力角度说，"创造性飞跃"是认识的转折点，是从一类解决方案跳到另一类解决方案的能力。[①]学界以前也有对"创造性飞跃"的研究，但对其动力学的研究几近空白。以前的工作重在描述非凡创造者的"创造性飞跃"，经验的研究关注的是问题解决过程中顿悟的时机，鲜见在实验室中对"创造性飞跃"的研究。这样的研究当然极为困难，因为许多解决方案空间是复杂的、高维度的。诺伊等试图弥补这一不足，做了这样的实验研究，如开发了一款基于网页的游戏，让玩家在游戏中探索一个由 10个多米诺组成的视觉空间，以寻找有趣和美丽的空间。借助这款网页游戏，诺伊等测试了人类在完成此任务时是否能用随机行走算法来解释。为了完成测试，他们将人类玩家的创造性探索网络与两个计算探索网络进行比较。与玩家选择的随机行走所形成的网络相比，计算机随机行走的量要少得多，这说明人类探索轨迹也包含向空间的有趣区域定向移动的成分。实验发现，人类玩家有两类探索，一是"拾取"，即视觉上有相似意义的形状会迅速累积，二是"创造性飞跃"，即在持续探索后会跳到一个新的区域，导致范式转换。

　　诺伊等认为，他们研究"创造性飞跃"的方案是一种定量方案，其目的是用计算工具来研究创造性行为及其本质，特别是里面关键而共同的"创造性飞跃"。他们的实验告诉他们，创新行为只要到位，就一定伴有创新成果的出现，它们有相似的集群，飞跃就发生在集群之间。在这种认识的基础上，他们开发了一个有助于研究"创造性飞跃"的计算平台。该平台也可以帮助人们认识创新的一般过程，揭示"创造性飞跃"的动力学。

---

① Noy L, Hart Y, Andrew N, et al. "A quantitative study of creative leaps". In Maher M, Hammond K, Pease A, et al (Eds.). *Proceedings of the Third International Conference on Computational Creativity.* Dublin: University College Dublin, 2012: 72.

　　游戏创造力研究和开发已进入了大发展时期，其重要表现是，有创造力的软件和技术不仅促成了一种新的商业模式，而且让计算游戏创造力有了新的内涵和形式，例如它不仅可供用户消费、玩耍，而且能让用户同时成为游戏的创造者，即是说，它们除了具有工具或游戏的功能之外，除了是名副其实的"玩具"之外，还能帮用户、玩家按自己的需要和喜好去自动生成自己想要的游戏。其典型的例子有 Minecraft（中文常译为"我的世界"）。这是一款沙盒建造游戏，于 2009 年 5 月 17 日试运营，2011 年正式发行。最初由瑞典游戏设计师马库斯·阿列克谢·泊松开创，现由 Mojang Studios 维护，是 Xbox 工作室的一部分。其开发灵感来自《矮人要塞》、《模拟乐园》、《地城守护者》和《无尽矿工》等游戏。玩家可以在游戏中的三维空间里创造和破坏游戏里的方块，甚至在多人服务器与单人世界中体验不同的游戏模式，打造精妙绝伦的建筑物、创造物和艺术品。这类凝集着计算创造力成果的游戏软件充分体现了有创造力的软件和技术的特点，它们能让用户在几乎不懂、不用编程的前提下将多种类型的媒体整合在一起，如 HyperCard、Hype Media、Macromedia Director、Adobe Flash 等等，所有这些软件包都能将知识以可用和可理解的形式从专家传递给非专家，进而让过去没有创造力的非专家现在也可以表现创造力。① 如前所述，这样的软件和技术不胜枚举，如扎罗等 2007 年开发出的应用程序 Emotion Wizard 是一个原型，能让没有虚拟世界设计技能的人轻易建立具有 3D 环境特点的情境。同年，麻省理工学院的"终身幼儿园"研究团队提出了"展示更富创造力团队的种子"的口号，发布了名为 Scratch 的可视化编程语言，这种语言据说能让没有专门技能的孩子们从零开始创作自己的互动故事、动漫、游戏和艺术作品。

　　这类软件、技术之所以被称作游戏，是因为它们除了是创造力的结晶同

---

① Zagalo N, Branco P. "The creative revolution that is changing the world". In Zagalo N, Branco P (Eds.). *Creativity in the Digital Age.* London: Springer-Verlag, 2015: 10.

时具有创造力之外，还有工具或游戏的功能，是名副其实的"玩具"。正是因为有此特点，加上有奖励的性质，因此雅俗共赏、老少咸宜。其中既然有玩具性质，因此就有让人们互动、刺激人们乐趣的作用。不仅如此，玩具还有激发和促进学习的功能。乐趣和学习的结合又能让玩具刺激更多玩家参与进来，这些反过来又有助于工具的持续存在和发展。

计算游戏创造力的发展还有一个表现，那就是，它与教育学、游戏密切结合，共同用创新的精神和方法去探讨如何培养有创造力的技术专家。一种尝试是，在教学中融入游戏精神。根据这一方案，游戏的特点是活动框架从一个领域转移到另一个领域，特别是能够将现实活动转化为具有特定规则和协议的"专门的游戏时空"。关于游戏的新概念是，游戏应培养学生超越约束，打破条条框框的态度和能力，让学生以自由的、探索的方式去学习。[①]游戏设计得好，还有这样的作用，即让学生集体形成对话、互惠和协商的氛围，进而让学生具备相应的能力。另外，游戏可促进创造力和发散性思维，而这两者被认为在有创造力技术专家的发展中具有重要作用。有创造力的技术专家要能创造出新的技术图式，就必须能够在"后个人"或超个人层面工作。这些层面由于超越了自我的界限，因此有助于包括利他主义、创造力和直观智慧之类的高素质的培养、发展。[②]

第四节　语言创造力的计算建模与机器实现

人类的语言活动从牙牙学语开始就包含创造力的作用。如果儿童学习语

[①] Connor A, Marks S, Walker C. "Creating creative technologists: playing with(in) education". In Zagalo N, Branco P (Eds.). *Creativity in the Digital Age.* London: Springer-Verlag, 2015: 36.

[②] Davis N, Hsiao C P, Popova Y, et al. "An enactive model of creativity for computational collaboration and co-creation". In Zagalo N, Branco P (Eds.). *Creativity in the Digital Age.* London: Springer-Verlag, 2015: 109.

言若只停留于简单模仿、照搬的层次，是永远不可能掌握自己的母语的，更不用说自如地与他人交流。即使是学习、运用像"叔叔"之类的简单词汇也离不开创造力的运用，因为让儿童学会这个词的对象是某一时空中的特定对象，当他把这个学到的词用到随机碰到的、符合该词标准的人身上时，一定利用了他的创造性的转化、泛化、类推能力。语言的学习和运用除了离不开一般的、通用的创造力之外，还有自己的特殊的创造力形式。就此而言，我们可以用"语言创造力"概括这种既有共性又有个性的创造力类型。

语言创造力的计算建模和机器实现研究早在计算创造力诞生之前就已是AI 中的一个重要子领域，只是在 AI 中，它关注的范围要宽得多，其侧重点也不一样。例如，它关注的主要是自然语言处理，包括机器翻译、人机对话、语音识别等，其最终目标是在弄清人类自然语言理解和生成的奥秘的基础上，让机器模拟、延伸和拓展甚至超越这种能力。卡特（M. Carter）说："有根据说，设计出能处理自然语言的计算程序是摆在人工智能研究者面前最有价值的工作。"[①]计算创造力视域中的语言研究侧重的是如何建模语言创造力，如何解决这种创造力的人工实现问题。

要想让自然语言处理系统有像人那样的语义理解能力，进而让它们彼此或与人自由、恰当地对话，必须使它们有意向识别和分析能力。为了解决这里的问题，威尔克斯（Y. Wilks）创立了"意向分析理论"，它是一种关于自然语言融洽对话的模型，其核心原则是，"自然语言对话的融贯性可以通过分析意向序列来建模"[②]。他们认为，这一理论可通过一个计算机程序而具体化为一种计算模型。该程序被称作 Operating System CON Nsultant，简称OSCONN，有分析意向序列的作用，由六个基本模块和两个扩展模块组成。

---

① Carter M. *Mind and Computers: An Introduction to the Philosophy of AI*. Edinburgh: Edinburgh University Press, 2007: 145.

② Wilks Y. "Language, Vision and Metaphor". *Artificial Intelligence Review*, 1995, 9 (4/5): 273-289.

六个基本模块分别是：①Parse CON，即自然语言句法语法分析器，其作用是分辨问题类型；②Mean CON，即语义语法分析器，其作用是确定问题的意义；③Know CON，即一种知识表征，包含的是理解所需的关于自然语言动词的信息；④Data CON，即另一种知识表征，包含的是关于操作系统指令的信息；⑤Solve CON，即解答器，它根据知识表征，解答问题表征；⑥Gen CON，即自然语言发生器，其作用是用英语作出回答。如果使用者的询问是独立地给出的，或与情境关系不大，那么这六个基本模块的表现是非常令人满意的。

会话自主体是综合了上述专门功能、能全面模拟人的语言交流能力、能用自然语言与用户沟通的智能系统或程序。朱夫斯凯等说："会话智能代理①的思想令人神往，像 ELIIA，PARRY 或 SHRDLU 这样的会话智能代理系统已经成为自然语言技术最具知名度的实例。目前会话智能代理的应用实例包括航空旅行信息系统、基于语音的饭店向导以及电子邮件或日程表的电话界面。"②要建构能完成对话的自主体，首先要让它有对话语的自动解释能力。因为机器要与人对话，必须"理解"话语。而像人那样的理解、晓得、知道，在机器上是不可能发生的。它能做的，主要是根据说者所说话语在形式上的特征，将其归结为某种模式，然后再与储存的模式匹配。符合其中的某一种模式，即被同化了，就被认为"知道"或"理解"了某话语。有此匹配，接下来的就是以此为线索，在数据库中找出对应的话语。计算机在与人对话时尽管在行为效果上相似于人，表面上有智能，其实完全没有智能，只是作为工具按事先偏好的程序一步一步地运行，因此没有主动性，只有被动性。

再来看与语义处理有关的自动文摘系统。如前所述，有关专家早已意识

---

① 笔者在本书正文中使用的均为"自主体"，特此解释。

② ［美］朱夫斯凯、［美］马丁：《自然语言处理综论》，冯志伟、孙乐译，电子工业出版社 2005 年版，第 464 页。

到，判断一个人工系统是否理解了语义，一个重要的标准是看它能否在收到输入之后，凭自身自动形成对文本的内容摘要。基于这样的认识，人们既独立地研究自动文摘系统，又将其置于万维网的大背景下进行探讨。所谓自动文摘就是利用计算机自动生成文章的内容摘要或中心思想的技术。从效果上看，有此功能的计算机事实上已能在"阅读"有关的文档之后，形成关于文章内容的、符合字数要求的摘要。不仅如此，从作用上来说，这一技术由于对信息作了筛选、剥离，因此能节省人的劳动，使人免去从头到尾浏览信息的麻烦。如果是这样，似乎就应把语义理解能力和创新能力归于这种计算机。因为在过去，文摘的生成是不可能离开对内容的分析和理解的。既然机器像人一样形成了文摘，因此就应认为它不再是句法机，而同时是语义机。其实不然。只要分析一下自动文摘的几种方法就一目了然了。现在成熟的、可以实现的方法主要有三种，第一种方法是频度统计。其步骤是，先运用统计方法计算词语出现的频度，以确定词的重要性和句子的可选性。在这一过程中，一般不考虑连词、副词、代词、介词、冠词、助动词和形容词等。接着再在上述统计的基础上，确定文章的代表性语词。确定的根据是，凡是频度超过设定阈值的词就被认作代表词。最后是确定代表性句子，方法是根据句子包含的代表词的多寡来计算。代表词超出了设定阈值的句子就被抽出来作为文摘句。把文摘句合在一起，就有了文摘。第二种方法是关键位置判定法，即根据句子在文章中所处的位置，如标题、开头、结尾、段头、段尾等来判定其重要性，再根据各个句子的重要性来选择文摘句。把文摘句合在一起即文摘。第三种方法是句法频度结合法。其程序是，先利用句法分析程序将文本的短语挑选出来，再计算短语中各个词的频度，以此来判断包含它的句子的代表性。

很显然，尽管这些方法能够生成一个"像模像样"的文摘，但其过程一点也没有涉及内容，而只是停留在词法、句法等形式方面打转。由于有这样的局限性，因此按上述方法形成的文摘充其量只是把文本中的部分内容挑出来了。至于它们组合在一起是不是对文章内容的概括，这是机器所不知道的。正是看到了这一局限性，许多专家便把它们称作"机械式文摘"。尽管它们有原理简单、易于实现等优点，但质量不高。

鉴于这样的问题，人们提出了"理解式文摘"的理念，希望让机器像人一样在理解文本、关注和分析语义内容的基础上"创作"文摘。近年来，这方面的研究越来越多，并出现了知识化、交互化的发展趋势。人们基于对人类生成文摘过程的认识，意识到，要让自动文摘系统生成高质量的文摘，关键是要让它具备相应的能力。而基于现有知识科学关于能力的认识，有关专家便将形成和发展这种能力的关键放在知识的获取和利用上。在他们看来，只有让相关系统具有更多的知识，它们才能获得相应的理解能力。基于这样的认识，"理解式文摘"研究的一种倾向就是将知识存储在词典式知识库中。知识包括特定领域的关键词的语法、语义和语用信息，以及对应领域的文摘结构。知识的获得和知识库的建立采取人机交互的方式，由人提供基本的关键词和典型的文摘句，供机器分析和学习，以便它能自动获取文摘句的构造规则，并在运行过程中自动地更新关键词和构造规则。

上述许多方案的确有向语义靠拢的一面，因而所生成的文摘在质量上要高于机械式文摘。但是问题在于，机器在自动生成文摘时，模拟的不过是人处理语义问题时遵守规则的过程，而没有模拟人类加工处理语义的过程本身，因此在本质上仍未涉及文字符号后面的内容本身。而内容、意义是一种抽象的存在，一种新的、高阶的，以及在人与符号、句法动态交互的过程中所突现出来的有自己特殊本体论地位的东西。文本的内容其实也是这样一种东西。当文本不与人发生关系时，它就是一堆物理符号，它上面即使有意义、内容，也是以潜在的形式存在的。没有人读它，没有人理解它，其意义等于无。特殊领域的文摘当然也有意义，但是如果由外行来读，其意义也不会显现出来。

例如，数学专著对于不懂数学的人来说，一点意义也没有。文本的意义只有在有相应理解前结构的人面前时才会显现其存在。很显然，再先进的文摘生成系统至今都无法深入到符号后面的意义之中。因此从根本上说，即使是理解式文摘系统，仍没有真正达到人的理解的境界，当然也就不可能像人那样在理解意义的基础上形成关于文本的内容提要。

从技术上说，已有的理解式文摘系统还只是一种初步的尝试，很不成熟，需要进一步的研究。正如郭军所说："这种方法需区分领域来设计文摘框架和全信息词典，而这个工作又是需要智慧和耗费时间的，目前只在极少数的领域中完成了实验工作。因此离在实际中广泛应用还有很大距离。"[①]"理解式自动文摘还远不如机械式自动文摘成熟，要达到实用水平，还需要一段时间。"[②]

下面再看 Nehovah 这一基于一组原词的新词生成系统。所谓新词生成就是创立新的语词或符号，例如为一个产品或一个公司取一个响亮的、有别于竞争对手的名称。有些取得好的名称，后来成了著名的商标。此外，在文学作品和理论书籍中，新词常被看作一个重要的交流手段，因为好的新词能更好地传递意义。有时，新词还能增加幽默和情趣。计算创造力研究兴起后，人们一直重视从计算角度研究新词的解释、生成问题，已诞生了很多能自主生成新词的系统，如威尔的 Zeitgeist 系统就同时表现出突出的解释和生成能力，已成了网络应用程序。不仅如此，它作为一种词汇资源一直在发挥积极的作用。它还能通过将前缀、后缀组合起来以及重叠至少一个字母来生成新词。

Nehovah 是由史密斯（M. R. Smith）等所开发的一个能够根据原词和用户的需要、创造性地生成新的语词的计算系统。原词由用户提供。用户在提供原词时还可表达对新词属性、特点的要求。收到这些信息后，该系统通过

---

① 郭军：《智能信息技术》（修订版），北京邮电大学出版社 2001 年版，第 129 页。
② 郭军：《智能信息技术》（修订版），北京邮电大学出版社 2001 年版，第 145 页。

评估拟生成的新词的各种属性，如它如何更好地传递原词的意趣等，来选择或创立一个更好的语词。就此而言，它是一个合作系统，而非自主系统。M. R. 史密斯等还通过实验展示了该系统的输出，讨论了它的创造力，认为有这样几个特点对计算创新系统至关重要，如技能、想象力、鉴赏力和可说明性。[①]

Nehovah 类似于 Zeitgeist，如它试图通过混合来保护原概念，这不同于创立能表达全新思想的新词。它的混合表现在，把自由的语素、用户提供的词及其同义词结合起来，并吸收包含流行文化信息的动态网络资源。通过混合方式创立新词的目的是在一个词中传递多种概念。这样的新词可看作混成词，可用三个步骤得到：第一，发现同义词；第二，对来自不同来源的词作混搭、融合处理；第三，对形成的各种可能新词分别打分，从中挑选得分高的新词。[②]

由于 M. R. 史密斯等理解的创造力是广义的创造力，即不仅包括生成过程、主体、成果，而且内在包含评价机制和过程，因此他们建构的 Nehovah 这一新词生成系统也包含评价模块。在建构评价系统时，他们在科尔顿等的创造力三脚架理论（技能、想象力、鉴赏力）的基础上增加了"可说明性"这一新的维度。这样一来，Nehovah 的评价就能从四个方面展开。技能维度考察的是系统生成某种有用输出的能力，想象力维度考察的是探索可能空间和生成某种新颖输出的能力，鉴赏力维度考察的是机器自我评价、生成某种价值的能力，可说明性指系统解释它为什么要如此创新。[③] 系统由于在生成

① Smith M R, Hintze R, Ventura D. "Nehovah: a neologism creator nomen ipsum". In Colton S, Ventura D, Lavrač N, et al (Eds.). *Proceedings of the Fifth International Conference on Computational Creativity*. Ljubljana: Jožef Stefan Institute, 2014: 173.

② Smith M R, Hintze R, Ventura D. "Nehovah: a neologism creator nomen ipsum". In Colton S, Ventura D, Lavrač N, et al (Eds.). *Proceedings of the Fifth International Conference on Computational Creativity*. Ljubljana: Jožef Stefan Institute, 2014: 174.

③ Smith M R, Hintze R, Ventura D. "Nehovah: a neologism creator nomen ipsum". In Colton S, Ventura D, Lavrač N, et al (Eds.). *Proceedings of the Fifth International Conference on Computational Creativity*. Ljubljana: Jožef Stefan Institute, 2014: 177.

了一个新词选项时能从四个方面评价把关，例如只有同时符合这四个方面的要求的结果才会输出给用户，因此其创新性应是没有疑义的。若哪一方面或几方面不符合要求，就会反馈给系统修改和完善，直至找到符合要求的新词。

鲍恩等开发了一个能与人创造性对话的 AI 系统。在这种系统中，人与机器的协同创造力是在对话交互中表现出来的。所谓对话是指两个或多个自主体通过语言的交流（里面包括批评和说服）或非语言的交流（如肢体的姿势等）交换想法、改变对方主意的一种过程。①鲍恩等在研究和开发这种系统的过程中，先设法弄清这样的工作有什么样的设计要求，然后探讨，在现有技术条件下，将面临什么样的挑战。为了完成这一任务，他们研究了已有的人机合作音乐生成系统与人际类似生成过程的关系。通过研究人与人的对话，他们发现，许多对话离不开创造力的运用，不仅许多表述需要创造力，而且交流中还包含思想的持续创新，正是看到这一点，鲍恩等就在人机的创造性交互设计中引入了"对话"的概念，目的是"找到创造性交互的新形式"②。在他们看来，人机合作音乐生成系统也离不开人机对话，要么是语言形式的对话，要么是非语言形式的对话。这也就是说，应根据人与人的创造性对话来设计人机合作创新系统。在这里，由于机器也被赋予了自主创造力，因此就不再是纯工具，而成了联合创新的伙伴。

在鲍恩等看来，要研究、建构对话创新 AI 系统，一是要理解 AI，二是要理解创新过程。③因为对它们的理解不同，所设计的创新系统的结构、性

① Bown O, Grace K, Bray L, et al. "A speculative exploration of role of dialogue in human-computer co-creation". In Cardoso F A, Machado P, Veale T, et al (Eds.). *Proceedings of the Eleventh International Conference on Computational Creativity.* Coimbra: University of Coimbra, 2020: 25.

② Bown O, Grace K, Bray L, et al. "A speculative exploration of role of dialogue in human-computer co-creation". In Cardoso F A, Machado P, Veale T, et al (Eds.). *Proceedings of the Eleventh International Conference on Computational Creativity.* Coimbra: University of Coimbra, 2020: 26.

③ Bown O, Grace K, Bray L, et al. "A speculative exploration of role of dialogue in human-computer co-creation". In Cardoso F A, Machado P, Veale T, et al (Eds.). *Proceedings of the Eleventh International Conference on Computational Creativity.* Coimbra: University of Coimbra, 2020: 26.

能就不相同，因为人们是根据自己对创新的理解来让机器实现这种意义的创新的。例如，如果认为创新就是在可能空间中探索，那么机器所实现的创新就是让其在其中搜索；如果认为创新的实质在于发散性思维，那么就会按这个模式去研究机器的实现；如果认为发散性探索对创造力不充分，因为创造力还离不开评价、审查和过滤的过程，那么就会在设计机器的实现时考虑这些被遗漏的方面；如果认为创造力除了发散思维这一要件之外还包括收敛思维的运用，因为发散需要它来约束和指导，那么在设计机器实现方法和过程时就要同时考虑如何让收敛得以实现，并考虑它如何与其他创新要素发生关联。同理，要让人机合作系统表现创造力，就要知道创造力本身是什么，其过程、构成是什么。他们对创造力的理解带有综合的特点，即一方面承认创新离不开探索可能空间、思维发散；另一方面也离不开收敛。在此基础上，他们还融合了情境主义元素，认为创造力依赖于与情境的交互，即创新受情境因素的影响，是与情境密不可分的过程。例如，对话的创新就是在与情境发生关系的过程中完成的，一创新语句的输出常常是对情境因素的反应，就像音乐家与观众互动的即兴演奏一样。他们说："不管是收敛的创新还是拓展性的发散性创新，系统都必须善于适应环境，并能对自己作出解释。"①另外，扩大探索范围尽管可能导致任意性，但对设定未来创新目标、设定能缩小范围的条件是有帮助的。

基于这些对创新的理解，他们设计了人机联合创造性对话系统。他们强调，要让系统完成创造性对话，除了要解决其他技术问题之外，还要设法将这样的对话定位于不同的交互情境图式之中，并将对话作为一种在交互情境下交换创新成果信息的方式。他们认为，对话交互的一个自然情境是以请求

① Bown O, Grace K, Bray L, et al. "A speculative exploration of role of dialogue in human-computer co-creation". In Cardoso F A, Machado P, Veale T, et al (Eds.). *Proceedings of the Eleventh International Conference on Computational Creativity.* Coimbra: University of Coimbra, 2020: 27.

为基础的情境，在此情境下，用户要求系统给出输出，然后迭代从而对所提供的内容作出反应。根据鲍恩等对创造性对话的过程、机制的研究，对话创新 AI 系统要如愿建成，必须具备以下两个核心特征：①在迭代中，该系统有积极主动影响创新目的的潜力；②能合理适应变化着的目标。第一个特征能保证人机系统通过组成部分的相互影响成为松散的、有生成创新成果的耦合网络；第二个特征能让系统作出这样的贡献，即一方面对情境敏感，另一方面及时回应用户的迭代输入。

为了建构更先进的人机对话创新系统，鲍恩等还专门解剖了已有较好运行效果的人机音乐即时创新系统。通过解剖、分析，他们得出了三个对建构其对话系统有启发性的结论，一是系统的合作者之间要有相互依赖的关系，二是它们要形成一致的目标，三是要完成一些探索过程，如开始要进行扩展性的探索，快速列出尽可能多的选项，然后通过一些决策做出必要而快速的收敛。

鲍恩等从解剖人与人的创造性对话中发现，一对话之所以有创新性、流畅性，是因为该对话围绕着一个共同的、连贯的叙事展开。要想人机对话具备此特点，就要探讨人机对话如何成为连贯的叙事。他们解决此问题的方式是，让 AI 系统具备基本形式的叙事智能，以便让它们既建立又维持与人类参与者的协同创新关系。

在人机创造力对话系统的建构中，鲍恩等还吸收、改造情境主义特别是其中的行然性、延展性思想，强调这样的对话系统应利用创造力的一种新形式，即分布式创造力。他们认为，行然性 AI 抓住了认知借助交互的自主性和适应性特征，因此可看作分布式创造力。这种创造力也可理解为"宽创造力"，因为它不局限于人脑，而是由人脑与其他合作者包括机器共同完成的，因此它不是个人主义的创造力，而是在群体的即兴对话过程中突现出来的创造力。[①]例如，它是由多个自主体在互动、交互中共同完成的，是通过协商而形成和达成一致的。在这里，合作者的行为不是固定的、线性的，而是随着情境、目标的变化而以适应性的方式变化的。

专家们普遍认同在人机对话系统设计中加强对人类对话研究的必要性，但对于是否应模仿人类对话的过程及机制则有不同看法。一种不同于鲍恩等的上述方案的思想和技术路线是，基于对话的"放置者效应"（the placer effect）来设计技术路线，即充分利用这一效应，设法达到创造性对话、交流的效果，不必照搬人类的对话过程，随便选择任意的实现过程。"放置者效应"这个词在许多学科中都流行，计算创造力借用它，赋予了特定的含义，指的是形式完备的语言容器被认为包含了有根据的语义内容。例如，在阅读一部作品时，读者除了揣摩作品的思想，还会心照不宣地将自己理解的意义添加进去，特别是在与人对话、交流时，即使听到一个词被说错了，听者往往也能理解说话者想要表达的意思。之所以出现这样的现象，是因为读者或听者在这个过程中会自觉或不自觉地将一些内容、意思放置于对方的储存器中。这样的效应也会出现在与机器的交流之中，例如在面对会话机器人的语言表现时，一般的人都会这样看待它们所说的话。

维尔基于这样的事例，试图从经验上证明，机器创作作品的读者或人机对话中的人类参与者会放弃对计算机语义能力的怀疑，因为机器所展现的精致的语言形式可以让人设想不存在的东西，即把机器没有"想到"的东西加之于机器，放置于里面。为具体起见，维尔还解剖了两个语言生成系统，即一个理性的、基于知识的名叫@metaphor maget 的系统和一个名叫@metaphor Minute 的基本无知识的机器人。维尔强调，这些系统的确没有人在语言创造

---

① Bown O, Grace K, Bray L, et al. "A speculative exploration of role of dialogue in human-computer co-creation". In Cardoso F A, Machado P, Veale T, et al (Eds.). *Proceedings of the Eleventh International Conference on Computational Creativity*. Coimbra: University of Coimbra, 2020: 31.

性运用中的那种赋义的内在过程，但其输出结果可以不比人差。因此，根据结果可以断定它们有语义上的创新能力。①既然如此，计算创造力在开发和设计人机创造性对话系统时就应充分利用这种放置者效应，而不必拘泥于模仿人在对话时真实运用的资源和过程，更不必去模仿其内在机制，只要考虑到对话参与者可能放置的语义内容就行了。这种设计既省时省力，又能让人觉得人机对话地道和真实。维尔认为，这种效应不仅对人机创造性对话系统的设计有用，而且"对所有计算创造力系统都是有利的"，例如从超现实主义的技术到基于知识的 AI 系统都是如此。这一点也不奇怪，因为人类也常从与人打交道过程中主动的、善于倾听的心灵效应中获利。这在人们用外语与他人的交流中表现得特别明显，交流之所以能够顺利进行，是因为人们在说出一句话时就有对对方回答的预设，即大致知道他会说什么，会把自己想到的意义加到对方的符号之上。质言之，交流的顺利进行，以及文本现实显现出来的意义，离不开听者、读者或受众的放置者效应。人们喜欢用口头语、行话、外语、空洞的词语、笑话等，其实是在自觉不自觉地学习利用放置者效应。它们之所以让人觉得有意义、高深莫测，其实在很大程度上取决于受众的临场发挥。下面的例子也足以说明这一点，如对医疗干预效果的先验信念会让患者从其他虚假治疗中获益，同样，相信语言媒介的意义会让听者在缺乏明确意图的符号中感知或体验到一种创新性的意义。由于存在放置者效应，因此计算创造力语言系统即使采用的是肤浅的技术也会让受众感觉到其输出内容具有可理解的意义。总之，理解了放置者效应，并恰到好处地加以利用，计算创造力的建模和机器实现就会找到更有效的思想和技术路线。

---

① Veale T. "Game of tropes: exploring the placer effect in computational creativity". In Toivonen H, Colton S, Cook M, et al (Eds.). *Proceedings of the Sixth International Conference on Computational Creativity.* Provo: Brigham Young University, 2015: 7-8.

第五节　其他形式创造力的计算建模与机器实现尝试

日常生活中的创造力形式还有很多，如文献检索、烹饪、广告等，本节将对计算创造力在这些领域的尝试性探讨作粗略考察。

一、"Dr. Inventor"系统在检索中的应用

鉴于类比推理在创新中的作用，阿布格茨（Y. Abgaz）等试图建构一个可以帮助科学家创新的基于类比的模型，如用关于类比的计算模型来完成对研究论文的新颖性和潜在有用性的比较。他们利用了这样的软件系统，即"Dr. Inventor"，当然作了适当改造和发展，特别是让它拥有了更多新的应用，如让它辅助创新，完成对论著剽窃的检测，以及对文献的检索。[1]它之所以有这么多的应用，是因为该系统建模了许多专业的创造力。例如，在研究中，科学家要阅读文献，并寻找文献间的相似与不相似。这种比较过程有助于提升科学家的创造力。该系统是这样完成上述任务的，如对出版物中检索到的表现于自然语言上的信息作深度处理，并据此形成被称作研究对象骨架的属性关系图，其形式为关系—主体—对象。[2]已有研究证明，与科学创造力关系最密切的性质有三种，一是科学创新团队的参与者，二是材料，三是程序。

Dr. Inventor 作为一个计算系统不仅能帮助检索信息，还能对已发表的文献进行新颖性的类比比较，如能将词汇分析与类比思维模型结合起来，而此模型又能成为科研人员关于类比推理和概念混合的模型的核心。

---

① Abgaz Y, O'Donoghue D, HurLey D, et al. "Characteristics of pro-c analogies and blends between research publications". In Goel A, Jordanous A, Pease A (Eds.). *Proceedings of the Eighth International Conference on Computational Creativity.* Atlanta: Georgia Institute of Technology, 2017: 1.

② Abgaz Y, O'Donoghue D, HurLey D, et al. "Characteristics of pro-c analogies and blends between research publications". In Goel A, Jordanous A, Pease A (Eds.). *Proceedings of the Eighth International Conference on Computational Creativity.* Atlanta: Georgia Institute of Technology, 2017: 3.

2013 年伊始，在普林斯顿大学读大四的学生田爱德华（E. Tian）写出了一个叫 GPTZero 的工具代码，并公之于世。1 月 5 日，新程序面世第三天，就有超过 1 万人在应用创建和托管平台 Steamlit 上使用了该程序的公开版本。[①]开发此软件的目的就是要防治现存的用软件代写论文、变相剽窃等学术不端行为，如 ChatGPT 具备流畅的写作技巧，而且让人看不出机器代写的痕迹。GPTZero 针对这一问题，可以通过分析一段文本的下述两个参数来判定是由机器还是真人所写的，一是"费解/难辨性"。根据这一参数，软件能从下述方面判断，即机器选词的可预测性更高，而真人的遣词造句一般会比较随机，比机器更容易写出出乎意料的词句。二是"突发性"，据此去考量句式复杂性的变化程度。机器人写的句子复杂度较低，真人的写作通常有更多的句式变化。如果上述两项得分都很低，那么就可推断，被测试的文本可能出自 AI 系统之手。

二、媒体和富媒体创造力

媒体（media）一般被理解为传递信息与获取信息的工具、渠道、载体、中介物或技术手段，当然被赋予了储存、呈现、处理、传递信息的功能。富媒体（rich media）一般认为是具有动画、声音、视频等特点的信息传播方法，包括流媒体、声音、Flash 以及 Java、JavaScript、DHTML 等程序设计语言的形式之一或者它们的组合。就其功能而言，它可应用于各种网络服务，如网站设计、插播式广告等，它本身不是信息，当然可以加强信息传递的效果，例如当信息在广告中得到准确定向时，广告会取得更好的效果。根据计算创造力的研究，媒体和富媒体都成了有创造力的东西，至少可以成为创造力的支持工具、技术，或成为群体创造力的一个必要条件或推手。这是因为知识、技能、资源都汇聚于媒体之上，人在借助这些数字媒体来生活、创作和表现自己时，其创造力有时离不开这些媒体，有时有这样的情况，即这些媒体启

---

① 详见 Edward Tian 的个人推特。

发、促成、推动了人的创新行为。例如，学习、讲授、教学可在网上进行，专业技术人员的研究、翻译、写作可以在电脑上完成，等等。它们之所以有这样的、以前媒体所没有的作用，是因为里面有以前没有的数字技术，正是它们使我们能够使用复杂的工具来创造富媒体内容，以便分享、讨论和传播思想情感。以 Web2.0 为例，它是相对于 Web1.0 的新一代网络，是网络革命所带来的以人为本的创新模式在互联网领域的体现。在这个平台，用户既是网站内容的浏览者，也是网站内容的制造者。因此网络的内容主要是由用户生成的，此即"用户生成内容"。相应地，用户的角色、作用发生了根本性变化，即由以前单纯的"读""消费"变成了"写""创造"以及"共同建设"；由被动地接收互联网信息转向主动创造互联网信息。总之，网络成了社会网络、社交媒体，成了有创造力的技术，随着技术的创造性发展，人的创造力也在相应地展现和发展。①

三、医疗护理创造力的建模

计算创造力的应用还体现在医疗护理之上。扎霍斯（K. Zachos）等在一个类比推理的计算模型基础上，经过编程、机器实现，形成了这样一个可移动的应用程序，它作为一个计算服务装置，可供护理人员在值班期间使用，能帮护理人员改进对患者的护理和照顾水平。由于里面应用了关于类比推理的模型，因此该装置能从类比问题域检查相关病例的信息，进而应用结构映射技术，将源领域与用非结构的自然语言表述的目标领域匹配起来，为护理人员的护理工作提供指导。②

---

① Zagalo N, Branco P. "The creative revolution that is changing the world". In Zagalo N, Branco P (Eds.). *Creativity in the Digital Age.* London: Springer-Verlag, 2015: 7.

② Zachos K, Maiden N. "A computational model of analogical reasoning in dementia care". In Maher M, Veale T, Saunders R, et al (Eds.). *Proceedings of the Fourth International Conference on Computational Creativity.* Sydney: The University of Sydney, 2013: 48.

四、多用途创新系统的建模

尼奥比斯等设计的 DeLeNox（"深度学习新颖性探索者"的简写）是一个有多种用途的人工计算系统，如既能帮用户生成新的艺术品，也能帮用户玩游戏。其工作原理和机制是，能根据自己进化出的关于趣味性的标准在受限空间自主生成用户所需要的产品，其理论基础是博登的创造性理论。该理论将创造力区分为由低到高的组合性创造力、探索性创造力和转型性创造力三种形式。而 DeLeNox 模拟的创造力处于探索和转型的中间阶段。以艺术品的创作为例，在探索阶段，由约束处理增强的新颖性探索的一个版本可以利用给定距离函数探索多样化的艺术品；在转型阶段，深度学习自动编码器将发现的艺术品之间的变化压缩到低维空间，接着用新训练的编码器作为新的距离函数的基础，转化成下一阶段探索的标准。DeLeNox 应用于其他事项上的表现是，它能为用户创建有助于玩二维街机式电脑游戏的宇宙飞船之类的技术。[①]

五、有辩解、证明作用的创造力建模

再看计算创造力中的"创新剧场"概念及据此理念设计的有相应外显行为的、能证明人工系统有创造力的一款应用软件。科尔顿等创立"创新剧场"这个概念的目的就是要为怀疑机器有创造力的人提供一个直观平台，以便让他们看到计算系统在上面如何表现其创新行为，以及如何生成有价值的创新成果。"创新剧场"概念受到了安保剧场的启发。后者指的是一种情境，其中制定出的安保策略能够使自主体产生安全感，同时对潜在的有害自主体起到防范作用。若能建构一种能表现、证明创造力的剧场，就能让人们直观地领略人工系统创造力的风采。科尔顿等说，有了这样的工作就能帮人们认识到，"有生成力的

---

① Liapis A, Martiner H, Togelius J, et al. "Transforming exploratory creativity with DeLeNox". In Maher M, Veale T, Saunders R, et al (Eds.). *Proceedings of the Fourth International Conference on Computational Creativity*. Sydney: The University of Sydney, 2013: 56-60.

软件是如何成为一种有创造力的剧场，进而让公众承认它有创造力的"①。

要建构这样的系统，就要研究人类创新人才如表演艺术家为什么让人觉得其有创造力。根据科尔顿等的分析，不外乎这样一些原因，首先，人类艺术家有明确的创新目的；其次，他们的即兴演奏行为有其不可预见性；最后，其行为有精湛技巧方面的特点。一些人之所以不承认机器有创造力，是因为机器似乎没有人类创新人才的上述特点，充其量只能作为创新支持工具发挥作用。要超越这种作用，机器就应有自己的目的性、主动性和自主性。在科尔顿等看来，创新剧场要发挥证明机器有创造力的作用，就要体现人类创新行为的这样一些共同方面，如目的性、不可预见性，当然还应有相应的技术上的攻关，如在应用程序上增加次级控制 AI 系统，以便让它能表现出创新行为。此外，还应探讨，如何把创新剧场建构为确实具有计算创造力的系统，如它既有创新的行为表现，又有内在的创新过程。因此，这里存在一个从模拟的人工创造力向真正的计算创造力提升的问题。

基于这样的考虑，科尔顿等设计了一个 AI 系统，它能控制一个有创造力的软件。他们还描述了一个设置，它能作为创新剧场起作用。②这些理论和实践探讨相对于已有工作的一个变化是，原先有创造力的软件一般是在机器内部完成自己的加工，没有明显的外显创新行为，因此一般人据此认为这样的软件或人工系统没有创造力。为了让软件有外显的创新行为，科尔顿等和有关专家一道进行了大量探索，形成了多种试探性方案。从技术上说，只要有能控制生成系统的独立的 AI 系统就可表现出这样的外显行为，而这种

———————————

① Colton S, McCormack J, Cook M, et al. "Creativity theatre for demonstrable computational creativity". In Cardoso F A, Machado P, Veale T, et al (Eds.). *Proceedings of the Eleventh International Conference on Computational Creativity.* Coimbra: University of Coimbra, 2020: 289.

② Colton S, McCormack J, Cook M, et al. "Creativity theatre for demonstrable computational creativity". In Cardoso F A, Machado P, Veale T, et al (Eds.). *Proceedings of the Eleventh International Conference on Computational Creativity.* Coimbra: University of Coimbra, 2020: 288.

成功的生成系统已有很多，这特别表现在音乐创造力的计算建模和机器实现之中。其中一种形式是，让软件这样来构建自己的工作方式，即输出能表现动机、完成对自己的成果和过程评价的文本；再一种方式是拟人化，即让软件有模仿人的行为的能力，如在一个设置中，音乐生成系统能敲击钢琴的键。一般而言，在机器人平台上安装一种有创造力的 AI 系统就是一种拟人式表现创造力的方式。[①]

六、烹饪创造力的建模

烹饪创造力作为创造力的一种形式应是毋庸置疑的。创造力应用于此领域，在这里大显神通也很好理解，因为饮食是人最基本、最重要的需要。由于没有人不重视吃喝，没有人不想吃色香味俱全同时科学有营养的食物，因此不论是专业还是非专业的人都愿意把有限创造力的一部分奉献给烹饪的设计和制作。这一点在中国文化中表现得最为突出，中国的烹饪文化相对于其他文化是吸收创造力最多的地方。由于烹饪创造力有这样一些意义和特点，因此也成了计算创造力研究最为关注、成果也最多的课题。学界早就开始了对其具体创新样式及其建模的探讨，如托伦斯于 1962 年设计了关于人类创新活动评估的问卷调查，总共列举了 100 种，其中包括食谱研究。[②]计算创造力研究兴起后，相关专家一直在烹饪创造力领域辛勤耕耘，大显身手，因而已诞生了大量能生成新的美味食谱和食品的计算创新系统。其中的一些成果在许多方面大大超越于人类烹饪师，因为人工创新烹饪系统能储存数万乃至数百万份食谱模式，它们之所以能生成美味食品，是因为它们基于已有的关

---

① Colton S, McCormack J, Cook M, et al. "Creativity theatre for demonstrable computational creativity". In Cardoso F A, Machado P, Veale T, et al (Eds.). *Proceedings of the Eleventh International Conference on Computational Creativity.* Coimbra: University of Coimbra, 2020: 288.

② 参见 Sawyer R. *Explaining Creativity: The Science of Human Innovation.* Oxford: Oxford University Press, 2012: 41-95.

于人类味觉的知识和食谱设计原则，将有关知识编码在计算机中了。它们还能做这样一些人类烹饪师不敢想象的工作，如搜集有关海量数据，并储存到结构化模型中，进而可以在巨大的设计空间中对创新产品提供高品质的、新颖独到的评估，然后根据评估不断改进技术和工艺。

这样成功的案例很多，例如我们在前面考察计算创造力的模型建构时就分析过格雷斯等基于好奇心、意外发现模型建构的烹饪创新系统。由于系统中建模了好奇、意外发现之类的机制，因此系统有强大的创新能力。[①]

一般而言，人工创新烹饪系统的表现、效果好于其他类型的人工系统。其原因除了这类建模相对于科学发现的建模要容易一些以外，还与这一课题投入力量较多、研究的质量较高有关。例如，前面提到的有的系统抓住了好奇心、意外发现这些对创造力极为关键的方面，并有效加以建模，还有的系统既重视自主性的建模，又重视对品质问题的研究和建模，并在评价系统中努力反映和消化这些成果，努力让系统"表现对创新成果的价值特别是它们的品质作出评价的能力"[②]。有的系统评价品质的方案是，运用广泛的特定领域的知识去评价，例如 IBM Chef Watson 这一人工烹饪系统在评价菜谱的潜在愉悦度时用的就是快乐主义的心理物理知识。这些知识涉及化学合成和单个成分的风味特征。还有的评价方案是从其他自主体（一般是人类专家）提供的成果评价中学习品质评价。最重要的是，这些评价系统都有其创造力，至少是创造力生成和发展的重要机制和动力。[③]

---

① Grace K, Maher M. "Specific curiosity as a cause and consequence of transformational creativity". In Toivonen H, Colton S, Cook M, et al (Eds.). *Proceedings of the Sixth International Conference on Computational Creativity*. Provo: Brigham Young University, 2015: 262-265.

② Bhattacharjya D, Subramanian D, Varshney L. "Generalization across contexts in unsupervised computational creativity". In Pachet F, Jordanous A, León C (Eds.). *Proceedings of the Ninth International Conference on Computational Creativity*. Salamanca: University of Salamanca, 2018: 40.

③ Bhattacharjya D, Subramanian D, Varshney L. "Generalization across contexts in unsupervised computational creativity". In Pachet F, Jordanous A, León C (Eds.). *Proceedings of the Ninth International Conference on Computational Creativity*. Salamanca: University of Salamanca, 2018: 40-41.

七、广告设计创造力的建模

易普等在对广告的计算创造力问题做了大量理论探讨的基础上，设计了一个名叫"创新—Pad"的创造力支持系统，其开发目的就是帮助广告开发者形成创新灵感并创作出新颖的广告作品。[①]在这里，用户需要根据所提供的信息输出关键词，进而自动地从该系统中得到新点子。易普等所用的帮助原创的算法如下。

（1）用户根据所提供的信息输入关键词。

（2）向搜索引擎（这里用的是 altavista.digital.com）发送请求，以此获取网络上的有关信息。

（3）从返回的结果中提取链接，并从每个链接下载 Html 文件。

（4）从包含着关键词的 Html 文档中提取所有句子。

（5）从这些句子中提取"有趣的"单词，进而通过一个简单算法，从这些句子中提取所有的形容词和动词。

易普等认为，这里的原创过程生成了作为新想法的一组单词和句子。为了提供一个有利于用户开发自己广告的创新环境，他们开发了一个界面，让用户的需求再次降到最低。其具体过程是，"创新—Pad"将新点子投射到屏幕上，然后让用户继续思考自己的想法。接着，"创新—Pad"完成自己构想新点子和授权的过程，如它的原创功能利用信息中的关键词从网上检索信息，然后对之进行加工，形成新点子。最后，按步骤将新点子呈现给用户。[②]

"创新—Pad"系统既能对广告设计人员创作出有创新意义的广告有帮助

---

① Yeap W, Opas T, Mahyar N. "On two desiderata for creativity support tools". In Ventura D, Pease A, Pérez y Pérez R, et al (Eds.). *Proceedings of the International Conference on Computational Creativity*. Coimbra: University of Coimbra, 2010: 182.

② Yeap W, Opas T, Mahyar N. "On two desiderata for creativity support tools". In Ventura D, Pease A, Pérez y Pérez R, et al (Eds.). *Proceedings of the International Conference on Computational Creativity*. Coimbra: University of Coimbra, 2010: 184.

作用，又可以节约用户的很多资源和劳动。问题是，它只能作为创新支持工具起作用，而没有独立自主地创作广告的作用。

本书前面曾讨论过的"音频隐喻"应用于计算广告创造力设计就成了图像隐喻技术。在广告设计中，图像隐喻可使计算系统生成的广告作品具有某种意想不到的品质。为了生成图像广告所需的隐喻创意，有的系统采用了两步走计算方案。第一步是寻找有丰富想象性、联想力和销售前景的概念；第二步是对候选媒介的适当性作出评估。[①]

计算创造力研究由于受到应用和商业利益的驱动，正向具体专门领域发展，如游戏、烹饪、即兴表演、广告等。尽管这些分门别类的应用研究对计算创造力研究有其特定的推动作用，但各自为战，缺乏沟通和借鉴，这既不利于应用研究的持久发展，对计算创造力的作用也是十分有限的。贾格莫汉（A. Jagmohan）等为解决这一问题，通过反思，试图建构能沟通不同应用领域（如游戏、时尚和科学）的统一构架，认为这些领域有两种共同属性，即创新空间和被编码的域知识，它们可成为统一各工业化计算创造力研究的充分条件。在他们看来，如此看问题，是有利于计算创造力框架的发展的。具言之，第一种属性是创新空间及其与大量现有创新成果的组合复杂性，在这里，灵感集的大小对于数据驱动方案来说是适当的，另外，整个组合空间明显大于灵感集。第二种属性与评估创新成果的困难有关。被编码的知识已得到了，并能为计算机学习，进而数据驱动的对新颖性和领域适当的预测器可以用来帮助评价和选择更好的主意。[②]

---

① Jagmohan A, Li Y, Shao N. "Exploring application domains for computational creativity". In Colton S, Ventura D, Lavrač N, et al (Eds.). *Proceedings of the Fifth International Conference on Computational Creativity*. Ljubljana: Jožef Stefan Institute, 2014: 328.

② Jagmohan A, Li Y, Shao N. "Exploring application domains for computational creativity". In Colton S, Ventura D, Lavrač N, et al (Eds.). *Proceedings of the Fifth International Conference on Computational Creativity*. Ljubljana: Jožef Stefan Institute, 2014: 328.

第二十四章
计算创造力的评价问题研究

评价问题尽管被博登等看作是计算创造力研究的一个薄弱环节，但由于它既涉及事实的澄清问题，也有制约计算创造力发展的意义，因此一直是这一领域中一个极受关注且成果极多的热点课题。

第一节 计算创造力评价研究的缘起、基本问题
与主要走向

从逻辑上讲,计算创造力的评价研究发端于这样的由怀疑论引出的问题,即被设计为有创造力的计算系统究竟有没有创造力，我们是否应把它表现的行为、作用称作创造力。这样的评价问题有时也被看作特定意义上的责任问题，即计算系统是否真的履行了创新的职责，如果计算系统表现出了所谓的创造力，那么这种创造力是应归之于计算系统本身还是其后的设计、研发人员。由于真正实现这种创造力的角色、主体容易混淆，这里的评价问题也被称作角色分辨难题。例如，既可以说计算创造力及其作品是由计算机扮演的角色完成的，也可以说是由更广泛的计算环境（其中包括设计人员）所完成的。应看到的是，随着研究的推进和拓展，计算创造力研究中的评价问题已演变成了一个由众多子问题组成的有自己逻辑结构的问题域。其前提性问题

是：创造力是否只是一个纯粹的价值论评价问题？是否像有的人所说的那样，创造力只存在于旁观者眼中，是因评价而有的？另一个与此有一定关系的问题是：评价问题是不是计算创造力研究的应有之义？或计算创造力研究是否应该介入评价问题？在这里，探讨评价问题是否可能、必要、合法？根据一种观点，评价属于价值论范畴，或者说作为问题属于价值论问题，而计算创造力是事实性研究，因此不应过问评价问题。这当然是有争论的，事实也一直存有激烈的争论。

笔者认为，这里的问题不难化解，例如只需进行一些语言分析就足够了。我们一再强调，"创造力"的概念具有规范性的一面，即既可被理解为一种能力，一种能生成新的点子、主意、计划的潜力，这样的能力的确不包含评价问题，又可理解为现实表现出来的本体论事实或事件，这样的创造力就是由创新主体、过程、文化、环境、产物、评价所组成的大系统。如果把创造力理解为现实的能力和事件（如此理解合情合理），我们不仅可以讨论创造力的评价问题，而且必须予以讨论，因为这既是一个责任问题，也是一个事关创造力发展的大问题。事实上，多数人也是在这样的规范下展开合法的创造力与评价及其关系的研究的，并把它变成了计算创造力研究中的一个子领域。相应地，从设计上说，把负责评价的子系统或模块看作有创造力的计算系统中一个有机组成部分。卡里米（P. Karimi）说："评价计算创新模型是设计和理解创新系统的重要组成部分。"[1]如果评价由人工系统完成，那么它的自我评价可以成为触发新的设计目标的一个条件。

如果肯定计算创造力对评价的研究是必要的，那么接下来就有一系列纷繁复杂的问题，如评价是否应被建构为计算创新系统中的必然组成部分；如

---

① Karimi P, Grace K, Maher M, et al. "Evaluating creativity in computational co-creative systems". In Pachet F, Jordanous A, León C (Eds.). *Proceedings of the Ninth International Conference on Computational Creativity.* Salamanca: University of Salamanca, 2018: 105.

果说计算创新系统由很多子系统或模块组成，我们是否应为之建构一个评价模块。质言之，评价究竟属于计算系统内的构成，还是从外面加之于它的东西？评价属于内在评价还是外在评价？与此相关的还有，过程评价与结果评价的关系问题，评价与测量的关系问题，是否应关心元评价即评价的评价问题，评价有哪些不同的方法论，等等。

就评价模块的具体设计和建模工程而言，要在计算创新系统中处理评价问题必然面临以下四个问题：①谁来评价创造力？这一问题在创造力支持工具和协作创造力的评价设计中更为突出和困难。其回答不外三种可能，一是由计算系统自己评价，此评价为元评价，如系统知觉自己的加工过程，思考自己的思考。卡里米曾提出了一种在协同创作绘画情境中识别和引入概念转化的方法，其目的是让系统完成自我评价。[①]二是由用户评价。三是由第三方评价。[②]评价什么？这里有这样一些可能的选项，如对创新成果或结果的评价，对过程的评价，用户对协同创新系统的创造力的评价，以及对用户和系统的相互作用的评价，等等。在过程评价中，有的强调要从技能、技巧、欣赏和想象等角度去评价。在协同创造力中，关键的待评价的要素是人与机器的交互。这里要考察的是界面，如可用性、表现力、有效性、所产生的效果等。就内在方面而言，评价还应关注人机交互的动力机制，这是所有协作创新的天然组成部分。例如，在完成一幅画的创作时，人与机器之间就有一种交互的动力学。可为这种交互建构模型，戴维森把这种模型称作"创造性的意义构建"[②]。③何时予以评价？计算系统的评价既可随创新在时间上的

① Karimi P, Grace K, Maher M, et al. "Evaluating creativity in computational co-creative systems". In Pachet F, Jordanous A, León C (Eds.). *Proceedings of the Ninth International Conference on Computational Creativity.* Salamanca: University of Salamanca, 2018: 105.

② 参见 Karimi P, Grace K, Maher M, et al. "Evaluating creativity in computational co-creative systems". In Pachet F, Jordanous A, León C (Eds.). *Proceedings of the Ninth International Conference on Computational Creativity.* Salamanca: University of Salamanca, 2018: 106.

推进而作出，也可在创新过程完成后进行。前一评价可称作形成性评价，这种评价是生成和检测回路的组成部分，其作用是为系统的进一步探索提供反馈信息。后一评价可称作总结性评价或事后评价，其作用在于，为系统未来的发展提供指导。④怎样展开评价？要做出评价，必须解决方法论和评价尺度的问题，当然还有大量哲学、价值论、评价论和工程技术方面的问题。

关于计算创造力评价的种类和致思取向有不同的概括，如加波拉等从社会学角度提出，计算创造力评价有两大类，一是对一种思想或产品是不是新的、是不是有用的评价；二是对创造力的社会意义、价值的评价，如某种创新对社会是有利还是有害的。制毒、贩毒方面的创新，法西斯用活人做生化武器实验的创新等就不是值得提倡的。这里就有这样的问题：是否一切创新都是值得提倡、鼓励、赞扬的？创新是否越多越好？①从评价基础来看，可把它们分为以下两种：一是依赖于人类参与者的方案，有一类评价技术强调，只有专家才有资格对各自领域内的创新工作做出评价；二是纯粹以计算为基础的方案。从评价涉及的对象来看，一是具有普适性的评价方案，二是只适用于某一类对象的个别的典型方案。如果根据计算创造力的实现方式来划分，那么可以说计算创造力的评价有三种或四种。我们在前面已说过，在计算创造力语境下，创造有三种实现方式，一是由完全的自主创新系统来体现，二是由创新支持工具来体现，三是由协同创新系统来体现。有的人认为，在它们之外还应增加这样一种，即混合型主动协同创造力，指的是在创立一个新的输出时人和机器主动承担，就是说，对于这一成果，合作诸方都有积极主动的贡献。所谓"积极主动的贡献"指的是计算自主体自己主动献计献策，而不是被动地按用户的要求去做。这里的"混合型主动"是指合作诸方都很

---

① Gabora L, Tseng S. "The social impact of self-regulated creativity on the evolution of simple versus complex creative ideas". In Colton S, Ventura D, Lavrač N, et al (Eds.). *Proceedings of the Fifth International Conference on Computational Creativity*. Ljubljana: Jožef Stefan Institute, 2014: 8.

主动，当然主动的比例是不同的，有时是以机器为主，有时以人为主。[①]如果是这样，计算创造力的评价就相应包括上述四种，即每种实现方式由于有自己的特点，因此其评价方式就自然不一样。

下面我们将按照计算创造力评价研究关注的问题及其逻辑，考察专家们在评价及其与创造力的关系问题这一领域所做的工作，揭示其基本进展和主要成就。

第二节　计算创造力的本体论地位问题与"事后评价"论

哈德森（J. Hodson）等明确提出，计算创造力研究应重视评价问题，但评价不是创造力的内在构成，而是外在于创造力的，从时间上说，评价后于创造力，即只有当创造力发生后，才有可能对之作出评价。质言之，评价是事后评价，其任务是弄清人们在什么情况下把一个过程或结果称作"有创新性的"。根据这一评价理论，一种行为是不是创新行为，是否有创造力，完全是一个评价问题。因此，根据这一理论，创造力就没有什么真实的本体论地位。这一观点类似于心灵哲学中的解释主义或归属主义。根据这一理论，心智之类的东西不是实在存在的，而是为满足解释、评价的需要而归属于人的，就像地球上没有经纬线，人们为了解释的需要而把它们归属于地球一样。哈德森的事后评价论与其他形式创造力实有论的争论类似于解释主义与心灵实在论的争论。

创造力实有论是计算创造力中占主导地位的观点，麦科马克和威金斯等权威人士认为，计算系统之所以被评价为有创造力，其输出之所以被认为有

---

① Davis N, Hsiao C P, Popova Y, et al. "An enactive model of creativity for computational collaboration and co-creation". In Zagalo N, Branco P (Eds.). *Creativity in the Digital Age.* London: Springer-Verlag, 2015: 109-133.

创新性，是因为它生成了这样的成果，它们不仅被评价为该系统的成果，而且是该系统凭自身"努力"得到的。[①]质言之，该成果之所以被评价为创新成果，是因为它以及生成它的过程作为本体论事实发生了，因而具有本体论地位。威金斯等认为，机器完成的行为如果由人完成，并被认为有创新性，那么就可以说机器的行为是创新行为。根据这一类观点，计算创造力的评价便有两种进路，一是从外部，由编程人员、工程师、用户等对机器实现的计算创造力作出评价，此评即他评；二是机器对自己完成的创新过程及成果的自评。对这两种评价的研究很多，关于后一种评价，有的人探讨了评价创新成果的标准，主要看有关成果有什么典型意义，有何价值。还有人认为，技能、想象力和有欣赏价值应成为计算机模型必须具有的特征，因此是评价机器有无创造力的标准。[②]本章关注的主要是后一种评价研究，当然有的地方也会涉及前一种评价。

创造力评价的实有论或客观论是在批判事后评价论的基础上发展起来的，因此我们先考察事后评价论。哈德森赞成这样的观点，即创造力在旁观者眼中，完全是一个评价问题。旁观者承认一过程、成果是创新的，就是创新的，因此，计算创造力研究的出路就是探讨如何设计出这样的人工系统，它们能完成人们认为有创造力的输出，要如此，就要研究智能、学习、推理的基本构成，而不是直接去研究创造力。

把创造力与美德加以比较有助于认识创造力的本来面目及其与评价的关系。哈德森认为，美德不是一个事后评价的问题，因为判断行为是否属于美德，既要看结果，又要看过程，而创造力则不同，完全是一个事后评价的问

---

① McCormack J. "Open problems in evolutionary music and art". In Rothlauf F, Branke J, Cagnoni S, et al (Eds.). *Application of Evolutionary Computing.* Berlin: Springer, 2005: 428-436.

② Pérez y Pérez R, Ortiz O. "A model for evaluating interestingness in computer-generated plot". In Maher M, Veale T, Saunders R, et al (Eds.). *Proceedings of the Fourth International Conference on Computational Creativity*. Sydney: The University of Sydney, 2013: 131.

题。过去之所以没有看到这一点，是因为已有的创造力概念充满着混乱，容易让人误入歧途，其根源在于这个词在命名时就有问题。在哈德森等看来，人们创造出了所谓的新成果，其实与过程没有什么关系。因为许多生成了创新成果的过程有时也可生成不被认为有创造性的成果。因此，结论只能是：创造力是一种事后的现象，与过程无关，只与旁观者、观察者的描述、评价有关。既然如此，"去探索创造力的根源是没有意义的"[①]。

当然，哈德森不否认新颖性在世界上的存在，不否认主体能生成有用的成果，但认为它们是所有有用的认知过程的结果。这些过程不能完全描述我们事后评价为创新的东西，但由于拓展了我们对创新成果背后驱动力的理解，因此既有助于我们对正在发生的东西的理解，也有利于我们对它的建模。如果是这样，那么计算创造力的研究就应关注事后评价，设法弄清人们在对象满足什么条件时才会把一过程或结果评价为"创新"，然后在设计有创造力的计算系统时，通过相应的技术手段让计算系统创造这样的条件。果如此，该计算系统也会被评价为创新。很显然，这里既有解释主义的思想，也体现了图灵主义的精神。

为了验证上述关于创造力与评价之间关系的观点，哈德森作了这样的经验研究，即研究网上的语料库，考察人们如何使用与"创造力"有关的一系列概念，如"发明创造""新颖性""令人震惊"等等，以及在什么条件下才会使用。通过大量的数据分析，哈德森似乎找到了这些评价语词在相关语境下出现的频率、特点和规律，最终，他得出结论说，这些材料能证明创造力只与事后评价有关，而与实际的过程没什么关系。[②]

① Hodson J. "The creative machine". In Goel A, Jordanous A, Pease A (Eds.). *Proceedings of the Eighth International Conference on Computational Creativity*. Atlanta: Georgia Institute of Technology, 2017: 147.

② Hodson J. "The creative machine". In Goel A, Jordanous A, Pease A (Eds.). *Proceedings of the Eighth International Conference on Computational Creativity*. Atlanta: Georgia Institute of Technology, 2017: 148-149.

哈德森认为，这一事后评价论对计算创造力研究有这样的意义：①它能为理解人的创造力提供计算框架；②它更容易让机器表现创造力；③它能以工程学方式增强人类的创造力，改善人类的生活。①在我们看来，说事后评价论有利于机器更快捷地表现创造力这的确不假，其工程学上的难度也小得多，因为它强调的是建模人类创新过程的效果，而不太关注用什么样的过程和机制去实现这样的效果。没有过程和机制的建模当然省了很多事情。很显然，这是一种发展计算创造力的实用主义路线。

第三节　计算创造力评价的内在性、创造力三脚架与图解式形式体系

计算创造力的评价是计算创造力的设计、建构和应用绕不过去的问题，因此具有其内在的必然性和必要性。有些软件一经诞生，人们的第一反应就是对之加以评价，当然评价时常用的是人的创造力标准。即使如此，在面对下述成果时，人们一般会评价它们是创新成果，如"绘画小子"软件的作品公开出售；HR 发现系统发现的定律出现在了数学文献中；Ludi 系统发明了颇受欢迎的游戏，人们竞相购买。②下面我们考察科尔顿与有关合作伙伴在分析计算创造力评价中存在问题的基础上所建构的评价模型。

一、评价与测量、过程评价与结果评价的关系问题

这里的问题是，人们的评价常与测量相混淆，即计算创造力的评价常以类似于图灵测试的评价模式表现出来，如把机器完成的成果与人的创新成果

---

① Hodson J. "The creative machine". In Goel A, Jordanous A, Pease A (Eds.). *Proceedings of the Eighth International Conference on Computational Creativity.* Atlanta: Georgia Institute of Technology, 2017: 146.

② Colton S, Wiggins G. "Computational creativity: the final frontier?". *Frontiers in Artificial Intelligence and Applications*, 2012, 242: 23.

加以比较，或者用双盲法将这两类成果拿出来让评价者分辨和判断：它们是不是由人创作的？如果回答是肯定的，那么就意味着通过了测试，即应被评价为有创新性的成果。

科尔顿等认为，这样的评价在理论上是错误的，在实践上是有害的，因此应予以避免。理论上错误的表现是，它把评价问题简化为测量问题，而评价如后面要论述的，远比测量复杂。实践上有害的表现是，假如一个艺术品交易商用这种测量、比较的方法来评判，那么他就会吃亏，因为如果他未能识别出这件作品是由机器完成的，他就会蒙受经济损失。最重要的是，这样的评价对人工计算系统的发展是不利的，因为它将创新局限在人的创新范围内，以人的创新为标准，坚持人类中心主义，或以人类创新为计算创造力研究唯一的"原型实例"。其实，创新的形式多种多样，除人的创新之外，还有非人的创新。科尔顿等说："让许多人研究计算创造力的有趣驱动力在于，挖掘计算系统用非人类方式创新的有趣潜力。"①

科尔顿等认为，计算创造力的评价问题极其复杂，首先，这里的评价形式多种多样，例如有两种评价应区分开来，一种是对人工系统生成的作品的文化价值的评价，即对输出成果的评价，另一种是对它们表现的行为的复杂性的评价。其次，由于创造力可同时有结果和过程两种观察维度，因此评价也相应有两种维度，即根据输出来评价和根据过程来评价。就已有研究而言，根据创新软件的输出来评价计算系统的创新已取得了一些成果，如 G. 里奇的"创新系统框架"将创新的三个标准——新颖性、典型性和品质——形式化了，而且实验证明，WASP 诗歌生成系统就成功地受到了 G. 里奇评价系统的评价。相对而言，通过评价创新软件的过程来评价它的创造力就复杂和困难得多。这一评价与输出评价有一个交汇点，即"监护系数"。这里的监

---

① Colton S, Wiggins G. "Computational creativity: the final frontier?". *Frontiers in Artificial Intelligence and Applications*, 2012, 242: 24.

护指的是选择最佳输出的编程人员的监护。例如，软件的输出是软件的作者仔细检查过的，只有最好的输出才会呈现给受众。因此对软件创新过程的评价既会涉及输出，也会涉及软件的作者，因为至少有一部分的创新责任可追溯到该作者身上。

二、创造力三脚架理论

科尔顿等认为，过程评价对计算创造力研究更加有意义，因为这样的评价会促使有关专家将研究的重心转向对创新内在过程和机制的研究之上。而这样的研究既有利于计算创造力迈上新的台阶，又有回击怀疑论的作用。怀疑论者之所以认为计算系统没有创造力，是因为他们认为计算系统没有创新的能力及过程，如没有技能、想象力和鉴赏力。为完善计算创造力的过程评价体系和方法论，科尔顿等提出了创造力三脚架理论，认为要对系统作出评价，应涉及系统的一组内在属性，因为在仅以自动创新过程的最终产物来评价这个过程时，可用的信息是有限的。要沿着产品回溯，获得关于系统内在过程的认识，必须关注系统本身，直接探讨系统的创新过程。科尔顿说："杜尚将一小便池作为一件艺术品展出，消费者在这里赞赏的是艺术家的创造力，而不是那个人工制品的价值。"[1]他认为，创造力可分为三部分，即技能、想象力和鉴赏力。它们结合在一起就成了创造力三脚架理论。这三部分也可理解为辨别有无创造力的必要条件、标准。因此基于对这些属性的分析，也可建构出关于创造力评估的标准和方法论体系。

在科尔顿看来，这样的评价理论不仅有助于避免原来的图灵测试和简单、单纯的结果评价的片面性、肤浅性，而且为计算创造力研究建构真正有创造

---

[1] Colton S. "Creativity versus the perception of creativity in computational systems". *AAAI Spring Symposium: Creative Intelligent Systems*, 2008, 8: 15.

力的内在过程和机制指明了前进的方向。[①]

　　评价中还有以下问题值得注意：自动的诗歌生成器显然没有像人类诗人那样的创造力，但有时能输出被评价为有创新的成果，面对这种情况该怎么办？怎样平衡、协调对软件的过程评价和输出评价？与此密切相关的是"计算创造力的潜热效应问题"。它指的是这样的现象，即随着赋予软件系统的创新责任的增加，其输出的价值则不会增加，就像在状态变化边界将热加到物质之上不会增加温度一样。科尔顿等认为，解决这类问题的出路在于，通过增加系统行为的复杂性来增加输出的价值，因为软件本身更具创造力的事实可能会反映在人们对它输出成果价值不断提升的认识之上。导致潜势效应的一个原因是，创新的任务不会随着系统的建构而发生改变。如果我们认为软件解决了生成高品质诗歌的问题，那么后续的版本就会有糟糕的表现。不过，通过移交创新责任量的增加，软件会在生成范式内解决一系列困难的问题。在这种情况下，当软件被设计来承担更多创新责任时，根据软件的全部输出来测量、评价其进步，将不会对软件在智能方面的进步作出适当的褒奖。要解决这里的问题，评价时既应考虑输出，又应考虑输入，即对输入少而输出多的成果给予较高的评价。

　　总之，科尔顿等认为，应重视过程评价，并避免采用图灵测试中的模仿游戏式评价模式。要如此，就要在测试时增加对话因素，如关心并追问软件的动机。[②]

　　科尔顿等的创造性探讨还表现在，对创造力与评价的关系这一评价论中更根本的问题发表了颇有见地的看法。在他们看来，评价不像无关论和"事后评价论"所说的那样，是创造力之外的过程，而有其必然的、有机的构成。

　　[①] Colton S, Wiggins G. "Computational creativity: the final frontier?". *Frontiers in Artificial Intelligence and Applications*, 2012, 242: 25.

　　[②] Colton S, Wiggins G. "Computational creativity: the final frontier?". *Frontiers in Artificial Intelligence and Applications*, 2012, 242: 25-26.

质言之，创新能力一定包含评价能力，而且后者始终伴随着前者，即人在创新的过程中一定会经常使用自己的评价能力，一定会基于评价对创新过程进行监督性干预。有时，评价有引导创新的作用，如及时把不好的、低劣的选项排除出去，使其向更好的选项进化。科尔顿等以诗人为例指出："一个没有评价自己作品能力（进而必要的监督性干预能力）的诗人根本就不是诗人。"[①]这样的看法不适用于作为潜力的创造力，而适用于现实发生了的创造力。因为这样的创造力一定是包含创新主体、创新动机、意愿、过程、结果和评价的大系统，不仅如此，评价过程一定贯穿在创新的全过程中，并随时发挥着监督、反馈和调节的作用。

评价问题既源于计算创造力研究的工程实践，又有推动其向前发展的意义。例如，对诗歌生成系统的审美评价行为就是更大的工程实践的一部分，在这里，可以用 FACE 模型来指导对系统的建构。还应看到的是，计算创造力的评价系统的建构不能以人的创造力的评价系统为参照，而必须走自己独立的建构和技术路线，这是因为计算系统实现的创造力是一种新的创造力，它能像人的创造一样创新，但又不同于我们所知道的任何创新形式。这是一种大胆而新颖的观点。[②]既然如此，对它的评价就不宜模仿人的评价标准和方式，如前所述，应走自己独立开发的道路。这里应坚持的原则是，只要计算系统生成了创新成果，我们就应评价它完成了创新行为，而不能根据人的创新过程、细节求全责备，不应无理地死死抱住人关于创新过程的观念不放，我们的软件必须自己努力工作，构建自己的过程、输出和评价体系。[③]

---

① Colton S, Wiggins G. "Computational creativity: the final frontier?". *Frontiers in Artificial Intelligence and Applications*, 2012, 242: 24.

② Colton S, Wiggins G. "Computational creativity: the final frontier?". *Frontiers in Artificial Intelligence and Applications*, 2012, 242: 25.

③ Colton S, Wiggins G. "Computational creativity: the final frontier?". *Frontiers in Artificial Intelligence and Applications*, 2012, 242: 25.

三、创造力的第二性本质、强弱问题与图解式形式体系

这是科尔顿提出的气度不凡的概念和理论，一看就让人有眼睛一亮的感觉，不愧为本领域的旗手。他关于评价的模型或图解形式体系以对创造力的独特认知为基础，强调应同时评价一软件的创新过程和结果，这是因为在建构和执行一系列生成新产品的软件过程中，创新行为呈现出不同的时间线。更重要的是，创造力在本质上不是第一性质，而是第二性质。这是建构评价理论必须看到的前提性事实。看不到创造力这样的本质，评价理论说得再多，都将离题万里。这从一个方面说明，创造力的评价与创造力的本质的认识密不可分。我们知道，第一性质和第二性质两个概念是由伽利略最先倡导后得到洛克完善和定型的概念。第一性质指的是事物自在具有的、不依外面事物变化而转移的性质，如形状、空间等；第二性质是若干事物发生关系时作为高阶属性表现出来的性质，最典型的例子是色声香味，它既不在外物上，也不在感知这些属性的人身上，而是在两者发生交互作用时突现出来的。科尔顿与其合作者认为，创造力只能是第二性质，即"不是人或软件内在固有的属性，因为它离不开创新主体自身、其他主体或旁观者对人或软件所表现出的某些行为的知觉、看法"[①]。具言之，只有当一个被创造出来的成果，如思想、产品，真的有其他同类思想、产品所没有的东西，同时有人承认它们是创新成果时，才有创造力的出现。可见，创造力是由多种因素共同决定，具有函数性的特性。他们承认，这不是定论，应接受讨论，只有通过争论，才有可能推动创新实践和计算创造力研究的发展。

计算创造力不仅有上述本质特点，还有强弱之分。这是科尔顿等仿照 AI 的强弱提法提出的关于计算创造力的一种分类。在他们看来，这也是建构评

---

① Colton S, Pease A, Corneli J, et al. "Assessing progress in building autonomously creative systems". In Colton S, Ventura D, Lavrač N, et al (Eds.). *Proceedings of the Fifth International Conference on Computational Creativity.* Ljubljana: Jožef Stefan Institute, 2014: 137.

价理论时必须优先看到的又一个前提条件。弱计算创造力主要表现在诗歌、绘画和游戏等领域，其目的是生成不断提高的、有艺术价值的作品；强计算创造力的目的是提高有创造力的主体对系统的创造力认知。这两种创造力没有互补关系，甚至有冲突，如提高软件的自主性会提升人们对创造力的认知，但会降低被生成的成果的价值。这就是所谓的"潜热效应问题"，类似于 U-型学习，如要想获得更好的成果，往往需要先经历一段变差的过程。①

科尔顿等的评价模型以对评价与目的关系的认识以及对创造力的强弱划分为基础。他们认为，目的会影响所用的评价方法，如要评价弱创造力在目的方面的进步，就要评判所产生的成果的品质，但对强创造力的目的而言，更有意义的是评价软件做了什么，人们为什么认为它们有创造性，是怎样形成这种看法的。为了作出这样的评价，他们提出了 FACE 描述模型和 IDEA 模型。前一模型的目的是要将对软件完成的创新行为的描述形式化，如将软件完成的创新行为分为基础层次的行为（在此层次，基础对象产生出来了）和过程层次的行为（在此层次，生成基础对象的方法产生了）。后一模型的作用在于，能将这些创新行为对人们产生的影响形式化。有了这些模型后，他们便将这些模型应用于特定的系统，以弄清创新行为的真正主体是编程人员还是软件。其问题在于，当用 FACE 模型来描述系统时，它无法完全体现编程人员和程序创新行为之间的相互作用。为解决这一问题，科尔顿等补充了形式化的又一个阶段，其目的就是要弄清建构创新系统方面的进步。在这一阶段，他们把 FACE 和 IDEA 模型对创新行为的质、量和多样性的客观测量，与用户对软件的行为和输出的品质的认知整合在一起。这是一个评价所建构的创新系统是否有明显或隐藏的进步的"两步走方法"。第一步是用图

---

① Colton S, Pease A, Corneli J, et al. "Assessing progress in building autonomously creative systems". In Colton S, Ventura D, Lavrač N, et al (Eds.). *Proceedings of the Fifth International Conference on Computational Creativity*. Ljubljana: Jožef Stefan Institute, 2014: 137.

形来揭示建构和执行系统时的各种时间线，第二步是对图形作出比较。[①]

根据这一评价方案，创新系统的进步只能根据独立观察者的反馈来衡量，如他们对软件所生成成果的品质的看法，以及对软件创造力的看法。[②]

科尔顿等的上述模型是一个汇集了多种动机、目的和倾向的方案，因此只要理解了它的综合特点特别是它怎样综合多种评价方案，就不难予以理解。就目的而言，这一模型既有理解人的创造力的目的，又有生成人工产物的工程实践目的，还有解决哲学问题的目的。其他方案由于目的各不相同，因此关注的进步的对象也自然不同，如带着弱目的的人关心的就是如何可靠有效地生成特定形式的艺术品，因此他们关心的是软件方面的相对于以前软件的进步。科尔顿等建构模型的目的是综合的，因此就有对强弱不同创造力的综合评价功能。就评价方法而言，其他方案在对软件作进步评价时，常见的评价方法是图灵测试，即判断新开发的软件所生成的成果在与人的成果比较时，是否无法区分其是由人还是由软件所创作的。最早强调评价在计算创造力研究中地位的威金斯等坚持证伪主义方法，认为在用图灵方法进行测试时须谨慎从事。科尔顿等则明确反对图灵测试，因为人们为了通过测试会刻意模仿，这是不利于 AI 的发展的，就效果而言，它可能有短期的科学意义，但从长远看，其不利于创新软件的社会应用。就评价涉及的对象而言，科尔顿等的模型既重视结果和过程评价，又重视在计算创新系统中对评价模块的建构，重视对有全面评价功能的软件的开发。这样的操作其实也是一种对有关工作的综合。我们知道，随着本领域的发展，就弱计算创造力研究而言，研究的

---

① Colton S, Pease A, Corneli J, et al. "Assessing progress in building autonomously creative systems". In Colton S, Ventura D, Lavrač N, et al (Eds.). *Proceedings of the Fifth International Conference on Computational Creativity*. Ljubljana: Jožef Stefan Institute, 2014: 137.

② Colton S, Pease A, Corneli J, et al. "Assessing progress in building autonomously creative systems". In Colton S, Ventura D, Lavrač N, et al (Eds.). *Proceedings of the Fifth International Conference on Computational Creativity*. Ljubljana: Jožef Stefan Institute, 2014: 138.

注意力开始从生成结果转向了能作出评价、批评和从输出中作出选择的程序之上，简言之，新的倾向是探讨如何让程序自己作出评价，或设计有评价能力的程序。这样的评价是服务于软件的质量提升的，因为软件作出评价后，就知道如何探索更大的空间，进而用数学推导或机器学习审美或实用性计算来找到最好的输出成果。有理由说，让软件评价自己的工作就能让它更有智能，更具创造力。由于有这样的认识，科尔顿等的模型的评价方法和步骤就清晰了。例如，如果后来开发的软件版本由于具有更复杂的内在评价技术，因此能生成被外部评价为具有更高品质的成果，那么应用他们模型的计算系统就能作出评判说，这后来的软件是有创新性的、进步的。[①]

科尔顿等的模型也借鉴了这种建模趋势，例如一部分人在着力研究外部评价的过程中，强调关注受众、用户、旁观者、观察者对软件的看法。乔丹斯的语料库分析方案就是其典型。他用语言学方法先着力弄清人们怎样使用"创造力"一词，以及哪些词与它联系紧密，然后用众包技术来评估创新系统。上面考察过的元评价思想在科尔顿等的模型中也有反映。

尽管强计算创造力遭到一些人的诟病，但科尔顿等的方案对之也进行了采纳。一些研究者不满图灵主义基于结果的评价方案，认为这一方法不利于计算创造力研究本身的发展，因为它让人关注结果，而不关注内在过程，会出现这样的悖论，即提高了软件的自主性反而会降低输出的价值。在这些研究者看来，软件的自主性是可以通过满足强目的得到实现的。反之，当一工程的目的为弱时，那么就会去降低软件的自主性以产生表面上有高品质的输出产品。在科尔顿等看来，关注结果的建模其实是有其合理性的，符合可多样实现原则，其效果也比较好，至于所谓的悖论可通过让软件自己评价自己

① Colton S, Pease A, Corneli J, et al. "Assessing progress in building autonomously creative systems". In Colton S, Ventura D, Lavrač N, et al (Eds.). *Proceedings of the Fifth International Conference on Computational Creativity.* Ljubljana: Jožef Stefan Institute, 2014: 138.

的输出来加以解决。这样做不仅有解决理论上的悖论的意义，而且在实践上有利于提升输出的智能和创造力。正因为这样，这样的方案已成了当今创造力评估研究中的一种重要走向，其成果也很多，同时还诞生了一种软件开发工程，即通过生成题目、评论和其他材料来构建软件的过程和输出。如此生成的软件可能会有更好的受众评价和社会认可度，让他们更好地欣赏软件的输出。

总之，科尔顿等的新评价模型由于既有综合、借鉴又有创新，因此能具体地澄清、揭示、评价计算创造力研究中的进步，消解过去研究中的一些难题，如软件创新的评价问题、创新软件进步的标准研究中的种种困难，以及在长时间的程序执行过程中，如何认识程序员和软件各自所做的工作，如何分辨他（它）们的创造性工作，等等。另外，他们的模型还有这样的意义，即既适用于回答一般研究的进步与否，又适用于评价特定的软件系统。之所以有此功能，是因为他们的模型融合了这样一些元素，如公众、同行对进步的理解，强与弱评价方案以及常见的、里程碑式的进步评价，等等。从技术上说，它包含描述了时间线中的创新行为的生成系统图。该系统生成图还能把来自程序员的创新行为与程序的创新行为明确区别开来。在应用时，他们的形式化抓住了一些直觉概念，如输出成果的品质，所完成的创新行为的量、层次和变化，受众对软件行为的评价。

科尔顿等的评价进步的方案的特点在于，不仅不排斥反而明确承认接受了哲学观点的指导。他们说："我们的方案自始至终受到了各种哲学观点的推动"，同时建立在对各种评价方案所用方法的批判性反思基础之上。[①]

当然，这一模型仍是当前计算创造力评价试错探讨中的一种选择，有很

---

① Colton S, Pease A, Corneli J, et al. "Assessing progress in building autonomously creative systems". In Colton S, Ventura D, Lavrač N, et al (Eds.). *Proceedings of the Fifth International Conference on Computational Creativity.* Ljubljana: Jožef Stefan Institute, 2014: 144.

多不完善、需进一步探讨的方面。例如，他们承认，尽管他们用了 G. 里奇的标准，试图对输出成果的品质、新颖性和典型性作更细程度的评价，但受众评价模型仍"很不完善"。①再如，他们的模型尽管从 IDEA 描述模型中引入了受众反思评价图式，尽管用图形方案来描述建构生成性软件中的时间线，但要更好地反映软件在运行过程中的功能还需做一些改进工作。再一项需要改进和发展的工作是开发、建构更为复杂的、能被认为有创造力的系统，只有这样，才能生成高品质的输出成果，受众才会认可软件有创新性，并乐于接受它的输出。

当然，已有的计算创造力评价研究还是初步的，值得进一步发展，如这样的工作就等着它做，在协调好创造力与实时评价关系的基础上，不断提升计算系统的创新和评价能力，在此基础上，大力推进评价方法论的整合性研究，真正找到有利于计算创造力发展的评价方法论。

第四节　"不公平"问题与"新手构架"

内格雷特-扬克列维奇（S. Negrete-Yankelevich）等对一些计算创造力评价理论发表了大致相同于科尔顿等观点的看法，认为已有评价理论鉴于设计计算机程序的目的就是为人类产生有价值的东西，因此对它们的定义和评价总依据人的价值观和需要，例如根据它们是否能满足人的需要、能否实现人的目的，即根据人的标准来评价它们有无创造力。在内格雷特-扬克列维奇等看来，"这是一种不公平的现象"②。这里当然涉及责任问题或主体性问题。

---

① Colton S, Pease A, Corneli J, et al. "Assessing progress in building autonomously creative systems". In Colton S, Ventura D, Lavrač N, et al (Eds.). *Proceedings of the Fifth International Conference on Computational Creativity.* Ljubljana: Jožef Stefan Institute, 2014: 144.

② Negrete-Yankelevich S, Morales-Iaragoza N. "The apprentice framework: planning and assessing creativity". In Colton S, Ventura D, Lavrač N, et al (Eds.). *Proceedings of the Fifth International Conference on Computational Creativity.* Ljubljana: Jožef Stefan Institute, 2014: 280.

该问题说的是，在为计算系统表现的创造力归责时，或在追溯它们的主体时，究竟应该是将责任归于设计者、程序员还是软件系统本身。内格雷特-扬克列维奇等认为，计算机有自己的权利来判断它们有无价值，至少可有权认为自己是创新的参与者。他们说："计算机越来越多地参与创新过程，因此有可能把它们看作参与者，把它们所做的事情看作它们在团队中所担当的角色。"他们承认存在这样的创新过程，即由人机共同完成的创新，在这种情况下，若说机器有独立的创造力，那也是不对的。他们说，在这种情况下，"可以把引发创新的过程看作人与机器的合成，并根据他（它）们所起的作用来揭示其角色"①。另外，已有的计算创造力评价研究尽管对维度、轴线、标准等作了研究，但其问题是，这些标准是难以捉摸的、任意的、主观的、变化不定的，未能恰当地反映计算系统在创新过程中的主体角色和权责。

一、内格雷特-扬克列维奇的"新手构架"

为解决上述问题，内格雷特-扬克列维奇等设计了所谓的"新手构架"，并建构了一个能生成动画的、兼有评价功能的人工创新系统。在建构"新手构架"时，他们先探讨了有关基础理论问题。他们认为，计算创造力是通过计算系统表现出来的，通常表现方式有两种：一是作为工具、手段参与创新过程，如作为工具储存信息，作为完成创新过程的环节、工具等；二是作为独立创新自主体开发的软件，如会编讲故事、会画画的软件等。在他们看来，后一形式可看作"主人"或创新自主体。当然，这里应区分清楚人与软件的作用，如首先看到软件工程师的设计作用，其次看到有创造力的软件由于被设计好了根据情境特点独自完成创新任务的程序，因此又承认在具体执行过

---

① Negrete-Yankelevich S, Morales-Iaragoza N. "The apprentice framework: planning and assessing creativity". In Colton S, Ventura D, Lavrač N, et al (Eds.). *Proceedings of the Fifth International Conference on Computational Creativity*. Ljubljana: Jožef Stefan Institute, 2014: 280.

程中独立自主体的角色和地位。这也就是说，只要同时看到计算系统有不同的实现方式，就不能不顾条件简单、武断地说计算系统有独立创造力或没有这样的创造力，而应具体情况具体分析。具言之，计算系统在创新过程中所承担创新任务角色和程度是不一样的，可根据它们的不同作用区分为五种角色：一是媒介。由于有计算机作为媒介，因此人机合作创新团队的其他成员就能作为环境发挥作用。二是工具包。计算机能作为团队成员所用的工具帮助生成创新作品。三是生成器。计算机被编制了程序，以至能帮助生成部分或全部作品的标本或模型。四是助手。五是作为主人或独立的自主体独自完成创新任务。只要扮演了这些角色，计算机就会被认为作为主体生成了完整的、有创新性的作品，这是计算创造力的上限，或计算系统能获得的终极能力。

他们认为，认识到计算系统所能扮演的这五种创造力角色对于开发计算创造力研究有以下启示意义：①融入创新过程的机器可以让其内的所用程序得到检查，让人看清这些程序对整个创新过程具体发挥了什么作用，以及有多大作用；②程序的样式、版本可根据它们被期望扮演的角色来加以测试；③研究纲领的阶段性计划能根据被赋予参与者的角色来制定明确的目标和策略；④创新过程的诸方面如结构、转化等可帮助团队弄清楚，对于一种特定角色来说，它试图得到什么，进而决定它怎样评价它的表现。不难看出，他们也像科尔顿等一样把评价能力和过程看作创造力的有机组成部分。

在上述论述的基础上，内格雷特-扬克列维奇等具体阐述了他们的"新手方案"。这实质上是一个评价计算创造力的框架。他们认为，把这一框架与其他领域中的评价方法结合起来就能对计算系统中的创造力作出评价，也能帮助计算系统建构自己的评价机制。他们所说的其他领域的方法论指的是这样的方法，它们的作用表现在，能用参与式和集成化方法找到人们想要的、有价值的东西，故可称作参与式方案。它将参与者纳入到成果的创造过程之中，然后设法测量参与者所起的作用、影响及其具体表现。可用三个步骤来评价参与者的影响，一是说明项目的目的，二是定义能反映这些目的的行为和结果，三是通过观察指标来评价结果的影响。[①]

在此基础上，运用新手构架就能知道，该怎样开发或评价计算系统的创造力。在这里，要获得对系统的评价，并在评价的基础上改进创新行为，关键是识别计算机在整个创新过程中的角色和所承担的责任。

内格雷特-扬克列维奇等自认为，他们的方案有助于解决评价中存在的问题，即在人机合作的创新过程中，创造力究竟存在于哪里，谁对创造力负责，或应把创造力归于什么。根据他们的方案，关键是要认识到，创造力来自不同的因素，是通过一系列的阶段实现的。因此要具体揭示计算系统的作用，就要具体分析它所扮演的角色，以及所承担的责任。具言之，在人机合作的创新过程中，计算系统是作为参与者发挥创造性作用的，因此应被评价为创造力行使的一个主体。尽管其他评价方案也有类似的思想，如强调不同因素在人机合作创新过程中有不同的作用或责任，但他们的新手方案有这样的特点，即试图消除评价人的创造力和评价机器创造力过程中的"双重标准"之类的不公平现象，设法找到共同的方法论，那就是看到人和机器的创造力都有不同的属性、阶段和层次，进而根据他（它）们在创新团队中的不同角色平等地评价他们的创造力。总之，内格雷特-扬克列维奇等既不赞成怀疑论（否认计算系统有创造力），也不赞成夸大论（授予计算系统完全的创造力），而认为计算系统的行为由复杂因素、子过程构成，如既有机器的因素，也有人的参与，它们都是作为参与者发挥对系统完成的创造力的作用的，因此无

---

① Negrete-Yankelevich S, Morales-Iaragoza N. "The apprentice framework: planning and assessing creativity". In Colton S, Ventura D, Lavrač N, et al (Eds.). *Proceedings of the Fifth International Conference on Computational Creativity.* Ljubljana: Jožef Stefan Institute, 2014: 282.

论是人还是机器都只能作为参与者发挥其局部的创新作用。[①]

二、G. 里奇的"启发集"向量空间模型

G. 里奇在计算创造力研究中的影响也很大，其论著被引用的频率很高。根据评价的内在论，要想让计算机生成的输出被评价为有创造性，生成输出的程序在执行过程中就必须被判断为有创造力。这是自博登1990年建构创造力的认知方案以来一直占主导地位的评价方案。例如，科尔顿和威金斯等在这方面做了大量工作，一方面将博登的模型形式化，另一方面在工程实践中授予创新自主体以评价自己输出的功能，将创新的新颖感和价值感建构到自主体的程序之中。G. 里奇不赞成这一方案，倡导"启发集"向量空间模型，坚持用启发集来对创新系统作形式化描述。这种启发集既是系统构建自己输出所用方法的基础，又是系统被看作有创新性时必须超越的界限。系统的构建过程包括一系列的自我评估，如从可能事项的基本集到对启发集的考量再到输出有希望被认为同时有新意和有用的成果。[②]

2007年后，G. 里奇认为，只能根据输出来判断计算系统有无创新性。因为人的行为是否有创新性，通常是根据他们所做的事情来判断的。他之所以这样看，是因为他有这样的解释主义思想，即断言计算系统做了什么，离不开观察者的解释，计算系统所做的事情只能被解释为输出。再者，为了对系统作出评价，最好把系统在加工过程上的变化看作输出。后来，由于找到了两个新兴计算模型，即向量空间模型和深度信念网络，因此思想发生了较大变化。这两个模型都是计算创新系统有潜力的操作框架，都是作为计算高

---

① Negrete-Yankelevich S, Morales-Iaragoza N. "The apprentice framework: planning and assessing creativity". In Colton S, Ventura D, Lavrač N, et al (Eds.). *Proceedings of the Fifth International Conference on Computational Creativity*. Ljubljana: Jožef Stefan Institute, 2014: 282.

② Ritchie G. "Assessing creativity". In Wiggins G (Ed.). *Proceedings of the AISB'01 Symposium on Artificial Intelligence and Creativity in Arts and Sciences*. Brighton: The Society for the Study of Artificial Intelligence and the Simulation of Behaviour, 2001: 3-11.

级概念结构而开发的，且都成功应用于专门的信息领域。它们不仅是专门的技术，而且还有回答这样一些心灵哲学问题的意义，即这些系统完成的操作与人的心灵完成的工作是一样的吗？它们生成的结构一致于或相同于观察者所设想的、被归之于非物质心灵的表征吗？这些系统显示了这样的前景，即有望生成计算上可把握的、在意义行为中具有重要作用的概念结构。这些概念实在不仅仅是数据排列，而且还代表着处理数据的过程，是计算机符号世界中的抽象行为，当然只能通过观察来认识到这一点。

先看向量空间模型。它最初是作为文档索引机制被开发的，由高维空间构成，其维度对应于与语言对象有关的关系术语。这些对象是根据一个维度中的事项出现在语境中的频率来加以描述的，因此能由空间中的向量来表征。这里的设想是，一个空间中两个对象的相似性可根据它们对应的向量之间的余弦来解释。最近，这一模型已通过语言分配模型应用到了意义问题的解决之中，在这里，语词是根据它们的语境来表征的，这种表征特别是通过向量对它们出现在其他语词语境中的频率或概率进行表征来实现的。这一方案的作用在于，可帮助解决语词歧义和合成语义问题。从计算创造力研究的角度看，由于这一模型具有复杂的数学本质，因此有这样的机制，即能表征作为实在的意义的机制。通过它，语言的原始数据可以成为能相互作用的对象，以至能生成有价值的、令人吃惊的、新的语义组合。这一关于构建概念结构的方案将语义问题与数据加工层次分离开来了，让它不受语词联想和语义本体论的干预。这些有助于观察者思考这样的问题，即真正的创造力是不是通过预先设定的框架强加于系统之上的。

向量空间模型在处理表征时使用的尽管是不同于心理状态的操作，但其与世界发生关系的方式，与人类关联于世界的方式十分相近。在这里，符号系统获得意义不再依赖于外在观察者的解释或强加，因为处在向量空间中的对象能以抽象数学领域固有的方式相互作用，这样例示的实在至少可被看作类似于笛卡儿心理空间内部意象的概念表征。^①尽管这个模型在用于创造力评价时还有很多值得探讨的问题，但已显示是一种有希望的方案，如它可以以组合的方式构建能满足新探索空间约束的语言表征。这种系统使用的概念结构类似于人类所用的表征。另外，该模型在解决 AI 的意向性或意义缺失难题的过程中也有建设性探索，如上面所说的组合方案有希望找到创新自主体所期望的、有语义载荷的输出，即能生成有意义的、意外的语言输出。质言之，向量空间模型在解决语言意义的本质、生成及其评价问题方面显示了一定的生命力。

再看深度信念网络。它主要应用于计算语言学和计算机视觉模型之中，是 2006 年由欣顿等提出的高参数框架，可以通过开发一种能生成相同人工产品的模型来学习如何识别手写数字，最终目的是得到创造性的应用，如通过它生成有创新性的输出。^②

G. 里奇像欣顿等一样也进行了自己的实践探讨，如让网络通过开始学习生成那些有语义标记的表征来学习如何与具有这些表征的新的、有噪声的知觉相匹配。在它的许多处理层次上，它形成了不同层次的特征检测，这些特征，如线条、轮廓以及最高层次的概念等，传递的就是内在状态的、与对世界属性的心理知觉对应的印象。这就是说，由人工神经元构成的、有层次结构的网络只要用适当的方式来构建其结构，就可得到有效训练。对这种结构至关重要的是低层次的特定机制和神经元之间连接权重的简洁性。由于有相互联结的结构，因此深度信念网络就可看作计算的联结主义方案发展史上的一个重要阶段。这种最新形式中的新元素是几个操作层次的叠加，在这里，参数是一层接一层地建立的。

---

① 参见 McGregor S, Wiggins G, Purver M. "Computational creativity: a philosophical approach and an approach to philosophy". In Colton S, Ventura D, Lavrač N, et al (Eds). *Proceedings of the Fifth International Conference on Computational Creativity*. Ljubljana: Jožef Stefan Institute, 2014: 259.

② Hinton G, Osindero S, Yee-Whye T. "A fast learning algorithm for deep belief nets". *Neural Computation*, 2006, 18 (7): 1527-1554.

这一模型操作上的关键在于，允许较高层次上的单个神经元表征来自低层次的神经元集群，因此可以实现计算空间的指数级缩减。通过这样的方式，这些网络便建立了被解释为内在表征不断提升的抽象层次。就此而言，这些深层信念网络便与意义行为有关，通过这种行为，潜在扩散的视觉数据就被分解为具有一定语义值的更高层次的知觉。也就是说，这类网络在一定程度上化解了计算系统缺失意义的难题，至少有这样的动机和实践，因为一方面，它们通过对世界中预期事件的创造性重构例示了一种关于认知的方案；另一方面，它们创建了这样的抽象结构，观察者会将它们看作相似于心理状态的东西。

深度信念网络的创新是在继承的基础上完成的，如它们继承了以前神经网络用节点加权重网络进行计算的优点，还受到了神经科学的启发，如利用了它关于人类视觉皮层层次结构的研究成果。基于这些，深度信念网络就利用越来越复杂的输入数据集群，进而在它们的结构内形成更高层次的表征。加上这些系统具有代际的特点，因此这类网络有希望被看作具有内在表征的、有创造力的自主体。[1]G. 里奇认为，由于计算创新系统中内嵌了上述两个系统，因此它的创新过程和输出就可根据他倡导的创造力的三个标志性特点即新颖性、典型性和品质来加以评价。[2]

第五节　"经验基础"问题、价值问题与基于交互设计的价值论评估方案

鲍恩是计算创造力研究中卓有建树的专家，涉及广泛且新论迭出，因此

---

① 参见 McGregor S, Wiggins G, Purver M. "Computational creativity: a philosophical approach and an approach to philosophy". In Colton S, Ventura D, Lavrač N, et al (Eds.). *Proceedings of the Fifth International Conference on Computational Creativity.* Ljubljana: Jožef Stefan Institute, 2014: 260.

② Ritchie G. "Some empirical criteria for attributing creativity to a computer program". *Minds and Machines*, 2007, 17 (1): 67-99.

我们在本书讨论不同主题的不同章节中对他多有关注。他的评价理论建构也独树一帜，且博大精深。它是综合和创造性深掘的产物，如既是基于对交互设计的思考，即建立在交互计算方案的基础之上，同时又受到了对人类创新行为的人类学理解的启发。在这里，他的创造性建树表现在，鉴于过去哲学的价值研究以及计算创造力评价研究"软"的一面，通过对"软科学"和"硬科学"的元科学探讨，努力为计算创造力的评价研究提供经验基础（实即有科学上可测量的、可定量研究的事实根据，详后），使之不断减少其"软"的一面，不断向硬科学趋近。根据鲍恩的看法，软科学是精确性、定量性、可操作性较低的科学，其变量难以控制，有时甚至无法知道变量究竟是什么，许多概念不精确、不具体，不具可操作性，与事实的经验关联性不明确，即缺乏经验基础。已有计算创造力研究特别是它的评价研究大多具有软科学性质，或"落入了软科学的窠臼"①。硬科学用的是受控实验和精确测量所提供的精确材料。可见，这里的软和硬说的是学科及其概念、理论的可操作程度。在鲍恩看来，现今计算创造力及其评价研究的任务就是要不断向硬科学过渡。这也是其评价理论追求的一个目标。

一、"经验基础"与价值问题：已有计算创造力评价研究存在的问题

先看他对已有评价研究的批评及其所指出的问题。由于这些问题是在总结和分析已有计算创造力评价理论的基础上挖掘出来的，因此我们有必要从他的这一工作入手。在他看来，已有的人工创新系统的评估是以直接形式完成的，"缺乏充分的经验依据，同时不利于本领域发展潜力的发挥"②。

---

① Bown O. "Empirically grounding the evolution of creative systems: incorporating interaction design". In Colton S, Ventura D, Lavrač N, et al (Eds.). *Proceedings of the Fifth International Conference on Computational Creativity*. Ljubljana: Jožef Stefan Institute, 2014: 114.

② Bown O. "Empirically grounding the evolution of creative systems: incorporating interaction design". In Colton S, Ventura D, Lavrač N, et al (Eds.). *Proceedings of the Fifth International Conference on Computational Creativity*. Ljubljana: Jožef Stefan Institute, 2014: 112.

　　计算创造力研究尽管很热闹，但其绩效是不令人满意的。与 AI 的其他领域相比，AI 的其他领域都能看到算法的渐进式改进，而"计算创造力研究者都为本领域固有的模糊性所困扰，如某算法是否比其他算法更好，系统 x 是否比系统 y 更好"[①]。人工系统的艺术创作是计算创造力研究得最好的领域，但其实也不令人满意，甚至我们不知道我们在发展计算机的艺术创造力方面究竟进展到了哪一步。该领域的多数人认为，在开发人工创新系统方面，我们仅只是有一个好的开头。鲍恩赞成卡多佐等所指出的这样的缺陷，即计算创造力研究中盛行的是一种实用主义的、演示性的方案，如热衷于"建构工作模型"，构建和展示能表现某种创新能力的系统，等等。[②]这就是说，计算创造力领域太过关注工程技术方面的发明创造，而不太重视对计算创造力的理论探讨。评价的研究更加不令人满意，正如博登所说，这是计算创造力中的致命弱点。鲍恩是赞成这一结论的。[③]

　　计算创造力评价中通行的观点是由威金斯提出的，即只要计算系统做出了人所做出的被人认为有创造力的工作，就可评价为有创造力。在评价人工系统生成的成果方面，已有的关于创造力的标准模型（源自博登）没有提供适当的框架，即没有找到评价据以进行的依据、范式、标准和方法论程序，以至人们的评价研究不知从何入手，如何往前推进。究其根源，又是因为这里缺乏足够的基础研究。其表现有两方面，一是缺乏对评价本身涉及的大量本体论、价值论和方法论等基础问题的研究。在后面我们将看到，鲍恩为弥

　　① Bown O. "Empirically grounding the evolution of creative systems: incorporating interaction design". In Colton S, Ventura D, Lavrač N, et al (Eds.). *Proceedings of the Fifth International Conference on Computational Creativity*. Ljubljana: Jožef Stefan Institute, 2014: 112.

　　② Cardoso A, Veale T, Wiggins G. "Converging on the divergent: the history (and future) of the international joint workshops in computational creativity". *AI Magazine*, 2009, 30 (3): 19.

　　③ Bown O. "Empirically grounding the evolution of creative systems: incorporating interaction design". In Colton S, Ventura D, Lavrač N, et al (Eds.). *Proceedings of the Fifth International Conference on Computational Creativity*. Ljubljana: Jožef Stefan Institute, 2014: 112.

补这一不足的确做了大量工作，特别是做了计算创造力研究中难得一见的价值论研究工作。二是对评价的经验基础缺乏足够的认知。在鲍恩看来，人工创新系统评价研究的一个出路就是探索并弄清其后的经验基础。即是说，出路在于建构有经验基础的评价理论体系。这里所谓"经验基础"是指将理论术语关联于科学上可测量的事实的一种实践。为评价研究提供经验基础的过程其实就是我们前面述及的让软科学上升为硬科学的过程，类似于自然主义所说的将那些常识的、模糊的、抽象的、定性的概念、理论加以自然化、计算化的过程，亦即建立抽象概念与精确科学所描述的事实之间关联的过程。这是知识应用之有效性所必需的，对于将关于系统设计及其方法的探讨转化为评价理论的科学上的进步是必不可少的。要如此，当务之急是夯实评价研究的经验基础。这是可以做到的，以人工系统创作的艺术作品评价为例，像交互设计这样的基于设计的方案就可以成为计算创造力评价的经验基础。鲍恩说："只要根据人工系统与人类用户的交互行为来看待对人工系统行为的理解和测量，交互设计方案就很容易应用于计算创造力的现有工作之中"[①]，就可成为评价的经验基础。因为它为把必需的人文和社会维度应用于创新系统研究提供了一种实用的路径，同时又没有忽视计算创造力软件的自主性。质言之，夯实经验基础，就是要完善和发展交互方案，这是计算创造力评价研究摆脱困境的一个出路。

学界对交互方案已有一些研究，如讨论过领域专门化的、依赖于应用的变化对于评价的影响，但太看重对计算创造力的直接评价，而缺乏对设计和交互的深入研究。有的创新评价方案考虑到了交互，但针对的只是特定用户群体和特定的需要。G. 里奇认为，可根据两类信息实即两种标准把创造力归

---

① Bown O. "Empirically grounding the evolution of creative systems: incorporating interaction design". In Colton S, Ventura D, Lavrač N, et al (Eds.). *Proceedings of the Fifth International Conference on Computational Creativity.* Ljubljana: Jožef Stefan Institute, 2014: 112.

于计算机程序，一是典型的信息，即表现输出典型特征的信息；二是品质，即衡量输出产品被认可或被计算的品质的标准。在计算这两方面得分的基础上，G. 里奇再根据输出是否属于给定的典型性和品质范围，将输出组织成集合。然后再将这些集合以不同方式应用于对博登标准（新颖性和有用性）的计算中。如果这两方面的得分比较高，就可判定系统有高创造力，缺少任何一方面，就被认为没有创造力。

鲍恩认为，G. 里奇的标准及评价存在一个实际问题，那就是执行系统怎么可能建立它们自己的评价图式。在鲍恩看来，执行系统难以做到这一点。为解决这里的问题，有的人基于与输入的接近程度即用编辑距离来计算典型性。这一方法的适当性是难以评价的。有的人根据人类对于调查询问的反应来计算。但这样的调查差异很大，标准的制定也无法包含差异。至于品质方面的衡量就更是困难重重。总之，这些评价标准的基本问题是，如何为选择评价图式提供经验基础。即使有定量方法的运用，但却只是将问题从一个地方推到了另一个地方。

鲍恩指出的解决办法是，引入交互方案。因为人类对计算系统创造力的反应不足以成为评价该系统创造力的经验基础，这样的基础只能是更广泛的交互方面的数据。要找到这样的数据，就必须有对行为的研究，因为只有它们才是理解人类反应的经验基础。[①]

在鲍恩看来，已有计算创造力研究特别是评价研究存在着术语定量描述不够、操作性不强、缺乏经验基础等问题，相应地，有关理论的软科学成分有余而硬科学成分不足。以科尔顿等的创造力三脚架理论为例，鲍恩对之尽管有继承和发展，如明确说，他赞成科尔顿的两个前提，一是对系统的内在

---

① Bown O. "Empirically grounding the evolution of creative systems: incorporating interaction design". In Colton S, Ventura D, Lavrač N, et al (Eds.). *Proceedings of the Fifth International Conference on Computational Creativity.* Ljubljana: Jožef Stefan Institute, 2014: 118.

作用的理解对于把创造力理解为该系统生成的输出必不可少，二是技能、想象力和鉴赏力是创新系统的关键特征和评价标准，但鲍恩又认为，科尔顿的表述不太令人满意，特别是不具有可操作性。要想让机器实现，就不能拘泥于民间心理学的术语。①要避免这类问题，应吸收硬科学的成果，如费恩曼（R. Feynman）提出的同时适用于硬对象和软对象的一般性策略，强调要遵循科学的不成文规则：同时做到完全诚实和向定量方向倾斜。②

　　鲍恩认为，如果坚持费恩曼的"完全诚实原则"，那么首先得承认，创造力研究中的想象力、鉴赏力之类的术语是极其不确定的，不具有可操作性，因此"计算创造力研究应学会处理那些不容易得到形式化的模糊概念"③，但又要不断减少计算创造力研究"软"的一面，加强它"硬"的一面。已有计算创造力评价研究"软"的一面的表现是，许多概念、表述不精确、不具体。例如，在讨论系统的自主性时，常有这样的话语，即说一系统"它自己做了某事"，这里的"它自己""做"等都不具体、不精确。④再如探索性和转型性创造力的比较和分类也有类似的问题，因为这样的分类建立在不精确的历史数据之上。根据严格的硬科学，有关术语要成为科学上有用的术语，必须具有可测量性，或能从数学上加以处理，否则就只能被看作脆弱的语词。人类学在消除其"软科学""软"的方面做得比较成功，如严格检验、改进

　　① Bown O. "Empirically grounding the evolution of creative systems: incorporating interaction design". In Colton S, Ventura D, Lavrač N, et al (Eds.). *Proceedings of the Fifth International Conference on Computational Creativity.* Ljubljana: Jožef Stefan Institute, 2014: 113.

　　② Bown O. "Empirically grounding the evolution of creative systems: incorporating interaction design". In Colton S, Ventura D, Lavrač N, et al (Eds.). *Proceedings of the Fifth International Conference on Computational Creativity.* Ljubljana: Jožef Stefan Institute, 2014: 114.

　　③ Bown O. "Empirically grounding the evolution of creative systems: incorporating interaction design". In Colton S, Ventura D, Lavrač N, et al (Eds.). *Proceedings of the Fifth International Conference on Computational Creativity.* Ljubljana: Jožef Stefan Institute, 2014: 114.

　　④ Bown O. "Empirically grounding the evolution of creative systems: incorporating interaction design". In Colton S, Ventura D, Lavrač N, et al (Eds.). *Proceedings of the Fifth International Conference on Computational Creativity.* Ljubljana: Jožef Stefan Institute, 2014: 114.

它的语言运用。受赖尔对心的分析的启发，有些人类学家将观察、描述等方法发展成"厚描述方法"，以便让作为软科学的人类学有办法对其"软的"、待解释的方面进行验证。在鲍恩看来，创造力的理解也应这样，即应有像人类学那样的经验材料基础。鲍恩认为，该经验材料应是人类学的，而非心理学的，即应围绕源于文化的人类行为的解释而展开，特别是这里应建立关于"创造力"的可共享的理解。

鲍恩在探讨创造力的理解和界定时也有行为主义和操作主义倾向。他借鉴有关成果认为，要理解科学是什么，不应一开始就关注它的理论和发现，关注其辩护者所说的话，而应关注其实践者所做的事情。即是说，应致力于研究与实践上可得到的数据和行为有关的科学方法。就计算创造力而言，要发展这里的认识，也应进行一场方法论转向，即从关注理论、成果转向关注行为，如研究计算创造力实践者实际上做了什么。威金斯等对此有积极探索，如认为计算创造力实践就是建构作为最令人信服的实现目的之途径的工作模型，具体有两方面的实践，一是通过工程实践建构先进的创新系统；二是分析创新语境中人与机器的社会交互。很显然，这样的工作同时具有硬科学和软科学的双重性质。其硬科学表现在，他们强调在算法领域做突出的工程实践；其软科学表现在，设法理解人与机器的社会交互。鲍恩也赞成这一思路，如说："计算创造力的必然方向是把这两方面融合起来。"①

二、两种创造力的两种不同评价体系

计算创造力评价研究中还存在这样的问题，即没有注意到人的创新过程与机器创新过程的差别，相应地，没有看到计算系统在完成对自己行为的评

---

① Bown O. "Empirically grounding the evolution of creative systems: incorporating interaction design". In Colton S, Ventura D, Lavrač N, et al (Eds.). *Proceedings of the Fifth International Conference on Computational Creativity.* Ljubljana: Jožef Stefan Institute, 2014: 114.

价时的特点，特别是没有看到它在价值评价上的特点，例如对有的创造力就只能作是否有新颖性的事实性评价，有的创造力尽管需要作价值性评价，但这种评价与对人的创造力的价值性评价不可同日而语。这是因为，人的创造力由于与人的目的、需要密切相关，因此把它定义为发现有价值的新事物的过程的确有其合理性。由此所决定，创新一定有新颖和有价值两个特点。尽管机器在对自己和其他系统的行为进行评价时，也可用"有价值"这样的评语，但"这里价值的意义与人在基于认知的创造力语境下的价值不可同日而语"。因为计算系统本身没有目的、需要，它的创造力即使有价值性，其根源也应另当别论。价值本身是由许多因素决定的复杂现象，而且有变化不定的本质，人工系统不可能获得价值生成所需的所有必要条件，因此它的价值生成和评价比人的价值生成、评价要麻烦得多。计算系统创造的成果可以对人表现出价值性，可以成为价值判断的对象，进而让人判断其成果对人是否有用，但计算系统自身至少在现有技术条件下还没有办法具有价值意识和价值感。

已有研究由于没有注意到价值的这些本质特点，因此造成了很多混乱，例如，一种天经地义的观点是，所有的创造力都有价值问题，只要它产生了创新成果，就都适合从是否新颖和有价值两个角度加以评价。在鲍恩看来，这大谬不然。为了消解混乱，鲍恩于 2012 年曾借鉴契克森米哈赖的创造力分类思想，倡导把生成性创造力与适应性创造力区别开来，当然也作了新的赋义，认为计算创造力的价值评价研究要有序推进，必须从创造力与价值的关系角度对创造力作出区分。生成性创造力的范围极广，它与价值无关，如只要有新的事物生发出来，就有这种创造力发挥了作用，它不依赖于认知。在这里，只有一种评价标准，即只要有新事物发生，就可判定其有创新。因此这种创造力无价值可言，相应地，没有必要和可能对之作价值评价。计算系统如果表现了这一创造力，那么在为它设计评价模块时，就只需让它具有新颖性评价功能就够了。适应性创造力是指智能自主体为满足需要，为应对挑战，抓住机遇创造了某物，因此这种创造力是有价值属性或具有有用性的创造力，进而适合作价值判断。不仅如此，完成创新工作的自主体还会从创新中受益，得到价值。换言之，这里的创新行为与创新利益回报之间存在着关联。两种创造力不是连续体的两极端，而是相互排斥的，一种没有目的性，一种有目的性。

如果是这样，计算创造力评价的方向就清楚了，那就是分别为生成性创造力和适应性创造力设计、建构不同的评价体系及模块。例如，计算系统如果表现了生成性创造力，那么在为它设计评价模块时，就只需让它具有新颖性评价功能就够了，具言之，只让该计算系统对生成性创造力作是否有创新性、新颖性的评价，或者为它设计和建构能对其行为是否有创新性、创新程度高低的评价模块。由于这里无价值可言，因此无须作价值评价。这在计算创造力研究中不仅是不难完成的，而且可让计算系统做得比人好，因为它有人类所无法比拟的存储能力和搜索功能，它能不太费力地、定性定量地知道自己所生成的成果与已有的同类成果相比是不是新的，是否有重复，是否有突破，突破有多大。就适应性创造力而言，其新颖性评价体系的设计与建构相同于生成性创造力，这里需要研究的也是最难做好的就是价值性评价及其体系建构。具言之，只有当计算创造力表现为适应性创造力时，才有价值评价的问题，才需要探讨如何为计算系统设计和建构价值论评价系统。但这也是计算创造力评价研究最困难的问题。因为如前所述，价值是与需要、目的性密切联系在一起的，而计算系统无生命，怎么可能有需要和目的性，进而怎么可能生成有价值的成果？怎么可能有价值的敏感性和感受性？鲍恩认为，要解决这里的问题，必须求助于交互方案。他承认，就孤立的计算系统而言，它的确没有需要和目的性，因而没有价值评价问题，但问题是现实起作用的计算系统都是人机交互的产物，是包含人、社会、机器、环境、文化等因素在内的大系统，因此这样的系统就有价值评价问题，例如它有这样的目的，即通过最优化或探索方案得到有价值的产品。[①]以人工艺术作品的评价而言，要予以评价，应从适应性创造力角度看问题，即看到它们是人工系统适应性创造力的产物，以及寻优或探索计算的产物。这种简化的前提是认为，应该为自主体设计这样的程序，它能对输出作出评价，以便让自主体找到好的解决方案。这就是说，有适应性创造力的自主体本身应包含评价模块，将其作为自己的有机构成。

其实，这里仍有概念不明的问题，如评价的主体是变化的。任何输出成果，不管是由哪种创造力产生的，都有自评和他评的区别。由于评价主体的新旧标准和有用无用标准是不一样的，因此两种创造力就不能绝对说有无价值性，其实其新颖性也是如此。因此这里最合适的态度似乎应该是具体情况具体分析。再说，尽管可以承认需要和目的性是价值评价的前提条件，但需要和目的性并不是人工系统绝对不能表现的，即使现在没有技术让它们表现于人工系统之上，但由于技术的发展具有无限的可能性，因此不能断言未来没有这样的可能性。更重要的是，需要和目的性作为概念本身具有规范性特点，根据一种规范或赋义，它们不能表现于人工系统之上，但换一种规范，是可以认为人工系统有其需要和目的性的。如果像解释主义那样看问题，需要和目的性像意识、意向性一样是可以归属于人工系统的。

总之，按照鲍恩的上述分析和理解，要对计算系统的创造力作出评价，关键的一点是把生成性创造力与适应性创造力区别开来，根据它们与价值的关系建构不同的评价系统，如为计算系统的生成性创造力设计和建构能完成新颖性评价的模块，为计算系统的适应性创造力依据交互方案设计和建构能

---

① Bown O. "Empirically grounding the evolution of creative systems: incorporating interaction design". In Colton S, Ventura D, Lavrač N, et al (Eds.). *Proceedings of the Fifth International Conference on Computational Creativity.* Ljubljana: Jožef Stefan Institute, 2014: 115.

同时完成新颖性和价值性评价的模块。这就是他倡导的关于计算系统的价值论评价方案。但问题是：怎样将这样的方案变成具有硬科学性质的理论和操作实践呢？

三、交互创新价值评价系统

鲍恩对上面问题的基本回答是，要解决计算创造力的种种问题，特别是从工程实践角度解决计算系统的适应性创造力的价值评价问题，其必要条件和理论基础是诉诸交互方案，将它改造为交互评价方案。那么怎样完成这一任务呢？

由于创造力特别是人工系统实现的创造力是依赖于情境的创造力，因此建构有经验基础的评价系统其实就是建构交互创新评价系统。所谓交互创新评价系统是一种对立于内在主义或窄创造力评价论的强调主客、主体与情境交互关系的宽理论，是情境主义创造力理论在评价中的体现。如第十七、第十八章所述，交互设计方案是受人的创造力及其评价的启发而形成的方案。它强调的是，深入研究"可用性""用户经验"之类的概念，重视人工系统和使用创造力的丰富文化模型的人之间的交互，积极利用这些有更好经验基础的方法论工具，可以把人工创新系统定位于文化情境之中。[①]在根据这一方案解决评价问题时，鲍恩强调，要始终将人的创造力评价作为典范。鲍恩说，这是研究有经验基础的人与创新系统之间交互的"一个有潜力的信息资源"[②]。在他看来，只有采取交互设计的立场，才会对创新系统提出有经验基础的问题：人工系统的输出与用户经验是否产生相互影响？它们是否在交

---

① Bown O. "Empirically grounding the evolution of creative systems: incorporating interaction design". In Colton S, Ventura D, Lavrač N, et al (Eds.). *Proceedings of the Fifth International Conference on Computational Creativity*. Ljubljana: Jožef Stefan Institute, 2014: 112.

② Bown O. "Empirically grounding the evolution of creative systems: incorporating interaction design". In Colton S, Ventura D, Lavrač N, et al (Eds.). *Proceedings of the Fifth International Conference on Computational Creativity*. Ljubljana: Jožef Stefan Institute, 2014: 118.

互中连贯地起作用？基于这一方案所提出的评价理论，只有通过考察人工系统与使用方法论工具的人之间的交互才能判断该系统是否有创造力。这一方案提出的根据是，创新主体在创作作品时，由于考虑到了社会交互之类的过程，因此作品的新颖性、部分价值就受到了不为个体制约的因素的影响。这就是说，个体的创作及其作品不完全由个人自己所决定，而一定与环境、生活历史有关。①既然如此，就不能像过去那样在人工系统内部设计评价过程，只考虑孤立的内在因素，不考察关系性、结构性、情境因素的作用，而应同时看到内外复杂因素的作用，并据以去建构评价标准、体系和方法论。根据这一交互方案，内在主义的评价理论和方法是"没有充分经验基础的"，也没有出路。②

根据鲍恩发展了的交互系统方案，要想让评价研究有经验基础，就应看到理论与实践以及我们观察到的事物之间强烈的连贯关系，并让这种关系在人工系统评价系统的建构中体现出来。鲍恩基于交互理论的评价系统设计方案想体现的就是这种连贯关系，"将系统开发与对生活于文化中的人的深入理解结合在一起"。质言之，评价系统的建构关键之一是，把上述设计方案作为计算创造力评价的一种框架。他自认为，这一方案不仅是一种具体的评价理论和工程实践，而且是计算创造力中一种改进了的方法论。③

鲍恩认为，已有一些把上述设计方案作为评价计算创造力框架的探讨和尝试，如已诞生了基于计算创造力的交互系统，即人机共同发挥创新作用的

---

① Bown O. "Empirically grounding the evolution of creative systems: incorporating interaction design". In Colton S, Ventura D, Lavrač N, et al (Eds.). *Proceedings of the Fifth International Conference on Computational Creativity.* Ljubljana: Jožef Stefan Institute, 2014: 115.

② Bown O. "Empirically grounding the evolution of creative systems: incorporating interaction design". In Colton S, Ventura D, Lavrač N, et al (Eds.). *Proceedings of the Fifth International Conference on Computational Creativity.* Ljubljana: Jožef Stefan Institute, 2014: 116.

③ Bown O. "Empirically grounding the evolution of creative systems: incorporating interaction design". In Colton S, Ventura D, Lavrač N, et al (Eds.). *Proceedings of the Fifth International Conference on Computational Creativity.* Ljubljana: Jožef Stefan Institute, 2014: 116.

系统，在此系统中，人和计算机对程序的输出分别承担了特定的创新职责。对这种交互系统之创新的评价显然不同于对计算机所表现的创造力的评价。其差别主要表现在，在这种交互系统中，人类用户的主观经验成了有趣的评价目标，因此对这种系统的评价不仅应关注对该系统创造力的评价，而且还应关注该系统对用户的作用以及用户对该系统的作用。在具体设计评价系统时，有的人认为，存在着两种评价方式：一是总结性评价，它的任务是对系统的创造力进行概括、总结；二是生成性评价，其任务是对系统提供建议性反馈。因此，在交互设计的评价时区分开两种形式的评价，例如让总结性评价来评价已完成的设计或设计之间的比较，让生成性评价反复出现在产品设计的过程中。对交互设计的生成性评价是按这样的步骤展开的，如确定评价目标，探寻问题，选择方法，确定实践性问题，决定怎样处理伦理问题，最后是评价、分析、解释和呈现数据。①

根据鲍恩的交互设计方案，评价时仅仅关注系统的输出是不够的，而应同时关注交互过程中的复杂因素。这里的"交互"指的是人与人工创新系统或有创造力的机器的交互。就评价而言，指的是在评价人工系统的设计时要关注人机交互。这一方案是针对计算创造力的评价研究中只关注"人评价"这一倾向及其问题而提出的。另外，如果把有创造力的软件看作一种工具，一种没有完全自主性的合作者，或没有自己权利的东西，那么人类艺术家与软件自主体的交互就不是一种持续的连贯过程，不是通往自主创新系统的一个站点。这就是说，在交互方案中，人工创新系统是有自己自主性和权利的

---

① Kanfosalo A, Toivane J, Toivonen H. "Interaction evaluation for human-computer co-creativity: a case study". In Toivonen H, Colton S, Cook M, et al (Eds.). *Proceedings of the Sixth International Conference on Computational Creativity.* Provo: Brigham Young University, 2015: 275.

实在。[①]

鲍恩在建构自己的交互评价系统时，有对 G. 里奇评价标准的借鉴，认为它们尽管具有模糊性，但为认识系统的创新本质提供了分析窗口。根据它们，我们可在应用中对这样的系统作出评价，即它们要么是能生成高质量输出的系统，要么是能生成有典型性的输出的系统。鲍恩认为，交互设计方案隐含在 G. 里奇对作为工具的系统的论述之中。例如，在定义典型性时，他认为系统就是能够生成所需类型产品的运作系统。这不是与创新有关的要求，而是与实现用户或设计师所需要的功能有关的要求。当然，他又认为，G. 里奇的标准可能只适用于特定的创新过程。例如，广告作曲家可能更看重典型性，只关心平均水平的价值；而实验艺术家对典型性可能压根没有兴趣。在鲍恩看来，只要坚持关于创新系统的以人为中心的交互设计方案就能解决 G. 里奇的标准及其应用所面临的难题，例如可将它们应用于适应性和生成性创造力之中，同时，用交互设计方案考察系统的创新行为也有扎实的经验基础。[②]

鲍恩对交互评价方案的阐述没有停留于泛泛议论，而以音乐中的适应性创造力评价为个案具体讨论其中的价值评价问题。如前所述，生成性创造力没有价值评价问题。如果人工音乐系统创作出了有价值的作品，那一定是根源于适应性创造力，一定是探索计算或寻优的产物。他借鉴已有成果认为，音乐作品的审美价值不是纯粹由语料库的展示所决定的，而是由一系列的社会关系决定的。基于此，他提出了基于生成交互的价值评价方案。根据实验心理学的研究，一部创新作品被认为有价值不纯粹是由个人的内在感知所决

① Bown O. "Empirically grounding the evolution of creative systems: incorporating interaction design". In Colton S, Ventura D, Lavrač N, et al (Eds.). *Proceedings of the Fifth International Conference on Computational Creativity.* Ljubljana: Jožef Stefan Institute, 2014: 117.

② Bown O. "Empirically grounding the evolution of creative systems: incorporating interaction design". In Colton S, Ventura D, Lavrač N, et al (Eds.). *Proceedings of the Fifth International Conference on Computational Creativity.* Ljubljana: Jožef Stefan Institute, 2014: 118.

定的，而会受到他人的感知、评价的影响。例如，人们之所以认为原创作品有价值，而不把价值归于其复制品，是因为评价者与原创艺术家发生了特定的关系，如要么直接熟悉他的创作过程，要么对他有间接了解。另外，创造力研究中的"领域—个体—专家团队"理论也揭示了个体对领域的变化、场景的改变的影响。这些新的认识已得到了一部分人的认可，但可惜还没有应用于计算创造力的工程实践之中。查恩利等的"架构"理论在这方面迈出了有意义的一步。他们认为，评价受社会关系影响其实是评价中增添了足以影响创新作品价值评价的额外因素，而"架构"可以成为处理这一过程的一种手段。①

鲍恩借鉴架构概念指出，可以在艺术品之外如在展出目录中增加能影响评价的信息。以这种方式，架构就可以美化艺术品，甚至说明材料背后鲜为人知的象征意义。总之，鲍恩也承认，语言陈述以及其他社会行为对评价的影响是独特的，可以改变人们对价值的认知。就此而言，架构的确为机器实现价值评价作了必要的铺垫。根据这一方案，主体的创作及其作品不完全由个人自己所决定，而一定与环境、生活历史有关，因此在设计评价系统时，除了赋予主体以创新作用之外，还要同时考虑关系性、结构性、情境因素的作用。②

有根据说，计算创造力评价研究在鲍恩这里真正发生了这样的情境主义转向，它借鉴人类学的"分立""多孔主体"思想，强调关注交互和群体的作用。

---

① Charnley J, Pease A, Colton S. "On the notion of framing in computational creativity". In Maher M, Hammond K, Pease A, et al (Eds.). *Proceedings of the Third International Conference on Computational Creativity.* Dublin :University College, 2012: 77-82.

② Bown O. "Empirically grounding the evolution of creative systems: incorporating interaction design". In Colton S, Ventura D, Lavrač N, et al (Eds.). *Proceedings of the Fifth International Conference on Computational Creativity.* Ljubljana: Jožef Stefan Institute, 2014: 115.

四、计算创造力的审美评价

下面再来看与上述交互价值论评价方案密切相关的强调"审美评价"的主张及尝试。根据对创造力的一种宽泛理解，评价是它的一个部分或阶段，即是创新主体的自我监控、自我批评或反馈，其作用是引导创新迈向更高的水准。这种评价不仅可由人作出，也可由计算系统自己来完成。这两种评价都有利于机器创造力的改进和提升。就评价的形式而言，评价不外前面所说的新颖性评价、品质评价、价值性评价，而审美评价则是价值性评价的一种形式。当然，在审美评价与创造力评价的关系问题上也有这样的声音：它们属于不同的领域，不具有包含关系，例如在科学等领域有对创新程序的评价，那是评价，但不是对美的评价。在审美评价中，一件艺术品可能被认为很美，但不一定有创造性，反之，一件艺术品可能有创新，但不被认为有审美价值。①我们这里关心的是包含在创造力评价中的审美评价。

随着机器创作作品的大量涌现，已诞生了计算机审美评价这样一个研究领域。相应地，随着计算机艺术创新能力的发展，计算美学或审美观这一新的领域也应运而生。人们对审美评价有不同理解，如有的人认为，它指的是计算系统的一种有利于调节进一步输出的生成模式和分析模式；有的人认为，它指用计算机进行审美判断；有的人认为，它指的是作出规范判断的人工系统。②机器作出的审美评价所用的技术包括：公式化和几何理论的应用、设计原则、进化系统（包括共-进化、生态位建构、自主体群体行为）、复杂性模型和人工神经网络等。尽管这一研究刚刚起步，尚不太成熟，但可以预言，它有广阔的发展空间，如下述理论及技术应用就值得好好研究，也有可能向

---

① Galanter P. "Computational aesthetic evaluation: past and future". In McCormack J, d'Inverno M (Eds.). *Computers and Creativity*. Berlin: Springer, 2012: 257.

② Galanter P. "Computational aesthetic evaluation: past and future". In McCormack J, d'Inverno M (Eds.). *Computers and Creativity*. Berlin: Springer, 2012: 256.

前推进，它们包括：来自进化心理学的观点，心理学家关于人类审美的模型，新生的神经美学成果及其转化，联结主义的新模型，如分层时间记忆、可进化硬件的计算机建构，等等。[①]

计算审美评价有两个相关但不同的应用方式，第一，模仿、预测或迎合人类关于美与品味的概念，将其应用于计算创造力评价系统的设计与建构之中；第二，将机器评价当作元审美探索的一个方面来研究。所谓元审美，即对审美评价本身的检测、评价、反馈和调节。机器评价研究通常会涉及对软件自主体在人工世界所创造的价值和审美标准的研究，以这样的方式形成的美学会让人觉得它与人类经验及其美学格格不入，但它能对包括我们自己的美学在内的美学提出各种可能的见解，至少值得我们用新的眼光来审视和思考。[②]

人工系统中被设计的审美评价一般有多维度性，就像人在评价一幅传统绘画时可以同时从色彩、线条、立体感、平衡感、美感等角度去评价一样。不同于人类审美评价的是，它引入了很多定量评价的指标和方法，如强调适应度函数必须包括多重目标，而每个目标又有一个分值，每个分值可以乘以它的系数，以便将其作为表示其相对重要性的权重。有了这些方面，计算系统的评价模块就有办法得到评价的总分。不过，由于权重是根据特定的方式设置的，因此评价有时可能不会把最佳结果找出来。为解决这一问题，就有这样的设计和处置办法，即在对分值进行排序时，如果一组分数在所有部分的分数上都和另一组分数一样好，并在一项分数上更好，那么这组分数就被认为最好，进而使其被选择。对于多维美学来说，计算评价系统必须解决多目标优化问题，其方式要么是显式的，要么像扩展到进化计算中那样是隐式的。

为了提升计算审美评价的质量，让它更好地服务于计算系统的创新，有

① Galanter P. "Computational aesthetic evaluation: past and future". In McCormack J, d'Inverno M (Eds.). *Computers and Creativity.* Berlin: Springer, 2012: 255.

② Galanter P. "Computational aesthetic evaluation: past and future". In McCormack J, d'Inverno M (Eds.). *Computers and Creativity.* Berlin: Springer, 2012: 257.

一些专家已开始了对进化艺术和设计中的共-进化（co-evolution）的研究，以解决设计中固定的解决方案经常失效这一问题，例如情境变化了，评价不能跟着变化。为使其能随着情境变化而变化，新的共-进化方案就设法让问题空间和解空间随相互反馈而进化，其结果就是共-进化的出现。例如，在文艺批评系统的设计中，鲁克（S. Rooke）先通过训练系统进化出批评者，接着让批评者与新的图像共-进化，通过把对它们的评价与先前的批评者的评价加以比较，来给它们记分。随着时间的推移，批评者就能一代代进化，直至第20代。[①]

总之，软件、机器要表现创造力，必不可少的一环是，它们得有自己对自己是否完成了创新行为以及完成得如何的评价能力。对此，尽管有大量的探讨，但由于这里的问题太困难、太复杂，因此进步十分有限，许多探索者甚至认为，这是一个"并未得到根本解决的问题"[②]。以计算审美评价为例，即使有一些成果，但应用的范围很狭小，而且所用的方法无法推广。原因何在？原因可能是我们对人本身的计算审美评价没有到位的认识。每个正常的人都能完成审美评价，说明我们人身上有计算审美评价系统或模块。因此要予以突破，可能要加强对人类本身的认识。顺着此思路，便出现了这样一种发展计算审美评价的思路，即重新根据研究中发现的问题，展开对审美的心理学和神经学的研究。

受神经科学启发的计算是许多人追求的计算。在计算机科学诞生之初，就有此倾向，如冯·诺依曼关于通用构造的理论就探讨了计算机制和进化。图灵还建构了关于生物形态发生的反应扩散模型。基于神经科学的计算建模尽管受到了明斯基等的批评，但一直在砥砺前行。其最大成就要算人工神经网络，当然它们作为机器评估系统也只能算是有限的成功。后来较重要的成

① 参见 Galanter P. "Computational aesthetic evaluation: past and future". In McCormack J, d'Inverno M (Eds.). *Computers and Creativity.* Berlin: Springer, 2012: 271.

② Galanter P. "Computational aesthetic evaluation: past and future". In McCormack J, d'Inverno M (Eds.). *Computers and Creativity.* Berlin: Springer, 2012: 277.

果有霍金斯（J. Hawkins）的分层时间记忆以及可进化硬件的计算机构架。该硬件既可进化，又可重构，它利用了可编程电路设备，如现场可编程逻辑门阵列。这种阵列是集成电路芯片和大量简单逻辑单元的合成，其内在的可设置开关能对这些单元或门的功能与交互进行编程。这种利用了现场可编程逻辑门阵列的、可进化的硬件系统已在软件中得到了模拟，并被作为模式识别系统应用于人脸识别。实验表明，其准确率十分高。

上述技术已被尝试性应用于计算审美评价之中了，取得了一些成果，但十分有限，例如进化方法的应用，包括共-进化、生态位建构、自主体群体行为等，都只是有限的成功。这些扩展性方法通过消除对交互式适应度评价的需要而让进化艺术能迭代几代。其哲学意义在于，让研究人员从新的角度认识美学价值如何作为突现属性被创造出来。其问题是，人工生成的美、审美评价与人类美学还有较大差距，甚至有点异类。

为解决这类问题，提升计算创造力评价研究的水平，格拉兰托（P. Gralanter）提出的方案强调，应重视对有效（effective）复杂性范式的研究。在他看来，这种复杂性比信息和算法复杂性对思考审美问题更有用。因为这种复杂性涉及对内置的程序与混沌的平衡，而这种平衡对这种形式的审美知觉和艺术都至关重要。其科学上的根据在于，例如在生物系统中，当这种复杂性最大化时，生物体就有最大、最多的机遇。其表现是，优先获得能处理这种复杂性的感知系统，让它们有更大的竞争优势。同理，在计算系统的评价系统中，如果按这样的范式去设计，就有可能产生这样的效果，即在将这种加工作为愉悦来体验时，也有附带的生存价值。像在其他的神经奖励系统中一样，这种愉悦会把注意力引向需要它的地方。

由于问题比较复杂，计算审美评价的前景是最难预测的，因此自然有悲观主义和乐观主义的分野与争论，它们围绕是否能够建构像人的审美评价一样有力、健全的计算审美评价系统一直在激烈争论。我们认为，尽管未来充满极大的不确定性，但不能排除这样的可能性，即随着软件、硬件技术和概念模型的发展以及它们的协同作用，计算审美评价会取得较快的发展。这样说的根据在于，人类审美的心理学和神经科学建模在迅速发展，分层时间记忆这样的联结主义计算范式已显示出了与自然神经系统更高效和更接近功能对等的前景，在硬件方面，已有这样的系统，它们可在最低"门"级别动态地适应问题域。

第六节　"系统思维"框架下的创新、评价与责任及其问题

在计算创造力之外的创造力研究中，哲学和心理学等一般不会涉及责任问题，但由于人们对计算系统中出现的创造力归属存有争论，因此不可避免地引入创造力与责任的关系问题。在前面的讨论中，我们已看到，科尔顿和威金斯等在讨论计算创造力本质特点时就引进了责任范畴，把责任看作计算创造力的本质构成，认为计算创造力是由计算系统作为责任主体完成的并必须且可能为之负责的一种行为或过程。约翰逊进一步强调，计算创新系统应对自己产生的创新行为承担一定的责任，即应让它有责任意识、能力，并有履行责任的机制。[①]在此基础上，他试图论证一种有助于为计算创造力定位、正名的"系统思维"方案。在这一方案中，责任是重中之重。他承认，这里的"责任"有多义性，一是指对行为后果负责，即通常意义的责任；二是指行为的完成者，确定行为的责任就是弄清它是由谁完成的。约翰逊认为，计算创造力研究中所说的责任同时有上述两种意义，当然主要是后一种意义。这一意义不仅对知识产权的保护很重要，而且有助于廓清计算创造力本质研

---

① Johnson C. "Is it time for computational creativity to grow up and start being irresponsible?". In Colton S, Ventura D, Lavrač N, et al (Eds.). *Proceedings of the Fifth International Conference on Computational Creativity.* Ljubljana: Jožef Stefan Institute, 2014: 263.

究中的许多混乱问题。例如，用责任来说明计算系统实现的创造力，就能准确说清这种创造力的本质特点，即计算系统中表现出的创新行为有时是由计算系统独自完成的，应完全由它负责，有时是由很多事物负责的，包括艺术家、设计师、行为模式、人工系统的内在运作、背景知识、所用的材料等。这样看计算创造力就是在用"系统思维"思考它。

之所以要探讨计算创造力的责任问题，这既与评价有关，又与知识产权保护有关。其探讨的必要性在于，人工系统有创新性的输出往往由众多责任者完成，特别是多自主体与众多人类主体合作完成的艺术作品，其责任的划分更加复杂、困难，但又必须划分清楚。约翰逊说："基于计算机的艺术创造力由其本质所决定，澄清其责任归属比传统艺术形式的划分更加困难。"①由于这样的原因，评价便成了一个比任何问题都困难的问题，其表现是，里面不仅有原先哲学等学科一直争论不休的事实问题和价值问题，而且由于创造力在计算创造力中源自许多地方，因此其责任归属异常复杂难辨。谁该对计算创新系统的输出负责？有没有最终的责任主体？该对这种输出负责的是什么？一般有两种对立的回答，一是认为与输出有关的一切因素，如背景、构成材料、软件等，都各负其责；二是约翰逊坚持的系统论，认为计算创新系统的输出是由该系统完成的。根据这种系统观，人与机器相互作用，形成了由他（它）们构成的元系统。系统的输出是他（它）们合作的结果。不仅如此，系统的所有构成要素导致了创造力的出现，因此按照系统论的基本原则，其中的作用主体没有主次之分。②

---

① Johnson C. "Is it time for computational creativity to grow up and start being irresponsible?". In Colton S, Ventura D, Lavrač N, et al (Eds.). *Proceedings of the Fifth International Conference on Computational Creativity.* Ljubljana: Jožef Stefan Institute, 2014: 264.

② Johnson C. "Is it time for computational creativity to grow up and start being irresponsible?". In Colton S, Ventura D, Lavrač N, et al (Eds.). *Proceedings of the Fifth International Conference on Computational Creativity.* Ljubljana: Jožef Stefan Institute, 2014: 265.

基于这些新的认知，约翰逊在科尔顿、威金斯等的计算创造力的定义基础上对它的本质作了新思考。科尔顿等的突出责任的新定义是，计算创造力是关于计算系统的哲学、科学和工程技术，它通过承担特定的责任表现出了公正的观察者认为有创新性的行为。这一定义的特点在于，不仅强调责任，而且不再相对于人的创造力来定义计算创造力。[①]先前的定义都是相对于人的创造力而定义的，如 G.里奇等认为，就像定义创造力必须根据人的行为加以定义一样，定义计算创造力必须根据对人的创造力标准的研究。约翰逊通过对责任问题的探讨，对计算创造力定义作了这样的改进，即"指对计算系统的哲学、科学和工程技术探究，它们通过在一定交互系统中发挥作用，帮助该系统生成了被公正观察者认为有创新性的行为"[②]。约翰逊根据系统观认为，在弄清"承担特定责任"的主体时要具体明确弄清这样的问题，如这些特定责任存在于创新过程的什么地方，电脑的使用怎样改变我们对责任存在处所的看法。以艺术实践为例，谁对特定的艺术创作行为负责？由于有很多事物与责任有关，或分担了责任，因此进一步的评价就显得更加复杂。例如，这种语境下的创造力标准就不能再沿用原先的标准了，而必须作出新的探讨。这当然是有待未来的研究解答的问题。

第七节　计算创造力的元评价问题

英国肯特大学的 AI 专家乔丹斯在跨学科研究的基础上，通过对有关科学评价实践的总结概括和对已有计算创造力评价研究的反思提出，应在计算

---

① Colton S, Wiggins G. "Computational creativity: the final frontier?". *Frontiers in Artificial Intelligence and Applications*, 2012, 242: 21.

② Johnson C. "Is it time for computational creativity to grow up and start being irresponsible?". In Colton S, Ventura D, Lavrač N, et al (Eds.). *Proceedings of the Fifth International Conference on Computational Creativity*. Ljubljana: Jožef Stefan Institute, 2014: 265.

创造力评价研究中关注元评价问题。所谓元评价，就是对评价的评价。这种能力是人的评价能力的内在构成，例如人在对某对象作了评价后，会进一步思考，该评价是否合适，是否需改进，等等。计算系统的评价也应如此。因为计算系统只有能进行元评价，才能进行更好的评价来指导计算系统进一步的创新行为。这样的探讨不仅有理论意义，而且有这样的实践意义，即有助于开发对计算创造力研究人员有用的工具。她看到，元评价研究还有这样的形式，即对计算创造力已有评价研究的元反思、元批评。在她看来，这样的元评价研究是作为一门成熟的 AI 研究领域的计算创造力所不可或缺的，因为随着计算创造力评价在 AI 中的升温和强势发展，大量评价方法、策略和方案如雨后春笋般涌来，面对它们，自然应思考这样一些元问题：每种方法的利弊是什么？判断它们好坏的标准是什么？合理的、可行的评价方案的标准是什么？等等。①

　　在她看来，开展计算创造力元评价研究是计算创造力发展的必然要求。她通过分析计算创造力评价研究的历史和逻辑进程说明了这一点。众所周知，计算创造力评价已成了计算创造力中的一个新的、热门的研究领域。其内在必然性在于，机器若能了解创新标准，就有了生成合格的创造力以及拿出更好创新成果的前进方向，例如它能根据掌握的标准，基于实时评价，在多种可能选择中选择那个符合创新标准的选项。是故，它成了当前计算创造力研究中的一个重点和热点，在每届计算创造力国际性研讨会中，它都成为重中之重。但正如博登所说，它又是计算创造力研究中致命的薄弱环节。其原因很多，研究课题的歧义性、模糊性可能是其中的一个原因。这里的评价有两种可能，一是人工系统所完成的对自己行为过程及结果的评价，二是旁观者

①　Jordanous A. "Steping back to progress forwards: setting standards for meta-evaluating of computational creativity". In Colton S, Ventura D, Lavrač N, et al (Eds.). *Proceedings of the Fifth International Conference on Computational Creativity.* Ljubljana: Jožef Stefan Institute, 2014: 129.

的评价，如用户、研究者、设计者、受众等的评价。前者同时是哲学和 AI
的理论及工程实践问题，后者是纯哲学问题。之所以同时是哲学问题，是因
为，不管是哪种评价，都无法回避用什么标准或方法来评价这一问题。其复
杂性还在于，尽管这是一个薄弱环节，但毕竟有许多人在研究，因而有许多
评价方案，例如本章涉及的种种方案，其中有影响的包括：G. 里奇的经验标
准、皮斯等的 FACE 模型、科尔顿等的创造力三脚架理论和 SPECS 方法论等
等。①这里的新问题是：这些理论各自的优缺点是什么？有无一种评估策略
更合理、更可取？评价、选择的标准是什么？可见，这里无法回避评价的评
价问题，即评价的元问题。不仅如此，如果不解决元评价问题，计算创造力
的评价研究将无法取得进步。如何解决评价的评价问题？

　　乔丹斯的回答是，要解决元评价问题，应向哲学和其他学科学习，因为
它们的已有探讨"对计算创造力研究的共同体来说是有适用价值的"②。为
此，她对这些学科中的元评价研究成果作了考察和概括。她注意到，这些学
科的评价理论为了甄别和比较已有研究的得失，提出了这样常见的元标准，
如对于研究人员的准确性和有用性，以及易于应用的特点。科学哲学中对"好
理论"标准的探讨也有这方面的意义，如有的认为好理论有真实、可接受、
可证实等标准，它们后来被发展为一致性、简单性标准。她看到，计算创造
力研究中也有少数人涉及了此课题，如皮斯等提出的两个问题就属于这方面
的思考：第一，人工系统在多大程度上反映了人对创造力的评估？第二，它
们的适用性如何？皮斯也提出了自己的一元组标准，它们分别是普遍性、可

---

① Colton S, Charnley J, Pease A. "Computational creativity theory: the FACE and IDEA descriptive models". In Ventura D, Gervás P, Harrell D F, et al (Eds.). *Proceedings of the Second International Conference on Computational Creativity*. México City: Universidad Autónoma Metropolitana, 2011: 90-95.

② Jordanous A. "Steping back to progress forwards: setting standards for meta-evaluating of computational creativity". In Colton S, Ventura D, Lavrač N, et al (Eds.). *Proceedings of the Fifth International Conference on Computational Creativity*. Ljubljana: Jožef Stefan Institute, 2014: 129.

用性、可信性和构成性。萨伽德提出的本体论标准也可看作一种元标准，不过，可把它理解为乔丹斯所说的"有用性"和"普遍性"标准。[①]

　　经过提炼和融合，乔丹斯提出，元评价标准可概括为五种：①准确性，主要看评价结果如何准确全面地反映系统的创造力；②有用性，主要看评价结果对于理解和潜在地改进系统的创造力究竟提供了多少信息；③作为创造力模型的可信性，主要看评价方法论如何可信地揭示了系统的创造力；④方法的可用性，主要看评价方法应用于实践时是否便利，是否方便应用；⑤普遍性，主要看方法用于多种创新系统时有多大范围的可用性。[②]她认为，这五种标准可看作评价各种计算创造力评价方案的依据，同时，"它们能帮助我们在计算创造力研究中发展更好的评价实践"，"能指导我们完善计算创造力评估的研究工作"[③]。这也就是说，这五种标准既是评价计算创造力中种种评价方案的标准，也是计算系统内嵌的评价模块在对自己的评价进行元评价时可使用的标准。

　　在将这些元评价标准应用于对想评价的评价方案的评价时，可这样加以应用，即先进行外部评价，如按一定标准确定参与评价的人，给他们提供反馈表。它们报告的是关于每种创造力评价方案的评价反馈信息，如关于 G. 里奇的标准的反馈、关于科尔顿的标准的反馈等。这些反馈表还包括一些简单的比较。被评价的方案是以匿名的且随机编排顺序的方式呈现的，以便尽可能避免主观性、先入为主性。在评价时，可要求参评者完成对结果的初步评

---

① Jordanous A. "Steping back to progress forwards: setting standards for meta-evaluating of computational creativity". In Colton S, Ventura D, Lavrač N, et al (Eds.). *Proceedings of the Fifth International Conference on Computational Creativity.* Ljubljana: Jožef Stefan Institute, 2014: 131.

② Jordanous A. "Steping back to progress forwards: setting standards for meta-evaluating of computational creativity". In Colton S, Ventura D, Lavrač N, et al (Eds.). *Proceedings of the Fifth International Conference on Computational Creativity.* Ljubljana: Jožef Stefan Institute, 2014: 131.

③ Jordanous A. "Steping back to progress forwards: setting standards for meta-evaluating of computational creativity". In Colton S, Ventura D, Lavrač N, et al (Eds.). *Proceedings of the Fifth International Conference on Computational Creativity.* Ljubljana: Jožef Stefan Institute, 2014: 129.

价，然后要求他们根据五种标准评价每一种方案，形成关于它们的最终结论。

为了帮助外部评价者准确理解和运用每一种元标准，在提供给他们的标准中都应包含两方面的内容，一是问题，二是说明性事例。如第一种标准"准确性"的问题是：你认为这些结果的准确性如何？例子是，这些结果是不是准确的、全面的、诚实的、公平的、合理的、真实的、严谨的、详尽的、可重复的、客观的？然后，要求参评者根据每种标准用 5 分制（如非常有用、有用、中等、不是很有用、没有用）对系统的表现进行打分。最后，要求他们对所评价的方案排出优劣顺序。就总的得分情况而言，SPECS+cc（详后）表现最为突出。

在外部评价的基础上，乔丹斯基于自己的研究，依据前述标准对待评价的方案进行了分析和比较。她试图弄清的是：这些评价方案是否标志着计算创造力评价研究的发展？如果有发展，是如何作出发展的？

她的元评价结论很具体，例如根据准确性标准，她认为，G. 里奇的评价标准尽管比较全面，但其评价是根据对创新系统的结果或输出作出的，而没有关注系统的内部过程以及系统与环境的交互，因此其准确性不如科尔顿等的创造力三脚架理论。最后，她综合外部评价和她本人依据五种元标准所作的评价，得出结论说，SPECS+cc 是最好的评价方案。SPECS+cc 这一方案①是一种综合性方案。其中的 SPECS 是由乔丹斯提出的，但得到了 G. 里奇、皮斯等的支持。在此基础上，乔丹斯又补充了一些创造力组件（creativity components，简称 cc）。她把它们合在一起就形成了 SPECS+cc。这一评价方案既可看作关于创造力的定义，当然也可看作创造力的标准。其特点是高度综合，如强调在评估一种评价方案是不是最好的方案时，即应看它同时是

---

① 关于这一方案的具体内容及讨论可参阅：Jordanous A. *Evaluating Computational Creativity: A Standardised Procedure for Evaluating Creative Systems and Its Application.* Canterbury: University of Kent, 2012.

否考虑到了过程评价与结果评价、内部评价与情境交互评价、准确性与有用性等等。

第八节 创新阶段的谱系问题与过滤评价系统的建构

格兰斯（P. Glines）等的计算创造力评价研究是从对创造力的飞跃这个概念出发的。所谓创造力飞跃是指能力从模仿到创新的质变。根据文图拉的创新系统谱系这一在格兰斯等看来代表着计算创造力研究重要成就的理论，在通向计算创造力的征程上，至少有七个不同的层次或阶段，即随机、照抄、记忆、泛化、过滤、接收、创造，如图 24-1 所示。

图 24-1　创新系统谱系诸阶段

不难看出，这种创新系统谱系提供了一种手段，通过它可测量一系统在迈向创新过程中的进步，特别是从量上看清创造力不同于非创造力的特点以及创造力发生的条件。根据这一方案，对专属于每个层次的挑战和解决方案作出描述将有助于将这个谱系变成指导建构更有创造力的系统的方法。文图拉断言，沿着这个谱系，真正的计算创造力在泛化阶段就会出现，到了过滤阶段，创新的质变就开始了。①

格兰斯等在此基础上提出，可把这七个阶段设计为计算系统的子系统。要让计算系统表现创造力，就要解决这样的问题，即如何让能概括的系统上

---

① Ventura D. "Mere generation: essential barometer or dated concept". In Pachet F, Cardoso A, Corruble V, et al (Eds.). *Proceedings of the Seventh International Conference on Computational Creativity*. Paris: Sony CSL, 2016: 17-24.

升为能过滤的系统。在他们看来，这既是在计算系统之上实现创造力的关键，也是解决计算创造力评价中有关困难问题的一个出路，因此他们把这种上升特别是过滤系统的建构作为他们研究的一个重点。这里的概括指这样的能力，即能在一组个例中抽象共性的能力或将结论推广到更大范围的能力，过滤指的是形成评价结果并对结果进行筛选的能力。很显然，这样来解读文图拉的创新系统谱系，不仅把它看作指导计算创造力设计和建模的方法，而且把它改造成了一种评价方案。因为过滤这个环节既是创造力的构成，也是创新系统中评价模块的关键构成和机制。例如，如果系统完成了从概括能力到过滤能力的提升，那么就可断言，它在推进它的创新过程，进而就可据此作出创新评价，即断言该系统在开始表现创造力。

当然，要让系统完成从概括能力到过滤能力的转化是很难的，例如将面临这样的难题，即要过滤，就要有足够多的解决方案。格兰斯提出的应对办法是，放大系统的概括能力，以生成更大的集合来供筛选。为此，他们设计了一个系统 Nhmmonic，它能用新的允许进行更大概括的概念化模型来生成和发展有助于创新的概括能力[①]。

当运用这一理论说明计算创新系统的进步或对之作进步评价时会碰到两个问题：第一，对于每个层次来说，计算创新系统会面临什么挑战？第二，要应对这些挑战，应采取什么办法？格兰斯等在回答这些问题时具体想达到的目的是，如何让深入到了泛化层次的系统进一步到达过滤的层次。他们认为，探讨这一问题有这样的意义，即有助于让处在创新萌芽阶段的系统上升到具有有意图的创新阶段，即是说，解决了这里的问题就意味着解决了如何让人工系统有真正的意向性这一关键问题。果如此，就在创造力及其评价的

---

① Glines P, Biggs B, Bodily P. "A leap of creativity: from systems that generalize to systems that filter". In Cardoso F A, Machado P, Veale T, et al (Eds.). *Proceedings of the Eleventh International Conference on Computational Creativity.* Coimbra: University of Coimbra, 2020: 297.

建模征程上迈出了关键一步。因为泛化系统用内在概念化生成创新成果意味着它有对领域的理解，进而在该领域完成了创新。当然，这里还必须解决这样的问题，即如何通过不断排除可能的解空间中的备选项来压缩解空间。如果解决了这一问题，就能让系统迈上一个台阶，即深入到过滤层次。格兰斯等认为，解决的办法就是把过滤层次加到泛化层次之上，因为过滤层次的作用就是通过评价各种解，将一些适应度低的解过滤掉，进而压缩解空间。这样的操作其实就是在进行实时的自评，即只要有过滤步骤发生，就可断言系统在朝创新的方向进步。他们说："采取过滤步骤的目的就是为系统配备自评价能力，以根据适应度测量来限制所生成的输出成果。"[①]但也存在这样的问题，即严格的过滤尽管有助于减少筛选过程，但是解空间太小又不利于找到真正好的、有用的解。在过滤系统的实现中，更大的解空间是必不可少的，因为解空间的大小决定了系统能力的大小，要想提升过滤系统的能力，就必须有更大的解空间。既然如此，创造力建模中还必须有这样的工作，即增加或扩大解空间，这有利于让激励集变大。根据他们的探索，借助规则化和抽象，可以让系统更好地利用激励集中的知识，进而增加解空间。

　　总之，设法让泛化系统升级为过滤系统可以解决文图拉碰到的两个问题。而要完成这样的升级，又必须解决这样的问题，即随着系统上施加的约束增多，解空间将相应缩小，有时甚至缩小到无法过滤的地步。这一问题可通过增加泛化的范围来解决。基于此，他们建构了有更高的泛化能力的模型即Chimp。在这里，即使约束增加，该模型在增加解空间的大小方面也有出色表现，质言之，应对解空间缩小的办法就是提高模型中的抽象层次，因为提高抽象程度就能提高模型的概括能力，进而产生足够大的解空间，以让过滤

① Glines P, Biggs B, Bodily P. "A leap of creativity: from systems that generalize to systems that filter". In Cardoso F A, Machado P, Veale T, et al (Eds.). *Proceedings of the Eleventh International Conference on Computational Creativity*. Coimbra: University of Coimbra, 2020: 297.

系统生成更新、更有用的创新成果。从这里可以发现，提升创造力和创新成果品质的一条途径就是增加约束，因为系统可以用这些约束来阐释和执行系统的目的和计划。约束可用人类能理解的语言来描述，可让系统为自己的创新行为提供框架，进而增加计算系统的创新感。

格兰斯等还试图用他们的过滤方案解决计算创造力评价中的这样一个难题——其实也是一个一直在困扰哲学家们的难题，即创造力的两个衡量指标——新颖性和价值性——存在着不一致或矛盾现象，格兰斯等指出的化解办法是，只需将泛化系统进一步升级为过滤系统就可以避免这种现象，并实现两者的同步提升，因为一方面，在用了过滤系统时，创新系统就能避免丢失有用信息；另一方面，让泛化阶段发展为过滤阶段，就是通过对结果的评价，筛选掉无用的方面，让后面生成的结果既有新颖性又不降低其价值性。[①]

第九节　专门领域的计算创造力的评价问题

如前所述，计算创造力评价方案的分类方法有一种是基于领域的，即把它分为通用、一般性领域的计算创造力评价方案和专门领域的计算创造力评价方案。这里的"专门领域的计算创造力"既指前面发生在艺术、游戏、烹饪等具体领域的创造力，也指从创造力中剥离出的某种专门的、被认为有关键意义的能力，如预期、意外、自我意识、批评等。

一、评价的"中心"问题与关于计算创造力评价的预期模型

计算创造力评价中的"中心"问题是源于这样的对评价的反思，即已有

---

① Glines P, Biggs B, Bodily P. "A leap of creativity: from systems that generalize to systems that filter". In Cardoso F A, Machado P, Veale T, et al (Eds.). *Proceedings of the Eleventh International Conference on Computational Creativity.* Coimbra: University of Coimbra, 2020: 302.

计算创造力的评价基本上要么集中于对计算系统的过程的评价，要么关心对它生成的创新结果的评价。这样的评价中心合理吗？格雷斯等尖锐地指出，这样的评价太宽泛了，没有抓住计算创造力的本质，没有反映它们与意想不到、意外、惊诧、预期的关系，因此无助于解决计算创造力评价中的大量问题，不利于让计算创造力得到社会的认可。基于对创造力、计算创造力本质和机制的解剖，他们强调，应加强对创造力与意外、预期及其关系的研究，同时将计算创造力评价中对新生成产品的比较、评价，转向以观察者的预期为中心的评价，简言之，将原先对重视结果、产物的评价转向以预期为中心的评价。这就是他们倡导的关于计算创造力评价的预期模型。①

格雷斯等赞成这样的评价理论，即认为对计算创造力的评价可从新颖性、惊诧和领域转移三方面展开。例如，如果一行为具有这些特点，那么就可判断其有创新性。但问题是：这三个标准的本质是什么？该怎样加以量化、计算化？怎样具体实现于评价模块之内？要回答这些问题，关键是在意外、预期这样的统一构架下来思考这三个标准。从意外和预期这两个词的构成我们不难看到，它们尽管是相反的两个词，即意外是预期或意料的反面，即没有意料到，但在说明创造力的本质时，其作用是一样的，即说的都是一行为或结果与意料的关系。意外强调的是，它们是观察者没有想到的；预期说的是，意外超越了预期。明白了这一点，就不难理解，新颖性、惊诧和领域转移这三方面都根源于意外和预期，因此可将它们放在一个统一构架之内来考察它们的共同性和差异性。上述三个概念根源于意外、预期的具体表现是，它们都可根据预期来重新加以概念化，如新颖性可表述为，当观察者对一个领域的连续性预期被违背或出现了意外情况时，就有新颖性发生；惊诧可表述为，

---

① Grace K, Maher M. "What to expect when you're expecting: the role of unexpectedness in computational evaluating creativity". In Colton S, Ventura D, Lavrač N, et al (Eds.). *Proceedings of the Fifth International Conference on Computational Creativity.* Ljubljana: Jožef Stefan Institute, 2014: 120.

当一个有把握的预期被违背或有意外情况发生时，就有惊诧发生；领域转移或转移性创造力可表述为，当出现了一个领域的参与者意想不到或超出了预期的观察结果时，对此结果的整体反应就是领域转移的出现。因此可以说，意外、预期是新颖性、惊诧和领域转移的本质构成，进而是计算创造力评价的重要组成部分。①

　　既然意外、预期如此重要，计算创造力的评价不关注它们就是没有道理的，若不予以关注和建模，就会把计算创造力评价引入歧途。于是，他们呼吁人们关注预期，而关注预期实即关注观察者的预期。这种强调实际上是在倡导这样一种评价标准，即评估人工系统生成的东西与观察者的预期的关系；如果它在观察者的意料之外，或违背了观察者的预期，那么就可认为它有创新性。这无疑是前述评价中心的一种转向。评价的这种转向包含着创造力理解的一种转向。传统占主导地位的图灵主义理解认为，一个过程有无创新主要看它的产品，而格雷斯新的理解强调，创新在本质离不开产品的创造者及其所生存的社会和文化环境。这种新的创造力理解包含着对已有权力结构的颠覆，对公认过程的摧毁，对公认规则的超越。格雷斯等说："将预期放在计算创造力评价的中心意味着对比较产品的评价方式的根本背离。"②

　　要在创造力评价中转向以观察者的预期和意外为中心，就要优先解决建模问题。他们指出，这里要建模的是预期和意外，强调的不再是通过将产品与产品加以比较来形成评价，而是通过将这些产品的观察者的反应与其他观察者的反应加以比较来形成评价。他们尽管仍强调创造力评价离不开比较，

---

① Grace K, Maher M. "What to expect when you're expecting: the role of unexpectedness in computational evaluating creativity". In Colton S, Ventura D, Lavrač N, et al (Eds.). *Proceedings of the Fifth International Conference on Computational Creativity*. Ljubljana: Jožef Stefan Institute, 2014: 120.

② Grace K, Maher M. "What to expect when you're expecting: the role of unexpectedness in computational evaluating creativity". In Colton S, Ventura D, Lavrač N, et al (Eds.). *Proceedings of the Fifth International Conference on Computational Creativity*. Ljubljana: Jožef Stefan Institute, 2014: 121.

但对比较的内容和方式的规定发生了根本变化，因为他们所说的比较不再是原先的对计算系统生成的不同产品的比较，而是对不同观察者的反应的比较、产品与预期的比较等等，因此这里的确发生了对已有评价和比较方式的根本背离。①

格雷斯等当然清楚，世界上意外的认识、意外发生的事情很多，但并非一切意外都有创新性。由于看到了这一点，他们便强调，在阐释预期和意外时，要想让它们成为关于创造力评价模型的基础，就务必做到具体、明确，最好具有可操作性，以便能在计算系统上实现。他们认为，预期有创造力的预期与无创造力的预期之别。在此基础上，他们开发了一个关于与创造力评价有关的预期的理论框架。该框架要说明的是，在建模创造力的预期时，应关注的预期有六个二分法，它们足以说明与创造力有关的预期的本质特点。这六个二分法如下：第一，预期要么有整体论特点，要么有还原论特点，它们说的分别是，被预期的东西要么是整个产品，要么是该产品内的部分特点；第二，预期要么涉及全部范围，要么涉及有限的范围；第三，预期要么是有条件的，要么是无条件的；第四，预期要么有时间条件，如产品的年龄、发布的日期等，要么没有时间条件；第五，预期要么有产品内的时间性，要么有领域内的时间性；第六，预期要么是被精确测评的，要么是根据其影响测评的。

他们不仅有对评价的理论探讨，从而建构了上述模型，而且有工程实践，即把模型应用于移动设备的设计之中，以检验他们理论的有效性和应用价值，如他们在一个人工系统上通过建立关于一个创新产品的属性如何相互关联的预期来测量该系统的产品有无令人惊诧这一特点。他们的结论是，创造力令人惊诧这一特点反映的其实是与预期有关的创造力的特点，关于令人惊诧的

① Grace K, Maher M. "What to expect when you're expecting: the role of unexpectedness in computational evaluating creativity". In Colton S, Ventura D, Lavrač N, et al (Eds.). *Proceedings of the Fifth International Conference on Computational Creativity.* Ljubljana: Jožef Stefan Institute, 2014: 121.

模型的定义应比"违背预期"更具体地加以定义。①

　　总之，他们建构的试图根据预期解释创造力的三个特点（即新颖性、惊诧和领域转移）的理论构架能作为计算创造力评价的一个理论基础，因为可根据这个构架来对新颖性、惊诧和领域转移作出评价。

二、艺术计算创造力的评价问题

　　艺术计算创造力的评价问题极其复杂，首先面临的一个问题是：计算系统表现出的创造力是由计算系统来自评，还是由它以外的其他计算系统或人类艺术家或用户来评价？两类评价在艺术计算创造力探讨中都出现了。前一评价被称作内嵌评价，即由创造力的计算系统本身所包含的评价模块所完成的评价。这是计算创造力研究中讨论较多的一种评价，本书关注的也主要是这种评价，稍后，我们还将讨论艺术创造力关心的内嵌评价。后一评价强调的是，将计算系统生成的成果交给用户，让他们作出评价，然后根据评价适时调整创新方案，从而作出改进。这里先分析一下计算艺术创造力研究中对用户评价的尝试。

　　我们在前面曾考察过的一个能生成艺术创新作品的进化创新系统 Evoler 用的就是用户评价，即这里的艺术评价就不是内嵌评价，而是让设计师和用户对系统的表现给出评价，当然，这种评价也有计算系统的参与，如向用户提出的一系列关于系统有无创造力的问题，是由该系统提出的，用户的回答也是反馈给它，根据反馈作出的实时改进也是由它完成的。②

---

　　① Grace K, Maher M. "What to expect when you're expecting: the role of unexpectedness in computational evaluating creativity". In Colton S, Ventura D, Lavrač N, et al (Eds.). *Proceedings of the Fifth International Conference on Computational Creativity*. Ljubljana: Jožef Stefan Institute, 2014: 124-127.

　　② Dipaola S, McCaig G, Carlson K, et al. "Adaption of an atonomous creative evloutionary system for real-world design application based on creative cognition". In Maher M, Veale T, Saunders R, et al (Eds.). *Proceedings of the Fourth International Conference on Computational Creativity*. Sydney: The University of Sydney, 2013: 45.

　　下面我们再来考察计算艺术创造力研究中的内嵌评价。这样的内嵌评价可发生在不同的时间，例如，既可让内嵌评价模块在任务进行中对已发生或正在发生的过程和局部结果进行评价，这样的评价会实时反馈给创新系统，也可让评价系统在创新过程完成后对所生成的作品作出评价。在评价模块的具体设计中，常碰到的问题是，不管是过程中伴随的评价还是事后的评价，都有这样的问题：评价模块所作评价依据的评价标准是什么？是根据审美感受还是根据人类的审美标准去评判？另外，计算机在评价艺术作品时，评价的是什么？是艺术的、概念的、审美的性质，还是文化、情感价值，抑或其他什么？创新评价（判断艺术品是否适当或新颖）与审美评价是什么关系？一般认为，两者应区别对待，因为有新意的作品不一定能引起人的审美愉悦。再者，人的艺术评价有时会超出艺术作品本身，如去评价里面的知识和文化准则，评价艺术家的意图和价值观，评价社会、政治、文化条件，等等。计算机的评价是否也会这样？[1]最具哲学意味的问题是：计算机的艺术上的自评与他评或审美判断是否可能？对于这类前提性问题，一般的回答是肯定的。麦科马克认为，计算机作审美判断是可能的，如只要放弃程序自动化概念，并承认程序可与艺术家一道工作，那么就会看到，它能做审美判断。事实也是这样，例如，只要艺术家告诉该程序一根线画多长就足够了，它就会在创作过程中据此作出评价和修改。[2]不仅如此，审美判断在两种评价中都可发生，如在创作过程中，计算系统能对正在做的工作做出评价，该评价有利于修改、改进，在完成作品之后，也是如此。不过，两种评价所用的程序是不一样的。例如，用生成性程序做事后评价是有可能性的，而用其他程序来评

---

　　① Cohen H, Nake F, Brown D, et al. "Evaluation of creative aesthetics". In McCormack J, d'Inverno M (Eds.). *Computers and Creativity.* Berlin: Springer, 2012: 98.

　　② Cohen H, Nake F, Brown D, et al. "Evaluation of creative aesthetics". In McCormack J, d'Inverno M (Eds.). *Computers and Creativity.* Berlin: Springer, 2012: 98.

价则不可能。①在人类的艺术评价中，新颖性和惊诧感是人们判断作品是否有创造力的主要根据，要让计算机作新颖性和惊诧感判断尽管很难，但却是可能的。②麦科马克认为，事实上已有许多生成艺术品的软件同时编码了有这类评价功能的审美判断。因为已有艺术家和程序员都会仔细选择特定的规则，以创造能产生令人愉悦的审美效果的系统。因此这样的软件能对正在做的工作作出评价，当然不是用人类那样的方式。软件之所以具有这样的功能，是因为它也具有适应能力，而具有适应能力就意味着能学习，能学习就能随条件变化而改变所作的判断，进而作为内嵌系统完成对计算创新系统的创新过程及其成果的评价。在麦科马克看来，进化算法或机器学习就能完成上述任务。如果未来的机器具备社会进化能力，那么它们在评价方面将表现得更加出色。尽管在目前，人类美学、意识、觉知等许多领域对机器还是禁区，但这不妨碍机器创造出被人类认可具有审美价值的作品。事实上，许多计算机艺术品已经为我们呈现了值得我们深思的新的审美价值。③

　　总之，关于艺术品的计算评价仍处于探讨的初级阶段，尚未形成统一的意见，也没有得出广泛认可的结论。不过，首先应该肯定的是，人类的能力和所做的事情毕竟有其可计算、可言说的一面，因此建立关于人类审美评价的计算模型就有其可能性。如果是这样，经过进一步探讨，就有可能让计算机做审美判断、评价之类的工作。还有理由认为，未来的计算建模将进一步揭示艺术品评价（以及人类一般行为及其内在机制）的本质和奥秘，进而有助于文艺批评和哲学美学的发展。必须承认的是，悲观主义在计算艺术创造

---

① Cohen H, Nake F, Brown D, et al. "Evaluation of creative aesthetics". In McCormack J, d'Inverno M (Eds.). *Computers and Creativity.* Berlin: Springer, 2012: 99.

② Cohen H, Nake F, Brown D, et al. "Evaluation of creative aesthetics". In McCormack J, d'Inverno M (Eds.). *Computers and Creativity.* Berlin: Springer, 2012: 103.

③ Cohen H, Nake F, Brown D, et al. "Evaluation of creative aesthetics". In McCormack J, d'Inverno M (Eds.). *Computers and Creativity.* Berlin: Springer, 2012: 105.

力评价中是有一定的影响的，它认为，开发计算创新和审美评价程序，没有意义，也没有前途，往前走只能是死路一条。这尽管不利于本领域的发展，但对人们总结经验教训是有警示和启发意义的。

三、趣味性评估模型

佩雷斯也是计算创造力研究中较活跃的人物，对评价问题的研究也有一定深度。他看到，评价是计算创造力研究的一个热门课题，关心的问题主要是，如何让机器模拟人的评价，独自完成对成果的评价。这里被评价的对象或成果有两种，一是计算自主体对自己的输出作出评价，二是评价其他自主体所产生的可用来丰富知识库的叙事。他建构的情节生成器就被赋予了两种评价能力，并把这种能评价输出成果的计算机自主体称作"评价者"。就评价与创造力的关系而言，佩雷斯认为，评价是创造力的内在构成，或是创新过程不可分割的部分。在创新完成后，评价也有至关重要的作用，例如它根据特定标准，为确认自主体输出的价值提供了有助于以后改进的结论。基于这样的认识，他对创造力下了这样一个极有个性的定义，即创新是观念生成与观念评价之间恒常的相互作用过程。[①]

基于上述认识，他提出，要建构有真正创造力的计算系统，就必须有能对自己输出作出评估的相应子系统。他研究的一个侧重点是，如何对创新成果的一个特征即趣味性作出评估，如何为这样的评估建构模型。我们知道，创新成果具有趣味性是博登在其得到 AI 领域广泛认可的关于创造力的认知理论中阐述的一个观点，后受到了计算创造力研究的高度重视，相关的研究比较多。佩雷斯等认为，要想让计算系统完成对自身成果的趣味性评价，必

---

① Pérez y Pérez R. "The three layers evaluation model for computer-generated plots". In Colton S, Ventura D, Lavrač N, et al (Eds.). *Proceedings of the Fifth International Conference on Computational Creativity.* Ljubljana: Jožef Stefan Institute, 2014: 220.

须解决建模问题。

佩雷斯等先对创造力与趣味性的关系特别是创新成果的趣味性特征进行了解剖和分析，接着尝试据此建构了一个模型，讨论了如何实现的问题，最后对这一实现系统所完成的四个叙事进行了评估。[①]

要为趣味性评价建构模型，进而让计算系统实现，必须解决这样的前提性问题，即这样的工作是不是计算创造力研究必要的、有意义的工作。佩雷斯等认为，只要认清了创造力的本质和标志性特征或标准，就能明白他们工作的必要性。在他们看来，创造力就是一种产生前所未有结果的过程或能力，一过程有无创造力，可从三方面去区分，即有用性、新颖性和趣味性。它们就是创造力的标志性特征。佩雷斯等认为，趣味性标准是他们的新发现，另外两个标准为博登首先发现，后几乎得到了 AI 界的普遍认可。既然如此，在评价研究中关注这三方面，并为之建模就没有什么疑义。正是基于这样的认知，他们建构了能评估这三个特征的模型。这里我们重点讨论他们关于趣味性的建模。因为他们在这里表达了极有创意的思想。[②]

为完成对创造力的形式化，检验所建构的模型，佩雷斯等建构了一个能生成故事情节的自主体，该自主体能编讲故事，因此是故事生成器。为了完整表现创新过程，他们探讨了该系统对这些特征的评估，并为评估开发了专门的子系统或机制。经过这样的探讨，他们向人们展示了人工评估过程是如何运行的，以及创新过程是如何完成的。

这个评估模型的基础是博登等的观点，一个故事作品要被评价为新的，

① Pérez y Pérez R. "The three layers evaluation model for computer-generated plots". In Colton S, Ventura D, Lavrač N, et al (Eds.). *Proceedings of the Fifth International Conference on Computational Creativity*. Ljubljana: Jožef Stefan Institute, 2014: 131.

② Pérez y Pérez R. "The three layers evaluation model for computer-generated plots". In Colton S, Ventura D, Lavrač N, et al (Eds.). *Proceedings of the Fifth International Conference on Computational Creativity*. Ljubljana: Jožef Stefan Institute, 2014: 131.

必须具有趣味性这一特点，因为旧话重提、老生常谈不会让人觉得有趣。佩雷斯等认为，要让人觉得有趣，作品的表现方式要适当，同时能让人获得新的知识。这里的适当方式即亚里士多德所强调的故事展开方式，如导入、发展、高潮、结局（冲突得到解决）。故事为读者提供新知识是趣味性的又一个标志性特征，这是研究人的动机、好奇心和学习所得出的一个结论。这里的"新"就是"生成了新的相关的知识结构"[①]，具体表现在两方面，一是知识内部有新的结构或组织方式，二是相对于已有知识，视野、见地范围有所拓宽。对前一方面的建模方法是，通过分析新生成故事的结构，对故事情节的适当性和意想不到的插曲作出评估，以确定如此组织的结构是否达到了预期效果。对后一方面的建模方法是，通过分析新故事对知识库的改进程度来评估知识结构和知识拓宽的表现，再比较所做的改进是否能满足预期的标准。最后，将两种评估结合起来，形成对趣味性的最终整体评价。根据这一模型，计算系统判断自己生成的作品是否有创新，是否有趣味性，最关键的根据是该作品对知识库是否新增了知识。要如此，故事生成系统必须包括这样的机制，它允许在其知识库内融合输出产生的新信息，即必须包含一个反馈过程，其次能对知识库在反馈之前和之后的状况作出比较。[②]

为了让所建构的趣味性评估模型能在软件系统中实现，佩雷斯等还对评估标准或特征作了细化、量化处理，即把评价的标准细化为六个方面，每个方面按比例计算。它们分别是：新结构的比例、原创价值的比例、知识结构的新颖程度、知识宽度的比例、恰到好处的开头、恰到好处的结尾。为量化，

---

① Pérez y Pérez R. "The three layers evaluation model for computer-generated plots". In Colton S, Ventura D, Lavrač N, et al (Eds.). *Proceedings of the Fifth International Conference on Computational Creativity.* Ljubljana: Jožef Stefan Institute, 2014: 132.

② Pérez y Pérez R, Ortiz O. "A model for evoluating interestingness in computer-generated plot". In Maher M, Veale T, Saunders R, et al (Eds.). *Proceedings of the Fourth International Conference on Computational Creativity.* Sydney: The University of Sydney, 2013: 132.

他们还为每个特征设定了权重，其总和为 1，例如趣味度评价等于核心特征的值乘以其权重的总和。[①]为了实现和检验他们的模型，他们还开发了一个人工系统。它对他们开发的故事生成系统所生成的四个故事的趣味性作出了评估。

他们的模型包含几个有助于实现灵活多变性的参数，如新知识结构、新元素、原创性和曲线。这些参数有不同的值，如新知识结构的最小值、新元素的最小值、原创性的最小值、完全曲线的理想值、不完全曲线的理想值等。为了确定这些值，他们以已有的故事作为参考，并从中挑选了 7 个故事。采用其中的 6 个创建知识库，把第 7 个当作新故事，然后再来分析第 7 个故事生成了多少新结构、新元素、新原创值，并记下结果。对所选故事的每一个都重复这一过程，在去掉最大值和最小值之后，再来计算每个结果的平均值。经过这样的计算，他们得出了这样的结论，先前的每个故事平均生成 7 个新知识结构、4 个新元素、5 个原创结构、1 个完全曲线和 1 个不完全曲线。接下来就是确定权重。根据人类专家交流的经验，上述各项的权重分别是，生成新知识的为 50%，故事被重新叙述方式的适当性权重为 50%。最后是最终的评判：如果故事重新叙述的适当性值达不到最高可能值的 50%，那么该故事就被认为是不令人满意的。[②]

总之，这一关于故事趣味性评价的模型突出了两点，一是是否生成新知识，为此，设计了一个过程来评价计算机生成的故事提供了多少新信息；二是故事的结构安排是否恰当。

---

① Pérez y Pérez R, Ortiz O. "A model for evoluating interestingness in computer-generated plot". In Maher M, Veale T, Saunders R, et al (Eds.). *Proceedings of the Fourth International Conference on Computational Creativity*. Sydney: The University of Sydney, 2013: 135.

② Pérez y Pérez R, Ortiz O. "A model for evoluating interestingness in computer-generated plot". In Maher M, Veale T, Saunders R, et al (Eds.). *Proceedings of the Fourth International Conference on Computational Creativity*. Sydney: The University of Sydney, 2013: 136.

这里尽管只讨论了故事趣味性的评价问题，但由于其他评价维度（如有用性、新颖性）与这个维度有重合之处，因此关于趣味性评价的模型对建构其他评价模型也有参考价值，有些方面甚至可推广到其他评价模型之中。例如，新结构的生成可应用到对新颖性的评价之中；好的开头和结尾可应用到对有用性的评价之中。总之，有了关于趣味性的评价模型，再辅之以其他评价方面的探讨，就可建构关于计算创造力成果的一般评价模型。不仅如此，这里的探讨不仅对故事评价模型的建构有积极意义，而且对计算创造力其他成果的评价模型的建构也有启发意义，甚至可以说，它们为哲学、心理学进一步认识人的创造力特别是其中的评估过程这一复杂的困难问题提供了启示。

当然，由于评价是一个极其复杂的问题，挂一漏万在所难免，事实也是这样，故事评价中有许多必要而关键的方面就被疏忽了，如悬念、计谋、思想性、灵魂洗礼等就是如此。在笔者看来，如果将趣味性当作故事等有限范围的创造力标准加以建模，那是有其意义和合理性的，但将它作为一个普适性标准则失之偏颇，因为许多远离现实生活的理论成果如关于微观物质结构的理论就不适于运用这一标准评价。这一结论对于计算创造力生成的成果也是适用的。

四、"计算批评家"的建模

计算创造力的评价方案还有很多，再简单列举几种。有一种方案在为计算批评建模的基础上，试图建构像人类批评家那样的计算批评家。其前提性理念是，计算创造力研究要发展，离不开对话、讨论和批评。基于这样的认知，该方案试图建构一个关于计算批评的更一般、更具扩展性的模型。它认为，批评是人的权利，并区分开有意义与无意义的批评。有意义批评的公式是，知识+品味=有意义判断。它还试图在将其形式化的基础上，探讨如何塑造计算批评家的问题。[①]

五、计算创造力评价的统计方案

再看关于创造力检测的统计方案。该方案承认，计算系统的评价除了受制于适当的领域知识、偏差、测评者信度的可靠性之外，人类参与者的有限能力也限制了许多评估方案的可扩展性。[②]但许多方案像上面的方案那样走向了突出人的主观性的极端。马赫等鉴于这些方案的上述局限性而大力倡导统计方案。它试图评估的是输出成果相对于源语料库而言的独特性、典型性。很显然，要完成这种评价，离不开大量的领域知识。另外，要作出恰当评价，还要解决评价中可能出现的偏差、因人而异性、可伸缩性，特别是评价的主观性，这是计算创造力评估研究中亟待解决的一个问题。在他们看来，"创新成果评价的主观性本质是成问题的"。已有研究中还有很多问题，如人类参与者有限的能力限制了评估方法的可扩展性。为解决这些问题，他们提出了两个定量测评创造力的标准：第一，把新颖性理解为与已有输出成果集群的距离，然后再用模式匹配算法来测量待评成果的惊诧度，用适用度函数来计算其价值或有用性；第二，用贝叶斯推理来测量输出成果的新颖性。

六、协作创新系统中自主创新系统的自我意识与评价建模

卡里米等侧重研究了协作创新系统的评价问题，提出了自己的评价方案，认为采用由自主创新系统所作的评价有利于计算创造力的升级换代，如可能让创新系统具有自我觉知和意向性。为此，他们在协同创新系统中提出了一

---

① Roberts J, Fsher D. "Extending the philosophy of computational criticism". In Cardoso F A, Machado P, Veale T, et al (Eds.). *Proceedings of the Eleventh International Conference on Computational Creativity.* Coimbra: University of Coimbra, 2020: 378.

② Ens J, Pasquier P. "CAEMSI: a cross-domain analytic evalution methodology for style imitation". In Pachet F, Jordanous A, León C (Eds.). *Proceedings of the Ninth International Conference on Computational Creativity.* Salamanca: University of Salamanca, 2018: 62.

个评价创造力的构架，试图回答前面讨论过的四个问题：谁来评价创造力？评价什么？评价何时进行？如何完成评价？[1]他们注意到，协同创造力是由人和机器共同完成的创造力，其新的更高级的协作创造力是混合型主动协同创造力，其中，合作诸方都有积极主动的贡献。[2]这种创造力已广泛应用于艺术、幽默、游戏、广告、机器人等诸多领域。

卡里米等在为计算系统建构评价模块时反对外在或事后方案，而倡导内嵌方案，即把评价模块作为计算系统创新过程的组成部分，因为这种设计就能让系统的自我评价实时成为触发新的设计目标的一个条件。而要让评价模块做出这样的评价，必须解决方法论和评价尺度的问题。要找到这样的方法，就要研究参与协作创新的用户。其研究的具体方式很多，如方案分析、调查数据、访谈、算法检测、实验和观察。以方案分析为例，它是一种经验方法，其作用是描述和分析用户对系统创新行为的反应。评价的尺度或指标主要包括：新颖性、品质、有用性、价值、惊诧感、意外性、准确性、用户介入系统的程度、离已有知识的距离性、公用性。另外，要建构内嵌性评价，还要解决评价的构架问题。

卡里米等自认为，他们提供了这样的构架，其特点和操作要求是，围绕前述四个问题展开评价，如对专门事例及执行过程中协作系统的评价作出比较，并把这些系统与其他系统（如自主创新系统和创新支持工具）加以比较。他们试图放宽评价研究的范围，将一个领域的评价推广到另一个领域。

这里当然有对已有研究的超越，因为已有的评价系统关注的主要是对用

① Karimi P, Grace K, Maher M, et al. "Evaluating creativity in computational co-creative systems". In Pachet F, Jordanous A, León C (Eds.). *Proceedings of the Ninth International Conference on Computational Creativity.* Salamanca: University of Salamanca, 2018: 104.

② Davis N, Hsiao C P, Popova Y, et al. "An enactive model of creativity for computational collaboration and co-creation". In Zagalo N, Branco P (Eds.). *Creativity in the Digital Age.* London: Springer-Verlag, 2015: 109-133.

户经验和这些经验的产物的评价。而他们的构架相对而言比较全面，如关心对过程的评价，重视分析和评价合作中的参与部分的角色及具体作用。不同于创新支持工具，协同创新系统由于植入了 AI 自主体，它有对自己创新过程的自我觉知，因此有自评价的潜力。由于这一构架和据此建构的内嵌评价模块能关注对 AI 自主体创造力的评价，因此计算系统对协同创新的具体作用就能通过创新成果的认知揭示出来。这一评价显然也不同于对自主创新的评价，因为协同创新系统的创新过程不是单个自主体的结果，而是合作的产物，由此所决定，该系统所完成的创新评价就一定是对整个系统及其参与诸方的评价。①

七、计算创新系统的伦理评价

计算创造力的评价研究不仅关注新颖性、审美价值、实用性、生活上的有用性等方面的评价建构和机器实现问题，而且还切入了对计算系统创新行为的伦理评价的研究。这一方案的意义不仅表现在，让 AI 和计算创造力在得到发展乃至超越人类的发展之后能调节自己行为，不让行为与公理和社会规范发生冲突，而且有让计算创造力升级发展的意义。例如，由于有伦理评价维度的介入，计算创新系统就不再是一个纯粹的创新工具，而同时具有以下特点：第一，它有专门的领域知识库，因此有专门的创新能力；第二，它有与领域相适应的审美能力、伦理能力，知道创新系统有什么用，该如何发挥作用；第三，它能将对领域有潜在作用的成果加以外化，以更具智能特性、理性、德性的形式呈现在人们面前。事实上，已有建构这种计算创新系统的尝试，它能创造性地生成行为策略，然后用作为规范伦理学的审美判断来评

---

① Karimi P, Grace K, Maher M, et al. "Evaluating creativity in computational co-creative systems". In Pachet F, Jordanous A, León C (Eds.). *Proceedings of the Ninth International Conference on Computational Creativity.* Salamanca: University of Salamanca, 2018: 110.

价这些候选策略。假设有这样的系统，它包含一种快乐主义的伦理学，这种伦理学将获取知识评价为它的美，并生成候选行为，如阅读维基百科，寻找充电站。系统根据自己的伦理学会把前一行为评价为好于后一行为的行为。如果评价高于阈值，那么就会让前一行为作为输出产生出来。①这就是说，计算创造力研究中已出现了这样的倾向，即探讨有伦理性质的问题，例如，如何让自主体生成有创新性同时符合伦理规范的行为？如何让自主体根据伦理标准规划、调整自己的创新行为？如何保证自主体以伦理的方式完成自己的创新行为？事实上，已设计出了这样的计算创新系统，它能用领域知识生成候选的行为策略，这些行为在作为输出呈现时能受到基于伦理学的审美判断的调节。当然，由于有不同的伦理学，如快乐主义的、动机主义的、功利主义的、效果主义的伦理学等，因此计算系统的行为就可能受不同规范的调控。上述人工系统的一个理论基础显然是功利-效果主义伦理学。②

八、基于适应论的评价方案

评价人工自主体的行为是否有创新性的标准问题与对创新行为本质的认识是连在一起的。阿吉拉尔（W. Aguilar）等借鉴 H. 科恩的适应理论，发展出了一种新的适应论，认为最初、最基本的创造力的特点是能创造出具有普遍新颖性的成果，正是这类创造力产生了对于个体来说新颖的、有用的行为（对别人不一定如此）。如果它的行为符合下面的标准，那么就可认为它能生成创新性的行为，即能完成新颖性、有用性、突现性的行为，其行为有内在或外在的动机，能适应环境。特别是适应性行为，被认为是真正的创新行为

① Ventura D, Gates D. "Ethics as aestheic: a computational creativity approach to ethical behavior". In Pachet F, Jordanous A, León C (Eds.). *Proceedings of the Ninth International Conference on Computational Creativity.* Salamanca: University of Salamanca, 2018: 185-186.

② Ventura D, Gates D. "Ethics as aestheic: a computational creativity approach to ethical behavior". In Pachet F, Jordanous A, León C (Eds.). *Proceedings of the Ninth International Conference on Computational Creativity.* Salamanca: University of Salamanca, 2018: 186.

的必要条件，即是说，只有当一行为源自自主体适应于环境的过程，才能被判断为创新行为。[①]在前面很多章节我们已看到，适应论方案作为一种非人类中心主义的方案在计算创造力研究中影响极大，把它称作一种转向也不为过。其在评价研究中也有所体现，这就是前面述及的基于适应论的评价理论。应强调的是，它不是个别人的呼声，而有较广泛的代表性。

小　结

计算创造力的评价问题对于计算创造力研究的重要性是显而易见的，索萨等说：创造力的评价研究越来越被看作"计算创造力研究纲领"中的重要方面。[②]这是因为创造力与创造力的评价有相辅相成的关系。

创造力与评价有时是包含关系，例如人在创新的过程中会经常不断地反思、验证自己的创新活动，并根据评价适时调整自己的工作，计算创新系统中的内嵌评价模块也是这样。当然在有些情况下，创造力与评价又的确是以两种分立的形式或过程表现出来的，例如事后的、总体性的、概括性的评价就是在创新过程及成果发生后完成的。这里有两个独立的过程，即生成过程和评价过程，但问题是：有无不涉及、不依赖于生成过程的评价过程？有无与评价无关的创新过程？这些当然是有争论的。有一种观点认为，有的评价标准就完全与生成过程无关。还有观点认为，评价过程是对生成过程的评价，也有评价只涉及生成过程的结果。综合性观点认为，评价既涉及对生成过程、

---

① Aguilar W, Pérez y Pérez R. "Criteria for evaluating early creative behavior in computational agents". In Colton S, Ventura D, Lavrač N, et al (Eds.). *Proceedings of the Fifth International Conference on Computational Creativity*. Ljubljana: Jožef Stefan Institute, 2014: 284-285.

② Sosa R, Gerp J. "Multilevel computational creativity". In Maher M, Veale T, Saunders R, et al (Eds.). *Proceedings of the Fourth International Conference on Computational Creativity*. Sydney: The University of Sydney, 2013:198.

结果的看法，也反映了旁观者的态度。[①]笔者认为，即使两个过程在时空上是分离的，但也找不到纯粹的、与对方无关的创新过程和评价过程。其根据我们在前面许多地方已有交代。

计算创造力的评价研究是人类创造力评价研究的继续和发展。一方面，它借鉴和利用了人类创造力评价研究的积极成果，对其中大量有争论的、有进一步探讨前景的问题从新的角度作了新的探讨；另一方面，它结合计算创造力的理论探讨和工程实践需要及现实，又提出了许多新的问题，甚至在创造力、价值、评价及其关系问题上开辟了新的研究课题和领域。这些既有积极的 AI 意义，又有宝贵的哲学特别是价值论、评价论和方法论意义。就方法论而言，计算创造力的评价研究大大扩展和深化了评价方法论的探讨，例如，里面涌现了大量不无思考价值的评价方法论体系，如评价中的依赖于人类参与者的方法论，纯粹以计算为基础的方法论，普适性、通用性、适用于诸多专门评价领域的评价方法论，只适用于某一类领域或对象的方法论，等等。计算创造力的评价研究由于是服务于工程技术需要而开展的，因此这一研究在经验基础、定量、形式化和计算化等方面做了大量值得哲学价值论、评价论关注的工作，例如它不仅找到了大量评价创造力的标准（新颖性、品质、有用性、价值、惊诧感、意外性、准确性、用户介入系统的程度、离已有知识的距离性、公用性等），而且在将这些标准具体化、量化、可操作化方面做了大量尝试性探讨。其积极意义是不可低估的。

---

① Sosa R, Gerp J. "Multilevel computational creativity". In Maher M, Veale T, Saunders R, et al (Eds.). *Proceedings of the Fourth International Conference on Computational Creativity*. Sydney: The University of Sydney, 2013: 199.

结　　语
人工智能、计算创造力与哲学创造力研究的若干问题

本书的主要工作是研究 AI 的理论建设和工程实践中必然要触及的哲学问题，如 AI 与哲学的关系问题，作为其基础的计算主义所面临的难题及其化解出路问题，意向性、意识、自主体的建模问题，特别是作为其众多弱点中的"致命弱点"（博登语）的创造力建模与机器实现问题。在最后，笔者将在总结全书的基础上对 AI 特别是其中的计算创造力研究如何与哲学创造力研究双赢这一话题作一些抛砖引玉的思考。

一、AI 与哲学的关系问题

AI 与哲学的关系问题是常思常新的话题。就作用而言，AI 对哲学的有用性是无可争议的，其原因在于，AI 在创造技术奇迹的同时，对许多深层的问题形成了独到的认知，深刻改变着人们的认知范式和方法，因此哲学自然成了其最大的受益者。其表现如下：首先，AI 及其技术已从根本上改变了哲学家的工作和生活方式；其次，计算机的结构、功能和奥秘作为世界一种新的特殊存在，闯进了哲学家的想象和哲思之中，成了他们经常思考的课题和经典的案例，特别是成了哲学家认识和理解人心的重要类比工具。正因为如此，哲学中便诞生了许多打上了 AI 和计算机印记的理论或主义，如各种形

态的功能主义，其中特别是机器功能主义、小人功能主义。许多受 AI 启发的问题成了哲学的经典问题，如人与计算机是何关系，人的心灵是否类似于计算机的程序。最后，AI 等的研究和发展向哲学提出了大量新的、有价值的问题，特别是伦理问题，如隐私保护问题、穷人和富人的信息差距问题、政府的有关限制政策措施与人的言论自由问题等等。

至于哲学对 AI 是否有用，则争论很大。如上篇所述，围绕这一问题已经并正在诞生许多新颖别致的理论，如无用论、无关论和接管论等。笔者不满足于坚持为多数人所赞成的哲学对 AI 必要和重要的结论，而试图通过考察 AI 的基础理论建设和工程实践提出，由于作为一门学科的 AI 自身的特殊性，如既要关心如何建模和超越人类智能或其他自然智能这样的工程实践问题，又无法不从理论上探讨它们所以可能的根据、机制和条件等复杂高深的基础性问题，因此 AI 必须有比其他任何科学部门都复杂、艰深和宽广得多的理论基础。该基础的搭建和夯实不可能由 AI 本身独自完成，也不可能由其他某一学科来承担，而有赖于包括哲学在内的众多学科的共同努力。这就是说，哲学不是像有些人所说的那样是 AI 本身或 AI 的组成部分，而是 AI 的一个基础搭建者，是其成立和发展的一个必要条件。如果说 AI 是由合力所促成的话，那么哲学就是该合力中一个不可或缺的力。不仅如此，由于 AI 的具体工作是建模和实现多不胜数的智能样式或个例中的一种或几种，因此 AI 不仅在基础理论建设上需要向哲学"请教"，而且在每一个具体的工程实践中都有这种需求，都必须优先探究自己想模拟和超越的那种智能样式的秘密。这种局部的基础理论研究既可能表现为对哲学成果的有意识借鉴，也可能表现为对要模拟的智能样式的自发思考。在这个过程中，研究者不可能不利用哲学成果，而是相反，因为他们会动用他们认知结构中的民间心理学和民间哲学的资源。这就是 AI 中许多研究者表面上没有借鉴和利用哲学资源但实则离不开哲学的一个原因。

二、智能观与意向性等心智现象的建模问题

在智能观问题上，AI 自始至终必须回答原本属于哲学的这样一些问题：心灵哲学一直在争论的什么是心灵、智能？其判断标准是什么？它们是不是人类独有的？研究智能应以什么为"原型实例"？要予以回答，就必然会继续心灵哲学和认知科学中的"沙文主义"与自由主义旷日持久的争论。人工智能的自然计算探索不仅具有重要的工程技术意义，而且为我们从哲学和工程技术角度进一步思考有关智能观问题提供了难得的素材，值得深入研究。

AI 的本体论建模有其内在必然性，但表面上有不可思议的特点。因为本体论位于本来就高不可攀的形而上学的塔尖，连许多职业哲学工作者都莫名其妙。然而奇怪的是，它竟然出现在了 AI 的工程建构中，并扮演着特殊的角色。因此，这一研究十分发达，既受着哲学的启发，同时又有反哺哲学的意义。

AI 要实现自己模拟乃至超越人类智能的愿望，无疑要建模人类的心智现象，特别是建模其中最能体现人心之本质特点的意向性和意识现象。顺应这一要求，一些尝试性的模型便应运而生了，至少许多人开始了对意向性本身的理论解剖，以为进一步建模作理论上的铺垫。这种转向的发生与"自主体研究"的"回归"密切相关。纵观有关建模尝试，不难发现这样一种现象，即在建模人类智能时，有关专家所依据的不是研究人类心智的心灵哲学和认知科学的最新成果，而是常识化的心灵知识，即心灵哲学等有关学科正在批判反思的民间心理学。对此，笔者深感忧虑，于是在反思与此有关建模工作的基础上，对 AI 中人类智能建模的代表性倾向作了一些心灵哲学思考，以便为 AI 的发展方向选择提供一些一孔之见。

三、计算创造力研究的基本走向、主要问题、本质特点与突出成就

在计算创造力与 AI 的关系问题上尽管有不同声音，但主要的倾向是把前者看作后者的一个子领域。笔者在本书中也一直坚持和贯彻这一原则。学界对计算创造力研究的主要走向有不同的描述方式。从创造力建模所关注的对象看，主要有这样两种着眼点，一是内在主义、符号主义、计算主义的走向，它们把计算创造力理解为在计算系统内建构算法和遍历抽象信息状态空间的功能。二是情境主义或四 E 运动，强调计算创造力离不开情境，具有生成性特点。①从创造力计算建模的原型实例或参照系看，主要有人类中心主义的走向和后人类中心主义的走向。后一走向的强势发展不仅是计算创造力研究的转向，而且是创造力一般理解中的一种转向。其表现在于，强调创造力研究既应关注包括非人生物、机器在内的一切创新实践形式，又应重视这样的思维倾向，既研究物质和精神产品创造过程中的变化，又重视对这些创新形式的分析和解剖。

计算创造力研究的主要问题包括以下四种：第一，计算系统是否应被认为只有内在的运作和过程？围绕它有两种方案诞生，即强调关注内在过程的方案和强调关注输出的方案。第二，计算创新系统的建构是否只应以人的创造力为原型实例？回答五花八门，正统观点认为，只有人的创造力最值得建模，而反传统的观点认为，建构像人的创造过程一样的人工系统将误入歧途，因此"盲目模仿几乎不是什么最好的方案"②。第三，如何创造性地生成输出？第四是评价问题。计算创造力研究中的瓶颈问题或主要矛盾是前面考察

---

① McGregor S, Wiggins G, Purver M. "Computational creativity: a philosophical approach and an approach to philosophy". In Colton S, Ventura D, Lavrač N, et al (Eds.). *Proceedings of the Fifth International Conference on Computational Creativity*. Ljubljana: Jožef Stefan Institute, 2014: 256.

② McGregor S, Wiggins G, Purver M. "Computational creativity: a philosophical approach and an approach to philosophy". In Colton S, Ventura D, Lavrač N, et al (Eds.). *Proceedings of the Fifth International Conference on Computational Creativity*. Ljubljana: Jožef Stefan Institute, 2014: 256.

过的自主创新系统的真实性问题或"真实性缺失"问题。[①]所谓"真实性"指的是创造力的真实发生，真实地由某主体或过程完成了，例如广义相对论由爱因斯坦创立，这是真实不虚的。计算系统所表现的创造力在真实性上就有疑义、有争论，有的人认为，它并没有客观地、真实地完成创新工作，只是被评价、被解释或归属为有创造力。从哲学上说，计算创造力的真实性问题的确是它客观存在的、亟待解决的问题，就其实质而言，其实是计算创新系统脱离现实世界、没有生活于现实世界的问题。真实性问题的存在和发现尽管为计算创造力怀疑论提供了把柄，但对于计算创造力研究迈上台阶和跨越式发展却是难得的契机，事实正是这样，由于存在这样的问题，计算创造力的研究一方面获得了新的强劲动力，另一方面催生了大量新的高品质课题和成果。

计算创造力研究中存在一种非正统纲领，它不像正统纲领那样着力探讨如何让机器或人工系统表现创造力，而是倡导一种更加开放的视野，强调要关注广泛的哲学、AI 和计算机科学问题，建构适合讨论美学、认知和心灵理论的平台，至少"为进一步的哲学研究提供一种手段"[②]。它不满足于让机器实现的创造力，而是倡导关注由自然和人工系统所表现的行为，这些行为在人类完成时就被认为具有创造力。[③]

四、作为"哲学方案"的计算创造力及其心灵哲学思考

计算创造力这一研究领域在 AI 中的开创不仅为 AI 克服短板、实现高质

① Colton S, Pease A, Saunders R. "Issues of authenticity in autonomously creative systems". In Pachet F, Jordanous A, León C (Eds.). *Proceedings of the Ninth International Conference on Computational Creativity.* Salamanca: University of Salamanca, 2018: 272.

② McGregor S, Wiggins G, Purver M. "Computational creativity: a philosophical approach and an approach to philosophy". In Colton S, Ventura D, Lavrač N, et al (Eds.). *Proceedings of the Fifth International Conference on Computational Creativity.* Ljubljana: Jožef Stefan Institute, 2014: 260.

③ Wiggins G. "Searching for computational creativity". *New Generation Computing*, 2006, 24 (3): 209-222.

量创新发展提供了契机，而且将一个新哲学课题摆到了哲学工作者的面前。这一课题至少包含这样一些新的问题：计算创造力研究与哲学特别是心灵哲学是什么关系？如何用计算创造力研究成果来解决哲学问题？如何将哲学的成果（不管其是否正确）和方法引进到计算创造力研究之中？如何吸收和改造哲学价值论、评价论和方法论的成果以服务于计算创造力的评价研究？计算创造力研究的有关专家捷足先登，不仅对如何利用哲学成果作了积极探索，而且思考了如何在哲学研究中消化计算创造力的已有成果等问题。麦格雷戈（S. McGregor）和威金斯等耐人寻味的文章《计算创造力：哲学的方案与关于哲学的方案》不仅做了回答上述问题的工作，而且向我们表达了关于计算创造力值得深思的思想，即计算创造力作为 AI 的一个研究领域既是关于计算创造力的以哲学为基础的研究方案，而且也是有助于解决许多哲学问题的计算方案，即它既是哲学的方案，也是关于哲学的方案。其对哲学研究的意义主要包括以下几方面：第一，可能作为创新自主体起作用的符号处理机可根据其对历史和当代心灵理论的影响来加以考察，因为研究这样的有创造力的计算系统及其理论基础、构造、运作机制对心灵哲学认识创造力的本质具有不可替代的意义；第二，有的创新评价系统以二元论为基础，研究它的成败得失及其原因和机制，有利于我们认识二元论的本质与意义；第三，计算机可被看作从事哲学研究的基本工具，当然，计算机是否有创造力，是应从哲学上加以探讨的问题。[①]

　　计算机及其所实现的所谓创造力除了是 AI 的基本理论问题之外，还必然成为哲学的问题。之所以如此，是因为当计算机及其创造力作为一个新的存在或对象或平台出现时，有必要被看作信息加工系统或符号处理机。当这

---

① McGregor S, Wiggins G, Purver M. "Computational creativity: a philosophical approach and an approach to philosophy". In Colton S, Ventura D, Lavrač N, et al (Eds.). *Proceedings of the Fifth International Conference on Computational Creativity.* Ljubljana: Jožef Stefan Institute, 2014: 254.

样予以观察和解释时,计算机所完成的操作又可能被认为发生于抽象的空间,并被定义为与观察者有关系的信息系统。由于这样的关系,要评价它生成意义的能力就必须理解其内发生的计算,因此成问题的主观性因素就被卷进来了,有时为了获得解释,解释者常常把意识、意向性、创新等概念搬出来并加于其上,进而带有模糊性的哲学问题便接踵而至:这样的系统能自主生成被赋予了语义内容的输出吗? 它们真的有创造力吗? 如果有,与人类的创造力有何异同? 其过程、机制是什么?

由于计算系统操作上的连贯性依赖于观察者的观察和解释,因此计算机便成了哲学讨论的话题,成了心理现象内在论与外在论、反还原论与还原论争论的疆场。

将计算创造力置于心灵哲学的背景下进行研究,或将其作为心灵哲学的一个课题来研究,之所以可能和必要,是因为计算创造力可以作为一个相对直观、便于分析和解剖的案例或素材,从而经验性地探讨物理主义与二元论之争这一心灵哲学的核心问题。难能可贵的是,麦格雷戈等作为纯粹的 AI 专家、计算创造力研究领军人物不仅关注心灵哲学和认知科学的进展,而且利用自己专业上的优势,按照前述文章中所说的纲领,即把计算创造力建设成为一种研究哲学的方案,对许多高深、专门的哲学问题阐发自己的见解。例如,他们提出,计算创造力研究的崛起和已有成就足以化解甚至结束二元论与物理主义的长期争论,因为它们已宣告了二元论的终结。其根据主要包括两方面。第一,二元论成立的主要根据是创造力等心理现象的不同于物质的异质性,例如无法用物理的机制来解释灵感之类的创新能力的突现。二元论之所以在现当代复兴,主要是因为物理主义难以说明创造力特别是灵感、顿悟、直觉、想象之类的高级的、带有神秘性的心理现象的起源和本质,以及意义的形成和存在方式。已有计算创造力的研究成果足以表明,符号处理机这样的纯物质系统能生成主观的、自主的创新成果,计算系统有这种过去只能赋予精神实体的创新能力，但它又完全不在非物质世界之中。第二，意向性是现当代新二元论坚持自己立场、反对物理主义的一个桥头堡，而意向性在特定意义上可理解为意义或表征。就意义而言，人的特点在于，能完成创立、传递、理解意义的行为，或者说，人的特点在于人有理解世界充满意义的能力。这里的难题在于，如何说明多样的世界从物质的输入经过认知过程、意义活动转化成能表达经验和意义的表达式。二元论正是在这里找到了自己的根据和论证灵感，认为纯物理的实在如由原子和分子构成的大脑不可能完成那么神奇复杂的意义活动，特别是不可能生成关于不存在的事物的意义，而人的心灵恰恰有这种能力，例如能对虚无展开思考，形成关于虚无的意义。麦格雷戈等认为，计算创造力研究能从经验上说明，"有物理基础的符号处理机如何能作为自主体参与到生成意义的相互作用之中"，能说明二元论假定的创新、灵感、意识、意义活动发生于非物质实体之中的观点是错误的。根据威金斯等的观点，创造力是意义活动的基础，具有想象世界的能力，因此只要能为创造力提供科学的说明，就能对哲学中被视为难题的意义乃至意向性提供有经验基础的可信说明。

麦格雷戈等的精神是可嘉的，其上升到哲学高度的探讨对于心灵哲学和认知科学的发展也是有积极意义的，因为他们所提出的思想拓展了我们思考有关问题的进路和空间，至少有活跃学术空气的意义。但所提出的观点是值得商榷的。例如，如果计算系统确实具有创造力，并且其内部确实发生了产生前所未有的新思想的过程，那么按上述逻辑去解释创造力、意义和意向性就是有其合理性和可信性的。但问题是，一些人根本不承认计算系统有名副其实的创造力，尽管本领域占主导地位的声音是承认计算系统有创造力，但这主要是在解释主义或归属论的意义上承认的，即认为，断言计算系统有创造力纯粹是观察者的一种解释。笔者也倾向于解释主义。根据这一理论，硬件以并行方式运作，可被严肃地解释为创造性的自主作用过程，而这种自主作用过程又类似于人脑中分散的活动。再如，当程序达到一定复杂性时，就可解释为其创造性探索空间较大，以及自主体遍历此空间的难度较大。二元论所说的创造力、意义活动也只能理解为对大脑内发生的表征过程的一种描述和表征，当然，它截取的层次、因素可能不同于物理主义、计算主义的截取。二元论之所以产生，是因为没有正确理解这两种截取的关系，它们说的不是两种不同的实在，而是以自己的特定方式反映了同一实在中的不同内容及结构。正是因为如此，两者截取、投射、归属又不能还原。同理，意向性、意义活动以及意图和情感的现象也可被归属于计算系统，如此归属，就可说它产生了二阶技巧，其输出可看作某种概念化、表征和执行过程的产物。

再者，断言计算创造力的成果证伪了二元论，宣告了它的终结，有夸大有关成果作用的片面性，并且存在对有关成果的误解。因为第一，创造力的形式多种多样，有的较低级的创造力可以用大脑过程和机制来解释，或能还原于基础的物理过程，但许多中高级的创造力形式，如灵感、顿悟、点子生成或原创等就不能归结为简单的物理过程。第二，意义和意向性绝不像麦格雷戈等所理解的那样是简单的心理现象，对其复杂性、深奥性，笔者在《意向性理论的当代发展》一书中有详细考释，这里从略。①第三，现当代的二元论相对于传统的二元论来说在内容和形式上发生了翻天覆地的变化，仅就其理论形态和逻辑进路来说，有突现论、创造力、意向性、意义、自由意志、神秘主义、感受性质、科学成果重新解读、解释鸿沟的本体论论证等不同论证路线②，即使用创造力和意义的计算创造力研究成果证伪了基于创造力和意义的二元论，也不能得出结论说，一切形式的二元论被证伪了。更何况，计算创造力研究在创造力和意义两个领域取得的成果尚不足以完全证伪这两种形态的二元论。

另外，计算创造力研究对于进一步解决心身问题、认识人的内在表征状

① 参见高新民：《意向性理论的当代发展》，中国社会科学出版社 2008 年版。
② 参见高新民：《心灵与身体：心灵哲学中的新二元论探微》，商务印书馆 2012 年版。

态这一被二元论弄得神秘莫测的问题有启发意义，因为对计算自主体的创新过程和运作机制的探讨，有助于我们进一步认识心身本质及其关系。计算创造力理论对评估的探讨揭示了评价创新系统的新机制，至少威金斯等做了这样的工作，这些成果对于认识人看待自己的方式有一定的启发意义，有助于我们进一步认识、评价我们自己。计算创造力的两个主题框架，即前面所说的向量空间模型和深度信念网络，尽管是计算创造力各领域有待进一步探讨的课题，但能帮我们建构有解决心灵哲学问题潜力的概念框架，因为这样的概念框架一致于人类的心灵表征。①

五、计算创造力的概念化、自动编史学及其启示

计算创造力研究有一项值得哲学借鉴的工作，即随着其不断向前发展，它能够近水楼台式地利用自身的技术建构关于计算创造力的自动编史学，并在此基础上发展和完善计算创造力的自动概念化。如前所述，所谓概念化就是为对象建构抽象、简化的观念，以便人们更好地从整体上把握该对象。洛克伦等试图在科尔顿、威金斯等的概念化工作的基础上，尝试对它进行自动的概念化工作，其特点是，通过对已发表的关于计算创造力论著的回顾和考察，对本领域的新发展作概念分类、梳理的工作，特别是对本领域的已有研究进行半自动化分析，以为未来构建本领域的编史学自动化体系作准备。可以预言，在未来的某一天，它能替代对该研究领域的手动分析。其意义在于，能为本领域研究人员的有关研究提供在线资源。通过这一概念化，人们可以鸟瞰计算创造力所做的全部工作，了解这一研究领域的核心关切、具体问题、侧重点、前沿课题、代表性观点和基本走向。具言之，通过这样的概念化，

---

① McGregor S, Wiggins G, Purver M. "Computational creativity: a philosophical approach and an approach to philosophy". In Colton S, Ventura D, Lavrač N, et al (Eds.). *Proceedings of the Fifth International Conference on Computational Creativity*. Ljubljana: Jožef Stefan Institute, 2014: 255.

已有的计算创造力研究变成了涵盖这样一些应用领域的综合性科技领域，如音乐、视觉、语言创新、游戏、概念创新、评价、创造力元问题。语言创新下又有叙事、诗歌、食谱、词汇创新等。另外，具身性、情境化、行然性、延展性等情境主义范式已成了本领域研究的热点领域，相应的核心范畴和关键词包括：舞蹈、编舞、机器人、运动、自主体、具身性、传感器、行然性、情境等。[①]

六、创造力形式的多样化与一般本质问题

计算创造力研究对于创造力发展的意义在于，不仅开发了至少能通过图灵测试的、有创造力的自主体，在创造力的进化史上促成了人工系统创造力这一创造力形式，而且还创造了这样一些创造力的形式，即我们在第二十章讨论过的创造力支持工具、人机协同创造力、群体创造力、分布式创造力等。这些创造力形式其实是"宽创造力"，因为它不局限于人脑，而是由多个自主体包括机器在互动中共同完成的，合作者的行为是随着情境、目标的变化而以适应性的方式变化的。

这些计算创造力研究对创造力哲学的研究无疑有不可多得的学理意义。众所周知，过去的创造力哲学关于创造力的起源、生成条件、本质、机制和作用的认知及结论是建立在对人的创造力这一个例的认知的基础之上的，现在随着计算创造力研究领域的开辟，它为了建模创造力，拓展了考察创造力原型实例的范围，例如将这个范围推广到人以外的自然界的创造力样式之上，甚至基于创造性探讨开发出了由人工系统实现的创造力样式。它们在内在过程及机制方面与人类的创造力的确有差别，但从结果上看，或根据图灵测试

① Podpečan V, Lavrač N, Wiggins G, et al. "Conceptualising computational creativity: towards automated historiography of the research field". In Pachet F, Jordanous A, León C (Eds.). *Proceedings of the Ninth International Conference on Computational Creativity.* Salamanca: University of Salamanca, 2018: 294.

和解释主义观点，这些创造力形式完全符合人类创造力的新颖性和有用性之类的创新标准，因此没有理由不被称作创造力。既然创造力的个例大大增加了，因此要全面深入探讨创造力，弄清它的实质、机制、样式，形成关于创造力的新哲学，我们就得另起炉灶了。从一个侧面说，这也是创造力哲学拓展和深化自己的研究进而迈上台阶、实现跨越式发展的契机。

七、计算创造力的未来学问题

计算创造力研究还给创造力哲学带来了这样的挑战和机遇，例如面对谷歌的围棋程序"阿尔法狗"击败了世界著名围棋选手李世石，我们不得不思考这样的哲学和未来学问题："阿尔法狗"是不是计算创新系统？只要下过围棋的人都知道，只要按自己的想法选择了以前没有下过的一步棋，至少可以说这里发生了博登所说的心理学创造力，而那些棋艺大师之所以能取胜，肯定是下出了别人或棋谱上没有的棋步，因此可以说这里发生了历史学创造力。现在既然机器打败了世界冠军，那么肯定它有创造力就应是名正言顺的。有些人可能会争辩说，围棋是一个特殊的领域，这里的机器创造力可超越人类，但其他领域的创造力不同于这里的创造力，因此这里有超越，不等于其他领域也有超越。这里的新问题是：在下棋以外的领域，计算创造力能超越人的创造力吗？博迪利等认为，这样的比较可类推到其他领域，也就是说，在其他领域，机器实现的创造力也可超越该领域人所表现的创造力。①这当然是见仁见智的问题。

接下来的问题是：计算创新系统能否超越人类的创造力？我们在创造比人类更具创造力的创新系统时是否冒着摧毁人类创造力的风险？如何预测我

---

① Bodily P, Ventura D. "What happens when a computer joins the group?". In Cardoso F A, Machado P, Veale T, et al (Eds.). *Proceedings of the Eleventh International Conference on Computational Creativity*. Coimbra: University of Coimbra, 2020: 43.

们研制的人工创新系统对人类的潜在负面影响？我们是否准备好了承担这里的责任？如何才能减轻计算创造力对人类的负面影响？[①]

八、创造力的创造：计算创造力与创造力哲学的共同主题

计算创造力研究，加上其他力量所形成的合力，将创造力哲学推向了非创新不可、不变革就没有出路的边缘。因为随着福柯的"体制"概念在创造力研究中影响的增大，以及计算创造力研究特别是其中后人类中心主义思潮的滥觞和强势发展，创造力观念本身已经经历并正在经历革命性的变革，不仅诞生了大量千姿百态的创造力理解，而且随处可见这样的声音，即发明发明、创新创新、创造创造。其意思是，不仅要用发明创造的精神去发明创造，而且在创新、发明、创造力的观念建构中也应贯彻这种精神。关于创造力理解中的革命除了我们在前面涉及的种种理解之外，这里还可强调两个，一是将评价看作创造力的组成部分的观点，二是把创造力看作"第二性质"的思想。后一理解说的是，创造力不是人或软件内在固有的属性，不是创新系统内在的过程和所产生的结果，而是离不开其他人或系统的知觉、看法，离不开有关环境、众多因素共同决定的第二性质。根据斯蒂芬森的看法，计算创造力的"野心"是让软件成为真正的创造者，成为"英雄式的 AI"。当然这种创造力只是"后创造力"的一种形式。[②]"英雄式的 AI"的特点是"让软件扮演着唯一创造者的角色"[③]。伴随新技术发展的另一些受到推崇的创

---

① Bodily P, Ventura D. "What happens when a computer joins the group?". In Cardoso F A, Machado P, Veale T, et al (Eds.). *Proceedings of the Eleventh International Conference on Computational Creativity*. Coimbra: University of Coimbra, 2020: 41.

② Stephensen J. "Post-creativity and AI: reverse-engineering our conceptual landscapes of creativity". In Cardoso F A, Machado P, Veale T, et al (Eds.). *Proceedings of the Eleventh International Conference on Computational Creativity*. Coimbra: University of Coimbra, 2020: 326.

③ d'Inverno M, McCormack J. "Heroic versus collaborative artificial intelligence for the arts". In Yang Q, Wooldridge M (Eds.). *Proceedings of the Twenty-fourth International Joint Conference on Artificial Intelligence*. Palo Alto: AAAI Press, 2015: 2438-2444.

新形式是协同、合作性创新。这类创新观念强调的是合作生产、协作、共同创新、用户与生产者的联合创新等。

强调要创新创新，要发明创造力，除了前面说的，还有这样的含义，即我们应围绕创造力来组织我们的生活，安排我们的实践，建立我们的社团，以及创办期刊和举办会议等。德国社会学家雷克维茨认为，创造力的体制是一个专门的星座，里面运转的星星有实践、知识和情感的各种模式，其轴心是永恒的创造、发明和创新的制度化。[①]总之，我们进入了一个创造创造力的时代，我们不仅发明了单数形式的创造力，而且事实上发明了许许多多的创造力形式，如大写和小写的创造力，心理学和历史学的创造力，组合性、探索性和转型性创造力，人机协作的创造力，无中生有的创新和用材料完成的创新（*Creatio ex nihilo and Creatio ex Materia*）。[②]创造力哲学若想与时俱进，就应审时度势为发明创造创造新的理解和观念。对照新的要求，过去的创造力理解的问题太多了，如只关注一种创造力的原型实例，用模糊的、过于抽象宽泛的术语去描述，这些描述几乎没有明确、具体的意义，再要么是用还原的、削足适履的术语去描述，结果将本应包括在创造力中的产物、现象和实践排除在它之外。更麻烦的是，创造力的思想、概念和实践在许多方面与创新政策制定、人力资源管理、经济学、城市规划、教育制度改革等建立了千丝万缕的联系，以致创造力在意识形态上洁白无瑕的时代已一去不复返了。

为解决这些问题，也有人勇于进行创造性尝试，如创造力的逆向工程学研究。其实质是对创造力进行另起炉灶的概念化。这里的逆向工程可理解为一种"概念转向"，因为它可以改变我们认识、欣赏和回报被当作有创造力的事物的方式。根据这一概念图式，创造力既是一组实践或结果，又是一种

---

① Reckwitz A. *The Invention of Creativity: Modern Society and the Culture of the New.* Cambridge: Polity Press, 2017.

② Mason J. *The Value of Creativity: The Origin and Emergence of a Modern Belief.* Aldershot: Ashgate, 2003: 1-59.

规范或一组价值，它们相互关联。这样的实践还会引发可被称作创新的新实践。"总之，我们应在生产和实践的层面重新发明发明，重新创造创造力。"①

　　笔者赞成说，创造力哲学面临着计算创造力和后现代创造力思潮的挑战，面对创造力样式的爆炸式发展，原有的创造力的解释力几乎没有什么作用了，因此到了非重构、非创造性建构不可的地步。就创造力理解和观念的重构来说，我们的基本想法是，应同时看到创造力概念的规范性和事实性特点，在选择了某一规范、确定了它的指称时才有可能去探讨创造力理解和定义的事实性问题。有两种基本的规范是定义创造力时必须注意的，一是把它理解为一种能力，此即窄创造力；二是把它理解为由主体、过程、结果、环境、社会文化等构成的大系统，此即现实化的宽创造力。

　　与创造力的定义密切相关的、由认知方案和计算主义引出的一个问题是：创造力除了它所依赖的认知能力（如知觉、思想、记忆、想象等）之外，还有无自己独有的存在方式和能力形态？简言之，有没有作为一种独立能力的创造力？笔者的初步想法是，创造力的形式多种多样，第一种形式的创造力都有它所依赖的、能被还原的认知能力形式，如灵感、直觉除了依赖于知觉、记忆等之外，还有灵感、直觉在创新中发挥关键作用。但我们同时认为，各种创造力形式中有共有的、能独立出来的创造力，即原创，可从两方面描述。从质上说，这种创造力是每个正常人都有的，当然在不同人身上表现的大小、高低是千差万别的；人一生下来不久，它就表现为儿童的喜新、求新、识新、断新的特点，例如有新的、以前没见过的东西就能让他们开心，这说明他们有对新的求、喜、识、断的能力。这些特点后来就成了人类各种创新活动中贯穿的共同、独立的原创能力。从量上说，它是一种计算过程，因此可计算

①　Stephensen J. "Post-creativity and AI: reverse-engineering our conceptual landscapes of creativity". In Cardoso F A, Machado P, Veale T, et al (Eds.). *Proceedings of the Eleventh International Conference on Computational Creativity*. Coimbra: University of Coimbra, 2020: 331.

化。这正是计算机能实现创造力的根源和基础。当然，这种独立创造力的具体的质和量的特点、过程、机制还有待今后跨学科的研究。已有这样的成果，如 AI 中已诞生了可解释性 AI，其目的是让黑箱变成透明的、可用解释模型加以说明的对象。①

九、"计算观念"、概念空间与创造力的计算化问题

计算创造力研究崛起和发展的一项带有世界观、思维范式或框架意义的成果，即博登所说的"计算观念"。它被认为是看待世界特别是精神现象普遍适用的原则、观点和方法。博登认为，高度复杂的计算系统像旅游地图一样既指出了到达某目的地的多条路径，也指出了生成某种结构或观念的许多不同路径。之所以可用计算观念来理解人的心智，是因为人的心灵有计算的本质，有计算的资源。其表现如下：首先，有基本的拓扑概念。甚至"每个儿童的思想和行动都隐约受到基本的拓扑概念的引导"。科学家的创新更是如此，如化学家对化合物结构的描述就受到了拓扑学的"弦""结""开放曲线""封闭曲线"等的影响。②其次，有启发式搜索。启发式是一种解决问题的思维方式，它倾向于选择到达目的的可能最近的路径，而抛弃较远的路径。最后，有概念空间。最早明确定义它的是戈德弗斯（B. Gärdenfors）。在他那里，概念空间指的是信息表征的符号模型和联结主义模型之间的桥梁。有此概念和其他手段就有望描述思维的几何学。他认为，在自主体的认知构架中，有一个中间的层次，可称作几何概念空间，它介于信息表征的语言符号层次和联想性的亚语言符号层次之间。这就是说，认知构架有三个层次，一是亚概念层次，在这里，来自环境的数据由中枢网络系统所加工；二是概

---

① Llano M T, d'Inverno M, Yee-King M, et al. "Explainable computational creativity". In Cardoso F A, Machado P, Veale T, et al (Eds.). *Proceedings of the Eleventh International Conference on Computational Creativity.* Coimbra: University of Coimbra, 2020: 331.

② Boden M. *The Creative Mind: Myths and Mechanisms.* 2nd ed. London: Routledge, 2004: 86-87.

念层次，在这里，数据被表征，但又不依于语言而被概念化；三是符号层次，它使对概念层次生成的信息管理成为可能。在这里，概念空间是作为工作空间而起作用的，例如里面的低层次和高层次过程会分别从上到下和从下到上访问、交换信息。在他看来，对象在概念空间中可表征为点，概念被表征为区域。他关于概念空间的理论所隐藏的、值得进一步思考的严峻问题是，具有现象学性质的对象如何在里面得到表征。凯拉（A. Chella）等没有直接回答这一问题，而通过阐述关于概念空间的非现象学方案间接回答它。这一方案用"测量"代替表征，然后借助测量来考察与环境交互的认知自主体。这样做尽管有争论，但有助于完成他们的任务，因为他们的任务是为人工自主体提供一种模型，它可以不涉及知觉经验之类的现象学性质。根据这一方案，"概念空间"指的是认知自主体的认知结构中处于亚语言层次的东西，例如常数、关系、种类以及定义某些关系的公理等。这一关于概念空间的形式模型是一个关于度量空间的模型，它把关于概念空间的特定数学表征与建模类比这种现象关联起来，因此能在生成概念模式的新的、有用的表征中发挥关键作用。博登在用计算观念理解创造力的过程中，借鉴改造概念空间这一概念，认为它是计算系统有创造力的根源，是创新搜索在里面驰骋进而找到作为最佳选项的创新方案的、由大量资源和信息或备选方案汇聚而成的存储空间。人的创造力的大小、新颖的程度、价值的高低都与它储存的东西有关，例如概念空间狭小，就不可能作出重大的创新成就。莫扎特的音乐创造力之所以卓越，是因为"他对有关结构有更广泛的知识"。概念空间的结构越丰富，就越有可能以独特的方式储存内容，并越有可能第一时间识别出它的特殊性。或者说，框架—槽越多，结构位置上的细节便越丰富。①具言之，杰出创新人才的心理结构可能比一般人更开阔，层次更多，细节更丰富，他们的探索

---

① Boden M. *The Creative Mind: Myths and Mechanisms.* 2nd ed. London: Routledge, 2004: 268.

策略可能更微妙、更有力。他们被更有力的领域相关原则引导到了我们看不到的路径上。他们能探索、转化的空间比一般人的更大、更复杂，他们更具自由精神，他们能形成的可能性空间是一般人难以想象的。[1]

此外，概念空间还像旅游地图一样，有引路的作用，例如它能把思考者引向一条路，不引向另一条路。概念空间是变化发展的，这也是创造力种类中有转型创造力这一类别的根据。就像许多搜索方式会改变地图一样，启发式搜索加上其他活动和过程也会改变概念空间，进而让以前没走过的新路径摆在人们面前。博登说："创新就表现在做了以前没有做或不可能做的事情。……创新与概念空间的探索密不可分。概念空间是一个由一组特定规则所生成的计算可能性王国。改变了规则，就会改变探索空间，进而改变可能性。"[2]用联结主义的话说，网络能识别每一类可能性的维度，并知道其中哪些是以前未曾探索的，只要将这些以前未曾尝试的可能选项挑选出来，并在比较的基础上选出最佳选项并实施，那显然就是创新。总之，创新的秘密就在于创新系统内有"可能性工作平台"或概念空间。大脑之所以有创新能力是因为它就是作为这样的平台起作用的。[3]

博登对概念空间范畴的发展还表现在，强调可用计算观念说明概念空间，即可对这一仍有抽象性、模糊性的概念进行计算化，例如可借助与计算机程序的类比来说明它的具体构成、作用机制和方式。例如，一程序在运行于计算机中时，就成了一个关于有关概念空间的动态图表，成了展示一个漫游者的图表，通过它，可看到漫游得以发生的资源、条件、可能的路径和工具等。[4]

总之，借助计算观念可揭示人的创造力的秘密。博登说："我们对计算

---

[1] Boden M. *The Creative Mind: Myths and Mechanisms*. 2nd ed. London: Routledge, 2004: 270-271.

[2] Boden M. *The Creative Mind: Myths and Mechanisms*. 2nd ed. London: Routledge, 2004: 140.

[3] Boden M. *The Creative Mind: Myths and Mechanisms*. 2nd ed. London: Routledge, 2004: 140.

[4] Boden M. *The Creative Mind: Myths and Mechanisms*. 2nd ed. London: Routledge, 2004: 87.

机程序的'创造力'感兴趣，仅仅着眼于它们能说明人类的心理秘密。"[①]当然，她也承认，由于人类现有认知的历史局限性，因此计算观念以及作为其科技结晶的计算机及其程序的解释力也有其局限性，例如程序的创造力，特别是它表现出的进步，最终不是根源于程序的自动改进，而根源于设计者本人，机器所表现的创造力"并不是真正完全意义的原创性，因为它对自己概念空间的探索相对而言不具冒险性"[②]。笔者认为，即使是成熟发达的计算观念，其对创造力的计算化也必然只是对创造力的形式、量的方面的说明，而无法触及创造力的质的、内容的方面，要对这一方面给出有理论和实践价值的说明，我们必须另辟新径，如诉诸前面所说的解释策略之类的方法。这当然是值得计算创造力和创造力哲学进一步攻克的难题。

十、创造力与评价：有机的整体还是分立的过程？

计算创造力的评价问题对于计算创造力的重要性是不言而喻的，索萨等说得好，创造力的评价愈加被看作"计算创造力研究纲领"中的重要方面。[③]上一章的考察和分析足以证明这一点。不仅如此，计算创造力的评价研究对哲学的创造力、价值和评价及其关系研究也同样具有不可低估的意义，其所提出的问题、所开辟的新的研究课题以及所取得的积极成果，都值得创造力哲学深思和消化。

第一，计算创造力评价研究对于哲学厘清创造力与价值、评价的关系有重要启迪。价值与评价的关系问题一直是哲学价值论和评价论中的一个重要而棘手的问题，将它们放到与创造力的关系中加以探讨，也一直是创造力哲

① Boden M. *The Creative Mind: Myths and Mechanisms.* 2nd ed. London: Routledge, 2004: 164.

② Boden M. *The Creative Mind: Myths and Mechanisms.* 2nd ed. London: Routledge, 2004: 164.

③ Sosa R, Gerp J. "Multilevel computational creativity". In Maher M, Veale T, Saunders R, et al (Eds.). *Proceedings of the Fourth International Conference on Computational Creativity.* Sydney: The University of Sydney, 2013: 198.

学的难题。鲍恩等的计算创造力评价研究告诉我们，并非一切评价都与价值有关，换言之，评价至少有两种，一是与价值无关的事实评价，二是与价值有关的价值性评价。创造力的评价也应具体问题具体分析，并非一切创造力都会涉及价值评价，因为有两类创造力，一是生成性创造力，由于这里的生新与目的、需要没有任何关系，相应地，这里的评价只表现为事实性评价，即辨别、确认、评估新的特性与原有的特性有什么样的事实性关系。二是适应性创造力，这种创造力的现实出现，一方面必然有新的事实发生，因此有必要作事实性评价，另一方面，其出现由于与目的、需要密不可分，因此有价值问题出现，进而有必要对是否有用、有什么用等进行价值性评价。这一计算创造力评价理论一方面说明了创造力与价值、评价的关系中存在着我们过去所不知的关系，另一方面告诉我们，通常的创造力的评价标准（新颖性与有用性或价值性）是错误的，是没有普适性的，至少是有问题的，值得进一步探讨。

第二，计算创造力的评价研究向创造力哲学提出了这样一个新问题：评价是创造力的内在构成还是创造力之外或事后的过程？有一种观点认为，评价是创造力的本质构成。这一看法即使不能说是正确的，但至少值得创造力哲学将其作为问题来思考。不管是创造力的认知方案、独立论（创造力是独立的、不能还原为其他认知能力的能力），还是后来的大系统论如四 P 理论和六 P 理论等，都没有把评价看作创造力的本质构成。计算创造力研究中新的观点很多，如有的人认为，创造力与创造力的评价有相辅相成的关系，有的甚至认为它们是前者包含后者、后者是前者有机构成的关系。笔者认为，这样说可能不适用于作为单纯能力的创造力，但完全适用于现实化的、得到社会公认的作为大系统的创造力。后一种创造力之所以是真正的创造力，除了有心理学的创新和历史学的创新这样的事实之外，还离不开创造者之外的第三方对新颖性和有用性的评价或价值归属。由于评价涉及复杂的因素，因此现实化的创造力不是简单的心理现象，而是一种明显的心理-社会-文化现象。由于现实的创造力无法不从评价角度去定义，而评价涉及社会、文化、心理等复杂因素，因此创造力是一种显而易见的心理-文化-社会现象，其中一定包含评价这一本质构成。事实上，如我们前面所说，正常的人、刚出生不久的婴儿都内在具有求新、喜新、生新、识新、辨新的能力，它们是密不可分的，有机结合在一起就表现为人的创新能力。科学家的创新之所以表现为一个由不成熟到成熟、由低级到高级的过程，就是因为识新、辨新等评价活动在里面适时地发挥着反馈和调节的作用。

第三，计算创造力对新颖性和有用性这两个评价标准的定性、定量研究为创造力哲学进一步探讨下述有关问题提供了启示，例如，在创新过程中如何协调新颖性和有用性的关系，以展现两方面都令人满意的创新成果；在评价中，当两者不一致时，该怎样做最终评价等。计算创造力评价研究发现，在创新成果中，存在着新颖性和有用性的不统一问题，如有时新颖性增加了，但有用性却下降，或相反。创新的泛化阶段就会出现这样的问题，即其成果的新颖性很高，但其有用性下降了。计算创造力评价研究也有一些尝试性的解决办法。例如，有一种方案建议，设法让泛化阶段发展为过滤阶段，即通过对结果的评价，筛选掉下降的方面，让后面生成的结果既有新颖性又不降低有用性。[①]

---

① Glines P, Biggs B, Bodily P. "A leap of creativity: from systems that generalize to systems that filter". In Cardoso F A, Machado P, Veale T, et al (Eds.). *Proceedings of the Eleventh International Conference on Computational Creativity.* Coimbra: University of Coimbra, 2020: 302.

参 考 文 献

一、中文文献

［德］赫尔曼·哈肯：《大脑工作原理：脑活动、行为和认知的协同学研究》，
　　郭治安、吕翎译，上海科技教育出版社 2000 年版。

［加］马里奥·本格：《科学的唯物主义》，张相轮、郑毓信译，上海译文出
　　版社 1989 年版。

［加］乌齐哈特：《复杂性》，载［意］卢西亚诺·弗洛里迪编：《计算与信息
　　哲学导论》上册，刘钢译，商务印书馆 2010 年版，第 80-96 页。

［美］H. L. 德雷福斯、［美］S. E. 德雷福斯：《造就心灵还是建立大脑模型：
　　人工智能的分歧点》，载［英］玛格丽特·博登编著：《人工智能哲学》，
　　刘西瑞、王汉琦译，上海译文出版社 2001 年版，第 417-453 页。

［美］A. 克拉克：《联结论、语言能力和解释方式》，载［英］玛格丽特·博登
　　编著：《人工智能哲学》，刘西瑞、王汉琦译，上海译文出版社 2001
　　年版，第 379-416 页。

［美］戴维·弗里德曼：《制脑者：创造堪与人脑匹敌的智能》，张陌、王芳
　　博译，生活·读书·新知三联书店 2001 年版。

［美］戴维森：《行动、理由与原因》，载高新民、储昭华主编：《心灵哲学》，
　　商务印书馆 2002 年版，第 959-982 页。

[美]杰拉尔德·埃德尔曼、[美]朱利欧·托诺尼：《意识的宇宙：物质如何转变为精神》，顾凡及译，上海科学技术出版社 2004 年版。

[美]斯蒂克·P. 斯蒂克、[英]威廉·拉姆齐、[以色列]约瑟夫·加龙：《联结主义、取消主义与民众心理学的未来》，载高新民、储昭华主编：《心灵哲学》，商务印书馆 2002 年版，第 1035-1067 页。

[美]特伦斯·霍根、[美]约翰·廷森：《为什么仍必须有思想的语言，其意何在？》，载高新民、储昭华主编：《心灵哲学》，商务印书馆 2002 年版，第 479-514 页。

[美]朱夫斯凯、[美]马丁：《自然语言处理综论》，冯志伟、孙乐译，电子工业出版社 2005 年版。

[美]麦克罗林：《计算主义、联结主义和心智哲学》，载[意]卢西亚诺·弗洛里迪编：《计算与信息哲学导论》上册，刘钢译，商务印书馆 2010 年版，第 307-331 页。

[美]戴维森：《行动、理由与原因》，载高新民、储昭华主编：《心灵哲学》，商务印书馆 2002 年版，第 959-982 页。

[美]哈里·亨德森：《人工智能：大脑的镜子》，侯然译，上海科学技术文献出版社 2008 年版。

[美]霍兰：《自然与人工系统中的适应：理论分析及其在生物、控制和人工智能中的应用》，张江译，高等教育出版社 2008 年版。

[美]杰夫·霍金斯、[美]桑德拉·布拉克斯莉：《人工智能的未来》，贺俊杰、李若子、杨倩译，陕西科学技术出版社 2006 年版。

[美]卢格尔：《人工智能：复杂问题求解的结构和策略》，史忠植、张银奎、赵志崑等译，机械工业出版社 2006 年版。

[美]塞尔：《心灵、大脑与程序》，载[英]玛格丽特·博登编著：《人工智能

　　哲学》，刘西瑞、王汉琦译，上海译文出版社 2001 年版，第 92-120 页。

[美]塞尔：《意向性：论心灵哲学》，刘叶涛译，上海人民出版社 2007 年版。

[美]约翰·卡斯蒂：《虚实世界——计算机仿真如何改变科学的疆域》，王
　　千祥、权利宁译，上海科技教育出版社 1998 年版。

[意]多里戈、[德]施蒂茨勒：《蚁群优化》，张军、胡晓敏、罗旭耀等译，
　　清华大学出版社 2007 年版。

[英]图灵：《计算机器与智能》，载[英]玛格丽特·博登编著：《人工智能
　　哲学》，刘西瑞、王汉琦译，上海译文出版社 2001 年版，第 56-91 页。

[英]屈森斯：《概念的联结论构造》，载[英]玛格丽特·博登编著：《人工智
　　能哲学》，刘西瑞、王汉琦译，上海译文出版社 2001 年版，第 495-590 页。

[英]玛尔：《人工智能之我见》，载[英]玛格丽特·博登编著：《人工智能
　　哲学》，刘西瑞、王汉琦译，上海译文出版社 2001 年版，第 180-197 页。

[英]欣顿、[美]麦克莱兰、[美]鲁梅哈特:《分布式表述》,载[英]玛格丽特·博
　　登编著：《人工智能哲学》，刘西瑞、王汉琦译，上海译文出版社 2001
　　年版，第 338-378 页。

[英]弗朗西斯·克里克：《惊人的假说——灵魂的科学探索》，汪云九、齐
　　翔林、吴新年等译，湖南科学技术出版社 1998 年版。

[英]亨利·布莱顿、[英]霍华德·塞林那：《视读人工智能》，张锦译，安
　　徽文艺出版社 2009 年版。

[英]罗杰·彭罗斯：《皇帝新脑：有关电脑、人脑及物理定律》，许明贤、
　　吴忠超译，湖南科学技术出版社 1994 年版。

[英]罗姆·哈瑞：《认知科学哲学导论》，魏屹东译，上海科技教育出版社
　　2006 年版。

[英]玛格丽特·博登：《人工智能哲学》，刘西瑞、王汉琦译，上海译文出

版社 2001 年版。

陈杰、辛斌、窦丽华：《智能优化方法的集聚性与弥散性》，载涂序彦主编：
　　《人工智能：回顾与展望》，科学出版社 2006 年版，第 254-261 页。

高新民、储昭华主编：《心灵哲学》，商务印书馆 2002 年版。

高新民：《心灵与身体：心灵哲学中的新二元论探微》，商务印书馆 2012
　　年版。

高新民：《意向性理论的当代发展》，中国社会科学出版社 2008 年版。

郭军：《智能信息技术》（修订版），北京邮电大学出版社 2001 年版。

韩力群：《人工神经网络教程》，北京邮电大学出版社 2006 年版。

何华灿、何智涛：《从逻辑学的观点看人工智能学科的发展》，载涂序彦主
　　编：《人工智能：回顾与展望》，科学出版社 2006 年版，第 77-111 页。

焦李成、公茂果、刘静：《非达尔文进化机制与自然计算》，载涂序彦主编：
　　《人工智能：回顾与展望》，科学出版社 2006 年版，第 228-253 页。

李德毅、刘常昱：《人工智能值得注意的三个研究方向》，载涂序彦主编：
　　《人工智能：回顾与展望》，科学出版社 2006 年版，第 41-49 页。

邱玉辉、张虹、王芳等：《计算智能》，载涂序彦主编：《人工智能：回顾
　　与展望》，科学出版社 2006 年版，第 136-157 页。

史忠植、王文杰：《人工智能》，国防工业出版社 2007 年版。

史忠植：《智能科学》，清华大学出版社 2006 年版。

史忠植：《智能主体及其应用》，科学出版社 2000 年版。

唐孝威：《智能论：心智能力和行为能力的集成》，浙江大学出版社 2010
　　年版。

涂序彦：《人工智能的历史、现状、前景——人工智能、广义人工智能、智
　　能科学技术》，载涂序彦主编：《人工智能：回顾与展望》，科学出版

社 2006 年版，第 55-69 页。

汪镭、康琦、吴启迪：《自然计算——人工智能的有效实施模式》，载涂序彦
主编：《人工智能：回顾与展望》，科学出版社 2006 年版，第 50-54 页。

钟义信等：《智能科学技术导论》，北京邮电大学出版社 2006 年版。

二、英文文献

Abdellahi S, Maher M, Siddique S. "Arny: a co-creative system design based on emotional feedback". In Cardoso F A, Machado P, Veale T, et al (Eds.). *Proceedings of the Eleventh International Conference on Computational Creativity.* Coimbra: University of Coimbra, 2020: 81-84.

Abgaz Y, O'Donoghue D, HurLey D, et al. "Characteristics of pro-c analogies and blends between research publications". In Goel A, Jordanous A, Pease A (Eds.). *Proceedings of the Eighth International Conference on Computational Creativity.* Atlanta: Georgia Institute of Technology, 2017: 1-8.

Ackerman M, Goel A, Johnson C, et al. "Teaching computational creativity". In Goel A, Jordanous A, Pease A (Eds.). *Proceedings of the Eighth International Conference on Computational Creativity.* Atlanta: Georgia Institute of Technology, 2017: 9-16.

Agafonova Y, Tikhonov A, Yamshchikov I. "Paranoid transformer: reading narrative of madness as computational approach to creativity". In Cardoso F A, Machado P, Veale T, et al (Eds.). *Proceedings of the Eleventh International Conference on Computational Creativity.* Coimbra: University of Coimbra, 2020: 146-152.

Agre P, Chapman D. "Pengi: an implementation of a theory of action". In Agre P,

Chapman D (Eds.). *Proceedings of the National Conference on Artificial Intelligence.* Seattle: AAAI Press, 1987: 268-272.

Agre P. "The soul gained and lost: artificial intelligence as philosophical project". *Stanford Humanities Review*, 1995, 4 (2): 1-19.

Aguilar W, Pérez y Pérez R. "Criteria for evaluating early creative behavior in computational agents". In Colton S, Ventura D, Lavrač N, et al (Eds.). *Proceedings of the Fifth Intentional Conference on Computational Creativity.* Ljubljana: Jożef Stefan Institute, 2014: 284-287.

Aguilar W, Pérez y Pérez R. "Early-creative behavior: the first manifestation of creativity in a developmental agent". In Goel A, Jordanous A, Pease A (Eds.). *Proceedings of the Eighth International Conference on Computational Creativity.* Atlanta: Georgia Institute of Technology, 2017: 17-24.

Akimoto T. "Theoretical framework for computational story blending: from a cognitive systematic perspective". In Grace K, Cook M, Ventura D, et al (Eds.). *Proceedings of the Tenth International Conference on Computational Creativity.* Charlotte: Association for Computational Creativity, 2019: 49-56.

Alexandre F. "Creativity explained by computational cognitive neuroscience". In Cardoso F A, Machado P, Veale T, et al (Eds.). *Proceedings of the Eleventh International Conference on Computational Creativity.* Coimbra: University of Coimbra, 2020: 374-377.

Alonso E. "Actions and agents". In Frankish K, Ramsey W M (Eds.). *The Cambridge Handbook of Artificial Intelligence.* Cambridge: Cambridge

University Press, 2014: 232-246.

Alonso E. "AI and agent: state of the art". *AI Magazine*, 2002, 23 (3): 25-29.

Baydin A, Mántaras R, Ontañón S. "Automated generation of cross-domain analogies via evolutionary computation". In Maher M, Hammond K, Pease A, et al (Eds.). *Proceedings of the Third Intentional Conference on Computational Creativity.* Dublin: University College Dublin, 2012: 25-32.

Bellman R. *An Introduction to Artificial Intelligence: Can Computers Think?* San Francisc: Boyd & Fraser Publishing Company, 1978.

Bentley P J, Corne D W. "Is evolution creative?". In Bentley P J, Corne D (Eds.). *Creative Evolutionary Systems.* London: Academic Press, 2002: 55-76.

Bhattacharjya D, Subramanian D, Varshney L. "Generalization across contexts in unsupervised computational creativity". In Pachet F, Jordanous A, León C (Eds.). *Proceedings of the Ninth Intentional Conference on Computational Creativity.* Salamanca: University of Salamanca, 2018: 40-47.

Blackwell R J. "Scientific discovery: the search for new categories". *New Ideas in Psychology*, 1983, 1 (2): 111-115.

Blackwell T, Bown O, Young M. "Live algorithms: towards autonomous computer improvisers". In McCormack J, d'Inverno M (Eds.). *Computers and Creativity.* Berlin: Springer, 2012: 147-174.

Boden M. "Creativity and artificial intelligence: a contradiction in terms?". In Paul E S, Kaufman S B(Eds.). *The Philosophy of Creativity: New Essays.* Oxford: Oxford University Press, 2014: 224-244.

Boden M. "GOFAI". In Frankish K, Ramsey W M (Eds.). *The Cambridge Handbook of Artificial Intelligence.* Cambridge: Cambridge University

Press, 2014: 89-107.

Boden M. *The Creative Mind: Myths and Mechanisms*. 2nd ed. London: Routledge, 2004.

Boden M. *The Philosophy of Artificial Intelligence*. Oxford: Oxford University Press, 1990.

Bodily P M, Glines P, Biggs B. "'She offered no argument': constrained probabilistic modeling for mnemonic device generation". In Grace K, Cook M, Ventura D, et al (Eds.). *Proceedings of the Tenth International Conference on Computational Creativity*. Charlotte: Association for Computational Creativity, 2019: 81-88.

Bodily P M, Ventura D. "Explainability: an aestheic for aesthetics in computational creative systems". In Pachet F, Jordanous A, León C (Eds.). *Proceedings of the Ninth Intentional Conference on Computational Creativity. Salamanca*: University of Salamanca, 2018: 153-160.

Bodily P M, Ventura D. "What happens when a computer joins the group?" In Cardoso F A, Machado P, Veale T, et al (Eds.). *Proceedings of the Eleventh International Conference on Computational Creativity*. Coimbra: University of Coimbra, 2020: 41-48.

Bogdan R J. *Grounds for Cognition: How Goal-Guided Behavior Shapes the Mind*. London: Psychology Press, 1994.

Bonsignorio F. "The new experimental science of physical cognitive systems". In Müller V (Ed.). *Philosophy and Theory of Artificial Intelligence*. Berlin: Springer, 2013: 133-150.

Bostrom N. *Superintelligence: Paths, Danger, Strategies*. Oxford: Oxford

University Press, 2014.

Bowers K S, Farvolden P, Mermigis L. "Intuitive antecedents of insight". In Smith S M, Ward T B, Finke R A (Eds.). *The Creative Cognition Approach*. Cambridge: The MIT Press, 1995: 27-51.

Bown O, Grace K, Bray L, et al. "A speculative exploration of role of dialogue in human-computer co-creation". In Cardoso F A, Machado P, Veale T, et al (Eds.). *Proceedings of the Eleventh International Conference on Computational Creativity*. Coimbra: University of Coimbra, 2020: 25-32.

Bown O. "Attributing creative agency: are we doing it right". In Toivonen H, Colton S, Cook M, et al (Eds.). *Proceedings of the Sixth International Conference on Computational Creativity*. Provo: Brigham Young University, 2015: 17-22.

Bown O. "Empirically grouding the evolution of creative systems: incorporating interaction design". In Colton S, Ventura D, Lavrač N, et al (Eds.). *Proceedings of the Fifth Intentional Conference on Computational Creativity*. Ljubljana: Jožef Stefan Institute, 2014: 112-119.

Bown O. "Generative and adaptive creativity: a unified approach to creativity in nature, humans and machines". In McCormack J, d'Inverno M (Eds.). *Computers and Creativity*. Berlin: Springer, 2012: 361-381.

Bratman M. *Intentions, Plans, and Practical Reason*. Cambridge: Harvard University Press, 1987.

Gillett G, McMillan J. *Consciousness and Intentionality*. Amsterdam: John Benjamins Publishing Company, 2001.

Bringsjord S, Ferrucci D A. *Artificial Intelligence and Literary Creativity: Inside the Mind of BRUTUS, a Storytelling Machine.* Mahwah: Lawrence Erlbaum Associates, 2000.

Bringsjord S. "Philosophy and 'super'computation". In Bynum T, Moor J (Eds.). *The Digital Phoenix: How Computers are Changing Philosophy.* Oxford: Blackwell Publishers, 1998: 231-252.

Bringsjord S. "Psychometric artificial intelligence ". *Journal of Experimental and Theoretical Artificial Intelligence,* 2011, 23 (3): 271-277.

Bringsjord S, Bello P, Ferrucci D. "Creativity, the Turing test, and the (better) Lovelace test". In Moor J (Ed.). *Turing Test: The Elusive Standard of Artificial Intelligence.* Dordrecht: Springer, 2003: 215-239.

Brooks R A. "Intelligence without representation". *Artificial Intelligence,* 1991, 47: 139-159.

Buchanan B G. "Creativity at the metalevel AAAI-2000 presidential address". *AI Magazine,* 2001, 22 (3): 13-28.

Bunescu R C, Uduehi O. "Learning to surprise: a composer-audience architecture". In Grace K, Cook M, Ventura D, et al (Eds.). *Proceedings of the Tenth International Conference on Computational Creativity.* Charlotte: Association for Computational Creativity, 2019: 41-48.

Bynum T, Moor J (Eds.). *The Digital Phoenix: How Computers are Changing Philosophy.* Oxford: Blackwell Publishers, 1998.

Calude C S, Casti J, Dinneen M J (Eds.). *Unconventional Models of Computation.* Singapore: Springer, 1998.

Cardoso A, Veale T, Wiggins G A. "Converging on the divergent: the history (and future) of the international joint workshops in computational creativity". *AI*

Magazine, 2009, 30 (3):15-22.

Cariani P. "Creating new informational primitives in minds and machines". In McCormack J, d'Inverno M (Eds.). *Computers and Creativity*. Berlin: Springer, 2012: 383-417.

Carter M. *Minds and Computers: An introduction to the Philosophy of Artificial Intelligence*. Edinburgh: Edinburgh University Press, 2007.

Chalmers D. "The singularity: a philosophical analysis". *Journal of Consciousness Studies*, 2010, 17 (9-10): 7-65.

Charniak E, McDermott D. *Introduction to Artificial Intelligence*. Reading: Addison-Wesley, 1985.

Charnley J, Pease A, Colton S. "On the notion of framing in computational creativity". In Maher M, Hammond K, Pease A, et al (Eds.). *Proceedings of the Third International Conference on Computational Creativity*. Dublin:University College, 2012: 77-81.

Chen R, Dannenberg R, Raj B, et al. "Artificial creative intelligence: breaking the imitation barrier". In Cardoso F A, Machado P, Veale T, et al (Eds.). *Proceedings of the Eleventh International Conference on Computational Creativity*. Coimbra: University of Coimbra, 2020: 319-325.

Cheng P, Simon H A. "The right representation for discovery: finding the conservation of momentum". In Sleeman D, Edwards P (Eds.). *Machine Learning: Proceedings of the Ninth International Conference*. San Francisco: Morgan Kaufmann Publishers, 1992: 62-71.

Cheng P. "Scientific discovery with law-encoding diagrams". *Creativity Research Journal*, 1996, 9 (2-3): 145-162.

Cherniak C. "Rational agency". In Wilson R A, Kell F C (Eds.). *The MIT Encyclopedia of the Cognitive Sciences*. Cambridge: The MIT Press, 1999: 698.

Chisholm R M. *Person and Objects: A Metaphysics Study*. Lafayette: Open Court Publishing Company, 1979.

Chorost M. *Rebuilt: How Becoming Part Computer Made Me More Human*. Boston: Houghton Mifflin, 2005.

Clapin H. "Tacit representation in functional architecture". In Clapin H (Ed.). *Philosophy of Mental Representation*. Oxford: Oxford University Press, 2002: 295-311.

Clark A, Chalmers D. "The extended mind". In Chalmers D (Ed.). *Philosophy of Mind*. Oxford: Oxford University Press, 2002: 643-652.

Clark A. "Artificial intelligence and the many faces of reason". In Stich S, Warfield T (Eds.). *The Blackwell Guide to Philosophy of Mind*. Oxford: Blackwell, 2003: 309-321.

Cleland C. "Effective procedures and causal processes". *Minds and Machines*, 1995, 5 (1): 9-23.

Cohen H, Nake F, Brown D, et al. "Evaluation of creative aesthetics". In McCormack J, d'Inverno M (Eds.). *Computers and Creativity*. Berlin: Springer, 2012: 95-111.

Cohen H. *On The Modelling of Creative Behavior*. Santa Monica: The Rand Corporation, 1981.

Colton S, Charnley J, Pease A. "Computational creativity theory: the FACE and IDEA descriptive models". In Ventura D, Gervás P, Harrell D F, et al (Eds.).

Proceedings of the Second International Conference on Computational Creativity. México City: Universidad Autónoma Metropolitana, 2011: 90-95.

Colton S, McCormack J, Cook M, et al. "Creativity theatre for demonstrable computational creativity". In Cardoso F A, Machado P, Veale T, et al (Eds.). *Proceedings of the Eleventh International Conference on Computational Creativity.* Coimbra: University of Coimbra, 2020: 288-291.

Colton S, Pease A, Cook M, et al. "Framing in compositional creativity—a survey and taxonomy". In Grace K, Cook M, Ventura D, et al (Eds.). *Proceedings of the Tenth International Conference on Computational Creativity.* Charlotte: Association for Computational Creativity, 2019: 156-163.

Colton S, Pease A, Cook M, et al. "The HR3 system for automatic code generation in creative settings". In Grace K, Cook M, Ventura D, et al (Eds.). *Proceedings of the Tenth International Conference on Computational Creativity.* Charlotte: Association for Computational Creativity, 2019: 108-115.

Colton S, Pease A, Corneli J, et al. "Assessing progress in building autonomously creative systems". In Colton S, Ventura D, Lavrač N, et al (Eds.). *Proceedings of the Fifth Intentional Conference on Computational Creativity.* Ljubljana: Jožef Stefan Institute, 2014: 137-145.

Colton S, Pease A, Saunders R. "Issues of authenticity in autonomously creative systems". In Pachet F, Jordanous A, León C (Eds.). *Proceedings of the Ninth Intentional Conference on Computational Creativity.* Salamanca: University of Salamanca, 2018: 272-279.

Colton S, Wiggins G. "Computational creativity: the final frontier?". *Frontiers in Artificial Intelligence and Applications*, 2012, 242: 21-26.

Colton S. "Creativity versus the perception of creativity in computational systems". *AAAI Spring Symposium: Creative Intelligent Systems*, 2008, 8: 14-20.

Colton S. "The painting fool: stories from building an automated painter". In McCormack J, d'Inverno M (Eds.). *Computers and Creativity*. Berlin: Springer, 2012: 3-38.

Colton S. *Automated Theory Formation in Pure Mathematics*. London: Springer-Verlag, 2002.

Compton K, Mateas M. "Casual creators". In Toivonen H, Colton S, Cook M, et al (Eds.). *Proceedings of the Sixth International Conference on Computational Creativity*. Provo: Brigham Young University, 2015: 228-235.

Concepción E, Gervás P, Méndez G. "INES: a reconstruction of the Charade storytelling system using the Afanasyev Framework". In Pachet F, Jordanous A, León C (Eds.). *Proceedings of the Ninth Intentional Conference on Computational Creativity*. Salamanca: University of Salamanca, 2018: 48-54.

Connor A, Marks S, Walker C. "Creating creative technologists: playing with(in) education". In Zagalo N, Branco P (Eds.). *Creativity in the Digital Age*. London: Springer -Verlag, 2015: 35-36.

Cook M, Colton S. "Generating code for expressing simple preference: moving on from hardcoding and randomness". In Toivonen H, Colton S, Cook M, et al (Eds.). *Proceedings of the Sixth International Conf*erence on

Computational Creativity. Provo: Brigham Young University, 2015: 9-16.

Cook M, Colton S. "Neighbouring communities: interraction, lessons and opportunities". In Pachet F, Jordanous A, León C (Eds.). *Proceedings of the Ninth Intentional Conference on Computational Creativity* Salamanca: University of Salamanca, 2018: 256-263.

Cook M, Colton S. "Redesigning computationally creative systems for continuous creation". In Pachet F, Jordanous A, León C (Eds.). *Proceedings of the Ninth Intentional Conference on Computational Creativity*. Salamanca: University of Salamanca, 2018: 32-39.

Copeland B J. "Narrow versus wide mechanism". In Scheutz M (Ed.). *Computationalism: New Directions*. Cambridge: The MIT Press, 2002: 61-75.

Copeland B J. "The Turing test". In Moor J (Ed.). *Turing Test: The Elusive Standard of Artificial Intelligence*. Dordrecht: Springer, 2003: 1-21.

Craik K. *The Nature of Explanation*. Cambridge: Cambridge University Press, 1967.

Csikszentmihalyi M. *Creativity: The Psychology of Discovery and Invention*. New York: Harper Perennial, 2013.

Csikszentmihalyi M. "Implications of a systems perspective for the study of creativity". In Sternberg R (Ed.). *Handbook of Creativity*. New York: Cambridge University Press, 1999: 313-335.

Csikszentmihalyi M. "Motivation and creativity: toward a synthesis of structural and energistic approaches to cognition". *New Ideas in Psychology*, 1988, 6 (2): 159-176.

Csikszentmihalyi M. *Creativity: Flow and the Psychology of Discovery and Invention.* New York: Harper Collins Publishers, 2013.

Cunha J, Harmon S, Guckeisberger C, et al. "Understanding and strengthening the compositional creativity community: a report from the computational creativity task force". In Cardoso F A, Machado P, Veale T, et al (Eds.). *Proceedings of the Eleventh International Conference on Computational Creativity.* Coimbra: University of Coimbra, 2020: 1-7.

d'Inverno M, McCormack J. "Heroic versus collaborative artificial intelligence for the arts". In Yang Q, Wooldridge M (Eds.). *Proceedings of the Twenty-fourth International Joint Conference on Artificial Intelligence.* Palo Alto: AAAI Press, 2015: 2438-2444.

Dahlstedt P. "Between material and ideas: a process-based spatial model of artistic creativity". In McCormack J, d'Inverno M (Eds.). *Computers and Creativity.* Berlin: Springer, 2012: 205-233.

Danks D. "Learning". In Frankish K, Ramsey W M (Eds.). *The Cambridge Handbook of Artificial Intelligence.* Cambridge: Cambridge University Press, 2014: 151-167.

Davenport D. "The two (computational) faces of AI". In Müller V (Ed.). *Philosophy and Theory of Artificial Intelligence.* Berlin: Springer, 2013: 43-58.

Davis N, Hsiao C P, Popova Y, et al. "An enactive model of creativity for computational collaboration and co-creation". In Zagalo N, Branco P (Eds.). *Creativity in the Digital Age.* London: Springer-Verlag, 2015: 109-133.

Davis N, Popova Y, Sysoev I, et al. "Building artistic computer colleagues with an enactive model of creativity". In Colton S, Ventura D, Lavrač N, et al (Eds.). *Proceedings of the Fifth Intentional Conference on Computational Creativity.* Ljubljana: Jożef Stefan Institute, 2014: 38-45.

Davis N. "Human-computer co-creativity: blending human and computational creativity". *Proceedings of the AAAI Conference on Artificial Intelligence and Interactive Digital Entertainment*, 2013, 9 (6): 9-12.

Dawkins R. *The Selfish Gene.* Oxford: Oxford University Press, 1989.

Dennett D. "Artificial intelligence as philosophy and as psychology". In Ringle M (Ed.). *Philosophical Perspectives in Artificial Intelligence.* Atlantic Highlands: Humanitics Press, 1979: 57-80.

Dennett D. "Cognitive wheels: the frame problem in artificial intelligence". In Pylyshyn Z (Ed.). *The Robot's Dilemma: The Frame Problem in Artificial Intelligence.* Norwood: Ablex Publishing Corporation, 1987: 41-64.

Dennett D. *Brainchild: Eassays on Designing Mind.* Cambridge: The MIT Press, 1998.

Dennett D. *Brainstorms: Philosophical Essays on Mind and Psychology.* Cambridge: The MIT Press, 1978.

Derdikman D, Moser M. "A dual role for hippocampal replay". *Neuron*, 2010, 65 (5): 582-584.

Dietrich A. "The cognitive neuroscience of creativity". *Psychonomic Bulletin & Review*, 2004, 11 (6): 1011-1026.

Dipaola S, McCaig G, Carlson K, et al. "Adaption of an autonomous creative evolutionary system for real-world design application based on creative cognition". In Maher M, Veale T, Saunders R, et al (Eds.). *Proceedings of the Fourth International Conference on Computational Creativity*. Sydney: The University of Sydney, 2013: 40-47.

Dorin A, Korb K. "Creativity refined: bypassing the gatekeepers of appropriateness and value". In McCormack J, d'Inverno M (Eds.). *Computers and Creativity*. Berlin: Springer, 2012: 339-360.

Dreyfus H, Dreyfus S. "How to stop worrying about the frame problem even though it's computationally insoluable". In Pylyshyn Z (Ed.). *The Robot's Dilemma: The Frame Problem in Artificial Intelligence*. Norwood: Ablex Publishing Corporation, 1987: 95-112.

Dreyfus H. "Why Heideggerian AI failed and how fixing it would require making it more Heideggerian". In Holland O, Husbands P, Wheeler M, et al (Eds.). *The Mechanical Mind in History*. Cambridge: The MIT Press, 2008: 331-372.

Dupuy J. *The Mechanization of the Mind: On the Origins of Cognitive Science*. Princeton: Princeton University Press, 2000.

Durodie B. "Perception and threat: why vulnerability-led responses will fail". *Homeland Security and Resilience Monitor*, 2002, 1 (4): 16-18.

Edelman G. *Biologie de la Conscience*. Paris: Editions Odile Jacob, 1992.

Sabah G. "Consciousness". In Ó Nualláin S, McKevitt P, MacAogáin E, et al (Eds.). *Two Sciences of Mind*. Amsterdam: John Benjamins Publishing Company, 1997.

Elgammal A, Saleh B. "Quantifying creativity in art networks". In Toivonen H, Colton S, Cook M, et al (Eds.). *Proceedings of the Sixth International Conference on Computational Creativity*. Provo: Brigham Young University,

2015: 39-46.

Ens J, Pasquier P. "CAEMSI: a cross-domain analytic evalution methodology for style imitation". In Pachet F, Jordanous A, León C (Eds.). *Proceedings of the Ninth Intentional Conference on Computational Creativity*. Salamanca: University of Salamanca, 2018: 64-71.

Erion G. "The Cartesian Test for automatism". In Moor J (Ed.). *Turing Test: The Elusive Standard of Artificial Intelligence*. Dordrecht: Springer, 2003: 241-252.

Feld D, Csikszentmikalyi M, Gardner H. *Changing We World: A Framework for the Study of Creativity*. New York: Praeger Publishers, 1994.

Fischer K, Müller J P, Pischel M. "A pragmatic BDI architecture". In Wooldridge M, Müller J P, Tambe M (Eds.). *Intelligence Agent II: Agent Theories, Architectures, and Languages*. Berlin: Springer Science & Business Media, 1996: 203-218.

Fisher D, Shin H. "Critique as creativity: towards developing computational commentators on creative works". In Grace K, Cook M, Ventura D, et al (Eds.). *Proceedings of the Tenth International Conference on Computational Creativity*. Charlotte: Association for Computational Creativity, 2019: 172-179.

Fitzgerald T, Goel A, Thomaz A. "Human-robot co-creativity: task transfer on a spectrum of similarity". In Goel A, Jordanous A, Pease A (Eds.). *Proceedings of the Eighth International Conference on Computational Creativity*. Atlanta: Georgia Institute of Technology, 2017: 104-111.

Fodor J A, Pylyshyn Z. "Connectionism and cognitive architecture: a critical analysis". In Macdonald C, Macdonald G (Eds.). *Connectionism.* Oxford: Blackwell, 1995: 90-163.

Fodor J A. "Modules, frame, fridgeons, sleeping dogs, and the music of the spheres". In Pylyshyn Z (Ed.). *The Robot's Dilemma: The Frame Problem in Artificial Intelligence.* Norwood: Ablex Publishing Corporation, 1987: 139-150.

Fodor J A. *The Modularity of Mind.* Cambridge: The MIT Press, 1983.

Ford K, Hayes P. "On computational wings: rethinking the goals of artificial intelligence". *Scientific American Presents*, 1988, 9(4): 78-83.

Franchi S, Güzeldere G (Eds.). *Mechanical Bodies, Computational Mind: Artificial Intelligence from Automata to Cyborgs.* Cambridge: The MIT Press, 2004.

Frankish K, Ramsey W M (Eds.). *The Cambridge Handbook of Artificial Intelligence.* Cambridge: Cambridge University Press, 2014.

Franklin S. "History, motivations, and core themes". In Frankish K, Ramsey W M (Eds.). *The Cambridge Handbook of Artificial Intelligence.* Cambridge: Cambridge University Press, 2014: 15-33.

Freed S. "Practical introspection as inspiration for AI". In Müller V (Ed.). *Philosophy and Theory of Artificial Intelligence.* Berlin: Springer, 2013: 167-178.

French R. "The computational modeling of analogy-making". *Trends in Cognitive Sciences*, 2002, 6 (5): 200-205.

Freyd J J, Pantzer T M. "Static patterns moving in the mind". In Smith S M, Ward T B, Finke R A (Eds.). *The Creative Cognition Approach.* Cambridge: The

MIT Press, 1995: 179-204.

Froese T, Ziemke T. "Enactive artificial intelligence: investigating the systemic organization of life and mind". *Artificial Intelligence*, 2009, 173: 466-500.

Gabora L, DiPaola S. "How did humans become so creative? A computational approach". In Maher M, Hammond K, Pease A, et al (Eds.). *Proceedings of the Third Intentional Conference on Computational Creativity.* Dublin: University College Dublin, 2012: 203-210.

Gabora L, Tseng S. "The social impact of self-regulated creativity on the evolution of simple versus complex creative ideas". In Colton S, Ventura D, Lavrač N, et al (Eds.). *Proceedings of the Fifth Intentional Conference on Computational Creativity.* Ljubljana: Jožef Stefan Institute, 2014: 8-15.

Galanter P. "Computational aesthetic evaluation: past and future". In McCormack J, d'Inverno M (Eds.). *Computers and Creativity.* Berlin: Springer, 2012: 255-293.

Gallagher S, Marcel A J. "The self in contextualized action". In Gallagher S, Shear J (Eds.). *Models of the Self.* Thorverton: Imprint Academic, 1999: 462-510.

Gärdenfors P. *Conceptual Space: The Geometry of Thought.* Cambridge: The MIT Press, 2004: 1-25.

Gardnern H. Creating Minds: An Anatomy of Creativity Seen Through the Lives of Freud, Einstein, Picasso, Stravinsky, Eliot, Graham, and Ghandi. New York: Basic Books, 2011: 1-10.

Gell A. *Art and Agency: An Anthropological Theory.* Oxford: Oxford University Press, 1998: 1-25.

Gemeinboec P, Saunders R. "Creative machine performance: computational creativity and robotic art". In Maher M, Veale T, Saunders R, et al (Eds.). *Proceedings of the Fourth International Conference on Computational Creativity*. Sydney: The University of Sydney, 2013: 215-219.

Gentner D, Markman A. "Structure mapping in analogy and similarity". *American Psychologist*, 1997, 52 (1): 45-56.

Gero J. "Computational models of innovative and creative design processes". *Technological Forecasting and Social Change*, 2000, 64 (2-3): 183-196.

Gershenfeld N. *When Things Start to Think*. New York: Henry Holt and Company, 1999.

Gervás P, Léon C. "Reading and writing as a creative cycle: the need for a computational model". In Colton S, Ventura D, Lavrač N, et al (Eds.). *Proceedings of the Fifth Intentional Conference on Computational Creativity*. Ljubljana: Jożef Stefan Institute, 2014: 182-191.

Gillies D. *Artificial Intelligence and Scientific Method*. Oxford: Oxford University Press, 1996.

Gilson E. *Being and Some Philosophers*. Toronto: Pontifical Institute of Mediaeval Studies, 1952.

Ginsberg M. *Essentials of Artificial Intelligence*. San Francisco: Morgan Kaufmann Publishers, 1993.

Giovagnoli R. "Computational ontology and deontology". In Müller V (Ed.). *Philosophy and Theory of Artificial Intelligence*. Berlin: Springer, 2013: 179-186.

Glines P, Biggs B, Bodily P. "A leap of creativity: from systems that generalize to systems that filter". In Cardoso F A, Machado P, Veale T, et al (Eds.). *Proceedings of the Eleventh International Conference on Computational Creativity*. Coimbra: University of Coimbra, 2020: 297-302.

Glymour C. "Android epistemology and the frame problem: comments on Dennett's 'cognitive wheels'". In Pylyshyn Z (Ed.). *The Robot's Dilemma: The Frame Problem in Artificial Intelligence.* Norwood: Ablex Publishing Corporation, 1987: 63-75.

Goel A K. "Is biologically inspired invention different?". In Toivonen H, Colton S, Cook M, et al (Eds.). *Proceedings of the Sixth International Conference on Computational Creativity.* Provo: Brigham Young University, 2015: 47-54.

Goldman A I. *A Theory of Human Action.* Englewood Cliffs: Prentice-Hall, 1970.

Goldstein R, Vainauskas A, Ackerman M, et al. "Mindmusic: brain-controlled musical improvisation". In Grace K, Cook M, Ventura D, et al (Eds.). *Proceedings of the Tenth International Conference on Computational Creativity.* Charlotte: Association for Computational Creativity, 2019: 282-285.

Gonçalves J, Bembenek A, Martins P, et al. "Going into greater depth in the quest for hidden frames". In Grace K, Cook M, Ventura D, et al (Eds.). *Proceedings of the Tenth International Conference on Computational Creativity.* Charlotte: Association for Computational Creativity, 2019: 291-295.

Gordon W. *Synectics: The Development of Creative Capacity.* New York: Harper & Brothers Publishers, 1961.

Grace K, Gero J, Saunders R. "Learning how to reinterpret creative problems". In Maher M, Veale T, Saunders R, et al (Eds.). *Proceedings of the Fourth International Conference on Computational Creativity.* Sydney: The University of Sydney, 2013: 113-117.

Grace K, Gero J, Saunders R. "Represedational affordances and creativity in association-based systems". In Maher M, Hammond K, Pease A, et al (Eds.). *Proceedings of the Third Intentional Conference on Computational Creativity.* Dublin, University College Dublin, 2012: 195-202.

Grace K, Maher M. "Specific curiosity as a cause and consequence of transformational creativity". In Toivonen H, Colton S, Cook M, et al (Eds.). *Proceedings of the Sixth International Conference on Computational Creativity.* Provo: Brigham Young University, 2015: 260-267.

Grace K, Maher M. "What to expect when you're expecting: the role of unexpectedness in computational evaluating creativity". In Colton S, Ventura D, Lavrač N, et al (Eds.). *Proceedings of the Fifth Intentional Conference on Computational Creativity.* Ljubljana: Jožef Stefan Institute, 2014: 120-128.

Grossberg S. "A half century of progress toward a unified neural theory of mind and brain with applications to autonomous adaptive agents and mental disorders". In Kozma R, Alippi C, Choe Y, et al (Eds.). *Artificial Intelligence in the Age of Neural Networks and Brain Computing.* London: Academic Press, 2019: 31-51.

Gruber T R. "A translation approach to portable ontology specifications". *Knowledge Acquisition*, 1993, 5 (2): 199-220.

Guarino N, Poli R. "The role of formal ontology in the information technology". *International Journal of Human-Computer Studies*, 1995, 43 (5-6): 623-965.

Guckelsberger C, Salge C, Colton S. "Addressing the 'why?' in computational creativity: a non-anthropocentric, minimal modal of intentional creative agency". In Goel A, Jordanous A, Pease A (Eds.). *Proceedings of the Eighth International Conference on Computational Creativity*. Atlanta: Georgia Institute of Technology, 2017: 128-135.

Guertler M, Muenzberg C, Lindemann U. "Idea in a battle—a new method for creativity in open innovation". In Maher M, Veale T, Saunders R, et al (Eds.). *Proceedings of the Fourth International Conference on Computational Creativity*. Sydney: The University of Sydney, 2013: 194-197.

Guzdial M, Riedl M. "Combinets: creativity via recombination of neural networks". In Grace K, Cook M, Ventura D, et al (Eds.). *Proceedings of the Tenth International Conference on Computational Creativity*. Charlotte: Association for Computational Creativity, 2019: 180-187.

Halpern J. *Actual Causality*. Cambridge: The MIT Press, 2016.

Haugeland J. *Artificial Intelligence: The Very Idea*. Cambridge: The MIT Press, 1985.

Harmon S, McDonough K. "The draw-a-computational-creativity-researcher test (DACCRT): exploring stereotypic images and descriptions of computational creativity". In Grace K, Cook M, Ventura D, et al (Eds.). *Proceedings of the Tenth International Conference on Computational Creativity*. Charlotte: Association for Computational Creativity, 2019: 243-249.

Harnad S. "Minds, machines and Turing: the indistinguishability of indistinguishables". In Moor J (Ed.). *Turing Test: The Elusive Standard of Artificial Intelligence*. Dordrecht: Springer, 2003: 253-273.

Harnad S. "Other bodies, other minds: a machine incarnation of an old philosophical problem". *Minds and Machines*, 1991, 1: 43-54.

Harnad S. "Symbol grounding and the origin of language". In Scheutz M (Ed.). *Computationalism: New Directions*. Cambridge: The MIT Press, 2002: 143-158.

Haugeland J (Ed.). *Mind Design II: Philosophy, Psychology and Artificial Intelligence*. Cambridge: The MIT Press, 1997.

Haugeland J. "Andy Clark on cognition and representation". In Clapin H (Ed.). *Philosophy of Mental Representation*. Oxford: Clarendon Press, 2002: 24-36.

Haugeland J. "Authentic intentionality". In Scheutz M (Ed.). *Computationalism: New Directions*. Cambridge: The MIT Press, 2002: 159-174.

Haugeland J. "What is mind design?". In Haugeland J (Ed.). *Mind Design II: Philosophy, Psychology and AI*. Cambridge: The MIT Press, 1997: 1-28.

Haugeland J. *Artificial Intelligence: The Very Idea*. Cambridge: The MIT Press, 1989.

Hayes P. "What the frame problem is and isn't". In Pylyshyn Z (Ed.). *The Robot's Dilemma: The Frame Problem in Artificial Intelligence*. Norwood: Ablex Publishing Corporation, 1987: 123-138.

Hayes-Roth B. "Agents on stage: advancing the state of the art of artificial intelligence". *Proceedings of the 14th International Joint Conference on*

Artificial Intelligence, 1995, 1: 967-971.

Heath D, Dennis A, Ventura D. "Imagining imagination: a computational framework using associative memory models and vector space models". In Toivonen H, Colton S, Cook M, et al (Eds.). *Proceedings of the Sixth International Conference on Computational Creativity*. Provo: Brigham Young University, 2015: 244-251.

Hinton G, Osindero S, Yee-Whye T. "A fast learning algorithm for deep belief nets". *Neural Computation*, 2006, 18 (7): 1527-1554.

Hodson J. "The creative machine". In Goel A, Jordanous A, Pease A (Eds.). *Proceedings of the Eighth International Conference on Computational Creativity*. Atlanta: Georgia Institute of Technology, 2017: 143-150.

Hoffman G, Weinberg G. "Interactive improvisation with a robotic marimba player". *Autonomous Robots*, 2011, 31: 133-153.

Hofstadter D. *Gödel, Escher, Bach: An Eternal Golden Braid*. New York: Basic Books Inc., 1979.

Houdé O (Ed.). *Dictionary of Cognitive Science: Neuroscience, Psychology, Artificial Intelligence, Linguistics, and Philosophy*. New York: Psychology Press, 2004.

Huron D. *Sweet Anticipation: Music and the Psychology of Expection*. Cambridge: The MIT Press, 2006.

Indurkhya B. "Whence is creativity?". In Maher M, Hammond K, Pease A, et al (Eds.). *Proceedings of the Third Intentional Conference on Computational Creativity*. Dublin: University College Dublin, 2012: 62-66.

Indurkhya B. "On the role of metaphor in creative cognition". In Ventura D,

Pease A, Pérez y Pérez R, et al (Eds.). *Proceedings of the International Conference on Computational Creativity*. Coimbra: University of Coimbra, 2010: 51-59.

Jagmohan A, Li Y, Shao N. "Exploring application domains for computational creativity". In Colton S, Ventura D, Lavrač N, et al (Eds.). *Proceedings of the Fifth Intentional Conference on Computational Creativity*. Ljubljana: Jožef Stefan Institute, 2014: 328-331.

Jamwal V. "Exploring the notion of self in creative self-expression". In Grace K, Cook M, Ventura D, et al (Eds.). *Proceedings of the Tenth International Conference on Computational Creativity*. Charlotte: Association for Computational Creativity, 2019: 331-335.

Jändel M. "Computational creativity in naturalistic decision-making". In Maher M, Veale T, Saunders R, et al (Eds.). *Proceedings of the Fourth International Conference on Computational Creativity*. Sydney: The University of Sydney, 2013: 118-122.

Janlert L. "Modeling change: the frame problem". In Pylyshyn Z (Ed.). *The Robot's Dilemma: The Frame Problem in Artificial Intelligence*. Norwood: Ablex Publishing Corporation, 1987: 1-40.

Jennings K. "Creative search trajectories and their implications". In Maher M, Hammond K, Pease A, et al (Eds.). *Proceedings of the Third Intentional Conference on Computational Creativity*. Dublin: University College Dublin, 2012: 49-56.

Jennings K. "Developing creativity: artificial barriers in artificial intelligence". *Minds and Machines*, 2010, 20 (4): 489-501.

Jennings K. "Search strategies and the creative process". In Ventura D, Pease A, Pérez y Pérez R, et al (Eds.). *Proceedings of the International Conference on Computational Creativity*. Coimbra: University of Coimbra, 2010: 130-139.

Jennings N R, Sycara K, Wooldridge M. "A roadmap of agent research and development". *Autonomous Agents and Multi-Agent Systems*, 1998 (1): 7-38.

Johnson C. "Is it time for computational creativity to grow up and start being irresponsible?". In Colton S, Ventura D, Lavrač N, et al (Eds.). *Proceedings of the Fifth Intentional Conference on Computational Creativity*. Ljubljana: Jożef Stefan Institute, 2014: 263-267.

Johnson C. "The creative computer as romantic hero? Computational creativity systems and creative personae". In Maher M, Hammond K, Pease A, et al (Eds.). *Proceedings of the Third Intentional Conference on Computational Creativity*. Dublin: University College Dublin, 2012: 57-61.

Jordanous A. "Co-creativity and perception of computational agents in co-creativity". In Goel A, Jordanous A, Pease A (Eds.). *Proceedings of the Eighth International Conference on Computational Creativity*. Atlanta: Georgia Institute of Technology, 2017: 159-166.

Jordanous A, Keller B. "Weaving creativity into the semantic web: a language processing approach". In Maher M, Hammond K, Pease A, et al (Eds.). *Proceedings of the Third Intentional Conference on Computational Creativity*. Dublin: University College Dublin, 2012: 216-220.

Jordanous A. "Difining creativity: finding keywords for creativity using corpus linguistics techniques". In Ventura D, Pease A, Pérez y Pérez R, et al (Eds.), *Proceedings of the International Conference on Computational Creativity*.

Coimbra: University of Coimbra, 2010: 278-281.

Jordanous A. "Steping back to progress forwards: setting standards for meta-evaluating of computational creativity". In Colton S, Ventura D, Lavrač N, et al (Eds.). *Proceedings of the Fifth Intentional Conference on Computational Creativity*. Ljubljana: Jożef Stefan Institute, 2014: 129-136.

Jordanous A. *Evaluating Computational Creativity: A Standardised Procedure for Evaluating Creative Systems and Its Application*. Canterbury: University of Kent, 2012.

Jumper J, Evans R, Pritzel A, et al. "Highly accurate protein structure prediction with AlphaFold". *Nature*, 2021, 596 (7873): 583-589.

Kantosalo A, Ravikumar P, Grace K, et al. "Modalities, styles and strategies: an interaction framework for human-computer co-creativity". In Cardoso F A, Machado P, Veale T, et al (Eds.). *Proceedings of the Eleventh International Conference on Computational Creativity*. Coimbra: University of Coimbra, 2020: 57-64.

Kantosalo A, Takala T. "Five c's for human-computer co-creativity-an update on classical creativity perspectives". In Cardoso F A, Machado P, Veale T, et al (Eds.). *Proceedings of the Eleventh International Conference on Computational Creativity*. Coimbra: University of Coimbra, 2020: 17-24.

Kantosalo A, Toivanen J M, Xiao P, et al. "From isolation to involvement: adapting machine creativity software to support human-computer co-creation". In Colton S, Ventura D, Lavrač N, et al (Eds.). *Proceedings of the Fifth Intentional Conference on Computational Creativity*. Ljubljana: Jożef Stefan Institute, 2014: 1-7.

Karimi P, Grace K, Maher M, et al. "Evaluating creativity in computational co-creative systems". In Pachet F, Jordanous A, León C (Eds.). *Proceedings of the Ninth Intentional Conference on Computational Creativity.* Salamanca: University of Salamanca, 2018: 104-111.

Kasabov N. "Evolving and spiking connectionist systems for brain-inspired artificial intelligence". In Kozma R, Alippi C, Choe Y, et al (Eds.). *Artificial Intelligence in the Age of Neural Networks and Brain Computing.* London: Academic Press, 2019: 111-138.

Kötter T, Thiel K, Berthold M. "Domain bridging associations support creativity". In Ventura D, Pease A, Pérez y Pérez R, et al (Eds.). *Proceedings of the International Conference on Computational Creativity.* Coimbra: University of Coimbra, 2010: 200-204.

Kowaliw T, Dorin A, McCormack J. "Promoting creative design in Interactive evolutionary computation". *IEEE Transactions on Evolutionary Computation*, 2012, 16 (4): 523-536.

Kozma R. "Computers versus brains: game is over or more to come?". In Kozma R, Alippi C, Choe Y, et al (Eds.). *Artificial Intelligence in the Age of Neural Networks and Brain Computing.* London: Academic Press, 2019: 205-218.

Krathwohl D. "A revision of bloom's taxonomy: an overview". *Theory into Practice*, 2002, 41 (4): 212-218.

Kugel P. "Thinking may be more than computing". *Cognition*, 1986, 22 (2): 137-198.

Kurzweil R. *The Age of Intelligence.* Cambridge: The MIT Press, 1990.

Kurzweil R. *The Age of Spiritual Machines: When Computers Exceed Human*

Intelligence. New York: Penguin Books, 1999.

Laird J. *The Soar Cognitive Architecture.* Cambridge: The MIT Press, 2012.

Langley P, Simon H, Bradshaw G, et al. *Scientific Discovery: Computational Explorations of the Creative Processes.* Cambridge: The MIT Press, 1987.

Latour B. *We Have Never Been Modern.* Cambridge: Harvard University Press, 1993.

Lemmer J, Kanal L (Eds.). *Uncertainty in Artificial Intelligence 2.* Amsterdam: Elsevier Science Publishers B.V., 1988.

Lenat D, Feigenbaum E. "On the thresholds of knowledge". *Artificial Intelligence*, 1991, 47: 185-250.

Lewes G H. *Problems of Life and Mind.* London: Trübner & Company, 1877.

Li B, Zook A, Davis N, et al (Eds.). "Goal-driven conceptual blending: a computational approach for creativity". In Maher M, Hammond K, Pease A, et al (Eds.). *Proceedings of the Third Intentional Conference on Computational Creativity.* Dublin: University College Dublin, 2012: 9-16.

Liapis A, Martiner H, Togelius J, et al. "Transforming exploratory creativity with DeLeNox". In Maher M, Veale T, Saunders R, et al (Eds.). *Proceedings of the Fourth International Conference on Computational Creativity.* Sydney: The University of Sydney, 2013: 56-63.

Liapis A, Yannakakis G, Togelius J. "Computational game creativity". In Colton S, Ventura D, Lavrač N, et al (Eds.). *Proceedings of the Fifth Intentional Conference on Computational Creativity.* Ljubljana: Jožef Stefan Institute, 2014: 46-53.

Linkola S, Guckelsberger C, Kantosalo A. "Action selection in the creative systems framework". In Cardoso F A, Machado P, Veale T, et al (Eds.). *Proceedings of the Eleventh International Conference on Computational Creativity.* Coimbra: University of Coimbra, 2020: 303-310.

Linkola S, Kantosalo A, Männistö T. "Aspects of self-awareness: an anatomy of metacreative systems". In Goel A, Jordanous A, Pease A (Eds.). *Proceeding of the Eighth International Conference on Computational Creativity.* Atlanta: Georgia Institute of Technology, 2017: 189-196.

Linkola S, Kantosalo A. "Extending the creative systems framework for the analysis of creative agent societies". In Grace K, Cook M, Ventura D, et al (Eds.). *Proceedings of the Tenth International Conference on Computational Creativity.* Charlotte: Association for Computational Creativity, 2019: 204-211.

Linkola S, Mäkitalo N, Männisto T. "On the inherent creativity of self-adaptive systems". In Cardoso F A, Machado P, Veale T, et al (Eds.). *Proceedings of the Eleventh International Conference on Computational Creativity.* Coimbra: University of Coimbra, 2020: 362-365.

Llano M T, d'Inverno M, Yee-King M, et al. "Explainable computational creativity". In Cardoso F A, Machado P, Veale T, et al (Eds.). *Proceedings of the Eleventh International Conference on Computational Creativity.* Coimbra: University of Coimbra, 2020: 334-341.

Loar B. "Phenomenal intentionality as the basis of mental content". In Hahn M, Ramberg B (Eds.). *Reflections and Replies: Essays on the Philosophy of Tyler Burges.* Cambridge: The MIT Press, 2003: 229-258.

Loi M, Viganó E, van der Plas L. "The societal and ethical relevance of computational creativity". In Cardoso F A, Machado P, Veale T, et al (Eds.). *Proceedings of the Eleventh International Conference on Computational Creativity*. Coimbra: University of Coimbra, 2020: 398-401.

Loughran R, O'Neill M. "Application domains considered in computational creativity". In Goel A, Jordanous A, Pease A (Eds.). *Proceedings of the Eighth International Conference on Computational Creativity*. Atlanta: Georgia Institute of Technology, 2017: 197-204.

Lourghran R, O'Neill M. "Is computational creativity domain general?". In Pachet F, Jordanous A, León C (Eds.). *Proceedings of the Ninth Intentional Conference on Computational Creativity*. Salamanca: University of Salamanca, 2018: 112-119.

Lowe E J. *An Introduction to the Philosophy of Mind*. Cambridge: Cambridge University Press, 2000.

MacIntyre A. *After Virtue: A Study in Moral Theory*. South Bend: University of Notre Dame Press, 1981.

Maher M, Brahy K, Fisher D. "Computational models of surprise in evaluating creative disc". In Maher M, Veale T, Saunders R, et al (Eds.). *Proceedings of the Fourth International Conference on computational Creativity*. Sydney: The University of Sydney, 2013: 147-151.

Maher M, Veale T, Saunders R. et al (Eds.). *Proceedings of the Fourth International Conference on Computational Creativity*. Sydney: The University of Sydney, 2013.

Maher M. "Computational and collective creativity: who's being creative?". In Maher M, Hammond K, Pease A, et al (Eds.). *Proceedings of the Third*

spatial contexts". In Meusburger P, Funke J, Wunder E (Eds.). *Milieus of Creativity: An Interdisciplinary Approach to Spatiality of Creativity.* Berlin: Springer, 2009: 97-153.

Mhashi M, Rada R, Mili H, et al. "Word frequency based indexing and authoring". In Williams N, Holt P (Eds.). *Computers and Writing: State of the Art.* Dordrecht: Kluwer Academic Publishers, 1992: 131-148.

Milner R. "The polyadic π-calculus: a tutorial". In Bauer F L, Brauer W, Schwichtenberg H, et al (Eds.). *Logic and Algebra of Specification. London:* Springer-Verlag, 1993: 203-246.

Minsky M. "A framework for representing knowledge". In Winston P (Ed.). *The Psychology of Computer Vision.* New York: McGraw-Hill, 1975: 211-277.

Mohri M, Rostamizadeh A, Talwalkar A. *Foundations of Machine Learning.* Cambridge: The MIT Press, 2018.

Monteith K, Martinez T, Ventura D. "Automatic generation of music for inducing emotive response". In Ventura D, Pease A, Pérez y Pérez R, et al (Eds.). *Proceedings of the International Conference on Computational Creativity.* Coimbra: University of Coimbra, 2010: 140-149.

Moor J (Ed.). *Turing Test:The Elusive Standard of Artificial Intelligence.* Dordrecht: Springer, 2003.

Moor J. "An analysis of Turing Text". *Philosophical Studies*, 1976, 30: 249-257.

Moor J. "The status and future of the Turing test". In Moor J (Ed.). *Turing Test: The Elusive Standard of Artificial Intelligence.* Dordrecht: Springer, 2003: 197-214.

Moor J. "Turing test". In Shapiro S (Eds.). *Encyclopedia of Artificial*

Intelligence. Vol.2. New York: John Wiley and Sons, 1987: 1126-1130.

Mould O. *Against Creativity*. London: Verso, 2018.

Müller V (Ed.). *Philosophy and Theory of* Artificial Intelligence. Berlin: Springer, 2013.

Mumford M, Ventura D. "The man behind the curation: overcoming skepticism about creative computers". In Toivonen H, Colton S, Cook M, et al (Eds.). *Proceedings of the Sixth International Conference on Computational Creativity*. Provo: Brigham Young University, 2015: 1-8.

Negrete-Yankelevich S, Morales-Iaragoza N. "The apprentice framework: planning and assessing creativity". In Colton S, Ventura D, Lavrač N, et al (Eds.). *Proceedings of the Fifth Intentional Conference on Computational Creativity*. Ljubljana: Jožef Stefan Institute, 2014: 280-283.

Newell A, Simmon H. "Computer science as empirical inquiry:symbol and search". In Hangeland J (Ed.). *Mind Designed: Philosophy, Psychology, and Artificial Intelligence*. Cambridge: The MIT Press, 1981: 35-66.

Newell A. "You can't play 20 questions with nature and win". In Chase W (Ed.). *Visual Information Processing*. New York: Academic Press, 1973: 1-26.

Nida-Rümelin M. "Dualist emergentism". In Mclaughlin B P, Cohen J (Eds.). *Contemporary Debate in Philosophy of Mind*. Oxford: Blackwell, 2007: 269-286.

Nilsson N. *Artificial Intelligence: A New Synthesis*. San Francisco: Morgan Kaufmann Publishers, 1998.

Nirenburg S, Raskin V. *Ontological Semantics*. Cambridge: The MIT Press, 2004.

Noy L, Hart Y, Andrew N, et al. "A quantitative study of creative leaps". In

Maher M, Hammond K, Pease A, et al (Eds.). *Proceedings of the Third Intentional Conference on Computational Creativity*. Dublin: University College Dublin, 2012: 72-76.

O'Donoghue D, Abgaz Y, Hurley D, et al. "Stimulating and simulating creativity with dr inventor". In Toivonen H, Colton S, Cook M, et al (Eds.). *Proceedings of the Sixth International Conference on Computational Creativity*. Provo: Brigham Young University, 2015: 220-227.

O'Donoghue D, Keane M. "A creative analogy machine: results and challenges". In Maher M, Hammond K, Pease A, et al (Eds.). *Proceedings of the Third Intentional Conference on Computational Creativity*. Dublin: University College Dublin, 2012: 17-24.

O'Donoghue D, Power J, O'Briain S, et al. "Can a computationally creative system create itself? Creative artefacts and creative process". In Colton S, Ventura D, Lavrač N, et al (Eds.). *Proceedings of the Fifth Intentional Conference on Computational Creativity*. Ljubljana: Jožef Stefan Institute, 2014: 146-154.

Ogawa S, Indurkhya B, Byrski A. "A meme-based architecture for modeling creativity". In Maher M, Hammond K, Pease A, et al (Eds.). *Proceedings of the Third Intentional Conference on Computational Creativity*. Dublin: University College Dublin, 2012: 170-174.

Osherson D, Smith E (Eds). *Thinking: An Invitation to Cognitive Science*, Vol.3. Cambridge: The MIT Press, 1990.

Pachet F. "Musical virtuosity and creativity". In McCormack J, d'Inverno M (Eds.). *Computers and Creativity*. Berlin: Springer, 2012: 115-146.

Pease A, Colton S, Ramezani R, et al. "A discussion on serendipity in creative systems". In Maher M, Veale T, Saunders R, et al (Eds.). *Proceedings of the Fourth International Conference on Computational Creativity.* Sydney: The University of Sydney, 2013: 64-71.

Pease A, Colton S, Warburton C, et al. "The importance of applying computational creativity to scientific and mathematical domains". In Grace K, Cook M, Ventura D, et al (Eds.). *Proceedings of the Tenth International Conference on Computational Creativity.* Charlotte: Association for Computational Creativity, 2019: 250-257.

Penny S. "Embodied cultural agents: at the intersection of art, robotics, and cognitive science". In *AAAI Socially Intelligent Agents Symposium.* Cambridge, 1997: 103-105.

Pereira F. *Creativity and Artificial Intelligence: A Conceptual Blending Approach.* Berlin: Mouton de Gruyter, 2007.

Perišić M, Štorga M, Gero J. "Situated novelty in computational creativity studies". In Grace K, Cook M, Ventura D, et al (Eds.). *Proceedings of the Tenth International Conference on Computational Creativity.* Charlotte: Association for Computational Creativity, 2019: 286-290.

Pérez y Pérez R. "A computer-based model for collaborative narrative generation". *Cognitive Systems Research*, 2015, (36-37): 30-48.

Pérez y Pérez R. "The computational creativity continuum". In Pachet F, Jordanous A, León C (Eds.). *Proceedings of the Ninth Intentional Conference on Computational Creativity.* Salamanca: University of Salamanca, 2018: 177-184.

Pérez y Pérez R. "The three layers evaluation model for computer-generated plots". In Colton S, Ventura D, Lavrač N, et al (Eds.). *Proceedings of the Fifth Intentional Conference on Computational Creativity*. Ljubljana: Jożef Stefan Institute, 2014: 220-229.

Pérez y Pérez R, Ortiz O. "A model for evoluating interestingness in computer-generated plot". In Maher M, Veale T, Saunders R, et al (Eds.). *Proceedings of the Fourth International Conference on Computational Creativity*. Sydney: The University of Sydney, 2013: 131-138.

Pfeifer R, Bongard J. *How the Body Shapes the Way We Think: A New View of Intelligence*. Cambridge: The MIT Press, 2007.

Podpečan V, Lavrač N, Wiggins G, et al. "Conceptualising computational creativity: towards automated historiography of the research field". In Pachet F, Jordanous A, León C(Eds.). *Proceedings of the Ninth Intentional Conference on Computational Creativity*. Salamanca: University of Salamanca, 2018: 288-295.

Pollock J. "Procedural epistemology". In Bynum T, Moor J (Eds.). *The Digital Phoenix: How Computers are Changing Philosophy*. Oxford: Blackwell Publishers, 1998: 17-36.

Pollock J. *Cognitive Carpentry: A Blueprint for How to Build a Person*. Cambridge: The MIT Press, 1995.

Poole D, Mackworth A, Goebel R. *Computational Intelligence: A Logical Approach*. Oxford: Oxford University Press, 1998.

Powley E, Colton S, Cook M. "Investigating and automating the creative act of software engineering". In Pachet F, Jordanous A, León C (Eds.).

Proceedings of the Ninth Intentional Conference on Computational Creativity. Salamanca: University of Salamanca, 2018: 224-231.

Pringsjord S, Zenzen M. "Towards a formal philosophy of hypercomputation". *Minds and Machines*, 2002, 12 (2): 241-258.

Pylyshyn Z (Ed.). *The Robot's Dilemma: The Frame Problem in Artificial Intelligence.* Norwood: Ablex Publishing Corporation, 1987.

Ramsey W, Stich S, Garon J. "Connectionism, eliminativism, and the future of folk psychology". In Macdonald C, Macdonald G (Eds.). *Connectionism.* Oxford: Blackwell, 1995: 311-338.

Rapaport W J. "How to pass a Turing test? Syntactic semantics, natural-language understanding, and first-person cognition". In Moor J (Ed.). *Turing Test: The Elusive Standard of Artificial Intelligence.* Dordrecht: Springer, 2003:161-184.

Reckwitz A. *The Invention of Creativity: Modern Society and the Culture of the New.* Cambridge: Polity Press, 2017.

Besold T. "Turing revisited: a cognitively-inspired decomposition". In Müller V (Ed.). *Philosophy and Theory of Artificial Intelligence.* Berlin: Springer, 2013: 121-132.

Rhodes M. "An analysis of creativity". *The Phi Delta Kappan*, 1961, 42 (7): 305-310.

Rich E, Knight K. *Artificial Intelligence.* New York: McGraw Hill, 1991.

Ritchie G. "A closer look at creativity as search". In Maher M, Hammond K, Pease A, et al (Eds.). *Proceedings of the Third Intentional Conference on Computational Creativity.* Dublin: University College Dublin, 2012: 41-48.

Ritchie G. "Assessing creativity". In Wiggins G (Ed.). *Proceedings of the AISB'01 Symposium on Artificial Intelligence and Creativity in Arts and Sciences.* Brighton: The Society for the Study of Artificial Intelligence and the Simulation of Behaviour, 2001: 3-11.

Ritchie G. "Some empirical criteria for attributing creativity to a computer program". *Minds and Machines*, 2007, 17 (1): 67-99.

Roberts J, Fsher D. "Extending the philosophy of computational criticism". In Cardoso F A, Machado P, Veale T, et al (Eds.). *Proceedings of the Eleventh International Conference on Computational Creativity.* Coimbra: University of Coimbra, 2020: 378-381.

Román I, Pérez y Pérez R. "Social mexica: a computer model for social norms in narratives". In Colton S, Ventura D, Lavrač N, et al (Eds.). *Proceedings of the Fifth Intentional Conference on Computational Creativity.* Ljubljana: Jožef Stefan Institute, 2014: 192-200.

Rosenschein S J. "Intelligent agent architecture". In Wilson R A, Keil F C (Eds.). *The MIT Encyclopedia of the Cognitive Sciences.* Cambridge: The MIT Press, 1999: 411.

Rosseel Q, Wiggins G. "Engagement-reflection in software construction". In Grace K, Cook M, Ventura D, et al (Eds.). *Proceedings of the Tenth International Conference on Computational Creativity.* Charlotte: Association for Computational Creativity, 2019: 321-325.

Boudriga N, Obaidat M S. "Intelligent agents on the web: a review". *Computing in Science & Engineering*, 2004, 6 (4): 35-42.

Runco M. *Creativity: Theories and Themes: Research, Development, and*

Practice. New York: Academic Press, 2007.

Russell S J, Norvig P. *Artificial Intelligence: A Modern Approach.* 3rd ed. Edinburgh: Pearson Education Limited, 2010.

Saunders R, Bown O. "Computational social creativity". *Artificial Life*, 2015, 21 (3): 366-378.

Saunders R, Gemeinboeck P, Lombard A, et al. "Curious whispers: an embodied artificial creative system". In Ventura D, Pease A, Pérez y Pérez R, et al (Eds.). *Proceedings of the International Conference on Computational Creativity.* Coimbra: University of Coimbra, 2010: 100-109.

Sawyer K. *Explaining Creativity.* Oxford: Oxford University Press, 2006.

Sawyer R. *Explaining Creativity: The Science of Human Innovation.* Oxford: Oxford University Press, 2012.

Saygin A, Cicekli I, Akman V. "Turing test: 50 years later". In Moor J (Ed.). *Turing Test: The Elusive Standard of Artificial Intelligence.* Dordrecht: Springer, 2003: 23-78.

Schank R, Cleary C. "Making machines creative". In Smith S M, Ward T B, Finke R A (Eds.). *The Creative Cognition Approach.* Cambridge: The MIT Press, 1995: 229-247.

Milner R. "The polyadic π-calculus: a tutorial". In Bauer F L, Brauer W, Schwichtenberg H, et al (Eds.). *Logic and Algebra of Specification.* London: Springer-Verlag, 1993: 203-246.

Schank R. "The primitive ACTs of conceptual dependency". In Schank R, Nash-Webber B L (Ed.). *Theoretical Issues in Natural Language Processing.* Hillsdale: Lawrence Erlbaum Associates, 1989: 34-37.

Scheutz M (Ed.). *Computationalism: New Directions.* Cambridge: The MIT Press, 2002.

Schiaffonati V, Verdicchio M. "The influence of engineering theory and practice on philosophy of AI". In Müller V (Ed.). *Philosophy and Theory of Artificial Intelligence.* Berlin: Springer, 2013: 375-388.

Schmidhuber J. "A formal theory of creativity to model the creation of art". In McCormack J, d'Inverno M (Eds.). *Computers and Creativity.* Berlin: Springer, 2012: 323-337.

Scotti R. *Vanished Smile: The Mysterious Theft of the Mona Lisa.* New York: Vintage, 2010.

Searle J. *Consciousness and Language.* Cambridge: Cambridge University Press, 2002.

Searle J. *Making the Social World: The Structure of Human Civilization.* Oxford: Oxford University Press, 2010.

Shachter R, Levitt T, Kanal L, et al (Eds.). *Uncertainty in Artificial Intelligence 4.* Amsterdam: Elsevier Science Publishers B.V., 1990.

Shneiderman B. "Creativity support tools". *Communications of the ACM*, 2002, 45(10): 116-120.

Shrager J. "Commonsense perception and the psychology of theory formation". In Shrager J, Langley P(Eds.). *Computational Models of Scientific Discovery and Theory Formation.* San Mateo: Morgan Kaufmann Publishers, 1990: 437-470.

Siegelmann H. *Neural Networks and Analog Computation: Beyond the Turing Limit.* Boston: Birkhäuser, 1999.

Simonton D. "Scientific creativity as constrained stochastic behavior: the integration of product, person, and process perspectives". *Psychological Bulletin*, 2003, 129 (4): 475-494.

Sloman A. "The irrelevance of Turing machines to artificial intelligence". In Scheutz M (Ed.). *Computationalism: New Directions*. Cambridge: The MIT Press, 2002: 87-128.

Sloman A. *The Computer Revolution in Philosophy: Philosophy Science and Models of Mind*. Sussex: The Harvester Press, 1978.

Smith B C. "The foundations of computing". In Scheutz M (Ed.). *Computationalism: New Directions*. Cambridge: The MIT Press, 2002: 23-58.

Smith M R, Hintze R, Ventura D. "Nehovah: a neologism creator nomen ipsum". In Colton S, Ventura D, Lavrač N, et al (Eds.). *Proceedings of the Fifth Intentional Conference on Computational Creativity*. Ljubljana: Jožef Stefan Institute, 2014: 173-181.

Smith S M, Ward T B, Finke R A. "Paradoxes, principles, and prospects for the future of creative cognition". In Smith S M, Ward T B, Finke R A (Eds.). *The Creative Cognition Approach*. Cambridge: The MIT Press, 1995: 327-335.

Smolensky P. "On the proper treatment of connectionism". In Macdonald C, Macdonald G (Eds.). *Connectionism*. Oxford: Blackwell, 1995: 28-89.

Sosa R, Gerp J. "Multilevel computational creativity". In Maher M, Veale T, Saunders R, et al (Eds.). *Proceedings of the Fourth International Conference on Computational Creativity*. Sydney: The University of Sydney, 2013:

198-204.

Spendlove B, Ventura D. "Humans in the black box: a new paradigm for evaluating the design of creative systems". In Cardoso F A, Machado P, Veale T, et al (Eds.). *Proceedings of the Eleventh International Conference on Computational Creativity*. Coimbra: University of Coimbra, 2020: 311-318.

Spendlove B, Venture D. "Modeling knowledge, expression, and aesthetics via sensory grounding". In Grace K, Cook M, Ventura D, et al (Eds.). *Proceedings of the Tenth International Conference on Computational Creativity*. Charlotte: Association for Computational Creativity, 2019: 326-330.

Steiner P. "C.S. peirce and artificial intelligence: historical heritage and (new) theoretical stakes". In Müller V (Ed.). *Philosophy and Theory of Artificial Intelligence*. Berlin: Springer, 2013: 265-276.

Steinhart E. "Digital metaphysics". In Bynum T, Moor J (Eds.). *The Digital Phoenix: How Computers are Changing Philosophy*. Oxford: Blackwell Publishers, 1998: 117-134.

Stephensen J. "Post-creativity and AI: reverse-engineering our conceptual landscapes of creativity". In Cardoso F A, Machado P, Veale T, et al (Eds.). *Proceedings of the Eleventh International Conference on Computational Creativity*. Coimbra: University of Coimbra, 2020: 326-333.

Sterrett S. "Turing's two tests for intelligence". In Moor J (Ed.). *Turing Test: The Elusive Standard of Artificial Intelligence*. Dordrecht: Springer, 2003: 79-97.

Stich S. "On the ascription of content". In Woodfield A (Ed.). *Thought and Object*. Oxford: Oxford University Press, 1982: 153-206.

Takala T. "Preconceptual creativity". In Toivonen H, Colton S, Cook M, et al (Eds.). *Proceedings of the Sixth International Conference on Computational Creativity*. Provo: Brigham Young University, 2015: 252-259.

Tanimoto S. *The Elements of Artificial Intelligence: An Introduction Using LISP*. Rockville: Computer Science Press, 1987.

Tatarkiewicz W. *A History of Six Ideas: An Essays in Aesthetics*. Warsan: PWN Polish Scientific Publishers, 1980.

Thorogood M, Pasquier P. "Computationally created soundscaper with audio metaphor". In Maher M, Veale T, Saunders R, et al (Eds.). *Proceedings of the Fourth International Conference on Computational Creativity*. Sydney: The University of Sydney, 2013: 1-7.

Toivanen J, Toivonen H, Valitutti A. "Automatical composition of lyrical songs". In Maher M, Veale T, Saunders R, et al (Eds.). *Proceedings of the Fourth International Conference on Computational Creativity*. Sydney: The University of Sydney, 2013: 87-91.

Torrance E P. "The nature of creativity as manifest in its testing". In Sternberg R J (Ed.). *The Nature of Creativity: Contemporary Psychological Perspectives*. Cambridge: Cambridge University Press, 1988: 43-75.

Townshend R J L, Eismann S, Watkins A M, et al. "Geometric deep learning of RNA structure". *Science*, 2021, 373 (6558): 1047-1051.

Tubb R, Dixon S. "A four strategy model of creative parameter space interaction". In Colton S, Ventura D, Lavrač N, et al (Eds.). *Proceedings of the Fifth Intentional Conference on Computational Creativity*. Ljubljana: Jožef Stefan Institute, 2014: 16-22.

Turing A M. *Programmers' Handbook for Manchester Electronic Computer Mark II*. Manchester: University of Manchester Computing Laboratory, 1951.

Turing A M. "Computing machinery and intelligence". *Mind*, 1950, 59: 433-460.

Turing A M. "Lecture to the London mathematical society on 20 February 1947". In Carpenter B, Dorun R (Eds.). *A. M. Turing's ACE Report of 1946 and Other Papers*. Cambridge: The MIT Press, 1986: 123-128.

Turner S. *The Creative Process: A Computer Model of Storytelling and Creativity*. Hillsdale: Lawrence Erlbaum Associates, 1994.

van Gelder T. "What might cognition be, if not computation". *The Journal of Philosophy*, 1995, 92 (7): 345-381.

van Gelder T. "The dynamical hypothesis in cognitive science". *Behavioral and Brain Sciences*, 1998, 21 (5): 615-628.

Varshney L. "Limits theorems for creativity with intentionality". In Cardoso F A, Machado P, Veale T, et al (Eds.). *Proceedings of the Eleventh International Conference on Computational Creativity*. Coimbra: University of Coimbra, 2020: 390-393.

Veale T. "Game of tropes: exploring the placer effect in computational creativity". In Toivonen H, Colton S, Cook M, et al (Eds.). *Proceedings of the Sixth International Conference on Computational Creativity*. Provo: Brigham Young University, 2015: 78-85.

Veale T. "Read me like a book: lessons in affective, topical and personalized computational creativity". In Grace K, Cook M, Ventura D, et al (Eds.).

Proceedings of the Tenth International Conference on Computational Creativity. Charlotte: Association for Computational Creativity, 2019: 25-32.

Ventura D, Gates D. "Ethics as aestheic: a computational creativity approach to ethical behavior". In Pachet F, Jordanous A, León C (Eds.). *Proceedings of the Ninth Intentional Conference on Computational Creativity*. Salamanca: University of Salamanca, 2018: 185-191.

Ventura D. "How to build a CC system". In Goel A, Jordanous A, Pease A (Eds.). *Proceeding of the Eighth International Conference on Computational Creativity*. Atlanta: Georgia Institute of Technology, 2017: 253-260.

Ventura D. "Mere generation: essential barometer or dated concept". In Pachet F, Cardoso A, Corruble V, et al (Eds.). *Proceedings of the Seventh International Conference on Computational Creativity*. Paris: Sony CSL, 2016: 17-24.

Vinge V. "The coming technological singularity: how to survive in a post-human era". In Latham R (Ed.). *Science Fiction Criticism: An Anthology of Essential Writings*. London: Bloomsbury Academic, 2017: 352-363.

Walter H. *Neurophilosophy of Free will*. Klohr C(trans.). Cambridge: The MIT Press, 2001.

Webster S, Zachos K, Maiden N. "An emerging computational model of flow spaces to support social creativity". In Maher M, Veale T, Saunders R, et al (Eds.). *Proceedings of the Fourth International Conference on Computational Creativity*. Sydney: The University of Sydney, 2013: 189-193.

Werbos P. "The new AI: basic concepts, and urgent risks and opportunities in the internet of things". In Kozma R, Alippi C, Choe Y, et al (Eds.). *Artificial Intelligence in the Age of Neural Networks and Brain Computing*. London: Academic Press, 2019: 161-190.

Wicke P, Veale T. "Interview with the robot: question-guided collaboration in a storytelling system". In Pachet F, Jordanous A, León C (Eds.). *Proceedings of the Ninth Intentional Conference on Computational Creativity*. Salamanca: University of Salamanca, 2018: 56-63.

Wiggins G. "A preliminary framework for description, analysis and comparison of creative systems". *Knowledge-Based Systems*, 2006, 19 (7): 449-458.

Wiggins G. "Crossing threshold paradox: creative cognition in the global workspace". In Maher M, Hammond K, Pease A, et al (Eds.). *Proceedings of the Third Intentional Conference on Computational Creativity*. Dublin: University College Dublin, 2012: 180-187.

Wiggins G. "Searching for computational creativity". *New Generation Computing*, 2006, 24 (3): 209-222.

Wiggins G. "The mind's chorus: creativity before consciousness". *Cognitive Computation*, 2012, 4 (3)：306-319.

Wilks Y. "Language, vision and metaphor". *Artificial Intelligence Review*, 1995, 9 (4-5): 273-289.

Wilson R. *Boundaries of the Mind*. Cambridge: Cambridge University Press, 2004.

Winston P. *Artificial Intelligence: A Perspective*. Reading: Addison-Wesley, 1992.

Wooldridge M, Jennings N R. "Intelligent agent: theory and practice". *The Knowledge Engineering Review*, 1995,10 (2): 115-152.

Wootton A, Davey C. *Crime Lifecycle: Guidance for Generating Design Against Crime Ideas*. Salford: University of Salford, 2003.

Wu J C, Lamers M, Kowalczyk W. "Being creative: a cross-domain mapping newwork". In Cardoso F A, Machado P, Veale T, et al (Eds.). *Proceedings of the Eleventh International Conference on Computational Creativity*. Coimbra: University of Coimbra, 2020: 220-227.

Wyse L. "Mechanisms of artistic creativity in deep learning neural networks". In Grace K, Cook M, Ventura D, et al (Eds.). *Proceedings of the Tenth International Conference on Computational Creativity*. Charlotte: Association for Computational Creativity, 2019: 116-123.

Yampolskiy R. "What to do with the singularity paradox?". In Müller V (Ed.). *Philosophy and Theory of Artificial Intelligence*. Berlin: Springer, 2013: 397-414.

Yeap W, Opas T, Mahyar N. "On two desiderata for creativity support tools". In Ventura D, Pease A, Pérez y Pérez R, et al (Eds.). *Proceedings of the International Conference on Computational Creativity*. Coimbra: University of Coimbra, 2010: 180-189.

Zachos K, Maiden N. "A computational model of analogical reasoning in dementia care". In Maher M, Veale T, Saunders R, et al (Eds.). *Proceedings of the Fourth International Conference on Computational Creativity*. Sydney: The University of Sydney, 2013: 48-55.

Zagalo N, Branco P. "The creative revolution that is changing the world". In

Zagalo N, Branco P (Eds.). *Creativity in the Digital Age.* London: Springer-Verlag, 2015: 3-15.

Zahavi D. "Unity of consciousness and the problem of self ". In Gallagher S (Ed.). *The Oxford Handbook of the Self.* Cambridge: Oxford University Press, 2011: 315-333.

Zambak A. "The frame problem: autonomy approach versus designer approach". In Müller V (Ed.). *Philosophy and Theory of Artificial Intelligence.* Berlin: Springer, 2013: 307-319.

van der Zant T, Kouw M, Schomaker L. "Generative artificial intelligence". In Müller V (Ed.). *Philosophy and Theory of Artificial Intelligence.* Berlin: Springer, 2013: 107-120.

索　引

后　记

　　2020 年疫情肆虐中的 10 月，我因多种原因来到了美国，原计划逗留半年，后因飞机熔断等多方面因素的制约，不断申请延期，最后竟达五次之多，在美国一待就是三年多。既来之，则安之，正好利用这个机会，利用美国信息发达、了解最新学术动向和获取文献便利、有机会接近从事人工智能前沿研究学者等有利条件，接续在国内已开展的研究人工智能哲学问题的工作。由于几乎不敢出门，便埋头查文献、读文献、思考和写作。在用我追求的"竭泽而渔"的方法广泛涉猎西方本领域浩如烟海的文献时，无意中发现了国内少有人甚或几乎无人问津而国外研究较多且初具规模的"计算创造力"这一人工智能中的分支或所谓"终极前沿"。由于认同或深刻地领会了它的这一地位与意义，于是便将主要时间和精力投入到了对它的研究之中，最终便有了这本以《人工智能及其创造力：心灵-认知哲学的视角》为题的著作，当然期间还完成了较多作为阶段性成果的论文。这里要特别感谢《国家哲学社会科学成果文库》的认可和立项；感谢科学出版社邹聪老师一直以来对我科研工作的关注和对我申报《国家哲学社会科学成果文库》的鼓励及指导。值此出版之际，还要感谢本项目的合作者刘蓓蓓博士，感谢我的另外两位博士生郭佳佳和余涛。他们在引文核对、注释规范处理、参考文献汇编和订正以及项目申报等过程中帮助我做了大量细致而重要的工作，这是本书出版时必须特别强调的。

高新民

2025 年 3 月